컴퓨터응용가공
산업기사 필기

합격에 윙크
WIN-Q
하다^

컴퓨터응용가공산업기사 필기

Always with you

사람이 길에서 우연하게 만나거나 함께 살아가는 것만이 인연은 아니라고 생각합니다.
책을 펴내는 출판사와 그 책을 읽는 독자의 만남도 소중한 인연입니다.
SD에듀는 항상 독자의 마음을 헤아리기 위해 노력하고 있습니다.
늘 독자와 함께하겠습니다.

자격증 · 공무원 · 금융/보험 · 면허증 · 언어/외국어 · 검정고시/독학사 · 기업체/취업
이 시대의 모든 합격! SD에듀에서 합격하세요!
www.youtube.com → SD에듀 → 구독

머리말

컴퓨터응용가공 분야의 전문가를 향한 첫 발걸음!

최근 다양한 산업 분야의 기업에서 원가절감과 납기의 단축, 그리고 제품에 대한 신뢰도 향상을 목적으로 컴퓨터에 의한 설계(CAD)와 생산(CAM)시스템을 광범위하게 이용하고 있으나 현재 효율적인 운영을 위한 기술 인력은 부족한 실정입니다. 이에 따라 산업현장에서 필요로 하는 컴퓨터응용가공 분야의 기술 인력의 양성이 절실히 요구되고 있는 실정입니다.

이 교재는 컴퓨터응용가공산업기사를 취득하고자 하는 수험생들이 범용설비에서 수치제어공작기계, 금속재료, 기계 설계 및 제도이론까지 다양한 분야의 이론 서적들을 참고하지 않아도 필기시험에 합격할 수 있도록 구성되었습니다.

한국산업인력공단의 컴퓨터응용가공산업기사 필기시험 출제기준이 2022년부터 NCS 기반으로 대폭 개정되어 이에 따라 핵심이론을 대폭 수정·보완하였습니다. 최근 11년간의 기출문제를 분석하여 해설을 상세히 수록하였습니다.

국가기술자격의 필기시험은 문제은행방식으로 기출문제가 반복적으로 출제되기 때문에 기출문제를 분석해서 풀어 보는 것이 효과적인 학습방법입니다. 따라서 이 교재를 통해서 한 번에 컴퓨터응용가공산업기사 필기시험에 합격하고자 한다면 다음과 같이 교재를 활용하시기 바랍니다.

첫째, 빨간키의 내용을 하루에 한 번씩 암기하십시오. 자격시험은 60문제 중에서 최소 36문제를 맞히면 되기 때문에 자주 등장하는 기출 어휘들에 노출되는 횟수를 증가시켜 익숙해질 필요가 있습니다.
둘째, 1년간 시행된 기출문제를 한 시간 안에 빠른 속도로 반복 학습하십시오.
셋째, 최근 기출문제에 수록된 문제와 해설을 좀 더 꼼꼼하게 학습하십시오.

위와 같은 방법으로 이 교재를 활용한다면 분명 단기간에 컴퓨터응용가공산업기사 필기시험에 합격할 수 있을 것이라고 자신합니다. 이 교재가 수험생 여러분의 자격증 취득에 길잡이가 되길 희망합니다.

마지막으로 본 교재가 출간될 수 있도록 도움을 주신 동료들께 감사드리고, SD에듀 회장님과 임직원 여러분께도 감사드립니다.

편저자 홍순규 씀

시험안내

개요

원가 절감, 납기 단축, 생산성 향상 및 신뢰도 향상을 목적으로 컴퓨터에 의한 설계 및 생산(CAD/CAM) 시스템이 전 산업 분야에 광범위하게 이용되고 있지만, 이러한 시스템을 효과적으로 적용하고 응용할 수 있는 인력은 부족한 실정이다. 이에 따라 산업현장에서 필요로 하는 컴퓨터응용가공 분야의 인력을 양성하고자 생산기계산업기사와 전산응용가공산업기사를 통합하여 제정하였다.

수행직무

CNC 공작기계의 부분 프로그램을 작성 및 수정하고, 구멍가공, 선삭가공, 형상가공, 연삭가공, 공구가공, 와이어 커트 방전가공 등의 조건에 알맞은 적정 공구 및 코드를 선정하거나 치수 및 면조도를 고려하여 프로그램을 작성하는 업무를 수행하여, 전산응용기계를 직접 조작하거나 점검 · 정비 · 관리하는 업무를 수행한다.

진로 및 전망

주로 각종 기계제조업체, 금속제품 제조업체, 의료기기 · 계측기기 · 광학기기 제조업체, 조선, 항공, 전기 · 전자기기 제조업체, 자동차 중장비, 운수장비업체, 건설업체 등으로 진출할 수 있다. 전산응용가공 분야의 기능인력 수요는 지속적으로 증가할 전망이다. 이는 기존 범용 공작기계에서부터 수치제어 공작기계로의 빠른 대체가 이루어지고 있고, 수치제어 공작기계를 이용한 각종 제품의 생산 증대에 의해 영향을 받기 때문이다. 이에 따라 최근 해당 자격을 취득하려는 응시인원도 매년 증가하는 추세이다.

시험일정

구분	필기원서접수 (인터넷)	필기시험	필기합격 (예정자)발표	실기원서접수	실기시험	최종 합격자 발표일
제1회	1월 초순	2월 중순	3월 하순	3월 하순	4월 하순	6월 하순
제2회	4월 중순	5월 중순	6월 중순	6월 하순	7월 하순	8월 중순
제4회	8월 초순	9월 초순	9월 하순	10월 초순	11월 초순	11월 하순

※ 상기 시험일정은 시행처의 사정에 따라 변경될 수 있으니, www.q-net.or.kr에서 확인하시기 바랍니다.

시험요강

❶ 시행처 : 한국산업인력공단
❷ 관련 학과 : 전문대학 및 대학의 기계공학, 기계가공, CAM 전공 등 관련 학과
❸ 시험과목
  ㉠ 필기 : 도면 해독 및 측정, CAM 프로그래밍, 컴퓨터수치제어(CNC) 절삭가공
  ㉡ 실기 : CNC 가공 실무
❹ 검정방법
  ㉠ 필기 : 객관식 4지 택일형, 과목당 20문항(1시간 30분)
  ㉡ 실기 : 작업형(5시간 정도)
❺ 합격기준
  ㉠ 필기 : 100점을 만점으로 과목당 40점 이상, 전 과목 평균 60점 이상
  ㉡ 실기 : 100점을 만점으로 60점 이상

시험안내

검정현황

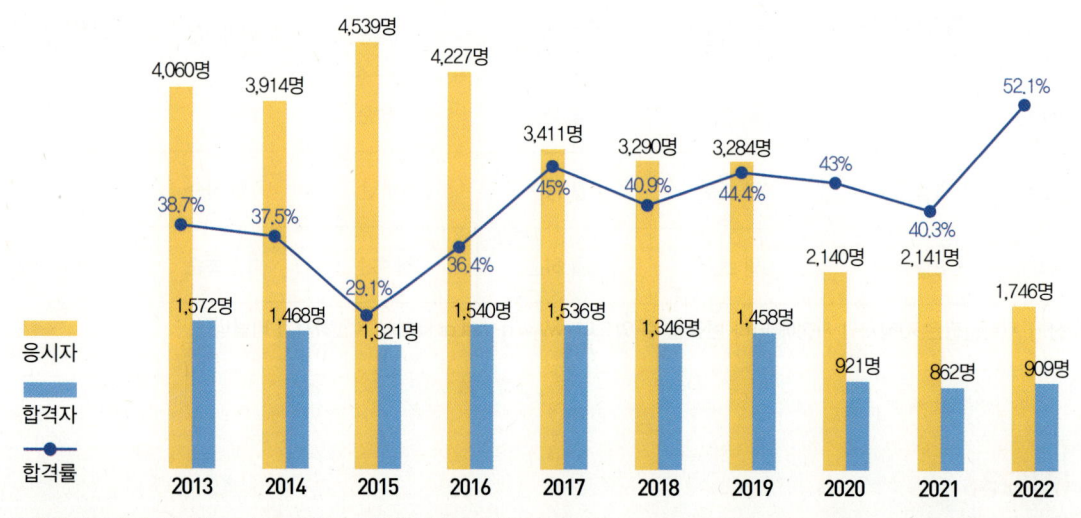

필기시험

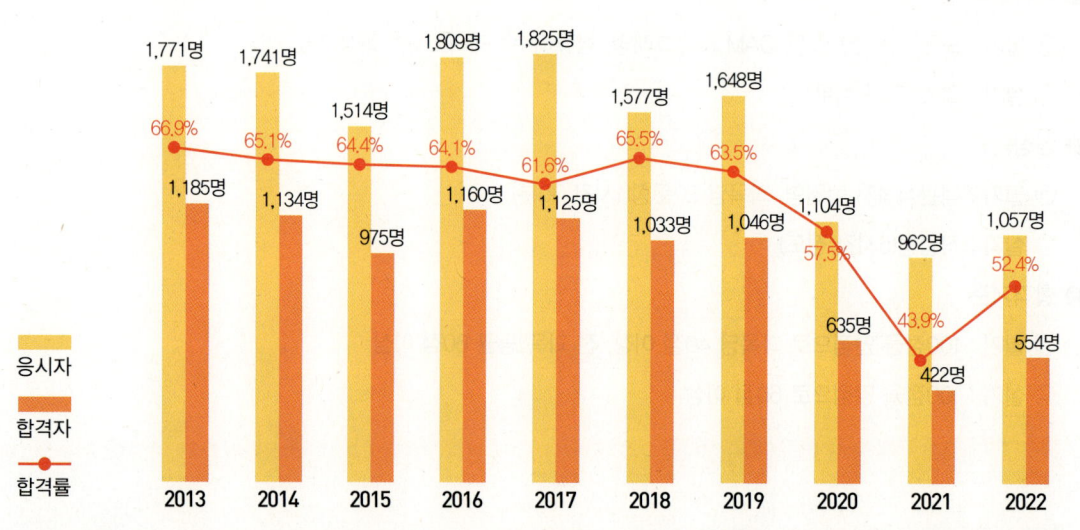

실기시험

INFORMATION

합격의 공식 Formula of pass • SD에듀 www.sdedu.co.kr

출제기준

필기과목명	주요항목	세부항목	
도면 해독 및 측정	도면 검토	• 주요 치수 및 검차 공토	• 도면 해독 검토
	측정기 유지관리	• 측정기 관리 • 측정기 교정	• 측정기 취급 주의
	정밀 측정	• 측정방법 결정 • 정밀 측정	• 정밀 측정 준비
CAM 프로그래밍	기계제도	• 기계제도 일반	• 기계요소 제도
	CAD/CAM 시스템	• CAD/CAM 시스템의 개요 • CAD/CAM 시스템의 구성 • CAD 데이터 표준	
	컴퓨터그래픽 기초	• 기하학적 도형 정의와 처리 • CAD 모델링을 위한 좌표 변환 • CAD 모델링을 위한 기초 수학 및 디스플레이	
	3D 형상 모델링 작업	• 3D 형상 모델링 작업 준비 • 3D 형상 모델링 작업	
	CAM 가공	• CAM 가공 일반 • CAM 관련 절삭 이론 • 가공경로 계산 • 적층가공, 측정, 가상가공	
	CNC 가공	• CNC의 개요 • CNC 공작기계의 제어방식 • CNC 공작기계에 의한 절삭가공	
컴퓨터수치제어(CNC) 절삭가공	기계가공	• 공작기계 및 절삭제 • 선반가공 • 밀링가공 • 연삭가공 • 기타 기계가공 • 정밀입자가공 및 특수가공 • 손다듬질 가공법	
	안전규정 준수	• 안전수칙 확인	• 안전수칙 준수

이 책의 구성과 특징

Win-Q 컴퓨터응용가공산업기사

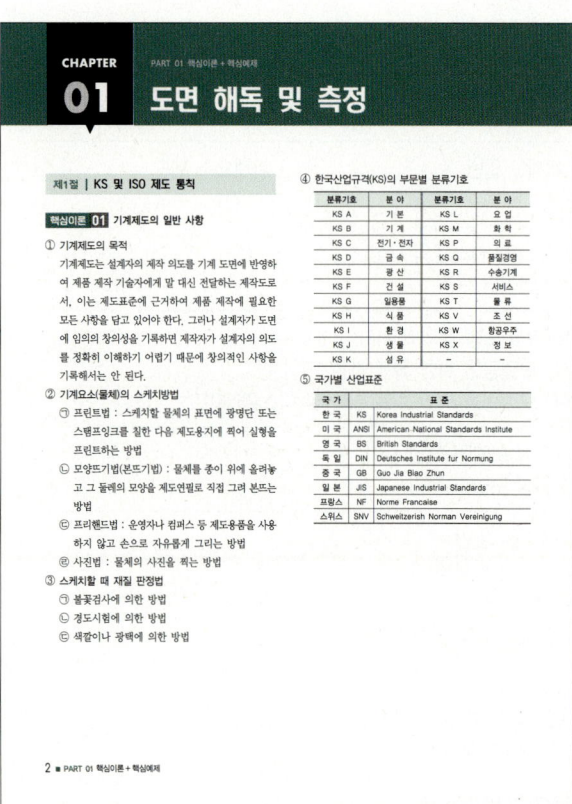

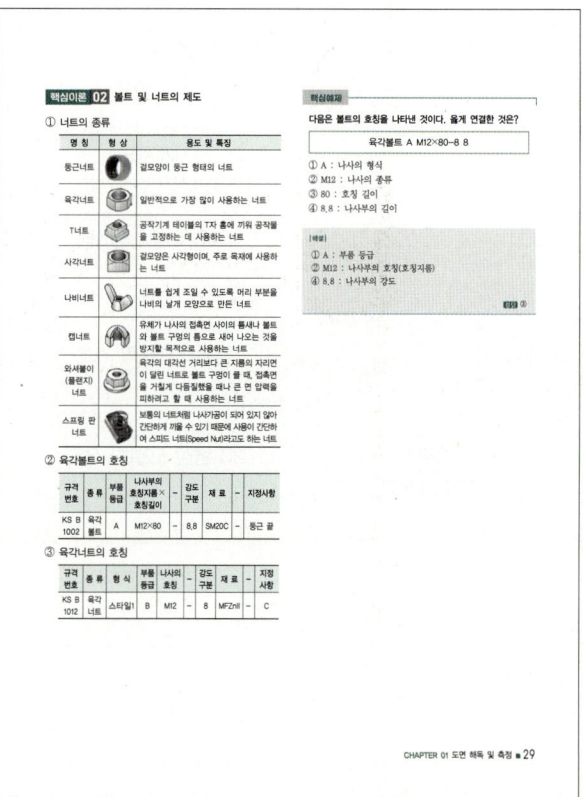

핵심이론

필수적으로 학습해야 하는 중요한 이론들을 각 과목별로 분류하여 수록하였습니다.
시험과 관계없는 두꺼운 기본서의 복잡한 이론은 이제 그만!
시험에 꼭 나오는 이론을 중심으로 효과적으로 공부하십시오.

핵심예제

출제기준을 중심으로 출제빈도가 높은 기출문제와 필수적으로 풀어보아야 할 문제를 핵심이론당 1~2문제씩 선정했습니다.
각 문제마다 핵심을 찌르는 명쾌한 해설이 수록되어 있습니다.

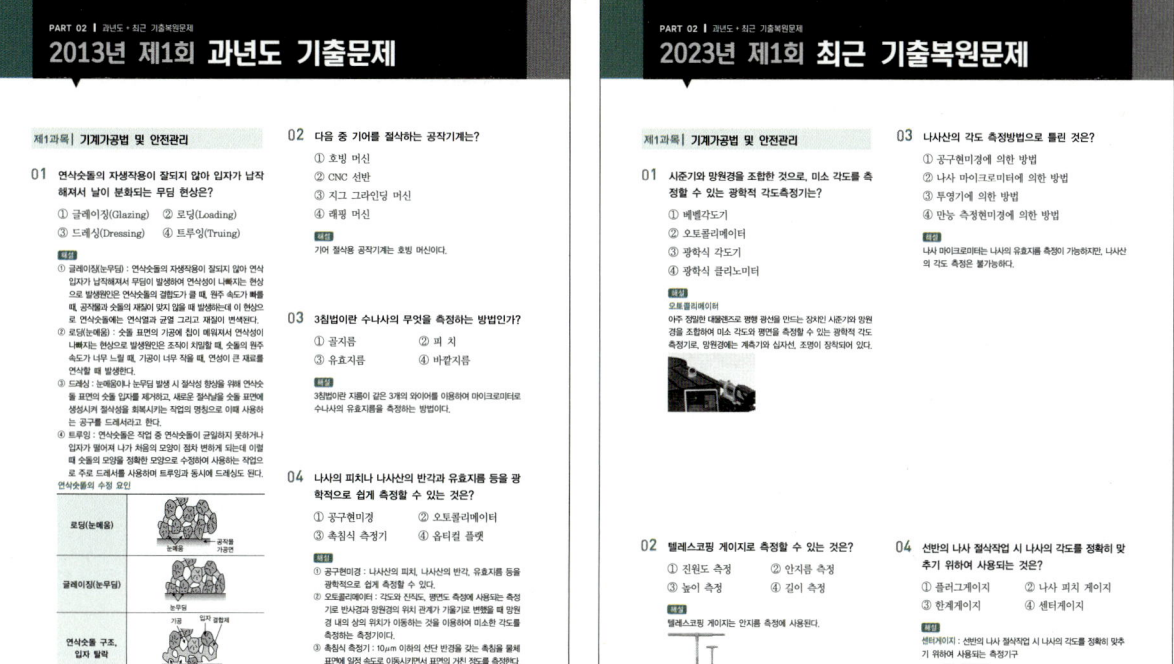

최신 기출문제 출제경향

2020년 1·2회 통합
- 구성인선의 발생원인
- 기어 언더컷 방지대책
- 브레이크 용량 구하기
- 연삭숫돌의 표시기호(결합도)
- 밀링머신의 테이블 이송속도(f) 구하기
- DXF(Data eXchange File)의 섹션 구성
- NURBS(Non-Uniform Rational B-Spline) 곡선의 특징

2020년 3회
- 산삭가공 시 절삭시간 구하기
- 유니파이 보통나사의 표시방법
- 머시닝센터의 주축 이송속도 구하기
- 굵은 1점쇄선의 용도
- 플리커링의 특징
- CGI 표준규격의 특징
- 머시닝센터의 보조프로그램 M99의 의미

2021년 1회
- 한계게이지의 종류 및 특징
- 2차원에서 동차좌표 변환행렬
- 기하공차의 종류
- DNC의 정의
- Bezier 곡선의 특징
- 밀링 상향절삭과 하향절삭의 특징
- 연삭가공의 특징

2021년 2회
- 마이크로미터의 특징
- 직접측정의 장점
- 가공방법에 따른 KS기호
- 3차원 솔리드 모델링의 기본 입체(Primitive)의 종류
- 솔리드 모델링의 특징
- 3차원 변환을 위한 동차 좌표계 변환행렬의 항목별 역할
- CNC 선반 공구교환 명령어

TENDENCY OF QUESTIONS

합격의 공식 Formula of pass · SD에듀 www.sdedu.co.kr

2022년 1회
- 사인바의 높이차 구하기
- 재료기호 'SS300'의 의미
- 오일러 관계식의 정의
- B-spline과 NURBS 곡선에 대한 특징
- 2차원 좌표와 동차 변환행렬을 이용한 회전변환
- 분산처리형 시스템이 갖추어야 할 기본 성능
- 공기 마이크로미터의 장점

2022년 2회
- 진원도 측정법의 종류
- 단면도의 표시방법 중 한쪽 단면도
- IGES 규격의 특징
- 곡면모델링의 특징
- CNC 공작기계용 대수연산방식의 특징
- 곡선의 2차 미분방정식
- 방전가공(EDM)과 전해가공(ECM)의 차이점

2023년 1회
- 단면도의 절단된 부분을 나타내는 해칭선(가는 실선)
- 측장기의 정의
- 서피스 모델링의 특징
- 은면 제거가 불가능한 모델링(Wire Frame Modeling)
- 보간방법의 종류
- 절삭유제의 특징
- 정밀입자가공(배럴가공)

2023년 2회
- 나사 유효지름 측정기의 종류
- 기하공차
- FMS의 정의
- 베지어 곡선의 특징
- IGES의 특징
- 자유곡선 표현방법의 종류
- 선반 바이트에 여유각을 두는 목적

이 책의 목차

빨리보는 간단한 키워드

PART 01 핵심이론 + 핵심예제

CHAPTER 01	도면 해독 및 측정	002
CHAPTER 02	CAM 프로그래밍	056
CHAPTER 03	컴퓨터수치제어(CNC) 절삭가공	096

PART 02 과년도 + 최근 기출복원문제

2013년	과년도 기출문제	134
2014년	과년도 기출문제	197
2015년	과년도 기출문제	258
2016년	과년도 기출문제	322
2017년	과년도 기출문제	390
2018년	과년도 기출문제	450
2019년	과년도 기출문제	514
2020년	과년도 기출문제	577
2021년	과년도 기출복원문제	615
2022년	과년도 기출복원문제	647
2023년	최근 기출복원문제	676

빨간키

합격의 공식 SD에듀 www.sdedu.co.kr

당신의 시험에 빨간불이 들어왔다면!
최다빈출키워드만 쏙쏙! 모아놓은
합격비법 핵심 요약집 "빨간키"와 함께하세요!
당신을 합격의 문으로 안내합니다.

CHAPTER 01 도면 해독 및 측정

▌ 한국산업규격(KS)의 부문별 분류기호

분류기호	KS A	KS B	KS C	KS D
분야	기본	기계	전기·전자	금속

▌ 기계요소(물체)의 스케치 방법

- 프린트법 : 스케치할 물체의 표면에 광명단 또는 스탬프잉크를 칠한 다음 제도용지에 찍어 실형을 프린트하는 방법
- 모양뜨기법(본뜨기법) : 물체를 종이 위에 올려놓고 그 둘레의 모양을 제도연필로 직접 그려 본뜨는 방법
- 프리핸드법 : 운영자나 컴퍼스 등 제도용품을 사용하지 않고 손으로 자유롭게 그리는 방법
- 사진법 : 물체의 사진을 찍는 방법

▌ 도면에 마련되는 양식

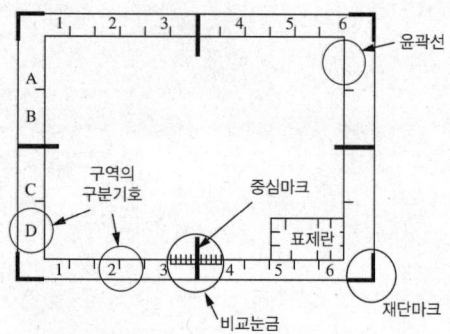

윤곽선	• 제도용지의 안쪽에 그려진 내용이 윤곽선 밖의 여백과는 확실히 구분되도록 하기 위해 그리는 선이다. • 종이의 가장자리가 찢어져서 도면의 내용이 훼손되지 않도록 하기 위해 굵은 실선으로 그린다.
표제란	• 도면관리에 필요한 사항과 도면내용에 관한 중요사항을 기재하기 위해 도면의 우측 하단부에 마련한다. • 도명, 도면번호, 기업명(소속명), 척도, 투상법, 작성 연월일, 설계자 등을 기입한다.
중심마크	• 도면의 영구 보존을 위해 마이크로필름으로 촬영하거나 복사할 때 활용된다. • 도면의 가로 및 세로의 중심점 위치에서 굵은 실선으로 표시한다.
비교눈금	• 도면을 축소하거나 확대했을 때 그 정도를 알기 위해 만든다. • 도면 하단부의 중앙 부분에 10mm 간격의 눈금을 굵은 실선으로 그려 놓은 것이다.
재단마크	• 인쇄, 복사, 플로터로 출력된 도면을 규격에서 정한 크기로 자르기 편하도록 만든 양식이다.

도면에 반드시 마련해야 할 양식

- 윤곽선
- 표제란
- 중심마크

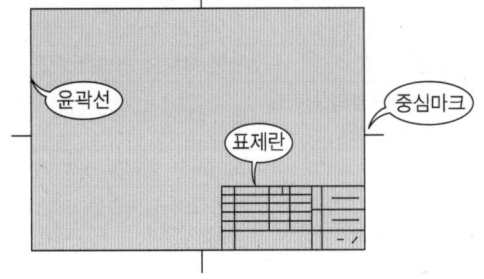

척도의 종류 및 표시 방법

A : B = 도면에서의 크기 : 물체의 실제 크기

종류	의미
축척	• 실물보다 작게 축소해서 그리는 것으로, 1:2, 1:20의 형태로 표시한다.
배척	• 실물보다 크게 확대해서 그리는 것으로, 2:1, 20:1의 형태로 표시한다.
현척	• 실물과 동일한 크기로, 1:1의 형태로 표시한다.
NS	• Not to Scale의 약자로 비례척이 아니라는 뜻이다. • 척도가 비례하지 않을 경우에 기입하는데 '비례하지 않음'이나 치수 수치의 아래에 실선(50)을 긋기도 한다.

선의 종류 및 용도

※ KS A ISO 128-2 외 관련 표준을 수험서에 맞게 수정함

명칭	기호	종류 및 용도	
굵은 실선	———	외형선	대상물이 보이는 모양의 외형을 표시하는 선
		절단 단면 화살표선	절단 및 단면을 나타내는 화살표의 선
		나사 길이 한계선	나사의 길이에 대한 한계를 나타내는 선
가는 실선	———	치수선	치수 기입을 위해 사용하는 선
		치수보조선	치수를 기입을 위해 도형에서 인출한 선
		지시선 및 기준선	지시, 기호를 나타내기 위한 선
		회전단면선	회전한 형상을 나타내기 위한 선
		수준면선	수면, 유면 등의 위치를 나타내는 선
		상관선	서로 교차하는 가상의 상관관계를 나타내는 선
		투상선	투상을 설명하는 선
		격자선	격자를 나타내는 선
		짧은 중심선	짧은 중심을 나타내는 선

명 칭	기 호	종류 및 용도	
가는 실선	———	나사골선	나사의 골을 나타내는 선
		구간점 치수선	시작점과 끝점을 나타내는 치수선
		평면표시선	원형 부분의 평평한 면을 나타내는 대각선
		반복되는 자세한 모양의 생략을 나타내는 선	예 기어의 이 뿌리원
		테이퍼선	테이퍼진 모양을 설명하는 선
		해 칭	단면도의 절단면을 나타내는 선 /////////
가는 파선(파선)	-----	숨은선	대상물의 보이지 않는 부분의 윤곽 또는 모서리 윤곽을 나타내는 선
굵은 파선	— — —	열처리 허용부 지시선	열처리와 같은 표면 처리의 허용 부분을 나타내는 선
가는 1점쇄선이 겹치는 부분에는 굵은 실선	⌐⌐	절단선	절단한 면을 나타내는 선
가는 1점쇄선	—·—·—	중심선	도형의 중심을 표시하는 선
		기준선	위치결정의 근거임을 나타내기 위해 사용하는 선
		피치선	반복 도형의 피치의 기준을 잡는 선
가는 2점쇄선	—··—··—	무게중심선	단면의 무게중심을 연결한 선
		가상선	가공 부분의 이동하는 특정 위치나 이동 한계의 위치를 나타내는 선
굵은 1점쇄선	—·—·—	특수 지정선	열처리나 표면처리 등 제한된 면적에 특수한 가공이나 특수 열처리가 필요한 부분을 지시하는 선
가는 자유실선	～～	파단선	대상물의 일부를 파단한 경계나 일부를 떼어 낸 경계를 표시하는 선
지그재그선	─\/\─		
아주 굵은 실선	▬▬▬	개스킷	개스킷 등 두께가 얇은 부분 표시하는 선

▌ 가는 2점쇄선(—··—)으로 표시되는 가상선의 용도

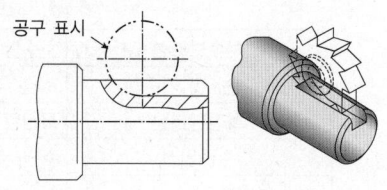

- 반복되는 것을 나타낼 때
- 가공 전이나 후의 모양을 표시할 때
- 도시된 단면의 앞부분을 표시할 때
- 물품의 인접 부분을 참고로 표시할 때
- 이동하는 부분의 운동범위를 표시할 때
- 공구 및 지그 등 위치를 참고로 나타낼 때

• 단면의 무게중심을 연결한 선을 표시할 때

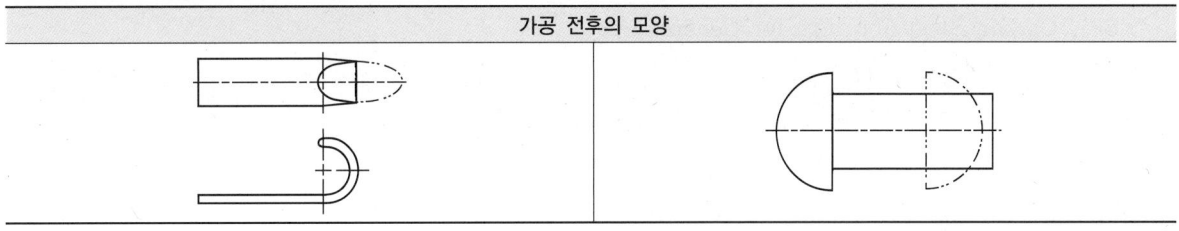

가공 전후의 모양

▎선의 굵기 및 우선순위

제도 시 선 굵기의 비율은 아주 굵은 선, 굵은 선, 가는 선 = 4 : 2 : 1로 해야 한다.

▎두 종류 이상의 선이 중복되는 경우 우선순위

숫자나 문자 > 외형선 > 숨은선 > 절단선 > 중심선 > 무게중심선 > 치수보조선

▎평면 표시

기계제도에서 대상으로 하는 부분이 평면인 경우에는 단면에 가는 실선을 대각선으로 표시해 준다. 만약 단면이 정사각형일 때는 해당 단면의 치수 앞에 정사각형 기호를 붙여 '□20'와 같이 표시한다.

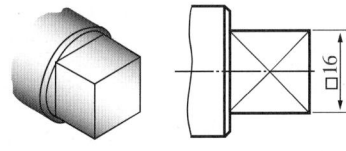

▎일반구조용 압연강재-SS400의 경우

- S : Steel(강-재질)
- S : 일반구조용 압연재(General Structural Purposes)
- 400 : 최저 인장강도($41kg_f/mm^2 \times 9.8 = 400N/mm^2$)

▎기계구조용 탄소강재-SM 45C의 경우

- S : Steel(강-재질)
- M : 기계구조용(Machine Structural Use)
- 45C : 평균 탄소 함유량(0.42~0.48%)-KS D 3752

■ 탄소강 단강품 – SF390A

- SF : Carbon Steel Forgings for General Use
- 390 : 최저 인장강도 390N/mm^2
- A : 어닐링, 노멀라이징 또는 노멀라이징 템퍼링을 한 단강품

■ 회주철품 – GC 200

- GC : Gray Cast(회주철품)
- 200 : 최저 인장강도 200N/mm^2

■ KS 재료기호

명 칭	기 호	명 칭	기 호
알루미늄 합금주물	AC1A	니켈-크롬강	SNC
알루미늄 청동	ALBrC1	니켈-크롬-몰리브덴강	SNCM
다이캐스팅용 알루미늄 합금	ALDC1	판 스프링강	SPC
청동 합금주물	BC(CAC)	냉간압연 강판 및 강대(일반용)	SPCC
편상흑연주철	FC	드로잉용 냉간압연 강판 및 강대	SPCD
회주철품	GC	열간압연연 강판 및 강대(드로잉용)	SPHD
구상흑연주철품	GCD	배관용 탄소강판	SPP
구상흑연주철	GCD	스프링용강	SPS
인청동	PBC2	배관용 탄소강관	SPW
합 판	PW	일반구조용 압연강재	SS
피아노선재	PWR	탄소공구강	STC
보일러 및 압력용기용 탄소강	SB	합금공구강(냉간금형)	STD
보일러용 압연강재	SBB	합금공구강(열간금형)	STF
보일러 및 압력용기용 강재	SBV	일반구조용 탄소강관	STK
탄소강 주강품	SC	기계구조용 탄소강관	STKM
기계구조용 합금강재	SCM, SCr 등	합금공구강(절삭공구)	STS
크롬강	SCr	리벳용 원형강	SV
주강품	SCW	탄화텅스텐	WC
탄소강 단조품	SF	화이트메탈	WM
고속도 공구강재	SKH	다이캐스팅용 아연합금	ZDC
기계구조용 탄소강재	SM	–	–
용접구조용 압연강재	SM 표시후 A, B, C 순서로 용접성이 좋아짐		

가공방법의 기호

기 호	가공방법	기 호	가공방법
L	선 반	FS	스크레이핑
B	보 링	G	연 삭
BR	브로칭	GH	호 닝
CD	다이캐스팅	GS	평면연삭
D	드 릴	M	밀 링
FB	브러싱	P	플레이닝
FF	줄 다듬질	PS	절단(전단)
FL	래 핑	SH	기계적 강화
FR	리머 다듬질	–	–

특수가공(SP ; Special Processing) 기호

가공방법	기 호	기호 풀이
방전가공	SPED	Electric Discharge
전해가공	SPEC	Electro Chemical
전해연삭	SPEG	Elecrolytic Grinding
초음파가공	SPU	Ultrasonic
전자빔가공	SPEB	Electron Beam
레이저가공	SPLB	Laser Beam

표면거칠기를 표시하는 방법

종 류	특 징
산술평균거칠기(R_a)	중심선 윗부분 면적의 합을 기준 길이로 나눈 값을 마이크로미터(μm)로 나타낸 것
최대높이(R_y)	산봉우리 선과 골바닥 선의 간격을 측정하여 마이크로미터(μm)로 나타낸 것
10점 평균거칠기(R_z)	평균 선에서 세로 배율의 방향으로 측정한 가장 높은 산봉우리로부터 5번째 산봉우리까지의 표고(표면에서의 높이)의 절댓값의 평균값과의 합을 마이크로미터(μm)로 나타낸 것

표면의 지시기호

a : 첫 번째 표면의 결 요구사항
b : 두 번째 표면의 결 요구사항
c : 제작방법(가공방법)
d : 줄무늬 방향기호
e : 다듬질 여유(기계가공 여유)

a : 중심선 평균거칠기값
b : 가공방법
c : 컷오프값
d : 줄무늬 방향기호
e : 다듬질 여유
g : 표면 파상도

※ KS A ISO 1302 : 2002(2016.11.30. 개정)
※ 개정 전 기출문제에서 자주 출제되었던 유형

줄무늬 방향 기호와 의미

기 호	커터의 줄무늬 방향	적용(특징)	표면 형상
=	투상면에 평행	셰이핑	
⊥	투상면에 직각	선삭, 원통연삭	
×	투상면에 경사지고 두 방향으로 교차	호닝	
M	여러 방향으로 교차되거나 무방향이 나타남	래핑, 밀링, 슈퍼피니싱	
C	중심에 대하여 대략 동심원(=원)	끝면 절삭	
R	중심에 대하여 대략 레이디얼 모양	일반적인 가공	
P	무늬결 방향이 특별하며 방향이 없거나 돌출(돌기가 있는 경우)	돌기부	

가공면을 지시하는 기호

종 류	의 미
∇ (빗금)	제거가공을 하든, 하지 않든 상관없다.
∇ (빗금)	제거가공을 해야 한다.
∇ (원,빗금)	제거가공을 하면 안 된다.
(폐윤곽 기호)	투상도의 폐윤곽을 완벽하게 하기 위해 적용
3∇	기계가공 여유 3mm

※ 만약 표면의 결 특성에 대한 상호보완적 요구사항이 도시되어야 할 경우, 위 3개의 기호선 끝에 가로로 추가선을 그린다.

　　예) ∇ : 재료의 제거가공이 필요한 경우, 추가 보완 문구 작성 시

※ 표면의 결을 도시할 때는 지시기호를 외형선에 붙여서 쓴다.

주요 투상법의 특징

종 류	그 림	특 징
사투상도	(30°)	• 물체를 투상면에 대하여 한쪽으로 경사지게 투상하여 입체적으로 나타낸 투상법이다. • 하나의 그림으로 대상물의 한 면(정면)만 중점적으로 엄밀하고 정확하게 표시할 수 있다.
등각투상도	(X,Y,Z 120°, 30°, 30°)	• 정면, 평면, 측면을 하나의 투상도에서 동시에 볼 수 있도록 그린 투상법이다. • 직육면체의 등각투상도에서 직각으로 만나는 3개의 모서리는 각각 120°를 이룬다. • 주로 기계 부품의 조립이나 분해를 설명하는 정비지침서 등에 사용한다.
투시투상도		• 건축, 도로, 교량의 도면 작성에 사용된다. • 멀고 가까운 원근감을 느낄 수 있도록 하나의 시점과 물체의 각 점을 방사선으로 그리는 투상법이다.
부등각투상도	(1, 3/4, 1, 18°, 30°)	• 수평선과 2개의 축선이 이루는 각을 서로 다르게 그린 투상법이다.

제1각법과 제3각법

제1각법	제3각법
투상면을 물체의 뒤에 놓는다.	투상면을 물체의 앞에 놓는다.
눈 → 물체 → 투상면	눈 → 투상면 → 물체

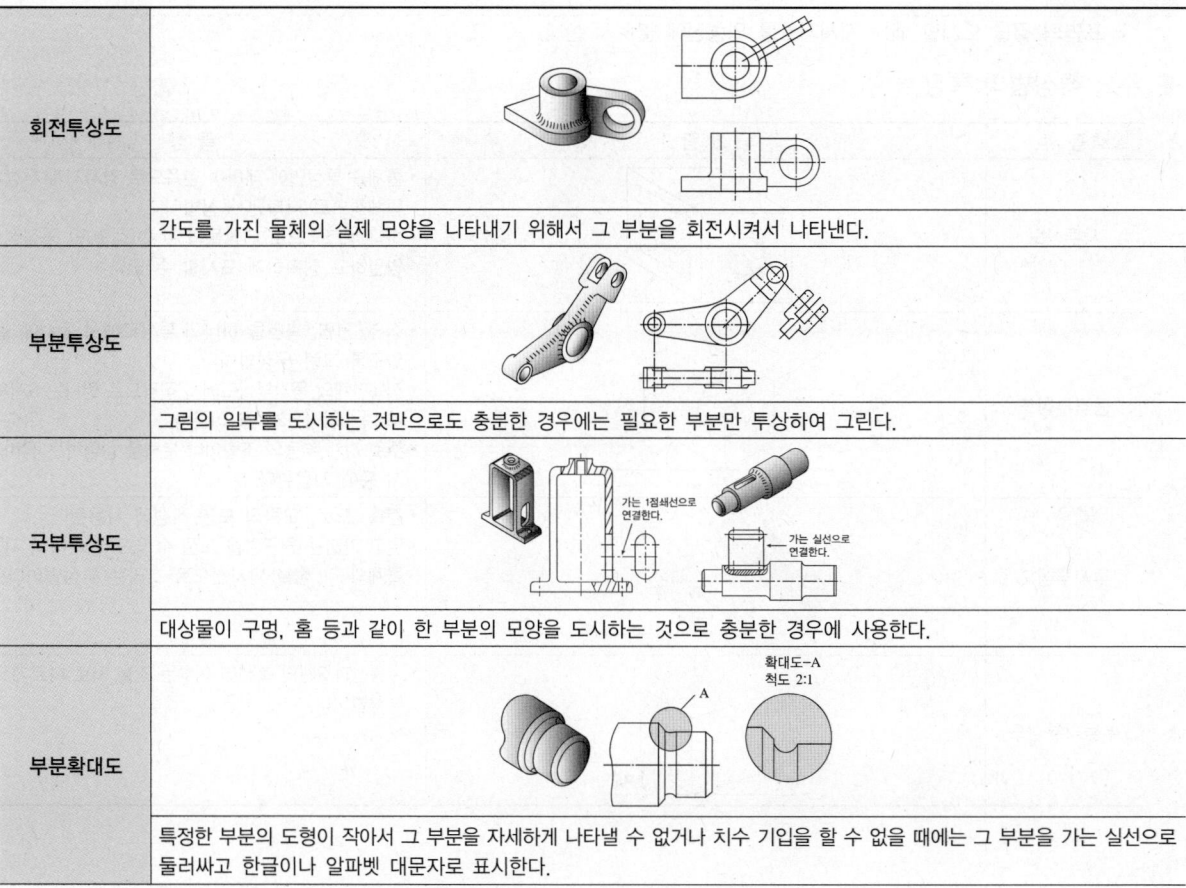

투상도의 종류

회전투상도	각도를 가진 물체의 실제 모양을 나타내기 위해서 그 부분을 회전시켜서 나타낸다.
부분투상도	그림의 일부를 도시하는 것만으로도 충분한 경우에는 필요한 부분만 투상하여 그린다.
국부투상도	대상물이 구멍, 홈 등과 같이 한 부분의 모양을 도시하는 것으로 충분한 경우에 사용한다.
부분확대도	특정한 부분의 도형이 작아서 그 부분을 자세하게 나타낼 수 없거나 치수 기입을 할 수 없을 때에는 그 부분을 가는 실선으로 둘러싸고 한글이나 알파벳 대문자로 표시한다.

보조투상도	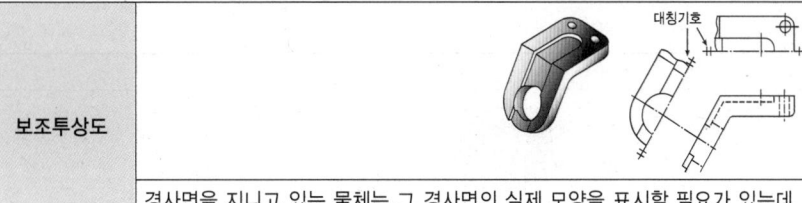 경사면을 지니고 있는 물체는 그 경사면의 실제 모양을 표시할 필요가 있는데, 이 경우 보이는 부분의 전체 또는 일부분을 나타낼 때 사용한다.

▌ KS규격에 기재된 경사투상법의 종류(KS A ISO 5456-3)

- 캐벌리어 투상법 : 투상면이 보통 수직하며 제3의 좌표축의 투상은 직교축과 보통 45°가 되도록 한다. 투상된 3개 축의 척도는 모두 같다.
- 캐비닛투상법 : 제3의 투상축에서 척도가 절반이나 감소된다는 것을 제외하면 캐벌리어 투상법과 유사하며 이 투상법은 그림의 비율을 보다 좋게 하기 위해 사용한다.
- 플라노메트릭 투상법 : 투상면은 수평면에 평행하게 표시된다.

▌ 단면도의 해칭방법

- 단면은 필요로 하는 부분만 파단하여 표시할 수 있다.
- 인접한 부품의 단면은 해칭선의 방향이나 간격을 다르게 하여 구분한다.
- 해칭 부분에 문자, 기호 등을 기입하기 위하여 해칭을 중단할 수 있다.
- 해칭을 하지 않아도 단면이라는 것을 알 수 있을 때에는 해칭을 생략해도 된다.
- 보통 해칭선은 45°의 가는 실선을 단면부의 면적에 2~3mm 간격으로 사선을 긋는다.
- 단면 면적이 넓은 경우에는 그 외형선의 안쪽 적절한 범위에 해칭 또는 스머징을 할 수 있다.

▌ 길이 방향으로 절단하여 도시가 가능한 기계요소와 불가능한 기계요소

길이 방향으로 절단하여 도시가 가능한 것	보스, 부시, 칼라, 베어링, 파이프 등 KS규격에서 절단하여 도시가 불가능하다고 규정된 이외의 부품
길이 방향으로 절단하여 도시가 불가능한 것	축, 키, 암, 핀, 볼트, 너트, 리벳, 코터, 기어의 이, 베어링의 볼과 롤러

단면도의 종류

단면도명	특 징
온단면도 (전단면도)	• 전단면도라고도 한다. • 물체 전체를 직선으로 절단하여 앞부분을 잘라내고 남은 뒷부분의 단면 모양을 그린 것이다. • 절단 부위의 위치와 보는 방향이 확실한 경우에는 절단선, 화살표, 문자기호를 기입하지 않아도 된다.
한쪽 단면도 (반단면도)	• 반단면도라고도 한다. • 절단면을 전체의 반만 설치하여 단면도를 얻는다. • 상하 또는 좌우가 대칭인 물체를 중심선을 기준으로 1/4 절단하여 내부 모양과 외부 모양을 동시에 표시하는 방법이다.
부분 단면도	• 파단선을 그어서 단면 부분의 경계를 표시한다. • 일부분을 잘라 내고 필요한 내부의 모양을 그리기 위한 방법이다.

단면도명	특 징
회전도시 단면도	(a) 암의 회전단면도(투상도 안) (b) 훅의 회전단면도(투상도 밖) • 절단선의 연장선 뒤에도 그릴 수 있다. • 투상도의 절단할 곳과 겹쳐서 그릴 때는 가는 실선으로 그린다. • 주투상도의 밖으로 끌어 내어 그릴 경우는 가는 1점쇄선으로 한계를 표시하고 굵은 실선으로 그린다. • 핸들이나 벨트 풀리, 바퀴의 암, 리브, 축, 형강 등의 단면의 모양을 90°로 회전시켜 투상도의 안이나 밖에 그린다.
계단 단면도	• 절단면을 여러 개 설치하여 그린 단면도이다. • 복잡한 물체의 투상도수를 줄일 목적으로 사용한다. • 절단선, 절단면의 한계와 화살표 및 문자기호를 반드시 표시하여 절단면의 위치와 보는 방향을 정확히 명시해야 한다.

치수 보조기호의 종류

기 호	구 분	기 호	구 분
ϕ	지 름	p	피 치
Sϕ	구의 지름	⌒50	호의 길이
R	반지름	50 (밑줄)	비례척도가 아닌 치수
SR	구의 반지름	[50]	이론적으로 정확한 치수
□	정사각형	(50)	참고 치수
C	45° 모따기	~~50~~	치수의 취소(수정 시 사용)
t	두 께		

치수 기입 시 주의사항

• 한 도면 안에서의 치수는 같은 크기로 기입한다.
• 각도를 라디안 단위로 기입하는 경우 그 단위 기호인 rad을 기입한다.
• cm나 m를 사용할 필요가 있는 경우 반드시 cm나 m를 기입해야 한다.
• 길이 치수는 원칙적으로 mm의 단위로 기입하고, 단위기호는 붙이지 않는다.

- 치수 숫자는 정자로 명확하게 치수선의 중앙 위쪽에 약간 띄어서 평행하게 표시한다.
- 치수 숫자의 단위수가 많은 경우 3자리마다 숫자의 사이를 적당히 띄우고 콤마를 붙이지 않는다.
- 숫자와 문자는 고딕체를 사용하고, 크기는 도면과 투상도의 크기에 따라 알맞은 크기와 굵기를 선택한다.
- 각도 치수는 일반적으로 도의 단위로 기입하고, 필요한 경우 분, 초를 병용할 수 있으며 도, 분, 초 등의 단위를 기입한다.

■ 기계제도에서 치수선을 나타내는 방법

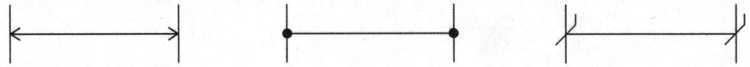

■ 치수공차

- 공차라고도 한다.
- 치수공차 : 최대허용한계치수 − 최소허용한계치수

■ IT(International Tolerance)공차

ISO에서 정한 국제표준공차로서 치수공차와 끼워맞춤에 관한 공차로 IT 01, IT 00, IT 1~IT 18까지 총 20등급으로 구분된다.

■ 구멍기준식 축의 끼워맞춤 기호

헐거운 끼워맞춤	중간 끼워맞춤	억지 끼워맞춤
b, c, d, e, f, g, h	js, k, m, n	p, r, s, t, u, x

■ 길이와 각도의 치수 기입

현의 치수 기입	호의 치수 기입	반지름 치수 기입	각도 치수 기입
40	42	R8	105°

■ 틈새와 죔새값 계산

최소 틈새	구멍의 최소허용치수 − 축의 최대허용치수
최대 틈새	구멍의 최대허용치수 − 축의 최소허용치수
최소 죔새	축의 최소허용치수 − 구멍의 최대허용치수
최대 죔새	축의 최대허용치수 − 구멍의 최소허용치수

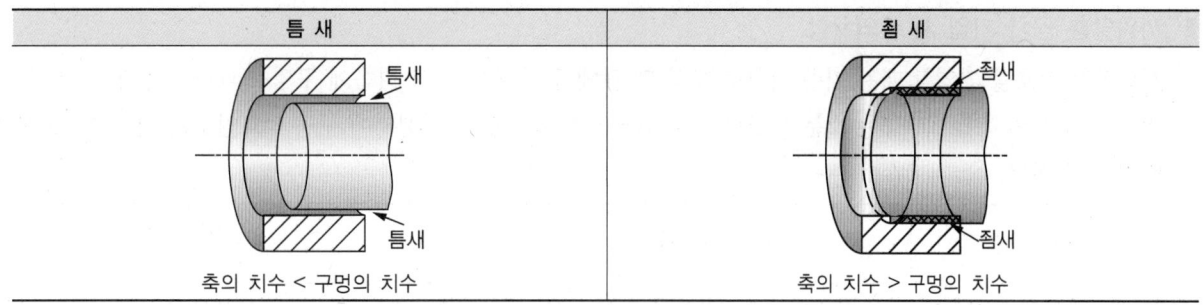

틈새	죔새
축의 치수 < 구멍의 치수	축의 치수 > 구멍의 치수

▌ 기하공차 종류 및 기호

형 체	종 류		기 호
단독 형체	모양공차	진직도	—
		평면도	▱
		진원도	○
		원통도	⌭
		선의 윤곽도	⌒
		면의 윤곽도	⌒
관련 형체	자세공차	평행도	//
		직각도	⊥
		경사도	∠
	위치공차	위치도	⌖
		동축도(동심도)	◎
		대칭도	⌯
	흔들림공차	원주 흔들림	↗
		온 흔들림	↗↗

▌ 공차 기입틀에 따른 공차의 입력방법

2칸 형식	3칸 형식
— │ 0.011 └ 공차값 └ 공차의 종류기호	// │ 0.05/100 │ A └ 데이텀 문자기호 └ 공차값 └ 공차의 종류기호

끼워맞춤 공차 기입 시 주의사항

끼워맞춤 기호를 기입할 때는 기준 치수를 항상 맨 앞에 위치시키며, 그 다음에 구멍을 나타내는 대문자인 H7을 먼저 기입한 후 축을 나타내는 소문자 h6을 표시한다. 또한 분수일 경우 분자에 구멍 기호인 H7을 분모에 소문자인 h6을 기입한다.

맞는 표현	$\phi 12 \dfrac{H7}{h6}$	$\phi 12\ H7/h6$
틀린 표면	$\phi 12 \dfrac{h6}{H7}$	$\phi 12\ h6/H7$

최대실체공차 표시

MMC(Maximum Material Condition) 원리가 적용될 수 있는 기하공차는 자세공차와 위치공차에 해당하는 기호로서 위치도가 적용된다. 최대실체공차를 적용하는 경우의 도시 방법은 공차 기입란의 공차값 다음에 Ⓜ의 부가기호를 붙인다.

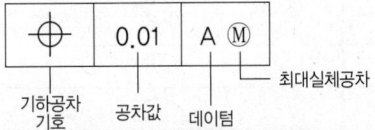

기하공차 기호 / 공차값 / 데이텀 / 최대실체공차

나사의 종류 및 기호

구 분	종 류		기 호
ISO 규격에 있는 것	미터보통나사		M
	미터가는나사		
	유니파이 보통나사		UNC
	유니파이 가는나사		UNF
	미터사다리꼴나사		Tr
	미니추어나사		S
	관용 평행나사		G
	관용 테이퍼나사	테이퍼 수나사	R
		테이퍼 암나사	Rc
		평행 암나사	Rp
ISO 규격에 없는 것	30° 사다리꼴나사		TM
	관용 평행나사		PF
	관용 테이퍼나사	테이퍼나사	PT
		평행 암나사	PS
특수용	전구나사		E
	미싱나사		SM
	자전거나사		BC

▌ 나사의 제도방법

- 단면 시 암나사는 안지름까지 해칭한다.
- 수나사와 암나사의 골지름은 모두 가는 실선으로 그린다.
- 수나사와 암나사 결합부의 단면은 수나사 기준으로 나타낸다.
- 수나사의 바깥지름과 암나사의 안지름은 굵은 실선으로 그린다.
- 완전 나사부와 불완전 나사부의 경계선은 굵은 실선으로 그린다.
- 수나사와 암나사의 측면도시에서 골 지름과 바깥지름은 가는 실선으로 그린다.
- 암나사의 단면 도시에서 드릴 구멍의 끝 부분은 굵은 실선으로 120°로 그린다.
- 불완전 나사부의 골밑을 나타내는 선은 축선에 대하여 30°의 경사진 가는 실선으로 그린다.
- 가려서 보이지 않는 암나사의 안지름은 보통의 파선으로 그리고, 바깥지름은 가는 파선으로 그린다.

※ 완전 나사부 : 환봉이나 구멍에 나사내기를 할 때 완전한 나사산이 만들어져 있는 부분
  불완전 나사부 : 환봉이나 구멍에 나사내기를 할 때 나사가 끝나는 곳에서 불완전 나사산을 갖는 부분

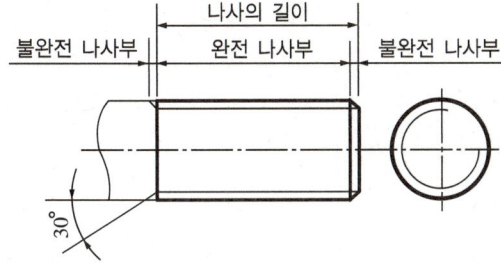

▌ 웜기어와 웜휠 기어의 제도

웜기어	웜 휠
• 비틀림 방향은 오른쪽으로 한다. • 이끝원은 굵은 실선으로 도시한다. • 이뿌리원은 가는 실선으로 도시한다. • 피치원은 가는 1점쇄선으로 도시한다. • 잇줄 방향은 3개의 가는 실선으로 표시한다.	• 이뿌리원은 굵은 실선으로 한다. • 피치원은 가는 1점쇄선으로 한다. • 이끝원은 굵은 실선으로 한다.

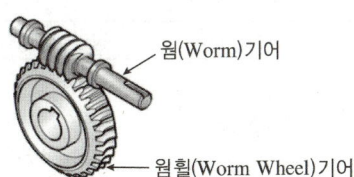

■ V벨트 전동장치의 특징

- 고속운전이 가능하다.
- 벨트를 쉽게 끼울 수 있다.
- 마찰력이 평벨트보다 크다.
- 속도는 10~15m/s로 한다.
- 미끄럼이 작고 속도비가 크다.
- 전동효율은 90~95% 정도이다.
- 평벨트보다 잘 벗겨지지 않는다.
- 축간거리 5m 이하에서 사용한다.
- 베어링에 걸리는 하중이 비교적 작다.
- 바로걸기로만 동력 전달이 가능하다.
- 지름이 작은 풀리에도 사용할 수 있다.
- 축간거리는 평벨트보다 짧게 사용한다.
- 작은 장력으로 큰 회전력을 전달할 수 있다.
- 속도비는 모터와 기구의 비를 1 : 7로 한다.
- 장력조절장치로 벨트의 장력을 조절할 수 있다.
- 접촉 면적이 넓어서 큰 회전력을 전달할 수 있다.
- 이음매가 없어 운전이 정숙하고 충격을 완화시킨다.

■ V벨트 단면의 모양 및 크기

종 류	M	A	B	C	D	E
크 기	최소 ←――――――――――――――――――→ 최대					

■ 용접이음의 종류

맞대기이음 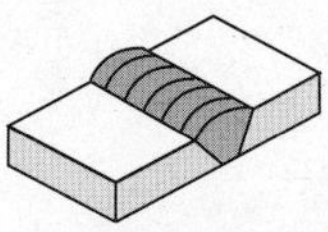	겹치기이음 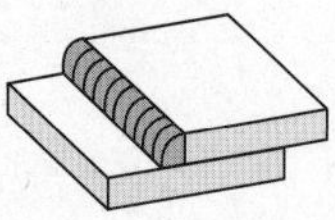	모서리이음 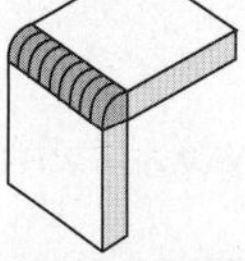	양면 덮개판이음 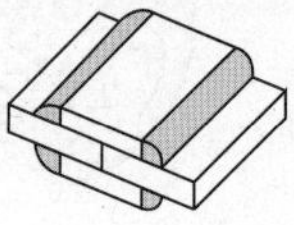	T이음(필릿) 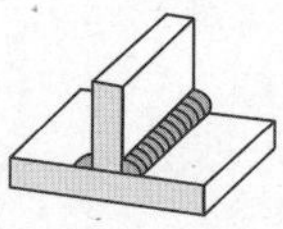	십자(+)이음 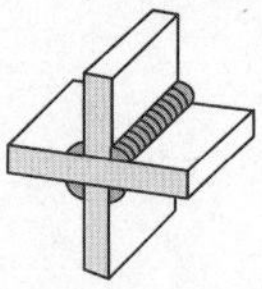

전면 필릿이음	측면 필릿이음	변두리이음

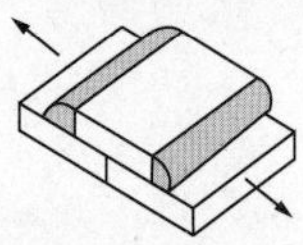

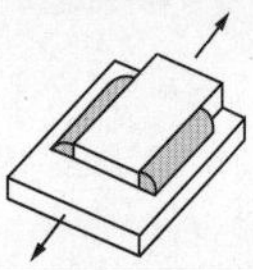

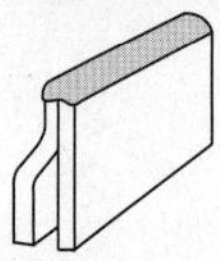

▌ 파이프 안에 흐르는 유체의 종류
- A : Air, 공기
- G : Gas, 가스
- O : Oil, 유류
- S : Steam, 수증기
- W : Water, 물

▌ 체크밸브

유체(기체+액체)의 역류를 방지하기 위해 한쪽 방향으로만 흐르게 하는 밸브이다.

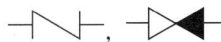

▌ 배관기호

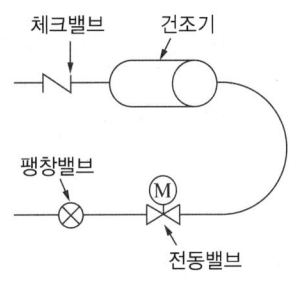
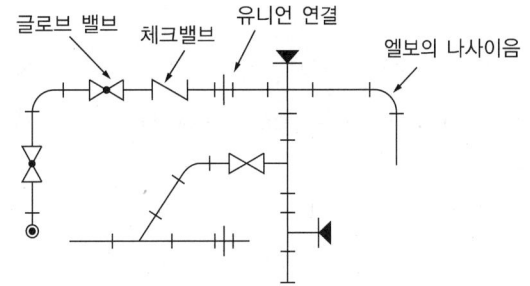

▌ 측정기기의 종류

각도측정기	사인바	길이측정기	게이지블록
	수준기		스냅게이지
	분도기		깊이게이지
	탄젠트바		마이크로미터
	오토콜리미터		다이얼게이지
	오토콜리메이터		버니어 캘리퍼스
	콤비네이션 세트		지침 측미기(미니미터)
	광학식 클리노미터		하이트게이지(높이게이지)
평면측정기	서피스게이지	위치, 크기, 방향, 윤곽, 형상	3차원 측정기
	옵티컬 플랫	비교측정기	다이얼게이지
			지침 측미기(미니미터)
	나이프 에지		다이얼 테스트 인디케이터

■ 측정기 설치 시 고려해야 할 이론

측정기 설치 시 측정오차가 최소로 발생할 수 있도록 설치해야 한다.
- 아베의 원리 : 표준자와 피측정물은 측정 방향에 있어서 동일 축 선상에 있어야 하며, 그렇지 않을 경우 오차가 발생한다.
- 테일러의 원리(한계게이지에 적용되는 이론) : 생산성의 향상을 위해 빠른 측정방법을 연구하면서 나온 이론이다.

■ 형상공차의 측정에서 진원도의 측정방법
- 3점법(삼침법)
- 직경법(지름법)
- 반경법(반지름법)

■ 버니어 캘리퍼스

버니어 캘리퍼스의 크기를 나타내는 기준은 측정 가능한 치수의 최대 크기이다. 일반적으로 사용되는 표준형 버니어 캘리퍼스는 본척의 1눈금은 1mm, 버니어의 눈금 19mm를 20등분하고 있으므로 최소 $\frac{1}{20}$mm(0.05mm)이나 $\frac{1}{50}$mm(0.02mm)의 치수까지 읽을 수 있다.

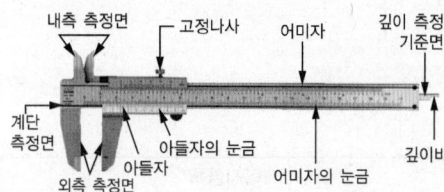

■ 마이크로미터

나사를 이용한 길이측정기로, 길이의 변화를 나사가 회전한 각을 지름으로 확대하여 짧은 길이의 변화도 정밀하게 측정할 수 있다. 총측정거리에 따라서 최대 측정거리가 25mm인 경우 '0-25'와 같이 측정기에 표시한다. 현재 25mm 간격으로 500mm까지 출시되고 있다. 최대 0.001mm, 즉 $\frac{1}{1,000}$mm까지 측정할 수 있는 것이 버니어 캘리퍼스와 다른 점이다.

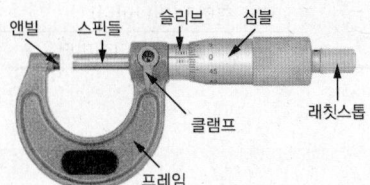

마이크로미터의 최소 측정값을 구하는 식

$$\text{마이크로미터의 최소 측정값} = \frac{\text{나사의 피치}}{\text{심블의 등분수}} (\text{mm})$$

게이지블록 취급 시 주의사항

- 천이나 가죽 위에서 취급한다.
- 먼지가 적고, 건조한 실내에서 사용한다.
- 측정면에 먼지가 묻어 있으면 솔로 털어낸다.
- 측정면은 휘발유나 벤젠으로 세척한 후 방청유를 발라서 보관해야 녹을 예방할 수 있다.
- 게이지블록은 방청유를 바른 상태에서 보관해야 하며 휘발유를 묻혀서는 안 된다.

오토콜리메이터(정밀각도측정기)

망원경의 원리와 콜리메이터의 원리를 조합시켜서 만든 측정기기이다. 계측기와 십자선, 조명 등을 장착한 망원경을 이용하여 미소한 각도의 측정이나 평면의 측정에 이용하는 측정기기로, 안내면의 원통도는 측정이 불가능하다.

사인바(Sign Bar)

삼각함수를 이용하여 각도를 측정하거나 임의의 각을 만드는 대표적인 각도측정기로, 정반 위에서 블록게이지와 조합하여 사용한다. 이 사인바는 측정하려는 각도가 45° 이내여야 하며 측정각이 더 커지면 오차가 발생한다.

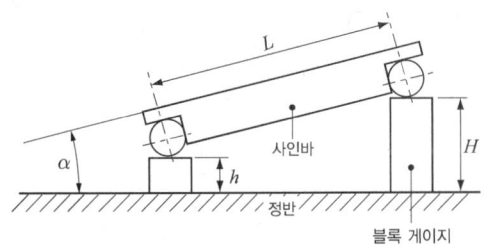

사인바와 정반이 이루는 각(α)

$$\sin\alpha = \frac{H-h}{L}$$

여기서, $H-h$: 양 롤러 간 높이차
L : 사인바의 길이
α : 사인바의 각도

비교측정의 장점

- 높은 정밀도의 측정이 비교적 용이하다.
- 측정범위가 좁으며 표준게이지가 필요하다.
- 제품의 치수가 고르지 못한 것을 계산하지 않고도 알 수 있다.
- 길이, 면의 각종 형상 측정, 공작기계의 정밀도 검사 등 사용범위가 넓다.

■ 다이얼게이지의 특징
- 측정범위가 넓다.
- 연속된 변위량의 측정이 가능하다.
- 다원 측정의 검출기로서 이용할 수 있다.
- 눈금과 지침에 의해서 읽기 때문에 오차가 작다.
- 비교측정기에 속하므로 직접 치수를 읽을 수 없다.

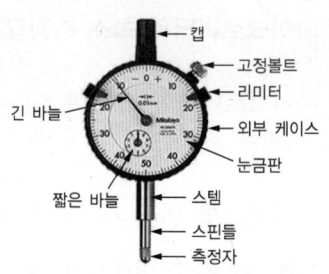

■ 한계게이지의 특징
- 제품 사이의 호환성이 있다.
- 제품의 실제 치수를 알 수 없다.
- 측정이 쉽고 대량 생산에 적합하다.
- 개인차가 없고 측정시간이 절약된다.
- 조작하기 쉽고 숙련이 필요하지 않다.
- 1개의 치수마다 1개의 게이지가 필요하다.
- 대량 측정에 적합하고 합격·불합격의 판정이 용이하다.
- 최소와 최대 허용치를 점검하므로 측정은 항상 성공한다.
- 측정 치수가 결정됨에 따라 각각 통과측, 정지측의 게이지가 필요하다.

■ 나사의 유효지름 측정방법
- 만능투영기
- 공구현미경
- 나사 마이크로미터
- 외측 마이크로미터

■ 나사산의 각도 측정방법
- 공구현미경에 의한 방법
- 투영기에 의한 방법
- 만능 측정현미경에 의한 방법

■ 나사의 측정항목
- 피치
- 골지름
- 유효지름
- 나사산의 각도

수준기

액체와 기포가 들어 있는 유리관 속에 있는 기포 위치에 의하여 수평면에서 기울기를 측정하는 액체식 각도 측정기로, 주로 기계 조립이나 설치 시 수평 정도와 수직 정도를 확인하는 데 사용한다.

구멍과 축용 한계게이지

구멍용 한계게이지	봉게이지
	터보게이지
	플러그게이지
축용 한계게이지	링게이지
	스냅게이지
	플러시 핀게이지

옵티컬 플랫(광선정반)

옵티컬 플랫은 동그란 형태의 두 면이 평행한 측정편의 일종으로 마이크로미터와 함께 평면도를 측정한다. 마이크로미터 측정면의 평면도 검사에 가장 적합한 측정기기로 광학적 원리를 이용하는데 시험편에 단색광을 쏘아 준 뒤 옵티컬 플랫에 반사되어 보이는 간섭무늬의 형태를 통해서 시험편의 평면도를 판정할 수 있다.

  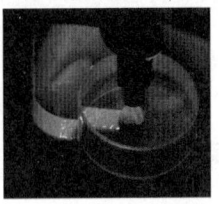

주요 측정기별 교정주기

종 류	교정용 표준기(개월)	정밀 계기(개월)
게이지블록	36	12
링게이지 비교기	36	12
틈새게이지	-	12
깊이게이지	12	12
내측 마이크로미터	-	12
외측 마이크로미터	-	12
다이얼게이지	12	12
내외측 기어 이 두께 캘리퍼	12	12
버니어 캘리퍼스 등 캘리퍼 게이지	12	12
나사피치측정기	24	12
나사플러그게이지	24	12
시준기	36	24
사인바	36	24
옵티컬 플랫	24	24
평행블록	36	24
정밀 정반	36	24
형상측정기	24	24

※ 국가기술표준원 고시 제2020-0105호 기준

나사의 호칭

다음 표기는 호칭지름은 8mm, 피치는 1.25mm인 미터나사가 4개임을 나타낸다.

$\underline{4}$ - $\underline{M8}$ × $\underline{1.25}$

- 나사 개수 : 4개
- 나사의 피치 : 1.25mm
- 나사의 호칭지름 : 8mm
- 나사의 종류 : 미터나사

3침법의 측정항목

- 피 치
- 유효지름
- 바깥지름

※ 3침법(삼침법)에 의해 수나사의 유효지름 측정 시 사용되는 공구는 외측 마이크로미터이다. 3개의 같은 지름의 철사를 사용하여 수나사의 유효지름을 측정한다.

▌게이지블록

길이 측정의 표준이 되는 게이지로 공장용 게이지 중에서 가장 정확하다. 개개의 블록게이지를 밀착시킴으로써 그들 호칭치수의 합이 되는 새로운 치수를 얻을 수 있다. 블록게이지 조합의 종류에는 9개조, 32개조, 76개조, 103개조가 있다.

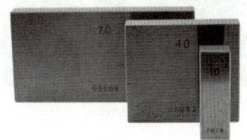

▌게이지블록의 등급

등 급	용 도	
K	참고용	• 학술 연구용 • 표준용 게이지블록 교정
0	표준용	• 측정기 교정용 • 검사용, 공작용 게이지블록 교정
1	검사용	• 게이지 제작, 부품 및 공구 검사
2	공작용	• 측정기 캘리브레이션(0점 조정)

▌측장기

본체에 외경 및 내경 등의 길이 측정이 가능한 표준척을 갖고 있으며, 이 표준척으로 길이가 긴 측정물의 치수를 직접 읽을 수 있다. 정밀도가 매우 높은 측정이 가능하고 측정하는 범위도 크다.

▌틈새 게이지

작은 틈새의 간극 점검과 측정에 사용되는 측정기로 간극 또는 필러게이지라고도 한다. 폭이 약 12mm, 길이가 약 65mm의 서로 다른 두께의 강편에 각각 두께가 표시되어 있다.

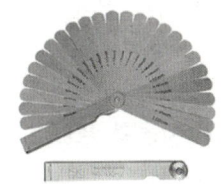

▌와이어게이지 : 판재나 철사의 두께를 측정한다.

CHAPTER 02 CAM 프로그래밍

■ CAD/CAM 시스템의 도입효과
- 도면 파일 저장
- 설계 오류 감소
- 고품질의 제품 생산
- 제품의 개발기간 단축
- 작업의 효율화 및 합리화
- 재료 및 가공시간 단축
- 제품의 표준화 및 생산성 향상
- 복잡한 형상의 제품도 가공 가능
- 조직 내 업무의 분할관리로 효율성 증대
- NC 프로그램의 오류 감소 및 설계 변경 용이

■ 분산처리형 CAD/CAM 시스템의 특징
- 컴퓨터 시스템의 편리성과 확장성을 향상시킬 수 있다.
- 자료처리 및 계산작업은 주(Main)시스템에서 이루어져야 한다.
- 자료처리 및 계산속도의 증가로 설계 및 가공 분야 생산성을 향상시킬 수 있다.
- 시스템 하나가 고장 나더라도 다른 시스템은 정상적으로 작동할 수 있도록 구성되어 있어 신뢰성과 활용성이 높다.

■ 자동화 생산방식의 종류
- NC(Numerical Control) : 수치제어장치로 사람이 하는 일을 기계가 대신 실행하는 시스템이다.
- DNC(Distributed Numerical Control, 직접수치제어) : 중앙의 컴퓨터 한 대에서 여러 대의 CNC 공작기계에 데이터를 분배하여 전송함으로써 동시에 여러 대의 기계를 운전할 수 있는 시스템으로 외부 컴퓨터에서 작성한 NC 프로그램을 CNC 공작기계에 송수신하면서 가공하는 방식으로, 군관리나 군제어라고도 한다.
- CNC(Computer Numerical Control, 컴퓨터수치제어가공) : 수치제어장치(NC) 내에 컴퓨터를 내장한 것으로 수치제어공작기계라고 한다. 컴퓨터를 이용하여 기계의 가공부를 수치로 제어하며 가공하는 방법으로, NC데이터를 디스켓이나 통신을 통해 컴퓨터에 입력하며 기억장치에 저장도 가능하다.

- FMS(Flexible Manufacturing System, 유연생산시스템) : 소량의 다양한 제품을 하나의 생산공정에서 지연 없이 동시에 제조할 수 있는 자동화시스템으로 현재 자동차 공장에서 하나의 컨베이어 벨트 위에 다양한 차종을 동시에 생산하는 시스템과 같다. 생산방식 중의 하나로서 일정 생산량 단위의 Cell로 이동시키는 방식이다.
- CAE(Computer Aided Engineering) : 제품 설계를 완성하기 전에 제품이 실제 작동되었을 때의 조건을 컴퓨터에 입력하고 각종 공학적인 실험을 통해 최적의 제품을 만들어내는 기술이다.

컴퓨터의 기본 구성

컴퓨터의 3대 주요장치
- 기억장치
- 입·출력장치
- 중앙처리장치(CPU)

중앙처리장치의 구성요소
- 기억장치
- 제어장치
- 연산논리장치

컴퓨터 주변기기의 속도 단위

종 류	특 징
BPI	• Byte per Inch, 자기테이프 등에 기록하는 데이터의 밀도
BPT	• Belarc producT Key와 주로 관련된 기타 파일명
MIPS	• Million Instruction per Second, 계산기의 연산속도
BPS	• 1초간에 송수신할 수 있는 비트수 • Bits per Second, 컴퓨터에서 통신속도를 나타내는 단위 • DNC 운전 시 시리얼 데이터(serial data)를 전송할 때의 전송속도 단위
CPS	• Character per Second, 프린터 출력속도
DPS	• Dot per Second
Pixel	• 디스플레이 장치의 화면을 구성하는 가장 최소의 단위
DPI	• Dot per Inch, 잉크젯이나 레이저 프린터의 해상도 단위
LPM	• Line per Minute, 분당 인쇄 라인수
PPM	• Parts per Million, 백만분의 1
CPM	• Cycle per Minute, 분당 진동수

▌ CRT 모니터와 LCD 모니터의 특징

CRT 모니터	LCD 모니터
• 브라운관을 이용한 디스플레이 장치로 아날로그신호로 구동한다. • 전 시야각이 넓다. • 전자파 방출량이 많다. • 응답속도가 빠르다. • 크기가 크고 무겁다. • 화질 및 가독성이 좋다. • 브라운관으로 형상이 볼록하다.	• 액정표시장치로 액정 투과도의 변화를 이용하여 각종 장치에서 발생하는 여러 가지 전기적인 정보를 시각 정보로 변화시켜 전달하는 전기소자로서 표현한다. • 깜빡임이 없다. • 완전한 평면이다. • 전력 소모가 작다. • CRT보다 더 밝다. • 두께가 얇고 가볍다. • 전자파 발생이 적다. • 패널에 따라 시야각이 좁다. • 주변 자기장의 영향을 받지 않는다.

▌ 컬러 래스터 스캔 화면 생성 방식의 색상수

- 3bit Plane : RGB, 2^3색
- 4bit Plane : IRGB, 2^4색

▌ IGES

- ANSI(American National Standards Institute, 미국규격협회)의 데이터 교환표준규격이다. 서로 다른 CAD/CAM/CAE 시스템 간에 도면 및 기하학적 형상의 데이터를 교환하기 위해 최초로 개발된 데이터 교환 형식이다.
- 최초의 CAD 데이터 표준 교환 형식이다.
- 서로 다른 CAD/CAM/CAE 시스템 간에 도면 및 기하학적 형상의 제품 정의 데이터를 교환하기 위해 개발된 최초의 데이터 교환 형식이다.
- 파일은 일반적으로 6개의 섹션으로 구성되어 있다.
- 서로 다른 시스템 간 제품 정보의 상호교환용 파일구조이다.
- 데이터 변환과정을 거치므로 유효 숫자 및 라운드 오프 에러가 발생할 수 있다.
- IGES 미지원 요소로 모델링한 경우 비슷한 요소로 변환하므로 정보 전달에 오류가 발생할 수 있다.

▌ STEP(STandard for the Exchange of Product data)

회사들 사이에 컴퓨터를 이용한 데이터의 저장과 교환을 위한 산업표준이 되고 있는 CALS에서 채택하고 있는 제품 데이터 교환표준으로, 형상 데이터뿐만 아니라 부품표(BOM), 재료, NC 데이터 등 많은 종류의 데이터를 포함할 수 있는 표준규격이다.

■ STL(STereo Lithography)

쾌속조형의 표준입력파일형식으로 많이 사용되고 있는 표준규격으로, 구조가 다른 CAD/CAM 시스템 간에 쉽게 정보를 교환할 수 있다는 장점이 있지만, 모델링된 곡면을 정확히 삼각형 다면체로 옮길 수 없다는 점과 이를 정확히 변환시키려면 용량을 많이 차지한다는 단점이 있다.

■ DXF(Data eXchange File)

CAD 데이터 간 호환성을 위해 제정한 자료 공유 파일을 아스키(ASCII) 텍스트 파일로 구성한 형식이다.
- DXF(Data Exchange File)의 섹션 구성
  - Header Section
  - Table Section
  - Entity Section
  - Block Section
  - End of File Section

■ GKS(Graphical Kernal System)

2차원 컴퓨터 그래픽을 위한 표준 규격이다.

■ 뷰포트(Viewport)

컴퓨터 그래픽에서 화상을 생성하는 렌더링과정에서 투영 변환한 도형을 실제로 표시하는 직사각형의 영역으로 인쇄를 위한 표시장치나 인쇄기 등의 좌표계와 합치되어야 한다. 또한 스크린의 좌표계로 계산된 도형을 화면상에 표현하기 위해서는 적절한 좌표 변환을 위한 계산이 필요하다.

■ 2차원 평면상에서 물체를 θ만큼 시계 방향이나 반시계 방향으로 회전 변환할 때의 변환행렬식

$$[x'\ y'\ 1] = [x\ y\ 1]\begin{bmatrix} a & b & 0 \\ c & d & 0 \\ e & f & 1 \end{bmatrix}$$

시계 방향 회전 시 변환행렬식	반시계 방향 회전 시 변환행렬식
$[x',\ y'] = [x, y]\begin{bmatrix} \cos\theta & -\sin\theta \\ \sin\theta & \cos\theta \end{bmatrix}$	$[x',\ y'] = [x, y]\begin{bmatrix} \cos\theta & \sin\theta \\ -\sin\theta & \cos\theta \end{bmatrix}$

※ $\cos\theta = \cos(-\theta)$, $\sin\theta \neq \sin(-\theta)$, $-\sin(-\theta) = \sin\theta$

2차원 데이터 변환행렬

$$[x'\ y'\ 1] = [x\ y\ 1] \begin{bmatrix} a & b & p \\ c & d & q \\ m & n & s \end{bmatrix}$$

- a, b, c, d는 회전, 전단 및 스케일링에 관계된다.
- m, n은 이동에 관계된다.
- p, q는 투영에 관계된다.
- s는 전체적인 대칭에 관계된다.

와이어프레임 모델링의 특징

- 처리속도가 빠르다.
- 모델의 생성이 용이하다.
- NC코드 생성이 불가능하다.
- 단면도 작성이 불가능하다.
- 물체상의 선 정보로만 구성된다.
- 은선 및 은면의 제거가 불가능하다.
- 형상 표현 및 출력 자료구조가 가장 간단하다.
- 공학적 해석을 위한 유한요소를 생성할 수 없다.
- 데이터 구조가 간단하여 모델링 작업이 비교적 쉽다.
- 보이지 않는 부분, 즉 은선(숨은선)의 제거가 불가능하다.
- 3차원 물체의 형상을 표현하고 3면 투시도의 작성이 가능하다.
- 와이어프레임 모델링은 실루엣(Silhouette)을 구할 수 없는 모델링 방법이다.
- 와이어프레임 모델이 솔리드 모델링 방법으로 사용되기 어려운 이유 : 모호성(Ambiguity)

은선 및 은면 제거방법

- 주사선법
- 영역분할법
- 깊이 분류 알고리즘
- z-버퍼에 의한 방법
- 후방향 제거 알고리즘

서피스 모델링(곡면 모델링)의 특징

- 단면도 작성이 가능하다.
- 은선 제거가 가능하다.
- 복잡한 형상의 표현이 가능하다.

- 실루엣을 구할 수 있다.
- 렌더링(Rendering) 작업이 가능하다.
- 면과 면(두 면)의 교선을 구할 수 있다.
- 유한요소법(FEM)의 해석이 불가능하다.
- 와이어프레임보다 데이터량이 증가한다.
- 곡면을 절단하면 곡선(Curve)이 나타난다.
- 면을 모델링한 후 공구이송경로를 정의한다.
- 원이나 원호를 곡선의 개념으로 표현할 수 있다.
- Surface는 하나 이상의 Patch로 구성할 수 있다.
- NC데이터 생성으로 NC가공 정보를 얻을 수 있다.
- 곡선을 구성하는 데 사용되는 점의 수는 제한이 없다.
- 솔리드 모델링과 같이 명암 알고리즘을 제공할 수 있다.
- 곡면의 면적 계산은 가능하나 부피(체적)의 계산은 불가능하다.
- 솔리드 모델링과 같이 실루엣을 정확히 나타낼 수 있다.
- 곡면 생성을 위한 면 정보 등의 입력자료가 항상 요구되지 않는다.
- 곡면을 이루는 각 면들의 곡면 방정식이 데이터베이스에 추가로 저장된다.
- NC 공구경로 계산프로그램에서 가공 곡면의 형상을 제공하는 데 사용된다.

솔리드 모델링

셀(Cell)이나 프리미티브(Primitive)라는 구, 원추, 원통 등의 입체요소들을 결합하여 모델을 구성하는 방식으로 공학적 해석(면적, 부피(체적), 중량, 무게중심, 관성모멘트)의 계산을 적용할 때 사용하는 모델링으로 주요 표현방식으로는 CGS(Constructive Solid Geometry)와 B-rep(Boundary representation)법이 있다.

솔리드 모델링의 특징

- 간섭 체크가 가능하다.
- 은선 제거가 가능하다.
- 정확한 형상 표현이 가능하다.
- 기하학적 요소로 부피를 갖는다.
- 유한요소법(FEM)의 해석이 가능하다.
- 금형 설계, 기구학적 설계가 가능하다.
- 형상을 절단하여 단면도 작성이 가능하다.
- 모델을 구성하는 기하학적 3차원 모델링이다.
- 데이터의 구조가 복잡해서 모델링 작성이 복잡하다.
- 조립체 설계 시 위치나 간섭 등의 검토가 가능하다.

- 셀 혹은 기본 곡면 등의 입체요소 조합으로 쉽게 표현할 수 있다.
- 서피스 모델링과 같이 실루엣을 정확히 나타낼 수 있다.
- 공학적 해석(면적, 부피(체적), 중량, 무게중심, 관성모멘트) 계산이 가능하다.
- 불리언 작업(Boolean Operation)에 의하여 복잡한 형상도 표현할 수 있다.
- 명암, 컬러기능 및 회전, 이동이 가능하여 사용자가 명확히 물체를 파악할 수 있다.

3차원 솔리드 모델링에서 사용되는 기본 입체(Primitive) 형상의 종류
- 구(Sphere)
- 관(Pipe)
- 원통(Cylinder)
- 원추(원뿔, Cone)
- 육면체(Cube)
- 사각블록(Box)

솔리드모델링에서 사용되는 불리언(Boolean) 연산방식의 종류
- 합(Union)
- 적(Intersection)
- 차(Difference)

CSG 모델링에 사용되는 프리미티브
- 구
- 원 통
- 사각블록

CSG 모델링의 특징
- 가장 보편적인 기본형상은 블록, 원통, 구이다.
- B-rep방법보다 형상을 재생하는 시간이 오래 걸린다.
- 면, 모서리, 꼭짓점과 같은 경계요소들의 집합으로 표현된다.
- CGS는 단순한 형상의 조합으로 생성하는데 불리언 연산자를 사용한다.
- 특정 규칙에 의해 기본적인 형상들을 조합함으로써 실체 물체를 생성해간다.
- 기본적인 입체를 저장하여 놓고 불리언 조작(합, 적, 차)을 통해 필요한 형상을 생성한다.

솔리드 모델링의 B-rep방식의 정의
솔리드 모델링의 데이터 구조에서 형상을 구성하고 있는 정점(Vertex), 면(Face), 모서리(Edge) 등 솔리드의 경계 정보를 저장하는 방식

■ 솔리드모델링의 B-rep 모델링의 특징
- CGS 방법보다 많은 데이터 저장용량이 필요하다.
- 위상요소와 기하요소를 사용하여 솔리드를 표현한다.
- 부피, 무게중심, 관성모멘트 등의 물리적 성질을 제공할 수 있다.
- 형상을 구성하는 기하요소와 위상요소의 상관관계를 정의하는 방식이다.

■ 솔리드모델링의 B-rep방식의 기본요소
- 점
- 면
- 모서리

■ B-rep과 CSG 방식의 비교

B-rep	CSG
• 기억용량이 크다.	• 기억용량이 작다.
• 중량 계산이 어렵다.	• 중량 계산이 가능하다.
• Data 구조가 복합하다.	• Data 구조가 간단하다.
• Data 수정이 어렵다.	• Data 수정이 가능하다.
• 3면도나 투시도, 전개도 작성이 가능하다.	• 3면도나 투시도, 전개도 작성이 어렵다.
• 표면적 계산이 용이하다.	• 블리언 연산자를 사용하여 명확한 모델의 생성이 가능하다.
	• 기본 도형을 직접 입력하므로 데이터의 작성방법이 쉽다.

■ 솔리드 모델링의 하위 구성요소를 수정하는 방법
- 트위킹(Tweaking) : 솔리드 모델링의 기능 중에서 하위 구성요소들을 수정하여 솔리드 모델을 직접 조작하고 주어진 입체의 형상을 변화시켜 가면서 원하는 형상을 모델링하는 방법
- 스키닝(Skinning) : 미리 정해진 연속된 단면을 덮는 표면 곡면을 생성시켜 닫힌 부피영역이나 솔리드 모델을 만드는 모델링 방법
- 리프팅(Lifting) : 주어진 물체의 특정면의 전부 또는 일부를 원하는 방향으로 움직여서 물체가 그 방향으로 늘어난 효과를 갖도록 하는 방법
- 스위핑(Sweeping) : 2차원 도형을 미리 정해진 선의 궤적을 따라 이동시키거나 임의의 회전축을 중심으로 회전시켜 입체를 생성하는 방법으로, 곡면 모델링에서 2개 이상의 곡선에서 안내 곡선을 따라 이동 곡선이 이동규칙에 의해 이동되면서 생성되는 곡면이다.

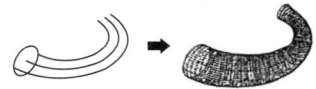

- 라운딩(Rounding) : 각진 모서리의 재료에 둥근 형태의 모델링을 하는 방법

■ 파라메트릭 모델링(Parametric Modeling)

특정값이나 변수로 표현된 수식을 입력하여 형상을 생성시키는 방식으로 매개변수나 수식을 변경하면 자동으로 형상이 수정되는 형상 모델링 방법이다.
- 특 징
  - 치수 사이의 관계는 수학적으로 부여된다.
  - 형상구속조건(Constraint)과 치수구속조건을 이용해서 모델링한다.
  - 치수구속조건이란 형태에 부여된 치수값과 이들 치수 사이의 관계이다.
  - 특징형상의 파라미터에 따라 모델링의 크기를 바꾸는 것도 한 형태이다.
  - 형상요소를 한 번 만든 후에는 조건식을 이용하여 수정하는 것이 효과적이다.
  - 구속조건식을 푸는 방법으로 순차적 풀기, 동시 풀기가 있고 이에 따라 결과 형상이 달라질 수 있다.

■ 특징형상 모델링(Feature-based Modeling)

설계자에게 친숙한 형상단위로 물체를 모델링할 수 있게 해 주는 솔리드 모델링 기법의 일종으로 각 특징들이 가공단위가 될 수 있기 때문에 공정계획으로 사용이 가능하다.
- 특 징
  - KS규격에 모든 특징형상들이 정의되어 있지 않다.
  - 사용 분야와 사용자에 따라 특징형상의 종류가 변한다.
  - 특징형상의 종류는 많이 적용되는 분야에 따라 결정된다.
  - 모델링된 입체 제작의 공정계획에서 매우 유용하게 사용된다.
  - 특징형상을 정의할 때 그 크기를 결정하는 파라미터들도 같이 정의한다.
  - 모델링 입력을 설계자나 제작자에게 익숙한 형상 단위로 모델링할 수 있다.
  - 파리미터들을 변경하여 모델의 크기를 바꾸는 것이 특징형상 모델링의 한 형태이다.
  - 전형적인 특징형상은 모따기(Chamfer), 구멍(Hole), 필릿(Fillet), 슬롯(Slot), 포켓(Pocket)이 있다.

■ 베지어(Bezier) 곡선

컴퓨터 그래픽에서 임의 형태의 곡선을 표현하기 위해 수학적(번스타인 다항식)으로 만든 곡선이다. 프랑스의 수학자 베지어에 의해 만들어졌으며, 시작점과 끝점 그리고 그 사이인 내부 조정점의 이동에 의해 다양한 자유곡선을 얻을 수 있다. 베지어 곡선과 곡면은 모두 블렌딩 함수로 번스타인 다항식을 사용하여 컴퓨터상에 곡선과 곡면을 만들어 낸다는 특징을 갖는다.
- 특 징
  - 모든 조정점을 지나지 않는다.
  - n차 베지어 곡선의 조정점은 $(n+1)$개이다.
  - 조정점의 블렌딩으로 곡선식이 표현된다.
  - 곡선은 첫 번째와 마지막 조정점을 통과한다.

- n개 조정점에 의해 생성된 곡선은 $(n-1)$차이다.
- 1개의 조정점 변화는 곡선 전체에 영향을 미친다.
- 조정점의 개수가 증가하면 곡선의 개수도 증가한다.
- 중간에 있는 조정점들은 곡선의 진행경로를 결정한다.
- 조정점을 둘러싸는 볼록포(볼록껍질) 안에 곡선 전체가 놓인다.
- 곡선은 조정점을 연결(통과)시킬 수 있는 다각형의 내측에 존재한다.
- 조정점의 순서를 거꾸로 하여 곡선을 생성하여도 같은 곡선이 된다.
- 조정 다각형(Control Polygon)의 시작점과 끝점을 반드시 통과한다.
- 베지어 곡선은 항상 조정점에 의해 생성된 볼록포의 내부에 포함된다.
- 폐곡선은 조정 다각형의 두 끝점을 연결시켜 간단하게 생성할 수 있다.
- 조정 다각형의 첫 번째 선분은 시작점에서의 접선벡터와 같은 방향이다.
- 조정점 한 개의 위치를 변화시키면 곡선 세그먼트 전체의 형상이 변화한다.
- 곡선의 형상을 국부적으로 수정하기 어려워 국부 변형(Local Control)이 불가능하다.
- 블렌딩 함수는 번스타인 다항식을 채택하여 베지어 곡선을 정의한다.
- 곡선은 다각형의 시작과 끝점인 첫 조정점과 마지막 조정점(Control Point)을 지나도록 한다.
- 곡선의 모양이 복잡할수록 이를 표현하기 위한 조정점이 많아지고 곡선식의 차수가 높아진다.
- 다각형 양끝의 선분은 시작점과 끝점의 접선벡터와 같은 방향이므로 첫 번째 선분은 베지어 곡선의 시작점에서의 접선벡터와 같다.

■ 2차 베지어 곡선의 형태

2차	3차	3차	4차

■ B-spline 곡선을 정의하기 위한 입력요소
- 조정점
- 절점(Knot)의 벡터
- 곡선의 오더(Order)

■ B-spline 곡선의 특징
- 모든 조정점을 지나지 않는다.
- 꼭짓점을 움직여도 연속성이 보장된다.
- 조정 다각형에 의하여 곡선을 표현한다.
- 원이나 타원을 정확하게 표현할 수 있다.

- 차수가 2인 경우 1차 미분연속을 갖는다.
- 곡선의 형상을 국부적으로 수정이 가능하다.
- 균일 절점벡터는 주기적인 B-spline을 구현한다.
- 포물선 등 원추곡선을 근사(유사)하게 표현할 수 있다.
- 매듭값에는 주기적 매듭값과 비주기적 매듭값이 있다.
- 1개의 조정점 변화는 곡선 전체에 영향을 주지 않는다.
- 조정점의 개수가 많아도 원하는 차수를 지정할 수 있다.
- 조정점들에 의해 인접한 B-spline 곡선 간의 연속성이 보장된다.
- 매개변수방식으로 매개변수에 해당하는 좌표값의 계산이 용이하다.
- 곡선의 모양을 변화시키기 위해서 각각의 조정점의 좌표를 조절한다.

NURBS(Non-Uniform Rational B-Spline) 곡선의 특징

- 원뿔(Conic) 곡선을 표현할 수 있다.
- B-spline 곡선식을 포함하는 더 일반적인 형태이다.
- 블렌딩 함수는 B-spline과 같은 함수를 사용한다.
- NURBS 곡선은 곡선의 양 끝점을 반드시 통과해야 한다.
- B-spline에 비해 NURBS 곡선이 보다 자유로운 변형이 가능하다.
- 원, 타원, 포물선, 쌍곡선 등 원추 곡선을 정확하게 나타낼 수 있다.
- 조정점의 가중치(Weight)를 변경하여 곡선 형상을 변화시킬 수 있다.
- B-spline, Bezier 등의 자유 곡선뿐만 아니라 원추 곡선까지 한 방정식의 형태로 표현이 가능하다.
- 3차 NURBS 곡선은 특정 노트 구간에서 4개의 조정점 외에 4개의 가중치와 절점벡터의 정보가 이용된다.

곡면 표현

- Coons Surface(쿤스 곡면) : 자유 곡면을 형성할 때 곡면 패치(Patch)의 4개의 위치벡터와 4개의 경계 곡선을 정의하고, 그 경계조건을 선형보간하여 곡면을 생성시키는 방법
- Ruled Surface(윤곽 곡면) : 2개의 곡선을 지정하여 두 곡선 사이에 선형보간(직선 연결)으로 곡면을 나타내는 곡면 모델링 방법
- Lofted Surface(로프트 곡면) : 여러 단면 곡선을 연결 규칙에 따라 연결하여 연속적인 단면을 포함하는 곡면을 만드는 모델링 방법
- Revolved Surface(회전 곡면) : 하나의 곡선을 임의의 축이나 요소를 중심으로 회전시키는 모델링 방법

회전 곡면(Revolution Surface) 만들 때 필요한 자료

- 회전각도
- 회전중심축
- 회전단면선

■ 포스트 프로세서(Post-processor)
CAD 시스템으로 만들어진 형상 모델을 바탕으로 CNC 공작기계의 가공 Data를 생성하는 프로그램이나 절차

■ 공구경로 검증
NC 데이터를 생성하기 전에 생성된 CL 데이터를 이용하여 공구의 위치, 과절삭, 미절삭 등을 확인하는 과정

■ 가공공정 계획
도면을 파악하고 나서 생선성 향상을 위해 장비 선정, 공구 선정, 가공 순서, 절삭 조건 등을 세우는 작업이다.

■ 동시공학(Concurrent Engineering)
제품 설계단계에서 제조 및 사후 지원업무까지도 함께 통합적으로 감안하여 설계하는 시스템적 접근방법으로, 제품 개발 담당자로 하여금 개발 초기부터 개념 설계단계에서 해당 제품의 폐기에 이르기까지 전체 라이프사이클의 모든 것(품질, 원가, 일정, 고객 요구사항)을 감안하여 개발하도록 하는 것

■ 카테시안(Cartesian) 가공
곡면을 평면으로 절단한 곡선을 따라 공구경로를 산출하는 방법으로, 수치적인 계산이 많이 요구되는 가공방법이다.

■ 아일랜드(Island) 지정
자유 곡면의 NC 가공을 계획하는 과정에서 가공영역을 지정하는 방식 중 지정된 폐곡선 영역의 외부를 일정 옵셋(Offset)량을 주어 가공하는 지정방식

■ 자유 곡면의 NC 가공을 계획하는 과정에서 가공영역을 지정하는 방식
• Trimming : 매개변수의 범위를 제한하여 가공하도록 영역 지정
• Area : 지정된 폐곡선 영역의 내부로 일정량의 옵셋량을 주어 가공하도록 영역 지정
• Island : 지정된 폐곡선 영역의 외부를 일정량의 옵셋량을 주어 가공하도록 영역 지정

■ NC 데이터 생성과정
도면 → 곡선 및 곡면 정의 → 가공조건문 정의 → CL Data 생성 → Post Processing → NC Data 생성

■ 일반적인 CAD/CAM의 순서
제품 모델링 → 가공 정의 → CL 데이터 생성 → 포스트 프로세싱 → NC 데이터 생성 → DNC 실행

▎인스턴스(Instance)

조립체 모델링에서 동일한 부품을 중복해서 사용할 경우 조립체 모델링의 파일 크기가 크게 증가한다. 중복되는 부품으로 인한 조립체의 파일 크기를 줄이기 위해서 CAD 시스템은 부품에 대한 링크 정보만 조립체에 포함시키는 방법이다.

▎가공경로 계획
- 황삭 및 정삭 모두 정밀하게 가공해야 한다.
- 크게 파라메트릭 방식과 카테시안 방식으로 나뉜다.
- Up-milling과 Down-milling의 장단점을 고려해야 한다.
- 가공경로를 연결하는 방식으로 One-way와 Zigzag방식이 있다.
- 가공경로 계획에서는 거친 가공인 황삭에서부터 정밀가공인 정삭에 이르기까지 모든 공정을 고려해야 한다.

▎커스프(Cusp)

곡면을 가공할 때 볼 엔드밀이 지나가고 남은 흔적으로, 골간의 간격에 따라서 높이가 달라진다.
커스프 높이 = 공구 반경 - 경로 간 간격

▎신속조형 및 제조(RP&M, Rapid Prototyping & Manufacturing) 공정

RP&M 공정은 분말 형태의 재료에 레이저를 조사하여 소결하면서 적층해 가는 공정으로서, 재료를 더해 가는 것이다.

▎신속조형(쾌속조형) 및 제조공정의 특징
- 특징형상(Feature) 정보를 필요로 하는 공정계획이 없어도 되기 때문에 특징형상 기반 설계나 특징형상 인식이 필요 없다.
- RP&M 공정은 분말 형태의 재료에 레이저를 조사하여 소결하면서 적층해 가는 공정으로, 재료를 더해 가는 것이다.
- 한 번의 작업으로 부품이 제작되기 때문에 여러 가지 셋업이나 소재를 취급하는 복잡한 과정을 정의할 필요가 없다.
- RP&M 공정은 어떤 도구를 필요로 하는 공정이 아니기 때문에 금형의 설계 외 제조가 필요 없다.

▎Reverse Engineering

기존의 기술(Engineering)을 Reverse(전환)한다는 의미로, 이미 존재하고 있는 실제 부품의 표면을 측정한 정보를 기초로 하여 부품형상의 모델을 만드는 방법을 의미한다.

■ 쾌속조형(RP)법은 모델링한 데이터를 STL 형식으로 변환한 후 한 층씩 적층하면서 실제의 시작품을 제작하는 공정이다. 특징형상 기반의 설계나 인식이 불필요하다.

■ 디지털 목업(Digital Mock-up)
기존에 기계 설계 시 기계 부품들을 일일이 수공정으로 만들어서 끼워 맞춰 보는 작업을 했던 것을 컴퓨터 그래픽을 구현하는 것으로, 현재 조립체 모델링 분야에서 유용하게 사용한다.

■ NC 공작기계의 특징
- 다품종 소량 생산에 적합하다.
- 가공조건을 일정하게 유지할 수 있다.
- 복잡한 형상의 부품의 가공이 능률적이다.
- 공구가 표준화되어 보유 공구수를 줄일 수 있다.

■ CNC 공작기계에서 보간 시 펄스분배방식의 종류
- 산술연산방식(DDA) : 직선보간에 우수한 성능을 보이며 현재 많이 사용된다.
- 대수연산방식 : 보간연산방식 중 X축과 Y축 방향으로 움직임을 한정하고 단계적(계단식)으로 이동하여 곡선의 좌우를 차례차례 움직여서 접근하는 방식이다. 원호보간에 우수하다.
- MIT방식 : x축과 y축의 이동을 균일하게 하기 위하여 양쪽으로 적당한 시간 간격으로 펄스를 발생시켜 직선으로 움직이면서 근사시키는 방법으로 2차원과 2.5차원의 보간은 가능하지만 3차원 보간은 불가능하다.

■ CNC공작기계의 3가지 기본 절삭제어방식
- 윤곽절삭제어 : 2개 이상의 서보모터를 연동시켜 위치와 속도를 제어하므로 대각선이나 S자형, 원형의 경로 등 어떤 경로라도 공구를 이동시켜 연속 절삭이 가능한 제어방식이다. 여러 축의 움직임을 동시에 제어할 수 있기 때문에 2차원이나 3차원 이상의 제어에 사용된다.
- 직선절삭제어 : NC 공작기계의 하나의 축을 따라서 공작물에 대한 공구의 운동을 제어하는 방식이다.
- 위치결정제어 : PTP(Point To Point) 제어라고도 하며 공구가 이동할 때 이동경로와는 관계없이 공구의 멈춤 위치(가공 위치)만을 결정하는 제어방식으로 드릴링이나 스폿(Spot)용접 등에 사용된다.

■ CNC 프로그램의 5대 코드 및 기능

종류	코드	기능
준비기능	G코드	CNC 기계의 주요 제어장치들을 사용하기 위해 준비시킨다. 예) G00 : 급속이송, G01 : 직선보간, G02 : 시계 방향 공구 회전
보조기능	M코드	CNC 기계에 장착된 부수장치들의 동작을 실행하기 위한 것으로, 주로 ON/OFF기능을 한다. 예) M08 : 절삭유 ON, M09 : 절삭유 OFF
이송기능	F코드	절삭을 위해 공구를 이송하는 속도를 지정한다. 예) F0.02 : 0.02mm/rev
주축기능	S코드	주축의 회전수를 지령한다. 예) S1800 : 1800rpm으로 주축 회전
공구기능	T코드	공구 준비 및 공구 교체, 보정을 한다. 예) T0100 : 1번 공구 교체 후 보정

■ CNC 선반에서 사용하는 주요 G코드

G코드	기능	G코드	기능
G00	급속이송(위치결정)	G40	공구 반지름 보정 취소
G01	직선가공	G41	공구 좌측 보정
G02	시계 방향의 원호가공	G42	공구 우측 보정
G03	반시계 방향의 원호가공	G50	좌표계 설정, 주축 최고 회전수 지령
G04	일시 정지(dwell), 2초 지령 시 P2000.	G76	나사가공 사이클
G20	인치 데이터 입력	G90	고정 사이클(내외경)
G21	mm 데이터 입력	G92	나사절삭 사이클
G27	원점복귀 Check	G94	단일 고정 사이클(단면 절삭용)
G28	자동 원점 복귀	G96	절삭속도 일정 제어
G29	원점으로부터 자동 복귀	G97	회전수 일정 제어(G96 취소)
G30	제2원점 복귀(주로 공구 교환 시 사용)	G98	분당 이송속도 지정(mm/min)
G32	나사가공	G99	회전당 이송속도 지정(mm/rev)

■ 드웰(휴지) 기능(G04)

드릴로 구멍을 뚫을 때 공구의 끝 부분이 완전히 절삭되도록 구멍 바닥에서 공구의 이송을 잠시 동안 멈추게 하는 기능으로, 주소는 P, U, X를 사용한다. 이 주소 중에서 U, X는 소수점을 사용해서 지령이 가능하지만, P는 소수점 사용이 불가능하다. 따라서 2.5초간 공구이송을 정지시킬 경우의 명령어는 다음과 같다.

- G04 X2.5
- G04 P2500

■ CNC 선반에서 공구의 일시정지 시간(s)을 구하는 식

$$일시\ 정지시간(sec) = \frac{60}{분당\ 주축\ 회전수(rpm)} \times 정지시키려는\ 회전수$$

■ 직교좌표계는 각도(θ)를 고려하지 않는 좌표계이다.
- 직교좌표계 – $P(x, y, z)$
- 극좌표계 – $P(거리, 각도(\theta))$
- 원통좌표계 – $P(r, \theta, z)$
- 구면좌표계 – $P(\rho, \phi, \theta)$

■ ATC(Auto Tool Changer, 자동공구교환장치)
머시닝센터에서 여러 가지 가공을 순차적으로 할 수 있도록 자동으로 공구를 교환해 주는 장치이다.

■ 머시닝센터 프로그램 해석 및 가공시간(min) 구하기

```
N01 G80 G40 G49 G17;
N02 T01 M06;
N03 G00 G90 X100. Y100.;
N04 G01 X200. F150;
N05 X300. Y200.;
```

[풀이과정]

F150 = 150mm/min이므로, 이를 비례식으로 풀면

$150\text{mm} : 1\text{min} = 141\text{mm} : x\text{min}$

$150x\text{mm} \cdot \text{min} = 141\text{mm} \cdot \text{min}$

$150x = 141$

$x = 0.94$

따라서 가공시간은 0.94min이다.

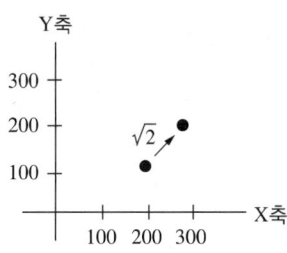

- 머시닝센터 프로그래밍 해석

지령절	지령내용
N01 G80 G40 G49 G17;	G80(고정 사이클 취소) G40(공구지름 보정 취소) G49(공구길이 보정 취소), G17(X-Y평면 지정)
N02 T01 M06;	1번 공구로(T01) 공구교환(M06)
N03 G00 G90 X100. Y100.;	X100. Y100 위치로 절대지령(G90)을 통해 급속이송(G00)
N04 G01 X200. F150;	X200 위치로 150mm/min의 속도로 직선이송(G01)한다.
N05 X300. Y200.;	X300. Y200 위치로 직선이송(G01)

▌ CNC 공작기계에서 일반적으로 발생하는 알람

알람내용	원인	해제
EMERGENCY STOP SWITCH ON	비상정지 스위치 ON	비상정지 스위치를 화살표 방향으로 돌려서 해제
EMERGENCY L/S ON	비상정지 리밋 스위치 작동	행정오버해제 스위치를 누르면서 이송축 위치 변경
LUBR TANK LEVEL LOW ALARM	습동유 부족	습동유 보충(제작사 지정품만 사용)
THERMAL OVERLOAD TRIP ALARM	과부하	원인 조치 후 OVERLOAD 스위치 누름
TORQUE LIMIT ALARM	충돌로 인한 안전핀 파손	제조사 A/S 연락
P/S ALARM	프로그램 오류로 인한 알람	알람일람표에 따라 프로그램 수정
OT ALARM	CNC가공 중 금지영역을 침범했을 때	이송축을 안전 위치로 MANUAL 이송
SPINDLE ALARM	주축모터의 과열, 과부하, 과전류 공급	알람 해제 후 전원 재인가, 제조사 A/S 연락
AIR PRESSURE ALARM	공기압 부족	공기압을 높인다.

▌ CNC 공작기계의 조작 버튼

버튼명	내용
FEED HOLD	자동운전 중 이송만 멈추게 하는 이송정지 버튼
SINGLE BLOCK	ON 시 한 블록씩 가공 진행
DRY RUN	프로그램에 있는 속도를 무시하고 조작판의 MANUAL 속도로 진행

▌ CNC 방전가공

CNC 방전가공의 원리는 일반 방전가공과 동일하지만 컴퓨터를 이용한 수치제어방전가공기(Computer Numerical Control Electric Discharge Machine)를 사용하여 간단한 전극으로 복잡한 모양의 가공도 가능하여 널리 사용한다.

▌ CNC 방전가공의 특징

- 전극이 소모된다.
- 가공속도가 느리다.
- 열변형이 작아서 가공 정밀도가 우수하다.
- 강한 재료와 담금질 재료의 가공도 용이하다.
- 간단한 전극만으로도 복잡한 가공을 할 수 있다.
- 전극으로 구리, 황동, 흑연을 사용하므로 성형성이 용이하다.
- 아크릴과 같이 전기가 잘 통하지 않는 재료는 가공할 수 없다.
- 미세한 구멍, 얇은 두께의 재질을 가공해도 변형이 생기지 않는다.

▌ CNC 방전가공의 방전 진행과정

압류 → 코로나 방전 → 스파크 방전 → 글로 방전 → 아크 방전

▌ CNC 방전가공용 전극 재료의 구비조건

- 가격이 저렴할 것
- 성형성이 용이할 것
- 구하기가 쉬울 것
- 방전가공성이 우수할 것
- 용융점이 높아 방전 시 소모량이 적을 것
- 전기저항값이 작아서 전기전도도가 클 것
- 고온과 방전가공유로부터 화학적 반응이 없을 것

▌ CNC 와이어 컷 방전가공에서 절연액(가공액)을 물로 사용했을 때의 특징

- 취급이 용이하고 화재의 위험이 없다.
- 공작물과 와이어 전극을 빨리 냉각시킨다.
- 가공 시 발생하는 불순물 제거가 양호하다.
- 등유를 사용하면 표면 상태가 양호하고 광택이 나는 반면, 물을 사용하면 광택이 나지 않는다.

03 컴퓨터수치제어(CNC) 절삭가공

■ 구성인선(Built-up Edge)

연강이나 스테인리스강, 알루미늄과 같이 재질이 연하고 공구재료와 친화력이 큰 재료를 절삭가공할 때, 칩과 공구 윗면 사이의 경사면에 발생되는 높은 압력과 마찰열로 인해 칩의 일부가 공구의 날 끝에 달라붙어 마치 절삭날과 같이 공작물을 절삭하는 현상이다.

- 구성인선의 원인
  - 절삭열
  - 높은 압력
  - 큰 마찰저항
- 구성인선의 방지대책
  - 절삭속도를 크게 한다.
  - 바이트의 윗면 경사각을 크게 한다.
  - 피가공물과 친화력이 작은 공구재료를 사용한다.

■ 절삭공구의 구비조건

- 내마모성이 커야 한다.
- 충격에 잘 견뎌야 한다.
- 고온경도가 커야 한다.
  ※ 고온경도란 접촉 부위의 온도가 높아지더라도 경도를 유지할 수 있는 성질이다.
- 열처리와 가공이 쉬워야 한다.
- 절삭 시 마찰계수가 작아야 한다.
- 강인성(억세고 질긴 성질)이 커야 한다.
- 성형이 용이하고 가격이 저렴해야 한다.
- 형상을 만들기 쉽고 가격이 적당해야 한다.

■ 고속가공의 특징

- 절삭능률이 크다.
- 구성인선이 감소한다.
- 표면조도를 향상시킨다.
- 가공 변질층이 감소한다.

- 표면거칠기값이 향상된다.
- 열처리된 소재도 가공할 수 있다.
- 절삭저항이 감소하고 공구수명이 길어진다.
- 난삭재(절삭가공이 어려운 재료)의 가공도 가능하다.
- 칩에 열이 집중되어 가공물에는 절삭열의 영향이 작다.
- 황삭부터 정삭까지 한 번의 셋업으로 가공이 가능하다.

윤활유의 구비조건

- 카본 생성이 적을 것
- 금속의 부식이 없을 것
- 산화나 열에 대한 안정성이 높을 것
- 사용 상태에서 충분한 점도를 유지할 것
- 온도 변화에 따른 점도의 변화가 작을 것
- 화학적으로 불활성이며 깨끗하고 균질할 것
- 한계의 윤활 상태에서도 견디는 유성이 있을 것

보통선반의 규격

깎을 수 있는 일감의 최대 지름

- 양 센터 사이의 최대 거리 : 깎을 수 있는 공작물의 최대 거리
- 베드 위의 스윙 : 일감이 베드에 닿지 않고 깎을 수 있는 공작물의 최대 지름
- 왕복대 위의 스윙 : 왕복대 위에서 공작물이 닿지 않고 깎을 수 있는 최대 지름

방진구

선반작업에서 공작물의 지름보다 20배 이상의 가늘고 긴 공작물(환봉)을 가공할 때 공작물이 휘거나 떨리는 것을 방지하기 위해 베드 위에 설치하여 공작물을 받쳐 주는 부속장치

센터 선단의 각도

- 보통 일감 : 60°
- 가공물이 무겁고 대형인 경우 : 75°, 90°

맨드릴(Mandrel, 심봉)

선반에서 기어, 벨트, 풀리와 같이 구멍이 있는 공작물의 안지름과 바깥지름이 동심원을 이루도록 가공할 때 사용한다.

▌ 칩 브레이커

선반작업 시 발생하는 유동형 칩으로 인해 작업자가 다치는 것을 막기 위해 칩을 인위적으로 짧게 절단시켜 주는 안전장치

칩 브레이커

▌ 선반가공에서 절삭속도(v) 구하는 식

$$v = \frac{\pi d n}{1,000}$$

여기서, v : 절삭속도(m/min)
  d : 공작물의 지름(mm)
  n : 주축 회전수(rpm)

▌ 선반가공의 가공시간(T) 구하는 식

$$T = \frac{l}{n \cdot f} = \frac{가공할\ 길이}{회전수 \times 이송속도}$$

▌ 선반작업 시 발생하는 3분력의 크기 순서

주분력 > 배분력 > 이송분력

▌ 선반작업 시 발생하는 칩의 종류

종류	현상	특징
유동형 칩		• 가공 표면이 가장 매끄러운 칩이다. • 칩이 공구의 윗면 경사면 위를 연속적으로 흘러 나가는 형태의 칩이다. • 재질이 연하고 인성이 큰 재료를 큰 경사각으로 고속 절삭할 때, 공구의 윗면 경사각이 클 때, 절삭 깊이가 작을 때, 절삭공구의 날 끝 온도가 낮을 때, 윤활성이 좋은 절삭유를 사용할 때 발생한다. • 유동형 칩은 절삭저항이 작아서 가공 표면이 깨끗하며 공구의 수명도 길어진다.
전단형 칩		• 공구 윗면 경사면과 마찰하는 면은 평활하나 반대쪽 면은 톱니 모양이다. • 비교적 연한 재료를 저속으로 절삭할 때, 절삭공구의 윗면 경사각이 작을 때 발생한다. • 유동형 칩에 비해 가공 표면이 거칠고 공구의 손상도 일어나기 쉽다.
균열형 칩		• 주철과 같이 취성(메짐)이 있는 재료를 저속으로 절삭할 때 발생한다. • 가공면에 깊은 홈을 만들기 때문에 표면이 매우 불량하다.
열단형 칩		• 점성이 큰 재질의 공작물을 절삭 깊이가 크고 윗면 경사각이 작은 절삭공구를 사용할 때 발생한다. • 칩이 날 끝에 달라붙어 경사면을 따라 원활히 흘러나가지 못해 공구에 균열이 생기고 가공 표면이 뜯겨진 것처럼 보인다.

밀링머신용 슬로팅 장치

밀링머신의 칼럼에 장치하여 주축의 회전운동을 공구대의 직선 왕복운동으로 변화시키는 부속장치로 키 홈, 스플라인, 세레이션 등을 가공할 때 사용한다.

밀링머신의 크기

- 테이블의 좌우 이동거리
- 니(Knee)의 상하 이동거리
- 새들(Saddle)의 전후 이동거리

밀링머신의 호칭번호(테이블의 이동거리에 따라 No0~No5로 표시)

호칭번호	0	1	2	3	4	5
새들의 전후 이동	150	200	250	300	350	400
니의 상하 이동	300	400	400	450	450	500
테이블의 좌우 이동	450	550	700	850	1,050	1,250

상향절삭과 하향절삭의 차이점

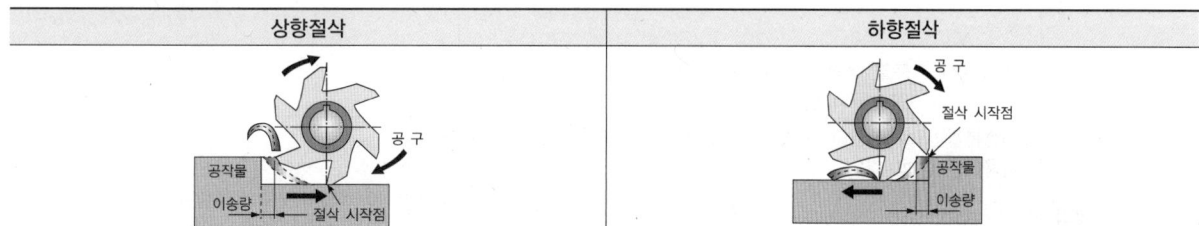

상향절삭	하향절삭
커터날 절삭 방향과 공작물 이송 방향이 반대이다.	커터날 절삭 방향과 공작물 이송 방향이 같다.
• 동력 소비가 크다. • 표면거칠기가 좋지 못하다. • 마찰열의 작용으로 가공면이 거칠다. • 공구날의 마모가 빨라서 수명이 짧다. • 하향절삭에 비해 가공면이 깨끗하지 못하다. • 기계에 무리를 주지 않아 강성은 낮아도 된다. • 백래시의 영향이 작아서 백래시 제거장치가 필요 없다. • 날 끝이 일감을 치켜 올리므로 일감을 단단히 고정시켜야 한다. • 절삭가공 시 마찰력과 접촉면의 마모가 커서 공구 수명이 짧다.	• 표면거칠기가 좋다. • 공구의 수명이 길다. • 날 하나마다의 날 자리 간격이 짧다. • 날의 마멸이 적어서 공구의 수명이 길다. • 가공면이 깨끗하고 고정밀 절삭이 가능하다. • 백래시를 완전히 제거해야 하므로 백래시 제거장치가 필요하다. • 절삭가공 시 마찰력은 작으나, 충격력이 크기 때문에 높은 강성이 필요하다. • 절삭된 칩이 가공된 면 위에 쌓이므로 앞으로 가공할 면의 시야성이 좋아서 가공하기 편하다. • 커터날과 일감의 이송 방향이 같아서 날이 가공물을 누르는 형태이므로 가공물 고정이 간편하다.

■ 밀링머신의 테이블 이송속도(f) 구하는 식

$$f = f_z \times z \times n$$

여기서 f : 테이블의 이송속도(mm/min)
 f_z : 밀링커터날 1개의 이송(mm)
 z : 밀링커터날의 수
 n : 밀링커터의 회전수(rpm)

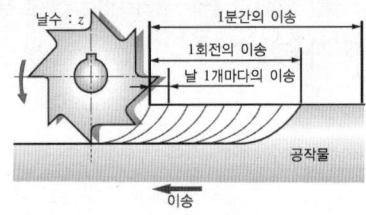

■ 밀링가공에서 가공시간 구하는 식

$$T = \frac{L+D}{f} = \frac{절삭\ 길이 + 커터의\ 바깥지름}{테이블\ 이송속도}\ (\min)$$

■ 밀링분할법의 종류

종 류	특 징	분할 가능 등분수
직접분할법	• 큰 정밀도가 필요하지 않은 키 홈 등 비교적 단순한 분할가공에 주로 사용한다. • 스핀들의 앞면에 있는 24개 구멍에 직접 분할핀을 사용하여 분할하며, 웜을 아래로 내려 스핀들의 웜휠과 물림을 끊는 방법으로 분할한다. • $n = \dfrac{24}{N}$ 여기서, n : 분할 크랭크의 회전수 N : 공작물의 분할수	24의 약수인 2, 3, 4, 6, 8, 12, 24
단식분할법	• 직접분할법으로 분할할 수 없는 수나 정확한 분할이 필요한 경우에 사용하는 방법이다. • $n = \dfrac{40}{N} = \dfrac{R}{N'}$ 여기서, R : 크랭크를 돌리는 분할수 N' : 분할판에 있는 구멍수	2~60의 수, 60~120의 2와 5의 배수 및 120 이상의 수 중에서 40/N에서 분모가 분할판의 구멍수가 될 수 있는 수를 분할할 때 사용하는 분할법 ※ 각도로는 분할 크랭크 1회전당 스핀들은 9° 회전한다.
차동분할법	• 직접분할법이나 단식분할법으로 분할할 수 없는 특정한 수의 분할에 사용한다.	67, 97, 121

■ 드릴링머신에 의한 가공의 종류

종류	그림	방법
드릴링		드릴날로 구멍을 뚫는 작업
리밍		드릴로 뚫은 구멍을 정밀하게 가공하기 위하여 리머로 구멍의 안쪽면을 다듬는 작업
보링		보링바이트를 사용하여 이미 뚫은 구멍을 필요한 치수로 정밀하게 넓히는 작업
태핑		구멍에 탭을 사용하여 암나사를 만드는 작업
카운터 싱킹		접시 머리 나사의 머리 부분이 묻힐 수 있도록 원뿔 자리를 만드는 작업
스폿 페이싱		볼트나 너트 머리에 접하는 표면을 편평하게 하여 그 체결 자리를 만드는 작업으로, 구멍축에 직각 방향으로 주위를 평면으로 깎는 작업
카운터 보링		고정한 볼트의 머리 부분이 묻힐 수 있도록 구멍을 뚫는 작업

■ 드릴링작업에서의 미터보통나사의 기초 구멍의 지름 구하는 식

기초 구멍의 지름 = 나사의 유효지름 − 피치

■ 연삭가공의 특징

- 경화된 강과 같은 단단한 재료를 가공할 수 있다.
- 가공물과 접촉하는 연삭점의 온도가 비교적 높다.
- 칩이 미세하여 정밀도가 높은 가공을 할 수 있다.
- 표면거칠기가 우수한 다듬질면을 얻을 수 있다.
- 연삭압력과 저항이 작아서 마그네틱척으로도 공작물 고정이 가능하다.
- 숫돌입자가 마모되면 탈락하면서 새로운 입자가 생기는 자생작용이 있다.
- 결합도가 높은 연삭숫돌은 접촉 면적이 작은 연삭작업일 경우에 사용한다.
- 양두 그라인더의 숫돌차로 일감 연삭 시 받침대와 숫돌의 간격은 3mm 이내로 조정해야 한다.

센터리스 연삭기

가늘고 긴 원통형의 공작물을 센터나 척으로 고정하지 않고 바깥지름이나 안지름을 연삭하는 가공방법으로 연삭숫돌바퀴, 조정숫돌바퀴, 받침날의 3요소가 공작물의 위치를 유지한 상태에서 연삭숫돌바퀴로 공작물을 연삭하는 공작기계이다.

- 특 징
  - 연삭 여유가 작아도 된다.
  - 긴 축 재료의 연삭이 가능하다.
  - 대형 중량물의 연삭은 곤란하다.
  - 연삭작업에 숙련을 요구하지 않는다.
  - 연속작업이 가능하여 대량 생산에 적합하다.
  - 연삭 깊이는 거친 연삭의 경우 0.2mm 정도이다.
  - 센터가 필요하지 않아 센터 구멍의 가공이 필요 없다.
  - 센터 구멍이 필요 없는 중공물의 원통 연삭에 편리하다.
  - 가늘고 긴 공작물을 센터나 척으로 지지하지 않고 가공한다.
  - 일반적으로 조정숫돌은 연삭축에 대하여 경사시켜 가공한다.
  - 긴 홈이 있는 가공물이나 대형 또는 중량물의 연삭은 곤란하다.
  - 연삭숫돌의 폭이 커서 연삭숫돌 지름의 마멸이 적고 수명이 길다.

숫돌의 결함 및 자생작업

- 글레이징(Glazing, 눈무딤) : 연삭숫돌의 자생작용이 잘되지 않아 연삭입자가 납작해져서 무딤이 발생하여 연삭성이 나빠지는 현상으로, 연삭숫돌의 결합도가 클 때, 원주속도가 빠를 때, 공작물과 숫돌의 재질이 맞지 않을 때 발생하는데 글레이징 현상으로 인해 연삭숫돌에는 연삭열과 균열 그리고 재질이 변색된다.
- 로딩(Loading, 눈메움) : 숫돌 표면의 기공에 칩이 메워져서 연삭성이 나빠지는 현상으로, 조직이 치밀할 때, 연삭 깊이가 클 때, 숫돌의 원주속도가 너무 느릴 때, 기공이 너무 작을 때, 연성이 큰 재료를 연삭할 때 발생한다.
- 드레싱(Dressing) : 눈메움이나 눈무딤 발생 시 절삭성 향상을 위해 연삭숫돌 표면의 숫돌입자를 제거하고, 새로운 절삭날을 숫돌 표면에 생성시켜 절삭성을 회복시키는 작업으로, 이때 사용하는 공구를 드레서라고 한다.
- 트루잉(Truing) : 연삭숫돌은 작업 중 연삭숫돌이 균일하지 않거나 입자가 떨어져 나가면서 처음의 모양이 점차 변하게 되는데, 이때 숫돌의 모양을 정확한 모양으로 수정하여 사용하는 작업이다. 주로 드레서를 사용하며 트루잉과 동시에 드레싱도 된다.

[연삭숫돌 구조, 입자 탈락]   [글레이징(눈무딤)]   [로딩(눈메움)]

■ 연삭숫돌 입자의 종류

종 류	입자기호	특 징	경도 및 취성값
알루미나계	A	• 연한 갈색(흑갈색)의 알루미나 입자로 인장강도가 크다. • 일반 강 재료의 강력 연삭이나 절단작업용으로 사용한다.	작다. ↕ 크다.
	WA	• 담금질한 강의 다듬질에 사용한다. • 주성분인 산화알루미늄의 함유량은 99.5% 이상이다. • 순도가 높은 백색 알루미나의 인조입자를 원료로 하여 만든다.	
탄화규소계	C	• 주철, 자석 등 비철금속의 다듬질에 사용한다. • 흑자색 탄화규소로 인장강도가 매우 크며, 발열되면 안 된다. • 주철이나 칠드주물과 같이 경하고 취성이 많은 재료의 연삭에 적합하다.	
	GC	• 초경합금, 유리등의 연삭에 사용한다. • 녹색의 탄화규소로, 경도가 매우 높아서 발열되면 안 된다.	

■ 연삭숫돌의 검사

- 고무해머로 두드려 음향검사를 한다.
- 음향검사, 균형검사, 회전검사를 실시한다.
- 결함이 없는 연삭숫돌은 맑은 소리가 난다.
- 결함이 있는 연삭숫돌은 둔탁한 소리가 난다.
- 지름이 작은 연삭숫돌은 손으로 구멍을 잡고 검사한다.
- 제조 후 사용 회전수의 1.5~2배의 속도로 회전시켜 안전성 검사를 한다.
- 지름이 큰 것은 바닥에 세우거나 줄로 매단 후 고무해머를 내리쳐서 검사한다.
- 숫돌을 고무해머로 때렸을 때 울림이 없거나 둔탁한 소리가 나면 균열이 생긴 것이다.

■ 연삭숫돌 입자 중에서 천연입자와 인공입자

천연입자	석 영
	커런덤
	다이아몬드
인공입자	알루미나(Al_2O_3)
	탄화규소(SiC)
	알록사이트
	카보런덤
	탄화붕소

■ 연삭숫돌의 연삭조건과 입도(Grain size)
- 연하고 연성이 있는 재료의 연삭 : 거친 입도
- 숫돌과 가공물의 접촉 면적이 클 때 : 거친 입도
- 숫돌과 일감의 접촉면이 작을 때 : 고운 입도
- 경도가 높고 메진 일감의 연삭 : 고운 입도

■ 연삭숫돌 결합제의 종류 및 기호

종 류		기 호
레지노이드	Resinoid	B
비트리파이드	Vitrified	V
고 무	Rubber	R
비 닐	Poly Vinyl Alcohol	PVA
셀락(천연수지)	Shellac	E
금 속	Metal	M

■ 회전 중에 연삭숫돌이 파괴될 것을 대비하여 설치하는 안전요소 : 덮개(커버)

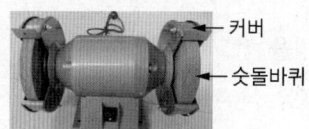

[양두 그라인더]

■ 보링머신의 구조에 따른 분류

종 류	특 징
수직 보링머신	스핀들이 수직으로 설치되어 있으며 이 스핀들은 안내면을 따라 이송된다. 공구 위치는 크로스 레일 공구대에 의해 조절되며, 베드 위에 회전 테이블이 수평으로 설치되어 있어서 공작물은 그 위에 설치한다.
수평 보링머신	보통 보링머신으로 가장 널리 사용된다.
지그 보링머신	주축대의 위치를 정밀하게 하기 위하여 나사식 측정장치, 다이얼게이지, 광학적 측정장치를 갖추고 있는 공작기계로, 높은 정밀도를 요구하는 가공물이나 지그, 정밀기계의 구멍가공에 사용한다. 온도 변화에 영향을 받지 않도록 항온·항습실에 설치해야 한다.
코어 보링머신	판재나 포신 등 큰 구멍을 가공하는 데 적합하다.
정밀 보링머신	고속회전이 가능하고 정밀한 이송기구를 갖추고 있어서 정밀도가 높은 가공이 가능해서 표면거칠기가 우수하다. 실린더나 커넥팅 로드, 베어링면의 가공에 사용한다.

표면의 가공 정밀도가 높은 순서
래핑 > 슈퍼피니싱 > 호닝 > 연삭

호닝(Horning)가공
드릴링, 보링, 리밍 등으로 1차 가공한 재료를 더욱 정밀하게 연삭가공하는 가공법으로, 각봉상의 세립자로 만든 공구를 공작물에 스프링이나 유압으로 접촉시키면서 회전운동과 왕복운동을 주어 매끈하고 정밀하게 가공하여 내연기관의 실린더와 같은 구멍의 진원도와 진직도, 표면거칠기를 향상시키기 위한 가공방법이다.

- 특 징
  - 표면거칠기를 좋게 한다.
  - 정밀한 치수로 가공할 수 있다.
  - 발열이 작고 경제적인 정밀가공이 가능하다.
  - 전 가공에서 발생한 진직도, 진원도, 테이퍼 등에 발생한 오차를 수정할 수 있다.

래핑(Lapping)가공
주철이나 구리, 가죽, 천 등으로 만들어진 랩(Lap)과 공작물의 다듬질할 면 사이에 랩제를 넣고 적당한 압력으로 누르고 상대운동을 시킴으로써, 입자가 공작물의 표면으로부터 극히 미량의 칩을 깎아내어 표면을 다듬는 가공으로 정밀가공법에 속한다. 주로 게이지블록의 측정면 가공에 사용된다.

- 특 징
  - 정밀도가 높은 제품을 가공한다.
  - 가공면이 매끈하고 내마모성이 좋다.
  - 가공 후에 랩제가 남아 있지 않는다.
  - 강철을 래핑할 때는 주철이 널리 이용된다.
  - 랩 재료는 반드시 공작물보다 연한 것을 사용한다.
  - 경질 합금의 래핑은 다이아몬드로 하면 안 된다.
  - 주철로 강철을 래핑할 때 석유를 혼합해서 사용한다.

슈퍼피니싱(Super Finishing)

입도가 미세하고 재질이 연한 숫돌입자를 낮은 압력으로 공작물의 표면에 접촉시켜 압력을 가하면서 수백~수천의 진동과 수 mm의 진폭으로 진동하면서 공작물에 이송을 주고 숫돌을 좌우로 진동시키면서 왕복운동을 하는데, 이때 공작물은 회전하고 있기 때문에 공작물의 전 표면은 균일하고 매끈하게 고정밀도로 다듬질이 된다.

예) 시계 유리에 긁힌 자국을 없애기 위한 문지름 작업을 완료한 후 남아 있는 흔적을 없애고자 할 때 슈퍼피니싱을 사용한다.

• 특 징
- 가공에 의한 변질층의 두께가 매우 작다.
- 다듬질된 면은 평활하고 방향성이 없다.
- 입도와 결합도가 작은 입자로 된 숫돌로 연마한다.
- 치수 변화를 위한 것보다 고정밀도의 표면을 얻는다.
- 진폭이 수 mm이고 진동수가 매분 수백~수천의 값을 가진다.
- 다듬질 표면은 마찰계수가 작고, 내마멸성과 내식성이 우수하다.
- 원통형의 가공물 외면과 내면, 평면의 정밀 다듬질이 가능하다.
- 정밀 롤러, 볼베어링의 레이스, 게이지 등의 정밀 다듬질에 이용된다.
- 가공열의 발생이 적고 가공 변질층도 작아 가공면의 특성이 양호하다.

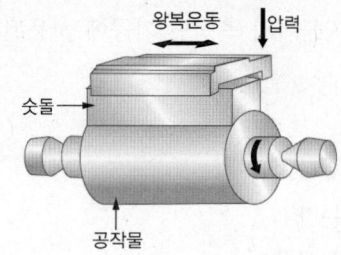

브로칭(Broaching)가공

가늘고 긴 일정한 단면 모양의 많은 날을 가진 브로치라는 절삭공구를 일감 표면이나 구멍에 누르면서 통과시켜 단 1회의 공정으로 절삭가공을 하는 것으로, 구멍 안에 키 홈, 스플라인 홈, 다각형의 구멍을 가공할 수 있다. 이 가공에 이용되는 브로치의 압입방식에는 나사식, 기어식, 유압식이 있다.

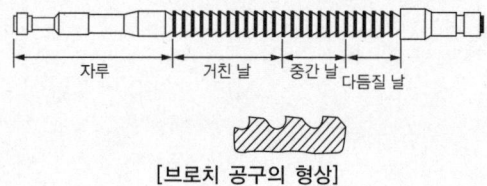

[브로치 공구의 형상]

기어 절삭방법

종류	총형커터에 의한 방법	형판에 의한 방법	창성법	호빙머신(호브)에 의한 절삭
형상	치형 밀링커터 / 기어 소재	기어 소재 / 공구대 / 공구 / 안내봉 / 형판 / 형판 지지대 / 테이블	피니언 커터 / 기어 소재	기어 소재 / 호브

창성법

절삭되는 기어와 정확하게 맞물리는 래크나 기어의 치형과 동일한 윤곽을 가진 커터를 피절삭기어와 맞물리게 하면서 상대운동을 시켜 절삭하는 방법으로, 인벌류트 치형을 정확히 가공할 수 있다. 오늘날의 기어 절삭용 기계는 대부분 이 방식을 사용한다.

- 종 류
  - 래크커터에 의한 방법 : 마그식 기어 셰이퍼
  - 피니언커터에 의한 방법 : 펠로식 기어 셰이퍼
  - 호브에 의한 방법 : 호빙머신

기어 셰이퍼(Gear Shaper)

기어를 가공하는 공작기계로, 피니언 공구 또는 래크형 공구를 왕복운동시켜 기어 소재와 공구에 적당한 이송을 주면서 가공한다.

방전가공의 정의

전극과 공작물 사이에 일어나는 불꽃 방전에 의하여 재료를 조금씩 용해시켜서 제거하는 방법으로, 가공속도가 느린 것이 특징이다(EDM이나 SPED를 약자로 사용한다).

방전가공의 특징

- 전극이 소모된다.
- 가공속도가 느리다.
- 열변형이 작아서 가공 정밀도가 우수하다.
- 강한 재료와 담금질 재료의 가공도 용이하다.
- 간단한 전극만으로도 복잡한 가공을 할 수 있다.
- 전극으로 구리, 황동, 흑연을 사용하므로 성형성이 용이하다.
- 아크릴과 같이 전기가 잘 통하지 않는 재료는 가공할 수 없다.
- 미세한 구멍, 얇은 두께의 재질을 가공해도 변형이 생기지 않는다.

방전가공에서 전극재료의 조건
- 공작물보다 경도가 낮을 것
- 방전이 안전하고 가공속도가 클 것
- 기계가공이 쉽고 가공정밀도가 높을 것
- 가공에 따른 가공전극의 소모가 적을 것
- 가공을 쉽게 하게 위해서 재질이 연할 것
- 재료의 수급이 원활하고 가격이 저렴할 것

방전가공이 불가능한 재료
아크릴

와이어 컷 방전가공에서 2차(세컨드 컷) 가공의 목적
- 표면거칠기를 향상시킨다.
- 다이 형상에서의 돌기 부분을 제거한다.
- 면조도의 향상과 가공면의 연화층을 제거한다.
- 1차 가공 후 다듬질 여유분을 가공한다.
- 가공물의 내부 응력 제거(개방) 후 형상을 수정한다.
- 코너부의 형상 에러 수정 및 가공면의 진직 정도를 수정한다.
- 다이 형상의 돌기 부분을 제거함으로써 표면의 진직 정도를 향상시킬 수 있다.

전해연마(Electrolytic Polishing)가공의 정의
전기도금과 반대 현상을 이용한 가공법으로, 알루미늄 소재 등 거울과 같이 광택이 있는 가공면을 비교적 쉽게 가공할 수 있다. 드릴의 홈, 주사침, 반사경 및 시계의 기어 등을 다듬질하는 데도 응용된다.

전해연마가공의 특징
- 가공 변질층이 없다.
- 가공면에 방향성이 없다.
- 내마모성, 내부식성이 좋다.
- 표면이 깨끗해서 도금이 잘된다.
- 복잡한 형상의 공작물도 연마가 가능하다.
- 공작물의 형상을 바꾸거나 치수 변경에는 적합하지 않다.
- 알루미늄, 구리합금과 같은 연질 재료의 연마도 비교적 쉽다.
- 치수의 정밀도보다는 광택의 거울면을 얻고자 할 때 사용한다.

- 철강재료와 같이 탄소를 많이 함유한 금속은 전해연마가 어렵다.
- 연마량이 적어 깊은 홈은 제거가 되지 않으며 모서리가 둥글게(라운딩) 된다.
- 가공층이나 녹, 공구 절삭 자리의 제거, 공구날 끝의 연마, 표면처리에 적합하다.

전해연삭가공의 특징

- 정밀도는 기계연삭보다 낮다.
- 경도가 큰 재료일수록 연삭능률이 기계연삭보다 높다.
- 박판이나 형상이 복잡한 공작물의 변형 없이 연삭할 수 있다.
- 연삭저항이 작으므로 연삭열 발생이 적고 숫돌 수명이 길다.

핸드 탭

일반적으로 3개가 1조이다.

1번 탭	55%으로 황삭
2번 탭	25% 중삭
3번 탭	20% 가공 정삭

연강을 쇠톱으로 절단하는 방법

- 쇠톱을 앞으로 밀 때 균등한 절삭압력을 준다.
- 쇠톱작업을 할 때 톱날의 전체 길이를 사용한다.
- 쇠톱으로 절단할 때는 톱날의 왕복 횟수는 1분에 약 50~60회가 적당하다.
- 쇠톱은 전방으로 밀 때 재료가 잘리므로 돌아올 때는 힘을 가하지 않는다.

나사가공용 공구

- 암나사가공 : 탭
- 수나사가공 : 다이스

[다이스]
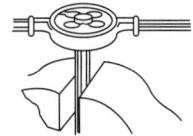

퓨즈가 끊어져서 새것으로 교체한 후 또 다시 끊어졌을 때의 조치사항

합선 여부를 검사한다.

■ 드라이버 사용 시 유의사항
- 크기가 작은 공작물은 바이스로 고정 후 사용한다.
- 드라이버의 날 끝이 홈의 폭과 길이가 같은 것을 사용한다.
- 드라이버의 날 끝이 수평이어야 하며 둥글거나 빠진 것을 사용하지 않는다.
- 전기작업 시 금속 부분이 자루 밖으로 나와 있지 않은 절연된 자루를 사용한다.

■ 수기가공 시 안전수칙
- 스패너는 가급적 손잡이가 긴 것이 좋다.
- 스패너의 자루에 파이프 등을 연결하지 않는다.
- 톱날은 틀에 끼워 두세 번 사용한 후 다시 조정하고 절단한다.
- 드라이버의 날 끝은 홈의 너비와 맞는 것을 사용하며 이가 빠지거나 동그랗게 된 것은 사용하지 않는다.
- 스패너를 사용하여 볼트머리를 조일 때에는 스패너 자루에 파이프 등을 끼워서 사용하면 안 된다.

■ 작업장에서 무거운 짐을 들고 운반할 때의 주의사항
- 짐은 가급적 몸 가까이 가져온다.
- 물건을 들 때는 충격이 없어야 한다.
- 상체를 곧게 세우고 등을 반듯이 한다.
- 짐은 무릎을 편 상태에서 들어 굽힌 자세에서 내려놓는다.
- 가능한 한 상체를 곧게 세우고 등을 반듯이 하여 들어 올린다.

■ 산업안전보건법에 따른 안전·보건표지의 색채 및 용도

색 상	용 도	사 례
빨간색	금 지	• 정지신호, 소화설비 및 그 장소, 유해행위 금지
	경 고	• 화학물질 취급 장소에서 유해·위험 경고
노란색	경 고	• 화학물질 취급 장소에서의 주위 표시 유해·위험 경고 또는 기계 방호물 표시 • 인화성 물질, 산화성 물질, 방사성 물질 등의 바탕색
파란색	지 시	• 특정행위의 지시 및 사실의 고지
녹 색	안 내	• 비상구 및 피난소, 사람 또는 차량의 통행 표시, 유도 및 안전 표시
흰 색	보 조	• 파란색이나 녹색에 대한 보조색
검은색	보 조	• 문자 및 빨간색, 노란색에 대한 보조색

합격의 공식 SD에듀

교육이란 사람이 학교에서 배운 것을
잊어버린 후에 남은 것을 말한다.
-알버트 아인슈타인-

Win-Q
컴퓨터응용가공산업기사

CHAPTER 01　도면 해독 및 측정
CHAPTER 02　CAM 프로그래밍
CHAPTER 03　컴퓨터수치제어(CNC) 절삭가공

PART 1

핵심이론 + 핵심예제

CHAPTER 01 도면 해독 및 측정

제1절 | KS 및 ISO 제도 통칙

핵심이론 01 기계제도의 일반 사항

① 기계제도의 목적

　기계제도는 설계자의 제작 의도를 기계 도면에 반영하여 제품 제작 기술자에게 말 대신 전달하는 제작도로서, 이는 제도표준에 근거하여 제품 제작에 필요한 모든 사항을 담고 있어야 한다. 그러나 설계자가 도면에 임의의 창의성을 기록하면 제작자가 설계자의 의도를 정확히 이해하기 어렵기 때문에 창의적인 사항을 기록해서는 안 된다.

② 기계요소(물체)의 스케치방법
　㉠ 프린트법 : 스케치할 물체의 표면에 광명단 또는 스탬프잉크를 칠한 다음 제도용지에 찍어 실형을 프린트하는 방법
　㉡ 모양뜨기법(본뜨기법) : 물체를 종이 위에 올려놓고 그 둘레의 모양을 제도연필로 직접 그려 본뜨는 방법
　㉢ 프리핸드법 : 운영자나 컴퍼스 등 제도용품을 사용하지 않고 손으로 자유롭게 그리는 방법
　㉣ 사진법 : 물체의 사진을 찍는 방법

③ 스케치할 때 재질 판정법
　㉠ 불꽃검사에 의한 방법
　㉡ 경도시험에 의한 방법
　㉢ 색깔이나 광택에 의한 방법

④ 한국산업규격(KS)의 부문별 분류기호

분류기호	분 야	분류기호	분 야
KS A	기 본	KS L	요 업
KS B	기 계	KS M	화 학
KS C	전기·전자	KS P	의 료
KS D	금 속	KS Q	품질경영
KS E	광 산	KS R	수송기계
KS F	건 설	KS S	서비스
KS G	일용품	KS T	물 류
KS H	식 품	KS V	조 선
KS I	환 경	KS W	항공우주
KS J	생 물	KS X	정 보
KS K	섬 유	-	-

⑤ 국가별 산업표준

국 가		표 준
한 국	KS	Korea Industrial Standards
미 국	ANSI	American National Standards Institute
영 국	BS	British Standards
독 일	DIN	Deutsches Institute fur Normung
중 국	GB	Guo Jia Biao Zhun
일 본	JIS	Japanese Industrial Standards
프랑스	NF	Norme Francaise
스위스	SNV	Schweitzerish Norman Vereinigung

핵심예제

1-1. 스케치의 일반적인 방법으로 척도에 관계없이 적당한 크기로 부품을 그린 후 치수를 측정하여 기입하는 스케치 방법은? [2011년 2회]

① 프린트 스케치법
② 본뜨기 스케치법
③ 프리핸드 스케치법
④ 사진촬영 스케치법

1-2. 일반적인 스케치 작업 중 재질 판정을 위한 방법으로 적합하지 않은 것은? [2010년 4회]

① 색깔이나 광택에 의한 법
② 피로시험에 의한 법
③ 불꽃검사에 의한 법
④ 경도시험에 의한 법

|해설|

1-1
③ 프리핸드 스케치법 : 스케치의 일반적인 방법으로 척도에 관계없이 적당한 크기로 부품을 그린 후 치수 측정
① 프린트 스케치법 : 스케치할 물체의 표면에 광명단 또는 스탬프잉크를 칠한 다음 용지에 찍어 실형을 뜨는 방법
② 본뜨기 스케치법 : 물체를 종이 위에 올려놓고 그 둘레의 모양을 직접 제도연필로 그리는 방법
④ 사진촬영 스케치법 : 물체의 사진을 찍는 방법

2-2
피로시험(Fatigue Test)
재료의 강도시험으로 재료에 반복응력을 가했을 때 파괴되기까지의 반복하는 수를 구해서 응력(S)과 반복 횟수(N)와의 상관관계를 알 수 있는 것으로 재질의 판정과는 관련이 없다.

정답 1-1 ③ 1-2 ②

핵심이론 02 도면의 크기 및 척도

① 도면의 크기

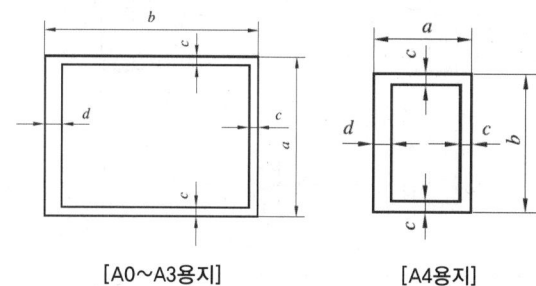

[A0~A3용지]   [A4용지]

(단위 : mm)

용지의 크기 및 호칭			A0	A1	A2	A3	A4
$a \times b$(세로 × 가로)			841× 1,189	594× 841	420× 594	297× 420	210× 297
도면 윤곽	c(최소)		20	20	10	10	10
	d (최소)	철하지 않을 때	20	20	10	10	10
		철할 때	25	25	25	25	25

※ 제도용지에 대한 기본사항
- A0용지의 넓이 = $1m^2$
- 복사한 도면은 A4용지로 접어서 보관한다.
- 제도용지의 '세로 : 가로'의 비는 '$1 : \sqrt{2}$'이다.
- 도면을 철할 때 윤곽선은 제도용지의 왼쪽(d)과 오른쪽(c) 가장자리에서 띄는 간격이 다르다.

② 도면에 반드시 마련해야 할 양식
㉠ 윤곽선
㉡ 표제란
㉢ 중심마크

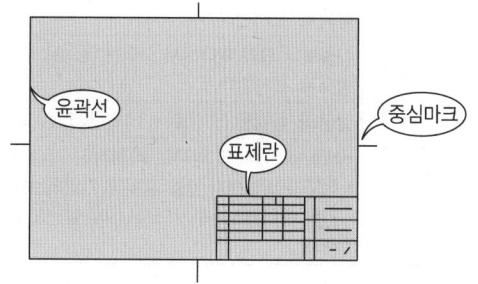

③ 추가로 도면에 마련되는 양식

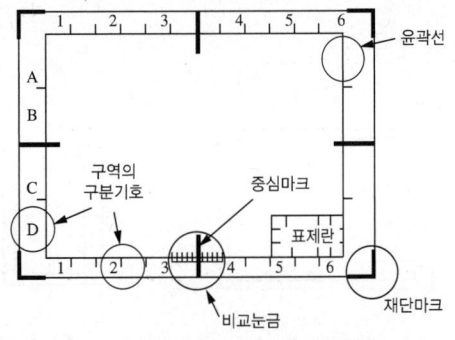

윤곽선	• 제도용지의 안쪽에 그려진 내용이 윤곽선 밖의 여백과 확실히 구분되도록 하기 위해 그리는 선이다. • 종이의 가장자리가 찢어져서 도면의 내용이 훼손되지 않도록 하기 위해 굵은 실선으로 그린다.
표제란	• 도면관리에 필요한 사항과 도면내용에 관한 중요 사항을 기재하기 위해 도면의 우측 하단부에 마련한다. • 도명, 도면번호, 기업명(소속명), 척도, 투상법, 작성 연월일, 설계자 등을 기입한다.
중심마크	• 도면의 영구 보존을 위해 마이크로필름으로 촬영하거나 복사하고자 할 때 활용된다. • 도면의 가로 및 세로의 중심점 위치에 굵은 실선으로 표시한다.
비교눈금	• 도면을 축소하거나 확대했을 때 그 정도를 알기 위해 만든다. • 도면 하단부의 중앙 부분에 10mm 간격의 눈금을 굵은 실선으로 그려 놓은 것이다.
재단마크	인쇄, 복사, 플로터로 출력된 도면을 규격에서 정한 크기로 자르기 편하도록 만든 양식이다.

④ 도면에 사용되는 척도

㉠ 척도의 정의 : 도면상의 길이와 실제 길이의 비이다.

㉡ 척도의 종류

종 류	의 미
축 척	실물보다 작게 축소해서 그리는 것으로, 1 : 2, 1 : 20의 형태로 표시한다.
배 척	실물보다 크게 확대해서 그리는 것으로, 2 : 1, 20 : 1의 형태로 표시한다.
현 척	실물과 동일한 크기로, 1 : 1의 형태로 표시한다.
NS	• Not to Scale의 약자로 비례척이 아니라는 뜻이다. • 척도가 비례하지 않을 경우에 기입하는데 '비례하지 않음'이나 치수 수치의 아래에 실선(50)을 긋기도 한다.

㉢ 척도 표시방법 : 척도의 표시에서 A : B = 도면에서의 크기 : 물체의 실제 크기이므로 '척도 2 : 1'은 실제 제품을 2배 확대해서 그린 그림이다.

> 척도 A : B = 도면에서의 크기 : 물체의 실제 크기
> 예 축적 - 1 : 2, 현척 - 1 : 1, 배척 - 2 : 1

㉣ 우선적으로 사용하는 척도의 종류

1 : 2	1 : 5	1 : 10	1 : 20	1 : 50
2 : 1	5 : 1	10 : 1	20 : 1	50 : 1

㉤ 척도 기입 위치

• 도면의 전체 부품에 적용되는 기본 척도는 표제란에 마련하는 척도란에 표시한다.

• 일부 부품의 척도를 다르게 할 경우의 척도 표시 방법

예 전체 부품의 척도가 1 : 1지만, 1번 부품의 척도만 2 : 1일 경우

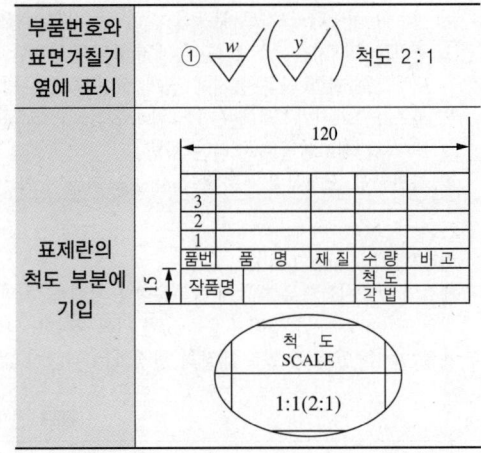

핵심예제

2-1. 도면에 마련할 양식 중 반드시 설정하지 않아도 되는 양식의 명칭은? [2014년 4회]

① 표제란 ② 부품란
③ 중심마크 ④ 윤곽(테두리)

2-2. 다음 그림과 같은 도면의 양식에서 각 항목이 지시하는 부위의 명칭이 틀린 것은? [2018년 2회]

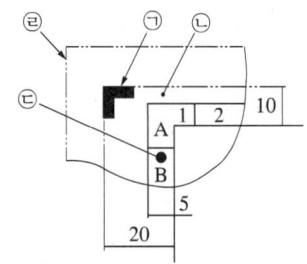

① ㉠ : 재단마크
② ㉡ : 재단용지
③ ㉢ : 비교눈금
④ ㉣ : 재단하지 않은 용지 가장자리

2-3. 실물에서 한 변의 길이가 25mm일 때, 척도 1 : 5인 도면에서 그 변이 그려진 길이와 그 변에 기입해야 할 치수를 순서대로 옳게 나열한 것은? [2016년 1회]

① 길이 : 5mm, 치수 : 5
② 길이 : 5mm, 치수 : 25
③ 길이 : 25mm, 치수 : 5
④ 길이 : 25mm, 치수 : 25

|해설|

2-1
도면에 반드시 마련해야 할 양식
• 윤곽선
• 표제란
• 중심마크

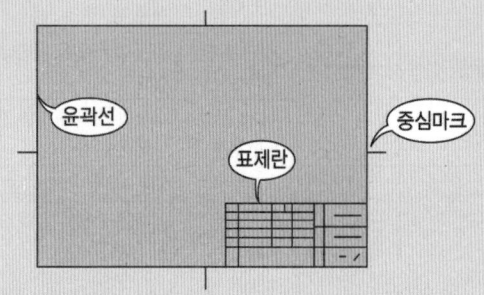

2-2
㉢은 도면의 구역 표시로, 부품의 위치를 지시할 때 편리하도록 그리는데 세로 방향으로는 영어 대문자, 가로 방향으로는 숫자로 표시한다.

비교눈금
확대나 축소된 도면을 실제 도면의 크기와 비교하기 위해 중심마크를 중심으로 양쪽 50mm씩 총 100mm 길이로 표시하는데 여기서도 10mm씩 구획을 나누어 놓는다.

2-3
실물의 길이가 25mm인데 척도가 1 : 5라면 이는 축척이므로 도면에서의 길이는 $\frac{1}{5}$인 5mm로 나타낸다. 그러나 도면상의 치수는 실제 치수를 기입해야 하므로 25mm로 표시해야 한다.
※ 축척의 표시
A : B = 도면에서의 크기 : 물체의 실제 크기
예) 축척 - 1 : 2, 현척 - 1 : 1, 배척 - 2 : 1

정답 2-1 ② 2-2 ③ 2-3 ②

핵심이론 03 선의 종류 및 문자

① 선의 종류 및 용도

※ KS A ISO 128-2 외 관련 표준을 수험서에 맞게 수정

명 칭	기 호	종류 및 용도	
굵은 실선	———	외형선	대상물이 보이는 모양의 외형을 표시하는 선
		절단 단면 화살표선	절단 및 단면을 나타내는 화살표의 선
		나사 길이 한계선	나사의 길이에 대한 한계를 나타내는 선
가는 실선	———	치수선	치수 기입을 위해 사용하는 선
		치수보조선	치수를 기입을 위해 도형에서 인출한 선
		지시선 및 기준선	지시 기호를 나타내기 위한 선
		회전단면선	회전한 형상을 나타내기 위한 선
		수준면선	수면, 유면 등의 위치를 나타내는 선
		상관선	서로 교차하는 가상의 상관관계를 나타내는 선
		투상선	투상을 설명하는 선
		격자선	격자를 나타내는 선
		짧은 중심선	짧은 중심을 나타내는 선
		나사골선	나사의 골을 나타내는 선
		구간점 치수선	시작점과 끝점을 나타내는 치수선
		평면표시선	원형 부분의 평평한 면을 나타내는 대각선
		반복되는 자세한 모양의 생략을 나타내는 선	예 기어의 이 뿌리원
		테이퍼선	테이퍼 진 모양을 설명하는 선
		해 칭	단면도의 절단면을 나타내는 선 /////
가는 파선(파선)	-----	숨은선	대상물의 보이지 않는 부분의 윤곽 또는 모서리 윤곽을 나타내는 선
굵은 파선	- - -	열처리 허용부 지시선	열처리와 같은 표면 처리의 허용 부분을 나타내는 선
가는 1점쇄선이 겹치는 부분에는 굵은 실선	┘	절단선	절단한 면을 나타내는 선
가는 1점쇄선	—·—·—	중심선	도형의 중심을 표시하는 선
		기준선	위치결정의 근거임을 나타내기 위해 사용하는 선
		피치선	반복 도형의 피치의 기준을 잡음
가는 2점쇄선	—··—··—	무게중심선	단면의 무게중심을 연결한 선
		가상선	가공 부분의 이동하는 특정 위치나 이동 한계의 위치를 나타내는 선
굵은 1점쇄선	—·—·—	특수 지정선	열처리나 표면처리 등 제한된 면적에 특수한 가공이나 특수 열처리가 필요한 부분을 지시하는 선
가는 자유실선	～	파단선	대상물의 일부를 파단한 경계나 일부를 떼어 낸 경계를 표시하는 선
지그재그선	⋏⋏		
아주 굵은 실선	━━━	개스킷	개스킷 등 두께가 얇은 부분 표시하는 선

② 주요 선의 정의

선의 종류	기 호	설 명
실 선	———	연속적으로 이어진 선
파 선	-----	짧은 선을 일정한 간격으로 나열한 선
1점쇄선	—·—·—	길고 짧은 2종류의 선을 번갈아 나열한 선
2점쇄선	—··—··—	긴 선 1개와 짧은 선 2개를 번갈아 나열한 선

③ KS에 따른 선의 굵기 기준

0.18mm, 0.25mm, 0.35mm, 0.5mm, 0.7mm, 1mm

④ 선의 굵기에 따른 색상 및 용도

선의 굵기	색 상	용 도
0.7mm	하늘색	윤곽선
0.5mm	초록색	외형선
0.35mm	노란색	숨은선
0.25mm	흰색, 빨간색	해칭, 치수선, 치수보조선, 중심선, 가상선, 지시선 등

⑤ 숨은선의 올바른 사용법

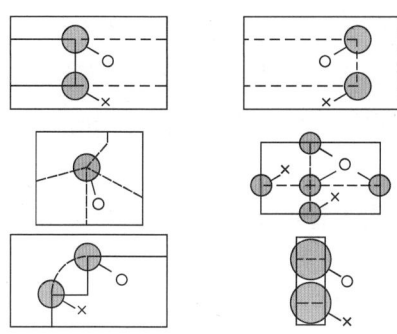

⑥ 가는 2점쇄선(———··———)으로 표시되는 가상선의 용도

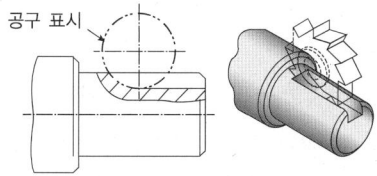

㉠ 반복되는 것을 나타낼 때
㉡ 가공 전이나 후의 모양을 표시할 때
㉢ 도시된 단면의 앞부분을 표시할 때
㉣ 물품의 인접 부분을 참고로 표시할 때
㉤ 이동하는 부분의 운동 범위를 표시할 때
㉥ 공구 및 지그 등 위치를 참고로 나타낼 때
㉦ 단면의 무게중심을 연결한 선을 표시할 때

가공 전후의 모양	

⑦ 원호의 중심위치를 표시할 필요가 있을 때는 둥근 점이나 (+)자로 표시한다.

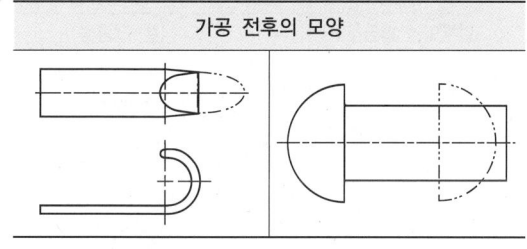

둥근점 표시	(+)자 표시

⑧ 선의 굵기 및 우선순위
제도 시 선 굵기의 비율은 아주 굵은 선 : 굵은 선 : 가는 선 = 4 : 2 : 1로 해야 한다.

⑨ 두 종류 이상의 선이 중복되는 경우 선의 우선순위
숫자나 문자 > 외형선 > 숨은선 > 절단선 > 중심선 > 무게 중심선 > 치수 보조선

⑩ 평면 표시
기계제도에서 대상으로 하는 부분이 평면인 경우에는 단면에 가는 실선을 대각선 표시를 해 준다. 그리고 만일 단면이 정사각형일 때는 해당 단면의 치수 앞에 정사각형 기호를 붙여 '□20'와 같이 표시한다.

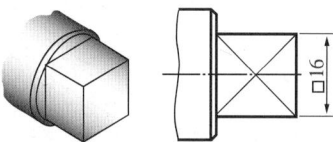

⑪ 모따기(Chamfer) 기호 입력하기
영문의 앞 글자를 따서 'C'로 쓰며 치수기입은 모따기 각도가 45°인 경우에는 주로 C7과 같이 한다.

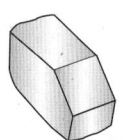

기호 사용 기입	동시 기입	분리 기입

핵심예제

3-1. 2개의 입체가 서로 만날 때 두 입체 표면에 만나는 선이 생기는데 이 선을 무엇이라고 하는가? [2019년 2회]

① 분할선   ② 입체선
③ 직립선   ④ 상관선

3-2. 공구, 지그 등의 위치를 참고로 나타내는 데 사용하는 선의 명칭은? [2019년 2회]

① 가상선   ② 지시선
③ 파치선   ④ 해칭선

핵심예제

3-3. 투상도를 그릴 때 선이 서로 겹칠 경우 나타내야 할 우선 순위로 옳은 것은? [2018년 1회]

① 중심선 > 숨은선 > 외형선
② 숨은선 > 절단선 > 중심선
③ 외형선 > 중심선 > 절단선
④ 외형선 > 중심선 > 숨은선

|해설|

3-1
상관선은 2개의 입체가 서로 만날 때 그 표면에 생기는 선이다.

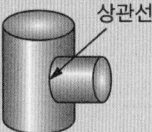
상관선

3-2
가는 2점 쇄선(─··─)으로 표시되는 가상선의 용도
- 반복되는 것을 나타낼 때
- 가공 전이나 후의 모양을 표시할 때
- 도시된 단면의 앞부분을 표시할 때
- 물품의 인접 부분을 참고로 표시할 때
- 이동하는 부분의 운동범위를 표시할 때
- 공구 및 지그 등 위치를 참고로 나타낼 때
- 단면의 무게중심을 연결한 선을 표시할 때

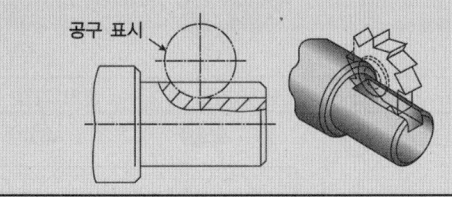
공구 표시

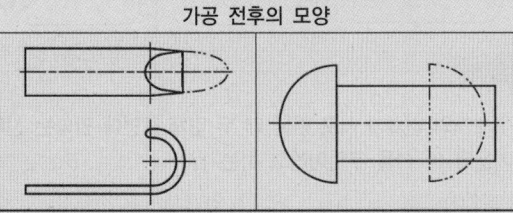
가공 전후의 모양

3-3
두 종류 이상의 선이 중복되는 경우 선의 우선순위
숫자나 문자 > 외형선 > 숨은선 > 절단선 > 중심선 > 무게중심선 > 치수보조선

정답 3-1 ④ 3-2 ① 3-3 ②

핵심이론 04 주요 기계재료의 기호 해석

① 일반구조용 압연강재 – SS400의 경우
  ㉠ S : Steel(강-재질)
  ㉡ S : 일반구조용 압연재(General Structural Purposes)
  ㉢ 400 : 최저 인장강도($41\text{kg}_f/\text{mm}^2 \times 9.8 = 400\text{N}/\text{mm}^2$)

② 기계구조용 탄소강재 – SM45C의 경우
  ㉠ S : Steel(강-재질)
  ㉡ M : 기계구조용(Machine Structural Use)
  ㉢ 45C : 평균 탄소 함유량(0.42~0.48%) – KS D 3752

③ 탄소강 단강품 – SF390A
  ㉠ SF : Carbon Steel Forgings for General Use
  ㉡ 390 : 최저 인장강도 $390\text{N}/\text{mm}^2$
  ㉢ A : 어닐링, 노멀라이징 또는 노멀라이징 템퍼링을 한 단강품

④ 회주철품 – GC200
  ㉠ GC : Gray Cast(회주철품)
  ㉡ 200 : 최저 인장강도 $200\text{N}/\text{mm}^2$

⑤ 기타 KS 재료기호

명 칭	기 호	명 칭	기 호
알루미늄 합금주물	AC1A	니켈-크롬강	SNC
알루미늄 청동	ALBrC1	니켈-크롬-몰리브덴강	SNCM
다이캐스팅용 알루미늄합금	ALDC1	판스프링강	SPC
청동 합금주물	BC(CAC)	냉간압연 강판 및 강대(일반용)	SPCC
편상흑연주철	FC	드로잉용 냉간압연 강판 및 강대	SPCD
회주철품	GC	열간압연 연강판 및 강대(드로잉용)	SPHD
구상흑연주철품	GCD	배관용 탄소강판	SPP
구상흑연주철	GCD	스프링용 강	SPS
인청동	PBC2	배관용 탄소강관	SPW
합 판	PW	일반구조용 압연강재	SS
피아노선재	PWR	탄소공구강	STC

명 칭	기 호	명 칭	기 호
보일러 및 압력용기용 탄소강	SB	합금공구강 (냉간금형)	STD
보일러용 압연강재	SBB	합금공구강 (열간금형)	STF
보일러 및 압력용기용 강재	SBV	일반구조용 탄소강관	STK
탄소강 주강품	SC	기계구조용 탄소강관	STKM
기계구조용 합금강재	SCM, SCr 등	합금공구강 (절삭공구)	STS
크롬강	SCr	리벳용 원형강	SV
주강품	SCW	탄화텅스텐	WC
탄소강 단조품	SF	화이트메탈	WM
고속도 공구강재	SKH	다이캐스팅용 아연합금	ZDC
기계구조용 탄소강재	SM	–	–
용접 구조용 압연강재		SM 표시 후 A, B, C 순서로 용접성이 좋아짐	

⑥ 가공방법의 기호

기 호	가공방법	기 호	가공방법
L	선 반	FS	스크레이핑
B	보 링	G	연 삭
BR	브로칭	GH	호 닝
CD	다이캐스팅	GS	평면 연삭
D	드 릴	M	밀 링
FB	브러싱	P	플레이닝
FF	줄 다듬질	PS	절단(전단)
FL	래 핑	SH	기계적 강화
FR	리머 다듬질	–	–

⑦ 특수가공(SP ; Special Processing)의 기호

가공방법	기 호	기호 풀이
방전가공	SPED	Electric Discharge
전해가공	SPEC	Electro Chemical
전해연삭	SPEG	Electrolytic Grinding
초음파가공	SPU	Ultrasonic
전자빔가공	SPEB	Electron Beam
레이저가공	SPLB	Laser Beam

핵심예제

4-1. 다음 중 기계구조용 탄소강 SM45C의 탄소 함유량으로 가장 적당한 것은? [2011년 2회]

① 0.02~2.01%
② 0.04~0.05%
③ 0.32~0.38%
④ 0.42~0.48%

4-2. 도면 부품란에 재질이 KS 재료기호 GC250으로 표시된 재질 설명으로 옳은 것은? [2011년 4회]

① 가단주철 인장강도 $250N/mm^2$ 이상
② 가단주철 인장강도 $250kgf/mm^2$ 이상
③ 회주철 인장강도 $250N/mm^2$ 이상
④ 회주철 인장강도 $250kgf/mm^2$ 이상

4-3. 가공방법에 따른 KS 가공방법 기호가 올바르게 연결된 것은? [2010년 4회]

① 방전가공 : SPED
② 전해가공 : SPU
③ 전해연삭 : SPEC
④ 초음파가공 : SPLB

|해설|

4-1
SM45C의 경우 KS규격 'KS D 3752'에 나타나 있다. SM45C의 탄소 함유량은 '0.42~0.48%'이고 SM40C는 '0.37~0.43'이다.
- S : Steel(강-재질)
- M : 기계구조용(Machine Structural Use)
- 45C : 평균 탄소 함유량(0.42~0.48%)

4-2
GC250 : 회주철품을 나타내는 재료기호
- GC : Gray Cast(회주철품)
- 250 : 최저 인장강도 $250N/mm^2$

4-3
특수가공(SP ; Special Processing) 기호

가공방법	기 호	기호 풀이
방전가공	SPED	Electric Discharge
전해가공	SPEC	Electro Chemical
전해연삭	SPEG	Elecrolytic Grinding
초음파가공	SPU	Ultrasonic
전자빔가공	SPEB	Electron Beam
레이저가공	SPLB	Laser Beam

정답 4-1 ④ 4-2 ③ 4-3 ①

핵심이론 05 표면거칠기 기호

① 표면거칠기

제품의 표면에 생긴 가공 흔적이나 무늬로 형성된 오목하거나 볼록한 높이차로 울퉁불퉁한 정도이다.

② 표면거칠기를 표시하는 방법

종 류	특 징
산술평균거칠기 (R_a)	중심선 윗부분 면적의 합을 기준 길이로 나눈 값을 마이크로미터(μm)로 나타낸 것
최대높이(R_y)	산봉우리 선과 골바닥 선의 간격을 측정하여 마이크로미터(μm)로 나타낸 것
10점 평균거칠기(R_z)	평균 선에서 세로 배율의 방향으로 측정한 가장 높은 산봉우리로부터 5번째 산봉우리까지의 표고(표면에서의 높이)의 절댓값의 평균값과의 합을 마이크로미터(μm)로 나타낸 것

③ 가공면을 지시하는 기호

종 류	의 미
∇ (빗금)	제거가공을 하든, 하지 않든 상관없다.
▽	제거가공을 해야 한다.
⌀▽	제거가공을 해서는 안 된다.
(폐윤곽)	투상도의 폐윤곽을 완벽하게 하기 위해 적용
3∇	기계가공 여유 3mm

※ 만약 표면의 결 특성에 대한 상호보완적 요구사항이 도시되어야 할 경우, 위 3개의 기호선 끝에 가로로 추가선을 그린다.
  예 ▽ : 재료의 제거가공이 필요한 경우, 추가 보완 문구 작성 시

※ 표면의 결을 도시할 때는 지시기호를 외형선에 붙여서 쓴다.

④ 제거가공할 경우 표면거칠기의 구분값

표면거칠기 기호	용 도	표면거칠기 구분값		
		R_a	R_y	R_z
w▽	다른 부품과 접촉하지 않는 면에 사용	25a	100s	100z
x▽	다른 부품과 접촉해서 고정되는 면에 사용	6.3a	25s	25z
y▽	기어의 맞물림 면이나 접촉 후 회전하는 면에 사용	1.6a	6.3s	6.3z
z▽	정밀 다듬질이 필요한 면에 사용	0.2a	0.8s	0.8z

'25'란 산술평균거칠기(R_a)값을 나타낸 것으로 거칠기 곡선에서 중심선 윗부분 면적의 합을 기준 길이로 나눈 값의 평균이 25μm 이내가 되어야 한다는 의미이다.

⑤ 도면의 상단에 위치하는 표면거칠기 기호의 해석

$\overset{25}{\triangledown}$ ( )	부품의 일부분에 다른 표면거칠기값이 주어진다면 그 부분을 제외한 모든 부분의 표면거칠기값은 $\overset{25}{\triangledown}$ 를 나타내며 ( ) 앞에 위치시킨다.
($\overset{6.3}{\triangledown}$, $\overset{1.6}{\triangledown}$)	( ) 안에 위치하는 표면거칠기는 부품상의 어느 부분에 이 기호들을 배치하여 그 부분만은 이 표면거칠기값을 따라야 함을 지시하는 것이다.

| 핵심예제 |

5-1. 다음 중 KS B ISO 4287에 규정된 표면거칠기 표시 방법이 아닌 것은? [2011년 2회]
① 최대높이(R_y)
② 10점 평균거칠기(R_z)
③ 산술평균거칠기(R_a)
④ 제곱평균거칠기(R_{rms})

5-2. 다음 중 표면의 결을 도시할 때 제거가공을 허용하지 않는다는 것을 지시한 것은? [2015년 2회]

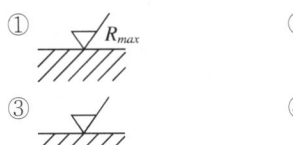

| 해설 |
5-1
KS B ISO 4287에 제곱평균거칠기는 언급되어 있지 않다.

5-2
가공면을 지시하는 기호

종류	의미
∇ (빗금)	제거가공을 하든, 하지 않든 상관없다.
∇ (삼각형)	제거가공을 해야 한다.
∇ (원)	제거가공을 해서는 안 된다.

정답 5-1 ④ 5-2 ②

핵심이론 06 줄무늬 방향기호

① 표면의 결 지시기호

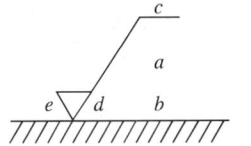

a : 첫 번째 표면의 결 요구사항
b : 두 번째 표면의 결 요구사항
c : 제작방법(가공방법)
d : 줄무늬 방향기호
e : 다듬질 여유(기계가공 여유)

※ KS A ISO 1302 : 2002(2016.11.30. 개정)

a : 중심선 평균거칠기값
b : 가공방법
c : 컷오프값
d : 줄무늬 방향기호
e : 다듬질 여유
g : 표면 파상도

※ 개정 전 기출문제에서 자주 출제되었던 유형

② 줄무늬 방향기호와 의미

기호	커터의 줄무늬 방향	적용(특징)	표면 형상
=	투상면에 평행	셰이핑	
⊥	투상면에 직각	선삭, 원통연삭	
×	투상면에 경사지고 두 방향으로 교차	호닝	
M	여러 방향으로 교차되거나 무방향이 나타남	래핑, 밀링, 슈퍼피니싱	
C	중심에 대하여 대략 동심원(=원)	끝면 절삭	
R	중심에 대하여 대략 레이디얼 모양	일반적인 가공	

| P | 무늬결 방향이 특별하며 방향이 없거나 돌출(돌기가 있는 경우) | 돌기부 | 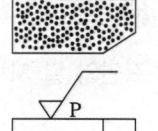 |

핵심예제

6-1. 다음과 같은 표면의 결 도시방법의 기호 설명이 올바르게 된 것은? [2011년 1회]

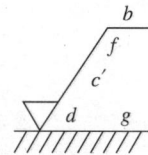

① c' : 기준 길이
② b : 줄무늬 방향기호
③ f : R_a의 값
④ d : 가공방법

6-2. 다음 도면에서 표면의 줄무늬 방향 지시 그림기호 M이 뜻하는 것은? [2011년 2회]

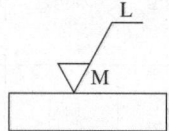

① 가공에 의한 커터의 줄무늬 방향이 기호를 기입한 그림의 투영면에 비스듬하게 두 방향으로 교차
② 가공에 의한 커터의 줄무늬가 기호를 기입한 면의 중심에 대하여 거의 동심원 모양
③ 가공에 의한 커터의 줄무늬가 기호를 기입한 면의 중심에 대하여 거의 방사 모양
④ 가공에 의한 커터의 줄무늬가 여러 방향으로 교차 또는 무방향

|해설|

6-1
c' : 컷 오프값으로서 기준 길이를 나타낸다.

6-2
줄무늬 방향기호와 의미

기 호	커터의 줄무늬 방향	적 용	표면형상
=	투상면에 평행	셰이핑	
⊥	투상면에 직각	선삭, 원통연삭	
X	투상면에 경사지고 두 방향으로 교차	호 닝	
M	여러 방향으로 교차되거나 무방향이 나타남	래핑, 슈퍼피니싱, 밀링	
C	중심에 대하여 대략 동심원	끝면 절삭	
R	중심에 대하여 대략 레이디얼 모양	일반적인 가공	

정답 6-1 ① 6-2 ④

핵심이론 07 투상법

① 투상법(Projection)

도면에 작성하고자 하는 대상물을 일정한 법칙에 의해서 대상물의 형태를 평면상에 도형으로 나타내는 방법이다.

② 투상법의 종류

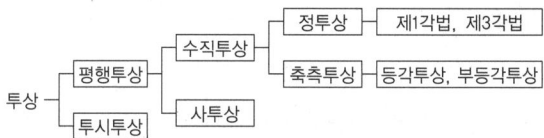

③ 주요 투상법의 특징

종류	그림	특징
사 투상법		• 물체를 투상면에 대하여 한쪽으로 경사지게 투상하여 입체적으로 나타낸 투상법 • 하나의 그림으로 대상물의 한 면(정면)만 중점적으로 엄밀하고 정확하게 표시할 수 있다.
등각 투상법		• 정면, 평면, 측면을 하나의 투상도에서 동시에 볼 수 있도록 그린 투상법 • 직육면체의 등각투상도에서 직각으로 만나는 3개의 모서리는 각각 120°를 이룬다. • 주로 기계 부품의 조립이나 분해를 설명하는 정비지침서 등에 사용한다.
투시 투상법		• 건축, 도로, 교량의 도면 작성에 사용된다. • 멀고 가까운 원근감을 느낄 수 있도록 하나의 시점과 물체의 각 점을 방사선으로 그리는 투상법이다.
부등각 투상법		• 수평선과 2개의 축선이 이루는 각을 서로 다르게 그린 투상법

④ 제1각법과 제3각법

제1각법	제3각법
투상면을 물체의 뒤에 놓는다.	투상면을 물체의 앞에 놓는다.
눈 → 물체 → 투상면	눈 → 투상면 → 물체
저면도 우측면도 정면도 좌측면도 배면도 평면도	평면도 좌측면도 정면도 우측면도 배면도 저면도

※ 3각법의 투상방법은 눈 → 투상면 → 물체 순이다. 당구에서 3쿠션을 연상시켜 그림의 좌측을 당구공, 우측을 당구 큐대로 생각하면 암기하기 쉽다. 제1각법은 공의 위치가 반대가 된다.

⑤ 투상도

물체를 도면에 표현하기 위해 물체의 한 면 또는 여러 면을 그리는 것으로, 길이가 긴 물체는 길이 방향으로 놓은 상태로 그려야 한다.

⑥ 투상도의 종류

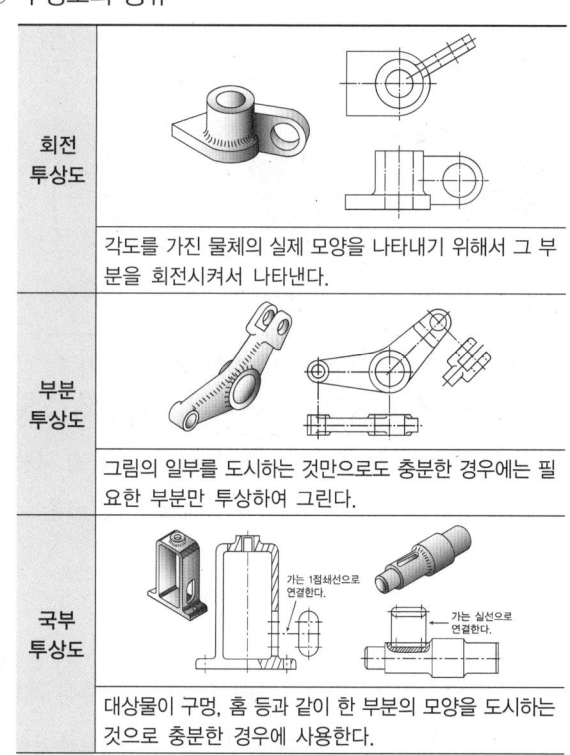

회전 투상도	각도를 가진 물체의 실제 모양을 나타내기 위해서 그 부분을 회전시켜서 나타낸다.
부분 투상도	그림의 일부를 도시하는 것만으로도 충분한 경우에는 필요한 부분만 투상하여 그린다.
국부 투상도	대상물이 구멍, 홈 등과 같이 한 부분의 모양을 도시하는 것으로 충분한 경우에 사용한다.

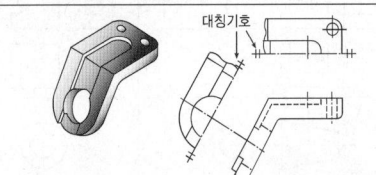

부분 확대도	특정한 부분의 도형이 작아서 그 부분을 자세하게 나타낼 수 없거나 치수 기입을 할 수 없을 때에는 그 부분을 가는 실선으로 둘러싸고 한글이나 알파벳 대문자로 표시한다.
보조 투상도	경사면을 지니고 있는 물체는 그 경사면의 실제 모양을 표시할 필요가 있는데, 이 경우 보이는 부분의 전체 또는 일부분을 나타낼 때 사용한다.

⑦ 대칭 물체의 투상도를 생략해서 간단히 그리기

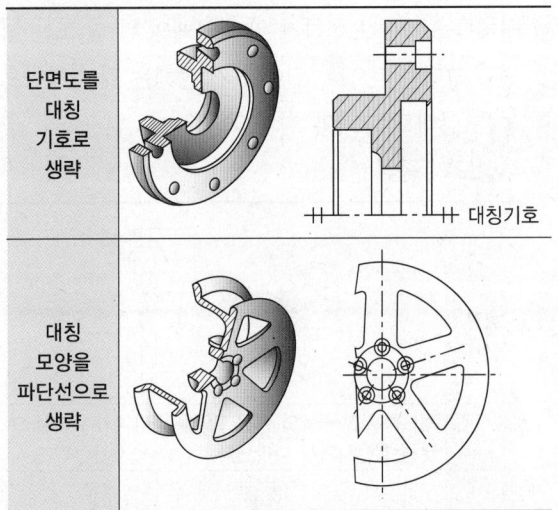

단면도를 대칭 기호로 생략	
대칭 모양을 파단선으로 생략	

⑧ 모양이 반복되는 투상도를 간략하게 그리기

같은 크기의 모양이 반복되어 여러 개가 있는 경우 모두 그리지 않고, 하나의 구멍에서 지시선을 사용하여 구멍의 총수를 기입하고 다음에 짧은 선(-)을 긋고 구멍의 크기 치수를 기입한다.

⑨ KS 규격에 기재된 경사투상법의 종류
(KS A ISO 5456-3)

㉠ 캐벌리어 투상법 : 투상면이 보통 수직하며 제3의 좌표축의 투상은 직교축과 보통 45°가 되도록 한다. 투상된 3개축의 척도는 모두 같다.

㉡ 캐비닛 투상법 : 제3의 투상축에서 척도가 절반이나 감소된다는 것을 제외하면 캐벌리어 투상법과 유사하다. 이 투상법은 그림의 비율을 보다 좋게 하기 위해 사용한다.

㉢ 플라노메트릭 투상법 : 투상면은 수평면에 평행하게 표시된다.

핵심예제

7-1. 제1각법에 관한 설명으로 옳은 것은? [2016년 1회]

① 정면도 우측에 좌측면도가 배치된다.
② 정면도 아래에 저면도가 배치된다.
③ 평면도 아래에 저면도가 배치된다.
④ 정면도 위에 평면도가 배치된다.

7-2. 물체의 한쪽 면이 경사되어 평면도나 측면도로는 물체의 형상을 나타내기 어려울 경우 가장 적합한 투상법은?
[2014년 4회]

① 요점투상법 ② 국부투상법
③ 부분투상법 ④ 보조투상법

|해설|

7-1
② 제1각법인 경우 정면도의 아래에 평면도가 배치된다.
③ 제1각법인 경우 평면도의 아래에는 어떤 것도 배치되지 않는다.
④ 제1각법인 경우 정면도의 위에 저면도가 배치된다.

제1각법과 제3각법

제1각법	제3각법
투상면을 물체의 뒤에 놓는다.	투상면을 물체의 앞에 놓는다.
눈 → 물체 → 투상면	눈 → 투상면 → 물체

※ 제3각법의 투상방법은 눈 → 투상면 → 물체 순이다. 당구에서 3쿠션을 연상시켜 그림의 좌측을 당구공, 우측을 당구 큐대로 생각하면 암기하기 쉽다. 제1각법은 공의 위치가 반대가 된다.

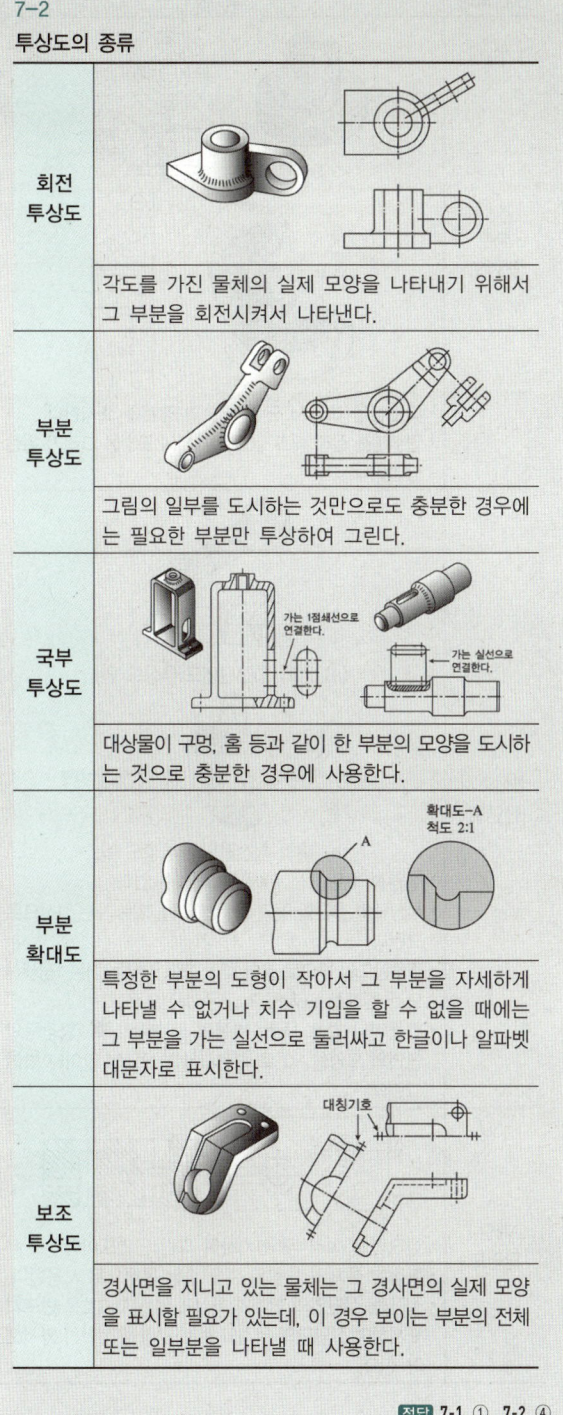

핵심이론 08 단면도

① 단면도

보이지 않는 안쪽의 모양이 간단하면 숨은선으로 나타낼 수 있지만, 복잡할 경우 숨은선에 의해 도면을 파악하기 더 어렵기 때문에 물체에 가상의 절단면을 설치하고 그 앞부분을 떼어 낸 후 남겨진 모양을 그린 것을 단면도라고 한다.

절단면 설치	앞부분을 떼어냄	단면도

② 단면도의 해칭방법
   ㉠ 단면은 필요로 하는 부분만을 파단하여 표시할 수 있다.
   ㉡ 인접한 부품의 단면은 해칭선의 방향이나 간격을 다르게 표시한다.
   ㉢ 해칭 부분에 문자, 기호 등을 기입하기 위하여 해칭을 일부 절단할 수 있다.
   ㉣ 해칭을 하지 않아도 단면이라는 것을 알 수 있을 때에는 해칭을 생략해도 된다.
   ㉤ 보통 해칭선은 45°의 가는 실선을 단면부의 면적에서 2~3mm 간격으로 사선을 긋는다.
   ㉥ 단면 면적이 넓은 경우에는 그 외형선의 안쪽 적절한 범위에 해칭 또는 스머징을 할 수 있다.

③ 해칭(Hatching)과 스머징(Smudging)

단면도에는 필요한 경우 절단하지 않은 면과 구별하기 위해 해칭이나 스머징을 한다. 그리고 인접한 단면의 해칭은 기존 해칭이나 스머징 선의 방향 또는 각도를 다르게 구분한다.

해칭	스머징
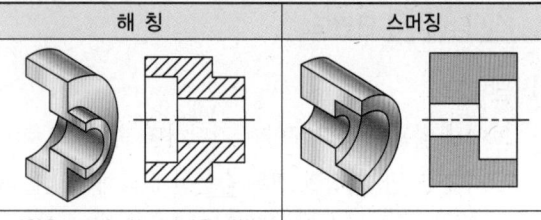	
해칭은 45°의 가는 실선을 단면부의 면적에 따라 2~3mm 간격으로 사선을 긋는다. 경우에 따라 30°, 60°로 변경해도 가능하다.	외형선 안쪽에 색칠한다.

④ 길이 방향으로 절단하여 도시가 가능한 기계요소와 불가능한 기계요소

길이 방향으로 절단하여 도시가 가능한 것	보스, 부시, 칼라, 베어링, 파이프 등 KS규격에서 절단하여 도시가 불가능하다고 규정된 이외의 부품
길이 방향으로 절단하여 도시가 불가능한 것	축, 키, 암, 핀, 볼트, 너트, 리벳, 코터, 기어의 이, 베어링의 볼과 롤러

⑤ 단면도의 종류

단면도명	특 징
온단면도 (전단면도)	• 전단면도라고도 한다. • 물체 전체를 직선으로 절단하여 앞부분을 잘라내고 남은 뒷부분의 단면 모양을 그린 것이다. • 절단 부위의 위치와 보는 방향이 확실한 경우에는 절단선, 화살표, 문자기호를 기입하지 않아도 된다.
한쪽 단면도 (반단면도)	• 반단면도라고도 한다. • 절단면을 전체의 반만 설치하여 단면을 얻는다. • 상하 또는 좌우가 대칭인 물체를 중심선을 기준으로 1/4 절단하여 내부 모양과 외부 모양을 동시에 표시하는 방법이다.
부분 단면도	• 파단선을 그어서 단면 부분의 경계를 표시한다. • 일부분을 잘라 내고 필요한 내부의 모양을 그리기 위한 방법이다.
회전도시 단면도	(a) 암의 회전단면도(투상도 안) (b) 훅의 회전단면도(투상도 밖) • 절단선의 연장선 뒤에도 그릴 수 있다. • 투상도의 절단할 곳과 겹쳐서 그릴 때는 가는 실선으로 그린다. • 주투상도의 밖으로 끌어 내어 그릴 경우는 가는 1점쇄선으로 한계를 표시하고 굵은 실선으로 그린다. • 핸들이나 벨트 풀리, 바퀴의 암, 리브, 축, 형강등의 단면의 모양을 90°로 회전시켜 투상도의 안이나 밖에 그린다.
계단 단면도	• 절단면을 여러 개 설치하여 그린 단면도이다. • 복잡한 물체의 투상도 수를 줄일 목적으로 사용한다. • 절단선, 절단면의 한계와 화살표 및 문자기호를 반드시 표시하여 절단면의 위치와 보는 방향을 정확히 명시해야 한다.

| 핵심예제 |

8-1. 다음 그림과 같이 나타난 단면도의 명칭은? [2016년 2회]

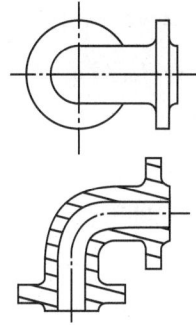

① 온단면도　　　　② 회전도시단면도
③ 한쪽단면도　　　④ 부분단면도

8-2. 단면의 표시와 단면도의 해칭에 관한 설명으로 옳은 것은?
[2019년 1회]

① 단면 면적이 넓은 경우에는 그 외형선을 따라 적절한 범위에 해칭 또는 스머징을 한다.
② 해칭선의 각도는 주된 중심선에 대하여 60°로 하여 굵은 실선을 사용하여 등 간격으로 그린다.
③ 인접한 다른 부품의 단면은 해칭선의 방향이나 간격을 변경하지 않고 동일하게 사용한다.
④ 해칭 부분에 문자, 기호 등을 기입할 때는 해칭을 중단하지 않고 겹쳐서 나타내야 한다.

| 해설 |

8-1
단면도의 종류

온단면도 (전단면도)	도 면	
	특 징	• 전단면도라고도 한다. • 물체 전체를 직선으로 절단하여 앞부분을 잘라 내고 남은 뒷부분의 단면 모양을 그린 것이다. • 절단 부위의 위치와 보는 방향이 확실한 경우에는 절단선, 화살표, 문자기호를 기입하지 않아도 된다.
한쪽단면도 (반단면도)	도 면	
	특 징	• 반단면도라고도 한다. • 절단면을 전체의 반만 설치해 단면도를 얻는다. • 상하 또는 좌우가 대칭인 물체를 중심선을 기준으로 1/4 절단하여 내부 모양과 외부 모양을 동시에 표시하는 방법이다.
부분단면도	도 면	
	특 징	• 파단선을 그어서 단면 부분의 경계를 표시한다. • 일부분을 잘라 내고 필요한 내부의 모양을 그리기 위한 방법이다.

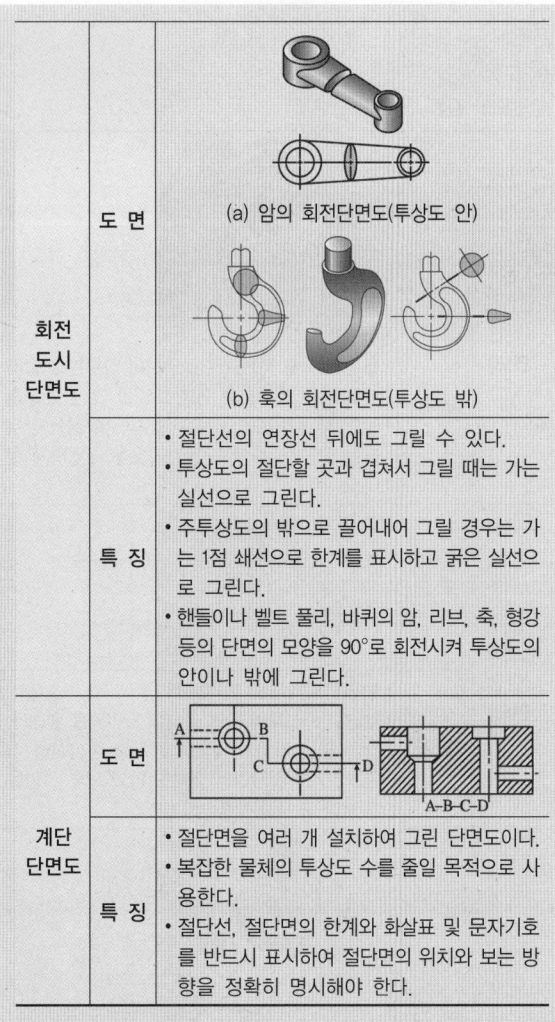

회전 도시 단면도	도면	(a) 암의 회전단면도(투상도 안) (b) 훅의 회전단면도(투상도 밖)
	특징	• 절단선의 연장선 뒤에도 그릴 수 있다. • 투상도의 절단할 곳과 겹쳐서 그릴 때는 가는 실선으로 그린다. • 주투상도의 밖으로 끌어내어 그릴 경우는 가는 1점 쇄선으로 한계를 표시하고 굵은 실선으로 그린다. • 핸들이나 벨트 풀리, 바퀴의 암, 리브, 축, 형강 등의 단면의 모양을 90°로 회전시켜 투상도의 안이나 밖에 그린다.
계단 단면도	도면	
	특징	• 절단면을 여러 개 설치하여 그린 단면도이다. • 복잡한 물체의 투상도 수를 줄일 목적으로 사용한다. • 절단선, 절단면의 한계와 화살표 및 문자기호를 반드시 표시하여 절단면의 위치와 보는 방향을 정확히 명시해야 한다.

8-2
해칭(Hatching)과 스머징(Smudging)
단면도에는 필요한 경우 절단하지 않은 면과 구별하기 위해 해칭이나 스머징을 한다. 그리고 인접한 단면의 해칭은 기존 해칭선의 방향 또는 각도를 다르게 하여 구분한다.

해 칭	스머징
해칭은 45°의 가는 실선을 단면부의 면적에 따라 2~3mm 간격으로 사선을 긋는 것으로, 경우에 따라 30°, 60°로 변경해도 가능하다.	외형선 안쪽에 색칠한다.

정답 8-1 ① 8-2 ①

핵심이론 09 전개도법

① 전개도법

전개도는 입체의 표면을 하나의 평면 위에 펼쳐 놓은 도형으로, 투상도를 기본으로 하여 그린 도면이다. 판금작업 시 강판재료를 절단하기 위해서는 전개도를 설계도로서 사용된다.

② 전개도와 투상도의 관계

투상도는 그 입체를 평면으로 표현한 일종의 설계도와 같다. 주로 정면도와 평면도, 측면도로 세 방향에서 그리는데 보이는 선은 실선으로, 보이지 않는 선은 파선으로 그린다. 그렇게 하면 그 입체의 생김새를 알 수 있고 실제 모형을 제작할 수도 있는데, 이 투상도를 기본으로 하여 전개도를 그린다.

③ 전개도법의 종류

㉠ 평행선법 : 삼각기둥, 사각기둥과 같은 여러 가지의 각기둥과 원기둥을 평행하게 전개하여 그리는 방법

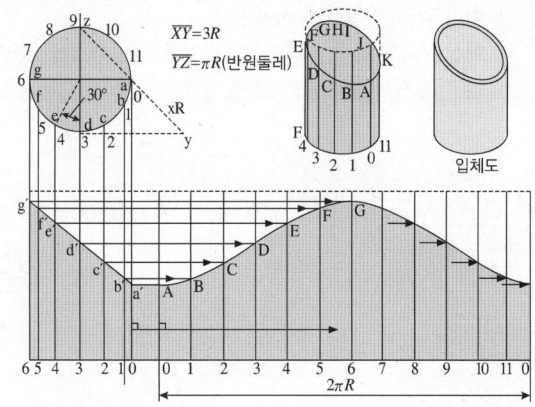

ⓒ 방사선법 : 삼각뿔, 사각뿔 등의 각뿔과 원뿔을 꼭 짓점을 기준으로 부채꼴로 펼쳐서 전개도를 그리는 방법

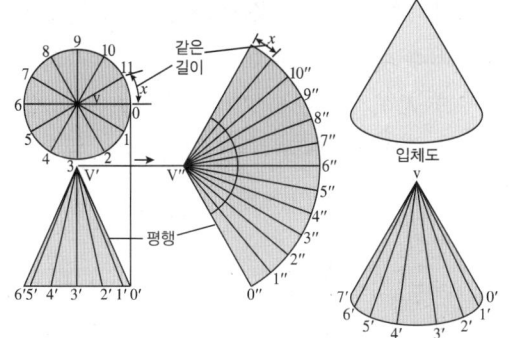

ⓒ 삼각형법 : 꼭짓점이 먼 각뿔, 원뿔 등을 해당 면을 삼각형으로 분할하여 전개도를 그리는 방법

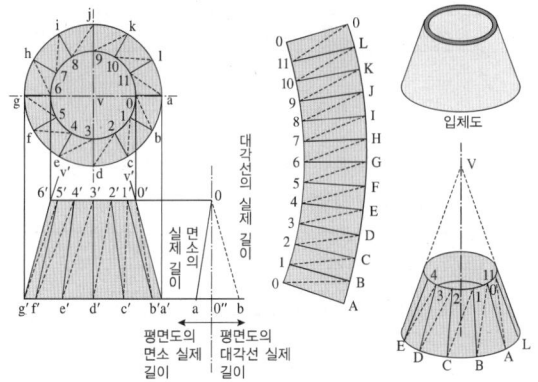

④ 전개도법 작성 시 주의사항
  ⊙ 문자기호는 가능한 한 간략하게 중요한 부분만 기입한다.
  ⓒ 주서의 크기는 치수 숫자의 크기보다 한 단계 위의 크기로 한다.
  ⓒ 제품의 전개도를 그릴 때는 위쪽이나 아래쪽에 '전개도'라고 주서로 기입하는 것이 좋다.
  ⓔ 전개도에 사용된 작도선은 0.18mm, 외형선은 가능한 한 0.5mm를 넘지 않은 굵기로 긋는다.

핵심예제

9-1. 다음 그림과 같이 절단된 편심원뿔의 전개법으로 가장 적합한 것은? [2019년 1회]

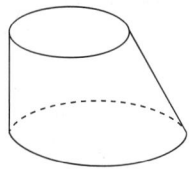

① 삼각형법 ② 동심원법
③ 평행선법 ④ 사각형법

9-2. 다음 그림과 같이 경사지게 잘린 사각뿔의 전개도로 가장 적합한 형상은? [2018년 2회]

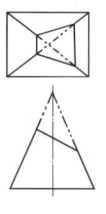

①    ②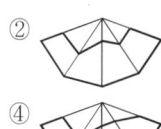
③    ④

|해설|

9-1
일반적인 원뿔은 방사선법으로 그릴 수 있는데, 문제의 그림은 편심원뿔이므로 삼각형법이 적합하다.

9-2
사각뿔을 제작한 후 상단을 문제의 그림과 같이 절단하면 ④와 같이 만들어진다.

정답 9-1 ① 9-2 ④

핵심이론 10 치수 기입방법

① 치수 기입의 원칙(KS B 0001)
  ㉠ 중복 치수는 피한다.
  ㉡ 치수는 주투상도에 집중한다.
  ㉢ 관련된 치수는 한곳에 모아서 기입한다.
  ㉣ 치수는 공정마다 배열을 분리해서 기입한다.
  ㉤ 치수는 계산해서 구할 필요가 없도록 기입한다.
  ㉥ 치수 숫자는 치수선 위 중앙에 기입하는 것이 좋다.
  ㉦ 치수 중 참고 치수에 대하여는 수치에 괄호를 붙인다.
  ㉧ 필요에 따라 기준으로 하는 점·선·면을 기준으로 하여 기입한다.
  ㉨ 도면에 나타나는 치수는 특별히 명시하지 않는 한 다듬질 치수로 표시한다.
  ㉩ 치수는 투상도와의 모양 및 치수의 비교가 쉽도록 관련 투상도쪽으로 기입한다.
  ㉪ 치수는 대상물의 크기, 자세 및 위치를 가장 명확하게 표시할 수 있도록 기입한다.
  ㉫ 기능상 필요한 경우 치수의 허용한계를 지시한다(단, 이론적 정확한 치수는 제외).
  ㉬ 대상물의 기능·제작·조립 등을 고려하여 꼭 필요한 치수를 분명하게 도면에 기입한다.
  ㉭ 하나의 투상도인 경우, 수평 방향의 길이 치수 위치는 투상도의 위쪽에서 읽을 수 있도록 기입한다.
  ㉮ 하나의 투상도인 경우, 수직 방향의 길이 치수 위치는 투상도의 오른쪽에서 읽을 수 있도록 기입한다.

② 치수 기입 시 주의사항
  ㉠ 한 도면 안에서의 치수는 같은 크기로 기입한다.
  ㉡ 각도를 라디안 단위로 기입하는 경우 그 단위기호인 rad을 기입한다.
  ㉢ cm나 m를 사용할 필요가 있는 경우 반드시 cm나 m를 기입해야 한다.
  ㉣ 길이 치수는 원칙적으로 mm의 단위로 기입하고, 단위 기호는 붙이지 않는다.
  ㉤ 치수 숫자는 정자로 명확하게 치수선의 중앙 위쪽에 약간 띄어서 평행하게 표시한다.
  ㉥ 치수 숫자의 단위수가 많은 경우 3자리마다 숫자의 사이를 적당히 띄우고 콤마를 붙이지 않는다.
  ㉦ 숫자와 문자는 고딕체를 사용하고, 크기는 도면과 투상도의 크기에 따라 알맞은 크기와 굵기를 선택한다.
  ㉧ 각도 치수는 일반적으로 도의 단위로 기입하고, 필요한 경우 분, 초를 병용할 수 있으며 도, 분, 초 등의 단위를 기입한다.

③ 길이와 각도의 치수 기입

현의 치수 기입	호의 치수 기입	반지름 치수 기입	각도 치수 기입
40	42	R8	105°

④ 치수의 배치방법

종 류	도면상 표현
직렬치수 기입법	• 직렬로 나란히 연결된 개개의 치수에 주어진 일반공차가 차례로 누적되어도 기능과 상관없는 경우 사용한다. • 축을 기입할 때는 중요도가 작은 치수는 괄호를 붙여서 참고 치수로 기입한다.
병렬치수 기입법	• 기준면을 설정하여 개개별로 기입되는 방법 • 각 치수의 일반공차는 다른 치수의 일반공차에 영향을 주지 않는다.

종류	도면상 표현
누진치수 기입법	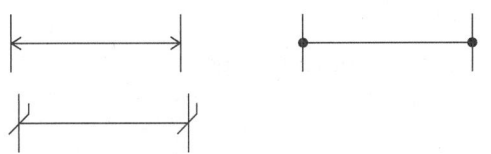 • 한 개의 연속된 치수선으로 간편하게 사용하는 방법 • 치수의 기준점에 기점기호(○)를 기입하고, 치수보조선과 만나는 곳마다 화살표를 붙인다.
좌표치수 기입법	• 구멍의 위치나 크기 등의 치수는 좌표를 사용해도 된다. • 프레스 금형이나 사출 금형의 설계도면 작성 시 사용한다. • 기준면에 해당하는 쪽의 치수보조선의 위치는 제품의 기능, 조립, 검사 등의 조건을 고려하여 정한다.

⑤ 기계제도에서 치수선을 나타내는 방법

⑥ 치수 보조기호의 종류

기호	구 분	기호	구 분
φ	지름	p	피치
Sφ	구의 지름	⌒50	호의 길이
R	반지름	50	비례척도가 아닌 치수
SR	구의 반지름	50 (박스)	이론적으로 정확한 치수
□	정사각형	(50)	참고 치수
C	45° 모따기	~~50~~	치수의 취소(수정 시 사용)
t	두께		

핵심예제

10-1. 치수선 및 치수 기입방법에 대한 설명으로 틀린 것은?
[2019년 2회]

① 치수선은 가는 실선으로 긋는다.
② 치수선은 원칙적으로 지시하는 길이에 평행하게 긋는다.
③ 치수 수치는 다른 치수선과 교차하여 겹치도록 기입한다.
④ 치수선이 인접해서 연속되는 경우에 치수선은 되도록 동일 직선상에 가지런히 기입하는 것이 좋다.

10-2. 다음 그림과 같이 개개의 치수공차에 대해 다른 치수의 공차에 영향을 주지 않기 위해 사용하는 치수기입법은?
[2018년 2회]

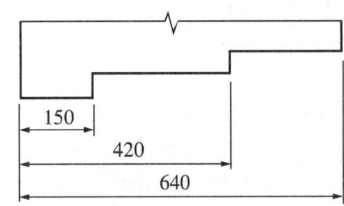

① 직렬치수기입법
② 병렬치수기입법
③ 누진치수기입법
④ 좌표치수기입법

10-3. 치수 보조기호 중 구(Sphere)의 지름기호는?
[2013년 2회]

① R
② SR
③ φ
④ Sφ

10-4. 기계제도에서 치수선을 나타내는 방법에 해당하지 않는 것은?
[2013년 2회]

① 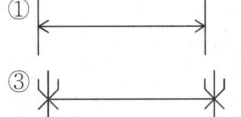 ②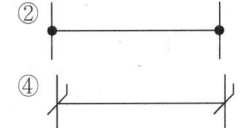

| 해설 |

10-1
치수 수치는 다른 치수선과 교차해서 겹치도록 기입하면 안 된다.

10-2
왼쪽을 기점으로 하고 치수를 측정한 것은 병렬 치수기입법이다.

치수의 배치방법

종류	내용
직렬 치수기입법	• 직렬로 나란히 연결된 각각의 치수에 공차가 누적되어도 상관없는 경우에 사용한다. • 축을 기입할 때는 중요도가 작은 치수는 ( )를 붙여서 참고 치수로 기입한다.
병렬 치수기입법	• 기준면을 설정하여 개별로 기입하는 방법이다. • 각 치수의 일반공차는 다른 치수의 일반공차에 영향을 주지 않는다.
누진 치수기입법	• 한 개의 연속된 치수선으로 간편하게 기입하는 방법이다. • 치수의 기준점에 기점기호(o)를 기입하고, 치수보조선과 만나는 곳마다 화살표를 붙인다.
좌표 치수기입법	• 구멍의 위치나 크기 등의 치수는 좌표를 사용해도 된다. • 프레스 금형이나 사출금형의 설계도면 작성 시 사용한다. • 기준면에 해당하는 쪽의 치수보조선의 위치는 제품의 기능, 조립, 검사 등의 조건을 고려하여 정한다.

10-3
치수 보조기호의 종류

기호	구분	기호	구분
φ	지름	p	피치
Sφ	구의 지름	⌒50	호의 길이
R	반지름	50	비례척도가 아닌 치수
SR	구의 반지름	50 (박스)	이론적으로 정확한 치수
□	정사각형	(50)	참고 치수
C	45° 모따기	~~50~~	치수의 취소(수정 시 사용)
t	두께	-	-

정답 10-1 ③ 10-2 ② 10-3 ④ 10-4 ③

핵심이론 11 공차 용어 및 일반사항

① **공차 용어**

용어	의미
실치수	실제로 측정한 치수로 mm 단위를 사용한다.
치수공차(공차)	최대허용한계치수 − 최소허용한계치수
위치수허용차	최대허용한계치수 − 기준치수
아래치수허용차	최소허용한계치수 − 기준치수
기준치수	위치수 및 아래치수허용차를 적용할 때 기준이 되는 치수
허용한계치수	허용할 수 있는 최대 및 최소의 허용치수로 최대허용한계치수와 최소허용한계치수로 나눈다.
틈새	구멍의 치수가 축의 치수보다 클 때, 구멍과 축 간 치수차
죔새	구멍의 치수가 축의 치수보다 작을 때 조립 전 구멍과 축의 치수차

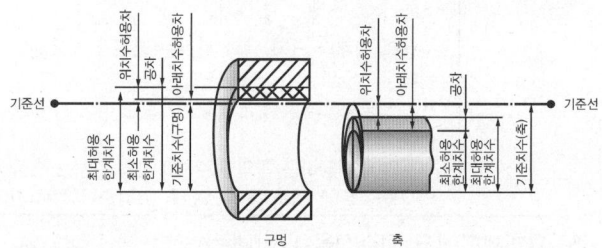

② **치수공차**

치수공차는 공차라고도 한다.

> 치수공차 = 최대허용한계치수 − 최소허용한계치수

③ **IT(International Tolerance)공차**

ISO에서 정한 국제표준공차로서 치수공차와 끼워맞춤에 관한 공차로 IT 01, IT 00, IT 1~18까지 총 20등급으로 구분된다.

㉠ IT공차의 용도별 구멍과 축의 규정 등급

용도	게이지 제작공차	끼워맞춤 공차	끼워맞춤 이외의 공차
구 멍	IT 01~5	IT 6~10	IT 11~18
축	IT 01~4	IT 5~9	IT 10~18

㉡ IT(International Tolerance) 기본공차의 특징
• 공차 등급은 IT기호 뒤에 등급을 표시하는 숫자를 붙여 사용한다.
• IT 기본공차는 구멍인 경우 알파벳 대문자, 축인 경우 알파벳 소문자를 사용한다.

• 구멍일 경우 대문자 A~AZ, 축인 경우는 소문자 a~az의 범위 내에서만 사용해야 한다.

핵심예제

다음은 치수공차와 끼워맞춤 공차에 사용하는 용어의 설명이다. 이에 대한 설명으로 잘못된 것은? [2016년 4회]
① 틈새 : 구멍의 치수가 축의 치수보다 클 때의 구멍과 축의 치수차
② 위치수허용차 : 최대허용치수에서 기준치수를 뺀 값
③ 헐거운 끼워맞춤 : 항상 틈새가 있는 끼워맞춤
④ 치수공차 : 기준치수에서 아래치수허용차를 뺀 값

|해설|
치수공차는 공차라고도 한다.
치수공차 : 최대허용한계치수 − 최소허용한계치수

정답 ④

핵심이론 12 끼워맞춤 공차

① 끼워맞춤 공차

축과 구멍을 가공할 때 정해진 치수대로 정확한 가공이 불가능하기 때문에 가공 시 일정한 오차범위를 지정하여 목적에 맞는 끼워맞춤이 되도록 하는 공차로, 그 종류에는 헐거운, 중간, 억지 끼워맞춤이 있다.

② 구멍기준식 축의 끼워맞춤 기호

헐거운 끼워맞춤	중간 끼워맞춤	억지 끼워맞춤
b, c, d, e, f, g, h	js, k, m, n	p, r, s, t, u, x

③ 틈새와 죔새값 계산

최소 틈새	구멍의 최소허용치수 − 축의 최대허용치수
최대 틈새	구멍의 최대허용치수 − 축의 최소허용치수
최소 죔새	축의 최소허용치수 − 구멍의 최대허용치수
최대 죔새	축의 최대허용치수 − 구멍의 최소허용치수

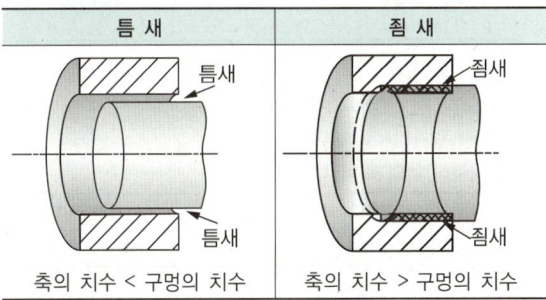

틈새	죔새
축의 치수 < 구멍의 치수	축의 치수 > 구멍의 치수

④ 끼워맞춤 공차 기입 시 주의사항

끼워맞춤 기호를 기입할 때는 기준 치수를 항상 맨 앞에 위치시키며, 그 다음에 구멍을 나타내는 대문자인 H7을 먼저 기입한 후 축을 나타내는 소문자 h6을 표시한다. 또한 분수일 경우 분자에 구멍 기호인 H7을 분모에 소문자인 h6을 기입한다.

맞는 표현	$\phi 12 \dfrac{H7}{h6}$	$\phi 12\ H7/h6$
틀린 표면	$\phi 12 \dfrac{h6}{H7}$	$\phi 12\ h6/H7$

핵심예제

12-1. 다음 중 헐거운 끼워맞춤에 해당하는 것은? [2018년 4회]
① H7/k6 ② H7/m6
③ H7/n6 ④ H7/g6

12-2. 끼워맞춤에서 H7/r6은 어떤 끼워맞춤인가? [2013년 2회]
① 구멍기준식 중간 끼워맞춤
② 구멍기준식 억지 끼워맞춤
③ 구멍기준식 헐거운 끼워맞춤
④ 구멍기준식 고정 끼워맞춤

|해설|

12-1
구멍기준(H7)으로 끼워맞춤을 할 경우 알파벳 'g'는 헐거운 끼워맞춤을 나타내는 공차등급기호이다.

구멍기준식 축의 끼워맞춤

헐거운 끼워맞춤	중간 끼워맞춤	억지 끼워맞춤
b, c, d, e, f, g, h	js, k, m, n	p, r, s, t, u, x

12-2
구멍기준(H7)으로 끼워맞춤을 할 경우 알파벳 'r'은 억지 끼워맞춤을 나타내는 공차등급기호이다.

구멍기준식 축의 끼워맞춤

헐거운 끼워맞춤	중간 끼워맞춤	억지 끼워맞춤
b, c, d, e, f, g, h	js, k, m, n	p, r, s, t, u, x

정답 12-1 ④ 12-2 ②

핵심이론 13 기하공차

① **기하공차의 정의**

기계는 다수의 부품으로 구성되어 있기 때문에 정확하게 가공되지 않으면 조립이 잘 안 되는 경우가 있는데 그 원인은 부품의 형상이 기하학적으로 정확하지 않기 때문이다. 따라서 기하공차란 형상의 뒤틀림, 위치의 어긋남, 흔들림 및 자세에 대해 어느 정도까지 오차를 허용할 수 있는가를 나타내기 위해 사용하는 공차이다.

② **기하공차의 종류 및 기호**

형체	종류		기호
단독 형체	모양공차	진직도	───
		평면도	▱
		진원도	○
		원통도	⌭
		선의 윤곽도	⌒
		면의 윤곽도	⌓
관련 형체	자세공차	평행도	//
		직각도	⊥
		경사도	∠
	위치공차	위치도	⊕
		동축도(동심도)	◎
		대칭도	≡
	흔들림공차	원주 흔들림	↗
		온 흔들림	↗↗

③ **데이텀(DATUM)의 도시방법**

종류	의미
□│A│	• 1개를 설정하는 데이텀은 1개의 문자기호로 나타낸다.
□│A-B│	• 2개의 데이텀을 설정하는 공통 데이텀이다. • 2개의 문자기호를 하이픈(-)으로 연결한 기호로 나타낸다.
□│A│B│	• 복수의 데이텀을 표시하는 방법으로, 데이텀에 우선순위를 지정할 때에는 우선순위가 높은 것을 왼쪽부터 쓰며 각각 다른 구획에 기입한다.
□│AB│	• 2개 이상의 데이텀의 우선순위를 문제 삼지 않을 때에는 같은 구획 내에 나란히 기입한다.

④ 공차 기입틀에 따른 공차의 입력방법

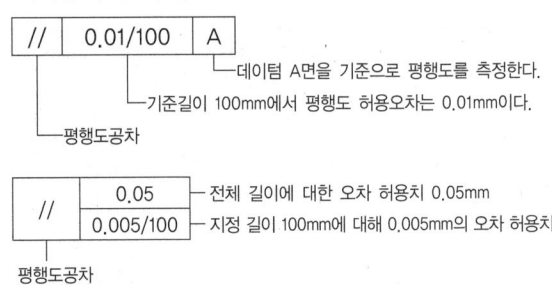

⑤ 기하공차의 해석

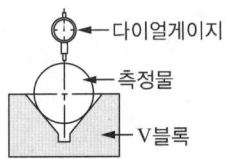

⑥ 진원도 측정

형상공차를 측정하는 방법으로 원형 측정물의 단면 부분이 진원으로부터 어긋남의 정도를 수치로 나타낸 값이다.

㉠ 진원도 측정법의 종류
- 지름법(직경법) : 지름을 여러 방향으로 측정한 후 그 최댓값과 최솟값과의 차이를 계산해서 측정하는 방법이다.
- 반지름법(반경법) : 원형 물체에서 한 부분인 단면을 정하고, 그 중심점에서 반지름을 측정한다. 최댓값과 최솟값의 차이를 계산해서 측정하는 방법이다.
- 삼침법(3점법) : 두 개의 점을 지지한 후, 두 점 사이를 수직 이등분하여 그 중심점에서 이동한 최댓값을 기준으로 원을 그려 진원도를 측정한다.

㉡ 다이얼게이지를 활용한 진원도값 측정 :

다이얼게이지 지침 이동량 $\times \dfrac{1}{2}$

⑦ 최대실체공차 표시

MMC(Maximum Material Condision, 최대실체공차 방식) 원리가 적용될 수 있는 기하공차는 자세공차와 위치공차에 해당하는 기호로서 위치도가 적용된다. 최대실체공차를 적용하는 경우의 도시방법은 공차 기입란의 공차값 다음에 Ⓜ의 부가기호를 붙인다.

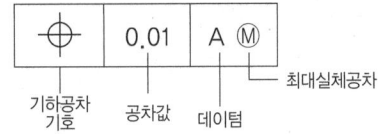

핵심예제

13-1. 다음 중 원통도 공차를 표시하는 기호는? [2017년 4회]

① ⌀ ② ⌖
③ ↗ ④ ◎

13-2. 관련 형체에 적용하는 데이텀이 필요한 기하공차는?
[2019년 4회]

① 진직도
② 원통도
③ 평면도
④ 원주 흔들림

| 해설 |

13-1, 13-2

기하공차의 종류 중 데이텀이 필요하지 않는 공차는 모양공차뿐이다.

기하공차 종류 및 기호

종 류		기 호
모양공차	진직도	—
	평면도	▱
	진원도	○
	원통도	⌭
	선의 윤곽도	⌒
	면의 윤곽도	⌓
자세공차	평행도	∥
	직각도	⊥
	경사도	∠
위치공차	위치도	⊕
	동축도(동심도)	◎
	대칭도	═
흔들림공차	원주 흔들림	↗
	온 흔들림	↗↗

정답 13-1 ① 13-2 ④

제2절 | 기계요소 제도

핵심이론 01 나사의 제도

① 나사의 호칭지름

수나사의 바깥지름으로 나타낸다.

② 나사의 종류 및 기호

구 분	나사의 종류		종류기호
ISO 규격에 있는 것	미터보통나사		M
	미터가는나사		
	유니파이 보통나사		UNC
	유니파이 가는나사		UNF
	미터사다리꼴나사		Tr
	미니추어나사		S
	관용 평행나사		G
	관용 테이퍼나사	테이퍼 수나사	R
		테이퍼 암나사	Rc
		평행 암나사	Rp
ISO 규격에 없는 것	30° 사다리꼴나사		TM
	관용 평행나사		PF
	관용 테이퍼나사	테이퍼나사	PT
		평행 암나사	PS
특수용	전구나사		E
	미싱나사		SM
	자전거나사		BC

③ 나사의 제도방법

㉠ 단면 시 암나사는 안지름까지 해칭한다.

㉡ 수나사와 암나사의 골지름은 모두 가는 실선으로 그린다.

㉢ 수나사와 암나사 결합부의 단면은 수나사 기준으로 나타낸다.

㉣ 수나사의 바깥지름과 암나사의 안지름은 굵은 실선으로 그린다.

㉤ 완전 나사부와 불완전 나사부의 경계선은 굵은 실선으로 그린다.

㉥ 수나사와 암나사의 측면 도시에서 골지름과 바깥지름은 가는 실선으로 그린다.

ⓒ 암나사의 단면 도시에서 드릴 구멍의 끝 부분은 굵은 실선으로 120°로 그린다.
ⓓ 불완전 나사부의 골밑을 나타내는 선은 축선에 대하여 30°의 경사진 가는 실선으로 그린다.
ⓔ 가려서 보이지 않는 암나사의 안지름은 보통의 파선으로 그리고, 바깥지름은 가는 파선으로 그린다.
※ 완전 나사부 : 환봉이나 구멍에 나사내기를 할 때 완전한 나사산이 만들어져 있는 부분
   불완전 나사부 : 환봉이나 구멍에 나사내기를 할 때, 나사가 끝나는 곳에서 불완전 나사산을 갖는 부분

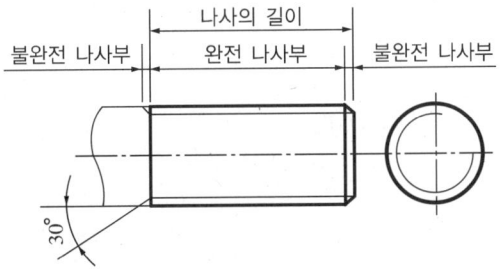

④ 수나사와 암나사 제도

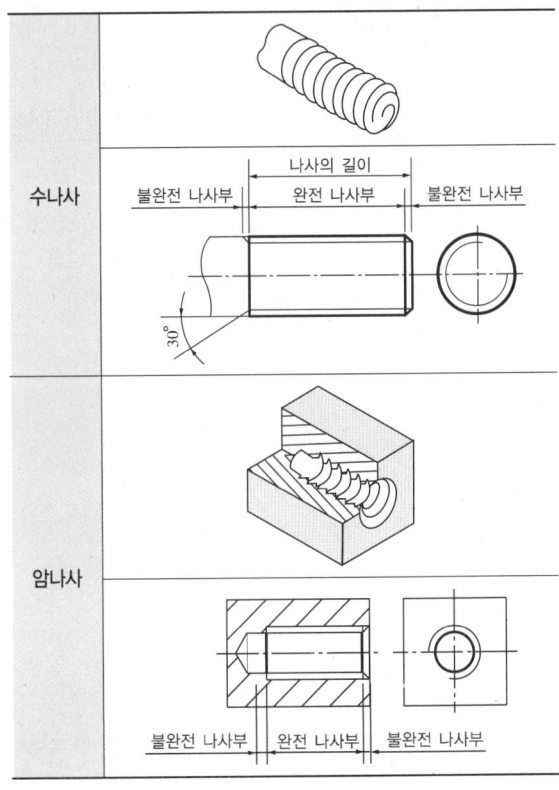

⑤ 나사의 리드(L)
나사를 1회전시켰을 때 축 방향으로 진행한 거리
$L = n \times P \text{(mm)}$
여기서, P : 피치, n : 나사의 줄수

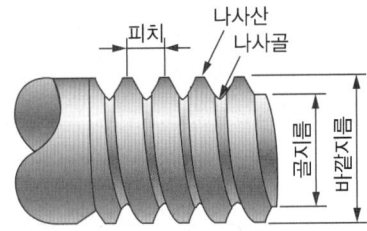

⑥ 미터나사의 호칭

나사의 종류 기호	나사의 호칭지름 (mm)	×	피치 (mm)	나사의 등급
M	20	×	2	6H/5g

※ 나사의 등급 6H = 암나사 6급, 5g = 수나사 5급

⑦ 유니파이 나사의 호칭방법

나사의 지름을 표시하는 숫자 또는 호칭	-	1인치당 나사산의 수	나사 종류 기호	나사의 등급
$\frac{3}{8}$	-	16	UNC	2A
인치, 호칭지름		나사산수 16개	• UNC : 유니파이 보통나사 • UNF : 유니파이 가는나사	• 수나사 : 1A, 2A, 3A • 암나사 : 1B, 2B, 3B ※ 낮을수록 높은 정밀도

⑧ 나사의 표시방법(왼 2줄 M50×2-4h)

왼	2줄	M50×2	-	4h
왼나사	2줄나사	미터나사 φ50mm 피치 : 2	-	정밀 등급

⑨ 태핑나사 제도

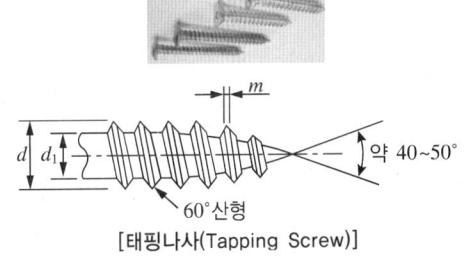

[태핑나사(Tapping Screw)]

⑩ 도면에 나사 표시가 Tr 10×2로 표시되어 있을 때, 올바른 해독

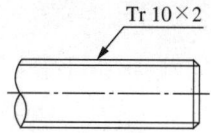

- Tr : 미터 사다리꼴나사
- 10×2 : 호칭지름 10mm×피치 2mm

핵심예제

1-1. 나사의 종류를 표시하는 다음 기호 중에서 미터 사다리꼴 나사를 표시하는 것은? [2016년 1회]

① R
② M
③ Tr
④ UNC

1-2. 나사의 표시가 다음과 같이 명기되었을 때 이에 대한 설명으로 틀린 것은? [2015년 2회]

L 2N M10-6H/6g

① 나사의 감김 방향은 오른쪽이다.
② 나사의 종류는 미터나사이다.
③ 암나사 등급은 6H, 수나사 등급은 6g이다.
④ 2줄 나사이며 나사의 바깥지름은 10mm이다.

|해설|

1-1
나사의 종류 및 기호

구 분	종 류		기 호
ISO 표준에 있는 것	미터보통나사		M
	미터가는나사		
	유니파이 보통나사		UNC
	유니파이 가는나사		UNF
	미터사다리꼴나사		Tr
	미니추어나사		S
	관용 테이퍼 나사	테이퍼 수나사	R
		테이퍼 암나사	Rc
		평행 암나사	Rp
ISO 표준에 없는 것	30° 사다리꼴 나사		TM
	관용 평행나사		G / PF
	관용 테이퍼 나사	테이퍼 나사	PT
		평행 암나사	PS
특수용	전구나사		E
	미싱나사		SM
	자전거나사		BC

1-2
나사의 표시기호 중 맨 앞에 'L'은 왼나사인 LH(Left Hand)를 의미하는 것이므로 감김 방향은 왼쪽이 된다.

정답 1-1 ③ 1-2 ①

핵심이론 02 볼트 및 너트의 제도

① 너트의 종류

명 칭	형 상	용도 및 특징
둥근너트		겉모양이 둥근 형태의 너트
육각너트		일반적으로 가장 많이 사용하는 너트
T너트		공작기계 테이블의 T자 홈에 끼워 공작물을 고정하는 데 사용하는 너트
사각너트		겉모양은 사각형이며, 주로 목재에 사용하는 너트
나비너트		너트를 쉽게 조일 수 있도록 머리 부분을 나비의 날개 모양으로 만든 너트
캡너트		유체가 나사의 접촉면 사이의 틈새나 볼트와 볼트 구멍의 틈으로 새어 나오는 것을 방지할 목적으로 사용하는 너트
와셔붙이 (플랜지) 너트		육각의 대각선 거리보다 큰 지름의 자리면이 달린 너트로 볼트 구멍이 클 때, 접촉면을 거칠게 다듬질했을 때나 큰 면 압력을 피하려고 할 때 사용하는 너트
스프링 판 너트		보통의 너트처럼 나사가공이 되어 있지 않아 간단하게 끼울 수 있기 때문에 사용이 간단하여 스피드 너트(Speed Nut)라고도 하는 너트

② 육각볼트의 호칭

규격 번호	종 류	부품 등급	나사부의 호칭지름× 호칭길이	–	강도 구분	재 료	–	지정사항
KS B 1002	육각 볼트	A	M12×80	–	8.8	SM20C	–	둥근 끝

③ 육각너트의 호칭

규격 번호	종 류	형 식	부품 등급	나사의 호칭	–	강도 구분	재 료	–	지정 사항
KS B 1012	육각 너트	스타일1	B	M12	–	8	MFZnII	–	C

핵심예제

다음은 볼트의 호칭을 나타낸 것이다. 옳게 연결한 것은?

> 육각볼트 A M12×80-8.8

① A : 나사의 형식
② M12 : 나사의 종류
③ 80 : 호칭 길이
④ 8.8 : 나사부의 길이

|해설|

① A : 부품 등급
② M12 : 나사부의 호칭(호칭지름)
④ 8.8 : 나사부의 강도

정답 ③

핵심이론 03 키, 핀, 리벳, 코터의 제도

① 키(Key)의 호칭

규격번호	모양, 형상, 종류 및 호칭 치수	×	길이	끝 모양의 특별 지정	재료
KS B 1311	P-A 평행키 10×8 (폭×높이)	×	25	양 끝 둥글기	SM48C

② 키의 모양, 형태, 종류 및 기호

모양		기호	형상	기호
평행 키	나사용 구멍 없음	P	양쪽 둥근형	A
	나사용 구멍 있음	PS		
경사 키	머리 없음	T	양쪽 네모형	B
	머리 있음	TG		
반달 키	둥근 바닥	WA	한쪽 둥근형	C
	납작 바닥	WB		

③ 반달키의 호칭치수 표시방법

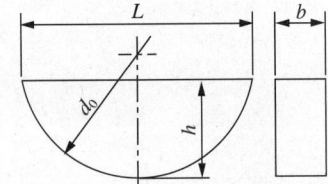

L : 반달키 길이

④ 테이퍼핀의 호칭지름

$\frac{1}{50}$의 테이퍼를 갖고 있으며 호칭지름은 작은 쪽의 지름으로 표시한다. 테이퍼핀의 호칭은 규격 명칭, 호칭지름×길이, 핀의 재료, 지정사항 순으로 나타낸다.

⑤ 평행핀의 호칭방법(KS B 1309)

규격번호 또는 명칭	-	호칭지름, 공차 등급×길이	-	재료
KS B 1309 평행핀	-	5 h7×25	-	Al

⑥ 리벳의 호칭

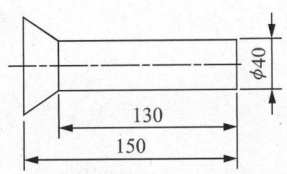

규격번호	종류	호칭지름×길이	재료
KS B ISO 15974	접시머리 리벳	40×150	SV330

⑦ 리벳
  ㉠ 리벳이음의 정의 : 리벳이음은 철판, 형강 등을 접합할 때 리벳을 사용하는 접합으로 교량이나 보일러, 탱크 등에 사용되며 영구적 접합으로 사용된다. 그리고 리벳이음은 능률을 위해 간략도로 표시한다. 리벳작업을 하기 위해 필요한 구멍의 크기는 일반적으로 리벳의 지름보다 약 1~1.5mm 정도 더 커야 한다.
  ㉡ 리벳이음의 제도방법
   • 리벳이음은 능률을 위해 간략도로 표시한다.
   • 리벳은 길이 방향으로 절단하여 도시하지 않는다.
   • 리벳의 위치만 표시할 때는 중심선만 그린다.
   • 평판 또는 형강의 단면 치수는 '너비×두께×길이'로 표시한다.
   • 얇은 판, 형강 등 얇은 것의 단면은 선(굵은 실선)으로 표시한다.
   • 같은 피치로 연속되는 같은 종류의 구멍 표시법은 간단히 기입한다(피치수×피치 치수=합계 치수).
  ㉢ 리벳 후 코킹작업을 하는 이유 : 리베팅된 강판의 가장자리를 두드림으로써 기밀(공기의 밀폐)을 유지하기 위해
  ㉣ 접시머리 리벳 : 접시 부분인 머리 부분까지 재료에 파묻히게 되므로 머리부의 전체를 포함해서 호칭길이를 나타낸다.

⑧ 코터(Cotter)
  ㉠ 코터의 정의 : 피스톤 로드, 크로스 헤드, 연결봉 사이의 체결과 같이 축 방향으로 인장 또는 압축을 받는 2개의 축을 연결하는데 사용하는 기계요소이다. 평판 모양의 쐐기를 이용하기 때문에 결합력이 크다. 코터가 전단응력에 의해 파단될 때 1개의 코터는 3개 조각이 나므로 파단면은 2개를 적용한다.

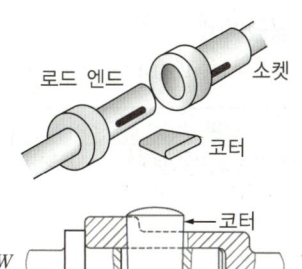

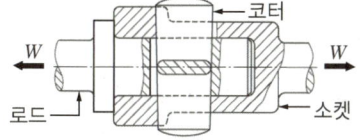

ⓒ 코터의 허용 전단응력 구하는 식

$$허용전단응력 = \frac{최대 하중}{단면적}(N)$$

핵심예제

평행핀의 호칭방법을 옳게 나타낸 것은?(단, 비경화강 평행핀으로 호칭지름은 6mm, 호칭 길이는 30mm, 공차는 m6이다)

[2019년 2회]

① 평행핀 – 6×30 m6 – St
② 평행핀 – 6 m6×30 – St
③ 평행핀 St – 6×30 – m6
④ 평행핀 St – 6 m6×30

|해설|

평행핀의 호칭방법(KS B 1309)

규격번호 또는 명칭	–	호칭지름, 공차 등급×길이	–	재 료
KS B 1309 평행핀	–	5 h7×25	–	Al

정답 ②

핵심이론 04 기어 제도

① 주요 기어의 도시방법

베벨기어		
스파이럴 베벨기어		
헬리컬 기어		
웜기어와 웜휠기어		

② 기어의 도시방법

㉠ 이끝원은 굵은 실선으로 한다.

㉡ 피치원은 가는 1점쇄선으로 한다.

㉢ 맞물리는 한 쌍의 기어의 이끝원은 굵은 실선으로 그린다.

㉣ 헬리컬기어의 잇줄 방향은 통상 3개의 가는 실선으로 그린다.

㉤ 보통 축에 직각인 방향에서 본 투상도를 주투상도로 할 수 있다.

㉥ 이뿌리원은 가는 실선으로 그린다. 단, 축에 직각 방향으로 단면 투상할 경우에는 굵은 실선으로 한다.

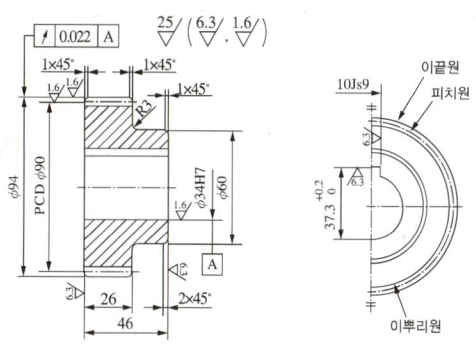

CHAPTER 01 도면 해독 및 측정 ■ 31

③ 헬리컬기어

헬리컬기어의 잇줄 방향은 통상 3개의 가는 실선으로 그리며, 외접 헬리컬기어를 축에 직각인 방향에서 본 단면으로 도시할 때는 잇줄 방향을 3개의 가는 2점쇄선으로 표시한다.

㉠ 헬리컬기어의 나선각(θ) 구하는 식

$$\theta = \tan^{-1}\frac{\pi d}{L}$$

여기서, d : 일감의 지름
L : 나사의 리드

㉡ 헬리컬기어의 피치원지름을 구하는 식

$$\text{피치원지름(PCD)} = \frac{\text{잇수} \times \text{축직각 모듈}}{\text{비틀림각}}$$
$$= \frac{Zm}{\cos\beta}\text{(mm)}$$

㉢ 헬리컬기어의 바깥지름(D_0) 구하는 식

$$D_0 = D_s + 2m_n = \left(\frac{Z_s}{\cos\beta} + 2\right)m_n$$

여기서, D_s : 피치원지름
m_n : 축직각 모듈
β : 비틀림각

㉣ 헬리컬기어에서 상당평기어(Z_e) 잇수 구하는 식

$$Z_e = \frac{Z}{\cos^3\beta}$$

④ 기어의 크기를 결정하는 기준

모듈(m)의 크기로 결정한다.

⑤ 모듈

㉠ 모듈의 정의 : 피치원의 지름을 잇수로 나눈 값으로, 모듈값을 기준으로 이끝 높이와 이뿌리 높이가 결정된다. 모듈은 이의 크기를 나타내는 척도이다.

㉡ 모듈 관계식

$$m = \frac{D}{Z}$$

여기서, D : 지름(피치원지름, PCD)
Z : 잇수

※ 모듈이 클수록 잇수는 작아지고 이의 크기는 커진다.

⑥ 웜기어와 웜휠기어

㉠ 웜기어와 웜휠기어의 제도 특징

웜기어	웜 휠
• 비틀림 방향은 오른쪽으로 한다. • 이끝원은 굵은 실선으로 도시한다. • 이뿌리원은 가는 실선으로 도시한다. • 피치원은 가는 1점쇄선으로 도시한다. • 잇줄 방향은 3개의 가는 실선으로 표시한다.	• 이뿌리원은 굵은 실선으로 한다. • 피치원은 가는 1점쇄선으로 한다. • 이끝원은 굵은 실선으로 한다.

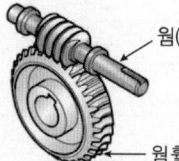

웜(Worm)기어

웜휠(Worm Wheel)기어

㉡ 웜과 웜휠의 각속도(i)비 구하는 식

$$i = \frac{N_g}{N_w} = \frac{Z_w}{Z_g}$$

여기서, N_g : 웜휠의 회전 각속도
N_w : 웜의 회전 각속도
Z_w : 웜의 줄수
Z_g : 웜휠의 잇수

⑦ 실기시험 시 한국산업인력공단에서 제공하는 스퍼기어 요목표

스퍼기어 요목표		
기어 치형		표 준
공 구	모 듈	2
	치 형	보통 이
	압력각	20°
전체 이 높이		4.5(2.25m)
피치원지름		ϕ90(PCD : mZ)
잇 수		45
다듬질방법		호브절삭
정밀도		KS B ISO 1328-1, 4급

※ 여기서 m : 모듈, Z : 잇수, PCD : 피치원지름

⑧ 주요 계산식

㉠ 전체 이 높이(H) : $2.25m$ (이뿌리 높이 + 이끝 높이)

㉡ 이뿌리 높이 : $1.25m$

㉢ 이끝 높이 : m

㉣ 두 개의 기어 간 중심거리(C)

$$C = \frac{D_1 + D_2}{2} = \frac{mZ_1 + mZ_2}{2}$$

㉤ 기어의 지름은 피치원의 지름을 나타내며 PCD (Pitch Circle Diameter)라고 한다.

$$PCD(D) = mZ$$
여기서, m : 모듈
Z : 잇수

㉥ 속도비(i) 구하는 식

$$속도비(i) = \frac{N_2}{N_1} = \frac{D_1}{D_2} = \frac{Z_1}{Z_2}$$

㉦ 이끝원지름(바깥지름)을 구하는 식

$$D = PCD + 2m = 피치원지름 + 2 \times 모듈$$

※ 이끝 높이는 모듈과 같고, 이뿌리 높이는 1.25m이다.
피치원지름 $PCD = mZ$

㉧ 스퍼기어 이끝원(바깥지름)의 지름 구하는 식

$$D = (Z+2)m$$

㉨ 스퍼기어의 원주피치 구하는 식

$$원주피치(P) = \frac{\pi D}{Z} = \pi M$$

㉩ 피치(P_n) 구하는 식

$$P_n = \frac{\pi D \cos\alpha}{z}$$
여기서, α : 압력각
z : 잇수

㉪ 변환기어 잇수 $= \frac{A}{B} = \frac{주축기어의 잇수}{리드스크루의 잇수}$

핵심예제

4-1. 기어를 도시할 때 선을 나타내는 방법으로 틀린 것은?
[2020년 3회]

① 잇봉우리원은 가는 실선으로 표시한다.
② 피치원은 가는 1점쇄선으로 표시한다.
③ 잇줄 방향은 일반적으로 3개의 가는 실선으로 표시한다.
④ 이골원은 가는 실선으로 표시한다. 단, 축에 직각인 방향에서 본 그림을 단면으로 도시할 때 이골의 선은 굵은 실선으로 표시한다.

4-2. 다음 그림은 어느 기어를 도시한 것인가? [2010년 1회]

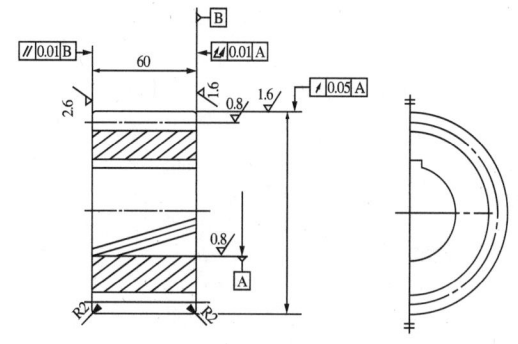

① 스퍼기어
② 헬리컬기어
③ 직선베벨기어
④ 웜기어

|해설|

4-1
기어의 잇봉우리선은 굵은 실선으로 표시한다. 기어는 이뿌리원은 가는 실선, 피치원은 가는 1점쇄선으로 표시한다.

4-2
헬리컬기어의 잇줄 방향은 통상 3개의 가는 실선으로 그린다.

정답 4-1 ① 4-2 ②

핵심이론 05 베어링 제도

① 베어링의 호칭방법

예) 베어링 호칭번호가 6205인 경우
- 6 : 단열 홈베어링
- 2 : 경하중형
- 05 : 베어링 안지름번호 - 05×5=25mm

형식번호	• 1 : 복렬 자동조심형 • 2, 3 : 상동(큰너비) • 6 : 단열 홈형 • 7 : 단열앵귤러콘텍트형 • N : 원통 롤러형
치수기호	• 0, 1 : 특별경하중 • 2 : 경하중형 • 3 : 중간형
안지름번호	• 1~9 : 1~9mm • 00 : 10mm • 01 : 12mm • 02 : 15mm • 03 : 17mm • 04 : 20mm 04부터 5를 곱한다.
접촉각기호	C
실드기호	• Z : 한쪽실드 • ZZ : 안팎실드
내부 틈새기호	C2
등급 기호	• 무기호 : 보통급 • H : 상급 • P : 정밀등급 • SP : 초정밀급

TIP 자주 출제되는 문제 : 볼 베어링 안지름 구하기
볼 베어링의 안지름번호는 앞에 2자리를 제외한 뒤 숫자로서 확인할 수 있다.

② 베어링 실드기호

개방형 (6203)	ZZ형 (6203 ZZ)

③ 니들베어링의 기호

NA	49	16	V	C
니들 베어링	치수 계열	안지름번호	리테이너 없이 롤러로 꽉 차 있음	접촉각기호

④ 베어링의 상세 도시기호(KS B 0004-2)

단열 깊은 홈 볼베어링	복렬 깊은 홈 볼베어링	단열 자동 조심 볼베어링	복렬 자동 조심 볼베어링
단열 앵귤러 콘택트 분리형 볼베어링	복렬 앵귤러 콘택트 고정형 볼베어링	내륜 복렬 앵귤러 콘택트 분리형 볼베어링	내륜 복렬 앵귤러 콘택트 테이퍼 롤러베어링

※ NF 307에서 베어링의 안지름을 나타내는 것은 마지막 숫자인 '7'로, 이것은 안지름이 7mm임을 나타낸다.

핵심예제

호칭번호가 6900인 베어링에 대한 설명으로 옳은 것은?

[2019년 2회]

① 안지름이 10mm인 니들 롤러 베어링
② 안지름이 12mm인 원통 롤러 베어링
③ 안지름이 12mm인 자동 조심 볼 베어링
④ 안지름이 10mm인 단열 깊은 홈 볼 베어링

|해설|

베어링의 호칭번호 6900에서 맨 앞의 '6'은 단열 깊은 홈 베어링을, 뒷 두 자리 '00'은 베어링의 안지름 호칭기호이며 이는 10mm를 의미한다.

베어링의 호칭번호 순서

형식번호	• 1 : 복렬 자동조심형 • 2, 3 : 상동(큰 너비) • 6 : 단열홈형 • 7 : 단열앵귤러콘택트형 • N : 원통 롤러형
치수기호	• 0, 1 : 특별경하중 • 2 : 경하중형 • 3 : 중간형
안지름번호	• 1~9 : 1~9mm • 00 : 10mm • 01 : 12mm • 02 : 15mm • 03 : 17mm • 04 : 20mm 04부터는 5를 곱한다.
접촉각기호	C
실드기호	• Z : 한쪽실드 • ZZ : 안팎실드
내부틈새기호	C2
등급 기호	• 무기호 : 보통급 • H : 상급 • P : 정밀등급 • SP : 초정밀급

정답 ④

핵심이론 06 벨트 풀리의 제도

① 평벨트 및 V벨트 풀리의 표시방법

  ㉠ 암은 길이 방향으로 절단하여 도시하지 않는다.
  ㉡ V벨트 풀리는 축 직각 방향의 투상을 정면도로 한다.
  ㉢ 모양이 대칭형인 벨트 풀리는 그 일부분만 도시한다.
  ㉣ 암의 단면형은 도형의 안이나 밖에 회전단면으로 도시한다.
  ㉤ 방사형으로 된 암은 수직이나 수평 중심선까지 회전시켜 투상한다.
  ㉥ 벨트 풀리의 홈 부분 치수는 해당 형별, 호칭지름에 따라 결정된다.

[V벨트 풀리]

② V벨트 전동장치의 특징

  ㉠ 고속운전이 가능하다.
  ㉡ 벨트를 쉽게 끼울 수 있다.
  ㉢ 마찰력이 평벨트보다 크다.
  ㉣ 속도는 10~15m/s로 한다.
  ㉤ 미끄럼이 작고, 속도비가 크다.
  ㉥ 전동효율은 90~95% 정도이다.
  ㉦ 평벨트보다 잘 벗겨지지 않는다.
  ㉧ 축간거리 5m 이하에서 사용한다.
  ㉨ 베어링에 걸리는 하중이 비교적 작다.
  ㉩ 바로걸기로만 동력 전달이 가능하다.
  ㉪ 지름이 작은 풀리에도 사용할 수 있다.
  ㉫ 축간거리는 평벨트보다 짧게 사용한다.
  ㉬ 작은 장력으로 큰 회전력을 전달할 수 있다.
  ㉭ 속도비는 모터와 기구의 비를 1 : 7로 한다.
  ㉮ 장력조절장치로 벨트의 장력을 조절할 수 있다.
  ㉯ 접촉 면적이 넓어서 큰 회전력을 전달할 수 있다.
  ㉰ 이음매가 없어 운전이 정숙하고 충격을 완화시킨다.

③ 긴장 풀리

긴장 풀리란 평벨트를 벨트 풀리에 걸 때 벨트와 벨트 풀리의 접촉각을 크게 하기 위해 이완측에 설치하는 것이다.

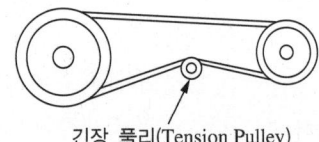

긴장 풀리(Tension Pulley)

④ 림의 구조

림이란 평벨트 및 V벨트 풀리의 구조에서 벨트와 직접 접촉해서 동력을 전달하는 부분이다.

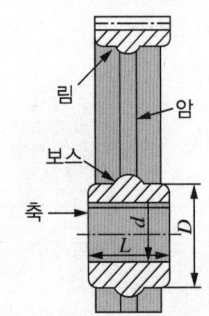

⑤ 주철로 만들어지는 V벨트 풀리의 홈 부분 각도 34°, 36°, 38°의 3종이 있다.

⑥ V벨트 단면의 모양 및 크기

종류	M	A	B	C	D	E
크기	최소	←			→	최대

핵심예제

6-1. 다음 중 V벨트 전동장치에서 사용하는 벨트의 단면 각은?
[2019년 1회]
① 34°   ② 36°
③ 38°   ④ 40°

6-2. V벨트 풀리의 도시에 관한 설명으로 옳지 않은 것은?
[2018년 1회]

① V벨트 풀리 홈 부분의 치수는 형별과 호칭지름에 따라 결정된다.
② V벨트 풀리는 축 직각 방향의 투상을 정면도(주투상도)로 할 수 있다.
③ 암(Arm)은 길이 방향으로 절단하여 도시한다.
④ V벨트 풀리에 적용하는 일반용 V 고무벨트는 단면치수에 따라 6가지 종류가 있다.

|해설|

6-1
일반 산업용으로 사용되는 V벨트의 각도는 40°이다.

[V벨트 전동]

V벨트의 특징
- 운전이 정숙하다.
- 고속운전이 가능하다.
- 미끄럼이 작고 속도비가 크다.
- 벨트의 벗겨짐 없이 동력 전달이 가능하다.
- 이음매가 없으므로 전체가 균일한 강도를 갖는다.

6-2
평벨트 및 V벨트 풀리의 표시방법
- 암은 길이 방향으로 절단하여 도시하지 않는다.
- V벨트 풀리는 축 직각 방향의 투상을 정면도로 한다.
- 모양이 대칭형인 벨트 풀리는 그 일부분만을 도시한다.
- 암의 단면형은 도형의 안이나 밖에 회전단면으로 도시한다.
- 방사형으로 된 암은 수직이나 수평 중심선까지 회전하여 투상한다.
- 벨트 풀리의 홈 부분 치수는 해당 형별, 호칭지름에 따라 결정된다.

[V벨트 풀리]

정답 6-1 ④ 6-2 ③

핵심이론 07 스프로킷 휠의 제도

① 스프로킷 휠의 호칭번호

스프로킷 휠은 체인을 감아 물고 돌아가는 바퀴로 호칭번호는 스프로킷에 감기는 전동용 롤러체인의 호칭번호로 한다.

② 스프로킷 휠의 도시방법

㉠ 도면에는 주로 스프로킷 소재의 제작에 필요한 치수를 기입한다.

㉡ 호칭번호는 스프로킷에 감기는 전동용 롤러체인의 호칭번호로 한다.

㉢ 표에는 이의 특성을 나타내는 사항과 이의 절삭에 필요한 치수를 기입한다.

㉣ 축직각 단면으로 도시할 때는 톱니를 단면으로 하지 않으며 이뿌리선은 굵은 실선으로 한다.

㉤ 바깥지름은 굵은실선, 피치원지름은 가는 1점쇄선, 이뿌리원은 가는 실선이나 굵은 파선으로 그리며 생략도 가능하다.

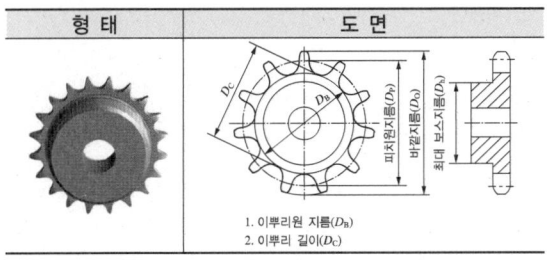

1. 이뿌리원 지름(D_R)
2. 이뿌리 길이(D_C)

③ 스프로킷 휠의 기준 치형

S치형과 U치형의 두 종류 중에서 S치형이 많이 쓰인다.

핵심예제

스프로킷 휠의 도시방법에 관한 설명으로 틀린 것은?

[2017년 4회]

① 바깥지름은 굵은 실선으로 그린다.
② 이뿌리원은 기입을 생략해도 무방하다.
③ 피치원은 가는 파선으로 그린다.
④ 항목표에는 톱니의 특성을 기입한다.

|해설|
스프로킷의 피치원은 가는 1점 쇄선으로 그린다.

[스프로킷]

정답 ③

핵심이론 08 스프링의 제도

① 스프링 제도의 특징
  ㉠ 스프링은 원칙적으로 무하중 상태로 그린다.
  ㉡ 그림 안에 기입하기 힘든 사항은 일괄하여 요목표에 표시한다.
  ㉢ 코일의 중간 부분을 생략할 때는 생략한 부분을 가는 2점쇄선으로 표시한다.
  ㉣ 스프링의 종류와 모양만 도시할 때는 재료의 중심선만 굵은 실선으로 그린다.
  ㉤ 하중과 높이 등의 관계를 표시할 필요가 있을 때에는 선도 또는 요목표에 표시한다.
  ㉥ 스프링의 종류와 모양만 간략도로 나타내는 경우 재료의 중심선만 굵은 실선으로 그린다.
  ㉦ 코일 부분의 투상은 나선이 되고, 시트에 근접한 부분의 피치 및 각도가 연속적으로 변하는 것은 직선으로 표시한다.
  ㉧ 스프링은 특별한 단서가 없는 한 모두 오른쪽 감기로 도시하며, 왼쪽 감기로 도시할 경우에는 '감긴 방향 왼쪽'이라고 명시해야 한다.
  ㉨ 코일 스프링에서 양 끝을 제외한 동일 모양 부분의 일부를 생략하는 경우 생략되는 부분의 선지름의 중심선은 가는 1점쇄선으로 나타낸다.

② 코일 스프링을 간략하게 표시하기

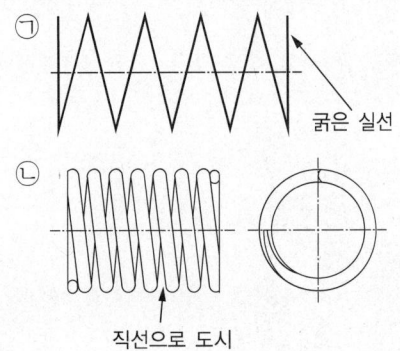

㉠ 굵은 실선
㉡ 직선으로 도시

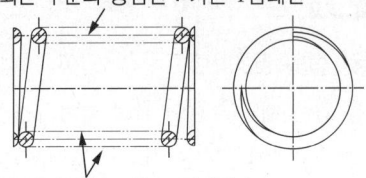

㉢ 생략되는 부분의 중심선 : 가는 1점쇄선
코일의 생략부분 : 가는 2점쇄선

핵심예제

코일스프링의 제도방법으로 틀린 것은?

① 원칙적으로 무하중 상태로 그린다.
② 그림 안에 기입하기 힘든 사항은 일괄하여 요목표에 표시한다.
③ 코일스프링의 중간 부분을 생략할 때는 생략 부분을 파단으로 긋는다.
④ 특별한 단서가 없는 한 모두 오른쪽 감기로 도시한다.

|해설|

코일의 중간 부분을 생략할 때는 생략한 부분을 가는 2점쇄선으로 표시한다.

정답 ③

핵심이론 09 용접제도

① 용접의 정의

용접이란 2개의 서로 다른 물체를 접합하고자 할 때 사용하는 기술로, 영구적으로 결합하는 야금학적 접합법에 속한다.

② 용접(야금적 접합법)과 기타 금속 접합법의 차이점

구 분	종 류	장점 및 단점
야금적 접합법	용접(융접, 압접, 납땜)	• 결합부에 틈이 발생하지 않아서 이음효율이 좋다. • 영구적 결합법으로 한 번 결합되면 분리가 불가능하다.
기계적 접합법	리벳, 볼트, 나사, 핀, 키, 접어 잇기	• 결합부에 틈이 발생하여 이음효율이 좋지 않다. • 일시적 결합법으로 잘못 결합되어도 수정이 가능하다.
화학적 접합법	본드와 같은 화학물질에 의한 접합	–

※ 야금 : 광석에서 금속을 추출하고 용융한 후 정련하여 사용목적에 알맞은 형상으로 제조하는 기술

③ 용접기호의 일반사항

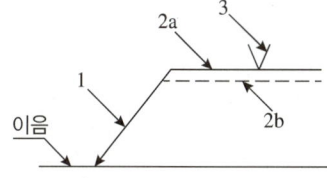

1 : 화살표(지시선)
2a : 기준선(실선)
2b : 동일선(파선)
3 : 용접기호
   (이음용접 기호)

④ 용접부의 방향 표시하기

용접부(용접면)가 화살표쪽에 있을 때는 용접기호를 기준선(실선) 위에 기입하고, 화살표 반대쪽에 있을 때는 용접기호를 동일선(파선) 위에 기입한다.

화살표쪽 또는 앞쪽의 용접	화살표쪽	화살표의 앞쪽
화살표 반대쪽 또는 뒤쪽의 용접	화살표 반대쪽	화살표의 맞은편 쪽

⑤ 단속 필릿용접부의 표시방법

명 칭	단속 필릿용접부
형 상	(그림: l (e) l)
기 호	$a \triangleright n \times l(e)$
의 미	• a : 목 두께 • $\triangleright$: 필릿용접기호 • n : 용접부의 개수 • l : 용접 길이 • (e) : 인접한 용접부 간의 간격

⑥ 용접이음의 종류

맞대기이음	겹치기이음	모서리이음
양면 덮개판이음	T이음(필릿)	십자(+)이음
전면 필릿이음	측면 필릿이음	변두리이음

⑦ 용접부의 모양과 용접 자세

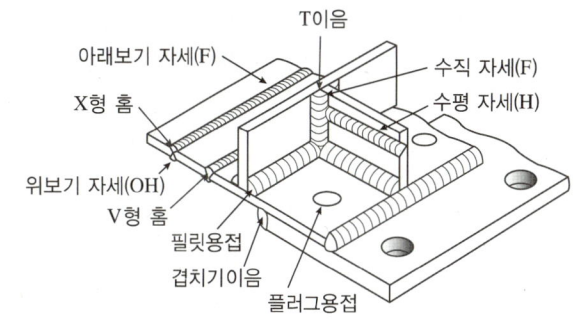

⑧ 용접부 보조기호

용접부 및 용접부 표면의 형상	보조기호
평탄면	———
볼록	⌒
오목	⌣
끝단부를 매끄럽게 함	
영구적인 덮개판(이면 판재) 사용	M
제거 가능한 덮개판(이면 판재) 사용	MR

⑨ 용접의 종류별 기본기호

번호	명칭	도시	기본기호
1	필릿용접		△
2	스폿용접		○
3	플러그용접 (슬롯용접)		⊓
4	뒷면용접		⌣
5	심용접		⊖
6	겹침이음		⌒
7	한쪽 플랜지용접		⌒
8	양쪽 플랜지용접		⋏
9	평면형 평행 맞대기용접		∥
10	V형 홈 맞대기용접		V
11	베벨형 홈 맞대기용접		V
12	한쪽 면 J형 맞대기용접		⌐

핵심예제

용접기호 중에서 점 용접(Spot Weld)을 나타내는 것은?

[2019년 4회]

① ✳ ② ⊖
③ ○ ④ △

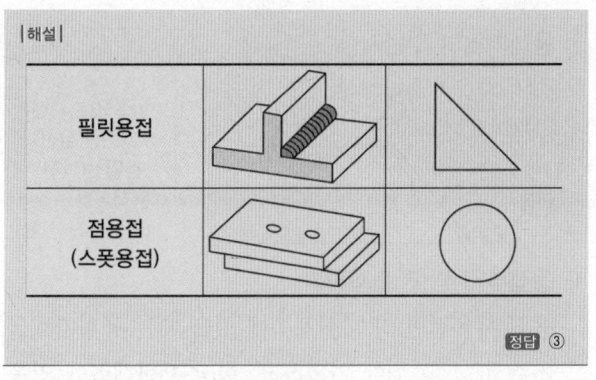

|해설|

필릿용접		△
점용접 (스폿용접)		○

정답 ③

핵심이론 10 배관제도

① 신축 이음

철은 여름과 겨울철의 온도 변화에 의해서 신축작용이 일어나기 때문에 수도배관이나 가스배관을 일자 배관으로 제작할 경우 뒤틀어지거나 터짐이 발생한다. 이를 방지하는 방법으로 신축이음을 사용하는데 이 신축이음은 열에 의해 응력이 집중되는 열응력을 방지하기 위함이다.

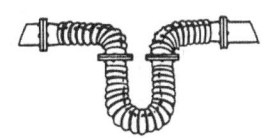

② 배관 접합기호의 종류

유니언 연결		플랜지 연결	
칼라 연결		마개와 소켓 연결	
확장 연결 (신축 이음)		일반 연결	
캡 연결		엘보 연결	

③ 관의 접속 상태와 표시

관의 접속 상태	표 시	
접속하지 않을 때		
교차 또는 분기할 때	교차	분기

④ 밸브 및 콕의 표시방법

밸브 일반		전자밸브	
글로브밸브		전동밸브	
체크밸브		콕 일반	
슬루스밸브 (게이트밸브)		닫힌 콕 일반	

앵글밸브		닫혀 있는 밸브 일반	
3방향 밸브		볼밸브	
안전밸브 (스프링식)		안전밸브 (추식)	
공기빼기밸브		버터플라이밸브	

⑤ 배관을 흐르는 유체의 유량을 구하는 식

$$Q = A \times V (\text{m}^3/\text{s})$$

여기서, Q : 유량
A : 관의 단면적(m^2)
V : 유체가 흐르는 속도(m/s)

⑥ 체크밸브

유체(기체+액체)의 역류를 방지하기 위해 한쪽 방향으로만 흐르게 하는 밸브이다.

⑦ 냉동관 이음하기

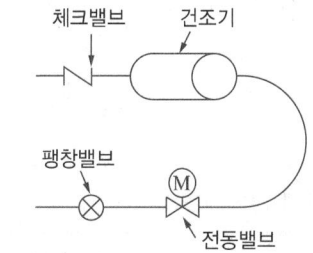

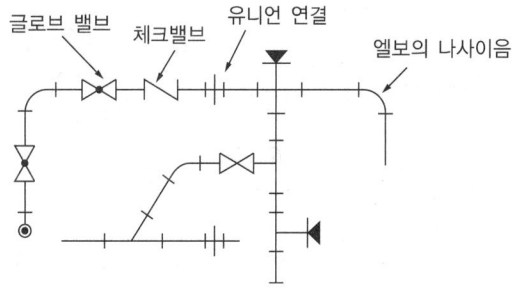

⑧ 배관의 도면에 치수를 기입할 때 설치 이유가 중요한 장치에서는 단선 도시방법보다 복선 도시방법을 사용해야 제작자가 이해하기 더 쉽다.

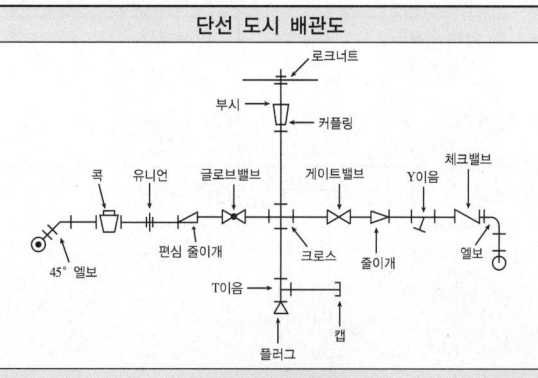
단선 도시 배관도

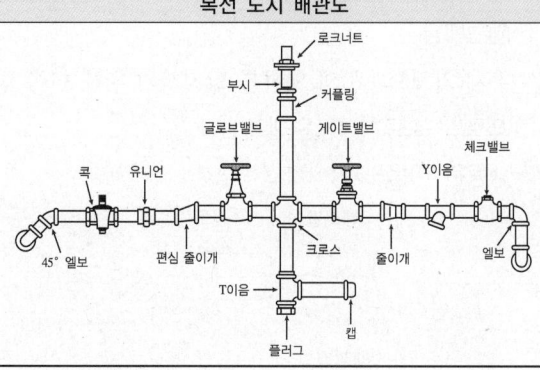
복선 도시 배관도

⑨ 단선 도시 배관도의 종류

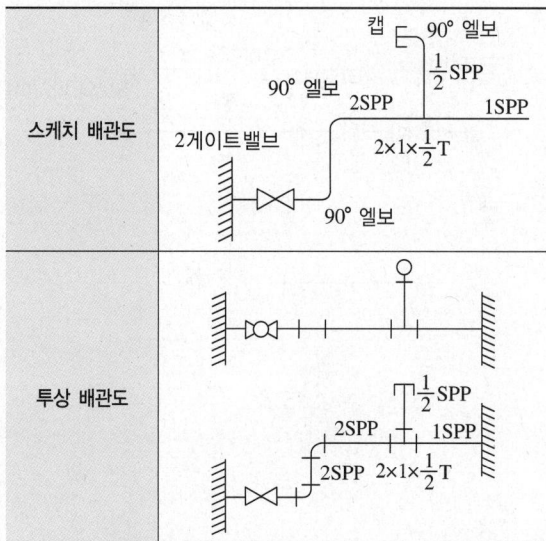

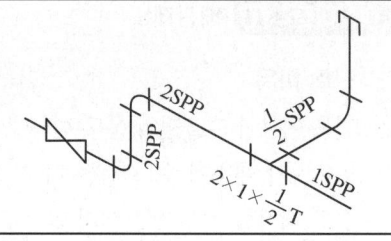
등각 배관도

⑩ 파이프 안에 흐르는 유체의 종류
  ㉠ A : Air, 공기
  ㉡ G : Gas, 가스
  ㉢ O : Oil, 유류
  ㉣ S : Steam, 수증기
  ㉤ W : Water, 물

⑪ 계기 표시의 도면 기호
  ㉠ T : Temperature, 온도계
  ㉡ F : Flow Rate, 유량계
  ㉢ V : Vacuum, 진공계
  ㉣ P : Pressure, 압력계

핵심예제

10-1. 다음 중 밸브기호의 설명으로 맞는 것은?

① ⋈ : 밸브 일반   ② ⋊ : 앵글 밸브
③ ⊗ : 안전 밸브   ④ ⋈ : 체크 밸브

10-2. 유체의 종류와 문자기호가 잘못 연결된 것은?

① 공기-A   ② 가스-G
③ 물-W   ④ 수증기-R

|해설|

10-1
① 밸브 일반 :
② 앵글밸브 :
③ 안전밸브 :   (스프링식),   (추식)

10-2
수증기의 기호는 S이다.

정답 10-1 ④ 10-2 ④

제3절 | 측 정

핵심이론 01 측정에 관한 일반이론

① 측정의 종류

종 류	특 징
절대 측정	계측기에서 기본 단위로 주어지는 양과 비교함으로써 이루어지는 측정방법
비교 측정	이미 치수를 알고 있는 표준과의 차를 구하여 치수를 알아내는 측정방법
표준 측정	표준을 만들고자 할 때 사용하는 측정방법
간접 측정	측정량과 일정한 관계가 있는 몇 개의 양을 측정함으로써 구하고자 하는 측정값을 간접적으로 유도해 내는 측정방법

② 측정방식

종 류	특 징
영위법	정해 놓은 측정값을 측정할 경우, 그것과 크기가 같지만 방향이 다른 쪽으로 힘을 작용시켜 계기값을 0으로 맞춤으로써 측정하는 방법
편위법	측정기의 지침의 이동(편위)값이 지시한 눈금을 읽어 측정하는 방법
치환법	이미 알고 있는 값들을 기준으로, 측정값과 비교하여 측정하는 방법
보상법	측정한 값에서 기준값을 뺀 후 그 값을 활용하여 편위법으로 측정하는 방법

※ 실제치수 : 측정값 + 게이지오차

③ 오차의 종류

종 류	특 징
시 차	• 눈의 위치에 따라 눈금을 잘못 읽어서 발생하는 오차이다. • 측정기가 치수를 정확하게 지시하더라도 측정자의 부주의로 발생한다.
계기 오차	• 측정기 오차라고도 한다. • 측정기 자체가 가지고 있는 오차이다.
개인 오차	• 측정자의 숙련도로 인해 발생하는 오차이다.
우연 오차	• 외부적 환경 요인에 따라서 발생하는 오차이다. • 측정기, 피측정물, 자연환경 등 측정자가 파악할 수 없는 변화에 의하여 발생하는 오차로, 측정치를 분산시키는 결과를 나타낸다.
후퇴 오차	• 측정량이 증가 또는 감소하는 방향이 달라서 생기는 오차이다.
샘플링 오차	• 전수검사를 하지 않고 샘플링검사를 실시했을 때 시험편을 잘못 선택해서 발생하는 오차이다.
계통 오차	• 측정기구나 측정방법이 처음부터 잘못돼서 생기는 오차이다.

④ 측정기의 분류

각도측정기	사인바
	수준기
	분도기
	탄젠트바
	오토콜리미터
	오토콜리메이터
	콤비네이션 세트
	광학식 클리노미터
평면측정기	서피스게이지
	옵티컬 플랫
	나이프 에지
길이측정기	게이지블록
	스냅게이지
	깊이게이지
	마이크로미터
	다이얼게이지
	버니어 캘리퍼스
	지침측미기(미니미터)
	하이트게이지(높이게이지)
위치, 크기, 방향, 윤곽, 형상	3차원 측정기
비교측정기	다이얼게이지
	지침측미기(미니미터)
	다이얼 테스트 인디케이터

⑤ 측정기 설치 시 고려해야 할 이론

측정기 설치 시 측정오차가 최소로 발생할 수 있도록 설치해야 한다.

㉠ 아베의 원리 : 표준자와 피측정물은 측정 방향에 있어서 동일 축 선상에 있어야 한다. 그렇지 않을 경우 오차가 발생한다.

㉡ 테일러의 원리(한계게이지에 적용되는 이론) : 생산성의 향상을 위해 빠른 측정방법을 연구하면서 나온 이론이다. 통과측에는 물체의 모든 치수 또는 정상 치수인지(결정량)의 여부가 동시에 검사되고, 정지측에는 각각의 치수가 개별적으로 검사되어야 한다. 따라서 통과측 게이지는 피측정물과 같아야 하며, 정지측의 게이지의 길이는 짧은 것이 좋다.

⑥ 직접측정
  ㉠ 직접측정의 특장점
  - 측정자의 숙련과 경험이 요구된다.
  - 측정물의 실제 치수를 직접 읽을 수 있다.
  - 측정기의 측정범위가 다른 측정법에 비해 넓다.
  - 수량이 적고, 종류가 많은 제품 측정에 적합하다.
  - 측정시간이 비교측정에 비해 오래 걸린다.

⑦ 투영기
  ㉠ 투영기의 정의 : 빛을 이용하여 물체의 윤곽을 스크린에 투영시켜 물체의 정밀한 윤곽을 검사하는 측정기이다. 빛을 이용하기 때문에 광학측정기의 일종으로 분류되며, 주로 나사, 게이지, 기계 부품의 치수 및 각도 측정에 사용한다.

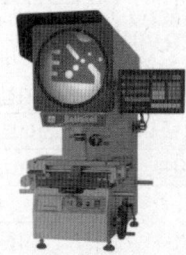

  ㉡ 투영기의 주요 구조

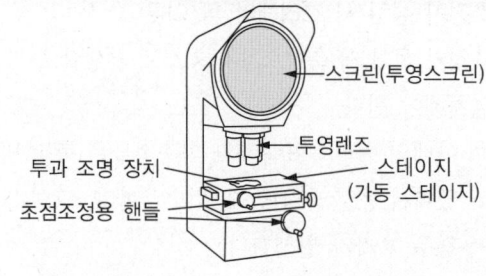

  ㉢ 투영기의 특징
  - 비접촉방식으로 측정하려는 물체의 측정이 가능하다.
  - 투영스크린으로 물체를 확인할 수 있어서 동시에 여러 사람이 확인할 수 있다.
  - 형상이 작거나 클 때 또는 복잡한 형상도 상관없이 측정이 가능하다. 단, 너무 큰 경우 투영기도 커져야 하므로 투영기가 감당할 수 있는 크기까지만 측정이 가능하다.

⑧ 3차원 측정기
  x축, y축, z축의 모든 방향으로 움직이면서 공작물의 길이나 각도 치수, 형상을 측정하는 기기이다. 물체에 프로브를 접촉시키면 그 접촉점에서 x축, y축, z축의 좌표가 컴퓨터에 기록되어 신속하고 정밀한 측정이 가능하다.

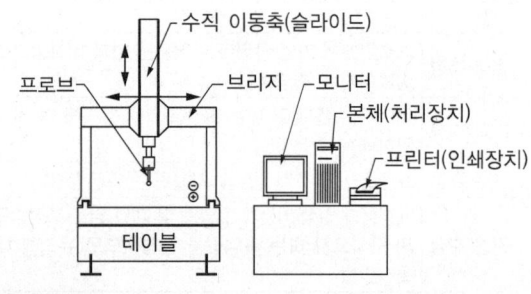

핵심예제

1-1. 비교측정에 사용되는 측정기가 아닌 것은? [2015년 2회]
① 다이얼게이지   ② 버니어 캘리퍼스
③ 공기 마이크로미터   ④ 전기 마이크로미터

1-2. 직접측정의 설명으로 틀린 것은? [2017년 4회]
① 측정물의 실제치수를 직접 읽을 수 있다.
② 측정기의 측정범위가 다른 측정법에 비하여 넓다.
③ 게이지블록을 기준으로 피측정물을 측정한다.
④ 수량이 적고, 많은 종류의 제품 측정에 적합하다.

1-3. 다음 3차원 측정기에서 사용되는 프로브 중 광학계를 이용하여 얇거나 연한 재질의 피측정물을 측정하기 위한 것으로 심출현미경, CMM 계측용 TV 시스템 등에 사용되는 것은?
[2018년 2회]
① 전자식 프로브   ② 접촉식 프로브
③ 터치식 프로브   ④ 비접촉식 프로브

|해설|
1-1
버니어 캘리퍼스는 대표적인 길이측정기로, 비교측정기로는 사용하지 않는다.
1-2
게이지블록으로 피측정물을 측정하는 방법은 비교측정에 속한다.
1-3
3차원 측정기의 구성 중에서 광학계를 이용한 비접촉식 프로브가 연한 재질을 심출현미경이나 CMM 계측용 TV 시스템용으로 사용된다.

정답 1-1 ② 1-2 ③ 1-3 ④

핵심이론 02 길이측정기

① 버니어 캘리퍼스

버니어 캘리퍼스의 크기를 나타내는 기준은 측정 가능한 치수의 최대 크기이다. 일반적으로 사용되는 표준형 버니어 캘리퍼스는 본척의 1눈금은 1mm, 버니어의 눈금 19mm를 20등분하고 있으므로 최소 $\frac{1}{20}$mm(0.05mm)이나 $\frac{1}{50}$mm (0.02mm)의 치수까지 읽을 수 있다.

㉠ 버니어 캘리퍼스의 구조

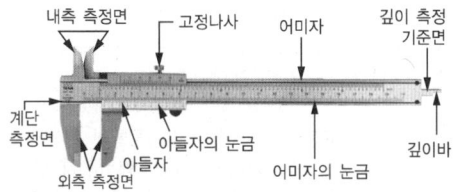

㉡ 기어의 이(Tooth) 측정기

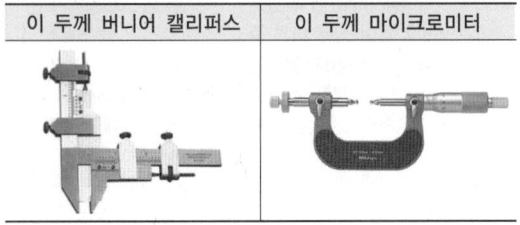

이 두께 버니어 캘리퍼스	이 두께 마이크로미터

㉢ 버니어 캘리퍼스 측정값 계산

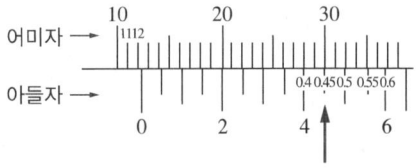

- 측정값 읽는 과정
  - 아들자의 0을 바로 지난 어미자의 수치를 읽는다. → 12mm
  - 어미자와 아들자의 눈금이 일치하는 곳을 찾아서 소수점으로 읽는다. → 0.45mm

  따라서, 측정값은 12.45mm이다.

② 마이크로미터

나사를 이용한 길이측정기로, 길이의 변화를 나사가 회전한 각을 지름으로 확대하여 짧은 길이의 변화도 정밀하게 측정할 수 있다. 총측정거리에 따라서 최대 측정거리가 25mm인 경우 '0~25'와 같이 측정기에 표시한다. 현재 25mm 간격으로 500mm까지 출시되고 있다. 최대 0.001mm 즉, $\frac{1}{1,000}$mm까지 측정할 수 있는 것이 버니어 캘리퍼스와 다른 점이다. 앤빌, 스핀들, 슬리브, 심블 등으로 구성되어 있다. 측정영역에 따라서 내경 측정용인 내측 마이크로미터와 외경 측정용인 외측 마이크로미터로 나뉜다. 나사 마이크로미터는 나사의 유효지름을 측정하기 위해 사용한다.

㉠ 마이크로미터의 종류

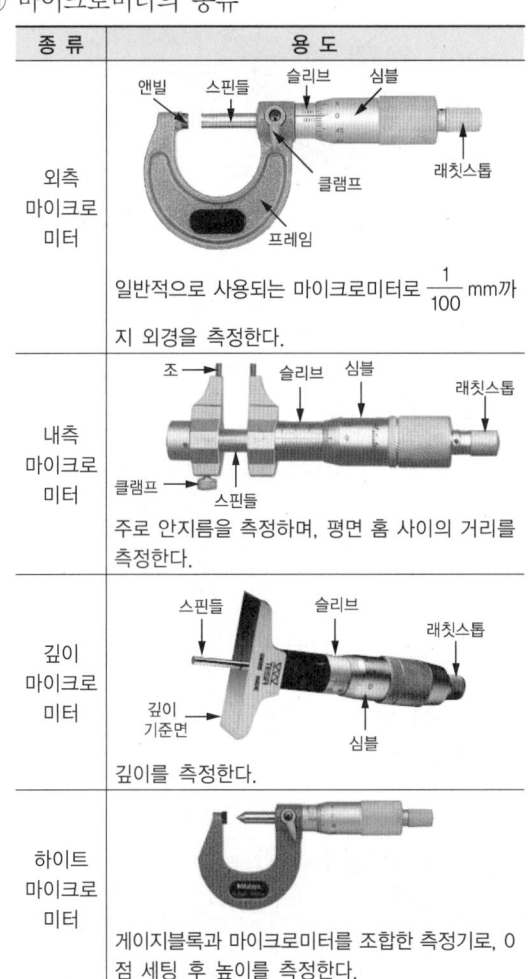

종류	용도
외측 마이크로미터	일반적으로 사용되는 마이크로미터로 $\frac{1}{100}$mm까지 외경을 측정한다.
내측 마이크로미터	주로 안지름을 측정하며, 평면 홈 사이의 거리를 측정한다.
깊이 마이크로미터	깊이를 측정한다.
하이트 마이크로미터	게이지블록과 마이크로미터를 조합한 측정기로, 0점 세팅 후 높이를 측정한다.

종 류	용 도
나사 마이크로 미터	나사의 유효지름을 측정한다.
포인트 마이크로 미터	두 측정면이 뾰족하기 때문에 드릴의 홈이나 나사의 골지름 측정이 가능하다.
이 두께 마이크로 미터	기어의 크기에 따라 엔빌의 형상을 다르게 하여 기어의 이 두께를 측정한다.

ⓛ 마이크로미터의 구조

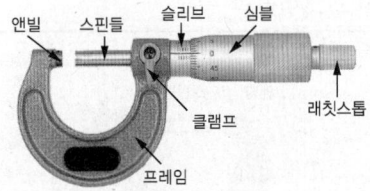

ⓒ 마이크로미터의 최소 측정값을 구하는 식

$$\text{마이크로미터의 최소 측정값} = \frac{\text{나사의 피치}}{\text{심블의 등분수}}(\text{mm})$$

예 마이크로미터 측정값 읽기 : 7.5 + 0.375 = 7.875mm

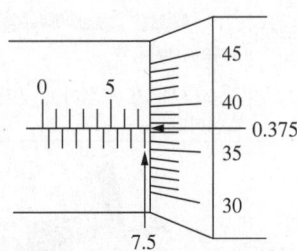

ⓔ 마이크로미터 사용 시 주의사항
- 눈금을 읽을 때는 기선의 수직 위치에서 읽는다.
- 측정 시 래칫스톱은 1회전 반이나 2회전을 돌려서 측정력을 가한다.
- 대형 외측마이크로미터는 실제로 측정하는 자세로 0점 조정을 한다.

- 사용 후에는 각 부분을 깨끗이 닦아 진동이 없고 직사광선을 받지 않는 곳에 보관한다.

ⓜ 공기 마이크로미터 : 공기의 흐름을 확대시키는 기구를 통해 길이를 측정하는 측정방법으로, 단위시간 내에 회로에 흐르는 공기량이 최소 유효 단면적에 의하여 변화한다는 현상에 기초를 두고 물건의 치수를 측정하는 정밀측정기의 일종이다.

- 공기 마이크로미터의 장점 및 단점

장 점	단 점	형 상
• 배율이 높다(1,000~40,000배). • 일반적으로 측정이 어려운 내경 측정도 가능하다. • 피측정물의 기름, 먼지를 불어내기 때문에 정확하게 측정할 수 있다. • 내경 측정에 있어 정도가 높은 측정을 할 수 있다. • 타원, 테이퍼, 편심 등의 측정을 간단히 할 수 있다. • 반지름이 작은 다른 종류의 측정기로 불가능한 것을 측정할 수 있다. • 측정력이 작아 무접촉 측정이 가능하다. • 확대율이 매우 크고 조정도 쉽다.	• 압축공기가 필요하다. • 디지털 지시가 불가능하다. • 응답시간이 일반적인 측정법보다 느리다. • 압축공기 안의 수분, 먼지를 제거해야 한다. • 피측정물의 표면이 거칠면 측정값에 신빙성이 없다. • 측정부 지시범위가 0.2mm 이내로 협소해 공차가 큰 것은 측정이 불가능하다. • 비교측정기이므로 기준인 마스터가 필요하다. • 압축공기원(에어 컴프레서)이 필요하다.	

- 공기 마이크로미터의 원리에 따른 분류
  - 유량식
  - 배압식
  - 유속식
  - 진공식

ⓗ 그루브 마이크로미터 : 스핀들에 플랜지가 부착되어 있어 구멍과 튜브 내외부에 있는 홈의 너비와 깊이, 위치 등의 측정에 사용되는 측정기로 외경은 측정이 불가능하다.

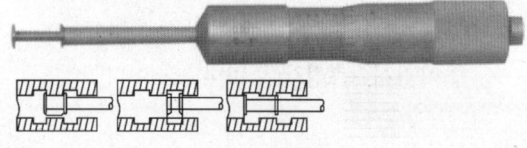

③ 하이트게이지

정반 위에서 공작물의 높이를 측정하는 측정기기이다.

㉠ 하이트게이지의 사용상 주의사항
- 정반 위에서 0점을 확인한다.
- 스크라이버는 가능한 한 짧게 하여 사용한다.
- 슬라이더 및 스크라이버를 확실히 고정한다.
- 사용 전에 정반면을 깨끗이 닦고 사용한다.

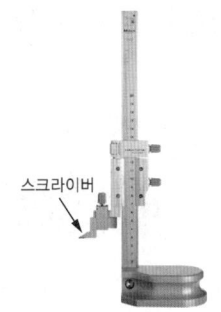
스크라이버

㉡ 하이트게이지의 종류
- HA형
- HC형
- HD형

④ 게이지블록

길이 측정의 표준이 되는 게이지로 공장용 게이지 중에서 가장 정확하다. 개개의 블록게이지를 밀착시킴으로써 그들 호칭치수의 합이 되는 새로운 치수를 얻을 수 있다. 블록게이지 조합의 종류에는 9개조, 32개조, 76개조, 103개조가 있다.

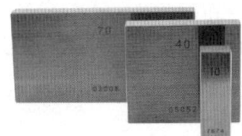

㉠ 게이지블록 취급 시 주의사항
- 천이나 가죽 위에서 취급한다.
- 먼지가 적고 건조한 실내에서 사용한다.
- 측정면에 먼지가 묻어 있으면 솔로 털어낸다.
- 측정면은 휘발유나 벤젠으로 세척한 후 방청유를 발라서 보관해야 녹을 예방할 수 있다.
- 게이지블록은 방청유를 바른 상태에서 보관을 해야 하며 휘발유를 묻혀서는 안 된다.

㉡ 게이지블록의 등급

등급	용도
K	• 학술 연구용 • 표준용 게이지블록 교정
0	• 측정기 교정용 • 검사용, 공작용 게이지블록 교정
1	• 게이지 제작, 부품 및 공구 검사
2	• 측정기 캘리브레이션(0점 조정)

등급	용도
K	참고용
0	표준용
1	검사용
2	공작용

㉢ 게이지블록의 종류

종류	용도
요한슨형	육면체로 가장 널리 사용됨
호크형	육면체로 센터에 구멍이 뚫린 형태이다.
캐리형	원형으로 센터에 구멍이 있으며, 두께는 0.05~1mm 정도이다.

㉣ 게이지블록의 구비조건
- 표면거칠기가 우수할 것
- 치수 안정성이 우수할 것
- 열팽창계수가 적당할 것
- 내마모성과 내식성이 우수할 것

㉤ 게이지블록의 밀착법 : 게이지블록은 치수 조합을 위해 블록들을 서로 밀착시킬 때 접촉면을 빈틈없이 잘 접촉시켜야 오차 발생률이 적다. 특히 두께가 얇은 블록을 밀착시킬 때는 휨에 주의해야 한다.

ⓐ 두꺼운 블록과 얇은 블록을 서로 접촉시킬 때 다음 그림과 같이 두꺼운 블록 윗면의 끝단부에 얇은 블록의 끝부분을 밀착시킨 후 천천히 길이 방향으로 힘을 주어 밀면서 접촉시킨다.

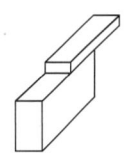

ⓑ 얇은 블록끼리 접촉시킬 때

ⓐ의 방법으로 두꺼운 블록 위에 첫 번째 얇은 블록을 밀착시킨다. 그 위에 다시 ⓐ의 방법으로 두 번째 얇은 블록을 밀착시킨다.

ⓒ 두꺼운 블록끼리 접촉시킬 때
서로 (+)자 모양으로 교차시킨 후 가볍게 누르면서 시작하여 일직선으로 맞추어질 때까지 전체 면에 힘을 주어 일치시킨다.

⑤ 오토콜리메이터(정밀각도측정기)

망원경의 원리와 콜리메이터의 원리를 조합시켜서 만든 측정기기이다. 계측기와 십자선, 조명 등을 장착한 망원경을 이용하여 미소한 각도의 측정이나 평면의 측정에 이용하는 측정기기로, 안내면의 원통도는 측정이 불가능하다.

㉠ 오토콜리메이터의 측정항목
- 가공기계 안내면의 진직도
- 가공기계 안내면의 직각도
- 마이크로미터 측정면 평행도

㉡ 오토 콜리메이터의 주요부속품
- 변압기
- 조정기
- 지지대
- 평면경
- 반사경대
- 펜타프리즘
- 폴리곤 프리즘

⑥ 안지름 측정용 측정기

텔레스코핑 게이지	깊이 게이지

레버식 다이얼 게이지	센터 게이지

⑦ 측장기

본체에 외경 및 내경 등의 길이 측정이 가능한 표준척을 갖고 있으며, 이 표준척으로 길이가 긴 측정물의 치수를 직접 읽을 수 있다. 정밀도가 매우 높은 측정이 가능하고 측정하는 범위도 크다.

핵심예제

2-1. 게이지블록 중 표준용(Calibration Grade)으로서 측정기류의 정도검사 등에 사용되는 게이지 등급은? [2019년 2회]

① 00(AA)급
② 0(A)급
③ 1(B)급
④ 2(C)급

2-2. 공기 마이크로미터에 대한 설명으로 틀린 것은? [2017년 2회]

① 압축공기원이 필요하다.
② 비교측정기로 1개의 마스터로 측정이 가능하다.
③ 타원, 테이퍼, 편심 등의 측정을 간단히 할 수 있다.
④ 확대 기구에 기계적 요소가 없기 때문에 장시간 고정도를 유지할 수 있다.

2-3. 안지름의 측정에 가장 적합한 측정기는? [2010년 4회]

① 텔레스코핑 게이지
② 깊이게이지
③ 레버식 다이얼게이지
④ 센터게이지

|해설|

2-1
표준용으로 측정기의 정도검사에는 A(0)급을 사용한다.

게이지블록
- 길이 측정의 표준이 되는 게이지로 공장용 게이지 중에서 가장 정확하다. 개개의 블록 게이지를 밀착시킴으로써 그들 호칭치수의 합이 되는 새로운 치수를 얻을 수 있다.
- 블록게이지 조합의 종류 : 9개조, 32개조, 76개조, 103개조

게이지블록의 등급에 따른 분류

등 급	사용목적	사용내용	검사주기
AA(00)급	연구소용, 참조용	연구용, 학술용	3년
A(0)급	표준용	측정기의 정도검사	2년
B(1)급	검사용	• 부품이나 공구검사 • 게이지 제작	1년
C(2)급	공작용	• 공구 설치 • 측정기의 정도 조정	6개월

2-2
공기 마이크로미터를 사용하여 비교측정을 할 때는 큰 치수와 작은 치수인 2개의 마스터가 필요하다.

2-3
안지름 측정기에는 텔레스코핑 게이지가 있다.

텔레스코핑 게이지	깊이 게이지
레버식 다이얼 게이지	센터 게이지

정답 2-1 ② 2-2 ② 2-3 ①

핵심이론 03 각도측정기

① **사인바(Sine Bar)**

삼각함수를 이용하여 각도를 측정하거나 임의의 각을 만드는 대표적인 각도측정기로, 정반 위에서 블록게이지와 조합하여 사용한다. 사인바는 측정하려는 각도가 45° 이내여야 하며 측정각이 더 커지면 오차가 발생한다.

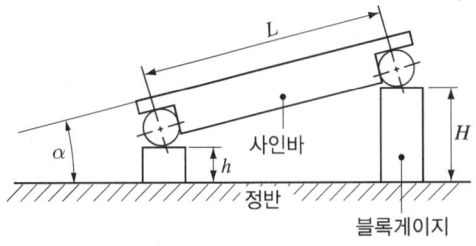

사인바와 정반이 이루는 각(α)

$$\sin\alpha = \frac{H-h}{L}$$

여기서, $H-h$: 양 롤러 간 높이차
L : 사인바의 길이
α : 사인바의 각도

㉠ 양 롤러 간의 높이차를 구하는 식

$$H-h = L \times \sin\alpha°$$

㉡ 사인바(Sine Bar)의 특징
- 사인바는 롤러의 중심거리가 보통 100mm 또는 200mm로 제작한다.
- 정밀한 각도 측정을 위해서는 평면도가 높은 평면을 사용해야 한다.
- 사인바는 측정하려는 각도가 45° 이내여야 한다. 측정각이 더 커지면 오차가 발생한다.
- 게이지블록 등을 병용하고 삼각함수인 사인(Sine)을 이용하여 각도를 측정하는 기구이다.
- 길이를 측정하여 직각 삼각형의 삼각함수를 이용한 계산에 의해 임의각의 측정 또는 임의각을 만드는 기구이다.

② 주요 각도게이지의 형상

요한슨식 각도게이지	NPL식 각도게이지
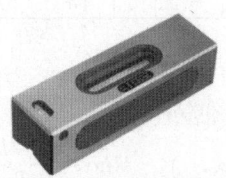	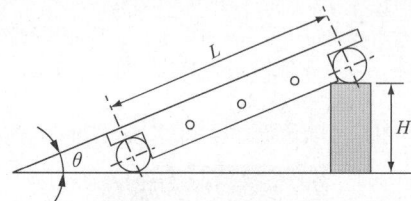

③ 수준기

액체와 기포가 들어 있는 유리관 속에 있는 기포 위치에 의하여 수평면에서 기울기를 측정하는 액체식 각도 측정기로, 기계 조립이나 설치 시 수평 정도와 수직 정도를 확인하는 데 주로 사용한다.

④ 롤러 핀게이지를 이용하여 테이퍼량(기울기)를 측정하는 방법

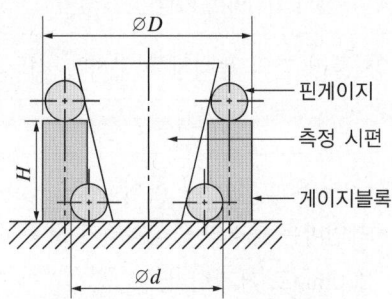

$$\text{테이퍼량} = \frac{D-d}{H}$$

여기서, D : 테이퍼의 큰 쪽 지름 측정값
  d : 테이퍼의 작은 쪽 지름 측정값
  H : 게이지블록 높이

⑤ 탄젠트바

삼각함수에 의하여 각도를 길이로 계산하여 간접적으로 각도를 구하는 방법으로, 블록게이지와 함께 사용하여 구하는 측정기

핵심예제

3-1. 다음 그림과 같은 사인바의 높이(H)를 구하는 공식은?
[2010년 4회]

① $H = \dfrac{L}{\sin\theta}$ ② $H = \dfrac{L \cdot \sin\theta}{2}$
③ $H = L \cdot \sin\theta$ ④ $H = 2(L \cdot \sin\theta)$

3-2. 기포관 내의 기포 이동량에 따라 측정하며, 수평 또는 수직을 측정하는 데 사용하는 것은?
[2015년 4회]

① 직각자 ② 사인바
③ 측장기 ④ 수준기

| 해설 |

3-1

사인바와 정반이 이루는 각(α)

$$\sin\alpha = \frac{H-h}{L}$$

여기서, $H-h$: 양 롤러 간 높이차, L : 사인바의 길이
  α : 사인바의 각도

※ 사인바 : 삼각함수를 이용하여 각도를 측정하거나 임의의 각을 만드는 대표적인 각도측정기로 정반 위에서 블록 게이지와 조합하여 사용한다. 측정하려는 각도가 45° 이내여야 하며 측정각이 더 커지면 오차가 발생한다.

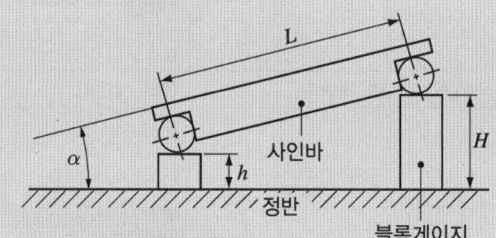

3-2

수준기

액체와 기포가 들어 있는 유리관 속에 있는 기포 위치에 의하여 수평면에서 기울기를 측정하는 액체식 각도측정기로 기계 조립이나 설치 시 수평 정도와 수직 정도를 확인하는 데 주로 사용한다.

정답 3-1 ③ 3-2 ④

핵심이론 04 비교측정기, 한계게이지

※ 알아둘 점 : 비교측정기와 한계게이지는 모두 목적이 유사하기 때문에 굳이 구분하지 않는 경우도 있다.

① 비교측정기
  ㉠ 비교측정기의 정의 : 측정할 길이에서 정확한 수치의 길이를 표준으로 정한 후 이와 다른 부분의 측정값과 비교하여 측정값이나 양부를 판단하는 방법이다. 주요 비교측정기에는 다이얼게이지, 블록게이지, 콤퍼레이터, 한계게이지 등이 있다.
  ㉡ 비교측정의 장점
    • 높은 정밀도의 측정이 비교적 용이하다.
    • 측정범위가 좁고 표준게이지가 필요하다.
    • 제품의 치수가 고르지 못한 것을 계산하지 않고도 알 수 있다.
    • 길이, 면의 각종 형상 측정, 공작기계의 정밀도검사 등 사용범위가 넓다.
  ㉢ 비교측정의 형태
    • 기계적 비교 측정
    • 전기적 비교 측정
    • 광학적 비교 측정
    • 유체적 비교 측정

② 다이얼게이지
  다이얼게이지(Dial Gauge)는 비교측정기이므로 직접 제품의 치수를 읽을 수 없다. 측정자의 직선 또는 원호운동을 기계적으로 확대하여 그 움직임을 지침의 회전변위로 변환시켜 눈금을 읽음으로써 평행도, 직각도, 진원도, 두께 및 깊이, 테이퍼 및 편심 등을 기준점과 비교하여 그 오차 정도를 측정할 수 있다.

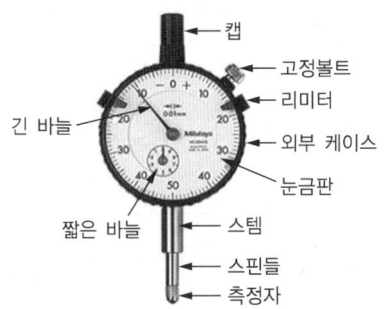

  ㉠ 다이얼게이지의 종류
    • 다이얼 테스트 인디케이터
    • 다이얼 두께게이지
    • 다이얼 깊이게이지
    • 다이얼 캘리퍼게이지
  ㉡ 다이얼게이지 설치 및 사용 시 주의사항
    • 스핀들이 원활히 움직이는가를 확인한다.
    • 스탠트를 앞뒤로 움직여 지시값의 차를 확인한다.
    • 스핀들을 갑자기 작동시켜 반복 정밀도를 본다.
    • 피측정물과 측정자의 운동 방향은 직각이 되도록 설치한다.
    • 다이얼게이지의 편차가 클 때는 제작사 및 교정기관에서 교정 후 사용할 수 있다.
  ㉢ 다이얼게이지의 특징
    • 측정범위가 넓다.
    • 연속된 변위량의 측정이 가능하다.
    • 다원측정의 검출기로서 이용할 수 있다.
    • 눈금과 지침에 의해서 읽기 때문에 오차가 작다.
    • 비교측정기에 속하여 직접 치수를 읽을 수 없다.
  ㉣ 다이얼게이지를 응용한 측정 가능한 요소
    • 흔들림   • 각 도
    • 진원도   • 안지름
    • 외 경   • 두 께
    • 높 이   • 깊 이
    • 공구 및 공작물의 정밀도를 높게 장착할 때

③ 서피스게이지
  정반 위에 올려놓고 이동시키면서 공작물에 평행선을 긋거나 평행면의 검사용으로 사용하는 공구

④ 한계게이지

허용할 수 있는 부품의 오차범위인 최대·최소 치수를 설정하고 제품의 치수가 그 공차범위 안에 들어오는지를 검사하는 측정기기로, 종류에는 봉게이지, 플러그게이지, 스냅게이지 등이 있다. 특히, 스냅게이지는 커다란 공작물의 외경 측정에 사용된다.

㉠ 한계게이지의 특징
- 제품 사이의 호환성이 있다.
- 제품의 실제 치수를 알 수 없다.
- 측정이 쉽고 대량 생산에 적합하다.
- 개인차가 없고 측정시간이 절약된다.
- 조직하기 쉽고 숙련이 필요하지 않다.
- 1개의 치수마다 1개의 게이지가 필요하다.
- 대량 측정에 적합하고 합격·불합격의 판정이 용이하다.
- 최소와 최대 허용치를 점검하므로 측정은 항상 성공한다.
- 측정 치수가 결정됨에 따라 각각 통과측, 정지측의 게이지가 필요하다.

㉡ 한계게이지의 종류
- 봉게이지(구멍용 한계게이지)
- 링게이지(축용 한계게이지)
- 플러그게이지
- 터보게이지
- 스냅게이지
- 드릴게이지
- 틈새게이지
- 반지름게이지
- 와이어게이지
- 플러시 핀게이지

봉게이지	플러그게이지
링게이지	스냅게이지

TIP 구멍과 축용 한계게이지

구멍용 한계게이지	봉게이지
	터보게이지
	플러그게이지
축용 한계게이지	링게이지
	스냅게이지
	플러시 핀게이지

⑤ 기타 게이지의 종류

종류	역할 및 특징
드릴 게이지 (Drill Gauge)	드릴의 지름 측정한다.
와이어 게이지 (Wire Gauge)	판재나 철사의 두께를 측정한다.
틈새 게이지 (Thickness Gauge)	작은 틈새의 간극 점검과 측정에 사용되는 측정기로, 간극 또는 필러게이지라고도 한다. 폭은 약 12mm, 길이는 약 65mm인 서로 다른 두께의 강편에 각각의 두께가 표시되어 있다.

핵심예제

4-1. 다음 중 다이얼 게이지(Dial Gauge)의 특징이 아닌 것은?
[2012년 4회]

① 다원측정의 검출기로서 이용할 수 있다.
② 눈금과 지침에 의해서 읽기 때문에 오차가 작다.
③ 연속된 변위량의 측정이 가능하다.
④ 측정범위가 넓고 직접제품의 치수를 읽을 수 있다.

4-2. 한계게이지의 종류에 해당되지 않는 것은? [2018년 4회]

① 봉게이지
② 스냅게이지
③ 틈새게이지
④ 플러그게이지

|해설|

4-1
다이얼게이지의 특징
- 측정범위가 넓다.
- 연속된 변위량의 측정이 가능하다.
- 다원측정의 검출기로서 이용할 수 있다.
- 눈금과 지침에 의해서 읽기 때문에 오차가 작다.
- 비교측정기에 속하므로 직접 제품의 치수를 읽을 수는 없다.

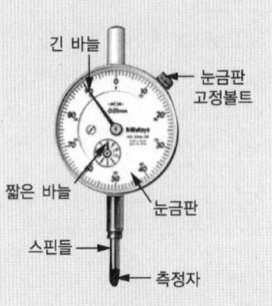

4-2
틈새게이지는 작은 틈새의 간극점검과 측정에 사용되는 측정기로 한계 게이지에 속하지 않는다.
한계게이지의 종류 및 형상

봉게이지	
플러그게이지	
스냅게이지	

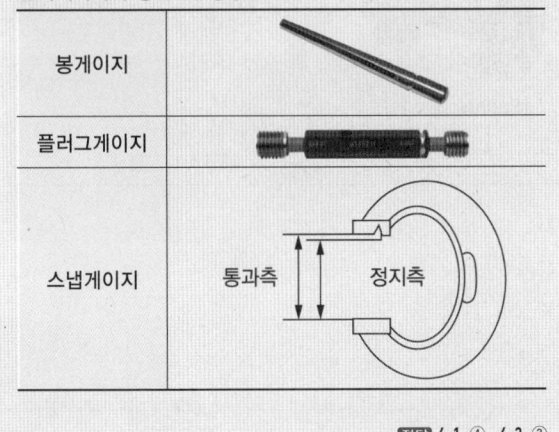

정답 4-1 ④ 4-2 ③

핵심이론 05 나사 및 평면측정기

① 나사의 유효지름 측정방법
  ㉠ 만능투영기
  ㉡ 공구현미경
  ㉢ 나사 마이크로미터
  ㉣ 외측 마이크로미터

TIP 공구현미경
나사산의 피치, 나사산의 반각, 유효지름 등을 광학적으로 쉽게 측정할 수 있다.

② 나사산의 각도 측정방법
  ㉠ 공구 현미경에 의한 방법
  ㉡ 투영기에 의한 방법
  ㉢ 만능 측정현미경에 의한 방법

③ 나사의 측정항목
  ㉠ 피치
  ㉡ 골지름
  ㉢ 유효지름
  ㉣ 나사산의 각도

④ 3침법의 측정항목
  ㉠ 피치
  ㉡ 유효지름
  ㉢ 바깥지름

  ※ 3침법(삼침법)에 의해 수나사의 유효지름 측정 시 사용되는 공구는 외측 마이크로미터이다.
  ※ 3침법(삼침법) : 3개의 같은 지름의 철사를 사용하여 수나사의 유효지름을 측정하는 방법이다.

⑤ 나사피치게이지 : 나사의 피치를 측정한다.

⑥ 센터게이지 : 선반의 나사 절삭작업 시 나사산의 각도를 정확히 맞추기 위하여 사용되는 측정기구로, 나사산의 각도, 나사 바이트의 날 끝각을 조사할 때 사용한다.

⑦ 나사의 호칭

다음 표기는 호칭지름은 8mm, 피치는 1.25mm인 미터나사가 4개임을 나타낸다.

$$\underset{\text{나사 개수 : 4개}}{4} - \underset{\substack{\text{나사의 호칭지름 : 8mm} \\ \text{나사의 종류 : 미터나사}}}{M8} \times \underset{\text{나사의 피치 : 1.25mm}}{1.25}$$

⑧ 옵티컬 플랫(광선정반)

옵티컬 플랫은 동그란 형태의 두 면이 평행한 측정편의 일종으로 마이크로미터와 함께 평면도를 측정한다. 마이크로미터 측정면의 평면도 검사에 가장 적합한 측정기기로 광학적 원리를 이용하는데 시험편에 단색광을 쏘아준 뒤 옵티컬플랫에 반사되어 보이는 간섭무늬의 형태를 통해서 시험편의 평면도를 판정할 수 있다.

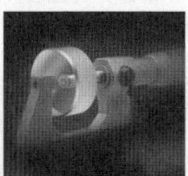

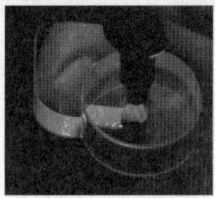

⑨ 촉침식 측정기

10μm 이하의 선단 반경을 갖는 촉침을 물체 표면에 일정 속도로 이동시키면서 표면의 거친 정도를 측정한다.

핵심예제

5-1. 두께가 얇은 가공물 여러 개를 한 번에 너트로 고정하여 가공할 때, 사용하기에 편리한 맨드릴은? [2014년 4회]

① 팽창 맨드릴
② 갱 맨드릴
③ 테이퍼 맨드릴
④ 조립식 맨드릴

5-2. 나사의 유효지름 측정과 관계없는 것은? [2014년 4회]

① 삼침법
② 공구현미경
③ 나사 마이크로미터
④ 전기 마이크로미터

5-3. 게이지 종류에 대한 설명 중 틀린 것은? [2015년 1회]

① Pitch 게이지 : 나사 피치 측정
② Thickness 게이지 : 미세한 간격(두께) 측정
③ Radius 게이지 : 기울기 측정
④ Center 게이지 : 선반의 나사 바이트 각도 측정

|해설|

5-1
갱 맨드릴은 두께가 얇은 가공물 여러 개를 한 번에 너트로 고정시켜 가공할 때 사용하기 편리하다.

5-2
전기 마이크로미터로는 나사의 유효지름을 측정할 수 없다.

5-3
Radius 게이지는 반지름 측정용 측정기기이다.

[Radius Gauge]

정답 5-1 ② 5-2 ④ 5-3 ③

핵심이론 06 측정기 유지관리

① 주요 측정기별 교정주기

종 류	교정용 표준기(개월)	정밀 계기(개월)
게이지블록	36	12
링게이지 비교기	36	12
틈새게이지	-	12
깊이게이지	12	12
내측 마이크로미터	-	12
외측 마이크로미터	-	12
다이얼게이지	12	12
내외측 기어 이 두께 캘리퍼	12	12
버니어 캘리퍼스 등 캘리퍼게이지	12	12
나사피치측정기	24	12
나사 플러그게이지	24	12
시준기	36	24
사인바	36	24
옵티컬 플랫	24	24
평행블록	36	24
정밀정반	36	24
형상측정기	24	24

※ 국가기술표준원 고시 제2020-0105호 기준
※ 교정용 표준기란 측정기 자체(정밀계기)를 수시로 교정하는 부속장치의 일종이다.

② 측정기 교정시기 판단
  ㉠ 측정기별 교정주기 도래 시
  ㉡ 치수의 정밀도가 지속 유지되지 않을 때
  ㉢ 측정기 일부에 손상이 가해졌을 때
  ㉣ 측정기에 변형이 발생했을 때

③ 측정기 보관 및 환경
  ㉠ 온도 및 습도를 적절히 유지할 것
  ㉡ 측정기별 전용 케이스에 담아서 보관할 것
  ㉢ 주기적으로 측정기의 외관 및 이동부를 점검할 것

핵심예제

6-1. 버니어 캘리퍼스 측정기의 교정주기는?
① 12개월
② 18개월
③ 24개월
④ 36개월

6-2. 평행블록의 교정용 표준기의 교정주기는?
① 12개월
② 24개월
③ 36개월
④ 48개월

|해설|

6-1
버니어 캘리퍼스 측정기의 본체와 측정기 교정용 표준기의 교정주기는 12개월이다.

6-2
평행블록 본체의 교정주기는 24개월이고, 교정용 표준기의 교정주기는 36개월이다.

정답 6-1 ① 6-2 ②

CHAPTER 02 CAM 프로그래밍

제1절 | CAD/CAM 시스템

핵심이론 01 CAD/CAM 시스템의 일반사항

① CAD(Computer Aided Design)

CAD란 컴퓨터를 이용하여 제품을 설계하는 기술로, 일반적으로 2D 도면 작성에 사용되고 있는 설계 프로그램 외에 제품 설계와 도면 작성에 사용되는 모든 설계 소프트웨어를 총칭한다.

㉠ CAD 시스템의 장점
- 설계 변경이 가능하다.
- 정확한 설계가 가능하다.
- 설계자료의 데이터화가 가능하다.
- 도면의 작성, 수정, 편집이 편리하다.
- 설계의 생산성과 질을 향상시킬 수 있다.
- 제도의 표준화와 도면의 문서화가 가능하다.
- 조작에 있어서 짧은 시간에 이해가 가능하다.

② CAM(Computer Aided Manufacturing)

컴퓨터를 이용한 생산시스템으로 CAD에서 얻은 설계 데이터로부터 종합적인 생산 순서와 규모를 계획해서 CNC 공작기계의 가공프로그램을 자동으로 수행하는 시스템의 총칭이다. 이것은 실제 물체를 생산해 내는 시스템으로 설계와 제조 분야에 컴퓨터를 도입하여 NC 코드를 생성하는 과정과 CNC 공작기계를 운전하는 과정으로 분류된다.

㉠ CAM 시스템의 흐름과정

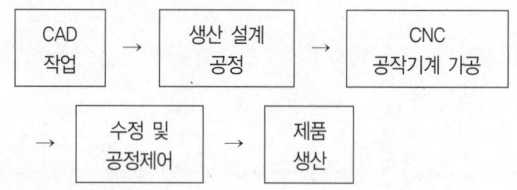

㉡ CAD/CAM 시스템의 도입 효과
- 도면 파일의 저장
- 설계 오류의 감소
- 고품질의 제품 생산
- 제품의 개발기간 단축
- 작업의 효율화 및 합리화
- 재료 및 가공시간의 단축
- 제품의 표준화 및 생산성 향상
- 복잡한 형상의 제품도 가공이 가능
- 조직 내 업무의 분할 관리로 효율성 증대
- NC 프로그램의 오류 감소 및 설계 변경 용이

㉢ CAD/CAM 시스템을 이용한 자동프로그래밍의 특징
- NC 데이터의 오류 확인이 쉬워 신뢰성이 높다.
- 멀티태스킹(컴퓨터 수행하면서 다른 작업)이 가능하다.
- NC 테이프 및 데이터 생성에 필요한 시간과 노력이 절감된다.
- NC 데이터 작성에 관련된 여러 가지 계산을 동시에 할 수 있다.
- 인간의 능력으로 연산이 불가능한 형상의 프로그램도 쉽게 처리할 수 있다.

③ CAD/CAM 시스템을 사용한 파트 프로그래밍 방법 6단계

㉠ 1단계 : 가공을 위해서 중요한 부품 형상을 정의하고 지정한다.

㉡ 2단계 : 공구의 형상을 정의한다.

㉢ 3단계 : 사용자가 원하는 가공 순서를 지정하고 필요한 공구경로를 적절한 절삭 파라미터와 함께 계획한다.

㉣ 4단계 : 정의된 공구와 부품 형상을 사용하여 경로상에 필요한 점의 x, y, z 좌표값을 계산한다.

ⓜ 5단계 : 생성된 공구경로를 그래픽 디스플레이상에서 검증한다.
ⓑ 6단계 : 공구위치 데이터(CL 데이터) 파일을 공구경로로부터 생성한다.

④ 분산처리형 CAD/CAM 시스템의 특징
㉠ 컴퓨터 시스템의 편리성과 확장성을 향상시킬 수 있다.
㉡ 자료처리 및 계산작업은 주(Main)시스템에서 이루어져야 한다.
㉢ 자료처리 및 계산속도의 증가로 설계 및 가공 분야 생산성을 향상시킬 수 있다.
㉣ 시스템 하나가 고장 나더라도 다른 시스템은 정상적으로 작동할 수 있도록 구성되어있어 신뢰성과 활용성이 높다.

⑤ 자동화 생산방식의 종류
㉠ NC(Numerical Control) : 수치제어장치로 사람이 하는 일을 기계가 대신해서 실행하는 시스템이다.
㉡ DNC(Distributed Numerical Control, 직접수치제어) : 중앙의 컴퓨터 한 대에서 여러 대의 CNC 공작기계에 데이터를 분배하여 전송함으로써 동시에 여러 대의 기계를 운전할 수 있는 시스템이다. 외부 컴퓨터에서 작성한 NC 프로그램을 CNC 공작기계에 송수신하면서 가공하는 방식으로, 군관리나 군제어라고도 한다.
  • DNC 시스템의 구성요소
    - 컴퓨터
    - 통신케이블
    - CNC 공작기계
㉢ CNC(Computer Numerical Control, 컴퓨터수치제어가공) : 수치제어장치(NC) 내에 컴퓨터를 내장한 것으로 수치제어 공작기계라고 한다. 이것은 컴퓨터를 이용하여 기계의 가공부를 수치로 제어하며 가공하는 방법으로 NC데이터를 디스켓이나 통신을 통해 컴퓨터에 입력하며 기억장치에 저장도 가능하다.
㉣ FMS(Flexible Manufacturing System, 유연생산시스템) : 소량의 다양한 제품을 하나의 생산공정에서 지연 없이 동시에 제조할 수 있는 자동화시스템으로 현재 자동차공장에서 하나의 컨베이어 벨트 위에 다양한 차종을 동시에 생산하는 시스템과 같다. 생산방식 중의 하나로서 일정생산량 단위의 Cell로 이동시키는 방식이다.
㉤ CIMS(Computer Integrated Manufacturing System, 컴퓨터통합가공) : 컴퓨터에 의한 통합적 생산시스템으로 컴퓨터를 이용해서 기술 개발·설계·생산·판매 전체를 하나의 통합된 생산 체제로 구축하는 것이다.
㉥ ERP(Enterprise Resource Planning) : 기업 전체를 경영자원의 효과적 이용이라는 관점에서 통합적으로 관리하고 경영의 효율화를 기하기 위한 생산자동화 수단이다.
㉦ MRP(Material Requirement Program) : 컴퓨터를 이용하여 최종 제품의 생산계획에 따라 그에 필요한 부품 소요량의 흐름을 종합적으로 관리하는 생산관리시스템이다.
㉧ CAE(Computer Aided Engineering) : 제품 설계를 완성하기 전에 제품이 실제 작동되었을 때의 조건을 컴퓨터에 입력하고 각종 공학적인 실험을 통해 최적의 제품을 만들어내는 기술이다.
㉨ CAT(Computer Aided Testing) : 컴퓨터를 활용하여 제품을 자동으로 검사하는 장치이다.
㉩ FA(Factory Automation) : 컴퓨터와 각종 계측장비를 이용하여 공장의 생산공정을 자동화하는 것으로 제품의 수주에서 출하까지 일체의 생산활동을 효율적이고 유기적으로 결합시키는 시스템이다.
㉪ CAPP(Computer Aided Process Planning) : 컴퓨터를 이용한 공정계획
㉫ CAP(Computer Aided Prison) : 컴퓨터 활용 자가평가
㉬ MRP(Material Requirement Planning) : 자재 수급 계획

핵심예제

1-1. DNC(Direct Numerical Control)의 설명으로 옳은 것은?
[2017년 2회]

① 여러 대의 NC기계를 한 대의 컴퓨터에 연결시켜 제어
② NC 공작기계 내에 저장되어 있는 표준 부프로그램(Subroutine)
③ 컴퓨터(마이크로프로세서)를 내장한 NC공작기계
④ 컴퓨터의 핵심기능을 수행하는 중앙연산처리장치

1-2. 컴퓨터를 이용한 공정계획의 약자로 맞는 것은?
[2017년 2회]

① CAP
② MRP
③ CAT
④ CAPP

|해설|

1-1
DNC(Direct Numerical Control) : 중앙의 1대 컴퓨터에서 여러 대의 CNC 공작기계에 데이터를 분배하여 전송함으로써 동시에 여러 대의 기계를 운전할 수 있는 시스템

1-2
CAPP(Computer Aided Process Planning)는 컴퓨터를 이용한 공정계획을 의미한다. 공정계획은 도면을 파악하고 나서 생산성을 높이기 위해 공작기계 및 공구 선정, 가공 순서, 절삭조건 등을 계획하는 작업이다.
① CAP(Computer Aided Prison) : 컴퓨터 활용 자가 평가
② MRP(Material Requirement Planning) : 자재 수급 계획
③ CAT(Computer Aided Testing) : 컴퓨터 활용 측정

정답 1-1 ① 1-2 ④

핵심이론 02 CAD/CAM 시스템의 구성

① **CAD시스템의 구성**
CAD시스템은 하드웨어와 소프트웨어로 구성된다.
㉠ 하드웨어 : 입력장치 + 출력장치
㉡ 소프트웨어 : 운영체제(OS ; Operation System)와 데이터베이스시스템(Data Base System)

② **컴퓨터(Computer)의 기본 구성**

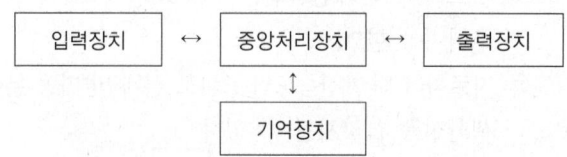

㉠ 컴퓨터의 3대 주요장치
 • 기억장치
 • 입·출력장치
 • 중앙처리장치(CPU)

㉡ 중앙처리장치(CPU)의 구성요소
 • 기억장치
 • 제어장치
 • 연산논리장치

㉢ 컴퓨터 주변기기의 속도 단위

종류	특징
BPI	• Byte per Inch, 자기테이프 등에 기록하는 데이터의 밀도
BPT	• Belarc Product Key와 주로 관련된 기타 파일명
MIPS	• Million Instruction per Second, 계산기의 연산속도
BPS	• 1초간에 송수신할 수 있는 비트수 • Bits per Second, 컴퓨터에서 통신속도를 나타내는 단위 • DNC 운전 시 시리얼 데이터(Serial Data)를 전송할 때의 전송속도 단위
CPS	• Character per Second, 프린터 출력속도
DPS	• Dot per Second
Pixel	• 디스플레이 장치의 화면을 구성하는 가장 최소의 단위
DPI	• Dot per Inch, 잉크젯이나 레이저 프린터의 해상도 단위
LPM	• Line per Minute, 분당 인쇄 라인수
PPM	• Parts per Million, 백만분의 1
CPM	• Cycle per Minute, 분당 진동수

③ 입력장치
  ㉠ 입력장치의 종류
    • 썸 휠
    • 키보드
    • 마우스
    • 스캐너
    • 측정기
    • 라이트펜
    • 태블릿
    • 디지타이저
    • 조이스틱 및 트랙볼
    • 광학마크 및 바코드 판독기
  ㉡ 입력방식에 따른 분류
    • 로케이터(Locator)방식 : 컴퓨터 화면 위에 특정한 위치의 좌표를 입력하는 방식(예 마우스, 태블릿, 라이트펜 등)
    • 셀렉터(Selector)방식 : 사용자가 컴퓨터 화면 상에서 특정 물체를 선택하는 방식(예 일반적인 입력장치들이 속한다)
    • 밸류에이터(Valuator, 숫자입력)방식 : 컴퓨터 그래픽에서 상대적인 위치를 실수값으로 바꾸어 입력하는 방식(예 조이스틱 등)
    • 버튼입력방식 : 각종 스위치를 누르면서 입력하는 방식

④ 출력장치
  ㉠ 모니터
    • CRT 모니터와 LCD 모니터의 특징
      - CRT : 브라운관을 이용한 디스플레이장치로 아날로그신호로 구동한다.
      - LCD : 액정표시장치로 액정 투과도의 변화를 이용하여 각종 장치에서 발생하는 여러 가지 전기적인 정보를 시각 정보로 변화시켜 전달하는 전기소자로서 표현한다.

CRT 모니터	LCD 모니터
• 전 시야각이 넓다. • 전자파 방출량이 많다. • 응답속도가 빠르다. • 크기가 크고 무겁다. • 화질 및 가독성이 좋다. • 브라운관으로 형상이 볼록하다.	• 깜빡임이 없다. • 완전한 평면이다. • 전력 소모가 작다. • CRT보다 더 밝다. • 두께가 얇고 가볍다. • 전자파 발생이 적다. • 패널에 따라 시야각이 좁다. • 주변 자기장의 영향을 받지 않는다.

    • CRT모니터의 종류(주사선방식)
      - 스토리지형 : 벡터 주사로 컬러 표현이 불가능하다.
      - 랜덤 스캔형 : 전자빔 주사로 컬러 표현에 제한이 있다.
      - 래스터 스캔형 : 가장 널리 사용되는 것으로, 컬러 표현이 가능하다.
    • 에일리어싱(Aliasing)효과 : 래스터 주사 디스플레이(래스터 스캔형)의 경우 직선이 계단형(Stair-stepped)으로 보이는 현상
    • 컬러 CRT 화면 뒤에 사용되는 인(Phosphor)의 색상
      - Red
      - Green
      - Blue
    • PDP(Plasma Display Panel) : 두 장의 얇은 유리판 사이에 작은 셀을 다수 배치하고 그 상하에 장착된 (+)전극과 (-)전극 사이에서 네온과 아르곤의 혼합가스에 방전을 일으켜서 발생하는 자외선에 의해 자기발광시켜 컬러 화상을 재현하는 원리를 이용한 평판 디스플레이 장치
      - PDP(Plasma Display Panel)의 특징
        ⓐ 가벼우면서 적은 부피를 가지는 평판 디스플레이
        ⓑ 박형이면서 대화면의 표시가 가능하다.
        ⓒ 화면이 완전 평면이고 일그러짐이 없다.

         ⓓ 자기발광이므로 밝고 시야각이 우수하다.
         ⓔ 기체방전을 이용하므로 응답속도가 빠르다.
    • 화면 이상현상
      - 플리커(Flicker) : 화면을 리프레시(Refresh)
        할 때 화면이 약간 흐려졌다가 다시 밝아지면
        서 다소 흔들리는 현상
      - 포커싱(Focusing) : 화면 안쪽의 한 점에 전자
        빔을 집약시키는 현상
      - 디플렉션(Deflection) : 전자빔의 진행 방향을
        임의적으로 변화시키는 현상
      - 래스터(Raster) : 전자빔을 CRT 화면의 미리
        정해진 수평면 집합체에 주사시키면서 이들을
        일정한 간격을 유지하게 하여 전체 화면에 고
        르게 퍼지도록 하는 현상
    • 컬러 래스터 스캔 화면 생성방식의 색상수
      - 3bit Plane : RGB, 2^3색
      - 4bit Plane : IRGB, 2^4색
  ㉡ 프린터
    • 프린터의 형식에 따른 분류

기 준	분 류	종 류
주사방식에 따른 분류	래스터 스캔방식	레이저프린트 정전식 프린터, 잉크젯프린터
	벡터방식	펜 플로터
충격에 따른 분류	충격식	펜 플로터, 도트프린터, 라인프린터
	비충격식	레이저, 열전사식, 정전식

    • COM 장치(Computer Output Microfilm Unit) :
      도면이나 문자 등을 마이크로필름으로 출력하는
      장치
    • 플로터 : 도면 작성 후 출력한 결과를 종이나 필
      름에 문자나 그림의 형태로 나타내는 출력장치

⑤ 컴퓨터 용어 일반

종 류	정 의
Cache Memory	컴퓨터에서 CPU와 주변기기 간의 속도 차이를 극복하기 위하여 두 장치 사이에 존재하는 고속의 보조기억장치
Core Memory	IC가 나오기 전에 컴퓨터의 주기억장치의 중심을 이루던 고속기억장치의 일종
Volatile Memory	휘발성 기억장치로 전원을 끊어 버리면 기억내용이 소실되는 메모리장치
Nonvolatile Memory	전원을 꺼도 메모리 내용이 지워지지 않는 메모리
Associative Memory	기억장치에 기억된 정보에 접근하기 위해 주소를 사용하는 것이 아니라 기억된 내용에 접근하는 것으로 검색을 빠르게 할 수 있는 메모리
RAM	컴퓨터에 전원을 연결시켰을 때 하드웨어가 작동하기 위해 필요한 기본적인 기능을 수행할 수 있도록 하는 정보를 수록하는 장소
BIOS	컴퓨터에 전원을 연결시켰을 때 하드웨어가 작동하기 위해 필요한 기본적인 기능을 수행할 수 있도록 하는 정보의 수록 장소
BUFFER	컴퓨터의 주기억장치와 주변장치 사이에서 데이터를 주고받을 때 둘 사이의 전송속도 차이를 해결하기 위해 전송할 정보를 임시로 저장하는 고속기억장치
Destructive Memory	판독 후 저장된 내용이 파괴되는 메모리로, 파괴된 내용을 재생시키기 위한 재저장시간이 필요한 메모리

핵심예제

2-1. 주기억장치와 CPU(중앙처리장치) 사이에서 속도 차이를 줄이기 위해 데이터와 명령어를 일시적으로 저장하는 고속기억장치는?

[2010년 1회]

① Cache Memory
② Core Memory
③ Volatile Memory
④ Associative Memory

2-2. 다음 출력장치 중 래스터 스캔방식이 아닌 것은?

[2020년 1·2회 통합]

① 플랫 베드형 플로터
② 잉크 제트식 플로터
③ 열전사식 플로터
④ 정전식 플로터

|해설|

2-1
① Cache Memory : 주기억장치와 CPU(중앙처리장치) 사이에서 속도 차이를 줄이기 위해 데이터와 명령어를 일시적으로 저장하는 고속기억장치
② Core Memory : IC가 나오기 전에 컴퓨터의 주기억장치의 중심을 이루던 고속기억장치의 일종
③ Volatile Memory : 휘발성 기억장치로 전원을 끊어버리면 기억내용이 소실되는 메모리 장치
④ Associative Memory : 연상메모리로 기억장치에 기억된 정보에 접근하기 위해 주소를 사용하는 것이 아니고 기억된 내용에 접근하는 것으로 검색을 빠르게 할 수 있는 메모리

2-2
래스터 스캔방식은 모니터 상단에 수평 주사선을 한 줄씩 아래쪽으로 내리면서 나란히 주사하여 화면을 만들어 내는 주사방식이다. 그러나 플랫 베드형 플로터는 X, Y의 2개의 축에서 주사하므로 래스터 스캔방식을 사용하는 것이 아니다.

정답 2-1 ① 2-2 ①

핵심이론 03 CAD/CAM 시스템 간 데이터 교환방법

① CAD/CAM 간 데이터 교환을 위한 표준을 마련하는 이유
CAD/CAM 시스템을 개발하여 공급하는 회사들은 세계적으로 여러 군데가 있다. 이러한 여러 가지 CAD/CAM 시스템을 사용하다 보면 자료를 각각의 회사별로 공유하여 활동하는데 많은 문제점이 표출된다. 이러한 문제점들을 해결하기 위해서 서로 다른 그래픽 자료를 인터페이스(Interface)할 수 있는 규격의 종류에는 IGES, DXF, STEP 등이 있다.

② 데이터 전송에 사용되는 시리얼 데이터의 4가지 구성요소
  ㉠ 스타트 비트
  ㉡ 데이터 비트
  ㉢ 패리티 비트
  ㉣ 스톱 비트

③ 3차원 형상 정보를 표현하고 데이터를 교환하는 표준의 종류
  ㉠ IGES(Initial Graphics Exchanges Specification)
  ㉡ DXF(Data Exchange File)
  ㉢ STEP(Standard for the Exchange of Product Data)
  ㉣ PDES(Product Data Exchange Standard)
  ㉤ STL(Stereo Lithography)
  ㉥ GKS(Graphical Kernel System)

④ IGES(Initial Graphics Exchanges Specification)
  ㉠ IGES의 정의 : ANSI(American National Standards Institute, 미국규격협회)의 데이터 교환표준규격으로 서로 다른 CAD/CAM/CAE 시스템 간에 도면 및 기하학적 형상의 데이터를 교환하기 위해 최초로 개발된 데이터 교환 형식이다.
  ㉡ IGES의 특징
    • ANSI의 표준규격이다.
    • 최초의 CAD 데이터 표준 교환 형식이다.

- 파일은 일반적으로 6개의 섹션으로 구성되어 있다.
- 서로 다른 시스템 간 제품 정보의 상호교환용 파일구조이다.
- 데이터 변환과정을 거치므로 유효 숫자 및 라운드 오프에러가 발생할 수 있다.
- IGES 미지원 요소로 모델링한 경우 비슷한 요소로 변환하므로 정보 전달에 오류가 발생할 수 있다.
- 서로 다른 CAD/CAM/CAE 시스템 간에 도면 및 기하학적 형상의 제품 정의 데이터를 교환하기 위해 개발된 최초의 데이터 교환 형식이다.

ⓒ IGES의 파일구조
- 개시 섹션(Start Section)
- 플래그 섹션(Flag Section)
- 글로벌 섹션(Global Section)
- 종결 섹션(Terminate Section)
- 디렉터리 엔트리 섹션(Directory Entry Section)
- 파라미터 데이터 섹션(Parameter Data Section)

⑤ STEP(Standard for the Exchange of Product Data)
회사들 사이에 컴퓨터를 이용한 데이터의 저장과 교환을 위한 산업표준이 되고 있는 CALS에서 채택하고 있는 제품 데이터 교환표준이다. 형상 데이터뿐만 아니라 부품표(BOM), 재료, NC 데이터 등 많은 종류의 데이터를 포함할 수 있는 표준규격으로, STEP 표준을 정의하는 모델링 언어는 EXPRESS이다.

⑥ STL(Stereo Lithography)
쾌속조형의 표준입력파일 형식으로 많이 사용되고 있는 표준규격으로, 구조가 다른 CAD/CAM 시스템 간에 쉽게 정보를 교환할 수 있는 장점을 가지고 있으나, 모델링된 곡면을 정확히 삼각형 다면체로 옮길 수 없는 점과 이를 정확히 변환시키려면 용량을 많이 차지한다는 단점을 갖고 있다.

㉠ STL 형식의 특징
- 물체를 삼각형들의 리스트로 표현한다.
- 모델링된 곡면을 정확히 다면체로 옮길 수 없다.
- RP공정에서 CAD 모델은 STL 파일형을 사용하여 표현된다.
- 오차를 줄이기 위해 보다 정확히 변환시키려면 용량을 많이 차지한다.
- 내부 처리구조가 다른 CAD/CAM 시스템으로부터 쉽게 변환 정보를 교환할 수 있는 장점이 있다.

⑦ DXF(Data eXchange File)
CAD 데이터 간 호환성을 위해 제정한 자료 공유 파일을 아스키(ASCII) 텍스트 파일로 구성한 형식이다.

㉠ DXF(Data Exchange File)의 섹션 구성
- Header Section
- Table Section
- Entity Section
- Block Section
- End of File Section

⑧ GKS(Graphical Kernel System)
2차원 컴퓨터 그래픽을 위한 표준 규격이다.

⑨ PDES(Product Data Exchange Standard)

⑩ Perity Check Bit
CAD/CAM 인터페이스에서 RS-232를 사용하여 데이터를 전송할 때 데이터가 정확히 보내졌는지 검사하는 방법이다.

⑪ 자료의 데이터 변환(Data Transformation)기능의 종류
㉠ Projection(투영)
㉡ Rotation(회전)
㉢ Shearing(전단)
㉣ Scale(확대 및 축소)
㉤ Translation(변형, 옮김)

핵심예제

3-1. IGES 파일을 구성하는 6개의 섹션(Section)들 중 Directory Entry 섹션에서 기입한 각 요소를 정의하는 실제 데이터를 담고 있는 것은? [2019년 1회]

① Parameter Data 섹션
② Terminate 섹션
③ Flag 섹션
④ Global 섹션

3-2. DXF 파일은 아스키 텍스트 파일로 구성되는데 이를 구성하는 섹션이 아닌 것은? [2020년 1·2회 통합]

① 헤더 섹션
② 테이블 섹션
③ 블록 섹션
④ 수정 섹션

|해설|

3-1
IGES의 파일구조 중에서 Directory Entry Section에서 기입한 각 요소를 정의하는 실제 데이터를 담고 있는 곳은 Parameter Data Section이다.

IGES의 파일구조
- 개시 섹션(Start Section)
- 플래그 섹션(Flag Section)
- 글로벌 섹션(Global Section)
- 종결 섹션(Terminate Section)
- 디렉터리 엔트리 섹션(Directory Entry Section)
- 파라미터 데이터 섹션(Parameter Data Section)

3-2
DXF(Data eXchange File)의 섹션 구성
- Header Section
- Table Section
- Entity Section
- Block Section
- End of File Section

정답 3-1 ① 3-2 ④

핵심이론 04 CNC 공작기계의 일반사항

① **CNC(Computer Numerical Control) 가공**
수치제어가공이라고도 하며 컴퓨터를 이용하여 기계의 가공부를 수치로 제어함으로써 가공하는 방법이다.

② **수치제어 자동화시스템의 발달과정**

$$NC \rightarrow CNC \rightarrow DNC \rightarrow FMS$$

③ **CNC 장치의 일반적인 정보 흐름**

$$NC\ 명령 \rightarrow 제어장치 \rightarrow 서보기구 \rightarrow NC\ 가공$$

④ **NC 공작기계의 특징**
㉠ 다품종 소량 생산에 적합하다.
㉡ 가공조건을 일정하게 유지할 수 있다.
㉢ 복잡한 형상의 부품가공이 능률적이다.
㉣ 공구가 표준화되어 보유 공구의 수를 줄일 수 있다.

⑤ **제조설비의 연도별 발전단계**
Copy Machine의 개발 → CNC 개발 → FMS 개발 → IMS 개발

⑥ **CNC 공작기계의 일반적인 특징**
㉠ 제품의 균일성이 향상된다.
㉡ 제조 단가를 낮출 수 있다.
㉢ 작업자의 피로를 감소시킨다.
㉣ 고장 발생 시 자기진단이 가능하다.
㉤ 품질이 균일한 제품을 얻을 수 있다.
㉥ 복잡한 형상의 제품을 제작할 수 있다.
㉦ 작업시간 단축으로 생산성이 향상된다.
㉧ 전원 투입 후에는 가장 먼저 기계 원점복귀를 시켜야 한다.
㉨ 인치 단위의 프로그램을 쉽게 미터 단위로 자동 변환할 수 있다.
㉩ 파트프로그램을 매크로 형태로 저장시켜 필요시 불러올 수 있다.
㉪ CNC 선반에서 나사가공 시 FEED OVERRIDE는 100%로 해야 한다.

ⓔ 공작기계가 공작물을 가공하는 중에도 파트프로그램의 수정이 가능하다.
ⓟ 제품의 일부가 일정한 사이클을 가지고 변화하는 제품가공에 적응성이 좋다.
ⓗ 특수공구를 특별히 제작할 필요없이 범용기계용 절삭 툴의 사용도 가능하다.
㉮ DNC 운전 시 사용되는 통신 케이블(RS232C) 25핀 중 수신을 나타내는 핀은 '3번' 핀이다.
㉯ 강전반이나 CNC 유닛의 먼지는 압축공기를 사용하지 않고 부드러운 먼지털이개를 사용한다.
㉰ 기계 원점은 고정되어 있으며 제2원점은 공구를 교환하기 위해 사용되며 작업자 임의 지정이 가능하다.
㉱ CNC 선반이나 머시닝센터와 같은 자동화설비에서 공구가 부착되는 축의 이동 단위는 모두 mm를 사용한다.

⑦ CNC 선반 및 머시닝센터 조작 시 주의사항
㉠ 공구경로에 유의한다.
㉡ 일상점검 후 작업한다.
㉢ 공작물의 고정에 유의한다.
㉣ 급속이송 시 충돌에 주의한다.
㉤ 전원은 순서대로 공급하고 차단한다.
㉥ 이상 시 기계를 정지시키고 작업한다.
㉦ 절삭가공 전 반드시 프로그램을 확인한다.
㉧ 기계 작동 시 장갑을 끼고 작업하면 안 된다.
㉨ 가공된 칩은 기계를 정지시키고 제거한다.
㉩ 기계의 운전(조작)은 조작 순서대로 작동시킨다.
㉪ 작업 중 위급 시에는 비상정지(Emergency Stop, 빨간색) 스위치를 누른다.
ⓔ 프로그램 수정 시 등록된 프로그램을 삭제하지 않아도 된다.
ⓟ 급속이송 및 공구 교환 시 공구와 공작물의 충돌에 주의한다.
ⓗ 주축의 회전을 최대 부하로 하지 않고 적정 범위 내에서 작업한다.
㉮ 프로그램은 기존 프로그램을 두고 새로운 프로그램명으로 새로 작성한다.
㉯ 절삭가공 중 기계 정면에 위치하여 위급 시 비상정지 버튼을 누를 준비를 한다.

⑧ CNC 공작기계작업 중 이상 발견 시 조치사항
㉠ 경고등이 점등되었는지 확인한다.
㉡ 경보(Alarm) 내용을 확인하고 조치한다.
㉢ 즉시 비상정지 버튼을 누른다.
㉣ 작업을 멈추고 원인을 확인하여 제거한다.
㉤ 파라미터는 이상점 발견의 주요 단서이므로 삭제하지 않는다.
㉥ 가장 먼저 조작반의 비상정지 버튼을 눌러야 한다.
㉦ 강전반의 회로도 등의 내부 설비는 시간을 두고 전문가가 점검하도록 한다.

⑨ CNC 공작기계에 무인운전 기능을 위해 추가하는 사항
㉠ 자동 칩 제거장치
㉡ 자동 계측 보정기능
㉢ 자동 공작물 반입장치

⑩ 공작기계의 점검주기

일상점검	외관점검, 유량점검, 작동점검, 압력점검
월간점검	이송부의 백래시 정도, 오일류 점검, 필터류 점검
연간점검	전기적 회로점검, 기계 정도(일종의 정밀도)점검, 수평도점검
특별점검	점검주기에 의한 것이 아닌 수시 또는 부정기적인 점검

⑪ 5축 가공의 정의
선박의 프로펠러, 터빈 블레이드, 타이어 금형모델 등을 가공하는 데 적합한 NC 가공방식이다.

⑫ 5축 CNC가공의 특징
㉠ 3축 가공으로 불가능한 곡면의 가공이 가능하다.
㉡ 엔드밀 사용 시 절삭성이 좋은 공구 자세를 취할 수 있다.
㉢ 항공기 부품, 터빈 블레이드, 선박의 스크루 등의 가공에 적합하다.

② 공구 중심날이 없는 황삭용 평 엔드밀을 이용한 하향절삭이 가능하다.
⑩ 평 엔드밀 사용 시 공구의 자세를 잘 조정함으로써 커스프(Cusp)의 양을 최소화할 수 있다.
⑪ 공구 원통면을 이용하여 단 한 번의 공구경로로 커스프(Cusp) 없이 윤곽가공이 완료될 수 있다.

⑬ CNC 공작기계에서 보간 시 펄스 분배방식의 종류
㉠ 산술연산방식(DDA) : 직선보간에 우수한 성능을 보이며 현재 많이 사용된다.
㉡ 대수연산방식 : 보간 연산방식 중 x축과 y축 방향으로 움직임을 한정하고 단계적(계단식)으로 이동하여 곡선의 좌우를 차례차례 움직여서 접근하는 방식이다. 원호보간에 우수하다.
㉢ MIT방식 : x축과 y축의 이동을 균일하게 하기 위하여 양쪽으로 적당한 시간 간격으로 펄스를 발생시켜 직선으로 움직이면서 근사시키는 방법으로, 2차원과 2.5차원의 보간은 가능하나 3차원 보간은 불가능하다.

⑭ CNC 공작기계의 3가지 기본 절삭제어방식
㉠ 윤곽절삭제어 : 2개 이상의 서보모터를 연동시켜 위치와 속도를 제어하므로 대각선이나 S자형, 원형의 경로 등 어떤 경로라도 공구를 이동시켜 연속절삭이 가능한 제어방식이다. 여러 축의 움직임을 동시에 제어할 수 있기 때문에 2차원이나 3차원 이상의 제어에 사용된다.
㉡ 직선절삭제어 : NC 공작기계의 하나의 축을 따라서 공작물에 대한 공구의 운동을 제어하는 방식이다.
㉢ 위치결정제어 : PTP(Point To Point)제어라고도 하며 공구가 이동할 때 이동경로와 관계없이 공구의 멈춤 위치(가공 위치)만을 결정하는 제어방식으로 드릴링이나 스폿(Spot)용접 등에 사용된다.

핵심예제

4-1. 다음 중 5축 가공의 특징으로 적합하지 않은 것은?
[2010년 2회]

① 공구를 기울여 가공할 수 있으므로 절삭이 공구의 바깥쪽에서 일어나서 절삭력이 좋다.
② 3축의 경우 접근 불가능한 곡면을 5축에서는 가공할 수 있으므로 모든 공작물을 한 번의 셋업(Setup)으로 가공할 수 있다.
③ 5축 기계는 5개의 자유도를 가지며 공구의 위치를 결정하는 데 3개가 사용되고 공구의 방향 벡터를 결정하는 데 2개가 사용된다.
④ 공구 간섭 때문에 가공할 수 없는 영역도 가공할 수 있으며 평엔드밀에 의한 가공으로도 표면 가공정도를 향상시킬 수 있다.

4-2. 수치제어 자동화시스템의 발달과정을 4단계로 분류할 때 올바른 것은?
[2014년 4회]

① NC → CNC → DNC → FMS
② DNC → NC → CNC → FMS
③ FMS → NC → CNC → DNC
④ NC → DNC → CNC → FMS

|해설|

4-1
5축 가공도 완전한 가공을 위해서는 한 번의 공작물 셋업으로는 불가능하며 경우에 따라 몇 차례의 재셋업이 필요하다.

4-2
수치제어 자동화시스템의 발달과정
NC → CNC → DNC → FMS

정답 4-1 ② 4-2 ①

핵심이론 05 CNC 프로그래밍

① CNC 프로그램에서 좌표치를 지령하는 방식
  ㉠ 절대지령방식
  ㉡ 증분지령방식
  ㉢ 혼합지령방식

② CNC 프로그램의 구성 시 주의사항
  ㉠ 일련의 블록(Block)으로 구성된다.
  ㉡ 워드는 주소(Address)와 수치로 구성된다.
  ㉢ 한 블록은 몇 개의 워드(Word)로 구성된다.
  ㉣ 블록과 블록은 EOB로 구분되며 기호는 ';'를 사용한다.
  ㉤ '/'표시는 표시된 블록을 무시하고 가공하라는 의미로 사용된다.

③ CNC프로그램의 5대 코드 및 기능

종 류	코 드	기 능
준비기능	G코드	CNC 기계의 주요 제어장치들을 사용하기 위해 준비시킨다. 예 G00 : 급속이송, G01 : 직선보간, G02 : 시계 방향 공구 회전
보조기능	M코드	CNC 기계에 장착된 부수 장치들의 동작을 실행하기 위한 것으로 주로 ON/OFF 기능을 한다. 예 M08 : 절삭유 ON, M09 : 절삭유 OFF
이송기능	F코드	절삭을 위해 공구를 이송하는 속도를 지정한다. 예 F0.02 : 0.02mm/rev
주축기능	S코드	주축의 회전수를 지령한다. 예 S1800 : 1,800rpm으로 주축 회전
공구기능	T코드	공구 준비 및 공구 교체, 보정을 한다. 예 T0100 : 1번 공구 교체 후 보정

예 공구 교환 시 지령방법

공구를 교환하는 명령어로는 Tool을 의미하는 T 다음에 02를 지령하여 2번 공구를 선택하고, 04를 지령하여 네 번째의 공구 보정번호를 선택하여 'T0204'가 입력되게 한다.

T 00 00
  │ └─ 공구 보정번호
  └─── 공구 선택번호

④ CNC 프로그램에서 주소(Address)의 의미

기 능	주 소	의 미
프로그램번호	O	프로그램 인식번호
Block 전개번호	N	시퀀스번호(작업 순서)
준비기능	G	이동 형태 지령(직선, 원호보간)
이송기능	F, E	이송속도 및 나사의 리드
주축기능	S	주축속도 및 회전수 지령
공구기능	T	공구번호 및 공구 보정번호 지령
보조기능	M	기계 작동 부위의 ON/OFF 제어
휴지기능(드웰)	P, U, X	휴지시간(잠시 멈춤, Dwell) 지령
좌표계	X, Y, Z	각축의 이동 위치 지정(절대방식)
	U, V, W	각축의 이동거리와 방향 지정(증분방식)
	A, B, C	부가축의 이동 명령
	I, J, K	증분의 형태로 이동시키는 지령, 원호의 시점에서 원호의 중심점까지의 거리(벡터량)
	R	원호 반지름, 구석, 모서리R
프로그램번호 지정	P	보조프로그램 호출번호 지정
명령절 전개번호 지정	P, Q	복합 고정 사이클에서 시작과 종료번호
반복 횟수	L	보조프로그램의 반복 횟수
매개변수(파라미터)	A	각 도
	D, I, K	절입량
	D	횟 수

⑤ CNC 선반에서 사용하는 주요 G코드

G코드	기 능
G00	급속이송(위치결정)
G01	직선가공
G02	시계 방향의 원호가공
G03	반시계 방향의 원호가공
G04	일시정지(Dwell), 2초 지령 시 P2000
G20	인치 데이터 입력
G21	mm 데이터 입력
G27	원점복귀 CHECK
G28	자동 원점 복귀
G29	원점으로부터 자동 복귀
G30	제2원점 복귀(주로 공구 교환 시 사용)
G32	나사가공
G40	공구 반지름 보정 취소
G41	공구 좌측 보정

G코드	기 능
G42	공구 우측 보정
G50	좌표계 설정, 주축 최고 회전수 지령
G76	나사가공 사이클
G90	고정 사이클(내외경)
G92	나사절삭 사이클
G94	단일 고정 사이클(단면 절삭용)
G96	절삭속도 일정 제어
G97	회전수 일정 제어(G96 취소)
G98	분당 이송속도 지정(mm/min)
G99	회전당 이송속도 지정(mm/rev)

⑥ 주요 G코드의 Modal Code와 One Shot Code

G코드	기 능	비 고
G00	급속이송(위치결정)	연속 유효
G01	직선가공	
G02	시계 방향의 원호가공	
G03	반시계 방향의 원호가공	
G04	일시정지(Dwell), 2초 지령 시 P2000	1회 유효
G28	자동 원점 복귀	
G30	제2원점 복귀(주로 공구 교환 시 사용)	
G32	나사가공	연속 유효
G40	공구 반지름 보정 취소	
G41	공구 좌측 보정	
G42	공구 우측 보정	
G50	좌표계 설정, 주축 최고 회전수 지령	1회 유효
G76	나사가공 사이클	
G90	고정 사이클(내외경)	연속 유효
G96	절삭 속도 일정 제어	
G97	회전수 일정 제어(G96 취소)	
G98	분당 이송속도 지정(mm/min)	
G99	회전당 이송속도 지정(mm/rev)	

※ Modal Code - 연속 유효, One Shot Code - 1회 유효

⑦ 드웰(휴지) 기능(G04)

드릴로 구멍을 뚫을 때 공구의 끝 부분이 완전히 절삭되도록 구멍 바닥에서 공구의 이송을 잠시 동안 멈추게 하는 기능으로, 주소는 P, U, X를 사용한다. 이 주소 중에서 U, X는 소수점을 사용해서 지령이 가능하지만, P는 소수점 사용이 불가능하다. 따라서 2.5초간 공구 이송을 정지시킬 경우의 명령어는 다음과 같다.

- G04 X2.5
- G04 P2500

⑧ CNC 공작기계용 보조프로그램

M코드	기 능
M00	프로그램 정지
M01	선택적 프로그램 정지
M02	프로그램 종료
M03	주축 정회전(주축이 시계 방향으로 회전)
M04	주축 역회전(주축이 반시계 방향으로 회전)
M05	주척 정지
M08	절삭유 ON
M09	절삭유 OFF
M14	심압대 스핀들 전진
M15	심압대 스핀들 후진
M16	Air Blow2 ON, 공구 측정 Air
M18	Air Blow1, 2 OFF
M30	프로그램 종료 후 리셋
M98	보조프로그램 호출
M99	보조프로그램 종료 후 주프로그램으로 회기

⑨ CNC 선반에서 공구의 일시정지 시간(s)을 구하는 식

$$\text{일시정지시간} = \frac{60}{\text{분당 주축 회전수(rpm)}} \times \text{정지시키려는 회전수}$$

핵심예제

다음은 CNC 프로그램의 일반적인 블록의 구성 내용이다. 여기서 N과 F의 의미는? [2010년 2회]

N_ G_ X_ Z_ F_ S_ T_ M_;

① N : 전개번호, F : 이송기능
② N : 보조기능, F : 이송기능
③ N : 전개번호, F : 주축기능
④ N : 보조기능, F : 주축기능

|해설|

- N : 전개번호
- G : 준비기능
- Z : Z축 좌표값
- T : 공구기능
- F : 이송기능
- X : X축 좌표값
- S : 주축기능
- M : 보조기능

정답 ①

핵심이론 06 CNC 공작기계의 구성요소

① 주축대(Head Stock)

CNC 선반의 왼쪽 끝에 고정되어 있는 동력을 전달하는 부분으로, 그 속에 주축이 내장되어 있다.

② 심압대(Tail Stock)

가늘고 긴 공작물의 떨림 방지를 위하여 공작물의 중심을 지지하는 장치로, CNC 선반의 오른쪽에 위치해 있다.

③ 공구대(Tool Post)

터릿의 형태로 여러 개의 공구를 장착한 후 돌려가면서 원하는 공구를 사용할 수 있다. CNC 선반의 중앙부에 위치해 있다.

④ 척(Chuck)

공작물을 고정하는 장치로 연동척의 형태로, 주로 유압척과 공압척 등이 사용된다.

⑤ 서보기구(위치 및 속도검출기)

CNC 시스템의 구성에 있어 사람의 손과 발의 역할을 하는 기구로, 범용 공작기계에서 사람이 손으로 핸들을 돌리는 기능을 한다.

※ 위치검출기 : 기계의 위치를 검출하여 이것을 제어장치로 전송하기 편리한 신호로 변환하는 기기

⑥ 컨트롤러

제어라는 의미로, 기계나 전기 등 모든 제어기기에 사용되지만 대표적으로는 전동기의 운전, 정지, 속도 등을 조정하는 제어기이다.

⑦ 서보모터

서보기구의 조작부로서 제어신호에 의하여 부하를 구동하는 동력원의 총칭이다.

⑧ NC TAPE

펀치 테이프라고도 하는 NC 테이프는 통상 1개의 열에 8개의 구멍이 뚫려 1바이트의 수치를 나타냄으로써 그 내용을 NC 공작기계가 읽게 하는 프로그램의 기록 장치로, 현재 USB가 대신하고 있다.

⑨ 리졸버(Resolver)

CNC 공작기계의 움직임을 전기적인 신호로 속도와 위치를 표시하는 일종의 회전형 피드백 장치

⑩ 볼 스크루(Ball Screw)

CNC 공작기계에서 서보모터의 회전력을 테이블의 직선운동으로 바꾸어 주는 기구로서, 백래시(Backlash)를 줄이고 운동저항을 작게 하기 위하여 사용되는 기계요소이다.

㉠ 볼 스크루의 특징
- 마찰이 매우 적고 기계효율이 높다.
- 시동토크나 작동토크의 변동이 작다.
- 예압에 의하여 백래시를 작게 할 수 있다.
- 미끄럼나사에 비해 내충격성과 감쇠성이 떨어진다.
- 예압에 의하여 치면 높이(Backlash)를 작게 할 수 있다.

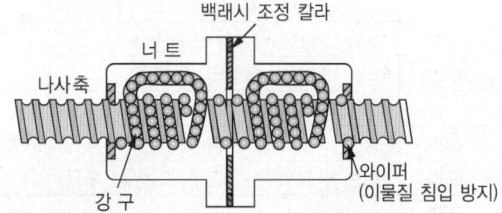

⑫ 인코더(Encoder)

CNC 시스템의 구성요소 중 실제 테이블의 이송량을 감지하는 장치로, 일반적으로 서보모터 뒤쪽에 부착되어 있다.

핵심예제

CNC 공작기계에서 백래시를 줄이고 운동저항을 작게 하기 위하여 사용되는 요소는? [2014년 2회]

① 리졸버   ② 볼스크루
③ 서보모터 ④ 컨트롤러

|해설|

② 볼스크루 : CNC 공작기계에서 서보모터의 회전력을 테이블의 직선운동으로 바꾸어 주는 기구로서 백래시(Backlash)를 줄이고 운동저항을 작게 하기 위하여 사용되는 기계요소
① 리졸버 : CNC 공작기계의 움직임을 전기적인 신호로 속도와 위치를 표시하는 일종의 회전형 피드백 장치
③ 서보모터 : 서보기구의 조작부로서 제어신호에 의하여 부하를 구동하는 동력원의 총칭
④ 컨트롤러 : 제어란 의미로서 기계나 전기 등 모든 제어기기에 사용되나 대표적으로는 전동기의 운전, 정지, 속도 등을 조정하는 제어기기

정답 ②

핵심이론 07 CNC 공작기계의 서보기구

① CNC 공작기계 서보기구의 종류
  ㉠ 개방회로
  ㉡ 폐쇄회로
  ㉢ 반폐쇄회로
  ㉣ 하이브리드 서보

② CNC 공작기계의 제어방식
CNC의 서보시스템 제어방법에서 피드백장치의 유무와 검출 위치에 따라 4가지 제어방식이 있다.

방 식	특 징
개방회로 (Open-loop)	• 피드백이나 위치 감지 검출 기능이 없고 정밀도가 낮다. • 현재 많이 사용하지 않으며 소형, 경량, 정밀도가 낮을 때만 사용한다. • 구동 전동기로 펄스 전동기를 이용하며 제어장치로 입력된 펄스수만큼 움직이고 검출기나 피드백회로가 없어 구조가 간단하다. 펄스 전동기의 회전 정밀도와 볼나사의 정밀도에 직접적인 영향을 받는 방식이다.
폐쇄회로 (Closed-loop)	• NC 기계의 테이블에서 이동량을 직접 검출하므로 정밀도가 좋다. • 현재 NC 기계에 사용되며 모터는 직류서보와 교류 서보모터가 사용된다. • 기계의 테이블에 부착된 직접 검출기인 직선 Scale이 위치 검출을 실행하여 피드백하는 방식이다.
반폐쇄회로 (Semi-closed Loop)	• 일반적인 CNC 공작기계에 가장 많이 사용되는 방식이다. • 서보모터에서 위치 검출을 수행하는 방식이다. • 위치 검출을 서보모터 축이나 볼 스크루의 회전 각도로 검출하기도 한다. • 백래시의 오차를 줄이기 위해 볼 스크루를 활용하여 정밀도 문제를 해결한다.
복합회로 (Hybrid Control)	• 반폐쇄회로 방식과 폐쇄회로 방식을 모두 갖고 있는 방식이다. • 정밀도를 더욱 높일 수 있어 대형 기계에 이용된다.

핵심예제

서보모터(Servo Motor)에서 위치 검출을 수행하는 방식으로서, 백래시(Backlash)의 오차를 줄이기 위해 볼 스크루(Ball Screw) 등을 활용하여 정밀도 문제를 해결하고 있으며 일반 CNC 공작기계에서 가장 많이 사용되는 다음과 같은 서보(Servo) 방식은?

[2013년 2회]

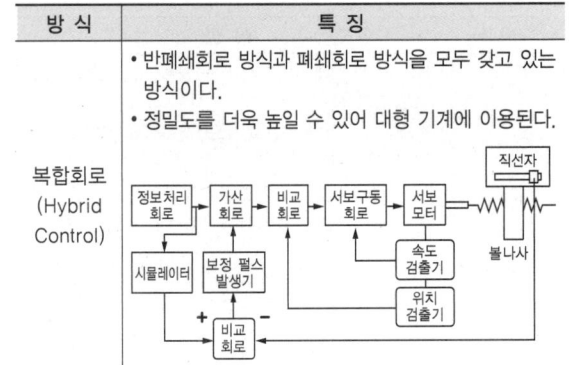

① 개방회로 방식(Open Loop System)
② 반폐쇄회로 방식(Semi-closed Loop System)
③ 폐쇄회로 방식(Closed Loop System)
④ 반개방회로 방식(Semi-open Loop System)

|해설|

현재 일반적인 CNC 공작기계에서 가장 많이 사용되는 제어방식으로 서보모터에서 위치 검출을 수행하는 방식으로 백래시의 오차를 줄이기 위해 볼 스크루를 활용하여 정밀도 문제를 해결한 것은 반폐쇄회로 방식이다.

CNC 공작기계의 서보기구

방 식	특 징
개방회로 (Open-loop)	• 피드백이나 위치 감지 검출 기능이 없고 정밀도가 낮다. • 현재 많이 사용하지 않으며 소형, 경량, 정밀도가 낮을 때만 사용한다. • 구동 전동기로 펄스 전동기를 이용하며 제어장치로 입력된 펄스수만큼 움직이고 검출기나 피드백회로가 없어 구조가 간단하다. 펄스 전동기의 회전 정밀도와 볼나사의 정밀도에 직접적인 영향을 받는 방식이다.

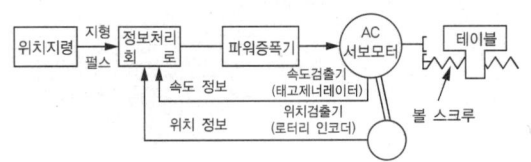

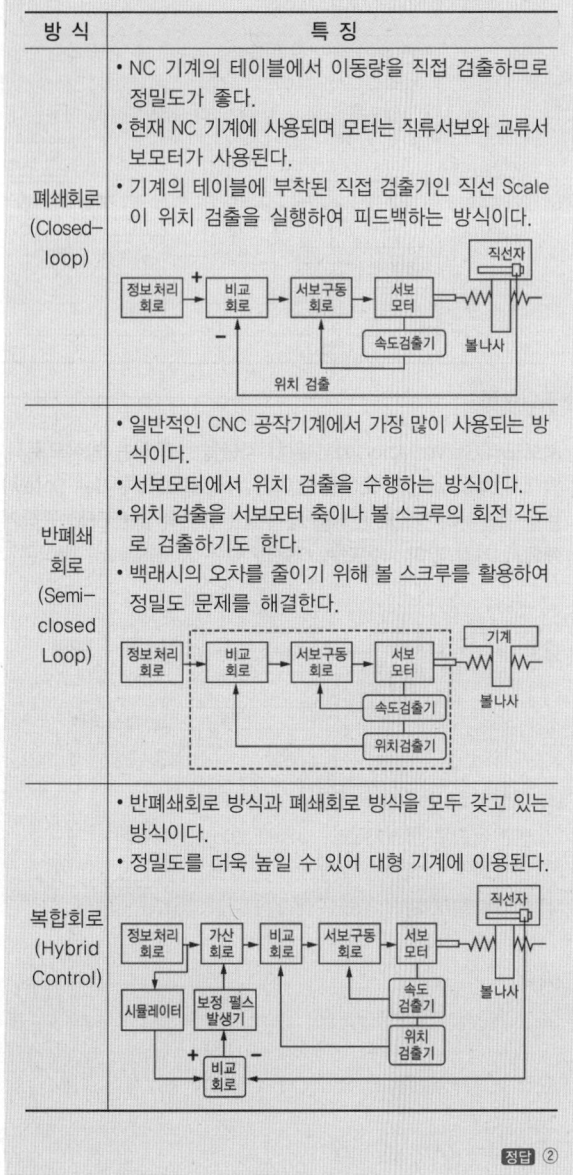

정답 ②

핵심이론 08 CNC 선반 및 머시닝센터(MCT)의 특징

① CNC 선반의 특징
  ㉠ 인선 반지름 보정기능이 있다.
  ㉡ 휴지(Dwell)기능은 지정한 시간 동안 이송이 정지되는 기능이다.
  ㉢ 축은 공구대가 전후, 좌우의 2방향으로 이동하므로 2축을 사용한다.
  ㉣ 좌표치 지령방식은 절대지령과 증분지령이 있으며, 한 블록에 2개를 혼합 지령할 수 있다.
  ㉤ Taper나 원호 절삭 시 공구의 인선 반지름에 의한 가공경로의 오차를 CNC 장치에서 자동으로 보정한다.

② 머시닝센터의 특징
  ㉠ 밀링, 드릴링, 태핑, 보링작업 등을 연속 공정으로 가공할 수 있다.
  ㉡ 윤곽 절삭 및 곡면가공과 같이 범용 공작기계에서는 수행하기 어려운 작업을 손쉽게 수행할 수 있다.
  ㉢ ATC를 비롯하여 APC장치, Robot 및 자동창고장치를 갖추어 FMS의 실현을 가능하게 한다.
  ㉣ 원통 형상의 가공이 가능하지만 CNC 선반에 비해 비효율적이라 거의 사용하지 않는다.

③ 머시닝센터 작업 전 육안 검사사항
  ㉠ 공기압은 충분히 유지하고 있는지 확인한다.
  ㉡ 윤활유 탱크에 윤활유 양은 적당한지 확인한다.
  ㉢ 공작물은 척에 정확히 물려져 있는지 확인한다.

④ 머시닝센터 원호보간의 특징
  ㉠ 시계 방향의 원호보간은 G02로 명령한다.
  ㉡ G17 평면에서 원호를 가공할 때 벡터는 I와 J를 쓴다.
  ㉢ 180° 이상의 원호를 명령할 때 반지름은 '-'값으로 명령한다.
  ㉣ 원호의 I, J, K의 부호와 같은 원호의 시작점에서 본 원호 중심점의 벡터성분이다.

⑤ 공구지름 보정

머시닝센터로 가공할 때 프로그램 작성 시 사용할 공구의 길이와 형상을 고려하지 않고 공구가 지나갈 경로를 산출하지만, 실제로는 여러 종류의 공구들을 사용해야 하므로 공구의 치수를 고려해야 한다. 공구의 측면 날을 이용하여 가공하는 경우 공구의 지름 때문에 공구 중심의 이동경로와 실제 절삭이 일어나는 경로가 일치하지 않는다. 따라서 CNC 장치는 공구의 지름값들을 미리 등록해 두고 공구의 이동 방향에 따라 공구 반지름만큼 발생하는 편차를 자동으로 보정한다.

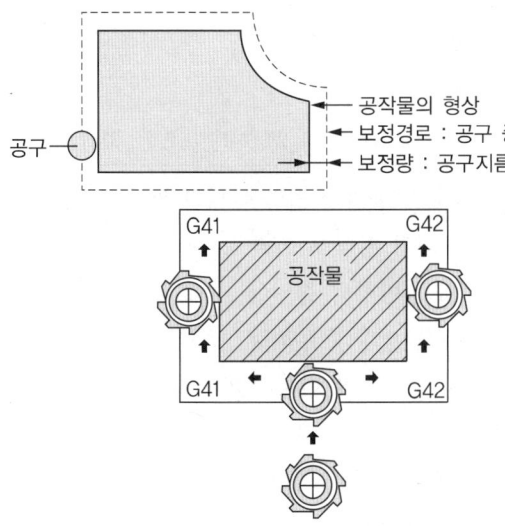

⑥ 머시닝센터에서 공구지름 및 길이 보정과 관련된 G코드

G코드	기능	공구경로 및 지령방법
G40	공구 지름 보정 취소	공구 중심과 프로그램 경로가 같음 G40 (G00 or G01) X__. Y__.;
G41	공구 지름 왼쪽 보정	공구가 진행하는 방향으로 보았을 때, 공구가 공작물의 왼쪽을 가공할 경우 G41 (G00 or G01) X__. Y__. D__;
G42	공구 지름 오른쪽 보정	공구가 진행하는 방향으로 보았을 때, 공구가 공작물의 오른쪽을 가공할 경우 G42 (G00 or G01) X__. Y__. D__;
G43	공구 길이 보정 +	지정된 공구 보정량을 Z좌표값에 더한다. (+ 방향으로 이동) G43 (G00 or G01) Z__. H__;
G44	공구 길이 보정 -	지정된 공구 보정량을 Z좌표값에 뺀다. (- 방향으로 이동) G44 (G00 or G01) Z__. H__;
G45	공구 위치 옵셋	공구 위치 옵셋 $\frac{1}{2}$ 신장
G46	공구 위치 옵셋	공구 위치 옵셋 $\frac{1}{2}$ 축소
G49	공구 길이 보정 취소	공구 길이 보정 취소하고 기준 공구 상태로 된다. G44 (G00 or G01) Z__.;

⑦ 머시닝센터 드릴 고정 사이클의 지령방법

G00	X__	Y__	Z__	R__
G81 드릴고정 사이클	x축 위치결정	y축 위치결정	z축 위치결정	공구 후퇴점 지정
Q__	P__	F__	K or L	;
매회 절입량	구멍 바닥에서 휴지시간	이송속도	반복 횟수 명령	End Of Block

⑧ 머시닝센터용 공구

㉠ 볼엔드밀

㉡ 탭

㉢ 센터드릴

※ 절단바이트는 사용하지 않는다.

⑨ ATC(Auto Tool Changer, 자동공구 교환장치)

머시닝센터에서 여러 가지 가공을 순차적으로 할 수 있도록 자동으로 공구를 교환해 주는 장치이다.

핵심예제

8-1. 준비기능 중에서 공구지름 보정과 관련된 기능만을 묶어 놓은 것은?
[2019년 4회]

① G41, G42, G43
② G40, G41, G42
③ G43, G44, G49
④ G40, G43, G49

8-2. 머시닝센터에서 여러 가지 가공을 순차적으로 할 수 있도록 자동으로 공구를 교환해 주는 장치를 무엇이라 하는가?
[2013년 4회]

① ATC
② APT
③ APC
④ TURRET

|해설|

8-1
- 공구경(공구 직경) 보정 : G41(공구지름 왼쪽 보정), G42(공구지름 오른쪽 보정)
- 공구경(공구 직경) 보정 취소 : G40

8-2
ATC는 Auto Tool Changer의 약자로, 머시닝센터에서 여러 가지 가공을 순차적으로 할 수 있도록 자동으로 공구를 교환해 주는 장치이다.

정답 8-1 ② 8-2 ①

핵심이론 09 CNC 프로그래밍 해석

① CNC 선반프로그램에서 가공부의 직경이 $\phi50$일 때, 주축의 회전수는 약 몇 rpm인가?

```
G50 S1400;
G96 S100;
```

G96명령어는 절삭속도를 100mm/min으로 일정하게 제어하라는 지령이므로,
여기서 절삭속도는 100이 된다.

$$N = \frac{1,000 \times v}{\pi \times d} = \frac{1,000 \times 100}{\pi \times 50} ≒ 636.6 \text{rpm}$$

② CNC 선반프로그램 해석

```
N08 G71 U1.5 R0.5;
N09 G71 P10 Q100 U0.4 W0.2 D1,500 F0.2;
```

U1.5는 X축 방향의 절입량을 나타낸다.
- G71 : 내외경 황삭 사이클
- U1.5 : X축 방향의 절입량
- R0.5 : Z축 방향의 후퇴량
- P10 : 지령절의 첫 번째 전개번호
- Q100 : 지령절의 마지막 전개번호
- U0.4 : X축 방향의 정삭 여유
- W0.2 : Z축 방향의 정삭 여유
- F0.2 : 이송속도

③ 머시닝센터로 그림의 각 점을 시작점으로 하여 시계 방향으로 360° 원을 가공하고자 할 때, 틀린 지령은?

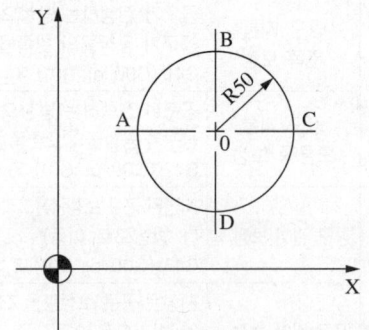

B점 : G02 J50. F80;

④ 다음 그림과 같이 R15인 반원을 A점에서 B점까지 가공하는 증분 지령으로 작성된 CNC 프로그램으로 올바른 것은?

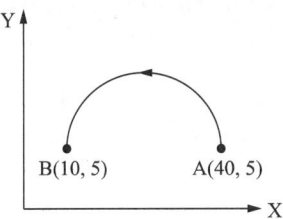

[조건 1] 증분지령은 G91 명령어를 사용한다(절대지령은 G90).
[조건 2] 반시계 방향의 가공은 G03 명령어를 사용한다.
[조건 3] 증분수치는 X-30. Y방향은 없으며, 반지름 값으로 I-15.로 지령한다.

따라서 A에서 B까지 가공하는 명령어는 'G91 G03 X-30. I-15. ;'이다.

⑤ 다음 머시닝센터 프로그램에서 N05 블록의 가공시간(min)은 약 얼마인가?

```
N01 G80 G40 G49 G17;
N02 T01 M06;
N03 G00 G90 X100. Y100. ;
N04 G01 X200. F150;
N05 X300. Y200. ;
```

F150 = 150mm/min이므로 이를 비례식으로 풀면

150mm : 1min = 141mm : $x$min

150$x$mm · min = 141mm · min

150x = 141

x = 0.94

따라서 가공시간은 0.94min이 된다.

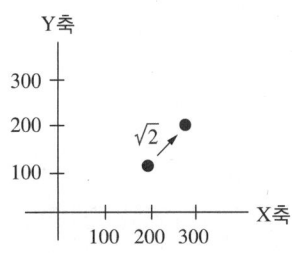

지령절	지령내용
N01 G80 G40 G49 G17;	G80(고정 사이클 취소) G40(공구지름 보정 취소) G49(공구 길이 보정 취소), G17(X-Y평면 지정)
N02 T01 M06;	1번 공구로(T01) 공구교환(M06)
N03 G00 G90 X100. Y100. ;	X100. Y100 위치로 절대지령(G90)을 통해 급속이송(G00)
N04 G01 X200. F150;	X200 위치로 150mm/min의 속도로 직선이송(G01)한다.
N05 X300. Y200. ;	X300. Y200위치로 직선이송(G01)

⑥ 다음 그림에서와 같이 P1 → P2로 절삭하고자 할 때의 명령어는?

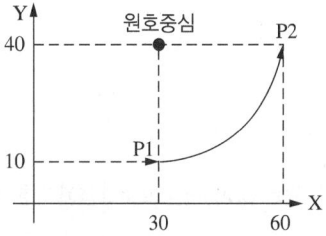

[해설]
공구의 방향이 P1 → P2로 이송하므로, 시계 반대 방향의 원호가공 명령어인 G03이 사용된다. I, J, K명령어는 원호의 시작점에서 원호 중심까지의 거리를 증분지령값으로 명령한다.

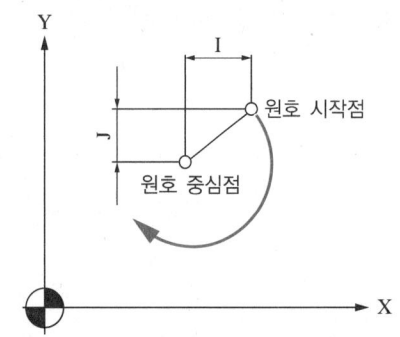

따라서 I의 경우 원호 중심점과의 변위차가 0이 되고, J=+30이 되므로 최종 명령어는
G90 G03 X60. Y40. I0. J30. ;이 된다.

핵심예제

9-1. 다음 중 그림에서와 같이 P1 → P2로 절삭하고자 할 때, 옳은 것은? [2013년 4회]

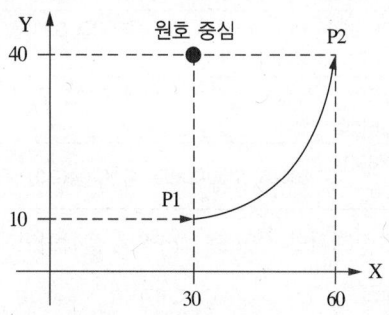

① G90 G02 X60. Y40. I10. J40.;
② G90 G02 X30. Y10. I10. J40.;
③ G90 G03 X60. Y40. I10. J40.;
④ G90 G03 X60. Y40. I0. J30.;

9-2. 다음과 같은 CNC 선반 프로그램에 대한 설명으로 틀린 것은? [2014년 1회]

```
N08 G71 U1.5 R0.5;
N09 G71 P10 Q100 U0.4 W0.2 D1500 F0.2;
```

① P10은 지령절의 첫 번째 전개번호이다.
② Q100은 지령절의 마지막 전개번호이다.
③ W0.2는 Z축 방향의 정삭여유이다.
④ U1.5는 X축 방향의 정삭여유이다.

|해설|

9-1
공구의 방향이 P1 → P2로 이송하므로, 시계 반대 방향의 원호가공 명령어인 G03이 사용된다.
I, J, K명령어는 원호의 시작점에서 원호 중심까지의 거리를 증분지령값으로 명령한다.
따라서, I의 경우 원호중심점과의 변위차 = 0, J = +30이 되므로, 최종 명령어는 G90 G03 X60. Y40. I0. J30.;이 된다.
※ G90 : 절대지령으로 공구를 이송시키라는 G코드 명령어

9-2
- G71 : 내외경확삭 Cycle
- U1.5 : X축 방향의 절입량
- R0.5 : Z축 방향의 후퇴량
- P10 : 지령절의 첫 번째 전개번호
- Q100 : 지령절의 마지막 전개번호
- U0.4 : X축 방향의 정삭여유
- W0.2 : Z축 방향의 정삭여유
- F0.2 : 이송속도

정답 9-1 ④ 9-2 ④

핵심이론 10 CNC 공작기계의 주요 버튼 및 이상조치

① CNC 공작기계에서 일반적으로 발생하는 알람

알람내용	원 인	해 제
EMERGENCY STOP SWITCH ON	비상정지 스위치 ON	비상정지 스위치를 화살표 방향으로 돌려 해제
EMERGENCY L/S ON	비상정지 리밋스위치 작동	행정오버해제 스위치를 누르면서 이송축 위치 변경
LUBR TANK LEVEL LOW ALARM	습동유 부족	습동유 보충(제작사 지정품만 사용)
THERMAL OVERLOAD TRIP ALARM	과부하	원인 조치 후 OVER-LOAD 스위치 누름
TORQUE LIMIT ALARM	충돌로 인한 안전핀 파손	제조사 A/S 연락
P/S ALARM	프로그램 오류로 인한 알람	알람일람표에 따라 프로그램 수정
OT ALARM	CNC 가공 중 금지영역을 침범했을 때	이송축을 안전 위치로 MANUAL 이송
SPINDLE ALARM	주축 모터의 과열, 과부하, 과전류 공급	알람 해제 후 전원 재인가, 제조사 A/S 연락
AIR PRESSURE ALARM	공기압 부족	공기압을 높임

② CNC 공작기계의 조작 버튼

버튼명	내 용
FEED HOLD	• 이송 정지 • 자동운전 중 이송만 멈추게 하는 이송정지 버튼
SINGLE BLOCK	• ON 시 한 블록씩 가공 진행
DRY RUN	• 프로그램에 있는 속도를 무시하고 조작판의 MANUAL 속도로 진행

핵심예제

10-1. CNC 공작기계로 자동운전 중 이송만 멈추게 하려면 어느 버튼을 누르는가? [2013년 2회]

① FEED HOLD ② SINGLE BLOCK
③ DRY RUN   ④ Z AXIS LOCK

10-2. 머시닝센터에서 스핀들 알람(Spindle Alarm)의 일반적인 원인과 가장 관련이 적은 것은? [2014년 2회]

① 공기압 부족
② 주축 모터의 과열
③ 주축 모터의 과부하
④ 주축 모터에 과전류 공급

|해설|

10-1
CNC 공작기계로 자동운전 중 이송만 멈추게 하려면 'FEED HOLD' 버튼을 누른다.

10-2
CNC 공작기계에서 일반적으로 발생하는 알람

알람내용	원 인	해 제
EMERGENCY STOP SWITCH ON	비상정지 스위치 ON	비상정지 스위치를 화살표 방향으로 돌려 해제
EMERGENCY L/S ON	비상정지 리밋 스위치 작동	행정오버해제 스위치를 누르면서 이송축 위치 변경
LUBR TANK LEVEL LOW ALARM	습동유 부족	습동유 보충(제작사 지정품만 사용)
THERMAL OVERLOAD TRIP ALARM	과부하	원인 조치 후 OVER-LOAD 스위치 누름
TORQUE LIMIT ALARM	충돌로 인한 안전핀 파손	제조사 A/S 연락
P/S ALARM	프로그램 오류로 인한 알람	알람일람표에 따라 프로그램 수정
OT ALARM	CNC 가공 중 금지영역을 침범했을 때	이송축을 안전 위치로 MANUAL 이송
SPINDLE ALARM	주축 모터의 과열, 과부하, 과전류 공급	알람 해제 후 전원 재인가, 제조사 A/S 연락
AIR PRESSURE ALARM	공기압 부족	공기압을 높임

정답 10-1 ① 10-2 ①

제2절 | 컴퓨터그래픽

핵심이론 01 그래픽 요소 및 뷰포트

① 뷰포트(Viewport)

컴퓨터 그래픽에서 화상을 생성하는 렌더링 과정에서 투영 변환한 도형을 실제로 표시하는 직사각형의 영역으로, 인쇄를 위한 표시장치나 인쇄기 등의 좌표계와 합치되어야 한다. 또한 스크린의 좌표계로 계산된 도형을 화면상에 표현하기 위해서는 적절한 좌표 변환을 위한 계산이 필요하다.

② 뷰포트의 특징
  ㉠ 화면상에 물체를 표현하기 위해서는 적절한 좌표 변환이 필요하다.
  ㉡ 뷰포트는 CRT상의 영역을 의미한다.
  ㉢ 도형을 화면상에 표현하기 위해서 뷰포트 중심점의 좌표, 축척 등이 사용되기도 한다.

핵심이론 02 2차원 및 3차원 좌표 변환

① 2차원에서 동차좌표에 의한 변환행렬 표현식
$$[x'\,y'\,1] = [x\,y\,1]\begin{bmatrix} a & b & p \\ c & d & q \\ m & n & s \end{bmatrix}$$

  ㉠ a, b, c, d는 회전, 전단 및 스케일링에 관계된다.
  ㉡ m, n은 평행이동에 관계된다.
  ㉢ p, q는 투영에 관계된다.
  ㉣ s는 전체적인 대칭에 관계된다.

② 2차원 평면상에서 물체를 θ만큼 시계 방향이나 반시계 방향으로 회전변환할 때의 변환행렬식
$$[x'\,y'\,1] = [x\,y\,1]\begin{bmatrix} a & b & 0 \\ c & d & 0 \\ e & f & 1 \end{bmatrix}$$

시계 방향 회전 시 변환행렬식	반시계 방향 회전 시 변환행렬식
$[x',\,y'] = [x,\,y]\begin{bmatrix} \cos\theta & -\sin\theta \\ \sin\theta & \cos\theta \end{bmatrix}$	$[x',\,y'] = [x,\,y]\begin{bmatrix} \cos\theta & \sin\theta \\ -\sin\theta & \cos\theta \end{bmatrix}$

※ $\cos\theta = \cos(-\theta)$, $\sin\theta \neq \sin(-\theta)$, $-\sin(-\theta) = \sin\theta$

예 원점을 중심으로 점(4, 2)을 -60° 회전시킬 때, 좌표 값은?

[정답] $(2+\sqrt{3},\ -2\sqrt{3}+1)$

[풀이]

x, y축이 (4, 2)인 2차원을 -60°로 회전변환하는 행렬식을 구하면

$$[x',\,y'] = [x,\,y]\begin{bmatrix} \cos\theta & -\sin\theta \\ \sin\theta & \cos\theta \end{bmatrix}$$

$$= [4,\,2]\begin{bmatrix} \cos(-60°) & -\sin(-60°) \\ \sin(-60°) & \cos(-60°) \end{bmatrix}$$

$$= [4,\,2]\begin{bmatrix} \dfrac{1}{2} & \dfrac{\sqrt{3}}{2} \\ -\dfrac{\sqrt{3}}{2} & \dfrac{1}{2} \end{bmatrix}$$

$$= \left[\left(4\times\dfrac{1}{2}\right)+\left(2\times\dfrac{\sqrt{3}}{2}\right)\right],$$
$$\left[\left(4\times-\dfrac{\sqrt{3}}{2}\right)+\left(2\times\dfrac{1}{2}\right)\right]$$
$$= [2+\sqrt{3},\ -2\sqrt{3}+1]$$

③ x축으로 3배, y축으로 2배 확대하기 위한 2차원 동차 변환행렬이다. $s=1$일 때

$$T_H = \left[\begin{array}{cc|c} a & b & p \\ c & d & q \\ \hline m & n & s \end{array}\right]$$

x축으로 3배($a\times 3$), y축으로 2배($d\times 2$), $s=1$(회전변환)일 경우에는

$$T_H = \begin{bmatrix} 3 & 0 & 0 \\ 0 & 2 & 0 \\ 0 & 0 & 1 \end{bmatrix}$$ 로 나타낼 수 있다.

④ 2차원 데이터 변환 중 다음 그림과 같이 원점을 기준으로 30° 회전시킨 후의 좌표값 계산식은?

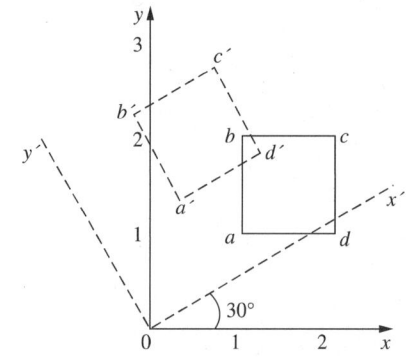

$$[x'\ y'\ 1] = \begin{bmatrix} 1 & 1 & 1 \\ 1 & 2 & 1 \\ 2 & 2 & 1 \\ 2 & 1 & 1 \end{bmatrix} \begin{bmatrix} \cos 30° & \sin 30° & 1 \\ -\sin 30° & \cos 30° & 1 \\ 0 & 0 & 1 \end{bmatrix}$$

⑤ 한 점(x, y)을 x방향으로 S_x의 비율과 y방향으로 S_y의 비율로 확대 및 축소시키는 행렬변환식

$$[x'\ y'\ 1] = [x\ y\ 1] \begin{bmatrix} S_x & 0 & 0 \\ 0 & S_y & 0 \\ 0 & 0 & 1 \end{bmatrix}$$

⑥ 두 끝점이 $P_{11}(1, 2)$와 $P_{12}(3, 3)$인 직선을 좌표축의 원점(0, 0)을 중심으로 60°회전(Rotation)변환시킨 결과, 직선의 두 끝점 P_{21}, P_{22}의 좌표값은?

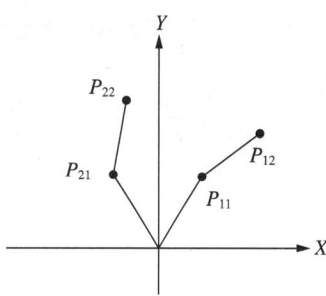

$P_{21} = (-1.232, 1.866)$, $P_{22} = (-1.098, 4.098)$

[해설]

$P_{11}(1, 2)$에서 x, y축이 (1, 2)인 2차원을 60°로 회전변환하는 행렬식을 구하면

$$[x',\ y'] = [x,\ y] \begin{bmatrix} \cos\theta & \sin\theta \\ -\sin\theta & \cos\theta \end{bmatrix}$$

$$= \begin{bmatrix} 1 & 2 \\ 3 & 3 \end{bmatrix} \begin{bmatrix} \cos 60° & \sin 60° \\ -\sin 60° & \cos 60° \end{bmatrix}$$

$$= \begin{bmatrix} 1 & 2 \\ 3 & 3 \end{bmatrix} \begin{bmatrix} (1\times\cos 60°)+(2\times -\sin 60°), & (1\times\sin 60°)+(2\times\cos 60°) \\ (3\times\cos 60°)+(3\times -\sin 60°), & (3\times\sin 60°)+(3\times\cos 60°) \end{bmatrix}$$

$$= \begin{bmatrix} -1.232 & 1.866 \\ -1.098 & 4.098 \end{bmatrix}$$

⑦ 3차원 변환에서 점 $P(x, y, z, 1)$을 z축을 기준으로 임의의 각도만큼 회전한 경우 변환행렬 T는?(단, 반시계 방향으로 회전한 각이 양의 각이고 $P = P\cdot T$이다)

기 준	행렬 표현
x축	$\begin{bmatrix} 1 & 0 & 0 & 0 \\ 0 & \cos\theta & \sin\theta & 0 \\ 0 & -\sin\theta & \cos\theta & 0 \\ 0 & 0 & 0 & 1 \end{bmatrix}$
y축	$\begin{bmatrix} \cos\theta & 0 & -\sin\theta & 0 \\ 0 & 1 & 0 & 0 \\ \sin\theta & 0 & \cos\theta & 0 \\ 0 & 0 & 0 & 1 \end{bmatrix}$
z축	$\begin{bmatrix} \cos\theta & \sin\theta & 0 & 0 \\ -\sin\theta & \cos\theta & 0 & 0 \\ 0 & 0 & 1 & 0 \\ 0 & 0 & 0 & 1 \end{bmatrix}$

⑧ 3차원 좌표계에서 물체의 크기를 각각 x축 방향으로 2배, y축 방향으로 3배, z축 방향으로 4배의 크기로 확대 변환하고자 한다. 사용되는 좌표 변환 행렬식은?

$$\begin{bmatrix} 2 & 0 & 0 & 0 \\ 0 & 3 & 0 & 0 \\ 0 & 0 & 4 & 0 \\ 0 & 0 & 0 & 1 \end{bmatrix}$$

⑨ x방향으로 2배 축소, y방향으로 2배 확대를 나타내는 변환 행렬식(T_H)은?

$[x^* \ y^* \ 1] = [x \ y \ 1] T_H$

$T_H = \begin{bmatrix} 0.5 & 0 & 0 \\ 0 & 2 & 0 \\ 0 & 0 & 1 \end{bmatrix}$

$[x' \ y' \ 1] = [x \ y \ 1] \begin{bmatrix} S_x & 0 & 0 \\ 0 & S_y & 0 \\ 0 & 0 & 1 \end{bmatrix}$

한 점(x, y)을 x방향으로 S_x의 비율과, y방향으로 S_y의 비율로 확대 및 축소시키는 행렬변환식이다. 따라서 x방향으로 2배 축소이므로 0.5, y방향으로 2배 확대이므로 2를 대입한다.

⑩ 한 개의 점 P (15, 20)을 원점을 중심으로 반시계 방향으로 30°로 회전변환 후의 좌표값은?

[정답] P (2.99, 24.82)

[해설]

x, y축이 (15, 20)인 2차원을 반시계 방향으로 30° 회전변환하는 행렬식을 구하면

$[x', \ y'] = [15, \ 20] \begin{bmatrix} \cos 30° & \sin 30° \\ -\sin 30° & \cos 30° \end{bmatrix}$

$= [15 \times \cos 30° + 20 \times -\sin 30°,$
$\quad 15 \times \sin 30° + 20 \times \cos 30°]$

$= [2.99, \ 24.82]$

핵심예제

2-1. 다음과 같은 행렬 변환식은 어떤 도형변화를 나타내는 것인가? [2010년 2회]

$$[x' \ y' \ 1] = [x \ y \ 1] \begin{bmatrix} S_x & 0 & 0 \\ 0 & S_y & 0 \\ 0 & 0 & 1 \end{bmatrix}$$

① 2차원 회전 변환(Rotation)
② 2차원 확대/축소 변환(Scaling)
③ 2차원 평행이동 변환(Translation)
④ 3차원 회전 변환(Rotation)

2-2. 2차원 이동 변환행렬에서 물체의 이동(Translation)에 관련되는 행렬요소는? [2020년 1·2회 통합]

$$[x' \ y' \ 1] = [x \ y \ 1] \begin{bmatrix} a & b & p \\ c & d & q \\ m & n & s \end{bmatrix}$$

① a, b
② p, q
③ m, n
④ s

|해설|

2-1

$[x' \ y' \ 1] = [x \ y \ 1] \begin{bmatrix} S_x & 0 & 0 \\ 0 & S_y & 0 \\ 0 & 0 & 1 \end{bmatrix}$

한 점(x, y)을 x방향으로 S_x의 비율과, y방향으로 S_y의 비율로 확대 및 축소시키는 행렬변환식이다.

2-2
- a, b, c, d는 회전, 전단 및 스케일링, 대칭에 관계된다.
- m, n은 이동에 관계된다.
- p, q는 투영에 관계된다.
- s는 전체적인 스케일링과 관계된다.

정답 **2-1** ② **2-2** ③

핵심이론 03 CAD 모델링을 위한 기초수학

① 벡터 계산

㉠ 벡터 곱 예상문제 풀이

[문제] 두 3차원 벡터 A, B의 벡터 곱 C는?(단, $C = B \times A$, $A = 3i - 2j - k$, $B = i - 3k$)

[해설]
$$C = (i-3k) \times (3i-2j-k)$$
$$= (i \times 3i) + (i \times -2j) + (i \times -k) + (-3k \times 3i) + (-3k \times -2j) + (-3k \times -k)$$
$$= \quad 0 \qquad -2k \qquad j \qquad -9j \qquad -6i \qquad 0$$
$$= -2k + j - 9j - 6i$$
$$= -6i - 8j - 2k$$
$$= -2(3i + 4j + k)$$

㉡ 벡터 계산식

$i \times i = 0$, $j \times j = 0$, $k \times k = 0$
$i \times j = k$, $j \times k = i$, $k \times i = j$
$i \times k = -j$, $j \times i = -k$, $k \times j = -i$

㉢ 벡터의 성질

- 내적(Inner Product) : $\vec{a} \cdot \vec{b}$
- 외적(Cross Product) : $\vec{a} \times \vec{b}$

- $\vec{a} \times \vec{b} = -\vec{b} \times \vec{a}$
- $\vec{a} = \vec{0}$ 또는 $\vec{b} = \vec{0}$인 경우 $\vec{a} \cdot \vec{a} = 0$
- $\vec{a} \neq \vec{0}$, $\vec{b} \neq \vec{0}$, 사잇각이 θ인 경우
  $\vec{a} \cdot \vec{b} = |\vec{a}| \cdot |\vec{b}| \cos\theta$

② 방정식에 따른 표현형태

㉠ 원 : $x^2 + y^2 = r^2$

㉡ 타원 : $\dfrac{x^2}{a^2} + \dfrac{y^2}{b^2} = 1$, (단, $a > 0$, $b > 0$)

㉢ 포물선 : $ax^2 + bxy + cy^2 + dx + ey + g = 0$, $b^2 - 4ac = 0$을 계수로 사용

㉣ 쌍곡선 : $\dfrac{x^2}{a^2} - \dfrac{y^2}{b^2} = 1$

③ 주요표현식

㉠ '$ax + by + c = 0$'으로 표현이 가능한 선은 Polygonal Line(꺾은선) 형태의 직선만 가능하다.

㉡ 중심이 (a, b)이고, 반지름이 C인 2차원 방정식은 $(x-a)^2 + (y-b)^2 = C^2$이다.

㉢ 방정식 $ax + by + c = 0$이라는 식은 1차 방정식이므로 직선 표현이 가능하다.

㉣ 2개의 중심점과 반지름을 이용한 원의 방정식은 $(x-a)^2 + (y-b)^2 = r^2$이다.

핵심예제

다음의 두 3차원 벡터 A, B의 벡터 곱 C는?(단, $C = B \times A$, $A = 3i - 2j - k$, $B = i - 3k$) [2010년 4회]

① $-2(3i + 4j - k)$
② $-2(3i + 4j + k)$
③ $-2(3i - 4j - k)$
④ $-2(3i - 4j + k)$

|해설|

$$C = (i-3k) \times (3i-2j-k)$$
$$= (i \times 3i) + (i \times -2j) + (i \times -k) + (-3k \times 3i)$$
$$\quad + (-3k \times -2j) + (-3k \times -k)$$
$$= -2k + j - 9j - 6i$$
$$= -6i - 8j - 2k$$
$$= -2(3i + 4j + k)$$

※ 벡터 계산식
$i \times i = 0$, $j \times j = 0$, $k \times k = 0$
$i \times j = k$, $j \times k = i$, $k \times i = j$
$i \times k = -j$, $j \times i = -k$, $k \times j = -i$

정답 ②

핵심이론 04 CAD 모델링 기법

① CAD/CAM 시스템에서 모델링된 도형을 보다 현실감 있게 정적으로 화면에 표현하기 위해 사용하는 방법
  ㉠ 색채 모델링(Color Modeling)
  ㉡ 음영기법(Shading)
  ㉢ 은선/은면의 제거(Hidden Line/Surface Removal)

② 주요 용어 정리
  ㉠ 렌더링(Rendering) : 화면의 CAD 모델 표면을 현실감 있게 채색, 원근감, 음영 처리하는 작업이다.
  ㉡ 클리핑(Clipping) : 화면에 나타난 데이터를 확대하여 데이터의 일부분만 스크린에 나타낼 때 상당 부분이 Viewport를 벗어나는데 이와 같이 일정한 영역을 벗어나는 부분을 잘라버리는 작업이다.
  ㉢ 광선투사법(광선 추적, Ray Tracing 알고리즘) : 광원으로부터 나오는 광선이 직접이나 반사 및 굴절을 거쳐 화면에 도달하는 경로를 역추적하여 화면을 구성하는 각 화소의 빛의 강도와 색깔을 결정하는 렌더링 방법으로, 관찰자가 이를 볼 수 있다는 원리에 근거한 알고리즘이다.

③ 3차원 형상 모델을 분해 모델로 저장하는 방법
  ㉠ 복셀 모델
  ㉡ 옥트리 표현
  ㉢ 세포분해 모델

④ 음영기법
  ㉠ 음영효과를 결정하는 주된 요소 : 모델의 표면을 구성하는 면의 수직 벡터이다.
  ㉡ Gouraud(고라드) 음영법 : 임의의 삼각형의 꼭짓점에서 이웃 삼각형들과 법선벡터의 평균을 사용하여 반사광을 계산하는 음영법으로, 다각형으로 표현된 곡면의 각 꼭짓점에서 반사광의 강도를 보간하여 내부의 화소에서 반사광의 강도를 계산하는 렌더링 기법이다.
  ㉢ Phong(퐁) 음영법 : 음영법 중 가장 현실감이 뛰어난 기법이다.

핵심예제

4-1. 임의의 삼각형의 꼭짓점에서 이웃 삼각형들과 법선벡터의 평균을 사용하여 반사광을 계산하는 음영법(Shading)은?
[2013년 4회]

① Phong 음영법
② Gouraud 음영법
③ Lambert 음영법
④ Faceted 음영법

4-2. 화면의 CAD 모델 표면을 현실감 있게 채색, 원근감, 음영 처리하는 작업은 무엇인가?
[2014년 2회]

① Animation   ② Simulation
③ Modeling   ④ Rendering

|해설|

4-1
Gouraud(고라드) 음영법
임의의 삼각형의 꼭짓점에서 이웃 삼각형들과 법선벡터의 평균을 사용하여 반사광을 계산하는 음영법으로, 다각형으로 표현된 곡면의 각 꼭짓점에서 반사광의 강도를 보간하여 내부의 화소에서 반사광의 강도를 계산하는 렌더링 기법이다.

4-2
Rendering : CAD로 모델링한 물체의 표면을 현실감 있게 채색, 원근감, 음영 처리하는 작업

정답 4-1 ② 4-2 ④

제3절 | 형상 모델링 작업

핵심이론 01 CAD 모델링의 종류 및 특징

① 3차원 형상모델링의 종류
  ㉠ 와이어프레임 모델링(Wireframe Modeling)
  ㉡ 서피스 모델링(곡면 모델링, Surface Modeling)
  ㉢ 솔리드 모델링(Solid Modeling)
  ㉣ 특징 형상 모델링(Feature-based Modeling)

② 와이어프레임 모델링
3차원 물체의 형상을 물체상의 점과 특징선만 이용하여 표현하는 방법
  ㉠ 와이어프레임 모델링의 특징
    • 처리속도가 빠르다.
    • 모델의 생성이 용이하다.
    • NC코드 생성이 불가능하다.
    • 단면도의 작성이 불가능하다.
    • 물체상의 선 정보로만 구성된다.
    • 은선 및 은면의 제거가 불가능하다.
    • 형상 표현 및 출력 자료구조가 가장 간단하다.
    • 공학적 해석을 위한 유한요소를 생성할 수 없다.
    • 데이터의 구조가 간단하여 모델링 작업이 비교적 쉽다.
    • 보이지 않는 부분 즉, 은선(숨은선)의 제거가 불가능하다.
    • 3차원 물체의 형상을 표현하고 3면 투시도 작성이 가능하다.
    • 와이어프레임 모델링은 실루엣(Silhouette)을 구할 수 없는 모델링 방법이다.
    • 와이어프레임 모델이 솔리드 모델링 방법으로 사용되기 어려운 이유 : 모호성(Ambiguity)
  ㉡ 은선 및 은면의 제거방법
    • 주사선법
    • 영역분할법
    • 깊이 분류 알고리즘
    • Z-버퍼에 의한 방법
    • 후방향 제거 알고리즘

③ 서피스 모델링(곡면 모델링)
와이어프레임 모델링에 면 정보를 추가한 형태로 꼭짓점, 모서리, 표면으로 표현된다.
  ㉠ 서피스모델링의 특징
    • 단면도 작성이 가능하다.
    • 은선의 제거가 가능하다.
    • 복잡한 형상의 표현이 가능하다.
    • 실루엣을 구할 수 있다.
    • 렌더링(Rendering)작업이 가능하다.
    • 면과 면(두 면)의 교선을 구할 수 있다.
    • 유한요소법(FEM)의 해석이 불가능하다.
    • 와이어프레임보다 데이터량이 증가한다.
    • 곡면을 절단하면 곡선(Curve)이 나타난다.
    • 면을 모델링한 후 공구이송경로를 정의한다.
    • 원이나 원호를 곡선의 개념으로 표현할 수 있다.
    • Surface는 하나 이상의 Patch로 구성할 수 있다.
    • NC데이터 생성으로 NC가공 정보를 얻을 수 있다.
    • 곡선을 구성하는데 사용되는 점의 수는 제한이 없다.
    • 솔리드 모델링과 같이 명암 알고리즘을 제공할 수 있다.
    • 곡면의 면적 계산은 가능하나 부피(체적)의 계산은 불가능하다.
    • 솔리드 모델링과 같이 실루엣을 정확히 나타낼 수 있다.
    • 곡면 생성을 위한 면 정보 등의 입력 자료가 항상 요구되지 않는다.
    • 곡면을 이루는 각 면들의 곡면 방정식이 데이터베이스에 추가로 저장된다.
    • NC 공구경로 계산프로그램에서 가공곡면의 형상을 제공하는 데 사용된다.

ⓛ 은선 및 은면을 제거하기 위한 방법
- Z-버퍼에 의한 방법
- 깊이 분류 알고리즘
- 후방향 제거 알고리즘

ⓒ 은선 제거법에서 면 위의 점에서 법선벡터를 N, 면 위의 점으로부터 관찰자 눈으로 향하는 벡터를 M이라고 할 때, 관찰자의 눈에 보이지 않는 면과 보이는 면에 대한 표현은 다음 그림과 같다.

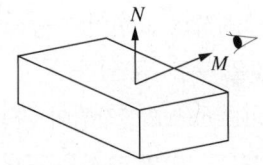

- 벡터 M과 N의 관계
  - $M \cdot N > 0$ = 관찰자의 눈에 보이는 면
  - $M \cdot N < 0$ = 관찰자의 눈에 보이지 않는 면

ⓔ 곡면 모델링에 관련된 기하학적 요소(GEOMETRIC ENTITY)
- 점
- 곡 선
- 곡 면

ⓜ 서피스(곡면)모델링에서 곡면의 입력방법
- 곡면상의 점들을 입력하여 이 점들을 보간하는 곡면을 생성하는 방법
- 곡면상의 곡선들을 그물 형태로 입력한 곡선망으로부터 보간 곡면을 생성하는 방법
- 곡선을 입력하고 이것을 직선이동이나 회전 이동하도록 하여 곡면을 생성하는 방법

④ 솔리드 모델링

셀(Cell)이나 프리미티브(Primitive)라고 불리는 구, 원추, 원통 등의 입체요소들을 결합하여 모델을 구성하는 방식이다. 공학적 해석(면적, 부피(체적), 중량, 무게중심, 관성모멘트)의 계산을 적용할 때 사용하는 모델링으로, 주요 표현방식으로는 CSG(Constructive Solid Geometry)와 B-rep(Boundary Representation)법이 있다.

ⓐ 솔리드 모델링의 특징
- 간섭 체크가 가능하다.
- 은선 제거가 가능하다.
- 정확한 형상 표현이 가능하다.
- 기하학적 요소로 부피를 갖는다.
- 유한요소법(FEM)의 해석이 가능하다.
- 금형설계, 기구학적 설계가 가능하다.
- 형상을 절단하여 단면도 작성이 가능하다.
- 모델을 구성하는 기하학적 3차원 모델링이다.
- 데이터의 구조가 복잡해서 모델링 작성이 복잡하다.
- 조립체 설계 시 위치나 간섭 등의 검토가 가능하다.
- 셀 혹은 기본곡면 등의 입체요소 조합으로 쉽게 표현할 수 있다.
- 서피스 모델링과 같이 실루엣을 정확히 나타낼 수 있다.
- 공학적 해석(면적, 부피(체적), 중량, 무게중심, 관성모멘트) 계산이 가능하다.
- 불리언 작업(Boolean Operation)에 의하여 복잡한 형상도 표현할 수 있다.
- 명암, 컬러기능 및 회전, 이동이 가능하여 사용자가 명확히 물체를 파악할 수 있다.

ⓑ 3차원 솔리드 모델링에서 사용되는 기본 입체(Primitive) 형상의 종류
- 구(Sphere)
- 관(Pipe)
- 원통(Cylinder)
- 원추(원뿔, Cone)
- 육면체(Cube)
- 사각블록(Box)

> 프리미티브(Primitive)는 초기의, 원시적인 단계를 의미하는 것으로, 프로그램을 다루는 데 가장 기본적인 기하학적 물체를 의미한다.

ⓒ 솔리드 모델링이 저장되는 구조
- CSG Representation
- Boundary Representation
- Cell Decomposition

ⓔ 3차원 솔리드 모델링 형상 표현방법
- 실린더 생성
- 면의 회전체에 의한 생성
- 프리미티브에 의한 집합연산
- 기본요소인 구, 육면체, 실린더 생성

ⓜ 솔리드 모델링에서 사용되는 불리언 연산방식의 종류
- 합(Union)
- 적(Intersection)
- 차(Difference)

ⓗ 솔리드 모델링 표현방법의 종류
- 솔리드 모델링의 CSG(CSG ; Constructive Solid Geometry) 모델링 방식
  - CSG 모델링의 정의 : 솔리드 모델을 구성할 때 기본 형상(Primitives)들의 불리언을 이용하여 새로운 솔리드를 생성시키는 모델링방법
- CSG 모델링에 사용되는 프리미티브
  - 구
  - 원 통
  - 사각블록
- CSG 모델링의 특징
  - 가장 보편적인 기본형상은 블록, 원통, 구이다.
  - B-rep방법보다 형상을 재생하는 시간이 많이 걸린다.
  - 면, 모서리, 꼭짓점과 같은 경계요소들의 집합으로 표현된다.
  - CSG는 단순한 형상의 조합으로 생성하는 데 불리언 연산자를 사용한다.
  - 특정 규칙에 의해 기본적인 형상들을 조합함으로써 실체 물체를 생성해 간다.
  - 기본적인 입체(Primitive)를 저장하여 놓고 불리언 조작(합, 적, 차)을 통해 필요한 형상을 생성한다.
- CSG 트리 자료구조의 특징
  - 자료구조가 간단하고 데이터의 양이 적다.
  - 파라메트릭 모델링을 쉽게 구현할 수 있다.
  - CSG 표현은 항상 대응되는 B-rep 모델로 치환이 가능하다.
- 솔리드 모델링의 B-rep(Boundary Representation)방식
  - 정의 : 솔리드 모델링의 데이터 구조에서 형상을 구성하고 있는 정점(Vertex), 면(Face), 모서리(Edge) 등 솔리드의 경계 정보를 저장하는 방식
- B-rep 모델링의 특징
  - CSG방법보다 많은 데이터 저장 용량이 필요하다.
  - 위상요소와 기하요소를 사용하여 솔리드를 표현한다.
  - 부피, 무게중심, 관성모멘트 등의 물리적 성질을 제공할 수 있다.
  - 형상을 구성하는 기하요소와 위상요소의 상관관계를 정의하는 방식이다.
- B-rep방식의 기본요소
  - 점
  - 면
  - 모서리
- 솔리드 모델링의 B-rep 표현 중 Loop(루프)의 특징 : 모든 면에 대하여 이들을 내부와 외부로 경계 짓는 모서리들이 연결된 닫힌 회로

ⓢ 오일러 관계식 : CAD/CAM 시스템에서 B-rep방식에 의해서 형상을 구성할 때 물체에 구멍이 없는 다면체인 경우에는 오일러의 관계식이 성립한다.

- 오일러(Euler)의 관계식

$$V - E + F = 2$$

여기서, V : 꼭짓점 수
E : 모서리의 수
F : 면의 수

- 솔리드 모델링 음영효과를 결정하는 요소모델의 표면을 구성하는 면의 수직 벡터

◎ B-rep과 CSG 방식의 비교

B-rep	CSG
• 기억용량이 크다.	• 기억용량이 작다.
• 중량 계산이 어렵다.	• 중량 계산이 가능하다.
• Data 구조가 복합하다.	• Data 구조가 간단하다.
• Data 수정이 어렵다.	• Data 수정이 가능하다.
• 3면도나 투시도, 전개도 작성이 가능하다.	• 3면도나 투시도, 전개도 작성이 어렵다.
• 표면적 계산이 용이하다.	• 불리언 연산자를 사용하여 명확한 모델 생성이 가능하다.
	• 기본 도형을 직접 입력하므로 데이터의 작성방법이 쉽다.

⑤ 솔리드 모델링의 하위 구성요소를 수정하는 방법

㉠ 트위킹(Tweaking) : 솔리드 모델링의 기능 중에서 하위 구성요소들을 수정하여 솔리드 모델을 직접 조작하고 주어진 입체의 형상을 변화시키면서 원하는 형상을 모델링하는 방법

㉡ 스키닝(Skinning) : 미리 정해진 연속된 단면을 덮는 표면 곡면을 생성시켜 닫힌 부피 영역이나 솔리드 모델을 만드는 모델링방법

㉢ 리프팅(Lifting) : 주어진 물체의 특정면의 전부 또는 일부를 원하는 방향으로 움직여서 물체가 그 방향으로 늘어난 효과를 갖도록 하는 방법

㉣ 스위핑(Sweeping) : 2차원 도형을 미리 정해진 선의 궤적을 따라 이동시키거나 임의의 회전축을 중심으로 회전시켜 입체를 생성하는 방법. 곡면 모델링에서 두 개 이상의 곡선에서 안내곡선을 따라 이동곡선이 이동규칙에 의해 이동 생성되는 곡면

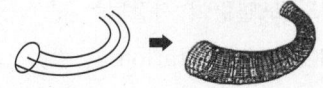

㉤ 라운딩(Rounding) : 각진 모서리의 재료에 둥근 형태의 모델링을 하는 방법

⑥ 파라메트릭 모델링(Parametric Modeling)

특정값이나 변수로 표현된 수식을 입력하여 형상을 생성시키는 방식으로 매개변수나 수식을 변경하면 자동으로 형상이 수정되는 형상 모델링방법

㉠ 파라메트릭 모델링의 특징

- 치수 사이의 관계는 수학적으로 부여된다.
- 형상구속조건(Constraint)과 치수구속조건을 이용해서 모델링한다.
- 치수구속조건이란 형태에 부여된 치수값과 이들 치수 사이의 관계이다.
- 특징형상의 파라미터에 따라 모델링의 크기를 바꾸는 것도 한 형태이다.
- 형상요소를 한 번 만든 후에는 조건식을 이용하여 수정하는 것이 효과적이다.
- 구속조건식을 푸는 방법에는 순차적 풀기, 동시 풀기가 있고, 이에 따라 결과 형상이 달라질 수 있다.

⑦ 특징형상 모델링(Feature-based Modeling)

설계자에게 친숙한 형상 단위로 물체를 모델링할 수 있게 해 주는 솔리드 모델링기법의 일종으로, 각 특징들이 가공단위가 될 수 있기 때문에 공정계획으로 사용이 가능하다.

㉠ 특징형상 모델링의 특징

- KS규격에 모든 특징 형상들이 정의되어 있지 않다.
- 사용 분야와 사용자에 따라 특징형상의 종류가 변한다.
- 특징형상의 종류는 많이 적용되는 분야에 따라 결정된다.

- 모델링된 입체 제작의 공정계획에서 매우 유용하게 사용된다.
- 특징형상을 정의할 때 그 크기를 결정하는 파라미터들도 같이 정의한다.
- 모델링 입력을 설계자나 제작자에게 익숙한 형상 단위로 모델링할 수 있다.
- 파라미터들을 변경하여 모델의 크기를 바꾸는 것이 특징형상 모델링의 한 형태이다.
- 전형적인 특징 형상은 모따기(Chamfer), 구멍(Hole), 필릿(Fillet), 슬롯(Slot), 포켓(Pocket)이 있다.

⑧ 비례 전개법의 의한 모델링(Proportional Development Modeling)

곡면 모델링방법 중 평면도, 정면도, 측면도상에 나타난 곡면의 경계 곡선들로부터 비례적인 관계를 이용하여 곡면을 모델링하는 방법

⑨ Decomposition 모델링

임의의 3차원 입체형상을 그보다 작은 정육면체 등과 같이 기본적인 입체요소의 집합으로 잘게 분할하고, 근사한 형상으로 대체하여 표현하는 기법

핵심예제

1-1. 다음 중 솔리드 모델 생성에 사용되는 표현방식에 포함되지 않는 것은? [2020년 1·2회 통합]

① CSG 방식 ② B-rep 방식
③ Building Block 방식 ④ Interpolation 방식

1-2. 3차원 솔리드 모델링 과정에서 사용되는 Primitive 요소가 아닌 것은? [2020년 1·2회 통합]

① 구 ② 원 뿔
③ 삼각면 ④ 육면체

|해설|

1-1
보간(Interpolation)이란 주어진 점들이 곡면상에 놓이도록 피팅(Fitting)하는 것으로, 솔리드 모델링의 표현방식으로 분류되지는 않는다.

1-2
프리미티브(Primitive)는 초기의, 원시적인 단계를 의미하는 것으로, 프로그램을 다루는데 가장 기본적인 기하학적 물체를 의미한다. 여기에 삼각면은 포함되지 않는다.

3차원 솔리드 모델링에서 사용되는 기본 입체(Primitive) 형상
- 구(Sphere)
- 관(Pipe)
- 원통(Cylinder)
- 원추(원뿔, Cone)
- 육면체(Cube)
- 사각 블록(Box)

정답 1-1 ④ 1-2 ③

핵심이론 02 곡선 표현 및 이론

① 스플라인(Spline) 곡선
지정된 모든 점을 통과하면서도 부드럽게 연결된 곡선이다.

② 베지어(Bezier) 곡선
컴퓨터 그래픽에서 임의 형태의 곡선을 표현하기 위해 수학적(번스타인 다항식)으로 만든 곡선이다. 프랑스의 수학자 베지어에 의해 만들어졌으며 시작점과 끝점 그리고 그 사이인 내부 조정점의 이동에 의해 다양한 자유 곡선을 얻을 수 있다. 베지어 곡선과 곡면은 모두 블렌딩 함수로 번스타인 다항식을 사용하여 컴퓨터상에 곡선과 곡면을 만들어낸다는 특징을 갖는다.

㉠ 베지어(Bezier) 곡선의 특징
- 모든 조정점을 지나지 않는다.
- n차 베지어 곡선의 조정점은 $(n+1)$개다.
- 조정점의 블렌딩으로 곡선식이 표현된다.
- 곡선은 첫 번째와 마지막 조정점을 통과한다.
- n개 조정점에 의해 생성된 곡선은 $(n-1)$차이다.
- 1개의 조정점 변화는 곡선 전체에 영향을 미친다.
- 조정점의 개수가 증가하면 곡선의 개수도 증가한다.
- 중간에 있는 조정점들은 곡선의 진행경로를 결정한다.
- 조정점을 둘러싸는 볼록포(볼록껍질) 안에 곡선 전체가 놓인다.
- 곡선은 조정점을 연결(통과)시킬 수 있는 다각형의 내측에 존재한다.
- 조정점의 순서를 거꾸로 하여 곡선을 생성하여도 같은 곡선이 된다.
- 조정 다각형(Control Polygon)의 시작점과 끝점을 반드시 통과한다.
- Bezier 곡선은 항상 조정점에 의해 생성된 볼록포의 내부에 포함된다.
- 폐곡선은 조정 다각형의 두 끝점을 연결시켜 간단하게 생성할 수 있다.
- 조정 다각형의 첫 번째 선분은 시작점에서의 접선벡터와 같은 방향이다.
- 조정점 한 개의 위치를 변화시키면 곡선 세그먼트 전체의 형상이 변화한다.
- 곡선의 형상을 국부적으로 수정하기 어려워 국부 변형(Local Control)이 불가능하다.
- 블렌딩함수는 번스타일 다항식을 채택하여 베지어 곡선을 정의한다.
- 곡선은 다각형의 시작과 끝점인 첫 조정점과 마지막 조정점(Control Point)을 지나도록 한다.
- 곡선의 모양이 복잡할수록 이를 표현하기 위한 조정점이 많아지고 곡선식의 차수가 높아진다.
- 다각형 양끝의 선분은 시작점과 끝점의 접선벡터와 같은 방향이므로 첫 번째 선분은 베지어 곡선의 시작점에서의 접선 벡터와 같다.

㉡ 2차 베지어 곡선의 형태

2차	3차
3차	**4차**

③ B-spline(Basis Spline) 곡선
어떤 조정점(Control Point)도 통과하지 않고 조정점에 근접하여 그려지는 곡선으로, 근사 곡선에 속한다. 이 B-spline 곡선은 원하는 부분의 조정점만 움직여서 원하는 곡선의 모양을 만들 수 있는 장점을 가진 곡선 공식으로 시작과 끝점을 포함한 4개의 조정점으로 이루어져 있다. 에르미트(Hermite) 곡선이나 베지어 곡선에 비해 한층 더 부드럽고 완만한 곡률을 갖기 때문에 자동차나 비행기의 설계에 활용된다.

㉠ B-spline 곡선을 정의하기 위한 입력요소
- 조정점
- 절점(Knot)의 벡터
- 곡선의 오더(Order)

ⓒ B-spline 곡선의 특징
- 모든 조정점을 지나지 않는다.
- 꼭짓점을 움직여도 연속성이 보장된다.
- 조정 다각형에 의하여 곡선을 표현한다.
- 원이나 타원을 정확하게 표현할 수 있다.
- 차수가 2인 경우 1차 미분연속을 갖는다.
- 곡선의 형상을 국부적으로 수정할 수 있다.
- 균일 절점벡터는 주기적인 B-spline을 구현한다.
- 포물선 등 원추곡선을 근사(유사)하게 표현할 수 있다.
  ※ 원추곡선 : 평면과 교차하는 방향에 따라 원, 타원, 포물선, 쌍곡선 등이 생성되는 곡선이다.
- 매듭값에는 주기적 매듭값과 비주기적 매듭값이 있다.
- 1개의 조정점 변화는 곡선 전체에 영향을 주지 않는다.
- 조정점의 개수가 많아도 원하는 차수를 지정할 수 있다.
- 조정점들에 의해 인접한 B-spline 곡선 간의 연속성이 보장된다.
- 매개변수방식으로 매개변수에 해당하는 좌표값의 계산이 용이하다.
- 곡선의 모양을 변화시키기 위해서 각각의 조정점의 좌표를 조절한다.

④ NURBS(Non-Uniform Rational B-Spline) 곡선의 특징
ⓐ 원뿔(Conic) 곡선을 표현할 수 있다.
ⓑ B-spline 곡선식을 포함하는 더 일반적인 형태이다.
ⓒ Blending 함수는 B-spline과 같은 함수를 사용한다.
ⓓ NURBS 곡선은 곡선의 양 끝점을 반드시 통과해야 한다.
ⓔ B-spline에 비해 NURBS 곡선이 보다 자유로운 변형이 가능하다.
ⓕ 원, 타원, 포물선, 쌍곡선 등 원추 곡선을 정확하게 나타낼 수 있다.
ⓖ 조정점의 가중치(Weight)를 변경하여 곡선 형상을 변화시킬 수 있다.
ⓗ B-spline, Bezier등의 자유곡선뿐만 아니라 원추곡선까지 한 방정식의 형태로 표현이 가능하다.
ⓘ 3차 NURBS 곡선은 특정 노트 구간에서 4개의 조정점 외에 4개의 가중치와 절점벡터의 정보가 이용된다.

⑤ 에르미트(Hermite) 곡선
3차 곡선식을 기하계수로 바꾸어서 나타낸 곡선이다. 3차 곡선식은 $P(u) = a_0 + a_1 u + a_2 u^2 + a_3 u^3$로 주어질 때 a_0, a_1, a_2, a_3와 같은 대수계수를 곡선의 형상과 밀접한 관계를 갖는 P_0, P_1, P'_0, P'_1과 같은 기하계수로 바꾸어서 나타낸 것이다.

핵심예제

2-1. CAD/CAM 시스템의 곡선 표현방식에서 Bezier 곡선에 대한 설명으로 틀린 것은?   [2017년 1회]
① 블렌딩 함수는 정규화 특성을 만족한다.
② 조정점의 순서가 거꾸로 되면, 다른 곡선이 생성된다.
③ 모델링된 곡선은 첫 번째 조정점과 마지막 조정점을 지난다.
④ 블렌딩 함수로 번스타인 다항식(Bernstein Polynomial)을 사용한다.

2-2. B-Spline 곡선에 관한 설명으로 옳은 것은?   [2020년 1·2회 통합]
① 조정점 다각형이 정해져도 형상 예측은 불가능하다.
② 곡선의 차수는 조정점의 개수와 무관하다.
③ 하나의 꼭짓점을 이용한 국부적 조정이 불가능하다.
④ 이웃하는 단위 곡선과의 연속성이 보장되지 않는다.

|해설|

2-1
Bezier(베지어) 곡선은 조정점의 순서를 거꾸로 해도 같은 곡선이 생성된다.

2-2
B-spline 곡선의 차수는 조정점의 개수와 무관하다. B-spline은 원하는 부분의 조정점만을 움직여서 원하는 곡선의 모양을 만들 수 있는 장점을 가진 곡선공식으로, 시작과 끝점을 포함한 4개의 조정점으로 이루어져 있다.

정답 2-1 ② 2-2 ②

핵심이론 03 곡면 표현

① Coons Surface(쿤스 곡면)
  자유 곡면을 형성할 때 곡면 패치(Patch)의 4개의 위치벡터와 4개의 경계 곡선을 정의하고, 그 경계조건을 선형 보간하여 곡면을 생성시키는 방법
② Ruled Surface(윤곽 곡면)
  2개의 곡선을 지정하여 두 곡선 사이에 선형 보간(직선 연결)으로 곡면을 나타내는 곡면 모델링 방법
③ Lofted Surface(로프트 곡면)
  여러 단면 곡선을 연결 규칙에 따라 연결하여 연속적인 단면을 포함하는 곡면을 만드는 모델링 방법
④ Revolved Surface(회전 곡면)
  하나의 곡선을 임의의 축이나 요소를 중심으로 회전시키는 모델링방법
  ㉠ 회전곡면 만들 때 필요한 자료
    • 회전각도
    • 회전중심축
    • 회전단면선
⑤ Grid 곡면 : 삼차원 측정기 등에서 얻은 점을 근사적으로 연결한 곡면
⑥ Blending 곡면 : 두 곡면이 만나는 부분을 부드럽게 만들 때 생성되는 곡면
⑦ Ferguson 곡면 : 4개 모서리의 위치벡터와 접선벡터를 이용하여 곡면을 형성하는 방법
⑧ Tabulated Surface(방향벡터 면 처리) : 곡선경로와 방향 벡터로부터 방향 벡터 곡면을 만들어낸다.
⑨ 패치(Patch)
  자유 곡면을 모델링할 때 곡면이 분할된 구간의 단위 곡면을 정의하는 것으로 Parameter Space(Domain)를 Knots에 의해 분할하여 정의하는 것이 편리하다.

핵심예제

3-1. 4개의 경계곡선이 주어진 경우, 경계곡선(Boundary Curve) 내부를 부드러운 곡선으로 채워 정의되는 곡면은? [2017년 1회]
① Bezier 곡면
② Coons 곡면
③ Sweep 곡면
④ Ferguson 곡면

3-2. 다음 중 합성 곡면 엔티티가 아닌 것은? [2013년 4회]
① Ruled 곡면
② B-Spline 곡면
③ Bezier 곡면
④ Coon's 패치

|해설|

3-1
Coons 곡면은 자유 곡면을 형성할 때 4개의 위치 벡터와 4개의 경계 곡선을 정의하고, 그 경계조건을 선형 보간하여 부드러운 곡선이 채워진 곡면을 생성시키는 방법이다.

3-2
Ruled Surface(윤곽 곡면)은 2개의 곡선을 지정하여 두 곡선 사이에 선형 보간(직선 연결)으로 곡면을 나타내는 곡면 모델링 방법으로 합성 곡면 엔티티에 포함되지 않는다.

정답 3-1 ② 3-2 ①

제4절 | CAM 가공

핵심이론 01 CAM 시스템의 용어 정의

① CC Point(Cutter Contact Point)

공구의 위치를 나타내는 좌표값으로 곡면상 공구의 접촉점을 나타낸다.

② CL POINT(Cutting Location Point)

공구 위치 정보와 가공조건이나 각종 기능의 정보를 컴퓨터에서 연산처리하여 공구의 이동 궤적을 좌표값으로 나타낸 것이다. CNC 가공의 곡면상에서 옵셋이 된 공구의 위치를 의미한다.

㉠ 필렛 엔드밀(Filleted-endmill)의 CL(Cutting Location)데이터 생성식

$$r_{CL} = r_{CC} + an + (R-a)m - au$$

※ CL 데이터를 이용하는 방법은 CNC공작기계에 NC데이터를 입력한 후 이를 이용해서 실제 가공을 할 때 이용하는 것이다.

③ 공구경로 검정

NC 데이터를 생성하기 전에 생성된 CL 데이터를 이용하여 공구의 위치, 과절삭, 미절삭 등을 확인하는 과정

④ 펜슬가공

작은 공구로 작업물을 처음부터 끝까지 가공하는 것은 작업효율이 나쁘므로 공구의 크기가 큰 것에서 작은 것 순으로 3단계로 나누어 가공한다. 전 단계의 가공 후, 가공이 되지 않은 부분이 곡면 간의 구석에 매우 적게 남아 있어서 단순히 곡선을 따라 가면서 가공하는 형태의 가공법이다.

핵심이론 02 가공공정 계획

① 가공공정 계획

도면을 파악하고 나서 생산성 향상을 위해 장비 선정, 공구 선정, 가공 순서, 절삭조건 등을 세우는 작업

② 동시공학(Concurrent Engineering)

제품 설계단계에서 제조 및 사후 지원 업무까지도 함께 통합적으로 감안하여 설계를 하는 시스템적 접근방법이다. 제품 개발 담당자로 하여금 개발 초기부터 개념 설계단계에서 해당 제품의 폐기에 이르기까지 전체 라이프사이클의 모든 것(품질, 원가, 일정, 고객 요구사항)을 감안하여 개발하도록 하는 것이다.

③ 카테시안(Cartesian) 가공

곡면을 평면으로 절단한 곡선을 따라 공구경로를 산출하는 방법으로 수치적인 계산이 많이 요구되는 가공방법이다.

④ 아일랜드(Island) 지정

자유 곡면의 NC 가공을 계획하는 과정에서 가공영역을 지정하는 방식 중 지정된 폐곡선 영역의 외부를 일정 옵셋(Offset)량을 주어 가공하는 지정방식이다.

⑤ 자유 곡면의 NC 가공을 계획하는 과정에서 가공영역을 지정하는 방식

㉠ Trimming : 매개변수의 범위를 제한하여 가공하도록 영역 지정

㉡ Area : 지정된 폐곡선 영역의 내부로 일정량의 옵셋(Offset)량을 주어 가공하도록 영역 지정

㉢ Island : 지정된 폐곡선영역의 외부를 일정량의 옵셋(Offset)량을 주어 가공하도록 영역 지정

핵심예제

2-1. 자유 곡면의 NC 가공을 계획하는 과정에서 가공 영역을 지정하는 방식 중 지정된 폐곡선 영역의 외부를 일정 옵셋(Offset)량을 주어 가공하는 지정방식은? [2013년 2회]

① Area 지정
② Trimming 지정
③ Island 지정
④ Blending 지정

2-2. 곡면을 평면으로 절단한 곡선을 따라 공구 경로를 산출하는 방법으로 수치적인 계산이 많이 요구되는 가공방법은? [2014년 2회]

① Check 가공
② Cartesian 가공
③ 나선형 가공
④ 등매개변수 가공

|해설|

2-1
자유 곡면의 NC 가공을 계획할 때 사용하는 가공 영역 지정 방식 중 아일랜드(Island) 지정은 지정된 폐곡선 영역의 외부를 일정 옵셋(Offset)량을 주어 가공한다.

2-2
카테시안(Cartesian) 가공은 곡면을 평면으로 절단한 곡선을 따라 공구 경로를 산출하는 방법으로 수치적인 계산이 많이 요구되는 가공 방법이다.

정답 2-1 ③ 2-2 ②

핵심이론 03 NC 가공을 위한 가공데이터 생성 및 절삭이론

① **NC 데이터 생성과정**
도면 → 곡선 및 곡면 정의 → 가공조건문 정의 → CL Data 생성 → Post Processing → NC Data 생성

② **일반적인 CAD/CAM의 순서**
제품 모델링 → 가공 정의 → CL 데이터 생성 → 포스트 프로세싱 → NC 데이터 생성 → DNC실행

③ **자동 프로그램의 장점**
㉠ NC Data의 신뢰도가 향상된다.
㉡ 사람이 해결하기 어려운 복잡한 계산을 할 수 있다.
㉢ 복잡한 형상 제품의 NC Data 작성 시 시간과 노력이 단축된다.
㉣ 멀티태스킹(컴퓨터에서 수행하므로 다른 작업과 병행할 수 있다)

④ **포스트 프로세서(Post-processor)**
CAD시스템으로 만들어진 형상 모델을 바탕으로 CNC 공작기계의 가공 DATA를 생성하는 프로그램이나 절차를 의미한다. CAM시스템으로 만들어진 가공할 데이터를 읽어 사용할 CNC공작기계의 제어기에 맞게 구성하여 CNC공작기계의 제어코드인 NC데이터로 출력하는 기능을 갖는 장치이다.

⑤ **포스트 프로세싱**
CL(Cutting Location, 공구 위치) 데이터를 CNC 공작기계가 이해할 수 있는 NC코드로 변환하는 작업이다.

⑥ **CAM 시스템 후처리**
곡선 또는 곡면의 CL 데이터를 공작기계가 인식할 수 있는 NC코드로 변환시키는 것

핵심예제

CAM에서 포스트 프로세서(Post Processor)에 대한 설명으로 가장 적당한 것은? [2013년 1회]

① 여러 대의 컴퓨터와 터미널을 상호 연결하기 위해 접속하는 데이터 통신망용 프로그램
② CAM 시스템으로 만들어진 공구 위치 정보를 바탕으로 CNC 공작기계의 제어코드를 산출하는 프로그램
③ 설계 해석용의 각종 정보를 추출하거나 필요한 형식으로 재구성하는 프로그램
④ 주변장치의 제어를 위해 전기적, 논리적으로 중앙처리장치와 연결하는 프로그램

|해설|
포스트 프로세서란 CAM 시스템으로 만들어진 가공할 데이터를 읽어 사용할 CNC 공작기계의 제어기에 맞게 구성하여 CNC 공작기계의 제어코드인 NC 데이터로 출력하는 기능을 갖는 장치이다.

정답 ②

핵심이론 04 곡면가공을 위한 절삭이론 (절삭조건, 공구, 재질)

① 곡면가공의 특징
  ㉠ 가공시간이 길어진다.
  ㉡ 볼 엔드밀로 가공할 경우 커스프가 생긴다.
  ㉢ 공구 길이는 길어지고 직경은 작아진다.
  ㉣ 공구 마모와 손상이 평면가공보다 심하다.

② 인스턴스(Instance)
  조립체 모델링에서 동일한 부품을 중복해서 사용할 경우 조립체 모델링의 파일 크기가 크게 증가된다. 중복되는 부품으로 인한 조립체의 파일 크기를 줄이기 위해서 CAD 시스템에서 부품에 대한 링크 정보만을 조립체에 포함시키는 방법이다. 객체(Object)와 비슷한 의미로서 부품 정보와 조립 정보가 필요하다.

핵심예제

조립체 모델링에서 조립체를 구성하는 인스턴스(Instance)에는 어떤 정보가 필요한가? [2010년 1회]

① 형상을 나타내는 기하 정보
② 형상을 구속하는 치수 정보
③ 부품 정보와 조립 정보
④ 모델링 과정을 나타내는 이력 정보

|해설|
인스턴스란 객체(Object)와 비슷한 의미로서, 부품 정보와 조립 정보가 필요하다.

정답 ③

핵심이론 05 가공경로 계획 및 계산 (Pitch, 허용오차, Cusp)

① 가공경로 계획
   ㉠ 파라메트릭 방식과 카테시안 방식으로 크게 나뉜다.
   ㉡ Up-milling과 Down-milling의 장단점을 고려해야 한다.
   ㉢ 가공경로를 연결하는 방식으로 One-way와 Zigzag 방식이 있다.
   ㉣ 황삭 및 정삭 모두 정밀하게 가공해야 한다.
   ㉤ 가공경로 계획에서는 거친 가공인 황삭에서부터 정밀가공인 정삭에 이르기까지 모든 공정을 고려해야 한다.

② 커스프(Cusp)
곡면을 가공할 때 볼 엔드밀이 지나가고 남은 흔적으로, 골 간의 간격에 따라서 높이가 달라진다.
커스프의 높이 = 공구반경 – 경로 간 간격

③ 공구경로 검증
NC 데이터를 생성하기 전에 생성된 CL 데이터를 이용하여 공구의 위치, 과절삭, 미절삭 등을 확인하는 과정이다.

④ NC 가공경로 계획에서 CL-Cartesian 방식의 특징
   ㉠ CC-Cartesian방식에 비하여 수치적 계산이 복잡하다.
   ㉡ 곡면가공 시 $2\frac{1}{2}$ 축 NC기계에서도 사용 가능한 공구경로를 생성할 수 있다.
   ㉢ CL점이 이루는 곡면을 평면으로 절단하여 공구경로를 생성한다.

핵심예제

지름이 20mm인 볼 엔드밀로 평면을 가공할 때 경로 간격이 12mm인 경우 커스프(Cusp)의 높이는 몇 mm인가?

[2020년 1·2회 통합]

① 1.8 ② 2.0
③ 2.2 ④ 2.4

|해설|

$L = 2\sqrt{h(2R-h)}$
$12 = 2\sqrt{h(2 \times 10 - h)}$
$144 = 4(20h - h^2)$
$144 = 80h - 4h^2$
$36 = 20h - h^2$
$\therefore h = 2$

공구의 경로 간격에 따른 커스프 관계식
경로 간격 $L = 2\sqrt{h(2R-h)}$
여기서, L : 공구 간격, h : 커스프의 높이, R : 공구 반경

정답 ②

핵심이론 06 적층가공 및 가상가공

① 신속 조형 및 제조(RP&M ; Rapid Prototyping & Manufacturing) 공정

RP&M 공정은 분말형태의 재료에 레이저를 조사하여 소결하면서 적층해 가는 공정으로, 재료를 더해 가는 것이다.

㉠ 신속조형 및 제조공정의 특징
- 특징형상(Feature) 정보를 필요로 하는 공정계획이 없어도 되기 때문에 특징형상 기반 설계나 특징형상 인식이 필요 없다.
- RP&M 공정은 분말형태의 재료에 레이저를 조사하여 소결하면서 적층해 가는 공정으로, 재료를 더해 가는 것이다.
- 한 번의 작업으로 부품이 제작되기 때문에 여러 가지 셋업이나 소재를 취급하는 복잡한 과정을 정의할 필요가 없다.
- RP&M 공정은 어떤 도구를 필요로 하는 공정이 아니기 때문에 금형의 설계 외 제조가 필요 없다.

② 쾌속조형(RP ; Rapid Prototyping)

급속조형기술로, 모델링한 데이터를 STL 형식으로 변환한 후 한층씩 적층하면서 실제의 시작품을 제작하는 공정이다.

㉠ 쾌속조형의 특징
- 특징형상 기반의 설계나 인식이 불필요하다.
- CAD 모델은 STL(Stereo Lithography) 파일형을 사용하여 표현된다.
- STL파일형식은 물체를 삼각형들의 리스트로 표현할 수 있다.

③ Reverse Engineering

기존의 기술(Engineering)을 Reverse(전환)한다는 의미로 이미 존재하고 있는 실제 부품의 표면을 측정한 정보를 기초로 하여 부품형상의 모델을 만드는 방법을 의미한다.

④ SLS(Selective Laser Sintering)

분말형태의 재료에 레이저를 조사하여 소결하여 적층하는 RP(Rapid Prototyping)공정

⑤ 가상현실(Virtual Reality)의 구축환경
㉠ 디스플레이 장치 없이 색채 화상을 사용자의 망막 상에 직접 투영하는 기능
㉡ 3차원그래픽 Co-processor를 이용한 화상의 빠른 렌더링
㉢ 손가락의 움직임을 감지하는 광섬유 센서

⑥ 디지털 목업(Digital Mock-up)

기존에 기계 설계 시 기계 부품들을 일일이 수공정으로 만들어서 끼워 맞춰 보는 작업을 했던 것을 컴퓨터 그래픽으로 구현하는 것으로, 현재 조립체 모델링 분야에서 유용하게 사용된다.

핵심예제

적층가공 또는 RP(Rapid Prototyping)의 제조방식에 대한 설명이 아닌 것은?   [2017년 4회]

① 레이저 광선을 이용하여 광경화성 수지를 고화시키는 방식이다.
② CO_2 레이저 광선을 분말 형태의 소재의 표면에 주사하여 융화시키거나 소결시켜 결합시킨다.
③ 한쪽 면에 접착제가 입혀진 종이를 가열된 롤러를 사용하여 접합시킨 후 부품 단면층의 외곽선을 따라 레이저 광선을 주사한다.
④ Cutter와 같은 공구로 절삭가공을 통해 빠른 시간 안에 제작한다.

|해설|

쾌속조형(RP ; Rapid Prototyping)은 급속조형기술로, 모델링한 데이터를 STL형식으로 변환한 후 한 층씩 적층하면서 실제의 시작품을 제작하는 공정으로 절삭공구를 활용한 절삭가공과는 관련이 없다.

정답 ④

핵심이론 07 CNC 방전가공

① CNC 방전가공

CNC 방전가공의 원리는 일반 방전가공과 동일하지만 컴퓨터를 이용한 수치제어 방전가공기(Computer Numerical Control Electric Discharge Machine)를 사용하여 간단한 전극으로 복잡한 모양의 가공도 가능하여 널리 사용한다.

② CNC 방전가공의 특징
- ㉠ 전극이 소모된다.
- ㉡ 가공속도가 느리다.
- ㉢ 열변형이 작아서 가공 정밀도가 우수하다.
- ㉣ 강한 재료와 담금질 재료의 가공도 용이하다.
- ㉤ 간단한 전극만으로도 복잡한 가공을 할 수 있다.
- ㉥ 전극으로 구리, 황동, 흑연을 사용하므로 성형성이 용이하다.
- ㉦ 아크릴과 같이 전기가 잘 통하지 않는 재료는 가공할 수 없다.
- ㉧ 미세한 구멍, 얇은 두께의 재질을 가공해도 변형이 생기지 않는다.

③ CNC 방전가공의 방전 진행과정

압류 → 코로나방전 → 스파크방전 → 글로방전 → 아크방전

④ CNC 방전가공에서 가공속도를 빠르게 하기 위한 조건
- ㉠ 방전을 일으키지 않는 시간인 휴지시간을 작게 한다.
- ㉡ 휴지시간이 작으면 방전시간이 빨라지면서 가공속도도 빨라진다. 그러나 가공속도가 너무 빠르면 표면거칠기가 나빠져서 칩의 배출도 어려워진다.
- ㉢ 칩에 의해서도 방전이 일어나므로 칩의 배출이 어려운 곳은 휴지시간을 크게 하는 것이 좋다.

⑤ CNC 방전가공용 전극재료의 구비조건
- ㉠ 가격이 저렴할 것
- ㉡ 성형성이 용이할 것
- ㉢ 구하기가 쉬울 것
- ㉣ 방전가공성이 우수할 것
- ㉤ 용융점이 높아 방전 시 소모량이 적을 것
- ㉥ 전기저항값이 작아서 전기전도도가 클 것
- ㉦ 고온과 방전가공유로부터 화학적 반응이 없을 것

⑥ CNC 와이어 컷 방전가공 중 큰 북 형상의 발생원인
- ㉠ 와이어의 진동
- ㉡ 가공액 분사압력의 차이
- ㉢ 가공 칩에 대한 2차 방전

⑦ CNC 와이어 컷 방전가공에서 절연액(가공액)을 물로 사용했을 때의 특징
- ㉠ 취급이 용이하고 화재의 위험이 없다.
- ㉡ 공작물과 와이어 전극을 빨리 냉각시킨다.
- ㉢ 가공 시 발생하는 불순물 제거가 양호하다.
- ㉣ 등유를 사용하면 표면 상태가 양호하고 광택이 나는 반면, 물을 사용하면 광택이 나지 않는다.

⑧ CNC 방전가공의 종류

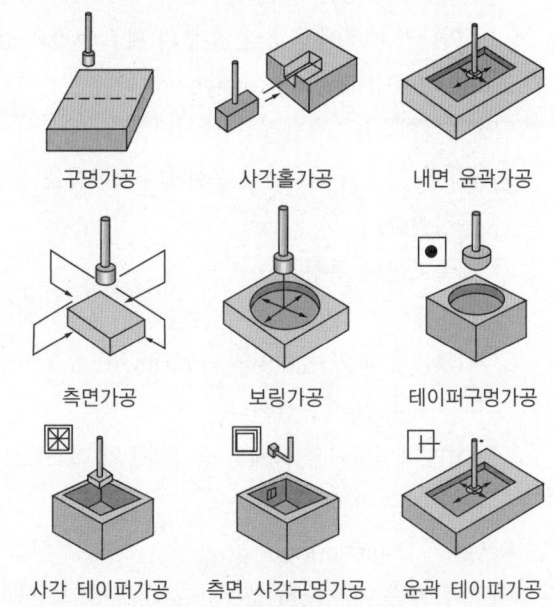

구멍가공 사각홀가공 내면 윤곽가공

측면가공 보링가공 테이퍼구멍가공

사각 테이퍼가공 측면 사각구멍가공 윤곽 테이퍼가공

⑨ CNC 방전가공의 방전 갭

$$\frac{구멍의\ 가공\ 치수\ -\ 전극\ 치수}{2}$$

핵심예제

CNC 방전가공에서 방전 갭을 구하는 공식은?

[2018년 1회]

① $\dfrac{\text{구멍의 가공 치수} + \text{전극 치수}}{2}$

② $\dfrac{\text{구멍의 가공 치수} - \text{전극 치수}}{2}$

③ $\dfrac{\text{전극 치수} + \text{전극의 소모량}}{2}$

④ $\dfrac{\text{전극 치수} - \text{전극의 소모량}}{2}$

|해설|

- CNC 방전가공에서 방전 갭 = $\dfrac{\text{구멍의 가공 치수} - \text{전극 치수}}{2}$
- CNC 방전가공 : CNC 방전가공의 원리는 일반 방전가공과 동일하지만, 컴퓨터를 이용한 수치제어 방전가공기(Computer Numerical Control Electric Discharge Machine)를 사용하여 간단한 전극으로 복잡한 모양의 가공도 가능하여 널리 사용한다.

정답 ②

CHAPTER 03 컴퓨터수치제어(CNC) 절삭가공

제1절 | 공작기계

핵심이론 01 공작기계의 종류 및 일반사항

① 공작기계(Machine Tools)의 정의

절삭이나 연삭과 같이 칩을 발생시키면서 금속 등의 재료를 가공하여 필요한 부품을 만들어내는 기계로, 그 종류에는 선반, 밀링, 드릴링머신, 연삭기, 방전가공기, 초음파가공기 등이 있다.

② 공작기계의 종류

종류	특징
범용 공작기계	• 넓은 범위의 가공이 가능하며 절삭속도와 이송속도의 변화가 가능하다. • 가공하려는 공작물이 소량일 때는 능률적이지만, 대량 생산에는 알맞지 않다. • 종류에는 선반, 밀링, 드릴링머신, 셰이퍼, 플레이너, 슬로터 등이 있다.
단능 공작기계	• 범용 공작기계를 단순화시킨 것으로, 한 종류의 제품만 가공할 수 있기 때문에 융통성이 없다. • 종류에는 바이트를 연삭하는 공구연삭기나 센터링머신이 있다.
전용 공작기계	• 같은 종류의 제품을 대량 생산하는 데 적합하며 조작을 간소화하였다. • 사용범위가 한정되어 다품종 소량 생산에는 적합하지 않다. • 종류에는 트랜스퍼 머신, 차륜선반, 크랭크축 선반이 있다.
만능 공작기계	• 범용 공작기계의 구조에 부속장치를 추가하여 한 대의 기계에서 2종, 3종의 다양한 가공이 가능하도록 한 기계이지만 대량 생산에는 알맞지 않다. • 테이블의 선회가 가능한 구조로 복잡한 제품의 가공도 가능하다. • 소규모 공장에서 다양한 수리를 해야 할 경우에 적합하다.

③ 공작기계의 3가지 기본운동
  ㉠ 절삭운동
  ㉡ 이송운동
  ㉢ 위치조정운동

④ 공작기계의 절삭가공 방법

종류	공구	공작물
선반	축 방향 및 축에 직각(단면 방향) 이송	회전
밀링	회전	고정 후 이송
보링	직선이송	회전
	회전 및 직선이송	고정
드릴링머신	회전하면서 상하 이송	고정
셰이퍼, 슬로터	전후 왕복운동	상하 및 좌우 이송
플레이너	공작물의 운동 방향과 직각 방향으로 이송	수평 왕복운동
연삭기 및 래핑	회전	회전 또는 고정 후 이송
호빙	회전 후 상하운동	고정하고 이송

⑤ 절삭유(제)

  ㉠ 절삭유의 특징
  • 정밀도를 좋게 한다.
  • 공구와 가공물의 친화력을 줄인다.
  • 식물성유제는 윤활성이 다소 떨어진다.
  • 광물성유는 윤활성은 좋으나 냉각성은 떨어진다.
  • 절삭공구를 냉각시켜 공구의 경도 저하를 막는다.
  • 칩의 제거를 용이하게 하여 절삭작업을 쉽게 한다.
  • 공구의 마모를 줄이고 윤활 및 세척작용으로 가공 표면을 좋게 한다.

  ㉡ 절삭유의 구비조건
  • 마찰계수가 작을 것
  • 화학적 변화가 작을 것
  • 유막의 내압이 높을 것
  • 산화나 열에 대한 안정성이 높을 것

ⓒ 절삭유의 종류

수용성유	광물성유를 화학적으로 처리하여 원액에 80% 정도의 물을 혼합하여 사용한다. 점성은 낮으나 비열과 냉각효과가 크다.
광물성유	불수용성 절삭유 중에서 점성이 낮고 윤활작용이 좋지만 냉각성이 좋지 못해서 주로 경절삭용으로 사용된다.

ⓔ 공작기계에서 절삭유의 역할
- 구성인선의 발생을 억제한다.
- 가공면의 표면거칠기를 향상시킨다.
- 절삭공구와 칩 사이의 마찰을 감소시킨다.
- 절삭열을 감소시켜 공구수명을 연장시킨다.

⑥ 윤활유(제)

베어링과 축, 피스톤과 같이 서로 접촉하면서 상대운동을 하는 기계 접촉면에 발생하는 마찰력을 감소시켜 원활한 상대운동이 이루어지게 하기 위해 사용하는 것으로, 한계 윤활 상태에서도 견디는 유성을 갖고 있어야 한다.

ⓐ 윤활유의 구비조건
- 카본 생성이 적을 것
- 금속의 부식이 없을 것
- 산화나 열에 대한 안정성이 높을 것
- 사용 상태에서 충분한 점도를 유지할 것
- 온도 변화에 따른 점도의 변화가 작을 것
- 화학적으로 불활성이며 깨끗하고 균질할 것
- 한계의 윤활 상태에서도 견디는 유성이 있을 것

ⓑ 윤활유의 사용목적
- 청정작용
- 냉각작용
- 윤활작용
- 밀폐(밀봉)작용

ⓒ 윤활제의 급유방법

종 류	특 징
손 급유법 (핸드급유법)	윤활 부위에 오일을 손으로 급유하는 가장 간단한 방식으로, 윤활이 크게 문제 되지 않는 저속, 중속의 소형 기계나 간헐적으로 운전되는 경하중의 기계에 이용된다.
적하 급유법	급유할 마찰면이 넓은 경우 윤활유를 연속적으로 공급하기 위해 사용되는 방법으로, 니들밸브를 이용하여 급유량을 정확히 조절할 수 있다.
분무 급유법	액체 상태의 기름에 9.81N/cm² 정도의 압축공기를 이용하여 소량의 오일을 미스트화시켜서 베어링이나 기어, 슬라이드, 체인 드라이브 등에 급유하고, 압축공기는 냉각제의 역할을 하도록 고안된 급유방식이다.
패드 급유법	털실, 무명실, 펠트 등으로 만든 패드를 오일 속에 침지시켜 패드의 모세관 현상을 이용하여 각 윤활 부위에 공급하는 방식으로, 경하중용 베어링에 많이 사용된다.
기계식 강제 급유법	기계 본체의 회전축 캠 또는 모터에 의하여 구동되는 소형 플런저 펌프에 의한 급유방식으로 비교적 소량, 고속의 윤활유를 간헐적으로 압송시킨다.

ⓓ 분무 급유법의 종류
- 링 급유법
- 적하 급유법
- 핸드 급유법
- 강제 급유법

핵심예제

1-1. 특정한 제품을 대량 생산할 때 적합하지만, 사용범위가 한정되며 구조가 간단한 공작기계는? [2015년 1회]

① 범용 공작기계
② 전용 공작기계
③ 단능 공작기계
④ 만능 공작기계

1-2. 액체 상태의 기름에 9.81N/cm² 정도의 압축공기를 이용하여 급유하는 방법으로 고속 연삭기, 고속 드릴 및 고속 베어링의 윤활에 가장 적합한 것은? [2010년 4회]

① 핸드 급유법
② 적하 급유법
③ 분무 급유법
④ 강제 급유법

| 해설 |

1-1
공작기계의 종류

종류	특징
범용 공작기계	• 넓은 범위의 가공이 가능하며 절삭속도와 이송속도의 변화가 가능하다. • 가공하려는 공작물이 소량일 때는 능률적이지만, 대량생산에는 알맞지 않다. • 종류에는 선반, 밀링, 드릴링머신, 셰이퍼, 플레이너, 슬로터 등이 있다.
단능 공작기계	• 범용 공작기계를 단순화시킨 것으로, 한 종류의 제품만 가공할 수 있기 때문에 융통성이 없다. • 종류에는 바이트를 연삭하는 공구연삭기나 센터링머신이 있다.
전용 공작기계	• 같은 종류의 제품을 대량 생산하는 데 적합하며 조작을 간소화하였다. • 사용범위가 한정되어 다품종 소량 생산에 적합하지 않다. • 종류에는 트랜스퍼 머신, 차륜선반, 크랭크축 선반이 있다.
만능 공작기계	• 범용 공작기계의 구조에 부속장치를 추가하여 한 대의 기계에서 2종, 3종의 다양한 가공이 가능하도록 한 기계이지만 대량 생산에는 알맞지 않다. • 테이블의 선회가 가능한 구조로 복잡한 제품의 가공도 가능하다. • 소규모 공장에서 다양한 수리를 해야 할 경우에 적합하다.

1-2
윤활제의 급유방법

종류	특징
손 급유법 (핸드 급유법)	윤활 부위에 오일을 손으로 급유하는 가장 간단한 방식으로, 윤활이 크게 문제 되지 않는 저속, 중속의 소형 기계나 간헐적으로 운전되는 경하중의 기계에 이용된다.
적하 급유법	급유할 마찰면이 넓은 경우 윤활유를 연속적으로 공급하기 위해 사용되는 방법으로, 니들밸브를 이용하여 급유량을 정확히 조절할 수 있다.
분무 급유법	액체 상태의 기름에 9.81N/cm² 정도의 압축공기를 이용하여 소량의 오일을 미스트화시켜서 베어링이나 기어, 슬라이드, 체인 드라이브 등에 급유하고, 압축공기는 냉각제의 역할을 하도록 고안된 급유방식이다.
패드 급유법	털실, 무명실, 펠트 등으로 만든 패드를 오일 속에 침지시켜 패드의 모세관 현상을 이용하여 각 윤활 부위에 공급하는 방식으로, 경하중용 베어링에 많이 사용된다.
기계식 강제 급유법	기계 본체의 회전축 캠 또는 모터에 의하여 구동되는 소형 플런저 펌프에 의한 급유방식으로 비교적 소량, 고속의 윤활유를 간헐적으로 압송시킨다.

정답 1-1 ② 1-2 ③

핵심이론 02 절삭가공 이론

① 구성인선(Built-up Edge)

연강이나 스테인리스강, 알루미늄과 같이 재질이 연하고 공구재료와 친화력이 큰 재료를 절삭가공할 때, 칩과 공구의 윗면 사이의 경사면에 발생되는 높은 압력과 마찰열로 인해 칩의 일부가 공구의 날 끝에 달라붙어 마치 절삭날과 같이 공작물을 절삭하는 현상이다.

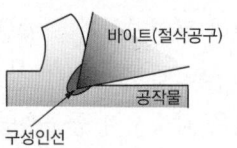

㉠ 구성인선의 영향
- 공구수명이 단축된다.
- 공작물의 치수 정밀도가 떨어진다.
- 공작물의 표면가공도가 떨어지고 변질층이 생긴다.

㉡ 구성인선의 원인
- 절삭열
- 높은 압력
- 큰 마찰저항

㉢ 구성인선의 방지대책
- 절삭 깊이를 작게 한다.
- 절삭속도를 크게 한다.
- 세라믹 공구를 사용한다.
- 가공 중 절삭유를 사용한다.
- 바이트의 날 끝을 예리하게 한다.
- 바이트의 윗면 경사각을 크게 한다.
- 피가공물과 친화력이 작은 공구재료를 사용한다.
- 공구면의 마찰계수를 감소시켜 칩의 흐름을 원활하게 한다.

㉣ 구성인선의 발생과정

발생	성장	분열	탈락

② 선반작업 시 발생하는 칩의 종류

종류	현상	특징
유동형칩		• 가공 표면이 가장 매끄러운 칩이다. • 칩이 공구의 윗면 경사면 위를 연속적으로 흘러 나가는 형태의 칩이다. • 재질이 연하고 인성이 큰 재료를 큰 경사각으로 고속 절삭할 때, 공구의 윗면 경사각이 클 때, 절삭 깊이가 작을 때, 절삭공구의 날 끝 온도가 낮을 때, 윤활성이 좋은 절삭유를 사용할 때 발생한다. • 유동형 칩은 절삭저항이 작아서 가공 표면이 깨끗하며 공구의 수명도 길어진다.
전단형칩		• 공구 윗면 경사면과 마찰하는 면은 평활하나 반대쪽 면은 톱니 모양이다. • 비교적 연한 재료를 저속으로 절삭할 때, 절삭공구의 윗면 경사각이 작을 때 발생한다. • 유동형 칩에 비해 가공 표면이 거칠고 공구의 손상도 일어나기 쉽다.
균열형칩		• 주철과 같이 취성(메짐)이 있는 재료를 저속으로 절삭할 때 발생한다. • 가공면에 깊은 홈을 만들기 때문에 표면이 매우 불량하다.
열단형칩		• 점성이 큰 재질의 공작물을 절삭 깊이가 크고 윗면 경사각이 작은 절삭 공구를 사용할 때 발생한다. • 칩이 날 끝에 달라붙어 경사면을 따라 원활히 흘러나가지 못해 공구에 균열이 생기고 가공 표면이 뜯겨진 것처럼 보인다.

③ 절삭공구의 구비조건
  ㉠ 내마모성이 커야 한다.
  ㉡ 충격에 잘 견뎌야 한다.
  ㉢ 고온경도가 커야 한다.
    ※ 고온경도란 접촉 부위의 온도가 높아지더라도 경도를 유지할 수 있는 성질이다.
  ㉣ 열처리와 가공이 쉬워야 한다.
  ㉤ 절삭 시 마찰계수가 작아야 한다.
  ㉥ 강인성(억세고 질긴 성질)이 커야 한다.
  ㉦ 성형이 용이하고 가격이 저렴해야 한다.
  ㉧ 형상을 만들기 쉽고 가격이 적당해야 한다.

④ 공작물 절삭 시 절삭온도 측정방법
  ㉠ 열량계에 의한 측정
  ㉡ 열전대에 의한 측정
  ㉢ 칩의 색깔에 의한 측정

⑤ 고속가공의 특징
  ㉠ 절삭능률이 크다.
  ㉡ 구성인선이 감소한다.
  ㉢ 표면조도를 향상시킨다.
  ㉣ 가공 변질층이 감소한다.
  ㉤ 표면거칠기값이 향상된다.
  ㉥ 열처리된 소재도 가공할 수 있다.
  ㉦ 절삭저항이 감소하고 공구수명이 길어진다.
  ㉧ 난삭재(절삭가공이 어려운 재료)의 가공도 가능하다.
  ㉨ 칩에 열이 집중되어 가공물에는 절삭열의 영향이 작다.
  ㉩ 황삭부터 정삭까지 한 번의 셋업으로 가공이 가능하다.

⑥ 테일러(Taylor)의 공구 수명식

$$VT^n = C$$

⑦ 기타 가공법
  ㉠ 소성가공 : 금속재료에 힘을 가해서 형태를 변화시켜 여러 가지 모양을 만드는 가공방법으로 압연, 단조, 인발 등의 가공방법이 속한다. 선반가공은 재료를 깎는 작업방법으로써 절삭가공에 속한다.
  ㉡ 배럴가공 : 회전하는 통 속에 가공물과 숫돌입자, 가공액, 콤파운드 등을 함께 넣어 회전시켜 가공물이 입자와 충돌하는 동안에 그 표면의 요철(凹凸)을 제거하여 매끈한 가공면을 얻는 가공법이다.

핵심예제

2-1. 구성인선에 대한 설명으로 틀린 것은? [2020년 1·2회 통합]
① 치핑현상을 막는다.
② 가공 정밀도를 나쁘게 한다.
③ 가공면의 표면거칠기를 나쁘게 한다.
④ 절삭공구의 마모를 크게 한다.

2-2. 고속가공의 특성에 대한 설명이 옳지 않은 것은?
[2014년 1회]
① 황삭부터 정삭까지 한 번의 셋업으로 가공이 가능하다.
② 열처리된 소재는 가공할 수 없다.
③ 칩(Chip)에 열이 집중되어 가공물은 절삭열 영향이 작다.
④ 절삭저항이 감소하고, 공구수명이 길어진다.

|해설|

2-1
구성인선은 치핑의 원인이 된다.
구성인선(Built-up Edge)
연강이나 스테인리스강, 알루미늄과 같이 재질이 연하고 공구재료와 친화력이 큰 재료를 절삭가공할 때 칩과 공구 윗면의 경사면 사이에 발생되는 높은 압력과 마찰열로 인해 칩의 일부가 공구의 날 끝에 달라붙어 마치 절삭날과 같이 공작물을 절삭하는 현상으로, 공구를 파손시키며 치수 정밀도를 떨어뜨린다.

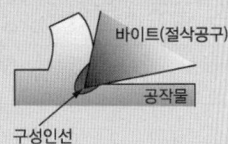

2-2
고속가공의 특징
- 절삭능률이 크다.
- 구성인선이 감소한다.
- 표면조도를 향상시킨다.
- 가공 변질층이 감소한다.
- 표면 거칠기 값이 향상된다.
- 열처리된 소재도 가공할 수 있다.
- 절삭저항이 감소하고 공구수명이 길어진다.
- 난삭재(절삭가공이 어려운 재료)의 가공도 가능하다.
- 칩에 열이 집중되어 가공물에는 절삭열의 영향이 적다.
- 황삭부터 정삭까지 한 번의 셋업으로 가공이 가능하다.

정답 2-1 ① 2-2 ②

핵심이론 03 선반가공

① **선반의 정의**
척(Chuck)에 공작물을 고정시킨 후 적당한 회전수(rpm)로 주축의 스핀들을 회전시키면서 절삭공구인 바이트를 직선 이송시켜 가공하는 공작기계이다.

② **선반의 종류**

종류	특징
보통 선반	• 가장 일반적으로 사용되는 선반이다. • 수직 깎기, 수평 깎기, 절단, 홈 깎기, 나사 깎기 등의 광범위한 가공이 가능하다.
자동 선반	• 보통선반을 자동적으로 움직이게 하여 대량 생산에 적합하도록 만들어진 선반이다.
정면 선반	• 길이가 짧고 지름이 큰 공작물을 절삭하는 데 사용되는 선반으로, 면판을 구비하고 있다. • 베드의 길이가 짧고 심압대가 없는 경우가 많은 선반으로, 단면 절삭에 많이 사용한다.
터릿 선반	• 보통선반과 같이 가공물을 회전시키면서 터릿에 절삭공구를 6~8종 정도 부착해서 가공 순서에 따라 변경해가면서 가공하는 선반으로, 동일 치수의 제품을 대량 생산할 때 사용한다. • 터릿은 절삭공구를 육각형 모양의 드럼(Drum)에 가공 순서대로 장착한 기계장치이다.
공구 선반	• 보통 선반과 같으나 더욱 정밀한 가공이 가능하여 가공 정밀도가 높다. • 테이퍼 깎기 장치와 릴리빙장치가 장착되어 있다.
탁상 선반	• 작업대에 고정시켜 설치하며 시계와 같은 소형 공작물을 가공하는 데 사용한다.
차륜 선반	• 면판붙이 주축대 2대를 마주 세운 구조의 선반으로, 차륜이나 축 바퀴, 속도 조절 바퀴 등의 가공에 사용된다. ※ 차륜 : 차축에 끼워져서 차체의 하중을 지탱해가면서 구르는 바퀴
수직 선반 (직립 선반)	• 대형 공작물이나 불규칙한 가공물을 가공하기 편리하도록 척을 지면 위에 수직으로 설치하여 테이블이 수평면 내에서 회전하는 것으로 공구의 길이 방향 이송이 수직으로 되어 있다. 가공물의 장착이나 탈착이 편리하며 공구이송 방향이 보통선반과 다른 것이 특징이다.
모방 선반	• 모방 절삭이 가능하도록 만들어진 선반으로, 전용설비와 보통선반에 모방장치를 부착하여 사용하는 것이 있다.
릴리빙 선반	• 나사탭이나 밀링 커터의 플랭크(Flank) 절삭에 사용하는 특수선반으로 릴리프면 절삭선반이라고도 한다.
크랭크축 선반	• 크랭크축을 전문으로 가공하는 선반이다.
차축 선반	• 철도 차량의 차축을 전문으로 가공하는 선반이다.

③ **보통선반의 규격** : 깎을 수 있는 일감의 최대 지름
  ㉠ 양 센터 사이의 최대 거리 : 깎을 수 있는 공작물의 최대 거리
  ㉡ 베드 위의 스윙 : 일감이 베드에 닿지 않고 깎을 수 있는 공작물의 최대 지름
  ㉢ 왕복대 위의 스윙 : 왕복대 위에서 공작물이 닿지 않고 깎을 수 있는 최대 지름
④ **선반의 구조**

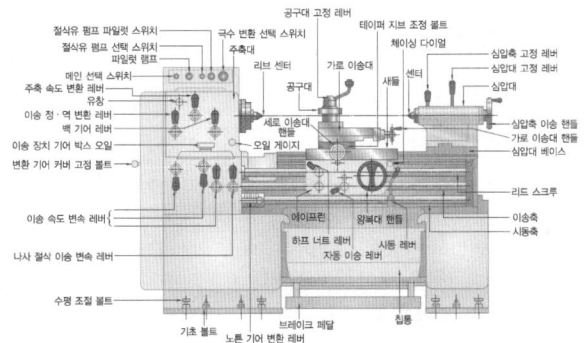

  ㉠ 주축대 : 베드의 윗면에 고정되어 있으며 주축(Spindle), 베어링, 주축 속도변환장치로 구성되어 있다. 주축이 고속으로 회전하더라도 흔들림 없이 가공할 수 있도록 한다.
   • 선반의 주축이 중공축인 이유
    - 굽힘응력과 비틀림응력에 대응하기 위해
    - 길이가 긴 공작물의 고정을 편리하게 하기 위해
   • 선반 주축(스핀들)의 재질 : 니켈-크롬강 등의 특수합금강
  ㉡ 심압대 : 베드 위에서 주축의 맞은편에 설치되는 것으로 길이가 길어서 회전 중 떨림이 발생되는 재료를 지지하거나 드릴과 같은 내경 절삭공구를 고정할 때 사용한다. 심압대축의 중심은 주축과 일치시키거나 어긋나게 조정할 수 있어서 테이퍼 절삭에 사용되기도 한다.
   • 선반의 심압대가 갖추어야 할 조건
    - 센터는 편위시킬 수 있어야 한다.
    - 심압축의 끝부분은 모스테이퍼로 되어 있다.
    - 베드의 안내면을 따라 이동할 수 있어야 한다.
    - 베드 위 임의의 위치에서 고정할 수 있어야 한다.
  ㉢ 왕복대 : 선반에서 길이 방향이나 전후 방향의 이송, 나사 깎기 이송 등의 이송장치를 가지고 있는 부분으로 주축대와 심압대 사이에 위치한다. 왕복대에 부착된 손잡이를 돌려서 베드 윗면을 따라서 움직인다. 왕복대 위에 공구대가 설치되며 이 공구대에 절삭공구인 바이트를 고정시켜 가공할 수 있다.
  ㉣ 베드(Bed) : 선반의 몸체로서 주축대와 심압대, 왕복대를 올려놓을 수 있는 구조로 되어 있다. 강력 절삭에도 쉽게 변형되거나 마멸되지 않는 고급주철과 같은 재료를 사용해서 제작된다.
   • 선반 베드의 재질 : 주로 고급주철을 사용하며, 합금주철, 구상흑연주철로도 제조한다.
   • 선반의 베드 제조 : 미끄럼면은 기계가공이나 스크레이핑 작업을 하며, 내마모성을 높이기 위하여 표면경화처리와 연삭가공을 한다.
   • 미끄럼면의 단면 모양
    - 미국식(산형)
    - 영국식(평행형)
⑤ **선반용 부속장치**
  ㉠ 척(Chuck) : 주축의 끝에 설치되며 공작물을 고정하는 데 사용한다.
   • 종 류

종 류	특 징
단동척	척 핸들을 이용하며 4개의 조가 단독적으로 움직인다.
연동척	척 핸들로 척의 측면을 조이면 3개의 조가 한 번에 움직인다.
유압척	연동척과 같으나 유압으로 작동한다.
마그네틱척	원판 안에 전자석을 설치하고 이것에 전류를 흘려보내면 척은 자화되어 공작물을 고정한다.
콜릿척	터릿선반(Turret Lathe)에 널리 사용되는 것으로, 보통선반에서는 주축의 테이퍼 구멍에 슬리브를 꽂은 다음 여기에 콜릿척을 끼워서 사용한다.
공기척	선반을 운전하는 중에도 작업이 가능한 척으로, 지름이 10mm 정도의 균일한 가공물을 대량으로 생산하기에 적합하다.

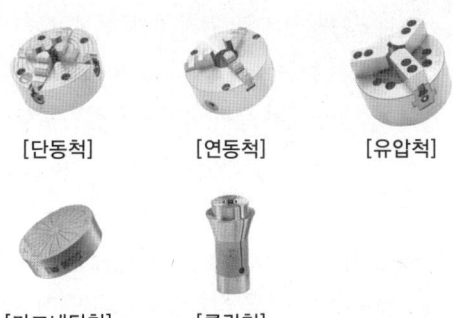

[단동척]　[연동척]　[유압척]

[마그네틱척]　[콜릿척]

ⓒ 방진구 : 선반작업에서 공작물의 지름보다 20배 이상의 가늘고 긴 공작물(환봉)을 가공할 때 공작물이 휘거나 떨리는 것을 방지하기 위해 베드 위에 설치하여 공작물을 받쳐 주는 부속장치로 테이퍼 절삭은 불가능하다.

※ 테이퍼(Taper) : 축이나 관등의 원통형 재료에서 경사가 있는 부분이다.

• 형 상

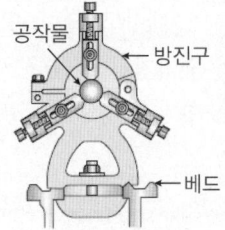 

• 왕복대(새들) : 선반에서 이동용 방진구를 설치하는 장소

ⓒ 센터 : 선반작업에서 척에 물린 공작물의 반대 면을 고정시키기 위한 부속장치로 자루 부분은 모스 테이퍼로 되어 있다. 일반적으로는 일반센터를 사용하며 하프센터는 바이트로 단면 절삭 시 바이트와 센터 간의 간섭현상을 막기 위해 일반센터의 한쪽 면을 깎아서 사용한다.

• 종 류

일반센터(보통센터)	하프센터
60°	하프센터 / 주축대
일반적으로 사용	단면을 절삭할 때

베어링센터	베벨센터
회전체를 지지할 때	경사진 구멍을 지지할 때

• 센터 선단의 각도
 - 보통일감 : 60°
 - 가공물이 무겁고 대형인 경우 : 75°, 90°

ⓔ 맨드릴(Mandrel, 심봉) : 선반에서 기어, 벨트, 풀리와 같이 구멍이 있는 공작물의 안지름과 바깥지름이 동심원을 이루도록 가공할 때 사용한다.

• 맨드릴의 종류

종 류	특 징
팽창식 맨드릴	공작물 구멍이 심봉보다 클 때 슬리브를 끼워 이것을 축 방향으로 이동시켜 지름을 조정한다.
조립식 맨드릴 (원추)	내경이 큰 파이프의 바깥 원통면을 절삭할 때 사용한다.
표준 맨드릴	가장 간단하고 확실하게 공작물을 고정한다.
테이퍼 맨드릴	테이퍼가공용으로 사용한다.
나사 맨드릴	공작물에 나사 구멍이 있을 때 사용한다.
너트 맨드릴 (갱 맨드릴)	두께가 얇은 여러 개의 원판형 공작물을 심봉에 끼우고 너트로 고정하여 사용한다.

• 표준 맨드릴의 테이퍼값 : $\frac{1}{20} \sim \frac{1}{10}$

ⓜ 면판 : 선반에서 척으로 고정할 수 없는 큰 공작물이나 불규칙한 공작물을 고정할 때 사용한다.

ⓗ 돌리개(Dog) : 선반에서 양 센터작업 시 주축의 회전력을 공작물에 전달하는 장치로, 돌림판을 스핀들의 끝에 설치한 후 돌리개를 연결해서 사용한다.

• 종 류

종 류	곧은 돌리개	굽은(곡형) 돌리개	평행(클램프) 돌리개
형 상			

⑥ 선반용 바이트 공구의 마멸 형태

종 류	특 징	형 상
경사면 마멸 (크레이터 마모)	• 공구 날의 윗면이 칩의 마찰로 오목하게 파이는 현상으로, 주로 유동형 칩이 공구 경사면 위를 미끄러질 때 발생한다. • 공구 경사각을 크게 하면 칩이 공구 날 윗면을 누르는 압력이 작아지므로 경사면 마멸의 발생과 성장을 줄일 수 있다.	
여유면 마멸 (플랭크 마모)	• 공구의 여유면과 절삭면 사이에 마찰이 일어나 마멸되는 현상으로, 주로 주철과 같이 취성이 있는 재료 절삭 시 발생한다. • 절삭공구의 측면과 피삭재의 가공면과의 마찰에 의하여 발생하며 절삭공구를 파손시킨다.	
치핑 (Chipping)	• 경도가 매우 높고 인성이 작은 공구를 사용할 때, 공구의 날이 모서리를 따라 작은 조각으로 떨어져 나가는 현상이다. • 절삭작업에서 충격에 의해 급속히 공구인선이 파손된다.	

⑦ 바이트의 명칭과 각도

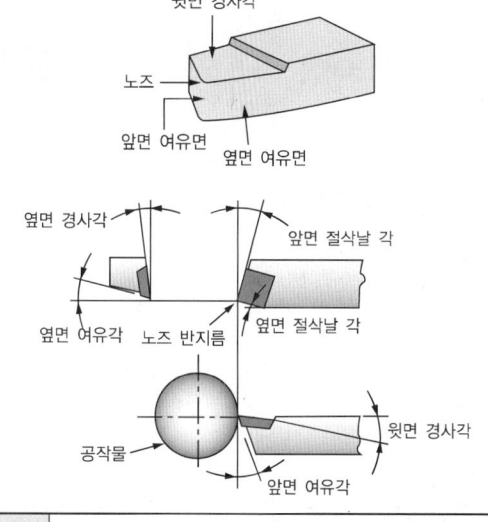

경사각	선반 바이트에서 바이트 절인의 선단에서 바이트 밑면에 평행한 수평면과 경사면이 형성하는 각도
윗면 경사각	절삭력에 영향을 주는 주요소로 윗면 경사각이 크면 절삭성이 좋고 공작물의 표면을 매끈하게 가공할 수 있으나 날끝이 약해진다는 단점이 있다.
여유각	공구의 앞면이나 옆면이 공작물과 마찰을 일으키지 않도록 한다.

㉠ 선반용 바이트에 여유각을 주는 이유
  • 바이트의 날 끝과 공작물 사이의 마찰력을 줄이기 위해
  • 무게를 감소시켜 베어링에 작용하는 하중을 줄이기 위해
㉡ 선반용 팁바이트 : 선반 바이트를 구조에 따라 분류할 때 섕크에서 날(인선)부분에만 초경합금이나 용접이 가능한 바이트용 재질을 용접하여 사용하는 바이트
㉢ 선반 바이트의 설치요령
  • 바이트 자루는 수평으로 고정시킨다.
  • 받침(Ship)은 바이트 자루의 전체 면이 닿도록 한다.
  • 바이트의 돌출거리는 작업에 지장이 없는 한 짧게 고정해야 한다.
  • 높이를 정확히 맞추기 위해서는 받침 1개 또는 두께가 다른 여러 개를 준비한다.

⑧ 선반가공으로 테이퍼 절삭방법

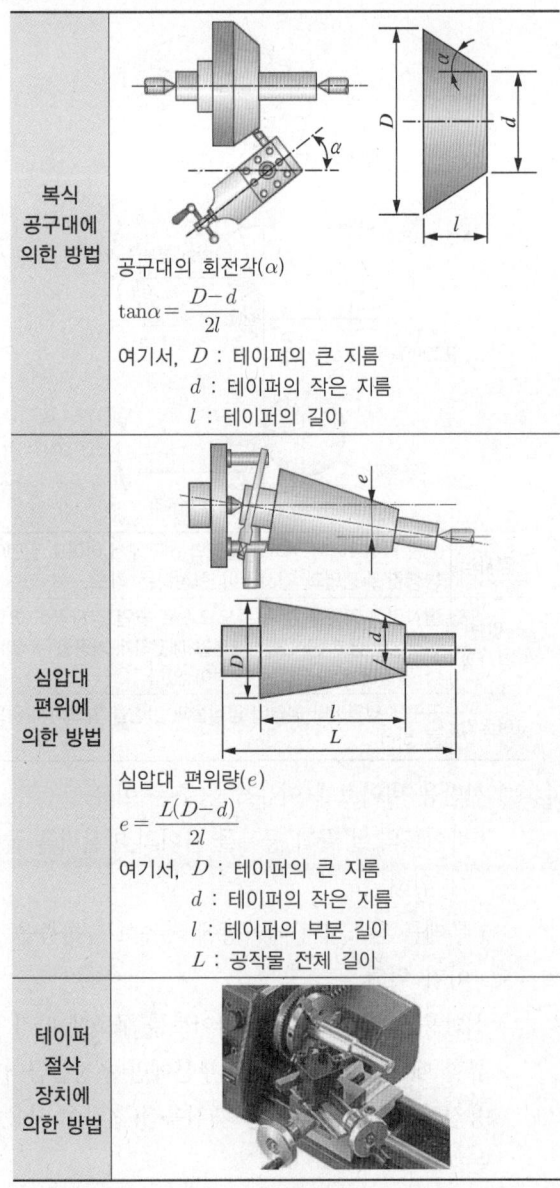

복식 공구대에 의한 방법	공구대의 회전각(α) $\tan\alpha = \dfrac{D-d}{2l}$ 여기서, D : 테이퍼의 큰 지름 d : 테이퍼의 작은 지름 l : 테이퍼의 길이
심압대 편위에 의한 방법	심압대 편위량(e) $e = \dfrac{L(D-d)}{2l}$ 여기서, D : 테이퍼의 큰 지름 d : 테이퍼의 작은 지름 l : 테이퍼의 부분 길이 L : 공작물 전체 길이
테이퍼 절삭 장치에 의한 방법	

⑨ 칩 브레이커

선반작업 시 발생하는 유동형 칩으로 인해 작업자가 다치는 것을 막기 위해 칩을 인위적으로 짧게 절단시켜 주는 안전장치이다.

칩 브레이커

㉠ 칩 브레이커의 종류
- 평행형
- 각도형
- 홈 달린형

⑩ 선반 가공에서 절삭속도(v) 구하는 식

$$v = \dfrac{\pi d n}{1{,}000}$$

여기서, v : 절삭속도(m/min)
d : 공작물의 지름(mm)
n : 주축 회전수(rpm)

⑪ 선반작업 시 절삭속도를 결정하는 요인
㉠ 가공물의 재질
㉡ 바이트의 재질
㉢ 절삭유의 사용 유무

⑫ 선반가공에서 회전수(n) 구하는 식

$$n = \dfrac{1{,}000v}{\pi d}\,(\text{rpm})$$

⑬ 선반가공의 가공시간(T) 구하는 식

$$T = \dfrac{l}{n \cdot f} = \dfrac{\text{가공할 길이}}{\text{회전수} \times \text{이송속도}}$$

⑭ 선반가공 시 이론적이 최대 높이($H_{\max}$) 구하는 식

$H_{\max} = \dfrac{f^2}{8R}$

⑮ 선반 외경용 툴 홀더(섕크)의 규격 표시

예 'C S K P R 25 25 M12'인 경우

C	S	K
클램핑 방식	인서트 형상	홀더 형상
P	R	25
인서트 여유각	공구 방향	홀더 높이
25	M	12
홀더 폭	홀더 길이	절삭날 길이

- 홀더의 높이와 폭

홀더 높이	홀더 폭
H	W

⑯ ISO 선삭용 인서트의 규격 표기법

예 'T N M G 12 04 08'인 경우

T	N	M	G
인서트 팁 형상	인서트 팁 여유각	공 차	단면 형상
12	04	08	B25
절삭날(인선) 길이	절삭날(인선) 높이	날 끝(노즈) 반지름	칩 브레이커 형상

⑰ 보통선반 사용 시 주의사항

㉠ 바이트는 가급적 짧게 설치한다.
㉡ 바이트를 교환할 때는 기계를 정지시켜야 한다.
㉢ 나사가공이 끝나면 반드시 하프너트를 풀어 놓는다.
㉣ 기계를 운전 중에는 주축속도를 변환시키면 안 된다.

⑱ 선반작업 시 발생하는 3분력의 크기 순서

> 주분력 > 배분력 > 이송분력

⑲ 널링가공

기계의 손잡이 부분에 올록볼록한 돌기부를 만들어 손으로 잡고 돌리기 쉽도록 만드는 가공방법

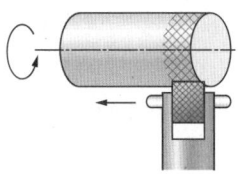

핵심예제

3-1. 연성재료를 고속 절삭할 때, 생기는 칩의 형태는?
[2012년 4회]

① 유동형(Flow Type)
② 균열형(Crack Type)
③ 열단형(Tear Type)
④ 전단형(Shear Type)

3-2. 미끄러짐을 방지하기 위한 손잡이나 외관을 좋게 하기 위하여 사용되는 다음 그림과 같은 선반 가공법은? [2017년 2회]

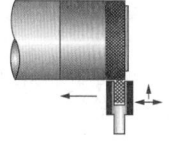

① 나사가공
② 널링가공
③ 총형가공
④ 다듬질가공

|해설|

3-1
선반작업 시 발생하는 칩의 종류

종류	특징
유동형 칩	• 가공 표면이 가장 매끄러운 칩이다. • 칩이 공구의 윗면 경사면 위를 연속적으로 흘러 나가는 형태의 칩이다. • 재질이 연하고 인성이 큰 재료를 큰 경사각으로 고속 절삭 시 발생한다. • 공구의 윗면 경사각이 클 때, 절삭 깊이가 적을 때, 절삭 공구의 날 끝 온도가 낮을 때, 윤활성이 좋은 절삭유를 사용할 때 발생한다. • 유동형 칩이 발생될 때는 절삭 저항이 작고 가공 표면이 깨끗하며 공구의 수명도 길어진다.
전단형 칩	• 공구 윗면 경사면과 접촉하여 마찰하는 면은 평활하나 반대쪽은 톱니 모양이다. • 비교적 연한 재료를 절삭속도가 작고, 절삭 공구의 윗면 경사각이 작을 때 발생한다. • 유동형 칩에 비해 가공 표면이 거칠고 공구의 손상도 일어나기 쉽다.

종류	특 징
열단형 칩	• 점성이 큰 재질의 공작물을 절삭 깊이가 크고 윗면 경사각이 작은 절삭 공구를 사용할 때 발생한다. • 칩이 날 끝에 달라붙어 경사면을 따라 원활히 흘러나가지 못해 공구에 균열이 생기고 가공 표면이 뜯겨진 것처럼 보인다.
균열형 칩	• 주철과 같이 취성(메짐)이 있는 재료를 저속으로 절삭할 때 발생한다. • 가공면에 깊은 홈을 만들기 때문에 표면이 매우 불량하다.

3-2
널링가공 : 기계의 손잡이 부분에 올록볼록한 돌기부를 만들어 손으로 잡고 돌리기 쉽도록 만드는 가공법

정답 3-1 ① 3-2 ②

핵심이론 04 밀링가공

① 밀링가공의 정의

밀링은 여러 개의 절삭날을 가진 밀링커터를 공작물 위에서 회전시키고 공작물을 고정한 테이블을 이송하여 절삭하는 공작기계이다. 주로 평면가공을 하며 불규칙한 면의 가공이나 각도가공, 드릴의 홈가공, 기어의 치형가공, 나선가공에 사용한다.

② 밀링머신의 구조

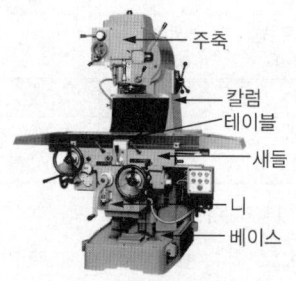

[수직 밀링머신]

③ 밀링머신의 종류

종 류	특 징
수직 밀링머신	• 주축이 테이블 면에 수직인 형태로 정면 밀링커터와 엔드밀을 이용하여 절삭한다. • 수직 밀링머신용 공구 : T홈 커터, 엔드밀, 정면커터 등
수평 밀링머신	• 스핀들을 수직 방향으로 장치하여 절삭한다. • 테이블을 필요한 각도로 회전시켜 이송하거나 테이블의 회전기능은 없으나 주축의 방향을 임의로 회전할 수 있는 만능 헤드를 장착한 공작기계 • 수평 밀링머신용 공구의 고정장치 : 아버, 어댑터, 콜릿
플레노형 밀링머신	• 대형 공작물이나 중량물의 강력 절삭으로 평면이나 홈가공에 사용한다.
만능 밀링머신	• 주축이 수평이며 칼럼, 니, 테이블 및 오버 암 등으로 되어 있다. • 새들 위의 선회대로 테이블을 일정한 각도로 회전시키거나 테이블을 상하로 경사시킬 수 있다. • 분할대나 헬리컬 절삭장치를 사용하여 헬리컬기어, 트위스트 드릴의 비틀림 홈 등의 가공에 적합하다.
모방 밀링머신	• 형판이나 모형을 본뜨는 모방장치를 사용하여 프레스, 단조, 주조용 금형 등의 복잡한 모양을 정밀도가 높고 능률적으로 가공할 수 있다.
나사 밀링머신	• 나사를 깎는 전용 밀링머신으로 작동이 간단하고 가공 능률이 좋으며, 깨끗한 다듬질면의 나사를 가공할 수 있다.
회전 밀링머신 (회전 테이블형)	• 생산형 밀링머신으로 대량 생산에 적합하도록 자동화되어 있다.
램형 밀링머신	• 기둥 위의 램에 주축 헤드가 장착되어 있어서 이 램이 재료의 앞뒤를 왕복하면서 절삭한다.

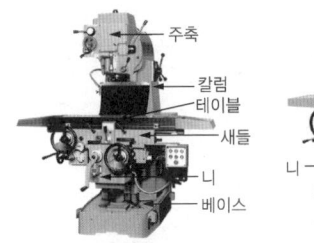

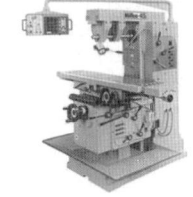

[수직 밀링머신]   [수평 밀링머신]

[만능 밀링머신]   [램형 밀링머신]

④ 밀링머신의 부속장치

　㉠ 밀링바이스 : 공작물을 고정시키는 데 사용한다.

　㉡ 오버암 : 수평 밀링머신의 한 부분으로 아버(Arbor)가 굽는 것을 방지하는 아버 지지부를 설치하는 빔(Beam)으로, 한쪽 끝 부분은 기둥(Column) 위에 고정되어 있다.

　㉢ 아버 : 수평 밀링머신이나 만능 밀링머신에서 평면 밀링커터나 옆면 밀링커터 등 구멍이 있는 밀링커터를 고정시키는 데 사용한다.

　※ T홈 커터는 수직 밀링머신용 커터로 밀링척과 콜릿에 삽입하여 사용한다.

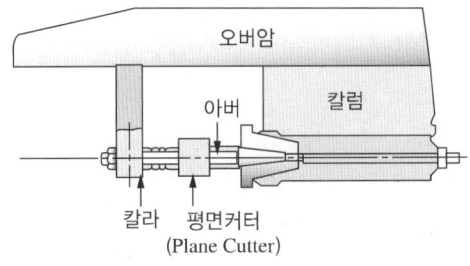

　㉣ 회전테이블 : 주로 수직 밀링머신에 사용되는 부속장치로, 수동이나 자동이송에 의해 회전시킬 수 있으며 원형의 홈이나 바깥 둘레 부분을 가공하는 데 사용한다.

　㉤ 래크절삭장치 : 밀링머신의 칼럼에 부착하여 사용하며 래크기어를 절삭할 때 사용한다.

　㉥ 슬로팅장치 : 밀링머신의 칼럼에 장치하여 주축의 회전운동을 공구대의 직선 왕복운동으로 변환시키는 부속장치로 키 홈, 스플라인, 세레이션 등을 가공할 때 사용한다.

　㉦ 테이블 이송나사 : 밀링머신에서 테이블의 뒤틈(Backlash, 백래시)제거장치가 설치된다.

　㉧ 밀링 수직축 장치의 특징
　　• 밀링머신의 부속장치이다.
　　• 일감에 따라 요구되는 각도로 선회시켜 사용할 수 있다.
　　• 수평 방향의 스핀들 회전을 기어를 거쳐 수직 방향으로 전환시키는 장치이다.
　　• 수평 밀링머신의 칼럼 전면에 고정해서 수직 밀링머신으로 변환하는 데 사용한다.

　㉨ 분할판(분할장치, 분할대) : 밀링머신에서 둥근 단면의 공작물을 사각이나 육각 등으로 가공하고자 할 때 사용하는 부속장치이다. 기어의 치형과 같은 일정한 각으로 나누어 분할할 수 있는데, 그 방법에는 직접 분할법, 단식 분할법, 차동 분할법이 있다.

⑤ 밀링머신용 커터의 종류

종 류	형 상	특 징
페이스커터 (Face Cutter)		넓은 평면을 빨리 깎는 데 적합하며 외경이 절삭날이 된다.
평면커터 (Plain Cutter)		공작물과 닿는 면적이 모두 절삭날이 되며 평면가공에 사용된다.

종 류	형 상	특 징
앵귤러 커터 (앵글커터)		각도가공에 사용된다.
사이드 밀링커터 (측면 밀링커터)		측면가공에 사용된다.
T홈 커터 (T-cutter)		T형의 홈을 가공할 때 사용한다.
엔드밀 (End-mill)		수직 밀링머신에서 가공물의 홈과 좁은 평면, 윤곽가공, 구멍가공 등에는 일반적으로 사용하는 공구이다.
볼 엔드밀 (Ball End-mill)		밀링커터 중 자유 곡면의 가공에 사용되는 CAM으로, 3차원 자유 곡면을 가공할 때 가장 많이 사용된다.
인벌류트 밀링커터		총형커터에 의한 방법으로, 치형을 절삭할 때 사용하는 밀링커터이다.

⑥ 밀링머신의 크기

　㉠ 테이블의 좌우 이동거리

　㉡ 니(Knee)의 상하 이동거리

　㉢ 새들(Saddle)의 전후 이동거리

⑦ 밀링머신의 호칭번호(테이블의 이동거리에 따라 No0~5로 표시)

호칭번호	0	1	2	3	4	5
새들의 전후이동	150	200	250	300	350	400
니의 상하이동	300	400	400	450	450	500
테이블의 좌우이동	450	550	700	850	1,050	1,250

⑧ 밀링가공에서 일감의 가공면에 떨림(Chattering)이 발생할 때

원 인	방지책
• 공작물의 길이가 길 때 • 절삭속도가 부적당할 때 • 공작물의 고정이 불량할 때 • 바이트의 날 끝이 불량할 때	• 회전속도를 늦춘다. • 절삭조건을 개선한다. • 공작물을 확실하게 고정한다. • 밀링커터의 정밀도를 좋게 한다.

⑨ 상향절삭과 하향절삭의 차이점

상향절삭	하향절삭
커터날 절삭 방향과 공작물 이송 방향이 반대	커터날 절삭 방향과 공작물 이송 방향이 같음
• 동력 소비가 크다. • 표면거칠기가 좋지 못하다. • 마찰열의 작용으로 가공면이 거칠다. • 공구날의 마모가 빨라서 수명이 짧다. • 하향절삭에 비해 가공면이 깨끗하지 못하다. • 기계에 무리를 주지 않아 강성은 낮아도 된다. • 백래시의 영향이 적어서 백래시 제거장치가 필요 없다. • 날 끝이 일감을 치켜 올리므로 일감을 단단히 고정해야 한다. • 절삭가공 시 마찰열과 접촉면의 마모가 커서 공구수명이 짧다.	• 표면거칠기가 좋다. • 공구의 수명이 길다. • 날 하나마다의 날 자리 간격이 짧다. • 날의 마멸이 적어서 공구의 수명이 길다. • 가공면이 깨끗하고 고정밀 절삭이 가능하다. • 백래시를 완전히 제거해야 하므로 백래시 제거장치가 필요하다. • 절삭가공 시 마찰력은 작으나 충격력이 크기 때문에 높은 강성이 필요하다. • 절삭된 칩이 가공된 면 위에 쌓이므로 앞으로 가공할 면의 시야성이 좋아서 가공하기 편하다. • 커터날과 일감의 이송 방향이 같아서 날이 가공물을 누르는 형태이므로 가공물 고정이 간편하다.

⑩ 백래시(Backlash, 뒤틈)의 영향

상향절삭은 테이블의 이송 방향과 절삭력이 반대가 되어 백래시의 영향이 없는 반면에, 하향절삭은 테이블의 이송 방향과 절삭력이 같은 방향이므로 백래시의 양만큼 가공 중에 떨림이 발생한다. 공작물과 커터에 손상을 입히고 정밀절삭을 어렵게 하므로 백래시 제거장치는 반드시 필요하다.

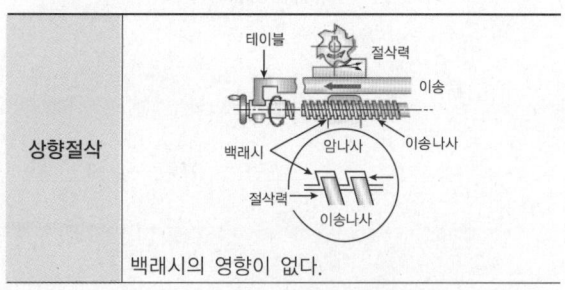

상향절삭	백래시의 영향이 없다.

하향절삭 (백래시 제거장치 필요)	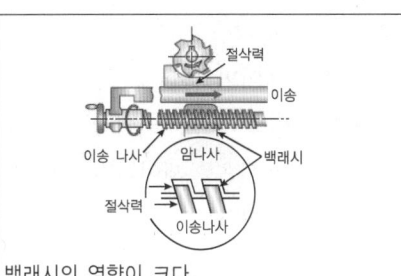 백래시의 영향이 크다. 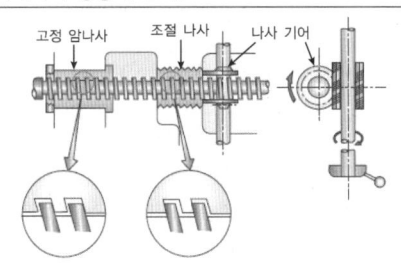 고정 암나사 외에 또 하나의 백래시 제거용 조절나사의 핸들을 회전시키면 나사기어에 의해 암나사가 회전하여 백래시를 제거한다.	

⑪ 밀링분할법의 종류

종류	특징	분할 가능 등분수
직접 분할법	• 큰 정밀도가 필요하지 않은 키 홈 등 비교적 단순한 분할가공에 주로 사용한다. • 스핀들의 앞면에 있는 24개의 구멍에 직접 분할핀을 사용하여 분할하며, 웜을 아래로 내려 스핀들의 웜휠과 물림을 끊는 방법으로 분할한다. • $n = \dfrac{24}{N}$ 여기서, n : 분할 크랭크의 회전수 N : 공작물의 분할수	24의 약수인 2, 3, 4, 6, 8, 12, 24
단식 분할법	• 직접분할법으로 분할할 수 없는 수나 정확한 분할이 필요한 경우에 사용하는 방법이다. • $n = \dfrac{40}{N} = \dfrac{R}{N'}$ 여기서, R : 크랭크를 돌리는 분할수 N' : 분할판에 있는 구멍수	2~60의 등분수, 60~120의 2와 5의 배수 및 120 이상의 수 중에서 40/N에서 분모가 분할판의 구멍수가 될 수 있는 수를 분할할 때 사용하는 분할법 ※ 각도로는 분할 크랭크 1회전당 스핀들은 9° 회전한다.
차동 분할법	• 직접분할법이나 단식분할법으로 분할할 수 없는 특정한 수의 분할에 사용한다.	67, 97, 121

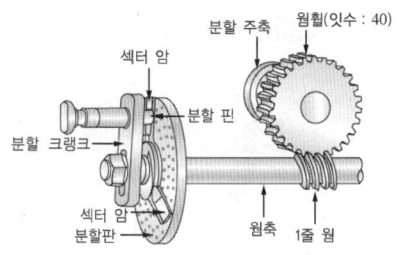

⑫ 단식분할법에 사용되는 분할판의 구멍수

형식	분류	구멍수
브라운-샤프형 (Brown & Sharp)	No1	15~20
	No2	21, 23, 27, 29, 31, 33
	No3	37, 39, 41, 43, 47, 49
신시내티형 (Cincinnati)	전면	24, 25, 28, 30, 34, 37, 38, 39, 41, 42, 43
	뒷면	46, 47, 51, 53, 54, 57, 58, 59, 62, 66

⑬ 공작물 및 공구의 고정장치

공작물 고정			공구 고정 (밀링커터)
바이스(Vise)	회전테이블 (Angle Plate)	지그(Zig)	아버(Arbor)

⑭ 밀링가공에서 절삭속도(v) 구하는 식

$$v = \frac{\pi d n}{1,000}$$

여기서, v : 절삭속도(m/min)
d : 밀링커터의 지름(mm)
n : 주축(커터)의 회전수(rpm)

⑮ 밀링가공에서 회전수(n) 구하는 식

$$n = \frac{1,000v}{\pi d} \text{(rpm)}$$

⑯ 밀링머신의 테이블 이송속도(f) 구하는 식

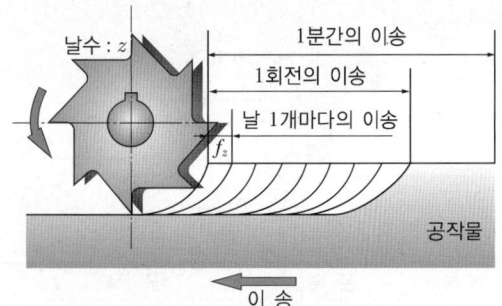

$$f = f_z \times z \times n$$

여기서, f : 테이블의 이송속도(mm/min)
f_z : 밀링커터날 1개의 이송(mm)
z : 밀링커터날의 수
n : 밀링커터의 회전수(rpm)

⑰ 밀링가공에서 가공시간 구하는 식

$$T = \frac{L+D}{f} = \frac{\text{절삭 길이 + 커터의 바깥지름}}{\text{테이블 이송속도}} \text{ (min)}$$

⑱ 양쪽 더브테일 홈 계산식

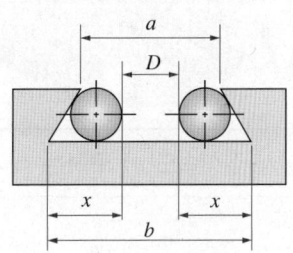

$$D = b - 2x = b - 2\left(\frac{r}{\tan 30°} + r\right)$$

⑲ 수평 밀링머신

㉠ 수평 밀링머신의 특징
- 주축은 기둥 상부에 수평으로 설치한다.
- 공작물은 전후, 좌우, 상하의 3방향으로 이동한다.
- 주축에 아버를 고정하고 회전시켜서 가공물을 절삭한다.

㉡ 수평 밀링머신의 주축의 특징
- 보통 테이퍼 롤러베어링으로 지지된다.
- 기둥(칼럼)에 설치되어 있으며 아버를 고정한다.
- 주축단은 보통 테이퍼진 구멍이며 크기는 규격화되어 있다.

㉢ 수평 밀링머신의 긴 아버(Long Arbor)를 사용하는 절삭공구
- 플레인커터
- 앵귤러커터
- 사이트 밀링커터

⑳ 밀링머신의 주축베어링의 윤활유 주입방법
㉠ 패드 윤활법 : 패드의 모세관 작용을 이용하여 기름통의 기름을 축에 도포하는 윤활법

핵심예제

4-1. 범용 밀링머신으로 할 수 없는 가공은? [2017년 2회]
① T홈가공
② 평면가공
③ 수나사가공
④ 더브테일가공

4-2. 수평밀링과 유사하나 복잡한 형상의 지그, 게이지, 다이 등을 가공하는 소형 밀링머신은? [2020년 1·2회 통합]
① 공구밀링머신
② 나사밀링머신
③ 플레이너형 밀링머신
④ 모방밀링머신

4-3. 밀링가공에서 테이블의 이동속도를 구하는 식으로 옳은 것은?(단, F는 테이블 이송속도(mm/min), f_z는 커터 1개의 날당 이송(mm/tooth), Z는 커터의 날수, n은 커터의 회전수(rpm), f_r은 커터 1회전당 이송(mm/rev)이다) [2020년 1·2회 통합]
① $F = F_z \times Z$
② $F = f_r \times f_z$
③ $F = f_z \times f_r \times n$
④ $F = f_z \times Z \times n$

| 해설 |

4-1
수나사가공은 선반을 이용해서 만들 수 있으나 밀링으로는 불가능하다.

4-2
공구밀링머신은 수평밀링머신과 비슷하나 복잡한 형상의 지그나 게이지, 다이 등의 치공구를 가공할 때 사용하는 공작기계이다.

4-3
밀링머신의 테이블 이송속도(f) 구하는 식

$f = f_z \times z \times n$

여기서 f : 테이블의 이송속도(mm/min)
f_z : 밀링커터날 1개의 이송(mm/tooth)
z : 밀링커터날의 수
n : 밀링커터의 회전수(rpm)

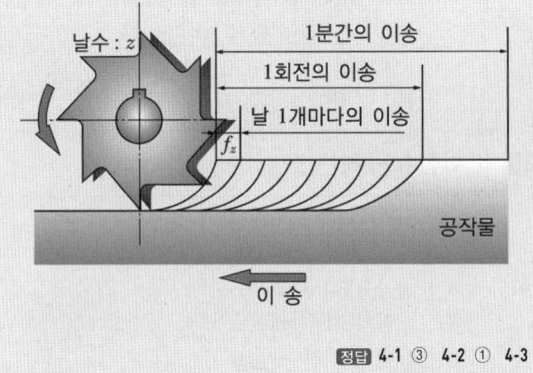

정답 4-1 ③ 4-2 ① 4-3 ④

핵심이론 05 드릴가공

① 드릴링머신에 의한 가공의 종류

종류	그림	방법
드릴링		드릴날로 구멍을 뚫는 작업
리밍		드릴로 뚫은 구멍을 정밀하게 가공하기 위하여 리머로 구멍의 안쪽면을 다듬는 작업
보링		보링바이트를 사용하여 이미 뚫은 구멍을 필요한 치수로 정밀하게 넓히는 작업
태핑		구멍에 탭을 사용하여 암나사를 만드는 작업
카운터 싱킹		접시머리 나사의 머리 부분이 묻힐 수 있도록 원뿔 자리를 만드는 작업
스폿 페이싱		볼트나 너트 머리에 접하는 표면을 편평하게 하여 그 체결 자리를 만드는 작업으로, 구멍축에 직각 방향으로 주위를 평면으로 깎는 작업
카운터 보링		고정한 볼트의 머리 부분이 묻힐 수 있도록 구멍을 뚫는 작업

② 드릴의 구조

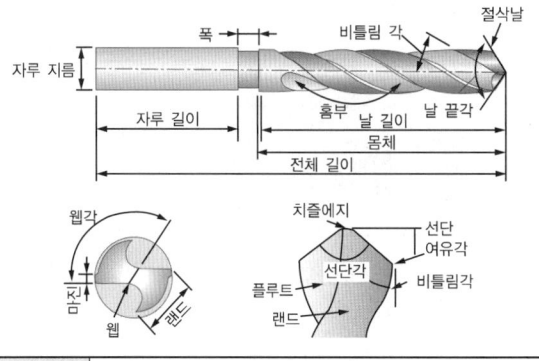

마진 (Margin)	드릴의 각부 명칭 중에서 드릴의 홈을 따라서 만들어진 좁은 날로, 드릴의 안내하는 역할을 하는 부분
웨브	트위스트 드릴 홈 사이의 좁은 단면

③ 드릴링머신의 종류

종류	형상	특징
탁상 드릴링 머신	(주축, 테이블, 칼럼, 베이스)	• 작업대 위에 설치하여 사용하는 소형 드릴링머신이다. • 13mm 이하의 작고 깊이가 얕은 구멍가공에 적합하다.
직립 드릴링 머신		• 비교적 큰 공작물 가공에 적합하며 주축의 정회전과 역회전이 가능하다. • 자동이송장치가 부착되어 있다. • 스윙의 크기를 표시한다. • 주축의 중심부터 칼럼 표면까지 거리의 2배
다축 드릴링 머신		• 여러 개의 스핀들에 각종 공구를 꽂아서 가공을 한다. • 공정 순서에 따라 연속작업이 가능하다.
레이디얼 드릴링 머신		• 수직 기둥을 중심으로 암의 회전이 가능하다. • 대형 중량물의 구멍가공을 위하여 암과 드릴 헤드를 임의의 위치로 이동이 가능하다. • 대형이거나 무거운 중량 제품을 드릴가공할 때, 가공물을 고정시키고 드릴 스핀들을 암 위에서 수평으로 이동시키면서 가공한다.
다두 드릴링 머신		• 다수의 스핀들이 각각의 구동축에 의해 동작한다.

④ 드릴링작업에서의 미터보통나사의 기초 구멍

드릴로 큰 지름을 뚫기 위해서는 먼저 절삭저항을 줄이기 위해 작은 구멍을 만드는데 이 작은 구멍을 기초 구멍이라고 한다.

기초 구멍의 지름 = 나사의 유효지름 − 피치

⑤ 드릴작업으로 구멍을 뚫는 데 걸리는 시간(T) 구하는 식

㉠ 1식

$$T = \frac{l \times i}{n \times s} = \frac{구멍 가공 길이 \times 구멍수}{주축 회전속도 \times 1회전당 이송량}(\min)$$

여기서, l : 구멍가공 길이(mm)
 i : 구멍수
 n : 주축 회전속도(rpm)
 s : 1회전당 이송량(mm)

㉡ 2식

$$T = \frac{t+h}{ns} = \frac{\pi D(t+h)}{1,000vf}(\min)$$

여기서, t : 구멍의 깊이(mm)
 s : 1회전 시 이동거리(mm/rev)
 h : 드릴 끝 원뿔의 높이(mm)
 v : 절삭속도(m/min)
 f : 드릴의 이송속도(mm/rev)

⑥ 드릴의 회전수 구하는 식

$$n = \frac{1,000v}{\pi d}$$

여기서 v : 절삭속도(m/min)
 d : 드릴의 지름(mm)
 n : 드릴의 회전수(rpm)

⑦ 시닝(Thinning) : 드릴의 웨브각을 연삭하여 드릴로 구멍을 뚫을 때 절삭저항을 작게 해 주기 위해서 치즐에지를 원호상으로 갈아내는 작업

⑧ 드릴에 비교한 리머작업의 특징

리머작업은 드릴작업에 비해 저속에서 절삭하고 이송을 크게 한다.

⑨ 재질에 따른 드릴날 끝의 여유각

재료	여유각
공구강	7~15°
스테인리스강	10~12°
강	12~15°
주 철	12~15°
알루미늄	12~17°

※ 여유각을 크게 하면 전단력이 작게 작용하여 공구의 마모량이 적어진다.

⑩ 드릴의 일반적인 날 끝각은 118°이다.

| 핵심예제 |

5-1. 트위스트 드릴은 절삭날의 각도가 중심에 가까울수록 절삭작용이 나쁘게 되기 때문에 이를 개선하기 위해 드릴의 웨브 부분을 연삭하는 것은?
[2017년 2회]

① 시닝(Thinning)
② 트루잉(Truing)
③ 드레싱(Dressing)
④ 글레이징(Glazing)

5-2. 드릴로 구멍가공을 한 다음에 사용하는 공구가 아닌 것은?
[2019년 2회]

① 리 머
② 센터펀치
③ 카운터 보어
④ 카운터 싱크

|해설|

5-1
시닝 : 트위스트 드릴은 절삭날의 각도가 중심에 가까울수록 절삭작용이 나빠져서 이를 개선하기 위해 드릴의 웨브 부분을 연삭하는 작업

5-2
드릴로 구멍을 가공한 후에는 리머로 구멍을 더 넓히거나 카운터 보어, 카운터 싱크로 나사의 자리면 가공을 한다. 센터펀치는 드릴로 구멍을 뚫을 자리 표시에 사용하는 공구로 구멍가공 전에 사용한다.

정답 5-1 ① 5-2 ②

핵심이론 06 셰이퍼, 플레이너, 슬로터가공

① 셰이퍼

공구를 전진시키면서 공작물을 절삭하고 공구를 뒤로 후퇴시킨 후 다시 전진시키면서 가공하는 공작기계로, 구조가 간단하고 다루기 쉬워 평면가공하는 데 널리 쓰인다. 주로 소형 공작물의 평면을 가공할 때 사용한다.

㉠ 셰이퍼가공의 특징
- 가공 정밀도가 낮다.
- 셰이퍼의 자루는 굽어져 있다.
- 바이트 날끝이 자루의 밑면 높이를 초과해서는 안 된다.
- 바이트가 전진 시에만 절삭하고 후퇴할 때는 가공하지 않으므로 시간 낭비가 많다.

㉡ 셰이퍼의 절삭속도

$$v = \frac{ln}{1,000k}$$

㉢ 셰이퍼에서 램의 왕복속도 : 전진 행정보다 귀환 행정일 때의 속도가 더 빠르다.

② 플레이너

바이트가 고정되어 있는 상태에서 크고 튼튼한 테이블 위에 공작물을 설치한 후 테이블을 앞뒤로 이송하면서 가공한다.

㉠ 플레이너 가공의 특징
- 테이블의 후진이 절삭 행정이고 전진은 귀환 행정이다.
- 가공시간은 속도비의 영향을 크게 받지 않는다.
- 절삭속도를 크게 하는 것이 가공시간을 줄이는 데 더 효과적이다.
- 귀환 행정속도를 절삭 행정속도보다 빠르게 하면 가공시간을 절약할 수 있다.
- 절삭속도비를 높이면 절삭시간을 줄일 수 있으나, 실제 가공에서는 속도비를 무한정 높일 수는 없다.

③ 슬로터

상하로 왕복운동하는 램의 절삭운동으로 테이블에 수평으로 설치된 일감을 절삭하는 공작기계이다. 셰이퍼를 직립으로 세운 형태로 셰이퍼와 램의 운동 방향만 다를 뿐 절삭방법은 같아 수직 셰이퍼라고도 한다.

㉠ 슬로터 가공의 특징
- 램이 상하로 직선운동을 하며 급속귀환장치가 있다.
- 바이트가 아래로 내려오면서 절삭하므로 수직 절삭만 가능하다.
- 재료의 직선가공에 적합하며 원통 절삭은 작업이 용이하지 않다.
- 스퍼기어와 같이 기어 이의 형상이 일직선인 기어만 절삭이 가능하다.
- 공구는 상하 직선왕복운동을, 테이블은 수평면에서 직선 또는 원운동을 하면서 주로 키 홈이나 스플라인, 세레이션의 내면가공을 주로 가공한다.

㉡ 슬로터를 이용한 가공
- 세레이션
- 내경 키 홈
- 내경 스플라인

④ 급속귀환장치

절삭작업 시 작업 진행 방향의 속도는 느리지만 복귀하는 속도를 빠르게 하는 기구

⑤ 급속귀환장치가 있는 기계
㉠ 셰이퍼
㉡ 슬로터
㉢ 플레이너
㉣ 브로칭 머신

핵심예제

램이 상하로 직선운동을 하며 급속 귀환장치가 있는 공작기계는?
[2010년 2회]

① 셰이퍼 ② 슬로터
③ 브로치 ④ 플레이너

|해설|

슬로터

상하로 왕복운동하는 램의 절삭운동으로 테이블에 수평으로 설치된 일감을 절삭하는 공작기계로 급속 귀환장치가 부착되어 있다. 급속 귀환장치란 절삭 작업 시 작업 진행 방향의 속도는 느리지만 복귀하는 속도를 빠르게 하는 기구를 말한다.

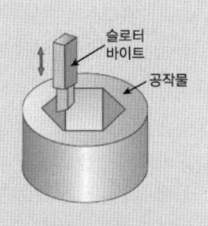

정답 ②

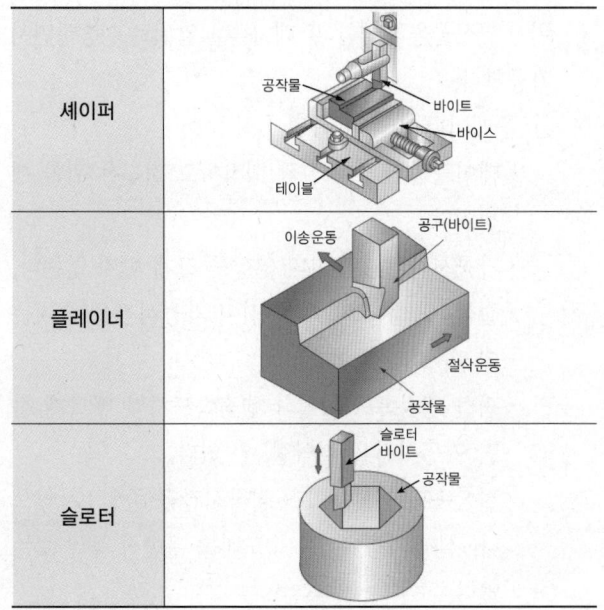

핵심이론 07 연삭가공

① 연삭가공의 정의
연삭기를 사용하여 절삭입자들로 결합된 숫돌을 고속으로 회전시켜 재료의 표면을 매끄럽게 가공하는 작업이다.

② 연삭숫돌의 3요소
㉠ 기 공
㉡ 결합제
㉢ 숫돌입자

③ 연삭가공의 특징
㉠ 일반적인 연삭가공의 특징
- 경화된 강과 같은 단단한 재료를 가공할 수 있다.
- 가공물과 접촉하는 연삭점의 온도가 비교적 높다.
- 칩이 미세하여 정밀도가 높은 가공을 할 수 있다.
- 표면거칠기가 우수한 다듬질면을 얻을 수 있다.
- 연삭압력과 저항이 작아서 마그네틱척으로도 공작물 고정이 가능하다.
- 숫돌입자가 마모되면 탈락하면서 새로운 입자가 생기는 자생작용이 있다.
- 결합도가 높은 연삭숫돌은 접촉 면적이 작은 연삭작업일 경우에 사용한다.
- 양두 그라인더의 숫돌차로 일감 연삭 시 받침대와 숫돌의 간격은 3mm 이내로 조정해야 한다.

㉡ 내면연삭의 특성
- 숫돌축의 회전수가 빨라야 한다.
- 외경 연삭에 비해 숫돌의 마멸이 심하다.
- 내경연삭 시 공작물의 원주속도는 600~1,800m/min로 한다.
- 숫돌축은 지름이 작기 때문에 가공물의 정밀도가 다소 떨어진다.
- 가공 도중 안지름 측정이 곤란하므로 자동치수 측정장치가 필요하다.
- 내면 연삭의 정밀도(정도)를 높게 하는 것이 외면 연삭보다 더 어렵다.
- 연삭숫돌의 지름은 가공물의 지름보다 작아야 내면에 삽입되어 연삭이 가능하다.

④ 연삭방법의 종류
㉠ 외경 연삭

테이블 왕복형 (트래버스 연삭)	연삭숫돌 왕복형	플런지 컷형

- 외경연삭기의 이송방법
  - 플랜지 컷방식
  - 테이블 왕복방식
  - 연삭숫돌대 방식

㉡ 센터리스연삭기 : 가늘고 긴 원통형의 공작물을 센터나 척으로 고정하지 않고 바깥지름이나 안지름을 연삭하는 가공방법으로 연삭숫돌바퀴, 조정숫돌바퀴, 받침날의 3요소가 공작물의 위치를 유지한 상태에서 연삭숫돌바퀴로 공작물을 연삭하는 공작기계이다.

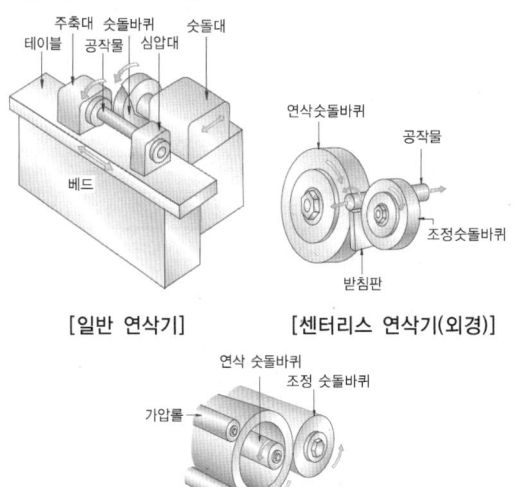

[일반 연삭기]   [센터리스 연삭기(외경)]

[센터리스 연삭기(내경)]

- 센터리스 연삭기의 특징
  - 연삭 여유가 작아도 된다.
  - 긴 축 재료의 연삭이 가능하다.
  - 대형 중량물의 연삭은 곤란하다.
  - 연삭작업에 숙련을 요구하지 않는다.
  - 연속작업이 가능하여 대량 생산에 적합하다.
  - 연삭 깊이는 거친 연삭의 경우 0.2mm 정도이다.
  - 센터가 필요하지 않아 센터 구멍의 가공이 필요 없다.
  - 센터 구멍이 필요 없는 중공물의 원통 연삭에 편리하다.
  - 가늘고 긴 공작물을 센터나 척으로 지지하지 않고 가공한다.
  - 일반적으로 조정 숫돌은 연삭축에 대하여 경사시켜 가공한다.
  - 긴 홈이 있는 가공물이나 대형 또는 중량물의 연삭은 곤란하다.
  - 연삭숫돌의 폭이 커서 연삭숫돌 지름의 마멸이 적고 수명이 길다.
- 센터리스 연삭기에서 조정숫돌의 역할 : 공작물 이송

⑤ 연삭숫돌의 5가지 구성요소

숫돌입자	입 도	결합도	조 직	결합제
WA	46	J	4	V

⑥ 연삭숫돌의 기호

WA	60	K	m	V	1호	205	×	19	×	15.88
입 자	입 도	결합도	조 직	결합제	숫돌 모양	바깥 지름	×	두 께	×	구멍 지름

⑦ 숫돌의 결함 및 자생작업
  ㉠ 글레이징(Glazing, 눈무딤) : 연삭숫돌의 자생작용이 잘되지 않아 연삭입자가 납작해져서 무딤이 발생하여 연삭성이 나빠지는 현상이다. 발생원인은 연삭숫돌의 결합도가 클 때, 원주속도가 빠를 때, 공작물과 숫돌의 재질이 맞지 않을 때 발생하는데 이 현상으로 연삭숫돌에는 연삭열과 균열 그리고 재질이 변색된다.
  ㉡ 로딩(Loading, 눈메움) : 숫돌 표면의 기공에 칩이 메워져서 연삭성이 나빠지는 현상으로 조직이 치밀할 때, 숫돌의 원주속도가 너무 느릴 때, 기공이 너무 작을 때, 연성이 큰 재료를 연삭할 때 발생한다.
  ㉢ 드레싱(Dressing) : 눈메움이나 눈무딤 발생 시 절삭성 향상을 위해 연삭숫돌 표면의 숫돌입자를 제거하고, 새로운 절삭날을 숫돌 표면에 생성시켜 절삭성을 회복시키는 작업으로, 이때 사용하는 공구를 드레서라고 한다.
  ㉣ 트루잉 : 연삭숫돌은 작업 중 연삭숫돌이 균일하지 않거나 입자가 떨어져 나가면서 처음의 모양이 점차 변하게 되는데 이때 숫돌의 모양을 정확한 모양으로 수정하여 사용하는 작업으로, 주로 드레서를 사용하며 트루잉과 동시에 드레싱도 된다.

[연삭숫돌 구조, 입자탈락]   [글레이징(눈무딤)]

[로딩(눈메움)]

⑧ 연삭숫돌 입자의 종류

종류	입자 기호	특 징	경도 및 취성값
알루미나계	A	• 연한 갈색(흑갈색)의 알루미나 입자로 인장강도가 크다. • 일반 강 재료의 강력 연삭이나 절단작 업용으로 사용한다.	작다 ↑ ↓ 크다
	WA	• 담금질한 강의 다듬질에 사용한다. • 주성분인 산화알루미늄의 함유량은 99.5% 이상이다. • 순도가 높은 백색 알루미나의 인조입자를 원료로 하여 만든다.	
탄화규소계	C	• 주철, 자석 등 비철금속의 다듬질에 사용한다. • 흑자색 탄화규소로 인장강도가 매우 크며, 발열되면 안 된다. • 주철이나 칠드주물과 같이 경하고 취성이 많은 재료의 연삭에 적합하다.	
	GC	• 초경합금, 유리 등의 연삭에 사용한다. • 녹색의 탄화규소로 경도가 매우 높아서 발열되면 안 된다.	

⑨ 연삭숫돌의 검사
  ㉠ 음향검사
   • 결함이 없는 연삭숫돌은 맑은 소리가 난다.
   • 결함이 있는 연삭숫돌은 둔탁한 소리가 난다.
   • 지름이 작은 연삭숫돌은 손으로 구멍을 잡고 검사한다.
   • 지름이 큰 것은 바닥에 세우거나 줄로 매단 후 고무해머를 내리쳐서 검사한다.
   • 고무해머로 때렸을 때 울림이 없거나 둔탁한 소리가 나면 균열이 생긴 숫돌이다.
  ㉡ 회전시험
   • 변속회전시험기에 연삭숫돌을 설치한 후 사용 회전수의 1.5배에서 3~5분 동안 회전시험을 한다.
   • 숫돌커버를 장착하고 시험하며 연삭숫돌의 정면에 서지 않는다.

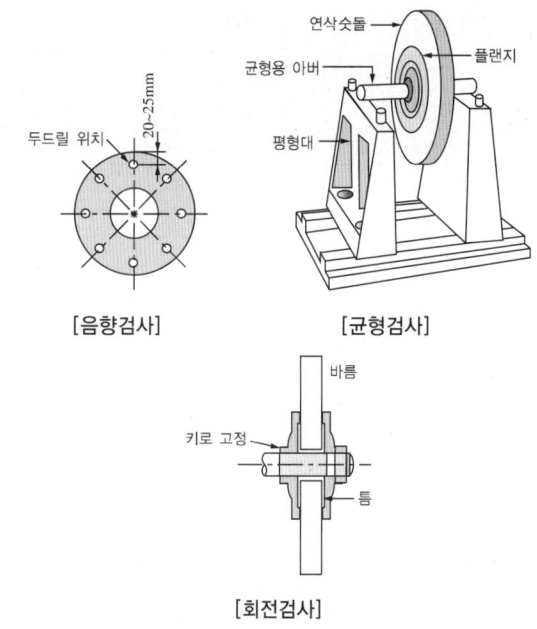

[음향검사]   [균형검사]

[회전검사]

  ㉢ 연삭숫돌 검사 순서 : 연삭숫돌은 먼저 눈으로 외관검사를 하여 균열과 결함 유무를 점검한 후 음향검사를 실시한다. 최종적으로 회전검사를 실시한다(외관검사 → 음향검사 → 회전검사).

⑩ 연삭숫돌 입자 중에서 천연입자와 인공입자

천연입자	석 영
	커런덤
	다이아몬드
인공입자	알루미나(Al_2O_3)
	탄화규소(SiC)
	알록사이트
	카보런덤
	탄화붕소

⑪ 연삭숫돌의 연삭조건과 입도(Grain Size)
  ㉠ 연하고 연성이 있는 재료의 연삭 : 거친 입도
  ㉡ 경도가 높고 메진 일감의 연삭 : 고운 입도
  ㉢ 숫돌과 일감의 접촉면이 작을 때 : 고운 입도
  ※ 숫돌과 가공물의 접촉 면적이 클 때의 연삭 시 : 거친 입도의 연삭숫돌 선택

⑫ 연삭숫돌의 결합제 및 기호

결합제 종류		기 호
레지노이드	Resinoid	B
비트리파이드	Vitrified	V
고 무	Rubber	R
비 닐	Poly Vinyl Alcohol	PVA
셸락(천연수지)	Shellac	E
금 속	Metal	M

⑬ 공구 연삭기의 종류

종 류	특 징
드릴 연삭기	드릴의 날 끝각을 정확하게 연삭하기 위해 사용하는 드릴 전용 연삭기
바이트(커터) 연삭기	밀링커터와 같은 절삭공구를 연삭하는 연삭기이다.
만능 공구 연삭기	다양한 부속장치를 사용하여 드릴, 리머, 밀링커터, 호브 등을 연삭할 수 있는 연삭기로 정밀도가 높다.
초경공구 연삭기	경도가 다이아몬드에 가까울 정도로 높으며 고온에서도 내산화성이 뛰어나 고속으로 중절삭작업을 할 수 있는 초경공구의 연삭이 가능한 연삭기이다.

⑭ 공구연삭기로 연삭하는 절삭공구의 종류

　㉠ 드 릴
　㉡ 바이트
　㉢ 밀링커터

⑮ 연삭가공 시 떨림의 발생원인

　㉠ 숫돌축이 편심져 있을 때
　㉡ 숫돌의 결합도가 너무 클 때
　㉢ 숫돌의 평형 상태가 불량할 때

⑯ 연삭가공에서 숫돌바퀴의 회전수(N) 구하는 식

$$N = \frac{1{,}000v}{\pi d} (\text{rpm})$$

여기서, v : 연삭속도(m/min)
　　　　d : 공작물의 지름(mm)
　　　　N : 숫돌바퀴(주축)의 회전수(rpm)

⑰ 그라인딩

그라인더를 사용하여 연마석을 회전시켜 공작물의 표면을 깎는 작업이다.

[핸드 그라인더]

⑱ 숫돌바퀴를 다룰 때 유의사항

　㉠ 고무해머로 두드려 음향검사를 한다.
　㉡ 숫돌바퀴를 굴리거나 쓰러뜨리지 않는다.
　㉢ 연삭숫돌을 보관할 때는 목재로 된 보관함에 보관한다.
　㉣ 제조 후 사용 회전수의 1.5~2배의 속도로 회전시켜 안전성 검사를 한다.

⑲ 연삭액

　㉠ 연삭액의 구비조건
　　• 냉각성이 우수할 것
　　• 인체에 해가 없을 것
　　• 화학적으로 안정될 것
　　• 거품이 발생하지 않을 것
　㉡ 연삭액의 역할
　　• 눈메움 방지와 공작물에 부착한 절삭칩을 씻어낸다.
　　• 연삭열을 흡수하고 제거시켜 공작물의 온도를 저하시킨다.
　　• 방청제가 포함되어 연삭가공면을 보호하고 연삭기의 부식을 방지한다.

⑳ 연삭기의 안전장치

　㉠ 회전 중에 연삭숫돌이 파괴될 것을 대비하여 설치하는 안전요소 : 덮개

ⓒ 연삭형 칩 브레이커의 종류
- 평행형
- 각도형
- 홈 달린형

㉑ 크리프 피드 연삭(Creep Feed Grinding)

기존 평면연삭법에 비해 절삭 깊이를 크게 하고 1회에서 수번의 테이블 이송으로 연삭 다듬질을 하는 방법으로, 숫돌 형상의 변화가 작고 연삭능률이 높아서 주로 성형연삭에 응용된다.

※ 기출문제에서는 그립피드연삭으로 출제되지만 정식 명칭은 크리프 피드 연삭(Creep Feed Grinding)이다.

핵심예제

센터리스 연삭의 특성에 대한 설명으로 틀린 것은?

[2010년 2회]

① 중공(中空)의 가공물 연삭이 곤란하다.
② 연삭작업에 숙련을 요구하지 않는다.
③ 연삭 여유가 작아도 된다.
④ 연삭숫돌의 폭이 크므로 연삭숫돌 지름의 마멸이 적다.

|해설|

센터리스 연삭은 중공의 가공물 연삭도 가능하다.

정답 ①

핵심이론 08 보링가공

① 보링가공의 정의

드릴링이나 단조, 주조 등으로 이미 뚫려 있는 구멍의 내부를 더욱 정밀하게 확대 가공하는 작업으로 드릴링이나 리밍, 나사 깎기, 태핑 등의 작업도 가능하다.

② 보링머신의 구조에 따른 분류

종류	특징
수직 보링머신	스핀들이 수직으로 설치되어 있으며, 이 스핀들은 안내면을 따라 이송된다. 공구 위치는 크로스 레일 공구대에 의해 조절되며, 베드 위에 회전 테이블이 수평으로 설치되어 있어서 공작물은 그 위에 설치한다.
수평 보링머신	보통 보링머신으로 가장 널리 사용된다.
지그 보링머신	주축대의 위치를 정밀하게 하기 위하여 나사식 측정장치, 다이얼게이지, 광학적 측정장치를 갖추고 있는 공작기계로, 높은 정밀도를 요구하는 가공물이나 지그, 정밀기계의 구멍가공에 사용한다. 온도 변화에 영향을 받지 않도록 항온항습실에 설치해야 한다.
코어 보링머신	판재나 포신 등 큰 구멍을 가공하는 데 적합하다.
정밀 보링머신	고속회전이 가능하고 정밀한 이송기구를 갖추고 있어서 정밀도가 높은 가공이 가능해서 표면거칠기가 우수하다. 실린더나 커넥팅 로드, 베어링면의 가공에 사용한다.

③ 수평 보링머신의 종류 및 특징

종류	특징	형상
테이블형 (Table Type)	테이블이 새들의 안내면 위를 스핀들과 평행하거나 수직 방향으로 이동한다.	이송기구
플로어형 (Floor Type)	공작물이 크고 테이블형에서 가공하기 곤란한 것을 가공한다. 주축대는 칼럼을 따라 상하로 움직이고, 칼럼은 베드 위를 전후로 이송하여 스핀들의 위치를 정한다.	이송기구

종류	특징	형상
플레이너형 (Planer Type)	테이블형과 유사하나, 테이블을 지지하는 새들이 없고 길이 방향으로의 이송은 베이스의 안내면을 따라 칼럼이 이동하기 때문에 중량이 큰 가공물을 가공하기에 가장 적합한 구조이다.	
이동형 (Portable Type)	보링머신을 공작물에 가까이 이동하여 작업을 편리하게 하는 것으로, 조립이 완료된 큰 기계의 수리나 가공된 구멍에 맞추어 연결 작업을 하는 데 적합하다.	

④ 보링머신에서 구멍가공 시 사용하는 절삭공구
  ㉠ 보링 바
  ㉡ 보링 바이트

핵심예제

보링머신에서 사용되는 공구는? [2020년 3회]
① 엔드밀   ② 정면 커터
③ 아 버   ④ 바이트

|해설|
보링머신에서는 보링 바이트를 사용해서 내경의 정밀도를 향상시킨다.

[보링 바이트(보링 바)]

정답 ④

핵심이론 09 정밀입자가공 및 특수가공

① 표면의 가공 정밀도가 높은 순서

  래핑 > 슈퍼피니싱 > 호닝 > 연삭

② 호닝(Horning)가공
드릴링, 보링, 리밍 등으로 1차 가공한 재료를 더욱 정밀하게 연삭가공하는 가공법으로, 각봉상 세립자로 만든 공구를 공작물에 스프링이나 유압으로 접촉시키면서 회전운동과 왕복운동을 주어 매끈하고 정밀하게 가공하여 내연기관의 실린더와 같은 구멍의 진원도와 진직도, 표면거칠기를 향상시키기 위한 가공방법

  ㉠ 호닝가공의 특징
  • 표면거칠기를 좋게 한다.
  • 정밀한 치수로 가공할 수 있다.
  • 발열이 적고 경제적인 정밀가공이 가능하다.
  • 전 가공에서 발생한 진직도, 진원도, 테이퍼 등에 발생한 오차를 수정할 수 있다.

  ㉡ 액체호닝의 정의 : 연마제를 가공액과 혼합하여 가공물 표면에 압축공기를 이용하여 고압으로 분사시켜 가공물의 표면과 충돌시켜 가공하는 입자가공법이다.

  ㉢ 액체호닝의 특징
  • 가공시간이 짧다.
  • 피닝효과가 있다.
  • 형상이 복잡한 것도 쉽게 가공한다.
  • 공작물 표면의 산화막이나 거스러미(Burr)를 제거하기 쉽다.

③ 래핑(Lapping)가공
주철이나 구리, 가죽, 천 등으로 만들어진 랩(Lap)과 공작물의 다듬질할 면 사이에 랩제를 넣고 적당한 압력으로 누르고 상대운동을 시켜 입자가 공작물의 표면으로부터 극히 미량의 칩을 깎아내어 표면을 다듬는 가공으로 정밀가공법에 속한다. 게이지블록의 측정면 가공에 사용한다.

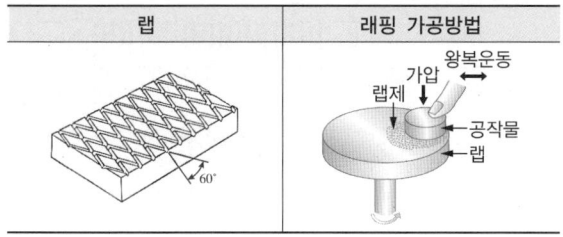

- ㉠ 래핑가공의 특징
  - 정밀도가 높은 제품을 가공한다.
  - 가공면이 매끈하고 내마모성이 좋다.
  - 가공 후에 랩제가 남아 있지 않다.
  - 강철을 래핑할 때는 주철이 널리 이용된다.
  - 랩 재료는 반드시 공작물보다 연한 것을 사용한다.
  - 경질합금의 래핑은 다이아몬드로 하면 안 된다.
  - 주철로 강철을 래핑할 때 석유를 혼합해서 사용한다.
- ㉡ 래핑가공에 사용되는 랩제의 종류
  - 산화철(Fe_2O_3)
  - 탄화규소(SiC)
  - 알루미나(Al_2O_3)
  - 산화크롬(Cr_2O_3)
- ㉢ 랩제의 입도 : #240~1,000
- ㉣ 기계 래핑의 랩의 재료 : 주철이 일반적이나 보통 강, 황동, 주석, 납 등도 사용된다.
- ㉤ 습식 래핑액 : 경유, 석유, 광유, 물, 올리브유, 종유 등 점성이 작은 식물성 기름을 랩제와 혼합해 사용한다.

④ 슈퍼피니싱(Super Finishing)

입도가 미세하고 재질이 연한 숫돌입자를 낮은 압력으로 공작물의 표면에 접촉시켜 압력을 가하면서 수백~수천의 진동과 수 mm의 진폭으로 진동하면서 공작물에 이송을 주고 숫돌을 좌우로 진동시키면서 왕복운동을 하는데, 이때 공작물은 회전하고 있기 때문에 공작물의 전 표면은 균일하고 매끈하게 고정밀도로 다듬질된다.

㉮ 시계 유리에 긁힌 자국을 없애기 위한 문지름작업을 완료한 후 남아 있는 흔적을 없애고자 할 때 슈퍼피니싱을 사용한다.

- ㉠ 슈퍼피니싱의 특징
  - 가공에 의한 변질층의 두께가 매우 작다.
  - 다듬질된 면은 평활하고 방향성이 없다.
  - 입도와 결합도가 작은 입자로 된 숫돌로 연마한다.
  - 치수 변화를 위한 것이기보다 고정밀도의 표면을 얻는다.
  - 진폭이 수 mm이고 진동수가 매분 수백~수천의 값을 가진다.
  - 다듬질 표면은 마찰계수가 작고, 내마멸성과 내식성이 우수하다.
  - 원통형의 가공물 외면과 내면, 평면의 정밀 다듬질이 가능하다.
  - 정밀롤러, 볼베어링의 레이스, 게이지 등의 정밀 다듬질에 이용된다.
  - 가공열의 발생이 적고 가공 변질층도 작아 가공면의 특성이 양호하다.

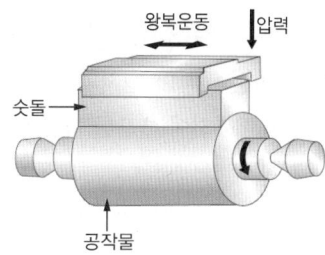

- ㉡ 슈퍼피니싱 가공용 연삭액 : 경유, 스핀들유, 기계유가 사용되며, 유화유는 사용되지 않는다.

⑤ 버핑가공

모, 면직물, 펠트 등을 여러 장 겹쳐서 적당한 두께의 원판을 만든 후 이것을 회전시키고 여기에 미세한 연삭입자가 혼합된 윤활제를 사용하여 공작물의 표면을 매끈하고 광택 나게 만드는 가공방법이다.

- ㉠ 버핑가공의 사용목적
  - 공작물의 표면을 광택 내기 위하여
  - 공작물의 표면을 매끈하게 하기 위하여

- 정밀도를 요하는 가공보다 외관을 좋게 하기 위하여
- 표면을 연마하는 폴리싱작업이 끝난 재료의 표면을 다듬질하기 위하여

⑥ 배럴가공

회전하는 통 속에 가공물과 숫돌입자, 가공액, 콤파운드 등을 함께 넣어 회전시킴으로써 가공물이 입자와 충돌하는 동안에 그 표면의 요철을 제거하여 매끈한 가공면을 얻는 가공방법

⑦ 전주가공

도금을 응용한 방법으로, 모델을 음극에, 전착시킨 금속을 양극에 설치하고 전해액 속에서 전기를 통전하여 적당한 두께로 금속을 입히는 가공방법

⑧ 버니싱(Burnishing)

1차로 가공된 가공물의 안지름보다 다소 큰 강구를 원통 구멍에 압입시켜 구멍의 표면을 가압 다듬질하는 방법으로, 특히 구멍의 모양이 이상한 것(직사각형 구멍, 기어의 키 구멍 등)의 다듬질에 알맞은 가공방법

⑨ 텀블링

회전하는 상자에 공작물과 숫돌입자, 공작액, 콤파운드 등을 함께 넣어 공작물이 입자와 충돌하는 동안에 그 표면의 요철을 제거하여 매끈한 가공면을 얻는 가공법

⑩ 화학적 가공의 특징
  ㉠ 강도나 경도에 관계없이 사용할 수 있다.
  ㉡ 가공경화나 표면변질층이 생기지 않는다.
  ㉢ 복잡한 형상과 관계없이 표면 전체를 한 번에 가공할 수 있다.

⑪ 브로칭(Broaching)가공

가늘고 긴 일정한 단면 모양의 많은 날을 가진 브로치라는 절삭공구를 일감 표면이나 구멍에 누르면서 통과시켜 단 1회의 공정으로 절삭가공을 하는 것으로, 구멍 안에 키 홈, 스플라인 홈, 다각형의 구멍을 가공할 수 있다. 이 가공에 이용되는 브로치의 압입방식에는 나사식, 기어식, 유압식이 있다.

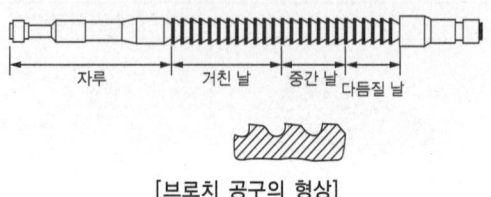

[브로치 공구의 형상]

㉠ 브로치의 구조
  • 자루부
  • 절삭부
  • 안내부

㉡ 브로칭머신 : 제품의 형상과 모양, 크기, 재질에 따라 제작된 공구로서 압입 또는 인발에 의한 가공방법으로 대량 생산에 적합하다.

㉢ 브로칭(Broaching)가공의 특징
  • 키 홈이나 스플라인 홈 등을 가공하는 데 사용한다.
  • 절삭 깊이가 너무 작으면 인선의 마모가 증가한다.
  • 가공 홈의 모양이 복잡할수록 느린 속도로 가공한다.
  • 브로치의 압입방법에는 나사식, 기어식, 유압식이 있다.
  • 제작과 설계에 시간이 소요되며 공구의 값이 고가이다.
  • 절삭량이 많고 길이가 길 때에는 절삭날의 수를 많게 한다.
  • 각 제품별로 형상이 달라 수많은 브로치 제작이 불편하다.
  • 브로치는 떨림을 방지하기 위하여 피치의 간격을 다르게 한다.

㉣ 브로칭가공의 장점 및 단점

장 점	단 점
• 가공시간이 짧다. • 다듬질면이 균일하다. • 복잡한 단면의 가공이 용이하며, 단 1회에 가공을 완료할 수 있다.	• 브로치 제작에 많은 시간이 걸린다. • 일감의 모양에 따라 브로치를 만들어야 한다. • 공구값이 비싸서 일정량 이상의 대량 생산에 이용된다.

ⓜ 브로칭머신의 크기
  - 최대 인장력
  - 브로치의 최대 행정 길이
ⓑ 브로칭 머신에 사용하는 절삭공구 브로치의 피치 간격을 일정하게 하지 않는 이유는 떨림을 방지하기 위해서이다.
ⓢ 브로치 절삭날의 피치 구하는 식

$$P = C\sqrt{L}$$

ⓞ 브로칭머신에서 브로치의 인발 또는 압입방법
  - 나사식
  - 기어식
  - 유압식

⑫ 초음파가공용 연삭입자의 재질
  ㉠ 알루미나계
  ㉡ 탄화규소계
  ㉢ 탄화붕소계
  ㉣ 다이아몬드계

핵심예제

9-1. 일감에 회전운동과 이송을 주며, 숫돌을 일감 표면에 약한 압력으로 눌러 대고 다듬질할 면에 따라 매우 작고 빠른 진동을 주어 가공하는 방법은? [2017년 1회]

① 래 핑   ② 드레싱
③ 드릴링 ④ 슈퍼피니싱

9-2. 배럴가공 중 가공물의 치수 정밀도를 높이고, 녹이나 스케일 제거의 역할을 하기 위해 혼합되는 것은? [2020년 1·2회 통합]

① 강 구   ② 맨드릴
③ 방진구 ④ 미디어

9-3. 게이지블록 등의 측정기 측정면과 정밀기계 부품, 광학렌즈 등의 마무리 다듬질 가공방법으로 가장 적절한 것은? [2020년 1·2회 통합]

① 연 삭   ② 래 핑
③ 호 닝   ④ 밀 링

|해설|

9-1
슈퍼피니싱(Super Finishing) : 입도와 결합도가 작은 숫돌을 공작물에 가볍게 누르고 매 분당 수백 ~ 수천의 진동과 수 mm의 진폭으로 진동하며 왕복운동을 하면서 공작물을 회전시켜 가공면을 단시간에 매우 평활한 면으로 다듬는 가공방법

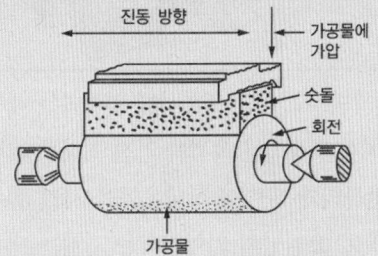

9-2
배럴가공에 사용되는 절삭입자를 미디어(Media)라고 한다. 배럴가공은 배럴이라는 상자에 가공물과 가공액, 연삭입자인 미디어를 넣고 회전시키면서 공작물에 부착된 녹이나 스케일 등을 제거한다.

9-3
래핑가공은 미세 숫돌입자인 랩제로 공작물을 미세하게 깎는 가공법으로, 측정용 기기의 가공 및 마무리 작업용으로 적합하다.

정답 9-1 ④ 9-2 ④ 9-3 ②

핵심이론 10 기어가공

① 기어 절삭방법

종류	형상
총형커터에 의한 방법	(치형 밀링커터, 기어 소재)
형판에 의한 방법	(기어 소재, 공구대, 공구, 안내봉, 형판, 형판 지지대, 테이블)
창성법	(피니언 커터, 기어 소재)
호빙머신(호브)에 의한 절삭	(기어 소재, 호브)

㉠ 창성법 : 절삭되는 기어와 정확하게 맞물리는 래크나 기어의 치형과 동일한 윤곽을 가진 커터를 피절삭기어와 맞물리게 하면서 상대운동을 시켜 절삭하는 방법으로, 오늘날의 기어절삭용 기계는 대부분 이 방식을 사용한다. 단, 인벌류트 치형을 정확히 가공할 수 있다.
- 창성법의 종류
  - 래크커터에 의한 방법 : 마그식 기어 셰이퍼
  - 피니언커터에 의한 방법 : 펠로스식 기어 셰이퍼
  - 호브에 의한 방법 : 호빙머신

㉡ 형판법 : 기어 이의 모양을 한 형판을 모방하여 바이트를 움직여서 이를 절삭하는 방법이다.

② 기어가공에 사용되는 공구와 공작기계

공구	공작기계
래크커터	마그식 기어 셰이퍼
피니언커터	펠로스식 기어 셰이퍼
호브	호빙머신
총형커터	밀링머신

③ 호빙머신의 특징
㉠ 호빙머신의 차동장치는 헬리컬기어를 절삭가공할 때 사용한다.
㉡ 호빙머신의 이송은 기어 소재의 1회전에 대하여 호브의 피드로 나타낸다.
㉢ 호빙머신에서 가공되는 기어 피치의 정밀도는 웜 및 웜기어의 정밀도에 의해 좌우된다.

④ 기어 셰이퍼(Gear Shaper)
기어를 가공하는 공작기계로 피니언 공구 또는 래크형 공구를 왕복운동시켜 기어 소재와 공구에 적당한 이송을 주면서 가공한다.

핵심예제

기어가공을 위해 사용되는 공구가 아닌 것은? [2010년 2회]
① T홈커터
② 피니언커터
③ 호 브
④ 래크커터

|해설|
T홈커터는 밀링에서 T홈 가공을 위해 사용하는 공구이다.

정답 ①

핵심이론 11 방전가공
(EDM ; Electric Discharge Machine)

① 방전가공의 정의

전극과 공작물 사이에 일어나는 불꽃 방전에 의하여 재료를 조금씩 용해시켜서 제거하는 방법으로, 가공속도가 느린 것이 특징이다(EDM이나 SPED를 약자로 사용한다).

② 방전가공의 특징
- ㉠ 전극이 소모된다.
- ㉡ 가공속도가 느리다.
- ㉢ 열변형이 작아서 가공 정밀도가 우수하다.
- ㉣ 강한 재료와 담금질 재료의 가공도 용이하다.
- ㉤ 간단한 전극만으로도 복잡한 가공을 할 수 있다.
- ㉥ 전극으로 구리, 황동, 흑연을 사용하므로 성형성이 용이하다.
- ㉦ 아크릴과 같이 전기가 잘 통하지 않는 재료는 가공할 수 없다.
- ㉧ 미세한 구멍, 얇은 두께의 재질을 가공해도 변형이 생기지 않는다.

③ 방전가공에서 전극재료의 조건
- ㉠ 공작물보다 경도가 낮을 것
- ㉡ 방전이 안전하고 가공속도가 클 것
- ㉢ 기계가공이 쉽고 가공 정밀도가 높을 것
- ㉣ 가공에 따른 가공전극의 소모가 적을 것
- ㉤ 가공을 쉽게 하게 위해서 재질이 연할 것
- ㉥ 재료의 수급이 원활하고 가격이 저렴할 것

④ 방전가공이 가능한 재료

경질합금으로 탄소공구강, 합금공구강, 고속도강, 초경합금, 스테인리스강, 다이아몬드 등이 있다.

⑤ 방전가공이 불가능한 재료

방전가공은 일반적으로 공구에 (+)전극을, 공작물에는 (-)전극을 연결한 후 가공하기 때문에 전기가 잘 통하지 않는 아크릴과 같은 재료는 가공이 불가능하다.

⑥ 와이어 컷 방전가공에서 2차(세컨드 컷) 가공의 목적
- ㉠ 표면거칠기 향상
- ㉡ 면조도의 향상과 가공면의 연화층 제거
- ㉢ 1차 가공 후 다듬질 여유분 가공
- ㉣ 가공물의 내부 응력 제거(개방) 후 형상 수정
- ㉤ 코너부의 형상 에러 수정 및 가공면의 진직 정도의 수정
- ㉥ 다이 형상의 돌기 부분을 제거함으로써 표면의 진직 정도 향상

핵심예제

11-1. 방전가공의 일반적인 특징으로 틀린 것은? [2019년 1회]
① 열변형이 작아 가공 정밀도가 우수하다.
② 전극으로는 구리, Graphite 등을 사용하므로 성형이 용이하다.
③ 전극이 소모된다.
④ 강한 재료, 담금질한 재료, 가공경화되기 쉬운 재료, 부도체 등의 가공이 용이하다.

11-2. 와이어 컷 방전가공에서 세컨드 컷(Second Cut)을 실시함으로써 얻을 수 있는 주된 효과는? [2017년 1회]
① 다이 형상의 돌기부분을 제거할 수 있다.
② 이온교환수지의 수명을 연장한다.
③ 와이어를 절약할 수 있다.
④ 가공시간을 줄일 수 있다.

| 해설 |

11-1

방전가공의 특징
- 전극이 소모된다.
- 가공속도가 느리다.
- 열변형이 작아서 가공 정밀도가 우수하다.
- 강한 재료와 담금질 재료의 가공도 용이하다.
- 간단한 전극만으로도 복잡한 가공을 할 수 있다.
- 전극으로 구리, 황동, 흑연을 사용하므로 성형성이 용이하다.
- 아크릴과 같이 전기가 잘 통하지 않는 재료는 가공할 수 없다.
- 미세한 구멍, 얇은 두께의 재질을 가공해도 변형이 생기지 않는다.

11-2

와이어 컷 방전가공에서 2차(세컨드 컷) 가공은 1차 가공 후 다듬질 여유분인 다이 형상의 돌기부를 제거할 수 있다.

와이어 컷 방전가공에서 2차(세컨드 컷) 가공의 목적
- 표면거칠기 향상
- 다이 형상에서의 돌기 부분을 제거
- 면조도의 향상과 가공면의 연화층 제거
- 1차 가공 후 다듬질 여유분을 가공
- 가공물의 내부응력 제거(개방) 후 형상 수정
- 코너부의 형상 에러 수정 및 가공면의 진직 정도의 수정

정답 11-1 ④ 11-2 ①

핵심이론 12 전해연마 및 전해연삭

① **전해연마(Electrolytic Polishing) 가공의 정의**
전기도금과 반대 현상을 이용한 가공법으로, 알루미늄 소재 등 거울과 같이 광택이 있는 가공면을 비교적 쉽게 가공할 수 있다. 드릴의 홈, 주사침, 반사경 및 시계의 기어 등을 다듬질하는 데 응용된다.

② **전기도금과 전해연마의 차이점**
전기도금은 가공물의 표면에 도금물질을 입히는 것이고, 전해연마 가공은 가공층을 제거하거나 거울과 같은 광택면을 얻고자 할 때 사용한다.

③ **전해연마(Electrolytic Polishing)가공의 특징**
㉠ 가공 변질층이 없다.
㉡ 가공면에 방향성이 없다.
㉢ 내마모성, 내부식성이 좋다.
㉣ 표면이 깨끗해서 도금이 잘된다.
㉤ 복잡한 형상의 공작물도 연마가 가능하다.
㉥ 공작물의 형상을 바꾸거나 치수 변경에는 적합하지 않다.
㉦ 알루미늄, 구리합금과 같은 연질 재료의 연마도 비교적 쉽다.
㉧ 치수의 정밀도보다는 광택의 거울면을 얻고자 할 때 사용한다.
㉨ 철강재료와 같이 탄소를 많이 함유한 금속은 전해연마가 어렵다.
㉩ 연마량이 적어 깊은 홈은 제거가 되지 않으며 모서리가 둥글게(라운딩) 된다.
㉪ 가공층이나 녹, 공구 절삭 자리의 제거, 공구 날 끝의 연마, 표면처리에 적합하다.

④ **전해연삭가공의 특징**
㉠ 정밀도는 기계연삭보다 낮다.
㉡ 경도가 큰 재료일수록 연삭능률이 기계연삭보다 높다.
㉢ 박판이나 형상이 복잡한 공작물의 변형 없이 연삭할 수 있다.
㉣ 연삭저항이 작아 연삭열 발생이 적고 숫돌 수명이 길다.

제2절 | 손다듬질 가공

핵심이론 01 손다듬질 가공

① 손 다듬질 가공의 종류
  ㉠ 해머링
  ㉡ 줄작업(Filling)
  ㉢ 스크레이핑

② 탭가공
  ㉠ 핸드 탭의 종류별 가공량 : 일반적으로 3개가 1조이다. 다음과 같이 번호 순서대로 작업을 진행한다.

1번 탭	55%으로 황삭
2번 탭	25%으로 중삭
3번 탭	20%가공 정삭

  ㉡ 탭의 파손원인
    • 가공속도가 빠른 경우
    • 탭이 경사지게 들어간 경우
    • 탭 재질의 경도가 낮을 경우
    • 탭이 구멍 바닥에 부딪쳤을 경우

③ 연강을 쇠톱으로 절단하는 방법
  ㉠ 쇠톱을 앞으로 밀 때 균등한 절삭압력을 준다.
  ㉡ 쇠톱작업을 할 때 톱날의 전체 길이를 사용한다.
  ㉢ 쇠톱으로 절단할 때 톱날의 왕복 횟수는 1분에 약 50~60회가 적당하다.
  ㉣ 쇠톱은 전방으로 밀 때 재료가 잘리기 때문에 돌아올 때는 힘을 가하지 않는다.

④ 금긋기 작업을 위해 사용하는 공구
  ㉠ V블록
  ㉡ 캘리퍼스
  ㉢ 컴퍼스
  ㉣ 하이트게이지
  ㉤ 서피스게이지

⑤ 스크레이퍼
  공작기계로 가공된 평탄한 면을 더욱 정밀하게 다듬질하는 공구로, 공작기계의 베드, 미끄럼면, 측정용 정밀선반 등 최종 마무리 가공에 사용되는 수공구이다.

⑥ 센터펀치의 특징
  ㉠ 펀치의 선단은 열처리를 한다.
  ㉡ 드릴로 구멍을 뚫을 자리 표시에 사용한다.
  ㉢ 펀치의 선단을 목표물에 수직으로 고정하고 펀칭한다.
  ㉣ 구멍 뚫기 위한 드릴의 위치 표시용 : 90°, 연한 금속의 금긋기용 : 30~60°

⑦ 나사가공용 공구
  ㉠ 암나사가공 : 탭
  ㉡ 수나사가공 : 다이스

 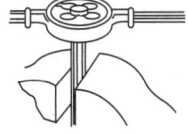

[다이스]

핵심예제

핸드 탭은 일반적으로 몇 개가 1조로 되어 있는가?

[2010년 4회]

① 2개 ② 3개
③ 4개 ④ 5개

|해설|

핸드 탭은 일반적으로 3개가 1조이다.

1번 탭	55% 황삭
2번 탭	25% 중삭
3번 탭	20% 가공 정삭

정답 ②

제3절 | 작업 안전 및 재해

핵심이론 01 기계작업 중 안전사항

① 일반적인 기계작업 시 안전사항
  ㉠ 선반작업 시 보호안경을 착용한다.
  ㉡ 사용 전 기계와 기구를 점검한다.
  ㉢ 절삭공구는 기계를 정지시키고 교환한다.
  ㉣ 기계 위에 공구나 재료를 올려놓지 않는다.

② 공작기계 작업 시 안전사항
  ㉠ 작업 중 보안경과 안전화를 착용한다.
  ㉡ CNC 방전가공 시에는 감전에 유의한다.
  ㉢ CNC 선반 공작물은 무게중심을 맞춰야 안전하다.
  ㉣ 바이트 자루는 가능한 한 굵고 짧은 것을 사용한다.
  ㉤ CNC 선반작업 시 작업문은 반드시 닫아 놓고 작업한다.
  ㉥ 항상 비상 버튼을 누를 수 있도록 염두에 두어야 한다.
  ㉦ 강전반 및 CNC 유닛은 어떠한 충격도 주지 말아야 한다.
  ㉧ 기계 주위는 항상 밝게 하여 작업하며 건조하게 유지한다.
  ㉨ 기계 청소 후 측정기와 공구를 정리하고 전원을 차단한다.
  ㉩ 기계의 움직이는 부위에는 공구나 기타 물건을 올려놓지 않는다.

③ 선반작업 시 안전사항
  ㉠ 선반을 점검할 때는 장갑을 끼지 않는다.
  ㉡ 연속된 칩은 쇠솔을 사용해서 제거한다.
  ㉢ 기계 위에 공구나 재료를 올려놓지 않는다.
  ㉣ 가동 전에 주유 부분에 반드시 주유한다.
  ㉤ 절삭공구의 장착은 가능한 한 짧게 고정시킨다.
  ㉥ 선반이 가동될 때에는 자리를 이탈하지 않는다.
  ㉦ 자동이송을 할 때는 기계를 정지시키지 않는다.
  ㉧ 가공물 측정이나 속도 변환은 기계를 정지시키고 한다.
  ㉨ 연속적으로 생성되는 칩은 칩 제거용 기구를 사용하여 제거한다.

④ 밀링가공 작업 중 갑자기 정전되었을 때의 안전사항
  ㉠ 경우에 따라 메인 스위치를 끈다.
  ㉡ 절삭공구는 공작물에서 떼어놓는다.
  ㉢ 기계에 부착된 스위치를 즉시 끈다.

⑤ 밀링작업 시 안전사항
  ㉠ 칩 커버를 반드시 설치한다.
  ㉡ 기계 가동 중에는 자리를 이탈하지 않는다.
  ㉢ 가공물을 바른 자세에서 단단하게 고정한다.
  ㉣ 밀링으로 절삭한 칩은 날카로우므로 주의하여 청소한다.
  ㉤ 절삭공구나 가공물을 설치할 때는 반드시 전원을 끈다.
  ㉥ 주축속도를 변속시킬 때는 반드시 주축이 정지한 후 변환한다.
  ㉦ 가동 전에 각종 레버, 자동이송, 급속이송장치 등을 반드시 점검한다.
  ㉧ 정면커터로 절삭 시 시선은 커터 날 끝 45°의 대각선 방향에서 떨어져서 한다.

⑥ 연삭가공 시 안전사항
  ㉠ 숫돌 덮개를 설치한다.
  ㉡ 숫돌을 정확하게 고정시킨다.
  ㉢ 사용 전 3분 이상 공회전시킨다.
  ㉣ 가공 중 정면에 서지 않는다.
  ㉤ 연삭숫돌 측면에서 연삭하지 않는다.
  ㉥ 연삭작업 시 보안경을 반드시 착용한다.
  ㉦ 양쪽의 숫돌의 입도는 다른 것을 설치해도 된다.
  ㉧ 나무해머로 숫돌을 가볍게 두들겨 음향검사를 한다.
  ㉨ 받침대와 숫돌의 간격은 3mm 이내로 유지해야 한다.
  ㉩ 숫돌바퀴는 제조 후 사용할 원주속도의 1.5~2배 정도의 안전검사를 한다.

⑦ 드릴작업 시 안전사항
  ㉠ 장갑을 끼고 작업하지 않는다.
  ㉡ 가공물을 손으로 잡고 드릴링하지 않는다.
  ㉢ 드릴은 흔들리지 않게 정확하게 고정해야 한다.
  ㉣ 구멍 뚫기가 끝날 때는 이송속도를 느리게 한다.
  ㉤ 얇은 판의 구멍 뚫기에는 보조 나무판을 사용한다.
  ㉥ 드릴작업은 시작할 때보다 끝날 때 이송을 느리게 한다.
  ㉦ 지름이 큰 드릴을 사용할 때는 바이스를 테이블에 고정한다.
  ㉧ 드릴은 사용 전에 점검하고 마모나 균열이 있는 것은 사용하지 않는다.
  ㉨ 드릴이나 드릴 소켓을 뽑을 때는 드릴 뽑기와 같은 전용공구를 사용하고 해머 등으로 두드리지 않는다.
  ㉩ 드릴은 칩 배출이 어려워서 드릴의 지름이 커질수록 속도는 느리게 해야 한다.

⑧ 해머작업 시 안전수칙
  ㉠ 자기 체중에 비례해서 선택한다.
  ㉡ 담금질된 재료는 함부로 두드리지 않는다.
  ㉢ 자기 역량에 맞는 것을 선택해서 사용한다.
  ㉣ 장갑이나 기름이 묻은 손으로 자루를 잡지 않는다.
  ㉤ 쐐기를 박아서 해머의 머리가 빠지지 않는 것을 사용한다.
  ㉥ 해머의 타격면이 넓어진 것은 변형된 것이므로 사용하지 않는다.

⑨ 공구를 안전하게 취급하는 방법
  ㉠ 공구는 사용 후 공구함에 보관한다.
  ㉡ 공구는 기계나 재료 위에 올려놓지 않는다.
  ㉢ 모든 공구는 작업에 적합한 공구를 사용한다.
  ㉣ 불량 공구는 반납하고, 함부로 수리해서 사용하지 않는다.

⑩ 드라이버 사용 시 유의사항
  ㉠ 크기가 작은 공작물은 바이스로 고정 후 사용한다.
  ㉡ 드라이버 날 끝이 홈의 폭과 길이가 같은 것을 사용한다.
  ㉢ 드라이버 날 끝이 수평이어야 하며 둥글거나 빠진 것을 사용하지 않는다.
  ㉣ 전기작업 시 금속 부분이 자루 밖으로 나와 있지 않은 절연된 자루를 사용한다.

⑪ 수기가공 시 안전수칙
  ㉠ 스패너는 가급적 손잡이가 긴 것이 좋다.
  ㉡ 스패너의 자루에 파이프 등을 연결하지 않는다.
  ㉢ 톱날은 틀에 끼워 두세 번 사용한 후 다시 조정을 하고 절단한다.
  ㉣ 드라이버의 날 끝은 홈의 너비와 맞는 것을 사용하며, 이가 빠지거나 동그랗게 된 것은 사용하지 않는다.
  ㉤ 스패너를 사용하여 볼트 머리를 조일 때에는 스패너 자루에 파이프 등을 끼워서 사용하면 안 된다.

⑫ 정을 사용하는 가공에서 해머 사용 시 주의사항
  ㉠ 따내기 가공 시 보호안경을 착용한다.
  ㉡ 자루가 불안정한 것은 사용하지 않는다.
  ㉢ 처음에는 가볍게 때리고, 점차 힘을 가한다.
  ㉣ 작업 전 주위상황을 확인하고 눈은 정의 끝을 주시한다.

⑬ 작업장에서 무거운 짐을 들고 운반할 때의 주의사항
  ㉠ 짐은 가급적 몸 가까이 가져온다.
  ㉡ 물건을 들 때는 충격이 없어야 한다.
  ㉢ 상체를 곧게 세우고 등을 반듯이 한다.
  ㉣ 짐을 들어 올릴 때 충격이 없어야 한다.
  ㉤ 짐은 무릎을 편 상태에서 들고, 굽힌 자세에서 내려놓는다.
  ㉥ 가능한 한 상체를 곧게 세우고 등을 반듯이 하여 들어 올린다.

ⓢ 운반작업을 용이하게 하기 위해 간단한 보조구를 사용해야 한다.

⑭ 선반작업에서 발생하는 재해
  ㉠ 칩에 의한 것
  ㉡ 가공부의 회전부에 휘감겨 들어가는 것
  ㉢ 가공물과 공구의 사이에 휘감는 것

⑮ 응급처치 시 유의사항
  ㉠ 충격 방지를 위하여 환자의 체온 유지에 노력하여야 한다.
  ㉡ 의식불명 환자에게 물 등의 기타 음료수를 먹이지 말아야 한다.
  ㉢ 응급 의료진과 가족에게 연락하고 주위 사람에게 도움을 청해야 한다.
  ㉣ 긴급을 요하는 환자가 2인 이상 발생 시, 출혈이 많고 중독환자부터 처치해야 한다.

⑯ 작업자의 복장
  ㉠ 기름이 밴 작업복은 입지 않는다.
  ㉡ 작업복의 소매와 바지의 단추를 잠근다.
  ㉢ 상의의 옷자락이 밖으로 나오지 않도록 한다.
  ㉣ 수건은 옷 밖으로 나오지 않도록 한다.

핵심예제

1-1. 공작기계 안전사항으로 틀린 것은? [2016년 4회]

① 절삭공구는 가급적 짧게 설치한다.
② 기계 위에 공구나 재료를 올려놓지 않는다.
③ 칩을 제거할 때는 브러시나 칩 클리너를 사용한다.
④ 가공 중 문을 열어 공작물의 이상 유무를 점검한다.

1-2. 수기가공을 할 때의 작업안전 수칙으로 옳은 것은? [2017년 2회]

① 바이스를 사용할 때는 조에 기름을 충분히 묻히고 사용한다.
② 드릴가공을 할 때에는 장갑을 착용하여 단단하고 위험한 칩으로부터 손을 보호한다.
③ 금긋기 작업을 하는 이유는 주로 절단을 할 때에 절삭성이 좋아지기 위함이다.
④ 탭작업 시에는 칩이 원활하게 배출이 될 수 있도록 후퇴와 전진을 번갈아 가면서 점진적으로 수행한다.

|해설|

1-1
도어장치가 있는 공작기계의 경우 가동 중에는 칩이 비산할 수 있으므로 절대 문을 열어서는 안 된다.

1-2
탭작업은 암나사를 내기 위한 수작업 공정으로 한 번만 진행 방향으로 가공해야 한다. 가공할 때는 1번, 2번, 3번 탭의 순서대로 가공해야 한다.

정답 1-1 ④ 1-2 ④

핵심이론 02 사고 발생의 일반

① 산업안전사고 발생률 순서
   불안전한 행동 > 불안전한 상태 > 불가항력
② 퓨즈가 끊어져서 새것으로 교체한 후 또 다시 끊어졌을 때의 조치사항
   ㉠ 전문기술자에게 진단을 요청한다.
   ㉡ 합선 여부를 검사한다.
   ㉢ 새로운 부품으로 교체한다.
③ 직업병의 발생원인
   ㉠ 분 진
   ㉡ 소 음
   ㉢ 유해가스
④ 화재의 종류에 따른 사용 소화기

분류	A급 화재	B급 화재	C급 화재	D급 화재
명칭	일반(보통) 화재	유류 및 가스 화재	전기 화재	금속 화재
가연 물질	나무, 종이, 섬유 등의 고체 물질	기름, 윤활유, 페인트 등의 액체 물질	전기설비, 기계, 전선 등의 물질	가연성 금속 (Al 분말, Mg 분말)
소화 효과	냉각효과	질식효과	질식 및 냉각효과	질식효과
표현 색상	백색	황색	청색	–
소화기	• 물 • 분말 소화기 • 포(포말) 소화기 • 이산화탄소 소화기 • 강화액 소화기 • 산, 알칼리 소화기	• 분말 소화기 • 포(포말) 소화기 • 이산화탄소 소화기	• 분말 소화기 • 유기성 소화기 • 이산화탄소 소화기 • 무상 강화액 소화기 • 할로겐 화합물 소화기	• 건조된 모래 (건조사)
사용 불가능한 소화기	–	–	포(포말) 소화기	물(금속가루는 물과 반응하면 폭발의 위험성이 있다)

⑤ 산업안전보건법에 따른 안전 · 보건표지의 색채 및 용도

색상	용도	사례
빨간색	금지	• 정지신호, 소화설비 및 그 장소, 유해행위 금지
	경고	• 화학물질 취급장소에서 유해 · 위험 경고
노란색	경고	• 화학물질 취급장소에서의 주의표시, 유해 · 위험 경고 또는 기계 방호물 표시 • 인화성 물질, 산화성 물질, 방사성 물질 등의 바탕색
파란색	지시	• 특정행위의 지시 및 사실의 고지
녹색	안내	• 비상구 및 피난소, 사람 또는 차량의 통행 표시, 유도 및 안전 표시
흰색	보조	• 파란색이나 녹색에 대한 보조색
검은색	보조	• 문자 및 빨간색, 노란색에 대한 보조색

핵심예제

2-1. 산업안전에서 불안전한 상태를 a, 불안전한 행동을 b, 불가항력을 c라고 할 때 사고 발생률이 높은 것에서 낮은 것의 순서로 알맞은 것은? [2019년 4회]

① a > b > c
② b > a > c
③ a > c > b
④ b > c > a

2-2. 화재를 A급, B급, C급, D급으로 구분했을 때, 전기 화재에 해당하는 것은? [2015년 4회]

① A급
② B급
③ C급
④ D급

|해설|

2-1
산업안전에서 사고 발생률의 순서
불안전한 행동 > 불안전한 상태 > 불가항력

2-2
화재의 종류

분류	A급 화재	B급 화재	C급 화재	D급 화재
명칭	일반(보통) 화재	유류 및 가스 화재	전기 화재	금속 화재
가연 물질	나무, 종이, 섬유 등의 고체 물질	기름, 윤활유, 페인트 등의 액체 물질	전기설비, 기계, 전선 등의 물질	가연성 금속 (Al 분말, Mg 분말)

정답 2-1 ② 2-2 ③

Win-Q
컴퓨터응용가공산업기사

2013~2020년 과년도 기출문제
2021~2022년 과년도 기출복원문제
2023년   최근 기출복원문제

과년도 + 최근 기출복원문제

※ 과년도 기출문제 중 2과목 기계설계 및 기계재료는 2022년 개정된 출제기준에서 삭제된 내용이므로 학습에 참고하시기 바랍니다.

2013년 제1회 과년도 기출문제

제1과목 | 기계가공법 및 안전관리

01 연삭숫돌의 자생작용이 잘되지 않아 입자가 납작해져서 날이 무뎌지는 무딤 현상은?

① 글레이징(Glazing) ② 로딩(Loading)
③ 드레싱(Dressing) ④ 트루잉(Truing)

해설
① 글레이징(눈무딤) : 연삭숫돌의 자생작용이 잘되지 않아 연삭입자가 납작해져서 무딤이 발생하여 연삭성이 나빠지는 현상으로 발생원인은 연삭숫돌의 결합도가 클 때, 원주 속도가 빠를 때, 공작물과 숫돌의 재질이 맞지 않을 때 발생하는데 이 현상으로 연삭숫돌에는 연삭열과 균열 그리고 재질이 변색된다.
② 로딩(눈메움) : 숫돌 표면의 기공에 칩이 메워져서 연삭성이 나빠지는 현상으로 발생원인은 조직이 치밀할 때, 숫돌의 원주 속도가 너무 느릴 때, 기공이 너무 작을 때, 연성이 큰 재료를 연삭할 때 발생한다.
③ 드레싱 : 눈메움이나 눈무딤 발생 시 절삭성 향상을 위해 연삭숫돌 표면의 숫돌 입자를 제거하고, 새로운 절삭날을 숫돌 표면에 생성시켜 절삭성을 회복시키는 작업의 명칭으로 이때 사용하는 공구를 드레서라고 한다.
④ 트루잉 : 연삭숫돌은 작업 중 연삭숫돌이 균일하지 못하거나 입자가 떨어져 나가 처음의 모양이 점차 변하게 되는데 이럴 때 숫돌의 모양을 정확한 모양으로 수정하여 사용하는 작업으로 주로 드레서를 사용하며 트루잉과 동시에 드레싱도 된다.

연삭숫돌의 수정 요인

02 다음 중 기어를 절삭하는 공작기계는?

① 호빙 머신
② CNC 선반
③ 지그 그라인딩 머신
④ 래핑 머신

해설
기어 절삭용 공작기계는 호빙 머신이다.

03 3침법이란 수나사의 무엇을 측정하는 방법인가?

① 골지름   ② 피치
③ 유효지름 ④ 바깥지름

해설
3침법이란 지름이 같은 3개의 와이어를 이용하여 마이크로미터로 수나사의 유효지름을 측정하는 방법이다.

04 나사의 피치나 나사산의 반각과 유효지름 등을 광학적으로 쉽게 측정할 수 있는 것은?

① 공구현미경   ② 오토콜리메이터
③ 촉침식 측정기 ④ 옵티컬 플랫

해설
① 공구현미경 : 나사산의 피치, 나사산의 반각, 유효지름 등을 광학적으로 쉽게 측정할 수 있다.
② 오토콜리메이터 : 각도와 진직도, 평면도 측정에 사용되는 측정기로 반사경과 망원경의 위치 관계가 기울기로 변했을 때 망원경 내의 상의 위치가 이동하는 것을 이용하여 미소한 각도를 측정하는 측정기이다.
③ 촉침식 측정기 : $10\mu m$ 이하의 선단 반경을 갖는 촉침을 물체 표면에 일정 속도로 이동시키면서 표면의 거친 정도를 측정한다.
④ 옵티컬 플랫 : 마이크로미터 측정면의 평면도 검사에 가장 적합한 측정기기로 광학적 원리를 이용한다.

정답 1① 2① 3③ 4①

05 전기도금과 반대 현상을 이용한 가공으로 알루미늄 소재 등 거울과 같이 광택있는 가공면을 비교적 쉽게 가공할 수 있는 것은?

① 방전가공 ② 전해연마
③ 액체호닝 ④ 레이저가공

해설
전기도금은 가공물의 표면에 도금물질을 입히는 것이나, 전해연마 가공은 그 반대로 가공층을 제거하거나 거울과 같은 광택면을 얻고자 할 때 사용하는 가공법이다.
전해연마(Electrolytic Polishing) 가공의 특징
- 가공 변질층이 없다.
- 가공면에 방향성이 없다.
- 내마모성, 내부식성이 좋다.
- 표면이 깨끗해서 도금이 잘 된다.
- 복잡한 형상의 공작물도 연마가 가능하다.
- 공작물의 형상을 바꾸거나 치수 변경에는 적합하지 않다.
- 알루미늄, 구리합금과 같은 연질 재료의 연마도 비교적 쉽다.
- 치수의 정밀도보다는 광택의 거울면을 얻고자 할 때 사용한다.
- 철강 재료와 같이 탄소를 많이 함유한 금속은 전해 연마가 어렵다.
- 연마량이 적어 깊은 홈은 제거가 되지 않으며 모서리가 둥글게 (라운딩) 된다.
- 가공층이나 녹, 공구 절삭 자리의 제거, 공구 날 끝의 연마, 표면처리에 적합하다.

06 니 칼럼형 밀링머신에서 테이블의 상하 이동거리가 400mm이고, 새들의 전후 이동거리는 200mm라면 호칭번호는 몇 번에 해당하는가?(단, 테이블의 좌우 이동거리는 550mm이다)

① 1번 ② 2번
③ 3번 ④ 4번

해설
밀링머신의 크기 및 호칭번호 : 테이블의 이동거리에 따라 구분

호칭번호	0	1	2	3	4	5
새들의 전후이동	150	200	250	300	350	400
니의 상하이동	300	400	400	450	450	500
테이블의 좌우이동	450	550	700	850	1,050	1,250

07 투영기에 의해 측정을 할 수 있는 것은?

① 진원도 측정 ② 진직도 측정
③ 각도 측정 ④ 원주 흔들림 측정

해설
투영기는 나사, 게이지, 기계부품의 치수와 각도측정이 가능하다.

08 다음 센터리스 연삭기의 장단점에 대한 설명 중 틀린 것은?

① 센터가 필요하지 않아 센터 구멍을 가공할 필요가 없고, 속이 빈 가공물을 연삭할 때 편리하다.
② 긴 홈이 있는 가공물이나 대형 또는 중량물의 연삭이 가능하다.
③ 연삭숫돌 폭보다 넓은 가공물을 플랜지 컷 방식으로 연삭할 수 없다.
④ 연삭숫돌의 폭이 크므로, 연삭숫돌 지름의 마멸이 적고 수명이 길다.

해설
센터리스 연삭기의 특징
- 연삭 여유가 작아도 된다.
- 긴 축 재료의 연삭이 가능하다.
- 대형 중량물의 연삭은 곤란하다.
- 연삭작업에 숙련을 요구하지 않는다.
- 연속작업이 가능하여 대량생산에 적합하다.
- 연삭 깊이는 거친 연삭의 경우 0.2mm 정도이다.
- 센터가 필요하지 않아 센터 구멍의 가공이 필요 없다.
- 센터구멍이 필요 없는 중량물의 원통 연삭에 편리하다.
- 가늘고 긴 공작물을 센터나 척으로 지지하지 않고 가공한다.
- 일반적으로 조정 숫돌은 연삭축에 대하여 경사시켜 가공한다.
- 긴 홈이 있는 가공물이나 대형 또는 중량물의 연삭은 곤란하다.
- 연삭숫돌의 폭이 크므로, 연삭숫돌 지름의 마멸이 적고 수명이 길다.
- 연삭숫돌 폭보다 넓은 가공물을 플랜지 컷 방식으로 연삭할 수 없다.
※ 센터리스 연삭기 : 가늘고 긴 원통형의 공작물을 센터나 척으로 고정하지 않고 바깥지름이나 안지름을 연삭하는 가공방법으로, 연삭숫돌바퀴, 조정 숫돌바퀴, 받침날의 3요소가 공작물의 위치를 유지한 상태에서 연삭숫돌바퀴로 공작물을 연삭하는 공작기계이다. 이것은 긴 홈이 있는 가공물이나 대형 또는 중량물의 연삭은 곤란하다.

09 초경합금 공구에 내마모성과 내열성을 향상시키기 위하여 피복하는 재질이 아닌 것은?

① TiC   ② TiAl
③ TiN   ④ TiCN

해설
TiAl은 초경합금 공구에 피복하는 재질은 아니다.

10 다음 중 선반의 규격을 가장 잘 나타낸 것은?

① 선반의 총중량과 원동기의 마력
② 깎을 수 있는 일감의 최대지름
③ 선반의 높이와 베드의 길이
④ 주축대의 구조와 베드의 길이

해설
보통 선반의 규격(깎을 수 있는 일감의 최대지름)
• 양 센터 사이의 최대거리 : 깎을 수 있는 공작물의 최대 거리
• 베드 위의 스윙 : 일감이 베드에 닿지 않고 깎을 수 있는 공작물의 최대 지름
• 왕복대 위의 스윙 : 왕복대 위에서 공작물이 닿지 않고 깎을 수 있는 최대 지름

11 주축이 수평이며, 칼럼, 니, 테이블 및 오버 암 등으로 되어 있고 새들 위에 선회대가 있어 테이블을 수평면 내에서 임의의 각도로 회전할 수 있는 밀링머신은?

① 모방밀링머신   ② 만능밀링머신
③ 나사밀링머신   ④ 수직밀링머신

해설
만능밀링머신
주축이 수평이며, 칼럼, 니, 테이블 및 오버 암 등으로 되어 있고 새들 위에 선회대가 있어 테이블을 수평면 내에서 임의의 각도로 회전할 수 있는 밀링머신으로 분할대나 헬리컬 절삭 장치를 사용하여 헬리컬 기어, 트위스트 드릴의 비틀림 홈 등의 가공에 가장 적합하다.

12 선반 작업에서 공구 절인의 선단에서 바이트 밑면에 평형한 수평면과 경사면이 형성하는 각도는?

① 여유각   ② 측면 절인각
③ 측면 여유각   ④ 경사각

해설
선반 바이트의 절인 선단에서 바이트 밑면에 평행한 수평면과 경사면이 형성하는 각도는 경사각이다.

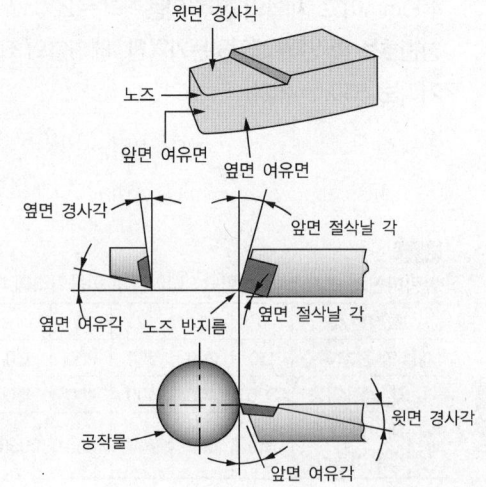

13 구성인선(Built Up Edge) 방지대책으로 잘못된 것은?

① 이송량을 감소시키고 절삭깊이를 깊게 한다.
② 공구경사각을 크게 주고 고속절삭을 실시한다.
③ 세라믹 공구(Ceramic Tool)를 사용하는 것이 좋다.
④ 공구면의 마찰계수를 감소시켜 칩의 흐름을 원활하게 한다.

> [해설]
> 구성인선(Built-up Edge)을 방지하기 위해서는 절삭 깊이를 작게 해야 마찰열 및 압력을 줄일 수 있다.
> 구성인선의 방지대책
> • 절삭 깊이를 작게 한다.
> • 절삭 속도를 크게 한다.
> • 세라믹 공구를 사용한다.
> • 가공 중 절삭유를 사용한다.
> • 바이트의 날 끝을 예리하게 한다.
> • 바이트의 윗면 경사각을 크게 한다.
> • 피가공물과 친화력이 작은 공구 재료를 사용한다.
> • 공구면의 마찰계수를 감소시켜 칩의 흐름을 원활하게 한다.
> ※ 구성인선 : 연강이나 스테인리스강, 알루미늄과 같이 재질이 연하고 공구 재료와 친화력이 큰 재료를 절삭 가공할 때, 칩과 공구의 윗면 사이의 경사면에 발생되는 높은 압력과 마찰열로 인해 칩의 일부가 공구의 날 끝에 달라붙어 마치 절삭 날과 같이 공작물을 절삭하는 현상으로 공구를 파손시키며 치수 정밀도를 떨어뜨린다.

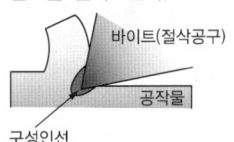

14 슈퍼피니싱(Super Finishing)의 특징과 거리가 먼 것은?

① 진폭이 수 mm이고 진동수가 매분 수백에서 수천의 값을 가진다.
② 가공열의 발생이 적고 가공 변질층도 작으므로 가공면 특성이 양호하다.
③ 다듬질 표면은 마찰계수가 작고, 내마멸성, 내식성이 우수하다.
④ 입도가 비교적 크고, 경한 숫돌에 고압으로 가압하여 연마하는 방법이다.

> [해설]
> 슈퍼피니싱(Super Finishing)은 입도와 결합도가 작은 입자로 만들어진 숫돌로 연마하는 방법이다.

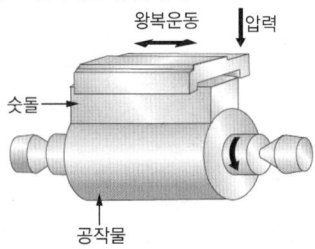

> 슈퍼피니싱의 특징
> • 가공에 의한 변질층의 두께가 매우 작다.
> • 다듬질된 면은 평활하고 방향성이 없다.
> • 입도가 작은 미세한 입자로 된 숫돌로 연마한다.
> • 치수변화를 위한 것이기보다 고정밀도의 표면을 얻는다.
> • 진폭이 수 mm이고 진동수가 매분 수백에서 수천의 값을 가진다.
> • 다듬질 표면은 마찰계수가 작고, 내마멸성, 내식성이 우수하다.
> • 원통형의 가공물 외면과 내면, 평면의 정밀 다듬질이 가능하다.
> • 정밀롤러, 볼베어링의 레이스, 게이지 등의 정밀 다듬질에 이용된다.
> • 가공열의 발생이 적고 가공 변질층도 작으므로 가공면의 특성이 양호하다.

15 광물성유를 화학적으로 처리하여 원액에 80% 정도의 물을 혼합하여 사용하며, 점성이 낮고 비열과 냉각효과가 큰 절삭유는?

① 지방질유
② 광 유
③ 유화유
④ 수용성 절삭유

> [해설]
> 수용성 절삭유는 광물성유를 화학적으로 처리하여 원액에 80% 정도의 물을 혼합하여 사용하는데, 점성이 낮고 비열과 냉각효과가 큰 것이 특징이다.

정답 13 ① 14 ④ 15 ④

16 드릴 작업에서 너트나 볼트 머리에 접하는 면을 편평하게 하여, 그 자리를 만드는 작업은?

① 카운터 싱킹
② 스폿 페이싱
③ 태 핑
④ 리 밍

해설
드릴링 머신에 의한 가공

종 류	방 법
드릴링	드릴날로 구멍을 뚫는 작업
리 밍	드릴로 뚫은 구멍을 정밀하게 가공하기 위하여 리머로 구멍의 안쪽면을 다듬는 작업
보 링	보링바이트를 사용하여 이미 뚫은 구멍을 필요한 치수로 정밀하게 넓히는 작업
태 핑	구멍에 탭을 사용하여 암나사를 만드는 작업
카운터 싱킹	접시 머리 나사의 머리 부분이 묻힐 수 있도록 원뿔 자리를 만드는 작업
스폿 페이싱	볼트나 너트를 체결하기 곤란한 표면을 평탄하게 가공하여 접촉 부위를 평탄하게 가공하는 작업
카운터 보링	고정한 볼트의 머리 부분이 묻힐 수 있도록 구멍을 뚫는 작업

17 밀링 작업에서 스핀들의 앞면에 있는 24 구멍의 직접 분할판을 사용하여 분할하며, 이때 웜을 아래로 내려 스핀들의 웜 휠과 물림을 끊는 분할법은?

① 간접 분할법
② 직접 분할법
③ 차등 분할법
④ 단식 분할법

해설
직접 분할법은 밀링 작업에서 스핀들의 앞면에 있는 24개 구멍의 직접 분할판을 사용하여 분할하며, 웜을 아래로 내려 스핀들의 웜 휠과 물림을 끊는 방법으로 분할한다.

밀링가공에서 사용되는 분할법의 종류

종 류	특 징	분할 가능 등분수
직접 분할법	• 큰 정밀도가 필요하지 않은 키 홈 등 비교적 단순한 분할 가공에 주로 사용한다. • 스핀들의 앞면에 있는 24개 구멍의 직접 분할판을 사용하여 분할하며, 웜을 아래로 내려 스핀들의 웜 휠과 물림을 끊는 방법으로 분할한다. • $n = \dfrac{24}{N}$ 여기서, n : 분할 크랭크의 회전수 N : 공작물의 분할수	24의 약수인 2, 3, 4, 6, 8, 12, 24
단식 분할법	• 직접 분할법으로 분할할 수 없는 수나 정확한 분할이 필요한 경우에 사용하는 방법이다. • $n = \dfrac{40}{N} = \dfrac{R}{N'}$ 여기서, R : 크랭크를 돌리는 구멍수 N' : 분할판에 있는 구멍수	2~60의 수, 60~120의 2와 5의 배수 및 120 이상의 수 중에서 $40/N$에서 분모가 분할판의 구멍수가 될 수 있는 수 ※ 각도로는 분할 크랭크 1회전당 스핀들은 9° 회전한다.
차동 분할법	직접 분할법이나 단식 분할법으로 분할할 수 없는 특정한 수의 분할을 할 때 사용한다.	67, 97, 121

18 $+4\mu m$의 오차가 있는 호칭치수 30mm의 게이지 블록과 다이얼 게이지를 사용하여 비교 측정한 결과 30.274mm를 얻었다면 실제치수는?

① 30.278mm
② 30.270mm
③ 30.266mm
④ 30.282mm

19 작업장에서 무거운 짐을 들고 운반 작업을 할 때의 설명으로 부적합한 것은?

① 짐은 가급적 몸 가까이 가져온다.
② 가능한 상체를 곧게 세우고 등을 반듯이 하여 들어 올린다.
③ 짐을 들어 올릴 때 충격이 없어야 한다.
④ 짐은 무릎을 굽힌 자세에서 들고 편 자세에서 내려 놓는다.

[해설]
작업장에서 무거운 짐을 들고 운반할 때 짐은 무릎을 편 상태에서 들어 굽힌 자세에서 내려놓아야 한다.
작업장에서 무거운 짐을 들고 운반할 때의 주의사항
• 짐은 가급적 몸 가까이 가져온다.
• 물건을 들 때는 충격이 없어야 한다.
• 짐을 들어 올릴 때 충격이 없어야 한다.
• 짐은 무릎을 편 상태에서 들어 굽힌 자세에서 내려놓는다.
• 가능한 상체를 곧게 세우고 등을 반듯이 하여 들어 올린다.
• 운반 작업을 용이하게 하기 위해 간단한 보조구를 사용해야 한다.

20 다음 수기 가공 시 작업안전 수칙에 맞는 것은?

① 드라이버의 날 끝은 뾰족한 것이어야 하며, 이가 빠지거나 둥그렇게 된 것은 사용하지 않는다.
② 정을 잡은 손은 힘을 주고 처음에는 가볍게 때리고 점차 힘을 가하도록 한다.
③ 스패너는 가급적 손잡이가 짧은 것을 사용하는 것이 좋으며, 스패너의 자루에 파이프 등을 연결하여 사용하는 것이 좋다.
④ 톱날은 틀에 끼워 두세 번 사용한 후 다시 조정을 하고 절단한다.

[해설]
④ 수기 가공 시 톱날은 틀에 끼워 두 번에서 세 번 사용한 후 다시 조정을 하고 절단 작업을 하면 된다.
① 드라이버의 날 끝은 수평이어야 한다.
② 정을 잡은 손에는 큰 힘을 주지 않고 적당한 힘을 주어야 하며 처음에는 가볍게 때리고 점차 힘을 가하도록 한다.
③ 스패너는 손잡이가 긴 것을 사용하는 것이 좋으며 스패너의 자루에 파이프 등을 연결하지 않는다.

제2과목 | 기계설계 및 기계재료

21 담금질 조직 중에 냉각속도가 가장 빠를 때 나타나는 조직은?

① 소르바이트
② 마텐자이트
③ 오스테나이트
④ 트루스타이트

[해설]
담금질 조직 중에 냉각속도가 가장 빠를 때 나타나는 조직은 마텐자이트 조직이다.

22 알루미늄(Al)합금의 특징을 잘못 설명한 것은?

① 가볍고 전연성이 좋아 성형가공이 용이하다.
② 우수한 전기 및 열의 양도체이다.
③ 용융점이 1,083℃로 고온가공성이 높다.
④ 대기 중에서는 일반적으로 내식성이 양호하다.

[해설]
알루미늄 합금의 주원소인 Al의 용융점은 660℃이며, 용융점이 1,083℃인 금속원소는 Cu(구리)이다.
알루미늄의 성질
• 비중은 2.7이다.
• 용융점은 660℃이다.
• 면심입방격자이다.
• 비강도가 우수하다.
• 주조성이 우수하다.
• 열과 전기전도성이 좋다.
• 가볍고 전연성이 우수하다.
• 내식성 및 가공성이 양호하다.
• 담금질 효과는 시효경화로 얻는다.
• 염산이나 황산 등의 무기산에 잘 부식된다.
※ 시효경화 : 열처리 후 시간이 지남에 따라 강도와 경도가 증가하는 현상

정답 19 ④ 20 ④ 21 ② 22 ③

23 연성이 큰 것으로부터 순서대로 되어 있는 것은?

① Al → Cu → Ag → Zn → Ni
② Fe → Pb → Cu → Ag → Pt
③ Au → Cu → Pb → Zn → Fe
④ Al → Fe → Ni → Cu → Zn

해설
연성이 큰 금속재료의 순서
Au(금) > Ag(은) > Al(알루미늄) > Cu(구리) > Pt(백금) > Pb(납) > Zn(아연) > Fe(철) > Ni(니켈)
※ 연성 : 금속재료를 잡아당기면 외력에 의해 파괴없이 가늘게 늘어나는 성질

24 탄소 공구강 및 일반 공구재료의 구비 조건으로 틀린 것은?

① 내마모성이 클 것
② 강인성 및 내충격성이 우수할 것
③ 가공이 어려울 것
④ 가격이 저렴할 것

해설
탄소 공구강이나 일반 공구재료는 가공하기 쉬워야 한다.

25 주철의 마우러 조직도를 바르게 설명한 것은?

① Si와 Mn량에 따른 주철의 조직 관계를 표시한 것이다.
② C와 Si량에 따른 주철의 조직 관계를 표시한 것이다.
③ 탄소와 흑연량에 따른 주철의 조직 관계를 표시한 것이다.
④ 탄소와 Fe_3C량에 따른 주철의 조직 관계를 표시한 것이다.

해설
마우러 조직도
주철의 조직을 지배하는 주요 요소인 C와 Si의 함유량에 따른 주철의 조직의 관계를 나타낸 그래프이다.

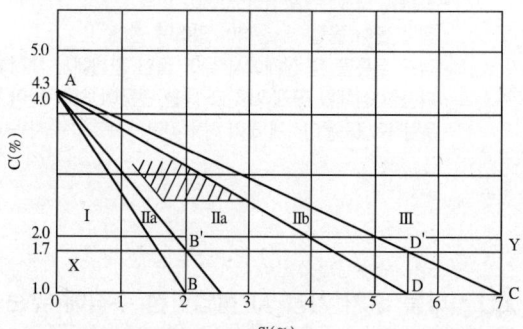

영역	주철 조직	경도
I	백주철	
II$_a$	반주철	최대
II	펄라이트 주철	↕
II$_b$	회주철	최소
III	페라이트 주철	

26 냉간 가공한 재료를 풀림 처리 시 나타나는 현상으로 틀린 것은?

① 회 복
② 재결정
③ 결정립 성장
④ 응 고

해설
냉간 가공한 재료의 풀림 처리 시 나타나는 현상
회복 → 재결정 → 결정립 성장

27 형상기억합금의 내용과 관계가 먼 것은?

① 형상기억효과를 나타내는 합금은 오스테나이트 변태를 한다.
② 어떠한 모양을 기억할 수 있는 합금이다.
③ 소성변형된 것이 특정 온도 이상으로 가열하면 변형되기 이전의 원래 상태로 돌아가는 합금이다.
④ 형상기억합금의 대표적인 합금은 Ni-Ti합금이다.

해설
① 니티놀과 같은 형상기억효과를 나타내는 합금은 모두 마텐자이트 변태를 한다.
형상기억합금
항복점을 넘어서 소성변형된 재료는 외력을 제거해도 원상태로의 회복이 불가능하지만 이 형상기업합금은 일정 온도에서 재료의 형상을 기억시키면 상온에서 재료가 외력에 의해 변형되어도 기억시킨 온도로 가열만 하면 변형 전의 형상으로 되돌아오는 합금이다. 그 종류에는 Ni-Ti계, Ni-Ti-Cu계, Cu-Al-Ni계 합금이 있다.

28 공작기계 및 자동차 등에 사용되는 소결 마찰 부품의 구비조건으로 맞지 않은 것은?

① 내마모성, 내열성이 낮을 것
② 마찰계수가 크고 안정될 것
③ 가격이 저렴할 것
④ 열전도성, 내유성이 좋을 것

해설
소결 마찰 부품의 구비조건으로는 내마모성과 내열성이 커야 한다.

29 다음 중 두랄루민 합금과 관계없는 것은?

① Al-Cu-Mg-Mn계 합금이다.
② 시효경화 처리하면 인장강도가 연강과 같은 정도가 된다.
③ 가볍고 강인하여 단조용으로 사용된다.
④ Y-합금이라고도 한다.

해설
Y합금은 Al + Cu + Mg + Ni의 합금이며, 두랄루민은 Al-Cu-Mg-Mn이 포함된 합금이다.
시험에 자주 출제되는 주요 알루미늄 합금

Y합금	Al + Cu + Mg + Ni, 알구마니
두랄루민	Al + Cu + Mg + Mn, 알구마망

정답 26 ④ 27 ① 28 ① 29 ④

30 다음 중 절삭 공구용 특수강은?

① Ni Cr강
② 불변강
③ 내열강
④ 고속도강

[해설]
④ 절삭 공구는 고속 가공 시 고온경도를 유지해야 하므로 고속도강을 사용한다.

절삭 공구 재료의 구비 조건
- 내마모성이 커야 한다.
- 충격에 잘 견뎌야 한다.
- 고온 경도가 커야 한다.
- 열처리와 가공이 쉬워야 한다.
- 절삭 시 마찰계수가 작아야 한다.
- 강인성(억세고 질긴 성질)이 커야 한다.
- 성형이 용이하고 가격이 저렴해야 한다.
- 형상을 만들기 쉽고 가격이 적당해야 한다.
※ 고온경도 : 접촉 부위의 온도가 높아지더라도 경도를 유지할 수 있는 성질

31 다음 중 나사의 효율에 관한 식으로 맞는 것은?

① 나사의 효율 = $\dfrac{\text{마찰이 없는 경우 회전력}}{\text{마찰이 있는 경우 회전력}}$

② 나사의 효율 = $\dfrac{\text{마찰이 있는 경우 회전력}}{\text{마찰이 없는 경우 회전력}}$

③ 나사의 효율 = $\dfrac{\text{나사의 1피치}}{\text{나사의 1리드}}$

④ 나사의 효율 = $\dfrac{\text{나사의 1리드}}{\text{나사의 1피치}}$

[해설]
나사의 효율(η)

$\eta = \dfrac{\text{마찰이 없는 경우 회전력}}{\text{마찰이 있는 경우 회전력}}$

32 전동축에 큰 휨(Deflection)을 주어서 축의 방향을 자유롭게 바꾸거나 충격을 완화시키기 위해 사용하는 축은?

① 직선축
② 크랭크축
③ 플렉시블축
④ 중공축

[해설]
플렉시블 축은 고정되지 않은 두 개의 서로 다른 물체 사이에 회전하는 동력을 전달하는 축으로 축의 방향을 자유롭게 바꾸거나 충격을 완화시키기 위해 사용한다.

축(Shaft)의 종류

차 축	자동차나 철도차량 등에 쓰이는 축으로 중량을 차륜에 전달하는 역할을 하는 축
스핀들	주로 비틀림 작용을 받으며, 모양이나 치수가 정밀하고 변형량이 작은 짧은 회전축으로 공작 기계의 주축에 사용하는 축
플렉시블 축	고정되지 않은 두 개의 서로 다른 물체 사이에 회전하는 동력을 전달하는 축
크랭크축	증기 기관이나 내연 기관 등에서 피스톤의 왕복 운동을 회전 운동으로 바꾸는 기능을 하는 축
직선축	직선 형태의 동력전달용 축

33 드럼의 지름 500mm인 브레이크 드럼축에 98.1N·m의 토크가 작용하고 있는 블록 브레이크에서 블록을 브레이크 바퀴에 밀어 붙이는 힘은 약 몇 kN인가?(단, 접촉부 마찰계수는 0.2이다)

① 0.54
② 0.98
③ 1.51
④ 1.96

[해설]
$T = \mu P \dfrac{D}{2}$

$\therefore P = \dfrac{2T}{\mu D} = \dfrac{2 \times 98.1}{0.2 \times 0.5} = 1,962\text{N} = 1.96\text{kN}$

34 지름이 50mm이고 길이가 100mm인 저널 베어링에서 5.9kN의 하중을 지탱하고 있을 때, 저널면에 작용하는 압력은 약 몇 MPa인가?

① 0.21　　② 0.59
③ 1.18　　④ 1.65

해설
$$P = \frac{W}{dl} = \frac{5.9 \times 1,000}{50 \times 100} = 1.18 \text{MPa}$$

35 다음 중 두 축의 상대위치가 평행할 때 사용되는 기어는?

① 베벨기어　　② 나사기어
③ 웜과 웜기어　　④ 래크와 피니언

해설
④ 랙과 피니언기어는 두 축의 상대위치가 평행할 때 사용하는 동력전달용 기계요소이다.

기어의 종류

종류		
두 축이 평행한 기어	스퍼기어	내접기어
	헬리컬기어	래크와 피니언기어
두 축이 교차하는 기어	베벨기어	스파이럴 베벨기어
두 축이 나란하지도 교차하지도 않는 기어	하이포이드기어	웜과 웜휠기어
	나사기어	페이스기어

36 하중이 4kN 작용하였을 때, 처짐이 100mm 발생하는 코일 스프링의 소선 지름은 20mm이다. 이 스프링의 유효 감김수는 약 몇 권인가?(단, 스프링지수(C)는 10이고, 스프링 선재의 전단탄성계수는 80GPa이다)

① 8　　② 4
③ 5　　④ 6

해설
코일 스프링의 처짐량(δ)
$$\delta = \frac{8nPD^3}{Gd^4}$$
여기서, δ : 스프링코일의 처짐량(mm)
　　　　n : 유효 감김수(유효권수)
　　　　P : 하중이나 작용 힘(N)
　　　　G : 가로(전단)탄성계수(N/mm²)
　　　　D : 스프링 코일의 평균 지름(mm)
　　　　d : 소선의 직경(소재지름)(mm)
$$C = \frac{D}{d} = \frac{\text{평균직경}}{\text{소선의 직경}}$$
$D = Cd = 200$
$$\therefore n = \frac{G \times d^4 \times \delta}{8 \times P \times D^3} = \frac{(80 \times 10^3) \times 20^4 \times 100}{8 \times 4,000 \times 200^3}$$
$$= \frac{128 \times 10^{10}}{256 \times 10^9} = 5$$

37 벨트 전동에서 긴장측의 장력 T_1과 이완측의 장력 T_2 사이의 관계식으로 옳은 것은?(단, 원심력은 무시하고 μ는 접촉부 마찰계수, θ는 벨트와 풀리의 접촉각(rad)이다)

① $e^{\mu\theta} = \dfrac{T_2}{T_1}$　　② $e^{\mu\theta} = \dfrac{T_1}{T_2}$

③ $e^{\mu\theta} = \dfrac{T_2}{T_1 + T_2}$　　④ $e^{\mu\theta} = \dfrac{T_1}{T_1 + T_2}$

해설
벨트의 장력비
$$e^{\mu\theta} = \frac{T_1}{T_2}$$

38 다음 중 동력의 단위에 해당되지 않는 것은?

① erg/s   ② N·m
③ PS   ④ J/s

해설
일(W)의 단위 = J(Joule)이며, 1J의 정의는 1N의 물체를 1m 움직였을 때 행한 일의 양으로 나타내며 그 단위로는 N·m를 사용한다.

39 용접 이음의 장점에 해당하지 않는 것은?

① 열에 의한 잔류응력이 거의 발생하지 않는다.
② 공정수를 줄일 수 있고, 제작비가 싼 편이다.
③ 기밀 및 수밀성이 양호하다.
④ 작업의 자동화가 용이하다.

해설
용접(Welding)은 작업 시 열이 발생하기 때문에 열영향부(Heat Affected Zone) 근처에 잔류응력이 발생되어 조직의 성질이 변하기도 한다.

40 평벨트 풀리의 지름이 600mm, 축의 지름이 50mm라 하고, 풀리를 폭(b)×높이(h)=8mm×7mm의 묻힘 키로 축에 고정하고 벨트 장력에 의해 풀리의 외주에 2kN의 힘이 작용한다면, 키의 길이는 몇 mm 이상이어야 하는가?(단, 키의 허용전단응력은 50MPa로 하고, 전단응력만을 고려하여 계산한다)

① 50   ② 60
③ 70   ④ 80

해설
$T = W\dfrac{D}{2} = \tau_a b l \dfrac{d}{2}$

$\therefore l = \dfrac{WD}{\tau_a b d} = \dfrac{2{,}000 \times 600}{8 \times 50 \times 50} = 60\text{mm}$

제3과목 | 컴퓨터응용가공

41 솔리드 모델을 구성할 때 기본 형상(Primitives)들의 Boolean Operation을 이용하여 모델을 구성하는 방식에 해당하는 것은?

① B-rep Model
② Voxel Model
③ Octree Model
④ CSG Model

해설
솔리드 모델링을 구성하는 모델링 방식 중에서 CSG Modeling은 기본 형상(Primitives)들의 Boolean Operation을 이용하여 모델을 구성한다.

42 Bezier곡선의 일반적인 특징으로 틀린 것은?

① 처음과 마지막 조정점(Control Point)을 지난다.
② 조정점들을 둘러싸는 블록포(Convex Hull) 안에 곡선의 전체가 놓인다.
③ 국부 변형(Local Control)이 불가능하다.
④ 곡선의 차수와 조정점의 개수는 무관하다.

해설
Bezier곡선에서 조정점과 차수는 일정한 법칙이 존재하는데, n개 조정점에 의해 생성된 곡선은 $(n-1)$차 곡선이 되기 때문에 무관하지는 않다.

43 2차원 데이터 변환 중 다음과 같이 원점을 기준으로 30° 회전시킨 후의 좌표값 계산식은?

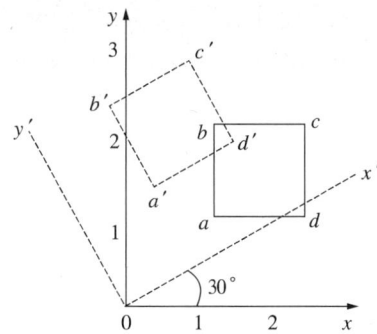

① $[x'\ y'\ 1] = \begin{bmatrix} 1 & 1 & 1 \\ 1 & 2 & 1 \\ 2 & 2 & 1 \\ 2 & 1 & 1 \end{bmatrix} \begin{bmatrix} \cos 30° & \sin 30° & 1 \\ \sin 30° & \cos 30° & 1 \\ 0 & 0 & 1 \end{bmatrix}$

② $[x'\ y'\ 1] = \begin{bmatrix} 1 & 1 & 1 \\ 1 & 2 & 1 \\ 2 & 2 & 1 \\ 2 & 1 & 1 \end{bmatrix} \begin{bmatrix} \cos 30° & \sin 30° & 1 \\ \sin 30° & -\cos 30° & 1 \\ 0 & 0 & 1 \end{bmatrix}$

③ $[x'\ y'\ 1] = \begin{bmatrix} 1 & 1 & 1 \\ 1 & 2 & 1 \\ 2 & 2 & 1 \\ 2 & 1 & 1 \end{bmatrix} \begin{bmatrix} \cos 30° & \sin 30° & 1 \\ -\sin 30° & \cos 30° & 1 \\ 0 & 0 & 1 \end{bmatrix}$

④ $[x'\ y'\ 1] = \begin{bmatrix} 1 & 1 & 1 \\ 1 & 2 & 1 \\ 2 & 2 & 1 \\ 2 & 1 & 1 \end{bmatrix} \begin{bmatrix} -\cos 30° & -\sin 30° & 1 \\ -\sin 30° & -\cos 30° & 1 \\ 0 & 0 & 1 \end{bmatrix}$

44 곡면 모델링(Surface Modeling) 시스템에서의 곡면 입력 방법이 아닌 것은?

① 곡면상의 점들을 입력하여 이 점들을 보간하는 곡면을 생성하는 방법
② 곡면상의 곡선들을 그물형태로 입력한 곡선망으로부터 보간 곡면을 생성하는 방법
③ 곡선을 입력하고 이것을 직선이동이나 회전이동 하도록하여 곡면을 생성하는 방법
④ 기본적인 입체를 저장하여 놓고 불리언 조작을 통해 필요한 형상을 생성하는 방법

[해설]
불리언(Boolean) 조작은 곡면 모델링(서피스 모델링)에서가 아닌 솔리드 모델링 시스템에서의 곡면 입력 방법이다.

45 곡률(Curvature)에 관한 일반적인 설명으로 틀린 것은?

① 곡률(Curvature)의 역수를 곡률 반경(Radius of Curvature)이라 한다.
② 직선의 곡률 반경은 무한대이다.
③ 반지름이 a인 원호의 곡률반경은 a이다.
④ 평면상에 놓인 곡선에 대한 법선 곡률(Normal Curvature)은 무한대이다.

[해설]
④ 평면상에 놓인 직선에 대한 곡률 반경은 무한대이다.

정답 43 ③ 44 ④ 45 ④

46 다음 특징형상 모델링에 대한 설명 중 틀린 것은?

① 설계자에 친숙한 형상단위로 물체를 모델링할 수 있다.
② 특징형상의 종류는 많이 사용되는 적용 분야에 따라 결정되며 우리나라의 경우 KS 규격에서 여러 적용 분야에 대해 필요한 모든 특징형상을 정의하고 있다.
③ 대부분의 시스템이 제공하는 전형적인 특징형상으로는 모따기(Chamfer), 구멍(Hole), 슬롯(Slot), 포켓(Pocket) 등이 있다.
④ 특징형상을 정의할 때, 그 크기를 결정하는 파라미터들도 같이 정의하며 이들을 변경하여 모델의 크기를 바꾸는 것은 파라메트릭 모델링의 한 형태로 볼 수 있다.

해설
② 특징형상 모델링에는 KS 규격에 모든 특징형상들이 정의되어 있지 않다.

특징형상 모델링의 특징
- KS 규격에 모든 특징 형상들이 정의되어 있지 않다.
- 사용분야와 사용자에 따라 특징형상의 종류가 변한다.
- 특징형상의 종류는 많이 적용되는 분야에 따라 결정된다.
- 모델링된 입체 제작의 공정계획에서 매우 유용하게 사용된다.
- 특징형상을 정의할 때 그 크기를 결정하는 파라미터들도 같이 정의한다.
- 모델링 입력을 설계자나 제작자에게 익숙한 형상 단위로 모델링할 수 있다.
- 파라미터들을 변경하여 모델의 크기를 바꾸는 것이 특징형상 모델링의 한 형태이다.
- 전형적인 특징 형상은 모따기(Chamfer), 구멍(Hole), 필릿(Fillet), 슬롯(Slot), 포켓(Pocket)이 있다.

47 CAM에서 포스트 프로세서(Post Processor)에 대한 설명으로 가장 적당한 것은?

① 여러 대의 컴퓨터와 터미널을 상호 연결하기 위해 접속하는 데이터 통신망용 프로그램
② CAM 시스템으로 만들어진 공구 위치 정보를 바탕으로 CNC 공작기계의 제어코드를 산출하는 프로그램
③ 설계해석용의 각종 정보를 추출하거나 필요한 형식으로 재구성하는 프로그램
④ 주변장치의 제어를 위해 전기적, 논리적으로 중앙처리장치와 연결하는 프로그램

해설
포스트 프로세서란 CAM 시스템으로 만들어진 가공할 데이터를 읽어 사용할 CNC 공작기계의 제어기에 맞게 구성하여 CNC 공작기계의 제어코드인 NC데이터로 출력하는 기능을 갖는 장치이다.

48 셀(Cell) 또는 프리미티브(Primitive)라고 불리는 구, 원추, 원통 등의 입체요소들을 결합하여 모델을 구성하는 방식은?

① 와이어프레임 모델링
② 솔리드 모델링
③ 서피스 모델링
④ 시스템 모델링

해설
② 솔리드 모델링 : 셀(Cell) 또는 프리미티브(Primitive)라고 불리는 구, 원추, 원통 등의 입체요소들을 결합하여 모델을 구성하는 방식이다.
① 와이어프레임 모델링 : 3차원 물체의 형상을 물체상의 점과 특징선 만을 이용하여 표현하는 방법이다.
③ 서피스 모델링 : 곡면 모델링이라고도 하며 와이어프레임 모델링에 면 정보를 추가한 형태로 꼭짓점, 모서리, 표면으로 표현된다.

49 다음 모델링(Modeling)에 대한 설명 중 틀린 것은?

① 솔리드 모델링은 3차원의 형상정보를 완비한 표현 방식이다.
② 솔리드 모델에는 CSG(Constructive Solid Geometry) 방식과 B-rep(Boundary Representation) 방식 등이 있다.
③ CSG 방식은 형상을 구성하는 기하 요소와 위상 요소의 상관관계를 정의하는 방식이다.
④ CSG 표현은 항상 대응하는 B-rep 모델로 치환이 가능하다.

해설
솔리드 모델링의 방식 중 B-rep 방식은 형상을 구성하는 기하 요소와 위상 요소의 상관관계를 정의하는 방식이다.

50 NC데이터를 생성하기 전에 생성된 CL데이터를 이용하여 공구의 위치, 과절삭, 미절삭 등을 확인하는 과정을 무엇이라 하는가?

① 모델링
② 공구경로 검증
③ 포스트 프로세싱
④ 가공조건 정의

해설
② 공구경로 검증 : NC데이터를 생성하기 전에 생성된 CL데이터를 이용하여 공구의 위치, 과절삭, 미절삭 등을 확인하는 과정이다.
③ 포스트 프로세싱 : CL(Cutting Location, 공구 위치)데이터를 CNC 공작기계가 이해할 수 있는 NC코드로 변환하는 작업이다.

51 다음 중 좌표계에 관한 설명으로 잘못된 것은?

① 실세계에서 모든 점들은 3차원 좌표계로 표현된다.
② x, y, z축의 방향에 따라 오른손 좌표계와 왼손 좌표계가 있다.
③ 모델링에서는 직교좌표계가 사용되지만 원통좌표계나 구면좌표계가 사용되기도 한다.
④ 좌표계의 변환에는 행렬 계산의 편리성으로 동차좌표계(Homogeneous Coordinate) 대신 직교좌표계가 주로 사용된다.

해설
좌표계의 변환에는 계산의 편리성을 위해 동차좌표계를 주로 사용한다.

52 다음 중 CNC 가공계획 단계에서 결정하는 것이 아닌 것은?

① 소재 고정방법
② CNC 공작기계 선정
③ 공정순서
④ 부품도면 선정

해설
부품도면의 선정은 CNC 가공계획 단계 이전에 결정해야 할 사항이다.

53 CAD 시스템의 입력장치가 아닌 것은?

① 트랙볼(Track Ball)
② 스캐너(Scanner)
③ 태블릿(Tablet)
④ 래스터(Raster)

해설
래스터란 디스플레이 장치에 적용되는 방식으로 이는 출력장치에 해당된다.

54 Surface Modeling 특징 중 잘못 설명된 것은?

① 은선 제거가 가능하다.
② NC Data를 생성할 수 있다.
③ 유한요소법의 적용을 위한 요소분할이 쉽다.
④ 솔리드와 같이 명암 알고리즘을 제공할 수가 있다.

해설
서피스 모델링(Surface Modeling)으로는 유한요소법의 적용이 불가능하다.

55 3차 곡선식 $P(u) = a_0 + a_1 u + a_2 u^2 + a_3 u^3$로 주어질 때 a_0, a_1, a_2, a_3와 같은 대수계수를 곡선의 형상과 밀접한 관계를 갖는 P_0, P_1, P'_0, P'_1과 같은 기하계수로 바꾸어서 나타낸 것은?

① Hermite 곡선
② Conic 곡선
③ Hyperbolic 곡선
④ Polynomial 곡선

56 다음 중 회사들 간에 컴퓨터를 이용한 데이터의 저장과 교환을 위한 산업 표준이 되고 있는 CALS에서 채택하고 있는 제품 데이터 교환 표준은?

① CAT
② STEP
③ XML
④ DXF

해설
STEP : 회사들 간에 컴퓨터를 이용한 데이터의 저장과 교환을 위한 산업 표준이 되고 있는 CALS에서 채택하고 있는 제품 데이터 교환 표준이다.

57 $y = 2x+1$인 직선에 수직이고, 점(2, 4)를 지나는 직선의 방정식에 대한 표준 음함수식을 구하면?

① $0.5083x + 0.9742y - 5.1862 = 0$
② $0.4472x + 0.8945y - 4.4723 = 0$
③ $-0.5111x + 1.0001y - 5.2145 = 0$
④ $0.4501x - 0.9241y - 4.5217 = 0$

58 패턴의 반전 횟수를 기준으로 4가지 방식으로 구분되는 신속 툴링(Rapid Tooling ; RT)에 대한 설명으로 옳은 것은?

① 1회 반전법 – 신속 시작 패턴들을 다른 재질의 주물로 직접 변환
② 2회 반전법 – 1회 반전 툴링을 사용하여 만든 금형 패턴을 주조 금형으로 변환
③ 3회 반전법 – 코어와 캐비티판들을 실리콘 RTV(Room Temperature Vulcanizing) 고무성형 공정을 통하여 딱딱한 플라스틱 패턴으로 변환
④ 직접 툴링법 – 범용 공작기계에서 절삭공구를 이용하여 금형 제작

59 2차원 절삭가공에서 지름 20mm인 엔드밀 추천 절삭속도가 6,280mm/min일 때, 적정 공구 회전 속도는?

① 100rpm
② 150rpm
③ 200rpm
④ 2,000rpm

해설
공구의 회전속도
$n = \dfrac{1,000v}{\pi d}$ (rpm)
여기서, v : 절삭속도(m/min)
d : 공작물의 지름(mm)
n : 주축 회전수(rpm)
$n = \dfrac{1,000 \times 6.28\text{m/min}}{\pi \times 20\text{mm}} = \dfrac{6,280}{62.8} = 100\text{rpm}$

60 렌더링 기법 중 광선투사법(Ray Tracing)에 관한 내용으로 틀린 설명은?

① 광선이 광원으로부터 나와 물체에 반사되어 뷰잉 평면에 투사될 때까지의 궤적을 거꾸로 추적한다.
② 뷰잉 화면상의 화소(Pixel)의 개수에 제한을 받지 않고 빛의 강도와 색깔을 결정할 수 있다.
③ 뷰잉 화면상에서 거꾸로 추적한 광선이 광원까지 도달하였다면 광원과 화소 사이에는 반사체가 존재한다고 해석한다.
④ 뷰잉 화면상에서 거꾸로 추적한 광선이 광원까지 도달하지 않는다면 그 반사면에서의 색깔을 화소에 부여한다.

제4과목 | 기계제도 및 CNC공작법

61 다음 중 MMC(최대실체조건) 원리가 적용될 수 있는 기하공차는?

① 진원도 ② 위치도
③ 원주 흔들림 ④ 원통도

해설
② MMC(Maximum Material Principle, 최대실체공차 방식) 원리가 적용될 수 있는 기하공차는 자세공차와 위치공차에 해당하는 기호들로서 위치도가 된다. 최대실체공차를 적용하는 경우의 도시방법은 공차 기입란의 공차값 다음에 Ⓜ의 부가 기호를 붙인다.

기하공차 종류 및 기호

공차의 종류		기 호
모양공차	진직도	—
	평면도	▱
	진원도	○
	원통도	⌭
	선의 윤곽도	⌒
	면의 윤곽도	⌓
자세공차	평행도	∥
	직각도	⊥
	경사도	∠
위치공차	위치도	⌖
	동축도(동심도)	◎
	대칭도	⌯
흔들림 공차	원주 흔들림	↗
	온 흔들림	↗↗

62 기계구조용 합금강 강재 중 크롬 몰리브데넘강에 해당하는 것은?

① SMn ② SMnC
③ SCr ④ SCM

해설
SCM에서 S-steel, C-chromium, M-molybdenum이기 때문에, 이 재료의 명칭은 크롬몰리브덴강이다.

63 도면에서 다음에 열거한 선이 같은 장소에 중복되었다. 어느 선으로 표시하여야 하는가?

> 치수 보조선, 절단선, 무게중심선, 중심선

① 무게중심선 ② 중심선
③ 치수 보조선 ④ 절단선

해설
두 종류 이상의 선이 중복되는 경우 선의 우선순위
숫자나 문자 > 외형선 > 숨은선 > 절단선 > 중심선 > 무게중심선 > 치수 보조선

64 제3각법으로 투상되는 그림과 같은 투상도의 좌측 면도로 가장 적합한 것은?

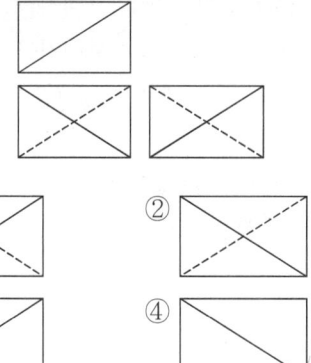

66 그림과 같은 입체도를 화살표 방향에서 본 투상도로 가장 적합한 것은?

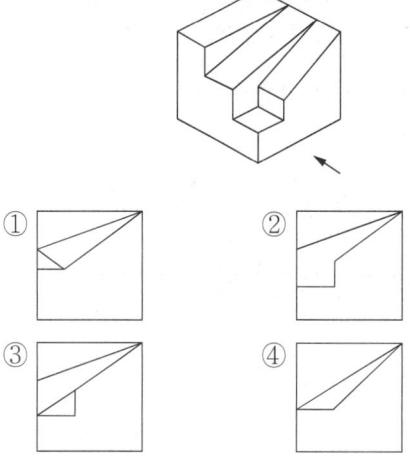

65 어떤 치수가 $50^{+0.035}_{-0.012}$ 일 때, 치수공차는 얼마인가?

① 0.023   ② 0.035
③ 0.047   ④ 0.012

해설
치수공차(공차)
최대 허용한계치수 − 최소 허용한계치수
• 최대 허용한계치수 = 50.035
• 최소 허용한계치수 = 49.988
∴ 50.035 − 49.988 = 0.047

67 그림과 같은 투상도는 제3각법 정투상도이다. 우측면도로 가장 적합한 것은?

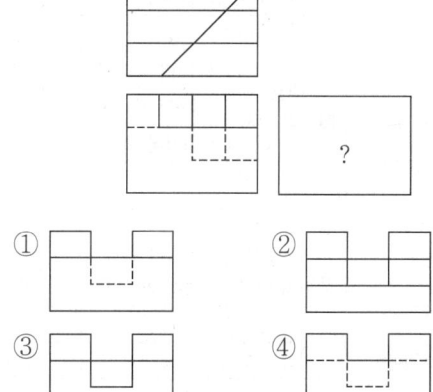

정답 64 ① 65 ③ 66 ② 67 ③

68 다음 중 가공방법의 기호를 옳게 나타낸 것은?

① 브로칭 가공 – BR
② 스크레이핑 다듬질 – SB
③ 래핑 다듬질 – BR
④ 평면 연삭 가공 – GBS

[해설]
① 브로칭 가공 : BR(Broaching)
② 스크레이핑 다듬질 : FS(Finishing Scraping)
③ 래핑 다듬질 : FL(Finishing Lapping)
④ 평면 연삭 가공 : GS(Surface Grinding)

69 나사의 종류를 표시하는 다음 기호 중에서 미터 사다리꼴 나사를 표시하는 것은?

① R   ② M
③ Tr   ④ UNC

[해설]
미터 사다리꼴 나사는 Tr로 표기한다.
나사의 종류 및 기호

구 분	나사의 종류		종류 기호
ISO 표준에 있는 것	미터 보통 나사		M
	미터 가는 나사		
	유니파이 보통 나사		UNC
	유니파이 가는 나사		UNF
	미터 사다리꼴 나사		Tr
	미니추어 나사		S
	관용 테이퍼 나사	테이퍼 수나사	R
		테이퍼 암나사	Rc
		평행 암나사	Rp
ISO 표준에 없는 것	30° 사다리꼴 나사		TM
	관용 평행 나사		G / PF
	관용 테이퍼 나사	테이퍼 나사	PT
		평행 암나사	PS
특수용	전구 나사		E
	미싱 나사		SM
	자전거 나사		BC

70 스플릿 테이퍼 핀의 호칭 방법으로 옳게 나타낸 것은?

① 규격 명칭, 호칭지름×호칭길이, 재료, 지정사항
② 규격 명칭, 등급, 호칭지름×호칭길이, 재료
③ 규격 명칭, 재료, 호칭지름×호칭길이, 등급
④ 규격 명칭, 재료, 호칭지름×호칭길이, 지정사항

[해설]
테이퍼 핀의 호칭 방법은 규격 명칭, 호칭지름×길이, 핀의 재료, 지정사항 순으로 나타낸다.

71 CNC의 절삭 제어 방식이 아닌 것은?

① 위치결정 제어
② 디지털 제어
③ 직선절삭 제어
④ 윤곽절삭 제어

[해설]
② CNC의 절삭 제어 방식에 디지털 제어는 포함되지 않는다.
CNC 공작기계의 3가지 기본 절삭 제어 방식
• 윤곽절삭 제어 : 2개 이상의 서보모터를 연동시켜 위치와 속도를 제어하므로 대각선이나 S자형, 원형의 경로 등 어떤 경로라도 공구를 이동시켜 연속 절삭이 가능한 제어 방식이다. 여러 축의 움직임을 동시제어할 수 있기 때문에 2차원이나 3차원 이상의 제어에 사용된다.
• 직선절삭 제어 : NC 공작기계의 하나의 축을 따라서 공작물에 대한 공구의 운동을 제어하는 방식이다.
• 위치결정 제어 : PTP(Point To Point) 제어라고도 하며 공구가 이동할 때 이동 경로에 관계없이 공구의 멈춤 위치(가공 위치)만을 결정하는 제어 방식으로 드릴링이나 Spot용접 등에 사용된다.

72 G_ X_ Y_ Z_ R_ Q_ P_ F_ L_;은 머시닝센터의 고정 사이클 지령방법이다. 이 블록에서 어드레스 P가 나타내는 것은?

① 1회 절입량
② 구멍바닥에서 잠시 정지시간
③ 절삭 이송속도
④ 고정사이클 반복횟수

[해설]
Address(주소) 중에서 P는 드릴로 구멍을 뚫을 때 구멍바닥에서 공구의 끝 부분이 완전히 절삭되도록 구멍 바닥에서 공구의 이송을 잠시 동안 멈추게 하는 기능이다.

73 다음 중 지령 블록에서만 유효한(One Shot) G 코드는?

① G00
② G04
③ G41
④ G96

[해설]
- One Shot G 코드란 지령한 블록에서만 1회 유효한 명령어로서 G04가 이에 속한다.
- G04는 일시정지 명령어로 해당 블록에서만 공구가 잠시 멈추도록 한다.

CNC 선반에서 사용하는 주요 G코드

G코드	기능	비고
G00	급속이송(위치결정)	연속 유효
G01	직선가공	
G02	시계 방향의 원호 가공	
G03	반시계 방향의 원호 가공	
G04	일시 정지(dwell), 2초 지령 시 P2000.	1회 유효
G28	자동 원점 복귀	
G30	제2원점 복귀(주로 공구 교환 시 사용)	
G32	나사 가공	연속 유효
G40	공구 반지름 보정 취소	
G41	공구 좌측 보정	
G42	공구 우측 보정	
G50	좌표계 설정, 주축 최고 회전수 지령	1회 유효
G76	나사 가공 사이클	
G90	고정사이클(내외경)	연속 유효
G96	절삭 속도 일정 제어	
G97	회전수 일정 제어(G96 취소)	
G98	분당 이송 속도 지정(mm/min)	
G99	회전당 이송 속도 지정(mm/rev)	

※ Modal Code - 연속 유효, One Shot Code - 1회 유효

74 CNC 프로그램에서 사용되는 주요 주소(Address)와 그 기능이 잘못 연결된 것은?

① Q : 프로그램 번호
② G : 준비기능
③ S : 주축기능
④ L : 공구기능

[해설]
주소(Address)들 중에서 "L"은 보조프로그램의 반복 횟수를 의미하며, 공구기능은 "T"이다.
CNC 프로그램에서 주소(Address)의 의미

기능	주소	의미
프로그램번호	O	프로그램 인식 번호
Block 전개 번호	N	시퀀스 번호(작업 순서)
준비기능	G	이동형태 지령(직선, 원호보간)
이송기능	F, E	이송속도 및 나사의 리드
주축기능	S	주축 속도 및 회전수 지령
공구기능	T	공구번호 및 공구 보정번호 지령
보조기능	M	기계작동부위의 ON/OFF 제어
휴지기능(드웰)	P, U, X	휴지시간(잠시멈춤, Dwell) 지령
좌표계	X, Y, Z	각 축의 이동위치 지정(절대방식)
	U, V, W	각 축의 이동거리와 방향지정(증분방식)
	A, B, C	부가축의 이동 명령
	I, J, K	증분의 형태로 이동시키는 지령, 원호의 시점에서 원호의 중심점까지의 거리(벡터량)
	R	원호 반지름, 구석, 모서리R
프로그램번호 지정	P	보조프로그램 호출번호 지정
명령절 전개 번호 지정	P, Q	복합 고정 사이클에서 시작과 종료 번호
반복 횟수	L	보조프로그램의 반복 횟수
매개변수 (파라미터)	A	각 도
	D, I, K	절입량
	D	횟 수

75 CNC 기계의 움직임을 전기적인 신호로 표시하는 일종의 회전 피드백(Feed Back) 장치는?

① 볼스크루 ② 리졸버
③ 서보기구 ④ 컨트롤러

해설
② 리졸버 : CNC 공작기계의 움직임을 전기적인 신호로 속도와 위치를 표시하는 일종의 회전형 피드백 장치
① 볼스크루 : CNC 공작기계에서 서보모터의 회전력을 테이블의 직선운동으로 바꾸어 주는 기구로서 백래시(Backlash)를 줄이고 운동저항을 작게 하기 위하여 사용되는 기계요소
③ 서보모터 : 서보기구의 조작부로서 제어신호에 의하여 부하를 구동하는 동력원의 총칭
④ 컨트롤러 : 제어란 의미로서 기계나 전기 등 모든 제어기기에 사용되나 대표적으로는 전동기의 운전, 정지, 속도 등을 조정하는 제어기

76 CNC 방전 전극용 재료의 구비조건이 아닌 것은?

① 전기 저항값이 낮고 전기 전도도가 클 것
② 융점이 높아 방전 시 소모가 적을 것
③ 가격이 저렴할 것
④ 성형이 용이하지 않을 것

해설
④ CNC 방전가공용 전극 재료는 성형성이 좋아야 가공이 잘된다.
CNC 방전가공용 전극 재료의 구비조건
• 가격이 저렴할 것
• 성형성이 용이할 것
• 구하기가 쉬울 것
• 방전 가공성이 우수할 것
• 용융점이 높아 방전 시 소모량이 적을 것
• 전기 저항값이 작아서 전기전도도가 클 것
• 고온과 방전가공유로부터 화학적 반응이 없을 것

77 CNC 선반에서 지령값 X60.0으로 소재를 가공한 후 측정한 결과 직경이 59.94mm이었다. 기존의 X축 보정값이 0.005m라 하면 보정값을 얼마로 수정해야 하는가?

① 0.065 ② 0.055
③ 0.06   ④ 0.01

78 머시닝센터로 태핑 사이클 G84를 이용하여 피치가 1.25mm인 나사를 가공하려고 한다. G99 G84 X20. Y20. Z-30. R5 F;로 가공할 때, 주축 회전수가 200rpm이면 이송속도 F(mm/min)는 얼마로 하여야 하는가?

① 150 ② 200
③ 250 ④ 300

79 선반 외경용 툴 홀더 규격에서 밑줄 친 25가 나타내는 의미는 무엇인가?

> C S K P R <u>25</u> 25 M 12

① 홀더의 높이 ② 절삭날 길이
③ 홀더의 길이 ④ 홀더의 폭

해설
① 선반 외경용 툴 홀더 규격에서 앞의 "25"는 홀더(크)의 높이를 의미한다.

• 홀더(생크)의 높이와 폭

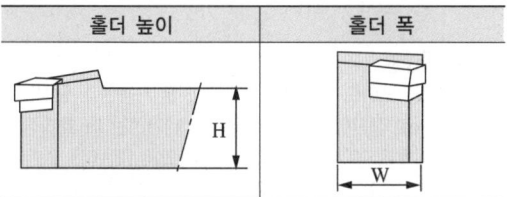

홀더 높이	홀더 폭

• 선반 외경용 툴 홀더의 규격표시
예 "C S K P R 25 25 M 12"

C	클램핑 방식	25	홀더(생크) 높이
S	인서트 형상	25	홀더(생크) 폭
K	홀더 형상	M	홀더 길이
P	인서트 여유각	12	절삭날 길이
R	공구 방향		

80 CNC 공작기계에서 작업 시 안전사항에 위배되는 사항은?

① 작업 중 위급 시는 비상정지 스위치를 누른다.
② CNC 선반 작업 시 절삭시간을 줄이기 위하여 작업문을 열어 놓고 가공한다.
③ 가공된 칩 제거 시는 기계를 반드시 정지하고 제거한다.
④ CNC 방전 가공 시에는 감전에 유의한다.

해설
CNC 선반 작업 시 공작물의 회전에 의해 절삭된 칩과 절삭유가 설비 앞쪽으로 튀어 나오게 되므로 절삭 가공 시에는 반드시 작업문을 닫고 해야 한다. 또한 작업문의 개폐 여부와 절삭시간과는 관련이 없다.

2013년 제2회 과년도 기출문제

제1과목 | 기계가공법 및 안전관리

01 내연기관의 실린더 내면에 진원도, 진직도, 표면거칠기 등을 더욱 향상시키기 위한 가공방법은?

① 래핑
② 호닝
③ 슈퍼피니싱
④ 버핑

해설
② 호닝 : 드릴링, 보링, 리밍 등으로 1차 가공한 재료를 더욱 정밀하게 연삭 가공하는 가공법으로 각봉상의 세립자로 만든 공구를 공작물에 스프링이나 유압으로 접촉시키면서 회전운동과 왕복운동을 주어 매끈하고 정밀하게 가공하여 내연기관의 실린더와 같은 구멍의 진원도와 진직도, 표면거칠기를 향상시키기 위한 가공방법
① 래핑 : 주철, 구리, 가죽, 천 등으로 만들어진 랩(Lap)과 공작물의 다듬질할 면 사이에 랩제를 넣고 적당한 압력으로 누르고 상대 운동을 시킴으로써, 입자가 공작물의 표면으로부터 극히 미량의 칩(Chip)을 깎아내어 표면을 다듬는 가공방법으로 게이지 블록의 측정면 가공에 사용됨
③ 슈퍼피니싱 : 입도와 결합도가 작은 숫돌을 공작물에 가볍게 누르고 매 분당 수백~수천의 진동과 수 mm의 진폭으로 진동하면서 왕복운동을 하고, 공작물을 회전시켜 가공면을 단시간에 매우 평활한 면으로 다듬는 가공방법
④ 버핑 : 모, 면직물, 펠트 등을 여러 장 겹쳐서 적당한 두께의 원판을 만든 다음 이것을 회전시키고 여기에 미세한 연삭입자가 혼합된 윤활제를 사용하여 공작물의 표면을 매끈하고 광택나게 만드는 가공방법

02 연삭숫돌의 결합제와 기호를 짝지은 것이 잘못된 것은?

① 레지노이드 – G
② 비트리파이드 – V
③ 셸락 – E
④ 고무 – R

해설
레지노이드 결합제는 기호로 "B"를 사용한다. 탄성을 가진 숫돌바퀴로 절단이나 소재의 결함을 제거하는 데 효과적이다. 결합제 기호로 "G"는 일반적으로 사용되지 않는다.
연삭숫돌의 결합제 및 기호

결합제 종류		기 호
레지노이드	Resinoid	B
비트리파이드	Vitrified	V
고 무	Rubber	R
비 닐	Poly Vinyl Alcohol	PVA
셸락(천연수지)	Shellac	E
금 속	Metal	M
실리케이트	Silicate	S

03 선반에서 지름 125mm, 길이 350mm인 연강봉을 초경합금 바이트로 절삭하려고 한다. 분당 회전수(r/min=rpm)는 약 얼마인가?(단, 절삭속도는 150m/min이다)

① 720
② 382
③ 540
④ 1,200

해설
절삭속도(v)

$v = \dfrac{\pi d n}{1,000}$

여기서, v : 절삭속도(m/min)
d : 공작물의 지름(mm)
n : 주축 회전수(rpm)

$n = \dfrac{1,000v}{\pi d} = \dfrac{1,000 \times 150}{\pi \times 125} ≒ 382$

04 밀링머신에서 할 수 없는 가공은?

① 총형 가공
② 기어 가공
③ 널링 가공
④ 나선홈 가공

해설
널링 가공
기계의 손잡이 부분에 올록볼록한 돌기부를 만드는 널링 가공은 선반에서 가공이 가능하며 밀링에서는 불가능하다.

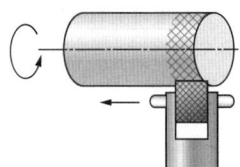

05 스핀들이 수직이며, 스핀들은 안내면을 따라 이송되며, 공구 위치는 크로스 레일 공구대에 의해 조절되는 보링머신은?

① 수직 보링머신
② 정밀 보링머신
③ 지그 보링머신
④ 코어 보링머신

해설
① 수직 보링머신 : 스핀들이 수직으로 설치되어 있으며 이 스핀들은 안내면을 따라 이송된다. 공구 위치는 크로스 레일 공구대에 의해 조절되며 베드 위에 회전 테이블이 수평으로 설치되어 있어서 공작물은 그 위에 설치한다.
② 정밀 보링머신 : 고속회전이 가능하면서 정밀한 이송기구를 갖추고 있어 가공 시 정밀도가 높아서 표면 거칠기가 우수한 실린더나 커넥팅 로드, 베어링 면 등의 가공에 적합하다.
③ 지그 보링머신 : 주축대의 위치를 정밀하게 하기 위하여 나사식 측정장치, 다이얼 게이지, 광학적 측정장치를 갖추고 있는 공작기계로 높은 정밀도를 요구하는 가공물이나 지그, 정밀기계의 구멍가공 등에 사용하는 보링머신으로 온도 변화에 영향을 받지 않도록 항온 항습실에 설치해야 한다.
④ 코어 보링머신 : 판재나 포신 등 큰 구멍을 가공하는 데 적합하다.

06 허용한계치수의 해석에서 "통과측에는 모든 치수 또는 결정량이 동시에 검사되고 정지측에는 각각의 치수가 개개로 검사되어야 한다."는 무슨 원리인가?

① 아베(Abbe)의 원리
② 테일러(Taylor)의 원리
③ 헤르츠(Hertz)의 원리
④ 훅(Hook)의 원리

해설
테일러의 원리는 생산성의 향상을 위해 빠른 측정방법을 연구하면서 나온 이론으로 통과측에는 모든 치수 또는 결정량이 동시에 검사되고 정지측에는 각각의 치수가 개개로 검사되어야 한다는 것을 나타낸다는 것이다.

07 직접측정의 장점에 해당되지 않는 것은?

① 측정기의 측정범위가 다른 측정법에 비하여 넓다.
② 측정물의 실제치수를 직접 읽을 수 있다.
③ 수량이 적고, 많은 종류의 제품 측정에 적합하다.
④ 측정자의 숙련과 경험이 필요 없다.

해설
직접측정은 측정기의 측정값을 작업자가 직접 확인해야 하므로 측정자의 숙련과 경험은 반드시 요구된다.

정답 4 ③ 5 ① 6 ② 7 ④

08 회전 중에 연삭숫돌이 파괴될 것을 대비하여 설치하는 안전 요소는?

① 덮 개 ② 드레서
③ 소화장치 ④ 절삭유 공급장치

해설
연삭 가공 중 덮개는 연삭숫돌이 회전 중에 파괴될 것을 대비하여 설치하는 안전 요소이다. 드레서는 연삭숫돌에 눈메움이나
눈무딤 발생 시 절삭성 향상을 위해 연삭숫돌 표면의 숫돌 입자를 제거하고, 새로운 절삭날을 숫돌 표면에 생성시켜 절삭성을 회복시키기 위해 사용되는 도구이다.

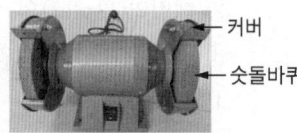

09 일반적으로 요구되는 절삭공구의 조건으로 적합하지 않은 것은?

① 고마찰성 ② 고온경도
③ 내마모성 ④ 강인성

해설
절삭공구는 절삭 시 마찰이 크지 않아야 공구 수명을 길게 할 수 있다.

10 다음 중 일반적으로 표면정밀도가 낮은 것부터 높은 순서로 바른 것은?

① 래핑 → 연삭 → 호닝
② 연삭 → 호닝 → 래핑
③ 호닝 → 연삭 → 래핑
④ 래핑 → 호닝 → 연삭

해설
표면의 가공정밀도 높은 순서
래핑 > 슈퍼피니싱 > 호닝 > 연삭

11 가공물이 대형이거나 무거운 중량제품을 드릴 가공할 때, 가공물을 고정시키고 드릴 스핀들을 암 위에서 수평으로 이동시키면서 가공할 수 있는 것은?

① 직립 드릴링머신
② 레디얼 드릴링머신
③ 터릿 드릴링머신
④ 만능 포터블 드릴링머신

해설
레이디얼 드릴링머신
가공물이 대형이거나 무거운 중량제품을 드릴 가공할 때, 가공물을 고정시키고 드릴 스핀들을 암 위에서 수평으로 이동시키면서 가공할 수 있는 공작기계로 주축 헤드는 암을 따라 수평 이동시킬 수 있어서 크기가 크고 구멍 간 거리가 큰 공작물을 이동시키지 않고도 가공이 가능하다.

12 선반 작업에서 발생하는 재해가 아닌 것은?

① 칩에 의한 것
② 정밀 측정기에 의한 것
③ 가공물의 회전부에 휘감겨 들어가는 것
④ 가공물과 절삭 공구와의 사이에 휘감기는 것

해설
선반 작업에서 버니어 켈리퍼스와 같은 정밀 측정기로는 재해가 발생되지 않는다.

13 사인바로 각도를 측정할 때, 몇 도를 넘으면 오차가 가장 심하게 되는가?

① 10° ② 20°
③ 30° ④ 45°

해설
사인바로 각도를 측정할 때 45° 이상이 되면 오차가 발생한다.

14 다이얼 게이지의 사용상 주의사항이 아닌 것은?

① 스핀들이 원활히 움직이는가를 확인한다.
② 스탠드를 앞뒤로 움직여 지시값의 차를 확인한다.
③ 스핀들을 갑자기 작동시켜 반복 정밀도를 본다.
④ 다이얼 게이지의 편차가 클 때는 교환 또는 수리가 불가능하므로 무조건 폐기시킨다.

해설
다이얼 게이지의 편차가 클 때는 제작사나 교정 업체에서 A/S가 가능하기 때문에 교정 후 사용하면 되므로 무조건 폐기시키지는 않는다.

15 밀링작업에서 상향절삭과 하향절삭의 특징을 비교했을 때 상향절삭에 해당하는 것은?

① 동력의 소비가 적다.
② 마찰열의 작용으로 가공면이 거칠다.
③ 가공할 때 충격이 있어 높은 강성이 필요하다.
④ 뒤틈(Backlash) 제거장치가 없으면 가공이 곤란하다.

해설
상향절삭은 절삭 가공 시 마찰열과 접촉면의 마모가 커서 공구 수명이 짧고 가공면이 거칠다.
상향절삭과 하향절삭의 특징

커터날 절삭방향과 공작물 이송방향이 반대
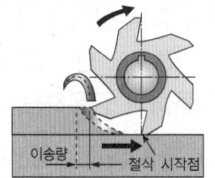
상향절삭 • 동력 소비가 크다. • 표면거칠기가 좋지 못하다. • 하향절삭에 비해 가공면이 깨끗하지 못하다. • 기계에 무리를 주지 않아 강성은 낮아도 된다. • 날 끝이 일감을 치켜 올리므로 일감을 단단히 고정해야 한다. • 백래시의 영향이 적어서 백래시 제거장치가 필요 없다. • 절삭 가공 시 마찰열과 접촉면의 마모가 커서 공구 수명이 짧다.

커터날 절삭방향과 공작물 이송방향이 같음
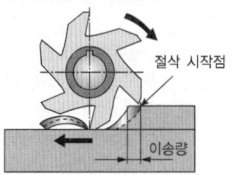
하향절삭 • 표면거칠기가 좋다. • 날 하나마다의 날 자리 간격이 짧다. • 날의 마멸이 적어서 공구의 수명이 길다. • 가공면이 깨끗하고 고정밀 절삭이 가능하다. • 백래시를 완전히 제거해야 하므로 백래시 제거장치가 필요하다. • 절삭된 칩이 가공된 면 위에 쌓이므로 앞으로 가공할 면의 시야성이 좋아서 가공하기 편하다. • 커터 날과 일감의 이송방향이 같아서 날이 가공물을 누르는 형태이므로 가공물 고정이 간편하다. • 절삭 가공 시 마찰력은 적으나 충격력이 크기 때문에 높은 강성이 필요하다.

16 선반에서 원형 단면을 가진 일감의 지름 100mm인 탄소강을 매분 회전수 314r/min(=rpm)으로 가공할 때, 절삭저항력이 736N이었다. 이때 선반의 절삭효율을 80%라 하면 필요한 절삭동력은 약 몇 PS인가?

① 1.1 ② 2.1
③ 4.4 ④ 6.2

해설

$$H = \frac{F \times v}{75 \times 9.8 \times \eta} = \frac{736 \times 1.644}{75 \times 9.8 \times 0.8} = 2.058$$

$$\therefore v = \frac{\pi d n}{1,000} = \frac{\pi \times 100 \times 314}{1,000 \times 60(\text{s})} = 1.644 \text{m/s}$$

17 윤활방법 중 무명이나 털 등을 섞어 만든 패드의 일부를 기름통에 담가 저널의 아랫면에 모세관 현상을 이용하여 급유하는 것은?

① 적하 급유(Drop Feed Oiling)
② 비말 급유(Splash Oiling)
③ 패드 급유(Pad Oiling)
④ 강제 급유(Oil Bath Oiling)

해설

패드 급유법은 털실, 무명실, 펠트 등으로 만든 패드를 오일 속에 침지시켜 패드의 모세관 현상을 이용하여 각 윤활부위에 공급하는 방식으로 경하중용 베어링에 많이 사용된다.

윤활제의 급유 방법

종류	특징
손 급유법 (핸드 급유법)	윤활부위에 오일을 손으로 급유하는 가장 간단한 방식으로 윤활이 크게 문제되지 않는 저속, 중속의 소형기계나 간헐적으로 운전되는 경하중 기계에 이용된다.
적하 급유법	급유되어야 하는 마찰면이 넓은 경우, 윤활유를 연속적으로 공급하기 위해 사용되는 방법으로 니들밸브 위치를 이용하여 급유량을 정확히 조절할 수 있다.
분무 급유법	액체 상태의 기름에 9.81N/cm² 정도의 압축공기를 이용하여 소량의 오일을 미스트화시켜 베어링, 기어, 슬라이드, 체인 드라이브 등에 윤활을 하고, 압축공기는 냉각제의 역할을 하도록 고안된 윤활방식이다.
패드 급유법	털실, 무명실, 펠트 등으로 만든 패드를 오일 속에 침지시켜 패드의 모세관 현상을 이용하여 각 윤활부위에 공급하는 방식으로 경하중용 베어링에 많이 사용된다.
기계식 강제 급유법	기계본체의 회전축에 부착된 캠이나 모터에 의하여 구동되는 소형 플런저 펌프에 의한 급유방식으로 비교적 소량이면서 고속으로 윤활유에 간헐적으로 압송시켜 급유한다.

18 드릴링머신의 안전사항에서 틀린 것은?

① 장갑을 끼고 작업을 하지 않는다.
② 가공물을 손으로 잡고 드릴링하지 않는다.
③ 얇은 판의 구멍 뚫기에는 나무 보조판을 사용한다.
④ 구멍 뚫기가 끝날 무렵은 이송을 빠르게 한다.

해설

드릴링머신 작업 시 구멍 뚫기가 끝날 무렵에는 더욱 정밀한 마무리 작업을 위해 이송을 천천히 해야 한다.

19 전해연삭 가공의 특징이 아닌 것은?

① 경도가 낮은 재료일수록 연삭능률이 기계연삭보다 높다.
② 박판이나 형상이 복잡한 공작물을 변형 없이 연삭할 수 있다.
③ 연삭저항이 적으므로 연삭열 발생이 적고, 숫돌 수명이 길다.
④ 정밀도는 기계연삭보다 낮다.

해설

전해연삭은 경도가 큰 재료일수록 연삭능률이 기계연삭보다 높다.

20 선반에서 이동용 방진구를 설치하는 곳은?

① 새 들 ② 주축대
③ 심압대 ④ 베 드

해설
선반에서 이동용 방진구를 설치하는 곳은 왕복대(새들)이다. 방진구는 선반 작업에서 공작물의 지름보다 20배 이상의 가늘고 긴 공작물(환봉)을 가공할 때 공작물이 휘거나 떨리는 현상인 진동을 방지하기 위해 베드 위에 설치하여 공작물을 받쳐주는 부속장치이다.

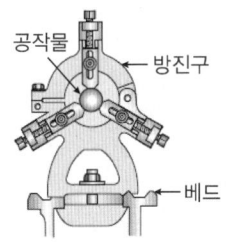

제2과목 | 기계설계 및 기계재료

21 내식성과 내산화성이 크고, 성형성이 다른 것에 비해 좋은 비자성의 스테인리스강은?

① 페라이트계
② 마텐자이트계
③ 오스테나이트계
④ 석출경화형

해설
오스테나이트계 스테인리스강은 내식성과 내산화성이 크고, 성형성이 다른 것에 비해 좋은 비자성의 스테인리스강이다.

22 다음 중 복합재료에서 섬유강화금속은?

① GFRP ② CFRP
③ FRS ④ FRM

해설
④ FRM(Fiber Reinforced Metal) : 섬유강화금속
① GFRP(Glass Fiber Reinforced Plastic) : 유리섬유강화 플라스틱
② CFRP(Carbon Fiber Reinforced Plastic) : 카본섬유강화 플라스틱
③ FRS(Fiber Reinforced Shotcrete) : 섬유강화 숏크리트

23 다음 중 경금속이 아닌 것은?

① 알루미늄 ② 마그네슘
③ 백 금 ④ 타이타늄

해설
경금속과 중금속을 구분하는 기준은 비중 4.5를 기준으로 하는데, 백금(Pt)의 비중은 21.45이므로 중금속에 속한다.

금속의 비중

경금속	Mg	1.74	Al	2.7
	Be	1.85	Ti	4.5
중금속	Sn	5.8	Cu	8.96
	V	6.16	Ag	10.49
	Cr	7.19	Pb	11.34
	Mn	7.43	W	19.1
	Fe	7.87	Au	19.32
	Ni	8.9	Pt	21.45

정답 20 ① 21 ③ 22 ④ 23 ③

24 두랄루민은 Al에 어떤 원소를 첨가한 합금인가?

① Cu+Mg+Mn
② Fe+Mo+Mn
③ Zn+Ni+Mn
④ Pb+Sn+Mn

해설
두랄루민은 알루미늄에 구리 + 마그네슘 + 망간이 포함된 알루미늄합금이다.
시험에 자주 출제되는 주요 알루미늄 합금

Y합금	Al + Cu + Mg + Ni, 알구마니
두랄루민	Al + Cu + Mg + Mn, 알구마망

26 황동에서 잔류응력에 의해서 발생하는 현상은?

① 탈아연 부식 ② 고온 탈아연
③ 저온 풀림경화 ④ 자연균열

해설
- 황동의 자연균열 : 냉간가공한 황동재질의 파이프나 봉재제품이 보관 중에 자연균열이 생기는 현상이다.
- 황동의 자연균열의 원인 : 암모니아나 암모늄에 의한 내부응력이 발생하기 때문이다.
- 황동의 자연균열의 방지법
  - 수분에 노출되지 않도록 한다.
  - 200~300℃로 응력제거 풀림을 한다.
  - 표면에 도색이나 도금으로 표면처리를 한다.

25 표면경화법에서 금속 침투법이 아닌 것은?

① 세라다이징 ② 크로마이징
③ 칼로라이징 ④ 방전경화법

해설
표면경화법의 종류

종 류		침탄재료
화염 경화법		산소-아세틸렌불꽃
고주파 경화법		고주파 유도전류
질화법		암모니아가스
방전경화법		불꽃방전
침탄법	고체 침탄법	목탄, 코크스, 골탄
	액체 침탄법	KCN(사이안화칼륨), NaCN(사이안화나트륨)
	가스 침탄법	메탄, 에탄, 프로판
금속 침투법	세라다이징	Zn
	칼로라이징	Al
	크로마이징	Cr
	실리코나이징	Si
	보로나이징	B(붕소)

27 Fe-C계 상태도에서 3개소의 반응이 있다. 옳게 설명한 것은?

① 공정-포정-편정
② 포석-공정-공석
③ 포정-공정-공석
④ 공석-공정-편정

해설
③ Fe-C계 상태도에서 나타나는 3개의 반응은 포정반응, 공정반응, 공석반응이 있다.
Fe-C계 평형상태도에서의 3개 불변반응

종류	반응온도	탄소 함유량	반응내용	생성조직
공석 반응	723℃	0.8%	γ고용체 $\leftrightarrow$ α고용체 + Fe_3C	펄라이트 조직
공정 반응	1,147℃	4.3%	융체(L) $\leftrightarrow$ γ고용체 + Fe_3C	레데부라이트 조직
포정 반응	1,494℃ (1,500℃)	0.18%	δ고용체 + 융체(L) $\leftrightarrow$ γ고용체	오스테나이트 조직

정답 24 ① 25 ④ 26 ④ 27 ③

28 주철에 대한 설명으로 바르지 못한 것은?

① 시멘타이트+펄라이트의 회주철과 페라이트+펄라이트의 백주철이 있다.
② 백주철을 열처리하여 연성을 부여한 주철을 가단주철이라 한다.
③ 주철 중의 Si의 공정점을 저탄소강 영역으로 이동시키는 역할을 한다.
④ 용융점이 낮고 주조성이 좋다.

해설
• 회주철=페라이트+펄라이트
• 백주철=펄라이트+시멘타이트

29 다음 중 뜨임처리의 목적으로 틀린 것은?

① 담금질 응력 제거
② 치수의 경년변화 방지
③ 연마 균열의 방지
④ 내마멸성 저하

해설
뜨임은 담금질로 경화된 재료 내부에 잔류 응력을 제거함으로써 연성을 주는 것이 주목적으로 내마멸성 저하와는 거리가 멀다.

30 다음 중 강의 5대 원소에 속하지 않는 것은?

① C
② Mn
③ Cr
④ Si

해설
탄소강의 5대 원소 : C, Si, Mn, P, S

31 3.68kW의 동력으로 회전하는 드럼을 블록 브레이크를 이용하여 제동하고자 할 때 브레이크의 용량(Brake Capacity)은 약 몇 Mpa·m/s인가?(단, 브레이크 블록의 길이가 100mm, 너비 30mm이고, 접촉부 마찰계수는 0.2이다)

① 0.12
② 0.25
③ 0.64
④ 1.23

32 2줄 나사의 리드(Lead)가 3mm인 경우 피치는 몇 mm인가?

① 1.5
② 3
③ 6
④ 12

해설
$L = n \times p$
$3 = 2 \times p$
∴ $p = 1.5mm$

33 리벳 이음의 장점에 해당하지 않는 것은?

① 열응력에 의한 잔류응력이 생기지 않는다.
② 경합금과 같이 용접이 곤란한 재료의 결합에 적합하다.
③ 리벳 이음한 구조물에 대해서 분해 조립이 간편하다.
④ 구조물 등에 사용할 때 현장조립의 경우 용접작업보다 용이하다.

해설
리벳 이음을 하기 위해서는 리베팅 장비가 필요하기 때문에 현장조립에서는 휴대성이 강한 이동식 용접기의 사용이 가능한 용접작업이 더 용이하다.

35 스프링의 용도로 거리가 먼 것은?

① 진동 또는 충격에너지를 흡수
② 에너지를 저축하여 동력원으로 작용
③ 힘의 측정에 사용
④ 동력원의 제동

해설
스프링은 동력원의 제동용으로 사용하지 않는다.

36 베어링의 설계 시 주의사항으로 옳지 않은 것은?

① 마모가 적을 것
② 구조가 간단하여 유지보수가 쉬울 것
③ 마찰저항이 크고 손실동력이 감소할 것
④ 강도를 충분히 유지할 것

해설
베어링을 설계할 때는 마찰저항과 손실동력이 감소하도록 해야 한다.

34 롤러 체인 전동에서 체인의 파단하중이 1.96kN이고, 체인의 회전속도가 3m/s이며, 안전율(Safety Factor)을 10으로 할 때 전달 동력은 약 몇 W인가?

① 467   ② 588
③ 712   ④ 843

해설
$H(W) = \dfrac{Pv}{102 \times 9.81 \times S} = \dfrac{1,960 \times 3}{102 \times 9.81 \times 10}$
$= 0.5876 kW = 587.6 W$

37 축의 원주에 여러 개의 키를 가공한 것으로 큰 토크를 전달할 수 있고 내구력이 크며 축과 보스와의 중심축을 정확하게 맞출 수 있는 것은?

① 스플라인
② 미끄럼 키
③ 묻힘 키
④ 반달 키

[해설]
스플라인은 축에 여러 개의 사각턱인 키 홈을 파서 여기에 맞는 한 짝의 보스 부분을 만들어 축 방향으로 서로 미끄러져 운동할 수 있게 한 것으로 일반 키(Key)들보다 더 큰 힘을 전달할 수 있어서 주로 변속장치나 자동차 변속기의 속도 변환용 축에 사용된다.

키의 종류 및 특징

키의 종류	키의 형상	특 징
안장 키 (새들 키)		축에는 키 홈을 가공하지 않고 보스에만 키 홈을 파서 끼운 뒤 축과 키 사이의 마찰에 의해 회전력을 전달하는 키로 작은 동력의 전달에 적당하다.
평 키 (납작 키)		축에 키의 폭만큼 평평하게 가공한 키로 안장 키보다는 큰 힘을 전달한다. 축의 강도를 저하시키지 않으며 1/100 기울기를 붙이기도 한다.
반달 키		반달 모양의 키로 키와 키 홈을 가공하기 쉽고 보스의 키 홈과의 접촉이 자동으로 조정되는 이점이 있으나 키 홈이 깊어 축의 강도가 약하다.
성크 키 (묻힘 키)		가장 널리 쓰이는 키(Key)로 축과 보스 양쪽에 모두 키 홈을 파서 동력을 전달하는 키이다. 1/100 기울기를 가진 경사 키와 평행 키가 있다.
접선 키		전달토크가 큰 축에 주로 사용되며 회전 방향이 양쪽 방향일 때 일반적으로 중심각이 120°가 되도록 한 쌍을 설치하여 사용하는 키이다. 90°로 배치한 것은 케네디 키라고 불린다.
스플라인		보스와 축의 둘레에 여러 개의 사각턱을 만든 키(Key)를 깎아 붙인 모양으로 큰 동력을 전달할 수 있고 내구력이 크며, 축과 보스의 중심을 정확하게 맞출 수 있다. 축 방향으로 자유롭게 미끄럼 운동도 가능하다.
세레이션		축과 보스에 작은 삼각형의 이를 만들어 조립시킨 키로 키 중에서 가장 큰 힘을 전달하는 키이다.
미끄럼 키		회전력을 전달하면서 동시에 보스를 축 방향으로 이동시킬 수 있다. 키를 작은 나사로 고정하며 기울기가 없고 평행하다. 패더 키, 안내 키라고도 불린다.
원뿔 키		축과 보스 사이에 2~3곳을 축 방향으로 쪼갠 원뿔을 때려 박아 축과 보스가 헐거움 없이 고정할 수 있도록 한 키이다.

38 원주속도가 4m/s로 18.4kW의 동력을 전달하는 헬리컬기어에서 비틀림각이 30°일 때, 축방향으로 작용하는 힘(추력)은 약 몇 kN인가?

① 1.8　　② 2.3
③ 2.7　　④ 4.0

39 일정한 주기 및 진폭으로 반복하여 계속 작용하는 하중으로 편진하중을 의미하는 것은?

① 변동하중(Variable Load)
② 반복하중(Repeated Load)
③ 교번하중(Alternate Load)
④ 충격하중(Impact Load)

40 지름이 20mm인 축이 114rpm으로 회전할 때, 최대 약 몇 kW의 동력을 전달할 수 있는가?(단, 축 재료의 허용전단응력은 39.2MPa이다)

① 0.74　　② 1.43
③ 1.98　　④ 2.35

[해설]
$$H = T\omega = \left(\tau_a \times \frac{\pi d^3}{16}\right) \times \frac{2\pi n}{60}$$
$$= \left(39.2 \times 10^6 \times \frac{\pi \times 20^3}{16} \times 10^{-9}\right) \times \frac{2 \times \pi \times 114}{60}$$
$$= 61.575 \times 11.938$$
$$≒ 735.08W$$
$$≒ 0.735kW$$

정답 38 ③　39 ②　40 ①

제3과목 | 컴퓨터응용가공

41 DNC 운전 시 데이터의 전송속도를 나타내는 것은?

① RTS ② DSR
③ BPS ④ CTS

해설
DNC 운전 시 데이터의 전송속도는 "Bit per Second"로 나타낸다.

42 다음 설명이 의미하는 데이터 표준 규격은?

> ㉠ 내부 처리구조가 다른 CAD/CAM 시스템으로부터 쉽게 변환 정보를 교환할 수 있는 장점이 있다.
> ㉡ 모델링된 곡면을 정확히 다면체로 옮길 수 없다.
> ㉢ 오차를 줄이기 위해 보다 정확히 변환시키려면 용량을 많이 차지하는 단점이 있다.

① STEP ② STL
③ DXF ④ IGES

해설
STL(Stereo Lithography) : 쾌속조형의 표준입력파일 형식으로 많이 사용되고 있는 표준 규격으로 이 STL 파일은 구조가 다른 CAD/CAM 시스템 간에 쉽게 정보를 교환할 수 있는 장점을 가지고 있으나, 모델링된 곡면을 정확히 삼각형 다면체로 옮길 수 없는 점과 이를 정확히 변환시키려면 용량을 많이 차지한다는 단점을 갖고 있다.

43 반경이 $R = \sqrt{5}$ cm인 볼 엔드밀로 평면을 가공하려고 한다. 경로 간 간격이 2cm일 때, 커습(Cusp) 높이는?

① $\sqrt{5} - 1$ cm
② $\sqrt{5} - 2$ cm
③ 1 cm
④ 2 cm

해설
커습(Cusp) 높이
= 공구반경 − 경로 간 간격
= $\sqrt{5} - 2$ cm

44 지정된 모든 점을 통과하면서도 부드럽게 연결된 곡선은 어느 것인가?

① Bi-arc 곡선
② 스플라인 곡선
③ 베지어 곡선
④ B-spline 곡선

해설
스플라인 곡선 : 지정된 모든 점을 통과하면서도 부드럽게 연결된 곡선

45 점 데이터로 곡면을 형성할 때 측정오차 등으로 인한 굴곡이 있는 경우 이를 평활하게 하는 것은?

① 블렌딩(Blending)
② 필렛팅(Filleting)
③ 페어링(Fairing)
④ 피팅(Fitting)

46 3차 Hermite 곡선식의 기하계수(Geometric Coefficient)에 해당하는 것은?

① 곡선상의 임의의 4개의 점
② 곡선의 양 끝점과 곡선상의 임의의 2개의 점
③ 곡선의 양 끝점과 양 끝점에서의 접선 벡터
④ 곡선상의 임의의 4개의 점에서의 접선 벡터

47 원추곡선(Conic Curve)을 그리기 위해 필요한 요소가 아닌 것은?

① 곡선의 양 끝점
② 양 끝점의 접선
③ 양 끝점의 곡률 반경
④ 곡선 위의 한 점

48 3차원 솔리드 모델링 형상 표현방법 중 CSG(Constructive Solid Geometry)에 해당되는 사항은?

① 경계면에 의한 표현
② 스위프(Sweep)에 의한 표현
③ 로프트(Loft)에 의한 표현
④ 프리미티브(Primitive)에 의한 표현

49 머시닝센터에서 3차원 곡면을 정삭 가공하고자 할 때, 다음 중 가장 많이 사용되는 공구는?

① 플랫 엔드밀(Flat Endmill)
② 페이스 커터(Face Cutter)
③ 필렛 엔드밀(Fillet Endmill)
④ 볼 엔드밀(Ball Endmill)

해설
머시닝센터에서 3차원 곡면을 정삭 가공하고자 할 때는 볼 엔드밀을 사용한다.

정답 45 ③ 46 ③ 47 ③ 48 ④ 49 ④

50 솔리드 모델링의 데이터 구조에서 정점(Vertex), 면(Face), 모서리(Edge) 등 솔리드의 경계 정보를 저장하는 방식은?

① CGS 방식
② B-rep 방식
③ NURBS 방식
④ B-spline 방식

해설
솔리드 모델링 중 B-rep 방식은 데이터 구조에서 정점(Vertex), 면(Face), 모서리(Edge) 등 솔리드의 경계 정보를 저장한다.

51 파라메트릭 모델링에 관한 다음 설명 중 가장 거리가 먼 것은?

① 형상구속조건과 치수구속조건을 이용하여 모델링한다.
② 구속조건식을 푸는 방법으로 순차적 풀기, 동시 풀기 방법에 따라 결과 형상이 달라질 수 있다.
③ 특징형상의 파라미터에 따라 모델의 크기를 바꾸는 것도 파라메트릭 모델링의 한 형태이다.
④ 파라메트릭 모델링의 형상요소를 한번 만든 후에는 조건식을 이용하여 수정하는 것보다 직접 형상요소를 수정하는 것이 효과적이다.

해설
파라메트릭 모델링은 형상요소를 한번 만든 후에 조건식을 이용하여 수정하는 것이 더 효과적이다.

파라메트릭 모델링의 특징
- 치수 사이의 관계는 수학적으로 부여된다.
- 형상 구속조건(Constraint)과 치수 구속조건을 이용해서 모델링한다.
- 치수 구속조건이란 형태에 부여된 치수값과 이들 치수 사이의 관계이다.
- 특징형상의 파라미터에 따라 모델링의 크기를 바꾸는 것도 한 형태이다.
- 형상요소를 한번 만든 후에는 조건식을 이용하여 수정하는 것이 효과적이다.
- 구속조건식을 푸는 방법으로 순차적 풀기, 동시풀기가 있고 이에 따라 결과 형상이 달라질 수 있다.

52 그래픽처리 디스플레이 장치에 의해서 화면을 구성하는 경우 화면을 구성하는 가장 최소 단위는?

① 픽셀(Pixel)
② 스캔(Scan)
③ 빔(Beam)
④ 비트(Bit)

해설
픽셀(Pixel) : 그래픽처리 디스플레이 장치에서 화면을 구성하는 가장 최소 단위

53 자유 곡면의 NC 가공을 계획하는 과정에서 가공 영역을 지정하는 방식 중 지정된 폐곡선 영역의 외부를 일정 옵셋(Offset)량을 주어 가공하는 지정 방식은?

① Area 지정
② Trimming 지정
③ Island 지정
④ Blending 지정

해설
자유 곡면의 NC 가공을 계획할 때 사용하는 가공 영역 지정 방식 중 Island 지정은 지정된 폐곡선 영역의 외부를 일정 옵셋(Offset)량을 주어 가공한다.

54 Bezier 곡선에 대한 일반적인 설명으로 틀린 것은?

① Bezier 곡선은 이를 정의하는 다각형의 시작과 끝을 통과한다.
② Bezier 곡선을 정의하는 다각형의 첫 번째 선분은 Bezier 곡선의 시작점에서의 접선 벡터와 같다.
③ Bezier 곡선을 정의하는 다각형의 블록껍질(Convex Hull)은 Bezier 곡선을 뜻한다.
④ Bezier 곡선을 정의하는 다각형의 꼭짓점 순서를 거꾸로 하면 다른 곡선이 생성된다.

55 물리적인 모델 또는 제품으로부터 측정작업을 수행, 3차원 형상 데이터를 얻어내는 방법을 가리키는 용어는?

① 형상 역공학(RE)
② FMS
③ RP
④ PDM

56 CAD 시스템을 구성하는 주요 기능과 가장 연관이 없는 것은?

① 운영 시스템(OS) 체크 기능
② 문자 작성 기능
③ 형상 치수 점검 기능
④ 다른 CAD 시스템의 자료와 호환하는 기능

> **해설**
> CAD 시스템을 구성하는 주요 기능에 WINDOWS 8과 같은 운영시스템의 체크 기능은 포함되지 않는다.

57 CAD/CAM 시스템에서 모델링된 도형을 보다 현실감 있게 정적으로 화면에 디스플레이하기 위해 사용되는 것이 아닌 것은?

① 색채 모델링(Color Modeling)
② 모핑(Morphing)
③ 음영기법(Shading)
④ 은선/은면 제거(Hidden Line/Surface Removal)

> **해설**
> CAD/CAM 시스템에서 모델링된 도형을 보다 현실감 있게 표현하는 방법에는 색채를 입히거나, 음영처리를 하거나, 은선이나 은면을 제거하는 방법이 있다. 모핑(Morphing)이란 어떤 형체가 서서히 모양을 바꿔 다른 형체로 탈바꿈하는 기법으로 현실감 있는 도형의 화면표시와는 거리가 멀다.

58 다음 중 CNC 공작기계들과 핸들링 로봇, APC, ATC, 무인 운반차 등의 자동이송장치 및 자동창고 등을 갖춘 제조공정을 네트워크화하여 중앙컴퓨터로 제어하는 시스템으로 제품과 시장수요의 변화에 빠르고 유연하게 대응할 수 있는 자동화된 제조시스템을 일컫는 용어는?

① DNC(Distributed Numerical Control)
② PLM(Product Lifecycle Management)
③ FMS(Flexible Manufacturing System)
④ VMS(Virtual Manufacturing System)

> **해설**
> FMS(Flexible Manufacturing System)
> 유연생산시스템으로 소량의 다양한 제품을 하나의 생산 공정에서 지연 없이 동시에 제조할 수 있는 자동화시스템으로 현재 자동차공장에서 하나의 컨베이어벨트 위에 다양한 차종을 동시에 생산하는 시스템과 같다.

59 CAD/CAM 프로그램을 이용한 모델링에 대한 일반적인 설명으로 잘못된 것은?

① 와이어프레임 모델링은 체적을 구할 수 있다.
② 곡면 모델링(서피스 모델링)은 3차원 가공용 곡면작업이 용이하다.
③ 솔리드 모델링에서는 물리적 계산 및 시뮬레이션 작업이 가능하다.
④ 솔리드 모델링은 다른 방법에 비해 상대적으로 큰 저장 용량이 요구된다.

[해설]
3D 모델링에서 와이어프레임 모델링으로는 체적을 구할 수 없으나 솔리드 모델링으로는 가능하다.

60 곡면 모델링에 관련된 기하학적 요소(Geometric Entity)와 관련이 없는 것은?

① 점(Point)
② 픽셀(Pixel)
③ 곡선(Curve)
④ 곡면(Surface)

[해설]
곡면 모델링에 관련된 기하학적 요소에는 점과 곡선, 곡면이 있으며 픽셀과는 거리가 멀다.

제4과목 | 기계제도 및 CNC공작법

61 그림과 같은 표면의 결 도시 기호에서 "B"의 의미로 옳은 것은?

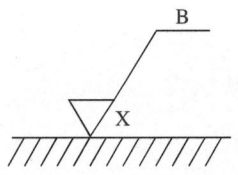

① 보링 가공
② 벨트 연삭
③ 블러싱 다듬질
④ 브로칭 가공

[해설]
표면의 결 도시기호에서 "B"가 의미하는 가공방법은 보링 가공이다.
표면의 결 도시기호

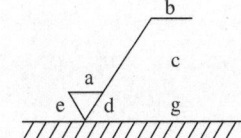

a : 중심선 평균 거칠기 값
b : 가공방법
c : 컷 오프 값
d : 줄무늬 방향 기호
e : 다듬질 여유
g : 표면 파상도

62 스퍼기어를 제도할 경우 스퍼기어 요목표에 일반적으로 기입하지 않는 것은?

① 피치원 지름
② 모 듈
③ 압력각
④ 기어의 치폭

[해설]
④ 스퍼기어의 요목표에는 기어의 치폭을 기입하지 않는다.
실기 시험 시 한국산업인력공단에서 제공하는 스퍼기어 요목표

스퍼기어 요목표		
기어 치형		표 준
공 구	모 듈	2
	치 형	보통 이
	압력각	20°
전체 이 높이		4.5(2.25m)
피치원 지름		φ90(PCD : mZ)
잇 수		45
다듬질 방법		호브 절삭
정밀도		KS B ISO 1328-1, 4급

※ 여기서 m : 모듈, Z : 잇수, PCD : 피치원 지름

63 치수가 $80^{+0.008}_{+0.002}$로 나타날 경우 위치수 허용차는?

① 0.008
② 0.002
③ 0.010
④ 0.006

[해설]
위 치수 허용차
=80.008-80
=0.008

64 다음과 같은 입체도에서 화살표 방향이 정면일 때, 정투상법으로 나타낸 투상도 중 잘못된 도면은?

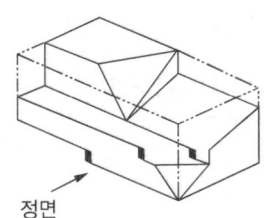

① 좌측면도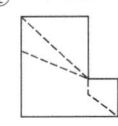
② 평면도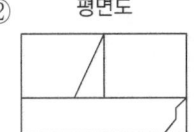
③ 우측면도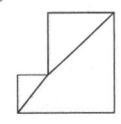
④ 정면도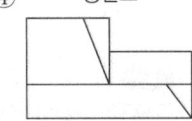

65 치수 보조기호 중 구(Sphere)의 지름 기호는?

① R
② SR
③ ϕ
④ Sϕ

[해설]
치수 보조 기호의 종류

기 호	구 분
ϕ	지 름
Sϕ	구의 지름
R	반지름
SR	구의 반지름
□	정사각형
C	45° 모따기
t	두 께
p	피 치
⌒50	호의 길이
50 (밑줄)	비례척도가 아닌 치수
[50]	이론적으로 정확한 치수
(50)	참고 치수
~~50~~	치수의 취소(수정 시 사용)

66 개스킷, 박판, 형강 등과 같이 절단면이 얇은 경우, 이를 나타내는 방법으로 옳은 것은?

① 실제 치수와 관계없이 1개의 가는 1점 쇄선으로 나타낸다.
② 실제 치수와 관계없이 1개의 극히 굵은 실선으로 나타낸다.
③ 실제 치수와 관계없이 1개의 굵은 1점 쇄선으로 나타낸다.
④ 실제 치수와 관계없이 1개의 극히 굵은 2점 쇄선으로 나타낸다.

[해설]
개스킷, 박판, 형강 등과 같이 절단면이 얇은 경우에는 실제 치수와 관계없이 1개의 극히 굵은 실선으로 나타낸다.

정답 63 ① 64 ③ 65 ④ 66 ②

67 끼워맞춤에서 H7/r6은 어떤 끼워맞춤인가?

① 구멍기준식 중간 끼워맞춤
② 구멍기준식 억지 끼워맞춤
③ 구멍기준식 헐거운 끼워맞춤
④ 구멍기준식 고정 끼워맞춤

해설
구멍기준(H7)으로 끼워맞춤을 할 경우 알파벳 r은 억지 끼워맞춤을 나타내는 공차등급 기호이다.
구멍기준식 축의 끼워맞춤

헐거운 끼워맞춤	중간 끼워맞춤	억지 끼워맞춤
b, c, d, e, f, g, h	js, k, m, n	p, r, s, t, u, x

68 도면의 양식에서 다음 중 반드시 표시하지 않아도 되는 항목은?

① 표제란
② 그림영역을 한정하는 윤곽선
③ 비교눈금
④ 중심마크

해설
도면의 양식에 비교눈금은 반드시 표시하지 않아도 된다.
도면에 반드시 마련해야 할 양식
• 윤곽선
• 표제란
• 중심마크

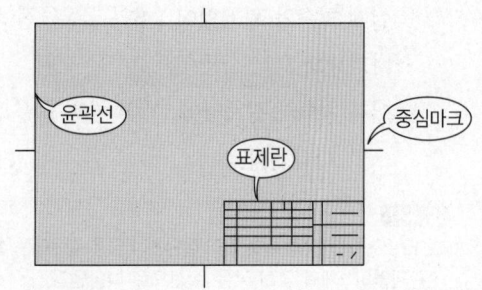

69 KS 재료 기호가 "SF340A"인 것은?

① 기계구조용 주강
② 일반구조용 압연 강재
③ 탄소강 단강품
④ 기계구조용 탄소 강판

해설
• SF340A : 탄소강 단강품
• SF : Carbon Steel Forgings for General Use
• 340 : 최저인장강도 340N/mm^2
• A : 어닐링, 노멀라이징 또는 노멀라이징 템퍼링을 한 단강품

70 기계제도에서 치수선을 나타내는 방법에 해당하지 않는 것은?

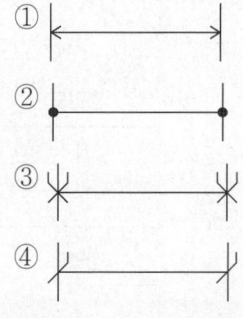

해설
기계제도에서 치수선은 ③번과 같이 나타내지 않는다.

71 다음 CNC 선반 프로그램에서 ㉠의 R, ㉡의 D가 의미하는 것은 무엇인가?

```
㉠ G73 U_ W_ R_;
  G73 P_ Q_ U_ W_ F_;

㉡ G73 P_ Q_ I_ K_ U_ W_ D_ F_;
```

① 분할 횟수
② 구멍바닥에서 정지 시간 지정
③ X축 방향 다듬 절삭 여유
④ 1회 절입량 지정

72 CNC 선반 조작 시 주의사항에 해당되지 않는 것은?

① 기계조작은 조작순서에 의하여 행한다.
② 급속 이송 시 공구와 공작물의 충돌에 주의한다.
③ 프로그램을 작성할 때는 다른 프로그램을 모두 삭제한다.
④ 공구 교환 시 공구와 공작물의 충돌에 주의한다.

해설
CNC 선반에서 프로그램을 작성할 때는 다른 프로그램을 삭제할 필요 없이 다른 이름으로 다시 만들어서 적용하면 된다.

73 CNC 선반에서 공구보정(Offset) 번호 6번을 선택하여, 1번 공구를 사용하려고 할 때 공구지령으로 옳은 것은?

① T0601
② T0106
③ T1060
④ T6010

해설
공구를 교환하는 명령어로는 Tool을 의미하는 T 다음에 01을 지령하여 1번 공구를 선택하고, 06을 지령하여 6번째의 공구 보정번호를 선택하여 "T0106"이 입력되게 한다.
CNC 선반 및 머시닝센터에서 공구 교환 시 지령방법

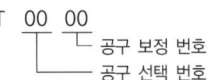

74 서보모터(Servo Motor)에서 위치 검출을 수행하는 방식으로서, 백래시(Backlash)의 오차를 줄이기 위해 볼스크루(Ball Screw) 등을 활용하여 정밀도 문제를 해결하고 있으며 일반 CNC 공작기계에서 가장 많이 사용되는 다음과 같은 서보(Servo) 방식은?

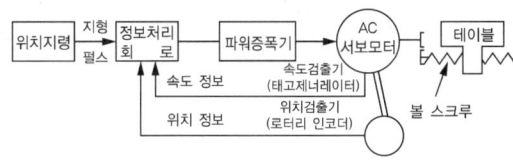

① 개방회로 방식(Open Loop System)
② 반폐쇄회로 방식(Semi-closed Loop System)
③ 폐쇄회로 방식(Closed Loop System)
④ 반개방회로 방식(Semi-open Loop System)

해설
현재 일반적인 CNC 공작기계에서 가장 많이 사용되는 제어방식으로 서보모터에서 위치 검출을 수행하는 방식으로 백래시의 오차를 줄이기 위해 볼스크루를 활용하여 정밀도 문제를 해결한 것은 반폐쇄회로 방식이다.
CNC 공작기계의 서보기구

방식	특징
개방회로 (Open Loop)	• 피드백이나 위치감지검출 기능이 없고 정밀도가 낮다. • 현재 많이 사용하지 않고 소형, 경량, 정밀도가 낮을 때만 사용한다. • 구동 전동기로 펄스 전동기를 이용하며 제어장치로 입력된 펄스 수만큼 움직이고 검출이나 피드백 회로가 없으므로 구조가 간단하며 펄스 전동기의 회전 정밀도와 볼 나사의 정밀도에 직접적인 영향을 받는 방식이다.
폐쇄회로 (Closed Loop)	• NC 기계의 테이블에서 이동량을 직접 검출하므로 정밀도가 좋다. • 현재 NC 기계에 사용되며 모터는 직류서보와 교류 서보모터가 사용된다. • 기계의 테이블에 부착된 직접 검출기인 직선 Scale이 위치 검출을 실행하여 피드백하는 방식이다.

방식	특징
반폐쇄 회로 (Semi-closed Loop)	• 일반적인 CNC 공작기계에 가장 많이 사용되는 방식이다. • 서보 모터에서 위치 검출을 수행하는 방식이다. • 위치 검출을 서보모터 축이나 볼스크루의 회전 각도로 검출하기도 한다. • 백래시의 오차를 줄이기 위해 볼스크루를 활용하여 정밀도 문제를 해결한다.
복합회로 (Hybrid Control)	• 반폐쇄회로 방식과 폐쇄회로 방식을 모두 갖고 있는 방식이다. • 정밀도를 더욱 높일 수 있어 대형 기계에 이용된다.

75 머시닝센터 프로그램에서 A점에서 출발하여 시계방향으로 360° 원호가공할 경우 지령은?

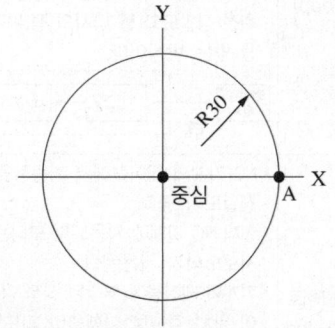

① G02 I30.0 F100;
② G02 I-30.0 F100;
③ G02 J30.0 F100;
④ G02 J-30.0 F100;

76 머시닝센터에서 φ12, 4날 황삭용 초경 평엔드밀로 SM45C의 공작물을 가공하고자 한다. 이 경우 절삭조건표에 의하면 절삭속도 $V=35$m/min이고, 공구날당 이송 $f_z = 0.06$mm/tooth이다. 공구의 이송속도 F는 몇 mm/min인가?

① 183
② 223
③ 253
④ 283

77 와이어 컷 방전가공에서 세컨드 컷 가공의 목적과 효과가 아닌 것은?

① 코너부의 형상에러 및 가공면의 진직 정도의 수정
② 가공 이송속도의 수정
③ 다이 형상에서의 돌기부분 제거
④ 가공물의 내부 응력 개방 후의 형상 수정

해설
와이어 컷 방전가공에서 2차(세컨드 컷) 가공의 목적
• 표면 거칠기 향상
• 다이 형상에서의 돌기부분을 제거
• 면조도의 향상과 가공면의 연화층 제거
• 1차 가공 후 다듬질 여유분 가공
• 가공물의 내부 응력 제거(개방) 후 형상 수정
• 코너부의 형상 에러 수정 및 가공면의 진직 정도의 수정

78 CNC 공작기계로 자동운전 중 이송만 멈추게 하려면 어느 버튼을 누르는가?

① FEED HOLD
② SINGLE BLOCK
③ DRY RUN
④ Z AXIS LOCK

해설
CNC 공작기계로 자동운전 중 이송만 멈추게 하려면 "FEED HOLD" 버튼을 누르면 된다.

80 다음 CNC 선반 프로그램에서 N7 블록의 절삭속도는 약 몇 m/min인가?

```
N1 G50 X200. Z200. T0100 S800 M41;
N2 G96 S100 M03;
N3 G00 X50. Z5. T0101 M08;
N4 G01 Z-50. F0.1;
N5 G00 X55. Z5.;
N6 X10.;
N7 G01 Z-10.;
```

① 25 ② 50
③ 100 ④ 800

79 CNC 공작기계의 일반적인 특징이라고 볼 수 없는 것은?

① 복잡한 형상의 제품을 가공하려면 특수공구가 필요하여 공구관리비가 많이 든다.
② 제품의 균일성을 유지할 수 있다.
③ 작업자의 피로를 감소할 수 있다.
④ 제품의 일부가 일정한 사이클을 가지고 변화하는 제품 가공에 적응성이 좋다.

해설
CNC 공작기계는 하나의 절삭 공구만으로도 복잡한 형상의 제품 가공이 가능하기 때문에 공구관리비가 많이 들지는 않는다.

2013년 제4회 과년도 기출문제

제1과목 | 기계가공법 및 안전관리

01 절삭 공구재료 중 CBN의 미소분말을 고온, 고압으로 소결한 것으로 난삭재, 고속도강, 내열강의 절삭이 가능한 것은?

① 세라믹
② 다이아몬드
③ 피복 초경합금
④ 입방정 질화붕소

해설
CBN 공구라고도 불리는 입방정 질화붕소(Cubic Boron Nitride)는 미소분말을 고온이나 고압에서 소결하여 만든 것으로 내열성과 내마모성이 뛰어나서 난삭재와 고속도강, 내열강의 절삭에 많이 사용된다.

공구재료의 종류

종 류	특 징
탄소공구강	절삭열이 300℃에서도 경도의 변화가 작고 열처리가 쉬우며 값이 저렴하나 강도가 부족해서 고속 절삭용 공구재료로는 사용이 부적합하다.
합금공구강	탄소강에 W, Cr, W-Cr 등의 원소를 합금하여 제작하는 공구용 재료로 절삭열이 600℃에서도 경도 변화가 작아서 바이트나 다이스, 탭, 띠톱 등의 재료로 사용된다.
고속도강	W-18%, Cr-4%, V-1%이 합금된 것으로 600℃ 정도에서도 경도 변화가 없다. 탄소강보다 2배의 절삭 속도로 가공이 가능하기 때문에 강력 절삭 바이트나 밀링 커터에 사용된다.
주조 경질합금	스텔라이트라고도 하며 800℃까지도 경도변화가 없다. 청동이나 황동의 절삭 재료로 사용된다. 열처리가 불필요하며 고속도강보다 2배의 절삭속도로 가공이 가능하나 내구성과 인성이 작다.
소결 초경합금	고속, 고온 절삭에서 높은 경도를 유지하며, WC, TiC, TaC 분말에 Co를 첨가하고 소결시켜 만드는데 진동이나 충격을 받으면 쉽게 깨지는 특성이 있는 공구용 재료이다. 고속도강의 4배 정도로 절삭이 가능하며 1,100℃의 절삭열에도 경도 변화가 없다.
세라믹	무기질의 비금속 재료를 고온에서 소결한 것으로 1,200℃의 절삭열에도 경도 변화가 없다.
다이아몬드	절삭공구 재료 중에서 가장 경도가 높고(HB 7000), 내마멸성이 크며 절삭속도가 빨라서 절삭가공이 매우 능률적이나 취성이 크고 값이 비싸다.
CBN 공구 (입방정질화붕소)	Cubic Boron Nitride, 미소분말을 고온이나 고압에서 소결하여 만든 것으로 내열성과 내마모성이 뛰어나서 난삭재와 고속도강, 내열강의 절삭에 많이 사용된다.

02 가공 정밀도가 높은 선반으로 테이퍼 깎기장치, 릴리빙장치가 부속되어 있는 것은?

① 공구선반
② 다인선반
③ 모방선반
④ 터릿선반

해설
선반의 종류 중에서 가공 정밀도가 높은 선반으로 테이퍼 깎기장치, 릴리빙장치가 장착되어 있는 선반은 공구선반이다. 이 공구선반은 보통선반과 같으나 더욱 정밀한 가공이 가능해서 정밀도가 높다는 특징이 있다.

03 외경 연삭기에서 외경 연삭의 이송방법이 아닌 것은?

① 테이블 왕복 방식
② 연삭숫돌대 방식
③ 플랜지 컷 방식
④ 회전 테이블 방식

해설
외경 연삭기에서 외경 연삭 시 가공물의 이송방법으로 회전 테이블 방식이란 존재하지 않는다.
외경연삭기의 이송방법
• 플랜지 컷 방식
• 테이블 왕복 방식
• 연삭숫돌대 방식

04 측정기기 중 한계 게이지의 종류에 해당되지 않는 것은?

① 플러그 게이지 ② 스냅 게이지
③ 봉 게이지   ④ 다이얼 게이지

해설
측정기기의 종류

각도 측정기	사인바
	수준기
	분도기
	탄젠트바
	오토콜리메이터
	콤비네이션세트
	광학식 클리노미터
평면 측정기	서피스 게이지
	옵티컬 플랫
	나이프 에지
길이 측정기	게이지 블록
	스냅 게이지
	깊이 게이지
	마이크로미터
	다이얼 게이지
	버니어 캘리퍼스
	지침 측미기(미니 미터)
	하이트 게이지(높이 게이지)
위치, 크기, 방향, 윤곽, 형상	3차원 측정기
비교 측정기	다이얼 게이지
	지침 측미기(미니 미터)
	다이얼 테스트 인디케이터

05 연삭 작업의 안전사항에 관한 내용으로 틀린 것은?

① 사용 전 3분 이상 공회전
② 숫돌의 정확한 고정
③ 숫돌 덮개의 설치
④ 원주 정면에 서서 연삭

해설
연삭 작업 시에는 안전을 위해서 연삭숫돌의 정면에 서서 연삭하지 않는다.

06 드릴 작업의 안전사항에 위배되는 경우는?

① 드릴은 사용 전에 점검하고 마모나 균열이 있는 것은 사용하지 않는다.
② 드릴이나 드릴 소켓을 뽑을 때는 전용공구를 사용하고 해머 등으로 두드리지 않는다.
③ 지름이 큰 드릴을 사용할 때는 바이스를 테이블에 고정한다.
④ 드릴 작업은 시작할 때보다 끝날 때 이송을 빠르게 한다.

해설
드릴링머신 작업 시 구멍 뚫기가 끝날 무렵에는 더욱 정밀한 마무리 작업을 위해 이송을 천천히 해야 한다.

07 절삭공구를 사용하여 칩(Chip)을 발생시키며 요구하는 제품의 기하학적인 형상으로 가공하는 방법은?

① 버핑 가공   ② 소성 가공
③ 절삭 가공   ④ 버니싱 가공

해설
③ 절삭 가공 : 절삭공구로 재료를 깎아 가공하는 방법으로 Chip이 발생되는 가공법이다. 절삭가공에 사용되는 공작기계로는 선반, 밀링, 드릴링머신, 셰이퍼 등이 있다.
① 버핑 가공 : 모, 면직물, 펠트 등을 여러 장 겹쳐서 적당한 두께의 원판을 만든 다음 이것을 회전시키고 여기에 미세한 연삭입자가 혼합된 윤활제를 사용하여 공작물의 표면을 매끈하고 광택나게 만드는 가공방법이다.
② 소성 가공 : 금속재료에 힘을 가해서 형태를 변화시켜 갖가지 모양을 만드는 가공방법으로서 압연, 단조, 인발 등의 가공방법이 속한다. 선반가공은 재료를 깎는 작업 방법으로서 절삭가공에 속한다.
④ 버니싱 가공 : 강구를 원통구멍에 압입하여 구멍의 표면을 가압 다듬질하는 방법으로 특히 구멍의 모양이 이상한 것(직사각형 구멍, 기어의 키 구멍 등)의 다듬질에 알맞은 가공 방법이다.

08 넓은 평면을 빨리 깎기에 적합한 밀링 커터는?

① 엔드밀
② T홈 밀링 커터
③ 정면 밀링 커터
④ 더브테일 밀링 커터

해설
넓은 평면을 빨리 깎기에 적합한 밀링 커터는 페이스 커터라고도 불리는 정면 밀링 커터이다.

[페이스 커터]

10 표준 게이지 종류와 용도가 잘못 연결된 것은?

① 드릴 게이지 : 드릴의 지름 측정
② 와이어 게이지 : 판재의 두께 측정
③ 나사 피치 게이지 : 나사산의 각도 측정
④ 센터 게이지 : 나사 바이트의 각도 측정

해설
• 나사 피치 게이지 : 나사의 피치 측정

• 센터게이지 : 나사산의 각도 측정

나사 피치 게이지	센터게이지

09 게이지 블록을 사용하거나 취급할 때의 주의사항이 아닌 것은?

① 천이나 가죽 위에서 취급할 것
② 먼지가 적고 건조한 실내에서 사용할 것
③ 측정면에서 먼지가 묻어 있으면 솔로 털어낼 것
④ 측정면의 방청유는 휘발유로 깨끗이 닦아 보관할 것

해설
게이지 블록은 방청유를 바른 상태에서 보관을 해야 하며 휘발유를 묻혀서는 안 된다.

11 가공기계 중에서 높은 정밀도를 요구하는 가공물의 정밀가공에 사용되며 항온항습실에 설치하는 것은?

① 지그 보링머신
② 코어 보링머신
③ 심공 드릴링머신
④ 레디얼 드릴링머신

해설
지그 보링머신은 가공기계 중에서 높은 정밀도를 요구하는 가공물의 정밀가공에 사용되며 주로 항온항습실에 설치된다.

12 회전하는 통 속에 가공물과 숫돌입자, 가공액, 컴파운드 등을 함께 넣어 가공물이 입자와 충돌하는 동안에 그 표면의 요철(凹凸)을 제거하여 매끈한 가공면을 얻는 가공법은?

① 숏 피닝　　② 롤러 가공
③ 배럴 가공　④ 슈퍼피니싱

해설
③ 배럴 가공 : 회전하는 통 속에 가공물과 숫돌입자, 가공액, 컴파운드 등을 함께 넣어 회전시킴으로써 가공물이 입자와 충돌하는 동안에 그 표면의 요철을 제거하여 매끈한 가공면을 얻는 가공법이다.
① 숏 피닝 : 강이나 주철제의 작은 강구(볼)를 고속으로 제품의 표면에 분사하여 표면층을 가공 경화시키는 표면 경화법으로 금속 조직을 치밀하게 만듦으로써 금속 표면 경도와 피로한도를 높여주어 기계적 성질을 증가시킨다. 스프링이나 기어와 같이 반복 하중을 받는 기계부품에 사용된다.
② 롤러 가공 : 압연 가공이라고도 하며, 회전하는 롤 사이에 금속 재료를 통과시켜 단면적, 두께를 감소시키는 방법으로 단조와 같이 조직이나 성질이 우수하며 생산능력이 커서 대량 생산에 사용된다.
④ 슈퍼피니싱 : 입도와 결합도가 작은 숫돌을 공작물에 가볍게 누르고 매 분당 수백~수천의 진동과 수 mm의 진폭으로 진동하면서 왕복운동을 하면서 공작물을 회전시켜 가공면을 단시간에 매우 평활한 면으로 다듬는 가공방법이다.

14 바이트에서 칩브레이크의 주된 역할은?

① 칩이 잘 흘러가지 않도록 하기 위한 장치
② 칩을 생성하는 장치
③ 칩을 칩통으로 유도하는 장치
④ 칩을 짧게 끊어내기 위한 장치

해설
바이트에 만들어진 칩브레이커의 역할은 길이가 긴 칩을 짧게 끊어내어 작업자의 안전을 도모하기 위한 것이다.

칩 브레이커
선반 작업 시 발생하는 유동형의 절삭칩으로 인해 작업자가 다치는 것을 막기 위해 길이가 긴 칩을 일정한 크기로 절단하기 위한 요소

칩 브레이커

13 밀링 절삭에 있어서의 커터 수명을 계산하는 방정식은?(단, V : 절삭속도(m/min), T : 공구수명(min), n, C : 정수)

① $VT^n = C$　　② $\dfrac{T^n}{V} = C$
③ $V \cdot T \cdot n = C$　④ $\dfrac{V}{T^n} = C$

해설
테일러(Taylor)의 공구 수명식
$VT^n = C$

15 CNC 기계의 움직임을 전기적인 신호로 속도와 위치를 피드백하는 장치는?

① 리졸버　　② 볼스크루
③ 서보기구　④ 컨트롤러

해설
① 리졸버 : CNC 공작기계의 움직임을 전기적인 신호로 속도와 위치를 표시하는 일종의 회전형 피드백 장치
② 볼스크루 : CNC 공작기계에서 서보모터의 회전력을 테이블의 직선운동으로 바꾸어 주는 기구로서 백래시(Backlash)를 줄이고 운동저항을 작게 하기 위하여 사용되는 기계요소
③ 서보모터 : 서보기구의 조작부로서 제어신호에 의하여 부하를 구동하는 동력원의 총칭
④ 컨트롤러 : 제어란 의미로 기계나 전기 등 모든 제어기기에 사용되나 대표적으로는 전동기의 운전, 정지, 속도 등을 조정하는 제어기

16 SM45C의 강재를 날수 2개의 SKH 종의 엔드밀로 밑면 절삭할 때, 테이블 이송은 약 몇 mm/min인가? (단, 엔드밀 지름은 20mm, 절삭속도는 35m/min, 날당 이송량 0.1mm이다)

① 111　　② 222
③ 333　　④ 444

해설

밀링 머신의 테이블 이송속도(f)

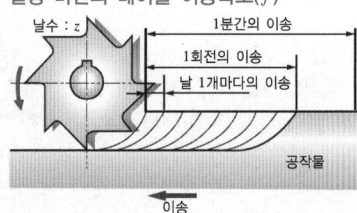

$f = f_z \times z \times n$

여기서 f : 테이블의 이송 속도(mm/min)
　　　f_z : 밀링 커터날 1개의 이송(mm)
　　　z : 밀링 커터날의 수
　　　n : 밀링 커터의 회전수(rpm)

- 절삭속도(v)

$$v = \frac{\pi \times d \times n}{1,000}$$

$$n = \frac{1,000v}{\pi d} = \frac{1,000 \times 35}{\pi \times 20} = 557.04 \text{mm/min}$$

∴ $f = f_z \times z \times n = 0.1 \times 2 \times 557.04 = 111.4 \text{mm/min}$

17 오토콜리메이터(Auto-collimator)를 이용하여 측정이 어려운 것은?

① 가공기계 안내면의 진직도
② 가공기계 안내면의 직각도
③ 가공기계 안내면의 원통도
④ 마이크로미터 측정면 평행도

해설

오토콜리메이터
망원경의 원리와 콜리미터의 원리를 조합시켜서 만든 측정기기로 계측기와 십자선, 조명 등을 장착한 망원경을 이용하여 미소한 각도의 측정이나 평면의 측정에 이용하는 측정기기로 안내면의 원통도는 측정이 불가능하다.

18 다음 중 나사를 측정하는 일반적인 항목이 아닌 것은?

① 피 치
② 유효지름
③ 각 도
④ 리 드

해설

나사의 리드(L)는 측정하지 않고 나사산의 수(n)과 피치(p)를 곱한 값으로 구한다.

19 기어가공용 가공기계 중 피니언 공구 또는 래크형 공구를 왕복 운동시켜, 기어 소재와 공구에 적당한 이송을 주면서 기어를 가공하는 것은?

① 기어 셰이퍼(Gear Shaper)
② 브로칭 머신(Broaching Machine)
③ 기어 셰이빙 머신(Gear Shaving Machine)
④ 핵소 머신(Hacksaw Machine)

해설
기어 셰이퍼(Gear Shaper) : 기어를 가공하는 기계로 피니언 공구 또는 래크형 공구를 왕복 운동시켜 기어 소재와 공구에 적당한 이송을 주면서 기어를 가공하는 공작기계

20 선반에서 가공할 수 없는 것은?

① 나사 절삭
② 스플라인 홈 절삭
③ 널링 절삭
④ 테이퍼 절삭

해설
선반으로 스플라인 홈 절삭은 불가능하나 밀링으로는 가능하다.

제2과목 | 기계설계 및 기계재료

21 다음 중 청동의 특성을 황동과 비교하여 나타낸 것으로 틀린 것은?

① 구리(Cu)와 주석(Sn)의 합금이다.
② 내식성이 양호하다.
③ 마찰저항이 작고 광택이 있다.
④ 주조하기 쉬워 선박용 부품이나 밸브류, 동상, 베어링 등에 사용된다.

해설
청동은 황동에 비해 마찰저항이 커서 내마모성이 우수하다.

22 다음 중 기능성 신소재의 종류가 아닌 것은?

① 형상기억합금
② 수소저장합금
③ 주조용합금
④ 비정질합금

해설
주조용합금은 일반 철을 용융한 쇳물인 용선을 주형에 넣음으로써 가공이 가능한 재료이므로 기존에 있는 재료로서 신소재에는 속하지 않는다.
① 형상기억합금 : 항복점을 넘어서 소성변형된 재료는 외력을 제거해도 원상태로의 회복이 불가능하지만 일정 온도에서 재료의 형상을 기억시키면 상온에서 재료가 외력에 의해 변형되어도 기억시킨 온도로 가열만 하면 변형 전의 형상으로 되돌아오는 합금이다. 그 종류에는 Ni-Ti계, Ni-Ti-Cu계, Cu-Al-Ni계 합금이 있다.
④ 비정질합금 : 일정한 결정구조를 갖고 있지 않는 아모르포스(Amorphous) 구조이며 강도와 경도가 높으면서도 자기적 특성이 우수하여 변압기용 철심 재료로 활용된다. 고속 급랭 작업을 통해 제조할 수 있다.

23 다음 중 내연기관의 실린더 내벽이나 고압 터빈날개 등과 같은 제품의 표면경화법으로 가장 적합한 것은?

① 질화법
② 침탄법
③ 화염경화법
④ 고주파 경화법

해설
① 질화법 : 재료의 표면경도를 향상시키기 위한 방법으로 암모니아(NH_3)가스의 영역 안에 재료를 놓고 약 500℃에서 50~100시간을 가열하면 재료 표면의 Al, Cr, Mo이 질화되면서 표면이 단단해지는 표면경화법으로 내연기관의 실린더 내벽이나, 고압 터빈날개 등과 같은 제품의 표면경화법으로 가장 적합하다.
② 침탄법 : 0.2% 이하의 저탄소강이나 저탄소함금강을 침탄제 속에 파묻은 상태로 가열하여 재료의 표면에 C를 침입시켜 표면을 경화시키는 표면경화법이다.
③ 화염경화법 : 산소-아세틸렌가스 불꽃으로 강의 표면을 급격히 가열한 후 물을 분사시켜 급랭시킴으로써 담금질성 있는 재료의 표면을 경화시키는 방법이다.
④ 고주파 경화법 : 고주파 유도 전류에 의해서 강 부품의 표면층만을 급 가열한 후 급랭시키는 표면경화법으로 고주파 열처리라고도 불린다.

24 금형에 사용되는 펀치의 잔류 응력을 제거하고 기계적 성질을 향상시키며, 인성을 증대시키기 위해 A_1 변태 이하에서 열처리하는 방법은?

① 담금질
② 풀 림
③ 뜨 임
④ 불 림

해설
뜨임은 A_1 변태점(723℃) 이하의 온도로 가열한 후 서랭시키는 열처리법으로 금속의 잔류응력을 제거하며, 인성을 증대시킨다.

25 금속의 일반적인 특성이 아닌 것은?

① 고체상태에서 결정구조를 갖는다.
② 열과 전기의 부도체이다.
③ 연성 및 전성이 좋다.
④ 금속적 광택을 가지고 있다.

해설
금속은 열과 전기의 도체이다.

26 알루미늄(Al)에 약 10%까지 마그네슘(Mg)을 첨가한 합금으로 내식성, 강도, 연신율이 우수하며 비중이 작은 합금은?

① 실루민
② 하이드로날륨
③ 톰 백
④ 스텔라이트

해설
② 하이드로날륨 : Al에 약 10%의 Mg을 합금한 알루미늄합금으로 내식성과 연신율, 강도와 용접성이 우수하다.
① 실루민 : Al에 Si를 10~14% 합금한 재료로 알펙스로도 불리며 알루미늄 합금으로 내식성이 강해서 해수에 잘 침식되지 않는다.
③ 톰백 : Cu(구리)에 Zn(아연)을 5~20% 합금한 것으로 색깔이 아름다워 장식용 재료나 화폐, 메달 등에 사용한다.
④ 스텔라이트 : 주조경질합금의 일종으로 800℃까지도 경도변화가 없다. 청동이나 황동의 절삭 재료로 사용된다. 열처리가 불필요하며 고속도강보다 2배의 절삭속도로 가공이 가능하나 내구성과 인성이 작다.

27 다음 알루미늄에 관한 설명으로 틀린 것은?

① 비중 약 2.7의 금속이다.
② 마그네사이트(Magnesite) 광석에서 Al_2O_3를 절제하여 용융염에서 전해하여 제조한다.
③ 내식성, 열전도성, 전기전도도 및 가공성이 우수하고 경금속에 속한다.
④ 항공기, 차량, 송전선 등에 이용된다.

해설
② 알루미늄은 보크사이트광석에서 추출하는 경금속이다.
알루미늄의 성질
• 비중은 2.7이다.
• 용융점은 660℃이다.
• 면심입방격자이다.
• 비강도가 우수하다.
• 주조성이 우수하다.
• 열과 전기전도성이 좋다.
• 가볍고 전연성이 우수하다.
• 내식성 및 가공성이 양호하다.
• 담금질 효과는 시효경화로 얻는다.
• 염산이나 황산 등의 무기산에 잘 부식된다.
※ 시효경화 : 열처리 후 시간이 지남에 따라 강도와 경도가 증가하는 현상

29 주철의 성장을 방지하는 방법이 아닌 것은?

① 흑연의 미세화로서 조직을 치밀하게 한다.
② C와 Si의 양을 많게 한다.
③ 편상흑연을 구상흑연화시킨다.
④ Cr, Mn, Mo 등을 첨가하여 펄라이트 중의 Fe_3C 분해를 막는다.

해설
주철의 성장을 방지하기 위해서는 C와 Si의 양을 적게 해야 한다.

28 다음 중 표준상태인 탄소강의 기계적 성질은 일반적으로 탄소함유량에 따라 변화한다. 가장 적합한 것은?(단, 표준상태인 탄소강은 0.86%C 이하의 아공석강이다)

① 탄소량이 증가함에 따라 인장강도가 증가한다.
② 탄소량이 증가함에 따라 항복점이 저하한다.
③ 탄소량이 증가함에 따라 연신율이 증가한다.
④ 탄소량이 증가함에 따라 경도가 감소한다.

해설
순수한 철에 탄소(C)의 함유량은 일정량까지 증가함에 따라 인장강도와 경도, 항복점이 증가하나 연신율은 감소한다.

30 주조 시 냉금을 삽입하여 주물 표면을 급랭시킴으로써 백선화하고, 경도를 증가시킨 내마모성 주철은?

① 가단(Malleable)주철
② 구상흑연주철
③ 칠드(Chilled)주철
④ 미하나이트(Meehanite)주철

해설
칠드주철
주조 시 주형에 냉금을 삽입하여 주물의 표면을 급랭시켜 경화시키고 내부는 본래의 연한 조직으로 남게 하는 내마모성 주철이다. 칠드 된 부분은 시멘타이트 조직으로 되어 경도가 높아지고 내마멸성과 압축강도가 커서 기차바퀴나 분쇄기롤러에 사용된다.

정답 27 ② 28 ① 29 ② 30 ③

31 1줄 사각 나사의 접촉면 마찰계수가 0.15이고, 이 나사의 리드각이 3.8°일 때, 이 나사의 효율은 약 몇 %인가?

① 30.4　　② 32.4
③ 34.5　　④ 37.8

해설
나사의 효율(η)
$$\eta = \frac{\tan\lambda}{\tan(\lambda+\rho)} = \frac{Qp}{2\pi T} \times 100\%$$
여기서, λ : 나선각
　　　　ρ : 마찰각
$\tan\rho = \mu$, $\tan\rho = 0.15$, $\rho = \tan^{-1} \times 0.15 = 8.53°$
$$\therefore \eta = \frac{\tan 3.8°}{\tan(3.8° + 8.53°)} \times 100\% = 30.38\%$$

33 1,405N·m의 토크를 전달시키는 지름 85mm의 전동축이 있다. 이 축에 사용되는 묻힘 키(Sunk key)의 길이는 전단과 압축을 고려하여 최소 몇 mm 이상이어야 하는가?(단, 키의 폭은 24mm, 높이는 16mm이고 키 재료의 허용전단응력은 68.7MPa, 허용압축응력은 147.2MPa이며, 키 홈의 깊이는 키 높이의 1/2로 한다)

① 12.4　　② 20.1
③ 28.1　　④ 36.7

해설
• 전단응력 고려 시
$$\tau = \frac{W}{bl} = \frac{2T}{bdl}$$
$$l = \frac{2T}{bd\tau} = \frac{2 \times 1,405 \times 1,000}{24 \times 85 \times 68.7} = 20.05\text{mm}$$
• 압축응력 고려 시
$$\sigma_c = \frac{2W}{hl} = \frac{4T}{hdl}$$
$$l = \frac{4T}{hd\sigma_c} = \frac{4 \times 1,405 \times 1,000}{16 \times 85 \times 147.2} = 28.07\text{mm}$$
∴ 키의 길이는 최소 28.07mm 이상은 되어야 한다.

32 평벨트 전동에서 두 축의 축간거리 C가 500mm, 풀리의 지름이 각각 300mm, 50mm일 때 바로걸기 벨트의 길이 L은 약 몇 mm인가?

① 1,287　　② 1,581
③ 1,833　　④ 2,042

해설
벨트전동에서 바로걸기 할 때 벨트길이(L)
$$L = 2C + \frac{\pi}{2}(D_1 + D_2) + \frac{(D_2 - D_1)^2}{4C}$$
$$= 2 \times 500 + \frac{\pi}{2}(300 + 50) + \frac{(50-300)^2}{4 \times 500}$$
$$= 1,581\text{mm}$$

34 2개의 강판에 대해 동일한 재질의 동일한 리벳 지름으로 다음과 같은 이음 방법을 적용하고자 할 때 강판에 가할 수 있는 인장력이 가장 큰 것은?

① 2줄 겹치기 이음
② 양쪽 덮개판 1줄 맞대기 이음
③ 한쪽 덮개판 2줄 맞대기 이음
④ 양쪽 덮개판 2줄 맞대기 이음

해설
리벳 이음에서 강판에 가할 수 있는 인장력의 크기는 덮개판이 많을수록, 리벳 되는 줄 수가 많을수록 크게 되므로 여기서 정답은 ④번이 된다.

35 하중을 작용 방향과 작용 시간에 따라 분류할 때, 다음 중 작용 방향에 따른 분류에 속하는 것은?

① 반복 하중 ② 충격 하중
③ 굽힘 하중 ④ 교번 하중

해설
굽힘 하중은 하중의 방향에 따른 분류이며 작용 방향과 작용 시간에 따른 분류에는 속하지 않는다.
작용 방향과 시간에 따른 하중의 종류

종류		특 징
정하중		하중이 정지 상태에서 가해지며 크기나 속도가 변하지 않는 하중
동하중	반복하중	하중의 크기와 방향이 같은 일정한 하중이 반복되는 하중
	교번하중	하중의 크기와 방향이 변화하면서 인장과 압축 하중이 연속 작용하는 하중
	충격하중	하중이 짧은 시간에 급격히 작용하는 하중
집중하중		한 점이나 지극히 작은 범위에 집중적으로 작용하는 하중
분포하중		넓은 범위에 분포하여 작용하는 하중

36 스프링 종류 중 하나인 고무 스프링(Rubber Spring)의 일반적인 특징에 관한 설명으로 틀린 것은?

① 하나의 고무로 여러 방향으로 오는 하중에 대한 방진이나 감쇠가 가능하다.
② 형상을 자유롭게 선택할 수 있고 다양한 용도로 적용이 가능하다.
③ 방진 및 방음 효과가 우수하다.
④ 저온에서의 방진 능력이 우수하여 -10℃ 이하의 저온 저장고 방진장치에 주로 사용된다.

해설
고무 스프링은 영하의 온도인 -10℃ 이하에서는 탄성이 작아지기 때문에 저온 저장고와 같은 저온의 방진장치에는 사용되지 않는다. 보통 0~60℃의 온도 범위에서 사용하는 것이 좋다.

37 어떤 블록 브레이크 장치가 3.68kW의 동력을 제동할 수 있다. 브레이크 블록의 길이가 80mm, 폭이 20mm라면 이 브레이크의 용량은 약 몇 MPa·m/s인가?

① 2.3 ② 4.2
③ 5.9 ④ 7.3

해설
브레이크 용량(Q)
$$Q = \mu q v = \frac{H}{A}$$
$$= \frac{3.68 \times 102}{80mm \times 20mm} = 0.2346 \times 9.81N = 2.301$$

38 981N·m의 비틀림 모멘트를 받는 중실축의 지름은 약 몇 mm 이상이어야 하는가?(단, 축 재료의 허용전단응력은 49.05MPa이다)

① 47 ② 33
③ 27 ④ 19

해설
$$T = \tau_a \times Z_p = \tau_a \times \frac{\pi d^3}{16}$$
$$\therefore d = \sqrt[3]{\frac{16T}{\pi \tau_a}} = \sqrt[3]{\frac{16 \times 981}{\pi \times 49.05 \times 10^6}}$$
$$= 0.0467m = 46.7mm$$

39 그림에서 기어 A의 잇수 $Z_A = 70$, 기어 B의 잇수 $Z_B = 35$이라 할 때 A를 고정하고 암 H를 시계방향(+)으로 2회전시킬 때 B는 약 몇 회전하는가?(단, 시계방향을 +, 반시계방향을 −로 한다)

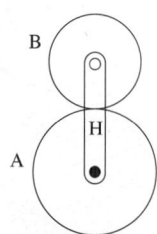

① +2 ② +4
③ −2 ④ −4

해설

$N_B = -N_H \times (-1) \times \dfrac{Z_A}{Z_B}$

$= -2 \times -1 \times \dfrac{70}{35}$

$= \dfrac{140}{35}$

$= 4$

∴ B의 회전수는 시계방향으로 4회전(+4)이 된다.

40 베어링 설치 시 가해주는 예압(Preload)에 관한 설명으로 틀린 것은?

① 예압은 축의 흔들림을 적게 하고, 회전정밀도를 향상시킨다.
② 베어링 내부 틈새를 줄이는 효과를 가진다.
③ 적절한 예압은 회전 중의 베어링 소음을 감소시킬 수 있다.
④ 예압 시 가해주는 압력이 높을수록 예압 효과가 커지므로 예압을 크게 할수록 베어링 수명에 유리하다.

해설

베어링 설치 시 가해주는 예압은 가해주는 압력이 높을수록 그 베어링의 수명시간은 떨어진다.

베어링 설치 시 가해주는 예압(Preload)의 특징
• 베어링 내부 틈새를 줄이는 효과가 있다.
• 적절한 예압은 회전 중의 베어링 소음을 감소시킬 수 있다.
• 예압이 높을수록 베어링의 마모가 커져서 수명이 떨어진다.
• 예압은 축의 흔들림을 적게 하고, 회전정밀도를 향상시킨다.

제3과목 | 컴퓨터응용가공

41 다음 중 일반적인 공구경로 시뮬레이션을 통해 파트 프로그래머가 직접 시각적으로 확인하기 어려운 것은?

① 공구가 공작물의 필요한 부분까지 제거하는지의 여부
② 공구가 어떤 클램프(Clamp)나 고정구(Fixture)와 충돌하는지의 여부
③ 공구가 포켓(Pocket)의 바닥이나 측면, 리브(Lib)를 관통하여 지나가는지의 여부
④ 공구에 어떤 힘이 가해지며, 공구경로가 공구수명에 효율적인지의 여부

해설

파트 프로그래머는 일반적으로 공구의 이동 경로와 관련이 있으며 공구에 가해지는 힘이나 공구경로가 공구수명에 미치는 영향 등은 확인이 불가능하다.

42 다음 중 합성 곡면 엔티티가 아닌 것은?

① Ruled 곡면
② B-Spline 곡면
③ Bezier 곡면
④ Coon's 패치

해설

Ruled Surface(윤곽 곡면)은 2개의 곡선을 지정하여 두 곡선 사이에 선형 보간(직선연결)으로 곡면을 나타내는 곡면 모델링 방법으로 합성 곡면 엔티티에 포함되지 않는다.

43 3차원에서 솔리드 모델링을 구성하는 기본적인 형상구조 요소 중 기본형상(Primitive)이라고 할 수 없는 것은?

① 구(Sphere)
② 면(Plane)
③ 원뿔(Cone)
④ 원기둥(Cylinder)

해설
3차원 솔리드 모델링에서 사용되는 기본 입체(Primitive) 형상
- 구(Sphere)
- 관(Pipe)
- 원통(Cylinder)
- 원추(원뿔, Cone)
- 육면체(Cube)
- 사각블록(Box)

※ 프리미티브(Primitive) : 초기의 원시적인 단계를 의미하는 것으로 프로그램을 다루는데 가장 기본적인 기하학적 물체를 의미한다.

44 기존에 이미 존재하고 있는 실제 부품의 표면을 측정한 정보를 기초로 하여 부품형상의 모델을 만드는 방법은?

① Computer-aided Design
② Rapid Prototyping
③ Reverse Engineering
④ Quality Function

해설
③ Reverse Engineering : 기존의 기술(Engineering)을 전환(Reverse)한다는 의미로 이미 존재하고 있는 실제 부품의 표면을 측정한 정보를 기초로 하여 부품형상의 모델을 만드는 방법을 의미한다.
① Computer-aided Design : 전산 응용 제도로 CAD이다.
② Rapid Prototyping : 급속조형법으로써 제품 개발에 필요한 시제품을 빠르게 제작할 수 있도록 해주는 시스템이다.
④ Quality Function : 제품의 구상에서부터 설계, 개발을 통해 제조, 유통, 마케팅, 판매에 이르기까지 모든 단계에서 고객 요구를 회사의 요구로 변환하는 시스템이다.

45 CNC 선반용 NC 데이터를 생성 시 노즈 반경이 0.8mm인 바이트를 선정하고 도면에는 최대높이 거칠기가 0.02mm로 표시되었을 때 바이트의 이송속도는 몇 mm/rev로 지정해야 하는가?

① 0.357
② 0.457
③ 0.505
④ 0.557

해설
최대 높이 거칠기($H_{\max}$)
$$H_{\max} = \frac{s^2}{8r}$$
$\therefore s = \sqrt{8r \times H_{\max}} = \sqrt{(8 \times 0.8) \times 0.02} = 0.3577 \text{mm/rev}$

46 다음 중 곡면 모델링 시스템(Surface Modeling System)으로 수행할 수 없는 작업은?

① 면을 모델링한 후 공구 이송 경로를 정의
② 두 면의 교차선이나 단면도를 구함
③ 모델링 한 후 은선의 제거
④ 무게, 체적, 모멘트의 계산

해설
곡면 모델링 시스템(서피스 모델링)에서는 무게나 체적, 모멘트 등의 물리적 계산은 불가능하다.

47 다음 중 CAD 데이터 교환형식인 IGES(Initial Graphics Exchange Specification)에 관한 설명으로 틀린 것은?

① 서로 다른 CAD/CAM/CAE 시스템 사이에 제품 정의 데이터를 교환하기 위하여 개발한 표준교환 형식이다.
② ISO(International Organization for Standardization)에서 1985년 IGES를 국제표준으로 채택했다.
③ 데이터 변화과정을 거치므로 유효숫자 및 라운드 오프에러가 발생할 수 있다.
④ IGES에서 지원하지 않는 요소로 모델링한 경우 비슷한 요소로 변환하므로 정보전달과정에 오류가 발생할 수 있다.

해설
IGES(Initial Graphics Exchanges Specification)는 ANSI(미국국가표준)의 데이터 교환 표준 규격으로 서로 다른 CAD/CAM/CAE 시스템 간에 도면 및 기하학적 형상의 데이터를 교환하기 위해 최초로 개발된 데이터 교환 형식으로 ISO에서 채택한 표준은 아니다.
IGES의 특징
• ANSI(미국국가표준)의 표준 규격이다.
• 최초의 CAD 데이터 표준 교환 형식이다.
• 파일은 일반적으로 여섯 개의 섹션으로 구성되어 있다.
• 서로 다른 시스템 간 제품 정보의 상호교환용 파일 구조이다.
• 데이터 변환과정을 거치므로 유효숫자 및 라운드 오프에러가 발생할 수 있다.
• IGES 미지원 요소로 모델링한 경우 비슷한 요소로 변환하므로 정보전달에 오류가 발생할 수 있다.
• 서로 다른 CAD/CAM/CAE 시스템 간에 도면 및 기하학적 형상의 제품 정의 데이터를 교환하기 위해 개발된 최초의 데이터 교환 형식이다.

48 다음 중 Bezier 곡선과 곡면에 관한 특징으로 틀린 것은?

① 곡선은 양단의 끝점을 통과한다.
② 곡선은 정점을 통과시킬 수 있는 다각형 내측에 존재한다.
③ 1개의 정점 변화만으로는 곡선전체에 영향을 미치지 않는다.
④ 다각형의 양끝의 선분은 시작점과 끝점의 접선벡터와 같은 방향이다.

해설
Bezier 곡선과 곡면은 1개의 조정점을 변화시켜도 곡선 전체에 영향을 미친다.

49 소재의 공급, 투입으로부터 가공, 조립, 출고까지를 자동으로 관리, 생산하는 시스템으로 생산 효율과 유연성을 동시에 만족시키는 생산시스템을 무엇이라 하는가?

① CIM
② FA
③ FMS
④ DNC

해설
FMS(Flexible Manufacturing System)
유연생산시스템으로 소량의 다양한 제품을 하나의 생산 공정에서 지연 없이 동시에 제조할 수 있는 자동화시스템으로 현재 자동차공장에서 하나의 컨베이어벨트 위에 다양한 차종을 동시에 생산하는 시스템과 같다.

50 다음 그림의 도형이 갖는 독립된 셸(Shell)의 수와 모서리 수의 합은 얼마인가?

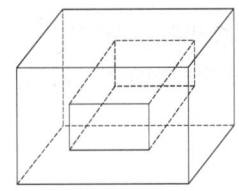

① 25
② 26
③ 27
④ 28

해설
• 독립된 셸의 수 = 1개
• 모서리의 수 = 24개

51 공간상의 한 점을 표시하기 위해 사용되는 좌표계로 거리(r), 각도(θ), 높이(z)로서 나타내는 좌표계는?

① 직교좌표계
② 극좌표계
③ 원통좌표계
④ 구면좌표계

해설
③ 원통좌표계 $P(r, \theta, z)$로 나타낸다. 이것은 원점에서부터 xy 평면에서 한 점의 위치까지의 거리, 이 거리가 x축과 이루는 각도, 높이 값에 의해서 표시되는 좌표계이다.
① 직교좌표계 : $P(x, y, z)$
② 극좌표계 : P(거리, 각도)
④ 구면좌표계 : $P(\rho, \phi, \theta)$

52 다음 중 NURBS 곡선에 관한 설명으로 틀린 것은?

① Conic 곡선을 표현할 수 있다.
② Blending 함수는 Bernstein 다항식이다.
③ Blending 함수는 B-spline과 같은 함수를 사용한다.
④ 조정점의 가중치(Weight)를 변경하여 곡선 형상을 변화시킬 수 있다.

해설
② 블렌딩 함수로 번스타인(Bernstein) 다항식을 사용하는 곡선의 방정식은 Bezier 곡선이다.
NURBS(Non-Uniform Rational B-Spline) 곡선의 특징
• Conic 곡선을 표현할 수 있다.
• Blending 함수는 B-spline과 같은 함수를 사용한다.
• NURBS 곡선은 곡선의 양 끝점을 반드시 통과해야 한다.
• 원, 타원, 포물선, 쌍곡선 등 원추 곡선을 정확하게 나타낼 수 있다.
• NURBS의 곡선으로 B-spline, Bezier, 원추곡선도 표현할 수 있다.
• 조정점의 가중치(Weight)를 변경하여 곡선 형상을 변화시킬 수 있다.
• 3차 NURBS 곡선은 특정 노트구간에서 4개의 조정점 외에 4개의 가중치와 절점 벡터의 정보가 이용된다.

53 다음 중 파라메트릭 모델링에 관한 설명으로 틀린 것은?

① 치수 사이의 관계는 수학식으로 부여된다.
② 형상 구속조건은 기준점에서 형상까지의 거리로 부여된다.
③ 치수 구속조건이란 형태에 부여된 치수값과 이들 치수 사이의 관계이다.
④ 형상 구속조건(Constraint)과 치수 구속조건을 이용해서 모델링한다.

해설
파라메트릭 모델링에서 형상 구속조건은 치수의 구속조건을 기준으로 모델링을 하기 때문에 기준점에서 형상까지의 거리와는 관련이 없다.

54 다음 중 CAD/CAM 소프트웨어의 모델 데이터베이스에 포함되어야 하는 기본요소와 가장 거리가 먼 것은?

① 모델 형상
② 설계자 인적사항
③ 모델의 재질특성
④ 모델을 구성하는 그래픽 요소(Attributes)

해설
CAD/CAM 소프트웨어의 모델링에 관한 정보에는 모델 형상에 관한 정보가 포함되어야 하며 설계자의 인적사항은 기본으로 포함되는 사항은 아니다.

55 다음 중 실루엣(Silhouette)을 구할 수 없는 모델링 방법은?

① CSG 방식
② B-rep 방식
③ Surface Model 방식
④ Wireframe Model 방식

해설
Wireframe Modeling(와이어프레임 모델링)으로는 실루엣을 구할 수 없으나 서피스 모델링과 솔리드 모델링으로는 가능하다. 솔리드 모델링의 종류에 CSG 방식과 B-rep 방식이 있다.

56 다음 중 평면과 교차하는 방향에 따라 원, 타원, 포물선, 쌍곡선 등이 생성되는 곡선은?

① 원추(Conic Section) 곡선
② 퍼거슨(Ferguson) 곡선
③ 베지어(Bezier) 곡선
④ 스플라인(Spline) 곡선

해설
원추(Conic Section) 곡선은 평면과 교차하는 방향에 따라 원, 타원, 포물선, 쌍곡선 등이 생성되는 곡선이다.

57 임의의 삼각형의 꼭짓점에서 이웃 삼각형들과 법선벡터의 평균을 사용하여 반사광을 계산하는 음영법(Shading)은?

① Phong 음영법
② Gouraud 음영법
③ Lambert 음영법
④ Faceted 음영법

해설
Gouraud(고라드) 음영법
임의의 삼각형의 꼭짓점에서 이웃 삼각형들과 법선벡터의 평균을 사용하여 반사광을 계산하는 음영법으로 다각형으로 표현된 곡면의 각 꼭짓점에서 반사광의 강도를 보간하여 내부의 화소에서 반사광의 강도를 계산하는 렌더링 기법이다.

58 다음 중 데이터를 전송할 때, 구성되는 시리얼 데이터의 4가지 구성요소가 아닌 것은?

① 스타트 비트
② 데이터 비트
③ 패리티 비트
④ 디지트 비트

해설
데이터 전송에 사용되는 시리얼 데이터의 4가지 구성요소
• 스타트 비트
• 데이터 비트
• 패리티 비트
• 스톱 비트

정답 54 ② 55 ④ 56 ① 57 ② 58 ④

59 다음 중 가공경로계획에 대한 일반적인 설명으로 옳지 않은 것은?

① Parametric 방식과 Cartesian 방식으로 크게 나눈다.
② UP-milling과 Down-milling의 장단점을 고려해야 한다.
③ 가공경로를 연결하는 방식으로는 One-way와 Zigzag 방식이 있다.
④ 황삭의 경우에는 정밀한 가공이 요구되지 않으므로 별로 중요시 되지 않는다.

해설
가공경로계획에서는 거친 가공인 황삭에서부터 정밀 가공인 정삭에 이르기까지 모든 공정을 고려해야 한다.

60 두 점 (1, 1), (3, 4)를 잇는 선분을 원점 기준으로 X방향으로 2배, Y방향으로 0.5배 확대(축소)하였을 때 선분 양끝 점의 좌표를 구한 것은?

① (1, 1), (1.5, 2)
② (1, 1), (6, 2)
③ (2, 0.5), (6, 2)
④ (2, 2), (1.5, 2)

해설
$$T_H = [2, 0.5]\begin{bmatrix} 1, & 1 \\ 3, & 4 \end{bmatrix}$$
$$= \begin{bmatrix} 2\times 1, & 0.5\times 1 \\ 2\times 3, & 0.5\times 4 \end{bmatrix}$$
$$= \begin{bmatrix} 2, & 0.5 \\ 6, & 2 \end{bmatrix}$$
$$= (2, 0.5), (6, 2)$$

제4과목 | 기계제도 및 CNC공작법

61 그림과 같은 기어 간략도를 살펴볼 때, 기어의 종류는?

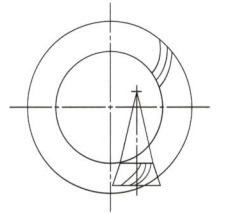

① 헬리컬기어
② 스파이럴 베벨기어
③ 스크루기어
④ 하이포이드기어

해설
하이포이드기어
베벨기어의 일종으로 베벨기어의 축을 엇갈리게 한 기어로써 자동차의 차동장치에 주로 사용된다. 그림에서 보면 두 축이 나란하지도, 교차하지도 않는 형상이기 때문에 이것은 하이포이드기어임을 알 수 있다.

62 다음 중 나사의 종류를 표시하는 기호가 잘못 연결된 것은?

① 30° 사다리꼴 나사 : TW
② 유니파이 보통 나사 : UNC
③ 유니파이 가는 나사 : UNF
④ 미터 가는 나사 : M

해설
① 30° 사다리꼴 나사의 기호는 "TM"으로 나타낸다.

63 그림과 같은 기호에서 "G"가 나타내는 것은?

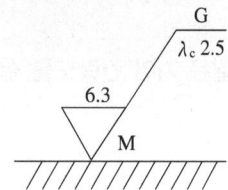

① 표면 거칠기의 상한치
② 표면 거칠기의 하한치
③ 가공 방법
④ 줄무늬 방향

해설
표면의 결 도시기호에서 "G"는 Grinding, 연삭을 의미하는 것으로 이는 가공방법을 의미한다.

64 그림과 같은 끼워맞춤 부분의 치수가 $\phi 40 \dfrac{\text{H7}}{\text{p6}}$ 로 기입되어 있을 때, 끼워맞춤의 종류는?

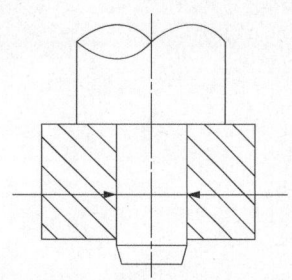

① 헐거운 끼워맞춤
② 중간 끼워맞춤
③ 단면 끼워맞춤
④ 억지 끼워맞춤

해설
구멍의 공차등급(H7)을 기준으로 축의 공차등급 기호가 p이므로 이것은 억지 끼워맞춤을 나타낸다.
구멍기준식 축의 끼워맞춤

헐거운 끼워맞춤	중간 끼워맞춤	억지 끼워맞춤
b, c, d, e, f, g, h	js, k, m, n	p, r, s, t, u, x

65 암, 리브, 핸들 등의 전단면을 그림과 같이 나타내는 단면도를 무엇이라 하는가?

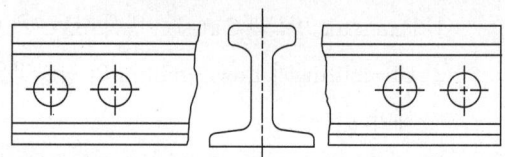

① 온단면도
② 회전도시 단면도
③ 부분 단면도
④ 한쪽 단면도

해설
회전도시 단면도

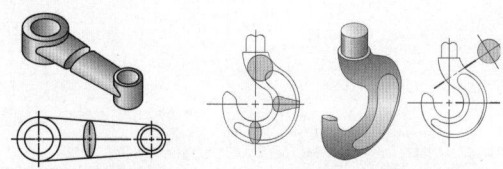

(a) 암의 회전단면도 (투상도 안) (b) 훅의 회전단면도 (투상도 밖)

• 절단선의 연장선 뒤에도 그릴 수 있다.
• 투상도의 절단할 곳과 겹쳐서 그릴 때는 가는 실선으로 그린다.
• 주 투상도의 밖으로 끌어내어 그릴 경우는 가는 1점 쇄선으로 한계를 표시하고 굵은 실선으로 그린다.
• 핸들이나 벨트 풀리, 바퀴의 암, 리브, 축, 형강 등의 단면의 모양을 90°로 회전시켜 투상도의 안이나 밖에 그린다.

66 기계구조용 탄소 강재의 KS 재료 기호인 것은?

① SS 400
② SM 45C
③ SF 340A
④ SMS 400C

해설
기계 구조용 탄소강재 – SM 45C의 경우
• S : Steel(강-재질)
• M : 기계 구조용(Machine Structural Use)
• 45C : 탄소함유량(0.43~0.48%)

67 다음과 같은 입체의 제3각 정투상도로 가장 적합한 것은?

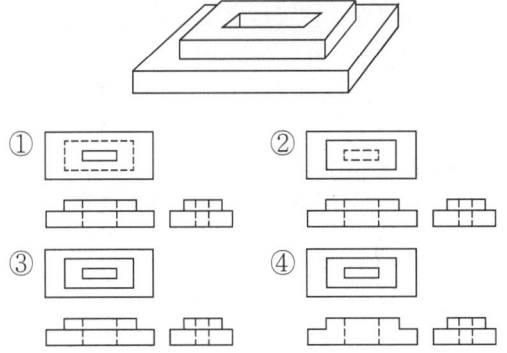

[해설] 물체를 위에서 바라본 형상인 평면도를 보면 숨은선이 보일 필요가 없으므로 중앙에서 가로 형태로 윤곽선이 그려진 것을 확인하면 알 수 있다.

68 도면과 같이 A와 B 두 개 부품이 조립상태에 있다. A와 B의 치수가 올바르게 설명된 것은?

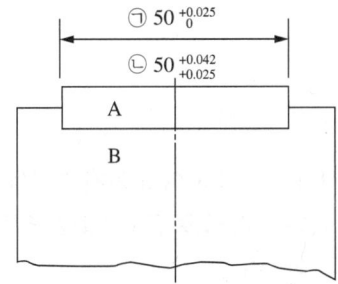

① ㉡은 부품 A의 치수이고, 최대 허용치수는 50.042mm
② ㉠은 부품 A의 치수이고, 최소 허용치수는 50.000mm
③ ㉡은 부품 B의 치수이고, 최대 허용치수는 50.042mm
④ ㉠은 부품 B의 치수이고, 최소 허용치수는 50.025mm

[해설] ㉠은 부품 B의 구멍의 치수이고 ㉡이 부품 A의 치수이다.
• ㉡ 부품의 최소 허용한계치수 : 50.025mm
• ㉡ 부품의 최대 허용한계치수 : 50.042mm

69 평행 투상법에 의한 3차원상의 표시법 중 경사 투상법에 속하지 않는 것은?

① 캐벌리어 투상법
② 캐비닛 투상법
③ 다이메트릭 투상법
④ 플라노메트릭 투상법

[해설] KS 규격에 기재된 경사 투상법의 종류에 다이메트릭 투상법이란 존재하지 않는다.
KS 규격에 기재된 경사투상법의 종류(KS A ISO 5456-3)
• 캐벌리어 투상법 : 투상면이 보통 수직하며 제3의 좌표축의 투상은 직교축과 보통 45°가 되도록 한다. 투상된 3개축의 척도는 모두 같다.
• 캐비닛 투상법 : 제3의 투상축에서 척도가 절반이나 감소된다는 것을 제외하면 캐벌리어 투상법과 유사하며 이 투상법은 그림의 비율을 보다 좋게 하기 위해 사용한다.
• 플라노메트릭 투상법 : 투상면은 수평면에 평행하게 표시된다.

70 다음 중 단면도의 특징이 다른 하나는?

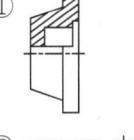
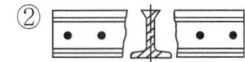
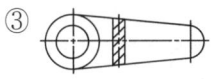
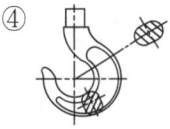

[해설]
① 부분단면도
② 회전도시 단면도
③ 회전도시 단면도
④ 회전도시 단면도

정답 67 ③ 68 ① 69 ③ 70 ①

71 선삭가공에서 가공길이 200mm, 회전수 1,400rpm, 이송속도 0.3mm/rev의 조건에서 가공시간은 약 얼마가 소요되는가?

① 28.6초
② 38.6초
③ 25.3초
④ 35.3초

해설

선반가공의 가공시간(T)

$$T = \frac{l}{n \times f}$$

여기서, l : 가공할 길이
  n : 회전수
  f : 이송속도

$\therefore T = \frac{200}{1,400 \times 0.3} = 0.476\,\text{min} = 0.476 \times 60\text{s} ≒ 28.6\text{s}$

72 CNC 공작기계에서 발생하는 경보 중 Torque Limit Alarm의 원인으로 옳은 것은?

① 금지영역 침범
② 주축 모터의 과부하
③ 충돌로 인한 안전핀 파손
④ 과부하로 인한 Over Load Trip

해설

CNC 공작기계에서 Torque Limit Alarm은 주로 주요 부품의 충돌로 인하여 안전핀이 파손되었을 때 발생한다.
CNC 공작기계에서 일반적으로 발생하는 알람

알람내용	원 인	해 제
TORQUE LIMIT ALARM	충돌로 인한 안전핀 파손	제조사 A/S 연락
EMERGENCY STOP SWITCH ON	비상정지 스위치 ON	비상정지 스위치를 화살표 방향으로 돌려 해제
THERMAL OVERLOAD TRIP ALARM	과부하	원인 조치 후 OVERLOAD 스위치 누름(제작사 지정품만 사용)

73 다음 중 방전가공이 불가능한 재료는?

① 초경합금
② 아크릴
③ 탄소공구강
④ 고속도강

해설

방전가공은 일반적으로 공구에 (+)전극을, 공작물에는 (−)전극을 연결한 후 가공하기 때문에 전기가 잘 통하지 않는 아크릴과 같은 재료는 가공이 불가능하다.

74 머시닝 센터에서 여러 가지 가공을 순차적으로 할 수 있도록 자동으로 공구를 교환해 주는 장치를 무엇이라 하는가?

① ATC
② APT
③ APC
④ TURRET

해설

ATC는 Auto Tool Changer의 약자로, 머시닝 센터에서 여러 가지 가공을 순차적으로 할 수 있도록 자동으로 공구를 교환해 주는 장치를 말한다.

75 다음 그림과 같이 공작물 윗면 중앙을 원점으로 하고 T02로 가공 후 공작물 표면으로부터 50mm 떨어지고자 할 때, 괄호 안의 내용으로 적당한 것은? (단, 기준공구는 T01을 사용한다)

```
G91 G30 Z0 T02 M06;
G90 G00 X0 Y0;
G43 Z10. H02;
G83 G99 Z-30. R3. Q5. F100 S900;
G49 G80 G00 (    );
M05;
M02;
```

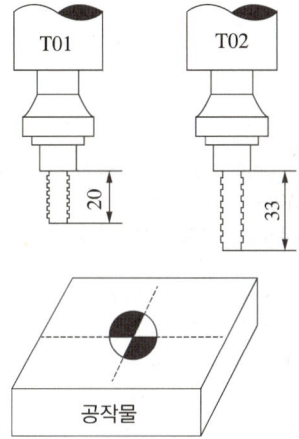

① Z50.
② Z37.
③ Z40.
④ Z63.

[해설]
명령어 첫줄 - G91 G30 Z0 T02 M06;에서 T02명령어를 통해 2번 공구로 변경했으므로 기준공구인 T01과의 높이차는 +13mm 이다. 여기서 공작물 표면으로부터 50mm 떨어지게 하려면 50+13=63mm가 된다. 따라서 이동명령은 "Z63."으로 지령한다.

76 다음 중 CNC 선반에서 "G96 S400 M03;"의 프로그램 설명으로 적합하지 않은 것은?

① 절삭속도 일정제어이다.
② 시계(정)방향 회전을 나타낸다.
③ 주속의 단위는 rpm이다.
④ 주속의 단위는 m/min이다.

[해설]
G96은 절삭속도 일정제어를 의미하는 것으로 그 단위는 m/min이며 rpm은 아니다.

77 서보모터에서 위치 및 속도를 검출하여 피드백(Feed Back)하는 제어 방식은?

① 개방회로 방식   ② 하이브리드 방식
③ 반폐쇄회로 방식   ④ 폐쇄회로 방식

[해설]
③ CNC 공작기계의 서보기구들 중에서 서보모터에서 위치 및 속도를 검출하여 피드백(Feed Back)하는 제어 방식은 반폐쇄회로 방식이다.

78 다음은 CNC 선반의 프로그램이다. N02 블록 수행 시 주축의 회전수(rpm)는 얼마인가?(단, 직경 지령이며 소수점 이하에서 반올림한다)

```
N01 G50 X100. Z200. S1000. T0100 M42;
N02 G96 S400 M03;
N03 G00 X50. Z0. T0101 M08;
```

① 127　　② 1,000
③ 1,273　④ 12,732

해설

$$n = \frac{1,000v}{\pi d} = \frac{1,000 \times 400}{\pi \times 100} = 1,273 \text{rpm}$$

G96은 절삭속도를 일정하게 제어하라는 명령어이므로 G96 S400은 절삭속도(v)=400mm/min을 의미한다.
주축의 회전수(n)가 계산상 1,273rpm이나 N01 명령줄에서 "G50 S1000" 명령어를 통해, 주축의 최고 회전속도를 1,000rpm으로 규정해놓은 관계로 N02 블록 수행 시 주축의 회전수(rpm)가 1,000rpm이 된다.

80 다음 중 그림에서와 같이 P1 → P2로 절삭하고자 할 때, 옳은 것은?

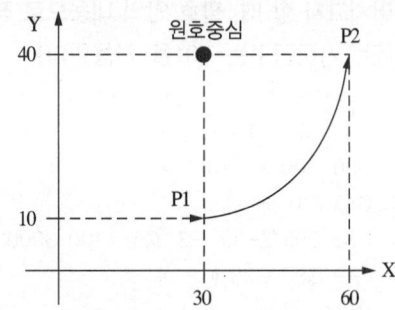

① G90 G02 X60. Y40. I10. J40.;
② G90 G02 X30. Y10. I10. J40.;
③ G90 G03 X60. Y40. I10. J40.;
④ G90 G03 X60. Y40. I0. J30.;

해설

공구의 방향이 P1 → P2로 이송하므로, 시계반대 방향의 원호가공 명령어인 G03이 사용된다.
I, J, K명령어는 원호의 시작점에서 원호 중심까지의 거리를 증분 지령값으로 명령한다.
따라서, I의 경우 원호중심점과의 변위차=0, J=+30이 되므로, 최종 명령어는 G90 G03 X60. Y40. I0. J30.;이 된다.
※ G90 : 절대지령으로 공구를 이송시키라는 G코드 명령어

79 CNC 공작기계의 컨트롤러에서 최소 설정 단위가 0.001mm일 때, X축으로 543210 펄스만큼 이동하고자 할 때, 지령으로 옳은 것은?

① G01 X543210.
② G01 X54321.0
③ G01 X5432.10
④ G01 X543.210

해설

컨트롤러에서 최소 설정 단위가 0.001mm이므로 543210×0.001=543.210mm이다. 따라서 명령어는 G01 X543.210이 된다.

2014년 제1회 과년도 기출문제

제1과목 | 기계가공법 및 안전관리

01 서멧(Cermet)공구를 제작하는 가장 적합한 방법은?

① WC(텅스텐 탄화물)을 Co로 소결
② Fe에 Co를 가한 소결초경 합금
③ 주성분이 W, Cr, Co, Fe로 된 주조 합금
④ Al_2O_3 분말에 TiC 분말을 혼합 소결

해설
서멧(Cermet) 공구는 Al_2O_3 분말에 TiC나 TaC 분말을 혼합 소결하는 분말야금법으로 금속과 세라믹스로 이루어진 내열재료이다. 고온에 잘 견디며 가스터빈이나 날개, 원자로의 재료로 사용된다.

02 주축대의 위치를 정밀하게 하기 위하여 나사식 측정 장치, 다이얼 게이지, 광학적 측정장치를 갖추고 있는 보링머신은?

① 수직 보링머신
② 보통 보링머신
③ 지그 보링머신
④ 코어 보링머신

해설
③ 지그 보링머신 : 주축대의 위치를 정밀하게 하기 위하여 나사식 측정장치, 다이얼 게이지, 광학적 측정장치를 갖추고 있는 공작기계로 높은 정밀도를 요구하는 가공물이나 지그, 정밀기계의 구멍가공 등에 사용하는 보링머신으로 온도 변화에 영향을 받지 않도록 항온 항습실에 설치해야 한다.
① 수직 보링머신 : 스핀들이 수직으로 설치되어 있으며 이 스핀들은 안내면을 따라 이송된다. 공구위치는 크로스 레일 공구대에 의해 조절되며 베드 위에 회전 테이블이 수평으로 설치되어 있어서 공작물은 그 위에 설치한다.
② 보통 보링머신 : 일반적인 수평 형상의 보링머신으로 가장 널리 사용된다.
④ 코어 보링머신 : 판재나 포신 등 큰 구멍을 가공하는 데 적합하다.

03 일반적으로 각도 측정에 사용되는 것이 아닌 것은?

① 콤비네이션 세트
② 나이프 에지
③ 광학식 클리노미터
④ 오토콜리메이터

해설
나이프 에지는 평면 측정기이므로 각도 측정기용으로는 사용할 수 없다.

04 기계 작업 시 안전사항으로 가장 거리가 먼 것은?

① 기계 위에 공구나 재료를 올려놓는다.
② 선반 작업 시 보호안경을 착용한다.
③ 사용 전 기계·기구를 점검한다.
④ 절삭공구는 기계를 정지시키고 교환한다.

해설
기계 작업 시 기계 위에는 공구나 공작물과 같은 재료를 절대로 올려놓아서는 안 된다.

05 기어 피치원의 지름이 150mm, 모듈(Module)이 5인 표준형 기어의 잇수는?(단, 비틀림각은 30°이다)

① 15개
② 30개
③ 45개
④ 50개

해설
피치원 지름($P.C.D$)
$P.C.D = mZ$
여기서, m : 모듈, Z : 잇수
$\therefore Z = \dfrac{P.C.D}{m} = \dfrac{150}{5} = 30$

정답 1 ④ 2 ③ 3 ② 4 ① 5 ②

06 절삭공구의 구비조건으로 틀린 것은?

① 고온 경도가 높아야 한다.
② 내마모성이 좋아야 한다.
③ 마찰계수가 작아야 한다.
④ 충격을 받으면 파괴되어야 한다.

해설
④ 절삭공구는 절삭 시 발생하는 외부의 충격에도 잘 견뎌야 한다.
절삭공구의 구비조건
- 내마모성이 커야 한다.
- 충격에 잘 견뎌야 한다.
- 고온 경도가 커야 한다.
- 열처리와 가공이 쉬워야 한다.
- 절삭 시 마찰계수가 작아야 한다.
- 강인성(억세고 질긴 성질)이 커야 한다.
- 성형이 용이하고 가격이 저렴해야 한다.
- 형상을 만들기 쉽고 가격이 적당해야 한다.

※ 고온경도 : 접촉 부위의 온도가 높아지더라도 경도를 유지할 수 있는 성질

07 선반에서 가공할 수 있는 작업이 아닌 것은?

① 기어절삭
② 테이퍼절삭
③ 보 링
④ 총형절삭

해설
선반으로는 기어가공이 불가능하다.

08 센터리스 연삭작업의 특징이 아닌 것은?

① 센터구멍이 필요없는 원통 연삭에 편리하다.
② 연속작업을 할 수 있어 대량생산에 적합하다.
③ 대형 중량물도 연삭이 용이하다.
④ 가늘고 긴 가공물의 연삭에 적합하다.

해설
센터리스 연삭기의 특징
- 연삭 여유가 작아도 된다.
- 긴 축 재료의 연삭이 가능하다.
- 대형 중량물의 연삭은 곤란하다.
- 연삭작업에 숙련을 요구하지 않는다.
- 연속작업이 가능하여 대량생산에 적합하다.
- 연삭 깊이는 거친 연삭의 경우 0.2mm 정도이다.
- 센터가 필요하지 않아 센터 구멍의 가공이 필요 없다.
- 센터구멍이 필요 없는 중공물의 원통 연삭에 편리하다.
- 가늘고 긴 공작물을 센터나 척으로 지지하지 않고 가공한다.
- 일반적으로 조정 숫돌은 연삭축에 대하여 경사시켜 가공한다.
- 긴 홈이 있는 가공물이나 대형 또는 중량물의 연삭은 곤란하다.
- 연삭숫돌의 폭이 크므로, 연삭숫돌 지름의 마멸이 적고 수명이 길다.
- 연삭숫돌 폭보다 넓은 가공물을 플랜지 컷 방식으로 연삭할 수 없다.

※ 센터리스 연삭기 : 가늘고 긴 원통형의 공작물을 센터나 척으로 고정하지 않고 바깥지름이나 안지름을 연삭하는 가공방법으로, 연삭숫돌바퀴, 조정 숫돌바퀴, 받침날의 3요소가 공작물의 위치를 유지한 상태에서 연삭숫돌바퀴로 공작물을 연삭하는 공작기계이다. 이것은 긴 홈이 있는 가공물이나 대형 또는 중량물의 연삭은 곤란하다.

09 공기 마이크로미터를 그 원리에 따라 분류할 때, 이에 속하지 않는 것은?

① 유량식
② 배압식
③ 광학식
④ 유속식

해설
공기 마이크로미터의 원리에 따른 분류
- 유량식
- 배압식
- 유속식
- 진공식

10 밀링머신에 관한 설명으로 옳지 않은 것은?

① 테이블의 이송속도는 밀링커터 날 1개당 이송거리 × 커터의 날 수 × 커터의 회전수로 산출한다.
② 플레노형 밀링머신은 대형의 공작물 또는 중량물의 평면이나 홈 가공에 사용한다.
③ 하향절삭은 커터의 날이 일감의 이송방향과 같으므로 일감의 고정이 간편하고 뒤틈 제거장치가 필요 없다.
④ 수직 밀링머신은 스핀들이 수직방향으로 장치되며 엔드밀로 홈깎기, 옆면깎기 등을 가공하는 기계이다.

해설
③ 하향절삭은 커터의 날이 일감의 이송방향과 같으므로 공작물(일감)의 고정이 간편하나 백래시(뒤틈) 제거장치가 필요하다.

상향절삭과 하향절삭의 특징

커터날 절삭방향과 공작물 이송방향이 반대

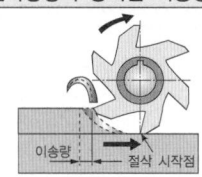

상향절삭
- 동력 소비가 크다.
- 표면거칠기가 좋지 못하다.
- 하향절삭에 비해 가공면이 깨끗하지 못하다.
- 기계에 무리를 주지 않아 강성은 낮아도 된다.
- 날 끝이 일감을 치켜 올리므로 일감을 단단히 고정해야 한다.
- 백래시의 영향이 적어서 백래시 제거장치가 필요 없다.
- 절삭 가공 시 마찰열과 접촉면의 마모가 커서 공구 수명이 짧다.

커터날 절삭방향과 공작물 이송방향이 같음

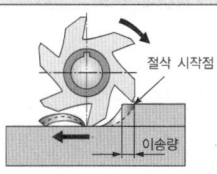

하향절삭
- 표면거칠기가 좋다.
- 날 하나마다의 날 자리 간격이 짧다.
- 날의 마멸이 적어서 공구의 수명이 길다.
- 가공면이 깨끗하고 고정밀 절삭이 가능하다.
- 백래시를 완전히 제거해야 하므로 백래시 제거장치가 필요하다.
- 절삭된 칩이 가공된 면 위에 쌓이므로 앞으로 가공할 면의 시야성이 좋아서 가공하기 편하다.
- 커터 날과 일감의 이송방향이 같아서 날이 가공물을 누르는 형태이므로 가공물 고정이 간편하다.
- 절삭 가공 시 마찰력은 적으나 충격력이 크기 때문에 높은 강성이 필요하다.

11 측정기, 피측정물, 자연 환경 등 측정자가 파악할 수 없는 변화에 의하여 발생하는 오차는?

① 시 차
② 우연오차
③ 계통오차
④ 후퇴오차

해설
② 우연오차 : 측정기, 피측정물, 자연 환경 등 측정자가 파악할 수 없는 변화에 의하여 발생하는 오차로 측정치를 분산시키는 결과를 나타낸다.
① 시차 : 측정기의 눈금과 눈의 위치가 같지 않을 때 발생하는 오차로 측정기가 치수를 정확하게 지시하더라도 측정자의 부주의로 발생한다.
③ 계통오차 : 측정기구나 측정방법이 처음부터 잘못되서 생기는 오차이다.
④ 후퇴오차 : 측정량이 증가 또는 감소하는 방향이 달라서 생기는 오차이다.

12 길이가 짧고 지름이 큰 공작물을 절삭하는데 사용되는 선반으로 면판을 구비하고 있는 것은?

① 수직선반
② 정면선반
③ 탁상선반
④ 터릿선반

해설
② 정면선반 : 길이가 짧고 지름이 큰 공작물을 절삭하는데 사용되는 선반으로 면판을 구비하고 있다. 베드의 길이가 짧고 심압대가 없는 경우가 많은 선반으로 단면절삭에 많이 사용한다.
① 수직선반 : 대형의 공작물이나 불규칙한 가공물을 가공하기 편리하도록 척을 지면 위에 수직으로 설치하여 테이블이 수평면 내에서 회전하는 것으로 공구의 길이방향 이송이 수직으로 되어 있다. 가공물의 장착이나 탈착이 편리하며 공구이송방향이 보통선반과 다른 것이 특징이다.
③ 탁상선반 : 작업대에 고정 설치하여 시계와 작은 공작물 등 소형 부품을 만드는 데 이용된다.
④ 터릿선반 : 보통 선반과 같이 가공물을 회전시키면서 터릿에 절삭공구를 6~8종 정도 부착해서 가공순서에 따라 적절하게 변경하면서 가공하는 선반으로 동일 치수의 제품을 대량생산할 때 사용한다.

13 선반의 심압대가 갖추어야할 조건으로 틀린 것은?

① 베드의 안내면을 따라 이동할 수 있어야 한다.
② 센터는 편위시킬 수 있어야 한다.
③ 베드의 임의의 위치에서 고정할 수 있어야 한다.
④ 심압축은 중공으로 되어 있으며 끝부분은 내셔널 테이퍼로 되어 있어야 한다.

[해설]
선반의 심압대가 갖추어야할 조건으로서 끝부분은 모스 테이퍼로 되어 있어야 한다.

14 연삭액의 구비조건으로 틀린 것은?

① 거품 발생이 많을 것
② 냉각성이 우수할 것
③ 인체에 해가 없을 것
④ 화학적으로 안정될 것

[해설]
연삭 가공 시 연삭액은 원만한 연삭을 위해서 거품이 발생되지 않아야 한다.

15 기어가 회전운동을 할 때 접촉하는 것과 같은 상대 운동으로 기어를 절삭하는 방법은?

① 창성식 기어 절삭법
② 모형식 기어 절삭법
③ 원판식 기어 절삭법
④ 성형공구 기어 절삭법

[해설]
창성법은 서로 맞닿아 있으면서 일정한 법칙에 따라 상대운동을 하는 두 개의 물체 가운데 한 물체의 운동 궤적으로 다른 물체에 일정한 형태가 생기도록 하는 방법이다. 따라서, 기어 절삭에 적용되는 창성식 기어 절삭법은 기어가 회전운동을 할 때, 접촉하는 것과 같은 상대운동으로 기어를 절삭하는 방법이다.

16 마이크로미터 측정면의 평면도 검사에 가장 적합한 측정기기는?

① 옵티컬 플랫
② 공구 현미경
③ 광학식 클리노미터
④ 투영기

[해설]
마이크로미터 측정면의 평면도 검사에 가장 적합한 측정기기로는 광학적 원리를 도입한 옵티컬 플랫이다.

17 초음파 가공에 주로 사용하는 연삭입자의 재질이 아닌 것은?

① 산화알루미나계
② 다이아몬드 분말
③ 탄화규소계
④ 고무분말계

[해설]
초음파 가공의 연삭입자로 고무분말계는 사용되지 않는다.
초음파 가공용 연삭입자의 재질
• 알루미나계
• 탄화규소계
• 탄화붕소계
• 다이아몬드계

13 ④ 14 ① 15 ① 16 ① 17 ④

18 해머 작업의 안전수칙에 대한 설명으로 틀린 것은?

① 해머의 타격면이 넓어진 것을 골라서 사용한다.
② 장갑이나 기름이 묻은 손으로 자루를 잡지 않는다.
③ 담금질된 재료는 함부로 두드리지 않는다.
④ 쐐기를 박아서 해머의 머리가 빠지지 않는 것을 사용한다.

해설
① 해머 작업 시 해머의 타격면이 넓어진 것은 변형된 것이므로 사용하지 않는다.
해머 작업 시 안전수칙
- 자기 체중에 비례해서 선택한다.
- 담금질된 재료는 함부로 두드리지 않는다.
- 자기 역량에 맞는 것을 선택해서 사용한다.
- 장갑이나 기름이 묻은 손으로 자루를 잡지 않는다.
- 쐐기를 박아서 해머의 머리가 빠지지 않는 것을 사용한다.
- 해머의 타격면이 넓어진 것은 변형된 것이므로 사용하지 않는다.

19 고속가공의 특성에 대한 설명이 옳지 않은 것은?

① 황삭부터 정삭까지 한 번의 셋업으로 가공이 가능하다.
② 열처리된 소재는 가공할 수 없다.
③ 칩(Chip)에 열이 집중되어, 가공물은 절삭열 영향이 적다.
④ 절삭저항이 감소하고, 공구수명이 길어진다.

해설
② 고속가공은 열처리가 된 소재도 가공이 가능하다.
고속가공의 특징
- 절삭능률이 크다.
- 구성인선이 감소한다.
- 표면조도를 향상시킨다.
- 가공 변질층이 감소한다.
- 표면 거칠기 값이 향상된다.
- 열처리된 소재도 가공할 수 있다.
- 절삭저항이 감소하고 공구수명이 길어진다.
- 난삭재(절삭가공이 어려운 재료)의 가공도 가능하다.
- 칩에 열이 집중되어 가공물에는 절삭열의 영향이 적다.
- 황삭부터 정삭까지 한 번의 셋업으로 가공이 가능하다.

20 밀링머신에서 단식분할법을 사용하여 원주를 5등분하려면 분할크랭크를 몇 회전씩 돌려가면서 가공하면 되는가?

① 4
② 8
③ 9
④ 16

해설
단식분할법의 회전수
$n = \dfrac{40}{N} = \dfrac{40}{5} = 8$

∴ 8회전씩 돌려가면서 가공하면 원주를 5등분으로 가공할 수 있다.

밀링가공에서 사용되는 분할법의 종류

종류	특징	분할가능 등분수
직접 분할법	• 큰 정밀도가 필요하지 않은 키 홈 등 비교적 단순한 분할 가공에 주로 사용한다. • 스핀들의 앞면에 있는 24개 구멍의 직접 분할판을 사용하여 분할하며, 웜을 아래로 내려 스핀들의 웜 휠과 물림을 끊는 방법으로 분할한다. • $n = \dfrac{24}{N}$ 여기서, n : 분할크랭크의 회전수 N : 공작물의 분할 수	24의 약수인 2, 3, 4, 6, 8, 12, 24
단식 분할법	• 직접분할법으로 분할할 수 없는 수나 정확한 분할이 필요한 경우에 사용하는 방법이다. • $n = \dfrac{40}{N} = \dfrac{R}{N'}$ 여기서, R : 크랭크를 돌리는 구멍수 N' : 분할판에 있는 구멍수	2~60의 수, 60~120의 2와 5의 배수 및 120 이상의 수 중에서 40/N에서 분모가 분할판의 구멍수가 될 수 있는 수 ※ 각도로는 분할크랭크 1회전당 스핀들은 9° 회전한다.
차동 분할법	직접분할법이나 단식분할법으로 분할할 수 없는 특정한 수의 분할을 할 때 사용한다.	67, 97, 121

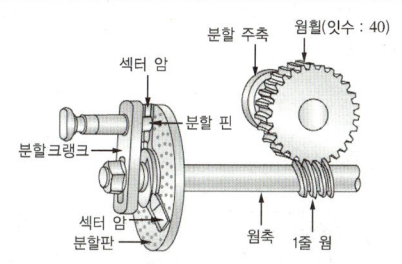

제2과목 | 기계설계 및 기계재료

21 일정한 온도 영역과 변형속도 영역에서 유리질처럼 늘어나며, 이때 강도가 낮고, 연성이 크므로 작은 힘으로 복잡한 형상의 성형이 가능한 기능성 재료는?

① 형상기억 합금   ② 초소성 합금
③ 초탄성 합금   ④ 초인성 합금

해설
초소성 합금의 특징
• 고온강도가 낮다.
• 결정입자가 아주 미세하다.
• 미세결정입자 초소성과, 변태 초소성으로 나뉜다.
• Al-Zn합금은 플라스틱 성형용 금형을 제작하는데 사용된다.
※ 초소성 합금 : 금속재료가 일정한 온도 영역과 변형속도의 영역에서 유리질처럼 늘어나는 특수한 현상으로 고온에서 강도가 낮고, 연성이 크므로 작은 힘으로 복잡한 형상의 성형이 가능한 신소재

22 특수강에서 합금원소의 주요한 역할이 아닌 것은?

① 기계적, 물리적, 화학적 성질의 개선
② 황 등의 해로운 원소 제거
③ 소성가공성의 감소
④ 오스테나이트 입자 조정

해설
특수강에서 합금원소의 주요 역할은 소성가공 시 그 정도를 향상시킨다는 것이다.

23 금속의 냉각속도가 빠르면 조직은 어떻게 되는가?

① 조직이 치밀해진다.
② 조직이 거칠어진다.
③ 불순물이 적어진다.
④ 냉각속도와 조직은 아무 관계가 없다.

해설
금속의 냉각속도

빠를 때	금속조직이 치밀(조밀)해진다.
느릴 때	금속조직이 조대화(크게)된다.

24 다음 중 구리의 특성에 대한 설명으로 틀린 것은?

① 전기 및 열의 전도성이 우수하다.
② 전연성이 좋아 가공이 용이하다.
③ 화학적 저항력이 작아 부식이 잘 된다.
④ 아름다운 광택과 귀금속적 성질이 우수하다.

해설
구리는 내식성이 커서 부식이 잘 되지 않는다.
구리(Cu)의 성질
• 비중은 8.96이다.
• 비자성체이다.
• 내식성이 크다.
• 용융점은 1,083℃이다.
• 끓는점은 2,560℃이다.
• 전기전도율이 우수하다.
• 전기와 열의 양도체이다.
• 전연성과 가공성이 우수하다.
• 건조한 공기 중에는 산화되지 않는다.
• 황산, 염산에 용해되며 습기나 해수, 탄산가스에 녹이 생긴다.

25 다음 중 합금강을 제조하는 목적으로 적당하지 않은 것은?

① 내식성을 증대시키기 위하여
② 단접 및 용접성 향상을 위하여
③ 결정입자의 크기를 성장시키기 위하여
④ 고온에서의 기계적 성질 저하를 방지하기 위하여

해설
합금강이란 보통 탄소강에 여러 가지 목적으로 합금 원소를 첨가하여 만든 강으로 결정입자의 크기를 미세화시켜 강도를 증가시키기 위해 만든다.
합금강을 만드는 목적
• 높은 강도와 연성을 유지하기 위해
• 내식성과 내열성, 내산화성을 개선하기 위해
• 고온과 저온에서의 기계적 성질을 개선하기 위해
• 내마멸성 및 피로 특성 등 특수한 성질을 개선하기 위해
• 강을 경화시킬 수 있는 깊이를 증가시켜 기계적 성질을 개선하기 위해
• 탄소강 본래의 성질을 더 뚜렷하게 개선하거나 새로운 특성을 갖게 하기 위해

정답 21 ② 22 ③ 23 ① 24 ③ 25 ③

26 4% Cu, 2% Ni, 1.5% Mg이 함유된 Al 합금으로서 내열성이 크고, 기계적 성질이 우수하여 실린더 헤드나 피스톤 등에 적합한 합금은?

① 실루민
② Y-합금
③ 로엑스
④ 두랄루민

해설
알루미늄 합금의 종류 및 특징

분류	종류	구성 및 특징
주조용 (내열용)	실루민	• Al + Si(10~14% 함유), 알펙스로도 불린다. • 해수에 잘 침식되지 않는다.
	라우탈	• Al + Cu 4% + Si 5% • 열처리에 의하여 기계적 성질을 개량할 수 있다.
	Y합금	• Al + Cu + Mg + Ni • 내연기관용 피스톤, 실린더 헤드의 재료로 사용된다.
	로엑스 합금 (Lo-Ex)	• Al + Si 12% + Mg 1% + Cu 1% + Ni • 열팽창 계수가 적어서 엔진, 피스톤용 재료로 사용된다.
	코비탈륨	• Al + Cu + Ni에 Ti, Cu 0.2% 첨가 • 내연기관의 피스톤용 재료로 사용된다.
가공용	두랄루민	• Al + Cu + Mg + Mn • 고강도로 항공기나 자동차용 재료로 사용된다.
	알클래드	고강도 Al 합금에 다시 Al을 피복한 재료이다.
내식성	알민	Al + Mn, 내식성, 용접성이 우수하다.
	알드레이	Al + Mg + Si, 강인성이 없고 가공변형에 잘 견딘다.
	하이드로날륨	Al + Mg, 내식성, 용접성이 우수하다.

27 형상기억 합금인 니티놀(Nitinol)의 성분은?

① Cu-Zn
② Ti-Ni
③ Ni-Cr
④ Al-Cu

해설
② 형상기억 합금인 니티놀은 Ni(니켈)과 Ti(타이타늄)의 합금으로 이루어져 있다.
형상기억 합금
항복점을 넘어서 소성 변형된 재료는 외력을 제거해도 원상태로의 회복이 불가능하지만 일정 온도에서 재료의 형상을 기억시키면 상온에서 재료가 외력에 의해 변형되어도 기억시킨 온도로 가열만 하면 변형 전의 형상으로 되돌아오는 합금이다. 그 종류에는 Ni-Ti계, Ni-Ti-Cu계, Cu-Al-Ni계 합금이 있다.

28 아연을 5~20% 첨가한 것으로 금색에 가까워 금박 대용으로 사용하며 특히 화폐, 메달 등에 주로 사용되는 황동은?

① 톰 백
② 실루민
③ 문쯔메탈
④ 고속도강

해설
① 톰백 : Cu(구리)에 Zn(아연)을 5~20% 합금한 것으로 색깔이 아름다워 장식용 재료나 화폐, 메달 등에 사용한다.
② 실루민 : Al에 Si를 10~14% 합금한 재료로 알펙스로도 불리며 알루미늄 합금으로 내식성이 강해서 해수에 잘 침식되지 않는다.
③ 문쯔메탈 : 60%의 Cu(구리)와 40%의 Zn(아연)이 합금된 것으로 인장강도가 최대이며, 강도가 필요한 단조 제품이나 볼트, 리벳 등의 재료로 사용한다.
④ 고속도강 : W-18%, Cr-4%, V-1%이 합금된 것으로 600℃ 정도에서도 경도 변화가 없다. 탄소강보다 2배의 절삭속도로 가공이 가능하기 때문에 강력 절삭 바이트나 밀링커터에 사용된다.

29 인청동에서 인(P)의 영향이 아닌 것은?

① 쇳물의 유동을 좋게 한다.
② 강도와 인성을 증가시킨다.
③ 탄성을 나쁘게 한다.
④ 내식성을 증가시킨다.

해설
인청동에 포함된 인(P)은 탄성을 좋게 하는 역할을 한다.

30 다음 구조용 복합재료 중에서 섬유강화금속은?

① FRTP ② SPF
③ FRM   ④ FRP

해설
③ FRM : 섬유강화금속
① FRTP : 섬유강화 내열 플라스틱
② SPF : 구조목, Spruce(스프러스), Pine(소나무), Fir(전나무)
④ FRP : 섬유강화플라스틱

31 고무 스프링의 일반적인 특징에 관한 설명으로 틀린 것은?

① 1개의 고무로 2축 또는 3축 방향의 하중에 대한 흡수가 가능하다.
② 형상을 자유롭게 할 수 있고, 다양한 용도가 가능하다.
③ 방진 및 방음효과가 우수하다.
④ 특히 인장하중에 대한 방진효과가 우수하다.

32 속도비 3 : 1, 모듈 3, 피니언(작은 기어)의 잇수 30인 한 쌍의 표준 스퍼기어의 축간거리는 몇 mm인가?

① 60   ② 100
③ 140 ④ 180

해설
속도비(i)

$$i = \frac{N_2}{N_1} = \frac{D_1}{D_2} = \frac{Z_1}{Z_2} = \frac{1}{3}$$

$D_1 = m_1 Z_1 = 3 \times 30 = 90 \text{mm}$

$\dfrac{D_1}{D_2} = \dfrac{Z_1}{Z_2}$

$\dfrac{90}{D_2} = \dfrac{1}{3}$

$D_2 = 270 \text{mm}$

∴ 두 스퍼기어 간 축간거리(C) = $\dfrac{90+270}{2} = 180\text{mm}$

33 10kN의 축하중이 작용하는 볼트에서 볼트재료의 허용인장응력이 60MPa일 때, 축하중을 견디기 위한 볼트의 최소 골지름은 약 몇 mm인가?

① 14.6 ② 18.4
③ 22.5 ④ 25.7

해설

$$d_1 = \sqrt{\frac{4Q}{\pi \sigma_a}} = \sqrt{\frac{4 \times 10^3 \times 10}{\pi \times 60 \times 10^6}} = 0.01456\text{m} ≒ 14.6\text{mm}$$

축하중을 받을 때 볼트의 지름(d) 구하는 식

골지름(안지름)	바깥지름(호칭지름)
$d_1 = \sqrt{\dfrac{4Q}{\pi \sigma_a}}$	$d = \sqrt{\dfrac{2Q}{\sigma_a}}$

정답 30 ③ 31 ④ 32 ④ 33 ①

34 볼트이음이나 리벳이음 등과 비교하여 용접이음의 일반적인 장점으로 틀린 것은?

① 잔류응력이 거의 발생하지 않는다.
② 기밀 및 수밀성이 양호하다.
③ 공정수를 줄일 수 있고 제작비가 싼 편이다.
④ 전체적인 제품 중량을 적게 할 수 있다.

[해설]
볼트나 리벳이음은 완료 후 잔류응력이 발생하지 않으나, 용접이음은 발생 열에 의하여 잔류응력이 발생한다는 단점이 있다.

35 평벨트 전동장치와 비교하여 V-벨트 전동장치에 대한 설명으로 옳지 않은 것은?

① 접촉 면적이 넓으므로 비교적 큰 동력을 전달한다.
② 장력이 커서 베어링에 걸리는 하중이 큰 편이다.
③ 미끄럼이 작고 속도비가 크다.
④ 바로걸기로만 사용이 가능하다.

[해설]
② V-벨트 전동장치는 작은 장력으로 큰 회전력을 전달할 수 있는 동력전달장치로 베어링에 걸리는 하중이 작다.

V-벨트 전동장치의 특징
• 고속운전이 가능하다.
• 벨트를 쉽게 끼울 수 있다.
• 마찰력이 평벨트보다 크다.
• 속도는 10~15m/s로 한다.
• 미끄럼이 적고 속도비가 크다.
• 전동 효율은 90~95% 정도이다.
• 평벨트보다 잘 벗겨지지 않는다.
• 축간거리 5m 이하에서 사용한다.
• 베어링에 걸리는 하중이 비교적 작다.
• 바로걸기로만 동력 전달이 가능하다.
• 지름이 작은 풀리에도 사용할 수 있다.
• 축간거리는 평벨트보다 짧게 사용한다.
• 작은 장력으로 큰 회전력을 전달할 수 있다.
• 속도비는 모터와 기구의 비를 1 : 7로 한다.
• 장력조절장치로 벨트의 장력을 조절할 수 있다.
• 접촉 면적이 넓어서 큰 회전력을 전달할 수 있다.
• 이음매가 없어 운전이 정숙하고 충격을 완화시킨다.

36 허용전단응력 60N/mm²의 리벳이 있다. 이 리벳에 15kN의 전단하중을 작용시킬 때 리벳의 지름은 약 몇 mm 이상이어야 안전한가?

① 17.85
② 20.50
③ 25.25
④ 30.85

[해설]
리벳의 지름

$$\tau \frac{\pi d^2}{4} = dt\sigma_c, \; d = \frac{4t\sigma_c}{\pi\tau}, \; d = \sqrt{\frac{4R_{\max}}{\pi\tau}}$$

$$\therefore d = \sqrt{\frac{4R_{\max}}{\pi\tau}} = \sqrt{\frac{4 \times 15 \times 10^3}{\pi \times 60}} = 17.84\text{mm}$$

37 400rpm으로 전동축을 지지하고 있는 미끄럼 베어링에서 저널의 지름은 6cm, 저널의 길이는 10cm이고 4.2kN의 레이디얼 하중이 작용할 때, 베어링 압력은 약 몇 MPa인가?

① 0.5
② 0.6
③ 0.7
④ 0.8

[해설]
최대 베어링 하중(W)
$W = P \times d \times l$
여기서, P : 최대 베어링 압력
$\quad\quad\quad d$: 저널의 지름
$\quad\quad\quad l$: 저널의 길이
$4,200\text{N} = P \times 60\text{mm} \times 100\text{mm}$

$$\therefore P = \frac{4,200\text{N}}{6,000\text{mm}^2} = 0.7\text{N/mm}^2$$

※ 저널 : 베어링에 의해 둘러싸인 축의 일부분

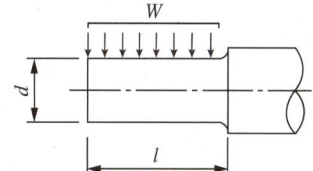

38 다음 중 유연성 커플링(Flexible Coupling)이 아닌 것은?

① 기어 커플링
② 셀러 커플링
③ 롤러 체인 커플링
④ 벨로즈 커플링

해설
유연성 커플링의 종류에 셀러 커플링은 속하지 않는다.

39 어느 브레이크에서 제동동력이 3kW이고 브레이크 용량(Brake Capacity)을 0.8kN/mm² · m/s라고 할 때, 브레이크 마찰면적의 크기는 약 몇 mm²인가?

① 3,200   ② 2,250
③ 5,500   ④ 3,750

해설
브레이크용량 $= \dfrac{P}{A}$
여기서, P : 제동동력
A : 마찰면적
$0.8 = \dfrac{3 \times 10^3}{A}$
$\therefore A = 3,750\,\text{mm}^2$

40 지름이 4cm의 봉재에 인장하중이 1,000N이 작용할 때, 발생하는 인장응력은 약 얼마인가?

① 127.3N/cm²
② 127.3N/mm²
③ 80N/cm²
④ 80N/mm²

해설
인장응력
$\sigma = \dfrac{F(W)}{A}$
여기서, $F(W)$: 작용 힘(kgf)
A : 단위면적(mm²)
$\therefore \sigma = \dfrac{1,000}{\dfrac{\pi d^2}{4}} = \dfrac{1,000}{\dfrac{\pi 4^2}{4}} = 79.57\,\text{N/cm}^2$

제3과목 | 컴퓨터응용가공

41 선삭 공정에서 작업물의 외경이 200mm, 절삭속도가 100m/min, 1회전당 공구이송량은 0.1mm일 때, 공구의 이송속도(mm/min)는 약 얼마인가?

① 8   ② 16
③ 32   ④ 48

42 다음 2차원 평면상에서 물체를 θ만큼 반시계 방향으로 회전변환하려고 한다. 이 경우 다음의 2차원 변환행렬의 요소 중 c의 값은?

$$[x'\ y'\ 1] = [x\ y\ 1]\begin{bmatrix} a & b & 0 \\ c & d & 0 \\ e & f & 1 \end{bmatrix}$$

① $\cos\theta$ ② $\sin\theta$
③ $-\sin\theta$ ④ $-\cos\theta$

해설
③ 반시계 방향으로 회전할 경우 $c=-\sin\theta$가 되어야 한다.
2차원 회전 변환행렬식
• 시계방향 회전 시 변환행렬식
$$[x',\ y'] = [x,\ y]\begin{bmatrix} \cos\theta & -\sin\theta \\ \sin\theta & \cos\theta \end{bmatrix}$$
• 반시계 방향 회전 시 변환행렬식
$$[x',\ y'] = [x,\ y]\begin{bmatrix} \cos\theta & \sin\theta \\ -\sin\theta & \cos\theta \end{bmatrix}$$
※ $\cos\theta=\cos(-\theta),\ \sin\theta\neq\sin(-\theta),\ -\sin(-\theta)=\sin\theta$

43 다음 중 분산처리형 CAD/CAM 시스템의 특징으로 틀린 것은?

① 컴퓨터 시스템의 사용상의 편리성과 확장성을 증가시킬 수 있다.
② 자료처리 및 계산 속도를 증가시킬 수 있어서 설계 및 가공 분야에서 생산성을 향상시킬 수 있다.
③ 주시스템과 부시스템에서 동일한 자료처리 및 계산 작업이 동시에 이루어지므로 데이터의 신뢰성이 높다.
④ 시스템이 하나가 고장이 나더라도 다른 시스템은 정상적으로 작동할 수 있도록 구성되어 컴퓨터 시스템의 신뢰성과 활용성을 높일 수 있다.

해설
분산처리형 시스템은 주시스템과 부시스템이 동시에 자료처리는 하나, 동일 자료를 처리하지는 않는다.

44 CAD/CAM 시스템에서 컵이나 병 등의 형상을 만들 때 회전 곡면(Revolution Surface)을 이용한다. 다음 중 Revolution 작업 시 필요한 자료가 아닌 것은?

① 회전각도 ② 회전중심축
③ 회전단면선 ④ 옵셋(Offset)량

해설
모델링한 물체를 회전하고자 할 때 사용하는 자료는 중심축과 회전각도, 회전단면선이며, 선을 일정한 양만큼 떨어뜨리는 기능인 옵셋량은 사용하지 않는다.

45 다음 중 서피스 모델링(Surface Modeling)에 관한 설명으로 틀린 것은?

① NC Data를 생성할 수 있다.
② 명암(Shade) 알고리즘을 제공할 수 있다.
③ 은선 제거가 가능하고 면의 구분이 가능하다.
④ 물체 내부 데이터를 가지고 있어 유한요소법(FEM)의 적용이 용이하다.

해설
서피스 모델링(곡면 모델링)은 유한요소법(FEM)의 적용이 불가능하다. 유한요소법의 적용이 가능한 모델링은 솔리드 모델링이다.

정답 42 ③ 43 ③ 44 ④ 45 ④

46 다음 중 방정식 "$ax+by+c=0$"으로 표현 가능한 항목은?

① Circle
② Spline Curve
③ Bezier Curve
④ Polygonal Line

해설
"$ax+by+c=0$"으로 표현이 가능한 선은 ④와 같이 Polygonal Line(꺾은선)형태의 직선만 가능하다.

47 다음 중 CAD/CAM 인터페이스에서 RS-232C를 사용하여 데이터를 전송할 때, 데이터가 정확히 보내졌는지 검사하는 방법은?

① Odd Parity
② Even Parity
③ Block Cheek
④ Parity Check Bit

해설
Parity Check Bit : CAD/CAM 인터페이스에서 RS-232C를 사용하여 데이터를 전송할 때, 데이터가 정확히 보내졌는지 검사하는 방법

48 다음 중 블렌딩 함수로 베른스타인(Bernstein) 다항식을 사용한 곡선 방정식은?

① NURBS 곡선
② 베지어(Bezier) 곡선
③ B-spline 곡선
④ 퍼거슨(Ferguson) 곡선

해설
블렌딩 함수로 베른스타인(Bernstein) 다항식을 사용하는 곡선의 방정식은 베지어(Bezier) 곡선이다.

49 다음 중 B-rep 모델의 기본요소가 아닌 것은?

① 면(Face)
② 모서리(Edge)
③ 꼭짓점(Vertex)
④ 좌표(Coordinates)

해설
솔리드모델링에서 B-rep방식의 기본요소
• 점(Vertex)
• 면(Face)
• 모서리(Edge)

50 다음 중 미리 정해진 연속된 단면을 덮는 표면 곡면을 생성시켜 닫혀진 부피 영역 혹은 솔리드 모델을 만드는 모델링 방법은?

① 스위핑(Sweeping)
② 스키닝(Skinning)
③ 트위킹(Tweaking)
④ 리프팅(Lifting)

해설
② 스키닝(Skinning) : 미리 정해진 연속된 단면을 덮는 표면 곡면을 생성시켜 닫혀진 부피 영역이나 솔리드 모델을 만드는 모델링 방법
① 스위핑(Sweeping) : 2차원 도형을 미리 정해진 선의 궤적을 따라 이동시키거나 임의의 회전축을 중심으로 회전시켜 입체를 생성하는 방법
③ 트위킹(Tweaking) : 솔리드 모델링의 기능 중에서 하위 구성요소들을 수정하여 솔리드 모델을 직접 조작하고 주어진 입체의 형상을 변화시켜가면서 원하는 형상을 모델링하는 방법
④ 리프팅(Lifting) : 주어진 물체의 특정면의 전부 또는 일부를 원하는 방향으로 움직여서 물체가 그 방향으로 늘어난 효과를 갖도록 하는 방법

51 3차원 형상모델 중 CSG(Constructive Solid Geometry) 방식에 관한 설명으로 옳은 것은?

① 중량 계산이 곤란하다.
② 데이터의 작성이 곤란하다.
③ 3차원 형상 작성 후 평면투상도 작성이 효과적이다.
④ 블리언 연산자를 사용하여 명확한 모델 생성이 용이하다.

[해설]
3차원 형상모델 중 CSG(Constructive Solid Geometry) 방식으로는 중량 계산과 데이터 작성이 가능하나 3면도나 투시도의 작성에 비효율적이다. 그리고 블리언 연산자를 사용하여 명확한 모델의 생성이 가능하다.

52 다음 중 잉크젯 또는 레이저 프린터의 해상도를 나타내는 단위는?

① LPM   ② PPM
③ DPI   ④ CPM

[해설]
잉크젯이나 레이저 프린터의 해상도 단위는 DPI(Dot per Inch)이다.
① LPM(Line per Minute) : 분당 인쇄 라인 수
② PPM(Parts per Million) : 백만분의 1
④ CPM(Cycle per Minute) : 분당 진동수

53 다음 중 신속조형 및 제조(RP&M, Rapid Prototyping & Manufacturing) 공정의 특징이 아닌 것은?

① 특징형상(Feature) 정보를 필요로 하는 공정계획이 없어도 되기 때문에 특징형상기반설계나 특징형상인식이 필요 없다.
② RP&M 공정은 재료를 더해가는 것이 아니라 재료를 제거해 나가는 공정이기 때문에 소재의 형상을 정의할 필요가 있다.
③ 부품이 한 번의 작업으로 제작되기 때문에 여러 가지 셋업이나 소재를 취급하는 복잡한 과정을 정의할 필요가 없다.
④ RP&M 공정은 어떤 도구를 필요로 하는 공정이 아니기 때문에 금형의 설계 외 제조가 필요 없다.

[해설]
RP&M 공정은 분말형태의 재료에 레이저를 조사하여 소결하면서 적층해가는 공정으로서, 재료를 더해가는 것이다.

54 두 벡터 a, b의 내적과 외적이 다음과 같을 때. 다음 중 벡터의 성질로 틀린 것은?

- 내적(Inner Product) : $a \cdot b$
- 외적(Cross Product) : $a \times b$

① $a \times b = b \times a$
② $a \cdot a = |a|^2$
③ $a \times a = 0$
④ $a \cdot b = |a| \cos \theta$

[해설]
① $a \times b = -b \times a$
④ $a \cdot b = |a||b| \cos \theta$

55 다음 중 곡면 모델링에서 두 개 이상의 곡선에서 안내 곡선(기준곡선)을 따라 이동곡선(단면곡선)이 이동규칙에 의해 이동되면서 생성되는 곡면은?

① Sweep ② Revolve
③ Patch ④ Blending

해설
스위핑(Sweeping) : 2차원 도형을 미리 정해진 선의 궤적을 따라 이동시키거나 임의의 회전축을 중심으로 회전시켜 입체를 생성하는 방법으로 곡면 모델링에서 두 개 이상의 곡선에서 안내곡선을 따라 이동곡선이 이동규칙에 의해 이동되면서 생성되는 곡면이다.

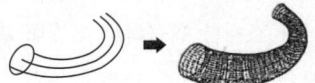

56 다음 중 일반적으로 3차원 형상 정보를 표한하고 데이터를 교환하는 표준으로 적당하지 않은 것은?

① IGES ② STEP
③ DWG ④ STL

해설
DWG는 2차원 도면설계용인 Auto CAD의 작성 파일로 3차원 형상 정보를 담는 도구에는 속하지 않는다.
① IGES : CAD/CAM/CAE 시스템 간에 제품 정의 데이터를 교환하기 위해 개발한 최초의 표준 교환 형식으로 ANSI 표준이다.
② STEP : 회사들 사이에 컴퓨터를 이용한 데이터의 저장과 교환을 위한 산업 표준이 되고 있는 CALS에서 채택하고 있는 제품 데이터 교환 표준이다.
④ STL : 쾌속조형의 표준입력파일 형식으로 많이 사용되고 있는 표준 규격으로 이 STL파일은 구조가 다른 CAD/CAM 시스템 간에 쉽게 정보를 교환할 수 있는 장점을 가지고 있으나, 모델링된 곡면을 정확히 삼각형 다면체로 옮길 수 없는 점과 이를 정확히 변환시키려면 용량을 많이 차지한다는 단점을 갖고 있다.

57 한 쌍의 직교축과 단위길이를 사용하여 평면상의 한 점의 위치를 표시하는 방식으로 한 점의 거리와 각도를 반시계 방식으로 표시하는 좌표계는?

① 극좌표계
② 직교좌표계
③ 원통좌표계
④ 구면좌표계

해설
극좌표계 : P(거리, 각도) 한 쌍의 직교축과 단위길이를 사용하여 평면상의 한 점의 위치를 표시하는 방식으로 한 점의 거리와 각도를 반시계 방식으로 표시하는 좌표계이다.

58 다음 중 자유곡면의 CNC 가공을 위하여 고려하여야 할 사항과 가장 거리가 먼 것은?

① 공구간섭 방지
② 절삭조건 지정
③ 자재수급 계획
④ 가공경로 계획

해설
자유곡면의 CNC 가공을 위하여 고려하여야 할 사항으로 자재수급 계획은 포함되지 않는다.

59 다음 중 NURBS 곡선에 관한 설명으로 틀린 것은?

① 일반적인 B-spline 곡선을 포함한다.
② 모든 조정점을 지나는 부드러운 곡선이다.
③ 원, 타원, 포물선, 쌍곡선 등 원추곡선을 정확하게 나타낼 수 있다.
④ 3차 NURBS 곡선은 특정 노트구간에서 4개의 조정점 외에 4개의 가중치(Weight Value)와 절점(Knot) 벡터의 정보가 이용된다.

해설
② 모든 조정점을 지나는 부드러운 곡선은 Spline(스플라인)이다.
NURBS(Non-Uniform Rational B-Spline) 곡선의 특징
• Conic 곡선을 표현할 수 있다.
• Blending 함수는 B-spline과 같은 함수를 사용한다.
• NURBS 곡선은 곡선의 양 끝점을 반드시 통과해야 한다.
• 원, 타원, 포물선, 쌍곡선 등 원추곡선을 정확하게 나타낼 수 있다.
• NURBS의 곡선으로 B-spline, Bezier, 원추곡선도 표현할 수 있다.
• 조정점의 가중치(Weight)를 변경하여 곡선 형상을 변화시킬 수 있다.
• 3차 NURBS 곡선은 특정 노트구간에서 4개의 조정점 외에 4개의 가중치와 절점 벡터의 정보가 이용된다.

60 다음의 볼엔드밀에서 공구의 중심 C는 (10, 10, 10)이고 공구의 지름은 10, 공구의 회전축 방향의 단위벡터 u는 (0, 0, 1), 접촉점에서의 곡면의 단위법선 벡터 n은 $(-1/\sqrt{2}, 0, 1/\sqrt{2})$이다. 이때 CL-데이터는?

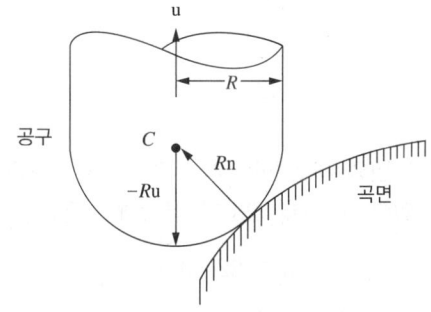

① (10, 10, 5)
② (10, 10, 15)
③ $(10+5/\sqrt{2}, 10, 10-5/\sqrt{2})$
④ $(10-5/\sqrt{2}, 10, 10+5/\sqrt{2})$

해설
접촉점에서 곡면의 단위법선 벡터 n은 $(-1/\sqrt{2}, 0, 1/\sqrt{2})$일 때 CL-(Cutting Location)데이터는 (10, 10, 5)가 된다.

제4과목 | 기계제도 및 CNC공작법

61 KS 규격에 따른 회주철품의 재료기호는?

① WC ② SB
③ GC ④ FC

해설
회주철품의 재료기호는 GC(Gray Cast Iron)이다.

62 다음 표면의 결 도시기호에서 지시하는 가공법은?

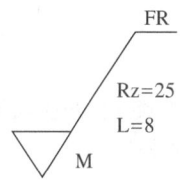

① 밀링 가공 ② 브로칭 가공
③ 보링 가공 ④ 리머 가공

해설
④ 표면의 결 도시기호에서 "FR"이 의미하는 가공방법은 리머 가공(리머다듬질)이다.
표면의 결 도시기호

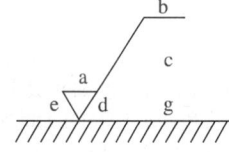

a : 중심선 평균 거칠기값
b : 가공방법
c : 컷 오프값
d : 줄무늬 방향 기호
e : 다듬질 여유
g : 표면 파상도

63 그림과 같이 제 3각법으로 나타낸 정투상도에서 평면도로 알맞은 것은?

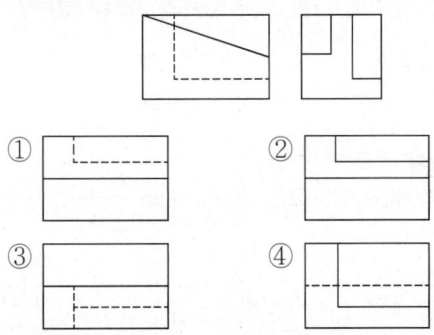

해설
제3각법에서 평면도는 물체를 위에서 바라보는 형상으로, 정면도에서의 점선의 형태와 우측면도에서 오른쪽 직사각형을 확인하면 알 수 있다.

65 다음 중 일반적으로 길이 방향으로 단면하여 나타내도 무방한 것은?

① 볼트(Bolt)
② 키(Key)
③ 리벳(Rivet)
④ 미끄럼 베어링(Sliding Bearing)

해설
④ 미끄럼 베어링은 길이 방향으로 단면하여 도시가 가능하다.
길이 방향으로 절단하여 도시가 불가능한 기계요소

길이 방향으로 절단하여 도시가 가능한 것	보스, 부시, 칼라, 베어링, 파이프 등 KS 규격에서 절단하여 도시가 불가능하다고 규정된 이외의 부품
길이 방향으로 절단하여 도시가 불가능한 것	축, 키, 암, 핀, 볼트, 너트, 리벳, 코터, 기어의 이, 베어링의 볼과 롤러

64 다음 투상도 중 KS 제도 통칙에 따라 올바르게 작도된 투상도는?

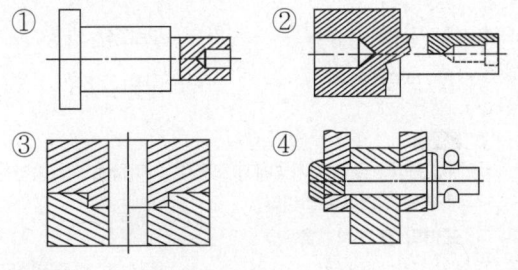

해설
① 올바르게 작도되었다.
② 우측 단면표시가 완전하지 않고 절반만 되어 있다.
③ 구멍 부분에 불필요한 가로방향의 윤곽선이 그려져 있다.
④ 단면 표시부에 경계선이 표시되면 안 된다.

66 도면의 재질란에 SM25C의 재료기호가 기입되어 있다. 여기서 "25"가 나타내는 뜻은?

① 탄소 함유량 22~28%
② 탄소 함유량 0.22~0.28%
③ 최저 인장 강도 25kPa
④ 최저 인장 강도 25MPa

해설
SM25C의 경우
• S : Steel(강-재질)
• M : 기계 구조용(Machine Structural Use)
• 25C : 탄소 함유량(0.22~0.28%)

67 다음과 다른 기하공차의 해석으로 가장 적합한 것은?

//	0.05
	0.005/100

① 지정 길이 100mm에 대하여 0.05mm, 전체길이에 대해 0.005mm의 대칭도
② 지정 길이 100mm에 대하여 0.05mm, 전체길이에 대해 0.005mm의 평행도
③ 지정 길이 100mm에 대하여 0.005mm, 전체길이에 대해 0.05mm의 대칭도
④ 지정 길이 100mm에 대하여 0.005mm, 전체길이에 대해 0.05mm의 평행도

[해설]
위와 같은 기하공차의 표시는 지정길이 100mm에 대하여 0.005mm, 전체길이에 대해 0.05mm의 대칭도를 갖는다는 의미이다.

- 평행도 공차
- 전체 길이에 대한 오차 허용치 0.05mm
- 지정길이 100mm에 대해 0.005mm의 오차 허용치

69 깊은 홈 볼베어링의 안지름이 25mm일 때, 이 베어링의 안지름 번호는?
① 00 ② 05
③ 25 ④ 50

[해설]
볼베어링의 안지름 번호는 앞에 2자리를 제외한 뒤 숫자로서 확인할 수 있다.
② 05 - 안지름 25mm
① 00 - 안지름 10mm
③ 25 - 안지름 125mm
④ 50 - 안지름 250mm
※ 베어링 호칭번호가 6205인 경우
- 6 : 단열홈 베어링
- 2 : 경하중형
- 05 : 베어링 안지름 번호 - 05×5=25mm

68 도면에서 두 종류 이상의 선이 같은 장소에서 겹치게 될 경우 표시되는 선의 우선순위가 높은 것부터 낮은 순서대로 나열되어 있는 것은?

① 외형선, 숨은선, 절단선, 중심선
② 외형선, 절단선, 숨은선, 중심선
③ 외형선, 중심선, 숨은선, 절단선
④ 절단선, 중심선, 숨은선, 외형선

[해설]
두 종류 이상의 선이 중복되는 경우 선의 우선순위
숫자나 문자 > 외형선 > 숨은선 > 절단선 > 중심선 > 무게중심선 > 치수 보조선

70 도면의 공차 치수는 어떤 끼워맞춤인가?

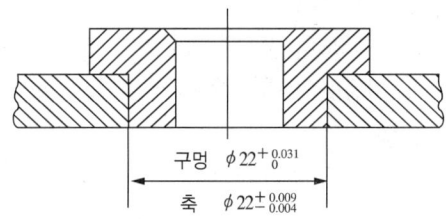

① 헐거운 끼워맞춤 ② 가열 끼워맞춤
③ 중간 끼워맞춤   ④ 억지 끼워맞춤

[해설]
구멍과 축의 허용한계 치수의 범위 안에 모두 φ20이 존재하므로 이것은 중간 끼워맞춤이 된다.

71 다음 중 CNC 선반에서의 조작방법으로 가장 적절하지 않은 것은?

① 급속 이송 시 충돌에 유의한다.
② 전원은 순서대로 공급하고 차단한다.
③ 운전 및 조작은 순서에 의해서 작동시킨다.
④ 프로그램 수정 시에는 반드시 등록된 프로그램을 삭제한다.

해설
CNC 선반을 조작할 때 프로그램 수정 시에는 등록된 프로그램을 삭제할 필요 없이 새로운 프로그램을 만들어서 적용하면 된다.

72 다음 중 CNC 와이어 컷 방전가공에서 세컨드 컷 가공의 목적에 적합하지 않은 것은?

① 다이 형상에서의 돌기부분 제거
② 코너부의 형상에서 보강 및 경도 보정
③ 면조도의 향상과 가공면의 연화층 제거
④ 가공물의 내부 응력 개방 후의 형상 수정

해설
② 와이어 컷 방전가공에서 2차 가공인 세컨드 컷은 코너부의 형상을 수정하기 위한 것으로 보강이나 경도 보정과는 거리가 멀다.
와이어 컷 방전가공에서 2차(세컨드 컷) 가공의 목적
• 표면 거칠기 향상
• 1차 가공 후 다듬질 여유분 가공
• 다이 형상에서의 돌기부분을 제거
• 면조도의 향상과 가공면의 연화층 제거
• 가공물의 내부 응력 제거(개방) 후 형상 수정
• 코너부의 형상 에러 수정 및 가공면의 진직 정도의 수정

73 다음 중 CNC 시스템의 구성에 있어 사람의 손과 발의 역할을 하는 기구는?

① 서보기구   ② 주축기구
③ 프로그램 기구 ④ 가공기구

해설
서보기구는 CNC 시스템의 구성에 있어 사람의 손과 발의 역할을 하는 기구이다.

74 다음 중 CNC 공작기계의 제어방식 종류에 속하지 않는 것은?

① 나사절삭 제어   ② 윤곽절삭 제어
③ 직선절삭 제어   ④ 위치결정 제어

해설
① CNC 공작기계의 제어방식에 나사절삭 제어는 포함되지 않는다.
CNC 공작기계의 3가지 기본 절삭 제어방식
• 윤곽절삭 제어 : 2개 이상의 서보 모터를 연동시켜 위치와 속도를 제어하므로 대각선이나 S자형, 원형의 경로 등 어떤 경로라도 공구를 이동시켜 연속 절삭이 가능한 제어방식이다. 여러 축의 움직임을 동시 제어할 수 있기 때문에 2차원이나 3차원 이상의 제어에 사용된다.
• 직선절삭 제어 : NC 공작기계의 하나의 축을 따라서 공작물에 대한 공구의 운동을 제어하는 방식이다.
• 위치결정 제어 : PTP(Point To Point) 제어라고도 하며 공구가 이동할 때 이동 경로에는 관계없이 공구의 멈춤 위치(가공 위치)만을 결정하는 제어방식으로 드릴링이나 Spot용접 등에 사용된다.

75 다음과 같은 머시닝센터 프로그램에서 지령 워드 "P"의 의미로 옳은 것은?

```
G82 G90 G98 X_ Y_ Z_ R_ P_ F_ K_;
```

① 반복 횟수
② 이송 속도
③ 드웰 지령
④ 구멍 가공의 깊이

[해설]
휴지(드웰)기능은 드릴로 구멍을 뚫을 때 공구의 끝 부분이 완전히 절삭되도록 구멍 바닥에서 공구의 이송을 잠시 동안 멈추게 하는 기능으로 주소는 P, U, X를 사용한다. 이 주소들 중에서 U, X는 소수점을 사용해서 지령이 가능하나, P는 소수점 사용이 불가능하다. 따라서 P주소로 1s를 정지시키고자 할 경우에는 P1000으로 지령한다.

76 다음은 CNC 선반 프로그램의 일부분이다. N3 블록에서 주축 회전수는 몇 rpm인가?

```
N1 G50 X200. Z100. S3000. T0100;
N2 G96 S200 M03;
N3 G00 X12. Z2. T0101 M08;
N4 G01 Z-25. F0.25;
N5 M09;
```

① 200
② 3,000
③ 5,305
④ 6,000

[해설]
N2블록에서 G96(절삭속도 일정제어) S200($v=200\text{m/min}$)을 통해서 N3블록의 회전수를 구하면 아래 식을 통해서 $n=5,305\text{rpm}$이 된다.

$$v = \frac{\pi d n}{1,000}$$

$$200 = \frac{\pi \times 12 \times n}{1,000}$$

$$n = \frac{200 \times 1,000}{12 \times \pi} = 5,305\text{rpm}$$

그러나 N1블록에 G50(주축 최대 회전수 지정)명령어로 주축의 최대 회전수를 3,000rpm으로 지정해놓았기 때문에 N3블록의 최대 회전수는 3,000rpm이 된다.

77 다음 중 비절삭 시간을 단축하기 위하여 머시닝센터에 부착되는 장치는?

① 암(Arm)
② 베이스와 칼럼
③ 컨트롤장치
④ 자동공구 교환장치(ATC)

[해설]
머시닝센터(CNC밀링, MCT)는 자동공구 교환장치인 ATC(Auto Tool Changer)를 부착하여 빠른 시간에 자동으로 공구를 교환하고, 다양한 가공을 순차적으로 실시하여 비절삭 시간을 단축할 수 있다.

78 다음과 같은 CNC 선반 프로그램에 대한 설명으로 틀린 것은?

```
N08 G71 U1.5 R0.5;
N09 G71 P10 Q100 U0.4 W0.2 D1500 F0.2;
```

① P10은 지령절의 첫 번째 전개번호이다.
② Q100은 지령절의 마지막 전개번호이다.
③ W0.2는 Z축 방향의 정삭여유이다.
④ U1.5는 X축 방향의 정삭여유이다.

[해설]
- G71 : 내외경학삭 Cycle
- U1.5 : X축 방향의 절입량
- R0.5 : Z축 방향의 후퇴량
- P10 : 지령절의 첫 번째 전개번호
- Q100 : 지령절의 마지막 전개번호
- U0.4 : X축 방향의 정삭여유
- W0.2 : Z축 방향의 정삭여유
- F0.2 : 이송속도

79 머시닝센터에서 M10×1.5의 나사 가공 시 필요한 드릴의 지름은?

① 7.0mm ② 8.5mm
③ 10.0mm ④ 11.5mm

해설
드릴의 지름
= 나사의 유효지름 − 피치
= 10 − 1.5
= 8.5mm

80 다음 중 CNC 선반에서 다음과 같은 가상인선(날끝) 번호와 가공의 내용이 바르게 짝지어진 것은?

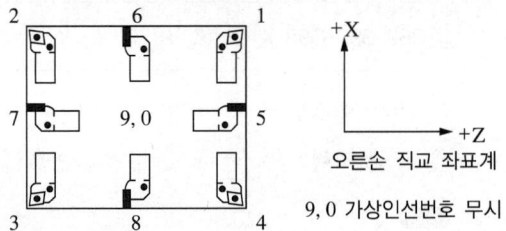

9, 0 가상인선번호 무시

① 1번 : 센터 드릴 및 드릴링 작업
② 2번 : 외경 홈 및 외경나사 작업
③ 3번 : 외경 막깎기 및 다듬질 작업
④ 4번 : 내경 홈 및 내경나사 작업

2014년 제2회 과년도 기출문제

제1과목 | 기계가공법 및 안전관리

01 빌트업 에지(Built-up Edge)의 발생을 방지하는 대책으로 옳은 것은?

① 바이트의 윗면 경사각을 작게 한다.
② 절삭깊이, 이송속도를 크게 한다.
③ 피가공물과 친화력이 많은 공구재료를 선택한다.
④ 절삭속도를 높이고 절삭유를 사용한다.

해설
④ 구성인선을 방지하기 위해서는 바이트의 윗면 경사각을 크게 하거나, 절삭속도를 높이면서 절삭유를 사용해야 한다.
구성인선의 방지대책
- 절삭깊이를 작게 한다.
- 절삭속도를 크게 한다.
- 세라믹 공구를 사용한다.
- 가공 중 절삭유를 사용한다.
- 바이트의 날 끝을 예리하게 한다.
- 바이트의 윗면 경사각을 크게 한다.
- 피가공물과 친화력이 작은 공구재료를 사용한다.
- 공구면의 마찰계수를 감소시켜 칩의 흐름을 원활하게 한다.
※ 구성인선(Built-up Edge) : 연강이나 스테인리스강, 알루미늄과 같이 재질이 연하고 공구재료와 친화력 큰 재료를 절삭가공할 때 칩과 공구 윗면의 경사면 사이에 발생되는 높은 압력과 마찰열로 인해 칩의 일부가 공구의 날 끝에 달라붙어 마치 절삭날과 같이 공작물을 절삭하는 현상으로 공구를 파손시키며 치수 정밀도를 떨어뜨린다.

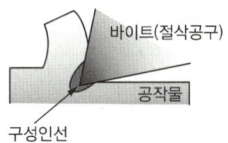

02 숏 피닝(Shot Peening)과 관계 없는 것은?

① 금속 표면 경도를 증가시킨다.
② 피로 한도를 높여 준다.
③ 표면 광택을 증가시킨다.
④ 기계적 성질을 증가시킨다.

해설
숏 피닝(Shot Peening) : 강이나 주철제의 작은 강구(볼)를 고속으로 제품의 표면에 분사하여 표면층을 가공 경화시키는 표면경화법으로 금속 조직을 치밀하게 만듦으로서 금속 표면 경도와 피로한도를 높여 주어 기계적 성질을 증가시킨다. 표면 광택의 증가와는 관련이 없다.

03 범용 밀링에서 원주를 10° 30 분할할 때, 맞는 것은?

① 분할판 15구멍열에서 1회전과 3구멍씩 이동
② 분할판 18구멍열에서 1회전과 3구멍씩 이동
③ 분할판 21구멍열에서 1회전과 4구멍씩 이동
④ 분할판 33구멍열에서 1회전과 4구멍씩 이동

해설
- $n = \dfrac{x°}{9°} = \dfrac{10}{9} = 1\dfrac{1}{9} = 1\dfrac{2}{18}$
- $n = \dfrac{y'}{540} = \dfrac{30}{540} = \dfrac{1}{18}$

∴ 두 계산식을 더하면, 분할판 18구멍열에서 1회전과 3구멍(2+1)씩 이동하면 원주를 10° 30으로 분할할 수 있다.

04 연삭에 관한 안전사항 중 틀린 것은?

① 받침대와 숫돌은 5mm 이하로 유지해야 한다.
② 숫돌바퀴는 제조 후 사용할 원주 속도의 1.5~2배 정도의 안전검사를 한다.
③ 연삭숫돌 측면에 연삭하지 않는다.
④ 연삭숫돌을 고정 후 3분 이상 공회전시킨 후 작업을 한다.

해설
연삭 가공 시 받침대와 숫돌의 간격은 3mm 이내로 조정해야 한다.

05 선반작업에서 절삭저항이 가장 적은 분력은?

① 내분력
② 이송분력
③ 주분력
④ 배분력

해설
선반작업 시 발생하는 절삭저항의 큰 순서
주분력 > 배분력 > 이송분력

06 전해연마 가공의 특징이 아닌 것은?

① 연마량이 적어 깊은 홈은 제거가 되지 않으며 모서리가 라운드된다.
② 가공면에 방향성이 없다.
③ 표면은 깨끗하나 도금이 잘되지 않는다.
④ 복잡한 형상의 공작물 연마도 가능하다.

해설
③ 전해연마 가공은 가공면을 깨끗하게 만들기에 도금이 잘 된다.
전해연마(Electrolytic Polishing) 가공의 특징
• 가공 변질층이 없다.
• 가공면에 방향성이 없다.
• 내마모성, 내부식성이 좋다.
• 표면이 깨끗해서 도금이 잘 된다.
• 복잡한 형상의 공작물도 연마가 가능하다.
• 공작물의 형상을 바꾸거나 치수 변경에는 적합하지 않다.
• 알루미늄, 구리합금과 같은 연질재료의 연마도 비교적 쉽다.
• 치수의 정밀도보다는 광택의 거울면을 얻고자 할 때 사용한다.
• 철강재료와 같이 탄소를 많이 함유한 금속은 전해연마가 어렵다.
• 연마량이 적어 깊은 홈은 제거가 되지 않으며 모서리가 둥글게(라운딩) 된다.
• 가공층이나 녹, 공구 절삭 자리의 제거, 공구 날 끝의 연마, 표면 처리에 적합하다.

07 표면거칠기 표기방법 중 산술평균 거칠기를 표기하는 기호는?

① R_p
② R_v
③ R_z
④ R_a

해설
표면거칠기를 표시하는 방법

종류	특징
산술평균 거칠기(R_a)	중심선 윗부분 면적의 합을 기준 길이로 나눈 값을 마이크로미터(μm)로 나타낸 것
최대 높이(R_y)	산봉우리 선과 골바닥 선의 간격을 측정하여 마이크로미터(μm)로 나타낸 것
10점 평균 거칠기(R_z)	평균 선에서 세로 배율의 방향으로 측정한 가장 높은 산봉우리로부터 5번째 산봉우리까지의 표고(표면에서의 높이)의 절댓값의 평균값과의 합을 마이크로미터(μm)로 나타낸 것

※ 표면거칠기 : 제품의 표면에 생긴 가공 흔적이나 무늬로 형성된 오목하거나 볼록한 차를 말하는 것으로 산술 평균 거칠기(R_a)는 중심선 윗부분 면적의 합을 기준 길이로 나눈 값을 마이크로미터(μm)로 나타낸 것

08 NC 공작기계의 특징 중 거리가 가장 먼 것은?

① 다품종 소량 생산가공에 적합하다.
② 가공조건을 일정하게 유지할 수 있다.
③ 공구가 표준화되어 공구수를 증가시킬 수 있다.
④ 복잡한 형상의 부품가공 능률화가 가능하다.

[해설]
NC 공작기계는 CNC나 범용의 공작기계들과 절삭 공구의 호환이 가능하기 때문에 공구를 표준화할 수 있고, 또 그에 따라 공구수도 줄일 수 있다.

09 측정기에서 읽을 수 있는 측정값의 범위를 무엇이라 하는가?

① 지시범위   ② 지시한계
③ 측정범위   ④ 측정한계

[해설]
③ 측정범위 : 측정기에서 읽을 수 있는 측정값의 범위이다.
① 지시범위 : 계기에 표시된 눈금 전체의 범위이다.
④ 측정한계 : 어떤 분석법에서 정량화되는 측정량의 상한 또는 하한이다.

10 원형의 측정물을 V 블록 위에 올려놓은 뒤 회전하였더니 다이얼 게이지의 눈금에 0.5mm의 차이가 있었다면 그 진원도는 얼마인가?

① 0.125mm   ② 0.25mm
③ 0.5mm   ④ 1.0mm

[해설]
진원도값 측정
=다이얼 게이지 지침 이동량$\times \frac{1}{2}$
=$0.5\text{mm} \times \frac{1}{2} = 0.25\text{mm}$

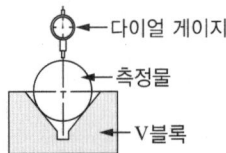

※ 진원 : 원형 측정물의 단면 부분이 진원으로부터 어긋남의 크기로서 그 측정방법에는 지름법과 반지름법이 있다.

11 대표적인 수평식 보링머신은 구조에 따라 몇 가지 형으로 분류되는 데 다음 중 맞지 않는 것은?

① 플로어형(Floor Type)
② 플레이너형(Planer Type)
③ 베드형(Bed Type)
④ 테이블형(Table Type)

[해설]
수평 보링머신의 구조에 따른 분류
• 플로어형(Floor Type)
• 플레이너형(Planer Type)
• 이동형(Potable Type)
• 테이블형(Table Type)

12 기계의 안전장치에 속하지 않는 것은?

① 리밋 스위치(Limit Switch)
② 방책(防柵)
③ 초음파 센서
④ 헬멧(Helmet)

해설
헬멧(Helmet)은 사람이 작업 중 반드시 착용해야 할 안전장비에 속한다.

13 연삭에서 원주속도를 V(m/min), 숫돌바퀴의 지름을 d(mm)이라면, 숫돌바퀴의 회전수(N)을 구하는 식은?

① $N = \dfrac{1,000d}{\pi V}$ (rpm)

② $N = \dfrac{1,000V}{\pi d}$ (rpm)

③ $N = \dfrac{\pi V}{1,000d}$ (rpm)

④ $N = \dfrac{\pi d}{1,000V}$ (rpm)

해설
연삭가공에서 숫돌바퀴의 회전수(N)
$N = \dfrac{1,000V}{\pi d}$
여기서, V : 연삭속도(m/min)
d : 공작물의 지름(mm)
N : 숫돌바퀴의 회전수(rpm)

14 NC 밀링머신의 활용에서 장점을 열거하였다. 타당성이 없는 것은?

① 작업자의 신체상 또는 기능상 의존도가 적으므로 생산량의 안정을 기할 수 있다.
② 기계의 운전에는 고도의 숙련자를 요하지 않으며 한사람이 몇 대를 조작할 수 있다.
③ 실제 가동률을 상승시켜 능률을 향상시킨다.
④ 적은 공구로 광범위한 절삭을 할 수 있고 공구 수명이 단축되어 공구비가 증가한다.

해설
NC 밀링머신을 활용하면 적은 공구로도 광범위한 절삭이 가능하고 절삭 깊이나 속도 등을 알맞게 조절함으로써 공구의 수명도 늘릴 수 있기 때문에 공구비는 감소한다.

15 바이트 중 날과 자루(Shank)가 같은 재질로 만든 것은?

① 스로어웨이 바이트 ② 클램프 바이트
③ 팁 바이트   ④ 단체 바이트

해설
단체 바이트(일체형 바이트)는 날과 자루(Shank)가 같은 재질로 만들어져 있다.

16 각도 측정을 할 수 있는 사인바(Sine Bar)의 설명으로 틀린 것은?

① 정밀한 각도측정을 하기 위해서는 평면도가 높은 평면에서 사용해야 한다.
② 롤러의 중심거리는 보통 100mm, 200mm로 만든다.
③ 45° 이상의 큰 각도를 측정하는데 유리하다.
④ 사인바는 길이를 측정하여 직각 삼각형의 삼각함수를 이용한 계산에 의하여 임의각의 측정 또는 임의각을 만드는 기구이다.

17 공구가 회전하고 공작물은 고정되어 절삭하는 공작기계는?

① 선반(Lathe)
② 밀링머신(Milling)
③ 브로칭머신(Broaching)
④ 형삭기(Shaping)

해설
② 밀링머신은 공구가 회전하고 공작물은 바이스에 고정되어 테이블의 이송에 의해 절삭하는 공작기계이다.

공작기계의 절삭 가공 방법

종 류	공 구	공작물
선 반	축 방향 및 축에 직각 (단면방향) 이송	회 전
밀 링	회 전	고정 후 이송
보 링	이 송	회 전
	회전 및 이송	고 정
드릴링머신	회전하면서 상·하 이송	고 정
셰이퍼, 슬로터	전·후 왕복 운동	상·하 및 좌·우 이송
플레이너	공작물의 운동방향과 직각 방향으로 이송	수평 왕복 운동
연삭기 및 래핑	회 전	회전 또는 고정 후 이송
호 빙	회전 후 상하운동	고정 후 이송

18 지름 50mm, 날수 10개인 페이스커터로 밀링 가공할 때, 주축의 회전수가 300rpm, 이송속도가 매분당 1,500mm였다. 이때 커터날 하나당 이송량(mm)은?

① 0.5
② 1
③ 1.5
④ 2

해설
밀링머신의 테이블 이송속도(f)

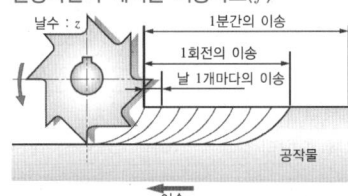

$f = f_z \times z \times n$
여기서, f : 테이블의 이송속도(mm/min)
f_z : 밀링 커터날 1개의 이송(mm)
z : 밀링 커터날의 수
n : 밀링 커터의 회전수(rpm)
$1,500 = f_z \times 10 \times 300$
$\therefore f_z = \dfrac{1,500}{10 \times 300} = 0.5$

19 선반작업 시 절삭속도 결정의 조건 중 거리가 가장 먼 것은?

① 가공물의 재질
② 바이트의 재질
③ 절삭유제의 사용 유무
④ 칼럼의 강도

해설
칼럼은 밀링설비의 기둥을 말하는 것으로 선반의 구조에는 속하지 않기 때문에 절삭속도의 결정과는 관련이 없다.

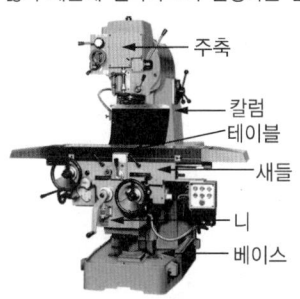

[밀링머신의 구조]

20 연삭숫돌의 입자 중 천연입자가 아닌 것은?

① 석 영
② 커런덤
③ 다이아몬드
④ 알루미나

해설
알루미나(Al_2O_3)는 보크사이트 광물을 원료로 하여 제조되는 입자의 일종으로 산화알루미늄이다.

제2과목 | 기계설계 및 기계재료

21 다음 담금질 조직 중에서 경도가 가장 큰 것은?

① 페라이트
② 펄라이트
③ 마텐자이트
④ 트루스타이트

해설
담금질 조직의 경도 순서
마텐자이트 > 트루스타이트 > 소르바이트 > 오스테나이트

22 텅스텐(W)은 우리나라의 부존자원 중 순도나 매장량의 면에서 매우 중요한 금속이다. 다음 중 텅스텐의 용도에 적합하지 않은 것은?

① 초경합금공구
② 필라멘트
③ 연질자성재료
④ 내열강합금재료

해설
텅스텐(W)은 단단한 재질이기 때문에 연질의 자성재료로 사용되지 않고 강도나 내열이 필요한 공구나 제품의 재료로 상용된다.

23 다음 담금질 조직 중에서 용적변화(팽창)가 가장 큰 조직은?

① 펄라이트
② 오스테나이트
③ 마텐자이트
④ 소르바이트

해설
담금질 조직 중에서 용적변화(팽창)가 가장 큰 조직은 마텐자이트 변태이다.

24 탄소강이 공석 변태할 때 펄라이트 조직량이 최대가 되는 탄소함량(%)은?

① 0.2
② 0.5
③ 0.8
④ 1.2

해설
탄소강이 공석 변태할 때 펄라이트 조직량이 최대가 되는 탄소함유량은 0.8%일 때이다.

25 다음 중 철강표면에 알루미늄(Al)을 확산 침투시키는 방법에 해당하는 것은?

① 세라다이징
② 크로마이징
③ 칼로라이징
④ 실리코나이징

해설
표면경화법의 종류

종류		침탄재료
화염 경화법		산소-아세틸렌불꽃
고주파 경화법		고주파 유도전류
질화법		암모니아가스
방전경화법		불꽃방전
침탄법	고체 침탄법	목탄, 코크스, 골탄
	액체 침탄법	KCN(사이안화칼륨), NaCN(사이안화나트륨)
	가스 침탄법	메탄, 에탄, 프로판
금속 침투법	세라다이징	Zn
	칼로라이징	Al
	크로마이징	Cr
	실리코나이징	Si
	보로나이징	B(붕소)

26 철에 탄소가 고용되어 α철로 될 때의 고용체의 형태는?

① 침입형 고용체
② 치환형 고용체
③ 고정형 고용체
④ 편석 고용체

해설
α철(페라이트) 조직은 철에 탄소가 고용될 때 침입형 고용체의 형태를 갖는다.

27 냉간가공과 열간가공을 구별할 수 있는 온도를 무슨 온도라고 하는가?

① 포정 온도
② 공석 온도
③ 공정 온도
④ 재결정 온도

해설
재결정 온도란 냉간가공과 열간가공을 구별할 수 있는 온도를 말한다.

Fe-C계 평형상태도에서의 3개 불변반응

종류	반응온도	탄소 함유량	반응내용	생성조직
공석 반응	723℃	0.8%	γ고용체 ↔ α고용체 + Fe₃C	펄라이트 조직
공정 반응	1,147℃	4.3%	융체(L) ↔ γ고용체 + Fe₃C	레데부라이트 조직
포정 반응	1,494℃ (1,500℃)	0.18%	δ고용체 + 융체(L) ↔ γ고용체	오스테나이트 조직

28 철의 동소체로서 A₃ 변태와 A₄ 변태 사이에 있는 철의 조직은?

① α-Fe
② β-Fe
③ γ-Fe
④ δ-Fe

해설
철의 동소체로서 A₃ 변태와 A₄ 변태 사이에 있는 철의 조직은 γ-Fe(오스테나이트조직)이다.

29 땜납(Solder)의 합금원소로 주로 사용되는 것은?

① Sn-Pb
② Pt-Al
③ Fe-Pb
④ Cd-Pb

해설
땜납(Solder)의 합금원소로 주석(Sn)이나 Pb(납)이 주로 사용된다.

30 탄화텅스텐(WC)을 소결한 합금으로 내마모성이 우수하여 대량생산을 위한 다이 제작용으로 사용되는 재료는?

① 주철
② 초경합금
③ 합금 공구강
④ 다이스강

해설
초경합금
고속, 고온 절삭에서 높은 경도를 유지하며, WC, TiC, TaC 분말에 Co를 첨가하고 소결시켜 만드는데 진동이나 충격을 받으면 쉽게 깨지는 특성이 있는 공구용 재료이다. 고속도강의 4배 정도로 절삭이 가능하며 1,100℃의 절삭열에도 경도 변화가 없다.

31 사각형 단면(100mm×60mm)의 기둥에 1N/mm² 압축응력이 발생할 때 압축하중은 약 얼마인가?

① 6,000N ② 600N
③ 60N   ④ 60,000N

해설
$\sigma_c = \dfrac{F}{A}$

$1\text{N/mm}^2 = \dfrac{F}{100\text{mm} \times 60\text{mm}}$

$\therefore F = 1 \times 100 \times 60 = 6,000\text{N}$

32 웜을 구동축으로 할 때 웜의 줄 수를 3, 웜 휠의 잇수를 60이라고 하면 이 웜기어 장치의 감속비율은?

① 1/10 ② 1/20
③ 1/30 ④ 1/60

해설
웜과 웜휠의 각속도비(i)

$i = \dfrac{N_g}{N_w} = \dfrac{Z_w}{Z_g}$

여기서, N_g : 웜휠의 회전 각속도
N_w : 웜의 회전 각속도
Z_w : 웜의 줄수
Z_g : 웜휠의 잇수

$\therefore i = \dfrac{Z_w}{Z_g} = \dfrac{3}{60} = \dfrac{1}{20}$

33 그림과 같은 스프링 장치에서 $W = 200\text{N}$의 하중을 매달면 처짐은 몇 cm가 되는가?(단, 스프링 상수 $k_1 = 15\text{N/cm}$, $k_2 = 35\text{N/cm}$이다)

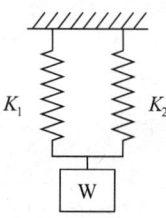

① 1.25 ② 2.50
③ 4.00 ④ 4.50

해설
스프링이 늘어난 길이(처짐량 δ)

$\delta = \dfrac{W}{k} = \dfrac{200\text{N}}{50\text{N/cm}} = 4\text{cm}$

여기서, $k = k_1 + k_2 = 15 + 35 = 50\text{N/cm}$

스프링 상수(k)는 스프링의 단위 길이(mm) 변화를 일으키는 데 필요한 하중(W)이다.

스프링 상수(K)값 구하기

병렬 연결 시	$K = K_1 + K_2$	
직렬 연결 시	$K = \dfrac{1}{\dfrac{1}{K_1} + \dfrac{1}{K_2}}$	

정답 31 ① 32 ② 33 ③

34 미끄럼을 방지하기 위하여 접촉면에 치형을 붙여 맞물림에 의하여 전동하도록 조합한 벨트는?

① 평벨트
② V벨트
③ 가는 너비 V벨트
④ 타이밍 벨트

해설
타이밍 벨트 : 미끄럼을 방지하기 위하여 접촉면에 치형을 붙여 맞물림에 의하여 전동하도록 조합한 벨트

35 볼나사(Ball Screw)의 장점에 해당되지 않는 것은?

① 미끄럼 나사보다 내충격성 및 감쇠성이 우수하다.
② 예압에 의하여 치면높이(Backlash)를 작게 할 수 있다.
③ 마찰이 매우 적고 기계효율이 높다.
④ 시동 토크 또는 작동 토크의 변동이 적다.

해설
볼나사는 미끄럼 나사에 비해 내충격성 및 감쇠성이 떨어진다.
볼나사(Ball Screw)의 특징
• 마찰이 매우 적고 기계효율이 높다.
• 시동 토크나 작동 토크의 변동이 적다.
• 예압에 의하여 백래시를 작게 할 수 있다.
• 미끄럼 나사에 비해 내충격성과 감쇠성이 떨어진다.

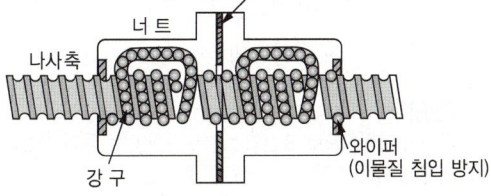

36 지름 300mm인 브레이크 드럼을 가진 밴드 브레이크의 접촉길이가 706.5mm, 밴드의 폭이 20mm일 때, 제동 동력이 3.7kW라면 이 밴드 브레이크의 용량(Brake Capacity)은 약 몇 N/mm² · m/s인가?

① 26.50
② 0.324
③ 0.262
④ 32.40

37 키 재료의 허용전단응력 60N/mm², 키의 폭×높이가 16mm×10mm인 성크 키를 지름이 50mm인 축에 사용하여 250rpm으로 40kW를 전달시킬 때, 성크 키의 길이는 몇 mm 이상이어야 하는가?

① 51
② 64
③ 78
④ 93

38 6,000N · m의 비틀림 모멘트만을 받는 연강제 중실축의 지름은 몇 mm 이상이어야 하는가?(단, 축의 허용전단응력은 30N/mm²로 한다)

① 81
② 91
③ 101
④ 111

정답 34 ④ 35 ① 36 ③ 37 ② 38 ③

39 미끄럼 베어링 재료에 요구되는 성질로 거리가 먼 것은?

① 하중 및 피로에 대한 충분한 강도를 가질 것
② 내부식성이 강할 것
③ 유막의 형성이 용이할 것
④ 열전도율이 작을 것

해설
④ 미끄럼 베어링 재료는 축(Shaft)과의 접촉부에서 발생되는 내부의 열을 방출하기 위해서는 열전도율이 큰 것이어야 한다.
미끄럼 베어링 재료의 구비조건
- 내식성이 클 것
- 피로한도가 높을 것
- 마찰계수가 작을 것
- 유막의 형성이 용이할 것
- 방열을 위하여 열전도율이 클 것
- 하중 및 피로에 대한 충분한 강도를 가질 것

40 다음 중 용접이음의 단점에 속하지 않는 것은?

① 내부 결함이 생기기 쉽고 정확한 검사가 어렵다.
② 용접공의 기능에 따라 용접부의 강도가 좌우된다.
③ 다른 이음작업과 비교하여 작업 공정이 많은 편이다.
④ 잔류응력이 발생하기 쉬워서 이를 제거해야 하는 작업이 필요하다.

해설
③ 다른 접합방법에 비해 작업 공정이 적다는 장점이 있다.
용접이음의 단점
- 다른 이음작업과 비교하여 작업 공정이 적다.
- 내부 결함이 생기기 쉽고 정확한 검사가 어렵다.
- 용접공의 기능에 따라 용접부의 강도가 좌우된다.
- 잔류응력이 발생하기 쉬워서 이를 제거해야 하는 작업이 필요하다.

제3과목 | 컴퓨터응용가공

41 CNC 가공의 곡면상에서 옵셋된 공구의 위치를 의미하는 것은?

① CC 포인트
② CL 데이터
③ CM 포인트
④ 공구 경로 검증

해설
② CL Point(Cutting Location Point) : CNC 가공의 곡면 상에서 옵셋이 된 공구의 위치를 의미하며, 공구 위치 정보와 가공조건이나 각종 기능의 정보를 컴퓨터에서 연산 처리하여 공구의 이동 궤적을 좌표값으로 나타낸 것이다.
① CC Point(Cutter Contact Point) : 공구의 위치를 나타내는 좌표 값으로 곡면상 공구의 접촉점을 나타낸다.
④ 공구 경로 검증 : NC 데이터를 생성하기 전에 생성된 CL 데이터를 이용하여 공구의 위치, 과절삭, 미절삭 등을 확인하는 과정이다.

42 곡선을 표현하는 함수에 관한 설명으로 틀린 것은?

① 양함수식에서는 하나의 곡선에 대하여 하나의 곡선의 식만 존재한다.
② 다항식으로 표현된 양함수곡선식은 매개변수방정식으로 변환이 가능하다.
③ 다항식 곡선함수식에서 변환된 매개변수방정식은 일반적으로 다항식이 아니다.
④ 곡선식이 다항식인 경우 변환되는 동일한 곡선에 대하여 매개변수방정식은 하나뿐이다.

해설
곡선이 다항식으로 표현되는 경우 변환되는 동일 곡선에 대하여 매개변수방정식은 다양하게 만들어진다.

43 모델링 기법 중에서 실루엣(Silhouette)을 구할 수 없는 기법은?

① B-rep(Boundary Representation) 방식
② CSG(Constructive Solid Geometry) 방식
③ 서피스 모델링(Surface Modeling)
④ 와이어 프레임 모델링(Wire-frame Modeling)

해설
와이어 프레임 모델링으로는 표시 선들이 서로 겹쳐있기 때문에 정확한 실루엣(Silhouette)을 구할 수 없다.

44 Rapid Prototyping(RP) 공정에서 CAD 모델은 STL 파일 형식을 사용하여 표현된다. STL 파일 형식에 대한 설명 중 옳은 것은?

① 물체를 삼각형들의 리스트로 표현한다.
② 솔리드 물체에 대한 위상 정보를 저장하고 있다.
③ 자유곡면 표현을 위해 Bezier 곡면식을 기본적으로 지원한다.
④ CAD 모델을 STL 파일 형식으로 변환 시 같은 종류의 곡선 형식을 사용하므로 오차가 발생하지 않는다.

해설
Rapid Prototyping(RP) 공정에서 STL(Stereo Lithography) 파일 형식은 물체를 삼각형들의 리스트로 표현할 수 있다.

45 CAD 정보의 출력장치가 아닌 것은?

① 전자 펜(Light Pen)
② 레이저 프린터(Laser Printer)
③ 벡터 디스플레이(Vector Display)
④ 스테레오 리소그라피(Stereo Lithography)

해설
① 전자 펜은 입력장치에 속한다.

46 솔리드 모델링에 관한 설명으로 틀린 것은?

① 솔리드 모델링은 형상을 절단하여 단면도로 작성하기는 어렵지만 물리적 성질의 계산이 가능하다.
② CSG(Constructive Solid Geometry)는 단순한 형상의 조합으로 생성하는데 불리언 연산자를 사용한다.
③ B-rep(Boundary Representation)은 형상을 구성하고 있는 정점, 면, 모서리의 관계에 따라 표현하는 방법이다.
④ 솔리드 모델링은 셀 혹은 기본곡면 등의 입체요소 조합으로 쉽게 표현할 수 있다.

해설
솔리드 모델링은 형상을 절단하여 단면도로 작성이 가능하며, 부피계산과 같은 물리적 계산도 가능하다.

47 여러 개의 NC 공작기계를 한 대의 컴퓨터에 결합시켜 제어하는 시스템은 무엇인가?

① DNC   ② ERP
③ FMS   ④ MRP

해설
① DNC(Distributed Numerical Control) : 중앙의 컴퓨터 1대에서 여러 대의 CNC 공작기계에 데이터를 분배하여 전송함으로써 동시에 여러 대의 기계를 운전할 수 있는 시스템으로 외부 컴퓨터에서 CNC 공작기계와 송신과 수신이 가능한 가공 방식이다.
② ERP(Enterprise Resource Planning) : 기업 전체를 경영자원의 효과적 이용이라는 관점에서 통합적으로 관리하고 경영의 효율화를 기하기 위한 수단이다.
③ FMS(Flexible Manufacturing System) : 유연생산시스템으로 소량의 다양한 제품을 하나의 생산 공정에서 지연 없이 동시에 제조할 수 있는 자동화시스템으로 현재 자동차공장에서 하나의 컨베이어벨트 위에 다양한 차종을 동시에 생산하는 시스템과 같다.
④ MRP(Material Requirement Program) : 컴퓨터를 이용하여 최종제품의 생산계획에 따라 그에 필요한 부품 소요량의 흐름을 종합적으로 관리하는 생산관리시스템이다.

정답 43 ④ 44 ① 45 ① 46 ① 47 ①

48 B-Spline 곡선을 정의하기 위해 필요하지 않은 입력 요소는?

① 조정점
② 절점(Knot) 벡터
③ 곡선의 오더(Order)
④ 끝점에서의 접선(Tangent) 벡터

해설

B-spline 곡선을 정의하기 위한 입력요소
- 조정점
- 절점(Knot)의 벡터
- 곡선의 오더(Order)

※ B-spline(Basis Spline) 곡선 : 어떤 조정점(Control Point)도 통과하지 않고 조정점을 근접하여 그려지는 곡선으로 근사 곡선(Approximating Spline)에 속한다. Hermite나 Bezier 곡선에 비해 한층 더 부드럽고 완만한 곡률을 갖기 때문에 자동차나 비행기의 설계에 활용된다.

※ B-spline 곡선의 특징
- 꼭짓점을 움직여도 연속성이 보장된다.
- 조정 다각형에 의하여 곡선을 표현한다.
- 원이나 타원을 정확하게 표현할 수 없다.
- 차수가 2인 경우 1차 미분연속을 갖는다.
- 국부적으로 곡선 형상의 조정이 가능하다.
- 균일 절점벡터는 주기적인 B-spline을 구현한다.
- B-spline 곡선의 차수(n)는 조정점의 개수와 같다.
- 특수한 경우에 한해 베지어곡선으로 표시될 수 있다.
- 1개의 조정점 변화는 곡선 전체에 영향을 주지 않는다.
- 조정점의 개수가 많더라도 원하는 차수를 지정할 수 있다.
- 원, 타원, 포물선 등 원추곡선을 근사(유사)하게 표현할 수 있다.
- 조정점들에 의해 인접한 B-spline 곡선간의 연속성이 보장된다.
- 매개변수방식으로 매개변수에 해당하는 좌표값의 계산이 용이하다.

49 NC 가공영역을 지정하는 방식 중 폐곡선 영역 외부를 일정 옵셋량을 주어 가공하는 방식은?

① Area 지정
② Island 지정
③ Trimming 지정
④ Blending 지정

해설

Island 지정방식
폐곡선 영역 외부를 일정 옵셋량을 주어 가공하는 방식이다.

50 Bezier 곡선에 대한 설명으로 틀린 것은?

① 곡선의 차수가 조정점의 개수로부터 계산된다.
② 곡선의 형상을 국부적으로 수정하기 어렵다.
③ 3차 Bezier 곡선은 모든 조정점을 지난다.
④ Blending 함수는 Bernstein 다항식을 채택한다.

해설

베지어(Bezier) 곡선의 특징
- 모든 조정점을 지나지 않는다.
- n차 베지어 곡선의 조정점은 ($n+1$)개이다.
- 조정점의 블렌딩으로 곡선식이 표현된다.
- 곡선은 첫 번째와 마지막 조정점을 통과한다.
- n개 조정점에 의해 생성된 곡선은 ($n-1$)차이다.
- 1개의 조정점 변화는 곡선 전체에 영향을 미친다.
- 조정점의 개수가 증가하면 곡선의 개수도 증가한다.
- 중간에 있는 조정점들은 곡선의 진행경로를 결정한다.
- 조정점을 둘러싸는 볼록포(볼록껍질) 안에 곡선 전체가 놓인다.
- 곡선은 조정점을 연결(통과)시킬 수 있는 다각형의 내측에 존재한다.
- 조정점의 순서를 거꾸로 하여 곡선을 생성하여도 같은 곡선이 된다.
- 조정 다각형(Control Polygon)의 시작점과 끝점을 반드시 통과한다.
- Bezier 곡선은 항상 조정점에 의해 생성된 볼록포의 내부에 포함된다.
- 폐곡선은 조정 다각형의 두 끝점을 연결시켜 간단하게 생성할 수 있다.
- 조정 다각형의 첫 번째 선분은 시작점에서의 접선벡터와 같은 방향이다.
- 곡선의 형상을 국부적으로 수정하기 어려워 국부 변형(Local Control)이 불가능하다.
- Blending함수는 Bernstein 다항식을 채택하여 베지어 곡선을 정의한다.
- 다각형 양끝의 선분은 시작점과 끝점의 접선벡터와 같은 방향이므로 첫 번째 선분은 Bezier 곡선의 시작점에서의 접선벡터와 같다.

※ 베지어(Bezier)곡선 : 컴퓨터 그래픽에서 임의 형태의 곡선을 표현하기 위해 수학적(번스타인 다항식)으로 만든 곡선이다. 프랑스의 수학자 베지어에 의해 만들어졌으며 시작점과 끝점 그리고 그 사이인 내부 조정점의 이동에 의해 다양한 자유 곡선을 얻을 수 있다.

※ 2차 베지어 곡선의 형태

2차	3차
3차	4차

51 IGES(Initial Graphics Exchanges Specification)에 관한 설명으로 옳은 것은?

① 설계, 제조, 품질 보증, 시험, 유지 보수를 포함하는 제품의 전체 주기와 관련된 제품 데이터이다.
② AutoCAD 도면을 다른 CAD 시스템에 전달하기 위해 개발되었다.
③ IGES 파일은 일반적으로 여섯 개의 섹션으로 구성되어 있다.
④ 제품데이터의 교환용으로 개발되었으며 공정계획, NC 프로그래밍, 공구 설계, 로봇 공학 등이 포함되어 있다.

[해설]
IGES(Initial Graphics Exchanges Specification)의 특징
• ANSI(미국국가표준)의 표준 규격이다.
• 최초의 CAD 데이터 표준 교환 형식이다.
• 파일은 일반적으로 여섯 개의 섹션으로 구성되어 있다.
• 서로 다른 시스템간 제품 정보의 상호교환용 파일 구조이다.
• 데이터 변환과정을 거치므로 유효숫자 및 라운드 오프에러가 발생할 수 있다.
• IGES 미지원 요소로 모델링한 경우 비슷한 요소로 변환하므로 정보전달에 오류가 발생할 수 있다.
• 서로 다른 CAD/CAM/CAE 시스템 간에 도면 및 기하학적 형상의 제품 정의 데이터를 교환하기 위해 개발된 최초의 데이터 교환 형식이다.

52 화면의 CAD 모델 표면을 현실감 있게 채색, 원근감, 음영 처리하는 작업은 무엇인가?

① Animation ② Simulation
③ Modeling   ④ Rendering

[해설]
Rendering : CAD로 모델링한 물체의 표면을 현실감 있게 채색, 원근감, 음영 처리하는 작업

53 곡면을 평면으로 절단한 곡선을 따라 공구 경로를 산출하는 방법으로 수치적인 계산이 많이 요구되는 가공 방법은?

① Check 가공
② Cartesian 가공
③ 나선형 가공
④ 등매개변수 가공

[해설]
Cartesian 가공은 곡면을 평면으로 절단한 곡선을 따라 공구 경로를 산출하는 방법으로 수치적인 계산이 많이 요구되는 가공 방법이다.

54 컴퓨터응용설계 및 생산/가공과 가장 관계가 적은 것은?

① CAD   ② CIMS
③ CAE   ④ CAB

[해설]
CAB(Cable Box Network System) : 전선의 지중화를 위해 도로 지하에 설치하는 소규모의 관로를 말하는 것으로 컴퓨터를 이용한 설계 및 생산과는 거리가 멀다.

정답 51 ③ 52 ④ 53 ② 54 ④

55 CSG(Constructive Solid Geometry) 모델링에 사용되는 프리미티브(Primitive)로 적합하지 않은 것은?

① 구
② 직 선
③ 원 통
④ 사각블록

해설
3차원 솔리드 모델링에서 사용되는 기본 입체(Primitive) 형상
• 구(Sphere)
• 관(Pipe)
• 원통(Cylinder)
• 원추(원뿔, Cone)
• 육면체(Cube)
• 사각블록(Box)
※ 프리미티브(Primitive) : 초기의, 원시적인 단계를 의미하는 것으로 프로그램을 다루는데 가장 기본적인 기하학적 물체를 의미한다. 이 기본 입체에 직선은 포함되지 않는다.

56 곡면을 변형시키지 않고 펼쳐서 평면으로 만들 수 있는 것을 전개가능곡면(Developable Surface)라 하는데, 다음 중 전개가능곡면이 아닌 것은?

① 압연(Ruled) 곡면
② 원통(Cylinder) 곡면
③ 쿤스(Coons) 곡면
④ 선형(Bilinear) 곡면

해설
쿤스(Coons) 곡면은 곡면 모델링 방식 중 네 개의 경계곡선을 선형 보간하여 형성되는 곡면으로 전개가능곡면과는 거리가 멀다.

57 형상 모델링에서 와이어 프레임 모델링에 대한 설명이 아닌 것은?

① 처리속도가 빠르다.
② 단면도 작성이 용이하다.
③ 데이터의 구성이 간단하다.
④ 모델 작성을 쉽게 할 수 있다.

해설
와이어 프레임 모델링으로는 단면도의 작성이 불가능하다.

58 2차원 데이터 변환 행렬로서 X축에 대한 대칭의 결과를 얻기 위한 변환으로 옳은 것은?

① $\begin{bmatrix} 1 & 0 & 0 \\ 0 & 1 & 0 \\ 0 & 1 & 0 \end{bmatrix}$
② $\begin{bmatrix} -1 & 0 & 0 \\ 0 & 1 & 0 \\ 0 & 0 & 1 \end{bmatrix}$
③ $\begin{bmatrix} 1 & 0 & 0 \\ 0 & -1 & 0 \\ 0 & 0 & 1 \end{bmatrix}$
④ $\begin{bmatrix} -1 & 0 & 0 \\ 0 & 1 & 0 \\ 0 & 1 & 0 \end{bmatrix}$

해설
X축에 대한 대칭의 결과를 얻기 위해서는 다음 표에서 a, d, s의 위치에 ③번과 같이 표시되어야 한다.
$[x'\ y'\ 1] = [x\ y\ 1] \begin{bmatrix} a & b & p \\ c & d & q \\ m & n & s \end{bmatrix}$
• a, b, c, d는 회전, 전단 및 스케일링에 관계된다.
• m, n은 이동에 관계된다.
• p, q는 투영에 관계된다.
• s는 전체적인 스케일링에 관계된다.

정답 55 ② 56 ③ 57 ② 58 ③

59 형상 모델링과 가장 관계가 깊은 것은?

① 스위핑(Sweeping)
② 만남조건(Mating Condition)
③ 제품구조(Product Structure)
④ 인스턴스정보(Instancing Information)

해설
스위핑(Sweeping) : 2차원 도형을 미리 정해진 선의 궤적을 따라 이동시키거나 임의의 회전축을 중심으로 회전시켜 입체를 생성 및 형상을 모델링하는 방법

60 xy좌표계의 원점에서 xy평면에 수직인 직선을 z축으로 잡은 좌표계의 형식을 올바르게 표현한 것은?

① (θ, ϕ, z)
② (r, θ, z)
③ (x, y, z)
④ (r, ϕ, z)

해설
xy좌표계의 원점에서 xy평면에 수직인 직선을 z축으로 잡은 좌표계 $= P(x, y, z)$

제4과목 | 기계제도 및 CNC공작법

61 그림은 어느 기어를 도시한 것인가?

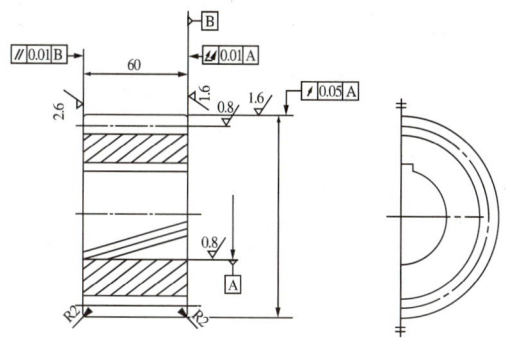

① 스퍼 기어
② 헬리컬 기어
③ 직선베벨 기어
④ 웜 기어

해설
헬리컬 기어의 잇줄 방향은 통상 3개의 가는 실선으로 그린다.

62 KS 재료기호 중 드로잉용 냉간압연 강판 및 강대에 해당하는 것은?

① SCCD
② SPCC
③ SPHD
④ SPCD

해설
SPCD는 "드로잉용 냉간압연 강판 및 강대"를 나타내는 KS 재료기호이다.
② SPCC : 냉간압연 강판 및 강대(일반용)
③ SPHD : 열간압연 연강판 및 강대(드로잉용)

정답 59 ① 60 ③ 61 ② 62 ④

63 어떤 치수가 $50^{+0.035}_{-0.012}$일 때 치수공차는 얼마인가?

① 0.013
② 0.023
③ 0.047
④ 0.012

해설
치수공차(공차)
= 최대 허용한계치수 - 최소 허용한계치수
= 50.035 - 49.988 = 0.047

64 도면과 같은 물체의 비중이 8일 때, 이 물체의 질량은 약 몇 kg인가?

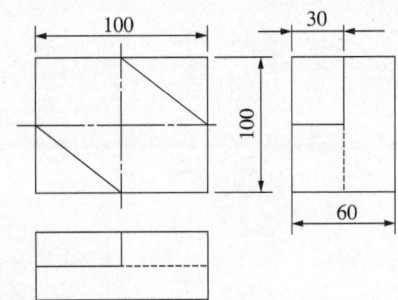

① 3.5
② 4.2
③ 4.8
④ 5.4

해설
비중=8g/cm³이며, 도면에는 mm 단위로 표시되기 때문에 사각면체의 전체부피의 계산식은
"100×100×60"대신 "10×10×6"으로 계산하여야 한다.
∴ 계산식=(사각면체 전체부피×8× $\frac{3}{4}$)
　　　　+(사각면체 전체부피×8× $\frac{1}{4}$ × $\frac{1}{2}$)=4.2kg

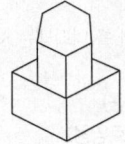

65 대칭인 물체의 중심선을 기준으로 내부모양과 외부모양을 동시에 표시하여 나타내는 단면도는?

① 부분 단면도
② 한쪽 단면도
③ 조합에 의한 단면도
④ 회전도시 단면도

해설
한쪽 단면도(반단면도)

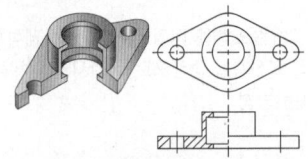

• 반단면도라고도 한다.
• 절단면을 전체의 반만 설치하여 단면도를 얻는다.
• 상하 또는 좌우가 대칭인 물체를 중심선을 기준으로 1/4 절단하여 내부 모양과 외부 모양을 동시에 표시하는 방법이다.

66 다음과 같이 표면의 결 도시기호가 나타났을 때, 이에 대한 해석으로 틀린 것은?

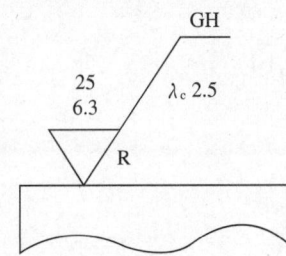

① 가공방법은 연삭가공
② 컷오프 값은 2.5mm
③ 거칠기 하한은 6.3μm
④ 가공에 의한 컷의 줄무늬가 기호를 기입한 면의 중심에 대하여 거의 방사 모양

해설
① 표면의 결 도시기호에서 "GH"가 의미하는 가공방법은 "호닝가공"이다.
표면의 결 도시기호

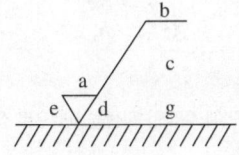

a : 중심선 평균 거칠기값
b : 가공방법
c : 컷 오프값
d : 줄무늬 방향 기호
e : 다듬질 여유
g : 표면 파상도

정답 63 ③　64 ②　65 ②　66 ①

67 구름 베어링의 기호 중 "NF 307" 베어링의 안지름은 몇 mm인가?

① 7
② 10
③ 30
④ 35

해설
NF 307은 원통형 롤러베어링으로 안지름을 나타내는 것은 07로써, 여기에 5를 곱하면 07×5 = 35mm임을 알 수 있다.

69 다음 나사 기호 중 관용나사의 기호가 아닌 것은?

① TW
② PT
③ R
④ PS

해설
① TW는 관용나사의 표현이 아니다.
나사의 종류 및 기호

구 분	나사의 종류		종류 기호
ISO 표준에 있는 것	미터 보통 나사		M
	미터 가는 나사		
	유니파이 보통 나사		UNC
	유니파이 가는 나사		UNF
	미터 사다리꼴 나사		Tr
	미니추어 나사		S
	관용 테이퍼 나사	테이퍼 수나사	R
		테이퍼 암나사	Rc
		평행 암나사	Rp
ISO 표준에 없는 것	30° 사다리꼴 나사		TM
	관용 평행 나사		G / PF
	관용 테이퍼 나사	테이퍼 나사	PT
		평행 암나사	PS
특수용	전구 나사		E
	미싱 나사		SM
	자전거 나사		BC

68 구멍 기준식(H7) 끼워맞춤에서 조립되는 축의 끼워맞춤 공차가 다음과 같을 때, 억지 끼워맞춤에 해당되는 것은?

① p6
② h6
③ g6
④ f6

해설
끼워맞춤 공차에서 끼워맞춤 형태에 따라 소문자가 달라지는데 억지 끼워맞춤은 p를 사용하며 뒤에 숫자는 등급을 나타낸다.
구멍기준식 축의 끼워맞춤

헐거운 끼워맞춤	중간 끼워맞춤	억지 끼워맞춤
b, c, d, e, f, g, h	js, k, m, n	p, r, s, t, u, x

정답 67 ④ 68 ① 69 ①

70 치수 보조 기호의 설명으로 틀린 것은?

① R15 : 반지름 15
② t15 : 판의 두께 15
③ (15) : 비례척이 아닌 치수 15
④ SR15 : 구의 반지름 15

해설
③ (15)는 없어도 상관없으나 계산하지 않고 바로 치수를 확인할 수 있는 참고 치수를 의미한다.

치수 보조 기호의 종류

기 호	구 분
φ	지 름
Sφ	구의 지름
R	반지름
SR	구의 반지름
□	정사각형
C	45° 모따기
t	두 께
p	피 치
⌒50	호의 길이
50	비례척도가 아닌 치수
50	이론적으로 정확한 치수
(50)	참고 치수
~~50~~	치수의 취소(수정 시 사용)

71 CNC 프로그램의 구성에 관한 설명으로 틀린 것은?

① 일련의 블록(Block)으로 구성된다.
② 한 블록은 몇 개의 워드(Word)로 구성된다.
③ 워드는 주소(Address)와 수치로 구성된다.
④ 블록과 블록은 EOB로 구분되며 기호는 ":" 또는 "/"로 표시한다.

해설
CNC 프로그램에서 블록과 블록은 EOB로 구분되며, 그 기호는 ";"로 표시한다. "/"표시는 표시된 블록을 무시하고 가공하라는 의미로 사용된다.

72 1,500rpm으로 회전하는 스핀들에서 3회전 휴지를 주려고 한다면 정지시간은 얼마인가?

① 0.012초 ② 0.12초
③ 1.2초   ④ 12초

해설
일시 정지시간(s)

$s = \dfrac{60}{\text{분당 주축 회전수(rpm)}} \times \text{정지시키려는 회전수}$

$\therefore s = \dfrac{60}{1,500} \times 3 = 0.12$

73 머시닝센터 프로그램에서 각 주소(Address)와 그 기능이 틀린 것은?

① G : 보조기능
② L : 반복 횟수
③ X, Y, Z : 좌표어
④ N : 전개(Sequence)번호

해설
주소(Address)들 중에서 "G"는 준비기능이며, 보조기능은 "M"을 사용한다.
CNC 프로그램에서 주소(Address)의 의미

기 능	주 소	의 미
프로그램번호	O	프로그램 인식번호
Block 전개번호	N	시퀀스 번호(작업순서)
준비기능	G	이동형태 지령(직선, 원호보간)
이송기능	F, E	이송속도 및 나사의 리드
주축기능	S	주축 속도 및 회전수 지령
공구기능	T	공구번호 및 공구 보정번호 지령
보조기능	M	기계작동 부위의 ON/OFF 제어
휴지기능(드웰)	P, U, X	휴지시간(잠시멈춤, Dwell) 지령
좌표계	X, Y, Z	각축의 이동위치 지정(절대방식)
	U, V, W	각축의 이동거리와 방향지정(증분방식)
	A, B, C	부가축의 이동 명령
	I, J, K	증분의 형태로 이동시키는 지령, 원호의 시점에서 원호의 중심점까지의 거리(벡터량)
	R	원호 반지름, 구석, 모서리R
프로그램번호 지정	P	보조프로그램 호출번호 지정
명령절 전개 번호 지정	P, Q	복합 고정 사이클에서 시작과 종료 번호
반복 횟수	L	보조프로그램의 반복 횟수
매개변수 (파라미터)	A	각 도
	D, I, K	절입량
	D	횟 수

74 다음 머시닝센터 프로그램에서 N05 블록의 가공 시간(min)은 약 얼마인가?

```
N01 G80 G40 G49 G17;
N02 T01 M06;
N03 G00 G90 X100. Y100.;
N04 G01 X200. F150;
N05 X300. Y200.;
```

① 0.94 ② 1.49
③ 2.35 ④ 3.72

해설
F150 = 150mm/min이므로 이를 비례식으로 풀면,
150mm : 1min = 141mm : x min
150mm × x min = 141mm × 1min
$150x = 141$
∴ $x = 0.94$ min

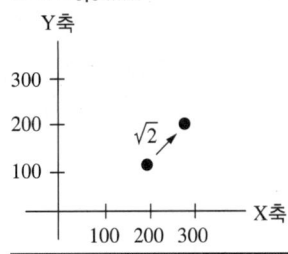

지령절	지령내용
N01 G80 G40 G49 G17;	G80(고정사이클 취소), G40(공구지름 보정 취소), G49(공구길이 보정 취소), G17(X-Y평면 지정)
N02 T01 M06;	1번 공구로(T01) 공구교환(M06)
N03 G00 G90 X100. Y100.;	X100, Y100 위치로 절대지령(G90)을 통해 급속이송(G00)
N04 G01 X200. F150;	X200 위치로 150mm/min의 속도로 직선이송(G01) 함
N05 X300. Y200.;	X300, Y200위치로 직선이송(G01)

75 다음과 같은 ISO 선삭용 인서트의 형번 표기법(ISO)에서 노즈(Nose) "R"의 크기는 얼마인가?

```
TNMG120408B
```

① 1R　　② 2R
③ 0.4R　④ 0.8R

해설
④ ISO 선삭용 인서트의 규격(형번) 표기 중에서 노즈 반지름(R)의 표기는 "0.8R"이다.

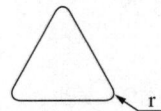

[노즈반지름]

ISO 선삭용 인서트의 규격 표기법

T	N	M	G
인서트 팁 형상	인서트 팁 여유각	공 차	단면형상
16	04	08	B25
절삭날 (인선)길이	절삭날 (인선)높이	날끝(노즈) 반지름	칩브레이커 형상

76 머시닝센터에서 스핀들 알람(Spindle Alarm)의 일반적인 원인과 가장 관련이 적은 것은?

① 공기압 부족
② 주축 모터의 과열
③ 주축 모터의 과부하
④ 주축 모터에 과전류 공급

해설
① 머시닝센터에서 스핀들 알람(Spindle Alarm)의 일반적인 원인은 주축모터의 과열, 과부하, 과전류 공급으로 공기압 부족과는 거리가 멀다.

CNC 공작기계에서 일반적으로 발생하는 알람

알람내용	원 인	해 제
EMERGENCY STOP SWITCH ON	비상정지 스위치 ON	비상정지 스위치를 화살표 방향으로 돌려 해제
LUBR TANK LEVEL LOW ALARM	습동유 부족	습동유 부착 (제작사 지정품만 사용)
THERMAL OVERLOAD TRIP ALARM	과부하	원인 조치 후 OVERLOAD 스위치 누름
TORQUE LIMIT ALARM	충돌로 인한 안전핀 파손	제조사 A/S 연락
P/S ALARM	프로그램 오류로 인한 알람	알람일람표에 따라 프로그램수정
OT ALARM	CNC 가공 중 금지영역을 침범했을 때	이송축을 안전 위치로 MANUAL 이송
SPINDLE ALARM	주축 모터의 과열, 과부하, 과전류 공급	알람 해제 후 전원 재인가, 제조사 A/S 연락
AIR PRESSURE ALARM	공기압 부족	공기압을 높임

77 머시닝센터에서 G21 지령 시 축의 이동단위로 옳은 것은?

① deg ② inch
③ mm ④ del

해설
CNC 선반이나 머시닝센터와 같은 자동화설비에서 공구가 부착되는 축의 이동단위는 모두 mm를 사용한다.

78 와이어 컷 방전가공에서 세컨드 컷(Second Cut)을 실시함으로써 얻을 수 있는 주된 효과는?

① 와이어를 절약할 수 있다.
② 가공속도를 조절할 수 있다.
③ 다이 형상의 돌기부분을 제거할 수 있다.
④ 이온교환수지의 수명을 연장한다.

해설
③ 와이어 컷 방전가공에서 2차 가공인 세컨드 컷은 다이 형상의 돌기 부분을 제거함으로써 표면의 진직 정도를 향상시킬 수 있다.
와이어 컷 방전가공에서 2차(세컨드 컷) 가공의 목적
• 표면 거칠기 향상
• 다이 형상에서의 돌기부분을 제거
• 면조도의 향상과 가공면의 연화층 제거
• 1차 가공 후 다듬질 여유분 가공
• 가공물의 내부 응력 제거(개방) 후 형상 수정
• 코너부의 형상 에러 수정 및 가공면의 진직 정도의 수정

79 보간연산방식 중 X방향, Y방향으로의 움직임을 한정하여 단계적으로 곡선의 좌우를 차례차례 접근하는 방식은?

① MIT방식
② 대수연산방식
③ DDA방식
④ 최소편차방식

해설
CNC 공작기계에서 보간 시 펄스분배방식의 종류
• DDA(Digital Differential Analyzer) 방식 : 직선 보간에 우수한 성능을 보이며 현재 많이 사용된다.
• 대수연산방식 : 보간연산방식 중 X축과 Y축 방향으로 움직임을 한정하고 단계적(계단식)으로 이동하여 곡선의 좌우를 차례차례 움직여서 접근하는 방식으로 원호보간에 우수하다.
• MIT방식 : X축과 Y축의 이동을 균일하게 하기 위하여 양쪽으로 적당한 시간 간격으로 펄스를 발생시켜 직선으로 움직이면서 근사시키는 방법으로 2차원과 2.5차원의 보간은 가능하나 3차원 보간은 불가능하다.

80 CNC 공작기계에서 백래시를 줄이고 운동저항을 작게 하기 위하여 사용되는 요소는?

① 리졸버 ② 볼스크루
③ 서보모터 ④ 컨트롤러

해설
② 볼스크루 : CNC 공작기계에서 서보 모터의 회전력을 테이블의 직선운동으로 바꾸어 주는 기구로서 백래시(Backlash)를 줄이고 운동저항을 작게 하기 위하여 사용되는 기계요소
① 리졸버 : CNC 공작기계의 움직임을 전기적인 신호로 속도와 위치를 표시하는 일종의 회전형 피드백 장치
③ 서보모터 : 서보기구의 조작부로서 제어신호에 의하여 부하를 구동하는 동력원의 총칭
④ 컨트롤러 : 제어란 의미로서 기계나 전기 등 모든 제어기기에 사용되나 대표적으로는 전동기의 운전, 정지, 속도 등을 조정하는 제어기기

2014년 제4회 과년도 기출문제

제1과목 | 기계가공법 및 안전관리

01 제품의 치수가 공차 내에 있는지 없는지를 간단히 검사할 수 있는 게이지는?

① 틈새 게이지
② 한계 게이지
③ 측장기
④ 블록 게이지

[해설]
② 한계 게이지 : 제품의 치수가 공차범위 이내에 들어오는지를 간단하게 검사할 수 있는 측정기이다.
① 틈새 게이지 : 작은 틈새의 간극 점검과 측정에 사용되는 측정기로 간극 또는 필러 게이지라고도 불린다. 폭이 약 12mm, 길이가 약 65mm의 서로 다른 두께의 강편에 각각의 두께가 표시되어 있다.
③ 측장기 : 본체에 표준척을 갖고 있으며 이 표준척으로 길이가 긴 측정물의 치수를 직접 읽을 수 있다. 정밀도가 매우 높은 측정이 가능하고 측정하는 범위도 크다.
④ 블록 게이지 : 길이 측정의 표준이 되는 게이지로 공장용 게이지들 중에서 가장 정확하다. 개개의 블록 게이지를 밀착시킴으로써 그들 호칭치수의 합이 되는 새로운 치수를 얻을 수 있다.

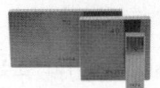

02 선반의 척(Chuck)에 해당되지 않는 것은?

① 헬리컬 척
② 콜릿 척
③ 마그네틱 척
④ 연동 척

[해설]
선반에 사용하는 척(Chuck)의 종류에 헬리컬 척은 존재하지 않는다.

03 모듈 2, 잇수 27, 비틀림각 15°의 치직각방식의 헬리컬기어를 제작하고자 한다. 기어의 바깥지름은 약 몇 mm로 가공해야 되는가?

① 50
② 55
③ 60
④ 65

[해설]
헬리컬 기어의 바깥지름(D_0)

$$D_0 = D_s + 2m_n = \left(\frac{Z_s}{\cos\beta}+2\right)\times m_n$$

여기서, D_s : 피치원 지름
m_n : 축직각 모듈
β : 비틀림각
Z_s : 잇수

$$D_0 = \left(\frac{27}{\cos 15°}+2\right)\times 2$$
$$= 59.9\text{mm}$$
$$≒ 60\text{mm}$$

04 센터리스 연삭기에 없는 부품은?

① 연삭숫돌 ② 조정숫돌
③ 양센터   ④ 일감지지판

해설
센터리스 연삭기는 센터를 지지하지 않고 가공하는 연삭법이므로 그 부속품에 양센터는 포함되지 않는다.
센터리스 연삭기의 종류

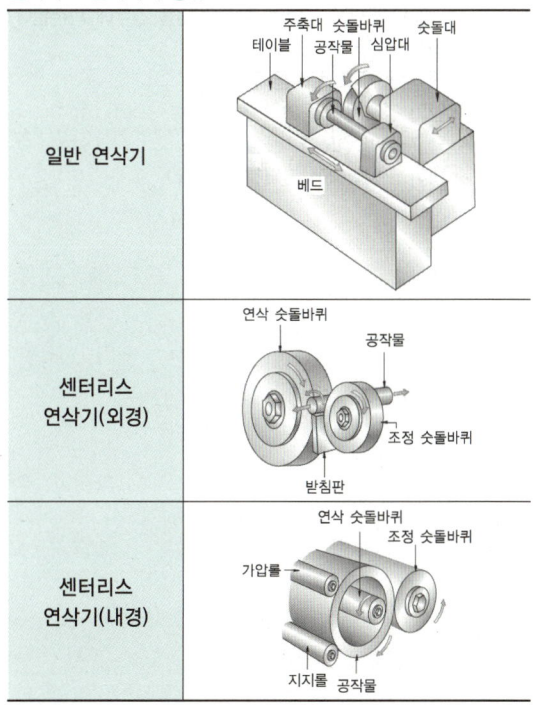

※ 센터리스 연삭기 : 가늘고 긴 원통형의 공작물을 센터나 척으로 고정하지 않고 바깥지름이나 안지름을 연삭하는 가공방법으로, 연삭숫돌바퀴, 조정 숫돌바퀴, 받침날의 3요소가 공작물의 위치를 유지한 상태에서 연삭숫돌바퀴로 공작물을 연삭하는 공작기계

05 특수공구 재료인 다이아몬드의 일반적인 성질 중 가장 거리가 먼 것은?

① 강에 비해서 열팽창이 크다.
② 장시간 고속절삭이 가능하다.
③ 금속에 대한 마찰계수 및 마모율이 적다.
④ 알려져 있는 물질 중에서 가장 경도가 크다.

해설
다이아몬드는 일반적으로 강에 비해 열팽창이 크지 않아서 장시간의 고속절삭도 가능하다.

06 호닝가공의 특징이 아닌 것은?

① 발열이 크고 경제적인 정밀가공이 가능하다.
② 전(前) 가공에서 발생한 진직도, 진원도, 테이퍼 등에 발생한 오차를 수정할 수 있다.
③ 표면 거칠기를 좋게 할 수 있다.
④ 정밀한 치수로 가공할 수 있다.

해설
호닝가공은 발열이 적고 경제적인 정밀가공이 가능하다.
호닝가공의 특징
• 표면 거칠기를 좋게 한다.
• 정밀한 치수로 가공할 수 있다.
• 발열이 적고 경제적인 정밀가공이 가능하다.
• 전 가공에서 발생한 진직도, 진원도, 테이퍼 등에 발생한 오차를 수정할 수 있다.

07 선반가공에서 길이가 지름의 20배가 넘는 환봉을 절삭할 때 진동을 방지하기 위해 사용하는 부속장치는?

① 맨드릴   ② 돌리개
③ 방진구   ④ 돌림판

해설
방진구
선반작업에서 공작물의 지름보다 20배 이상의 가늘고 긴 공작물(환봉)을 가공할 때 공작물이 휘거나 떨리는 현상인 진동을 방지하기 위해 베드 위에 설치하여 공작물을 받쳐주는 부속장치이다. 단, 이동식 방진구는 왕복대(새들) 위에 설치한다.

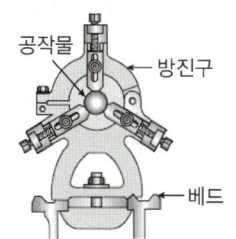 

08 다이얼 게이지의 특징이 아닌 것은?
① 측정범위가 좁고 직접제품의 치수를 읽을 수 있다.
② 소형, 경량으로 취급이 용이하다.
③ 눈금과 지침에 의해서 읽기 때문에 오차가 작다.
④ 연속된 변위량의 측정이 가능하다.

해설
① 측정범위가 넓고 직접치수를 읽을 수는 없다.
다이얼 게이지의 특징
- 측정범위가 넓다.
- 연속된 변위량의 측정이 가능하다.
- 다원측정의 검출기로서 이용할 수 있다.
- 눈금과 지침에 의해서 읽기 때문에 오차가 작다.
- 비교측정기에 속하므로 직접치수를 읽을 수는 없다.
※ 다이얼 게이지 : 측정자의 직선 또는 원호 운동을 기계적으로 확대하여 그 움직임을 지침의 회전 변위로 변환시켜 눈금을 읽을 수 있는 측정기

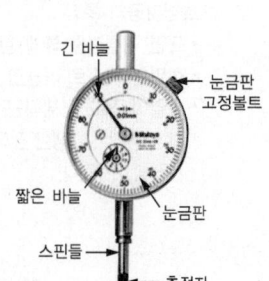

09 일반적인 블록 게이지 조합의 종류가 아닌 것은?
① 12개조   ② 32개조
③ 76개조   ④ 103개조

해설
블록 게이지 조합의 종류
9개조, 32개조, 76개조, 103개조

10 탭(Tap) 작업에서 탭의 파손원인이 아닌 것은?
① 소재보다 탭의 경도가 클 때
② 너무 무리하게 힘을 가했을 때
③ 구멍이 너무 작거나 구부러졌을 때
④ 막힌 구멍의 밑바닥에 탭의 선단이 닿았을 때

해설
① 탭은 소재보다 탭의 경도가 낮을 경우에 파손된다.
탭의 파손원인
- 탭 가공 속도가 빠른 경우
- 탭이 경사지게 들어간 경우
- 탭 재질의 경도가 낮을 경우
- 탭이 구멍바닥에 부딪쳤을 경우

11 밀링에서 하향절삭과 비교한 상향절삭 작업에 대한 설명 중 틀린 것은?
① 표면 거칠기가 좋다.
② 강성이 낮아도 무방하다.
③ 절삭 공구를 위로 들어 올리는 힘이 작용한다.
④ 백래시를 제거하지 않아도 된다.

해설
① 상향절삭은 하향절삭에 비해 표면 거칠기가 좋지 못하다.

12 브라운 샤프형 분할판의 구멍수가 아닌 것은?

① 15
② 19
③ 23
④ 30

[해설]
④ 단식분할법에 사용되는 브라운 샤프형 분할판의 구멍수에 30개는 존재하지 않는다.

단식분할법에 사용되는 분할판의 구멍수

형 식	분 류	구멍수
브라운 샤프형 (Brown & Sharp)	No1	15~20
	No2	21, 23, 27, 29, 31, 33
	No3	37, 39, 41, 43, 47, 49
신시내티형 (Cincinnati)	전 면	24, 25, 28, 30, 34, 37, 38, 39, 41, 42, 43
	뒷 면	46, 47, 51, 53, 54, 57, 58, 59, 62, 66

13 일반 연삭은 연삭 깊이가 매우 적은데 비해 한 번에 연삭 깊이를 크게 하여 가공하는 연삭은?

① 성형 연삭
② 고속 연삭
③ 그립피드 연삭
④ 자기 연삭

[해설]
크립피드 연삭(Creep Feed Grinding)
기존 평면 연삭법에 비해 절삭 깊이를 크게 하고 1회에서 수번의 테이블 이송으로 연삭 다듬질 하는 방법으로, 숫돌형상의 변화가 적고 연삭능률이 높아서 성형 연삭에 주로 응용된다.
※ 기출 시험지상에 그립피드 연삭으로 나와 있으나 정식 명칭은 크립피드 연삭(Creep Feed Grinding)이다.

14 밀링커터의 종류 중 자유곡면 가공에 가장 적합한 것은?

① 각 밀링커터(Angle Milling Cutter)
② 정면 밀링커터(Face Milling Cutter)
③ 볼 엔드밀(Ball End Mill)
④ T홈 밀링커터(T-slot Milling Cutter)

[해설]
밀링커터 중 자유곡면의 가공에 사용되는 것은 볼 엔드밀 공구이다.

15 연삭숫돌의 결합제와 기호를 짝지은 것이 잘못된 것은?

① 고무 - R
② 셸락 - E
③ 비닐 - PVA
④ 레지노이드 - L

[해설]
④ 레지노이드는 "B"기호를 사용한다.

연삭숫돌의 결합제 및 기호

결합제 종류		기 호
레지노이드	Resinoid	B
비트리파이드	Vitrified	V
고 무	Rubber	R
비 닐	Poly Vinyl Alcohol	PVA
셸락(천연수지)	Shellac	E
금 속	Metal	M
실리케이트	Silicate	S

16 드릴의 회전수 600rpm, 이송속도 0.1mm/rev, 드릴의 원추 높이 3mm, 구멍의 깊이가 17mm일 경우 구멍을 가공하는데 소요되는 시간은 약 몇 초인가?

① 50　　　　　② 40
③ 30　　　　　④ 20

해설
드릴 작업으로 구멍을 뚫는데 걸리는 시간(T)
$$T = \frac{t+h}{ns} = \frac{\pi D(t+h)}{1,000vf} \text{(min)}$$
여기서, t : 구멍의 깊이(mm)
　　　　s : 1회전 시 이동 거리(mm/rev)
　　　　h : 드릴 끝 원뿔의 높이(mm)
　　　　v : 절삭속도(m/min)
　　　　f : 드릴의 이송속도(mm/rev)
$$\therefore T = \frac{17+3}{\frac{600}{60} \times 0.1} = \frac{20}{1} = 20s$$

17 두께가 얇은 가공물 여러 개를 한번에 너트로 고정하여 가공할 때, 사용하기에 편리한 맨드릴은?

① 팽창 맨드릴　　② 갱 맨드릴
③ 테이퍼 맨드릴　④ 조립식 맨드릴

해설
갱 맨드릴은 두께가 얇은 가공물 여러 개를 한 번에 너트로 고정하여 가공할 때 사용하기 편리하다.

18 공구마멸 중에서 공구날의 윗면이 칩의 마찰로 오목하게 파여지는 현상을 무엇이라 하는가?

① 구성인선　　② 크레이터 마모
③ 프랭크 마모　④ 칩 브레이커

해설
② 크레이터 마모는 공구 날의 윗면이 칩의 마찰로 인해 오목하게 파이는 현상이다.

선반용 바이트 공구의 마멸 형태

종류	특징	형상
경사면 마멸 (크레이터 마멸)	• 주로 유동형 칩이 공구 경사면 위를 미끄러질 때 공구의 윗면에 오목하게 파여진 부분이 생기는 현상 • 공구 경사각을 크게 하면 칩이 공구날 윗면을 누르는 압력이 작아지므로 경사면 마멸의 발생과 성장을 줄일 수 있다.	경사면 마멸 여유면 마멸
여유면 마멸 (플랭크 마멸)	• 공구의 여유면이 절삭면에 평행하게 마멸되는 현상 • 공구의 여유면과 절삭면 사이에 마찰이 일어나 발생하는 것으로 주로 주철과 같이 취성이 있는 재료 절삭 시 발생한다.	
치 핑	• 경도가 매우 높고 인성이 작은 공구를 사용할 때, 공구의 날이 모서리를 따라 작은 조각으로 떨어져 나가는 현상 • 절삭작업에서 충격에 의해 급속히 공구인선이 파손된다.	치 핑

19 마이크로미터의 측정면의 평면도를 검사하는데 이용되는 정밀한 기구는?
① 광선정반
② 공구 현미경
③ 하이트 마이크로미터
④ 투영기

해설
광선정반은 정밀도가 매우 높은 측정기로서 마이크로미터 측정면의 평면도를 검사할 수 있다.

20 나사의 유효지름 측정과 관계없는 것은?
① 삼침법
② 공구 현미경
③ 나사 마이크로미터
④ 전기 마이크로미터

해설
전기 마이크로미터로는 나사의 유효지름을 측정할 수 없다.

제2과목 | 기계설계 및 기계재료

21 Al 합금에 첨가하는 원소 중 내식성을 해치지 않고, 강도를 개선하는 원소가 아닌 것은?
① Cr
② Si
③ Mn
④ Mg

해설
Al에 Cr을 첨가하면 입계부식을 일으키기 때문에 내식성을 해친다.

22 Si, Ge의 원소계열은?
① 비금속원소
② 금속원소
③ 준금속원소
④ 비철금속원소

해설
Si(실리콘)과 Ge(게르마늄)은 준금속원소에 속한다.

23 주철을 신소재로 도약시킨 ADI 주철의 열처리 방법은?
① 마퀜칭
② 마템퍼링
③ 오스포밍
④ 오스템퍼링

해설
ADI(Austempered Ductile Iron) 주철
구상흑연주철을 항온열처리법인 오스템퍼링 처리시킨 주철로서 재질을 강화시킨 재료

정답 19 ① 20 ④ 21 ① 22 ③ 23 ④

24 고속도강으로 금형을 장시간 사용할 때 일어나는 시효변화를 억제하는 방법은?

① 담금질 처리를 2회 이상 한다.
② 뜨임 처리를 3회 이상 반복한다.
③ 풀림 처리를 2회 이상 반복한다.
④ 마텐자이트를 오스테나이트화한다.

해설
고속도강에서 나타나는 시효변화를 억제하기 위해서는 뜨임 처리를 3회 이상 반복함으로써 잔류응력을 제거해야 한다.

25 Fe-Fe$_3$C 상태도에는 몇 개의 고상이 있는가?

① 3개 ② 4개
③ 5개 ④ 6개

해설
Fe-Fe3C 상태도에 있는 고상의 종류
- 펄라이트
- 페라이트
- 시멘타이트
- 오스테나이트

26 탄소공구강(STC3)의 금속조직학적 분류로 옳은 것은?

① 공석강 ② 아공석강
③ 과공석강 ④ 공정주철

해설
탄소공구강(STC)은 탄소함유량이 0.6~1.5%이므로 금속조직학적으로 과공석강에 속한다. 과공석강은 순철에 탄소함유량이 0.8~2.0% 합금된 강을 말한다.
③ 과공석강 : 순철에 C가 0.8~2% 합금된 강
① 공석강 : 순철에 C가 0.8% 합금된 강
② 아공석강 : 순철에 C가 0.8% 이하로 합금된 강
④ 공정주철 : 순철에 C가 4.5% 합금된 주철

27 황동에 납(Pb)을 첨가하여 절삭성을 향상시킨 것은?

① 톰 백 ② 강력황동
③ 쾌삭황동 ④ 문쯔메탈

해설
③ 쾌삭황동 : 황동에 Pb(납)을 0.5~3% 합금한 것으로 절삭성을 향상시킨 재료이다.
① 톰백 : Cu에 Zn을 8~20% 합금한 것으로 색깔이 아름다워 주로 장식용 재료로 되며 냉간가공이 쉽게 되어 단추나 금박, 금 모조품으로도 사용되는 황동의 일종이다.
④ 문쯔메탈 : 60%의 Cu(구리)와 40%의 Zn(아연)이 합금된 것으로 인장강도가 최대이며, 강도가 필요한 단조 제품이나 볼트, 리벳의 재료로 사용한다.

28 오스테나이트계 스테인리스강은?

① HP 40
② 18% Cr – 8% Ni
③ 18% Ni – 8% Cr
④ 22% Cr – 0.12% C

해설
스테인리스강의 분류

구 분	종 류	주요성분	자 성
Cr계	페라이트계 스테인리스강	Fe + Cr 12% 이상	자성체
	마텐자이트계 스테인리스강	Fe + Cr 13%	자성체
Cr + Ni계	오스테나이트계 스테인리스강	Fe + Cr 18% + Ni 8%	비자성체
	석출경화계 스테인리스강	Fe + Cr + Ni	비자성체

※ 스테인리스강 : 대표적으로 철에 Cr–12% 이상을 첨가하여 녹이 잘 발생하지 않도록 만들어진 특수강으로 오스테나이트계 18–8형 스테인리스강은 Cr(크롬)–18%와 Ni(니켈)–8%가 일반강에 합금된 재료로 대표적인 스테인리스강 중에 하나이다.

29 액체 침탄제로 사용되는 것은?

① KCN
② NH_3
③ CH_4
④ C_3H_8

해설
액체 침탄법에서 침탄제로 사용되는 것은 KCN과 NaCN이다.

	고체 침탄법	목탄, 코크스, 골탄
침탄법	액체 침탄법	KCN(사이안화칼륨), NaCN(사이안화나트륨)
	가스 침탄법	메탄, 에탄, 프로판

30 기계구조용 탄소강의 기호는?

① SM20C
② SPS3
③ STC3
④ GC200

해설
① SM : 기계구조용 탄소강재
② SPS : 스프링용강
③ STC : 탄소공구강
④ GC : 회주철품

31 정(Chisel) 등의 공구를 사용하여 리벳머리의 주위와 강판의 가장자리를 두드리는 작업을 코킹(Caulking)이라 하는데, 이러한 작업을 실시하는 목적으로 적절한 것은?

① 리베팅 작업에 있어서 강판의 강도를 크게 하기 위하여
② 리베팅 작업에 있어서 기밀을 유지하기 위하여
③ 리베팅 작업 중 파손된 부분을 수정하기 위하여
④ 리벳이 들어갈 구멍을 뚫기 위하여

해설
코킹작업을 하는 이유는 리베팅된 강판의 가장자리를 두드림으로써 기밀(공기의 밀폐)을 유지하기 위함이다.

32 작은 기어의 잇수가 50, 비틀림각이 20°인 헬리컬 기어의 상당평기어의 잇수는 약 몇 개인가?

① 40
② 50
③ 60
④ 70

해설
헬리컬 기어에서 상당평기어(Z_e) 잇수

$$Z_e = \frac{Z}{(\cos\beta)^3}$$

$$\therefore Z_e = \frac{50}{(\cos 20)^3} ≒ 60.26$$

33 구름베어링에서 전동체의 원둘레에 고르게 배치하여 전동체가 몰리지 않고 일정한 간격을 유지할 수 있게 하여 전동체의 접촉에 의한 마찰을 방지하는 역할을 하는 것은?

① 리테이너
② 내 륜
③ 저 널
④ 실드 플레이트

해설
베어링의 구조
구름베어링에서 리테이너의 역할은 전동체의 원둘레에 고르게 배치하여 전동체가 몰리지 않고 일정한 간격을 유지하게 하며 전동체들 간에 접촉에 의한 마멸을 방지하는 기능을 한다.

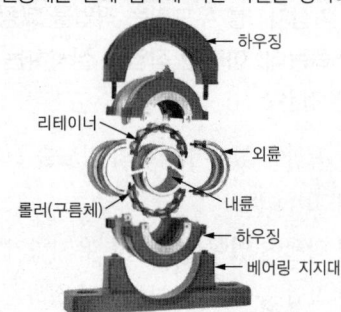

34 인장 및 압축의 선형 스프링에서 스프링에 작용하는 힘을 P, 마찰계수를 μ, 비틀림각을 θ, 변위량을 δ라 할 때 스프링 상수 k를 구하는 식은?

① $k = \mu P \delta$
② $k = \dfrac{\delta}{P}$
③ $k = \dfrac{P}{\delta}$
④ $k = \mu \theta \delta$

해설
스프링 상수(k)
$k = \dfrac{W(하중)}{\delta(코일의\ 처짐량)} = \dfrac{P(작용\ 힘)}{\delta(코일의\ 처짐량)}$ (N/mm)

35 지름 7cm의 중실축과 비틀림 강도(强度)가 같고, 내·외경비가 0.8인 중공축의 바깥지름은 약 몇 mm인가?

① 77.3
② 83.4
③ 89.5
④ 95.1

해설
$\dfrac{\pi d^3}{16} = \dfrac{\pi d_2^3 (1-x^4)}{16}$
$d^3 = d_2^{\,3}(1-x^4)$
$7^3 = d_2^{\,3}(1-0.8^4)$
$\therefore d_2 = \sqrt[3]{\dfrac{343}{1-0.8^4}} \fallingdotseq 8.34\text{cm} = 83.4\text{mm}$

36 세로탄성계수 E(N/mm²)와 응력 σ(N/mm²), 세로변형률 ε과의 관계식으로 맞는 것은?

① $E = \dfrac{\sigma}{\varepsilon}$
② $E = \dfrac{\varepsilon}{\sigma}$
③ $E = \dfrac{2\varepsilon}{\sigma}$
④ $E = \dfrac{\varepsilon}{2\sigma}$

해설
$\sigma = E\varepsilon$
$E = \dfrac{\sigma}{\varepsilon}$

37 다음과 같은 블록 브레이크에서 드럼축이 우회전할 때의 F를 F_1, 좌회전할 때의 F를 F_2라고 할 때 F_1/F_2의 값은 얼마인가?

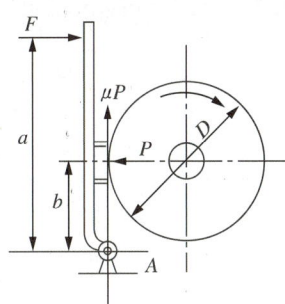

① 1　　　　② 1.5
③ 2　　　　④ 2.5

해설
단식 블록 브레이크에서 작용하는 힘은 드럼축이 우회전일 때와 좌회전일 때 모두 동일하다.
따라서, $\dfrac{F_1}{F_2}=1$이 된다.

38 안지름 400mm, 내압 1N/mm²의 실린더 커버를 12개의 볼트로서 체결할 경우 체결 볼트의 골지름은 약 몇 mm 이상이어야 하는가?(단, 볼트 재료의 허용인장응력은 48MPa이고, 인장력만 작용한다고 가정한다)

① 26.87mm　　② 24.45mm
③ 20.18mm　　④ 16.67mm

39 주철제 V벨트 풀리의 홈 각도가 36°, 접촉부 마찰계수는 0.2라 할 때 유효마찰계수 μ'는?

① 0.887　　② 0.444
③ 0.188　　④ 0.401

40 260kN·mm의 토크를 받는 직경 60mm의 회전축에 사용하는 묻힘 키의 폭×높이×길이는 18mm×12mm×100mm이다. 이때 키에 생기는 전단응력은?

① 6.1N/mm²
② 5.7N/mm²
③ 4.8N/mm²
④ 3.2N/mm²

제3과목 | 컴퓨터응용가공

41 CAD/CAM 소프트웨어의 주요 기능이 아닌 것은?

① 데이터의 변환
② 자료출력 기능
③ 자료입력 기능
④ 네트워크 기능

해설
CAD/CAM 소프트웨어의 주요 기능으로 네트워크 기능은 포함되지 않는다. CAD/CAM 소프트웨어는 데이터의 변환, 자료출력 기능, 자료입력 기능을 한다.

42 3차원 뷰잉(Viewing) 기법 중 아이소메트릭 투영(Isometric Projection)에 해당하는 투영 기법은?

① 경사 투영
② 원근 투영
③ 직교 투영
④ 캐비닛 투영

해설
③ 직교 투영은 Isometric Projection에 속한다.
3차원 투영(투상, Projection) 기법

분류	종류	
평행투영	등각 투영법(Isometric)	직교 투영
	경사투상	캐빌리어 투영법
		캐비닛 투영법
원근투영	—	

43 다음 용어에 대한 설명 중 틀린 것은?

① CNC : 컴퓨터를 이용한 수치제어
② DNC : 분배 수치제어
③ AGV : 무인 운반차(반송차)
④ CIM : 컴퓨터를 이용한 공정계획

해설
CIM(Computer Integrated Manufacturing) : 컴퓨터에 의한 통합적 생산시스템으로 컴퓨터를 이용해서 기술개발·설계·생산·판매에 이르기까지 하나의 통합된 생산체제를 구축하는 것이다.

44 CAD 프로그램에서 자유곡선을 표현할 때 주로 많이 사용하는 방정식의 형태는?

① 양함수식(Explicit Equation)
② 음함수식(Implicit Equation)
③ 하이브리드식(Hybrid Equation)
④ 매개변수식(Parametric Equation)

해설
CAD 프로그램에서 자유곡선을 표현할 때는 주로 매개변수식을 주로 사용한다.

45 베지어(Bezier) 곡선에 관한 설명 중 가장 거리가 먼 것은?

① 곡선은 양단의 정점을 통과한다.
② 1개의 정점 변화는 곡선 전체에 영향을 미친다.
③ n개의 정점에 의해서 정의된 곡선은 $(n+1)$차 곡선이다.
④ 곡선은 정점을 연결시킬 수 있는 다각형의 내측에 존재한다.

해설
베지어(Bezier) 곡선은 n개 조정점에 의해 생성된 곡선은 $(n-1)$차 곡선이다.

41 ④ 42 ③ 43 ④ 44 ④ 45 ③

46 모델링과 연관된 용어에 관한 설명 중 잘못된 것은?

① 스위핑(Sweeping) : 하나의 2차원 단면형상을 입력하고 이를 안내곡선을 따라 이동시켜 입체를 생성
② 스키닝(Skinning) : 여러 개의 단면형상을 입력하고 이를 덮어 싸는 입체를 생성
③ 리프팅(Lifting) : 주어진 물체의 특정면의 전부 또는 일부를 원하는 방향으로 움직여서 물체가 그 방향으로 늘어난 효과를 갖도록 하는 것
④ 블렌딩(Blending) : 주어진 형상을 국부적으로 변화시키는 방법으로 접하는 곡면을 예리한 모서리로 처리하는 방법

[해설]
블렌딩(Blending) : 두 곡면이 만나는 부분을 부드럽게 만들 때 생성되는 곡면

47 폐곡선과 내부 영역 사이에 사이드 스텝(Side Step) 및 다운 스텝(Down Step)을 주어 영역을 반복하여 가공하는 방법은?

① 윤곽가공 ② 포켓가공
③ 면삭가공 ④ 펜슬가공

[해설]
포켓가공 : 폐곡선과 내부 영역 사이에 사이드 스텝 및 다운 스텝을 주어 영역을 반복하여 가공하는 방법

48 제조설비 발전단계를 연대별로 알맞게 나열한 것은?

| A. IMS의 도입 | B. Copy Machine의 개발 |
| C. FMS의 보급 | D. CNC의 출현 |

① D → B → A → C
② D → B → C → A
③ B → D → C → A
④ B → D → A → C

[해설]
제조설비의 연도별 발전단계
Copy Machine의 개발 → CNC 출현 → FMS 보급 → IMS 도입

49 서피스 모델링에서 곡면을 절단하였을 때 나타나는 요소는?

① 곡면(Surface) ② 점(Point)
③ 곡선(Curve)   ④ 평면(Plane)

[해설]
서피스 모델링(곡면 모델링)에서 곡면을 절단하면 곡선(Curve)이 나타난다.

50 절점의 개수가 9이고 차수(Degree)가 4인 임의의 B-Spline 곡선의 조정점의 개수는 몇 개인가?

① 3 ② 4
③ 5 ④ 6

[해설]
B-spline곡선의 조정점의 개수는 차수와 같기 때문에 조정점은 4개가 된다.

51 네 개의 경계곡선을 선형 보간하여 곡면을 표현하는 것은?

① Coons 곡면　② Ruled 곡면
③ B-spline 곡면　④ Bezier 곡면

해설
Coons 곡면은 네 개의 경계곡선을 선형 보간하여 곡면을 표현하는 방법이다.

52 점을 표현하기 위해 사용되는 좌표계 중에서 기준축과 벌어진 각도 값을 사용하지 않는 좌표계는?

① 직교좌표계　② 극좌표계
③ 원통좌표계　④ 구면좌표계

해설
직교좌표계는 각도(θ)를 고려하지 않는 좌표계이다.
① 직교좌표계 : $P(x, y, z)$
② 극좌표계 : $P(거리, 각도\ \theta)$
③ 원통좌표계 : $P(r, \theta, z)$
④ 구면좌표계 : $P(\rho, \phi, \theta)$

53 특징 형상 모델링(Feature-based Modeling)에 대한 설명이 아닌 것은?

① 특징 형상 모델링은 설계자에게 친숙한 형상단위로 물체를 모델링할 수 있게 해준다.
② 전형적인 특징 형상으로는 모따기, 구멍, 필렛, 슬롯, 포켓 등이 있다.
③ 특징 형상은 각 특징들이 가공단위가 될 수 있기 때문에 공정계획으로 사용될 수 있다.
④ 특징 형상 모델링의 방법에는 리볼빙, 스위핑 등이 있다.

해설
④ 리볼빙(Revolving)과 스위핑(Sweeping)은 솔리드 모델링을 하는 방법이다. 특징 형상 모델링에는 구멍, 필릿, 모따기 등이 있다.

특징 형상 모델링의 특징
- KS규격에 모든 특징 현상들이 정의되어 있지 않다.
- 사용분야와 사용자에 따라 특징 형상의 종류가 변한다.
- 특징 형상의 종류는 많이 적용되는 분야에 따라 결정된다.
- 모델링된 입체 제작의 공정계획에서 매우 유용하게 사용된다.
- 특징 형상을 정의할 때 그 크기를 결정하는 파라미터들도 같이 정의한다.
- 모델링 입력을 설계자나 제작자에게 익숙한 형상 단위로 모델링할 수 있다.
- 파라미터들을 변경하여 모델의 크기를 바꾸는 것이 특징 형상 모델링의 한 형태이다.
- 전형적인 특징 형상은 모따기(Chamfer), 구멍(Hole), 필릿(Fillet), 슬롯(Slot), 포켓(Pocket)이 있다.

54 솔리드 모델이 갖고 있는 기하학적 요소 중 서피스 모델이 갖지 못하는 것은?

① 꼭짓점　② 모서리
③ 표 면　④ 부 피

해설
솔리드 모델링의 요소 중 서피스 모델링이 갖지 못하는 요소는 부피이다. 따라서, 솔리드 모델링은 부피 계산이 가능하나 서피스 모델링은 부피가 아닌 면적만 계산할 수 있다.

55 서로 다른 CAD/CAM 시스템 사이에서 데이터를 상호교환하기 위한 데이터 포맷 방식이 아닌 것은?

① IGES ② STEP
③ DXF   ④ DWG

해설
DWG는 2차원 도면설계용인 Auto CAD의 작성 파일로 CAD/CAM 시스템 간 데이터 교환을 위한 데이터 포맷 방식에 포함되지 않는다.
① IGES : CAD/CAM/CAE 시스템 간에 제품 정의 데이터를 교환하기 위해 개발한 최초의 표준 교환 형식으로 ANSI 표준이다.
② STEP : 회사들 사이에 컴퓨터를 이용한 데이터의 저장과 교환을 위한 산업 표준이 되고 있는 CALS에서 채택하고 있는 제품 데이터 교환 표준
③ DXF : CAD 데이터간 호환성을 위해 제정한 자료 공유 파일을 아스키 텍스트 파일로 구성한 형식이다.

56 지름이 20mm인 볼엔드밀로 평면을 가공할 때 경로 간격이 12mm인 경우 커스프(Cusp)의 높이는?

① 1.8mm ② 2.0mm
③ 2.2mm ④ 2.4mm

해설
공구의 경로 간격에 따른 커스프(Cusp) 관계식
경로 간격 $L = 2\sqrt{h(2R-h)}$
$12 = 2\sqrt{h(2 \times 10 - h)}$
$144 = 4(20h - h^2)$
$36 = 20h - h^2$
$\therefore h = 2$

57 NURBS(Non-Uniform Rational B-Spline)에 관한 설명으로 잘못된 것은?

① NURBS 곡선식은 일반적인 B-spline 곡선식을 포함하는 더 일반적인 형태라고 할 수 있다.
② B-spline에 비하여 NURBS 곡선이 보다 자유로운 변형이 가능하다.
③ 곡선의 변형을 위하여 NURBS 곡선에서는 조정점의 x, y, z의 3개의 자유도를 조절한다.
④ NURBS 곡선은 자유곡선뿐만 아니라 원추곡선까지 한 방정식의 형태로 표현이 가능하다.

해설
③ NURBS 곡선에서는 각각의 조정점에서 호모지니어스 좌표값까지 포함하여 총 4개의 자유도가 허용되어 보다 자유로운 변형이 가능하다.

58 3차원 솔리드 모델링을 구성하는 요소 중에서 프리미티브(Primitive)라고 볼 수 없는 것은?

① Cone   ② Box
③ Sphere ④ Point

해설
3차원 솔리드 모델링에서 사용되는 기본 입체(Primitive) 형상
• 구(Sphere)
• 관(Pipe)
• 원통(Cylinder)
• 원추(원뿔, Cone)
• 육면체(Cube)
• 사각블록(Box)
※ 프리미티브(Primitive) : 초기의 원시적인 단계를 의미하는 것으로 프로그램을 다루는데 가장 기본적인 기하학적 물체를 의미

59 DNC(Direct Numerical Control) 운전 시 사용되는 통신 케이블(RS232C) 25핀 중에서 수신을 나타내는 핀 번호는?

① 3　　② 5
③ 6　　④ 7

해설
DNC 운전 시 사용되는 통신 케이블(RS232C) 25핀 중 수신을 나타내는 핀은 "3번" 핀이다.

60 CPU(중앙처리장치)를 2개 부분으로 나누면 어떻게 구성되는가?

① 연산장치와 제어장치
② 연산장치와 산술장치
③ 주기억장치와 제어장치
④ 주변장치와 제어장치

해설
CPU(중앙처리장치)는 크게 연산장치와 제어장치로 나뉜다.

제4과목 | 기계제도 및 CNC공작법

61 가상선의 용도에 해당되지 않는 것은?

① 가공 전 또는 가공 후의 모양을 표시하는 데 사용
② 인접부분을 참고로 표시하는 데 사용
③ 되풀이되는 것을 나타내는 데 사용
④ 대상의 일부를 생략하고 그 경계를 나타내는 데 사용

해설
대상의 일부를 생략하고 그 경계를 나타내는데 사용하는 선은 파단선(⌇⌇)이다.
가는 2점쇄선(─ ‧‧ ─)으로 표시되는 가상선의 용도

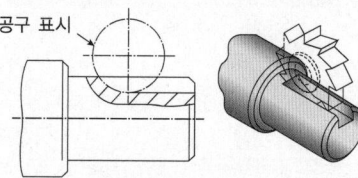
공구 표시

- 반복되는 것을 나타낼 때
- 가공 전이나 후의 모양을 표시할 때
- 도시된 단면의 앞 부분을 표시할 때
- 물품의 인접 부분을 참고로 표시할 때
- 이동하는 부분의 운동 범위를 표시할 때
- 공구 및 지그 등 위치를 참고로 나타낼 때
- 단면의 무게중심을 연결한 선을 표시할 때

가공 전후의 모양

62 제3각법으로 투상한 정면도와 평면도를 나타낸 것이다. 해당 형상에 적합한 우측면도는?

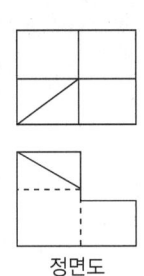

정면도

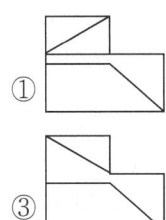

63 그림과 같은 부품의 중량은 약 몇 g인가?(단, 부품 재질의 단위 체적당 중량은 7.21g/cm³이다)

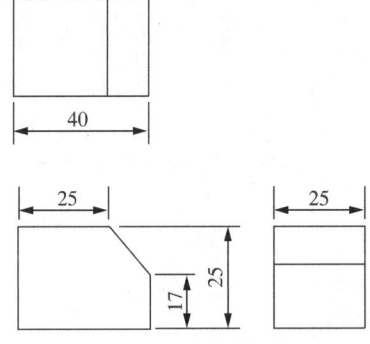

① 137.16g ② 158.82g
③ 169.43g ④ 180.47g

해설
도면에 표시되는 수치는 mm단위이므로 cm로 변환해서 계산한다.
- 사각면체 전체의 부피 = $4cm \times 2.5cm \times 2.5cm = 25cm^3$
- 사각면체에서 깎여진 곳의 부피
  = $(1.5cm \times 2.5cm \times 0.8cm) \times \frac{1}{2} = 1.5cm^3$
∴ $(25 - 1.5) \times 7.21g = 169.43g$

64 헐거운 끼워맞춤에 해당하는 것은?

① H7/k6   ② H7/m6
③ H7/n6   ④ H7/g6

해설
④ 구멍기준(H7)으로 끼워맞춤을 할 경우 알파벳 g는 헐거운 끼워맞춤을 나타내는 공차등급 기호이다.

구멍기준식 축의 끼워맞춤

헐거운 끼워맞춤	중간 끼워맞춤	억지 끼워맞춤
b, c, d, e, f, g, h	js, k, m, n	p, r, s, t, u, x

65 도면에 마련할 양식 중 반드시 설정하지 않아도 되는 양식의 명칭은?

① 표제란   ② 부품란
③ 중심마크 ④ 윤곽(테두리)

해설
② 부품란은 도면에 반드시 마련하지 않아도 되는 사항이다.
도면에 반드시 마련해야 할 양식
- 윤곽선
- 표제란
- 중심마크

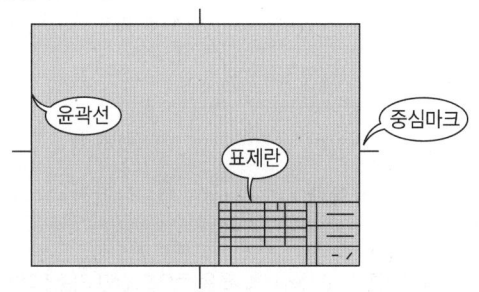

66. 나사 표시 "M15 × 1.5 − 6H/6g"에서 6H/6g는 무엇을 나타내는가?

① 나사의 호칭치수
② 나사부의 길이
③ 나사의 등급
④ 나사의 피치

해설
나사의 표시에서 6H/6g는 나사의 등급을 의미한다.
나사의 표시방법

좌	2줄	M50×1.5	−	6H/6g
왼나사	2줄나사	미터나사 φ50mm 피치 : 1.5	−	나사등급

67. 도면에 표면거칠기 표시가 다음과 같이 표시되었을 때 L=8이 의미하는 것은?

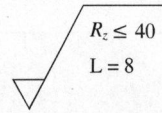

① 기준길이
② 상한치
③ 가공형태
④ 하한치

해설
표면거칠기 표시에서 "L=8"은 컷오프 값인 기준길이를 의미한다.

68. 물체의 한쪽 면이 경사되어 평면도나 측면도로는 물체의 형상을 나타내기 어려울 경우 가장 적합한 투상법은?

① 요점투상법
② 국부투상법
③ 부분투상법
④ 보조투상법

해설
④ 보조투상도(법)는 물체의 한쪽 면이 경사되어 평면도나 측면도로는 물체의 형상을 나타내기 어려울 경우 보이는 부분의 전체 또는 일부분을 나타낼 때 사용한다.

투상도의 종류

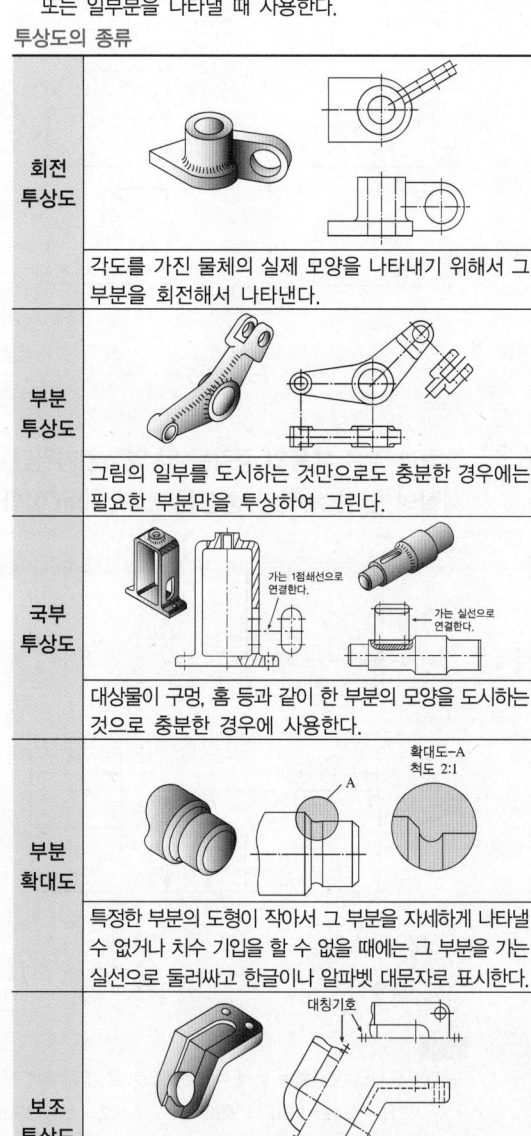

69 기하공차 기호 중 데이텀을 적용해야 되는 것은?

① ○　　② ⌀
③ ∠　　④ ▱

[해설]
③ 경사도 : 기하공차 기호들 중에서 측정의 기준면이 되는 데이텀을 반드시 적용해야 하는 것은 모양공차를 제외한 자세, 위치, 흔들림 공차에 해당한다.

기하공차 종류 및 기호

공차의 종류		기 호
모양공차	진직도	─
	평면도	▱
	진원도	○
	원통도	⌀
	선의 윤곽도	⌒
	면의 윤곽도	⌓
자세공차	평행도	∥
	직각도	⊥
	경사도	∠
위치공차	위치도	⊕
	동축도(동심도)	◎
	대칭도	=
흔들림 공차	원주 흔들림	↗
	온 흔들림	↗↗

70 도면 부품란의 재료기호에 기입된 "SPS 6"은 어떤 재료를 의미하는가?

① 스프링 강재
② 스테인리스 압연강재
③ 냉간압연 강판
④ 기계구조용 탄소강

[해설]
KS규격에 나타나있는 SPS는 SPring Steel로서 스프링용 강재를 의미한다.

71 수치제어 자동화 시스템의 발달 과정을 4단계로 분류할 때 올바른 것은?

① NC → CNC → DNC → FMS
② DNC → NC → CNC → FMS
③ FMS → NC → CNC → DNC
④ NC → DNC → CNC → FMS

[해설]
수치제어 자동화 시스템의 발달 과정
NC → CNC → DNC → FMS

72 커플링으로 연결된 CNC 공작기계의 볼스크루 피치가 12mm이고, 서보모터의 회전각도가 240°일 때 테이블의 이동량은 얼마인가?

① 2mm　　② 4mm
③ 8mm　　④ 12mm

[해설]
$\dfrac{240°}{360°} \times 12mm = 8mm$

73 CNC 선반에서 G92로 나사를 가공하려 할 때 나사의 리드(Lead)를 나타내는 데 필요한 것은?

① M
② C
③ P
④ F

해설
CNC 선반가공에서 G92 나사가공사이클로 나사의 리드를 가공하고자 할 때 사용하는 명령어는 "F(Feed)"이다.

75 CNC 선반으로 가공할 때 G96 S157 M03;으로 지령되었다면 주축 회전수는 몇 rpm인가?(단, 공작물의 지름은 $\phi 40$mm이고, π는 3.14로 한다)

① 1,000
② 1,250
③ 1,500
④ 1,750

해설
"G96 S157 M03"에서 주축 회전수
$$n = \frac{1,000v}{\pi d} = \frac{1,000 \times 157}{3.14 \times 40} = 1,250 \text{ rpm}$$

74 CNC 공작기계에서 기계의 움직임을 전기적 신호로 표시하는 피드백 장치는?

① 리졸버
② 인코더
③ 태코 제너레이터
④ 서보모터

해설
리졸버 : CNC 공작기계의 움직임을 전기적인 신호로 속도와 위치를 표시하는 일종의 회전형 피드백 장치

76 CNC 와이어 컷 방전가공에서 가공액의 역할이 아닌 것은?

① 방전 폭발 압력의 발생
② 극간의 절연 회복
③ 비저항치의 제어
④ 방전가공 부분의 냉각

해설
CNC 와이어 컷 방전가공에서 가공액은 방전 폭발 압력을 발생하고 극간의 절연을 회복하며 방전 가공부분을 냉각시킨다. 그러나 비저항치를 제어하지는 않는다.

77 서보기구에서 위치의 검출을 서보모터 축이나 볼나사의 회전각도로 검출하는 방식으로 일반 CNC 공작기계에서 가장 많이 사용하는 것은?

① 반개방회로 방식 ② 개방회로 방식
③ 폐쇄회로 방식 ④ 반폐쇄회로 방식

[해설]
반폐쇄회로 방식은 일반적인 CNC 공작기계에 가장 많이 사용되는 방식으로 테이블의 직선 운동과 회전 운동을 검출하는 것으로 서보모터에서 위치와 속도를 검출하여 피드백(Feed Back)하는 제어 방식이다.

CNC 공작기계의 서보기구

방식	특징
개방회로 (Open Loop)	• 피드백이나 위치감지검출 기능이 없고 정밀도가 낮다. • 현재 많이 사용하지 않고 소형, 경량, 정밀도가 낮을 때 사용한다. • 구동 전동기로 펄스 전동기를 이용하며 제어장치에 입력된 펄스 수만큼 움직이고 검출기나 피드백 회로가 없으므로 구조가 간단하며 펄스 전동기의 회전 정밀도와 볼 나사의 정밀도에 직접적인 영향을 받는 방식이다.
폐쇄회로 (Closed Loop)	• NC 기계의 테이블에서 이동량을 직접 검출하므로 정밀도가 좋다. • 현재 NC 기계에 사용되며 모터는 직류서보와 교류서보모터가 사용된다. • 기계의 테이블에 부착된 직접 검출기인 직선 Scale이 위치 검출을 실행하여 피드백하는 방식이다.
반폐쇄 회로 (Semi-closed Loop)	• 일반적인 CNC 공작기계에 가장 많이 사용되는 방식이다. • 서보 모터에서 위치 검출을 수행하는 방식이다. • 위치 검출을 서보모터 축이나 볼스크루의 회전 각도로 검출하기도 한다. • 백래시의 오차를 줄이기 위해 볼스크루를 활용하여 정밀도 문제를 해결한다.
복합회로 (Hybrid Control)	• 반폐쇄회로 방식과 폐쇄회로 방식을 모두 갖고 있는 방식이다. • 정밀도를 더욱 높일 수 있어 대형 기계에 이용된다.

78 머시닝센터 작업 시 주의사항이 아닌 것은?

① 공작물 고정 시 손을 조심해야 한다.
② 작업 중에 작업상태를 확인하기 위해 칩을 제거한다.
③ 작업시 불편하여도 문을 닫고 작업한다.
④ ATC를 작동시켜 공구 교환을 점검한다.

[해설]
머시닝센터나 CNC 선반 등 모든 공작기계를 작업 중에는 작업상태의 확인을 위해 칩을 제거하면 안 된다.

79 CNC 선반에서 2.5초 동안 프로그램의 진행을 정지시키는 방법으로 맞는 것은?

① G04 X2.5; ② G04 P0.025;
③ G04 P2.5; ④ G04 P0.25;

[해설]
휴지(드웰)기능은 드릴로 구멍을 뚫을 때 공구의 끝 부분이 완전히 절삭되도록 공구의 이송을 잠시 동안 멈추게 하는 기능으로 주소는 P, U, X를 사용한다. 이 주소들 중에서 U, X는 소수점을 사용해서 지령이 가능하나, P는 소수점 사용이 불가능하다.
따라서 2.5초간 공구이송을 정지시킬 경우의 명령어
• G04 X2.5
• G04 P2500

80 다음 머시닝센터 프로그램에서 Q_는 무엇을 의미하는가?

G83 G91 G99 X_ Y_ Z_ R_ Q_ F_ K_;

① 반복 횟수 ② 복귀점의 위치
③ 이송속도 ④ 매회 절입량

[해설]
머시닝센터 프로그램 중에서 Q는 절삭 시 매회 절입량(절삭 깊이)을 의미한다.

정답 77 ④ 78 ② 79 ① 80 ④

2015년 제1회 과년도 기출문제

제1과목 | 기계가공법 및 안전관리

01 목재, 피혁, 직물 등 탄성이 있는 재료로 바퀴 표면에 부착시킨 미세한 연삭입자로써 버핑하기 전 가공물 표면을 다듬질하는 가공방법은?

① 폴리싱
② 롤러 가공
③ 버니싱
④ 숏 피닝

해설
폴리싱(Polishing)
목재나 피혁, 직물, 알루미나 등의 연마 입자가 부착된 연마 벨트로 제품 표면의 이물질을 제거하여 제품의 표면을 매끈하고 광택이 나게 만드는 정밀입자가공법으로 버핑 가공의 전 단계에서 실시한다.
② 롤러 가공 : 롤러에 재료를 물리거나 접촉시켜 외형을 변형시키는 가공법
③ 버니싱 : 강구를 원통구멍에 압입하여 구멍의 표면을 가압 다듬질하는 방법으로 특히 구멍의 모양이 직사각형이나 기어의 키 구멍의 다듬질 가공에 알맞다.
④ 숏 피닝 : 강이나 주철제의 작은 강구(볼)를 금속표면에 고속으로 분사하여 표면층을 냉간가공에 의한 가공경화 효과로 경화시키면서 압축 잔류응력을 부여하여 금속부품의 피로수명을 향상시키는 표면 경화법

02 선반가공에서 양 센터작업에 사용되는 부속품이 아닌 것은?

① 돌림판
② 돌리개
③ 맨드릴
④ 브로치

해설
브로칭(Broaching)가공
가공물에 홈이나 내부 구멍을 만들 때 가늘고 길며 길이 방향으로 많은 날을 가진 총형 공구인 브로치를 일감에 대고 누르면서 관통시켜 단 1회의 절삭 공정만으로 제품을 완성시키는 가공법이다. 따라서 공작물이나 공구가 회전하지는 않는다.

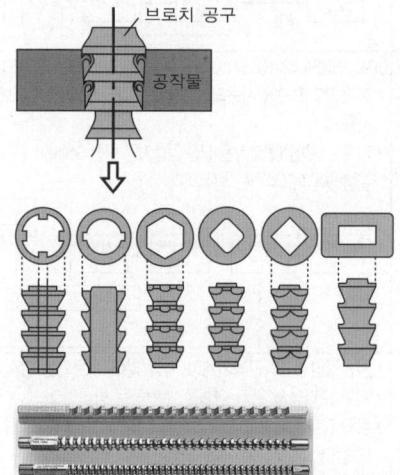

선반가공 시 양 센터작업용 부속품

돌림판	돌리개	맨드릴(심봉)

03 게이지 종류에 대한 설명 중 틀린 것은?
① Pitch 게이지 : 나사 피치 측정
② Thickness 게이지 : 미세한 간격(두께) 측정
③ Radius 게이지 : 기울기 측정
④ Center 게이지 : 선반의 나사 바이트 각도 측정

해설
Radius 게이지는 반지름 측정용 측정기기이다.

Radius Gauge

04 선반에서 나사가공을 위한 분할 너트(Half Nut)는 어느 부분에 부착되어 사용하는가?
① 주축대   ② 심압대
③ 왕복대   ④ 베드

해설
선반용 부속장치인 분할너트는 왕복대에 설치되며, 나사가공 시 자동이송을 하고자 할 때 사용한다.

05 연삭숫돌바퀴의 구성 3요소에 속하지 않는 것은?
① 숫돌입자   ② 결합제
③ 조직   ④ 기공

해설
연삭숫돌의 3요소
• 기공
• 결합제
• 숫돌입자

06 절삭온도와 절삭조건에 관한 내용으로 틀린 것은?
① 절삭속도를 증대하면 절삭온도는 상승한다.
② 칩의 두께를 크게 하면 절삭온도가 상승한다.
③ 절삭온도는 열팽창 때문에 공작물 가공치수에 영향을 준다.
④ 열전도율 및 비열 값이 작은 재료가 일반적으로 절삭이 용이하다.

해설
비열 값과 열전도율이 커야 가공물에 머무르는 열을 최대한 줄일 수 있으므로 비열 값이나 열전도율이 작은 재료보다 절삭이 더 용이해 진다.

07 공작기계에서 절삭을 위한 세 가지 기본운동에 속하지 않는 것은?
① 절삭운동   ② 이송운동
③ 회전운동   ④ 위치조정운동

해설
공작기계의 3가지 기본운동
• 절삭운동
• 이송운동
• 위치조정운동

08 수준기에서 1눈금의 길이를 2mm로 하고, 1눈금이 각도 5″(초)를 나타내는 기포관의 곡률반경은?

① 7.26m ② 72.6m
③ 8.23m ④ 82.5m

해설
한 눈금의 치수(L) = 곡률반경(R) × 각도(θ, rad)
$1° = 60′(분) = 3,600″(초) = 0.017453296\,\mathrm{rad}$
$1″(초) = \dfrac{0.017453296\,\mathrm{rad}}{3,600}$
$\qquad = 0.0000048481\,\mathrm{rad}$
$5″(초) = 0.00002424\,\mathrm{rad}$
$R = \dfrac{L}{\theta} = \dfrac{2\mathrm{mm}}{0.00002424\,\mathrm{rad}} = 82,508.2\mathrm{mm} = 82.5\mathrm{m}$

곡률반경(R) 구하는 식

$$R = \dfrac{L(\mathrm{m})}{\theta(\mathrm{rad})}(\mathrm{m})$$

여기서 L : 한 눈금의 치수
$\qquad \theta$: 각도

10 $-18\mu\mathrm{m}$의 오차가 있는 블록 게이지에 다이얼 게이지를 영점 세팅하여 공작물을 측정하였더니, 측정값이 46.78mm이었다면 참값(mm)은?

① 46.960 ② 46.798
③ 46.762 ④ 46.603

해설
$18\mu\mathrm{m} \rightarrow 18 \times 10^{-6}\mathrm{m} = 18 \times 10^{-3}\mathrm{mm} = 0.018\mathrm{mm}$
※ 따라서, 참값 = 측정값 - 오차 = 46.78mm - 0.018mm
$\qquad\qquad\qquad = 46.762\mathrm{mm}$

09 블록 게이지의 부속 부품이 아닌 것은?

① 홀더
② 스크레이퍼
③ 스크라이버 포인트
④ 베이스 블록

해설
블록 게이지의 부속장치에 스크레이퍼는 포함되지 않는다.
스크레이퍼(Scraper)
공작기계로 가공된 평탄한 면을 더욱 정밀하게 다듬질하는 공구로 공작기계의 베드, 미끄럼면, 측정용 정밀선반 등 최종 마무리 가공에 사용되는 수공구이다.

11 중량물의 내면 연삭에 주로 사용되는 연삭방법은?

① 트래버스 연삭
② 플랜지 연삭
③ 만능 연삭
④ 플래내터리 연삭

해설
플래내터리 연삭은 중량물의 내면 연삭에 주로 사용되는 방법이다.

Planetary Grinder

12 특정한 제품을 대량 생산할 때 적합하지만, 사용범위가 한정되며 구조가 간단한 공작기계는?

① 범용 공작기계 ② 전용 공작기계
③ 단능 공작기계 ④ 만능 공작기계

해설
특정 제품을 대량 생산하는데 적합한 공작기계는 전용 공작기계이다.

공작기계의 종류

종류	특징
범용 공작기계	• 일반적으로 널리 사용되고 있으며 넓은 범위의 가공이 가능하다. • 가공하려는 공작물이 소량일 때는 능률적이나 대량생산에는 알맞지 않다. • 종류에는 선반, 밀링, 드릴링머신, 셰이퍼, 플레이너, 슬로터 등이 있다.
단능 공작기계	• 범용 공작기계를 단순화시킨 것으로 한 종류의 제품만 가공할 수 있어서 융통성이 없다. • 종류에는 바이트를 연삭하는 공구 연삭기나 센터링 머신이 있다.
전용 공작기계	• 같은 종류의 제품을 대량 생산하는데 적합하며 조작이 간단하다. • 사용범위가 한정되므로 다품종 소량 생산에는 적합하지 않다. • 종류에는 트랜스퍼 머신, 차륜선반, 크랭크축 선반이 있다.
만능 공작기계	• 범용 공작기계의 구조에 부속장치를 추가하여 한 대의 기계에서 2종, 3종의 다양한 가공이 가능하도록 만든 기계이나 대량생산에는 알맞지 않다. • 테이블의 선회가 가능한 구조로 복잡한 제품의 가공도 가능하다. • 소규모 공장에서 다양한 수리를 해야 할 경우에 적합하다.

13 표준 맨드릴(Mandrel)의 테이퍼 값으로 적합한 것은?

① $\frac{1}{10} \sim \frac{1}{20}$ 정도 ② $\frac{1}{50} \sim \frac{1}{100}$ 정도
③ $\frac{1}{100} \sim \frac{1}{1,000}$ 정도 ④ $\frac{1}{200} \sim \frac{1}{400}$ 정도

해설
표준 맨드릴의 테이퍼 값은 $\frac{1}{100} \sim \frac{1}{1,000}$ 이다.

맨드릴의 역할
선반에서 기어나 벨트, 풀리와 같이 구멍이 있는 공작물의 안지름과 바깥지름이 동심원을 이루도록 가공할 때 사용한다.

14 가공물을 절삭할 때 발생되는 칩의 형태에 미치는 영향이 가장 적은 것은?

① 공작물 재질 ② 절삭속도
③ 윤활유 ④ 공구의 모양

해설
절삭 칩은 절삭깊이와 공작물의 재질, 공구의 모양과 절삭속도와 관련이 있으나, 윤활유와는 관련이 없다.

15 분할대에서 분할 크랭크 핸들을 1회전하면 스핀들은 몇 도(°) 회전하는가?

① 36° ② 27°
③ 18° ④ 9°

해설
분할판의 크랭크 핸들을 1회전시키면 스핀들은 9°회전한다.

분할판(Dividing Plate)의 역할
공작물이나 축과 같은 원형의 공작물을 정확히 $\frac{1}{n}$ 로 등간격의 분할을 위해 사용하는 기계장치

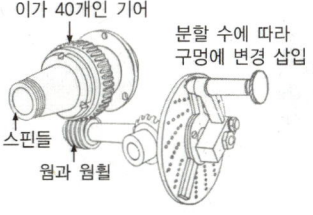
이가 40개인 기어
분할 수에 따라 구멍에 변경 삽입
스핀들
웜과 웜휠

16 재해 원인별 분류에서 인적원인(불안전한 행동)에 의한 것으로 옳은 것은?

① 불충분한 지지 또는 방호
② 작업장소의 밀집
③ 가동 중인 장치를 정비
④ 결함이 있는 공구 및 장치

해설
인적원인이란 사람의 행동이 원인이 된 것이므로 가동 중인 장치를 정비하는 것이 이에 속한다. 나머지 보기들은 모두 환경적인 원인이다.

17 중량 가공물을 가공하기 위한 대형 밀링머신으로 플레이너와 유사한 구조로 되어 있는 것은?

① 수직 밀링머신
② 수평 밀링머신
③ 플레이노 밀러
④ 회전 밀러

해설
플레이노 밀러(Plano Miller) : 플레이너와 유사한 구조의 밀링머신으로 바이트 자리에 밀링 헤드가 장착되어 있다. 크기가 대형이므로 중량의 가공물을 가공할 수 있다.

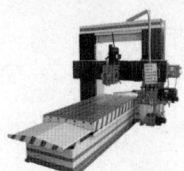

플래노 밀링머신

18 지름 50mm인 연삭숫돌을 7,000rpm으로 회전시키는 연삭작업에서, 지름 100mm인 가공물을 연삭숫돌과 반대방향으로 100rpm으로 원통 연삭할 때 접촉점에서 연삭의 상대속도는 약 몇 m/min인가?

① 931   ② 1,099
③ 1,131   ④ 1,161

해설
- $v_1 = \dfrac{\pi \times 50 \times 7,000}{1,000} = 1,099 \, \text{m/min}$
- $v_2 = \dfrac{\pi \times 100 \times 100}{1,000} = 31.41 \, \text{m/min}$, 반대방향으로 회전하므로 $-31.41 \, \text{m/min}$ 이다.
- 상대속도 $= v = v_1$(숫돌의 회전속도) $- v_2$(가공물의 회전속도)
  $= 1,099 - (-31.41) = 1130.41 \, \text{m/min}$

19 지름이 100mm인 가공물에 리드 600mm의 오른나사 헬리컬 홈을 깎고자 한다. 테이블 이송나사의 피치가 10mm인 밀링머신에서 테이블 선회각을 $\tan\alpha$로 나타낼 때 옳은 값은?

① 31.41   ② 1.90
③ 0.03   ④ 0.52

해설
헬리컬 기어의 압력각(α)은 일반적으로 10~30° 범위를 사용한다.
- $\tan 10° = 0.17$
- $\tan 20° = 0.36$
- $\tan 30° = 0.57$

따라서, 정답은 보기 중에서 ④번이 가장 알맞으며, 이 각도를 테이블의 선회각으로 한다.

20 드릴링 머신에서 회전수 160rpm, 절삭속도 15m/min일 때, 드릴 지름(mm)은 약 얼마인가?

① 29.8　　② 35.1
③ 39.5　　④ 15.4

해설

$v = \dfrac{\pi d n}{1,000}$

$15 = \dfrac{\pi \times d \times 160}{1,000}$

$d = \dfrac{15 \times 1,000}{\pi \times 160} = 29.84 \text{mm}$

제2과목 | 기계설계 및 기계재료

21 스테인리스강의 기호로 옳은 것은?

① STC3　　② STD11
③ SM20C　　④ STS304

해설
스테인리스강(Stainless Steel)은 STS를 기호로 사용한다.
① STC : 탄소공구강
② STD : 합금공구강(냉간금형)
③ SM : 기계구조용 탄소강재

22 주철의 결점을 없애기 위하여 흑연의 형상을 미세화, 균일화하여 연성과 인성의 강도를 크게 하고, 강인한 펄라이트 주철을 제조한 고급 주철은?

① 가단 주철　　② 칠드 주철
③ 미하나이트 주철　　④ 구상 흑연 주철

해설
미하나이트 주철
바탕이 강인한 펄라이트조직으로 인성과 연성의 강도를 크게 한 고급 주철의 일종이다. 인장강도가 350~450MPa인 이 주철은 담금질이 가능하고 두께 차이에 의한 성질의 변화가 매우 작아서 내연기관의 실린더 재료로 사용된다.

23 담금질한 강의 잔류 오스테나이트를 제거하고 마텐자이트를 얻기 위하여 0℃ 이하에서 처리하는 열처리는?

① 심랭처리　　② 염욕처리
③ 오스템퍼링　　④ 항온변태처리

해설
① 심랭처리(Sub Zero) : 담금질한 강을 실온까지 냉각한 다음, 다시 계속하여 0℃ 이하의 마텐자이트 변태 종료 온도까지 냉각하여 잔류 오스테나이트를 마텐자이트로 변화시키는 열처리 작업으로 담금질된 강의 잔류 오스테나이트를 제거하여 치수변화를 방지하고 경도를 증가 및 시효변형을 방지하기 위하여 실시한다.

24 복합재료에 널리 사용되는 강화재가 아닌 것은?

① 유리섬유 ② 붕소섬유
③ 구리섬유 ④ 탄소섬유

해설
- 복합재료 : 두 가지 이상의 재료를 물리적으로 결합시킴으로써 하나의 재료가 갖지 못한 성질을 갖도록 만든 재료
- 강화재료 : 입자의 형태나 섬유, 판의 형태로 기재재료 속에 있으면서 응력을 지지하는 역할을 하는 재료
- 기재재료 : 강화재료를 둘러싸고 있는 재료

복합재료의 분류

강화재료	기재재료
유리섬유	구리
붕소섬유	알루미늄
탄소섬유	에폭시
텅스텐 입자	폴리아마이드
아라미드섬유	열경화성 폴리에스테르
보론 필라멘트	
실리콘 카바이드	

25 구리의 성질을 설명한 것으로 틀린 것은?

① 전기 및 열전도도가 우수하다.
② 합금으로 제조하기 곤란하다.
③ 구리는 비자성체로 전기전도율이 크다.
④ 구리는 공기 중에서는 표면이 산화되어 암적색으로 된다.

해설
구리(Cu)는 황동과 청동과 같이 다양한 합금용 재료로 사용되고 있다.

구리 합금의 대표적인 종류

청 동	Cu+Sn, 구리+주석
황 동	Cu+Zn, 구리+아연

26 고주파 경화법 시 나타나는 결함이 아닌 것은?

① 균 열
② 변 형
③ 경화층 이탈
④ 결정 입자의 조대화

해설
고주파 경화법을 통해 표면 열처리를 하면 결정 입자의 미세화를 가져온다. 따라서, 결정 입자의 조대화는 관련이 없다.
고주파 경화법
고주파 유도 전류로 강(Steel)의 표면층을 급속 가열한 후 급랭시키는 방법으로 가열 시간이 짧고, 피가열물에 대한 영향을 최소로 억제하며 표면을 경화시키는 표면경화법. 고주파는 소형 제품이나 깊이가 얇은 담금질 층을 얻고자 할 때, 저주파는 대형 제품이나 깊은 담금질 층을 얻고자 할 때 사용한다.
고주파 경화법의 특징
- 작업비가 싸다.
- 직접 가열하므로 열효율이 높다.
- 열처리 후 연삭과정을 생략할 수 있다.
- 조작이 간단하여 열처리 시간이 단축된다.
- 불량이 적어서 변형을 수정할 필요가 없다.
- 급열이나 급랭으로 인해 재료가 변형될 수 있다.
- 경화층이 이탈되거나 담금질 균열이 생기기 쉽다.
- 가열 시간이 짧아서 산화되거나 탈탄의 우려가 적다.
- 마텐자이트 생성으로 체적이 변화하여 내부응력이 발생한다.
- 부분 담금질이 가능하므로 필요한 깊이만큼 균일하게 경화시킬 수 있다.

27 공석강을 오스템퍼링하였을 때 나타나는 조직은?

① 베이나이트
② 소르바이트
③ 오스테나이트
④ 시멘타이트

해설
공석강을 오스템퍼링(항온열처리의 일종)하면 베이나이트 조직이 생성된다.
오스템퍼링
강을 오스테나이트 상태로 가열한 후 300~350℃의 온도에서 담금질을 하여 하부 베이나이트 조직으로 변태시킨 후 공랭하는 방법으로 강인한 베이나이트 조직을 얻고자 할 때 사용한다.

24 ③ 25 ② 26 ④ 27 ①

28 항온 열처리의 종류가 아닌 것은?

① 마퀜칭　　② 마템퍼링
③ 오스템퍼링　　④ 오스드로잉

해설
항온 열처리에 오스드로잉은 포함되지 않는다.
항온 열처리의 종류

	항온풀림
	항온뜨임
항온 담금질	오스템퍼링
	마템퍼링
	마퀜칭
	오스포밍
	MS 퀜칭

29 α-Fe가 723℃에서 탄소를 고용하는 최대한도는 몇 %인가?

① 0.025　　② 0.1
③ 0.85　　④ 4.3

해설
α철(페라이트)은 723℃에서 0.025%의 C(탄소)를 고용할 수 있다.

30 켈밋(Kelmet) 합금이 주로 쓰이는 곳은?

① 피스톤
② 베어링
③ 크랭크 축
④ 전기저항용품

해설
켈밋합금은 청동 합금의 일종으로 Cu 70% + Pb 30~40%의 합금이다. 열전도성과 압축 강도가 크고 마찰계수가 작아서 고속, 고하중용 베어링에 사용된다.

31 지름 50mm의 연강축을 사용하여 350rpm으로 40kW를 전달할 수 있는 묻힘 키의 길이는 몇 mm 이상인가?(단, 키의 허용전단응력은 49.05MPa, 키의 폭과 높이는 $b \times h$=15mm×10mm이며, 전단저항만 고려한다)

① 38　　② 46
③ 60　　④ 78

해설
$T = 974,000 \times \dfrac{40}{350} \times 9.81\,\text{N}$

$= 111,314\,\text{kgf} \cdot \text{mm} \times 9.81\text{N}$

$= 1,091,990.3\text{N}$

키의 길이 $l = \dfrac{2T}{bd\tau}$

$= \dfrac{2 \times 1,091,990.3\text{N}}{15 \times 50 \times 49.05 \times 10^6 \times 10^{-6}}$ (단위환산용)

$= 59.36\text{mm}$

따라서, 정답은 ③번이 근접하다.
전단응력 고려 시 $\tau = \dfrac{W}{bl} = \dfrac{2T}{bdl}$, $l = \dfrac{2T}{bd\tau}$

정답 28 ④　29 ①　30 ②　31 ③

32 다음 중 용접이음의 장점으로 틀린 것은?

① 사용재료의 두께에 제한이 없다.
② 용접이음은 기밀유지가 불가능하다.
③ 이음효율을 100%까지 할 수 있다.
④ 리벳, 볼트 등의 기계 결합 요소가 필요 없다.

해설

용접은 기밀(기체밀폐)과 수밀(액체밀폐)이 우수한 장점이 있다.
용접의 장점 및 단점

용접의 장점	용접의 단점
• 이음효율이 높다. • 재료가 절약된다. • 제작비가 적게 든다. • 이음 구조가 간단하다. • 유지와 보수가 용이하다. • 재료의 두께 제한이 없다. • 이종재료도 접합이 가능하다. • 제품의 성능과 수명이 향상된다. • 유밀성, 기밀성, 수밀성이 우수하다. • 작업 공정이 줄고, 자동화가 용이하다.	• 취성이 생기기 쉽다. • 균열이 발생하기 쉽다. • 용접부의 결함 판단이 어렵다. • 용융부위 금속의 재질이 변한다. • 저온에서 쉽게 약해질 우려가 있다. • 용접 모재의 재질에 따라 영향을 크게 받는다. • 용접 기술자(용접사)의 기량에 따라 품질이 다르다. • 용접 후 변형 및 수축에 따라 잔류응력이 발생한다.

33 재료를 인장시험 할 때, 재료에 작용하는 하중을 변형전의 원래 단면적으로 나눈 응력은?

① 인장응력
② 압축응력
③ 공칭응력
④ 전단응력

해설

공칭응력 = $\dfrac{외력}{최초의\ 단면적}$ = $\dfrac{F}{A}$

34 코일 스프링에서 유효 감김수를 2배로 하면 같은 축 하중에 대하여 처짐량은 몇 배가 되는가?

① 0.5
② 2
③ 4
④ 8

해설

코일 스프링의 처짐량 구하는 식에서 유효감김수(n)을 2배로 하면 처짐량도 2배가 된다.
코일 스프링의 처짐량(δ) 구하는 식

$$\delta = \frac{8nPD^3}{Gd^4}$$

여기서, δ = 스프링코일의 처짐량(mm)
n = 유효 감김수(유효권수)
P = 하중이나 작용 힘(N)
D = 스프링 코일의 평균 지름(mm)
d = 소선의 직경(소재지름)(mm)
G = 가로(전단)탄성계수(N/mm²)

35 다음 중 브레이크 용량을 표시하는 식으로 옳은 것은?(단, μ는 마찰계수, p는 브레이크 압력, v는 브레이크 륜의 주속이다)

① $Q = \mu p v$
② $Q = \mu p v^2$
③ $Q = \dfrac{\mu p}{v}$
④ $Q = \dfrac{\mu}{pv}$

해설

브레이크 용량=마찰계수×브레이크 압력×브레이크 속도
브레이크 용량(Q)

$$Q = \mu q v = \frac{H(P, 제동동력)}{A(마찰면적)}$$

여기서, μ : 마찰계수
q : 브레이크 압력(일부 책에서는 p)
v : 브레이크 속도

32 ② 33 ③ 34 ② 35 ①

36 표준 스퍼기어에서 모듈 4, 잇수 21개, 압력각이 20°라고 할 때, 법선피치(P_n)은 약 몇 mm인가?

① 11.8
② 14.8
③ 15.6
④ 18.2

해설

$$P_n = \frac{\pi D \cos\alpha}{z} = \frac{\pi \times 84 \times \cos 20°}{21} = 11.8$$

$D = mz = 4 \times 21 = 84$

법선피치(P_n) 구하는 식

$$P_n = \frac{\pi D \cos\alpha}{z}$$

여기서, α=압력각, z=잇수

---

37 평벨트와 비교하여 V벨트의 특징으로 틀린 것은?

① 전동효율이 좋다.
② 고속운전이 가능하다.
③ 정숙한 운전이 가능하다.
④ 축간거리를 더 멀리 할 수 있다.

해설
V벨트 전동 장치는 축간거리 5m 이하에서 사용해야만 하므로 축간거리를 마음대로 할 수는 없다.
V벨트 전동 장치의 특징
• 고속운전이 가능하다.
• 벨트를 쉽게 끼울 수 있다.
• 마찰력이 평 벨트보다 크다.
• 속도는 10~15m/s로 한다.
• 미끄럼이 적고 속도비가 크다.
• 전동 효율은 90~95% 정도이다.
• 평벨트보다 잘 벗겨지지 않는다.
• 축간거리 5m 이하에서 사용한다.
• 바로걸기로만 동력 전달이 가능하다.
• 지름이 작은 풀리에도 사용할 수 있다.
• 축간거리는 평벨트보다 짧게 사용한다.
• 작은 장력으로 큰 회전력을 전달할 수 있다.
• 속도비는 모터와 기구의 비를 1 : 7로 한다.
• 장력조절장치로 벨트의 장력을 조절할 수 있다.
• 접촉 면적이 넓어서 큰 회전력을 전달할 수 있다.
• 이음매가 없어 운전이 정숙하고 충격을 완화시킨다.

---

38 커플링의 설명으로 옳은 것은?

① 플랜지커플링은 축심이 어긋나서 진동하기 쉬운 데 사용한다.
② 플렉시블커플링은 양축의 중심선이 일치하는 경우에만 사용한다.
③ 올덤커플링은 두 축이 평행으로 있으면서 축심이 어긋났을 때 사용한다.
④ 원통커플링의 지름은 축 중심선이 임의의 각도로 교차되었을 때 사용한다.

해설
올덤커플링은 두 축이 평행하면서도 중심선의 위치가 다소 어긋나서 편심이 된 경우 각 속도의 변동 없이 토크를 전달하는데 적합한 축이음 요소이다. 윤활이 어렵고 원심력에 의해 진동이 발생하므로 고속 회전에는 적합하지 않다.

• 플랜지커플링 : 대표적인 고정커플링으로 일직선상의 두 축을 볼트나 키로 연결한 축이음이다.
• 플렉시블커플링 : 두 축의 중심선을 일치시키기 어렵거나 고속 회전 또는 급격한 전달력의 변화로 진동이나 충격이 발생하는 경우에 사용하는 축이음이다.
• 원통커플링 : 바깥둘레가 분할된 주철 재질의 원통으로 두 축의 연결 단을 덮어씌운 후 연강재의 링으로 양 끝을 때려 박아 고정시키는 축이음이다.

---

39 다음 중 축 중심선에 직각 방향과 축 방향의 힘을 동시에 받는데 쓰이는 베어링으로 가장 적합한 것은?

① 앵귤러 볼 베어링
② 원통 롤러 베어링
③ 스러스트 볼 베어링
④ 레이디얼 볼 베어링

해설
① 앵귤러 볼 베어링 : 축 중심선에 직각 방향과 축 방향으로 작용하는 힘을 동시에 지지할 때 사용하는 베어링이다.

40 3,000kgf의 수직방향 하중이 작용하는 나사잭을 설계할 때, 나사잭 볼트의 바깥지름은 얼마인가? (단, 허용응력은 6kgf/mm², 골지름은 바깥지름의 0.8배이다)

① 12mm
② 32mm
③ 74mm
④ 126mm

해설

골지름 $d_1 = \sqrt{\dfrac{4Q}{\pi\sigma_a}} = \sqrt{\dfrac{4\times 3,000\text{N}}{\pi\times 6\text{N/mm}^2}} = 25.23\text{mm}$

바깥지름×0.8=골지름

바깥지름=$\dfrac{25.23}{0.8}$=31.53, 따라서 정답은 ②번이 된다.

나사의 골지름(d_1) 구하는 식

$$d_1 = \sqrt{\dfrac{4Q}{\pi\sigma_a}} = \sqrt{\dfrac{4\times 하중}{\pi\times 허용응력}}$$

제3과목 | 컴퓨터응용가공

41 다음 식은 무엇을 나타낸 방정식인가?

$$X^2 + Y^2 + Z^2 = 1$$

① 원(Circle)
② 포물선(Parabola)
③ 타원(Ellipse)
④ 구(Sphere)

해설

$x^2 + y^2 + z^2 = 1$은 구(Sphere)를 나타내는 방정식이다.

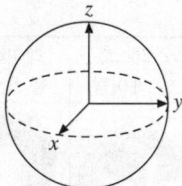

[Sphere]

42 곡면 패치의 4개의 경계곡선을 선형 보간하여 생성되는 곡면은?

① Ferguson 곡면
② Coon's 곡면
③ Bezier 곡면
④ Polygonal 곡면

해설

Coon's 곡면은 자유 곡면을 형성할 때 4개의 위치 벡터와 4개의 경계 곡선을 정의하고, 그 경계조건을 선형 보간하여 곡면을 생성시키는 방법이다.

43 솔리드 모델링 기법의 일종인 특징 형상 모델링 기법의 성격에 대한 설명으로 틀린 것은?

① 모델링 입력을 설계자 또는 제작자에게 익숙한 형상 단위로 수행하는 것이다.
② 전형적인 특징 형상은 모따기(Chamfer), 구멍(Hole), 슬롯(Slot), 포켓(Pocket) 등과 같은 것이다.
③ 모델링된 입체를 제작하는 단계의 공정계획에서 매우 유용하게 사용될 수 있다.
④ 사용 분야와 사용자에 관계없이 특징 형상의 종류가 항상 일정하다는 것이 장점이다.

해설

특징 형상 모델링은 사용분야와 사용자에 따라 특징 형상의 종류가 변한다.

특징 형상 모델링의 특징
• KS규격에 모든 특징 현상들이 정의되어 있지 않다.
• 사용분야와 사용자에 따라 특징 형상의 종류가 변한다.
• 특징 형상의 종류는 많이 적용되는 분야에 따라 결정된다.
• 모델링된 입체 제작의 공정계획에서 매우 유용하게 사용된다.
• 특징 형상을 정의할 때 그 크기를 결정하는 파라미터들도 같이 정의한다.
• 모델링 입력을 설계자나 제작자에게 익숙한 형상 단위로 모델링 할 수 있다.
• 파라미터들을 변경하여 모델의 크기를 바꾸는 것이 특징 형상 모델링의 한 형태이다.
• 전형적인 특징 형상은 모따기(Chamfer), 구멍(Hole), 필릿(Fillet), 슬롯(Slot), 포켓(Pocket)이 있다.

44 곡면형상을 구성하는 가장 작은 단위의 형상 요소를 패치(Patch)라고 한다. 이러한 패치의 종류에 해당되지 않는 것은?

① Coon's Patch
② Scatch Patch
③ Ruled Patch
④ Sweep Patch

해설
곡면형상을 구성하는 가장 작은 단위의 형상요소인 패치에 Scatch Patch는 포함되지 않는다.

46 한 개의 점 P(15, 20)을 원점을 중심으로 반시계 방향으로 30°로 회전변환 후의 좌표값은?

① P(3.99, 24.82)
② P(2.99, 24.82)
③ P(2.99, 22.99)
④ P(3.99, 22.99)

해설
x, y축이 (15, 20)인 2차원을 반시계 방향으로 30° 회전 변환하는 행렬식을 구하면
$$[x', y'] = [15, 20]\begin{bmatrix} \cos 30° & \sin 30° \\ -\sin 30° & \cos 30° \end{bmatrix}$$
$= [15 \times \cos 30° + 20 \times -\sin 30°, \; 15 \times \sin 30° + 20 \times \cos 30°]$
$= [2.99, 24.82]$

45 곡면 모델링 방법에 따른 곡면 분류로 틀린 것은?

① 회전(Revolve) 곡면
② 토폴로지(Topology) 곡면
③ 블렌딩(Blending) 곡면
④ 스윕(Sweep) 곡면

해설
토폴로지(Topology)는 경계를 개별 요소들 간의 연결 관계를 저장하는 경계표현법이다.

47 CAM 시스템을 이용하여 NC 데이터 생성 시 계산된 공구 경로를 각 기계 컨트롤러에 맞게 NC 데이터를 만들어 주는 작업은?

① CNC
② DNC
③ Post Processing
④ Part Program

해설
포스트 프로세서(Post-processor)
CAD 시스템으로 만들어진 형상 모델을 바탕으로 CNC 공작기계의 가공 DATA를 생성하는 프로그램이나 절차를 의미한다.

48 솔리드 표현방식 중 B-rep 방식의 기본 데이터 구조로 틀린 것은?

① 정 점   ② 면
③ 모서리 ④ 직육면체

해설
솔리드모델링에서 B-rep방식의 기본요소
- 점(Vertex)
- 면(Face)
- 모서리(Edge)

49 분산 처리형 시스템이 갖추어야 할 기본 성능이 아닌 것은?

① 여러 시스템 중에서 일부 시스템이 고장이 발생하더라도 나머지는 정상작동되어야 한다.
② 자료 처리 및 계산 작업은 모두 주(Main)시스템에서 이루어져야 한다.
③ 구성된 시스템별 자료는 다른 컴퓨터 시스템 자료의 내용에 변화를 주지 말아야 한다.
④ 사용자가 구성한 자료나 프로그램을 다른 사용자가 사용하고자 할 때는 정보 통신망을 통해서 언제라도 해당 자료를 사용하거나 보내 줄 수 있어야 한다.

해설
분산 처리 시스템의 자료 처리 및 계산 작업은 모두 주(Main) 시스템에서만 이루어지는 것이 아니라, 주프로그램과 부프로그램에 데이터를 분산시켜 서로 동시에 데이터를 처리하게 한다.
분산 처리 시스템(Distributed Processing System)
여러 개의 분산된 데이터의 저장 장소와 처리 시스템들을 네트워크로 연결하여, 주프로그램과 부프로그램에 데이터를 분산시킨 후, 서로 동시에 데이터를 처리하는 방식으로 성능과 신뢰도를 높이며 시스템의 확장을 쉽게 할 수 있다.

50 NURBS(Non-Uniform Rational B-Spline) 곡선에 대한 설명 중 틀린 것은?

① 조정점을 호모지니어스 좌표(Homogeneous Coordinate)계로 표현한다.
② 매듭값(Knot Value) 간의 간격이 일정하다.
③ 곡선의 형상을 국부적으로 수정할 수 있다.
④ 원을 정확하게 표현할 수 있다.

해설
매듭값의 간격이 일정한 것은 B-spline곡선이다.
NURBS(Non-Uniform Rational B-Spline) 곡선의 특징
- Conic 곡선을 표현할 수 있다.
- 곡선의 양 끝점을 반드시 통과해야 한다.
- 조정점을 호모지니어스 좌표계로 표현한다.
- 곡선의 형상을 국부적으로 수정할 수 있다.
- B-spline 곡선식을 포함하는 더 일반적인 형태이다.
- Blending 함수는 B-spline과 같은 함수를 사용한다.
- B-spline에 비해 NURBS 곡선이 보다 자유로운 변형이 가능하다.
- 원, 타원, 포물선, 쌍곡선 등 원추 곡선을 정확하게 나타낼 수 있다.
- 조정점의 가중치(Weight)를 변경하여 곡선 형상을 변화시킬 수 있다.
- B-spline, Bezier 등의 자유곡선 뿐만 아니라 원추곡선까지 한 방정식의 형태로 표현이 가능하다.
- 3차 NURBS 곡선은 특정 노트구간에서 4개의 조정점 외에 4개의 가중치와 절점 벡터의 정보가 이용된다.

51 곡선의 표현식에 매듭값(Knot Value)을 사용하는 것은?

① Bezier 곡선
② Hermite 곡선
③ B-spline 곡선
④ 쌍곡선

해설
B-spline은 원하는 부분의 조정점만을 움직여서 원하는 곡선의 모양을 만들 수 있는 장점을 가진 곡선 공식으로 시작과 끝점을 포함한 네 개의 조정점으로 이루어져 있고 이 B-spline 곡선의 매듭값에는 주기적 매듭값과 비주기적 매듭값이 있다.

정답 48 ④ 49 ② 50 ② 51 ③

52 파트 프로그래밍에서 일반적으로 지원하는 공구 보정기능으로 틀린 것은?

① 공구반경 보정　② 공구길이 보정
③ 공구속도 보정　④ 공구위치 보정

해설
파트 프로그래밍에서는 공구의 반경, 공구 길이, 공구의 위치를 보정하나, 공구의 속도는 보정하지 않는다. 공구속도는 주프로그램에서 지령한다.

53 일반적인 유연생산시스템(Flexible Manufacturing System, FMS)의 장점으로 틀린 것은?

① 높은 기계 가동률로 인하여 필요한 기계수가 감소한다.
② 서로 다른 부품이 배치(Batch)로 분리되어 처리되지 않으므로 재공재고(Work-in-process, WIP)가 배치생산 모드에서보다 증가한다.
③ 높은 생산율과 직접노동에 대한 낮은 의존도로 FMS에서 노동시간당 생산성이 높다.
④ 높은 수준의 자동화는 무인으로 긴 시간 동안 시스템을 운전할 수 있게 해 준다.

해설
유연생산시스템은 하나의 생산라인에 다양한 제품을 투입할 수 있으므로 공정 중 재고인 재공재고가 배치생산시스템보다 감소한다.

54 Wire-EDM과 같이 상하 2축씩을 가지고 있어서 임의의 테이퍼 형상을 가공할 수 있는 것은?

① 2축 가공　② 3축 가공
③ 4축 가공　④ 5축 가공

해설
Wire-EDM(와이어 방전가공) 설비가 상부와 하부에 2축씩 가공이 가능하다면 4축으로 제품 가공이 가능하다.

55 물리적 성질(체적, 관성, 무게, 모멘트 등) 제공이 가능한 방법은?

① 와이어프레임 모델링(Wireframe Modeling)
② 시뮬레이션 모델링(Simulation Modeling)
③ 곡면 모델링(Surface Modeling)
④ 솔리드 모델링(Solid Modeling)

해설
체적이나 관성모멘트, 무게 등의 물리적 성질의 계산이 가능한 모델링은 솔리드 모델링이다. 와이어프레임 모델링은 어떤 계산도 불가능하며, 와이어프레임 모델링은 면적과 같은 간단한 계산만 가능하다.

56 다면체에서 한 면(Face)의 평면법선벡터는 (1, 1, 1)이다. 다음 중 후향면(Back-face) 제거 알고리즘에 의해 이 면이 보이는 경우는?(단, 벡터 M은 이 면에서 관찰자로의 벡터이다)

① M=(-1, 0, -1)
② M=(0, 1, 0)
③ M=(-1, 0, 0)
④ M=(0, -1, 0)

해설
관찰자 좌표값이 양수이면 면이 보이고, 음수이면 면이 보이지 않는다고 이해하면 된다. 따라서 ②번의 관찰자 벡터에 양수가 있으므로 이 면이 후향면 제거 알고리즘에 의해 보인다.

57 도면 데이터를 교환하기 위해 사용되는 DXF(Drawing Interchange Format)파일의 구성 요소로 틀린 것은?

① Header Section
② Tables Section
③ Entities Section
④ Post Section

해설
DXF(Data Exchange File)의 섹션구성
• Header Section
• Table Section
• Entity Section
• Block Section
• End of file Section

58 가벼우면서도 적은 부피를 가지는 평판 디스플레이로 틀린 것은?

① 플라스마 판 디스플레이
② 음극선관(CRT) 디스플레이
③ 액정 디스플레이
④ 전자 발광 디스플레이

해설
CRT 디스플레이는 무겁고 부피가 크다.

59 데이터 전송방식인 RS-232C에 대한 설명으로 틀린 것은?

① 병렬전송 방식이다.
② 비교적 단거리, 낮은 데이터 전송률을 가진 전송방식이다.
③ Parity Check Bit는 데이터의 전송여부를 체크한다.
④ 전송속도는 BPS 또는 Baud-rate로 나타낸다.

해설
RS-232C는 한 번에 한 비트씩 전송되는 직렬전송을 위한 규격이다.
RS-232C
1969년 미국의 EIA(Electric Industries Association)에 의한 정해진 표준 인터페이스로 직렬 2진 데이터의 교환을 목적으로 하는 DTE와 데이터 통신자의 DCE 간의 인터페이스의 제반 사항을 규정한 것이다. 비교적 단거리이며, 낮은 데이터 전송률을 가지며, 전송단위는 BPS로 나타낸다. 또한 Parity Check Bit로 데이터의 전송여부를 체크한다.

60 3차원 형상 표현방법 중 CSG(Constructive Solid Geometry)에 대한 설명으로 옳은 것은?

① 프리미티브(Primitive)와 불리언 연산자에 의한 표현
② 곡면에 의한 표현
③ 스위프(Sweep)에 의한 표현
④ 경계표현

해설
솔리드 모델링의 일종인 CSG 모델링 방식(CSG ; Constructive Solid Geometry)은 솔리드 모델링을 구성할 때 기본 형상(Primitives)들의 Boolean Operation을 이용하여 새로운 솔리드를 생성시키는 모델링 방법이다.

제4과목 | 기계제도 및 CNC공작법

61 스크레이핑 가공기호는?

① FS ② FSU
③ CS ④ FSD

해설
KS B 0107, 금속 가공 공정의 기호에 따르면 가공기호는 아래와 같다.
① FS : 스크레이핑
③ CS : 사형주조

62 표면의 결 도시방법의 기호 설명이 옳은 것은?

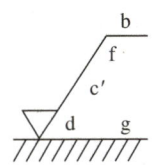

① d : 가공 방법
② g : 기준길이
③ b : 줄무늬 방향 기호
④ f : R_a 이외의 표면거칠기 값

해설
표면의 결 도시기호

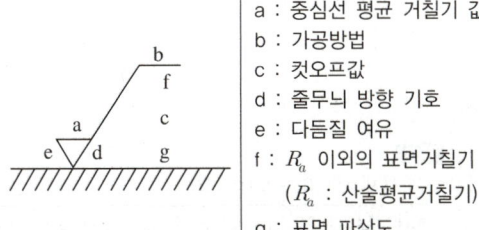

a : 중심선 평균 거칠기 값
b : 가공방법
c : 컷오프값
d : 줄무늬 방향 기호
e : 다듬질 여유
f : R_a 이외의 표면거칠기 값
    (R_a : 산술평균거칠기)
g : 표면 파상도

63 다음과 같이 3각법에 의한 투상도에서 누락된 정면도로 옳은 것은?

①
②
③
④

해설
평면도의 오른측 상단에는 앞에서는 보이지 않는 부분이 대각선으로 정면도에서 그려져야 하므로 보기 ②번과 ④번을 정답의 범위로 압축할 수 있다. 다음으로 평면도의 왼쪽 하단부와 우측면도 왼쪽 상단부의 경계선 모양을 통해서 정면도의 왼쪽 상단에 대각선 형태의 윤곽선인 실선이 표시되어야 하므로 정답이 ④번임을 알 수 있다.

64 다음 중 도면의 내용에 따른 분류가 아닌 것은?

① 부품도
② 전개도
③ 조립도
④ 부분조립도

해설
전개도는 표현 방식에 따른 분류에 속한다.
도면의 분류

구 분	도 명		목 적
용도에 따른 분류	계획도	기본 설계도	기본 설계를 나타내는 계획도
		실시 설계도	실제 제작을 위한 설계를 나타낸 계획도
	제작도	공정도	제조 공정의 도중이나 전체를 나타낸 제작도
		시공도	현장에서 시공을 위해 그린 제작도
		상세도	물체의 구조를 상세하게 나타낸 제작도로 일반적으로 배척으로 그린다.
	주문도		주문자의 물건명, 크기, 형태 등의 정도를 나타낸 도면
	승인도		관계자의 승인을 얻기 위한 도면
	견적도		구매를 위해 물체의 가격을 기록한 도면
	설명도		사용자를 위해 사용 방법을 설명하는 도면
내용에 따른 분류	부품도		부품의 최종 상태에서 구비해야 할 모든 정보를 기록한 도면
	조립도	부분 조립도	물체 중 일부분의 조립상태를 나타낸 조립도
		총 조립도	물체 전체의 조립상태를 나타낸 조립도
	기초도		기계 설치를 위한 기초를 나타낸 도면
	배치도		기계의 설치 위치를 나타낸 도면
	스케치도		실제 제품을 보고 프리핸드로 그린 도면
	장치도		장치의 배치나 제조 공정을 나타낸 도면
표현 방식에 따른 분류	외관도		물체의 외형의 필요 치수를 나타낸 도면
	전개도		물체를 평면으로 전개해서 나타낸 도면
	곡면선도		자동차나 선체 등 복잡한 곡면을 여러 개의 선으로 나타낸 도면
	입체도		물체를 입체적으로 그린 도면으로 축측투상도나 사투상, 투시투상도 등이 있다.
	선 도	계통도	전력이나 배수 등의 계통을 나타낸 선도로 전기 접속도, 배관도, 배선도 등이 있다.
		구조선도	기계나 교량 등의 기본 골조를 나타낸 선도

65 다음과 같은 간략도의 전체를 표현한 것으로 가장 적합한 것은?

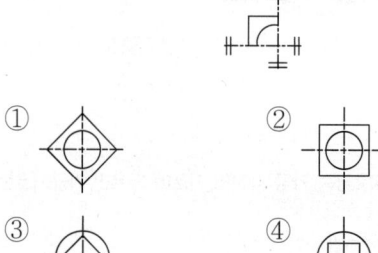

해설
간략도는 도면에 물체의 형상을 간략하게 나타낸 것으로 물체의 좌우 및 상하면을 대칭으로 나타낸 것을 펼치면 정답이 ②번임을 알 수 있다.

66 구멍의 치수 $\phi 50^{+0.03}_{-0.01}$, 축의 치수는 $\phi 50^{+0.01}_{0}$일 때, 최대 틈새는 얼마인가?

① 0.04
② 0.03
③ 0.02
④ 0.01

해설
최대 틈새 = 50.03 - 50 = 0.03

최대 틈새	구멍의 최대 허용 치수-축의 최소 허용 치수

67 재료 기호 "STC"가 나타내는 것은?

① 일반 구조용 압연 강재
② 기계 구조용 탄소 강재
③ 탄소 공구강 강재
④ 합금 공구강 강재

해설
③ STC : 탄소 공구강 강재
① SS : 일반 구조용 압연 강재
② SM : 기계 구조용 탄소 강재
④ STD : 합금공구강(냉간금형)

68 구름 베어링 기호 중 안지름이 10mm인 것은?

① 7000　　② 7001
③ 7002　　④ 7010

해설
베어링의 안지름은 베어링 기호의 뒤 2자리를 통해 알 수 있는데, 10mm는 "00"에 대한 것으로 ①번이다. ④번과 같이 베어링 기호의 뒤 두 자리가 04 이상부터는 5를 곱해 준다.
② 7001 : 12mm
③ 7002 : 15mm
④ 7010 : 50mm

69 크롬 몰리브덴 강재의 KS 재료 기호는?

① SMn　　② SMnC
③ SCr　　④ SCM

해설
SCM에서 S-steel, C-chromium, M-molybdenum이기 때문에 이 재료의 명칭은 크롬 몰리브덴강이다.

70 그림과 같이 나사 표시가 있을 때, 옳은 것은?

① 볼나사 호칭지름 10인치
② 둥근 나사 호칭지름 10mm
③ 미터 사다리꼴나사 호칭지름 10mm
④ 관용 테이퍼 수나사 호칭지름 10mm

해설
Tr10×2
• Tr : 미터 사다리꼴나사
• 10×2 : 호칭지름 10mm×피치 2mm

정답 67 ③ 68 ① 69 ④ 70 ③

71 CNC 공작기계를 운전하는 중에 충돌 등 위급한 상태가 우려될 때 가장 우선적으로 취해야 할 조치법은?

① 공압을 차단한다.
② 배전반의 회로도를 점검한다.
③ Mode 선택 스위치를 수동 상태로 변환한다.
④ 조작반의 비상정지(Emergency Stop) 버튼을 누른다.

해설
CNC 공작기계를 운전할 때 공구와 공작물이 충돌하려 할 때는 그 즉시 조작반의 비상정지 버튼을 눌러야 한다.

72 CNC 선반에서 공구 기능을 설명한 것 중 옳은 것은?

① T0101 : 1번 공구를 1번 공구만 선택
② T0200 : 2번 공구와 0번 공구를 교환
③ T1212 : 12번 공구를 위치보정의 12번 보정량으로 보정
④ T0102 : 2번 공구를 위치보정의 1번 보정량으로 보정

해설
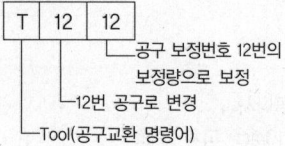

73 CNC 조작판의 기능 스위치 중 절삭속도에 영향을 미치는 스위치는?

① 급속 오버라이드
② 싱글 블록
③ 스핀들 오버라이드
④ 옵셔널 블록 스킵

해설
CNC 공작기계의 조작판에서 절삭속도를 수동으로 조절 가능한 스위치는 스핀들 오버라이드이다.

74 CNC 와이어 컷 방전가공에서 가공액의 기능이 아닌 것은?

① 극간의 절연 회복
② 방전 가공부분의 냉각
③ 방전 폭발 압력의 발생 억제
④ 가공칩의 제거

해설
CNC 와이어 컷 방전가공에서 가공액은 방전 폭발 압력을 발생시키고 극간의 절연을 회복하며 방전 가공부분을 냉각시킨다. 또한 가공칩을 제거하는 역할을 한다. 따라서 ③번은 잘못된 표현이다.

75 머시닝센터 프로그램에서 N10블록 G49의 의미는?

```
N10  G40  G49  G80;
N20  G90  G92  X0.0  Y0.0  Z200;
N30  G43  G00  Z10.0  H01  S1000 M03;
```

① 공구경 보정
② 공구경 보정 취소
③ 공구길이 보정
④ 공구길이 보정 취소

해설
G49(공구길이 보정 취소) : 공구길이 보정을 취소하고 기준 공구 상태로 된다.
① 공구경(공구직경) 보정 : G41(공구지름 왼쪽 보정), G42(공구지름 오른쪽 보정)
② 공구경(공구직경) 보정 취소 : G40
③ 공구길이 보정 : G43(+보정), G44(-보정)

76 다음 그림의 점 P₁에서 P₂ 원호 경로를 가공하기 위하여 증분방식으로 프로그램을 할 때 옳은 것은?

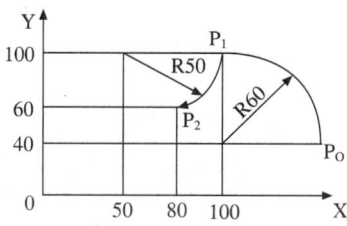

① G90 G02 X-20.0 Y-40.0 I50.0 F100;
② G91 G02 X-20.0 Y-20.0 J-50.0 F100;
③ G90 G02 X20.0 Y-40.0 I-50.0 F100;
④ G91 G02 X-20.0 Y-40.0 I-50.0 F100;

해설
• G91 : 증분지령
• G02 : 시계 방향의 원호가공
• Y-40.0 : Y축이 100에서 60으로 위치의 변화가 있으므로 -40이 된다.
위를 고려하면 정답은 ④번이 된다.

77 그림과 같이 모터 축으로부터 위치 검출을 행하여 볼스크루의 회전 각도를 검출하는 방법을 사용하는 CNC 서보기구는?

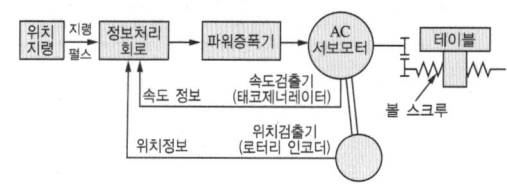

① 개방회로 방식
② 반폐쇄회로 방식
③ 폐쇄회로 방식
④ 반개방회로 방식

해설
반폐쇄회로 방식은 일반적인 CNC 공작기계에 가장 많이 사용되는 방식으로 테이블의 직선 운동을 회전 운동을 검출하는 것으로 서보 모터에서 위치와 속도를 검출하여 피드백(Feed Back)하는 제어방식이다.

CNC 공작기계 서보기구의 제어방식

방식	특 징
개방회로 (Open Loop)	• 피드백이나 위치감지검출 기능이 없고 정밀도가 낮다. • 현재 많이 사용하지 않고 소형, 경량, 정밀도가 낮을 때만 사용한다. • 구동 전동기로 펄스 전동기를 이용하며 제어장치로 입력된 펄스 수만큼 움직이고 검출이나 피드백 회로가 없으므로 구조가 간단하며 펄스 전동기의 회전 정밀도와 볼나사의 정밀도에 직접적인 영향을 받는 방식이다.
폐쇄회로 (Closed Loop)	• NC 기계의 테이블에서 이동량을 직접 검출하므로 정밀도가 좋다. • 현재 NC 기계에 사용되며 모터는 직류서보와 교류서보모터가 사용된다. • 기계의 테이블에 부착된 직접 검출기인 직선 Scale이 위치 검출을 실행하여 피드백하는 방식

정답 75 ④ 76 ④ 77 ②

방식	특징
반폐쇄회로 (Semi-closed loop)	• 일반적인 CNC 공작기계에 가장 많이 사용되는 방식 • 서보 모터에서 위치 검출을 수행하는 방식 • 위치 검출을 서보모터 축이나 볼 스크루의 회전 각도로 검출하기도 한다. • 백래시의 오차를 줄이기 위해 볼스크루를 활용하여 정밀도 문제를 해결한다.
복합회로 (Hybird Control)	• 반폐쇄회로 방식과 폐쇄회로 방식을 모두 갖고 있는 방식 • 정밀도를 더욱 높일 수 있어 대형 기계에 이용된다.

78 머시닝센터 프로그램에서 원호 가공 시 I, J의 의미는?

① 원호의 시작점에서 원호의 끝점까지의 벡터량
② 원호의 중심에서 원호의 시작점까지의 벡터량
③ 원호의 끝점에서 원호의 시작점까지의 벡터량
④ 원호의 시작점에서 원호의 중심점까지의 벡터량

[해설]
머시닝센터에서 I, J, K의 의미는 공구를 증분의 형태로 이동시키는 지령으로 원호의 시작점에서 원호의 중심점까지의 거리(벡터량)를 의미한다.
원점을 기준으로 이동시키는 절대 지령과의 상관관계 = X축-I, Y축-J, Z축-K

79 절삭 중 공구의 떨림이 발생 시 조치사항이 아닌 것은?

① 절삭 깊이를 작게 한다.
② 공구의 돌출량을 길게 한다.
③ 척킹(Chucking) 등 부착 강성을 확인한다.
④ 절삭이송 속도를 조정한다.

[해설]
절삭 중 공구의 떨림을 방지하려면 공구의 돌출량을 가능한 작게 해야 한다.

80 다음 CNC 선반 프로그램에서 시퀀스 번호 N40에서의 주축 회전수는 약 몇 rpm인가?

```
N10  G50  S200.0  Z200.0  S1200  M41;
N20  G96  S120  M03;
N30  G00  X85.0  Z3.0;
N40  G01  Z-15.0  F0.2;
```

① 350
② 420
③ 450
④ 1,200

[해설]
N20에서 절삭속도를 120mm/min로 지령하였으므로
$n = \dfrac{1,000v}{\pi d} = \dfrac{1,000 \times 120}{\pi \times 85} ≒ 450 \text{rpm}$

78 ④ 79 ② 80 ③

2015년 제2회 과년도 기출문제

제1과목 | 기계가공법 및 안전관리

01 일반적으로 직경(외경)을 측정하는 공구로써 가장 거리가 먼 것은?

① 강철자
② 그루브 마이크로미터
③ 버니어 캘리퍼스
④ 지시 마이크로미터

해설
그루브 마이크로미터
스핀들에 플랜지가 부착되어 있어 구멍과 튜브 내외부에 있는 홈의 너비와 깊이, 위치 등의 측정에 사용되는 측정기로 외경은 측정이 불가능하다.

02 선반가공에서 φ100×400인 SM45C 소재를 절삭 깊이 3mm, 이송속도를 0.2mm/rev, 주축 회전수를 400rpm으로 1회 가공할 때, 가공 소요시간은 약 몇 분인가?

① 2
② 3
③ 5
④ 7

해설
$T = \dfrac{l}{n \cdot f} = \dfrac{400}{400 \times 0.2} = 5\min$

선반가공의 가공시간(T) 구하는 식

$$T[\min] = \dfrac{l}{n \cdot f} = \dfrac{\text{가공할 길이(mm)}}{\text{회전수(rpm)} \times \text{이송속도(mm/rev)}}$$

03 마찰면이 넓은 부분 또는 시동횟수가 많을 때 사용하고 저속 및 중속 축의 급유에 사용되는 급유방법은?

① 담금급유법
② 패드급유법
③ 적하급유법
④ 강제급유법

해설
적하급유법은 마찰면이 많거나 시동 횟수가 많을 때 저속이나 중속용 축에 급유하는 방식이다.

윤활제의 급유방법

종 류	특 징
손급유법 (핸드 급유법)	윤활부위에 오일을 손으로 급유하는 가장 간단한 방식으로 윤활이 크게 문제되지 않는 저속, 중속의 소형기계나 간헐적으로 운전되는 경하중의 기계에 이용된다.
적하 급유법	급유할 마찰면이 넓은 경우나 시동 횟수가 많을 때, 저속이나 중속의 축에 윤활유를 연속적으로 공급하기 위해 사용되는 방법으로 니들밸브를 이용하여 급유량을 정확히 조절할 수 있다.
분무 급유법	액체 상태의 기름에 9.81N/cm²의 압축공기를 이용하여 소량의 오일을 미스트화시켜서 베어링이나 기어, 슬라이드, 체인 드라이브 등에 급유하고, 압축공기는 냉각제의 역할을 하도록 고안된 급유방법
패드 급유법	털실, 무명실, 펠트 등으로 만든 패드를 오일 속에 침지시켜 패드의 모세관 현상을 이용하여 각 윤활부위에 공급하는 방식으로 경하중용 베어링에 많이 사용된다.
기계식 강제 급유법	기계 본체의 회전축에 부착된 캠이나 모터에 의해 구동되는 소형 플런저 펌프에 의한 급유방식으로 비교적 소량이면서 고속으로 윤활부에 간헐적으로 압송시켜 급유한다.

04 수공구를 사용할 때 안전수칙 중 거리가 먼 것은?
① 스패너를 너트에 완전히 끼워서 뒤쪽으로 민다.
② 멍키렌치는 아래턱(이동 Jaw) 방향으로 돌린다.
③ 스패너를 연결하거나 파이프를 끼워서 사용하면 안 된다.
④ 멍키렌치는 웜과 랙의 마모에 유의하고 물림상태 확인 후 사용한다.

[해설]
스패너나 멍키와 같은 조립용 수공구는 밀지 않고 당겨서 사용한다.

05 다음 센터구멍의 종류로 옳은 것은?

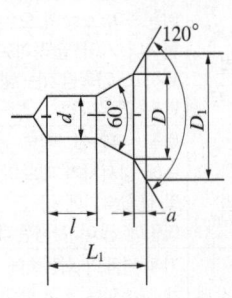

① A형
② B형
③ C형
④ D형

[해설]
도면상의 센터구멍은 KS 규격에 의해 B형으로 분류된다.
센터구멍의 종류

A형	B형	C형

06 일반적으로 방전가공 작업 시 사용되는 가공액의 종류 중 가장 거리가 먼 것은?
① 변압기유
② 경 유
③ 등 유
④ 휘발유

[해설]
방전가공은 절연성인 부도체의 가공액을 사용하는데, 그 종류에는 경유나 등유, 변압기유가 사용된다. 그러나 휘발유는 폭발의 위험으로 사용되지 않는다.

07 밀링머신에서 절삭속도 20m/min, 페이스커터의 날 수 8개, 직경 120mm, 1날당 이송 0.2mm일 때 테이블 이송속도는?
① 약 65mm/min
② 약 75mm/min
③ 약 85mm/min
④ 약 95mm/min

[해설]
$f = f_z \times z \times n = 0.2 \times 8 \times 53 = 84.8 \, mm/min$

$n = \dfrac{1,000v}{\pi d} = \dfrac{1,000 \times 20 min}{\pi \times 120 mm} = 53 \, rpm$

밀링머신의 테이블 이송속도(f) 구하는 식
$f = f_z \times z \times n$
여기서, f : 테이블의 이송속도(mm/min)
f_z : 밀링 커터날 1개의 이송(mm)
z : 밀링 커터날의 수
n : 밀링 커터의 회전수(rpm)

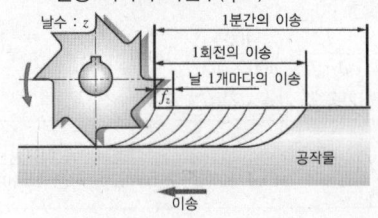

08 비교 측정에 사용되는 측정기가 아닌 것은?

① 다이얼 게이지 ② 버니어 캘리퍼스
③ 공기 마이크로미터 ④ 전기 마이크로미터

해설
버니어 캘리퍼스는 대표적인 길이측정기로, 비교측정기로는 사용하지 않는다.

09 절삭제의 사용 목적과 거리가 먼 것은?

① 공구의 온도상승 저하
② 가공물의 정밀도 저하방지
③ 공구수명 연장
④ 절삭저항의 증가

해설
절삭제는 절삭공구와 칩 사이의 마찰인 절삭저항을 감소시키기 위해 사용한다.
절삭작업에 사용하는 절삭제의 역할
• 구성인선의 발생을 억제해 준다.
• 가공면의 표면 거칠기를 향상시킨다.
• 절삭공구와 칩 사이의 마찰을 감소시킨다.
• 절삭 시 열을 감소시켜 공구수명을 연장시킨다.

10 절삭공구를 연삭하는 공구연삭기의 종류가 아닌 것은?

① 센터리스 연삭기 ② 초경공구 연삭기
③ 드릴 연삭기 ④ 만능공구 연삭기

해설
센터리스 연삭기는 가늘고 긴 원통형의 공작물을 센터나 척으로 고정하지 않고 바깥지름이나 안지름을 연삭하는 가공방법으로 연삭 숫돌바퀴, 조정 숫돌바퀴, 받침날의 3요소가 공작물의 위치를 유지한 상태에서 연삭 숫돌바퀴로 공작물을 연삭한다.

11 척에 고정할 수 없으며 불규칙하거나 대형 또는 복잡한 가공물을 고정할 때 사용하는 선반 부속품은?

① 면판(Face Plate)
② 맨드릴(Mandrel)
③ 방진구(Work Rest)
④ 돌리개(Straight tail Dog)

해설
면판(Face Plate) : 척으로 고정하기 힘든 큰 크기의 공작물이나 불규칙하고 복잡한 형상의 공작물을 고정할 때 사용한다.

면판 – 공작물 장착 전   면판 – 공작물 장착 후

12 절삭 날 부분을 특정한 형상으로 만들어 복잡한 면을 갖는 공작물의 표면을 한 번에 가공하는데 적합한 밀링커터는?

① 총형 커터 ② 엔드 밀
③ 앵귤러 커터 ④ 플레인 커터

해설
① 총형 커터 : 밀링 가공 시 커터의 형상을 구멍의 형상과 동일하게 만들어진 절삭용 공구로 공작물의 표면을 한 번에 가공할 수 있다.

13 선반의 주축을 중공축으로 한 이유로 틀린 것은?

① 굽힘과 비틀림 응력의 강화를 위하여
② 긴 가공물 고정이 편리하게 하기 위하여
③ 지름이 큰 재료의 테이퍼를 깎기 위하여
④ 무게를 감소하여 베어링에 작용하는 하중을 줄이기 위하여

해설
선반에서 주축을 중공축으로 만든 이유는 긴 공작물을 고정시켜 가공하기 위해서이다.

14 호브(Hob)를 사용하여 기어를 절삭하는 기계로써, 차동 기구를 갖고 있는 공작기계는?

① 레이디얼 드릴링 머신
② 호닝 머신
③ 자동 선반
④ 호빙 머신

해설
호빙머신
절삭공구인 "호브"를 사용해서 기어의 치면을 절삭하는 공작기계

15 연삭숫돌의 원통도 불량에 대한 주된 원인과 대책으로 옳게 짝지어진 것은?

① 연삭숫돌의 눈 메움 : 연삭숫돌의 교체
② 연삭숫돌의 흔들림 : 센터 구멍의 홈 조정
③ 연삭숫돌의 입도가 거침 : 굵은 입도의 연삭숫돌 사용
④ 테이블 운동의 정도 불량 : 정도검사, 수리, 미끄럼 면의 윤활을 양호하게 할 것

해설
• 눈 메움 : 드레서 공구로 숫돌 표면의 숫돌 입자를 제거한다.
• 숫돌 흔들림 : 연삭숫돌 교체
• 입도 거침 : 연하고 연성이 있는 재료를 연삭한다.

16 기계가공법에서 리밍 작업 시 가장 옳은 방법은?

① 드릴 작업과 같은 속도와 이송으로 한다.
② 드릴 작업보다 고속에서 작업하고 이송을 작게 한다.
③ 드릴 작업보다 저속에서 작업하고 이송을 크게 한다.
④ 드릴 작업보다 이송만 작게 하고 같은 속도로 작업한다.

해설
리밍은 리머 공구로 구멍의 내면을 다듬는 작업이므로 드릴 작업보다 저속으로 하며, 이송은 크게 한다. 절삭 가공에서 일반적으로 내면을 작업할 때는 외면을 작업할 때보다 절삭속도를 줄여서 한다.

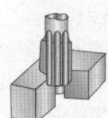

17 사인바(Sine Bar)의 호칭 치수는 무엇으로 표시하는가?

① 롤러 사이의 중심거리
② 사인바의 전장
③ 사인바의 중량
④ 롤러의 직경

해설
사인바의 호칭 치수는 롤러 사이의 중심거리(L)로 표시한다.

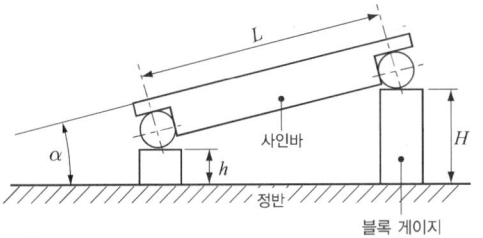

18 다음과 같이 표시된 연삭숫돌에 대한 설명으로 옳은 것은?

WA 100 K 5 V

① 녹색 탄화규소 입자이다.
② 고운눈 입도에 해당된다.
③ 결합도가 극히 경하다.
④ 메탈 결합제를 사용했다.

해설
• WA : 숫돌입자, 알루미나계 연삭숫돌로 순도가 높은 백색
• 100 : 입도, 경질연삭용으로 입도는 고운 입도
• K : 결합도, 결합제의 세기로 연한 결합도
• 5 : 조직, 치밀한 조직
• V : 결합제, 비트리파이드

19 견고하고 금긋기에 적당하며, 비교적 대형으로 영점 조정이 불가능한 하이트게이지로 옳은 것은?

① HT형   ② HB형
③ HM형   ④ HC형

해설
하이트게이지의 종류 중에서 비교적 대형으로 영점 조정이 불가능하나 견고하며 금긋기에 적당한 것은 HM형이다.

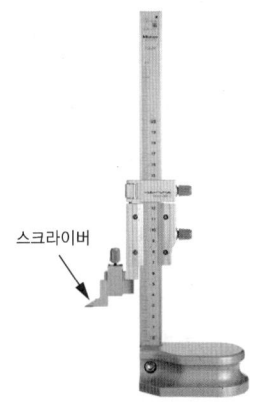

20 탁상 연삭기 덮개의 노출각도에서 숫돌 주축 수평면 위로 이루는 원주의 최대 각은?

① 45°   ② 65°
③ 90°   ④ 120°

해설
탁상 연삭기 덮개의 노출각도 : 숫돌 주축의 수평면을 기준으로 최대 65°이다.

제2과목 | 기계설계 및 기계재료

21 용광로의 용량으로 옳은 것은?

① 1회 선철의 총생산량
② 10시간 선철의 총생산량
③ 1일 선철의 총생산량
④ 1개월 선철의 총생산량

해설
용광로(고로)의 용량은 1일 선철의 총생산량으로 표시한다.

22 18-8형 스테인리스강의 설명으로 틀린 것은?

① 담금질에 의하여 경화되지 않는다.
② 1,000~1,100℃로 가열하여 급랭하면 가공성 및 내식성이 증가된다.
③ 고온으로부터 급랭한 것을 500~850℃로 재가열하면 탄화크롬이 석출된다.
④ 상온에서는 자성을 갖는다.

해설
오스테나이트계인 18-8형 스테인리스강은 비자성체로 자성을 갖지 않는다.
오스테나이트계 스테인리스강(18-8형)의 특징
• 응력부식과 균열에 민감하다.
• 냉간가공에 의해서만 경화된다.
• 비자성체이며 내부식성이 뛰어나다.
• 냉간가공이 증가되면 오히려 성형성이 떨어진다.
• 주방기구, 열교환부품 등 비구조용 재료로 이용된다.
• Cr 18% + Ni 8%, Mn 등의 원소가 Fe과 합금되어 있다.
• 모든 스테인리스강 중에서 가장 연성이 크고 쉽게 성형된다.
• 급랭한 재료를 500~800℃로 재가열하면 탄화크롬이 석출된다.
• 내식성이 우수하나 염산이나 염소가스, 황산 등에 매우 취약하다.
• 1,000~1,100℃로 가열하여 급랭하면 가공성과 내식성이 증가된다.
• 내부의 응력 제거를 위해 800℃에서 2~4시간 유지 후 노랭이나 공랭한다.

23 전연성이 좋고 색깔이 아름다우므로 장식용 악기 등에 사용되는 5~20% Zn이 첨가된 구리합금은?

① 톰백(Tombac)
② 백 동
③ 6 : 4 황동(Muntz Metal)
④ 7 : 3 황동(Cartridge Brass)

해설
Cu에 Zn을 5~20% 합금시킨 황동은 톰백이다. 일반적으로 암기할 때는 "5×20=100"을 연상하여 암기한다.
황동의 종류

톰 백	Cu에 Zn을 5~20% 합금한 것으로 색깔이 아름다워 주로 장식용 재료가 되며 냉간가공이 쉽게 되어 단추나 금박, 금 모조품으로도 사용되는 황동의 일종이다.
문쯔메탈	60%의 Cu(구리)와 40%의 Zn(아연)이 합금된 것으로 인장강도가 최대이며, 강도가 필요한 단조제품이나 볼트, 리벳 등의 재료로 사용한다.
알브락	Cu(구리) 75% + Zn(아연) 20% + 소량의 Al, Si, As 등의 합금이다. 해수에 강하며 내식성과 내침수성이 커서 복수기관과 냉각기관에 사용한다.
애드미럴티 황동	7 : 3황동에 Sn(주석) 1%를 합금한 것으로 콘덴서 튜브에 사용한다.
델타메탈	6 : 4 황동에 1~2% Fe을 첨가한 것으로, 강도가 크고 내식성이 좋아서 광산기계, 선박용 기계, 화학용 기계에 사용한다.
쾌삭황동	황동에 Pb(납)을 0.5~3% 합금한 것으로 절삭성 향상을 위해 사용한다.
납 황동	3% 이하의 납을 6 : 4 황동에 첨가하여 절삭성을 향상시킨 쾌삭 황동으로 기계적 성질은 다소 떨어진다.
강력 황동	4 : 6황동에 Mn, Al, Fe, Ni, Sn 등을 첨가하여 한층 더 강력하게 만들어진 황동이다.
네이벌 황동	구리 합금 중 6 : 4황동에 0.8% 정도의 주석을 첨가한 것으로 내해수성이 강해서 선박용 부품에 사용한다.

24 어떤 종류의 금속이나 합금을 절대영도 가까이 냉각하였을 때, 전기저항이 완전히 소멸되어 전류가 감소하지 않는 상태는?

① 초소성 ② 초전도
③ 감수성 ④ 고상접합

해설
초전도 현상 : 재료를 극저온인 절대영도까지 냉각시키면 전기저항이 0에 접근하고 전류가 감소하지 않는 현상

25 내열용 알루미늄 합금이 아닌 것은?

① Y합금 ② 로엑스(Lo-Ex)
③ 두랄루민 ④ 코비탈륨

해설
알루미늄 합금의 종류 및 특징

분류	종류	구성 및 특징
주조용 (내열용)	실루민	• Al+Si(10~14% 함유), 알팩스로도 불린다. • 해수에 잘 침식되지 않는다.
	라우탈	• Al+Cu 4%+Si 5% • 열처리에 의하여 기계적 성질을 개량할 수 있다.
	Y합금	• Al+Cu+Mg+Ni • 내연기관용 피스톤, 실린더 헤드의 재료로 사용된다.
	로엑스 합금 (Lo-Ex)	• Al+Si 12%+Mg 1%+Cu 1%+Ni • 열팽창 계수가 적어서 엔진, 피스톤용 재료로 사용된다.
	코비탈륨	• Al+Cu+Ni에 Ti, Cu 0.2% 첨가 • 내연기관의 피스톤용 재료로 사용된다.
가공용	두랄루민	• Al+Cu+Mg+Mn • 고강도로서 항공기나 자동차용 재료로 사용된다.
	알클래드	• 고강도 Al합금에 다시 Al을 피복한 것
내식성	알민	• Al+Mn • 내식성과 용접성이 우수한 알루미늄 합금
	알드레이	• Al+Mg+Si • 강인성이 없고 가공변형에 잘 견딘다.
	하이드로날륨	• Al+Mg • 내식성과 용접성이 우수한 알루미늄 합금

26 뜨임의 목적이 아닌 것은?

① 탄화물의 고용강화
② 인성 부여
③ 담금질할 때 생긴 내부응력 감소
④ 내마모성의 향상

해설
뜨임(Tempering)처리는 담금질 작업 직후에 바로 실시하는 작업으로 내부에 남아 있는 잔류 응력 제거나 인성 부여와 관련이 있으나, 탄화물의 고용강화와는 거리가 멀며 내마모성 향상과 직접적인 관련은 담금질에 있으나, 너무 경한 재료의 조직을 변화시키는 작업으로서 뜨임과 일부분은 관련이 있으므로 ④번도 뜨임의 목적에 속한다.

열처리의 기본 4단계
• 담금질(Quenching) : 재질을 경화시킬 목적으로 강을 오스테나이트조직의 영역으로 가열한 후 급랭시켜 강도와 경도를 증가시키는 열처리법이다.
• 뜨임(Tempering) : 담금질 한 강을 A_1변태점(723℃) 이하로 가열 후 서랭하는 것으로 담금질로 경화된 재료에 인성을 부여하고 내부응력을 제거한다.
• 풀림(Annealing) : 재질을 연하고 균일화시킬 목적으로 실시하는 열처리법으로 완전풀림은 A_3변태점(968℃) 이상의 온도로, 연화풀림은 650℃ 정도의 온도로 가열한 후 서랭한다.
• 불림(Normalizing) : 담금질 정도가 심하거나 결정입자가 조대해진 강을 표준조직으로 만들기 위하여 A_3변태점(968℃)이나 A_{cm}(시멘타이트)점 이상의 온도로 가열 후 공랭시킨다.

27 탄소강의 상태도에서 공정점에서 발생하는 조직은?

① Pearlite, Cementite
② Cementite, Austenite
③ Ferrite, Cementite
④ Austenite, Pearlite

해설
공정반응이 일어나는 공정점에서는 시멘타이트와 오스테나이트 조직이 동시에 정출된다.

공정반응
두 개의 성분 금속이 용융 상태에서는 하나의 액체로 존재하나 응고 시에는 1,150℃에서 일정한 비율로 두 종류의 금속이 동시에 정출되어 나오는 반응

정답 24 ② 25 ③ 26 ① 27 ②

28 주철용해용 고주파 유도 용해로(전기로)의 크기 표시는?

① 매시간당 용해톤(ton)수
② 1일 총용해톤(ton)수
③ 1회 최대 용해톤(ton)수
④ 8시간 조업 용해톤(ton)수

해설
전기로는 전기를 열원으로 하여 금속을 용해하는 노(Furnace)로 전기의 사용 방식에 따라 아크로, 저항로, 유도로 등이 있는데, 용량 표시는 1회당 용해할 수 있는 최대 양을 ton으로 표시한다.

29 담금질한 강을 재가열할 때 600°C 부근에서의 조직은?

① 소르바이트
② 마텐자이트
③ 트루스타이트
④ 오스테나이트

해설
담금질한 강을 600°C로 재가열하면 소르바이트 조직이 나타난다.

30 풀림의 목적을 설명한 것 중 틀린 것은?

① 강의 경도가 낮아져서 연화된다.
② 담금질 된 강의 취성을 부여한다.
③ 조직이 균일화, 미세화, 표준화된다.
④ 가스 및 불순물의 방출과 확산을 일으키고, 내부 응력을 저하시킨다.

해설
풀림은 담금질된 강의 연성을 부여하는 것으로 취성과는 거리가 멀다.

31 V벨트의 사다리꼴 단면의 각도(θ)는 몇 도인가?

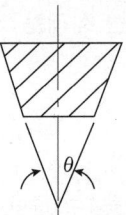

① 30°　　② 35°
③ 40°　　④ 45°

해설
V벨트의 사다리꼴 단면 각도는 40°이며, 크기는 작은 순으로 M, A, B, C, D, E형이 있다.

32 1줄 리벳 겹치기 이음에서 강판의 효율(η_1)을 나타내는 식은?(단, p : 리벳의 피치, d : 리벳구멍의 지름, t : 강판의 두께, σ_t : 강판의 인장응력이다)

① $\dfrac{d-p}{d}$　　② $\dfrac{p-d}{p}$
③ $pt\sigma_t$　　④ $(p-d)t\sigma_t$

해설
리벳이음에서 강판의 효율(η) 구하는 식

$$\eta = \frac{구멍이\ 있을\ 때의\ 인장력}{구멍이\ 없을\ 때의\ 인장력} = 1-\frac{d}{p} = \frac{p-d}{p}$$

여기서, d=리벳 지름, p=리벳의 피치

33 너클 핀 이음에서 인장력이 50kN인 핀의 허용전단응력을 50MPa이라고 할 때, 핀의 지름 d는 몇 mm인가?

① 22.8　　② 25.2
③ 28.2　　④ 35.7

해설

$$d = \sqrt{\frac{2Q}{\pi \tau_a}} = \sqrt{\frac{2 \times 50,000}{\pi \times 50 \times 10^6 \times 10^{-6}(\text{단위환산})}} = 25.23\text{mm}$$

Pa=N/m²이므로 mm 단위로 변환하려면 10^6을 대입해야 한다.

34 어떤 축이 굽힘모멘트 M과 비틀림모멘트를 T를 동시에 받고 있을 때, 최대 주응력설에 의한 상당 굽힘모멘트 M_e는?

① $M_e = \frac{1}{2}(M + \sqrt{M+T})$

② $M_e = \frac{1}{2}(M^2 + \sqrt{M+T})$

③ $M_e = \frac{1}{2}(M + \sqrt{M^2 + T^2})$

④ $M_e = \frac{1}{2}(M^2 + \sqrt{M^2 + T^2})$

해설

상당 굽힘모멘트(M_e) 및 상당 비틀림모멘트(T_e) 구하는 식

상당 굽힘모멘트(M_e)	상당 비틀림모멘트(T_e)
$M_e = \frac{1}{2}(M + \sqrt{M^2 + T^2})$	$T_e = \sqrt{M^2 + T^2}$

여기서, M : 굽힘모멘트
　　　　T : 비틀림모멘트

35 다음 나사산의 각도 중 틀린 것은?

① 미터보통나사 60°
② 관용평행나사 55°
③ 유니파이보통나사 60°
④ 미터사다리꼴나사 35°

해설

미터나사리꼴 나사의 나사산각은 30°이다.

나사의 종류 및 특징

명칭		용도	특징
삼각나사	미터 나사	기계조립(체결용)	• 미터계 나사 • 나사산의 각도 60° • 나사의 지름과 피치를 mm로 표시한다.
	유니파이 나사	정밀기계조립(체결용)	• 인치계 나사 • 나사산의 각도 60° • 미, 영, 캐나다 협정으로 만들어져 ABC나사라고도 한다.
	관용 나사	유체기기결합(체결용)	• 인치계 나사 • 나사산의 각도 55° • 관용평행나사 : 유체기기 등의 결합에 사용한다. • 관용테이퍼나사 : 기밀유지가 필요한 곳에 사용한다.
사각 나사		동력전달용	• 프레스 등의 동력전달용으로 사용한다. • 축방향의 큰 하중을 받는 곳에 사용한다.
사다리꼴 나사		공작기계의 이송용(운동용)	• 애크미 나사라고도 불린다. • 인치계 사다리꼴(TW) : 나사산 각도 29° • 미터계 사다리꼴 나사(Tr) : 나사산 각도 30°
톱니 나사		힘의 전달(운동용)	• 힘을 한쪽 방향으로만 받는 곳에 사용한다. • 바이스, 압착기 등의 이송용 나사로 사용한다.
둥근 나사		전구나 소켓(운동용)	• 나사산이 둥근모양이다. • 너클 나사라고도 불린다. • 먼지나 모래가 많은 곳에서 사용한다. • 나사산과 골이 같은 반지름의 원호로 이은 모양이다.

정답 33 ② 34 ③ 35 ④

명칭	용도	특징
볼나사	정밀 공작기계의 이송장치 (운동용)	• 나사축과 너트 사이에 강재 볼을 넣어 힘을 전달한다. • 백래시를 작게 할 수 있고 높은 정밀도를 오래 유지할 수 있으며 효율이 가장 좋다.

37 자전거의 래칫휠에 사용되는 클러치는?

① 맞물림 클러치
② 마찰 클러치
③ 일방향 클러치
④ 원심 클러치

해설
자전거용 래칫휠은 한 방향으로만 회전하는 일방향 클러치를 사용한다.

36 축간거리 55cm인 평행한 두 축 사이에 회전을 전달하는 한 쌍의 스퍼기어에서 피니언이 124 회전할 때, 기어를 96 회전시키려면 피니언의 피치원 지름은?

① 48cm
② 62cm
③ 96cm
④ 124cm

해설
$\dfrac{N_1(기어)}{N_2(피니언)} = \dfrac{D_2}{D_1}$, $\dfrac{96}{124} = \dfrac{D_2}{D_1}$

$D_2 = D_1 \times \dfrac{96}{124}$

축간거리 $C = \dfrac{D_1 + D_2}{2}$

$55\text{cm} = \dfrac{D_1 + D_2}{2}$

$D_1 + D_2 = 110\text{cm}$

$D_1 + \dfrac{96}{124}D_1 = 110$

$\dfrac{124 + 96}{124}D_1 = 110$

$D_1 = 110 \times \dfrac{124}{220} = 62\text{cm}$

따라서, 기어의 지름인 $D_2 = 110 - 62 = 48\text{cm}$

38 스프링의 자유높이 H와 코일의 평균지름 D의 비를 무엇이라 하는가?

① 스프링 지수
② 스프링 변위량
③ 스프링 상수
④ 스프링 종횡비

해설
스프링종횡비$(H_f) = \dfrac{H(스프링자유높이)}{D_2(코일의 평균지름)}$

39 각속도가 30rad/sec인 원운동을 rpm단위로 환산하면 얼마인가?

① 157.1rpm ② 186.5rpm
③ 257.1rpm ④ 286.5rpm

해설

$1\,\text{rad} = \dfrac{360°}{2\pi} = \dfrac{180°}{\pi} = 57.296°$

1s당 30rad이므로 60s(=1min)은 1,800rad이 된다.

$\dfrac{1,800\,\text{rad} \times 57.296°}{360°} = 286.48\,\text{rev/min}(=\text{rpm})$

40 보통운전으로 회전수 300rpm, 베어링하중 110N을 받는 단열 레이디얼 볼 베어링의 기본 동정격하중은?(단, 수명은 6만 시간이고, 하중계수는 1.5이다)

① 1,693N ② 169.3N
③ 1,650N ④ 165.0N

해설

$L_h = 500\left(\dfrac{C}{P}\right)^3 \dfrac{33.3}{N}$

$\left(\dfrac{C}{P}\right)^3 = L_h \times \dfrac{N}{33.3} \times \dfrac{1}{500}$

$\dfrac{C}{P} = \sqrt[3]{L_h \times \dfrac{N}{33.3} \times \dfrac{1}{500}}$

$C = P \times \sqrt[3]{L_h \times \dfrac{N}{33.3} \times \dfrac{1}{500}}$

$C = (110\text{N} \times 1.5) \times \sqrt[3]{60,000 \times \dfrac{300}{33.3} \times \dfrac{1}{500}} = 1,693.4\text{N}$

베어링 수명 구하는 식

$L_h = 500\left(\dfrac{C}{P}\right)^3 \dfrac{33.3}{N}$

여기서, C : 기본부하용량(동정격하중)
P : 베어링 하중 N : 회전수

제3과목 | 컴퓨터응용가공

41 CNC 공작기계에 대한 설명 중 틀린 것은?

① CNC 컨트롤러는 기계를 제어하기 위한 특수 목적의 컴퓨터로 볼 수 있다.
② 1세대 NC 공작기계는 NC 프로그램을 저장할 메모리가 없다.
③ CNC 공작기계의 두뇌라고 할 수 있는 기계제어장치(MCU)는 데이터처리장치(DPU)와 제어루프장치(CLU)로 구성된다.
④ CNC 공작기계의 데이터처리장치(DPU)는 축의 위치, 속도 등을 제어한다.

해설

CNC 공작기계에서 축의 위치와 속도는 서보 모터에 의해 제어된다. DPU(Data Processing Unit)는 이송속도나 위치 결정의 연산, 직선 및 원호 보간의 연산에 사용되는 장치이다.

42 NC 기계의 DNC 통신에서 병렬포트가 아니라 직렬포트를 쓰는 이유에 대한 설명 중 가장 거리가 먼 것은?

① 통신 속도가 빠르다.
② 데이터 손실이 적다.
③ 데이터를 주고받을 수 있다.
④ 잡음에 대한 성능이 우수하다.

해설

DNC 통신에서 직렬포트를 쓰는 이유는 통신 속도는 느리나 데이터 손실이 적고, 양방향 통신이 가능하며 잡음에 대한 성능이 우수하기 때문이다.
DNC(Distributed Numerical Control, 직접수치제어)
중앙의 1대 컴퓨터에서 여러 대의 CNC 공작기계에 데이터를 분배하여 전송함으로써 동시에 여러 대의 기계를 운전할 수 있는 시스템으로 외부 컴퓨터에서 작성한 NC 프로그램을 CNC 공작기계에 송수신하면서 가공하는 방식이다. 군관리나 군제어로 불리기도 한다.

정답 39 ④ 40 ① 41 ④ 42 ①

43 자주 설계되는 홀(Hole), 키 슬롯(Key Slot), 포켓(Pocket) 등을 라이브러리(Library)에 미리 갖추어 놓고, 필요 시 이들을 단품설계에 사용하는 모델링 방식은 무엇인가?

① Parametric Modeling
② Feature-based Modeling
③ Surface Modeling
④ Boolean Operation

해설
특징형상 모델링은 설계자에 친숙한 형상단위로 물체를 모델링할 수 있는데 대부분의 시스템이 제공하는 전형적인 특징형상으로는 모따기(Chamfer), 구멍(Hole), 슬롯(Slot), 포켓(Pocket) 등이 있다.

44 방정식 $ax+by+c=0$이라는 식으로 표현 가능한 것은?

① 포물선
② 타 원
③ 직 선
④ 원

해설
"$ax+by+c=0$"으로 표현이 가능한 선은 Polygonal Line(꺾은선)형태의 직선만 가능하다.

45 서피스 모델의 특징으로 가장 거리가 먼 것은?

① 은선 제거가 가능하다.
② NC 가공 정보를 얻을 수 있다.
③ 2개 면의 교선을 구할 수 있다.
④ 체적, 관성모멘트 등 물리적 성질을 계산하기가 용이하다.

해설
서피스 모델링에서는 체적이나 관성모멘트와 같은 물리적 성질의 계산이 어렵기 때문에 이를 계산할 필요가 있을 때에는 솔리드 모델링을 사용해야 한다.

46 CL DATA를 이용하여 CNC 공작기계의 제어부에 맞게 NC DATA를 생성하는 과정을 무엇이라 하는가?

① 후처리
② 공구경로 검증
③ CL 데이터 생성
④ 데이터베이스

해설
CAM 시스템의 후처리란 곡선 또는 곡면의 CL 데이터를 공작기계가 인식할 수 있는 NC 코드로 변환시키는 작업이다.

47 CPU 내에서 자료를 처리할 때 발생하는 자료 이동의 병목 현상을 감소시키기 위한 것은?

① Instruction Set
② Cache Memory
③ Coprocessor
④ BIOS

> **해설**
> Cache Memory
> 주기억 장치와 CPU(중앙처리장치) 사이에서 속도 차이를 줄이기 위해 데이터와 명령어를 일시적으로 저장하는 고속기억장치로 자료 처리 시 병목현상을 방지한다.
> • Instruction Set(명령어 집합) : 컴퓨터나 프로그램 언어, 프로그래밍 시스템에서의 명령어 집합
> • Coprocessor : 컴퓨터 내에서 CPU와 같은 역할을 하는 보조 프로세서로 수치 연산을 고속으로 실행하므로 좀 더 빠른 수치 계산이나 그래픽 화상처리가 가능하다.
> • BIOS : 컴퓨터에 전원을 연결시켰을 때, 하드웨어가 작동하기 위해 필요한 기본적인 기능을 수행할 수 있도록 하는 정보의 수록 장소

48 솔리드 모델링의 B-rep 표현 중 루프(Loop)라는 용어에 관한 설명으로 옳은 것은?

① 하나의 모서리를 두 개의 다른 방향의 모서리로 쪼개어 놓은 것
② 모든 면에 대하여 이들을 내부와 외부로 경계 짓는 모서리들이 연결된 닫힌회로(Closed Circuit)
③ 면과 면이 연결되어 공간상에서 하나의 닫힌 면의 고리를 이룬 것
④ 면과 면이 연결되어 공간상에서 하나의 닫힌 입체를 이룬 것

> **해설**
> 솔리드 모델링의 B-rep표현 중 Loop(루프)는 모든 면에 대하여 이들을 내부와 외부로 경계 짓는 모서리들이 연결된 닫힌회로이다.

49 3차원 솔리드 모델링을 구성하는 요소 중에서 프리미티브(Primitive)라고 볼 수 없는 것은?

① 원기둥(Cylinder)
② 에지(Edge)
③ 원뿔(Cone)
④ 구(Sphere)

> **해설**
> 프리미티브(Primitive)의 의미는 초기의, 원시적인 단계를 의미하는 것으로 프로그램을 다루는데 가장 기본적인 기하학적 물체를 의미하는데, 에지(edge)는 포함되지 않는다.
> 3차원 솔리드 모델링에서 사용되는 기본 입체(Primitive) 형상
> • 구(Sphere)
> • 관(Pipe)
> • 원통(Cylinder)
> • 원추(원뿔, Cone)
> • 육면체(Cube)
> • 사각블록(Box)

50 음영기법(Shading) 방법에는 여러 가지가 있는데, 다음 보기 중 가장 현실감이 뛰어난 음영기법은?

① 퐁(Phong) 음영기법
② 평활(Smooth) 음영기법
③ 단면별(Faceted) 음영기법
④ 구로드(Gouraud) 음영기법

> **해설**
> Phong(퐁)음영기법 : 음영기법 중 가장 현실감이 뛰어난 기법
> Gouraud음영법
> 임의의 삼각형의 꼭짓점에서 이웃 삼각형들과 법선벡터의 평균을 사용하여 반사광을 계산하는 음영법으로 다각형으로 표현된 곡면의 각 꼭짓점에서 반사광의 강도를 보간하여 내부의 화소에서 반사광의 강도를 계산하는 렌더링 기법이다.

51 일반적인 FMS(Flexible Manufacturing System)의 장점으로 보기 어려운 것은?

① 인건비를 절감할 수 있다.
② 단품종 대량생산에 적합하다.
③ 재고 관리와 제어가 용이하다.
④ 공정변화에 대한 유연한 대처가 용이하다.

해설
유연생산시스템(FMS)은 하나의 생산라인에 여러 제품을 동시에 작업할 수 있는 시스템이므로 다품종 소량생산에 적합하다.

52 네 점 P_0, P_1, P_2, P_3를 조정점으로 하는 3차 Bezier 곡선의 P_3에서의 접선벡터를 조정점의 함수로 표현하면?

① $P_1 + 2P_2 + P_3$
② $3P_3 - 3P_2$
③ $P_1 - 2P_2 + P_3$
④ $3P_2 - 3P_3$

해설
P_3에서 접선벡터를 조정점함수로 표현하면 $3P_3 - 3P_2$이다.

53 NC 프로그래밍 전에 부품도면을 바탕으로 세우는 가공계획과 거리가 먼 것은?

① 위치 검출 방법의 선정
② 가공순서 및 공구의 선정
③ 사용해야 할 NC 공작기계의 선정
④ 가공물의 고정방법 및 치공구의 선정

해설
공작물의 위치 검출 방법 선정은 NC 프로그램을 작성할 때 해야 한다.

54 광원으로부터 나오는 광선이 직접 또는 반사 및 굴절을 거쳐 화면에 도달하는 경로를 역추적하여 화면을 구성하는 각 화소의 빛의 강도와 색깔을 결정하는 렌더링 방법은?

① 광선 투사(Ray Tracing)법
② Z-버퍼 방법
③ 화가 알고리즘(Painter's Algorithm) 방법
④ 후향면 제거(Back-face Culling) 방법

해설
① 광선 투사법(광선 추적, Ray Tracing 알고리즘) : 광원으로부터 나오는 광선이 직접이나 반사 및 굴절을 거쳐 화면에 도달하는 경로를 역추적하여 화면을 구성하는 각 화소의 빛의 강도와 색깔을 결정하는 렌더링 방법으로 관찰자가 이를 볼 수 있다는 원리에 근거한 알고리즘이다.
② Z-버퍼 방법 : 임의의 스크린 영역이 관찰자에게 가장 가까운 요소들에 의해 차지된다는 깊이 분류(Depth Sorting) 알고리즘과 동일한 원리에 기초를 둔다.
③ 화가 알고리즘 방법 : 화가가 그림을 그릴 때 먼 곳에서부터 가까운 것을 순서대로 그릴 때 전에 그린 먼 곳의 일부를 덮으면서 가까운 곳을 그려나가는 기술로 가시도 문제를 해결할 수 있다.
④ 후향면 제거 방법 : 물체의 바깥쪽 방향에 있는 법선 벡터가 관찰자쪽을 향하고 있다면 물체의 면이 가시적이고 그렇지 않으면 비가시적이라는 기본적인 개념을 이용한다.

55 NURBS(Non Uniform Rational B-Spline) 곡선의 특징으로 거리가 먼 것은?

① 4개의 좌표의 조종점 사용으로 곡선의 변형이 자유롭다.
② 모든 조종점을 지나는 부드러운 곡선이다.
③ 원추곡선의 정확한 표현이 가능하다.
④ NURBS 곡선으로 B-spline, Bezier 곡선도 표현할 수 있다.

해설
모든 조정점을 지나는 부드러운 곡선은 Spline(스플라인)이다.
NURBS(Non-Uniform Rational B-Spline)곡선의 특징
• Conic 곡선을 표현할 수 있다.
• 곡선의 양 끝점을 반드시 통과해야 한다.
• 조정점을 호모지니어스 좌표계로 표현한다.
• 곡선의 형상을 국부적으로 수정할 수 있다.
• B-spline 곡선식을 포함하는 더 일반적인 형태이다.
• Blending 함수는 B-spline과 같은 함수를 사용한다.
• B-spline에 비해 NURBS 곡선이 보다 자유로운 변형이 가능하다.
• 원, 타원, 포물선, 쌍곡선 등 원추곡선을 정확하게 나타낼 수 있다.
• 조정점의 가중치(Weight)를 변경하여 곡선 형상을 변화시킬 수 있다.
• B-spline, Bezier 등의 자유곡선뿐만 아니라 원추곡선까지 한 방정식의 형태로 표현이 가능하다.
• 3차 NURBS 곡선은 특정 노트구간에서 4개의 조정점 외에 4개의 가중치와 절점 벡터의 정보가 이용된다.

56 기하학적 변환 중에서 변환 전의 거리와 비교할 때 변환이 수행된 후에 물체 상에 위치한 특정 두 점 간의 거리가 달라질 수 있는 변환은?

① 이동 변환(Translation)
② 회전 변환(Rotation)
③ 크기 변환(Scaling)
④ 반사 변환(Reflection)

해설
스케일링(Scaling)은 물체의 크기를 작거나 크게 만들기 때문에 두 점간의 거리는 달라질 수 있다.

57 VDI라는 이름으로 시작된 하드웨어 기준의 표준으로, 그래픽 기능과 하드웨어 간에 공유되어 하드웨어를 제어할 수 있는 표준규격은?

① GKS
② CGI
③ CGM
④ IGES

해설
• CGI : Computer Graphic Interface, 그래픽 기능과 하드웨어 간에 공유되어 하드웨어를 제어할 수 있는 표준규격
• VDI : Virtual Device Interface

58 은면 제거(Hidden Surface Removal)가 가능하지 않은 모델은?

① Wireframe Model
② Surface Model
③ B-rep Model
④ CSG Model

59 서로 다른 CAD/CAM 시스템 간의 형상데이터 교환을 위해서 만들어진 중립파일(Neutral File)에 해당되는 것은?

① IGES
② HTML
③ HWP
④ PDF

해설
IGES : ANSI(미국규격협회)의 데이터 교환 표준 규격으로 서로 다른 CAD/CAM/CAE 시스템 간에 도면 및 기하학적 형상의 데이터를 교환하기 위해 최초로 개발된 데이터 교환 형식이다.
※ ANSI(American National Standards Institute)

60 4개의 모서리 점과 4개의 경계 곡선을 부드럽게 연결한 곡면으로, 곡면의 표현이 간결하여 예전에는 널리 사용하였으나 곡면 내부의 볼록한 정도를 직접 조절하기가 어려워 정밀한 곡면 표현에는 적합하지 않은 것은?

① 베지어 곡면
② 스플라인 곡면
③ 쿤스 곡면
④ B-spline 곡면

해설
Coons(쿤스) 곡면
자유 곡면을 형성할 때 곡면 패치(Patch)의 4개의 모서리 점(위치 벡터)과 4개의 경계 곡선을 부드럽게 선형 보간하여 연결한 곡면이다. 곡면의 표현이 간결하나 곡면 내부의 볼록한 정도를 직접 조절하기 어려워 정밀곡면용으로 사용되기 어렵다.

제4과목 | 기계제도 및 CNC공작법

61 끼워맞춤 공차 φ50H7/g6에 대한 설명으로 틀린 것은?

① φ50H7의 구멍과 φ50g6 축의 끼워맞춤이다.
② 축과 구멍의 호칭 치수는 모두 φ50이다.
③ 구멍기준식 끼워맞춤이다.
④ 중간 끼워맞춤의 형태이다.

해설
g6에서 g는 헐거운 끼워맞춤에 대한 영문자 기호이다.
구멍기준식 축의 끼워맞춤 기호

헐거운 끼워맞춤	중간 끼워맞춤	억지 끼워맞춤
b, c, d, e, f, g, h	js, k, m, n	p, r, s, t, u, x

62 스케치도에 관한 설명으로 틀린 것은?

① 측정한 치수를 기입한다.
② 프리핸드로 그린다.
③ 재질 및 가공법은 기입할 필요가 없다.
④ 제작도로 대신 사용하기도 한다.

해설
스케치도는 프리핸드로 그리는 도면으로 제작도를 대신할 수 있으며, 측정 치수와 재질, 가공법 등을 기입해도 된다.

63 핸들이나 바퀴 등의 암 및 림, 리브 등 절단선의 연장선 위에 90° 회전하여 실선으로 그리는 단면도는?

① 온 단면도
② 한쪽 단면도
③ 조합 단면도
④ 회전도시 단면도

> **해설**
> 회전도시 단면도는 핸들이나 벨트 풀리, 바퀴의 암, 리브, 축, 형강 등의 단면의 모양을 90°로 회전시켜 투상도의 안이나 밖에 그린다.

단면도의 종류

단면도명	특 징
온단면도 (전단면도)	• 전단면도라고도 한다. • 물체 전체를 직선으로 절단하여 앞부분을 잘라 내고 남은 뒷부분의 단면 모양을 그린 것 • 절단 부위의 위치와 보는 방향이 확실한 경우에는 절단선, 화살표, 문자 기호를 기입하지 않아도 된다.
한쪽단면도 (반단면도)	• 반단면도라고도 한다. • 절단면을 전체의 반만 설치하여 단면도를 얻는다. • 상하 또는 좌우가 대칭인 물체를 중심선을 기준으로 1/4 절단하여 내부 모양과 외부 모양을 동시에 표시하는 방법이다.
부분단면도	• 파단선을 그어서 단면 부분의 경계를 표시한다. • 일부분을 잘라 내고 필요한 내부의 모양을 그리기 위한 방법이다.
회전도시 단면도	• 절단선의 연장선 뒤에도 그릴 수 있다. • 투상도의 절단할 곳과 겹쳐서 그릴 때는 가는 실선으로 그린다. • 주 투상도의 밖으로 끌어내어 그릴 경우는 가는 1점 쇄선으로 한계를 표시하고 굵은 실선으로 그린다. • 핸들이나 벨트 풀리, 바퀴의 암, 리브, 축, 형강 등의 단면의 모양을 90°로 회전시켜 투상도의 안이나 밖에 그린다.
계단단면도	• 절단면을 여러 개 설치하여 그린 단면도이다. • 복잡한 물체의 투상도 수를 줄일 목적으로 사용한다. • 절단선, 절단면의 한계와 화살표 및 문자기호를 반드시 표시하여 절단면의 위치와 보는 방향을 정확히 명시해야 한다.

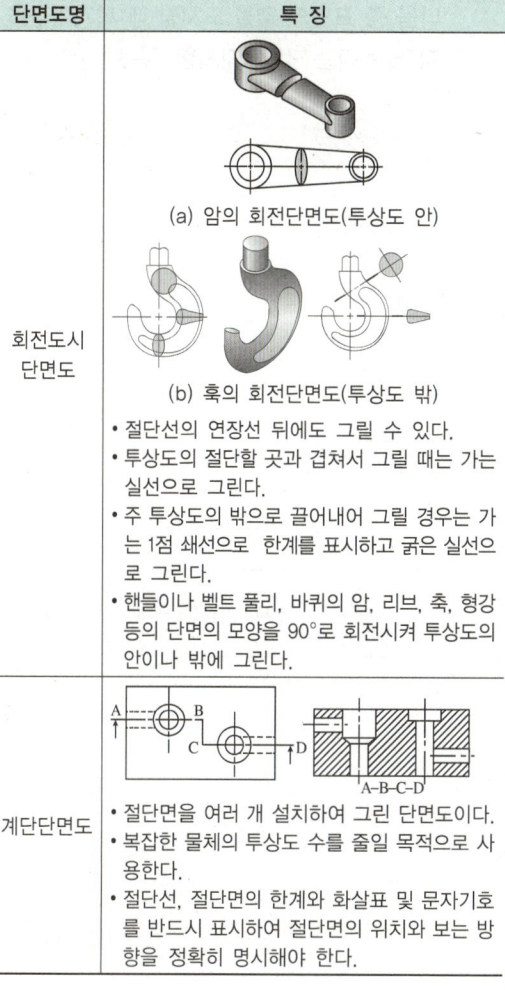

64 가공방법에 따른 KS 가공방법 기호가 바르게 연결된 것은?

① 방전가공 : SPED
② 전해가공 : SPU
③ 전해연삭 : SPEC
④ 초음파가공 : SPLB

> **해설**
> 방전가공은 SPED의 기호로 표시한다.
>
> **특수가공(SP ; Special Processing) 기호**
>
> | 가공방법 | 기 호 | 기호풀이 |
> |---|---|---|
> | 방전가공 | SPED | Electric Discharge |
> | 전해가공 | SPEC | Electro Chemical |
> | 전해연삭 | SPEG | Elecrolytic Grinding |
> | 초음파가공 | SPU | Ultrasonic |
> | 전자빔 가공 | SPEB | Electron Beam |
> | 레이저 가공 | SPLB | Laser Beam |

정답 63 ④ 64 ①

65 다음 중 표면의 결을 도시할 때 제거가공을 허용하지 않는다는 것을 지시한 것은?

① 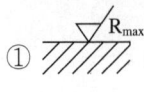 ②
③  ④

해설
가공면을 지시하는 기호

종류	의 미
∇	제거가공을 하든, 하지 않든 상관없다.
∇	제거가공을 해야 한다.
∇	제거가공을 해서는 안 된다.

66 나사의 표시가 다음과 같이 명기되었을 때 이에 대한 설명으로 틀린 것은?

L 2N M10-6H/6g

① 나사의 감김 방향은 오른쪽이다.
② 나사의 종류는 미터나사이다.
③ 암나사 등급은 6H, 수나사 등급은 6g이다.
④ 2줄 나사이며 나사의 바깥지름은 10mm이다.

해설
나사의 표시기호 중 맨 앞에 "L"은 왼나사인 LH(Left Hand)를 의미하는 것이므로 감김 방향은 왼쪽이 된다.

67 다음 도면에서 기하공차에 관한 설명으로 가장 적합한 것은?

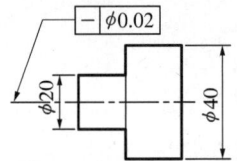

① $\phi 20$부분만 원통도가 $\phi 0.01$범위 내에 있어야 한다.
② $\phi 20$과 $\phi 40$부분의 원통도가 $\phi 0.02$범위 내에 있어야 한다.
③ $\phi 20$과 $\phi 40$부분의 진직도가 $\phi 0.02$범위 내에 있어야 한다.
④ $\phi 20$부분만 진직도가 $\phi 0.02$범위 내에 있어야 한다.

해설
"—"는 진직도 기호이며, "$\phi 0.02$"는 $\phi 20$과 $\phi 40$ 부분의 진직도 공차가 0.02mm 이내여야 한다는 뜻이다.

68 도면에 굵은 선의 굵기를 0.5mm로 하였다. 가는 선과 아주 굵은 선의 굵기로 가장 적합한 것은?

　　가는 선　-　아주 굵은 선
① 0.18mm　-　0.7mm
② 0.25mm　-　1mm
③ 0.35mm　-　0.7mm
④ 0.35mm　-　1mm

65 ② 66 ① 67 ③ 68 ②

69 도면에서 다음 종류의 선이 같은 장소에 겹치게 될 경우 가장 우선순위가 높은 것은?

① 중심선 ② 무게중심선
③ 절단선 ④ 치수 보조선

해설
두 종류 이상의 선이 중복되는 경우 선의 우선순위

숫자나 문자 > 외형선 > 숨은선 > 절단선 > 중심선 > 무게중심선 > 치수 보조선

70 제3각 투상법으로 제도한 보기의 평면도와 좌측면도에 가장 적합한 정면도는?

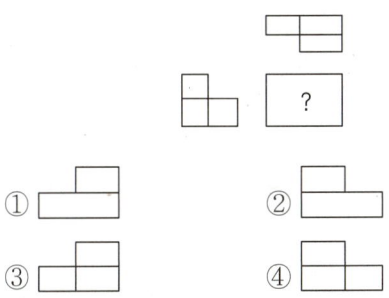

해설
좌측면도에서 왼쪽부분에 점선이 보이지 않으므로 정면도의 외형을 ①, ③으로 압축할 수 있다. 그리고 평면도의 중앙부에 경계선이 있음을 유추한다면 가운데 실선이 세로로 그려진 ③번이 정답임을 알 수 있다.

71 CNC 방전가공에서 안전대책이 아닌 것은?

① 적절한 접지공사를 한다.
② 가공액은 지정된 가공액을 사용한다.
③ 장시간 무인운전을 원칙적으로 피한다.
④ 운전 중 전극을 만져 간격을 조절한다.

해설
CNC 방전가공 중에는 공작물이나 전극에 전기가 흐르기 때문에 운전 중 전극이나 공작물을 절대 만져서는 안 된다.

72 고정밀도로 제어하는 방식으로 가격이 고가이며 그림과 같은 서보기구는?

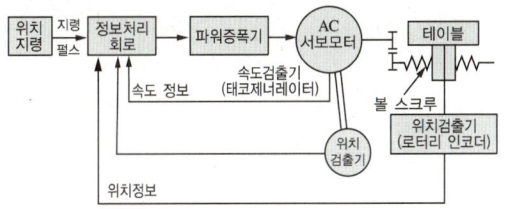

① 하이브리드 서보방식
② 반폐쇄회로 방식
③ 개방회로 방식
④ 폐쇄회로 방식

해설
하이브리드 서보방식은 가격이 고가이며 고정밀도로 이송을 제어하는 방식이다.

73 머시닝센터에서 M8×1.25인 암나사를 탭핑 사이클로 가공하고자 할 때, 주축의 이송속도는?(단, 주축 스핀들은 600rpm으로 지령되어 있다)

① 125mm/min
② 750mm/min
③ 1,000mm/min
④ 1,250mm/min

해설
$F = p \times n = 1.25\,\text{mm} \times 600\,\text{rpm} = 750\,\text{mm/min}$
머시닝 센터에서 이송속도(F)=나사의 피치(p)×공구 회전수(N)

74 원점 복귀와 관련된 준비기능에서 기계원점으로 자동 복귀하는 기능은?

① G27　　② G28
③ G29　　④ G30

해설
- G27 : 원점복귀 CHECK
- G28 : 자동 원점(기계원점) 복귀
- G29 : 원점으로부터 자동 복귀
- G30 : 제2원점 복귀(주로 공구 교환 시 사용)

CNC 선반에서 사용하는 주요 G코드

G코드	기 능
G00	급속이송(위치결정)
G01	직선가공
G02	시계 방향의 원호 가공
G03	반시계 방향의 원호 가공
G04	일시 정지(dwell), 2초 지령 시 P2000
G20	인치 데이터 입력
G21	mm 데이터 입력
G27	원점복귀 CHECK
G28	자동 원점 복귀
G29	원점으로부터 자동 복귀
G30	제2원점 복귀(주로 공구 교환 시 사용)
G32	나사 가공
G40	공구 반지름 보정 취소
G41	공구 좌측 보정
G42	공구 우측 보정
G50	좌표계 설정, 주축 최고 회전수 지령
G76	나사 가공 사이클
G90	고정사이클(내외경)
G92	나사 절삭 사이클
G94	단일고정 사이클(단면절삭용)
G96	절삭 속도 일정 제어
G97	회전수 일정 제어(G96 취소)
G98	분당 이송속도 지정(mm/min)
G99	회전당 이송속도 지정(mm/rev)

75 CNC 공작기계에서 각 축의 이송 정밀도를 높이기 위하여 사용하는 나사는?

① 삼각 나사　　② 사각 나사
③ 둥근 나사　　④ 볼 나사

해설
볼 나사(볼 스크루)
CNC 공작기계에서 서보 모터의 회전력을 테이블의 직선운동으로 바꾸어 주는 기구로서 백래시(Backlash)를 줄여 이송 정밀도를 높이며, 운동저항을 작게 하기 위하여 사용되는 기계요소이다.

76 CNC 선반 작업 시 공구가 받는 절삭저항이 가장 큰 것은?

① 주분력　　② 배분력
③ 이송분력　　④ 회전분력

해설
선반 작업 시 발생하는 3분력의 크기 순서

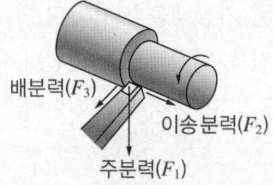

주분력 > 배분력 > 이송분력

77 CNC 선반 가공 중 내경 완성치수 φ30.0 부위를 측정 시, 공구마멸의 원인으로 φ29.4로 나타났을 때, 해당 공구의 공구 보정값은?(단, 현재의 공구 보정값은 X = 3.2, Z = 6.0이다)

① X = 3.5, Z = 6.0
② X = 3.5, Z = 6.6
③ X = 3.8, Z = 6.0
④ X = 3.8, Z = 6.6

[해설]
CNC 선반에서 내경을 가공하는 것이므로 Z축은 그대로 두고, X축만을 보정하면 되므로 공구 보정값은 현재의 공구 보정값에 X축 방향의 보정값만 추가해 주면 된다.
보정값 = 30 − 29.4 = 0.6mm이므로 X값에 이 값을 더하면 X = 3.8, Z값은 변동이 없으므로, Z = 6.0이 된다.

78 다음 머시닝센터 프로그램에서 고정 사이클의 기능 중 G98의 의미는?

G81 G90 G98 X50. Y50. Z100. R5.;

① R점 복귀
② 초기점 복귀
③ 절대지령
④ 증분지령

[해설]
• G81 : 드릴링 가공 Cycle
• G90 : 절대지령
• G98 : 초기점 복귀
• X, Y : 구멍 위치
• Z : 구멍 깊이
• R5 : 공구 이송 시작점

79 CNC 와이어 컷 방전가공에서 방전 갭 50μm, 와이어 직경 0.2mm일 때 보정량은 얼마인가?

① 0.12mm
② 0.13mm
③ 0.14mm
④ 0.15mm

[해설]
• 방전 갭 : $50\mu m = 50 \times 10^{-6}m = 50 \times 10^{-3}mm = 0.05mm$
• 보정량 : 와이어직경 − 방전갭 = 0.2mm − 0.05mm = 0.15mm

80 CNC 선반에서 바이트의 날끝(Nose)반경을 R, 이송을 f라 하면 가공면의 이론적인 최대 높이($H_{\max}$)를 표시하는 식은?

① $H_{\max} = \dfrac{f^2}{8R}$
② $H_{\max} = \dfrac{8R}{f^2}$
③ $H_{\max} = R/f^2$
④ $H_{\max} = f^2/R$

[해설]
선반 가공 시 이론적인 최대높이($H_{\max}$)를 구하는 식
$H_{\max} = \dfrac{f^2}{8R}$

[정답] 77 ③ 78 ② 79 ④ 80 ①

2015년 제4회 과년도 기출문제

제1과목 | 기계가공법 및 안전관리

01 구동 전동기로 펄스 전동기를 이용하며 제어장치로 입력된 펄스 수만큼 움직이고 검출기나 피드백 회로가 없으므로 구조가 간단하며, 펄스 전동기의 회전 정밀도와 볼 나사의 정밀도에 직접적인 영향을 받는 방식은?

① 폐쇄회로 방식
② 반폐쇄회로 방식
③ 개방 회로 방식
④ 하이브리드 서보 방식

해설
개방 회로 방식의 특징
- 피드백이나 위치감지검출 기능이 없고 정밀도가 낮다.
- 현재 많이 사용하지 않고 소형, 경량, 정밀도가 낮을 때만 사용한다.
- 구동 전동기로 펄스 전동기를 이용하며 제어장치로 입력된 펄스 수만큼 움직이고 검출기나 피드백 회로가 없으므로 구조가 간단하며 펄스 전동기의 회전 정밀도와 볼 나사의 정밀도에 직접적인 영향을 받는 방식이다.

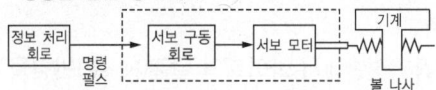

02 밀링작업에서 분할대를 사용하여 직접 분할할 수 없는 것은?

① 3등분
② 4등분
③ 6등분
④ 9등분

해설
직접 분할법으로는 24의 약수인 2, 3, 4, 6, 8, 12, 24등분만 가능하므로 9등분은 불가능하다.

분할법의 종류

종류	특 징	분할가능 등분수
직접 분할법	• 큰 정밀도를 필요로 하지 않은 키 홈과 같이 단순한 제품의 분할가공에 사용되는 분할법 • 스핀들의 앞면에 있는 24개의 구멍에 직접 분할핀을 꽂아서 분할한다. • $n = \dfrac{24}{N}$ 여기서, n : 분할 크랭크의 회전수 N : 공작물의 분할 수	24의 약수인 2, 3, 4, 6, 8, 12, 24
단식 분할법	• 직접 분할법으로 분할할 수 없는 수나 정확한 분할이 필요한 경우에 사용하는 분할법 • $n = \dfrac{40}{N} = \dfrac{R}{N'}$ 여기서, R : 크랭크를 돌리는 분할 수 N' : 분할판에 있는 구멍 수 ※ 각도로는 분할 크랭크 1회전당 스핀들은 9° 회전한다.	• 2~60의 등분수 • 60~120 중 2와 5의 배수 • 120 이상의 등분 수 중에서 $\dfrac{40}{N}$ 에서 분모가 분할판의 구멍 수가 될 수 있는 등분수를 분할 시 사용하는 분할법
차동 분할법	직접 분할법이나 단식분할법으로 분할할 수 없는 특정 수(67, 97, 121)의 분할에 사용하는 분할법	

03 표면 거칠기 측정기가 아닌 것은?

① 촉침식 측정기
② 광절단식 측정기
③ 기초 원판식 측정기
④ 광파 간섭식 측정기

해설
기초 원판식 측정기는 치형이나 리드의 측정을 응용한 기어 데이터용이므로 표면 거칠기 측정과는 거리가 멀다.

04 화재를 A급, B급, C급, D급으로 구분했을 때, 전기 화재에 해당하는 것은?

① A급
② B급
③ C급
④ D급

해설
화재의 종류

분류	A급 화재	B급 화재	C급 화재	D급 화재
명칭	일반(보통) 화재	유류 및 가스화재	전기 화재	금속 화재
가연물질	나무, 종이, 섬유 등의 고체 물질	기름, 윤활유, 페인트 등의 액체 물질	전기설비, 기계 전선 등의 물질	가연성 금속 (Al 분말, Mg 분말)

05 바이트의 크레이터 발생을 저지하고 지연시키는 방법으로서 옳은 것은?

① 칩의 흐름에 대한 저항을 증가시킨다.
② 절삭유 공급을 중단하고 바이트의 이송속도를 낮춘다.
③ 공구 윗면의 칩의 흐름에 대한 저항을 감소시킨다.
④ 공구 윗면 경사각을 작게 하고, 절삭압력을 증가시킨다.

해설
선반용 바이트에서 크레이터 불량을 방지하려면 공구의 윗면 경사각을 크게 하여 공구 윗면을 따라 흐르는 칩의 흐름에 대한 저항을 감소시켜야 한다.

선반용 바이트 공구의 마멸 및 이상 현상

종류	특징	형상
경사면 마멸 (크레이터 마모)	• 공구 날의 윗면이 유동형 칩과의 마찰로 오목하게 파이는 현상으로 공구와 칩의 경계에서 원자들의 상호 이동 역시 마멸의 원인이 된다. • 공구 경사각을 크게 하면 칩이 공구 윗면을 누르는 압력이 작아지므로 경사면 마멸의 발생과 성장을 줄일 수 있다.	경사면 마멸, 여유면 마멸
여유면 마멸 (플랭크 마모)	• 절삭공구의 측면(여유면)과 가공면과의 마찰에 의하여 발생되는 마모현상으로 주철과 같이 취성이 있는 재료를 절삭할 때 발생하여 절삭 날(공구인선)을 파손시킨다.	
치핑	• 경도가 매우 크고 인성이 작은 절삭공구로 공작물을 가공할 때 발생되는 충격으로 공구 날이 모서리를 따라 작은 조각으로 떨어져 나가는 현상이다.	치핑
채터링	• 절삭 가공 중 공구가 떨리는 현상이다.	

06 브로칭 머신을 이용한 가공방법으로 틀린 것은?

① 키 홈
② 평면 가공
③ 다각형 구멍
④ 스플라인 홈

해설
브로칭(Broaching)가공
가공물에 홈이나 내부 구멍을 만들 때 가늘고 길며 길이 방향으로 많은 날을 가진 총형 공구인 브로치를 일감에 대고 누르면서 관통시켜 단 1회의 절삭 공정만으로 제품을 완성시키는 가공법이다. 따라서 공작물이나 공구가 회전하지는 않는다.

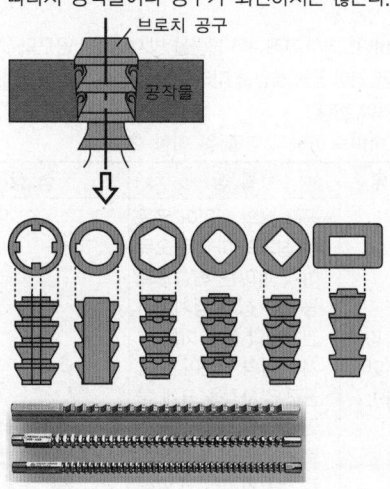

08 선반에서 각도가 크고 길이가 짧은 테이퍼를 가공하기에 가장 적합한 방법은?

① 백기어를 사용하는 방법
② 심압대를 편위시키는 방법
③ 테이퍼 절삭장치를 이용하는 방법
④ 복식 공구대를 경사시키는 방법

해설
선반으로 테이퍼를 가공할 때 각도가 크고 길이가 짧은 공작물은 복식공구대만 회전하여 가공하면 된다. 그러나 테이퍼의 길이가 긴 것은 심압대를 편위시키는 것이 좋다.
복식 공구대 회전에 의한 테이퍼 절삭

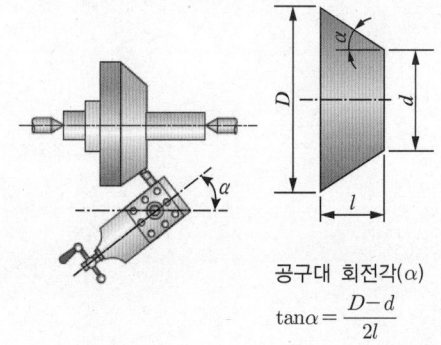

공구대 회전각(α)
$$\tan\alpha = \frac{D-d}{2l}$$

07 선반에서 ϕ100mm의 저탄소강재를 이송 0.25mm/rev, 길이 50mm를 2회 가공했을 때 소요된 시간이 80초라면, 회전수는 약 몇 rpm인가?

① 150
② 300
③ 450
④ 600

해설
$$T = \frac{l}{n \cdot f}, \frac{80s}{60s} = \frac{100mm}{n \times 0.25}$$
$$n = \frac{100}{0.25} \times \frac{60s}{80s} = 300\,rpm$$

선반가공의 가공시간(T) 구하는 식
$$T = \frac{l}{n \cdot f} = \frac{\text{가공할 길이(mm)}}{\text{회전수(rpm)} \times \text{이송속도(mm/rev)}}\,min$$

09 기포관 내의 기포 이동량에 따라 측정하며, 수평 또는 수직을 측정하는 데 사용하는 것은?

① 직각자
② 사인바
③ 측장기
④ 수준기

해설
수준기
액체와 기포가 들어 있는 유리관 속에 있는 기포 위치에 의하여 수평면에서 기울기를 측정하는 액체식 각도 측정기로 기계 조립이나 설치 시 수평 정도와 수직 정도를 확인하는 데 주로 사용한다.

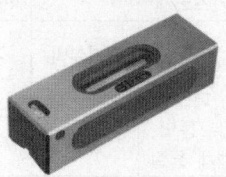

10 나사의 유효지름 측정방법 중 정밀도가 가장 높은 것은?

① 나사 마이크로미터
② 3침법
③ 나사 한계게이지
④ 센터 게이지

해설
3침법이란 지름이 같은 3개의 와이어를 이용하여 마이크로미터로 수나사의 유효지름을 측정하는 방법으로 정밀도가 가장 높다.
3침법에 의한 나사의 유효지름 측정

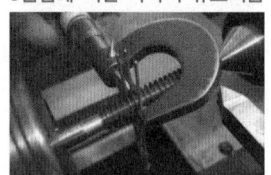

11 자동선반에 많이 사용되는 척으로, 지름이 가는 환봉재료의 고정에 편리한 척은?

① 양용척　② 연동척
③ 단동척　④ 콜릿척

해설
④ 콜릿척 : 3개의 클로를 움직여서 직경이 작은 공작물을 고정하는데 사용하는 척으로 주축의 테이퍼 구멍에 슬리브를 꽂은 후 여기에 콜릿척을 끼워서 사용한다. 최근에는 자동선반에 많이 사용되고 있다.

[콜릿척]

12 브라운샤프 분할판의 구멍열을 나열한 것으로 틀린 것은?

① No1 - 15, 16, 17, 18, 19, 20
② No2 - 21, 23, 27, 29, 31, 33
③ No3 - 37, 39, 41, 43, 47, 49
④ No4 - 12, 13, 15, 16, 17, 18

해설
브라운 샤프형의 구멍으로 ④번과 같은 분류는 존재하지 않는다.
단식분할법에 사용되는 분할판의 구멍수

형 식	분 류	구멍수
브라운 샤프형 (Brown&Sharp)	No1	15~20
	No2	21, 23, 27, 29, 31, 33
	No3	37, 39, 41, 43, 47, 49
신시내티형 (Cincinnati)	전면	24, 25, 28, 30, 34, 37, 38, 39, 41, 42, 43
	뒷면	46, 47, 51, 53, 54, 57, 58, 59, 62, 66

13 절삭공구로 사용되는 재료로 거리가 먼 것은?

① 세라믹
② 다이아몬드
③ 스텔라이트
④ 베이클라이트

해설
베이클라이트는 플라스틱의 일종이므로 절삭공구용 재료로는 사용되지 않는다.

14 6각 구멍 붙이 머리 볼트를 공작물에 안으로 묻히게 하기 위한 단이 있는 구멍 가공법은?

① 리밍(Reaming)
② 카운터 싱킹(Counter Sinking)
③ 카운터 보링(Counter Boring)
④ 보링(Boring)

해설
6각 구멍 붙이 머리 볼트를 공작물 안에 묻히도록 구멍을 파내는 작업은 카운터 보링이다.

드릴링 가공의 종류

종류	그림 / 방법	종류	그림 / 방법
드릴링	드릴로 구멍을 뚫는 작업	카운터 싱킹	접시머리나사의 머리가 완전히 묻힐 수 있도록 원뿔 자리를 만드는 작업
리밍	드릴로 뚫은 구멍의 정밀도 향상을 위하여 리머 공구로 구멍의 내면을 다듬는 작업	스폿 페이싱	볼트나 너트의 머리가 체결되는 바닥 표면을 편평하게 만드는 작업
보링	보링바이트로 이미 뚫린 구멍을 필요한 치수로 정밀하게 넓히는 작업	카운터 보링	고정 볼트의 머리 부분이 완전히 묻히도록 원형으로 구멍을 뚫는 작업
태핑	탭 공구로 구멍에 암나사를 만드는 작업		

15 선반의 베드를 주조 후, 수행하는 시즈닝의 목적으로 가장 적합한 것은?

① 내부응력 제거
② 내열성 부여
③ 내식성 향상
④ 표면경도 향상

해설
선반용 베드를 "시즈닝" 처리 하는 목적은 재료의 내부응력을 제거하기 위함이다.
시즈닝(Seasoning)
금속 재료를 제품화하는 과정에서 일정 기간 방치함으로써 재료의 내부응력을 제거하여 수축이나 변형에 의한 치수 변화를 방지하기 위함이다.

16 밀링작업에 대한 안전사항으로 틀린 것은?

① 가동 전에 각종 레버, 자동이송, 급속이송장치 등을 반드시 점검한다.
② 정면커터로 절삭작업을 할 때 칩 커버를 벗겨 놓는다.
③ 주축속도를 변속시킬 때에는 반드시 주축이 정지한 후에 변환한다.
④ 밀링으로 절삭한 칩은 날카로우므로 주의하여 청소한다.

해설
밀링작업 시에는 정면커터를 비롯한 어떤 작업에서도 칩 커버를 벗기고 작업해서는 안 된다.
정면커터(Face Cutter, 페이스커터)
넓은 평면을 빨리 깎는데 적합하며 외경 주위로 여러 개의 절삭날(인서트팁)이 장착된다.

17 래핑작업에서 사용하는 랩제의 종류가 아닌 것은?

① 탄화규소   ② 산화알루미나
③ 산화크롬   ④ 흑연분말

해설
래핑가공에 사용되는 랩제의 종류
- 산화철(Fe_2O_3)
- 탄화규소(SiC)
- 알루미나(Al_2O_3)
- 산화크롬(Cr_2O_3)

래핑(Lapping)
주철이나 구리, 가죽, 천 등으로 만들어진 랩(Lap)과 공작물의 다듬질할 면 사이에 랩제를 넣고 적당한 압력으로 누르면서 상대 운동을 하면, 절삭입자가 공작물의 표면으로부터 극히 소량의 칩(Chip)을 깎아내어 표면을 다듬는 가공법이다. 주로 게이지 블록의 측정 면을 가공할 때 사용한다.

18 녹색 탄화규소 연삭숫돌을 표시하는 방법으로 옳은 것은?

① A 숫돌   ② GC 숫돌
③ WA 숫돌   ④ F 숫돌

해설
녹색의 탄화규소로 된 연삭숫돌은 GC 숫돌이다.

연삭숫돌 입자의 종류

종류	입자기호	특징	경도 및 취성값
알루미나 계	A	• 연한 갈색(흑갈색)의 알루미나 입자로 인장강도가 크다. • 일반 강 재료의 강력연삭이나 절단 작업용으로 사용한다.	작다. ⇕ 크다.
	WA	• 담금질한 강의 다듬질에 사용한다. • 주성분인 산화알루미늄의 함유량은 99.5% 이상이다. • 순도가 높은 백색 알루미나의 인조입자를 원료로 만든다.	
탄화규소 계	C	• 주철, 자석 등 비철금속의 다듬질에 사용한다. • 주철이나 칠드주물과 같이 경하고 취성이 많은 재료의 연삭에 적합하다. • 흑자색 탄화규소로 인장강도가 매우 커서 발열이 되면 안 된다.	
	GC	• 초경합금이나 유리 등의 연삭에 사용한다. • 녹색의 탄화규소로 경도가 매우 높아서 발열이 되면 안 된다.	

19 일반적인 연삭숫돌의 표시방법 순서로 옳은 것은?

① 입자-입도-결합도-조직-결합제
② 입자-조직-입도-결합도-결합제
③ 입자-결합도-조직-입도-결합제
④ 입자-입도-조직-결합도-결합제

해설
일반적인 연삭숫돌의 표시기호

WA	60	K	m	V	1호	205	x	19	x	15
입자	입도	결합도	조직	결합제	숫돌모양	바깥지름	x	두께	x	구멍지름

20 밀링작업에서 T홈 절삭을 하기 위해서 선행해야 할 작업은?

① 엔드밀 홈 작업
② 더브테일 홈 작업
③ 나사밀링커터 작업
④ 총형밀링커터 작업

해설
밀링가공에서 T홈 작업을 위한 선행 작업으로는 T홈 커터의 몸체가 들어가도록 엔드밀로 먼저 홈 가공을 해 놓아야 한다.

홈가공	T홈 가공

정답 17 ④ 18 ② 19 ① 20 ①

제2과목 | 기계설계 및 기계재료

21 다음 중 강자성체가 아닌 것은?

① Ni ② Cr
③ Co ④ Fe

해설
자성체의 종류

종류	특성	원소
강자성체	자기장이 사라져도 자화가 남아 있는 물질	Fe(철), Co(코발트), Ni(니켈), 페라이트
상자성체	자기장이 제거되면 자화하지 않는 물질	Al(알루미늄), Sn(주석), Pt(백금), Ir(이리듐), Cr(크롬), Mo(몰리브덴)
반자성체	자기장에 의해 반대 방향으로 자화되는 물질	Au(금), Ag(은), Cu(구리), Zn(아연), 유리, Bi(비스무트), Sb(안티몬)

22 다음 중 유리섬유강화 플라스틱은?

① CFRP ② MFRP
③ GFRP ④ FRTP

해설
- GFRP : 유리섬유강화 플라스틱(Glass Fiber Reinforced Plastic)
- CFRP : 카본 섬유강화 플라스틱(Carbon Fiber Reinforced Plastic)
- FRS : 섬유강화 숏크리트(Fiber Reinforced Shotcrete)
- FRM : 섬유강화금속(Fiber Reinforced Metal)

23 탄소공구강을 나타내는 KS 기호는?

① STD ② STC
③ SCr ④ SCM

해설
STC는 탄소공구강을 나타내는 재료기호이다.
① STD : 합금공구강(냉간금형)
③ SCr : 크롬강
④ SCM : 크롬 몰리브덴강

24 $Fe-Fe_3C$ 평행상태도 중 공정반응에서 나타나는 공정조직은?

① 펄라이트 ② 시멘타이트
③ 페라이트 ④ 레데부라이트

해설
Fe과 시멘타이트(Fe_3C)의 평형상태도에서 공정반응에서는 레데부라이트 조직이 생성된다.
공정반응
두 개의 성분 금속이 용융상태에서는 하나의 액체로 존재하나 응고 시에는 1,150℃에서 일정한 비율로 두 종류의 금속이 동시에 정출되어 나오는 반응

25 다음 탄소강 조직 중 브리넬 경도가 가장 높은 것은?

① 페라이트 ② 시멘타이트
③ 오스테나이트 ④ 펄라이트

해설
탄소강 중에서 브리넬 경도가 가장 높은 것은 탄소의 함유량이 6.67%로 가장 많은 시멘타이트이다.

정답 21 ② 22 ③ 23 ② 24 ④ 25 ②

26 오스테나이트를 일정한 냉각속도로 연속 냉각하여 변태 개시점과 종료점을 측정하여 표시한 것은?

① 항온 변태도 ② TTT 곡선
③ CCT 곡선   ④ S 곡선

해설
CCT 곡선(Continuous Cooling Transformation Diagram)
연속 냉각 변태 곡선으로 오스테나이트를 일정한 냉각속도로 연속 냉각하여 변태 개시점과 종료점을 측정하여 그린 곡선이다.

29 다음 금속 원소 중 경금속 원소는?

① Fe   ② Cu
③ Pb   ④ Al

해설
경금속과 중금속을 구분하는 기준은 비중 4.5를 기준으로 하는데, Al은 2.7이므로 경금속에 속한다.

금속의 비중

경금속				중금속											
Mg	Be	Al	Ti	Sn	V	Cr	Mn	Fe	Ni	Cu	Ag	Pb	W	Au	Pt	Ir
1.7	1.8	2.7	4.5	5.8	6.1	7.1	7.4	7.8	8.9	8.9	10.4	11.3	19.1	19.3	21.4	22

※ 경금속과 중금속을 구분하는 비중의 경계 : 4.5

27 철-탄소 상태도에서 γ고용체 ↔ α고용체 + Fe_3C 의 형태로 일어나는 반응은?

① 공석변태 ② 포석변태
③ 공정변태 ④ 포정변태

해설
공석반응(공석변태) : 철이 하나의 고용체 상태에서 냉각될 때 A_1변태점(723℃)을 지나면서 두 개의 고체가 혼합된 상태로 변하는 반응

γ고용체 ↔ α고용체 + Fe_3C

28 일반적으로 알루미늄 합금의 강도를 향상시키는 주요 방법이 아닌 것은?

① 개량처리   ② 석출경화
③ 시효경화   ④ 스트레인 시효

해설
스트레인 시효는 강에 적용하는 방법으로 알루미늄 합금에는 적용되지 않는다.
스트레인 시효(Strain Aging)
상온에서 소성변형을 받는 강재가 시간의 경과와 함께 강도가 증가하고 항복점에서 재료가 가능하게 되는 연신 현상을 보이는 현상

30 합금강의 경화능(Hardenability)에 대하여 바르게 설명한 것은?

① 질량이 큰 재료일수록 담금질 효과가 증가한다.
② 강의 경화능은 합금원소, 오스테나이트 결정입도 및 오스테나이트 온도 등에 따라 결정된다.
③ SAC법은 경화능이 높은 강에 적용된다.
④ 경화능은 압축시험으로 측정할 수 있다.

해설
경화능이란 합금원소나 오스테나이트 결정입도 및 오스테나이트 온도에 따라서 달라진다.

정답 26 ③ 27 ① 28 ④ 29 ④ 30 ②

31 지름이 25mm이고 길이가 50mm인 저널베어링에서 5.9kN의 하중을 지지하고 있을 때 저널면에 작용하는 압력은 약 몇 MPa인가?

① 3.59
② 4.18
③ 4.72
④ 4.90

해설

$$\sigma = \frac{F}{A} = \frac{5,900 \text{N}}{0.025 \text{m} \times 0.05 \text{m}} = 4,720,000 \text{N}$$
$$= 4.72 \times 10^6 \text{N/m}^2 = 4.72 \text{MPa}$$

33 다음 중 자동하중 브레이크에 속하지 않는 것은?

① 나사 브레이크
② 웜 브레이크
③ 폴 브레이크
④ 원심 브레이크

해설
폴 브레이크는 자동하중 브레이크에 속하지 않는다.
브레이크의 분류

분류	세분류
축압식 브레이크	디스크 브레이크(원판 브레이크)
	원추 브레이크
	공기 브레이크
전자 브레이크	-
원주 브레이크	블록 브레이크
	밴드 브레이크
자동하중 브레이크	웜 브레이크
	캠 브레이크
	나사 브레이크
	코일 브레이크
	체인 브레이크
	원심 브레이크

32 입력축 기어(모듈은 4, 잇수는 18)는 4kW의 동력을 800rpm으로 전달한다. 이 스퍼기어의 회전력은 약 몇 N인가?

① 1,330
② 2,660
③ 4,320
④ 5,630

해설

$$F = \frac{1,000 H_{kw}}{v} = \frac{1,000 \times 4}{3.015} = 1,326 \text{N}$$

따라서 정답은 ①번이 된다.

- $v = \frac{\pi d n}{60 \times 1,000} = \frac{\pi \times 72 \times 800}{60 \times 1,000} = 3.015 \text{m/s}$
- $D = mz = 4 \times 18 = 72 \text{mm}$

기어의 이에 작용하는 힘(F) 구하는 식

$$F = \frac{1,000 H_{kw}}{v} \text{ (N)}$$
여기서, v=원주 속도(m/s)

34 축에 풀리, 기어, 플라이휠, 커플링 등의 회전체를 고정시켜서 원주 방향의 상대적인 운동을 방지하면서 회전력을 전달시키는 기계요소는?

① 볼트
② 코터
③ 리벳
④ 키

해설
키의 정의
서로 다른 기계요소들을 연결해서 동력을 전달할 수 있도록 해주는 결합용 기계요소이다. 축에 풀리나 기어, 플라이휠, 커플링 등의 회전체를 고정시켜 원주 방향의 상대 운동을 방지하며 회전력을 전달한다.

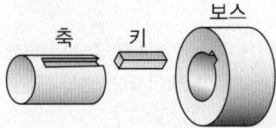

35 바깥지름이 24mm인 1줄 사각나사에서 피치는 4mm, 유효지름은 22.051mm이고, 나사 접촉부 마찰계수는 0.1일 때 나사의 효율은?

① 36.4% ② 38.4%
③ 40.4% ④ 42.4%

해설

$$\eta = \frac{\tan\alpha}{\tan(\alpha+\rho)} \times 100\% = \frac{\frac{p}{\pi d_e}}{\frac{\tan\alpha+\tan\rho}{1-\tan\alpha\cdot\tan\rho}} \times 100\%$$

$$= \frac{\frac{4}{\pi \times 22.051}}{\frac{\frac{4}{\pi \times 22.051}+0.1}{1-\left(\frac{4}{\pi \times 22.051}\times 0.1\right)}} \times 100\%$$

$$= \frac{0.0577}{\frac{0.0577+0.1}{1-0.00577}} \times 100\% = 36.3\%$$

※ $\tan\rho = \mu$

36 그림은 인장코일 스프링에서 작용하중(W)과 변형량(δ)의 관계 그래프이다. 이 그래프에서 직선의 기울기와 삼각형($\triangle$OAB) 면적은 각각 무엇을 나타내는가?

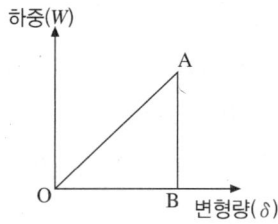

① 응력과 가로탄성계수
② 스프링 상수와 탄성 변형에너지
③ 응력과 탄성 변형에너지
④ 스프링 상수와 피로 한도량

해설
• 그래프의 기울기 : 스프링 상수(k)=$\frac{W}{\delta}$

• 삼각형의 면적 : 탄성 변형에너지(U)=$\frac{1}{2}W\delta$

※ 하중(W)는 작용 힘(P)로 표시되기도 한다.

37 다음과 같은 리벳에 작용하는 강도 중 가장 중요하게 고려해야 할 강도는?(단, 판이 아닌 리벳만을 고려한다)

① 압축강도
② 전단강도
③ 비틀림강도
④ 굽힘강도

해설
리벳은 리벳으로 고정한 강판이 양 옆에서 끌어 당기거나 누르기 때문에 전단응력을 고려해야 한다.

38 항복응력을 σ_Y, 허용응력을 σ_a라 할 때, 안전율(Safety Factor) S_f를 옳게 나타낸 것은?

① $S_f = \frac{\sigma_Y}{\sigma_a} > 1$ ② $S_f = \frac{\sigma_Y}{\sigma_a} < 1$

③ $S_f = \frac{\sigma_a}{\sigma_Y} > 1$ ④ $S_f = \frac{\sigma_a}{\sigma_Y} < 1$

해설
안전율 : 외부의 하중에 견딜 수 있는 정도를 수치로 나타낸 것으로 일반적으로 1보다 크게 한다.

$$S_f = \frac{극한강도(\sigma_u)}{허용응력(\sigma_a)} > 1$$

39 축선에서의 약간의 어긋남을 허용하면서 충격과 진동을 감소시키는 축이음은?

① 유니버설 조인트
② 플렉시블 커플링
③ 클램프 커플링
④ 올덤 커플링

해설
플렉시블 커플링(Flexible Coupling)
두 축의 중심선을 일치시키기 어렵거나 고속 회전이나 급격한 전달력의 변화로 진동이나 충격이 발생하는 경우에 사용하는 축이음 요소이다. 두 축이 평행하고 거리가 아주 가까울 때, 각 속도의 변동 없이 토크를 전달하는데 가장 적합하나 윤활이 어렵고 원심력에 의한 진동 발생으로 고속 회전에는 적합하지 않다. 진동 완화를 위해 고무나 가죽, 스프링을 사용한다.

40 원주속도 5m/s로 2.2kW를 전달하는 벨트 전동장치에서 긴장측 장력은 약 몇 N인가?(단, 장력비 ($e^{\mu\theta}$) = 2이다)

① 450 ② 660
③ 750 ④ 880

해설
$$H_{kw} = \frac{P_e \times v}{1,000} = \frac{T_t}{1,000}(\frac{e^{\mu\theta}-1}{e^{\mu\theta}})v$$

$$2.2 = \frac{T_t}{1,000}(\frac{1}{2})5$$

$$T_t = \frac{2.2 \times 1,000 \times 2}{5} = 880\,\text{N}$$

제3과목 | 컴퓨터응용가공

41 다음은 가공경로 계획에서 Parametric 방식과 Cartesian 방식을 비교하여 설명한 것이다. Cartesian 방식에 대한 설명으로 적절한 것은?

① 규칙적인 사각형 곡면을 가공하는 경우에 적합하다.
② 수치적 계산이 더 복잡하다.
③ 곡면이 삼각형 패치로 정의된 경우에는 부적합하다.
④ 피삭체 형상에 따라 적합하지 못한 경우가 있다.

해설
• Cartesian(카타시안) 방식은 XY 평면상의 직선을 따라서 곡면을 절단한 후 이 곡선 상에 공구의 접촉점을 두면서 공구의 경로를 생성하는 방법으로 수치적 계산이 Parametric(파라메트릭) 방식보다 더 복잡하다.
• Parametric방식은 수치적 계산은 간단하나 가공시간은 많이 걸린다.

42 날개 모서리(Winged Edge) 데이터 구조에 대한 설명 중 틀린 것은?

① 임의의 모서리를 중심으로 하여, 각각의 모서리에 이웃하는 모서리들, 그 모서리를 공유하는 두 개의 면, 모서리의 양 끝 꼭짓점을 저장하는 구조이다.
② 각각의 면의 경계를 이루는 모서리들은 따로 저장할 필요 없이 각각의 면에 속한 하나의 모서리만 알면 된다.
③ 면을 이루고 있는 모서리의 개수가 유동적이어도 된다.
④ 네 개의 날개 모서리를 구별 없이 저장해도 각 모서리의 주변정보를 탐색할 수 있다.

해설
날개 모서리의 데이터 구조에서는 각각의 Edge에 구별해서 저장해야 주변 정보를 탐색할 수 있다.

43 CAD/CAM의 도입 효과와 가장 거리가 먼 것은?

① 도면 품질 향상
② 설계 생산성 향상 및 설계 변경 용이
③ 제품 개발 기간 단축
④ 회계, 고객관리 업무의 통합적 수행

해설
CAM시스템 도입으로 회계와 고객관리를 수행할 수는 없다.
CAD/CAM 시스템의 도입 효과
- 제품 개발 기간 단축
- 도면의 파일 저장 가능
- 고품질 제품 생산 가능
- 재료 및 가공 시간의 단축
- 작업의 효율화, 합리화 설계
- 제품의 표준화 및 생산성 향상
- 복잡한 형상의 제품도 가공 가능
- NC 프로그램 오류 감소 및 설계변경 용이
- 조직 내 업무의 분할 관리로 효율성 증대

44 다음 중 일반적인 NC 데이터의 생성과정으로 옳은 것은?

가) 형상 모델링	나) CL 데이터 생성
다) 공구 경로 검증	라) 포스트 프로세싱
마) 가공조건 정의	

① 가→나→다→라→마
② 가→마→나→다→라
③ 가→다→나→라→마
④ 가→나→마→다→라

해설
NC 데이터 생성과정
도면 → 곡선 및 곡면정의 → 가공조건문 정의 → CL DATA 생성 → Post Processing → NC Data 생성

45 솔리드 모델링에 관련된 설명으로 틀린 것은?

① CSG(Constructive Solid Geometry)는 프리미티브(Primitive)들을 불리언 작업을 하여 원하는 형상을 모델링한다.
② 솔리드를 구성하는 면(Face), 모서리(Edge), 꼭짓점(Vertex)들의 이웃관계 정보를 위상관계(Topology)라 한다.
③ B-rep(Boundary Representation)으로 표현되면 현실세계에서 반드시 존재하는 모델이다.
④ Half-edge 자료구조는 솔리드를 표현하는 데이터 구조의 일종이다.

해설
솔리드 모델링의 방식 중 B-rep 방식은 형상을 구성하는 기하요소와 위상 요소의 상관관계를 정의하는 방식의 모델링 방법이므로 현실세계에 존재하지 않는 모델링도 작성된다. 따라서 ③번은 틀린 표현이다.

46 3차원 솔리드 모델링에서 일반적으로 사용되는 프리미티브(Primitive)로 틀린 것은?

① 면(Plane)
② 구(Sphere)
③ 원뿔(Cone)
④ 원기둥(Cylinder)

해설
프리미티브(Primitive)의 의미는 초기의, 원시적인 단계를 의미하는 것으로 프로그램을 다루는데 가장 기본적인 기하학적 물체를 의미하는데, 면(Plane)은 포함되지 않는다.
3차원 솔리드 모델링에서 사용되는 기본 입체(Primitive) 형상
- 구(Sphere)
- 관(Pipe)
- 원통(Cylinder)
- 원추(원뿔, Cone)
- 육면체(Cube)
- 사각블록(Box)

47 B-spline 곡선에 대한 일반적인 설명으로 틀린 것은?

① B-spline 곡선은 국소변형 성질을 가지고 있다.
② 비균일 유리 B-spline 곡선을 NURBS 곡선이라 한다.
③ B-spline 곡선은 조정점의 개수에 무관하게 곡선의 차수를 결정할 수 있다.
④ B-spline 곡선의 오더가 k라면 특정 매개변수에 해당하는 곡선의 형상에 영향을 미치는 조정점은 $(k+1)$개이다.

[해설]
B-spline 곡선의 차수(n)는 조정점의 개수와 같으므로 오더가 k라면 조정점도 k가 된다.

48 CAM 작업 시 NC 가공 변수인 허용 가공 오차와 관련된 설정 항목으로 틀린 것은?

① 공구 진행속도(Feed Rate)
② 스텝 길이(Step Length)
③ 커스프의 높이(Cusp Height)
④ 계산 오차(Calculation Tolerance)

[해설]
CAM 가공에서 허용 가공 오차와 공구의 진행속도와는 관련이 없다.

49 IGES 파일을 구성하는 6개의 섹션(Section)들 중, Directory Entry 섹션에서 기입한 각 요소를 정의하는 실제 데이터를 담고 있는 것은?

① Parameter Data 섹션
② Terminate 섹션
③ Flag 섹션
④ Global 섹션

[해설]
IGES의 파일구조 중에서 Directory Entry Section에서 기입한 각 요소를 정의하는 실제 데이터를 담고 있는 곳은 Parameter Data Section이다.
IGES의 파일구조
• 개시 섹션(Start Section)
• 플래그 섹션(Flag Section)
• 글로벌 섹션(Global Section)
• 종결 섹션(Terminate Section)
• 디렉터리 엔트리 섹션(Directory Entry Section)
• 파라미터 데이터 섹션(Parameter Data Section)

50 곡면 모델링(Surface Modeling)에 관한 설명으로 틀린 것은?

① 체적 등 물리적 성질의 계산이 간단하다.
② 면과 면의 교선을 구할 수 있다.
③ NC 데이터를 얻을 수 있다.
④ 은선 제거가 가능하다.

[해설]
서피스 모델링(곡면 모델링)으로는 체적이나 모멘트 등의 물리적 성질의 계산은 불가능하다.

51 Bezier 곡선의 특징으로 틀린 것은?

① 첫 점과 끝 점으로 곡선의 시작과 끝 위치를 표시한다.
② 조정점들의 순서가 거꾸로 되어도 같은 곡선이 생성된다.
③ 처음 두 점과 최종 두 점이 곡선의 시작점과 끝점에서의 기울기와 일치한다.
④ 조정점(Control Point)들을 모두 지난다.

해설
Bezier 곡선은 모든 조정점을 지나지 않으며 다각형의 시작과 끝점인 첫 조정점과 마지막 조정점(Control Point)을 지나도록 한다. 모든 조정점을 지나는 곡선은 스플라인(Spline)이다.

52 모델링 기법 중에서 숨은선(Hidden Line) 표현을 할 수 없는 것은?

① Constructive Solid Geometry 모델링 방법
② Boundary Representation 모델링 방법
③ Wireframe 모델링 방법
④ Surface 모델링 방법

해설
와이어프레임 모델링은 Line으로만 형상을 그리기 때문에 은선(숨은선)을 표현할 수 없다.

53 형상 모델링에서 스윕(Sweep) 곡면의 설명으로 옳은 것은?

① 많은 점 데이터로부터 생성되는 곡면
② 안내곡선을 따라 단면곡선이 일정규칙에 따라 이동되면서 생성되는 곡면
③ 만들어진 곡면을 불러들여 기존 모델의 평면을 변경하여 생성되는 곡면
④ 두 곡면이 만나는 부분을 부드럽게 하기 위하여 생성하는 곡면

해설
스윕(Sweep) : 곡면 모델링에서 두 개 이상의 곡면에서 안내곡선을 따라 이동곡선이 이동규칙에 따라 이동하면서 생성된 곡면이다.

54 CRT 모니터와 비교한 액정 디스플레이(LCD)의 일반적인 장점으로 틀린 것은?

① 시야각이 넓다.
② 얇고 가볍다.
③ 완전한 평면이다.
④ 깜박임(Flickering)이 없다.

해설
시야각은 LCD보다 CRT 모니터가 더 넓다.

정답 51 ④ 52 ③ 53 ② 54 ①

55 공작기계의 좌표계에 대한 일반적인 설명으로 틀린 것은?

① Z축의 방향은 통상 주축과 평행하다.
② 밀링, 드릴링 머신과 같이 공구가 회전하는 공작기계에서 Z축은 공구의 축과 평행하다.
③ 선반과 같이 공작물이 회전하고 있는 공작기계에서 X축은 공작물의 회전축과 직각으로 공구가 움직이는 방향이다.
④ Y축은 x, y, z 좌표계가 왼손 좌표계를 형성하도록 X와 Z축으로부터 정해진다.

해설
좌표계의 종류에는 왼손좌표계와 오른손좌표계가 있는데, KS 규격에는 오른손 좌표계를 표준으로 나타내고 있으므로 ④번은 틀린 표현이다.

57 일반적으로 CAD 시스템에서 사용하는 좌표계가 아닌 것은?

① 직교 좌표계   ② 극 좌표계
③ 원뿔 좌표계   ④ 구면 좌표계

해설
CAD/CAM 시스템에서는 원뿔 좌표계와 원추 좌표계 형식을 사용하지 않는다.

56 절삭속도와 공구수명의 관계식이 다음과 같이 주어지는 경우 $n=0.25$일 때 절삭속도를 2배로 높이면 공구 수명은 몇 배가 되는가?(단, V : 절삭속도(m/min), T : 공구수명(min), n, C : 상수)

$$VT^n = C$$

① 4   ② 1/4
③ 16   ④ 1/16

해설
절삭속도 V를 2배로 올리면, $n=\frac{1}{4}$이면, 계산상 $T=\frac{1}{2^4}$이므로 $\frac{1}{16}$ 배가 된다.
테일러(Taylor)의 공구 수명식

$$VT^n = C$$

여기서, V : 절삭속도, T : 공구수명, C : 절삭깊이, 공구재질 등에 따른 상수값, n : 공구와 공작물에 따른 지수

58 다음 그림에 나타난 피라미드 형상에서 면 ADE의 바깥 방향으로의 법선 벡터는?(단, i, j, k는 각각 x, y, z축의 양의 방향으로의 단위 벡터이다)

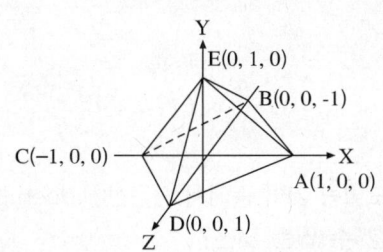

① $i+j+k$
② $-i+j+k$
③ $i-j+k$
④ $i+j-k$

해설
면ADE의 좌표를 보면 x축인 A : 1, y축인 E : 1, z축인 D : 1이므로 법선벡터는 $i+j+k$가 된다.

59 3차원 변환에서 점 $P(x, y, z, 1)$을 Z축을 기준으로 임의의 각도만큼 회전한 경우 변환행렬 T는?(단, 반시계 방향으로 회전한 각이 양(+)의 각이고, 변환된 점 $P^* = P \cdot T$이다)

① $\begin{bmatrix} \cos\theta & 0 & -\sin\theta & 0 \\ 0 & 1 & 0 & 0 \\ \sin\theta & 0 & \cos\theta & 0 \\ 0 & 0 & 0 & 1 \end{bmatrix}$

② $\begin{bmatrix} 1 & 0 & 0 & 0 \\ 0 & \cos\theta & \sin\theta & 0 \\ 0 & -\sin\theta & \cos\theta & 0 \\ 0 & 0 & 0 & 1 \end{bmatrix}$

③ $\begin{bmatrix} \cos\theta & \sin\theta & 0 & 0 \\ -\sin\theta & \cos\theta & 0 & 0 \\ 0 & 0 & 1 & 0 \\ 0 & 0 & 0 & 1 \end{bmatrix}$

④ $\begin{bmatrix} \cos\theta & -\sin\theta & 0 & 0 \\ \sin\theta & \cos\theta & 0 & 0 \\ 0 & 0 & 1 & 0 \\ 0 & 0 & 0 & 1 \end{bmatrix}$

해설

Z축 기준으로 임의의 각도만큼 회전한 경우 변환행렬 T는 ③번과 같다. 또한, x축으로 회전하면 ②번으로, y축으로 회전하면 ①번과 같이 나타낼 수 있다.

60 액상의 광경화수지에 레이저를 조사하여 굳힌 후 적층하는 방식의 RP(Rapid Prototyping) 공정은?

① SLA(Stereo Lithography Apparatus)
② LOM(Laminated-object Manufacturing)
③ SLS(Selective Laser Sintering)
④ FDM(Fused-deposition Modeling)

해설

① 광조형법(SLA, Stereo Lithography Apparatus) : 액체 상태의 광경화성 수지에 레이저 광선을 부분적으로 쏘아서 적층해 나가는 방법으로 큰 부품의 처리가 가능하며 정밀도가 높은 장점으로 현재 널리 사용되고 있으나, 액체 재료이므로 후처리가 필요하다는 것이 단점이다.

② 박판적층법(LOM, Laminated Object Manufacturing) : 원하는 단면에 레이저 광선을 부분적으로 쏘아서 절단한 후 종이의 뒷면에 부착된 접착제를 사용해서 아래층과 압착시켜 한 층씩 쌓아가며 형상을 만드는 방법으로 사무실에서 사용할 만큼 크기와 가격이 적당하나 재료에 제한이 있고 정밀도가 떨어진다는 단점이 있다.

③ 선택적 레이저 소결법(SLS, Selective Laser Sintering) : 레이저는 에너지의 미세한 조정으로 재료의 가공이 가능한 장점이 있는데, 먼저 고분자 재료나 금속 분말 가루를 한 층씩 도포한 후 여기에 레이저 광선을 쏘아서 소결시킨 후 다시 한 층씩 쌓아 올려서 형상을 만드는 방법으로 분말로 만들어지거나 용융되어 분말로 소결되어지는 모든 재료의 사용이 가능하다.

④ 용융수지압출법(FDM, Fused Deposition Modeling) : 열가소성인 $3\mu m$ 직경의 필라멘트선으로 된 열가소성 소재를 노즐 안에서 가열하여 용해한 후 이를 짜내어 조형 면에 쌓아 올려 제품을 만드는 방법으로 광조형법 다음으로 가장 널리 사용된다.

제4과목 | 기계제도 및 CNC공작법

61 기계도면을 용도에 따른 분류와 내용에 따른 분류로 구분할 때, 용도에 따른 분류에 속하지 않는 것은?

① 부품도 ② 제작도
③ 견적도 ④ 계획도

해설
도면의 분류

구 분	도 명		목 적
용도에 따른 분류	계획도	기본 설계도	기본 설계를 나타내는 계획도
		실시 설계도	실제 제작을 위한 설계를 나타낸 계획도
	제작도	공정도	제조 공정의 도중이나 전체를 나타낸 제작도
		시공도	현장에서 시공을 위해 그린 제작도
		상세도	물체의 구조를 상세하게 나타낸 제작도로 일반적으로 배척으로 그린다.
	주문도		주문자의 물건명, 크기, 형태 등의 정도를 나타낸 도면
	승인도		관계자의 승인을 얻기 위한 도면
	견적도		구매를 위해 물체의 가격을 기록한 도면
	설명도		사용자를 위해 사용 방법을 설명하는 도면
내용에 따른 분류	부품도		부품의 최종 상태에서 구비해야 할 모든 정보를 기록한 도면
	조립도	부분 조립도	물체 중 일부분의 조립상태를 나타낸 조립도
		총 조립도	물체 전체의 조립상태를 나타낸 조립도
	기초도		기계 설치를 위한 기초를 나타낸 도면
	배치도		기계의 설치 위치를 나타낸 도면
	스케치도		실제 제품을 보고 프리핸드로 그린 도면
	장치도		장치의 배치나 제조 공정을 나타낸 도면
표현 방식에 따른 분류	외관도		물체의 외형의 필요 치수를 나타낸 도면
	전개도		물체를 평면으로 전개해서 나타낸 도면
	곡면선도		자동차나 선체 등 복잡한 곡면을 여러 개의 선으로 나타낸 도면
	입체도		물체를 입체적으로 그린 도면으로 축측투상도나 사투상, 투시투상도 등이 있다.
	선 도	계통도	전력이나 배수 등의 계통을 나타낸 선도로 전기 접속도, 배관도, 배선도 등이 있다.
		구조선도	기계나 교량 등의 기본 골조를 나타낸 선도

62 다음과 같은 기하공차에 대한 설명으로 틀린 것은?

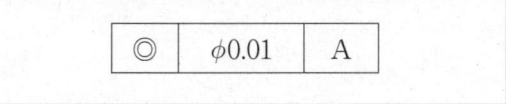

① 동심도의 허용공차가 0.01 이내이다.
② 데이텀 A에 대한 기하 공차를 나타낸다.
③ 데이텀 A는 생략할 수 있다.
④ 데이텀 A에 대한 중심의 편차가 최대 0.01 이내로 제한한다.

해설
동심도는 위치공차에 속하는데, 위치공차는 관련형체이므로 데이텀의 생략이 불가능하다. 데이텀을 생략할 수 있는 것은 단독형체인 모양공차(진직도, 평면도, 진원도, 원통도, 선의 윤곽도, 면의 윤곽도)이다.

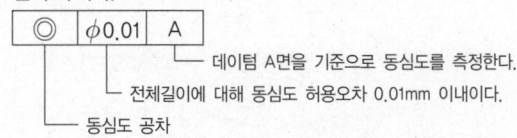
데이텀 A면을 기준으로 동심도를 측정한다.
전체길이에 대해 동심도 허용오차 0.01mm 이내이다.
동심도 공차

61 ① 62 ③

63 다음 중 열간압연 연강판 및 강대에서 드로잉용에 해당하는 것은?

① SNCD   ② SPCD
③ SPHD   ④ SHPD

해설
③ SPHD : 열간 압연 연강판 및 강대(드로잉용)
② SPCD : 드로잉용 냉간압연 강판 및 강대

65 현의 길이를 올바르게 표시한 것은?

① 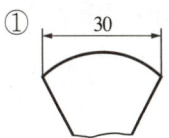   ②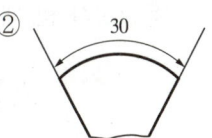

③ 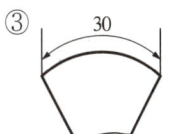   ④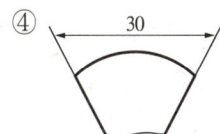

해설
치수기입 표시법

현의 치수기입	호의 치수기입
40	⌢42
반지름의 치수기입	각도의 치수기입
R8	105° 36′ / 30°

64 다음 도면에서 치수기입이 잘못된 것은?

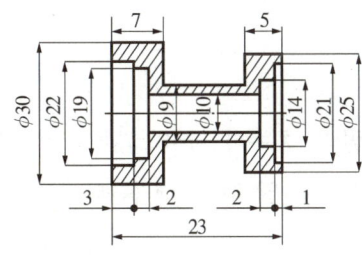

① 7   ② φ9
③ φ21   ④ φ30

해설
도면에서 물체 중심부의 내경이 φ10이므로, 중심부의 외경은 이보다 커야 하므로 φ9는 틀린 표현이다.

66 그림과 같은 단면도로 표시된 물체의 부품은 모두 몇 개인가?

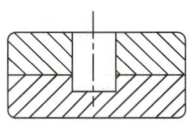

① 1개   ② 2개
③ 3개   ④ 4개

해설
물체를 단면도로 표현했을 때 단면된 물체의 구분은 해칭선의 각도로 구분하는데, 도면상에 해칭 각도는 2개로 구분되므로 물체는 2개가 된다.

정답 63 ③ 64 ② 65 ① 66 ②

67 그림과 같이 지시선의 화살표에 온 흔들림 공차를 적용하고자 할 때 옳게 나타낸 것은?

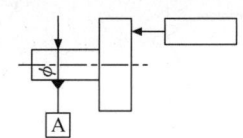

① | ↗ | 0.1 | A |
② | ↗↗ | 0.1 | A |
③ | ↗ | 0.1 |
   | | A |
④ | ↗↗ | 0.1 |
   | | A |

해설
온 흔들림은 관련형체이므로 기준면인 데이텀이 표시된 ②번과 같이 나타낸다.

68 다음 보기에 해당하는 선의 종류는?

┤보기├
- 물품의 일부를 파단한 곳을 표시하는 선
- 끊어낸 부분을 표시하는 선으로 불규칙한 파형의 가는 실선

① 절단선   ② 해칭선
③ 파 선   ④ 파단선

해설

파단선	절단선	해칭선	숨은선
불규칙한 가는 실선	지그재그 선	가는 1점 쇄선이 겹치는 부분에는 굵은 실선	가는실선 (사선)	가는파선(파선)
～	∧	⌐_⌐	//////	- - - -
대상물의 일부를 파단한 경계나 일부를 떼어낸 경계를 표시하는 선	절단한 면을 나타내는 선	단면도의 절단면을 나타내는 선	대상물의 보이지 않는 부분의 모양을 표시

69 다음 표면의 결 지시 기호에 대한 설명으로 틀린 것은?

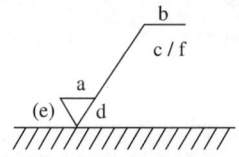

① b : 가공방법
② c : 파형의 높이
③ d : 표면의 줄무늬 방향
④ e : 샘플링 길이

해설
결 기호 중에서 e는 다듬질 여유를 나타낸다.
표면의 결 도시기호

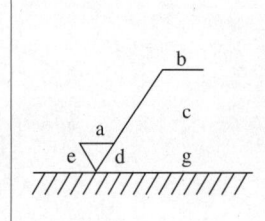

a : 중심선 평균 거칠기값
b : 가공방법
c : 컷오프값
d : 줄무늬 방향 기호
e : 다듬질 여유
f : R_a 이외의 표면거칠기 (R_a : 산술평균거칠기)
g : 표면 파상도

70 구멍의 치수가 $\phi 50^{+0.005}_{-0.004}$이고, 축의 치수가 $\phi 50^{+0.005}_{-0.004}$일 때, 최대 틈새는?

① 0.004   ② 0.005
③ 0.009   ④ 0.008

해설
최대 틈새 = 구멍의 최대 치수 - 축의 최소 치수
= 50.005mm - 49.996mm = 0.009mm

| 최대 틈새 | 구멍의 최대 허용 치수 - 축의 최소 허용 치수 |

71 CNC 선반가공에서 지령치 X = 80.0으로 소재를 가공한 후 측정한 결과 X = 80.15이었다. 기존의 X축 보정치를 0.005라 하면 공구 보정값을 얼마로 수정해야 하는가?(단, 직경지령을 사용한다)

① 0.155 ② 0.145
③ -0.155 ④ -0.145

해설
오차 = 측정값 오차 - 기존보정값 = 0.15 - 0.005 = 0.145가 된다. 따라서 공구 보정값은 이 수치만큼 빼주어야 하므로 -0.145가 된다.

72 CNC 프로그램의 어드레스(Address)와 그 기능이 틀린 것은?

① 준비기능 - G ② 이송기능 - F
③ 주축기능 - S ④ 휴지기능 - T

해설
휴지기능은 Dwell기능으로 "P"명령어로 지령할 수 있다. T는 공구 기능을 의미하는 코드이다.

CNC 프로그램의 5대 코드 및 기능

종류	코드	기능
준비기능	G코드	CNC 기계의 주요 제어장치들의 사용을 위해 준비시킨다. G코드는 CNC 공작기계의 준비기능으로 불리는데 일반적으로 공구를 준비시키는 기능으로 이해하면 된다. 예) G00 : 급속이송, G01 : 직선보간, G02 : 시계 방향 공구 회전
보조기능	M코드	CNC 기계에 장착된 부수 장치들의 동작을 실행하기 위한 것으로 주로 ON/OFF 기능을 한다. 예) M02 : 주축 정지, M08 : 절삭유 ON, M09 : 절삭유 OFF
이송기능	F코드	절삭을 위한 공구의 이송 속도를 지령한다. 예) F0.02 : 0.02mm/rev
주축기능	S코드	주축의 회전수 및 절삭속도를 지령한다. 예) S1800 : 1,800rpm으로 주축 회전
공구기능	T코드	공구 준비 및 공구 교체, 보정 및 오프셋량을 지령한다. 예) T0100 : 1번 공구로 교체 후, 공구에 00번으로 설정된 보정값 적용

73 다음 나사 사이클에서 F지령의 의미로 옳은 것은?

G76 P___ Q__ R__;
G76 X__ Z__ P__ Q__ F__;

① 이송 속도 ② 나사산의 각도
③ 나사의 리드 ④ 최초 절입량

해설
- G76 : 나사가공 사이클
- X : 나사의 최종 골지름
- Z : 나사 가공 길이 지정
- P : 나사산의 높이를 반지름값으로 지령
- Q : 최초 절입량으로 반지름값으로 지령
- F : 나사의 리드값을 나타낸다. 1줄 나사는 피치와 같다.

74 머시닝센터에서 ϕ6mm 고속도 공구강 드릴도 알루미늄 소재를 드릴링하고자 할 때, 드릴의 회전수는 약 몇 rpm인가?(단, 절삭속도는 32m/min이다)

① 1,698 ② 1,598
③ 1,498 ④ 1,398

해설
$$n = \frac{1,000v}{\pi d} = \frac{1,000 \times 32}{\pi \times 6} = 1,698.5 \, rpm$$

75 X-Y 평면으로 설정된 상태에서 원호보간 지령 시, X 방향의 속도와 Y 방향의 속도변화에 대한 설명으로 옳은 것은?

① X 방향의 속도가 항상 크다.
② Y 방향의 속도가 항상 크다.
③ 어느 지점에서나 동일한 비율로 구성된다.
④ 가공 지점에 따라 속도의 비율이 달라진다.

해설
X-Y 평면에서 가공 지점의 기울기에 따라서 속도의 비율은 달라진다.

76 CNC 선반 작업에서 A점에서 B점으로 이동할 때 지령 방법으로 틀린 것은?

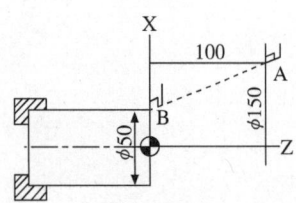

① G00 U-100.0 W-100.0;
② G00 U-50.0 Z0.0;
③ G00 X50.0 W-100.0;
④ G00 X50.0 Z0.0;

해설
②번과 같이 z를 0으로 규정하면 절대 가공이 불가능하다.
① 증분지령 방식 : 현재의 위치를 기준으로 지령한다.
　U-100.0, W-100.0
③ 절대지령과 증분지령의 혼합방식
④ 절대지령 방식

77 다음은 머시닝센터의 고정 사이클 구멍가공 모드 지령 방법 중 P가 의미하는 것은?

G□□ X_ Y_ Z_ R_ Q_ P_ F_ L_ ;

① 구멍바닥에서 휴지(Dwell)시간
② 구멍가공에 소요되는 총시간
③ 고정 사이클의 가공 횟수
④ 초기점에서부터 거리

해설
머시닝센터용 NC 프로그램에서 P는 드릴링 가공 시 드릴공구가 바닥에서 휴지하는 시간을 의미한다.

78 CNC 방전가공 시 공작물의 예비가공에 의한 효과가 아닌 것은?

① 방전가공 시간을 단축시킨다.
② 가공 칩 배출을 용이하게 한다.
③ 전극의 소모량을 줄일 수 있다.
④ 가공 칩의 양이 증가하여 정밀도를 향상시킨다.

해설
CNC 방전가공에서 공작물을 예비 가공한다고 해서 가공하는 칩의 양이 증가하거나 정밀도가 향상되지는 않는다.

75 ④　76 ②　77 ①　78 ④

79 CNC 공작기계의 제어방식이 아닌 것은?

① 하이브리드 제어방식
② 개방회로 제어방식
③ 폐쇄회로 제어방식
④ 반개방 제어방식

해설
CNC 공작기계의 서보기구 제어방식에 반개방 제어방식이란 없다.
CNC 공작기계 서보기구의 제어방식

방식	특징
개방회로 (Open Loop)	• 피드백이나 위치감지검출 기능이 없고 정밀도가 낮다. • 현재 많이 사용하지 않고 소형, 경량, 정밀도가 낮을 때만 사용한다. • 구동 전동기로 펄스 전동기를 이용하며 제어장치로 입력된 펄스 수만큼 움직이고 검출기나 피드백 회로가 없으므로 구조가 간단하며 펄스 전동기의 회전 정밀도와 볼 나사의 정밀도에 직접적인 영향을 받는 방식이다.
폐쇄회로 (Closed Loop)	• NC 기계의 테이블에서 이동량을 직접 검출하므로 정밀도가 좋다. • 현재 NC 기계에 사용되며 모터는 직류서보와 교류서보모터가 사용된다. • 기계의 테이블에 부착된 직접 검출기인 직선 Scale이 위치 검출을 실행하여 피드백하는 방식
반폐쇄회로 (Semi-closed Loop)	• 일반적인 CNC 공작기계에 가장 많이 사용되는 방식 • 서보 모터에서 위치 검출을 수행하는 방식 • 위치 검출을 서보모터 축이나 볼 스크루의 회전 각도로 검출하기도 한다. • 백래시의 오차를 줄이기 위해 볼 스크루를 활용하여 정밀도 문제를 해결한다.
복합회로 (Hybird Control)	• 반폐쇄회로 방식과 폐쇄회로 방식을 모두 갖고 있는 방식 • 정밀도를 더욱 높일 수 있어 대형 기계에 이용된다.

80 CNC 프로그램에서 좌표치를 지령하는 방식이 아닌 것은?

① 절대지령 방식
② 기계원점지령 방식
③ 증분지령 방식
④ 혼합지령 방식

해설
CNC 공작기계용 NC 프로그램의 지령 방식 중 기계원점지령 방식이란 없다.

2016년 제1회 과년도 기출문제

제1과목 | 기계가공법 및 안전관리

01 한계 게이지의 종류에 해당되지 않는 것은?

① 봉 게이지
② 스냅 게이지
③ 다이얼 게이지
④ 플러그 게이지

해설
한계 게이지 : 허용할 수 있는 부품의 오차범위인 최대, 최소치수를 설정하고 제품의 치수가 그 공차범위 안에 드는지를 검사하는 측정기기로 그 종류에는 봉 게이지, 플러그 게이지, 스냅 게이지 등이 있다.

봉 게이지	플러그 게이지
링 게이지	스냅 게이지

02 절삭공구 재료 중 소결 초경합금에 대한 설명으로 옳은 것은?

① 진동과 충격에 강하며 내마모성이 크다.
② Co, W, Cr 등을 주조하여 만든 합금이다.
③ 충분한 경도를 얻기 위해 질화법을 사용한다.
④ W, Ti, Ta 등의 탄화물 분말을 Co를 결합제로 소결한 것이다.

해설
소결 초경합금(초경합금)
1,100℃의 고온에서도 경도변화 없이 고속절삭이 가능한 절삭공구로 WC, TiC, TaC 분말에 Co나 Ni 분말을 함께 첨가한 후 1,400℃ 이상의 고온으로 가열하면서 프레스로 소결시켜 만든다. 진동이나 충격을 받으면 쉽게 깨지는 단점이 있으나 고속도강의 4배의 절삭속도로 가공이 가능하다.

03 CNC 선반 프로그래밍에 사용되는 보조기능코드와 기능이 옳게 짝지어진 것은?

① M01 : 주축 역회전
② M02 : 프로그램 종료
③ M03 : 프로그램 정지
④ M04 : 절삭유 모터 가동

해설
CNC 선반 M코드의 종류 및 기능

M코드	기 능
M00	프로그램 정지
M01	선택적 프로그램 정지
M02	프로그램 종료
M03	주축 정회전(주축이 시계방향으로 회전)
M04	주축 역회전(주축이 반시계방향으로 회전)
M05	주축 회전 정지
M08	절삭유 ON(절삭유제 공급)
M09	절삭유 OFF
M14	심압대 스핀들 전진
M15	심압대 스핀들 후진
M16	Air Blow2 ON, 공구측정 Air
M18	Air Blow1, 2 OFF
M30	프로그램 종료 후 리셋
M98	보조프로그램 호출
M99	보조프로그램 종료 후 주프로그램으로 회기

1 ③ 2 ④ 3 ②

04 밀링머신에서 원주를 단식분할법으로 13등분하는 경우의 설명으로 옳은 것은?

① 13구멍 열에서 1회전에 3구멍씩 이동한다.
② 39구멍 열에서 3회전에 3구멍씩 이동한다.
③ 40구멍 열에서 1회전에 13구멍씩 이동한다.
④ 40구멍 열에서 3회전에 13구멍씩 이동한다.

> **해설**
> 단식분할법은 2~60의 수, 60~120의 2와 5의 배수, 120 이상의 숫자 중 $\frac{40}{N(\text{공작물 분할수})}$ 공식에서 분모 N과 분할판의 구멍수와의 배수관계가 성립할 때 사용할 수 있는 분할방법이다.
> 단식분할법의 회전수 구하는 공식에 대입하면
> $n = \frac{40}{N}$, $n = \frac{40}{13} = 3(\text{회전수})\frac{1(\text{크랭크를 돌리는 분할수})}{13(\text{분할판에 있는 구멍수})}$
> 여기서 N : 공작물의 분할수
> n : 분할 크랭크의 회전수
> 보기 ②에 13의 배수인 39가 있으므로 분모와 분자에 3을 곱해주면 $3\frac{3}{39}$이 된다.
> 따라서, 39구멍 열에서 3회전에 3구멍씩 돌려서 이동시킨다.

05 밀링작업 시의 안전 수칙으로 틀린 것은?

① 칩을 제거할 때 기계를 정지시킨 후 브러시로 털어낸다.
② 주축 회전 속도를 변환할 때에는 회전을 정지시키고 변환한다.
③ 칩가루가 날리기 쉬운 가공물의 공작 시에는 방진 안경을 착용한다.
④ 절삭유를 공급할 때 커터에 감겨들지 않도록 주의하고, 공작 중 다듬질 면은 손을 대어 거칠기를 점검한다.

> **해설**
> 공작기계로 다듬질 중인 공작물의 표면은 온도가 상당히 높으므로 화상을 입을 수 있어 절대로 손을 대서는 안 되며 표면 거칠기 측정은 작업을 완료한 후 측정기로 한다.

06 지름 10mm, 원추 높이 3mm인 고속도강 드릴로 두께가 30mm인 연강판을 가공할 때 소요시간은 약 몇 분인가?(단, 이송은 0.3mm/rev, 드릴의 회전수는 667rpm이다)

① 6 ② 2
③ 1.2 ④ 0.16

> **해설**
> 드릴로 두께가 30mm인 연강판을 뚫는다고 할 때, 이송이 0.3mm/rev이므로 30mm를 뚫으려면 약 100rev가 필요하다.
> 드릴의 회전수 $n = 667$rpm이므로 1분당 667rev 회전한다.
> 이를 비례식으로 풀면
> 1분 : 667rev = x분 : 100rev
> x분 × 667rev = 1분 × 100rev
> $x = \frac{100}{667} = 0.15$분
> 드릴은 날 끝각이 118°의 형상으로 하고 있으므로 연강판을 완전히 뚫기 위해서는 더 밑으로 이송시켜야 하므로 정답은 ④번이 된다.

07 총형커터에 의한 방법으로 치형을 절삭할 때 사용하는 밀링커터는?

① 베벨 밀링커터
② 헬리컬 밀링커터
③ 인벌류트 밀링커터
④ 하이포이드 밀링커터

> **해설**
> 베벨기어나 헬리컬기어, 하이포이드기어와 같이 이의 형상이 직선이 아닌 경우에는 총형커터에 의한 방법으로는 기어 절삭이 불가능하다. 총형커터에 의한 방법은 스퍼기어와 같이 직선 형태의 이(치형)만 제작이 가능하다.

스퍼기어	베벨기어	헬리컬기어	하이포이드기어

08 1차로 가공된 가공물의 안지름보다 다소 큰 강구(Steel Ball)를 압입 통과시켜서 가공물의 표면을 소성변형으로 가공하는 방법은?

① 래핑(Lapping)
② 호닝(Honing)
③ 버니싱(Burnishing)
④ 그라인딩(Grinding)

해설

③ 버니싱(Burnishing) : 강구를 원통구멍에 압입하여 구멍의 표면을 가압 다듬질하는 방법으로 특히 구멍의 모양이 직사각형이나 기어의 키 구멍의 다듬질, 1차 가공에서 발생한 자국, 긁힘 등을 제거하는 데 알맞은 가공법이다. 표면 거칠기가 우수하고 피로한도를 줄일 수 있으나 스프링 백을 고려해서 작업해야 한다.
① 래핑(Lapping) : 주철이나 구리, 가죽, 천 등으로 만들어진 랩(Lap)과 공작물의 다듬질할 면 사이에 랩제를 넣고 적당한 압력으로 누르면서 상대운동을 하면, 절삭입자가 공작물의 표면으로부터 극히 소량의 칩(Chip)을 깎아내어 표면을 다듬는 가공법이다. 주로 게이지 블록의 측정면을 가공할 때 사용한다.
② 호닝(Honing) : 드릴링, 보링, 리밍 등으로 1차 가공한 재료를 더욱 정밀하게 연삭하는 가공법으로 각봉 형상의 세립자로 만든 공구를 공작물에 스프링이나 유압으로 접촉시키면서 회전운동과 왕복 운동을 동시에 주어 매끈하고 정밀한 제품을 만드는 가공법이다. 주로 내연기관의 실린더와 같이 구멍의 진원도와 진직도, 표면거칠기 향상을 위해 사용한다.
④ 그라인딩(Grinding) : 연삭기를 사용하여 절삭입자들로 결합된 연삭숫돌을 고속으로 회전시켜 재료의 표면을 매끄럽게 만드는 정밀입자가공법이다.

09 밀링머신에서 기어의 치형에 맞춘 기어커터를 사용하여 기어소재 원판을 같은 간격으로 분할 가공하는 방법은?

① 래크법
② 창성법
③ 총형법
④ 형판법

해설

총형커터에 의한 방법 : 기어의 치형과 같은 형상을 가진 래크나 커터공구를 회전시키면서 공작물을 1피치씩 회전시켜가며 치형을 1개씩 가공하는 방법이다. 치형 곡선이나 피치의 정밀도와 생산성이 낮아서 소량의 기어 제작에 사용한다. 인벌류트 치형을 정확히 가공할 수 있다는 장점이 있다.

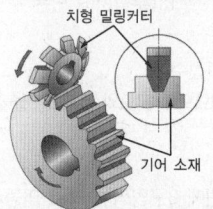

② 창성법(創成法, 만들 창, 이룰 성, 법칙 법) : 기어의 치형과 동일한 윤곽을 가진 커터를 피절삭 기어와 맞물리게 하면서 상대운동을 시켜 절삭하는 방법으로 그 종류에는 래크 커터, 피니언 커터, 호브에 의한 방법이 있다.

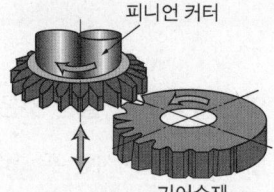

④ 형판법(형판에 의한 기어 가공법) : 셰이퍼의 테이블에 공작물을 고정하고 치형과 같은 형상(곡선)으로 만들어진 형판 위를 따라 움직이면서 바이트를 움직여서 기어를 모방 절삭하는 방법이다. 매끈한 다듬질면을 얻기 힘들고 가공 능률이 낮아서 대형 스퍼 기어나 직선 베벨기어가공에 사용된다.

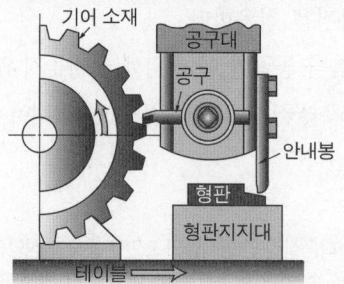

10 다듬질면 상태의 평면검사에 사용되는 수공구는?

① 트러멜 ② 나이프 에지
③ 실린더 게이지 ④ 앵글 플레이트

해설
측정기의 분류

각도 측정기	사인바
	수준기
	분도기
	탄젠트바
	오토콜리메이터
	콤비네이션세트
	광학식 클리노미터
평면 측정기	서피스게이지
	옵티컬 플랫
	나이프 에지
길이 측정기	게이지블록
	스냅게이지
	깊이게이지
	마이크로미터
	다이얼 게이지
	버니어캘리퍼스
	지침 측미기(미니미터)
	하이트 게이지(높이 게이지)
위치, 크기, 방향, 윤곽, 형상	3차원 측정기
비교 측정기	다이얼 게이지
	지침 측미기(미니미터)
	다이얼 테스트 인디케이터

11 직접 측정용 길이 측정기가 아닌 것은?

① 강철자 ② 사인바
③ 마이크로미터 ④ 버니어캘리퍼스

해설
사인바는 각도측정기이다.

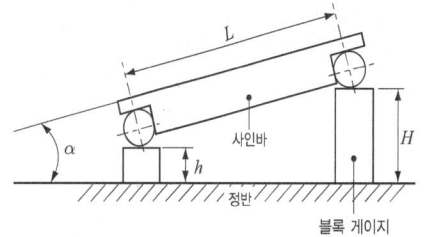

12 다음 중 밀링작업에서 판캠을 절삭하기에 가장 적합한 밀링커터는?

① 엔드밀
② 더브테일커터
③ 메탈 슬리팅 소
④ 사이드 밀링커터

해설
판 캠
판캠은 회전 시 종동절이 접촉하면서 상하운동을 하도록 외형 작업을 해야 하므로 엔드밀 공구로 작업해야 한다.

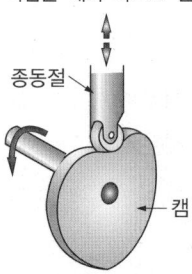

주요 엔드밀의 종류

엔드밀(End-mill)	볼 엔드밀(Ball End-mill)
수직밀링머신에서 가공물의 홈과 좁은 평면, 윤곽가공, 구멍가공 등에 사용한다.	밀링커터 중 자유곡면의 가공에 사용되는 커터로 CAM으로 3차원 자유 곡면을 가공에 주로 사용된다.

정답 10 ② 11 ② 12 ①

13 연삭숫돌 입자의 종류가 아닌 것은?

① 에머리 ② 커런덤
③ 산화규소 ④ 탄화규소

해설
산화규소는 숫돌입자로 사용되지 않는다.
① 커런덤 : 산화알루미나의 일종
② 에머리 : 산화알루미나의 일종
④ 탄화규소계 : C, GC계의 숫돌입자가 있다.

14 공작물의 표면 거칠기와 치수 정밀도에 영향을 미치는 요소로 거리가 먼 것은?

① 절삭유
② 절삭깊이
③ 절삭 속도
④ 칩 브레이커

해설
칩 브레이커 : 선반가공 시 연속적으로 발생되는 유동형칩으로 인해 작업자가 다치는 것을 방지하기 위하여 칩을 짧게 절단시켜 주는 안전장치

칩 브레이커

15 리머의 모양에 대한 설명 중 틀린 것은?

① 조정 리머 : 절삭날을 조정할 수 있는 것
② 솔리드 리머 : 자루와 절삭날이 다른 소재로 된 것
③ 셸 리머 : 자루와 절삭날 부위가 별개로 되어 있는 것
④ 팽창 리머 : 가공물의 치수에 따라 조금 팽창할 수 있는 것

해설
솔리드 리머 : 자루와 날 부분이 같은 소재로 제작된 리머
① 조정 리머 : 절삭날을 조정하여 공차를 조정할 수 있는 리머
③ 셸 리머 : 리머의 자루와 절삭날이 분리되어 큰 구멍의 다듬질에 사용되는 리머
④ 팽창 리머 : 절삭날 부분이 팽창할 수 있게 틈이 있는 리머

16 열경화성 합성수지인 베이클라이트(Bakelite)를 주성분으로 하며 각종 용제, 기름 등에 안정된 숫돌로서 절단용 숫돌 및 정밀 연삭용으로 적합한 결합제는?

① 고무 결합제
② 비닐 결합제
③ 셸락 결합제
④ 레지노이드 결합제

해설
레지노이드 결합제(B) : 베이클라이트를 주성분으로하여 만든 결합제로 연삭능률과 절삭성이 좋고 다듬질 면이 양호하며 고속회전 시에도 사용이 가능하기 때문에 절단이나 정밀 연삭용으로 사용된다. 비트리파이드 결합제에 비하여 탄성이 있고 항장력이 강하며 용제나 기름 등에도 안전하게 작업할 수 있다.

연삭숫돌의 결합제 및 기호

결합제 종류		기 호
레지노이드	Resinoid	B
비트리파이드	Vitrified	V
고무	Rubber	R
비닐	Poly Vinyl Alcohol	PVA
셸락(천연수지)	Shellac	E
금속	Metal	M
실리케이트	Silicate	S

17 크레이터 마모에 관한 설명 중 틀린 것은?

① 유동형 칩에서 가장 뚜렷이 나타난다.
② 절삭공구의 상면 경사각이 오목하게 파여지는 현상이다.
③ 크레이터 마모를 줄이려면 경사면 위의 마찰계수를 감소시킨다.
④ 처음에 빠른 속도로 성장하다가 어느 정도 크기에 도달하면 느려진다.

해설

크레이터 마모(경사면 마모)는 초기에 천천히 성장하다가 어느 정도 크기 이상이 되면 급격히 마모가 빨라진다.

선반용 바이트 공구의 마멸 및 이상 현상

종류	특징	형상
경사면 마멸 (크레이터 마모)	• 공구날의 윗면이 유동형 칩과의 마찰로 오목하게 파이는 현상으로 공구와 칩의 경계에서 원자들의 상호 이동 역시 마멸의 원인이 된다. • 공구 경사각을 크게 하면 칩이 공구 윗면을 누르는 압력이 작아지므로 경사면 마멸의 발생과 성장을 줄일 수 있다. • 유동형 칩에서 가장 뚜렷이 나타나며 경사면 위의 마찰계수를 줄임으로써 감소시킬 수 있다. • 처음에 천천히 성장하다가 어느 정도 크기 이상이 되면 급격히 마모가 빨라진다.	경사면 마멸 / 여유면 마멸
여유면 마멸 (플랭크 마모)	절삭공구의 측면(여유면)과 가공면 과의 마찰에 의하여 발생되는 마모현상으로 주철과 같이 취성이 있는 재료를 절삭할 때 발생하여 절삭 날(공구인선)을 파손시킨다.	
치 핑	경도가 매우 크고 인성이 작은 절삭공구로 공작물을 가공할 때 발생되는 충격으로 공구날이 모서리를 따라 작은 조각으로 떨어져 나가는 현상이다.	치 핑
채터링	절삭가공 중 공구가 떨리는 현상이다.	

18 선반의 부속품 중에서 돌리개(Dog)의 종류로 틀린 것은?

① 곧은 돌리개   ② 브로치 돌리개
③ 굽은(곡형) 돌리개   ④ 평행(클램프) 돌리개

해설

돌리개의 역할 : 양 센터 작업 시 주축의 회전력을 돌림판을 사용해서 공작물에 전달하는 장치이다. 돌림판을 주축(스핀들)의 끝에 설치한 후 돌리개를 연결해서 사용한다.

돌리개의 종류

종류	곧은 돌리개	굽은(곡형) 돌리개	평행(클램프) 돌리개
형상			

19 편심량이 2.2mm로 가공된 선반 가공물을 다이얼 게이지로 측정할 때, 다이얼 게이지 눈금의 변위량은 몇 mm인가?

① 1.1   ② 2.2
③ 4.4   ④ 6.6

해설

선반은 재료를 회전시키면서 가공하는 공작기계이다. 따라서 재료의 편심량이 2.2mm라면 회전 시 그 직경은 2배가 되므로 다이얼 게이지로 측정할 경우 눈금의 변위량은 4.4mm가 된다.

20 선반작업 시 공구에 발생하는 절삭저항 중 가장 큰 것은?

① 배분력 ② 주분력
③ 마찰분력 ④ 이송분력

> **해설**
> 선반작업 시 발생하는 3분력의 크기 순서
> 주분력 > 배분력 > 이송분력

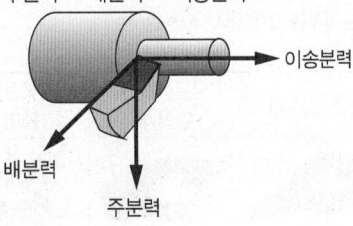

22 자성재료를 연질과 경질로 나눌 때 경질 자석에 해당되는 것은?

① Si강판 ② 퍼멀로이
③ 센더스트 ④ 알니코 자석

> **해설**
> 알니코 자석 : Al과 Ni, Co를 합금시켜 만든 영구자석으로 온도에 대한 안정성이 크다. 높은 경도를 가진 경질 자석으로 퀴리(자성을 잃는)온도가 높아서 500~600℃에서도 안정적으로 사용이 가능하나 보자력이 약해서 시간이 지남에 따라 자력이 약해진다.

제2과목 | 기계설계 및 기계재료

21 알루미늄 합금 중 주성분이 Al-Cu-Ni-Mg계 합금인 것은?

① Y합금 ② 알민(Almin)
③ 알드리(Aldrey) ④ 알클래드(Alclad)

> **해설**
> 시험에 자주 출제되는 주요 알루미늄 합금
>
> | | |
> |---|---|
> | Y합금 | Al + Cu + Mg + Ni(알구마니) |
> | 두랄루민 | Al + Cu + Mg + Mn(알구마망) |

23 애드미럴티(Admiralty) 황동의 조성은?

① 7 : 3황동 + Sn(1% 정도)
② 7 : 3황동 + Pb(1% 정도)
③ 6 : 4황동 + Sn(1% 정도)
④ 6 : 4황동 + Pb(1% 정도)

> **해설**
> 애드미럴티 황동 : 7 : 3황동에 Sn 1%를 합금한 것으로 콘덴서 튜브에 사용한다.

24 초소성을 얻기 위한 조직의 조건으로 틀린 것은?

① 결정립은 미세화되어야 한다.
② 결정립 모양은 등축이어야 한다.
③ 모상의 입계는 고경각인 것이 좋다.
④ 모상입계가 인장분리되기 쉬워야 한다.

해설
초소성 재료는 모상입계가 인장분리하기 쉬워서는 안 된다.
초소성 재료를 얻기 위한 조건
• 결정립은 미세화되어야 한다.
• 등축 모양을 가진 결정립이어야 한다.
• 모상입계가 인장분리하기 쉬워서는 안 된다.
• 모상입계는 고경각인 것이 좋다. 저경각 시 입계미끄럼을 일으키기 어렵다.
• 결정립의 모양은 등축이어야 한다. 길이방향으로 입자가 늘어나 있으면 길이방향에는 큰 입계 미끄럼을 기대할 수 없다.
초소성 합금 : 금속재료가 일정한 온도와 속도하에서 일반 금속보다 수십에서 수천 배의 연성을 보이는 재료로 연성이 매우 커서 작은 힘으로도 복잡한 형상의 성형이 가능한 신소재이다. 최근 터빈의 날개 제작에 사용된다.

25 탄소공구강의 재료 기호로 옳은 것은?

① SPS   ② STC
③ STD   ④ STS

해설
② STC : 탄소공구강
① SPS : 스프링용강
③ STD : 합금공구강(냉간금형)
④ STS : 합금공구강(절삭공구)

26 탄성한도를 넘어서 소성변형을 시킨 경우에도 하중을 제거하면 원래 상태로 돌아가는 성질을 무엇이라 하는가?

① 신소재 효과   ② 초탄성 효과
③ 초소성 효과   ④ 시효경화 효과

해설
초탄성효과란 탄성한도를 넘어서서 소성변형된 재료라도 하중을 제거하면 원래 상태로 되돌아가는 성질을 말한다.
• 탄성 : 외력에 의해 변형된 물체가 외력을 제거하면 다시 원래의 상태로 되돌아가려는 성질이다.
• 소성 : 물체에 변형을 준 뒤 외력을 제거해도 원래의 상태로 되돌아오지 않고 영구적으로 변형되는 성질로 가소성으로도 불린다.

27 백주철을 열처리로에 넣어 가열해서 탈탄 또는 흑연화하는 방법으로 제조된 것은?

① 회주철   ② 반주철
③ 칠드주철   ④ 가단주철

해설
가단주철 : 백주철을 고온에서 장시간 열처리하여 시멘타이트 조직을 분해하거나 소실시켜 조직의 인성과 연성을 개선한 주철로 가단성이 부족했던 주철을 강인한 조직으로 만들기 때문에 단조작업이 가능한 주철이다. 제작 공정이 복잡해서 시간과 비용이 상대적으로 많이 든다.
가단주철의 종류
• 흑심 가단주철 : 흑연화가 주목적
• 백심 가단주철 : 탈탄이 주목적
• 특수 가단주철
• 펄라이트 가단주철

28 다음 중 원소가 강재에 미치는 영향으로 틀린 것은?

① S : 절삭성을 향상시킨다.
② Mn : 황의 해를 막는다.
③ H_2 : 유동성을 좋게 한다.
④ P : 결정립을 조대화시킨다.

해설
H_2가 강에 합금되면 용선(쇳물)의 유동성을 해친다.

29 스프링강이 갖추어야 할 특성으로 틀린 것은?

① 탄성한도가 커야 한다.
② 마텐자이트 조직으로 되어야 한다.
③ 충격 및 피로에 대한 저항력이 커야 한다.
④ 사용 도중 영구변형을 일으키지 않아야 한다.

해설
스프링강(SPS)은 소르바이트 조직으로 되어야 한다.

30 열처리의 목적을 설명한 것으로 옳은 것은?

① 담금질 : 강을 A_1 변태점까지 가열하여 연성을 증가시킨다.
② 뜨임 : 소성가공에 의한 내부응력을 증가시켜 절삭성을 향상시킨다.
③ 풀림 : 강의 강도, 경도를 증가시키고, 조직을 마텐자이트조직으로 변태시킨다.
④ 불림 : 재료의 결정조직을 미세화하고, 기계적 성질을 개량하여 조직을 표준화한다.

해설
④ 불림(Normalizing, 노멀라이징) : 주조나 소성가공에 의해 거칠고 불균일한 조직을 표준화 조직으로 만드는 열처리법으로 A_3 변태점보다 30~50℃ 높게 가열한 후 공랭시킴으로써 만들 수 있다.
① 담금질(Quenching, 퀜칭) : 재료를 강하게 만들기 위하여 변태점 이상의 온도인 오스테나이트 영역까지 가열한 후 물이나 기름 같은 냉각제 속에 집어넣어 급랭시킴으로써 강도와 경도가 큰 마텐자이트 조직을 만들기 위한 열처리 조작이다.
② 뜨임(Tempering, 템퍼링) : 잔류 응력에 의한 불안정한 조직을 A_1 변태점 이하의 온도로 재가열하여 원자들을 좀 더 안정적인 위치로 이동시킴으로써 잔류응력을 제거하고 인성을 증가시키는 위한 열처리법이다.
③ 풀림(Annealing, 어닐링) : 강 속에 있는 내부 응력을 제거하고 재료를 연하게 만들기 위해 A_1 변태점 이상의 온도로 가열한 후 가열로나 공기 중에서 서랭함으로써 강의 성질을 개선하기 위한 열처리법이다.

31 원통롤러 베어링 N206(기본 동정격하중 14.2kN)이 600rpm으로 1.96kN의 베어링 하중을 받치고 있다. 이 베어링의 수명은 약 몇 시간인가?(단, 베어링 하중계수(f_w)는 1.5를 적용한다)

① 4,200 ② 4,800
③ 5,300 ④ 5,900

해설
베어링 하중계수(f_w)를 1.5로 적용하려면
$P = P_{th} \times f_w = 1,960\text{N} \times 1.5 = 2,940\text{N}$
$L_h = 500\left(\dfrac{C}{P}\right)^r \times \dfrac{33.3}{N}$
$= 500 \times \left(\dfrac{14,200}{2,940}\right)^{\frac{10}{3}} \times \dfrac{33.3}{600}$
≒ 5,282시간

베어링의 수명시간(L_h) 구하는 식
$L_h = 500\left(\dfrac{C}{P}\right)^r \times \dfrac{33.3}{N}$ 또는 $L_h = 500 f_n^3 \left(\dfrac{C}{P_{th} \times f_w}\right)^3$

여기서, C : 기본부하용량
P_{th} : 베어링 이론하중
f_w : 하중계수
N : 회전수
f_n : 속도계수
f_h : 수명계수

• 볼 베어링의 하중계수(r) = 3
• 롤러 베어링의 하중계수(r) = $\dfrac{10}{3}$
• 볼 베어링의 수명 : 반지름방향 동등가 하중의 3승에 반비례한다.

32 지름 20mm, 피치 2mm인 3줄 나사를 1/2 회전하였을 때 이 나사의 진행거리는 몇 mm인가?

① 1 ② 3
③ 4 ④ 6

해설
• $L = np = 3 \times 2 = 6\text{mm}$
$\dfrac{1}{2}$ 회전이므로 $6\text{mm} \times \dfrac{1}{2} = 3\text{mm}$

• 리드(L) : 나사를 1회전시켰을 때 축 방향으로 이동한 거리
$L = n \times p$

예 1줄 나사와 3줄 나사의 리드(L)

1줄 나사	3줄 나사
$L = np = 1 \times 1 = 1\text{mm}$	$L = np = 3 \times 1 = 3\text{mm}$

※ 특별한 언급이 없는 한 피치(p)는 1이다.

33 다음 중 정숙하고 원활한 운전을 하고, 특히 고속회전이 필요할 때 적합한 체인은?

① 사일런트 체인(Silent Chain)
② 코일 체인(Coil Chain)
③ 롤러 체인(Roller Chain)
④ 블록 체인(Block Chain)

[해설]
사일런트 체인 : Silent(정숙한)라는 영어표현을 사용하는 사일런트 체인은 정숙하기 때문에 고속 회전에 적합하다.

더블 롤러 체인	사일런트 체인

34 밴드 브레이크에서 밴드에 생기는 인장응력과 관련하여 다음 중 옳은 관계식은?(단, σ : 밴드에 생기는 인장응력, F_1 : 밴드의 인장 측 장력, t : 밴드 두께, b : 밴드의 너비이다)

① $\sigma = \dfrac{b}{F_1 \times t}$ ② $b = \dfrac{t \times \sigma}{F_1}$

③ $b = \dfrac{F_1}{t \times \sigma}$ ④ $\sigma = \dfrac{F_1 \times t}{b}$

[해설]
인장응력(σ) $= \dfrac{F}{A} = \dfrac{F}{b \times t}$ (t : 밴드 두께)

밴드의 너비(b) $= \dfrac{F}{t \times \sigma}$

밴드 브레이크 : 브레이크 드럼의 바깥 둘레에 강철 밴드를 감고 밴드의 끝이 연결된 레버를 잡아당겨 밴드와 브레이크드럼 사이에 마찰력을 발생시켜서 제동력을 얻는 장치

35 하중의 크기 및 방향이 주기적으로 변화하는 하중으로서 양진하중을 의미하는 것은?

① 변동하중(Variable Load)
② 반복하중(Repeated Load)
③ 교번하중(Alternate Load)
④ 충격하중(Impact Load)

[해설]
교번하중은 하중이 주기적으로 변하면서 양진으로 작용한다.
작용 방향과 시간에 따른 하중의 종류

종 류		특 징
정하중		하중이 정지 상태에서 가해지며 크기나 속도가 변하지 않는 하중
동하중	반복하중	하중의 크기와 방향이 같은 일정한 하중이 반복되는 하중
	교번하중	하중의 크기와 방향이 변화하면서 인장과 압축 하중이 연속 작용하는 하중
	충격하중	하중이 짧은 시간에 급격히 작용하는 하중
집중하중		한 점이나 지극히 작은 범위에 집중적으로 작용하는 하중
분포하중		넓은 범위에 균일하게 분포하여 작용하는 하중

36 300rpm으로 2.5kW의 동력을 전달시키는 축에 발생하는 비틀림 모멘트는 약 몇 N·m인가?

① 80   ② 60
③ 45   ④ 35

[해설]
비틀림 모멘트 $T = 974 \times \dfrac{H_{kW}}{N}$ kgf·m

$= 974 \times \dfrac{2.5}{300} = 8.116$ kgf·m

$= 8.116 \times 9.8 = 79.54$ N·m

37 2.2kW의 동력을 1,800rpm으로 전달시키는 표준 스퍼기어가 있다. 이 기어에 작용하는 회전력은 약 몇 N인가?(단, 스퍼기어 모듈은 4이고, 잇수는 25이다)

① 163　　② 195
③ 233　　④ 289

해설
- T(토크) 구하기

$$T = 974{,}000 \times \frac{H_{kW}}{N} \text{kgf} \cdot \text{mm}$$

$$T = 974{,}000 \times \frac{2.2}{1{,}800} = 1{,}190.4 \text{kgf} \cdot \text{mm}$$

$$= 11{,}677.8 \text{N} \cdot \text{mm}$$

- T(토크)식으로 전달력(F) 구하기

$$T = F \times \frac{d}{2}$$

$$F = \frac{2T}{d} = \frac{2 \times 11{,}677.8 \text{N} \cdot \text{mm}}{100 \text{mm}} = 233.5 \text{N}$$

※ 동력 단위별 전달토크

- $T = 974{,}000 \times \dfrac{H_{kW}}{N} \text{kgf} \cdot \text{mm}$
- $T = 716{,}200 \times \dfrac{H_{PS}}{N} \text{kgf} \cdot \text{mm}$

38 판 스프링(Leaf Spring)의 특징에 관한 설명으로 거리가 먼 것은?

① 판 사이의 마찰에 의해 진동을 감쇠한다.
② 내구성이 좋고, 유지보수가 용이하다.
③ 트럭 및 철도차량의 현가장치로 주로 이용된다.
④ 판 사이의 마찰 작용으로 인해 미소진동의 흡수에 유리하다.

해설
양단지지형 겹판 스프링(Multi-leaf, End-supported Spring)
- 중앙에 여러 개의 판으로 되어 있고 단순 지지된 양단은 1개의 판으로 구성된 스프링으로 최근 철도차량이나 화물 자동차의 현가장치로 많이 사용되고 있다.
- 판 사이의 마찰은 스프링 진동 시 감쇠력으로 작용하며 모단이 파단 되면 사용이 불가능한 단점이 있고 길이가 짧을수록 곡률이 작은 판을 사용한다.
- 스프링 제도 시에는 원칙적으로 상용하중 상태에서 그리므로, 겹판 스프링은 항상 휘어진 상태로 표시된다.

39 맞대기 용접이음에서 압축하중을 W, 용접부의 길이를 L, 판 두께를 t라 할 때 용접부의 압축응력을 계산하는 식으로 옳은 것은?

① $\sigma = \dfrac{WL}{t}$

② $\sigma = \dfrac{W}{tL}$

③ $\sigma = WtL$

④ $\sigma = \dfrac{tL}{W}$

해설
맞대기 용접부의 인장하중(힘)

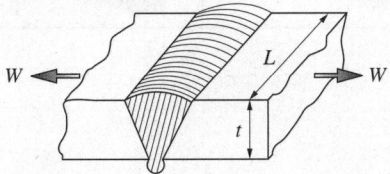

인장응력(σ) $= \dfrac{F}{A} = \dfrac{F}{t \times L}$ 식을 응용하면

$$\sigma = \frac{W}{t(\text{mm}) \times L(\text{mm})}$$

40 942N·m의 토크를 전달하는 지름 50mm인 축에 사용할 묻힘 키(폭 × 높이 = 12mm × 8mm)의 길이는 최소 몇 mm 이상이어야 하는가?(단, 키의 허용전단응력은 78.48N/mm²이다)

① 30　　② 40
③ 50　　④ 60

해설
$\tau = \dfrac{W}{bl} = \dfrac{2T}{bld}$

b : 키의 폭, l : 키의 길이, d : 축 지름

$$78.48 \text{N/mm}^2 = \frac{2 \times 942{,}000 \text{N} \cdot \text{mm}}{12\text{mm} \times l \times 50\text{mm}}$$

키의 길이, $l = \dfrac{2 \times 942{,}000 \text{N} \cdot \text{mm}}{12\text{mm} \times 50\text{mm} \times 78.48 \text{N/mm}^2} = 40.01\text{mm}$

제3과목 | 컴퓨터응용가공

41 솔리드모델링기법에 의한 물체의 표현방식 중 CSG(Constructive Solid Geometry)방식이 B-rep(Boundary Representation)방식에 비해 우수한 점으로 틀린 것은?

① 기억용량이 작다.
② 데이터의 구조가 간단하다.
③ 3면도나 투시도의 작성이 용이하다.
④ 기본도형을 직접 입력하므로 데이터의 작성방법이 쉽다.

[해설]
B-rep방식의 기본요소는 점(Vertex)과 면(Face), 모서리(Edge)이므로 구나 원통, 사각블록을 기본형상으로 하는 CSG 방식보다 3면도나 투시도의 작성이 더 용이하다.

CSG 모델링과 B-rep방식의 차이점

CSG방식	B-rep방식
• 저장용량이 B-rep방식보다 더 작다.	• CSG방법보다 더 큰 데이터 저장 용량이 필요하다.
• 데이터의 구조가 B-rep방식보다 더 간단하다.	• CSG방식보다 3면도나 투시도의 작성이 더 용이하다.
• 데이터 작성방법이 B-rep방식보다 더 쉽다.	

42 CNC 공작기계의 군관리 또는 군제어를 뜻하는 말로서 중앙의 컴퓨터로부터 프로그램을 CNC 공작기계에 전송하여 여러 대의 CNC 공작기계를 동시에 제어하는 시스템은?

① CIM   ② DNC
③ FMC   ④ FMS

[해설]
DNC(Distributed Numerical Control), 직접수치제어
중앙의 1대 컴퓨터에서 여러 대의 CNC 공작기계에 데이터를 분배하여 전송함으로써 동시에 여러 대의 기계를 운전할 수 있는 시스템으로 외부 컴퓨터에서 작성한 NC프로그램을 CNC 공작기계에 송수신하면서 가공하는 방식이다. 군관리나 군제어로 불리기도 한다.
① CIM(Computer Integrated Manufacturing System, CIMS) : 컴퓨터에 의한 통합적 생산시스템으로 컴퓨터를 이용해서 기술개발・설계・생산・판매 그리고 경영까지 전체를 하나의 통합된 생산체제로 구축하는 시스템이다.
③ FMC(Fixed Mobile Convergence) : 유무선 통합 서비스
④ FMS(Flexible Manufacturing System, 유연생산시스템) : 하나의 생산공정에서 다양한 제품을 동시에 제조할 수 있는 생산자동화 시스템으로 현재 자동차공장에서 하나의 컨베이어벨트 위에서 다양한 차종을 동시에 생산하는 시스템에 적용되고 있다. 이는 생산 방식 중의 하나로써 일정 생산량 단위인 Cell 단위로 공정 간 물량을 이동시킨다.

43 유한요소법(FEM)의 적용을 위한 3차원 요소 분할을 위해 가장 적당한 모델링 방법은?

① 곡면 모델링(Surface Modeling)
② 솔리드 모델링(Solid Modeling)
③ 시뮬레이션 모델링(Simulation Modeling)
④ 와이어프레임 모델링(Wireframe Modeling)

[해설]
CAD모델링 중에서 유한요소법(FEM)의 해석이 가능한 것은 솔리드 모델링이 유일하며 와이어프레임과 곡면 모델링은 불가능하다.

정답 41 ③ 42 ② 43 ②

44 일반적으로 3축 가공과 비교한 5축 가공의 특징으로 틀린 것은?

① 공구 접근성이 뛰어나다.
② 파트 프로그램 작성이 수월하다.
③ 커스프(Cusp) 양을 최소화함으로써 가공품질이 우수하다.
④ 볼 엔드밀 사용 시 절삭성이 좋은 공구 자세를 취할 수 있다.

해설
3축 가공에 비해 5축 가공을 위한 파트 프로그램 작성은 더 복잡하고 어렵다.

45 퍼거슨(Ferguson)곡선과 곡면의 특징으로 틀린 것은?

① 평면상의 곡선뿐만 아니라 3차원 공간에 있는 형상도 간단히 표현할 수 있다.
② 다각형의 꼭짓점의 순서를 거꾸로 하여 곡선을 생성하여도 같은 곡선이 생성된다.
③ 곡선 또는 곡면의 일부를 표현하려고 할 때는 매개변수의 범위를 조절하여 간단히 표현할 수 있다.
④ 일반 대수식에 비해 곡선 생성이 쉽긴 하지만, 벡터의 변화에 대해 벡터 중간부의 곡선 형태를 예측하여 원하는 특정 형상을 표현하는 데에 어려움이 있다.

해설
Ferguson 곡선과 곡면은 방향벡터와 속도에 따라 그 형상이 달라진다. 따라서, 다각형의 꼭짓점의 순서를 거꾸로 하면 처음과 다른 곡선이나 곡면이 생긴다.
퍼거슨곡선(Ferguson Curve)

46 일반적인 CAD 시스템에서 많이 사용하는 곡선의 방정식의 차수가 3차인 이유로 가장 적절한 것은?

① 곡선의 전면에 떨림이 적어 평탄한 곡선을 만들어 낼 수 있다.
② 곡선 방정식을 구성하는 계수의 계산이 편리하여 방정식을 쉽게 구현할 수 있다.
③ 곡선 방정식을 구성하는 계수의 변화에 따른 곡선 형태의 변화를 미리 예측하기가 쉽다.
④ 두 개의 곡선을 연결할 때 양쪽 곡선이 모두 3차식이면 연결점에서 곡률 연속을 보장할 수 있다.

해설
CAD(Computer Aid Design, 컴퓨터 이용 설계) 시스템에서 곡선 방정식을 3차로 사용하는 이유는 두 개의 곡선을 연결할 때 양쪽 곡선이 모두 3차원일 때 연결점에서 곡률의 연속을 보장할 수 있기 때문이다.

47 B-spline 곡선을 보다 다양하게 표현하고 있는 곡선은?

① Bezier 곡선
② Spline 곡선
③ NURBS 곡선
④ Ferguson 곡선

해설
B-spline에 비해 NURBS 곡선이 보다 더 자유로운 변형이 가능하다.

NURBS 곡선

NURBS(Non-Uniform Rational B-Spline) 곡선의 특징
- Conic 곡선을 표현할 수 있다.
- 곡선의 양 끝점을 반드시 통과해야 한다.
- 조정점을 호모지니어스 좌표계로 표현한다.
- 곡선의 형상을 국부적으로 수정할 수 있다.
- B-spline 곡선식을 포함하는 더 일반적인 형태이다.
- Blending 함수는 B-spline과 같은 함수를 사용한다.
- B-spline에 비해 NURBS 곡선이 보다 자유로운 변형이 가능하다.
- 원, 타원, 포물선, 쌍곡선 등 원추 곡선을 정확하게 나타낼 수 있다.
- 조정점의 가중치(Weight)를 변경하여 곡선 형상을 변화시킬 수 있다.
- B-spline, Bezier 등의 자유곡선뿐만 아니라 원추곡선까지 한 방정식의 형태로 표현이 가능하다.
- 3차 NURBS 곡선은 특정 노트구간에서 4개의 조정점 외에 4개의 가중치와 절점 벡터의 정보가 이용된다.

Bezier 곡선	Spline
B-spline	퍼거슨 곡선 (Ferguson curve)

48 다음 중 변환 행렬과 관계없는 명령어는?

① Break
② Move
③ Mirror
④ Rotate

해설
Break는 변환 행렬과 관련이 없다.
예 2차원에서 동차좌표에 의한 변환 행렬 표현식
$$[x'\ y'\ 1] = [x\ y\ 1]\begin{bmatrix} a & b & p \\ c & d & q \\ m & n & s \end{bmatrix}$$
- a, b, c, d는 회전(Rotate), 전단 및 스케일링과 관계가 있다.
- m, n은 평행이동(Move)과 관계가 있다.
- p, q는 투영과 관계가 있다.
- s는 전체적인 스케일링과 관계가 있다.

49 서로 다른 CAD 시스템 간에 설계정보를 교환하기 위한 표준 중립파일(Neutral File)이 아닌 것은?

① DXF ② GUI
③ IGES ④ STEP

해설
GUI(Graphical User Interface) : 그래픽을 통해 사용자와 컴퓨터 간 인터페이스로 기존 문자 위주의 컴퓨터 운영방식에서 그림 위주로 바뀐 운영방식이다.
① DXF(Data Exchange File) : CAD 데이터 간 호환성을 위해 제정한 자료 공유파일을 아스키 텍스트 파일로 구성한 형식이다.
③ IGES : CAD/CAM/CAE 시스템 간에 제품 정의 데이터를 교환하기 위해 개발한 최초의 표준교환형식으로 ANSI 표준이다.
④ STEP : 회사들 사이에 컴퓨터를 이용한 데이터의 저장과 교환을 위한 산업표준이 되고 있는 CALS에서 채택하고 있는 제품 데이터 교환 표준이다.

정답 47 ③ 48 ① 49 ②

50 웹에서 사용할 수 있는 데이터 포맷 중 3차원 그래픽 데이터를 위한 것은?

① CGM ② DWF
③ HTML ④ VRML

해설
④ VRML(Virtual Reality Modeling Language) : 3차원 공간을 표현하는 그래픽 데이터 작성용 언어로 전용 프로그램을 통해서 구현
① CGM(Computer Graphics Metafile) : 컴퓨터 그래픽용으로 사용되는 다양한 프로그램이나 시스템에서 사용할 수 있는 이미지가 들어 있는 파일
② DWF(Design Web Format) : DWG 파일에서 작성된 고압축의 파일 형식
③ HTML(Hypertext Markup Language) : 웹 문서를 만들기 위하여 사용하는 기본적인 프로그래밍 언어

52 화면에 나타난 데이터를 확대하여 데이터의 일부분만을 스크린에 나타낼 때 Viewport를 벗어나는 일정한 영역을 잘라버리는 것은?

① 매핑(Mapping)
② 패닝(Panning)
③ 클리핑(Clipping)
④ 윈도잉(Windowing)

해설
③ 클리핑 : 화면상의 데이터를 확대하여 데이터의 일부분만을 스크린에 나타낼 때 투시점(View Point)을 벗어나는 일정 영역을 잘라버리는 기능
① 매핑 : 기존 렌더링 기법만으로는 물체를 상세하게 표현하기 불가능하므로 외부의 변수나 색상 등을 적용함으로써 더 구체적으로 물체를 표현해 주는 기능
② 패닝 : 움직이는 피사체를 움직이는 속도에 맞춰 사진을 찍어서 피사체는 뚜렷하게 표시하고 나머지 배경은 속도감 있게 나타내는 기능
④ 윈도잉 : 두 개 이상의 서로 다른 데이터를 윈도우를 사용하여 한 화면에 동시에 표시하는 기능

51 원근투영에 대한 설명으로 틀린 것은?

① 건축 분야의 CAD/CAM에서 사용된다.
② 투영면과 관찰자와의 거리가 무한대인 경우이다.
③ 투영의 결과가 실제 사람의 눈으로 보는 것과 비슷하다.
④ 같은 길이의 물체라도 가까운 것을 크게, 먼 것을 작게 그린다.

해설
원근투영 : 투영면과 관찰자와의 거리는 몇 개의 투시점(View Point)으로 모여지므로 무한대는 아니다.

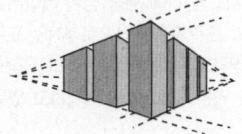

53 구멍이 없는 간단한 다면체의 경계를 표현하는 오일러 공식은?(단, V는 꼭짓점의 수, E는 모서리의 수, F는 면의 수를 의미한다)

① $V-E-F=2$
② $V+E-F=2$
③ $V-E+F=2$
④ $V+E+F=2$

해설
오일러 관계식
CAD/CAM 시스템에서 B-rep(Boundary representation)방식에 의해서 형상을 구성할 때 물체가 구멍이 없는 다면체인 경우에는 오일러의 관계식이 성립한다.
$V-E+F=2$
(V : 꼭짓점 수, E : 모서리의 수, F : 면의 수)

54 CAD/CAM 시스템의 출력장치 중에서 충격식 프린터는?

① 도트 프린터
② 레이저 프린터
③ 열전사 프린터
④ 잉크젯 프린터

해설
도트 프린터 : 인쇄할 글자를 작은 철사의 끝으로 점(Dot)의 형태로 인쇄하는 충격식 프린터로 인쇄 헤드에 핀들이 일렬로 배열되어 있다.

55 폐곡선의 내부를 사이드 스텝 및 다운 스텝을 이용하여 반복가공하는 방법은?

① 윤곽가공
② 잔삭가공
③ 펜슬가공
④ 포켓가공

해설
포켓가공 : 폐곡선의 내부를 사이드 스텝 및 다운 스텝을 이용하여 반복가공하는 가공방식

56 CAD/CAM 작업의 일반적인 작업순서로 옳은 것은?

① Part Program → Post Processor → NC Code → CL Data
② Part Program → CL Data → Post Processor → NC Code
③ Part Program → Post Processor → CL Data → NC Code
④ Part Program → NC Code → CL Data → Post Processor

해설
NC데이터 생성 과정
도면 → 곡선 및 곡면 정의 → 가공조건문 정의(Part Program) → CL Data 생성 → Post Processing → NC Data 생성

57 Bezier 곡선이 갖는 특징으로 틀린 것은?

① 조정점(Control Point)의 개수와 곡선식의 차수가 직결되어 실제로 모든 조정점이 곡선의 형상에 영향을 준다.
② 복잡한 형상의 곡선생성을 위해 조정점의 수가 증가하게 되고 곡선 형상의 진동 등의 문제를 야기한다.
③ 두 개의 인접한 Bezier 곡선의 연결점에서 접선 연속성과 곡률 연속성을 동시에 만족시키는 것이 불가능하다.
④ 모든 조정점이 곡선의 형상에 영향을 주므로 부분적 형상 변경을 위해 조정점을 옮기면 곡선 전체의 형상이 변경되는 문제가 발생한다.

해설
베지어 곡선은 모든 조정점을 지나지는 않지만 1개의 조정점을 변화시켜도 곡선 전체에 영향을 미치기 때문에 두 개의 인접한 베지어 곡선의 연결점에서도 접선 연속성과 곡률 연속성을 동시에 만족시킬 수 있다.
베지어 곡선
컴퓨터 그래픽에서 임의 형태의 곡선을 표현하기 위해 수학적(번스타인 다항식)으로 만든 곡선이다. 프랑스의 수학자 베지어에 의해 만들어졌으며 시작점과 끝점 그리고 그 사이인 내부 조정점의 이동에 의해 다양한 자유 곡선을 얻을 수 있다. 베지어 곡선과 곡면은 모두 블렌딩 함수로 번스타인 다항식을 사용하여 컴퓨터상에 곡선과 곡면을 만들어낸다는 특징을 갖는다.

정답 54 ① 55 ④ 56 ② 57 ③

58 컴퓨터를 이용하는 CAD/CAM 시스템의 활용방식으로 틀린 것은?

① 독립형 ② 개인제어형
③ 분산처리형 ④ 중앙통제형

해설
CAD/CAM 시스템은 한 대의 컴퓨터로 여러 대의 공작기계를 동시에 작동시킬 수 있는 특징을 갖고 있기 때문에 개인제어형은 CAD/CAM 활용방식과는 거리가 멀다.

59 곡면 모델(Surface Model)의 일반적 특징으로 옳은 것은?

① 곡면의 면적 계산이 불가능하다.
② 와이어프레임보다 데이터량이 적다.
③ NC 공구경로 계산에 필요한 정보를 얻을 수 있다.
④ 부피 및 관성모멘트와 같은 물리적 성질을 계산하기 쉽다.

해설
곡면 모델링(서피스 모델링)은 와이어프레임 모델링에 면정보를 추가한 형태로 꼭짓점이나 모서리, 표면으로 표현하며 NC데이터 생성으로 NC가공정보를 얻을 수 있다.
서피스 모델링(곡면 모델링)의 특징
- 단면도 작성이 가능하다.
- 은선의 제거가 가능하다.
- 복잡한 형상의 표현이 가능하다.
- 렌더링(Rendering)작업이 가능하다.
- 면과 면(두 면)의 교선을 구할 수 있다.
- 유한요소법(FEM)의 해석이 불가능하다.
- 와이어프레임보다 데이터량이 증가한다.
- 곡면을 절단하면 곡선(Curve)이 나타난다.
- 면을 모델링한 후 공구이송 경로를 정의한다.
- 원이나 원호를 곡선의 개념으로 표현할 수 있다.
- Surface는 하나 이상의 Patch로 구성할 수 있다.
- NC데이터 생성으로 NC가공 정보를 얻을 수 있다.
- 곡선을 구성하는데 사용되는 점의 수는 제한이 없다.
- 솔리드 모델링과 같이 명암 알고리즘을 제공할 수 있다.
- 곡면의 면적 계산은 가능하나 부피(체적)의 계산은 불가능하다.
- 솔리드 모델링과 같이 실루엣(Silhouette)을 정확히 나타낼 수 있다.
- 곡면 생성을 위한 면 정보 등의 입력 자료가 항상 요구되지 않는다.
- 곡면을 이루는 각 면들의 곡면 방정식이 데이터베이스에 추가로 저장된다.
- NC 공구경로 계산 프로그램에서 가공곡면의 형상을 제공하는데 사용된다.

60 Rapid Prototyping 방식 가운데 종이 형태의 재료를 레이저로 잘라 적층시킨 후 불필요한 부분을 제거하여 시작품을 만드는 방식은?

① Stereo Lithography(SL)
② Solid Ground Curing(SGC)
③ Selective Laser Sintering(SLS)
④ Laminated Object Manufacturing(LOM)

해설
박판적층법(LOM ; Laminated Object Manufacturing) : 원하는 단면에 레이저 광선을 부분적으로 쏘아서 절단한 후 종이의 뒷면에 부착된 접착제를 사용해서 아래층과 압착시켜 한 층씩 쌓아가며 형상을 만드는 방법으로 사무실에서 사용할 만큼 크기와 가격이 적당하나 재료에 제한이 있고 정밀도가 떨어진다는 단점이 있다.
① SL : 종이 형태의 박판재료를 절단하여 적층하는 급속조형기술
③ SLS(선택적 레이저 소결법) : 레이저는 에너지의 미세한 조정으로 재료의 가공이 가능한 장점이 있는데, 먼저 고분자 재료나 금속 분말가루를 한 층씩 도포한 후 여기에 레이저 광선을 쏘아서 소결 시킨 후 다시 한 층씩 쌓아 올려서 형상을 만드는 방법으로 분말로 만들어지거나 용융되어 분말로 소결되는 모든 재료의 사용이 가능하다.

제4과목 | 기계제도 및 CNC공작법

61 기하공차 중 단독 형체에 관한 것들로만 짝지어진 것은?

① 진직도, 평면도, 경사도
② 평면도, 진원도, 원통도
③ 진직도, 동축도, 대칭도
④ 진직도, 동축도, 경사도

해설
단독 형체는 기준면인 데이텀(DATUM) 없이도 기하공차의 측정이 가능하며 여기에는 모양공차만 해당된다. 따라서 ②번이 정답이다.

기하공차 종류 및 기호

공차의 종류		기호
모양공차	진직도	─
	평면도	▱
	진원도	○
	원통도	⌭
	선의 윤곽도	⌒
	면의 윤곽도	⌓
자세공차	평행도	∥
	직각도	⊥
	경사도	∠
위치공차	위치도	⊕
	동축도(동심도)	◎
	대칭도	≡
흔들림 공차	원주 흔들림	↗
	온 흔들림	↗↗

62 다음 축의 치수 중 최대허용치수가 가장 큰 것은?

① $\phi 45n7$
② $\phi 45g7$
③ $\phi 45h7$
④ $\phi 45m7$

해설
헐거운 끼워맞춤일수록 죔새가 작고 억지 끼워맞춤일수록 죔새가 크다. 죔새가 크다는 것은 축의 최대허용치수도 크다는 것을 의미하므로 기호 중 억지 끼워맞춤에 가장 근접한 n7이 정답이다.

구멍기준식 축의 끼워맞춤 기호

헐거운 끼워맞춤	중간 끼워맞춤	억지 끼워맞춤
b, c, d, e, f, g, h	js, k, m, n	p, r, s, t, u, x

63 실물에서 한 변의 길이가 25mm일 때, 척도 1:5인 도면에서 그 변이 그려진 길이와 그 변에 기입해야 할 치수를 순서대로 옳게 나열한 것은?

① 길이 : 5mm, 치수 : 5
② 길이 : 5mm, 치수 : 25
③ 길이 : 25mm, 치수 : 5
④ 길이 : 25mm, 치수 : 25

해설
실물의 길이가 25mm인데 척도가 1:5라면 이는 축척이므로 도면에서의 길이는 $\frac{1}{5}$인 5mm로 나타낸다. 그러나 도면상의 치수는 실제 치수를 기입해야 하므로 25mm로 표시해야 한다.
※ 축척의 표시
A : B = 도면에서의 크기 : 물체의 실제 크기
예 축척 - 1:2, 현척 - 1:1, 배척 - 2:1

64 가공방법의 기호 중 주조의 기호는?

① D
② B
③ GB
④ C

해설

가공방법의 기호

기 호	가공방법	기 호	가공방법
L	선 반	FR	리머다듬질
B	보 링	FS	스크레이핑
BR	브로칭	G	연 삭
C	주 조	GH	호 닝
CD	다이캐스팅	GS	평면 연삭
D	드 릴	M	밀 링
FB	브러싱	P	플레이닝
FF	줄 다듬질	PS	절단(전단)
FL	래 핑	SH	기계적 강화

65 다음 중 최대죔새를 나타낸 것은?(단, 조립 전 치수를 기준으로 한다)

① 구멍의 최대허용치수 − 축의 최대허용치수
② 축의 최소허용치수 − 구멍의 최대허용치수
③ 축의 최대허용치수 − 구멍의 최소허용치수
④ 구멍의 최소허용치수 − 축의 최소허용치수

해설

최대죔새 : 축의 최대허용치수 − 구멍의 최소허용치수
틈새와 죔새값 계산

최소틈새	구멍의 최소허용치수 − 축의 최대허용치수
최대틈새	구멍의 최대허용치수 − 축의 최소허용치수
최소죔새	축의 최소허용치수 − 구멍의 최대허용치수
최대죔새	축의 최대허용치수 − 구멍의 최소허용치수

66 나사의 종류를 표시하는 다음 기호 중에서 미터 사다리꼴 나사를 표시하는 것은?

① R
② M
③ Tr
④ UNC

해설

③ Tr : 미터 사다리꼴 나사를 나타내는 기호이다.

나사의 종류 및 기호

구 분	나사의 종류		종류 기호
ISO 표준에 있는 것	미터 보통 나사		M
	미터 가는 나사		
	유니파이 보통 나사		UNC
	유니파이 가는 나사		UNF
	미터 사다리꼴 나사		Tr
	미니추어 나사		S
	관용 테이퍼 나사	테이퍼 수나사	R
		테이퍼 암나사	Rc
		평행 암나사	Rp
ISO 표준에 없는 것	30° 사다리꼴 나사		TM
	관용 평행 나사		G / PF
	관용 테이퍼 나사	테이퍼 나사	PT
		평행 암나사	PS
특수용	전구 나사		E
	미싱 나사		SM
	자전거 나사		BC

67 제1각법에 관한 설명으로 옳은 것은?

① 정면도 우측에 좌측면도가 배치된다.
② 정면도 아래에 저면도가 배치된다.
③ 평면도 아래에 저면도가 배치된다.
④ 정면도 위에 평면도가 배치된다.

해설
② 제1각법인 경우 정면도의 아래에 평면도가 배치된다.
③ 제1각법인 경우 평면도의 아래에는 어떤 것도 배치되지 않는다.
④ 제1각법인 경우 정면도의 위에 저면도가 배치된다.

제1각법과 제3각법

제1각법	제3각법
투상면을 물체의 뒤에 놓는다.	투상면을 물체의 앞에 놓는다.
눈 → 물체 → 투상면	눈 → 투상면 → 물체

※ 제3각법의 투상방법은 눈 → 투상면 → 물체로써, 당구에서 3쿠션을 연상시키면 그림의 좌측을 당구공, 우측을 당구 큐대로 생각하면 암기하기 쉽다. 제1각법은 공의 위치가 반대가 된다.

68 제3각법으로 투상한 그림과 같은 정면도와 우측면도에 가장 적합한 평면도는?

① 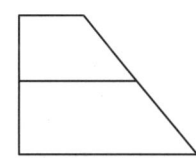 ②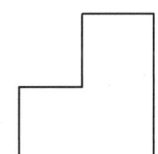

③ 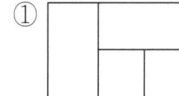 ④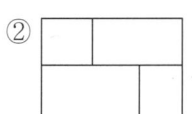

69 다음 도면에서 L로 표시된 부분의 길이(mm)는?

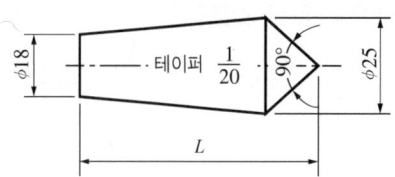

① 52.5
② 85
③ 140
④ 152.5

해설
테이퍼값이 $\frac{1}{20}$이므로 테이퍼 공식을 이용해서 l을 구하면

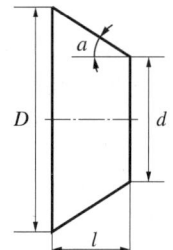

$$\frac{D-d}{l} = \frac{1}{20}$$

$$\frac{25-18}{l} = \frac{1}{20}$$

$$\therefore l = \frac{7}{\frac{1}{20}} = 140\text{mm}$$

삼각함수를 이용하여 "a"의 길이를 구한다.

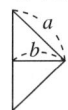

$\sqrt{2} : 1 : 25 : x$
$\sqrt{2}\,x = 25$
$\therefore x = 17.67$

위 식을 응용하면 나머지 길이 "b"를 구하면
$17.67\sin45° = 12.49$mm
전체를 더하면 $140 + 12.49 = 152.49$mm 가 된다.

70 표면의 결 도시기호가 그림과 같이 나타났을 때 설명으로 틀린 것은?

① 니켈-크롬 코팅이 적용되어 있다.
② 가공 여유는 0.8mm를 준다.
③ 샘플링 길이 2.5mm에서는 Rz 6.3~16μm를 만족해야 한다.
④ 투상면에 대해 대략 수직인 줄무늬 방향이다.

[해설]
다듬질여유(가공 여유)값은 표시되어 있지 않으며, 0.8은 컷오프 값이다.
- 컷오프(Cut Off) : 실제 제품의 표면은 매우 복잡하고 다양한 형상으로 하고 있으므로 측정하는 부위에 따라서 결과 값이 달라진다. 따라서, 전기식 촉침기를 사용하여 거칠기 평균을 직접 측정할 때 필터에 의해 선택된 기준길이를 말한다.
- 표면의 지시 기호

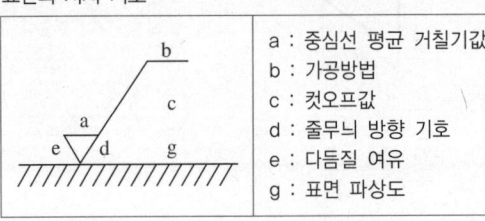

a : 중심선 평균 거칠기값
b : 가공방법
c : 컷오프값
d : 줄무늬 방향 기호
e : 다듬질 여유
g : 표면 파상도

71 위치제어 테이블에 미치는 부하로 인하여 피치가 30mm인 이송나사가 2° 뒤틀릴 때, 테이블의 이동량은?

① 0.055mm ② 0.167mm
③ 0.254mm ④ 0.345mm

[해설]
위치제어 테이블은 볼나사가 회전(360°/1회전)하면서 이동된다. 따라서 1회전당 30mm가 이송되므로 2°가 뒤틀렸을 경우의 이동량은 다음의 비례식으로 풀 수 있다.
360° : 30mm = 2° : x
360 × x = 60
∴ x = 0.1666mm

72 머시닝센터의 보조기능 중 틀린 것은?

① M00 : 프로그램 정지
② M06 : 공구교환
③ M09 : 절삭유 ON
④ M98 : 보조 프로그램 호출

[해설]
③ M09 : 절삭유 OFF
※ 문제 3번 해설 표 참조

73 회전수 1,000rpm, 이송 0.15mm/rev인 경우 이송속도 F(mm/min)는?

① 150   ② 667
③ 1,500   ④ 6,667

[해설]
회전수가 1,000rpm이므로 이는 1분당 회전수가 1,000회전(rev)임을 의미한다. 1rev당 0.15mm 이송되므로 1,000rev라면 150mm가 이송된다.

74 드라이 런(Dry Run) 기능에 대한 설명으로 옳은 것은?

① 드라이 런 스위치가 ON되면 주축 회전수가 빨라진다.
② 드라이 런 스위치가 ON되면 급속속도가 최고속도로 바뀐다.
③ 드라이 런 스위치가 ON되면 이송속도의 단위가 회전당 이송속도로 변한다.
④ 드라이 런 스위치가 ON되면 프로그램의 이송속도를 무시하고 조작판의 이송속도 값으로 바뀐다.

해설
드라이 런은 시험운전을 하거나 이미 가공된 부분을 빨리 진행시키고자 할 때 사용하는 기능으로 이 드라이 런 스위치를 ON하면 프로그램에서 지령된 이송속도를 무시하고 패널의 조작판에서 작업자가 선택한 "JOG SPEED OVERRIDE"의 이송속도로 기계가 움직인다.

75 CNC 공작기계에서 백래시(Back Lash)에 직접적인 영향을 미치는 기구는?

① 모 터   ② 베어링
③ 커플링   ④ 볼 스크루

해설
백래시는 이송용 나사와 마찰면 간 발생하는 빈틈이다. 이 빈틈을 없애기 위하여 공작기계에 볼 나사를 장착한다.
볼 나사(볼 스크루) : 나사 축과 너트 사이에서 볼(Ball)이 구름 운동을 하면서 물체를 이송시키는 고효율의 나사로 백래시가 거의 없고 전달효율이 높아서 최근에 CNC 공작기계의 이송용 나사로 사용된다.

76 CNC프로그램 중 전개번호에 대한 설명으로 틀린 것은?

① 특정 블록을 탐색할 때 편리하다.
② 특별히 중요한 지령절에만 부여해도 상관없다.
③ 프로그램들을 서로 구별시키기 위해서 붙인다.
④ 지령절의 첫머리에 어드레스 N과 숫자를 부여한다.

해설
전개번호(N)는 CNC 프로그램의 작업 순서를 나타내기 위해 사용한다. 프로그램들을 서로 구별시키기 위해서 사용하는 것은 프로그램 번호로 기호는 "O"를 사용한다.

77 G97 S400 M03;에서 가공물의 지름이 90mm인 주축의 회전수는 몇 rpm인가?

① 400   ② 500
③ 600   ④ 700

해설
G97 : 회전수 일정제어, 즉 절삭속도와 상관없이 회전속도를 "S400", 400rpm으로 유지하라는 지령이다.

78 다음 머시닝센터 프로그램에서 N10블록의 G80에 대한 설명 중 옳은 것은?

```
N10 G40 G49 G80;
N20 G90 G92 X0. Y0. Z0.;
N30 G43 G00 Z10. H01 S1000 M03;
```

① 공구경 우측 보정
② 고정 사이클 취소
③ 공구경 보정 해제
④ 공구길이 보정 해제

해설

지령절	지령내용
N10 G40 G49 G80;	• N10 : 전개번호 • G40 : 공구지름 보정 취소 • G49 : 공구길이 보정 취소 • G80 : 고정 사이클 취소

79 프레스 금형의 다이와 펀치가공에 주로 사용되는 공작기계는?

① CNC 선반
② CNC 탭핑머신
③ CNC 지그보링머신
④ CNC 와이어 컷 방전가공기

해설
프레스 금형의 다이나 펀치가공용 장비는 복잡한 형상을 띠고 있는 경우가 많기 때문에 일반 공작기계로는 가공이 불가능하다. 따라서 간단한 전극으로도 복잡한 모양의 가공이 가능한 CNC 와이어 컷 방전가공기가 적합하다.
CNC 방전가공 : CNC 방전가공은 일반 방전가공과 원리는 동일하나 컴퓨터를 이용한 수치제어 방전가공기(Computer Numerical Control Electric Discharge Machine)를 사용하여 간단한 전극으로 복잡한 모양의 가공도 가능하여 널리 사용한다.
와이어 컷 방전가공기의 용도
• 시제품 제작
• 방전가공용 전극 제작
• 프로파일 게이지 제작
• 작은 미세형상의 제품 가공
• 프레스 금형의 다이나 펀치가공용 부품 제작
• 가공이 어려운 초경합금이나 다이아몬드 가공

80 공구기능(T Code) T0101의 설명으로 옳은 것은?

① 1번 공구의 1번 반복 수행
② 1번 공구의 1번 보정번호 수행
③ 1번 공구의 1번 보정번호 취소
④ 공구 보정 없이 1번 보정번호 선택

해설
T는 공구기능을 의미하는 지령코드로 "0101"에서 앞에 "01"은 1번 공구를 사용하라는 의미이고, 두 번째 01은 "1번 보정번호를 수행"하라는 명령어이다.
예 T1212

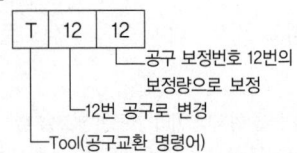

2016년 제2회 과년도 기출문제

제1과목 | 기계가공법 및 안전관리

01 연삭숫돌에 대한 설명으로 틀린 것은?

① 부드럽고 전연성이 큰 연삭에는 고운 입자를 사용한다.
② 연삭숫돌에 사용되는 숫돌입자에는 천연산과 인조산이 있다.
③ 단단하고 치밀한 공작물의 연삭에는 고운 입자를 사용한다.
④ 숫돌과 공작물의 접촉면적이 작은 경우에는 고운 입자를 사용한다.

해설
연하고 전연성이 있는 재료는 거친 입도의 연삭숫돌로 작업을 해야 한다.
연삭숫돌의 연삭조건에 따른 입도(Grain Size) 선택
• 연하고 연성이 있는 재료의 연삭 : 거친 입도
• 경도가 높고 메진 일감의 연삭 : 고운 입도
• 숫돌과 일감의 접촉면이 작을 때 : 고운 입도
• 숫돌과 가공물의 접촉면이 클 때 : 거친 입도

02 터릿선반의 성명으로 틀린 것은?

① 공구를 교환하는 시간을 단축할 수 있다.
② 가공 실물이나 모형을 따라 윤곽을 깎아낼 수 있다.
③ 숙련되지 않은 사람이라도 좋은 제품을 만들 수 있다.
④ 보통선반의 심압대 대신 터릿대(Turret Carriage)를 놓는다.

해설
가공 실물이나 모형을 따라 윤곽을 깎아낼 수 있는 선반은 모방선반이다.
터릿선반 : 보통 선반과 같이 가공물을 회전시키면서 심압대 대신 터릿대를 설치한 후, 이 터릿에 6~8종의 절삭공구를 장착한 후 가공순서에 맞게 절삭공구를 변경하며 가공하는 선반으로 동일 제품의 대량생산에 적합하다. 공구교환시간을 단축시킬 수 있고 숙련되지 않은 사람도 좋은 품질의 제품을 생산할 수 있다는 장점이 있다.
※ 터릿이란 절삭공구를 육각형 모양의 드럼에 가공 순서대로 장착시킨 기계장치이다.

정답 1 ① 2 ②

03 수기가공에 대한 설명 중 틀린 것은?
① 탭은 나사부와 자루 부분으로 되어 있다.
② 다이스는 수나사를 가공하기 위한 공구이다.
③ 다이스는 1번, 2번, 3번 순으로 나사가공을 수행한다.
④ 줄의 작업순서는 황목 → 중목 → 세목 순으로 한다.

해설
암나사를 내기 위해 탭작업을 할 때, 1번, 2번, 3번 탭의 순서대로 가공을 해야 한다. 그러나 수나사를 가공하는 공구인 다이스는 유효지름에 맞게 공구를 선정해서 작업할 뿐 순서대로 가공하지 않는다.
핸드탭 : 일반적으로 3개가 1조이다.

1번탭	55% 황삭
2번탭	25% 중삭
3번탭	20% 가공 정삭

나사가공용 공구
• 암나사 가공 : 탭
• 수나사 가공 : 다이스

[다이스]

04 밀링머신에서 육면체 소재를 이용하여 다음과 같이 원형기둥을 가공하기 위해 필요한 장치는?

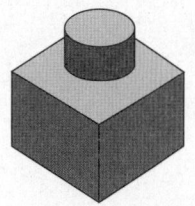

① 다이스 ② 각도바이스
③ 회전테이블 ④ 슬로팅 장치

해설
밀링머신은 주로 공작물의 평면을 가공하는 절삭기계이므로 공작물을 원형으로 가공하려면 부속장치인 회전테이블을 사용해야 한다.

[밀링 회전테이블]

05 다음 중 드릴의 파손 원인으로 가장 거리가 먼 것은?
① 이송이 너무 커서 절삭저항이 증가할 때
② 시닝(Thinning)이 너무 커서 드릴이 약해졌을 때
③ 얇은 판의 구멍가공 시 보조판 나무를 사용할 때
④ 절삭칩이 원활하게 배출되지 못하고 가득 차 있을 때

해설
드릴작업 시 얇은 판을 작업하기 위해서는 반드시 나무로 된 보조판을 사용해야 한다. 만일 그렇지 않으면 드릴의 베이스 철판이 손상될 우려가 있다.

06 연삭작업 안전사항으로 틀린 것은?
① 연삭숫돌의 측면 부위로 연삭 작업을 수행하지 않는다.
② 숫돌은 나무해머나 고무해머 등으로 음향검사를 실시한다.
③ 연삭가공할 때, 안전을 위하여 원주 정면에서 작업을 한다.
④ 연삭작업할 때, 분진의 비산을 방지하기 위해 집진기를 가동한다.

해설
연삭숫돌의 경우 측면에서 가해지는 힘에 약하기 때문에 작업 중 파손되어 정면 방향으로 나아갈 수 있으므로 절대 연삭기의 정면에 서서 작업하면 안 된다.
※ 회전 중 연삭숫돌이 파괴될 것을 대비하여 설치하는 안전요소 : 덮개(커버)

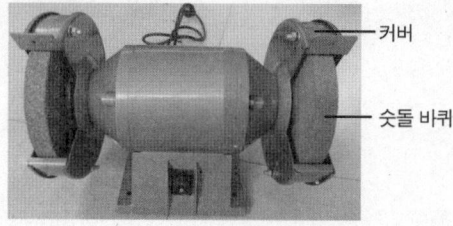

07 칩 브레이커(Chip Breaker)에 대한 설명으로 옳은 것은?

① 칩의 한 종류로서 조각난 칩의 형태를 말한다.
② 스로 어웨이(Throw Away) 바이트의 일종이다.
③ 연속적인 칩의 발생을 억제하기 위한 칩 절단장치이다.
④ 인서트 팁 모양의 일종으로서 가공 정밀도를 위한 장치이다.

해설
칩 브레이커 : 선반가공 시 연속적으로 발생되는 유동형 칩으로 인해 작업자가 다치는 것을 방지하기 위하여 칩을 짧게 절단시켜 주는 안전장치

칩 브레이커

08 수기가공에 대한 설명으로 틀린 것은?

① 서피스 게이지는 공작물에 평행선을 긋거나 평행면의 검사용으로 사용된다.
② 스크레이퍼는 줄 가공 후 면을 정밀하게 다듬질 작업하기 위해 사용된다.
③ 카운터 보어는 드릴로 가공된 구멍에 대하여 정밀하게 다듬질하기 위해 사용된다.
④ 센터 펀치는 펀치의 끝이 각도가 60~90° 원뿔로 되어 있고 위치를 표시하기 위해 사용된다.

해설
리밍가공 : 드릴로 뚫은 구멍의 정밀도 향상을 위하여 리머공구로 구멍의 내면을 다듬는 드릴링 가공의 종류

종류	그림	방법
드릴링		드릴로 구멍을 뚫는 작업
리밍		드릴로 뚫은 구멍의 정밀도 향상을 위하여 리머공구로 구멍의 내면을 다듬는 작업
보링		보링바이트로 이미 뚫린 구멍을 필요한 치수로 정밀하게 넓히는 작업
태핑		탭 공구로 구멍에 암나사를 만드는 작업
카운터 싱킹		접시머리 나사의 머리가 완전히 묻힐 수 있도록 원뿔 자리를 만드는 작업
스폿 페이싱		볼트나 너트의 머리가 체결되는 바닥 표면을 편평하게 만드는 작업
카운터 보링		고정 볼트의 머리 부분이 완전히 묻히도록 원형으로 구멍을 뚫는 작업

09 연삭숫돌의 결합제에 따른 기호가 틀린 것은?

① 고무 – R
② 셸락 – E
③ 레지노이드 – G
④ 비트리파이드 – V

해설
연삭숫돌의 결합제 및 기호

결합제 종류		기 호
레지노이드	Resinoid	B
비트리파이드	Vitrified	V
고 무	Rubber	R
비 닐	Poly Vinyl Alcohol	PVA
셸락(천연수지)	Shellac	E
금 속	Metal	M
실리케이트	Silicate	S

10 밀링머신에서 테이블 백래시(Back Lash) 제거장치의 설치 위치는?

① 변속기어 ② 자동 이송레버
③ 테이블 이송나사 ④ 테이블 이송핸들

해설
밀링머신에서 백래시(뒤틈, Back Lash) 제거 장치는 테이블 이송나사에 장착해서 나사의 피치 간 유격을 줄인다.

11 그림과 같이 더브테일 홈가공을 하려고 할 때 X의 값은 약 얼마인가?(단, tan60° = 1.7321, tan30° = 0.5774이다)

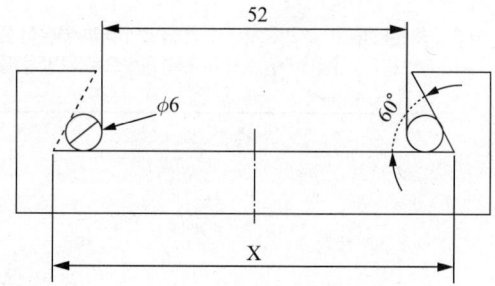

① 60.26 ② 68.39
③ 82.04 ④ 84.86

해설
$$D = b - 2\left(\frac{r}{\tan 30°} + r\right)$$
$$b = D + 2\left(\frac{r}{\tan 30°} + r\right)$$
$$b = 52 + 2\left(\frac{3}{0.5774} + 3\right)$$
$\therefore b = 68.39$

양쪽 더브테일 홈 계산식

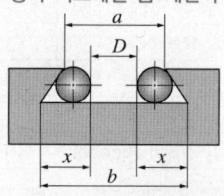

$D = b - 2x = b - 2\left(\frac{r}{\tan 30°} + r\right)$
여기서, r : 측정용 봉의 반지름

12 다음 중 초음파가공으로 가공하기 어려운 것은?

① 구 리 ② 유 리
③ 보 석 ④ 세라믹

해설
초음파가공법으로는 납이나 구리, 연강과 같이 연성이 큰 재료를 가공하기 어려우며 가공 성능도 좋지 않다.
초음파가공 : 공구와 공작물 사이에 연삭입자와 공작액을 섞은 혼합액을 넣고 초음파 진동을 주면 공구가 반복적으로 연삭입자에 충격을 가하여 공작물의 표면을 미세하게 다듬질하는 가공법
초음파가공의 특징
• 가공 속도가 느리다.
• 공구의 마모가 크다.
• 구멍을 가공하기 쉽다.
• 복잡한 형상도 쉽게 가공할 수 있다.
• 가공 면적이나 가공 깊이에 제한을 받는다.
• 소성변형이 없는 공작물을 가공하는 경우 가장 효과적이다.
• 납이나 구리, 연강 등 연성이 큰 재료는 가공 성능이 나쁘다.
• 금속이나 비금속 재료의 종류에 관계없이 광범위하게 이용된다.
• 연삭 입자에 의한 미세한 절삭으로 도체는 물론 부도체도 가공할 수 있다.

13 피복 초경합금으로 만들어진 절삭공구의 피복처리 방법은?

① 탈탄법 ② 경납땜법
③ 접용접법 ④ 화학증착법

해설
절삭공구의 피복(Coating) : 절삭공구의 성능 향상을 위해 공구의 표면에 화학적 기상증착법(CVD)이나 물리적 기상증착법(PVD)으로 피복제를 코팅하면 강도와 경도, 열적 특성이 향상된다. 피복제로는 주로 TiC, TiN, Al₂O₃가 사용되며 상대적으로 용융 온도가 높은 WC(탄화텅스텐)는 사용하지 않는다.
절삭공구용 피복제의 종류
• TiC(타이타늄탄화물)
• TiN(타이타늄질화물)
• TiCN(타이타늄탄화질화물)
• Al₂O₃(알루미나)
※ 상대적으로 고용융점인 WC는 공구재료로만 사용될 뿐 공구의 코팅용 재료로는 사용하지 않는다.

14 200rpm으로 회전하는 스핀들에서 6회전 휴지(Dwell) NC 프로그램으로 옳은 것은?

① G01 P1800;
② G01 P2800;
③ G04 P1800;
④ G04 P2800;

해설
휴지(Dwell) 기능(G04) : 드릴로 구멍을 뚫을 때 공구의 끝 부분이 완전히 절삭되도록 구멍 바닥에서 공구의 이송을 잠시 동안 멈추게 하는 기능으로 주소는 P, U, X를 사용한다. 이 주소들 중에서 U, X는 소수점을 사용해서 지령이 가능하나, P는 소수점 사용이 불가능하다.

일시정지시간(sec) = $\dfrac{60}{\text{분당주축회전수(rpm)}} \times$ 정지시키려는 회전수

= $\dfrac{60}{200} \times 6$

= 1.8

1.8초간 공구이송을 정지시킬 경우의 명령어
• G04 X1.8
• G04 P1800

16 나사를 측정할 때 삼침법으로 측정 가능한 것은?

① 골지름
② 유효지름
③ 바깥지름
④ 나사의 길이

해설
3침법은 수나사의 유효지름을 측정하는 방법으로 공구는 외측 마이크로미터를 사용한다.

15 피치 3mm의 3줄 나사가 2회전하였을 때 전진거리는?

① 8mm
② 9mm
③ 11mm
④ 18mm

해설
$L = n \times p = 3 \times 3 = 9\text{mm}$
나사를 2회전시켰으므로
$2L = 2 \times 9\text{mm} = 18\text{mm}$
• 리드(L) : 나사를 1회전시켰을 때 축 방향으로 이동한 거리, $L = n \times p$

예 1줄 나사와 3줄 나사의 리드(L)

1줄 나사	3줄 나사
$L = np = 1 \times 1 = 1\text{mm}$	$L = np = 3 \times 1 = 3\text{mm}$

※ 특별한 언급이 없는 한 피치(p)는 1이다.

17 드릴로 구멍을 뚫은 이후에 사용되는 공구가 아닌 것은?

① 리 머
② 센터 펀치
③ 카운터 보어
④ 카운터 싱크

해설
센터 펀치는 드릴로 구멍을 뚫을 자리를 표시하고자 할 때 사용하는 공구이다.

센터 펀치의 특징
• 펀치의 선단은 열처리를 한다.
• 드릴로 구멍을 뚫을 자리 표시에 사용한다.
• 펀치의 선단을 목표물에 수직으로 고정하고 펀칭한다.
• 선단각도
 - 구멍을 뚫기 위한 드릴의 위치 표시용 : 90°
 - 연한 금속의 금긋기용 : 30~60°

18 기어절삭에 사용되는 공구가 아닌 것은?

① 호브 ② 래크 커터
③ 피니언 커터 ④ 더브테일 커터

해설
더브테일 커터(각도가공용 절삭공구)는 기계 구조물이 이동하는 자리 면을 만들 때 사용하는 절삭공구이므로 기어가공과는 거리가 멀다.

[더브테일 가공]

19 절삭속도 150m/min, 절삭깊이 8mm, 이송 0.25mm/rev로 75mm 지름의 원형 단면봉을 선삭할 때의 주축 회전수(rpm)는?

① 160 ② 320
③ 640 ④ 1,280

해설
절삭속도$(v) = \dfrac{\pi \times d \times n}{1,000}$

$150\text{m/min} = \dfrac{\pi \times 75\text{mm} \times n}{1,000}$

$n = \dfrac{1,000 \times 150\text{m/min}}{\pi \times 75\text{mm}} = 636.6\text{rpm}$

20 선반가공에 영향을 주는 조건에 대한 설명으로 틀린 것은?

① 이송이 증가하면 가공변질층은 증가한다.
② 절삭각이 커지면 가공변질층은 증가한다.
③ 절삭속도가 증가하면 가공변질층은 감소한다.
④ 절삭온도가 상승하면 가공변질층은 증가한다.

해설
절삭온도가 상승되면 가공재료는 일종의 열간가공 상태가 되므로 가공변질층은 오히려 감소한다. 이송이 증가하거나 절삭각이 커지면 그만큼 재료에 가해지는 스트레스(응력)도 커지므로 가공변질층은 증가한다. 또한 절삭속도를 증가시키면 표면 거칠기가 향상되며 가공변질층도 감소한다.
열간가공 : 재결정 온도 이상의 온도에서 가공하는 방법으로 강재를 최종 치수로 마무리 작업을 하는 경우에 사용한다. 보통 Fe(철)의 재결정온도는 350~450℃이다.

제2과목 | 기계설계 및 기계재료

21 다음 원소 중 중금속이 아닌 것은?

① Fe ② Ni
③ Mg ④ Cr

해설
금속의 비중

경금속			
Mg	Be	Al	Ti
1.7	1.8	2.7	4.5

중금속				
Mn	Fe	Ni	Cu	Ag
7.4	7.8	8.9	8.9	10.4
Pb	W	Au	Pt	Ir
11.3	19.1	19.3	21.4	22

※ 경금속과 중금속을 구분하는 비중의 경계 : 4.5

22 금속간 화합물에 관하여 설명한 것 중 틀린 것은?

① 경하고 취약하다.
② Fe_3C는 금속간 화합물이다.
③ 일반적으로 복잡한 결정구조를 갖는다.
④ 전기저항이 작으며, 금속적 성질이 강하다.

해설
금속간 화합물은 전기저항성이 크나 열이나 전기전도율, 금속으로서의 성질이 작아진다.
금속간 화합물 : Fe_3C와 같이 친화력이 큰 성분 금속이 화학적으로 결합하여 다른 성질을 갖는 독립된 화합물로써 표면이 단단하고(경하고) 전기저항이 크나 열이나 전기전도율, 금속으로서의 성질이 작아진다. 반도체나 영구자석, 내열합금용 재료로 사용된다.

23 강을 오스테나이트화 한 후 공랭하여 표준화된 조직을 얻는 열처리는?

① 퀜칭(Quenching)
② 어닐링(Annealing)
③ 템퍼링(Tempering)
④ 노멀라이징(Normalizing)

해설
④ 노멀라이징(Normalizing, 불림) : 주조나 소성가공에 의해 거칠고 불균일한 조직을 표준화 조직으로 만드는 열처리법으로 A_3 변태점보다 30~50℃ 높게 가열한 후 공랭시킴으로써 만들 수 있다.
① 퀜칭(Quenching, 담금질) : 재료를 강하게 만들기 위하여 변태점 이상의 온도인 오스테나이트 영역까지 가열한 후 물이나 기름과 같은 냉각제 속에 집어넣어 급랭시킴으로써 강도와 경도가 큰 마텐자이트조직을 만들기 위한 열처리 조작이다.
② 어닐링(Annealing, 풀림) : 강 속에 있는 내부 응력을 제거하고 재료를 연하게 만들기 위해 A_1 변태점 이상의 온도로 가열한 후 가열로나 공기 중에서 서랭함으로써 강의 성질을 개선하기 위한 열처리법이다.
③ 템퍼링(Tempering, 뜨임) : 잔류 응력에 의한 불안정한 조직을 A_1 변태점 이하의 온도로 재가열하여 원자들을 좀 더 안정적인 위치로 이동시킴으로써 잔류 응력을 제거하고 인성을 증가시키는 위한 열처리법이다.

24 알루미늄 및 그 합금의 재질별 기호 중 가공경화한 것을 나타내는 것은?

① O
② W
③ F^a
④ H^b

해설
알루미늄의 재질 기호 중 가공경화한 것은 H^b이다.
알루미늄 합금의 재질별 기호

기호	내용
F^2	가공경화 또는 열처리하지 않고 제조공정에서 바로 얻은 것
O	• 풀림(Annealing)처리한 것 • 주물에서는 연신율 증가 및 치수 • 안정화를 위해 풀림처리한 것
W	용체화처리 후 실온에서 시효되는 불안정한 재료에 적용하는 것으로 상온에서는 시효속도가 늦고 최고의 강도를 위해 장시간이 필요하다.
H^b	가공경화에 의해 강도를 증가시킨 것
H1	추가 열처리 없이 가공경화시킨 것
H2	추가 열처리 없이 가공경화시키고, 가공 경화한 제품을 저온가열하여 안정화시킨 것
T1	고온가공 후 냉각상태에서 자연시효시킨 것
T3	용체화처리하고 냉간가공한 후 자연시효시킨 것
T6	용체화처리 후 인공 시효경화시킨 것

25 다음 구조용 복합재료 중에서 섬유강화 금속은?

① SPF
② FRM
③ FRP
④ GFRP

해설
② FRM(Fiber Reinforced Metal) : 섬유강화 금속
① SPF : 구조목, Spruce(스프러스), Pine(소나무), Fir(전나무)
③ FRP(Fiber Reinforced Plastic) : 섬유강화 플라스틱
④ GFRP(Glass Fiber Reinforced Plastic) : 유리섬유 강화 플라스틱

26 특수강에 들어가는 합금 원소 중 탄화물형성과 결정립을 미세화하는 것은?

① P ② Mn
③ Si ④ Ti

해설
Ti을 강에 첨가하면 탄화물을 형성시키고 결정립을 미세화한다. Ti(티타늄)은 낮은 밀도로 가벼우며 높은 비강도와 우수한 내식성을 갖고 있다.
강에 합금 시 탄화물을 형성시키는 원소 : Ti, Nb, V, Cr, W, Mo

28 담금질조직 중 경도가 가장 높은 것은?

① 펄라이트
② 마텐자이트
③ 소르바이트
④ 트루스타이트

해설
금속조직의 경도가 순서
페라이트< 오스테나이트< 펄라이트< 소르바이트< 베이나이트< 트루스타이트< 마텐자이트< 시멘타이트
※ 강의 열처리 조직 중 Fe에 C(탄소)가 6.67% 함유된 시멘타이트 조직의 경도가 가장 높다.

29 동합금에서 황동에 납을 1.5~3.7%까지 첨가한 합금은?

① 강력황동
② 쾌삭황동
③ 배빗메탈
④ 델타메탈

해설
② 쾌삭황동 : 황동에 Pb(납)을 0.5~3% 합금한 것으로 절삭성 향상을 위해 사용한다. 납의 합금 비율은 전공 서적에 따라 다소 차이가 날 수 있다.
① 강력황동 : 4:6황동에 Mn, Al, Fe, Ni, Sn 등을 첨가하여 한층 더 강력하게 만든 황동이다.
③ 배빗메탈 : 화이트메탈로도 불리는 Sn, Sb계 합금의 총칭이다. 내열성이 우수하여 주로 내연기관용 베어링 재료로 사용되는 합금재료이다.
④ 델타메탈 : 6:4황동에 1~2% Fe을 첨가한 것으로, 강도가 크고 내식성이 좋아서 광산용 기계나 선박용, 화학용 기계에 사용한다.
※ 6:4황동 : Cu 60% + Zn 40%의 합금

27 금속침투법에서 Zn을 침투시키는 것은?

① 크로마이징 ② 세라다이징
③ 칼로라이징 ④ 실리코나이징

해설
금속침투법

종류	침투 원소
세라다이징	아연(Zn)
칼로라이징	알루미늄(Al)
크로마이징	크롬(Cr)
실리코나이징	규소(Si)
보로나이징	붕소(B)

30 순철에서 나타나는 변태가 아닌 것은?

① A_1　　② A_2
③ A_3　　④ A_4

해설
변태 : 철이 온도변화에 따라 원자 배열이 바뀌면서 내부의 결정구조나 자기적 성질이 변화되는 현상으로, 변태점이란 이 변태가 일어나는 온도이다.
- A_0변태점(210℃) : 시멘타이트의 자기변태점
- A_1변태점(723℃) : 철의 동소변태점(공석 변태점)
- A_2변태점(768℃) : 순철의 자기변태점
- A_3변태점(910℃) : 순철의 동소변태점, 체심입방격자(BCC) → 면심입방격자(FCC)
- A_4변태점(1,410℃) : 순철의 동소변태점, 면심입방격자(FCC) → 체심입방격자(BCC)

31 다음 중 제동용 기계요소에 해당하는 것은?

① 웜　　② 코터
③ 래칫 휠　　④ 스플라인

해설
래칫 휠(Ratchet Wheel)
원주에 톱니형상의 이가 달려 있으며 폴과 결합하여 한쪽 방향으로 간헐적인 회전운동을 주고 역회전을 불가능하게 한 기계장치로 최근 역회전 방지가 필요한 리프트 등에 많이 사용되고 있다.

32 하중이 2.5kN 작용하였을 때 처짐이 100mm 발생하는 코일 스프링의 소선 지름은 10mm이다. 이 스프링의 유효감김수는 약 몇 권인가?(단, 스프링 지수(C)는 10이고, 스프링 선재의 전단탄성계수는 80GPa이다)

① 3　　② 4
③ 5　　④ 6

해설
$$\delta = \frac{8nPD^3}{Gd^4}$$

유효감김수(n) $= \dfrac{\delta \times Gd^4}{8PD^3}$, 스프링 지수($C$) $= \dfrac{D}{d}$ 식에서

$D = 100$mm 이므로,

$$\frac{100 \times (80 \times 10^9 \times 10^{-6}) \text{N/mm}^2 \times 10^4}{8 \times 2,500\text{N} \times 100^3} = 4$$

※ 코일 스프링의 처짐량(δ) 구하는 식

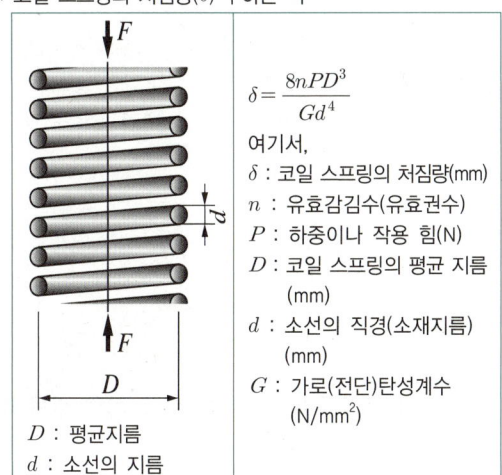

$$\delta = \frac{8nPD^3}{Gd^4}$$

여기서,
δ : 코일 스프링의 처짐량(mm)
n : 유효감김수(유효권수)
P : 하중이나 작용 힘(N)
D : 코일 스프링의 평균 지름(mm)
d : 소선의 직경(소재지름)(mm)
G : 가로(전단)탄성계수(N/mm²)

D : 평균지름
d : 소선의 지름

33 블록 브레이크의 드럼이 20m/s의 속도로 회전하는데 블록을 500N의 힘으로 가압할 경우 제동동력은 약 몇 kW인가?(단, 접촉부 마찰계수는 0.3이다)

① 1.0　　② 1.7
③ 2.3　　④ 3.0

해설
제동동력(H) $= \mu Pv$
$= 0.3 \times 500\text{N} \times 20\text{m/s}$
$= 3,000\text{N} \cdot \text{m/s}$
$= 3\text{kJ/s} = 3\text{kW}$

34 피치원 지름이 무한대인 기어는?

① 래크(Rack)기어
② 헬리컬(Helical)기어
③ 하이포이드(Hypoid)기어
④ 나사(Screw)기어

> 해설
> 래크기어는 피니언기어와 함께 쌍으로 사용되는데, 거의 직선 위에 이가 만들어진 것이므로 피치원의 지름(PCD)은 거의 무한대가 된다.

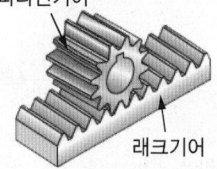

35 구름 베어링에서 실링(Sealing)의 주목적으로 가장 적합한 것은?

① 구름 베어링에 주유를 주입하는 것을 돕는다.
② 구름 베어링의 발열을 방지한다.
③ 윤활유의 유출 방지와 유해물의 침입을 방지한다.
④ 축에 구름 베어링을 끼울 때 삽입을 돕는다.

> 해설
> 구름 베어링 내부에는 구름체의 원활한 구름운동을 위하여 윤활유가 들어 있는데, 이 윤활유의 유출 방지 및 먼지 등의 유해물질이 침입하는 것을 방지하기 위하여 베어링에는 실링처리가 필요하다.

36 다음 중 축에는 가공을 하지 않고 보스 쪽에만 홈을 가공하여 조립하는 키는?

① 안장키(Saddle Key)
② 납작키(Flat Key)
③ 묻힘키(Sunk Key)
④ 둥근키(Round Key)

> 해설
> ① 안장키(새들키, Saddle Key) : 축에는 키 홈을 가공하지 않고 보스에만 키 홈을 파서 끼운 뒤, 축과 키 사이의 마찰에 의해 회전력을 전달하는 키로 작은 동력의 전달에 적당하다.
>
>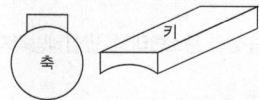
>
> ② 평키(납작키, Flat Key) : 축에 키의 폭만큼 편평하게 가공한 키로 안장키보다는 큰 힘을 전달한다. 축의 강도를 저하시키지 않으며 $\frac{1}{100}$ 기울기를 붙이기도 한다.
>
>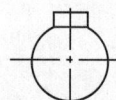
>
> ③ 성크키(묻힘키, Sunk Key) : 가장 널리 쓰이는 키(Key)로 축과 보스 양쪽에 모두 키 홈을 파서 동력을 전달하는 키이다. $\frac{1}{100}$ 기울기를 가진 경사키와 평행키가 있다.
>
>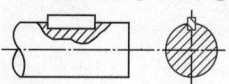
>
> ④ 둥근키(Round Key) : 둥근 환봉형태의 키로 동력을 전달하는 키
>
>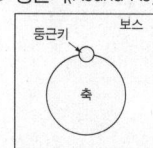

37 30° 미터 사다리꼴 나사(1줄 나사)의 유효지름이 18mm이고, 피치는 4mm이며 나사 접촉부 마찰계수는 0.15일 때 이 나사의 효율은 약 몇 %인가?

① 24%   ② 27%
③ 31%   ④ 35%

해설

$\tan\lambda = \dfrac{L}{\pi d_2} = \dfrac{p}{\pi d_2}$

나사의 리드각(λ) = $\tan^{-1}\dfrac{4}{\pi \times 18} = 4.0461$

마찰각(ρ) = $\tan^{-1}\mu = \tan^{-1} \times 0.15 = 8.53$

나사의 효율(η) = $\dfrac{\tan\alpha}{\tan(\alpha+\rho)} \times 100\%$

$= \dfrac{\tan 4.04}{\tan(4.04+8.53)} 100\%$

$= 31.6\%$

38 300rpm으로 3.1kW의 동력을 전달하고, 축 재료의 허용전단응력은 20.6MPa인 중실축의 지름은 약 몇 mm 이상이어야 하는가?

① 20   ② 29
③ 36   ④ 45

해설

토크(T) = $974,000 \times \dfrac{H_{kW}}{N}$ kgf·mm

$= 974,000 \times \dfrac{3.1}{300}$

$= 10,064.6$ kgf·mm

$= 98,734.3$ N·mm

$T = \tau_a \times Z_P$

$98,734.3$ N·mm $= (20.6 \times 10^6 \times 10^{-6}$ N/mm$^2) \times \dfrac{\pi d^3}{16}$

$d^3 = \dfrac{98,734.3 \text{N·mm} \times 16}{\pi \times 20.6 \text{N/mm}^2} = 24,410.1$ mm^3

$d = \sqrt[3]{24,410.1 \text{mm}^3} = 29$ mm

39 두께 10mm 강판을 지름 20mm 리벳으로 한줄 겹치기 리벳이음을 할 때 리벳에 발생하는 전단력과 판에 작용하는 인장력이 같도록 할 수 있는 피치는 약 몇 mm인가?(단, 리벳에 작용하는 전단응력과 판에 작용하는 인장응력은 동일하다고 본다)

① 51.4   ② 73.6
③ 163.6   ④ 205.6

해설

리벳이음에서 전단응력과 판의 인장응력이 같다면

$(p-d)t\sigma_t = \left(\dfrac{\pi d^2}{4}\right)\tau \cdot f_s$

피치(p) = $d + \dfrac{\pi d^2 \tau f_s}{4t\sigma}$

$= 20 + \dfrac{\pi \times 20^2 \times \tau \times 1}{4 \times 10 \times \sigma}$

$= 51.41$ mm

여기서, f_s : 전단면 계수(단일전단면 : 1, 복전단면 : 1.8)

40 벨트의 접촉각을 변화시키고 벨트의 장력을 증가시키는 역할을 하는 풀리는?

① 원동 풀리   ② 인장 풀리
③ 종동 풀리   ④ 원추 풀리

해설

인장 풀리(긴장 풀리)
평벨트를 벨트 풀리에 걸 때 벨트와 벨트 풀리의 접촉각을 크게 하기 위해 이완측에 설치하는 것은 긴장 풀리이다.

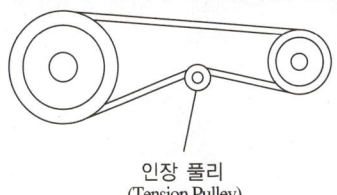

인장 풀리
(Tension Pulley)

제3과목 | 컴퓨터응용가공

41 일반적인 CAD/CAM작업의 순서로 옳은 것은?

> ㉠ 가공공정 정의
> ㉡ C/L데이터 생성
> ㉢ NC데이터를 이용한 가공
> ㉣ 형상 모델링
> ㉤ 포스트 프로세싱

① ㉠ → ㉡ → ㉢ → ㉣ → ㉤
② ㉣ → ㉡ → ㉢ → ㉠ → ㉤
③ ㉠ → ㉣ → ㉤ → ㉡ → ㉢
④ ㉣ → ㉠ → ㉡ → ㉤ → ㉢

해설
일반적인 CAD/CAM의 순서
제품 모델링 → 가공 정의 → C/L 데이터 생성 → 포스트 프로세싱 → NC데이터 생성 → DNC실행

42 CAD 데이터 교환을 위한 중립파일들 중 특수한 서식의 문자열을 가진 아스키(ASCII) 파일인 것은?

① CAT ② DXF
③ GKS ④ PHIGS

해설
DXF(Data Exchange File) : CAD 데이터 간 호환성을 위해 제정한 자료공유파일을 아스키(ASCII)텍스트파일로 구성한 형식이다.
DXF(Data Exchange File)의 섹션 구성
• Header Section
• Table Section
• Entity Section
• Block Section
• End of File Section

43 모델 중에서 실루엣(Silhouette)이 정확하게 표현될 수 있는 모델들로 짝지어진 것은?

① Surface Model, Solid Model
② Solid Model, Wireframe Model
③ Wireframe Model, Surface Model
④ Wireframe Model, Plane Draft Model

해설
실루엣을 정확히 나타낼 수 있는 3D 모델링은 서피스 모델링과 솔리드 모델링이다.

44 2차원 CAD시스템에서 하나의 원을 정의하는 방법들로 옳게 짝지어진 것은?

> 가. 일직선상에 놓여 있지 않은 임의의 세 점
> 나. 서로 평행하지 않은 세 개의 직선
> 다. 중심선과 반지름의 정의
> 라. 임의의 두 점

① 가, 나 ② 가, 다
③ 나, 다 ④ 나, 라

해설
2D CAD시스템으로 4개 모두 원을 작성할 수 있으므로 전항정답 처리되었다.

45 NC공작기계 하드웨어의 구성요소로 볼 수 없는 것은?

① 파트 프로그램(Part Program)
② 제어루프장치(Control Loop Unit ; CLU)
③ 기계제어장치(Machine-Control Unit ; MCU)
④ 데이터처리장치(Data Processing Unit ; DPU)

해설
파트 프로그램(Part Program)은 CNC 공작기계를 구동시키는 소프트웨어에 속한다.

46 주사선 방식의 그래픽 장치는?

① Plasma Gas Display
② Raster Scan Display
③ Liquid Crystal Display
④ Lighting Emitting Diodes Display

해설
CRT 모니터의 종류(주사선 방식)
- 스토리지(Storage)형 : 벡터 주사로 컬러표현이 불가능하다.
- 랜덤 스캔(Random)형 : 전자빔 주사로 컬러표현에 제한이 있다.
- 래스터 스캔(Raster Scan)형 : 가장 널리 사용되는 것으로 컬러 표현이 가능하다.

47 3차원 모델링 표현방법 중 3차원 공간을 작은 단위 입체로 분할하고, 물체가 이 단위 입체를 점유하는지 여부에 따라 대응하는 Memory Bit를 0 또는 1로 표현하는 방법은?

① 경계 표현
② 메시 표현
③ 복셀 표현
④ CSG 표현

해설
③ 복셀 표현 : 3차원 모델링 표현방법 중 3차원 공간을 작은 단위 입체로 분할하고, 물체가 이 단위 입체를 점유하는지의 여부에 따라 대응하는 Memory Bit를 0과 1로 표현한다.
3차원 형상모델을 분해모델로 저장하는 방법
- 복셀 모델
- 옥트리 표현
- 세포분해 모델

48 가공면을 자동적으로 인식처리하여 NC데이터 작성이 용이한 모델은?

① 실물 모델
② 곡면 모델
③ 유한요소 모델
④ 와이어 프레임 모델

해설
곡면 모델링은 가공할 면을 모델링한 후 공구 이송경로를 정의가 가능하므로 NC데이터를 작성할 수 있다.

49 은선 및 은면처리를 위해 화면에 표시되어야 할 형상 요소들의 깊이 방향 값을 메모리에 저장하여 이용하는 방법은?

① Z - 버퍼 방법
② 변환 행렬 방법
③ 깊이 분류 알고리즘
④ 후향면 제거 알고리즘

정답 46 ② 47 ③ 48 ② 49 ①

50 다음 직선의 식을 매개 변수식으로 옳게 표현한 것은?

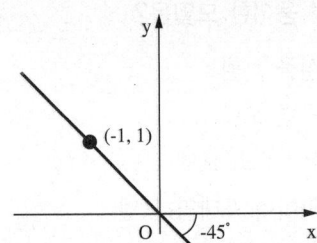

① $x=-1+\dfrac{1}{\sqrt{2}}t,\ y=1+\dfrac{1}{\sqrt{2}}t$

② $x=1-\dfrac{1}{\sqrt{2}}t,\ y=1+\dfrac{1}{\sqrt{2}}t$

③ $x=-1+\dfrac{1}{\sqrt{2}}t,\ y=1-\dfrac{1}{\sqrt{2}}t$

④ $x=1-\dfrac{1}{\sqrt{2}}t,\ y=1-\dfrac{1}{\sqrt{2}}t$

해설

매개 변수식으로 직선을 표현하면

- $x=a_0+\cos\theta t$
  $=-1-(-\cos 45°)t$
  2사분면에서 부호는 $\cos=-\cos,\sin=+\sin$ 이므로
  $=-1+\dfrac{1}{\sqrt{2}}t$

- $y=b_0+\sin\theta t$
  $=1+(-\sin 45°)t$
  $=1-\dfrac{1}{\sqrt{2}}t$

※ $\sin 45°=\cos 45°=\dfrac{\sqrt{2}}{2}=\dfrac{1}{\sqrt{2}}$

CAD시스템에서 매개 변수식을 사용하는 이유
- 구간의 정의가 용이하다.
- 접선이나 법선 등의 계산이 용이하다.
- 차수를 높여 복잡한 곡선도 만들 수 있다.
- 매개 변수를 통해 곡선상의 점을 순차적으로 계산할 수 있다.

51 곡면 모델(Surface Model)의 특징으로 틀린 것은?

① 은선 제거가 가능하다.
② CAM 가공을 위한 모델로 사용이 가능하다.
③ 생성된 모델의 체적을 계산하기가 용이하다.
④ 3차원 유한요소를 사용하기에 부적절한 모델이다.

해설

서피스모델링(곡면 모델링)은 와이어프레임 모델링에 면 정보를 추가한 형태로 꼭짓점이나 모서리, 표면으로 표현된다. 이 서피스 모델링으로는 곡면의 면적 계산은 가능하나 부피(체적)의 계산은 불가능하다.

서피스모델링(곡면 모델링)의 특징
- 단면도 작성이 가능하다.
- 은선의 제거가 가능하다.
- 복잡한 형상의 표현이 가능하다.
- 렌더링(Rendering)작업이 가능하다.
- 면과 면(두 면)의 교선을 구할 수 있다.
- 유한요소법(FEM)의 해석이 불가능하다.
- 와이어프레임보다 데이터량이 증가한다.
- 곡면을 절단하면 곡선(Curve)이 나타난다.
- 면을 모델링한 후 공구 이송 경로를 정의한다.
- 원이나 원호를 곡선의 개념으로 표현할 수 있다.
- Surface는 하나 이상의 Patch로 구성할 수 있다.
- NC데이터 생성으로 NC가공 정보를 얻을 수 있다.
- 곡선을 구성하는데 사용되는 점의 수는 제한이 없다.
- 솔리드 모델링과 같이 명암 알고리즘을 제공할 수 있다.
- 곡면의 면적 계산은 가능하나 부피(체적)의 계산은 불가능하다.
- 솔리드 모델링과 같이 실루엣(Silhouette)을 정확히 나타낼 수 있다.
- 곡면 생성을 위한 면 정보 등의 입력 자료가 항상 요구되지 않는다.
- 곡면을 이루는 각 면들의 곡면 방정식이 데이터베이스에 추가로 저장된다.
- NC공구 경로계산 프로그램에서 가공곡면의 형상을 제공하는데 사용된다.

52 다음 식으로 표현된 도형의 결과로 옳은 것은?(단, x_c, y_c는 임의의 좌표값이고 r은 양의 실수이다)

$$f_x = x_c + r\cos\theta$$
$$f_y = y_c + r\sin\theta \quad (0 \leq \theta \leq 2\pi)$$

① 원 ② 타원
③ 쌍곡선 ④ 포물선

해설
매개 변수식으로 원을 표현할 때 반경이 r이고 중심이 (a, b)에 있으면 다음과 같이 표현한다.
$f_x = a + r\cos\theta$
$f_y = b + r\sin\theta$

53 화면에 그려진 솔리드 모델의 음영효과(Shading)를 결정하는 주된 요소는?

① 모델의 크기
② 화면의 배경색
③ 평행광선의 경우, 모델과 조명과의 거리
④ 모델의 표면을 구성하는 면의 수직 벡터

해설
솔리드 모델링의 음영효과를 결정하는 주된 요소는 모델의 표면을 구성하는 면의 수직 벡터에 의해서이다.

54 DNC 운전 시 데이터의 전송속도를 나타내는 것은?

① BPS ② CPS
③ IPS ④ MIPS

해설
DNC 운전 시 데이터는 RS-232C와 같은 다양한 전송 규격에 의해 전송되는데 그 단위는 BPS단위를 사용한다.
BPS(Bits Per Second) : 1초 동안 송수신할 수 있는 비트수로 컴퓨터에서 통신 속도를 나타낸다. 그리고 DNC 운전 시 시리얼 데이터(Serial Data)를 전송할 때 전송속도 단위로도 사용한다.

55 수치제어에서 사용되는 파트 프로그램에 들어 있지 않은 정보는?

① 공구 교환
② 절삭유 공급/중지
③ 절삭공구의 동작정보
④ 파트 프로그램에 사용된 곡선의 종류

해설
CNC 가공에 사용되는 파트 프로그램에는 공구 교환(T코드), 절삭유 공급 및 중지(M코드), 절삭공구의 동작정보(G코드)가 들어 있으나, 파트 프로그램에 사용된 곡선의 종류는 포함되지 않는다.

정답 52 ① 53 ④ 54 ① 55 ④

56 사용자가 형상 구속조건과 치수조건을 이용하여 형상을 모델링하는 방식은?

① Surface 모델링　② Boundary 모델링
③ Parametric 모델링　④ Primitive 기반 모델링

해설
③ 파라메트릭 모델링(Parametric Modeling) : 특정 값이나 변수로 표현된 수식을 입력하여 형상을 생성시키는 방식으로 형상 구속조건인 매개변수나 치수 조건인 수식을 변경하면 자동으로 형상이 수정된다.

파라메트릭 모델링의 특징
- 치수 사이의 관계는 수학적으로 부여된다.
- 형상 구속조건(Constraint)과 치수 구속조건을 이용해서 모델링한다.
- 치수 구속조건이란 형태에 부여된 치수값과 이들 치수 사이의 관계이다.
- 특징 형상의 파라미터에 따라 모델링의 크기를 바꾸는 것도 한 형태이다.
- 형상요소를 한번 만든 후에는 조건식을 이용하여 수정하는 것이 효과적이다.
- 구속조건식을 푸는 방법으로 순차적 풀기, 동시풀기가 있고 이에 따라 결과 형상이 달라질 수 있다.

57 현재 공구 위치 (0, 0)에서 다음 위치 (40, 30)mm까지 공구를 10mm/s의 속도로 이송하기 위해 X축 모터에 보내야 할 펄스의 속도는?(단, BLU=0.001mm이다)

① 3,000개/s　② 4,000개/s
③ 6,000개/s　④ 8,000개/s

해설
총공구의 이동거리는 다음의 그래프에서 보듯이 50mm이다. 여기서 공구속도는 10mm/s이므로 50mm를 이동시키려면 5s가 걸린다.

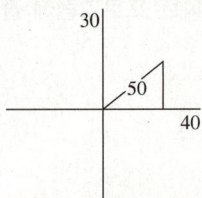

$$v = \frac{s(\text{이동거리})}{t(\text{시간})} = \frac{40mm/0.001mm}{5s}$$

$$= \frac{40,000개}{5s} = 8,000개$$

※ 수치제어기계의 기본 이송단위(BLU, Basic Length Unit)
1BLU=0.001mm

58 베지어(Bezier) 곡면의 특징으로 틀린 것은?

① 곡면의 코너와 코너 조정점이 일치한다.
② 곡면은 조정점의 일반적인 형상을 따른다.
③ 곡면의 차수는 조정점의 개수에 의해 정해진다.
④ 곡면은 조정점들의 볼록포(Convex Hull) 외부에서 생성된다.

해설
베지어(Bezier) 곡선 : 컴퓨터 그래픽에서 임의 형태의 곡선을 표현하기 위해 수학적(번스타인 다항식)으로 만든 곡선으로 프랑스의 수학자 베지어에 의해 만들어졌으며 시작점과 끝점 그리고 그 사이인 내부 조정점의 이동에 의해 다양한 자유 곡선을 얻을 수 있다. 이 베지어 곡선은 항상 조정점에 의해 생성된 볼록포(Convex Hull)의 내부에 포함된다.

베지어 곡선의 특징
- 모든 조정점을 지나지 않는다.
- n차 베지어 곡선의 조정점은 (n+1)개다.
- 조정점의 블렌딩으로 곡선식이 표현된다.
- 곡선은 첫 번째와 마지막 조정점을 통과한다.
- n개 조정점에 의해 생성된 곡선은 (n-1)차이다.
- 1개의 조정점 변화는 곡선 전체에 영향을 미친다.
- 조정점의 개수가 증가하면 곡선의 개수도 증가한다.
- 중간에 있는 조정점들은 곡선의 진행경로를 결정한다.
- 조정점을 둘러싸는 볼록포(볼록껍질) 안에 곡선 전체가 놓인다.
- 곡선은 조정점을 연결(통과)시킬 수 있는 다각형의 내측에 존재한다.
- 조정점의 순서를 거꾸로 하여 곡선을 생성하여도 같은 곡선이 된다.
- 조정 다각형(Control Polygon)의 시작점과 끝점을 반드시 통과한다.
- 베지어 곡선은 항상 조정점에 의해 생성된 볼록포의 내부에 포함된다.
- 폐곡선은 조정 다각형의 두 끝점을 연결시켜 간단하게 생성할 수 있다.
- 조정 다각형의 첫 번째 선분은 시작점에서의 접선벡터와 같은 방향이다.
- 조정점 한 개의 위치를 변화시키면 곡선 세그먼트 전체의 형상이 변화한다.
- 곡선의 형상을 국부적으로 수정하기가 어렵기 때문에 국부 변형(Local Control)이 불가능하다.
- Blending함수는 Bernstein 다항식을 채택하여 베지어 곡선을 정의한다.
- 곡선은 다각형의 시작과 끝점인 첫 조정점과 마지막 조정점(Control Point)을 지나도록 한다.
- 곡선의 모양이 복잡할수록 이를 표현하기 위한 조정점이 많아지고 곡선식의 차수가 높아진다.
- 다각형 양끝의 선분은 시작점과 끝점의 접선벡터와 같은 방향이므로 첫 번째 선분은 Bezier 곡선의 시작점에서의 접선 벡터와 같다.

59 다음 중 3차원 자유 곡면을 가공하기에 가장 적합한 공구는?

① 더브테일 커터
② 볼(Ball) 엔드밀
③ 플랫(Flat) 엔드밀
④ 필릿(Fillet) 엔드밀

해설
볼 엔드밀(Ball End-mill) : 밀링커터 중 자유곡면의 가공에 사용되는 커터로 CAM으로 3차원 자유곡면을 가공할 때 주로 사용된다.

더브테일 엔드밀	
플랫 엔드밀	필릿 엔드밀

60 종이 형태의 박판재료를 절단하여 적층하는 RP기법은?

① SL   ② FDM
③ LOM ④ SLS

해설
③ LOM(Laminated Object Manufacturing, 박판적층법) : 원하는 단면에 레이저 광선을 부분적으로 쏘아서 절단한 후 종이의 뒷면에 부착된 접착제를 사용해서 아래층과 압착시켜 한 층씩 쌓아가며 형상을 만드는 방법으로 사무실에서 사용할 만큼 크기와 가격이 적당하나 재료에 제한이 있고 정밀도가 떨어진다는 단점이 있다.
① SL : 종이 형태의 박판재료를 절단하여 적층하는 급속조형기술이다.
② FDM(Fused Deposition Modeling, 용융수지압출법) : 열가소성인 $3\mu m$ 직경의 필라멘트 선으로 된 열가소성 소재를 노즐 안에서 가열하여 용해한 후 이를 짜내어 조형면에 쌓아 올려 제품을 만드는 방법으로 광조형법 다음으로 가장 널리 사용된다.
④ SLS(Selective Laser Sintering, 선택적 레이저 소결법) : 레이저는 에너지의 미세한 조정으로 재료의 가공이 가능한 장점이 있는데, 먼저 고분자 재료나 금속 분말가루를 한 층씩 도포한 후 여기에 레이저 광선을 쏘아서 소결시킨 후 다시 한 층씩 쌓아 올려서 형상을 만드는 방법으로 분말로 만들어지거나 용융되어 분말로 소결되어지는 모든 재료의 사용이 가능하다.

제4과목 | 기계제도 및 CNC공작법

61 그림과 같은 입체도를 화살표 방향에서 보았을 때 가장 적합한 투상도는?

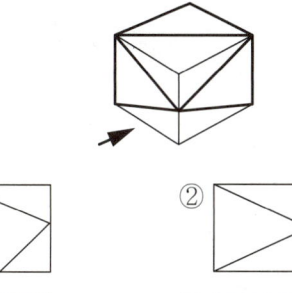

① ②
③ ④

해설
입체도를 화살표 방향으로 보면 삼각형 모양으로 외형선이 보여야 하므로 정답은 ②번 밖에 없다.

62 그림과 같이 나타난 단면도의 명칭은?

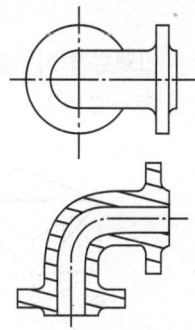

① 온단면도
② 회전도시 단면도
③ 한쪽 단면도
④ 부분 단면도

해설
단면도의 종류

온단면도 (전단면도)	도면	
	특징	• 전단면도라고도 한다. • 물체 전체를 직선으로 절단하여 앞부분을 잘라내고 남은 뒷부분의 단면 모양을 그린 것이다. • 절단 부위의 위치와 보는 방향이 확실한 경우에는 절단선, 화살표, 문자 기호를 기입하지 않아도 된다.
한쪽 단면도 (반단면도)	도면	
	특징	• 반단면도라고도 한다. • 절단면을 전체의 반만 설치하여 단면도를 얻는다. • 상하 또는 좌우가 대칭인 물체를 중심선을 기준으로 1/4 절단하여 내부 모양과 외부 모양을 동시에 표시하는 방법이다.
부분 단면도	도면	
	특징	• 파단선을 그어서 단면 부분의 경계를 표시한다. • 일부분을 잘라 내고 필요한 내부의 모양을 그리기 위한 방법이다.
회전 도시 단면도	도면	(a) 암의 회전 단면도(투상도 안) (b) 훅의 회전 단면도(투상도 밖)
	특징	• 절단선의 연장선 뒤에도 그릴 수 있다. • 투상도의 절단할 곳과 겹쳐서 그릴 때는 가는 실선으로 그린다. • 주투상도의 밖으로 끌어내어 그릴 경우는 가는 1점 쇄선으로 한계를 표시하고 굵은 실선으로 그린다. • 핸들이나 벨트 풀리, 바퀴의 암, 리브, 축, 형강 등의 단면의 모양을 90°로 회전시켜 투상도의 안이나 밖에 그린다.
계단 단면도	도면	
	특징	• 절단면을 여러 개 설치하여 그린 단면도이다. • 복잡한 물체의 투상도 수를 줄일 목적으로 사용한다. • 절단선, 절단면의 한계와 화살표 및 문자기호를 반드시 표시하여 절단면의 위치와 보는 방향을 정확히 명시해야 한다.

정답 62 ①

63 표면의 결 도시방법 및 면의 지시기호에서 가공으로 생긴 선 모양의 약호로 "C"의 의미는?

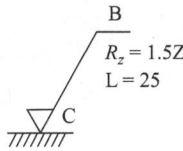

① 거의 동심원
② 다방면으로 교차
③ 거의 방사상
④ 거의 무방향

[해설]
표면의 결 도시기호에서 C는 제품의 표면에 동심원인 기호가 생긴다는 것을 나타내는 기호이다.

줄무늬 방향기호

기 호	커터의 줄무늬 방향	적 용	표면형상
=	투상면에 평행	셰이핑	
⊥	투상면에 직각	셰이핑, 선삭, 원통연삭	
X	투상면에 경사지고 두 방향으로 교차	호 닝	
M	여러 방향으로 교차되거나 무방향이 나타남	래핑, 슈퍼피니싱, 밀링 또는 엔드밀 절삭면	
C	중심에 대하여 대략 동심원	끝면 절삭	
R	중심에 대하여 대략 레이디얼 모양	일반적인 가공	

64 다음과 같이 상호 관련된 구멍 4개의 치수 및 위치 허용공차에 대한 설명으로 틀린 것은?

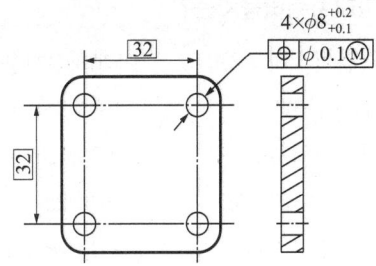

① 각 형태의 실제 부분 크기는 크기에 대한 허용공차 0.1의 범위에 속해야 하며, 각 형태는 $\phi 8.1$에서 $\phi 8.2$ 사이에서 변할 수 있다.
② 각 형태의 지름이 $\phi 8.2$인 최소 재료 크기일 경우 각 형태의 축은 $\phi 0.1$인 허용공차 영역 내에서 변할 수 있다.
③ 각 형태의 지름이 $\phi 8.1$인 최대 재료 크기일 경우 각 형태의 축은 $\phi 0.1$의 위치허용공차 범위에 속해야 한다.
④ 모든 허용공차가 적용된 형태는 실질 조건경계, 즉 $\phi 8(=\phi 8.1-0.1)$의 완전한 형태의 내접 원주를 지켜야 한다.

[해설]
재료의 최대 크기는 $\phi 8.2$이다. 각 형태의 축은 $\phi 0.1$인 허용공차 영역 내에서 변할 수 있다.
최대실체공차방식(MMP ; Maximum Material Principle) : 원리가 적용될 수 있는 기하공차는 자세공차와 위치공차에 해당한다. 최대실체공차를 적용하는 경우의 도시 방법은 공차 기입란의 공차 값 다음에 Ⓜ의 부가 기호를 붙인다.

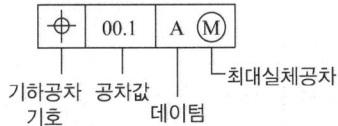

65 기준치수 49.000mm, 최대허용치수 49.011mm, 최소허용치수 48.985mm일 때, 위치수허용차와 아래치수허용차는?

　　(위치수허용차)　　(아래치수허용차)
① +0.011mm　　　−0.085mm
② −0.015mm　　　+0.011mm
③ −0.025mm　　　+0.025mm
④ +0.011mm　　　−0.015mm

해설
• 위치수허용차 = 최대허용치수 − 기준치수
• 아래치수허용차 = 최소허용치수 − 기준치수

66 도면 양식에서 용지를 여러 구역으로 나누는 구역표시를 하는 데 있어서 세로방향으로는 대문자 영어를 표시한다. 이때 사용해서는 안 되는 문자는?

① A　　② H
③ K　　④ O

해설
도면 양식에서 용지 구역표시를 할 때 사용해서는 안 되는 영문자는 I와 O이다.

67 유압·공기압 도면 기호에서 그림의 기호 명칭으로 옳은 것은?

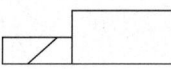

① 단동 솔레노이드
② 복동 솔레노이드
③ 단동 가변식 전자 액추에이터
④ 복동 가변식 전자 액추에이터

해설
" " 기호에서 전기적 신호표시가 한쪽에만 있으므로 단동 솔레노이드가 된다. 만일 양쪽에 전기적 신호표시가 있으면 복동 솔레노이드이다.

단동 솔레노이드	복동 솔레노이드
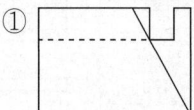	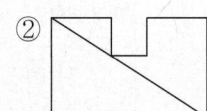

68 그림과 같은 평면도에 대한 정면도로 가장 옳은 것은?

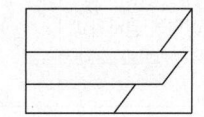

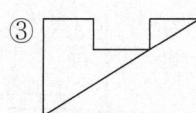 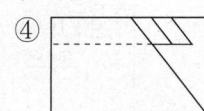

해설
평면도는 물체를 위에서 바라본 형상이다. 중앙부에 가로로 2개의 선이 있으므로 이 부분은 위와 아래 부분의 높이가 다른 경계 부분이므로 정면도에서 점선이 표시되어야 하므로 ②번과 ④번으로 정답이 압축된다. 평면도의 우측 부분에 대각선이 있는데 이 부분은 정면도에서 사선으로 표시되어야 하므로 정답은 ④번이 된다.

69 평행 핀에 대한 호칭방법을 옳게 나타낸 것은?(단, 오스테나이트계 스테인리스강 A1등급이고, 호칭지름 5mm, 공차 h7, 호칭길이 25mm이다)

① 평행 핀-h7 5×25-A1
② 5 h7×25-A1-평행 핀
③ 평행 핀-5 h7×25-A1
④ 5 h7×25-평행 핀-A1

해설
오스테나이트계 스테인리스강은 재료 기호를 A1로 표시한다.
• 평행 핀의 호칭방법(KS B 1309)

규격번호 또는 명칭	-	호칭지름, 공차등급×길이	-	재료
KS B 1309 평행 핀	-	5 h7 × 25	-	A1

• 평행 핀 : 리머 가공된 구멍에 끼워서 위치 결정에 사용하는 핀

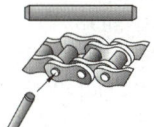

70 다음과 같은 도면에서 플랜지 A부분의 드릴구멍의 지름은?

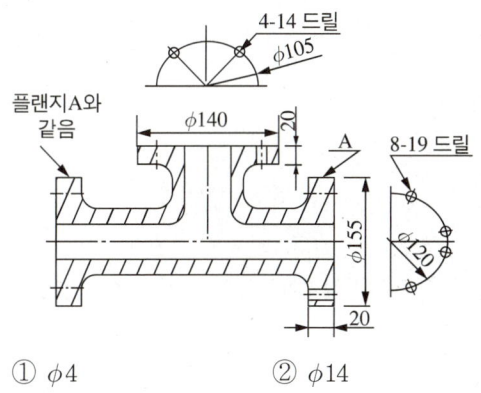

① φ4 ② φ14
③ φ19 ④ φ8

해설
플랜지 "A"부분을 보면 "8-19드릴"로 표시되어 있는데, 그 의미는 φ19의 드릴로 뚫은 구멍이 8개 있다는 것이다.

71 다음 그림에서 절대지령 방식에 의한 이동을 지령하고자 할 때 옳은 것은?

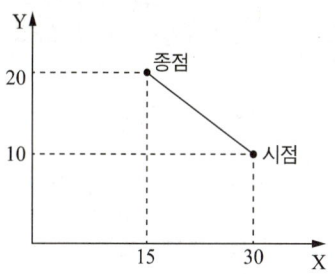

① G90 G01 X15.0 Y20.0 F100;
② G90 G01 X-15.0 Y10.0 F100;
③ G91 G01 X15.0 Y20.0 F100;
④ G91 G01 X-15.0 Y10.0 F100;

해설
• G90 : 내외경 가공 사이클
• G01 : 직선 보간(직선 절삭)
• X15.0 : 절대좌표로 X15으로 이동
• Y20.0 : 절대좌표로 Y20으로 이동
• F100 : 이송속도 100mm/rev

72 보조프로그램을 호출할 수 있는 기능은?

① G30　② G98
③ M98　④ M99

해설
③ M98 : 보조프로그램 호출
① G30 : 제2원점복귀
② G98 : 분당 이송속도 지령(mm/min)
④ M99 : 보조프로그램 종료 후 주프로그램으로 회기

CNC 선반 M코드의 종류 및 기능

M코드	기 능
M00	프로그램 정지
M01	선택적 프로그램 정지
M02	프로그램 종료
M03	주축 정회전(주축이 시계방향으로 회전)
M04	주축 역회전(주축이 반시계방향으로 회전)
M05	주축 회전 정지
M08	절삭유 ON(절삭유제 공급)
M09	절삭유 OFF
M14	심압대 스핀들 전진
M15	심압대 스핀들 후진
M16	Air Blow2 ON, 공구측정 Air
M18	Air Blow1, 2 OFF
M30	프로그램 종료 후 리셋
M98	보조프로그램 호출
M99	보조프로그램 종료 후 주프로그램으로 회기

73 CNC 선반의 어드레스 중 일반적으로 지름 지정으로 지령하는 것은?

① R10.0　② U10.0
③ I5.0　④ K5.0

해설
"R"은 원호의 반지름, "I, J, K"는 원호 중심의 각 축 성분을 나타낸다. CNC 선반으로 가공할 때 회전하는 공작물의 지름을 가공하려면 X축을, 길이방향을 가공하려면 Z축을 가공해야 한다.
※ CNC 선반의 공구를 이송시키는 지령방식에는 크게 3가지가 있다.
 • 절대지령(절대좌표계 기준좌표 이동, X, Z)
 • 상대지령(현재위치 기준좌표 이동, U, W)
 • 혼합지령(이 두 좌표를 혼합, X, W or U, Z)

74 CNC 공작기계에 사용되는 볼 스크루에 대한 설명 중 틀린 것은?

① 마찰이 적다.
② 동력손실이 적다.
③ 백래시가 거의 없다.
④ 부하에 따른 마찰열에 의하여 열팽창이 크다.

해설
볼 나사(Ball Screw)는 부하로 인해 발생한 마찰열에 의한 열팽창이 작다.
볼나사의 특징
 • 너트의 크기가 크다.
 • 자동체결이 곤란하다.
 • 윤활유는 소량만으로 충분하다.
 • 마찰이 적어서 동력손실도 적다.
 • 피치를 작게 하는데 한계가 있다.
 • 미끄럼 나사보다 전달 효율이 높다.
 • 시동 토크나 작동 토크의 변동이 적다.
 • 마찰계수가 작아서 미세이송이 가능하다.
 • 부하로 이해 발생한 마찰열에 의한 열팽창이 작다.
 • 미끄럼 나사에 비해 내충격성과 감쇠성이 떨어진다.
 • 예압에 의하여 축 방향의 백래시(Back Lash, 뒤틈, 치면 높이)를 거의 없게 할 수 있다.

볼나사(Ball Screw) : 나사 축과 너트 사이에서 볼(Ball)이 구름운동을 하면서 물체를 이송시키는 고효율의 나사로 백래시가 거의 없고 전달효율이 높아서 최근에 CNC 공작기계의 이송용 나사로 사용된다.

75 2축 제어방식 CNC 공작기계로 할 수 없는 제어는?

① 위치결정　② 원호보간
③ 직선보간　④ 헬리컬보간

해설
CNC 공작기계로 직선보간(직선 절삭), 위치결정(공구의 절삭위치 이동), 원호보간(원호형상 절삭)작업이 가능하나 헬리컬기어이의 절삭은 불가능하다.

76 CNC 선반에서 지령값 X25.0으로 프로그램하여 내경을 가공 후 측정하였더니 φ24.4이었다. 해당 공구의 공구 보정값은?(단, 현재의 공구 보정값은 X=4.2, Z=6.0이고, 직경 지정임)

① X=4.8, Z=6.0
② X=4.8, Z=6.6
③ X=3.6, Z=6.0
④ X=3.6, Z=6.6

해설
CNC 선반에서 X는 지름가공, Z는 길이가공을 이해하면 된다. X-25.로 지령했으면 지름이 25mm로 가공되어야 했는데 결과는 24.4mm이므로 이는 현재의 공구 보정 값이 설정된 것보다 더 크게 되어 공작물의 지름을 더 깊이 깎았다는 의미가 된다. 25mm-24.4=0.6mm, 0.6mm의 공구보정값이 현재보다 더해져서 설정된 것이므로 X=4.8mm가 되며, Z=6.0은 그대로이다.

77 방전가공에서 방전이 진행되는 과정으로 옳은 것은?

① 방전개시 → 기화상태 → 폭발 → 용융비산 → 방전휴지
② 방전개시 → 폭발 → 용융비산 → 기화상태 → 방전휴지
③ 방전개시 → 폭발 → 기화상태 → 용융비산 → 방전휴지
④ 방전개시 → 용융비산 → 기화상태 → 폭발 → 방전휴지

해설
방전가공에서 방전의 진행과정
방전개시 → 기화상태 → 폭발 → 용융비산 → 방전휴지

78 CNC 공작기계에서 작업을 수행하기 위한 제어방식 중 틀린 것은?

① 위치결정제어
② 직선절삭제어
③ 평면절삭제어
④ 윤곽절삭(연속절삭)제어

해설
CNC 공작기계의 3가지 기본 절삭제어방식
• 윤곽절삭제어 : 2개 이상의 서보모터를 연동시켜 위치와 속도를 제어하므로 대각선이나 S자형, 원형의 경로 등 어떤 경로라도 공구를 이동시켜 연속절삭이 가능한 제어방식이다. 여러 축의 움직임을 동시에 제어할 수 있기 때문에 2차원이나 3차원 이상의 제어에 사용된다.
• 직선절삭제어 : NC 공작 기계의 하나의 축을 따라서 공작물에 대한 공구의 운동을 제어하는 방식이다.
• 위치결정제어 : PTP(Point To Point)제어라고도 하며 공구가 이동할 때 이동경로에는 관계없이 공구의 멈춤위치(가공 위치)만을 결정하는 제어방식으로 드릴링이나 Spot용접 등에 사용된다.

79 CNC 공작기계의 가공용 프로그램에서 주축 정회전을 지령하는 보조기능은?

① M02
② M03
③ M04
④ M05

해설
M03 : 주축 정회전(주축이 시계방향으로 회전)

80 머시닝센터에서 $\phi16$, 2날 엔드밀을 사용하여 G94 F100으로 프로그램 가공할 때 한 날당 이송속도는?(단, 주축은 400rpm으로 회전한다)

① 0.125mm/tooth
② 0.25mm/tooth
③ 0.5mm/tooth
④ 0.4mm/tooth

해설

$f = f_z \times z \times n$

$f_z = \dfrac{f}{z \times n} = \dfrac{100\text{mm/min}}{2 \times 400\text{rev/min}} = 0.125\text{mm}$

※ 밀링머신의 테이블 이송속도(f) 구하는 식
$f = f_z \times z \times n$

여기서, f : 테이블의 이송속도(mm/min)
f_z : 밀링 커터날 1개의 이송(mm)
z : 밀링 커터날의 수
n : 밀링 커터의 회전수(rpm)

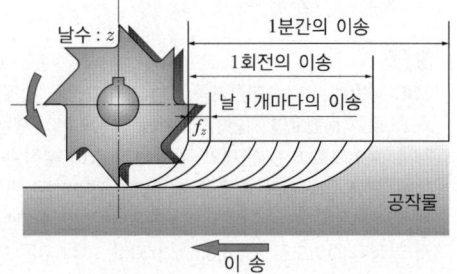

2016년 제4회 과년도 기출문제

제1과목 | 기계가공법 및 안전관리

01 다음 절삭제 중 윤활성은 좋으나 냉각성이 작아 주로 경절삭에 사용되는 혼합유제는?

① 광 유
② 석 유
③ 유화유
④ 지방질유

해설
광유는 수용성 절삭유의 일종으로 윤활성은 좋으나 냉각성능이 떨어져서 경절삭용으로 사용된다.

절삭유의 종류별 특징

분류	종류	특징
수용성 절삭유	알칼리성 수용액	냉각작용이 좋은 물에 알칼리성 첨가제를 방부제로 혼합한 중크롬산 수용액이 대표적이며 주로 연삭작업에 사용된다.
	유화유	광유에 비누를 첨가하면 유화되는데, 냉각작용과 윤활성이 좋고 값이 싸므로 절삭제로 주로 사용되며 용도에 따라 물을 섞어 사용한다.
불수용성 절삭유	광유	• 경유, 머신오일, 스핀들 오일 등이 있다. • 윤활성은 좋으나 냉각성능이 떨어져서 경절삭용으로 사용된다.
	동식물유	• 냉각작용이 좋아서 다듬질 가공에 주로 사용된다. • 돈유, 올리브유, 피자마유, 콩기름, 종자유 등이 있다. • 라드유는 점성이 높아서 저속 절삭에 적합하다.

• 수용성유 : 광물성유를 화학처리하여 원액에 80% 정도의 물을 혼합하여 사용한다. 점성은 낮으나 비열이 커서 냉각효과도 크다.
• 광물성유 : 불수용성 절삭유 중에서 점성이 낮고 윤활성은 좋으나 냉각성능이 좋지 못해서 주로 경절삭용으로 사용된다.

02 선반가공에서 공작물이 지름에 비하여 길이가 긴 경우에 떨림을 방지하고 정밀도가 높은 제품을 가공하고자 할 때 사용되는 장치는?

① 면 판
② 돌리개
③ 맨드릴
④ 방진구

해설
④ 방진구(Work Rest) : 지름이 작고 길이가 지름보다 20배 이상 긴 공작물(환봉)을 가공할 때 공작물이 휘거나 떨리는 것을 방지하기 위해 베드 위에 설치하여 공작물을 받쳐주는 역할을 하는 부속장치

03 드릴의 연삭방법에 관한 설명 중 틀린 것은?

① 절삭날의 좌우 길이를 같게 한다.
② 절삭날이 중심선과 이루는 날끝 반각을 같게 한다.
③ 표준드릴의 경우 날끝각은 90° 이하로 연삭한다.
④ 절삭날의 여유각은 일감의 재질에 맞게 하고 좌우를 같게 한다.

해설
드릴 끝에서 두 개의 절삭날이 이루는 각으로 표준 날끝각은 118°이다.

정답 1 ① 2 ④ 3 ③

04 가공물 표면에서 작은 알갱이를 투사하여 피로강도를 증가시키는 가공법은?

① 숏 피닝
② 방전가공
③ 초음파가공
④ 플라스마가공

해설
숏 피닝 : 강이나 주철제의 작은 강구(볼)를 금속표면에 고속으로 분사하여 표면층을 냉간가공에 의한 가공경화 효과로 경화시키면서 압축 잔류응력을 부여하여 금속부품의 피로수명을 향상시키는 표면경화법

05 밀링머신의 종류에서 드릴의 비틀림 홈 가공에 가장 적합한 것은?

① 만능 밀링머신
② 수직형 밀링머신
③ 수평형 밀링머신
④ 플레이너형 밀링머신

해설
① 만능 밀링머신 : 주축이 수평이며, 칼럼, 니, 테이블 및 오버암 등으로 되어 있다. 새들 위의 선회대로 테이블을 일정한 각도로 회전시키거나 테이블을 상하로 경사시킬 수 있다. 이 공작기계는 분할대나 헬리컬 절삭장치를 사용하여 헬리컬기어, 트위스트 드릴의 비틀림 홈 등의 가공에 적합하다.
② 수직형 밀링머신 : 주축이 테이블 면에 수직으로 설치된 것으로 정면 밀링커터와 엔드밀을 사용하여 절삭한다.
③ 수평형 밀링머신 : 주축이 수평방향으로 설치된 것으로 주로 평면커터나 측면커터, 메탈소를 사용하여 공작물을 가공하는 공작기계이다.
※ 플레이너(Planer) : 바이트가 고정되어 있는 상태에서, 크고 튼튼한 테이블 위에 공작물을 설치한 후 테이블을 앞뒤로 이송하면서 가공한다.

06 막힌 구멍이나 인성이 강한 재료의 태핑에 적합한 탭은?

① 관용 탭
② 핸드 탭
③ 포인트 탭
④ 스파이럴 탭

해설
막힌 구멍이나 인성이 강한 재료의 태핑작업에는 재료를 잘 파고들면서 깎인 재료가 밖으로 잘 빠져나올 수 있는 구조인 스파이럴 탭(Spiral Tap)이 적합하다.
※ 태핑 : 탭 공구로 구멍에 암나사를 만드는 작업

07 나사산의 각도를 측정하는 기기가 아닌 것은?

① 투영기
② 공구 현미경
③ 오토콜리메이터
④ 만능측정 현미경

해설
오토콜리메이터 : 망원경의 원리와 콜리메이터의 원리를 조합시켜서 만든 측정기기로 계측기와 십자선, 조명 등을 장착한 망원경을 이용하여 미소한 각도의 측정이나 평면의 측정에 이용하는 측정기기이다.
※ 나사산의 각도측정 방법
• 투영기에 의한 방법
• 공구 현미경에 의한 방법
• 만능측정 현미경에 의한 방법

08 표면연삭기에서 숫돌의 원주속도 $v = 2,400\text{m/min}$이고, 연삭력 $P = 147.15\text{N}$이다. 이때 연삭기에 공급된 동력이 10PS라면 이 연삭기의 효율은 몇 %인가?

① 70% ② 75%
③ 80% ④ 125%

해설
$$\eta = \frac{P \times v}{60 \times H(\text{동력})} \times 100\%$$
$$= \frac{147.15\text{N} \times 2,400\text{m/min}}{60 \times 7,357\text{N} \cdot \text{m/s}} \times 100\% = 80\%$$
※ 1마력 = 75kg·m/s = 735.7N

09 기계가공을 할 때, 안전사항으로 가장 적합하지 않은 것은?

① 공구는 항상 일정한 장소에 비치한다.
② 기계가공 중에는 장갑을 착용하지 않는다.
③ 공구의 보관을 위한 작업복의 주머니는 많을수록 좋다.
④ 비산되는 칩에 의해 화상을 입을 수 있으므로 작업복을 착용한다.

해설
공구를 작업복의 주머니에 보관할 경우 넘어졌을 때 작업자의 몸에 상해를 입힐 수 있으므로 반드시 공구보관함이나 작업테이블에 보관해야 한다. 따라서, 작업복의 주머니와 안전과는 관련이 없다.

10 버니싱(Burnishing)작업의 특징으로 틀린 것은?

① 표면 거칠기가 우수하다.
② 피로한도를 높일 수 있다.
③ 정밀도가 높아 스프링 백을 고려하지 않아도 된다.
④ 1차 가공에서 발생한 자국, 긁힘 등을 제거할 수 있다.

해설
버니싱 : 강구를 원통구멍에 압입하여 구멍의 표면을 가압 다듬질하는 방법으로 특히 구멍의 모양이 직사각형이나 기어의 키 구멍의 다듬질, 1차 가공에서 발생한 자국, 긁힘 등을 제거하는데 알맞은 가공법이다. 표면 거칠기가 우수하고 피로한도를 줄일 수 있으나 스프링 백을 고려해서 작업해야 한다.

11 비교측정 방식의 측정기가 아닌 것은?

① 미니미터
② 다이얼 게이지
③ 버니어캘리퍼스
④ 공기 마이크로미터

해설
버니어캘리퍼스는 직접 물체의 길이를 측정하는 직접 측정기의 일종이다.

12 선반작업할 때 가공물이 대형이고 중량물일 때 다음 중 센터(Center) 선단의 각도로 적합한 것은?

① 45° ② 60°
③ 90° ④ 120°

해설
선반 작업 시 가공물이 무겁고 대형일 경우 센터 선단의 각도 : 90°

13 다음과 같이 테이퍼 가공을 하고자 할 때, 복식 공구대의 회전각도는?

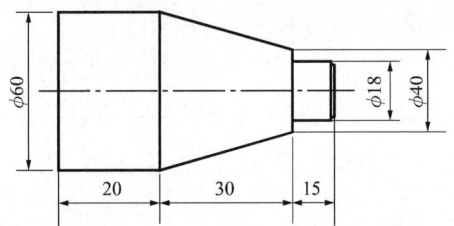

① 12.86° ② 16.67°
③ 18.43° ④ 21.80°

해설

$$\tan\alpha = \frac{D-d}{2l}$$

$$\alpha = \tan^{-1}\frac{60-40}{2\times 30} = 18.43°$$

복식공구대 회전에 의한 테이퍼 절삭

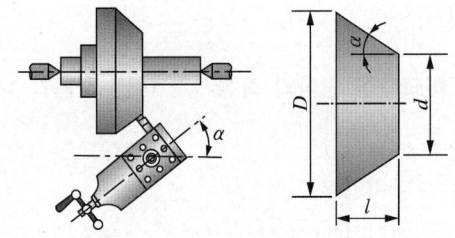

공구대 회전각(α) : $\tan\alpha = \frac{D-d}{2l}$

14 기계가공 방법의 설명이 틀린 것은?

① 리밍작업은 뚫려 있는 구멍을 높은 정밀도로, 가공 표면의 표면거칠기를 우수하게 하기 위한 가공이다.
② 보링작업은 이미 뚫어져 있는 구멍을 필요한 크기로 넓히거나 정밀도를 높이기 위한 가공이다.
③ 카운터 보링작업은 나사 머리의 모양이 접시 모양일 때 테이퍼 원통형으로 절삭하는 가공이다.
④ 스폿 페이싱작업은 단조나 주조품 등의 볼트나 너트를 체결하기 곤란한 경우에 구멍 주위에 체결이 잘 되도록 부분만을 평탄하게 하는 가공이다.

해설

카운터 보링은 고정 볼트의 머리 부분이 완전히 묻히도록 원형으로 구멍을 뚫는 작업이다. 나사 머리의 모양이 접시 모양일 때 테이퍼 원통형으로 절삭하는 가공은 스폿 페이싱이다.

드릴링 가공의 종류

종류	그림	방법
드릴링		드릴로 구멍을 뚫는 작업
리밍		드릴로 뚫은 구멍의 정밀도 향상을 위하여 리머공구로 구멍의 내면을 다듬는 작업
보링		보링바이트로 이미 뚫린 구멍을 필요한 치수로 정밀하게 넓히는 작업
태핑		탭공구로 구멍에 암나사를 만드는 작업
카운터 싱킹		접시머리나사의 머리가 완전히 묻힐 수 있도록 원뿔 자리를 만드는 작업
스폿 페이싱		볼트나 너트의 머리가 체결되는 바닥 표면을 편평하게 만드는 작업
카운터 보링		고정 볼트의 머리 부분이 완전히 묻히도록 원형으로 구멍을 뚫는 작업

15 다음 그림과 같은 원형 관통 구멍을 가공할 때 사용되는 절삭공구가 아닌 것은?

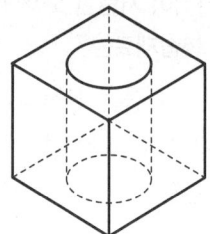

① 드 릴 ② 엔드밀
③ 페이스 밀 ④ 카운터 보어

16 밀링머신의 부속장치가 아닌 것은?

① 방진구 ② 분할대
③ 회전 테이블 ④ 슬로팅장치

해설
방진구는 선반용 부속장치이다.
방진구(Work Rest) : 지름이 작고 길이가 지름보다 20배 이상 긴 공작물(환봉)을 가공할 때 공작물이 휘거나 떨리는 것을 방지하기 위해 베드 위에 설치하여 공작물을 받쳐주는 역할을 하는 부속장치

17 기어(Gear)의 형상 오차 측정항목이 아닌 것은?

① 치형 오차 ② 피치 오차
③ 편심 오차 ④ 치폭의 오차

해설
기어의 형상 오차를 판별할 때 치폭의 오차 여부는 고려대상이 아니다.

18 CNC 선반에서 회전수가 200rpm일 때, 스핀들의 2회전 휴지를 위한 정지시간은 몇 초인가?

① 0.3 ② 0.4
③ 0.5 ④ 0.6

해설
CNC 선반에서 공구의 일시정지 시간(s)
$$정지시간(s) = \frac{n(회전) \times 60}{N(\text{rpm})} = \frac{2 \times 60}{200} = 0.6\text{s}$$

19 수용성 절삭제의 사용 목적으로 틀린 것은?

① 냉각작용 ② 세척작용
③ 윤활작용 ④ 코팅작용

해설
절삭제는 코팅작용을 하지 않는다.
절삭유의 역할 및 특징
• 공구와의 마찰을 감소시킨다.
• 다듬질 면의 정밀도를 좋게 한다.
• 공구와 가공물의 친화력을 줄인다.
• 냉각작용과 윤활작용을 동시에 한다.
• 절삭된 칩을 제거하여 절삭작업을 쉽게 한다.
• 공구의 마모를 줄이고 윤활 및 세척작용으로 가공표면을 좋게 한다.
• 가공물과 절삭공구를 냉각시켜 공구의 경도저하를 막고 수명을 늘린다.
• 식물성 유제는 윤활성이 다소 떨어지나 냉각성능이 좋은 반면, 광물성유는 윤활성은 좋으나 냉각성능은 떨어진다.

20 결합도가 높은 숫돌에서 구리와 같이 연한 금속을 연삭할 경우, 숫돌 기능이 저하되는 현상은?

① 채터링
② 트루잉
③ 눈메움
④ 입자탈락

해설
③ 로딩(Loading, 눈메움) : 숫돌 표면의 기공에 칩이 메워져서 연삭성이 나빠지는 현상이다.
로딩(눈메움)의 발생원인
- 조직이 치밀할 때
- 연삭깊이가 클 때
- 기공이 너무 작을 때
- 연성이 큰 재료를 연삭할 때
- 숫돌의 원주 속도가 너무 느릴 때

제2과목 | 기계설계 및 기계재료

21 다음 중 구리합금이 아닌 것은?

① 양은
② 켈밋
③ 실루민
④ 문쯔메탈

해설
실루민은 알루미늄 합금의 일종으로 Al에 Si을 10~14% 합금시킨 재료이다.

22 두 종류 이상의 금속 특성을 복합적으로 얻을 수 있는 재료를 말하며, 일반적으로 얇은 특수한 금속을 두껍고 가격이 저렴한 모재에 야금학적으로 접합시킨 금속 복합재료는?

① 섬유 강화 금속 복합재료
② 일방향 응고 공정 합금
③ 다공질재료
④ 클래드재료

해설
클래드재료 : 얇은 특수 금속을 두껍고 가격이 저렴한 모재 금속에 야금학적으로 접합시킨 복합재료
① 섬유 강화 금속 복합재료(FRM) : 구조용 복합재료로 사용된다.
③ 다공질재료 : 재료에 기공과 같은 구멍이 존재하는 재료로 오일리스 베어링용 재료로 사용된다.

23 순철의 변태에서 α-Fe이 γ-Fe로 변화하는 변태는?

① A_1 변태
② A_2 변태
③ A_3 변태
④ A_4 변태

해설
A_3변태점(910℃)은 체심입방격자(BCC, α-Fe)에서 면심입방격자(FCC, γ-Fe)로 변태하는 온도이다.
변태 : 철이 온도변화에 따라 원자 배열이 바뀌면서 내부의 결정구조나 자기적 성질이 변화되는 현상
변태점 : 변태가 일어나는 온도
- A_0변태점(210℃) : 시멘타이트의 자기변태점
- A_1변태점(723℃) : 철의 동소변태점(공석 변태점)
- A_2변태점(768℃) : 철의 자기변태점
- A_3변태점(910℃) : 철의 동소변태점, 체심입방격자(BCC)→면심입방격자(FCC)
- A_4변태점(1410℃) : 철의 동소변태점, 면심입방격자(FCC)→체심입방격자(BCC)

24 Fe-C 평형상태도에서 공석점의 탄소 함유량은 약 몇 %인가?

① 0.2%
② 0.5%
③ 0.8%
④ 1.2%

해설
공석반응을 일으키는 공석점의 온도는 723℃이며, 이때의 탄소 함유량은 0.8%이다.

Fe-C계 평형상태도에서의 3개 불변반응

종류	공석반응	공정반응	포정반응
반응온도	723℃	1,147℃	1,494℃ (1,500℃)
탄소함유량	0.8%	4.3%	0.18%
반응온도	γ고용체 $\leftrightarrow$ α고용체 + Fe$_3$C	융체(L) $\leftrightarrow$ γ고용체 + Fe$_3$C	δ고용체 + 융체(L) $\leftrightarrow$ γ고용체
생성조직	펄라이트 조직	레데부라이트 조직	오스테나이트 조직

25 다음 담금질 조직 중에서 경도가 가장 높은 것은?

① 페라이트
② 펄라이트
③ 마텐자이트
④ 트루스타이트

해설
금속 조직의 경도가 순서
페라이트 < 오스테나이트 < 펄라이트 < 소르바이트 < 베이나이트 < 트루스타이트 < 마텐자이트 < 시멘타이트
※ 강의 열처리 조직 중 Fe에 C(탄소)가 6.67% 함유된 시멘타이트 조직의 경도가 가장 높다.

26 다음 중 주물에 널리 쓰이는 Al-Cu-Si계 합금을 무엇이라 하는가?

① 라우탈(Lautal)
② 알민(Almin)합금
③ 로엑스(Lo-Ex)합금
④ 하이드로날륨(Hydronalium)

해설
알루미늄 합금의 종류 및 특징

분류	종류	구성 및 특징
주조용 (내열용)	실루민	• Al + Si(10~14% 함유), 알팩스로도 불린다. • 해수에 잘 침식되지 않는다.
	라우탈	• Al + Cu 4% + Si 5% • 열처리에 의하여 기계적 성질을 개량할 수 있다.
	Y합금	• Al + Cu + Mg + Ni • 내연기관용 피스톤, 실린더 헤드의 재료로 사용된다.
	로-엑스 합금 (Lo-Ex)	• Al + Si 12% + Mg 1% + Cu 1% + Ni • 열팽창 계수가 작아서 엔진, 피스톤용 재료로 사용된다.
	코비탈륨	• Al + Cu + Ni에 Ti, Cu 0.2% 첨가 • 내연기관의 피스톤용 재료로 사용된다.
가공용	두랄루민	• Al + Cu + Mg + Mn • 고강도로서 항공기나 자동차용 재료로 사용된다.
	알클래드	고강도 Al합금에 다시 Al을 피복한 것
내식성	알민	• Al + Mn • 내식성과 용접성이 우수한 알루미늄 합금
	알드레이	• Al + Mg + Si • 강인성이 없고 가공변형에 잘 견딘다.
	하이드로날륨	• Al + Mg • 내식성과 용접성이 우수한 알루미늄 합금

27 열처리 중, 연화를 목적으로 하며 오스테나이징 후 서랭하는 열처리 조작은?

① 풀 림 ② 뜨 임
③ 담금질 ④ 노멀라이징

해설
① 풀림(Annealing, 어닐링) : 강 속에 있는 내부 응력을 제거하고 재료를 연하게 만들기 위해 A₁변태점 이상의 온도로 가열한 후 가열 노나 공기 중에서 서랭함으로써 강의 성질을 개선하기 위한 열처리법이다.
② 뜨임(Tempering, 템퍼링) : 잔류 응력에 의한 불안정한 조직을 A₁변태점 이하의 온도로 재가열하여 원자들을 좀더 안정적인 위치로 이동시킴으로써 잔류응력을 제거하고 인성을 증가시키는 위한 열처리법이다.
③ 담금질(Quenching, 퀜칭) : 재료를 강하게 만들기 위하여 변태점 이상의 온도인 오스테나이트 영역까지 가열한 후 물이나 기름 같은 냉각제 속에 집어넣어 급랭시킴으로써 강도와 경도가 큰 마텐자이트 조직을 만들기 위한 열처리 조작이다.
④ 노멀라이징(Normalizing, 불림) : 주조나 소성가공에 의해 거칠고 불균일한 조직을 표준화 조직으로 만드는 열처리법으로 A₃변태점보다 30~50℃ 높게 가열한 후 공랭시킴으로써 만들 수 있다.

28 Fe–C 평형 상태도에서 다음 중 γ-Fe의 격자구조는?

① 체심입방격자(BCC) ② 면심입방격자(FCC)
③ 조밀육방격자(HCP) ④ 정방격자(BCT)

해설
금속의 결정구조

종 류	체심입방격자 (BCC ; Body Centered Cubic)	면심입방격자 (FCC ; Face Centered Cubic)	조밀육방격자 (HCP ; Hexagonal Close Packed lattice)
성 질	• 강도가 크다. • 용융점이 높다. • 전성과 연성이 작다.	• 전기전도도가 크다. • 가공성이 우수하다. • 장신구로 사용된다. • 전성과 연성이 크다. • 연한 성질의 재료이다.	• 전성과 연성이 작다. • 가공성이 좋지 않다.
원소	W, Cr, Mo, V, Na, K	Al, Ag, Au, Cu, Ni, Pb, Pt, Ca	Mg, Zn, Ti, Be, Hg, Zr, Cd, Ce
단위격자	2개	4개	2개
배위수	8	12	12
원자충진율	68%	74%	70.4%

29 다음 중에서 주철에 대한 설명으로 틀린 것은?

① 주철은 액체일 때 유동성이 좋다.
② 공정주철의 탄소함유량은 약 4.3%C이다.
③ 비중은 C와 Si 등이 많을수록 작아진다.
④ 용융점은 C와 Si 등이 많을수록 높아진다.

해설
주철의 용융점은 C와 Si 등이 많을수록 낮아진다.

30 강의 표면경화법에 대한 설명 중 틀린 것은?

① 침탄법에는 고체침탄법, 액체침탄법, 가스침탄법 등이 있다.
② 질화법은 강 표면에 질소를 침투시켜 경화하는 방법이다.
③ 화염경화법은 일반 담금질법에 비해 담금질 변형이 적다.
④ 세라다이징은 철강 표면에 Cr을 확산 침투시키는 방법이다.

해설
세라다이징은 철강 표면에 Zn을 확산 침투시키는 표면경화법이다.
금속침투법

종류	침투 원소
세라다이징	아연(Zn)
칼로라이징	알루미늄(Al)
크로마이징	크롬(Cr)
실리코나이징	규소(Si)
보로나이징	붕소(B)

31 일반 산업용으로 사용되는 V벨트의 각도는 몇 °인가?

① 40°   ② 42°
③ 44°   ④ 46°

해설
일반 산업용으로 사용되는 V벨트의 각도는 40°이다.

[V벨트 전동]

V벨트의 특징
- 운전이 정숙하다.
- 고속운전이 가능하다.
- 미끄럼이 작고 속도비가 크다.
- 벨트의 벗겨짐 없이 동력전달이 가능하다.
- 이음매가 없으므로 전체가 균일한 강도를 갖는다.

32 스프링 종류 중 하나인 고무 스프링(Rubber Spring)의 일반적인 특징에 관한 설명으로 틀린 것은?

① 여러 방향으로 오는 하중에 대한 방진이나 감쇠가 하나의 고무로 가능하다.
② 형상을 자유롭게 선택할 수 있고, 다양한 용도로 적용이 가능하다.
③ 방진 및 방음효과가 우수하다.
④ 저온에서 방진 능력이 우수하여 -10℃ 이하의 저온 저장고 방진장치에 주로 사용된다.

해설
고무 스프링은 영하인 -10℃ 이하에서는 탄성이 작아지기 때문에 저온 저장고와 같은 저온 환경의 방진장치에는 사용되지 않는다. 보통 0~60℃의 범위에서 사용하는 것이 좋다.

고무 스프링(Rubber Spring)의 특징
- 방진 및 방음효과가 우수하다.
- 인장하중에 대한 방진효과는 취약하다.
- 저온에서는 방진 등의 역할에 충실하지 못하다.
- 형상을 자유롭게 제작할 수 있어서 다양한 용도로 사용이 가능하다.
- 하나의 고무로 여러 방향에서 오는 하중에 대한 방진이나 감쇠가 가능하다.
- 영하인 -10℃ 이하에서는 탄성이 작아지기 때문에 저온 저장고와 같은 저온 환경의 방진장치에는 사용되지 않는다. 보통 0~60℃의 범위에서 사용하는 것이 좋다.

33 블록 브레이크에서 브레이크 용량을 결정하는 요소로 거리가 먼 것은?

① 접촉부 마찰계수
② 브레이크 압력
③ 드럼의 원주 속도
④ 드럼의 중량

해설
브레이크 용량은 다음 식에서와 같이 드럼의 중량과는 관련이 없다.

브레이크 용량(Capacity)
브레이크 용량 = 마찰계수(μ) × 단위면적당 작용하는 압력(p) × 브레이크 드럼의 원주 속도(v)

34 구름베어링의 구조에서 전동체의 원둘레에 고르게 배치하여 전동체가 몰리지 않고 일정한 간격을 유지할 수 있게 하며, 서로 접촉을 피하고 마모와 소음을 방지하는 역할을 하는 것은?

① 피 봇   ② 저 널
③ 리테이너   ④ 스트레이너

35 1줄 겹치기 리벳이음에서 피치는 리벳지름의 3배이고, 리벳의 전단력과 강판의 인장력이 같을 때, 강판 두께(t)와 리벳지름(d)과의 관계는?(단, 강판에서 발생하는 인장응력은 리벳에서 발생하는 전단응력의 2배이다)

① $t = \dfrac{\pi d}{16}$ ② $t = \dfrac{\pi d}{4}$

③ $t = \dfrac{\pi d}{8}$ ④ $t = \dfrac{\pi d}{2}$

해설
리벳의 효율과 강판의 효율을 구하는 식을 이용하면 관계식을 도출할 수 있다.
$\eta = \dfrac{\pi d^2 \tau}{4 p t \sigma_t}$, 이 식에서 t와 d만을 고려하면

$1 - \left(\dfrac{d}{p}\right) = \dfrac{\pi d^2 \tau}{4 p t \sigma_t}$ ($t = 3d$, $\sigma = 2\tau$ 적용함)

$t = \dfrac{\pi d^2 \tau}{4(3d) 2\tau \times \left(1 - \dfrac{d}{3d}\right)}$

$t = \dfrac{\pi d^2 \tau}{4(3d) 2\tau \times \left(\dfrac{2}{3}\right)} = \dfrac{\pi d^2}{24 d \times \dfrac{2}{3}} = \dfrac{\pi d}{16 d}$

※ 리벳의 효율(η)
$\eta = \dfrac{\pi d^2 \tau}{4 p t \sigma_t}$

※ 리벳이음에서 강판의 효율(η) 구하는 식
$\eta = \dfrac{\text{구멍이 있을 때의 인장력}}{\text{구멍이 없을 때의 인장력}} = 1 - \dfrac{d}{p}$
여기서, d = 리벳지름, p = 리벳의 피치

36 압축력이 12,760N, 코터의 두께 10mm, 코터의 폭이 20mm일 때 코터의 전단응력은 약 몇 MPa인가?

① 31.9 ② 319
③ 63.8 ④ 638

해설
코터의 전단응력
$\tau = \dfrac{F}{A} = \dfrac{12,760\text{N}}{2(t \times b)}$
$= \dfrac{12,760\text{N}}{2(0.01\text{m} \times 0.02\text{m})} = 31,900,000\text{N/m}^2 = 31.9\text{MPa}$

코터는 중간이 파단되므로 파단 단면적은 2A로 적용한다.

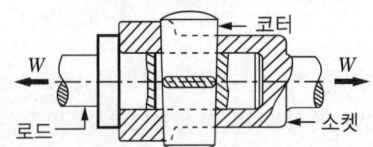

37 유효지름이 모두 동일한 미터 보통 나사에서 리드각이 가장 큰 것은?

① 피치 5mm인 1줄 나사
② 피치 3.5mm인 2줄 나사
③ 피치 2mm인 3줄 나사
④ 피치 6mm인 1줄 나사

해설
$\tan \lambda = \dfrac{L}{\pi d_e}$

리드각(λ) = $\tan^{-1} \dfrac{L}{\pi d_e}$

위 식에서 보면 L값이 클수록 λ도 커진다.
① 피치 5mm인 1줄 나사 : $L = np = 1 \times 5 = 5\text{mm}$
② 피치 3.5mm인 2줄 나사 : $L = np = 2 \times 3.5 = 7\text{mm}$
③ 피치 2mm인 3줄 나사 : $L = np = 3 \times 2 = 6\text{mm}$
④ 피치 6mm인 1줄 나사 : $L = np = 1 \times 6 = 6\text{mm}$
여기서, ②의 리드값이 가장 크므로 리드각 역시 가장 크다.

38 표준 스퍼기어에서 피치원 지름(D)을 구하는 공식은? (단, m은 모듈, Z는 잇수이다)

① $D = mZ$
② $D = \dfrac{m}{Z}$
③ $D = m(Z+2)$
④ $D = \dfrac{2+Z}{m}$

해설
피치원 지름(PCD, D) = 모듈(m)×잇수(Z)
따라서, $D = mZ$이다.

39 정사각형 단면의 봉에 20kN의 압축하중이 작용할 때 생기는 응력을 5,000N/cm²가 되게 하려면 정사각형의 한 변의 길이를 약 몇 cm로 해야 하는가?

① 0.2
② 0.4
③ 2
④ 4

해설
$\sigma = \dfrac{F}{A}$

$5,000\text{N/cm}^2 = \dfrac{20,000\text{N}}{x\text{cm} \times x\text{cm}}$

$x^2 \text{cm}^2 = \dfrac{20,000\text{N}}{5,000\text{N/cm}^2}$

$= 4\text{cm}^2$

∴ $x = 2$, 한 변의 길이는 2cm이다.

※ 인장 응력을 구하는 식

$\sigma = \dfrac{F(W)}{A} = \dfrac{\text{작용 힘(kgf)}}{\text{단위면적(mm}^2\text{)}}$

40 350rpm으로 15kW의 동력을 전달시키는 축의 지름은 약 몇 mm 이상이어야 하는가?(단, 축의 허용전단응력은 25MPa이다)

① 35
② 40
③ 44
④ 52

해설
$d = \sqrt[3]{\dfrac{16T}{\pi \tau_a}}$, $H = Tw$

$T = 974,000 \times \dfrac{15}{350}$

$= 41,742.86 \text{kgf} \cdot \text{mm} = 409,497.4 \text{N} \cdot \text{mm}$

$= \sqrt[3]{\dfrac{16 \times 409,497.4}{\pi \times 25}} = 43.69\text{mm}$

※ 동력 단위별 전달토크

- $T = 974,000 \times \dfrac{H_{\text{kW}}}{N}(\text{kgf} \cdot \text{mm})$
- $T = 716,200 \times \dfrac{H_{\text{PS}}}{N}(\text{kgf} \cdot \text{mm})$

제3과목 | 컴퓨터응용가공

41 다음 2차원 변환행렬에서 m, n은 어떤 변환과 관계되는가?

$$[x^* \; y^* \; 1] = [x \; y \; 1] \begin{bmatrix} a & b & p \\ c & d & q \\ m & n & s \end{bmatrix}$$

① 이동(Translation)
② 전단(Shearing)
③ 투사(Projection)
④ 전체적인 스케일링(Overall Scaling)

해설
- a, b, c, d는 회전, 전단 및 스케일링, 대칭에 관계된다.
- m, n은 이동에 관계된다.
- p, q는 투영에 관계된다.
- s는 전체적인 스케일링과 관계된다.

42 CAM을 이용한 금형제품의 성형부 가공에서, 곡면의 일부분을 NC가공하고자 할 때 사용되는 방법은?

① Field
② Island
③ Offset
④ Rounding

[해설]
Island : 지정된 폐곡선 영역의 외부를 일정량의 옵셋(Offset)량을 주어 가공하도록 영역을 지정하여 곡면을 가공하는 방법이다. 자유 곡면의 NC가공을 계획하는 과정에서 가공 영역을 지정하는 방식
- Trimming : 매개변수의 범위를 제한하여 가공하도록 영역 지정
- Area : 지정된 폐곡선 영역의 내부로 일정량의 옵셋량을 주어 가공하도록 영역 지정

43 Rapid Prototyping(RP) 방법 가운데 박판적층(Laminated Object Manufacturing, LOM)법에 대한 설명으로 옳은 것은?

① 재료와 접착제의 층이 있어 부품의 성질이 균일하지 않다.
② 아치와 같은 형상의 부품을 만들 때는 외부지지 구조물을 같이 만들어야 한다.
③ 표면적에 비해 부피의 비율이 높은 부품을 만들어 내고자 할 때 시간이 많이 걸리므로 적절한 방법이 아니다.
④ 지지대 역할을 한 왁스를 녹여내면 되므로 적층이 완료된 후 불필요한 부분의 재료들을 제거하는 것이 매우 쉽다.

[해설]
박판적층법(LOM, Laminated Object Manufacturing) : 원하는 단면에 레이저 광선을 부분적으로 쏘아서 절단한 후 종이의 뒷면에 부착된 접착제를 사용해서 아래층과 압착시켜 한 층씩 쌓아가며 형상을 만드는 방법으로 사무실에서 사용할 만큼 크기와 가격이 적당하나 재료에 제한이 있고 정밀도가 떨어진다는 단점이 있다.

44 RS-232C를 이용하여 데이터를 전송하는 경우 각 핀의 신호에 대한 연결로 틀린 것은?

① CTS - 송신 가능
② RTS - 송신 요구
③ TX - 수신데이터
④ GND - 신호용 접지

[해설]
RS-232C에서 송신데이터는 TX를 사용하고 수신데이터는 RX를 사용한다.
RS-232C : 1969SUS 미국의 EIA(Electric Industries Association)에 의한 정해진 표준 인터페이스로 직렬 2진 데이터의 교환을 목적으로 하는 DTE와 데이터 통신자와 DCE 간의 인터페이스의 제반 사항을 규정한 것이다. 비교적 단거리이며, 낮은 데이터 전송률을 가지며, 전송 단위는 BPS로 나타낸다. 또한 Parity Check Bit로 데이터의 전송 여부를 체크한다.

45 다음 중 원호를 가장 정확하게 나타낼 수 있는 곡선은?

① 2차 NURBS 곡선
② 3차 Hermite 곡선
③ 4차 Bezier 곡선
④ 5차 B-spline 곡선

[해설]
원호를 가장 잘 정확히 나타낼 수 있는 것은 2차 NURBS 곡선이다.

46 다음 형상모델링방법 중 선에 의해서만 형상을 표시하는 방법은?

① 곡면 모델링
② 솔리드 모델링
③ B-spline 모델링
④ 와이어프레임 모델링

[해설]
와이어프레임 모델링은 Line(선)으로만 형상을 그린다.

47 원뿔을 임의 평면으로 교차시킨 경우에 구성되는 원추곡선이 아닌 것은?

① 선(Line)
② 원(Circle)
③ 타원(Ellipse)
④ 쌍곡선(Hyperbola)

해설
선으로 그린 형상만으로는 원추곡선을 생성시킬 수 없다.

48 가상 시작품(Virtual Prototype)에 대한 설명으로 가장 거리가 먼 것은?

① 설계 시 문제점을 사전에 검증하고 수정하는 데 도움을 준다.
② 가상 시작품을 사용하여 제품의 조립 가능성을 미리 검사해 볼 수 있다.
③ NC공구경로를 미리 시뮬레이션함으로써, 가공기계의 문제점을 미리 확인할 수 있다.
④ 각 부품의 형상 모델을 컴퓨터 내에서 가상으로 조립한 시작품 조립체 모델을 말한다.

해설
NC공구경로를 미리 시뮬레이션 함으로서 가공기계의 문제점을 미리 파악하는 것은 NC설비 자체의 시뮬레이션 기능으로 공구경로를 검증하는 과정으로써 가상 시작품을 제작하는 쾌속조형 기술과는 거리가 멀다.
쾌속조형(Rapid Prototyping, RP) : 급속 조형기술을 말하는 것으로 모델링한 데이터를 STL 형식으로 변환한 한 층씩 적층하면서 실제의 시작품을 제작하는 공정이다.

49 주어진 조건으로 동일하게 3차원 솔리드 모델링을 수행 했을 때, 다음 중 부피가 가장 큰 것은?

① 지름이 10mm인 구
② 한 변의 길이가 10mm인 정육면체
③ 지름이 10mm이고, 높이가 10mm인 원뿔
④ 지름이 10mm이고, 높이가 10mm인 원기둥

해설
다음 각 물체의 형상을 보면, 지름이나 한 변의 길이가 모두 같으므로 4가지 형상 중 정육면체의 부피가 가장 크다는 점을 확인할 수 있다.

구	정육면체
원 뿔	원기둥

50 곡면의 Iso-parametric 곡선에 대한 설명 중 틀린 것은?

① 구의 경우, Iso-parametric 곡선은 위도선과 경도선이다.
② 직선을 곡면에 투영시켜 생성된 곡선은 일반적으로 Iso-parametric 곡선이 아니다.
③ Iso-parametric 곡선을 그리면 그리지 않은 경우보다 화면에 모델 Display 시간이 느려진다.
④ Iso-parametric 곡선은 곡면 위의 곡선이므로 그대로 저장하여도 메모리를 차지하지 않는다.

해설
Iso-parametric 곡선 역시 그대로 저장하더라도 메모리는 차지한다.

51 특정값이나 변수로 표현된 수식을 입력하여 형상을 생성하는 방식으로 이후 매개변수나 수식을 변경하면 자동으로 형상이 수정되는 형상 모델링 방법은?

① Surface 모델링
② Parametric 모델링
③ 와이어프레임 모델링
④ Feature-based 모델링

해설
Parametric 모델링 : 특정값이나 변수로 표현된 수식을 입력하여 형상을 생성하는 방식으로 이후 매개변수나 수식을 변경하면 자동으로 형상이 수정되는 모델링법으로 사용자가 형상 구속조건과 치수조건을 이용하여 형상을 모델링한다.

52 다음 중 형상모델링을 필요로 하는 분야로 가장 거리가 먼 것은?

① 트랙볼 계산
② 투시도 생성
③ 공구경로 생성
④ 중량, 관성모멘트 계산

해설
트랙볼은 마우스 대신 사용하는 입력장치의 일종으로 형상 모델링과는 관련이 없다.

53 3차원 솔리드 모델링 형상 표현방법 중 CSG(Constructive Solid Geometry)에 해당되는 사항은?

① 경계면에 의한 표현
② 로프트(Loft)에 의한 표현
③ 스위프(Sweep)에 의한 표현
④ 프리미티브(Primitive)에 의한 표현

해설
프리미티브(Primitive, 기본 입체 형상)는 초기의 원시적인 단계를 의미하는 것으로 프로그램을 다루는데 가장 기본적인 기하학적 물체를 의미한다. 이 프리미티브는 CSG(Constructive Solid Geometry) 모델링에서 사용된다.
3차원 솔리드 모델링에서 사용되는 기본 입체(Primitive) 형상
• 구(Sphere)
• 관(Pipe)
• 원통(Cylinder)
• 원추(원뿔, Cone)
• 육면체(Cube)
• 사각블록(Box)

54 2차원에서 하나의 원을 정의하는 방법으로 틀린 것은?

① 원의 중심과 반지름
② 중심과 원주상의 한 점
③ 일직선상에 놓여 있지 않은 임의의 3점
④ 기울기가 서로 다른 세 개의 직선에 접하는 원

해설
2차원상에서 기울기가 서로 다른 세 개의 직선에 접하는 원을 선택하는 방법으로는 원을 만들 수 없다.

정답 51 ② 52 ① 53 ④ 54 ④

55 조립체 모델링에서 사용되는 만남 조건(Mating Condition)이 아닌 것은?

① 공간(Space)
② 일치(Coincident)
③ 직교(Perpendicular)
④ 평행(Parallel)

해설
공간은 만남 조건과 관련이 없다.

56 CAD 시스템을 이용하여 부드러운 곡면을 만드는 방법으로 다음 중 가장 적절하지 않은 것은?

① 두 개의 떨어진 곡선을 여러 개의 직선으로 연결하여 곡면을 만든다.
② 여러 개의 단면곡선을 입력한 후 그 곡선들을 보간하여 곡면을 만든다.
③ 임의의 원과 그 원의 중심이 지나야 할 곡선을 이용하여 파이프 모양을 만든다.
④ 곡면 위의 많은 점의 좌표를 측정한 후 이 점들을 모두 지나는 곡면을 만든다.

해설
곡면 위의 많은 점들을 지나치면 그 만큼 구속되는 횟수가 더 많아지므로 부드러운 곡선을 만들기가 힘들다.

57 NC데이터를 이용하여 실제 가공 전에 컴퓨터상에서 공구의 위치, 과절삭, 미절삭 등을 확인하는 과정은?

① 전처리
② 후처리
③ 공구경로 검증
④ NC데이터 전송

해설
③ 공구 경로 검증 : NC데이터를 생성하기 전에 생성된 CL데이터를 이용하여 공구의 위치, 과절삭, 미절삭 등을 확인하는 과정

58 3차원 형상모델을 분해모델로 저장하는 방법 중 틀린 것은?

① Facet 모델
② 복셀(Voxel) 모델
③ 옥트리(Octree) 표현
④ 세포분해(Cell Decomposition) 모델

해설
3차원 형상모델을 분해모델로 저장하는 방법
• 복셀 모델
• 옥트리 표현
• 세포분해 모델

59 IGES에 대한 설명으로 옳은 것은?

① 데이터 교환의 표준형식으로 채택된 규격
② 가로축 방향을 u축, 세로축 방향을 v축으로 갖는 좌표계
③ 각 화소(Pixel)마다 해당 점과의 거리를 저장하는 기억 장소
④ 이차원 도형을 어느 직선 방향으로 이동시키거나 회전시켜 입체를 생성하는 기능

해설
IGES(Initial Graphics Exchanges Specification)는 ANSI(미국 국가표준)의 데이터교환표준규격으로 서로 다른 CAD/CAM/CAE 시스템 간에 도면 및 기하학적 형상의 데이터를 교환하기 위해 최초로 개발된 데이터 교환형식이다.

정답 55 ① 56 ④ 57 ③ 58 ① 59 ①

60 은선 및 은면 제거에 대한 설명 중 틀린 것은?

① 후향면(Back-face) 알고리즘에서는 물체의 바깥쪽 방향에 있는 법선 벡터가 관찰자 쪽을 향하고 있다면 물체의 면이 가시적이고, 그렇지 않으면 비가시적이다.
② 깊이 분류(Depth Sorting) 알고리즘에서는 물체의 면들이 관찰자로부터의 거리로 정렬되며, 가장 가까운 면부터 가장 먼 면으로 각각의 색깔로 채워진다.
③ Z-버퍼방법의 원리는 임의의 스크린의 영역이 관찰자에게 가장 가까운 요소들에 의해 차지된다는 깊이 분류(Depth Sorting) 알고리즘과 기본적으로 유사하다.
④ 은선 제거를 위해서는 물체의 모든 모서리를 수반된 물체들의 면들에 의해 가려졌는지를 테스트하며, 각각의 중첩된 면들에 의해 가려진 부분을 모서리로부터 순차적으로 제거한 후 모든 모서리들의 남아있는 부분을 모아 그린다.

해설
깊이 분류(Depth Sorting) 알고리즘 : 물체의 면들이 깊이 순으로 정렬되며, 깊이가 깊은 면부터 각각의 색깔로 채워진다.
은선 및 은면의 제거방법
• 주사선법
• 영역분할법
• 깊이 분류 알고리즘
• Z-버퍼에 의한 방법
• 후방향 제거 알고리즘

제4과목 | 기계제도 및 CNC공작법

61 비경화 테이퍼 핀의 호칭치수는 다음 중 어느 것인가?

① 굵은 쪽의 지름
② 가는 쪽의 지름
③ 중앙부의 지름
④ 굵은 쪽과 가는 쪽 지름의 평균 지름

해설
테이퍼 핀의 호칭지름은 가는 쪽의 지름으로 정한다.

62 재료 기호가 'STC 140'으로 되어 있을 때 이 재료의 명칭으로 옳은 것은?

① 합금공구강강재
② 탄소공구강강재
③ 기계구조용 탄소강재
④ 탄소강 주강품

해설
② STC : 탄소공구강재
① STS : 합금공구강(절삭공구)
③ SM : 기계구조용 탄소강재
④ SC : 탄소강 주강품

정답 60 ② 61 ② 62 ②

63 기하공차의 기호에서 원주흔들림 공차 기호는?

① ↗   ② ⌐↗
③ ↗↗   ④ ↗↗

[해설]
기하공차 종류 및 기호

공차의 종류		기 호
모양공차	진직도	—
	평면도	▱
	진원도	○
	원통도	⌭
	선의 윤곽도	⌒
	면의 윤곽도	⌓
자세공차	평행도	∥
	직각도	⊥
	경사도	∠
위치공차	위치도	⊕
	동축도(동심도)	◎
	대칭도	=
흔들림 공차	원주흔들림	↗
	온흔들림	↗↗

64 치수가 다음과 같이 명기되어 있을 때 치수공차는 얼마인가?

$$\phi 120^{+0.04}_{+0.02}$$

① 0.04   ② 0.80
③ 0.06   ④ 0.02

[해설]
치수공차 : 최대허용한계치수 − 최소허용한계치수
따라서, 치수공차는 120.04 − 120.02 = 0.02가 된다.

65 다음 끼워 맞추어지는 형체 중 죔새가 가장 큰 것은?

① $\phi 52H7/m6$
② $\phi 52H7/p6$
③ $\phi 52E6/h6$
④ $\phi 52G6/h6$

[해설]
죔새 : 축의 치수 > 구멍의 치수, 따라서 헐거운 끼워맞춤일수록 죔새가 작게 되고 억지 끼워맞춤일수록 죔새가 크게 된다. 따라서 죔새가 가장 큰 것은 p를 기호로 사용하는 ②번이 정답이다.
구멍기준식 축의 끼워맞춤 기호

헐거운 끼워맞춤	중간 끼워맞춤	억지 끼워맞춤
b, c, d, e, f, g, h	js, k, m, n	p, r, s, t, u, x

66 도면에서 나사 조립부에 M10 − 5H/5g이라고 기입되어 있을 때 해독으로 올바른 것은?

① 미터 보통 나사, 수나사 5H급, 암나사 5g급
② 미터 보통 나사, 1인치당 나사산 수 5
③ 미터 보통 나사, 암나사 5H급, 수나사 5g급
④ 미터 가는 나사, 피치 5, 나사산 수 5

[해설]
• M : 미터 보통 나사, 미터 가는 나사는 "M10 × 1.5"와 같이 피치를 함께 기입
• 암나사 공차등급 : 5H급(구멍은 알파벳 대문자)
• 수나사 공차등급 : 5g급(축은 알파벳 소문자)

67 다음은 치수공차와 끼워맞춤공차에 사용하는 용어의 설명이다. 이에 대한 설명으로 잘못된 것은?

① 틈새 : 구멍의 치수가 축의 치수보다 클 때의 구멍과 축의 치수 차
② 위치수허용차 : 최대허용치수에서 기준치수를 뺀 값
③ 헐거운 끼워맞춤 : 항상 틈새가 있는 끼워맞춤
④ 치수공차 : 기준치수에서 아래치수허용차를 뺀 값

[해설]
치수공차는 공차라고도 불린다.
치수공차 : 최대허용한계치수 – 최소허용한계치수

68 나사의 종류 중 ISO 규격에 있는 관용 테이퍼 나사에서 테이퍼 암나사를 표시하는 기호는?

① PT
② PS
③ Rp
④ Rc

[해설]
④ 테이퍼 암나사 : Rc
나사의 종류 및 기호

구 분	나사의 종류		종류 기호
ISO 표준에 있는 것	미터 보통 나사		M
	미터 가는 나사		
	유니파이 보통 나사		UNC
	유니파이 가는 나사		UNF
	미터 사다리꼴 나사		Tr
	미니추어 나사		S
	관용 테이퍼 나사	테이퍼 수나사	R
		테이퍼 암나사	Rc
		평행 암나사	Rp
ISO 표준에 없는 것	30° 사다리꼴 나사		TM
	관용 평행 나사		G / PF
	관용 테이퍼 나사	테이퍼 나사	PT
		평행 암나사	PS
특수용	전구 나사		E
	미싱 나사		SM
	자전거 나사		BC

69 치수를 나타내는 방법에 관한 설명으로 틀린 것은?

① 도면에서 정보용으로 사용되는 참고(보조) 치수는 공차를 적용하거나 하여 ( ) 안에 표시한다.
② 척도가 다른 형체의 치수는 치수값 밑에 밑줄을 그어서 표시한다.
③ 정면도에서 높이를 나타낼 때는 수평의 치수선을 꺾어 수직으로 그은 끝에 90°의 개방형 화살표로 표시하며, 높이의 수치값은 수평을 그은 치수선 위에 표시한다.
④ 같은 형체가 반복될 경우 형체 개수와 그 치수값을 '×' 기호로 표시하여 치수 기입을 해도 된다.

[해설]
치수를 기입할 때 참고치수는 치수보조기호나 수치에만 괄호를 붙여서 표시할 뿐 공차는 적용하지 않는다.

70 용접 기호 중 '◺'의 용접 종류는?

① 필릿 용접
② 비드 용접
③ 점 용접
④ 프로젝션 용접

[해설]

명 칭	도 시	기본기호
필릿 용접		
점 용접 (스폿 용접)		

71 공작기계 안전사항으로 틀린 것은?

① 절삭 공구는 가급적 짧게 설치한다.
② 기계 위에 공구나 재료를 올려놓지 않는다.
③ 칩을 제거할 때는 브러시나 칩 클리너를 사용한다.
④ 가공 중 문을 열어 공작물의 이상 유무를 점검한다.

해설
도어 장치가 있는 공작기계의 경우 가동 중에는 칩이 비산할 수 있으므로 절대 문을 열어서는 안 된다.

72 다음 CNC 선반가공 프로그램에서 일감 지름이 20mm일 때 주축의 회전수는 약 얼마인가?

```
G50 X150.0 Z200.0 S2000 T0100 M42;
G96 S120 M03;
```

① 955rpm ② 1,005rpm
③ 1,910rpm ④ 2,000rpm

해설
- G96 : 절삭속도 일정제어
- S120 : 절삭속도 120m/min

절삭속도(v) = $\dfrac{\pi d n}{1,000}$

120m/min = $\dfrac{\pi \times 20\text{mm} \times n}{1,000}$

회전수(n) = $\dfrac{1,000 \times 120}{\pi \times 20} ≒ 1,910\text{rpm}$

73 다음 CNC 밀링 프로그램에서 오류가 발생되는 블록은?

```
N005 S1000 M03;
N006 G91 G01 Z-5. F80 M08;
N007 X20.;
N008 G02 X10. I5.;
N009 G03 X15. R5.;
N010 G01 Y20.;
```

① N006 ② N007
③ N008 ④ N009

해설
N009블록에서 G03(시계 반시계방향 회전)으로 원호가공 할 때 X10.에서 X15.으로 공구가 이송하려면 반지름 값이 R5.가 아니라 R2.5가 되어야 한다.

74 다음 중 방전가공에 사용되는 전극 제작방법이 아닌 것은?

① 스탬핑에 의한 제작
② 공작기계에 의한 제작
③ 단조작업에 의한 제작
④ 금속 스프레이 방식에 의한 제작

해설
방전가공용 전극은 단순히 재료에 외력을 가하는 작업인 단조작업만으로는 제작할 수 없다.
단조가공 : 기계나 다이를 이용하여 재료에 충격을 가해 제품을 만드는 가공법으로 주조 시 강괴에 발생한 편석이나 기공, 과대조직과 내부결함 등을 압착시켜 결정입자를 미세화하여 강도와 경도, 충격값을 상승시킨다.

75 머시닝센터에서 주축 회전수가 1,000rpm이고 엔드밀 지름이 10mm일 때 절삭속도는?

① 3.14m/min
② 31.4m/min
③ 314m/min
④ 3,140m/min

해설

절삭속도$(v) = \dfrac{\pi dn}{1,000}$

$v = \dfrac{\pi \times 10\text{mm} \times 1,000}{1,000} = 31.41\text{m/min}$

76 CNC 선반 프로그램 중 다음의 복합고정형 나사절삭 사이클에 대한 설명 중 틀린 것은?

```
G76 P010060 Q50 R30
G76 X27.62 Z-25.0 P1190 Q350 F2.0
```

① Q50은 정삭 여유값이다.
② Q350은 첫 번째 절입량이다.
③ P1190는 나사산의 높이값이다.
④ P010060의 01은 다듬질 횟수이다.

해설
- G76 : 나사가공 사이클
- G76 P000000 Q(최소절입량) R(정삭 여유량)
- G76 X(나사 최종골지름) Z(나사가공길이) P(나사산 높이) Q(최초절입량) F(나사의 리드)
- ※ P000000에서 앞에서부터 00-정삭반복횟수, 00-모따기량, 00-나사산 각도
- ※ Q50 : 0.05mm
- ※ R30 : 정삭여유량 0.03mm
- ※ P1190 : 최초절입량 1.19

77 머시닝센터에서 XY 평면을 설정하는 코드는?

① G17 ② G18
③ G19 ④ G20

해설
머시닝센터에서 XY 평면을 설정하는 G코드 "G17"이다.
① G17 : XY 평면 지정
② G18 : ZX 평면 지정
③ G19 : YZ 평면 지정
④ G20 : 인치 데이터 입력

78 피드백장치 없이 스태핑 모터를 사용해서 위치를 제어하는 NC 서보기구방식은?

① 개방회로방식
② 복합회로방식
③ 폐쇄회로방식
④ 반 폐쇄회로방식

해설
서보기구 중에서 피드백 장치가 없는 것은 개방회로(Open-loop)방식이다.

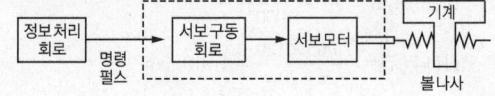

79 다음 공구재료 중 파단강도(Rupture Strength)가 가장 높은 것은?

① 세라믹
② 고속도강
③ 초경합금
④ 다이아몬드

해설
② 고속도강(HSS) : 탄소강에 W-18%, Cr-4%, V-1%이 합금된 것으로 600℃의 절삭열에도 경도변화가 없다. 탄소강보다 2배의 절삭 속도로 가공이 가능하기 때문에 강력 절삭바이트나 밀링 커터용 재료로 사용된다. 고속도강에서 나타나는 시효변화를 억제하기 위해서는 뜨임처리를 3회 이상 반복함으로써 잔류응력을 제거해야 한다. W계와 Mo계로 크게 분류된다.
① 세라믹 : 무기질의 비금속 재료를 고온에서 소결한 것으로 1,200℃의 절삭열에도 경도변화가 없는 신소재이다. 주로 고온에서 소결시켜 만들 수 있는데 내마모성과 내열성, 내화학성(내산화성)이 우수하나 인성이 부족하고 성형성이 좋지 못하며 충격에 약한 단점이 있다.
③ 초경합금 : 1,100℃의 고온에서도 경도변화 없이 고속절삭이 가능한 절삭공구로 WC, TiC, TaC 분말에 Co나 Ni 분말을 함께 첨가한 후 1,400℃ 이상의 고온으로 가열하면서 프레스로 소결시켜 만든다. 진동이나 충격을 받으면 쉽게 깨지는 단점이 있으나 고속도강의 4배의 절삭속도로 가공이 가능하다.
④ 다이아몬드 : 절삭공구용 재료 중에서 가장 경도가 높고(HB 7,000), 내마멸성이 크며 절삭속도가 빨라서 가공이 매우 능률적이나 취성이 크고 값이 비싼 단점이 있다. 강에 비해 열팽창이 크지 않아서 장시간의 고속절삭이 가능하다.

80 CNC 선반에서 절삭공구를 A에서 B로 원호보간하는 프로그램으로 틀린 것은?

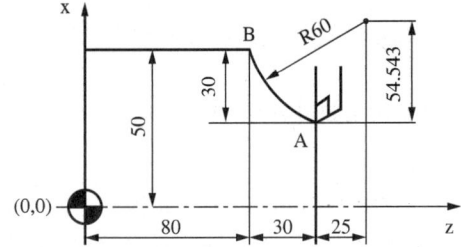

① G02 U60.0 W30.0 R60.0 F0.3 ;
② G02 X100.0 Z80.0 R60.0 F0.3 ;
③ G02 X100.0 Z80.0 I54.543 K25.0 F0.3 ;
④ G02 U60.0 W-30.0 I54.543 K25.0 F0.3 ;

해설
절삭공구를 이송시키는 지령방법을 증분지령으로 할 경우 "U60.0"이 아니라 "U30.0"으로 지령해야 한다.
G02 : 시계방향 원호가공

정답 79 ② 80 ①

2017년 제1회 과년도 기출문제

제1과목 | 기계가공법 및 안전관리

01 20℃에서 20mm인 게이지 블록이 손과 접촉 후 온도가 36℃가 되었을 때, 게이지 블록에 생긴 오차는 몇 mm인가?(단, 선팽창계수는 $1.0×10^{-6}/℃$이다)

① $3.2×10^{-4}$
② $3.2×10^{-3}$
③ $6.4×10^{-4}$
④ $6.4×10^{-3}$

해설
- 열팽창에 따른 치수 변화
  = 게이지 블록의 원래 길이 × (나중온도 – 처음온도) × 열팽창계수
- 이 식을 적용하면
- 열팽창에 따른 길이 변화
  = $20mm×(36℃-20℃)×(1.0×10^{-6}/℃)$
  = $320mm×(1.0×10^{-6})$
  = $3.2×10^{-4}$

02 상향절삭과 하향절삭에 대한 설명으로 틀린 것은?

① 하향절삭은 상향절삭보다 표면거칠기가 우수하다.
② 상향절삭은 하향절삭에 비해 공구의 수명이 짧다.
③ 상향절삭은 하향절삭과는 달리 백래시 제거장치가 필요하다.
④ 상향절삭은 하향절삭할 때보다 가공물을 견고하게 고정하여야 한다.

해설
상향절삭은 커터의 절삭방향과 공작물의 이송방향이 반대이므로 절삭 시 백래시(뒤틈새)의 영향이 작기 때문에 백래시 제거장치가 필요 없다.

03 절삭공구의 절삭면에 평행하게 마모되는 현상은?

① 치핑(Chipping)
② 플랭크 마모(Flank Wear)
③ 크레이터 마모(Crater Wear)
④ 온도 파손(Temperature Failure)

해설
플랭크 마모는 절삭공구의 측면과 피삭재의 가공면과의 마찰에 의하여 발생하는데 절삭공구의 절삭면에 평행하게 마모된다.
선반용 바이트 공구의 마멸형태

종류	특징	형상
경사면 마멸 (크레이터 마모)	• 공구 날의 윗면이 칩의 마찰로 오목하게 파이는 현상으로 주로 유동형칩이 공구 경사면 위를 미끄러질 때 발생한다. • 공구 경사각을 크게 하면 칩이 공구 날 윗면을 누르는 압력이 작아지므로 경사면 마멸의 발생과 성장을 줄일 수 있다.	
여유면 마멸 (플랭크 마모)	• 공구의 여유면과 절삭면 사이에 마찰이 일어나 마멸되는 현상으로 주로 주철과 같이 취성이 있는 재료 절삭 시 발생한다. • 절삭공구의 측면과 피삭재의 가공면과의 마찰에 의하여 발생하며 절삭공구를 파손시킨다.	
치핑	• 경도가 매우 높고 인성이 작은 공구를 사용할 때, 공구의 날이 모서리를 따라 작은 조각으로 떨어져 나가는 현상이다. • 절삭작업에서 충격에 의해 급속히 공구인선이 파손된다.	

정답 1 ① 2 ③ 3 ②

04 드릴작업에 대한 설명으로 적절하지 않은 것은?
① 드릴작업은 항상 시작할 때보다 끝날 때 이송을 빠르게 한다.
② 지름이 큰 드릴을 사용할 때는 바이스를 테이블에 고정한다.
③ 드릴은 사용 전에 점검하고 마모나 균열이 있는 것을 사용하지 않는다.
④ 드릴이나 드릴 소켓을 뽑을 때는 전용공구를 사용하고 해머 등으로 두드리지 않는다.

해설
드릴작업은 마무리 작업의 완성도를 높이기 위하여 시작할 때보다 끝날 때 이송을 느리게 해야 한다.

05 절삭공작기계가 아닌 것은?
① 선반
② 연삭기
③ 플레이너
④ 굽힘 프레스

해설
절삭이란 쇠를 끊고 깎아서 원하는 모양을 만드는 가공법으로 선반과 연삭기, 플레이너는 모두 절삭가공기에 속한다. 재료에 외력을 가해 제품을 만드는 굽힘 프레스는 성형가공기에 속한다.

06 기어 절삭기에서 창성법으로 치형을 가공하는 공구가 아닌 것은?
① 호브(Hob)
② 브로치(Broach)
③ 랙크 커터(Rack Cutter)
④ 피니언 커터(Pinion Cutter)

해설
브로치는 길이 방향으로 많은 날을 가진 총형 공구로 가공물에 홈이나 내부 구멍을 만들 때 사용하는 공구로써 창성법과는 거리가 멀다.

창성법(創成法, 만들 창, 이룰 성, 법칙 법)
기어의 치형과 동일한 윤곽을 가진 커터를 피절삭 기어와 맞물리게 하면서 상대운동을 시켜 절삭하는 방법으로 그 종류에는 랙크 커터, 피니언 커터, 호브에 의한 방법이 있다.

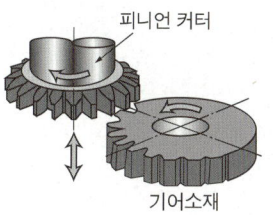

07 CNC기계의 움직임을 전기적인 신호로 속도와 위치를 피드백하는 장치는?
① 리졸버(Resolver)
② 컨트롤러(Controller)
③ 볼 스크루(Ball Screw)
④ 패리티 체크(Parity-check)

해설
① 리졸버 : CNC 공작기계의 움직임을 전기적인 신호로 속도와 위치를 표시하는 일종의 회전형 피드백 장치이다.
② 컨트롤러 : 제어란 의미로서 기계나 전기 등 모든 제어기기에 사용되나 대표적으로는 전동기의 운전, 정지, 속도 등을 조정하는 제어기를 말한다.
③ 볼 스크루 : CNC 공작기계에서 서보 모터의 회전력을 테이블의 직선운동으로 바꾸어 주는 기구로써 백래시(Backlash)를 줄이고 운동저항을 작게 하기 위하여 사용되는 기계요소이다.

08 그림에서 플러그 게이지의 기울기가 0.05일 때, M_2의 길이(mm)는?(단, 그림의 치수단위는 mm이다)

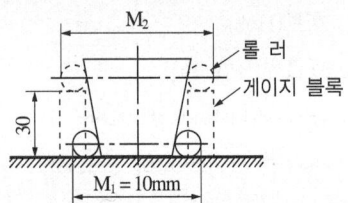

① 10.5
② 11.5
③ 13
④ 16

해설

- 기울기값 0.05는 $\tan\dfrac{\alpha}{2}$와 같다.

$$\tan\dfrac{\alpha}{2} = 0.05$$
$$\alpha = 2(\tan^{-1}0.05) = 5.72$$

- $\tan\dfrac{\alpha}{2} = \dfrac{M_2 - M_1}{2H}$

$$\tan\dfrac{5.72}{2} = \dfrac{M_2 - 10mm}{2 \times 30}$$

$$\left[\left(\tan\dfrac{5.72}{2}\right) \times 60\right] = M_2 - 10mm$$

$M_2 = 2.997 + 10mm = 12.997$
따라서, 정답은 13mm가 된다.

테이퍼 플러그 게이지의 각도(α) 구하는 식	
$\tan\dfrac{\alpha}{2} = \dfrac{M_2 - M_1}{2H}$	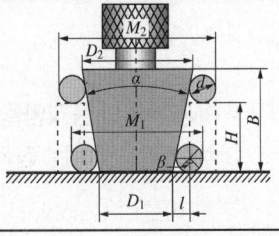

09 연삭 숫돌의 표시에 대한 설명이 옳은 것은?

① 연삭입자 C는 갈색 알루미나를 의미한다.
② 결합제 R은 레지노이드 결합제를 의미한다.
③ 연삭 숫돌의 입도 #100이 #300보다 입자의 크기가 크다.
④ 결합도 K 이하는 경한 숫돌, L~O는 중간 정도 숫돌, P 이상은 연한 숫돌이다.

해설

입도란 결정립의 크기로 입도를 표시하는 기호 중 #100이 #300보다 더 입자의 크기가 크다.

10 삼각함수에 의하여 각도를 길이로 계산하여 간접적으로 각도를 구하는 방법으로, 블록 게이지와 함께 사용하는 측정기는?

① 사인바
② 베벨 각도기
③ 오토콜리메이터
④ 콤비네이션 세트

해설

사인바는 삼각함수를 이용하여 각도를 측정하거나 임의의 각을 만드는 대표적인 각도측정기로 정반 위에서 블록 게이지와 조합하여 사용한다. 사인바는 측정하려는 각도가 45° 이내여야 하며 측정각이 더 커지면 오차가 발생한다.

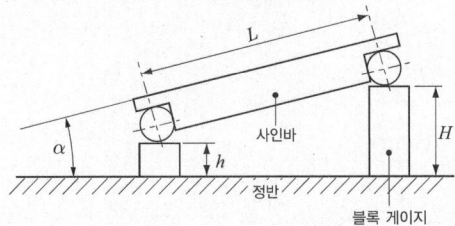

11 선반을 설계할 때 고려할 사항으로 틀린 것은?

① 고장이 적고 기계효율이 좋을 것
② 취급이 간단하고 수리가 용이할 것
③ 강력 절삭이 되고 절삭 능률이 클 것
④ 기계적 마모가 높고, 가격이 저렴할 것

해설

선반을 설계할 때는 선반에 장착된 부속장치들의 이송이 많기 때문에 기계적 마모가 잘되지 않도록 해야 한다.

12 선반의 주요 구조부가 아닌 것은?

① 베 드   ② 심압대
③ 주축대   ④ 회전 테이블

해설
선반의 주요 구조부는 주축대, 심압대, 왕복대, 베드이다. 회전 테이블은 밀링이나 보링머신 등에 사용된다.

13 드릴 머신으로써 할 수 없는 작업은?

① 널 링   ② 스폿 페이싱
③ 카운터 보링   ④ 카운터 싱킹

해설
기계의 손잡이 부분에 올록볼록한 돌기부를 만드는 널링 가공은 선반에서는 가공이 가능하나, 드릴 머신으로는 불가능하다.

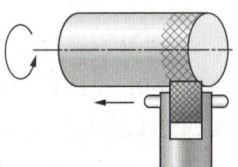

[널링 가공]

14 일반적인 손다듬질 작업 공정순서로 옳은 것은?

① 정 → 줄 → 스크레이퍼 → 쇠톱
② 줄 → 스크레이퍼 → 쇠톱 → 정
③ 쇠톱 → 정 → 줄 → 스크레이퍼
④ 스크레이퍼 → 정 → 쇠톱 → 줄

해설
손다듬질 작업순서는 크고 거친 것에서 작고 미세한 다듬질로 해야 한다.
쇠톱 → 정 → 줄 → 스크레이퍼

15 밀링작업의 단식 분할법에서 원주를 15등분하려고 한다. 이때 분할대 크랭크의 회전수를 구하고, 15 구멍열 분할판을 몇 구멍씩 보내면 되는가?

① 1회전에 10구멍씩
② 2회전에 10구멍씩
③ 3회전에 10구멍씩
④ 4회전에 10구멍씩

해설
단식 분할법은 2~60의 수, 60~120의 2와 5의 배수, 120 이상의 숫자 중 "$\frac{40}{N(\text{공작물 분할수})}$" 공식에서 분모 N과 분할판의 구멍 수와의 배수관계가 성립할 때 사용할 수 있는 분할방법이다.
단식 분할법의 회전수 구하는 공식에 대입하면
$n = \frac{40}{N}, \ n = \frac{40}{15} = 2(\text{회전})\frac{10(\text{크랭크를 돌리는 분할수})}{15(\text{분할판에 있는 구멍수})}$
여기서, N : 공작물의 분할수, n : 분할 크랭크의 회전수
따라서, 2회전에 10구멍씩 돌려서 이동시킨다.

16 선반에서 맨드릴(Mandrel)의 종류가 아닌 것은?

① 갱 맨드릴
② 나사 맨드릴
③ 이동식 맨드릴
④ 테이퍼 맨드릴

해설
맨드릴의 종류에 이동식 맨드릴은 포함되지 않는다.
맨드릴의 역할
선반에서 기어나 벨트, 풀리와 같이 구멍이 있는 공작물의 안지름과 바깥지름이 동심원을 이루도록 가공할 때 사용한다.

17 구멍가공을 하기 위해서 가공물을 고정시키고 드릴이 가공 위치로 이동할 수 있도록 제작된 드릴링 머신은?

① 다두 드릴링 머신
② 다축 드릴링 머신
③ 탁상 드릴링 머신
④ 레이디얼 드릴링 머신

[해설]
④ 레이디얼 드릴링 머신 : 대형이면서 무거운 제품(중량물)의 구멍을 가공할 때 사용하는 드릴링 머신으로 암과 드릴헤드의 위치를 임의로 수평 이동시키면서 가공이 가능하다. 또한 수직 기둥을 중심으로 암의 회전도 가능하다.

① 다두 드릴링 머신 : 다수의 스핀들이 각각의 구동축에 의해 가공하는 드릴링 머신이다.
② 다축 드릴링 머신 : 여러 개의 스핀들에 각종 공구를 장착해서 가공하는 드릴링 머신으로 공정순서에 따라 연속작업이 가능하다.
③ 탁상 드릴링 머신 : 크기가 작아 작업대 위에 설치해서 사용하는 소형 드릴링 머신으로 13mm 이하의 작고 깊이가 얕은 구멍의 가공에 적합하다.

18 나사연삭기의 연삭방법이 아닌 것은?

① 다인 나사연삭 방법
② 단식 나사연삭 방법
③ 역식 나사연삭 방법
④ 센터리스 나사연삭 방법

[해설]
나사연삭기는 다인과 단식, 센터리스 연삭방법을 사용하나 역식은 사용하지 않는다.

19 주축의 회전운동을 직선 왕복운동으로 변화시킬 때 사용하는 밀링 부속장치는?

① 바이스
② 분할대
③ 슬로팅 장치
④ 래크 절삭 장치

[해설]
슬로팅 장치 : 밀링머신의 칼럼(기둥)에 장착하여 사용한다. 주축의 회전운동을 공구대의 직선 왕복운동으로 변환시키는 부속장치로, 평면 위에서 임의의 각도로 경사시킬 수 있어서 홈이나 스플라인, 세레이션의 가공에 사용한다.

20 일감에 회전운동과 이송을 주며, 숫돌을 일감표면에 약한 압력으로 눌러 대고 다듬질할 면에 따라 매우 작고 빠른 진동을 주어 가공하는 방법은?

① 래핑
② 드레싱
③ 드릴링
④ 슈퍼 피니싱

[해설]
슈퍼 피니싱(Super Finishing) : 입도와 결합도가 작은 숫돌을 공작물에 가볍게 누르고 매 분당 수백 ~ 수천의 진동과 수 mm의 진폭으로 진동하며 왕복운동을 하면서 공작물을 회전시켜 가공면을 단시간에 매우 평활한 면으로 다듬는 가공방법

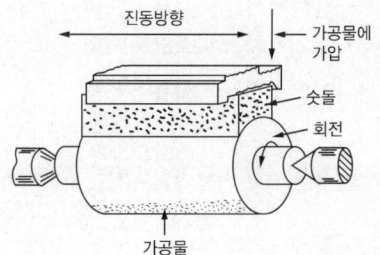

제2과목 | 기계설계 및 기계재료

21 구리합금 중 최고의 강도를 가진 석출 경화성 합금으로 내열성, 내식성이 우수하여 베어링 및 고급 스프링 재료로 이용되는 청동은?

① 납청동
② 인청동
③ 베릴륨 청동
④ 알루미늄 청동

해설
③ 베릴륨 청동 : Cu에 1~3%의 베릴륨을 첨가한 합금으로 담금질한 후 시효 경화시키면 기계적 성질이 합금강에 뒤떨어지지 않고 내식성도 우수하여 기어, 판스프링, 베어링용 재료로 쓰이는데 가공하기 어렵다는 단점이 있다.
① 납청동(연청동) : 베어링용이나 패킹 재료로 사용된다.
② 인청동 : 열간취성의 경향이 없으며, 용융점이 낮아 편석에 의한 균열 발생이 없다.
④ 알루미늄 청동 : Cu에 2~15%의 Al을 첨가한 합금으로 강도가 극히 높고 내식성이 우수하다. 기어나 캠, 레버, 베어링용 재료로 사용된다.

22 주철에서 탄소강과 같이 강인성이 우수한 조직을 만들 수 있는 흑연 모양은?

① 편상흑연
② 괴상흑연
③ 구상흑연
④ 공정상흑연

해설
구상흑연은 주철 속 흑연이 완전히 구상이고 그 주위가 페라이트조직으로 되어 있어서 탄소강과 같이 강인성이 우수한 조직을 만들 수 있다.

23 열간가공과 냉간가공을 구별하는 온도는?

① 포정 온도
② 공석 온도
③ 공정 온도
④ 재결정 온도

해설
재결정 온도 : 냉간가공과 열간가공을 구별할 수 있는 온도

24 다음 중 발전기, 전동기, 변압기 등의 철심재료에 가장 적합한 특수강은?

① 규소강
② 베어링강
③ 스프링강
④ 고속도공구강

해설
규소강은 Fe에 1~5%의 Si(규소, 실리콘)를 첨가한 특수강으로 불순물이 아주 적고 투자율과 전기 저항이 높아서 발전기나 변압기 등의 철심재료로 사용된다.

25 알루미늄의 성질로 틀린 것은?

① 비중이 약 7.8이다.
② 면심입방격자 구조이다.
③ 용융점은 약 660℃이다.
④ 대기 중에서는 내식성이 좋다.

해설
알루미늄의 성질
• 비중 : 2.7
• 용융점 : 660℃
• 면심입방격자이다.
• 비강도가 우수하다.
• 주조성이 우수하다.
• 열과 전기전도성이 좋다.
• 가볍고 전연성이 우수하다.
• 내식성 및 가공성이 양호하다.
• 담금질 효과는 시효경화로 얻는다.
• 염산이나 황산 등의 무기산에 잘 부식된다.
※ 시효경화란 열처리 후 시간이 지남에 따라 강도와 경도가 증가하는 현상이다.

정답 21 ③ 22 ③ 23 ④ 24 ① 25 ①

26 플라스틱 재료의 일반적인 성질을 설명한 것 중 틀린 것은?

① 열에 약하다.
② 성형성이 좋다.
③ 표면경도가 높다.
④ 대부분 전기 절연성이 좋다.

해설
플라스틱은 표면경도가 작다.

27 담금질 조직 중에 냉각속도가 가장 빠를 때 나타나는 조직은?

① 소르바이트
② 마텐자이트
③ 오스테나이트
④ 트루스타이트

해설
담금질 조직 중에 냉각속도가 가장 빠를 때 나타나는 조직은 마텐자이트 조직이다.

28 소결합금으로 된 공구강은?

① 초경합금
② 스프링강
③ 탄소공구강
④ 기계구조용강

해설
초경합금 : 고속, 고온 절삭에서 높은 경도를 유지하며, WC, TiC, TaC 분말에 Co를 첨가하고 소결시켜 만드는데 진동이나 충격을 받으면 쉽게 깨지는 특성이 있는 공구용 재료이다. 고속도강의 4배 정도로 절삭이 가능하며 1,100℃의 절삭열에도 경도 변화가 없다.

29 담금질한 강재의 잔류 오스테나이트를 제거하며, 치수변화 등을 방지하는 목적으로 0℃ 이하에서 열처리하는 방법은?

① 저온뜨임
② 심랭처리
③ 마템퍼링
④ 용체화처리

해설
심랭처리(Subzero Treatment, 서브제로)는 담금질 강의 경도를 증가시키고 시효변형에 의한 치수변화를 방지하기 위한 열처리 조작으로 담금질 강의 조직이 잔류 오스테나이트에서 전부 오스테나이트 조직으로 바꾸기 위해 재료를 오스테나이트 영역까지 가열한 후 0℃ 이하로 급랭시킨다.

30 공구재료가 갖추어야 할 일반적 성질 중 틀린 것은?

① 인성이 클 것
② 취성이 클 것
③ 고온경도가 클 것
④ 내마멸성이 클 것

해설
충격에 잘 견뎌야 하므로 취성이 작아야 한다.
절삭공구 재료의 구비 조건
• 내마모성이 커야 한다.
• 충격에 잘 견뎌야 한다.
• 고온 경도가 커야 한다.
• 열처리와 가공이 쉬워야 한다.
• 절삭 시 마찰계수가 작아야 한다.
• 강인성(억세고 질긴 성질)이 커야 한다.
• 성형성이 용이하고 가격이 저렴해야 한다.
※ 고온경도 : 접촉 부위의 온도가 높아지더라도 경도를 유지하는 성질

31 용접이음의 단점에 속하지 않는 것은?

① 내부 결함이 생기기 쉽고 정확한 검사가 어렵다.
② 용접공의 기능에 따라 용접부의 강도가 좌우된다.
③ 다른 이음작업과 비교하여 작업공정이 많은 편이다.
④ 잔류응력이 발생하기 쉬워서 이를 제거하는 작업이 필요하다.

해설
용접은 타 이음작업과 비교하면 작업공정이 적은 편이다.
용접의 장단점

용접의 장점	용접의 단점
• 이음효율이 높다.	• 취성이 생기기 쉽다.
• 재료가 절약된다.	• 균열이 발생하기 쉽다.
• 제작비가 적게 든다.	• 용접부의 결함 판단이 어렵다.
• 이음 구조가 간단하다.	• 용융부위 금속의 재질이 변한다.
• 유지와 보수가 용이하다.	• 저온에서 쉽게 약해질 우려가 있다.
• 재료의 두께 제한이 없다.	• 용접 모재의 재질에 따라 영향을 크게 받는다.
• 이종재료도 접합이 가능하다.	
• 제품의 성능과 수명이 향상된다.	• 용접 기술자(용접사)의 기량에 따라 품질이 다르다.
• 유밀성, 기밀성, 수밀성이 우수하다.	
• 작업공정이 줄고, 자동화가 용이하다.	• 용접 후 변형 및 수축에 따라 잔류응력이 발생한다.

32 전달동력 2.4kW, 회전수 1,800rpm을 전달하는 축의 지름은 약 몇 mm 이상으로 해야 하는가?(단, 축의 허용전단응력은 20MPa이다)

① 20 ② 12
③ 15 ④ 17

해설
$H = Tw$, $T = 974,000 \times \dfrac{2.4}{1,800}$
$= 1,298.6 \text{kgf} \cdot \text{mm} ≒ 12,740 \text{N} \cdot \text{mm}$
$d = \sqrt[3]{\dfrac{16T}{\pi\tau_a}} = \sqrt[3]{\dfrac{16 \times 12,740}{\pi \times 20}} = 14.8 \text{mm}$
따라서, 정답은 14.8mm보다 큰 15mm로 해야 한다.

동력 단위별 전달토크
• $T = 974,000 \times \dfrac{H_{kw}}{N}$ kgf · mm
• $T = 716,200 \times \dfrac{H_{PS}}{N}$ kgf · mm

33 0.45t의 물체를 지지하는 아이 볼트에서 볼트의 허용인장응력이 48MPa라 할 때, 다음 미터나사 중 가장 적합한 것은?(단, 나사 바깥지름은 골지름의 1.25배로 가정하고, 적합한 사양 중 가장 작은 크기를 선정한다)

① M14 ② M16
③ M18 ④ M20

해설
허용인장응력, $\sigma_a = \dfrac{F}{A}$
$48 \times 10^6 \text{N/m}^2 = \dfrac{450\text{kg} \times 9.8}{\dfrac{\pi d_1^2}{4}}$
$48 \text{N/mm}^2 = \dfrac{17,640\text{N}}{\pi d_1^2}$
$d_1^2 = \dfrac{17,640\text{N}}{48 \text{N/mm}^2 \times \pi}$
$d_1^2 = 116.97$
$d_1 = 10.81 \text{mm}$
나사의 호칭지름은 바깥지름으로 표시하므로
안지름 d_1에 1.25배를 곱하면 10.81×1.25=13.51mm
따라서, 정답은 M14가 된다.

34 볼 베어링에서 수명에 대한 설명으로 옳은 것은?

① 베어링에 작용하는 하중의 3승에 비례한다.
② 베어링에 작용하는 하중의 3승에 반비례한다.
③ 베어링에 작용하는 하중의 10/3승에 비례한다.
④ 베어링에 작용하는 하중의 10/3승에 반비례한다.

해설
볼 베어링의 수명
베어링 수명식 $L_h = 500 \dfrac{33.3}{N} \left(\dfrac{C}{P}\right)^r$에서 보듯이
베어링 하중(P)의 r승에 반비례한다.
• 볼 베어링의 하중계수(r) = 3
• 롤러 베어링의 하중계수(r) = $\dfrac{10}{3}$

정답 31 ③ 32 ③ 33 ① 34 ②

35 원형 봉에 비틀림 모멘트를 가할 때 비틀림 변형이 생기는데, 이때 나타나는 탄성을 이용한 스프링은?

① 토션 바
② 벌류트 스프링
③ 와이어 스프링
④ 비틀림 코일스프링

해설
- 토션 바(Torsion Bar) : 금속 봉을 이용해 한쪽은 고정하고 다른 쪽 끝을 비틀어, 그 비틀림 탄성으로 완충작용을 하는 스프링
- 벌류트 스프링(Volute Spring) : 스프링의 모양이 고둥같이 보인다고 하여 벌류트 스프링으로도 불린다. 직사각형 단면의 평강을 코일 중심선에 평행하게 감아 원뿔 형태로 감아서 만든 스프링이다. 비틀림 모멘트가 가해질 때 생기는 비틀림 변형에 의한 탄성을 이용한다.

36 기어의 피치원 지름이 무한대로 회전운동을 직선 운동으로 바꿀 때 사용하는 기어는?

① 베벨 기어
② 헬리컬 기어
③ 래크와 피니언
④ 웜 기어

해설
래크와 피니언 기어는 피치원 지름이 무한대로 펼쳐 있는 래크 기어 위를 피니언 기어가 회전운동하면서 이 회전운동을 직선운동으로 변환시킬 수 있는 기계장치이다.

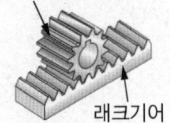

37 주로 회전운동을 왕복운동으로 변환시키는 데 사용하는 기계요소로서 내연기관의 밸브 개폐기구 등에 사용되는 것은?

① 마찰차(Friction Wheel)
② 클러치(Clutch)
③ 기어(Gear)
④ 캠(Cam)

해설
캠 기구는 불규칙한 모양을 가지고 구동 링크의 역할을 하는 캠이 회전하면서 거의 모든 형태의 종동절의 상·하 운동을 발생시킬 수 있는 간단한 운동 변환 장치이다. 구조는 간단하면서 복잡한 운동을 구현할 수 있는 기계요소로 내연기관의 밸브 개폐기구 등에 사용된다.

38 잇수 32, 피치 12.7mm, 회전수 500rpm의 스프로킷 휠에 50번 롤러 체인을 사용하였을 경우 전달동력은 약 몇 kW인가?(단, 50번 롤러 체인의 파단하중은 22.10kN, 안전율은 15이다)

① 7.8
② 6.4
③ 5.6
④ 5.0

해설
$\pi d = pz$ 식을 응용해 절삭속도 v를 구해서 전달동력 식에 대입한다.

$d = \dfrac{pz}{\pi}$

$H_{kw} = \dfrac{P \times v}{S} = \dfrac{22.1 \times \left(\pi \times \left(\dfrac{pz}{\pi} \right) \times 500 \text{rpm} \right) / 1{,}000 }{15}$

$= \dfrac{22.1 \times \left(\pi \times \left(\dfrac{12.7 \times 32}{\pi} \right) \times \dfrac{500}{60} \text{rps} \right) / 1{,}000}{15}$

$= \dfrac{22.1 \times (3.38)}{15}$

$= 4.98$

따라서, 정답은 약 5kW가 된다.

39 드럼의 지름 600mm인 브레이크 시스템에서 98.1N·m의 제동 토크를 발생시키고자 할 때 블록을 드럼에 밀어붙이는 힘은 약 몇 kN인가?(단, 접촉부 마찰계수는 0.3이다)

① 0.54
② 1.09
③ 1.51
④ 1.96

해설

$T = \mu Q \times \dfrac{D}{2}$

$98.1\text{N} \cdot \text{m} = (0.3 \times Q) \times \dfrac{0.6\text{m}}{2}$

$Q = \dfrac{98.1\text{N} \cdot \text{m}}{0.3 \times 0.3\text{m}} = 1{,}090\text{N} = 1.09\text{kN}$

드럼 브레이크의 제동토크(T)

$T = P \times \dfrac{D}{2} = \mu Q \times \dfrac{D}{2}$

여기서, T : 토크
P : 제동력($P = \mu Q$)
D : 드럼의 지름
Q : 브레이크 드럼과 블록 사이의 수직력
μ : 마찰계수

40 묻힘 키(Sunk Key)에 생기는 전단응력을 τ, 압축응력을 σ_c라고 할 때, $\dfrac{\tau}{\sigma_c} = \dfrac{1}{2}$이면 키 폭 b와 높이 h의 관계식으로 옳은 것은?(단, 키 홈의 높이는 키 높이의 1/2이다)

① $b = h$
② $h = \dfrac{b}{4}$
③ $b = \dfrac{h}{2}$
④ $b = 2h$

해설

$\sigma_c = \dfrac{4T}{hld}$, $\tau = \dfrac{2T}{bdl}$ 이므로

$\sigma_c = 2\tau$ 에서

$\dfrac{4T}{hld} = 2 \times \dfrac{2T}{bdl}$

$\dfrac{4}{h} = \dfrac{4}{b}$, 따라서 $h = b$이다.

• 묻힘키의 길이(l) 구하기
 - 전단응력 고려 시, $\tau = \dfrac{W}{bl} = \dfrac{2T}{bdl}$, $l = \dfrac{2T}{bd\tau}$
 - 압축응력 고려 시, $\sigma_c = \dfrac{2W}{hl} = \dfrac{4T}{hdl}$, $l = \dfrac{4T}{hd\sigma_c}$

제3과목 | 컴퓨터응용가공

41 다음 그림과 같이 $x^2 + y^2 - 2 = 0$인 원이 있다. 점 P(1,1)에서의 접선의 방정식은?

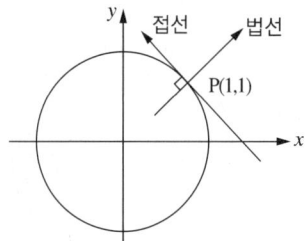

① $(x+1) + (y+1) = 0$
② $(x-1) - (y-1) = 0$
③ $2(x+1) + 2(y-1) = 0$
④ $2(x-1) + 2(y-1) = 0$

해설

중심이 (0,0)이면서 반지름 r인 원에서 접선이 그려져 있을 때, 원의 방정식이 $x^2 + y^2 = r^2$이고 접점 P가 (x_1, y_1)이라면 접선의 방정식은 $x_1 x + y_1 y = r^2$으로 구할 수 있다. 따라서 위 식에 대입시켜 보면

• 원의 방정식 $= x^2 + y^2 = \sqrt{2}^2$
• 접점 P=(1, 1)

이므로 접선의 방정식은 $x + y = 2$이다. 이 식과 같은 값은 보기 중 ④번 밖에 없다.

42 조립체 모델링에서 조립체를 구성하는 인스턴스(Instance)에 필요한 정보는?

① 형상모델링 정보
② 부품 형상 및 조립 정보
③ 형상을 나타내는 기하 정보
④ 형상을 구속하는 치수 정보

해설

인스턴스란 객체(Object)와 비슷한 의미로 부품 형상 정보와 조립 정보가 필요하다.

43 서피스 모델링(Surface Modeling)방식으로 정의된 곡면의 일부를 절단하면 어느 형태의 도형인가?

① 점　　② 곡 면
③ 곡 선　④ 평 면

해설
서피스 모델링(곡면 모델링)에서 곡면을 절단하면 곡선(Curve)이 나타난다.

44 CAD/CAM 시스템에서 3차원에서 이미 구성된 도형자료를 다음 그림과 같이 y축을 기준으로 회전변환시킬 때의 변환행렬식(Ty)으로 옳은 것은?

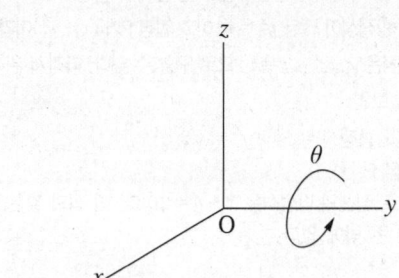

① $Ty = \begin{bmatrix} \cos\theta & 0 & -\sin\theta & 0 \\ 0 & 1 & 0 & 0 \\ \sin\theta & 0 & \cos\theta & 0 \\ 0 & 0 & 0 & 1 \end{bmatrix}$

② $Ty = \begin{bmatrix} \sin\theta & 0 & -\sin\theta & 0 \\ 0 & 1 & 0 & 0 \\ \sin\theta & 0 & \cos\theta & 0 \\ 0 & 0 & 0 & 1 \end{bmatrix}$

③ $Ty = \begin{bmatrix} \cos\theta & 0 & -\sin\theta & 0 \\ 0 & 1 & 0 & 0 \\ \cos\theta & 0 & \cos\theta & 0 \\ 0 & 0 & 0 & 1 \end{bmatrix}$

④ $Ty = \begin{bmatrix} \cos\theta & 0 & -\sin\theta & 0 \\ 0 & \sin\theta & 0 & 0 \\ \sin\theta & 0 & \sin\theta & 0 \\ 0 & 0 & 0 & 1 \end{bmatrix}$

45 컴퓨터에서 자료표현의 최소단위는?

① bit　　② byte
③ field　④ word

해설
자료표현과 연산 데이터의 정보 기억 단위

비트 → 니블 → 바이트 → 워드 →
Bit　　Nibble　Byte　　Word

필드 → 레코드 → 파일 → 데이터베이스
Field　Record　File　　Database

46 B-rep 모델의 기본 요소가 아닌 것은?

① 면(Face)
② 모서리(Edge)
③ 꼭지점(Vertex)
④ 좌표(Coordinates)

해설
솔리드 모델링에서 B-rep방식의 기본요소
• 점(Vertex)
• 면(Face)
• 모서리(Edge)

47 CAD 시스템의 형상모델링에서 원추단면곡선을 음함수형태로 표시할 경우 타원(Ellips)의 방정식을 표현한 함수는?

① $y^2 + 4ax = 0$
② $x^2 + y^2 - r^2 = 0$
③ $\dfrac{x^2}{a^2} + \dfrac{y^2}{b^2} - 1 = 0$
④ $\dfrac{x^2}{a^2} - \dfrac{y^2}{b^2} - 1 = 0$

해설
음함수란 변수 x, y의 항을 모두 좌변으로 이항하여 $f(x, y) = 0$의 형태로 만든 함수를 말한다.
타원방정식을 나타내는 함수
$\dfrac{x^2}{a^2} + \dfrac{y^2}{b^2} - 1 = 0$

48 주기억 장치와 CPU(중앙처리장치) 사이에서 속도 차이를 줄이기 위해 데이터와 명령어를 일시적으로 저장하는 고속기억장치는?

① Core Memory
② Cache Memory
③ Volatile Memory
④ Associative Memory

해설
② Cache Memory : 주기억 장치와 CPU(중앙처리장치) 사이에서 속도 차이를 줄이기 위해 데이터와 명령어를 일시적으로 저장하는 고속기억장치
① Core Memory : IC가 나오기 전에 컴퓨터의 주기억 장치의 중심을 이루던 고속기억장치의 일종
③ Volatile Memory : 휘발성 기억장치로 전원을 끊어버리면 기억 내용이 소실되는 메모리 장치
④ Associative Memory : 연상메모리로 기억장치에 기억된 정보에 접근하기 위해 주소를 사용하는 것이 아니고 기억된 내용에 접근하는 것으로 검색을 빠르게 할 수 있는 기억장치

49 다음 그림에 나타난 작업에 해당하는 절삭공정은?

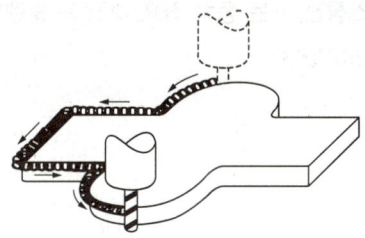

① 2차원 윤곽제어(2D Contouring)
② 3차원 곡면제어(3D Sculpturing)
③ 4차원 동작제어(4D Motion Control)
④ 2차원 위치제어(Point-to-point Control)

해설
그림에서 절삭공구가 가로와 세로축만을 이동시켜 가면서 제품을 가공하므로 이는 2차원 윤곽제어라 볼 수 있다.

50 RP공정 중 Stratasys사에 의하여 상용화된 공정으로 열가소성수지를 액체 상태로 압축하여 각 층을 만드는 공정은?

① SGC
② LOM
③ FDM
④ SLS

해설
③ 용융수지압출법(FDM ; Fused Deposition Molding) : 열가소성인 $3\mu m$ 직경의 필라멘트 선으로 된 열가소성 소재를 노즐 안에서 가열하여 용해한 후 이를 짜내어 조형 면에 쌓아 올려 제품을 만드는 방법으로 광조형법 다음으로 가장 널리 사용된다.
② 박판적층법(LOM ; Laminated Object Manufacturing) : 원하는 단면에 레이저 광선을 부분적으로 쏘아서 절단한 후 종이의 뒷면에 부착된 접착제를 사용해서 아래층과 압착시켜 한 층씩 쌓아가며 형상을 만드는 방법으로 사무실에서 사용할 만큼 크기와 가격이 적당하나 재료에 제한이 있고 정밀도가 떨어진다는 단점이 있다.
④ 선택적 레이저 소결법(SLS ; Selective Laser Sintering) : 레이저는 에너지의 미세한 조정으로 재료의 가공이 가능한 장점이 있는데, 먼저 고분자 재료나 금속 분말가루를 한 층씩 도포한 후 여기에 레이저 광선을 쏘아서 소결시킨 후 다시 한 층씩 쌓아 올려서 형상을 만드는 방법으로 분말로 만들어지거나 용융되어 분말로 소결되어지는 모든 재료의 사용이 가능하다.

51 NURBS 곡선의 표현식으로 알맞은 것은?(단, $\vec{b}$는 조정점, h는 동차 좌표, $N_{i,k}$는 블렌딩함수를 각각 의미한다)

① $\vec{r}(u) = \sum_{i=0}^{n} \vec{b}_i N_{i,k}(u)$

② $\vec{r}(u) = \dfrac{\sum_{i=0}^{n} h_i \vec{b}_i N_{i,k}(u)}{\sum_{i=0}^{n} h_i N_{i,k}(u)}$

③ $\vec{r}(u) = \dfrac{\sum_{i=0}^{n} \vec{b}_i N_{i,k}(u)}{\sum_{i=0}^{n} h_i N_{i,k}(u)}$

④ $\vec{r}(u) = \dfrac{\sum_{i=0}^{n} h_i \vec{b}_i N_{i,k}(u)}{\sum_{i=0}^{n} N_{i,k}(u)}$

52 면 위의 점에서 법선벡터를 N, 면 위의 점으로부터 관찰자 눈으로 향하는 벡터를 M이라고 할 때, 관찰자의 눈에 보이지 않는 면에 대한 표현으로 알맞은 것은?

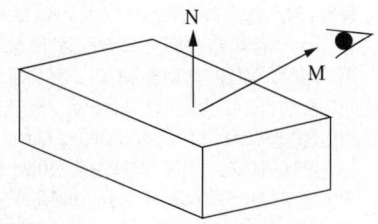

① $M \cdot N > 0$ ② $M \cdot N < 0$
③ $M \cdot N = 0$ ④ $M = N$

[해설]
벡터 M과 N의 관계
• $M \cdot N > 0$: 관찰자의 눈에 보이는 면
• $M \cdot N < 0$: 관찰자의 눈에 보이지 않는 면

53 솔리드 모델링 시스템 중 CSG 트리구조의 장점으로 틀린 것은?

① 파라메트릭 모델링을 쉽게 구현할 수 있다.
② CSG트리에 저장된 솔리드는 항상 구현이 가능한 유효한 입체이다.
③ 자료 구조가 간단하고 데이터의 양이 적어 데이터의 관리가 용이하다.
④ CSG 트리 표현으로부터 물체의 경계면, 경계모서리, 그리고 이들 간의 연결관계 등을 유도해내는 데 계산이 적어 시간이 적게 걸린다.

[해설]
CSG 방식은 구나 원통, 사각블록 간 연결관계를 유도해 낼 수 있다. 경계면이나 경계모서리와 관련된 것은 B-rep 방식이다.

54 볼 엔드밀을 사용하여 3축 NC 기계를 위한 CL(Cutter Location) 데이터를 구하고자 할 때 필요한 데이터가 아닌 것은?

① 공구(엔드밀)의 반경
② 곡면의 해당 점에서의 위치벡터
③ 공구의 물성치
④ 곡면의 해당 점에서의 단위 법선벡터

[해설]
CL 데이터란 공구의 위치를 파악하기 위한 것으로 공구의 반경, 곡면의 위치벡터와 법선벡터가 필요하나 공구의 물성치는 필요하지 않다.

55
밀링작업 중 Face-milling 가공에서 절삭속도가 60m/min, 공구의 직경이 100mm일 때 공구의 회전수는 약 얼마인가?

① 171rpm   ② 191rpm
③ 211rpm   ④ 231rpm

해설

절삭속도, $v = \dfrac{\pi d n}{1,000}$

$60\text{m/min} = \dfrac{\pi \times 100\text{mm} \times n}{1,000}$

회전수, $n = \dfrac{1,000 \times 60}{\pi \times 100} ≒ 190.9\,\text{rpm}$

56
CAD/CAM 소프트웨어 간의 인터페이스 방식으로만 나열된 것은?

① GKS, IGES, DXF, STEP
② RS232C, DTE, DCE, DSR
③ RS232C, GKS, IGES, DXF
④ RS232C, RS232C표준, DTE, DCE

해설

RS-232C는 데이터 교환을 위한 인터페이스로 CAD/CAM 소프트웨어 간 인터페이스 방식은 아니다.
RS-232C
1969SUS 미국의 EIA(Electric Industries Association)에서 정한 표준 인터페이스로 직렬 2진 데이터의 교환을 목적으로 하는 DTE와 데이터 통신자의 DCE 간 인터페이스의 제반 사항을 규정한 것이다. 비교적 단거리이고 낮은 데이터 전송률을 가지며, 전송 단위는 BPS로 나타낸다. 또한 Parity Check Bit로 데이터의 전송 여부를 체크한다.

57
4개의 경계곡선이 주어진 경우, 경계곡선(Boundary Curve) 내부를 부드러운 곡선으로 채워 정의되는 곡면은?

① Bezier 곡면
② Coons 곡면
③ Sweep 곡면
④ Ferguson 곡면

해설

Coons 곡면은 자유 곡면을 형성할 때 4개의 위치 벡터와 4개의 경계 곡선을 정의하고, 그 경계조건을 선형 보간하여 부드러운 곡선이 채워진 곡면을 생성시키는 방법이다.

58
두 벡터에 동시에 수직한 벡터를 구하고자 할 때 사용하는 방법은?

① 두 벡터를 Dot Product 한다.
② 두 벡터를 Unit Vector화 한다.
③ 두 벡터를 Cross Product 한다.
④ 두 벡터를 Scalar Product 한다.

해설

두 벡터에 동시에 수직한 벡터를 구하고자 할 때는 Cross Product를 실시한다.

59 CAD/CAM 시스템의 곡선표현 방식에서 Bezier 곡선에 대한 설명으로 틀린 것은?

① 블렌딩 함수는 정규화 특성을 만족한다.
② 조정점의 순서가 거꾸로 되면, 다른 곡선이 생성된다.
③ 모델링된 곡선은 첫 번째 조정점과 마지막 조정점을 지난다.
④ 블렌딩 함수로 번스타인 다항식(Bernstein Polynomial)을 사용한다.

해설
Bezier(베지어) 곡선은 조정점의 순서를 거꾸로 해도 같은 곡선이 생성된다.

60 CAD에서 기하학적 형상(Geometric Model)을 나타내는 방법 중 모서리의 점, 선으로만 3차원 형상을 표시하는 방법은?

① Solid Modeling
② Shaded Modeling
③ Surface Modeling
④ Wire Frame Modeling

해설
와이어 프레임 모델링은 모서리의 점·선만으로, 서피스 모델링(곡면 모델링)은 면 정보를 추가한 형태로 꼭지점이나 모서리, 표면으로 표현된다. 이 서피스 모델링으로는 곡면의 면적 계산은 가능하나 부피(체적)의 계산은 불가능하다.

제4과목 | 기계제도 및 CNC공작법

61 구름 베어링의 호칭 번호가 6001일 때 안지름은 몇 mm인가?

① 10   ② 11
③ 12   ④ 13

해설
볼 베어링의 안지름번호는 앞에 2자리를 제외한 뒤 숫자로 확인할 수 있다.
베어링 호칭번호가 6001인 경우
• 6 : 단열홈 베어링
• 0 : 특별경하중형
• 01 : 베어링 안지름번호 - 12mm

62 그림과 같은 도면에서 평면도로 가장 적합한 것은?

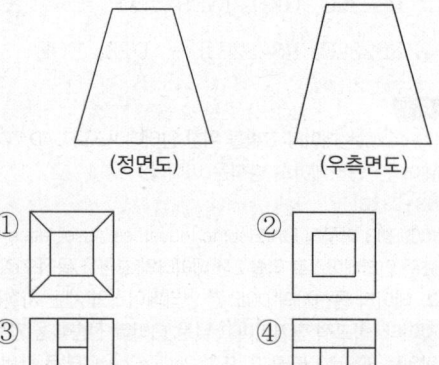

63 배관도면에서 다음과 같이 배관이 표시되었을 때 이에 관한 설명 중 잘못된 것은?

SPPS 380 – S – C 50×Sch40

① 압력배관용 탄소강관이다.
② 호칭 지름은 50이다.
③ 호칭 두께는 Sch40이다.
④ 열간 가공하여 이음매 없는 강관이다.

해설
- SPPS : 압력배관용 탄소강관
- 380 : 인장강도 380N/mm² 이상

64 가공방법에 관한 약호에서 스크레이퍼 가공을 의미하는 것은?

① FR
② FL
③ FF
④ FS

해설
가공방법의 기호

기 호	가공방법	기 호	가공방법
L	선 반	FS	스크레이핑
B	보 링	G	연 삭
BR	브로칭	GH	호 닝
C	주 조	GL	래 핑
CD	다이캐스팅	GS	평면 연삭
D	드 릴	M	밀 링
FB	브러싱	P	플레이닝
FF	줄 다듬질	PS	절단(전단)
FL	래 핑	SH	기계적 강화
FR	리머다듬질	–	–

65 다음 도면 배치 중에서 제3각법에 의한 배치 내용이 아닌 것은?

① | 우측면도 | 정면도 |
  | | 평면도 |

② | 평면도 | |
  | 정면도 | 우측면도 |

③ | | 평면도 |
  | 좌측면도 | 정면도 |

④ | 좌측면도 | 정면도 |
  | | 저면도 |

해설
제3각법에 의하면 우측면도는 정면도의 오른쪽에 위치해야 한다.
제3각법에 의한 투상 도면 배치

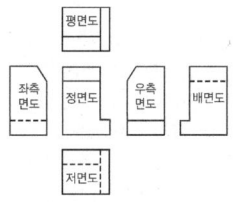

66 가상선의 용도에 대한 설명으로 틀린 것은?

① 인접부분을 참고로 표시하는 선
② 공구, 지그 등의 위치를 참고로 표시하는 선
③ 가동부분의 이동한계 위치를 표시하는 선
④ 가공면이 평면임을 나타내는 선

해설
가공면이 평면임을 표시할 때는 가는 실선을 이용하여 다음과 같이 표현한다.

67 축의 도시방법에 관한 설명으로 틀린 것은?

① 축의 구석부나 단이 형성되어 있는 부분에 형상에 대한 세부적인 지시가 필요할 경우 부분 확대도로 표시할 수 있다.
② 긴축은 단축하여 그릴 수 있으나 길이는 실제 길이를 기입해야 한다.
③ 축은 일반적으로 길이방향으로 단면 도시하여 나타낼 수 있다.
④ 축의 절단면은 90° 회전하여 회전도시 단면도로 나타낼 수 있다.

[해설]
축은 길이방향으로 절단하여 단면을 도시하지 않는다.
축의 도시방법
- 긴 축은 중간을 파단하여 짧게 그릴 수 있다.
- 축의 키홈 부분의 표시는 부분 단면도로 나타낸다.
- 축의 끝은 모따기를 하고 모따기 치수를 기입한다.
- 축은 길이방향으로 절단하여 단면을 도시하지 않는다.
- 축은 일반적으로 중심선을 수평방향으로 놓고 그린다.
- 축의 일부 중 평면 부위는 가는 실선으로 대각선 표시를 한다.
- 축의 구석 홈 가공부는 확대하여 상세 치수를 기입할 수 있다.
- 축의 끝에는 조립을 쉽고 정확하게 하기 위해서 모따기를 한다.
- 긴 축은 중간 부분을 파단하여 짧게 그리고 실제치수를 기입한다.
- 축 끝의 모따기는 폭과 각도를 기입하거나 45°인 경우 C로 표시한다.
- 널링을 도시할 때 빗줄인 경우 축선에 대하여 30°로 엇갈리게 그린다.

68 나사의 종류를 표시하는 기호가 잘못 연결된 것은?

① 30° 사다리꼴 나사 : TW
② 유니파이 보통 나사 : UNC
③ 유니파이 가는 나사 : UNF
④ 미터 가는 나사 : M

[해설]
미터계 사다리꼴 나사의 표시기호는 Tr이며 나사산 각도 30°이다.

69 도면 부품란의 재료기호에 기입된 'SPS 6'는 어떤 재료를 의미하는가?

① 스프링 강재
② 스테인리스 압연강재
③ 냉간압연 강판
④ 기계구조용 탄소강재

[해설]
SPS(SPring Steel)는 스프링 강을 나타내는 재료기호이다.

70 다음 중 억지 끼워맞춤에 해당하는 것은?

① H7/g6
② H7/s6
③ H7/k6
④ H7/m6

[해설]
억지 끼워맞춤을 나타내는 표시기호는 s이다.
구멍기준식 축의 끼워맞춤

헐거운 끼워맞춤	중간 끼워맞춤	억지 끼워맞춤
b, c, d, e, f, g, h	js, k, m, n	p, r, s, t, u, x

71 머시닝센터에서 증분 좌표치를 나타내는 G코드는?

① G49　　② G90
③ G91　　④ G92

해설
- G49(공구 길이 보정 취소)
- G90 : 절대지령
- G91 : 증분지령

72 다음 CNC 프로그램의 회전수는 약 얼마인가?

```
G96 S120 M03;
G91 X80. F0.2;
```

① 450rpm
② 477rpm
③ 487rpm
④ 500rpm

해설
- G96 : 절삭속도 일정제어
- S120 : 절삭속도 120m/min

절삭속도, $v = \dfrac{\pi d n}{1,000}$

$120\text{m/min} = \dfrac{\pi \times 80\text{mm} \times n}{1,000}$

회전수, $n = \dfrac{1,000 \times 120}{\pi \times 80} \fallingdotseq 477.4\text{rpm}$

73 CNC 공작기계 이송장치의 이송나사로 주로 사용되는 것은?

① 볼나사　　② 사각나사
③ 사다리꼴나사　　④ 유니파이나사

해설
볼나사(Ball Screw) : 나사 축과 너트 사이에서 볼(Ball)이 구름운동을 하면서 물체를 이송시키는 고효율의 나사로 백래시가 거의 없고 전달효율이 높아서 최근에 CNC 공작기계의 이송용 나사로 사용된다.

74 CNC선반에서 공구보정(Offset) 번호 6번을 선택하여, 1번 공구를 사용하려고 할 때 공구지령으로 옳은 것은?

① T0601　　② T0106
③ T1060　　④ T6010

해설
T는 공구기능을 의미하는 지령코드이다.
T0106지령의 의미는 T 다음 두 자리 숫자 01 : 1번 공구로 교체 후, 뒤 두 자리 06 : 06번으로 설정한 보정값을 공구에 적용하라는 명령이다.

CNC 프로그램의 5대 코드 및 기능

종류	코드	기능
준비기능	G코드	CNC 기계의 주요 제어장치들의 사용을 위해 준비시킨다. G코드는 CNC 공작기계의 준비기능으로 불리는데 일반적으로 공구를 준비시키는 기능으로 이해하면 된다. 예 G00 : 급속이송, G01 : 직선보간, G02 : 시계 방향 공구 회전
보조기능	M코드	CNC 기계에 장착된 부수 장치들의 동작을 실행하기 위한 것으로 주로 ON/OFF 기능을 한다. 예 M02 : 주축 정지, M08 : 절삭유 ON, M09 : 절삭유 OFF
이송기능	F코드	절삭을 위한 공구의 이송속도를 지령한다. 예 F0.02 : 0.02mm/rev
주축기능	S코드	주축의 회전수 및 절삭속도를 지령한다. 예 S1800 : 1,800rpm으로 주축 회전
공구기능	T코드	공구 준비 및 공구 교체, 보정 및 오프셋량을 지령한다. 예 T0100 : 1번 공구로 교체 후, 공구에 00번으로 설정한 보정값 적용

75
머시닝센터에서 φ20, 4날 엔드밀을 사용하여 SM45C를 가공할 때, 프로그램에서 지령해야할 이송량(mm/min)은 약 얼마인가?(단, SM45C의 절삭속도는 100m/min, 공구의 날당 이송량은 0.05mm/tooth이다)

① 118 ② 218
③ 268 ④ 318

해설
머시닝센터의 이송량(mm/min)은 곧 이송속도를 의미하므로 다음과 같이 구할 수 있다.
이송속도 $f = f_z \times z \times n$
$= 0.05 \times 4 \times 1,591.5 = 318.3 \text{mm/min}$

$n = \dfrac{1,000v}{\pi d} = \dfrac{1,000 \times 100\text{m/min}}{\pi \times 20\text{mm}} = 1,591.5 \text{rpm}$

밀링머신의 테이블 이송속도(f) 구하는 식
$f = f_z \times z \times n$
여기서, f : 테이블의 이송속도(mm/min)
f_z : 밀링 커터날 1개의 이송(mm)
z : 밀링 커터날의 수
n : 밀링 커터의 회전수(rpm)

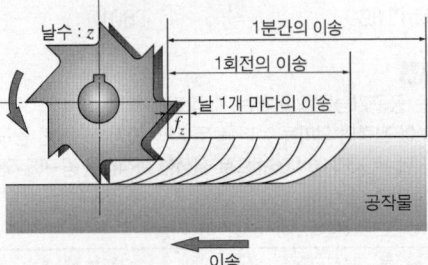

76
일반적인 머시닝센터의 일상점검 사항으로 거리가 먼 것은?

① 각부 작동점검 ② 각부 압력점검
③ 각부 유량점검 ④ 기계 정도 검사

해설
범용 및 CNC 공작기계의 점검사항에서 기계 정도점검이란 일종의 정밀도가 좋은 제품을 얼마나 만들 수 있는지의 정도를 측정하는 것으로 이 항목은 연간점검 항목에 속한다.

공작기계의 점검주기

일상점검	외관점검, 유량점검, 작동점검, 압력점검
월간점검	이송부의 백래시 정도, 오일류 점검, 필터류 점검
연간점검	전기적 회로점검, 기계 정도(일종의 정밀도) 점검, 수평도 점검
특별점검	점검주기에 의한 것이 아닌 수시 또는 부정기적인 점검

77
CNC 공작기계의 좌표치 입력방법에서 메트릭 입력 명령어는?

① G17 ② G20
③ G21 ④ G28

해설
Metric(메트릭)은 미터법을 의미하므로 mm로 입력하라는 명령어는 G21이다.

78 공구의 이동 중에는 가공을 행하지 않으며 드릴링 머신이나 스폿 용접기 등에 사용되는 PTP(Point To Point) 제어방식은?

① 윤곽제어
② 직선절삭제어
③ 위치결정제어
④ 연속경로제어

해설
위치결정제어 : PTP(Point To Point)제어라고도 하며 공구가 이동할 때 이동 경로에는 관계없이 공구의 멈춤 위치(가공 위치)만을 결정하는 제어방식으로 드릴링이나 Spot용접 등에 사용된다.

80 와이어 컷 방전가공에서 세컨드 컷(Second Cut)을 실시함으로써 얻을 수 있는 주된 효과는?

① 다이 형상의 돌기부분을 제거할 수 있다.
② 이온교환수지의 수명을 연장한다.
③ 와이어를 절약할 수 있다.
④ 가공시간을 줄일 수 있다.

해설
와이어 컷 방전가공에서 2차(세컨드 컷) 가공은 1차 가공 후 다듬질 여유분인 다이 형상의 돌기부를 제거할 수 있다.
와이어 컷 방전가공에서 2차(세컨드 컷) 가공의 목적
• 표면 거칠기 향상
• 다이 형상에서의 돌기부분을 제거
• 면조도의 향상과 가공면의 연화층 제거
• 1차 가공 후 다듬질 여유분을 가공
• 가공물의 내부응력 제거(개방) 후 형상 수정
• 코너부의 형상 에러 수정 및 가공면의 진직 정도의 수정

79 CNC 선반으로 다음 그림의 A에서 B로 가공하려고 할 때 지령으로 옳은 것은?

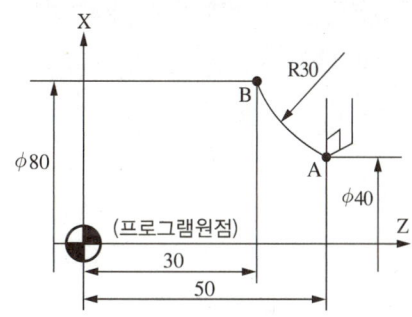

① G02 X40. Z50. R30. F0.25;
② G02 X80. W30. R30. F0.25;
③ G02 U80. W-20. R30. F0.25;
④ G02 U40. W-20. R30. F0.25;

해설
• G02 : 시계방향 원호가공
• U40 : X방향 증분지령으로 $\phi 40 \rightarrow \phi 80$
• W-20 : Z방향 증분지령으로 50 → 30

2017년 제2회 과년도 기출문제

제1과목 | 기계가공법 및 안전관리

01 다음 그림과 같이 피측정물의 구면을 측정할 때 다이얼 게이지의 눈금이 0.5mm 움직이면 구면의 반지름(mm)은 얼마인가?(단, 다이얼 게이지 측정자로부터 구면계의 다리까지의 거리는 20mm이다)

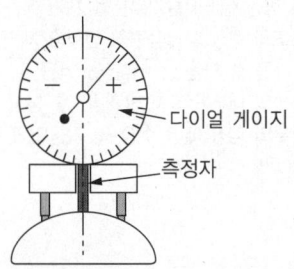

① 100.25　　② 200.25
③ 300.25　　④ 400.25

02 풀리(Pulley)의 보스(Boss)에 키 홈을 가공하려 할 때 사용되는 공작기계는?

① 보링 머신
② 호빙 머신
③ 드릴링 머신
④ 브로칭 머신

해설
브로칭 머신은 브로치 공구를 사용하는 설비로 브로칭 가공을 한다.
브로칭(Broaching) 가공 : 가늘고 긴 일정한 단면 모양의 많은 날을 가진 브로치라는 총형의 절삭공구를 일감표면이나 구멍에 누르면서 통과시켜 단 1회의 공정으로 절삭가공을 하는 것으로 구멍 안에 키홈, 스플라인 홈, 다각형의 구멍을 가공할 수 있다. 이 가공에 이용되는 브로치의 압입방식에는 나사식, 기어식, 유압식이 있다.

03 입자를 이용한 가공법이 아닌 것은?

① 래핑
② 브로칭
③ 배럴가공
④ 액체 호닝

해설
브로칭 가공은 절삭공구인 브로치를 사용하여 절삭하는 작업으로 입자를 이용한 가공법에 속하지 않는다.
브로칭(Broaching)가공
가공물에 홈이나 내부 구멍을 만들 때 가늘고 길며 길이 방향으로 많은 날을 가진 총형 공구인 브로치를 일감에 대고 누르면서 관통시켜 단 1회의 절삭 공정만으로 제품을 완성시키는 가공법이다. 따라서 공작물이나 공구가 회전하지는 않는다.

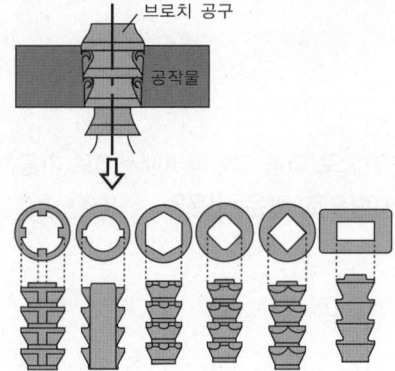

정답　1 ④　2 ④　3 ②

04 심압대의 편위량을 구하는 식으로 옳은 것은?(단, X : 심압대 편위량이다)

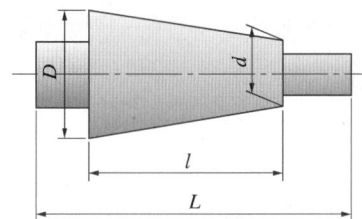

① $X = \dfrac{D-dL}{2l}$

② $X = \dfrac{L(D-d)}{2l}$

③ $X = \dfrac{l(D-d)}{2L}$

④ $X = \dfrac{2L}{(D-d)l}$

해설

심압대 편위량(e) 구하는 식

$e = \dfrac{L(D-d)}{2l}$

여기서 D : 테이퍼의 큰 지름
d : 테이퍼의 작은 지름
l : 테이퍼의 부분 길이
L : 공작물 전체 길이

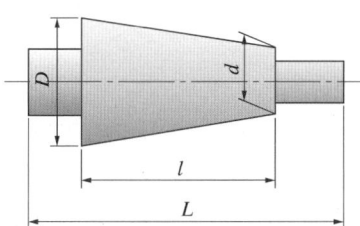

05 래핑작업에 사용하는 랩제의 종류가 아닌 것은?

① 흑 연
② 산화크롬
③ 탄화규소
④ 산화알루미나

해설

래핑가공에 사용되는 랩제의 종류
- 산화철(Fe_2O_3)
- 탄화규소(SiC)
- 알루미나(Al_2O_3)
- 산화크롬(Cr_2O_3)

래핑(Lapping)

주철이나 구리, 가죽, 천 등으로 만들어진 랩(Lap)과 공작물의 다듬질할 면 사이에 랩제를 넣고 적당한 압력으로 누르면서 상대운동을 하면, 절삭입자가 공작물의 표면으로부터 극히 소량의 칩(Chip)을 깎아내어 표면을 다듬는 가공법이다. 주로 게이지 블록의 측정 면을 가공할 때 사용한다.

06 다이얼 게이지 기어의 백래시(Back Lash)로 인해 발생하는 오차는?

① 인접 오차
② 지시 오차
③ 진동 오차
④ 되돌림 오차

해설

다이얼 게이지 기어의 백래시는 되돌림 오차를 발생시킨다.

07 비교 측정하는 방식의 측정기는?

① 측장기 ② 마이크로미터
③ 다이얼 게이지 ④ 버니어 캘리퍼스

해설
측정기기의 종류

각도 측정기	사인바
	수준기
	분도기
	측장기
	탄젠트바
	오토콜리메이터
	콤비네이션세트
	광학식 클리노미터
평면 측정기	서피스게이지
	옵티컬 플랫
	나이프 에지
길이 측정기	게이지블록
	스냅게이지
	깊이게이지
	마이크로미터
	다이얼 게이지
	버니어 캘리퍼스
	지침 측미기(미니미터)
	하이트게이지(높이게이지)
위치, 크기, 방향, 윤곽, 형상	3차원 측정기
비교 측정기	다이얼 게이지
	지침 측미기(미니미터)
	다이얼 테스트인디케이터

08 선반에서 할 수 없는 작업은?

① 나사 가공
② 널링 가공
③ 테이퍼 가공
④ 스플라인 홈 가공

해설
스플라인 홈 가공은 밀링 가공으로 가능할 뿐, 선반으로는 작업이 불가능하다.

09 범용 밀링머신으로 할 수 없는 가공은?

① T홈 가공 ② 평면 가공
③ 수나사 가공 ④ 더브테일 가공

해설
수나사 가공은 선반을 이용해서 만들 수 있으나 밀링으로는 불가능하다.

10 일반적으로 센터드릴에서 사용되는 각도가 아닌 것은?

① 45° ② 60°
③ 75° ④ 90°

해설
센터드릴의 각도는 60°, 75°, 90°를 사용한다.

11 트위스트 드릴은 절삭날의 각도가 중심에 가까울수록 절삭작용이 나쁘게 되기 때문에 이를 개선하기 위해 드릴의 웨브 부분을 연삭하는 것은?

① 시닝(Thinning)
② 트루잉(Truing)
③ 드레싱(Dressing)
④ 글레이징(Glazing)

해설
시닝 : 트위스트 드릴은 절삭날의 각도가 중심에 가까울수록 절삭작용이 나빠져서 이를 개선하기 위해 드릴의 웨브 부분을 연삭하는 작업

12 센터리스 연삭에 대한 설명으로 틀린 것은?

① 가늘고 긴 가공물의 연삭에 적합하다.
② 긴 홈이 있는 가공물의 연삭에 적합하다.
③ 다른 연삭기에 비해 연삭여유가 작아도 된다.
④ 센터가 필요치 않아 센터 구멍을 가공할 필요가 없다.

해설
센터리스 연삭은 가늘고 긴 원통형의 공작물을 센터나 척으로 고정하지 않고 바깥지름이나 안지름을 연삭하는 가공방법으로 긴 홈이 있는 가공물이나 대형 또는 중량물의 연삭은 곤란하다.

13 박스 지그(Box Jig)의 사용처로 옳은 것은?

① 드릴로 대량생산을 할 때
② 선반으로 크랭크 절삭을 할 때
③ 연삭기로 테이퍼 작업을 할 때
④ 밀링으로 평면 절삭작업을 할 때

해설
박스 지그는 정해진 공간에 구멍을 뚫기 위해 만들어진 고정 틀로 드릴공구를 사용해서 대량으로 구멍작업을 할 때 사용한다.

14 연삭작업에 대한 설명으로 적절하지 않은 것은?

① 거친 연삭을 할 때에는 연삭 깊이를 얕게 주도록 한다.
② 연질 가공물을 연삭할 때는 결합도가 높은 숫돌이 적합하다.
③ 다듬질 연삭을 할 때는 고운 입도의 연삭숫돌을 사용한다.
④ 강의 거친 연삭에서 공작물 1회전마다 숫돌바퀴 폭의 1/2~3/4으로 이송한다.

해설
거친 연삭은 표면의 정밀도가 높지 않아도 되기 때문에 연삭 깊이를 깊게 해도 된다.

15 미끄러짐을 방지하기 위한 손잡이나 외관을 좋게 하기 위하여 사용되는 다음 그림과 같은 선반 가공법은?

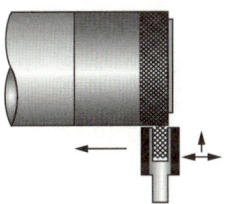

① 나사 가공   ② 널링 가공
③ 총형 가공   ④ 다듬질 가공

해설
널링 가공 : 기계의 손잡이 부분에 올록볼록한 돌기부를 만들어 손으로 잡고 돌리기 쉽도록 만드는 가공법

16 수기가공을 할 때의 작업안전 수칙으로 옳은 것은?

① 바이스를 사용할 때는 조에 기름을 충분히 묻히고 사용한다.
② 드릴가공을 할 때에는 장갑을 착용하여 단단하고 위험한 칩으로부터 손을 보호한다.
③ 금긋기 작업을 하는 이유는 주로 절단을 할 때에 절삭성이 좋아지기 위함이다.
④ 탭 작업 시에는 칩이 원활하게 배출이 될 수 있도록 후퇴와 전진을 번갈아 가면서 점진적으로 수행한다.

[해설]
탭 작업은 암나사를 내기 위한 수작업 공정으로 한 번만 진행방향으로 가공해야 한다. 가공할 때는 1번, 2번, 3번 탭의 순서대로 가공을 해야 한다.

17 밀링머신에서 절삭공구를 고정하는데 사용되는 부속장치가 아닌 것은?

① 아버(Arbor)
② 콜릿(Collet)
③ 새들(Saddle)
④ 어댑터(Adapter)

[해설]
선반에서 이동용 방진구를 설치하는 곳은 왕복대(새들)이므로 밀링머신용 부속장치에 속하지 않는다.

18 공기 마이크로미터에 대한 설명으로 틀린 것은?

① 압축 공기원이 필요하다.
② 비교 측정기로 1개의 마스터로 측정이 가능하다.
③ 타원, 테이퍼, 편심 등의 측정을 간단히 할 수 있다.
④ 확대 기구에 기계적 요소가 없기 때문에 장시간 고정도를 유지할 수 있다.

[해설]
공기 마이크로미터를 사용하여 비교측정을 할 때는 큰 치수와 작은 치수인 2개의 마스터가 필요하다.

19 밀링머신에서 테이블의 이송속도(f)를 구하는 식으로 옳은 것은?(단, f_z : 1개의 날당 이송(mm), z : 커터의 날 수, n : 커터의 회전수(rpm)이다)

① $f = f_z \times z \times n$
② $f = f_z \times \pi \times z \times n$
③ $f = \dfrac{f_z \times z}{n}$
④ $f = \dfrac{(f_z \times z)^2}{n}$

[해설]
밀링 및 머시닝센터에서 테이블 이송속도(f) 구하는 식
$f = f_z \times z \times n$
여기서 f : 테이블의 이송속도(mm/min)
　　　f_z : 밀링 커터날 1개의 이송(mm)
　　　z : 밀링 커터날의 수
　　　n : 밀링 커터의 회전수(rpm)

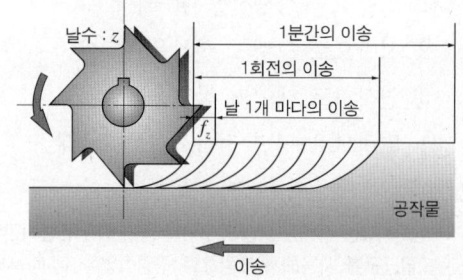

20 산화알루미늄(Al_2O_3)분말을 주성분으로 마그네슘(Mg), 규소(Si) 등의 산화물과 소량의 다른 원소를 첨가하여 소결한 절삭공구의 재료는?

① CBN
② 서멧
③ 세라믹
④ 다이아몬드

해설
세라믹은 무기질의 비금속 재료인 산화알루미늄을 주성분으로 하여 마그네슘과 규소 등의 산화물을 고온에서 소결한 것으로 1,200℃의 절삭열에도 경도 변화가 없는 신소재이다. 내마모성, 내열성, 내화학성이 우수하나 인성이 부족하고 성형성이 좋지 못하며 충격에 약한 단점이 있다.

제2과목 | 기계설계 및 기계재료

21 백주철을 고온에서 장시간 열처리하여 시멘타이트 조직을 분해하거나 소실시켜 인성 또는 연성을 개선한 주철은?

① 가단 주철
② 칠드 주철
③ 합금 주철
④ 구상흑연 주철

해설
① 가단 주철 : 백주철을 고온에서 장시간 열처리하여 시멘타이트 조직을 분해하거나 소실시켜 인성 또는 연성을 개선한 주철이다.
② 칠드 주철 : 주조 시 주형에 냉금을 삽입하여 주물 표면을 급랭시킨 것으로 표면을 백선화하고 경도를 증가시킨 내마모성 주철이다.
③ 합금 주철 : 일반 주철에 원하는 성질의 철강 재료를 만들기 위해 특수한 합금원소를 첨가하여 만든 주철이다.
④ 구상흑연 주철 : 불스아이(Bull's Eye) 조직이 나타나는 주철로 Ni(니켈), Cr(크롬), Mo(몰리브덴), Cu(구리) 등을 첨가하여 재질을 개선한 주철로써 노듈러 주철, 덕타일 주철로도 불린다. 내마멸성, 내열성, 내식성이 대단히 우수하여 자동차용 주물이나 주조용 재료로 가장 많이 쓰인다.

22 플라스틱 성형재료 중 열가소성 수지는?

① 페놀수지
② 요소수지
③ 아크릴수지
④ 멜라민수지

해설
아크릴수지가 열가소성 수지에 속한다.
합성수지의 종류 및 특징

종류		특징
열경화성 수지	한 번 열을 가해 성형을 하면 다시 열을 가해도 형태가 변하지 않는 수지	
	요소수지	• 광택이 있다. • 착색이 자유롭다. • 건축재료, 성형품에 이용한다.
	페놀수지	• 높은 전기 절연성이 있다. • 베이클라이트라고도 불린다. • 전기 부품재료, 식기, 판재, 무음기어에 이용한다.
	멜라민수지	• 내수성, 내열성이 있다. • 책상, 테이블판 가공에 이용한다.
	에폭시수지	• 내열성, 전기절연성, 접착성이 우수하다. • 경화 시 휘발성 물질을 발생하고 부피가 수축된다.
	폴리에스테르	• 치수 안정성과 내열성, 내약품성이 있다. • 소형차의 차체, 선체, 물탱크 재료로 이용한다.
	거품 폴리우레탄	• 비중이 작고 강도가 크다. • 매트리스나 자동차의 쿠션, 가구에 이용한다.
열가소성 수지	열을 가해 성형한 뒤에도 다시 열을 가하면 형태를 변형시킬 수 있는 수지	
	폴리에틸렌	• 전기 절연성, 내수성, 방습성이 우수하며 독성이 없다. • 연료 탱크나 어망, 코팅 재료로 이용한다.
	폴리프로필렌	• 기계적, 전기적 성질이 우수하다. • 가전제품의 케이스, 의료기구, 단열재로 이용한다.
	폴리염화비닐	• 내산성, 내알칼리성이 풍부하다. • 텐트나 도료, 완구제품에 이용한다.
	폴리비닐알콜	• 무색, 투명하며 인체에 무해하다. • 접착제나 도료에 이용한다.
	폴리스티렌	• 투명하고 전기 절연성이 좋다. • 통신기의 전열재료, 선풍기 팬, 계량기판에 이용한다.
	폴리아마이드 (나일론)	• 내식성과 내마멸성의 합성섬유이다. • 타이어나 로프, 전선피복 재료로 이용한다.
	아크릴수지	유리 대신 사용되며 무색이고 투명하며 자외선이 일반 유리보다 더 잘 투과된다.

23 구리 및 구리합금에 관한 설명으로 틀린 것은?

① Cu의 용융점은 약 1,083℃이다.
② 문쯔메탈은 60%Cu + 40%Sn 합금이다.
③ 유연하고 전연성이 좋으므로 가공이 용이하다.
④ 부식성 물질이 용존하는 수용액 내에 있는 황동은 탈아연 현상이 나타난다.

[해설]
문쯔메탈은 60%의 Cu(구리)와 40%의 Zn(아연)이 합금된 것으로 인장강도가 최대이며, 강도가 필요한 단조제품이나 볼트, 리벳 등의 재료로 사용한다.

24 고속도강을 담금질 한 후 뜨임하게 되면 일어나는 현상은?

① 경년현상이 일어난다.
② 자연균열이 일어난다.
③ 2차 경화가 일어난다.
④ 응력부식균열이 일어난다.

[해설]
고속도강은 절삭공구 재료에서 W, Cr, V, Co 등의 원소를 함유하는 합금강으로 담금질한 후 바로 뜨임처리를 실시하면 2차 경화가 발생된다. 이를 방지하기 위하여 고속도강이나 다이스강은 항온뜨임 처리를 해야 한다.

25 다음 중 알루미늄합금이 아닌 것은?

① 라우탈
② 실루민
③ 두랄루민
④ 화이트메탈

[해설]
배빗메탈(화이트메탈): Sn(주석), Sb(안티몬) 및 Cu(구리)가 주성분인 합금으로 Sn이 89%, Sb가 7%, Cu가 4% 섞여 있다. 발명자 Issac Babbit의 이름을 따서 배빗메탈이라 하며 화이트메탈이라고도 불린다. 내열성이 우수하여 내연기관용 베어링 재료로 사용된다.

26 강의 표면에 붕소(B)를 침투시키는 처리방법은?

① 세라다이징
② 칼로라이징
③ 크로마이징
④ 보로나이징

[해설]
표면경화법의 종류

종류		침탄재료
화염 경화법		산소-아세틸렌불꽃
고주파 경화법		고주파 유도전류
질화법		암모니아가스
방전경화법		불꽃방전
침탄법	고체 침탄법	목탄, 코크스, 골탄
	액체 침탄법	KCN(사이안화칼륨), NaCN(사이안화나트륨)
	가스 침탄법	메탄, 에탄, 프로판
금속 침투법	세라다이징	Zn
	칼로라이징	Al
	크로마이징	Cr
	실리코나이징	Si
	보로나이징	B(붕소)

27 상온에서 순철(α철)의 격자구조는?

① FCC
② CPH
③ BCC
④ HCP

[해설]
상온에서 순철은 α철로 체심입방격자(BCC)의 격자구조를 갖는다.

28 금속의 일반적인 특성이 아닌 것은?

① 연성 및 전성이 좋다.
② 열과 전기의 부도체이다.
③ 금속적 광택을 가지고 있다.
④ 고체 상태에서 결정구조를 갖는다.

해설
금속은 열과 전기의 도체이다.

29 오일리스 베어링(Oilless Bearing)의 특징을 설명한 것으로 틀린 것은?

① 단공질이므로 강인성이 높다.
② 무급유 베어링으로 사용한다.
③ 대부분 분말 야금법으로 제조한다.
④ 동계에는 Cu-Sn-C합금이 있다.

해설
오일리스 베어링은 다공성의 재료이므로 일반 베어링들보다 강인성은 다소 떨어진다.

30 일반적으로 탄소강에서 탄소량이 증가할수록 증가하는 성질은?

① 비중
② 열팽창계수
③ 전기저항
④ 열전도도

해설
탄소량 증가에 따른 금속재료의 성질변화
• 증가하는 성질 : 전기저항성
• 감소하는 성질 : 비중, 열전도도, 열팽창계수, 용융점

31 지름이 10mm인 시험편에 600N의 인장력이 작용한다고 할 때, 이 시험편에 발생하는 인장응력은 약 몇 MPa인가?

① 95.2
② 76.4
③ 7.64
④ 9.52

해설
$$\sigma = \frac{F}{A} = \frac{F}{\frac{\pi d^2}{4}} = \frac{600\text{N}}{\frac{\pi \times (10\text{mm})^2}{4}} = \frac{2,400\text{N}}{\pi \times (10\text{mm})^2}$$
$$= 7.64\text{N/mm}^2$$
$$= 7.64\text{N/m}^2 \times 10^6$$
$$= 7.64\text{MPa}$$

32 스프링에 150N의 하중을 가했을 때 발생하는 최대 전단응력이 400MPa이었다. 스프링 지수(C)는 10이라고 할 때, 스프링 소선의 지름은 약 몇 mm인가?(단, 응력수정계수 $K = \frac{4C-1}{4C-4} + \frac{0.615}{C}$를 적용한다)

① 3.3
② 4.8
③ 7.5
④ 12.6

정답 28 ② 29 ① 30 ③ 31 ③ 32 ①

33 맞물린 한 쌍의 인벌류트 기어에서 피치원의 공통 접선과 맞물리는 부위에 힘이 작용하는 작용선이 이루는 각도를 무엇이라고 하는가?

① 중심각 ② 접선각
③ 전위각 ④ 압력각

해설
압력각(α)은 맞물린 한 쌍의 인벌류트 기어에서 피치원의 공통접선과 맞물리는 부위에 힘이 작용하는 작용선이 이루는 각도이다. 참고로 헬리컬 기어의 압력각(α)은 일반적으로 10~30°이다.

34 지름 45mm의 축이 200rpm으로 회전하고 있다. 이 축은 길이 1m에 대하여 1/4°의 비틀림 각이 발생한다고 할 때, 약 몇 kW의 동력을 전달하고 있는가?(단, 축 재료의 가로탄성계수는 84GPa이다)

① 2.1 ② 2.6
③ 3.1 ④ 3.6

35 정(Chisel) 등의 공구를 사용하여 리벳머리의 주위와 강판의 가장자리를 두드리는 작업을 코킹(Caulking)이라 하는데, 이러한 작업을 실시하는 목적으로 적절한 것은?

① 리베팅 작업에 있어서 강판의 강도를 크게 하기 위하여
② 리베팅 작업에 있어서 기밀을 유지하기 위하여
③ 리베팅 작업 중 파손된 부분을 수정하기 위하여
④ 리벳이 들어갈 구멍을 뚫기 위하여

해설
코킹작업을 하는 이유는 리베팅 된 강판의 가장자리를 두드림으로써 기밀(공기의 밀폐)을 유지하기 위함이다.

36 축 방향으로 보스를 미끄럼 운동시킬 필요가 있을 때 사용하는 키는?

① 페더(Feather) 키
② 반달(Woodruff) 키
③ 성크(Sunk) 키
④ 안장(Saddle) 키

해설
미끄럼키(Sliding Key) : 회전력을 전달하면서 동시에 보스를 축 방향으로 이동시킬 수 있다. 키를 작은 나사로 고정하며 기울기가 없고 평행하다. 페더키, 안내키라고도 불린다.

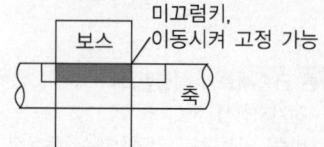

37 어느 브레이크에서 제동동력이 3kW이고, 브레이크 용량(Brake Capacity)을 0.8N/mm²·m/s라고 할 때, 브레이크 마찰면적의 크기는 약 몇 mm²인가?

① 3,200 ② 2,250
③ 5,500 ④ 3,750

해설

브레이크 용량 $= \dfrac{P}{A} = \dfrac{제동동력}{마찰면적}$

$0.8\text{N/mm}^2 \cdot \text{m/s} = \dfrac{3 \times 10^3 \text{N} \cdot \text{m/s}}{A}$

$A = 3{,}750 \text{mm}^2$

38 420rpm으로 16.20kN의 하중을 받고 있는 엔드저널의 지름(d)과 길이(l)는?(단, 베어링 작용압력은 1N/mm², 폭 지름비 $l/d = 2$이다)

① d=90mm, l=180mm
② d=85mm, l=170mm
③ d=80mm, l=160mm
④ d=75mm, l=150mm

해설

최대 베어링 하중(W) = 베어링 압력(P) × 저널의 지름(d) × 저널의 길이(l)

$16{,}200\text{N} = 1\text{N/mm}^2 \times d \times l, \left(\dfrac{l}{d}=2,\ l=2d\right)$

$16{,}200\text{N} = 1\text{N/mm}^2 \times d \times 2d$

$\dfrac{16{,}200\text{N}}{1\text{N/mm}^2} = 2d^2$

$d^2 = 8{,}100\text{mm}^2$

$d = 90\text{mm}$

$l = 2d$이므로 $l = 180\text{mm}$가 된다.

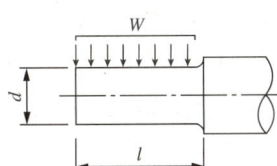

최대 베어링 하중(W)
$W = P \times d \times l$
여기서 P : 최대 베어링 압력
      d : 저널의 지름
      l : 저널부의 길이
※ 저널이란 베어링에 의해 둘러싸인 축의 일부분을 말한다.

39 평벨트 전동장치와 비교하여 V-벨트 전동장치에 대한 설명으로 옳지 않은 것은?

① 접촉 면적이 넓으므로 비교적 큰 동력을 전달한다.
② 장력이 커서 베어링에 걸리는 하중이 큰 편이다.
③ 미끄럼이 작고 속도비가 크다.
④ 바로걸기로만 사용이 가능하다.

해설

V-벨트 전동장치는 작은 장력으로 큰 회전력을 전달할 수 있는 동력전달장치로 베어링에 걸리는 하중이 작은 편이다.

40 M22볼트(골지름 19.294mm)가 그림과 같이 2장의 강판을 고정하고 있다. 체결 볼트의 허용전단응력이 36.15MPa라 하면 최대 몇 kN까지의 하중(P)을 견딜 수 있는가?

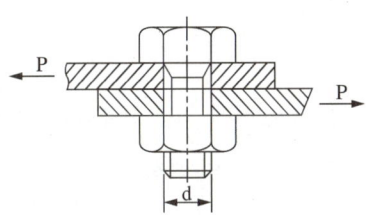

① 3.21 ② 7.54
③ 10.57 ④ 11.48

해설

$\tau = \dfrac{P}{A} = \dfrac{P}{\dfrac{\pi d^2}{4}} = \dfrac{4P}{\pi d^2}$, 이 식을 하중($P$)으로 정리하면

$P = \dfrac{\pi d^2 \tau}{4} = \dfrac{\pi \times 19.294^2 \times 36.15}{4} = 10.57\text{kN}$

정답 37 ④ 38 ① 39 ② 40 ③

제3과목 | 컴퓨터응용가공

41 다음 중 곡면에 관한 일반적인 설명으로 틀린 것은?

① 베지어(Bezier)곡면의 차수는 조정점의 개수에 의해 좌우된다.
② 곡면식들은 필요에 의해 그 미분값들을 자주 계산할 필요가 있다.
③ 쿤스 패치(Coons Patch)는 패치를 구성하는 2개의 구석 점들을 선형 보간하여 전체 곡면식을 얻는다.
④ 최근의 솔리드 모델링 시스템은 사용되는 모든 곡면을 하나의 NURB 곡면식 형태로 저장하기도 한다.

해설
Coons(쿤스)곡면은 자유 곡면을 형성할 때 곡면 패치(Patch)의 4개의 모서리 점(위치 벡터)과 4개의 경계 곡선을 부드럽게 선형 보간하여 연결한 곡면이다. 따라서 ③번은 틀린 표현이다.

42 다음 중 원뿔에 의한 원추곡선이 아닌 것은?

① 3차 스플라인 곡선
② 쌍곡선
③ 포물선
④ 타 원

해설
원뿔을 임의 평면으로 교차시킨 경우에 구성되는 원추곡선
- 원
- 타 원
- 쌍곡선
- 포물선

43 다음 중 P_0, P_1, P_2의 조정점을 갖고 오더가 3인 비주기적 균일 B-spline 곡선의 식을 다항식 형태로 유도한 것으로 적절한 것은?

① $P(u) = u^2 P_0 + 2u(1-u)P_1 + (1-u)^2 P_2$
② $P(u) = (1-u)^2 P_0 + 2u(1-u)P_1 + u^2 P_2$
③ $P(u) = u^2 P_0 - 2u(1-u)P_1 + (1-u)^2 P_2$
④ $P(u) = (1-u)^2 P_0 - 2u(1-u)P_1 + u^2 P_2$

44 형상을 구성하고 있는 면과 면 사이의 위상기하학적인 결합관계를 정의함으로써 3차원 물체를 표현하는 방식은?

① CSG 방식
② B-Rep 방식
③ Hybrid 방식
④ Wireframe 방식

해설
솔리드 모델링의 방식 중 B-Rep 방식은 형상을 구성하는 면과 면 사이의 위상 기하학적 요소의 상관관계를 정의하는 모델링 방법으로 현실세계에 존재하지 않는 모델링도 작성된다.

45 제품개발의 초기개념 설계단계에서 해당 제품의 폐기에 이르기까지 전체 제품 라이프사이클의 모든 것(품질, 원가, 일정, 고객의 요구사항 등)을 감안하여 협업적으로 개발하도록 하는 시스템 공학적 제품개발 전략은?

① 가치분석(Value Analysis)
② 가치공학(Value Engineering)
③ 동시공학(Concurrent Engineering)
④ 총괄적 품질관리(Total Quality Control)

해설
동시공학은 제품 설계단계에서 제조 및 사후지원 업무까지도 함께 통합적으로 감안하여 설계를 하는 시스템적 접근방법이다.

46 DNC(Direct Numerical Control)의 설명으로 옳은 것은?

① 여러 대의 NC기계를 한 대의 컴퓨터에 연결시켜 제어
② NC 공작기계 내에 저장되어 있는 표준 부프로그램(Subroutine)
③ 컴퓨터(마이크로프로세서)를 내장한 NC공작기계
④ 컴퓨터의 핵심기능을 수행하는 중앙 연산 처리 장치

해설
DNC(Direct Numerical Control) : 중앙의 1대 컴퓨터에서 여러 대의 CNC 공작기계에 데이터를 분배하여 전송함으로써 동시에 여러 대의 기계를 운전할 수 있는 시스템

47 컴퓨터를 이용한 공정계획의 약자로 맞는 것은?

① CAP
② MRP
③ CAT
④ CAPP

해설
CAPP(Computer Aided Process Planning)는 컴퓨터를 이용한 공정계획을 의미한다. 공정계획은 도면을 파악하고 나서 생산성을 높이기 위해 공작기계 및 공구선정, 가공순서, 절삭조건 등을 계획하는 작업이다.
① CAP(Computer Aided Prison) : 컴퓨터 활용자가 평가
② MRP(Material Requirement Planning) : 자재 수급 계획
③ CAT(Computer Aided Testing) : 컴퓨터 활용 측정

48 다음 중 일반적인 공구경로 시뮬레이션을 통해 파트 프로그래머가 직접 시각적으로 확인하기 어려운 것은?

① 공구가 공작물의 필요한 부분까지 제거하는지의 여부
② 공구가 어떤 클램프(Clamp)나 고정구(Fixture)와 충돌하는지의 여부
③ 공구가 포켓(Pocket)의 바닥이나 측면, 리브(Lib)를 관통하여 지나가는지의 여부
④ 공구에 어떤 힘이 가해지며, 공구경로가 공구수명에 효율적인지의 여부

해설
파트 프로그래머는 일반적으로 공구의 이동경로와 관련이 있으며 공구에 가해지는 힘이나 공구경로가 공구수명에 미치는 영향 등은 확인이 불가능하다.

49 3차원 솔리드 모델링 과정에서 사용되는 Primitive 요소가 아닌 것은?

① 구
② 원 뿔
③ 삼각면
④ 육면체

해설
프리미티브(Primitive)의 의미는 초기의, 원시적인 단계를 의미하는 것으로 프로그램을 다루는데 가장 기본적인 기하학적 물체를 의미한다.
3차원 솔리드 모델링에서 사용되는 기본 입체(Primitive) 형상
• 구(Sphere)
• 관(Pipe)
• 원통(Cylinder)
• 원추(원뿔, Cone)
• 육면체(Cube)
• 사각블록(Box)

50 일반적인 CAD시스템에서 하나의 원(Circle)을 정의하는 방법으로 가장 거리가 먼 것은?

① 중심과 반지름으로 표시
② 중심과 원주상의 한 점으로 표시
③ 한 점과 수평선과의 각도로 표시
④ 일직선상에 놓여 있지 않은 임의의 3개의 점으로 표시

해설
한 점과 수평선과의 각도만으로는 원을 표현할 수 없다.

51 x방향으로 2배 축소, y방향으로 2배 확대를 나타내는 변환 행렬 T_H는?

$$[x^* \, y^* \, 1] = [x \, y \, 1] \, T_H$$

① $T_H = \begin{bmatrix} 0.5 & 0 & 0 \\ 0 & 2 & 0 \\ 0 & 0 & 1 \end{bmatrix}$

② $T_H = \begin{bmatrix} 0.5 & 0 & 0 \\ 0 & 0.5 & 0 \\ 0 & 0 & 1 \end{bmatrix}$

③ $T_H = \begin{bmatrix} 2 & 0 & 0 \\ 0 & 0.5 & 0 \\ 0 & 0 & 1 \end{bmatrix}$

④ $T_H = \begin{bmatrix} 2 & 0 & 0 \\ 0 & 2 & 0 \\ 0 & 0 & 1 \end{bmatrix}$

해설
$[x' \, y' \, 1] = [x \, y \, 1] \begin{bmatrix} S_x & 0 & 0 \\ 0 & S_y & 0 \\ 0 & 0 & 1 \end{bmatrix}$

한 점(x, y)을 x방향으로 S_x의 비율과, y방향으로 S_y의 비율로 확대 및 축소시키는 행렬 변환식이다.
따라서, x방향으로 2배 축소이므로 0.5, y방향으로 2배 확대이므로 2를 대입하면 정답은 ①번이 된다.

52 다음 중 블렌딩 함수로 베른스타인(Bernstein) 다항식을 사용한 곡선 방정식은?

① NURBS 곡선
② B-spline 곡선
③ 베지어(Bezier) 곡선
④ 퍼거슨(Ferguson) 곡선

해설
블렌딩 함수로 베른스타인(Bernstein) 다항식을 사용하는 곡선의 방정식은 베지어(Bezier) 곡선이다.

53 터빈 블레이드나 선박의 스크루(Screw), 항공기 부품 등을 가공할 때 사용하는 가장 적합한 가공 방식은?

① 2.5축 가공   ② 3축 가공
③ 4축 가공   ④ 5축 가공

해설
터빈 블레이드나 선반의 스크루는 타원형의 곡선을 띈 기하학적 형상을 제작하는 방식이므로 5축 가공이 적합하다. 5축 가공기계는 5개의 자유도를 가지며 공구의 위치를 결정하는데 3개가 사용되고 공구의 방향 벡터를 결정하는데 2개가 사용된다.

54 그래픽데이터 표준규격인 IGES(Initial Graphics Exchanges Specification)파일 구조가 아닌 것은?

① Start 섹션
② Global 섹션
③ Blocks 섹션
④ Directory 섹션

해설
IGES의 파일구조
- 개시 섹션(Start Section)
- 플래그 섹션(Flag Section)
- 글로벌 섹션(Global Section)
- 종결 섹션(Terminate Section)
- 디렉터리 엔트리 섹션(Directory Entry Section)
- 파라미터 데이터 섹션(Parameter Data Section)

55 다음 중 CNC 공작기계의 가공에 필요한 NC코드의 생성에 가장 적절한 모델은?

① 커브(Curve) 모델
② 곡면(Surface) 모델
③ 유한요소(FEM) 모델
④ 와이어프레임(Wireframe) 모델

해설
CNC 공작기계용 NC코드는 솔리드 모델링처럼 복잡하지 않은 서피스 모델링이 적합하다. 와이어프레임 모델링은 NC코드 생성이 불가능하다.

56 중심(-10, 5), 반지름 5인 원의 방정식은?

① $(x-10)^2 + (y+5)^2 = 5$
② $(x+10)^2 + (y-5)^2 = 5$
③ $(x-10)^2 + (y+5)^2 = 25$
④ $(x+10)^2 + (y-5)^2 = 25$

해설
2개의 중심점과 반지름을 이용한 원의 방정식 $(x-a)^2 + (y-b)^2 = r^2$을 적용하면
$(x+10)^2 + (y-5)^2 = 25$이다.

57 솔리드 모델(Solid Model)에 대한 설명으로 틀린 것은?

① 데이터의 처리가 많아진다.
② 물리적 성질 등의 계산이 불가능하다.
③ 이동·회전 등을 통하여 정확한 형상파악을 할 수 있다.
④ Boolean 연산(합, 차, 적)을 통하여 복잡한 형상 표현도 가능하다.

해설
솔리드 모델링과 서피스 모델링은 물리적 성질 등의 계산이 가능하다.

58 쾌속조형(RP)에 관한 일반적인 설명 중 틀린 것은?

① 클램프, 지그, 또는 고정구를 고려할 필요가 없다.
② 특징형상 기반 설계나 특징형상 인식이 필요하다.
③ 물체를 만들기 위해 단면 데이터를 생성하여 사용한다.
④ 재료를 제거하는 것이 아니라 재료를 더해 나가는 공정이다.

해설
쾌속조형(RP)법은 모델링한 데이터를 STL형식으로 변환한 후, 한 층씩 적층하면서 실제의 시작품을 제작하는 것으로 특징형상 기반의 설계나 인식이 불필요하다.
쾌속조형(RP ; Rapid Prototyping)
급속 조형기술을 말하는 것으로 모델링한 데이터를 STL형식으로 변환한 후, 한 층씩 적층하면서 실제의 시작품을 제작하는 공정이다.

59 래스터 디스플레이 장치를 이용하여 흑백이 아닌 컬러 색을 표현하는 데 필요한 최소한의 비트 플레인(Bit Plane)은 몇 개인가?

① 1　　　　② 3
③ 5　　　　④ 7

해설
래스터 디스플레이를 이용할 때 컬러를 표현하기 위한 최소한의 Bit Plane은 3개이다.
래스터(Raster) : 전자빔을 CRT화면의 미리 정해진 수평면 집합체에 주사시키면서 이들을 일정한 간격을 유지하게 하여 전체 화면에 고르게 퍼지도록 하는 현상

60 와이어프레임(Wireframe) 모델의 특징으로 틀린 것은?

① 물리적 성질의 계산이 가능하다.
② 3면 투시도의 작성이 용이하다.
③ 숨은선 제거가 불가능하다.
④ 데이터 구조가 간단하다.

해설
와이어프레임 모델링은 물리적 성질의 계산이 불가능하다.

제4과목 | 기계제도 및 CNC공작법

61 그림과 같이 하나의 그림으로 정육면체의 세 면 중 한 면만을 중점적으로 엄밀·정확하게 표현하는 것으로, 캐비닛도가 이에 해당하는 투상법은?

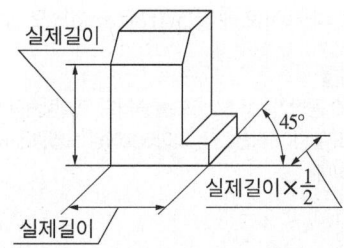

① 사투상법　　② 등각투상법
③ 정투상법　　④ 투시도법

해설
사투상도 : 하나의 그림으로 대상물의 한 면(정면)만을 중점적으로 엄밀하고 정확하게 표시한 것으로 물체를 투상면에 대하여 한쪽으로 경사지게 투상하여 입체적으로 나타낸 투상법이다.

62 가공방법의 약호 중 FR이 뜻하는 것은?

① 브로칭 가공　　② 호닝 가공
③ 줄 다듬질　　　④ 리밍 가공

해설
FR은 리머 다듬질인 리머 가공을 나타내는 기호이다.
가공방법의 기호

기 호	가공방법	기 호	가공방법
L	선 반	FS	스크레이핑
B	보 링	G	연 삭
BR	브로칭	GH	호 닝
C	주 조	GL	래 핑
CD	다이캐스팅	GS	평면 연삭
D	드 릴	M	밀 링
FB	브러싱	P	플레이닝
FF	줄 다듬질	PS	절단(전단)
FL	래 핑	SH	기계적 강화
FR	리머다듬질		

63 특수 가공하는 부분이나 특별한 요구사항을 적용하도록 범위를 지정하는 데 사용되는 선의 종류는?

① 가는 1점 쇄선
② 가는 2점 쇄선
③ 굵은 실선
④ 굵은 1점 쇄선

해설
굵은 1점 쇄선(—·—·—)은 특수한 가공이나 특수 열처리가 필요한 부분 등 특별한 요구사항을 적용할 범위를 표시할 때 사용한다.

64 기하학적 형상공차를 사용하는 이유로 거리가 먼 것은?

① 최대 생산 공차를 주어 생산성을 높인다.
② 끼워맞춤 부품의 호환성을 보증한다.
③ 직각좌표의 치수방법을 변환시켜 간편하게 표시한다.
④ 끼워맞춤, 조립 등 그 형상이 요구하는 기능을 보증한다.

해설
기하학적 형상공차는 일반 공차보다 표현방식이 더 복잡하므로 ③번은 틀린 표현이다.

65 그림과 같은 용접 기호를 가장 잘 설명한 것은?

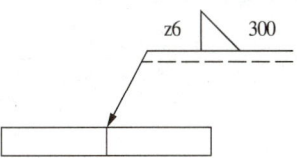

① 목길이 6mm, 용접길이 300mm인 화살표 쪽의 필릿 용접
② 목두께 6mm, 용접길이 300mm인 화살표 쪽의 필릿 용접
③ 목길이 6mm, 용접길이 300mm인 화살표 반대쪽의 필릿 용접
④ 목두께 6mm, 용접길이 300mm인 화살표 반대쪽의 필릿 용접

해설
"z6 △ 300"에서
- z6 : 목길이 6mm
- △ : 필릿 용접
- 300 : 용접길이 300mm
- 실선 위에 "z6 △ 300"이 기록해져 있음 : 화살표 쪽으로 용접, 만일 점선 위에 기록해져 있었다면 화살표 반대쪽으로 용접하라는 의미이다.
- 용접부 기호 표시
  a : 목두께, z : 목길이(다리 길이)

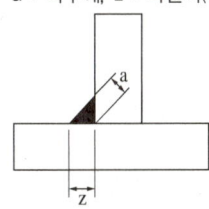

정답 63 ④ 64 ③ 65 ①

66 그림과 같은 입체도를 제3각법으로 투상하였을 때, 가장 적합한 투상도는?

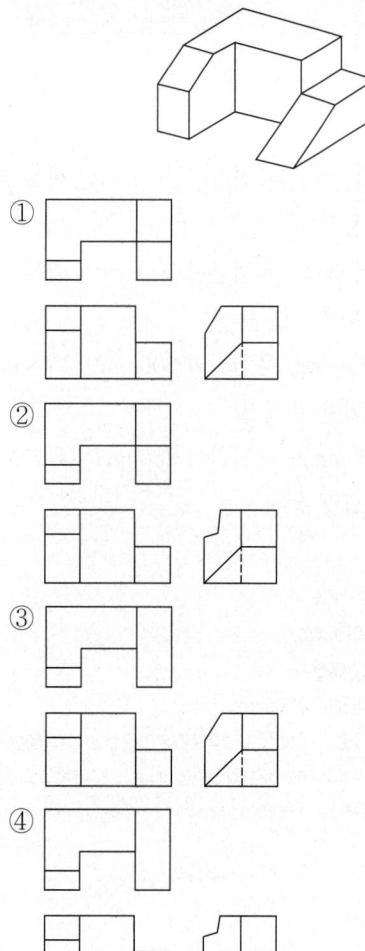

해설
우선 보기의 정면도는 모두 동일하므로 정면도를 파악할 필요는 없다. 물체를 위에서 바라보는 평면도의 경우 우측 상단에 경계선이 나뉘는 것만으로 정답의 범위를 ①, ②번으로 유추할 수 있다. 우측면도를 살펴보면 좌측 상단에서 대각선의 경계부가 있는 것을 나타낸 ①번이 정답임을 알 수 있다.

67 그림과 같은 기어 간략도를 살펴볼 때 기어의 종류는?

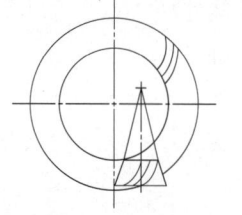 

① 헬리컬 기어
② 스파이럴 베벨 기어
③ 스크루 기어
④ 하이포이드 기어

해설
하이포이드 기어는 베벨 기어의 일종으로 베벨 기어의 축을 엇갈리게 한 기어로써 자동차의 차동장치에 주로 사용된다. 그림에서 보면 두 축이 나란하지도, 교차하지도 않는 형상이기 때문에 이것은 하이포이드 기어임을 알 수 있다.

68 축의 치수허용차 기호에서 위치수 허용차가 0인 공차역 기호는?

① b   ② h
③ g   ④ s

해설
축 기준식 끼워맞춤 공차에서 위치수 허용차가 0인 것은 KS규격상 h기호를 사용한다.

69 그림과 같은 도면에서 테이퍼가 $\frac{1}{2}$일 때 a의 지름은 몇 mm인가?

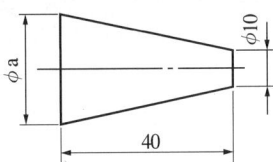

① 20　② 25
③ 30　④ 35

해설
테이퍼가 $\frac{1}{2}$이라면 $\frac{세로}{가로} = \frac{1}{2}$이므로

$\frac{a-10\text{mm}}{40\text{mm}} = \frac{1}{2}$

$40\text{mm} = 2a - 20\text{mm}$

$a = 30\text{mm}$

70 나사 표시 "M15×1.5 − 6H/6g"에서 6H/6g는?

① 나사의 호칭치수
② 나사부의 길이
③ 나사의 등급
④ 나사의 피치

해설
나사의 표시에서 6H/6g는 나사의 등급을 의미한다.
나사의 표시방법

좌	2줄	M15×1.5	−	6H/6g
왼나사	2줄나사	• 나사 호칭치수 : M15 • 피치 : 1.5	−	나사 등급

71 CNC 선반 가공 시 주의사항으로 틀린 것은?

① 공작물을 견고하게 고정한다.
② 옷소매나 머리카락이 주축에 휘감기지 않도록 주의한다.
③ 나사, 홈 가공 시는 주축회전수가 일정하게 되지 않도록 유의한다.
④ 공구선정 및 가공 절삭조건에 주의하며, 단면 및 외경 가공 시 충돌에 유의한다.

해설
CNC 선반 가공할 때 나사나 홈 가공 시 주축의 회전수를 일정하게 유지해야 동일한 품질의 제품을 만들 수 있다.

72 CNC 프로그램의 보조기능에 해당되지 않는 것은?

① 절삭유 공급 여부
② 프로그램 시작지령
③ 주축회전 방향 결정
④ 보조프로그램 호출

해설
프로그램 시작지령은 설비를 절삭작업으로 직접 실행시키는 주기능이므로 보조기능으로 볼 수 없다.

73 다음 그림의 A점에서 B점까지 가공하는 프로그램으로 옳은 것은?

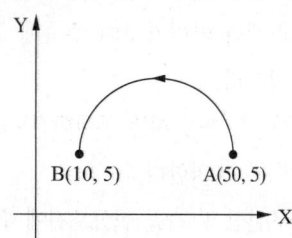

① G91 G03 X-30. I10.;
② G91 G03 X-40. I-20.;
③ G91 G03 X10. Y5. J-20.;
④ G91 G03 X10. Y5. J-10.;

해설
원호가공할 때 X방향의 반지름 성분인 I-200] 알맞은 가공 프로그램이다.
• G91 : 증분지령
• G03 : 시계 반시계 방향의 원호가공
• X-40. : X축이 50에서 10으로 위치의 변화가 있으므로 "X-40"이 된다.
※ CNC 설비에서 I, J, K의 의미는 공구를 증분의 형태로 이동시키는 지령으로 원호의 시점에서 원호의 중심점까지의 거리(벡터량)을 의미한다. 원점을 기준으로 이동시키는 절대지령과의 상관관계 - (X축-I, Y축-J, Z축-K)

74 머시닝센터에서 자동으로 공구를 교환해 주는 장치는?

① APC
② APT
③ ATC
④ TURRET

해설
머시닝센터(CNC 밀링, MCT)는 자동공구 교환장치인 ATC(Auto Tool Changer)가 부착되어 빠른 시간에 자동으로 공구를 교환함으로써 다양한 가공을 순차적으로 실시하여 비절삭 시간을 단축할 수 있다.

75 고속가공의 일반적인 특징으로 틀린 것은?

① Burr 생성이 증가한다.
② 표면조도를 향상시킨다.
③ 절삭저항이 저하되고 공구수명이 길어진다.
④ 황삭부터 정삭까지 One-Setup가공이 가능하다.

해설
철 재료를 절삭공구로 고속가공하면 동일한 시간동안 많은 절삭과정이 이루어지므로 Burr(거스름)의 생성이 감소한다.

76 다음 프로그램에서 가공물의 직경이 50mm일 때 주축의 회전수는 약 몇 rpm인가?

```
G50 S1400;
G96 S140;
```

① 140
② 891
③ 1,400
④ 8,920

해설
• G96 : 절삭속도 일정제어
• S140 : 절삭속도 140m/min

절삭속도 $v = \dfrac{\pi d n}{1,000}$

$140\text{m/min} = \dfrac{\pi \times 50\text{mm} \times n}{1,000}$

회전수 $n = \dfrac{1,000 \times 140}{\pi \times 50} ≒ 891.2\text{rpm}$

정답 73 ② 74 ③ 75 ① 76 ②

77 다음 CNC 공작기계 구성 중 범용공작기계에서 사람이 직접 수동조작으로 하던 일을 대신하는 구성요소는?

① 서보기구
② 볼 스크루
③ 정보처리 회로
④ 테이블 및 칼럼

해설
범용공작기계는 절삭공구를 이송시킬 때 사람이 직접 핸들을 돌려서 움직이면서 절삭이 이루어진다. CNC 공작기계의 서보기구는 가공물의 절삭을 위해 공구를 움직이는 역할을 담당하는데, 이는 범용공작기계에서 사람이 손으로 핸들을 돌리는 것과 같다.

78 머시닝센터에서 2날 엔드밀을 사용하여 이송속도(G94) F100으로 가공할 때, 엔드밀의 날 하나당 이송거리는 몇 mm인가?(단, 주축의 회전수는 500rpm이다)

① 0.05　　② 0.1
③ 0.2　　　④ 0.25

해설
$f = f_z \times z \times n$

$100 = f_z \times 2 \times 500, \ f_z = \dfrac{100}{2 \times 500} = 0.1$

밀링머신의 테이블 이송속도(f) 구하는 식
$f = f_z \times z \times n$
여기서, f : 테이블의 이송속도(mm/min)
　　　　f_z : 밀링 커터날 1개의 이송(mm)
　　　　z : 밀링 커터날의 수
　　　　n : 밀링 커터의 회전수(rpm)

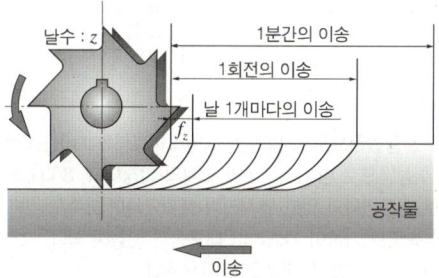

79 서보기구에 사용되는 회로방식 중 보정조건이 좋지 않은 기계에서 고정밀도를 요구할 때 사용되는 것은?

① 개방회로방식
② 반개방회로방식
③ 반폐쇄회로방식
④ 하이브리드 서보방식

해설
하이브리드 서보방식은 가격이 고가이며 회로방식 중 보정조건이 좋지 않은 기계에서 고정밀도로 이송을 제어하는 방식이다.

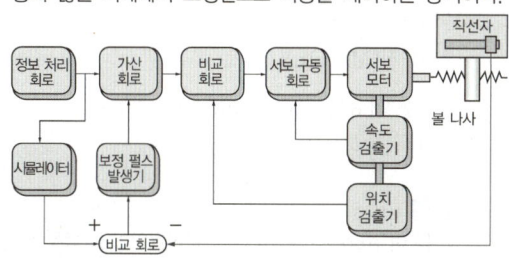

80 CNC 선반에서 1.5초 휴지(Dwell)하는 프로그램으로 틀린 것은?

① G04 X1.5
② G04 I1.5
③ G04 U1.5
④ G04 P1500

해설
휴지(드웰)기능은 드릴로 구멍을 뚫을 때 공구의 끝 부분이 완전히 절삭되도록 구멍 바닥에서 공구의 이송을 잠시 동안 멈추게 하는 기능으로 주소는 P, U, X를 사용한다. 이 주소들 중에서 U, X는 소수점을 사용해서 지령이 가능하나, P는 소수점 사용이 불가능하다. 그러므로 ②번 I는 휴지기능으로 사용할 수 없다.
예 P 주소로 1s를 정지시키고자 할 경우에는 P1000으로 지령한다.

2017년 제4회 과년도 기출문제

제1과목 | 기계가공법 및 안전관리

01 드릴에서 마진보다 지름을 작게 제작한 몸체 부분으로 절삭 시 공작물에 접촉하지 않도록 여유를 둔 부분은 무엇인가?

① 웨브(Web)
② 마진(Margin)
③ 몸 여유(Body Clearance)
④ 날 여유각(Lip Clearance)

해설
③ 몸 여유(Body Clearance) : 공작물이 드릴 몸통에 접촉되지 않도록 여유각을 둔 부분으로 마진보다 지름을 작게 제작한다.
① 웨브(Web) : 트위스트 드릴 홈 사이의 좁은 단면 부분으로 두께가 두꺼우면 절삭저항이 커진다.
② 마진(Margin) : 드릴의 홈을 따라서 만들어진 좁은 날 부분으로, 드릴의 안내하는 역할을 한다.

02 밀링가공 시 안전사항으로 틀린 것은?

① 날 끝이 예리한 공구는 주의하여 취급한다.
② 테이블 위에 공구나 측정기를 올려놓지 않는다.
③ 주축 속도를 변속할 때는 주축의 정지를 확인 후 변환한다.
④ 회전하는 동안에는 칩의 비산으로 다칠 수 있으므로 자리를 피한다.

해설
밀링가공 시 커터가 회전하면 칩이 비산되더라도 시선은 절삭 부분을 항상 응시해야 하므로 자리를 피하지 말고 설비의 외부에서 비산되는 칩이 작업자를 향하는 것을 막기 위하여 칩 커버를 부착해야 한다.

03 CNC 선반에서 시계방향 원호가공을 위한 G-코드는?

① G01
② G02
③ G03
④ G04

해설
CNC 선반에서 사용하는 주요 G코드

G코드	기 능	비 고
G00	급속이송(위치결정)	연속유효
G01	직선가공	
G02	시계 방향의 원호 가공	
G03	반시계 방향의 원호 가공	
G04	일시 정지(Dwell), 2초 지령 시 P2000.	1회유효
G28	자동 원점 복귀	
G30	제2원점 복귀(주로 공구 교환 시 사용)	
G32	나사 가공	
G40	공구 반지름 보정 취소	연속유효
G41	공구 좌측 보정	
G42	공구 우측 보정	
G50	좌표계 설정, 주축 최고 회전수 지령	1회유효
G76	나사 가공 사이클	
G90	고정사이클(내외경)	
G96	절삭 속도 일정 제어	연속유효
G97	회전수 일정 제어(G96 취소)	
G98	분당 이송 속도 지정(mm/min)	
G99	회전당 이송 속도 지정(mm/rev)	

※ Modal Code - 연속유효, One Shot Code - 1회유효

04 주조경질합금 중에서 스텔라이트(Stellite)의 주성분은?

① W, Cr, V
② W, C, Ti, Co
③ Co, W, Cr, Fe
④ W, Ti, Ta, Mo

해설
주조경질합금으로도 불리는 스텔라이트(Stellite)는 Co(코발트)를 주성분으로 한 Co-Cr-W-C계의 합금이다. 800℃의 절삭열에도 경도변화가 없고 열처리가 불필요하며 고속도강보다 2배의 절삭속도로 가공이 가능하나 내구성과 인성이 작다. 그리고 청동이나 황동의 절삭 재료로도 사용된다.

05 브로칭 가공의 특징에 관한 설명으로 틀린 것은?

① 브로치 공구의 제작이 쉽다.
② 주로 대량생산에만 이용된다.
③ 균일한 다듬질 면을 얻을 수 있다.
④ 다양한 단면 형상의 공작물을 가공할 수 있다.

해설
브로칭 가공은 가공하고자 하는 구멍의 형상을 가공할 수 있는 많은 절삭날을 가진 총형의 공구를 제작해야 하므로 공구 제작은 어려운 편이다.

브로칭(Broaching) 가공
가늘고 긴 일정한 단면 모양의 많은 날을 가진 브로치라는 총형의 절삭공구를 일감표면이나 구멍에 누르면서 통과시켜 단 1회의 공정으로 절삭가공을 하는 것으로 구멍 안에 키홈, 스플라인 홈, 다각형의 구멍을 가공할 수 있다. 이 가공에 이용되는 브로치의 압입방식에는 나사식, 기어식, 유압식이 있다.

브로칭(Broaching) 가공의 특징
- 주로 대량생산에 사용된다.
- 균일한 다듬질 면을 얻을 수 있다.
- 브로치 공구의 제작은 어려운 편이다.
- 브로치 공구의 변화로 다양한 단면을 가진 공작물 가공이 가능하다.

06 선반가공에서 발생하는 칩의 유형이 아닌 것은?

① 균열형
② 비산형
③ 유동형
④ 전단형

해설
칩의 종류와 관련된 암기법으로는 "땅에서 유전을 하면 균열이 발생한다."가 있다.

선반작업 시 발생하는 칩(Chip)의 종류
- 유동형칩
- 전단형칩
- 균열형칩
- 열단형칩

07 드릴의 웨브(Web)에 관한 설명 중 옳은 것은?

① 절삭을 하는 실제 부분이다.
② 두께가 두꺼우면 절삭저항이 크다.
③ 드릴의 굵기를 나타내는 기준이 된다.
④ 절삭 구멍과 드릴 크기와의 차이이다.

해설
드릴의 웨브(Web)는 트위스트 드릴 홈 사이의 좁은 단면 부분으로 두께가 두꺼우면 절삭저항이 커진다.

08 최소 눈금(심블의 1눈금)이 0.01mm인 마이크로미터에서 스핀들 나사의 피치가 0.5mm이면 심블의 원주 눈금은 몇 등분되어 있는가?

① 10등분
② 50등분
③ 100등분
④ 200등분

해설
마이크로미터의 스핀들 나사의 피치는 0.5mm이고 최소 측정값인 1눈금이 0.01mm일 때, 심블의 등분수를 구하는 식은 다음과 같다.

- 마이크로미터의 최소 측정값 = $\dfrac{\text{나사의 피치}}{\text{심블의 등분수}}$

$$0.01\text{mm} = \dfrac{0.5\text{mm}}{x}$$

심블의 등분수 $x = \dfrac{0.5\text{mm}}{0.01\text{mm}} = 50$

- 마이크로미터의 최소 측정값 구하는 식

$$\boxed{\text{마이크로미터의 최소 측정값} = \dfrac{\text{나사의 피치}}{\text{심블의 등분수}}}$$

09 수직밀링머신에서 가능한 작업이 아닌 것은?

① 홈 가공　　② 전조 가공
③ 평면 가공　④ 더브테일 가공

해설
수직밀링머신은 절삭가공이 가능한 작업으로 홈 가공과 평면 가공, 더브테일 가공은 가능하나 절삭칩이 발생되지 않는 전조가공은 작업할 수 없다.

전조 가공(Form Rolling)
두 개 또는 그 이상의 다이나 롤러 사이에 재료나 공구, 또는 재료와 공구를 함께 회전시켜 재료 내·외부에 공구의 표면 형상을 새기는 특수 압연법이다. 주로 나사나 기어 제작에 사용되며 강인한 조직을 얻을 수 있고 가공속도가 빨라서 대량생산에 적합하다. 절삭칩이 발생하지 않아 표면이 깨끗하고 재료의 소실이 거의 없다.

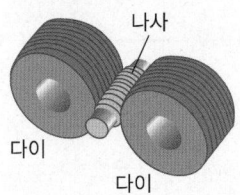

11 평면이나 원통면을 더욱 정밀하게 다듬질가공을 하는 것으로 소량의 금속표면을 국부적으로 깎아내는 작업을 무엇이라고 하는가?

① 밀링(Milling)
② 연삭(Grinding)
③ 줄 작업(File Work)
④ 스크레이핑(Scraping)

해설
④ 스크레이핑 : 스크레이퍼 공구를 사용해서 평면이나 원통면을 더욱 정밀하게 다듬질하는 작업으로 소량의 금속표면을 국부적으로 깎아낸다.

스크레이퍼(Scraper)
공작기계로 가공된 평탄한 면을 더욱 정밀하게 다듬질하는 공구로 공작기계의 베드, 미끄럼면, 측정용 정밀선반 등 최종 마무리 가공에 사용되는 수공구이다.

10 공작물이 매분 100회전하고 0.2mm/rev의 조건으로 공구가 이송하여 선반가공할 때 공작물의 가공길이가 100mm일 경우 가공시간은 몇 초인가?(단, 1회 가공이다)

① 200　　② 300
③ 400　　④ 500

해설
$T = \dfrac{l}{n \times f} = \dfrac{\text{가공할 길이}}{\text{회전수} \times \text{이송속도}}$

$= \dfrac{100\text{mm}}{100\text{rev/min} \times 0.2\text{mm/rev}}$

$= 5\text{min} = 5 \times 60\text{s} = 300\text{s}$

선반가공의 가공시간(T) 구하는 식

$T = \dfrac{l}{n \times f} = \dfrac{\text{가공할 길이}}{\text{회전수} \times \text{이송속도}}$

12 다음 중 넓은 평면을 가공하기 위한 밀링공구로 적합한 것은?

① T홈 커터
② 볼 엔드밀
③ 정면 밀링 커터
④ 더브테일 밀링 커터

해설
정면 밀링 커터는 외경 주위로 여러 개의 절삭날(인서트팁)이 장착된 절삭공구로 넓은 평면을 빨리 깎는 데 적합하다.

13 연삭가공에 대한 설명으로 틀린 것은?

① 경화된 강과 같은 단단한 재료를 가공할 수 있다.
② 밀링가공에 비교하여 절입량을 크게 할 수 있어 생산성이 높다.
③ 칩이 미세하여 정밀도가 높고 표면 거칠기가 우수한 면을 가공할 수 있다.
④ 연삭가공에서는 불꽃이 발생하는 것으로도 절삭열이 매우 높다는 것을 예측할 수 있다.

해설
연삭가공은 연삭기를 사용하여 미세한 절삭입자들로 결합된 연삭 숫돌을 고속으로 회전시켜 재료의 표면을 매끄럽게 만드는 정밀입자가공법으로 밀링가공에 비해 절입량을 크게 할 수 없으므로 생산성이 높지 않다.

[평면연삭기]

14 연삭 숫돌의 3요소가 아닌 것은?

① 기 공   ② 입 도
③ 입 자   ④ 결합제

해설
연삭 숫돌의 3요소
• 기 공
• 결합제
• 숫돌입자

15 윤활제의 윤활방법 중 슬라이딩 면이 유막에 의해 완전히 분리되어 균형을 이루게 되는 윤활 상태는?

① 고체윤활
② 경계윤활
③ 극압윤활
④ 유체윤활

해설
윤활(潤滑, 젖을 윤, 미끄러울 활)이란 윤활막의 두께와 표면 조도에 따라 일반적으로 유체윤활, 혼합윤활, 경계윤활로 분류할 수 있다. 유체윤활이란 접촉면이 윤활제에 의해 완전히 분리된 상태로, 접촉표면에 걸리는 하중은 모두 접촉면의 상대운동에 의해 발생되는 유압에 의해 균형을 이루며 지지된다. 접촉면의 마모량이 매우 작고 마찰 손실도 오직 윤활막 내에서만 이루어지는 것이 특징이다.
② 경계윤활 : 표면의 접촉상태가 심하나 윤활유를 접촉면으로 계속 공급하여 접촉표면에 윤활막을 형성시킴으로써 마찰과 마모를 감소시킨다.

16 공작물을 양극으로 하고 불용해성 Cu, Zn을 음극으로 하여 전해액 속에 넣으면 공작물 표면이 전기 분해되어 매끈한 면을 얻을 수 있는 가공방법은?

① 버니싱
② 전해연마
③ 정밀연삭
④ 레이저 가공

해설
전해연마(Electrolytic Polishing) : 공작물을 양극(+)으로 하고 불용해성의 Cu, Zn을 음극(-)으로 하여 전해액 속에 담그면 공작물의 표면이 전기 분해되어 매끈한 가공면을 얻을 수 있는 전기 화학적인 연삭 가공법이다. 광택이 있는 가공면을 비교적 쉽게 가공할 수 있어서 거울이나 드릴의 홈, 주사침, 반사경 및 시계의 기어 등을 다듬질하는 데도 사용된다. 전기도금과는 반대의 방법으로 가공한다는 것이 특징이다.

17 밀링작업에서 분할작업의 종류가 아닌 것은?

① 단식 분할법
② 연동 분할법
③ 직접 분할법
④ 차동 분할법

해설
밀링작업에 사용되는 분할법에 연동 분할법은 없다.

18 일반적으로 보통선반에서 할 수 있는 가공이 아닌 것은?

① 기어 가공
② 널링 가공
③ 편심 가공
④ 테이퍼 가공

해설
보통선반에는 주축대와 심압대, 왕복대, 베드, 공구대가 설치되어 있는데, 이것만으로는 기어 가공이 불가능하다.

19 공기 마이크로미터를 원리에 따라 분류할 때 이에 속하지 않는 것은?

① 광학식　　② 배압식
③ 유량식　　④ 유속식

해설
공기 마이크로미터의 원리에 따른 분류
• 유량식
• 배압식
• 유속식
• 진공식

20 직접측정의 설명으로 틀린 것은?

① 측정물의 실제치수를 직접 읽을 수 있다.
② 측정기의 측정범위가 다른 측정법에 비하여 넓다.
③ 게이지 블록을 기준으로 피측정물을 측정한다.
④ 수량이 적고, 많은 종류의 제품 측정에 적합하다.

해설
게이지 블록으로 피측정물을 측정하는 방법은 비교측정에 속한다.

17 ② 18 ① 19 ① 20 ③

제2과목 | 기계설계 및 기계재료

21 공구강이 구비해야 할 성질 중 틀린 것은?

① 인성이 커서 충격에 견딜 것
② 내산화성 및 내식성이 좋을 것
③ 상온, 고온경도가 높아 마모성이 클 것
④ 가공 및 열처리가 용이하고 열처리 변형이 작을 것

해설
절삭공구용 강(Steel)은 마모성은 작고 내마모성이 커야 한다.
절삭공구 재료의 구비 조건
- 내마모성이 커야 한다.
- 충격에 잘 견뎌야 한다.
- 고온경도가 커야 한다.
- 열처리와 가공이 쉬워야 한다.
- 절삭 시 마찰계수가 작아야 한다.
- 강인성(억세고 질긴 성질)이 커야 한다.
- 성형성이 용이하고 가격이 저렴해야 한다.
※ 고온경도 : 접촉 부위의 온도가 높아지더라도 경도를 유지하는 성질

22 결정성 수지의 특성에 대한 설명으로 틀린 것은?

① 배향 특성이 작다.
② 금형 냉각 시간이 길다.
③ 수지가 일반적으로 불투명하다.
④ 특별한 용융온도나 고화온도를 갖는다.

해설
결정성 수지는 흐름방향으로 크게 배향한다.
※ 배향 : 고분자의 고체 물질 속에서 고분자 사슬이 일정한 방향으로 배열하는 것
결정성 수지의 특징
- 금형의 냉각 시간이 길다.
- 분자 간의 결합력이 강하다.
- 흐름방향으로 크게 배향한다.
- 수지가 일반적으로 불투명하다.
- 특별한 용융온도나 고화온도를 갖는다.
- 분자 간 규칙적인 배열로 이루어져 있다.
- 금형온도 관리를 잘 하지 않으면 치수 변동이 크다.

23 오스테나이징 온도로부터 열처리 한 후 서랭하여 연화가 주목적인 열처리 방법은?

① 불림(Normalizing)
② 뜨임(Tempering)
③ 담금질(Quenching)
④ 풀림(Annealing)

해설
④ 풀림(Annealing, 어닐링) : 강 속에 있는 내부응력을 제거하고 재료를 연하게 만들기 위해 A_1변태점 이상의 온도로 가열한 후 가열 노나 공기 중에서 서랭함으로써 강의 성질을 개선하기 위한 열처리법이다.
① 불림(Normalizing, 노멀라이징) : 주조나 소성가공에 의해 거칠고 불균일한 조직을 표준화 조직으로 만드는 열처리법으로 A_3변태점보다 30~50℃ 높게 가열한 후 공랭시킴으로써 만들 수 있다.
② 뜨임(Tempering, 템퍼링) : 잔류응력에 의한 불안정한 조직을 A_1변태점 이하의 온도로 재가열하여 원자들을 좀더 안정적인 위치로 이동시킴으로써 잔류응력을 제거하고 인성을 증가시키기 위한 열처리법이다.
③ 담금질(Quenching, 퀜칭) : 재료를 강하게 만들기 위하여 변태점 이상의 온도인 오스테나이트 영역까지 가열한 후 물이나 기름 같은 냉각제 속에 집어넣어 급랭시킴으로써 강도와 경도가 큰 마텐자이트 조직을 만들기 위한 열처리 조작이다.

24 마그네슘 및 마그네슘 합금이 구조재료로서 갖는 특징을 설명한 것 중 옳은 것은?

① 고온에서 매우 비활성이다.
② 비강도가 작아 반도체 재료에 적합하다.
③ Mg는 비중이 약 7.8로 가벼운 경(輕)금속이다.
④ 감쇠능이 주철보다 커서 소음방지 재료로 우수하다.

해설
④ 마그네슘(Mg)의 감쇠능은 주철보다 커서 소음방지 재료로 사용된다.
① 고온에서 활성적인 경향을 보인다.
② 비강도가 우수하여 항공우주용 재료로 많이 사용된다.
③ 비중이 1.74로 실용금속 중 가장 가볍다.

정답 21 ③ 22 ① 23 ④ 24 ④

25 Al 합금 중 라우탈(Lautal)의 주요 조성으로 옳은 것은?

① Al – Mg – Si
② Al – Cu – Si
③ Al – Cu – Ni
④ Al – Mg – Ni

해설
라우탈 : Al + Cu 4% + Si 5%가 합금된 주조용 Al 합금이다.

26 황동에 납(Pb)을 첨가하여 절삭성을 향상시킨 것은?

① 톰 백
② 강력황동
③ 쾌삭황동
④ 문쯔메탈

해설
쾌삭황동은 황동에 Pb을 0.5~3% 합금한 것으로 절삭성 향상을 위해 사용한다.
황동의 종류

톰 백	Cu에 Zn을 5~20% 합금한 것으로 색깔이 아름답고 냉간가공이 쉽게 되어 단추나 금박, 금 모조품과 같은 장식용 재료로 사용된다.
문쯔메탈	60%의 Cu와 40%의 Zn이 합금된 것으로 인장강도가 최대이며, 강도가 필요한 단조제품이나 볼트나 리벳용 재료로 사용한다.
알브락	Cu 75% + Zn 20% + 소량의 Al, Si, As의 합금으로, 해수에 강하며 내식성과 내침수성이 커서 복수기관과 냉각기관에 사용한다.
애드미럴티 황동	7 : 3 황동에 Sn 1%를 합금한 것으로 전연성이 좋아서 관이나 판을 만들어 증발기나 열교환기, 콘덴서 튜브에 사용한다.
델타메탈	6 : 4 황동에 1~2% Fe를 첨가한 것으로, 강도가 크고 내식성이 좋아서 광산기계나 선박용, 화학용 기계에 사용한다.
쾌삭황동	황동에 Pb을 0.5~3% 합금한 것으로 절삭성 향상을 위해 사용한다.
납 황동	3% 이하의 Pb을 6 : 4 황동에 첨가하여 절삭성을 향상시킨 쾌삭황동으로 기계적 성질은 다소 떨어진다.
강력 황동	4 : 6 황동에 Mn, Al, Fe, Ni, Sn 등을 첨가하여 한층 더 강력하게 만든 황동이다.
네이벌 황동	6 : 4 황동에 0.8% 정도의 Sn을 첨가한 것으로 내해수성이 강해서 선박용 부품에 사용한다.

27 스테인리스강의 조직에 해당되지 않는 것은?

① 페라이트
② 펄라이트
③ 마텐자이트
④ 오스테나이트

해설
스테인리스강의 조직을 펄라이트계로는 분류하지 않는다.
스테인리스강의 분류

구 분	종 류	주요성분	자 성
Cr계	페라이트계 스테인리스강	Fe + Cr 12% 이상	자성체
	마텐자이트계 스테인리스강	Fe + Cr 13%	자성체
Cr + Ni계	오스테나이트계 스테인리스강	Fe + Cr 18% + Ni 8%	비자성체
	석출경화계 스테인리스강	Fe + Cr + Ni	비자성체

28 금형에 직접 홈을 파서 일정한 온도, 압력, 금형온도, 사출속도로 용융 수지를 압입해서 흘러 들어간 수지의 길이를 측정하는 시험은?

① 플로 레이트법(Flow Rate Method)
② 멜트 인덱스법(Melt Index Method)
③ 스파이럴 플로법(Spiral Flow Method)
④ 플라스토 미터법(Plasto Meter Method)

해설
스파이럴 플로법은 금형에 홈을 판 후 일정한 온도와 압력, 사출속도로 용융된 수지를 압입시켜 흘러 들어간 수지의 길이를 측정한다.

29 질화경화법에서 사용하는 가스로 옳은 것은?

① 탄산가스
② 수소가스
③ 사이안화나트륨 가스
④ NH₃(암모니아) 가스

해설
질화법(표면경화법)은 암모니아(NH₃) 가스 분위기(영역) 안에 재료를 넣고 500℃에서 50~100시간을 가열하면 재료 표면에 Al, Cr, Mo 원소와 함께 질소가 확산되면서 강 재료의 표면이 단단해지는 표면경화법이다. 내연기관의 실린더 내벽이나 고압용 터빈날개를 표면경화할 때 주로 사용된다.

30 구상흑연 주철에서 흑연을 구상화하는 데 사용되는 것이 아닌 것은?

① Mg
② Ca
③ Ce
④ Zn

해설
흑연을 구상화하는 방법은 황(S)이 적은 선철을 용해한 후 Mg, Ca, Ce 등을 첨가하여 제조하는데, 흑연이 구상화되면 보통 주철에 비해 강력하고 점성이 강한 성질을 갖게 한다.

31 지름 75mm의 축을 사용하여 250rpm으로 66kW의 동력을 전달시키는 축에 발생하는 전단응력은 약 몇 MPa인가?

① 30.43
② 48.85
③ 61.46
④ 82.22

해설

동력 $H = Tw = \left(\tau_a \times \dfrac{\pi d^3}{16}\right) \times \dfrac{2\pi n}{60}$

$66\text{kW} = \left(\tau_a \times \dfrac{\pi \times 75^3}{16} \times 10^{-9}\right) \times \dfrac{2 \times \pi \times 250}{60}$

$66\text{kW} = \tau_a \times 0.00216 \text{m}^3/\text{s}$

$\tau_a = \dfrac{66,000 \text{N} \cdot \text{m/s}}{0.00216 \text{m}^3/\text{s}} = 30,555,555.5 \text{Pa} = 30.5 \text{MPa}$

32 길이에 비해 지름이 아주 작은(보통 5mm 이하) 긴 원통형 모양의 롤러를 사용하는 베어링으로 일반적으로 리테이너는 없지만, 롤러의 굽힘을 방지하기 위해 일부 리테이너가 장착되기도 하는 베어링은?

① 테이퍼 롤러 베어링
② 구면 롤러 베어링
③ 니들 롤러 베어링
④ 자동 조심 롤러 베어링

해설
③ 니들 롤러 베어링 : 길이에 비해 지름이 매우 작은(보통 5mm 이하) 롤러를 사용하는 베어링으로 좁은 장소에서 비교적 큰 충격 하중을 받는 내연기관의 피스톤 핀에 사용된다. 리테이너 없이 니들 롤러만으로 전동하므로 단위 면적당 부하량이 크다는 특징이 있다.
① 테이퍼 롤러 베어링 : 테이퍼 형상의 롤러가 적용된 베어링으로 자동차나 공작기계의 베어링에 널리 사용된다.
② 구면 롤러 베어링 : 전동체가 구면인 롤러를 사용한 것으로 중하중에 적합하다.
④ 자동 조심 롤러 베어링 : 큰 반지름 하중과 양방향의 트러스트 하중도 지지할 수 있는 베어링으로 충격에 강해서 산업용 기계에 널리 사용된다. 축심의 어긋남을 자동으로 조정할 수 있다는 장점도 있다.

33 원동축에서 종동축에 동력을 연결하거나 혹은 동력전달 중에 동력을 끊을 필요가 있을 때 사용되는 기계요소에 속하는 것은?

① 원심 클러치
② 플렉시블 커플링
③ 셀러 커플링
④ 유니버설 조인트

해설
클러치(Clutch)는 운전 중에도 축이음을 차단(단속)시킬 수 있는 동력전달장치이나 커플링(조인트)은 단속이 불가능한 영구이음의 기계요소에 속한다.
※ 단속(斷續) : 끊을 단, 이을 속

34 다른 기어장치와 비교하여 웜기어 장치의 특징에 대한 설명으로 옳지 않은 것은?

① 소음과 진동이 적다.
② 큰 감속비를 얻을 수 있다.
③ 미끄럼이 적고 효율이 높다.
④ 역회전을 방지할 수 있다.

해설
웜기어 장치는 다른 기어장치들에 비해 미끄럼이 커서 효율이 적다.

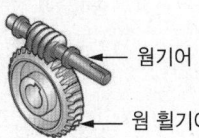
← 웜기어
← 웜 휠기어

35 다음 중 에너지의 단위로 사용되는 것은?

① W
② J
③ N
④ Pa

해설
J(Joule, 줄)은 에너지의 단위이다.
① W(Watt, 와트) : 전력의 단위
③ N(Newton, 뉴턴) : 힘의 단위
④ Pa(Pascal, 파스칼) : 압력의 단위

36 스프링의 상수가 6N/mm인 코일 스프링에 300N의 인장하중을 발생시키면, 변형량은 약 몇 mm인가?

① 40mm
② 50mm
③ 60mm
④ 70mm

해설
스프링 상수 $k = \dfrac{W(하중)}{\delta(코일의 처짐량)} = \dfrac{F(작용\ 힘)}{\delta(코일의 처짐량)}$(N/mm)

$6\text{N/mm} = \dfrac{300\text{N}}{\delta}$

$\delta = \dfrac{300\text{N}}{6\text{N/mm}} = 50\text{mm}$

37 다음 중 주로 운동용으로 사용되는 나사에 속하지 않는 것은?

① 사각 나사
② 미터 나사
③ 톱니 나사
④ 사다리꼴 나사

해설
미터 나사는 체결용 나사에 속한다.

38 강판의 두께는 14mm, 리벳지름은 17mm, 리벳의 피치는 48mm인 1줄 겹치기 리벳이음에서 1피치마다 10kN의 하중이 작용할 때 강판의 효율은?(단, 리벳 구멍의 지름은 리벳의 지름과 같다고 가정한다)

① 51.76%
② 55.12%
③ 60.34%
④ 64.58%

해설
$\eta = 1 - \dfrac{d}{p} = 1 - \dfrac{17}{48} = \dfrac{31}{48} \times 100\% = 64.58\%$

39 브레이크 드럼축에 600N·m의 토크가 작용하고 있을 때, 이 축을 정지시키는 데 필요한 제동력은 약 몇 N인가?(단, 브레이크 드럼의 지름은 450mm이다)

① 2,667
② 4,545
③ 6,000
④ 8,525

해설
$T(\text{토크}) = Q(\text{제동력}) \times \dfrac{D(\text{드럼 지름})}{2}$

제동력 $Q = \dfrac{2T}{D} = \dfrac{2 \times 600\text{N·m}}{0.45\text{m}} = 2,666.6\text{N}$

40 체인 동력장치에서 스프로킷 휠의 피치가 15.875mm, 잇수가 30, 체인의 평균속도가 4.8m/s라면, 스프로킷의 회전수는 약 몇 rpm인가?

① 300
② 400
③ 500
④ 600

해설
체인의 원주속도(v)를 구하는 식에 대입해서 풀면 된다.
$v_1(\text{m/s}) = \dfrac{\pi D_1 N_1}{60 \times 1,000} = \dfrac{pZ_1 N_1}{60 \times 1,000}$ 에서 두 번째 식을 이용하면

회전수 $N = \dfrac{v \times 60,000}{pZ} = \dfrac{4.8 \times 60,000}{15.875\text{mm} \times 30} = 604.7$

따라서, 정답은 ④번이 적합하다.

제3과목 | 컴퓨터응용가공

41 형상모델링에서 다음 그림과 같이 구에서 원통과 직육면체를 빼냄(Subtraction)으로써 원하는 형상을 모델링하는 방법은?

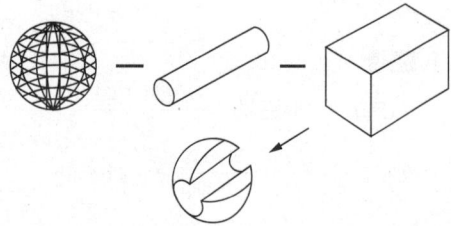

① B-rep 방식
② Trust 방식
③ CSG 방식
④ NURBS 방식

해설
CSG 방식은 형상모델링을 육면체, 구, 원통, 피라미드 등의 기본적인 프리미티브(Primitive)로부터 더하고, 빼고, 공통부분 등을 찾아서 만든다.

42 CAD 소프트웨어에서 3차식을 곡선방정식으로 가장 많이 사용하는 이유로 적절한 것은?

① 복잡한 형태의 곡선을 만들 때 곡률의 연속을 보장할 수 있다.
② 2차식에 비해 계산시간이 짧게 걸린다.
③ 2차식에 비해 작은 구속조건으로도 곡률을 생성할 수 있다.
④ 경계조건이 모호하여도 곡률을 생성할 수 있다.

해설
CAD 시스템에서 곡선을 표시하는 데 3차식을 사용하는 이유는 2차식을 사용할 때보다 더 복잡한 형태의 곡선을 만들 때 더 매끄러운 곡선을 만들어서 곡률의 연속성을 보장할 수 있기 때문이다.

43 CAD/CAM 시스템에서 4개의 점의 위치벡터와 4개의 경계곡선으로부터 그 경계조건을 만족하는 내부를 연결한 곡면은?

① Coons 곡면
② Bezier 곡면
③ NURBS 곡면
④ B-spline 곡면

해설
Coons 곡면은 자유 곡면을 형성할 때 4개의 위치벡터와 4개의 경계곡선을 정의하고, 그 경계조건을 선형 보간하여 곡면을 생성시키는 방법이다.

44 일반적으로 CAM 시스템 도입을 통해 얻을 수 있는 효과로 보기 어려운 것은?

① 고품질 제품 생산 가능
② NC 프로그램 오류 감소
③ 가공 형상 단순화
④ 가공 시간 단축

해설
CAD/CAM 시스템은 가공의 진행과정을 효율적으로 만들지만 가공 형상을 단순화시키지는 않는다. 가공 형상의 단순화는 설계자의 몫이다.
CAD/CAM 시스템의 도입 효과
• 제품 개발 기간 단축
• 도면의 파일 저장 가능
• 고품질 제품 생산 가능
• 재료 및 가공 시간의 단축
• 작업의 효율화, 합리화 설계
• 제품의 표준화 및 생산성 향상
• 복잡한 형상의 제품도 가공 가능
• NC 프로그램 오류 감소 및 설계변경 용이
• 조직 내 업무의 분할 관리로 효율성 증대

정답 41 ③ 42 ① 43 ① 44 ③

45 커습(Cusp)은 공구 경로간격에 의해 생성되는 것으로 표면거칠기에 영향을 미친다. 공구 경로간격에 따른 커습 관계식은?(단, L = 경로간격, h = Cusp의 높이, R = 공구반경이다)

① $L = 2\sqrt{h(2R+h)}$
② $L = 2\sqrt{h(2R-h)}$
③ $L = 2\sqrt{R(2h-R)}$
④ $L = 2\sqrt{R(2h+R)}$

해설
공구의 경로간격에 따른 커습(Cusp) 관계식
경로간격 $L = 2\sqrt{h(2R-h)}$
여기서, L = 경로간격, h = Cusp의 높이, R = 공구반경

46 B-rep 자료구조에서 경계를 구성하는 기본요소가 아닌 것은?

① 면(Face)
② 꼭지점(Vertex)
③ 모서리(Edge)
④ 옥트리(Octree)

해설
솔리드 모델링에서 B-rep방식의 기본요소
• 점(Vertex)
• 면(Face)
• 모서리(Edge)

47 3차원 형상 모델을 표현하는 방식 중에서 와이어프레임 모델링 방식의 특징이 아닌 것은?

① 데이터의 구조가 간단하여 모델링 작업이 비교적 쉽다.
② 단면도의 작성이 불가능하다.
③ 보이지 않는 부분, 즉 은선의 제거가 불가능하다.
④ NC 코드 생성이 가능하며 물리적 성질의 계산이 가능하다.

해설
와이어프레임 모델링은 데이터가 가장 적은 모델링 기법으로 NC 코드 생성이 불가능하고 물리적 성질의 계산 또한 할 수 없다.

48 CAD 데이터 교환을 위한 표준에 대한 설명으로 옳은 것은?

① STEP은 설계 특징형상(Design Feature)을 표현하지 못한다.
② DXF 파일은 원래 CATIA 모델 파일 교환을 위해 개발하였다.
③ STEP은 FORTRAN 언어를 사용하여 제품 데이터를 기술한다.
④ IGES 파일은 Flag, Start, Global, Directory Entry, Parameter Data, Terminate의 6개의 Section으로 구성된다.

해설
IGES의 파일구조는 다음과 같이 6개로 구성된다.
• 개시 섹션(Start Section)
• 플래그 섹션(Flag Section)
• 글로벌 섹션(Global Section)
• 종결 섹션(Terminate Section)
• 디렉터리 엔트리 섹션(Directory Entry Section)
• 파라미터 데이터 섹션(Parameter Data Section)
① STEP : 설계 특징형상을 표현할 수 있다.
② DXF : Data Exchange File, CAD 데이터 간 호환성을 위해 제정한 자료 공유 파일을 아스키 텍스트 파일로 구성한 형식이다.
③ STEP : 회사들 사이에 컴퓨터를 이용한 데이터의 저장과 교환을 위한 산업 표준이 되고 있는 CALS에서 채택하고 있는 제품 데이터 교환 표준이다.

정답 45 ② 46 ④ 47 ④ 48 ④

49 NURBS 곡선에 대한 설명으로 틀린 것은?

① 타원, 포물선을 정확하게 표현할 수 있다.
② 일반 Bezier 곡선과 유리(Rational) Bezier 곡선을 표현할 수 있다.
③ 각 조정점에서의 자유도는 동차좌표를 포함할 경우 3개이다.
④ 비주기적 매듭값이 사용될 경우, 곡선은 첫 번째와 마지막 조정점을 통과한다.

해설
3차 NURBS 곡선은 특정 노트구간에서 4개의 조정점 외에 4개의 가중치와 절점 벡터의 정보가 이용된다.
NURBS(Non-Uniform Rational B-Spline) 곡선의 특징
• Conic 곡선을 표현할 수 있다.
• Blending 함수는 B-spline과 같은 함수를 사용한다.
• NURBS 곡선은 곡선의 양 끝점을 반드시 통과해야 한다.
• 원, 타원, 포물선, 쌍곡선 등 원추 곡선을 정확하게 나타낼 수 있다.
• NURBS의 곡선으로 B-spline, Bezier, 원추곡선도 표현할 수 있다.
• 조정점의 가중치(Weight)를 변경하여 곡선 형상을 변화시킬 수 있다.
• 3차 NURBS 곡선은 특정 노트구간에서 4개의 조정점 외에 4개의 가중치와 절점 벡터의 정보가 이용된다.

50 NC 공구경로 생성 시 곡면 상에서 하나의 곡면 매개변수(Parameter)가 일정한 값들을 갖는 위치를 따라가는 곡선을 지그재그 형태로 공구를 앞뒤로 이동시켜 가공하는 방법은?

① Area 절삭
② 레이스(Lace) 절삭
③ 등고선 절삭
④ 평행경로 절삭

해설
레이스 절삭은 NC 공구경로 생성 시 곡면 상에서 하나의 곡면 매개변수가 일정한 값들을 갖는 위치를 따라가는 곡선을 지그재그 형태로 공구를 앞뒤로 이동시키면서 가공하는 방법이다.

51 적층가공 또는 RP(Rapid Prototyping)의 제조방식에 대한 설명이 아닌 것은?

① 레이저 광선을 이용하여 광경화성 수지를 고화시키는 방식이다.
② CO_2 레이저 광선을 분말 형태의 소재의 표면에 주사하여 융화시키거나 소결시켜 결합시킨다.
③ 한쪽 면에 접착제가 입혀진 종이를 가열된 롤러를 사용하여 접합시킨 후, 부품 단면층의 외곽선을 따라 레이저 광선을 주사한다.
④ Cutter와 같은 공구로 절삭가공을 통해 빠른 시간 안에 제작한다.

해설
쾌속조형(RP ; Rapid Prototyping)은 급속 조형기술을 말하는 것으로 모델링한 데이터를 STL형식으로 변환한 후, 한 층씩 적층하면서 실제의 시작품을 제작하는 공정으로 절삭공구를 활용한 절삭가공과는 관련이 없다.

52 여러 개의 NC 공작기계를 한 대의 컴퓨터에 결합시켜 제어하는 시스템은 무엇인가?

① DNC
② ERP
③ FMS
④ MRP

해설
① DNC(Distributed Numerical Control) : 중앙의 1대 컴퓨터에서 여러 대의 CNC 공작기계에 데이터를 분배하여 전송함으로써 동시에 여러 대의 기계를 운전할 수 있는 시스템이다.
② ERP(Enterprise Resource Planning) : 기업 전체를 경영자원의 효과적 이용이라는 관점에서 통합적으로 관리하고 경영의 효율화를 기하기 위한 수단이다.
③ FMS(Flexible Manufacturing System) : 유연생산시스템으로 소량의 다양한 제품을 하나의 생산공정에서 지연 없이 동시에 제조할 수 있는 자동화시스템으로, 현재 자동차공장에서 하나의 컨베이어벨트 위에 다양한 차종을 동시에 생산하는 시스템과 같다.
④ MRP(Material Requirement Program) : 컴퓨터를 이용하여 최종제품의 생산계획에 따라 그에 필요한 부품 소요량의 흐름을 종합적으로 관리하는 생산관리 시스템이다.

정답 49 ③ 50 ② 51 ④ 52 ①

53 3차원 변환 행렬을 동차 좌표계(Homogeneous Coordinate System)로 표현할 경우, 4×4 행렬로 표현할 수 있다. 다음 그림에서 점선으로 표시된 3×3 행렬 부분의 값과 관계없는 변환은?

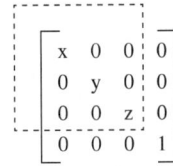

① 대칭 변환
② 이동 변환
③ 회전 변환
④ 확대/축소 변환

해설
4×4 행렬 매트릭스에서 3×3 점선부분과 관련 없는 것은 이동 변환이다.

54 실물의 외관을 측정하여 좌표값을 얻는 데 사용하는 장비는?

① 3차원 측정기
② 트랙볼
③ 섬 휠
④ 밸류에이터

해설
3차원 측정기는 제품의 외관을 측정하여 좌표값을 얻을 수 있다.

55 다음 중 CAD 시스템에서 체적이나 무게중심을 용이하게 구하기에 가장 좋은 형상모델링 방법은?

① 솔리드(Solid) 모델링
② 서피스(Surface) 모델링
③ 와이어프레임(Wireframe) 모델링
④ 셸 유한요소(Shell Mesh) 모델링

해설
모델링 방법 중 데이터 처리속도가 다소 떨어지기는 하나 체적이나 무게중심을 용이하게 구할 수 있는 것은 솔리드 모델링이다.
솔리드 모델링의 특징
• 간섭체크가 가능하다.
• 은선의 제거가 가능하다.
• 정확한 형상표현이 가능하다.
• 기하학적 요소로 부피를 갖는다.
• 유한요소법(FEM)의 해석이 가능하다.
• 금형설계, 기구학적 설계가 가능하다.
• 형상을 절단하여 단면도 작성이 가능하다.
• 모델을 구성하는 기하학적 3차원 모델링이다.
• 데이터의 구조가 복잡해서 모델 작성이 복잡하다.
• 조립체 설계 시 위치나 간섭 등의 검토가 가능하다.
• 서피스 모델링과 같이 실루엣을 정확히 나타낼 수 있다.
• 셸 혹은 기본곡면 등의 입체요소 조합으로 쉽게 표현할 수 있다.
• 공학적 해석(면적, 부피(체적), 중량, 무게중심, 관성모멘트) 계산이 가능하다.
• 불리언 작업(Boolean Operation)에 의하여 복잡한 형상도 표현할 수 있다.
• 명암, 컬러 기능 및 회전, 이동하여 사용자가 물체를 명확히 파악할 수 있다.

56 다음 중 일반적인 FMS(Flexible Manufacturing System)의 장점으로 가장 적절하지 않은 것은?

① 인건비를 절감할 수 있다.
② 단품종 대량생산에 적합하다.
③ 재고관리와 제어가 용이하다.
④ 공정변화에 대한 유연한 대처가 용이하다.

해설
유연생산시스템(FMS ; Flexible Manufacturing System)은 하나의 생산라인에 여러 제품을 동시에 작업할 수 있는 시스템이므로 다품종 소량생산에 적합하다.

57 절삭작업 시 사용하는 공구의 파손 강도가 높은 것부터 순서대로 나열되어 있는 것은?

① 초경 → 고속도강 → 다이아몬드 → 세라믹
② 초경 → 고속도강 → 세라믹 → 다이아몬드
③ 고속도강 → 초경 → 세라믹 → 다이아몬드
④ 고속도강 → 초경 → 다이아몬드 → 세라믹

해설
※ 중복답안 처리에 따른 저자의견 : 공구재료의 파손강도는 재료의 크기, 강도, 재료 및 주변의 온도, 열처리 정도에 따라 달라지므로 명확히 순서를 정하기 어렵기 때문에 중복 답안 처리가 된 것으로 보인다.

58 화면의 CAD 모델 표면을 현실감 있게 채색, 원근감, 음영 처리하는 작업은 무엇인가?

① Animation
② Simulation
③ Modelling
④ Rendering

해설
Rendering(랜더링) : CAD로 모델링한 물체의 표면을 현실감 있게 채색, 원근감, 음영 처리를 하는 작업

59 형상 구속조건과 치수조건을 이용하여 형태를 모델링하고, 형상 구속조건, 치수값, 치수 관계식을 사용하여 효율적으로 형상을 수정하는 모델링 방법은?

① 비다양체(Nonmanifold) 모델링
② 파트(Part) 모델링
③ 파라메트릭(Parametric) 모델링
④ 옵셋(Offset) 모델링

해설
파라메트릭 모델링은 형상 구속조건(Constraint)과 치수 구속조건을 이용해서 모델링한다.
파라메트릭 모델링의 특징
• 치수 사이의 관계는 수학적으로 부여된다.
• 형상 구속조건(Constraint)과 치수 구속조건을 이용해서 모델링한다.
• 치수 구속조건이란 형태에 부여된 치수값과 이들 치수 사이의 관계이다.
• 특징 형상의 파라미터에 따라 모델링의 크기를 바꾸는 것도 한 형태이다.
• 형상요소를 한번 만든 후에는 조건식을 이용하여 수정하는 것이 효과적이다.
• 구속조건식을 푸는 방법으로 순차적 풀기, 동시풀기가 있고 이에 따라 결과 형상이 달라질 수 있다.

60 3차 곡선식 $P(u) = a_0 + a_1 u + a_2 u^2 + a_3 u^3$로 주어질 때 a_0, a_1, a_2, a_3와 같은 대수 계수를 곡선의 형상과 밀접한 관계를 갖는 P_0, P_1, P'_0, P'_1과 같은 기하 계수로 바꾸어서 나타낸 것은?

① Conic 곡선
② Hermite 곡선
③ Hyperbolic 곡선
④ Bezier 곡선

해설
Hermite 곡선은 3차 곡선식이 주어질 때 a_0, a_1, a_2, a_3와 같은 대수 계수를 곡선의 형상과 밀접한 관계를 갖는 P_0, P_1, P'_0, P'_1과 같은 기하 계수로 바꾸어서 나타낸다.
① Conic Curve : 원추곡선
③ Hyperbola Curve : 쌍곡선
④ Bezier Curve : 베지어 곡선

제4과목 | 기계제도 및 CNC공작법

61 다음 입체도를 제3각법으로 나타낸 3면도 중 가장 옳게 투상한 것은?(단, 화살표 방향을 정면도로 한다)

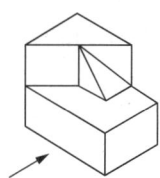

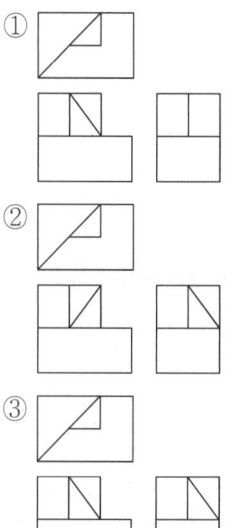

[해설]
물체를 우측면도에서 바라보면 ①번은 우측 상단부에 대각선이 없으므로 정답에서 제외한다. 그리고 정면에서 바라보면 정면의 우측 상단의 대각선 방향이 좌측 상단에서 우측 하단부로 향해야 하므로 정답은 ③번이다.

62 표제란에 대한 설명으로 틀린 것은?

① 도면에 보통 마련해야 하는 항목이다.
② 제조사에 따라 양식이 다소 차이가 있을 수 있다.
③ 설계자, 도명, 척도, 투상법 등을 기입한다.
④ 각 부품의 명칭 및 수량을 기입한다.

[해설]
각 부품의 명칭과 수량은 일반적으로 표제란 위에 위치한 부품란에 기입한다.

63 일반적으로 치수선을 그릴 때 사용하는 선의 명칭은?

① 굵은 2점 쇄선
② 굵은 1점 쇄선
③ 가는 실선
④ 가는 1점 쇄선

[해설]
일반적으로 치수선과 치수보조선은 가는 실선으로 그린다.

정답 61 ③ 62 ④ 63 ③

64 그림은 동력전달장치의 일부분을 나타낸 것이다. 축에 끼워져 있는 베어링 번호에 맞는 베어링 안지름은 얼마인가?

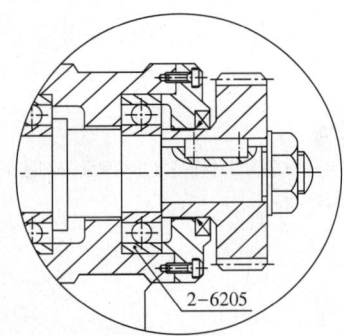

① 5mm ② 15mm
③ 20mm ④ 25mm

해설
6205 베어링의 안지름은 뒤 두 자리인 "05"를 통해 구할 수 있다. "00"이면 10mm, "01"이면 12mm, "02"이면 15mm, "03"이면 17mm이고, "04"부터는 5를 곱하면 된다. 따라서 "05"는 5를 곱해야 하므로 25mm가 된다.

65 "A"와 같은 형상을 "B"에 조립시킬 때 "?"에 공통적으로 필요한 기하공차 기호는?(단, A의 형상은 이상적으로 정확한 형상이라 가정한다)

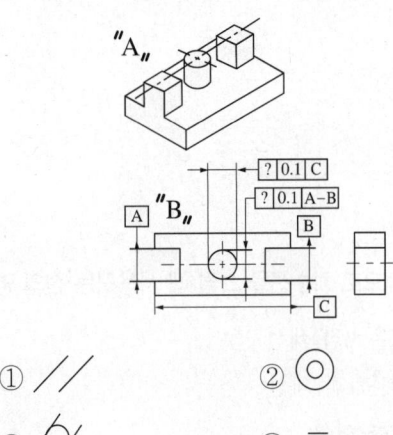

① // ② ◎
③ ⌭ ④ ═

해설
A의 형상이 가운데를 기준으로 대칭이므로 여기서 사용될 기하공차는 대칭공차를 의미하는 ④번이 알맞다.

66 스프로킷 휠의 도시방법에 관한 설명으로 틀린 것은?

① 바깥지름은 굵은 실선으로 그린다.
② 이뿌리원은 기입을 생략해도 무방하다.
③ 피치원은 가는 파선으로 그린다.
④ 항목표에는 톱니의 특성을 기입한다.

해설
스프로킷의 피치원은 가는 1점 쇄선으로 그린다.

[스프로킷]

67 다음 중 원통도 공차를 표시하는 기호는?

① ⌭ ② ⊕
③ ↗ ④ ◎

해설
기하공차 종류 및 기호

형체	공차의 종류		기호
단독형체	모양공차	진직도	─
		평면도	▱
		진원도	○
		원통도	⌭
		선의 윤곽도	⌒
		면의 윤곽도	⌓
관련형체	자세공차	평행도	//
		직각도	⊥
		경사도	∠
	위치공차	위치도	⊕
		동축도(동심도)	◎
		대칭도	═
	흔들림 공차	원주 흔들림	↗
		온 흔들림	↗↗

68 줄 다듬질 가공을 나타내는 약호는?

① FL ② FF
③ FS ④ FR

해설
가공방법의 기호

기호	가공방법	기호	가공방법
L	선반	FS	스크레이핑
B	보링	G	연삭
BR	브로칭	GH	호닝
C	주조	GL	래핑
CD	다이캐스팅	GS	평면 연삭
D	드릴	M	밀링
FB	브러싱	P	플레이닝
FF	줄 다듬질	PS	절단(전단)
FL	래핑	SH	기계적 강화
FR	리머다듬질		

69 관용 테이퍼 수나사(기호 : R)에 대해서 사용하는 관용 평행 암나사의 기호로 옳은 것은?

① Rc ② Rp
③ PT ④ PS

해설
관용 테이퍼 수나사를 "R"로 사용했다면 이것은 ISO규격에 있는 기호를 사용한 것이므로 정답은 ②번이 된다.
② Rp : ISO규격에 있는 관용 평행 암나사
① Rc : ISO규격에 있는 관용 테이퍼 암나사
③ PT : ISO규격에 없는 관용 테이퍼나사
④ PS : ISO규격에 없는 관용 평행 암나사

70 도형이 대칭인 경우 그 대칭 부분을 생략하는 기호를 옳게 나타낸 것은?

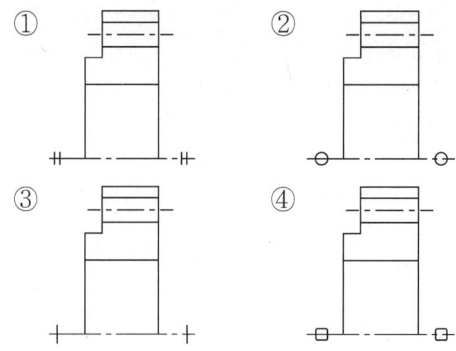

해설
도면에서 대칭 부분을 생략할 때 사용하는 기호는 ①번과 같이 한다.

71 다음 선반 외경용 툴 홀더 규격 표기법(ISO)에서 기호 P의 의미로 옳은 것은?

P C L N R - 25 25 - M 12

① 인서트 형상
② 절삭날 길이
③ 클램핑 방법
④ 인서트 여유각

해설
③ 클램핑 방법 - P
① 인서트 형상 - C
② 절삭날 길이 - 12
④ 인서트 여유각 - N

72 다음 CNC 선반 프로그램에서 [A]의 Ud, [B]의 Dd는 무엇을 의미하는가?

```
[A] G71 Ud R_;
    G71 P_ Q_ U_ W_ F_;
```

```
[B] G71 P_Q_ U_ W_ Dd F_ S_T_;
```

① 1회 가공의 절삭깊이량
② Z축 방향 다듬 절삭여유
③ 고정사이클 지령절의 마지막 전개번호
④ 고정사이클 지령절의 첫 번째 전개번호

해설
[A]의 "Ud", [B]의 "Dd"에서 "d"는 X축 방향의 절입량(절삭깊이)을 나타낸다.
[B]에서
- G71 : 내·외경 황삭 Cycle
- U_ : X축 방향의 정삭 여유(다듬질 여유)
- W_ : Z축 방향의 정삭 여유(다듬질 여유)

73 다음 프로그램에서 공작물의 지름이 50mm일 때 주축의 회전수는 약 몇 rpm인가?

```
G50 S2000;
G96 S120;
```

① 1,910 ② 1,528
③ 955   ④ 764

해설
- G96 : 절삭속도 일정제어
- S120 : 절삭속도 120m/min

절삭속도 $v = \dfrac{\pi dn}{1,000}$

$120\text{m/min} = \dfrac{\pi \times 50\text{mm} \times n}{1,000}$

회전수 $n = \dfrac{1,000 \times 120}{\pi \times 50} \fallingdotseq 763.9\text{rpm}$

74 와이어 컷 방전가공에서 세컨드 컷 가공의 목적과 효과가 아닌 것은?

① 코너부 형상 에러 및 가공면의 진직 정도 상승효과
② 가공물의 내부응력 개방 후의 형상 수정효과
③ 다이 형상에서의 돌기부분 제거효과
④ 가공시간 단축효과

해설
와이어 컷 방전가공에서 2차(세컨드 컷) 가공을 하면 가공시간이 더 늘어나므로 ④번은 잘못된 표현이다.
와이어 컷 방전가공에서 2차(세컨드 컷) 가공의 목적
- 표면 거칠기 향상
- 다이 형상에서의 돌기부분을 제거
- 면조도의 향상과 가공면의 연화층 제거
- 1차 가공 후 다듬질 여유분을 가공
- 가공물의 내부응력 제거(개방) 후 형상 수정
- 코너부의 형상 에러 수정 및 가공면의 진직 정도의 수정

75 가공물의 지름이 20mm인 연강을 CNC 선반에서 주축 회전수 $n = 1,500$rpm으로 절삭할 때 절삭속도는 약 몇 m/min인가?

① 15.7   ② 94.2
③ 157   ④ 942

해설
$v = \dfrac{\pi dn}{1,000} = \dfrac{\pi \times 20 \times 1,500}{1,000} \fallingdotseq 94.24\text{m/min}$

절삭속도(v) 구하는 식
$v = \dfrac{\pi dn}{1,000}$

여기서, v : 절삭속도(m/min)
   d : 공작물의 지름(mm)
   n : 주축 회전수(rpm)

정답 72 ① 73 ④ 74 ④ 75 ②

76 CNC 공작기계에서 공구의 이동위치를 지령하는 방식이 아닌 것은?

① 중심지령 방식
② 증분지령 방식
③ 절대지령 방식
④ 혼합지령 방식

해설
CNC 프로그램에서 좌표치를 지령하는 방식
• 절대지령 방식
• 증분지령 방식
• 혼합지령 방식

77 머시닝센터에서 G43을 사용하여 공구길이 보정을 할 때 올바른 보정값은 몇 mm인가?

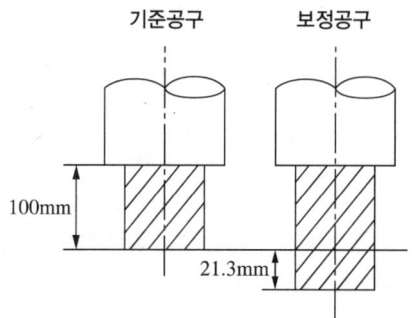

① 21.3
② -21.3
③ 121.3
④ -121.3

해설
G43 : 공구길이 보정 "+" 명령어이다.
머시닝센터로 공구를 보정할 때 보정값은 "총절삭깊이-기준공구" 값을 입력해준다. 따라서 정답은 ①번이다.

78 다음 중 머시닝센터에서 급속위치결정 기능과 관계없는 것은?

① G00
② G01
③ G53
④ G60

해설
② G01은 바이트로 직선으로 가공하라는 지령으로 급속위치결정과는 관련이 없다.
G53은 기계좌표계 설정, G60은 한 방향 위치결정으로 급속위치결정과 관련이 있다.

79 서보모터에서 검출된 위치를 피드백하여 보정해 주는 회로는?

① 가산회로
② 연산회로
③ 비교회로
④ 정보처리회로

해설
CNC 장비에 사용되는 서보장치에 적용된 비교회로는 서보모터에서 검출된 위치를 피드백하여 위치를 보정해 주는 역할을 한다.

80 CNC 선반에서 작업 중 안전사항으로 옳지 않은 것은?

① 척이 풀림 상태에서는 주축의 회전을 못하게 한다.
② CNC 선반의 작업 시 항상 장갑을 착용하고 작업한다.
③ 도어가 열린 상태에서 작업하면 알람을 발생시키도록 한다.
④ 가공 중 작업자가 없을 시 프로그램을 수정하지 못하도록 한다.

해설
CNC 선반과 같이 공구가 회전하면서 공작물을 가공하는 공작기계를 가동시킬 때 장갑을 끼면 장갑이 말려 들어가는 사고를 유발할 수 있으므로 절대 장갑을 착용해서는 안 된다.

2018년 제1회 과년도 기출문제

제1과목 | 기계가공법 및 안전관리

01 터릿선반에 대한 설명으로 옳은 것은?

① 다수의 공구를 조합하여 동시에 순차적으로 작업이 가능한 선반이다.
② 지름이 큰 공작물을 정면가공하기 위하여 스윙을 크게 만든 선반이다.
③ 작업대 위에 설치하고 시계 부속 등 작고 정밀한 가공물을 가공하기 위한 선반이다.
④ 가공하고자 하는 공작물과 같은 실물이나 모형을 따라 공구대가 자동으로 모형과 같은 윤곽을 깎아내는 선반이다.

해설
• 터릿선반 : 보통선반과 같이 가공물을 회전시키면서 터릿에 6~8종의 절삭공구를 장착한 후 가공 순서에 맞게 순차적으로 절삭공구를 변경시켜 가며 가공하는 선반으로, 동일 제품의 대량생산에 적합하다.
• 터릿 : 절삭공구를 육각형 모양의 드럼에 가공 순서대로 장착시킨 부속장치이다.

02 다음 연삭숫돌 기호에 대한 설명이 틀린 것은?

WA 60 K m V

① WA : 연삭숫돌입자의 종류
② 60 : 입도
③ m : 결합도
④ V : 결합제

해설
• m : 조직이다.
• K : 결합도이다.
일반적인 연삭숫돌의 표시기호

WA	60	K	m	V	1호	205	x	19	x	15
입 자	입 도	결합도	조 직	결합제	숫돌 모양	바깥 지름	x	두 께	x	구멍 지름

03 밀링절삭 방법 중 상향절삭과 하향절삭에 대한 설명이 틀린 것은?

① 하향절삭은 상향절삭에 비하여 공구수명이 길다.
② 상향절삭은 가공면의 표면거칠기가 하향절삭보다 나쁘다.
③ 상향절삭은 절삭력이 상향으로 작용하여 가공물의 고정이 유리하다.
④ 커터의 회전 방향과 가공물의 이송이 같은 방향의 가공방법을 하향절삭이라 한다.

해설
밀링가공에서 하향절삭은 커터날과 일감의 이송 방향이 같아서 날이 가공물을 누르는 형태이므로 가공물 고정이 간편하다. 상향절삭은 커터의 날끝이 일감을 치켜 올리므로 일감을 단단히 고정시켜야 한다.

04 밀링가공에서 일반적인 절삭속도 선정에 관한 내용으로 틀린 것은?

① 거친 절삭에서는 절삭속도를 빠르게 한다.
② 다듬질 절삭에서는 이송속도를 느리게 한다.
③ 커터의 날이 빠르게 마모되면, 절삭속도를 낮춘다.
④ 적정 절삭속도보다 약간 낮게 설정하는 것이 커터의 수명 연장에 좋다.

해설
거친 절삭이란 공작물의 표면 정밀도가 낮은 것이므로 절삭속도를 느리게 하거나 이송속도를 빠르게 한다.

05 기어절삭 가공방법에서 창성법에 해당하는 것은?

① 호브에 의한 기어가공
② 형판에 의한 기어가공
③ 브로칭에 의한 기어가공
④ 총형 바이트에 의한 기어가공

해설
창성법(創成法)
기어의 치형과 동일한 윤곽을 가진 커터를 피절삭기어와 맞물리게 하면서 상대운동을 시켜 절삭하는 방법으로, 그 종류에는 래크 커터, 피니언 커터, 호브에 의한 기어가공법이 있다.
※ 創 : 만들 창, 成 : 이룰 성, 法 : 법칙 법

06 측정자의 직선 또는 원호운동을 기계적으로 확대하여 그 움직임을 지침의 회전 변위로 변환시켜 눈금으로 읽을 수 있는 측정기는?

① 수준기
② 스냅 게이지
③ 게이지 블록
④ 다이얼 게이지

해설
다이얼 게이지
측정자의 직선 또는 원호운동을 기계적으로 확대하여 그 움직임을 지침의 회전 변위로 변환시켜 눈금을 읽을 수 있는 측정기이다. 다이얼 게이지(Dial Gauge)는 비교측정기이므로 직접 제품의 치수를 읽을 수는 없다.

07 탭으로 암나사 가공작업 시 탭의 파손원인으로 적절하지 않은 것은?

① 탭이 경사지게 들어간 경우
② 탭 재질의 경도가 높은 경우
③ 탭의 가공속도가 빠른 경우
④ 탭이 구멍 바닥에 부딪쳤을 경우

해설
탭의 경도가 낮을 경우 파손될 우려가 크다.
탭의 파손원인
• 탭의 가공속도가 빠른 경우
• 탭이 경사지게 들어간 경우
• 탭 재질의 경도가 낮을 경우
• 탭이 구멍 바닥에 부딪쳤을 경우

08 다음 중 각도를 측정할 수 있는 측정기는?

① 사인바
② 마이크로미터
③ 하이트게이지
④ 버니어캘리퍼스

해설
사인바(Sign Bar) : 삼각함수를 이용하여 각도를 측정하거나 임의의 각을 만드는 대표적인 각도측정기로 정반 위에서 블록 게이지와 조합하여 사용한다. 사인바는 측정하려는 각도가 45° 이내여야 하며 측정각이 더 커지면 오차가 발생한다.
※ 마이크로미터, 하이트게이지, 버니어캘리퍼스는 길이측정기이다.

09 절삭제의 사용목적과 거리가 먼 것은?

① 공구수명 연장
② 절삭저항의 증가
③ 공구의 온도 상승 방지
④ 가공물의 정밀도 저하 방지

해설
절삭제는 절삭 시 절삭공구와 공작물 사이에서 발생하는 절삭저항을 감소시켜 공구수명을 높이고, 냉각작용으로 구성인선을 방지하여 가공물의 정밀도 저하를 방지한다.

10 W, Cr, V, Co들의 원소를 함유하는 합금강으로 600℃까지 고온경도를 유지하는 공구재료는?

① 고속도강
② 초경합금
③ 탄소공구강
④ 합금공구강

[해설]
고속도강(HSS)
탄소강에 W-18%, Cr-4%, V-1%이 합금된 것으로 600℃의 절삭열에도 경도 변화가 없다. 탄소강보다 2배의 절삭속도로 가공이 가능하기 때문에 강력 절삭 바이트나 밀링 커터용 재료로 사용된다. 고속도강에서 나타나는 시효 변화를 억제하기 위해서는 뜨임처리를 3회 이상 반복함으로써 잔류응력을 제거해야 한다. 크게 W계와 Mo계로 분류된다.

11 테일러의 원리에 맞게 제작되지 않아도 되는 게이지는?

① 링 게이지
② 스냅 게이지
③ 테이퍼 게이지
④ 플러그 게이지

[해설]
테이퍼 게이지는 측정물의 통과측과 정지측의 직경이 다르기 때문에 기울기가 존재하므로 테일러의 원리 적용은 불가능하다.
테일러의 원리
컴퓨터응용가공산업기사 2013년 2회 기출문제에서 제시한 테일러의 원리의 정의는 '통과측에는 모든 치수 또는 결정량이 동시에 검사되고 정지측에는 각각의 치수가 개개로 검사되어야 한다'이다. 이를 이해하기 쉽게 풀이하면 '통과측에 사용하는 측정기는 측정물의 길이와 두께가 동시에 검사되어야만 중간의 휨 정도를 측정할 수 있지만, 정지측용 측정기의 길이는 짧아도 된다'이다.

12 선반에서 긴 가공물을 절삭할 경우 사용하는 방진구 중 이동식 방진구는 어느 부분에 설치하는가?

① 베 드
② 새 들
③ 심압대
④ 주축대

[해설]
선반에서 이동용 방진구를 설치하는 곳은 왕복대(새들)이다. 일반 고정식 방진구는 선반작업에서 공작물의 지름보다 20배 이상의 가늘고 긴 공작물(환봉)을 가공할 때, 공작물이 휘거나 떨리는 현상인 진동을 방지하기 위해 베드 위에 설치하여 공작물을 받쳐 주는 부속장치이다.

13 절삭 공구수명을 판정하는 방법으로 틀린 것은?

① 공구인선의 마모가 일정량에 달했을 경우
② 완성가공된 치수의 변화가 일정량에 달했을 경우
③ 절삭저항의 주분력이 절삭을 시작했을 때와 비교하여 동일할 경우
④ 완성가공면 또는 절삭가공한 직후에 가공표면에 광택이 있는 색조 또는 반점이 생길 경우

[해설]
절삭공구의 수명은 절삭저항이 급격히 증가했을 때 교체해 주어야 한다.
공구수명을 판정하는 기준
• 절삭저항이 급격히 증가했을 때
• 공구인선의 마모가 일정량에 달했을 때
• 가공물의 완성치수 변화가 일정량에 달했을 때
• 공구의 표면에 광택이나 반점, 색조가 생겼을 때

14 연삭기의 이송방법이 아닌 것은?

① 테이블 왕복식
② 플랜지 컷방식
③ 연삭숫돌대 방식
④ 마그네틱 척 이동방식

해설
①, ②, ③은 외경연삭기에서 외경연삭 시 가공물의 이송방법으로 마그네틱 척 이동방식은 없다.
외경연삭기의 이송방법
- 플랜지 컷방식
- 테이블 왕복방식
- 연삭숫돌대 방식

15 다음 중 금속의 구멍작업 시 칩의 배출이 용이하고 가공정밀도가 가장 높은 드릴날은?

① 평드릴
② 센터드릴
③ 직선 홈드릴
④ 트위스트 드릴

해설
트위스트 드릴은 드릴의 홈이 나선형으로 만들어져 있어서 이 홈을 따라 절삭된 칩의 배출이 용이해서 가공정밀도가 가장 높은 드릴 비트의 한 종류이다.

16 연삭작업에 관련된 안전사항 중 틀린 것은?

① 연삭숫돌을 정확하게 고정한다.
② 연삭숫돌 측면에 연삭을 하지 않는다.
③ 연삭가공 시 원주 정면에 서 있지 않는다.
④ 연삭숫돌 덮개 설치보다는 작업자의 보안경 착용을 권장한다.

해설
연삭작업 시 연삭숫돌의 회전에 의해 절삭된 칩들이 비산하기 때문에 작업자도 보안경을 반드시 착용해야 하며 연삭숫돌의 덮개 역시 설치해야 한다.

17 드릴의 속도가 V(m/min), 지름이 d(mm)일 때, 드릴의 회전수 n(rpm)을 구하는 식은?

① $n = \dfrac{1{,}000}{\pi d V}$

② $n = \dfrac{1{,}000\,V}{\pi d}$

③ $n = \dfrac{\pi d V}{1{,}000}$

④ $n = \dfrac{\pi d}{1{,}000\,V}$

해설
절삭속도 구하는 식을 응용하면 다음 회전수 구하는 식을 도출할 수 있다.
$n = \dfrac{1{,}000 v}{\pi d}\,\text{rpm}$

절삭속도(v) 구하는 식
$v = \dfrac{\pi d n}{1{,}000}$

여기서 v : 절삭속도(m/min)
　　　 d : 공작물의 지름(mm)
　　　 n : 주축 회전수(rpm)

18 밀링머신에서 사용하는 바이스 중 회전과 상하로 경사시킬 수 있는 기능이 있는 것은?

① 만능바이스
② 수평바이스
③ 유압바이스
④ 회전바이스

해설
밀링바이스는 공작물을 테이블에 고정시키는 데 사용한다. 이 바이스 중 회전과 상하로 고정한 공작물의 이동이 가능한 것은 만능바이스이다.

[만능바이스(Universal Vice)]

19 래핑에 대한 설명으로 틀린 것은?

① 습식래핑은 주로 거친 래핑에 사용한다.
② 습식래핑은 연마입자를 혼합한 랩액을 공작물에 주입하면서 가공한다.
③ 건식래핑의 사용 용도는 초경질합금, 보석 및 유리 등 특수재료에 널리 쓰인다.
④ 건식래핑은 랩제를 랩에 고르게 누른 다음 이를 충분히 닦아 내고 주로 건조 상태에서 래핑을 한다.

해설
건식래핑과 습식래핑의 차이는 주로 공작물의 정밀도와 관련이 높다. 공작물의 재료와 용도에 맞는 래핑은 수직래핑이나 평면래핑으로 구분된다. 초경질합금이나 보석과 같은 특수재료는 주로 수직래핑이 이용된다.
건식래핑이란 습식래핑을 마친 후 더 매끈한 표면 정밀도를 얻기 위해 랩을 랩제 속에 담가두었다가 꺼내서 래핑작업하는 방식이다.

20 머시닝센터에서 드릴링 사이클에 사용되는 G코드로만 짝지어진 것은?

① G24, G43
② G44, G65
③ G54, G92
④ G73, G83

해설
- G42 : 공구지름 우측보정
- G43 : 공구보정
- G44 : 공구보정
- G65 : 마크로 단순 호출
- G54 : 공작물 좌표계 1번 선택
- G73 : 고속 심공드릴 사이클
- G83 : 심공드릴 사이클

제2과목 | 기계설계 및 기계재료

21 주조 시 주형에 냉금을 삽입하여 주물 표면을 급랭시킴으로써 백선화하고, 경도를 증가시킨 내마모성 주철은?

① 구상흑연주철
② 가단(Malleable)주철
③ 칠드(Chilled)주철
④ 미하나이트(Meehanite)주철

해설
칠드주철 : 주조 시 주형에 냉금을 삽입하여 주물의 표면을 급랭시켜 조직을 백선화하고 경도를 증가시킨 내마모성 주철이다. 칠드된 부분은 시멘타이트 조직으로 되어 경도가 높아지고 내마멸성과 압축강도가 커서 기차바퀴나 분쇄기 롤러용 재료로 사용된다.
① 구상흑연주철 : 주철 속 흑연이 완전히 구상이고 그 주위가 페라이트조직으로 되어 있는데 이 형상이 황소의 눈과 닮았다고 해서 불스아이 주철로도 불린다. 일반주철에 Ni(니켈), Cr(크롬), Mo(몰리브덴), Cu(구리)를 첨가하여 재질을 개선한 주철로 내마멸성, 내열성, 내식성이 대단히 우수하여 자동차용 주물이나 주조용 재료로 사용되며 다른 말로 노듈러주철, 덕타일주철로도 불린다.
② 가단주철 : 백주철을 고온에서 장시간 열처리하여 시멘타이트 조직을 분해하거나 소실시켜 조직의 인성과 연성을 개선한 주철로 가단성이 부족했던 주철을 강인한 조직으로 만들기 때문에 단조작업이 가능한 주철이다. 제작공정이 복잡해서 시간과 비용이 상대적으로 많이 든다.
④ 미하나이트주철 : 바탕이 펄라이트 조직이고, 인장강도가 350~450MPa인 이 주철은 담금질이 가능하고 인성과 연성이 대단히 크며, 두께 차이에 의한 성질 변화가 매우 작아서 내연기관의 실린더 재료로 사용된다.

22 반도체 재료에 사용되는 주요 성분 원소는?

① Co, Ni
② Ge, Si
③ W, Pb
④ Fe, Cu

해설
반도체용 재료로는 게르마늄(Ge)과 실리콘(Si, 규소)이 주로 사용된다.

23 Fe-C 평형상태도에서 나타나지 않는 반응은?

① 공정반응
② 편정반응
③ 포정반응
④ 공석반응

해설
Fe-C계 평형상태도에서의 3개 불변반응

종류	반응 온도	탄소 함유량	반응내용	생성조직
공석 반응	723℃	0.8%	r고용체 ↔ a고용체 + Fe_3C	펄라이트 조직
공정 반응	1,147℃	4.3%	융체(L) ↔ r고용체 + Fe_3C	레데부라이트 조직
포정 반응	1,494℃ (1,500℃)	0.18%	δ고용체 + 융체(L) ↔ r고용체	오스테나이트조직

24 Kelmet의 주요 합금 조성으로 옳은 것은?

① Cu-Pb계 합금
② Zn-Pb계 합금
③ Cr-Pb계 합금
④ Mo-Pb계 합금

해설
켈밋합금 : Cu 70% + Pb 30~40%의 합금이다. 열전도성과 압축강도가 크고 마찰계수가 작아서 고속, 고온, 고하중용 베어링 재료로 사용된다.

25 불변강의 종류가 아닌 것은?

① 인 바
② 엘린바
③ 코엘린바
④ 스프링강

해설
Ni-Fe계 합금(불변강)의 종류

종류	용도
인 바	• Fe에 35%의 Ni, 0.1~0.3%의 Co, 0.4%의 Mn이 합금된 불변강의 일종으로 상온 부근에서 열팽창계수가 매우 작아서 길이 변화가 거의 없다. • 줄자나 측정용 표준자, 바이메탈용 재료로 사용한다.
슈퍼인바	• Fe에 30~32%의 Ni, 4~6%의 Co를 합금한 재료로 20℃에서 열팽창계수가 0에 가까워서 표준척도용 재료로 사용한다.
엘린바	• Fe에 36%의 Ni, 12%의 Cr이 합금된 재료로 온도 변화에 따라 탄성률의 변화가 미세하여 시계태엽이나 계기의 스프링, 기압계용 다이어프램, 정밀 저울용 스프링 재료로 사용한다.
퍼멀로이	• Fe에 35~80%의 Ni이 합금된 재료로 열팽창계수가 작아서 측정기나 고주파 철심, 코일, 릴레이용 재료로 사용된다.
플래티나이트	• Fe에 46%의 Ni이 합금된 재료로 열팽창계수가 유리, 백금과 가까우며 전구 도입선이나 진공관의 도선용으로 사용한다.
코엘린바	• Fe에 Cr 10~11%, Co 26~58%, Ni 10~16%를 합금한 것으로 온도 변화에 대한 탄성률의 변화가 적고 공기 중이나 수중에서 부식되지 않아서 스프링, 태엽, 기상관측용 기구의 부품에 사용한다.

불변강
일반적으로 Ni-Fe계 내식용 합금을 말하는데 주변 온도가 변해도 재료가 가진 열팽창계수나 탄성계수가 변하지 않아서 불변강이라고 불린다.

26 뜨임취성(Temper Brittleness)을 방지하는 데 가장 효과적인 원소는?

① Mo
② Ni
③ Cr
④ Zr

해설
몰리브덴(Mo)의 역할
• 내식성을 증가시킨다.
• 뜨임취성을 방지한다.
• 담금질 깊이를 깊게 한다.

27 다음 중 블랭킹 및 피어싱 펀치로 사용되는 금형재료가 아닌 것은?

① STD11　　② STS3
③ STC3　　　④ SM15C

해설
탄소공구강(STC), 합금공구강(냉간금형, STD), 합금공구강(절삭공구, STS)는 탄소 함유량이 2% 이하로써 금형재료로 사용할 강도가 충분하지만, 기계구조용 압연강재인 SM 45C의 경우 탄소 함유량이 높아서 강도가 낮다.

28 95% Cu-5% Zn 합금으로 연하고 코이닝(Coining)하기 쉬우므로 동전, 메달 등에 사용되는 황동의 종류는?

① Naval Brass
② Cartridge Brass
③ Muntz Metal
④ Gilding Metal

해설
도금용 합금(Gilding Metal) : 95%의 Cu(구리)와 5%의 Zn(아연)이 합금된 재료로 재질이 연해서 코이닝 작업으로 동전이나 메달용 재료로 사용된다.
① 네이벌 황동(Naval Brass) : 구리합금 중 6 : 4황동에 0.8% 정도의 주석을 첨가한 것으로 내해수성이 강해서 선박용 부품에 사용한다.
③ 문쯔메탈(Muntz Metal) : 60%의 Cu(구리)와 40%의 Zn(아연)이 합금된 것으로 인장강도가 최대이며, 강도가 필요한 단조제품이나 볼트, 리벳 등의 재료로 사용한다.

29 성형수축이 적고, 성형가공성이 양호한 열가소성 수지는?

① 페놀수지
② 멜라민수지
③ 에폭시수지
④ 폴리스티렌 수지

해설
폴리스티렌 수지는 성형수축이 적고 성형가공성이 좋은 열가소성 수지이다.

합성수지의 종류 및 특징

종류		특징
열경화성 수지	요소수지	• 광택이 있다. • 착색이 자유롭다. • 건축재료, 성형품에 이용한다.
	페놀수지	• 높은 전기절연성이 있다. • 베이클라이트라고도 불린다. • 전기부품 재료, 식기, 판재, 무음 기어에 이용한다.
	멜라민수지	• 내수성, 내열성이 있다. • 책상, 테이블판 가공에 이용한다.
	에폭시수지	• 내열성, 전기절연성, 접착성이 우수하다. • 경화 시 휘발성 물질을 발생하고 부피가 수축된다.
	폴리에스테르	• 치수 안정성과 내열성, 내약품성이 있다. • 소형차의 차체, 선체, 물탱크 재료로 이용한다.
	거품 폴리우레탄	• 비중이 작고 강도가 크다. • 매트리스나 자동차의 쿠션, 가구에 이용한다.
열가소성 수지	폴리에틸렌	• 전기절연성, 내수성, 방습성이 우수하며 독성이 없다. • 연료탱크나 어망, 코팅재료로 이용한다.
	폴리프로필렌	• 기계적, 전기적 성질이 우수하다. • 가전제품의 케이스, 의료기구, 단열재로 이용한다.
	폴리염화비닐	• 내산성, 내알칼리성이 풍부하다. • 텐트나 도료, 완구 제품에 이용한다.
	폴리비닐 알코올	• 무색, 투명하며 인체에 무해하다. • 접착제나 도료에 이용한다.
	폴리스티렌	• 투명하고 전기 절연성이 좋다. • 성형수축이 적고 성형가공성이 좋다. • 통신기의 전열재료, 선풍기 팬, 계량기판에 이용한다.
	폴리아마이드 (나일론)	• 내식성과 내마멸성의 합성섬유이다. • 타이어나 로프, 전선 피복재료로 이용한다.
	아크릴수지	• 유리 대신 사용되며 무색, 투명하며 자외선이 일반 유리보다 더 잘 투과된다.

30 쾌삭강에서 피삭성을 좋게 만들기 위해 첨가하는 원소로 가장 적합한 것은?

① Mn ② Si
③ C ④ S

해설
쾌삭강은 강을 절삭할 때 칩을 잘게 하고 피삭성을 좋게 하기 위해 황이나 납 등의 특수원소를 첨가한 강으로 일반 탄소강보다 인(P), 황(S)의 함유량을 많게 하거나 납(Pb), 셀레늄(Se), 지르코늄(Zr) 등을 첨가하여 제조한 강이다.

31 양쪽 기울기를 가진 코터에서 저절로 빠지지 않기 위한 자립조건으로 옳은 것은?(단, α는 코터 중심에 대한 기울기 각도이고, ρ는 코터와 로드엔드와의 접촉부 마찰계수에 대응하는 마찰각이다)

① $\alpha \leq \rho$ ② $\alpha \geq \rho$
③ $\alpha \leq 2\rho$ ④ $\alpha \geq 2\rho$

해설
나사의 자립조건
나사가 체결된 후 스스로 풀리지 않을 조건으로 마찰각이 리드각보다 같거나 커야 한다.
$\alpha \leq \rho$

32 안지름 300mm, 내압 100N/cm²이 작용하고 있는 실린더 커버를 12개의 볼트로 체결하려고 한다. 볼트 1개에 작용하는 하중(W)은 약 몇 N인가?

① 3,257 ② 5,890
③ 8,976 ④ 11,245

해설
$\sigma = \dfrac{W}{A}$

$100 = \dfrac{W}{\dfrac{\pi d^2}{4}}$, $W = 100 \times \dfrac{\pi \times 30^2}{4} ≒ 70,685\text{N}$

따라서, 하중 W를 12로 나누면
$\dfrac{70,685\text{N}}{12} ≒ 5,890\text{N}$

33 그림과 같은 스프링 장치에서 각 스프링 상수 k_1=40N/cm, k_2=50N/cm, k_3=60N/cm이다. 하중 방향의 처짐이 150mm일 때 작용하는 하중 P는 약 몇 N인가?

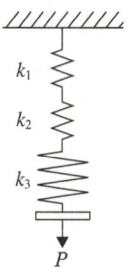

① 2,250 ② 964
③ 389 ④ 243

해설
- 스프링의 처짐량$(\delta) = \dfrac{P(\text{작용 힘})}{k(\text{스프링 상수})}$

  $15\text{cm} = \dfrac{P}{16.2}$, $P = 243\text{N}$

- 스프링 상수(k) : $\dfrac{1}{\dfrac{1}{40}+\dfrac{1}{50}+\dfrac{1}{60}} = \dfrac{1}{\dfrac{3+2.4+2}{120\text{cm}}} = \dfrac{120}{7.4}$
  $= 16.2$

- 스프링 상수(k) : 스프링의 단위 길이(mm) 변화를 일으키는 데 필요한 하중(W)

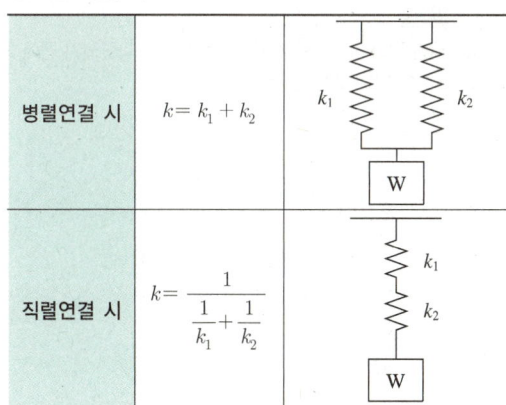

34 용접가공에 대한 일반적인 특징 설명으로 틀린 것은?

① 공정수를 줄일 수 있어서 제작비가 저렴하다.
② 기밀 및 수밀성이 양호하다.
③ 열영향에 의한 재료의 변질이 거의 없다.
④ 잔류응력이 발생하기 쉽다.

해설

용접가공 시 아크나 가스불꽃, 전기저항과 같은 용접열원에 의해 용접재료가 녹아서 용접이 이루어진다. 이때 발생된 용접열에 의해 열영향부(Heat Affected Zone) 금속조직의 변형이 일어난다.

35 응력-변형률 선도에서 재료가 저항할 수 있는 최대의 응력을 무엇이라 하는가?(단, 공칭응력을 기준으로 한다)

① 비례한도(Proportional Limit)
② 탄성한도(Elastic Limit)
③ 항복점(Yield Point)
④ 극한강도(Ultimate Strength)

해설

극한강도(Ultimate Strength)는 재료가 파단되기 전에 외력에 버틸 수 있는 최대의 응력이다.

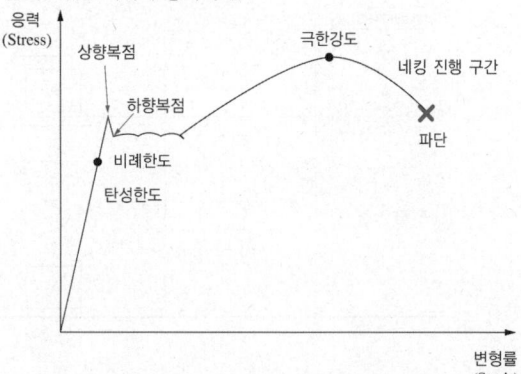

① 비례한도(Proportional Limit) : 응력과 변형률 사이에 비례관계가 성립하는 구간 중 응력이 최대인 점이다.
② 탄성한도(Elastic Limit) : 하중을 제거하면 원래의 치수로 돌아가는 구간으로, 훅의 법칙이 적용된다.
③ 항복점(Yield Point) : 인장시험에서 하중이 증가하여 어느 한도에 도달하면, 하중을 제거해도 원위치로 돌아가지 않고 변형이 남게 되는 그 순간의 하중이다.

36 다음 그림과 같은 블록 브레이크에서 막대 끝에 작용하는 조작력 F와 브레이크의 제동력 Q와의 관계식은?(단, 드럼은 반시계 방향 회전을 하고 마찰계수는 μ이다)

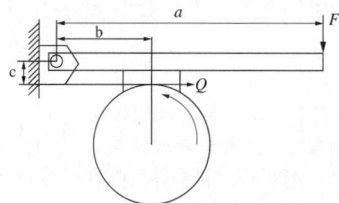

① $F = \dfrac{Q}{a}(b - \mu c)$ ② $F = \dfrac{Q}{\mu a}(b - \mu c)$

③ $F = \dfrac{Q}{\mu a}(b + \mu c)$ ④ $F = \dfrac{Q}{a}(b + \mu c)$

해설

단식 블록 브레이크에서 회전체가 좌회전할 때의 조작력을 구해야 하므로 $F = \dfrac{f(b - \mu c)}{\mu a}$ 가 정답이다.

• 단식 블록 브레이크의 블록을 밀어붙이는 힘(F)

분류	우회전 시 조작력(F)	좌회전 시 조작력(F)
(그림: a, b, c, $f=\mu P$)	$F = \dfrac{f(b+\mu c)}{\mu a}$	$F = \dfrac{f(b-\mu c)}{\mu a}$
(그림: a, b, $f=\mu P$)	$F = \dfrac{fb}{\mu a}$	
(그림: l_1, l_2, c, $f=\mu P$)	$F = \dfrac{f(b-\mu c)}{\mu a}$	$F = \dfrac{f(b+\mu c)}{\mu a}$

여기서, f : 제동력이다(일부 책이나 시험에서는 $f = Q$로 표시하기도 한다).

• 블록 브레이크 : 마찰 브레이크의 일종으로 브레이크 드럼에 브레이크 블록을 밀어 넣어 제동시키는 장치

37 4kN·m의 비틀림 모멘트를 받는 전동축의 지름은 약 몇 mm인가?(단, 축에 작용하는 전단응력은 60MPa이다)

① 70　　② 80
③ 90　　④ 100

해설
$T = \tau \times Z_p$
$T = \tau \times \dfrac{\pi d^3}{16}$
$4,000\,\text{N}\cdot\text{m} = 60\times 10^6\,\text{N/m}^2 \times \dfrac{\pi d^3}{16}$
$d^3 = \dfrac{4,000,000\,\text{N}\cdot\text{mm}\times 16}{\pi\times 60\,\text{N/mm}^2}$
$d = \sqrt[3]{\dfrac{4,000,000\,\text{N}\cdot\text{mm}\times 16}{\pi\times 60\,\text{N/mm}^2}} \fallingdotseq 69.76\,\text{mm}$

따라서, 정답은 ①이 적합하다.

38 다음 중 기어에서 이의 크기를 나타내는 방법이 아닌 것은?

① 피치원지름　　② 원주피치
③ 모 듈　　④ 지름피치

해설
기어의 지름은 피치원의 지름을 기본지름으로 사용한다. 여기서 피치는 두 기어가 구름 접촉을 하는 가상의 원을 나타낸 것으로 이의 크기를 나타내는 용어는 아니다. 이의 크기를 나타내는 기준은 모듈(m)을 사용한다.
피치는 기어 이의 중심 간 거리로 나타낼 수 있으므로 원주피치와 지름피치 모두 사용이 가능하다.
모듈(m) : 이의 크기를 나타내는 기준
$m = \dfrac{D}{Z}$

39 작용하중의 방향에 따른 베어링 분류 중에서 축선에 직각으로 작용하는 하중과 축선 방향으로 작용하는 하중이 동시에 작용하는 데 사용하는 베어링은?

① 레이디얼 베어링(Radial Bearing)
② 스러스트 베어링(Thrust Bearing)
③ 테이퍼 베어링(Taper Bearing)
④ 칼라 베어링(Collar Bearing)

해설
테이퍼 베어링은 테이퍼 형상의 롤러가 적용된 베어링으로 축방향과 축에 직각인 하중을 동시에 지지할 수 있어서 자동차나 공작기계의 베어링에 널리 사용된다. 여기서, 테이퍼란 중심축을 기준으로 원뿔과 같이 양 측면의 경사진 형상을 말하는 용어이다.

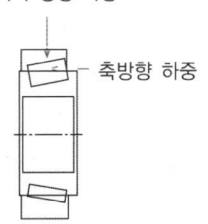

[축직각 방향 하중]

40 회전속도가 8m/sec로 전동되는 평벨트 전동장치에서 가죽 벨트의 폭(b)×두께(t) = 116mm×8mm인 경우, 최대 전달동력은 약 몇 kW인가?(단, 벨트의 허용 인장응력은 2.35MPa, 장력비($e^{\mu\theta}$)는 2.5이며, 원심력은 무시하고 벨트의 이음효율은 100%이다)

① 7.45　　② 10.47
③ 12.08　　④ 14.46

해설
$8\,\text{mm} = \dfrac{T_t}{2.35\,\text{N/mm}^2\times 116\,\text{mm}\times 1}$, $T_t = 2,180.8\,\text{N}$

여기서, σ : 벨트의 인장응력
　　　　b : 벨트의 너비
　　　　η : 이음효율

$e^{\mu\theta} = \dfrac{T_t(\text{긴장측 장력})}{T_s(\text{이완측 장력})}$, $2.5 = \dfrac{2,180.8}{T_s}$, $T_s = 872.32\,\text{N}$

유효장력(P_e) = $2,180.8 - 872.32 = 1,308.48$

따라서, V벨트의 전달동력(H)은
$H = P_e \times v$
　 $= 1,308.48\,\text{N}\times 8\,\text{m/sec} = 10,467\,\text{W} \fallingdotseq 10.47\,\text{kW}$

제3과목 | 컴퓨터응용가공

41 CAD/CAM 시스템에서 와이어 프레임(Wireframe), 서피스(Surface), 솔리드(Solid) 모델과 같은 3차원 형상 모델에 대한 설명으로 틀린 것은?

① 3차원 형상 모델 중 어느 것으로도 해석용 유한요소 생성 및 NC 공구경로 계산이 가능하다.
② 와이어 프레임 모델은 점과 선으로 정의되기 때문에 체적을 구할 수 없다.
③ 서피스 모델은 곡면을 기본으로 하여 3차원의 NC 가공용의 면 구축이 용이하다.
④ 솔리드 모델은 상대적으로 파일의 크기가 크며, 속이 차 있는 물체로서의 개념이 도입된다.

해설
와이어프레임 모델링으로는 공학적 해석을 위한 유한요소를 생성하거나 NC 공구경로를 계산할 수 없다.

42 반경이 $R = \sqrt{5}$ cm인 볼 엔드밀로 평면을 가공하려고 한다. 경로 간 간격이 2cm일 때 커스프(Cusp) 높이는 몇 cm인가?

① $\sqrt{5} - 1$ ② $\sqrt{5} - 2$
③ 1   ④ 2

해설
커스프(Cusp) 높이 = 공구반경 - 경로 간 간격 = $\sqrt{5} - 2$ cm

43 평면상에서 기준 직교축의 원점에서부터 점 P까지의 직선거리(r)와 기준 직교축과 그 직선이 이루는 각도(θ)로 표시되는 2차원 좌표계는?

① 구 좌표계
② 극 좌표계
③ 원주 좌표계
④ 직교 좌표계

해설
극 좌표계 : P(거리, 각도), 한 쌍의 직교축과 단위 길이를 사용하여 평면상의 한 점의 위치를 표시하는 방식으로, 한 점의 직선거리(r)와 각도(θ)를 반시계방향으로 표시하는 좌표계이다.

44 XY 평면상에 하나의 곡선을 표현하는 방법에는 일반적으로 3가지가 있는데 이에 속하지 않는 것은?

① 단어번지 형태
② 매개변수 형태
③ 양함수 형태
④ 음함수 형태

해설
XY 평면상에 하나의 곡선을 표현하는 방법
• 양함수 : $y = f(x)$ 형태의 함수
• 음함수 : 변수인 x, y항을 모두 좌변으로 이항, $f(x, y) = 0$의 형태를 갖는 함수
• 매개변수

45 NC 공구경로 생성 시 계산된 공구경로를 따라 공구가 움직일 때 곡면의 곡률반경이 공구의 반경보다 작은 오목한 부분에서 과절삭(Overcut)이 발생하는 현상은?

① Contacting
② Clamping
③ Collision
④ Gouging

해설
Gouging : NC 공구가 경로를 따라 이동할 때, 곡면의 곡률반경이 공구의 반경보다 작은 부분에서는 과절삭현상이 발생하는 현상

46 10개의 CAD 시스템 사이에서 직접 변환기를 사용하여 데이터를 교환하려면 요구되는 변환기의 수는?

① 9
② 10
③ 90
④ 100

해설
10개의 서로 다른 CAD 프로그램들은 각각 9개씩 다른 프로그램들과 변환이 필요하다. 따라서 1개당 9개, 총 10개이므로 총 90개의 변환기가 필요하다.

47 CAD 시스템에서 사용되는 곡면 모델링에 대한 설명으로 틀린 것은?

① 스윕(Sweep)곡면 : 안내곡선을 따라 이동곡선이 이동하면서 생성되는 곡면
② 그리드(Grid) 곡면 : 측정기 등에서 얻은 점을 근사적으로 연결하는 곡면
③ 블랜딩(Blending) 곡면 : 두 곡면이 만나는 부분을 부드럽게 만들 때 생성하는 곡면
④ 회전(Revolve)곡면 : 하나의 곡선을 축을 따라 평행 이동시켜 모델링한 곡면

해설
회전곡면은 임의 축이나 요소를 중심으로 회전시켜서 모델링한 곡면이다.

48 퍼거슨(Ferguson) 곡선 및 곡면에 관한 설명으로 틀린 것은?

① 곡선이나 곡면의 일부를 간단히 표현할 수 있다.
② 평면상의 곡선뿐만 아니라 3차원 공간에 있는 형상도 간단히 표현할 수 있다.
③ 자동차 외관과 같이 곡률 변화율이 중요한 경우 곡면의 품질을 향상시킨다.
④ 곡선이나 곡면의 좌표 변환이 필요할 경우 주어진 벡터만을 좌표 변환하여 결과를 얻을 수 있다.

해설
퍼거슨(Ferguson) 곡선과 곡면은 방향벡터와 속도에 따라 그 형상이 달라진다. 곡선의 생성이 쉬우나 특정 형상을 자유적으로 표현하는 데 어려워서 곡률 변화율이 중요한 경우 품질을 저하시킬 수 있다. 다각형의 꼭짓점 순서를 거꾸로 하면 처음과 다른 곡선이나 곡면이 생기는 것도 특징이다.

[퍼거슨 곡선(Ferguson Curve)]

49 다음 Bezier 곡선의 성질에 대한 설명으로 가장 적절하지 않은 것은?

① 곡선의 차수는 (조정점의 개수 − 1)이다.
② 곡선은 볼록포(Convex Hull) 안에 위치한다.
③ 한 개의 조정점을 움직이면 곡선 일부의 모양만이 변한다.
④ 다각형의 꼭짓점 순서가 거꾸로 되어도 같은 곡선이 생성되어야 한다.

해설
베지어(Bezier) 곡선에서 1개의 조정점을 움직이면 곡선 전체에 영향을 미친다.

50 2차원 단면 형상을 임의의 경로를 따라 이동하면서 3차원 솔리드를 생성하는 솔리드 모델링 기법은?

① 블렌딩(Blending)
② 트리밍(Trimming)
③ 클리핑(Clipping)
④ 스위핑(Sweeping)

해설
④ 스위핑(Sweeping) : 솔리드 모델링(Solid Modeling)의 한 방법으로 2차원 도형을 미리 정해진 선의 궤적을 따라 이동시키거나 임의의 회전축을 중심으로 회전시켜 입체를 생성시키는 기능이다.
③ 클리핑 : 화면상의 데이터를 확대하여 데이터의 일부분만을 스크린에 나타낼 때 투시점(View Point)를 벗어나는 일정 영역을 잘라 버리는 기능

51 2차원에서의 변환행렬 $T_H(3\times 3)$에 대한 설명 중 틀린 것은?

$$[x^* \ y^* \ 1] = [x \ y \ 1][T_H]$$
$$T_H = \begin{bmatrix} a & b & p \\ c & d & q \\ m & n & s \end{bmatrix}$$

① m, n은 이동(Translation)에 관계된다.
② p, q는 대칭변화(Reflection)에 관계된다.
③ a, b, c, d는 회전(Rotation), 스케일링(Scaling) 등에 관계된다.
④ s는 전체적인 스케일링(Overall Scaling)에 영향을 미친다.

52 RP(Rapid Prototyping) 소프트웨어 중 부품 준비 소프트웨어(Part Preparation Software)의 기능이 아닌 것은?

① CAD 모델 검증
② 지지구조물의 생성
③ 전체 제작공정 결정
④ 모델의 위치와 방향결정

해설
RP 소프트웨어 중 부품 준비 소프트웨어의 기능
• CAD 모델 검정
• 지지구조물 생성
• 모델의 위치와 방향결정

53 특징 형상 모델링을 수행하는 경우, 대부분의 솔리드 모델링 시스템에서 제공하는 전형적인 특징 형상이 아닌 것은?

① 구멍(Hole)
② 필릿(Fillet)
③ 리프팅(Lifting)
④ 모따기(Chamfer)

해설
전형적인 특징 형상에는 모따기(Chamfer), 구멍(Hole), 필릿(Fillet), 슬롯(Slot), 포켓(Pocket)이 있다.
리프팅(Lifting) : 주어진 물체의 특정면의 전부 또는 일부를 원하는 방향으로 움직여서 물체가 그 방향으로 늘어난 효과를 갖도록 하는 방법

54 조립체(Assembly) 모델링과 관련이 없는 기능은?

① 부품 간의 만남 조건(Mating Condition) 부여 기능
② 조립 전개도(Exploded View) 생성 기능
③ 부품 간의 구속조건 생성 기능
④ 리프팅(Lifting) 기능

해설
리프팅(Lifting)이란 주어진 물체의 특정면의 전부 또는 일부를 원하는 방향으로 움직여서 물체가 그 방향으로 늘어난 효과를 갖도록 하는 방법이다.
특징 형상 모델링의 특징
• KS규격에 모든 특징현상들이 정의되어 있지 않다.
• 사용 분야와 사용자에 따라 특징 형상의 종류가 변한다.
• 특징 형상의 종류는 많이 적용되는 분야에 따라 결정된다.
• 모델링된 입체 제작의 공정계획에서 매우 유용하게 사용된다.
• 특징 형상을 정의할 때 그 크기를 결정하는 파라미터들도 같이 정의한다.
• 모델링 입력을 설계자나 제작자에게 익숙한 형상 단위로 모델링 할 수 있다.
• 파라미터들을 변경하여 모델의 크기를 바꾸는 것이 특징 형상 모델링의 한 형태이다.
• 전형적인 특징 형상은 모따기(Chamfer), 구멍(Hole), 필릿(Fillet), 슬롯(Slot), 포켓(Pocket)이 있다.

55 NC 가공에서 3축 가공에 비해 5축 가공만의 장점으로 보기 어려운 것은?

① 곡면의 등고선을 따른 밀링 작업이 가능하다.
② 3축으로는 접근이 불가능한 곡면도 가공할 수 있다.
③ 평 엔드밀 사용 시 공구의 자세를 잘 조정함으로써 Cusp 양을 최소화할 수 있다.
④ 공구 원통면을 이용한 윤곽가공이 가능하여 단 한 번의 공구경로로 Cusp 없이 가공이 완료될 수도 있다.

해설
곡면의 등고선을 따라 밀링절삭하는 것은 3축 가공과 5축 가공 모두 가능하다.

56 다음 중 곡면을 표현할 수 있는 방법이 아닌 것은?

① Coons 곡면
② Bezier 곡면
③ Repular 곡면
④ B-spline 곡면

해설
Coons, Bezier, B-spline 곡면은 모두 곡면을 표현할 수 있는 그래픽 기법이다.

정답 53 ③ 54 ④ 55 ① 56 ③

57 다음 중 RP(Rapid Prototyping)의 종류가 아닌 것은?

① 3차원 프린팅(3D Printing)
② 지표경화(SGC ; Solid Ground Curing)
③ 용착적층 모델링(FDM ; Fused-deposition Modeling)
④ 레이저 인젝션몰딩(LIM ; Laser Injection Molding)

해설
신속조형기술의 종류
• 광조형법(SLA ; Stereo Lithography Apparatus)
• 지표경화(SGC ; Solid Ground Curing)
• 용융수지압출법(FDM ; Fused Deposition Molding, 용착적층 모델링)
• 박판적층법(LOM ; Laminated Object Manufacturing)
• 선택적 레이저 소결법(SLS ; Selective Laser Sintering)
• 3차원 프린팅(3DP ; Three-Dimensional Printing)
신속조형기술(RP ; Rapid Prototyping, 쾌속조형법)
3차원 형상 모델링으로 그린 제품의 설계 데이터를 사용하여 제품 제작 전에 실물 크기 모양(목업, Mock-up)의 입체 형상을 신속하고 경제적인 방법으로 제작하는 기술

[목업]
[실제 제품]

58 CSG(Constructive Solid Geometry) 방식에서 사용하는 기본 3차원 모델(Primitives)이 아닌 것은?

① 구(Sphere)
② 원뿔(Cone)
③ 원통(Cylinder)
④ 쿤스곡면(Coons Surface)

해설
프리미티브(Primitive)의 의미는 초기의, 원시적인 단계를 의미하는 것으로 프로그램을 다루는데 가장 기본적인 기하학적 물체를 의미한다. 이 기본 입체에 쿤스곡면은 포함되지 않는다.
3차원 솔리드 모델링에서 사용되는 기본 입체(Primitive) 형상
• 구(Sphere)
• 관(Pipe)
• 원통(Cylinder)
• 원추(원뿔, Cone)
• 육면체(Cube)
• 사각블록(Box)

59 CAM에서 일반적으로 지원하는 곡면가공 방식이 아닌 것은?

① 나선형 가공
② 프레스 가공
③ Island/Area 가공
④ 등매개변수(Iso-parametric) 가공

해설
프레스 가공은 프레스 기계를 이용하여 펀치나 다이(금형)로 판재에 인장이나 압축, 전단, 굽힘응력을 가해서 소성 변형시켜 원하는 형상의 제품을 만드는 소성가공법의 일종으로 CAM의 가공방식에 일반적으로 지원하는 사항은 아니다.
CAM(Computer Aided Manufacturing)
컴퓨터를 이용한 생산시스템으로 CAD에서 얻은 설계 데이터로부터 종합적인 생산 순서와 규모를 계획해서 CNC 공작기계의 가공 프로그램을 자동으로 수행하는 시스템의 총칭이다. 설계와 제조 분야에 컴퓨터를 도입하여 NC코드를 생성하는 과정과 CNC 공작기계를 운전하는 과정으로 분류된다.

60 컴퓨터에서 작업을 수행하기 위한 자료나 입출력 장치로부터 입출력되기 위한 자료를 임시로 저장하는 곳은?

① 버퍼(Buffer)
② 블록(Block)
③ 채널(Channel)
④ 콘솔(Console)

해설
버퍼 : 컴퓨터에서 작업을 수행할 자료나 입출력 장치(I/O)로부터 입출력할 자료를 임시로 저장해 놓는 장치

제4과목 | 기계제도 및 CNC공작법

61 그림과 같은 등각투상도에서 화살표 방향에서 본 면을 정면이라 할 때 제3각법으로 3면도가 올바르게 그려진 것은?

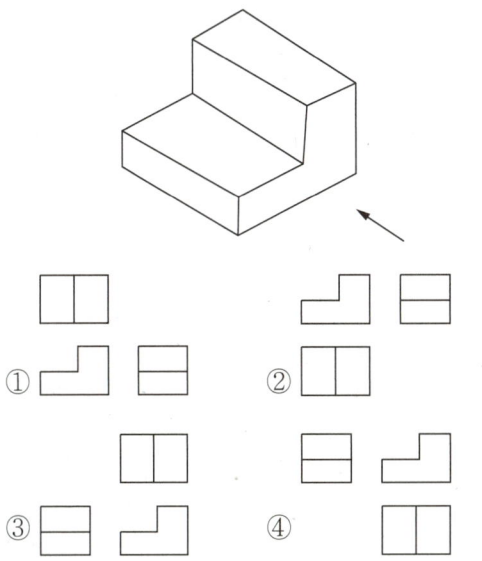

해설
정면도는 화살표 방향에서 바라본 형상이다. 그러므로 ⌐⌐ 형상이 보여야 한다. 따라서, 정면도 배치 위치에 이 형상이 그려진 ③이 정답이다.

62 투상도를 그릴 때 선이 서로 겹칠 경우 나타내야 할 우선순위로 옳은 것은?

① 중심선 > 숨은선 > 외형선
② 숨은선 > 절단선 > 중심선
③ 외형선 > 중심선 > 절단선
④ 외형선 > 중심선 > 숨은선

해설
두 종류 이상의 선이 중복되는 경우 선의 우선순위
숫자나 문자 > 외형선 > 숨은선 > 절단선 > 중심선 > 무게중심선 > 치수보조선

63 구멍과 축의 억지 끼워맞춤에서 최대 죔새의 설명으로 옳은 것은?

① 구멍의 최대 허용치수 – 축의 최대 허용치수
② 구멍의 최소 허용치수 – 축의 최소 허용치수
③ 축의 최소 허용치수 – 구멍의 최대 허용치수
④ 축의 최대 허용치수 – 구멍의 최소 허용치수

해설
최대 죔새 : 축의 최대 허용치수 – 구멍의 최소 허용치수
틈새와 죔새값 계산

최소 틈새	구멍의 최소 허용치수 – 축의 최대 허용치수
최대 틈새	구멍의 최대 허용치수 – 축의 최소 허용치수
최소 죔새	축의 최소 허용치수 – 구멍의 최대 허용치수
최대 죔새	축의 최대 허용치수 – 구멍의 최소 허용치수

64 V-벨트 풀리의 도시에 관한 설명으로 옳지 않은 것은?

① V-벨트 풀리 홈 부분의 치수는 형별과 호칭지름에 따라 결정된다.
② V-벨트 풀리는 축 직각 방향의 투상을 정면도(주투상도)로 할 수 있다.
③ 암(Arm)은 길이 방향으로 절단하여 도시한다.
④ V-벨트 풀리에 적용하는 일반용 V 고무벨트는 단면치수에 따라 6가지 종류가 있다.

해설
평 벨트 및 V-벨트 풀리의 표시방법

V-벨트 풀리

- 암은 길이 방향으로 절단하여 도시하지 않는다.
- V-벨트 풀리는 축 직각 방향의 투상을 정면도로 한다.
- 모양이 대칭형인 벨트 풀리는 그 일부분만을 도시한다.
- 암의 단면형은 도형의 안이나 밖에 회전 단면으로 도시한다.
- 방사형으로 된 암은 수직이나 수평 중심선까지 회전하여 투상한다.
- 벨트 풀리의 홈 부분 치수는 해당 형별, 호칭지름에 따라 결정된다.

정답 61 ③ 62 ② 63 ④ 64 ③

65 그림과 같은 원뿔을 전개하였을 때 전개도의 중심각이 120°가 되려면 L의 치수는 얼마인가?(단, 원뿔 밑면의 지름은 100mm이다)

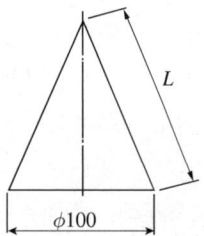

① 150mm
② 200mm
③ 120mm
④ 180mm

해설
전개면의 꼭지각(θ)을 구하는 식
$\theta = 360 \times \dfrac{r(\text{원의 반지름})}{l(\text{모선의 길이})}$
위 식을 이용해서 원의 지름(D)를 구하면,
$120 = 360 \times \dfrac{50}{L}$
$L = \dfrac{360 \times 50}{120} = 150$

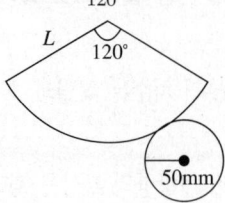

66 나사 표기가 "G 1/2"이라 되어 있을 때, 이는 무슨 나사인가?

① 관용 평행나사
② 29° 사다리꼴나사
③ 관용 테이퍼나사
④ 30° 사다리꼴나사

해설
① ISO 규격에 있는 관용 평행나사 : G
③ 관용 테이퍼나사는 ISO 규격에 있는 것과 없는 것으로 나뉜다.
④ ISO 규격에 없는 30° 사다리꼴나사 : TM

67 기계제도에서 사용하는 선의 종류에 대한 용도 설명 중 잘못된 것은?

① 굵은 실선 : 대상물의 보이는 부분의 모양 표시
② 가는 1점 쇄선 : 도형의 중심 표시
③ 가는 2점 쇄선 : 대상물의 일부를 파단한 경계 표시
④ 가는 파선 : 대상물의 보이지 않는 부분의 모양 표시

해설
대상물의 일부를 파단한 경계나 일부를 떼어 낸 경계를 표시하는 선은 "가는 실선"으로 그린다.

68 가공 모양의 기호에 대한 설명으로 잘못된 것은?

① = : 가공에 의한 컷의 줄무늬 방향이 기호를 기입한 그림의 투영한 면에 평행
② X : 가공에 의한 컷의 줄무늬 방향이 기호를 기입한 그림의 투영면에 비스듬하게 2방향으로 교차
③ M : 가공에 의한 컷의 줄무늬가 여러 방향
④ R : 가공에 의한 컷의 줄무늬가 기호를 기입한 면의 중심에 대하여 거의 동심원 모양

해설
중심에 대하여 대략 동심원의 모양이 나타나는 줄무늬 방향기호는 "C"이다.

줄무늬 방향기호와 의미

기 호	커터의 줄무늬 방향	적 용	표면형상
=	투상면에 평행	셰이핑	
⊥	투상면에 직각	선삭, 원통연삭	
X	투상면에 경사지고 두 방향으로 교차	호 닝	
M	여러 방향으로 교차되거나 무방향이 나타남	래핑, 슈퍼피니싱, 밀링	
C	중심에 대하여 대략 동심원	끝면 절삭	
R	중심에 대하여 대략 레이디얼 모양	일반적인 가공	

69 그림과 같은 입체도를 제3각법으로 올바르게 나타낸 투상도는?

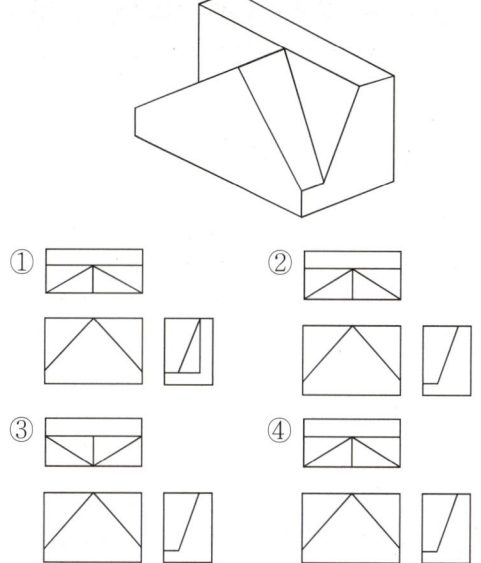

해설
물체를 위에서 바라본 투상도인 평면도를 바라보았을 때, 그 윤곽선의 형태는 ▱ 이어야 한다.

70 강재의 종류와 그 기호가 잘못 짝지어진 것은?

① SCr420 : 크롬강
② SCM420 : 니켈크롬강
③ SMn420 : 망간강
④ SMnC420 : 망간크롬강

해설
SCM는 크롬몰리브덴강을 나타내는 재료기호이다.

71 머시닝센터 작업 시 주의사항이 아닌 것은?

① 공작물 고정 시 손을 조심해야 한다.
② ATC를 작동시켜 공구 교환을 점검한다.
③ 작업 시 불편하여도 문을 닫고 작업한다.
④ 작업 중에 작업 상태를 확인하기 위해 칩을 제거한다.

해설
머시닝센터 작업 시 칩을 제거하면 절삭된 칩이나 절삭 커터에 의해 사고가 발생하므로 작업 중 절대로 칩을 제거해서는 안 된다. 또한, 작업 중에는 반드시 안전커버를 닫고 기계를 작동시켜야 한다.

72 CNC 공작기계의 특징에 대한 설명으로 옳지 않은 것은?

① 생산능률 증대
② 균일한 품질관리가 용이
③ 작업시간 단축, 생산성 향상
④ 특수공구가 많이 사용되어 관리비 상승

해설
특수공구의 사용은 원하는 제품을 만들기 위해 사용하는 것이므로 CNC 공작기계에만 필요한 것이 아니라 범용설비에도 필요하므로 ④는 틀린 표현이다.

73 머시닝센터에서 250rpm으로 회전하는 스핀들에 피치 2mm 나사를 가공할 때 주축 이송속도를 몇 mm/min로 하는 것이 좋은가?

① 400   ② 450
③ 500   ④ 550

해설
머시닝센터의 이송속도를 구하면
$f = n \times p = 250\text{rpm} \times 2\text{mm} = 500\text{mm/min}$
여기서, n : 회전수, p : 피치

74 CNC 선반에서 나사절삭 가공기능만으로 짝지어진 것은?

① G32, G72, G75
② G32, G76, G92
③ G75, G76, G90
④ G75, G76, G92

해설
나사가공을 할 때는 주축의 속도를 일정제어 지령(G96)을 한 상태에서 나사부 가공을 해야 한다. 이외 G32, G76은 나사절삭 가공에 사용하는 G코드다.

CNC 선반에서 사용하는 주요 G코드

G코드	기 능
G00	급속이송(위치결정)
G01	직선가공
G02	시계 방향의 원호가공
G03	반시계 방향의 원호가공
G04	일시 정지(Dwell), 2초 지령 시 P2000.
G20	인치 데이터 입력
G21	mm 데이터 입력
G27	원점 복귀 CHECK
G28	자동 원점 복귀
G29	원점으로부터 자동 복귀
G30	제2원점 복귀(주로 공구 교환 시 사용)
G32	나사가공
G40	공구 반지름 보정 취소
G41	공구 좌측 보정
G42	공구 우측 보정
G50	좌표계 설정, 주축 최고 회전수 지령
G76	나사가공 사이클
G90	고정 사이클(내외경)
G92	나사절삭 사이클
G94	단일고정 사이클(단면절삭용)
G96	절삭속도 일정제어
G97	회전수 일정 제어(G96 취소)
G98	분당 이송속도 지정(mm/min)
G99	회전당 이송속도 지정(mm/rev)

75 머시닝센터의 보조기능 중 공구를 교환하는 지령은?

① M05　　② M06
③ M19　　④ M30

해설
머시닝센터에서 공구를 교환할 때는 "M06" 지령을 사용한다.
머시닝센터 M코드 종류 및 기능

M코드	기 능
M00	프로그램 정지
M01	선택적 프로그램 정지
M02	프로그램 종료
M03	주축 정회전(주축이 시계 방향으로 회전)
M04	주축 역회전(주축이 반시계 방향으로 회전)
M05	주축 회전 정지
M06	공구 교환
M08	절삭유 ON(절삭유제 공급)
M09	절삭유 OFF
M19	스핀들 오리엔테이션
M30	프로그램 종료 후 앞 블록으로 복귀
M98	보조(SUB) 프로그램 호출
M99	보조(SUB) 프로그램 종료 후 주프로그램으로 회기

76 다음과 같은 ISO 선삭용 인서트의 형번 표기법(ISO)에서 노즈(Nose) "R"의 크기는 얼마인가?

TNMG120408B

① 1R　　② 2R
③ 0.4R　　④ 0.8R

해설
노즈 반지름의 크기인 "R"은 0.8R이다.
ISO 선삭용 인서트의 규격 표기법

T	N	M	G
인서트 팁 형상	인서트 팁 여유각	공 차	단면 형상
12	04	08	B
절삭날 (인선) 길이	절삭날 (인선) 높이	날끝(노즈) 반지름	칩 브레이커 형상

77 CNC 선반에서 2.5초 동안 프로그램의 진행을 정지시키는 방법으로 옳은 것은?

① G04 X2.5;
② G04 P0.025;
③ G04 p2.5;
④ G04 P0.25;

해설
휴지(Dwell)기능, G04은 드릴로 구멍을 뚫을 때 공구의 끝부분이 완전히 절삭되도록 구멍 바닥에서 공구의 이송을 잠시 동안 멈추게 하는 기능으로 주소는 P, U, X를 사용한다. 이 주소들 중에서 U, X는 소수점을 사용해서 지령이 가능하나, P는 소수점 사용이 불가능하다. 그러므로 ① 외에는 모두 사용이 불가능한 지령이다. 만일 "P"로 1s를 정지시키고자 할 경우에는 P1000으로 지령한다.

78 CNC 방전가공에서 방전 갭을 구하는 공식은?

① $\dfrac{구멍의\ 가공치수 + 전극치수}{2}$

② $\dfrac{구멍의\ 가공치수 - 전극치수}{2}$

③ $\dfrac{전극치수 + 전극의\ 소모량}{2}$

④ $\dfrac{전극치수 - 전극의\ 소모량}{2}$

해설
- CNC 방전가공에서 방전 갭 = $\dfrac{구멍의\ 가공치수 - 전극치수}{2}$
- CNC 방전가공 : CNC 방전가공은 일반 방전가공과 원리는 동일하나 컴퓨터를 이용한 수치제어 방전가공기(Computer Numerical Control Electric Discharge Machine)를 사용하여 간단한 전극으로 복잡한 모양의 가공도 가능하여 널리 사용한다.

정답 75 ② 76 ④ 77 ① 78 ②

79 기계의 테이블에 직접 검출기를 설치, 위치를 검출하여 피드백시키는 서보기구 방식은?

① 폐쇄회로방식
② 개방회로방식
③ 반개방회로방식
④ 반폐쇄회로방식

해설
CNC 공작기계의 서보기구들 중에서 기계의 테이블에 직접 검출기를 설치, 위치를 검출하여 피드백시키는 서보기구는 폐쇄회로방식이다.

CNC 공작기계의 서보기구

방식	특징
개방회로 (Open Loop)	• 피드백이나 위치감지검출 기능이 없고 정밀도가 낮다. • 현재 많이 사용하지 않고 소형, 경량, 정밀도가 낮을 때만 사용한다. • 구동 전동기로 펄스 전동기를 이용하며 제어장치로 입력된 펄스수만큼 움직이고 검출기나 피드백 회로가 없으므로 구조가 간단하며 펄스 전동기의 회전 정밀도와 볼 나사의 정밀도에 직접적인 영향을 받는 방식이다.
폐쇄회로 (Closed Loop)	• NC 기계의 테이블에서 이동량을 직접 검출하므로 정밀도가 좋다. • 현재 NC기계에 사용되며 모터는 직류 서보모터와 교류 서보모터가 사용된다. • 기계의 테이블에 부착된 직접검출기인 직선 Scale이 위치검출을 실행하여 피드백하는 방식이다.
반폐쇄회로 (Semi-closed Loop)	• 일반적인 CNC공작기계에 가장 많이 사용되는 방식이다. • 서보모터에서 위치검출을 수행하는 방식이다. • 위치검출을 서보모터축이나 볼스크루의 회전 각도로 검출하기도 한다. • 백래시의 오차를 줄이기 위해 볼스크루를 활용하여 정밀도 문제를 해결한다.
복합회로 (Hybrid Control)	• 반폐쇄회로 방식과 폐쇄회로 방식을 모두 갖고 있는 방식이다. • 정밀도를 더욱 높일 수 있어 대형 기계에 이용된다.

80 CNC 공작기계에서 지령절의 구성에 대한 설명이 옳지 않은 것은?

① S : 주축기능
② F : 이송기능
③ N : 준비기능
④ M : 보조기능

해설
CNC 프로그램의 5대 코드 및 기능

종류	코드	기능
준비기능	G코드	G코드는 CNC 공작기계의 준비기능으로 불리는데 일반적으로 공구 같은 CNC 공작기계의 주요장치들의 준비기능으로 이해하면 된다. 예 G00 : 급속이송, G01 : 직선보간, G02 : 시계 방향 공구 회전
보조기능	M코드	CNC 공작기계에 장착된 부수장치들의 동작을 실행하기 위한 것으로 주로 ON/OFF 기능을 한다. 예 M02 : 주축 정지, M08 : 절삭유 ON, M09 : 절삭유 OFF
이송기능	F코드	절삭을 위한 공구의 이송속도를 지령한다. 예 F0.02 : 0.02mm/rev
주축기능	S코드	주축의 회전수 및 절삭속도를 지령한다. 예 S1800 : 1,800rpm으로 주축 회전
공구기능	T코드	공구 준비 및 공구 교체, 보정 및 오프셋량을 지령한다. 예 T0100 : 1번 공구로 교체 후 공구에 00번으로 설정한 보정값 적용

2018년 제2회 과년도 기출문제

제1과목 | 기계가공법 및 안전관리

01 드릴링 머신 작업 시 주의해야 할 사항 중 틀린 것은?

① 가공 시 면장갑을 착용하고 작업한다.
② 가공물이 회전하지 않도록 단단하게 고정한다.
③ 가공물을 손으로 지지하여 드릴링하지 않는다.
④ 얇은 가공물을 드릴링할 때에는 목편을 받친다.

해설
드릴링 머신뿐만 아니라 모든 공작기계를 활용한 작업에서는 면장갑이 회전부에 걸려 말려 들어가는 사고를 발생할 우려가 크기 때문에 절대 착용해서는 안 된다.

02 가늘고 긴 일정한 단면 모양을 가진 공구를 사용하여 가공물의 내면에 키 홈, 스플라인 홈, 원형이나 다각형의 구멍 형상과 외면에 세그먼트 기어, 홈, 특수한 외면의 형상을 가공하는 공작기계는?

① 기어 셰이퍼(Gear Shaper)
② 호닝머신(Honing Machine)
③ 호빙머신(Hobbing Machine)
④ 브로칭 머신(Broaching Machine)

해설
④ 브로칭(Broaching) 머신 : 가공물에 홈이나 내부 구멍을 만들 때 가늘고 길며 길이 방향으로 많은 날을 가진 총형공구인 브로치를 일감에 대고 누르면서 관통시켜 단 1회의 절삭 공정만으로 제품을 완성시키는 절삭기계이다. 키 홈이나 스플라인 홈, 다각형의 구멍을 가공할 수 있으며 절삭공구인 브로치의 압입방식에는 나사식과 기어식, 유압식이 있다.
① 기어 셰이퍼 : 램에 설치된 절삭공구인 바이트를 전진시키면서 공작물을 절삭하고 공구를 후퇴시킨 후 다시 전진시키면서 가공하는 공작기계로 기어절삭 전용 설비이다.
② 호닝머신 : 호닝이란 드릴링이나 보링, 리밍 등으로 1차 가공한 재료를 더욱 정밀하게 연삭하는 가공법으로 각봉 형상의 세립자로 만든 공구를 스프링이나 유압으로 연결한 후, 원통형의 공작물 내경 표면에 접촉시키면서 회전운동과 왕복운동을 동시에 주어 매끈하고 정밀한 제품을 만드는 공작기계이다. 주로 내연기관의 실린더와 같이 구멍의 진원도와 진직도, 표면거칠기 향상을 위해 사용한다.
③ 호빙머신 : 절삭공구인 "호브"로 기어의 치면을 절삭하는 공작기계이다.

03 화재를 A급, B급, C급, D급으로 구분했을 때 전기화재에 해당하는 것은?

① A급　　② B급
③ C급　　④ D급

해설
화재의 종류

분류	A급 화재	B급 화재	C급 화재	D급 화재
명칭	일반(보통) 화재	유류 및 가스 화재	전기 화재	금속 화재
가연물질	나무, 종이, 섬유 등 고체 물질	기름, 윤활유, 페인트 등 액체 물질	전기설비, 기계전선 등	가연성 금속(Al 분말, Mg 분말 등)

04 선반작업에서 구성인선(Built-up Edge)의 발생원인에 해당하는 것은?

① 절삭 깊이를 작게 할 때
② 절삭속도를 느리게 할 때
③ 바이트의 윗면 경사각이 클 때
④ 윤활성이 좋은 절삭유제를 사용할 때

해설
구성인선의 발생방지법
· 경사각을 크게 한다.
· 절삭속도를 크게 한다(120m/min에서는 구성인선이 없어진다).
· 칩과 공구경사면 간의 마찰을 감소시킨다(절삭유 사용, 매끄러운 경사면, 마찰계수가 작은 초경합금 사용).
· 윗면 경사각을 크게 한다(공구와 수직축이 이루는 각)
· 절삭 전 칩의 두께를 작게 한다.

05 드릴작업 후 구멍의 내면을 다듬질하는 목적으로 사용하는 공구는?

① 탭　　② 리머
③ 센터드릴　　④ 카운터 보어

해설
리밍은 드릴로 뚫은 구멍 내면의 정밀도 향상을 위하여 리머공구로 구멍의 내면을 다듬는 작업이다.

06 표면 프로파일 파라미터 정의의 연결이 틀린 것은?

① Rt : 프로파일의 전체 높이
② RSm : 평가 프로파일의 첨도
③ Rsk : 평가 프로파일의 비대칭도
④ Ra : 평가 프로파일의 산술 평균 높이

해설
RSm : 거칠기 프로파일 요소의 평균 길이

07 도금을 응용한 방법으로 모델을 음극에 전착시킨 금속을 양극에 설치하고, 전해액 속에서 전기를 통전하여 적당한 두께로 금속을 입히는 가공방법은?

① 전주가공
② 전해연삭
③ 레이저 가공
④ 초음파 가공

해설
전주가공이란 도금을 응용한 방법으로 공작물(모델)을 음극에 전착시킨 금속을 양극에 설치하고 전해액 속에서 전기를 통전하여 적당한 두께로 금속을 입히는 가공방법이다.
※ 電 : 번개 전, 着 : 붙을 착

08 연삭작업에서 숫돌 결합제의 구비조건으로 틀린 것은?

① 성형성이 우수해야 한다.
② 열이나 연삭액에 대하여 안전성이 있어야 한다.
③ 필요에 따라 결합능력을 조절할 수 있어야 한다.
④ 충격에 견뎌야 하므로 기공 없이 치밀해야 한다.

해설
연삭숫돌이 갖추어야 할 기본 3요소에 기공이 포함된다. 따라서 결합제는 숫돌입자를 결합할 때 기공을 만들 수 있어야 한다.
연삭숫돌의 3요소
• 기 공
• 결합제
• 숫돌입자

09 일반적인 보통선반가공에 관한 설명으로 틀린 것은?

① 바이트 절입량의 2배로 공작물의 지름이 작아진다.
② 이송속도가 빠를수록 표면거칠기는 좋아진다.
③ 절삭속도가 증가하면 바이트의 수명은 짧아진다.
④ 이송속도는 공작물의 1회전당 공구의 이동거리이다.

해설
선반가공 시 바이트를 공작물의 길이 방향으로 이동시키는 것을 의미하는 "이송속도"를 빠르게 하면 표면거칠기는 떨어진다.

10 공작물을 센터에 지지하지 않고 연삭하며, 가늘고 긴 가공물의 연삭에 적합한 특징을 가진 연삭기는?

① 나사연삭기
② 내경연삭기
③ 외경연삭기
④ 센터리스 연삭기

해설
센터리스 연삭기는 가늘고 긴 원통형의 공작물을 센터나 척으로 고정시키지 않고도 바깥지름이나 안지름을 연삭할 수 있는 절삭기계로 긴 홈이 있는 가공물이나 대형 또는 중량물의 연삭은 곤란하다.

11 다음 나사의 유효지름 측정방법 중 정밀도가 가장 높은 방법은?

① 삼침법을 이용한 방법
② 피치 게이지를 이용한 방법
③ 버니어 캘리퍼스를 이용한 방법
④ 나사 마이크로미터를 이용한 방법

해설
3침법이란 지름이 같은 3개의 와이어를 이용하여 마이크로미터로 수나사의 유효지름을 측정하는 방법으로 정밀도가 가장 높다.

[3침법에 의한 나사의 유효지름 측정]

정답 8 ④ 9 ② 10 ④ 11 ①

12 원형 부분을 두 개의 동심의 기하학적 원으로 취했을 경우, 두 원의 간격이 최소가 되는 두 원의 반지름의 차로 나타내는 형상 정밀도는?

① 원통도   ② 직각도
③ 진원도   ④ 평행도

해설
진원도는 표시기호 "◎"에서도 알 수 있듯이 원형 부분을 두 개의 동심원으로 그렸을 때, 두 원의 간격이 최소가 되는 두 원의 반지름의 차로 나타내는 형상 정밀도.

13 윤활제의 구비조건으로 틀린 것은?

① 사용 상태에 따라 점도가 변할 것
② 산화나 열에 대하여 안정성이 높을 것
③ 화학적으로 불활성이며 깨끗하고 균질할 것
④ 한계 윤활 상태에서 견딜 수 있는 유성이 있을 것

해설
윤활제는 사용 상태에 따라 점도의 변화가 거의 없어야 한다.

14 밀링가공에서 분할대를 사용하여 원주를 6°30′씩 분할하고자 할 때, 옳은 방법은?

① 분할크랭크를 18공열에서 13구멍씩 회전시킨다.
② 분할크랭크를 26공열에서 18구멍씩 회전시킨다.
③ 분할크랭크를 36공열에서 13구멍씩 회전시킨다.
④ 분할크랭크를 13공열에서 1회전하고 5구멍씩 회전시킨다.

해설
$\dfrac{40}{N'} = \dfrac{40}{\frac{360°}{6.5°}} = \dfrac{260}{360} = \dfrac{13(\text{구멍 수})}{18(\text{등분 수})}$, 따라서 정답은 ①이다.

밀링가공에서 사용되는 분할법의 종류

종류	특징	분할 가능 등분수
직접 분할법	• 큰 정밀도를 필요로 하지 않은 키 홈과 같이 단순한 제품의 분할가공에 사용되는 분할법 • 스핀들의 앞면에 있는 24개의 구멍에 직접 분할판을 꽂아서 분할한다. • $n = \dfrac{24}{N}$ 여기서, n : 분할 크랭크의 회전수 N : 공작물의 분할 수	24의 약수인 2, 3, 4, 6, 8, 12, 24
단식 분할법	• 직접 분할법으로 분할할 수 없는 수나 정확한 분할이 필요한 경우에 사용하는 분할법 • $n = \dfrac{40}{N} = \dfrac{R}{N'}$ 여기서, R : 크랭크를 돌리는 분할 수 N' : 분할판에 있는 구멍수 ※ 각도로는 분할 크랭크 1회전당 스핀들은 9° 회전한다.	• 2~60의 등분수 • 60~120 중 2와 5의 배수 • 120 이상의 등분수 중에서 $\dfrac{40}{N}$에서 분모가 분할판의 구멍수가 될 수 있는 등분수를 분할 시 사용하는 분할법
차동 분할법	직접 분할법이나 단식 분할법으로 분할할 수 없는 특정수(67, 97, 121)의 분할에 사용하는 분할법	

15 CNC 프로그램에서 보조기능에 해당하는 어드레스는?

① F ② M
③ S ④ T

해설

CNC 프로그램의 5대 코드 및 기능

종류	코드	기능
준비기능	G코드	G코드는 CNC 공작기계의 준비기능으로 불리는데 일반적으로 공구 같은 CNC 공작기계의 주요장치들의 준비기능으로 이해하면 된다. 예) G00 : 급속이송, G01 : 직선보간, G02 : 시계 방향 공구 회전
보조기능	M코드	CNC 공작기계에 장착된 부수장치들의 동작을 실행하기 위한 것으로 주로 ON/OFF 기능을 한다. 예) M02 : 주축 정지, M08 : 절삭유 ON, M09 : 절삭유 OFF
이송기능	F코드	절삭을 위한 공구의 이송속도를 지령한다. 예) F0.02 : 0.02mm/rev
주축기능	S코드	주축의 회전수 및 절삭속도를 지령한다. 예) S1800 : 1,800rpm으로 주축 회전
공구기능	T코드	공구 준비 및 공구 교체, 보정 및 오프셋량을 지령한다. 예) T0100 : 1번 공구로 교체 후 공구에 00번으로 설정한 보정값 적용

16 절삭유의 사용목적으로 틀린 것은?

① 절삭열의 냉각
② 기계의 부식 방지
③ 공구의 마모 감소
④ 공구의 경도 저하 방지

해설

기계의 부식을 방지하기 위해서는 도금과 같은 표면처리가 더 적당하며 절삭유 사용과는 관련성이 없다.

절삭유의 역할 및 특징
- 공구와의 마찰을 감소시킨다.
- 다듬질면의 정밀도를 좋게 한다.
- 공구와 가공물의 친화력을 줄인다.
- 냉각작용과 윤활작용을 동시에 한다.
- 절삭된 칩을 제거하여 절삭작업을 쉽게 한다.
- 공구의 마모를 줄이고 윤활 및 세척작용으로 가공표면을 좋게 한다.
- 가공물과 절삭공구를 냉각시켜 공구의 경도 저하를 막고 수명을 늘린다.
- 식물성 유제는 윤활성이 다소 떨어지나 냉각성능이 좋은 반면, 광물성유는 윤활성은 좋으나 냉각성능은 떨어진다.

17 밀링작업에서 분할대를 사용하여 직접 분할할 수 없는 것은?

① 3등분 ② 4등분
③ 6등분 ④ 9등분

해설

직접 분할법으로는 24의 약수인 2, 3, 4, 6, 8, 12, 24등분이 가능하므로 9등분은 불가능하다.

18 4개의 조가 90° 간격으로 구성 배치되어 있으며, 보통선반에서 편심가공을 할 때 사용되는 척은?

① 단동척 ② 연동척
③ 유압척 ④ 콜릿척

해설

단동척은 척 핸들을 사용해서 조(Jaw)의 끝부분과 척의 측면이 만나는 곳에 만들어진 4개의 구멍을 각각 조이면, 90° 간격으로 배치된 4개의 조(Jaw)도 각각 움직여서 공작물을 고정시킨다.

[단동척]

[연동척]

[유압척]

[마그네틱 척]

[콜릿척]

19 다음 3차원 측정기에서 사용되는 프로브 중 광학계를 이용하여 얇거나 연한 재질의 피측정물을 측정하기 위한 것으로 심출현미경, CMM 계측용 TV 시스템 등에 사용되는 것은?

① 전자식 프로브
② 접촉식 프로브
③ 터치식 프로브
④ 비접촉식 프로브

해설
3차원 측정기의 구성 중에서 광학계를 이용한 비접촉식 프로브가 연한 재질을 심출현미경이나 CMM 계측용 TV 시스템용으로 사용된다.

20 밀링머신에 포함되는 기계장치가 아닌 것은?

① 니　　　　② 주 축
③ 칼 럼　　　④ 심압대

해설
심압대는 선반의 베드 오른쪽 상단에 장착되어 있으며 가공되는 공작물의 길이가 길어서 회전 중 떨림이 발생되는 재료를 지지하거나 드릴 같은 내경 절삭공구를 고정할 때 사용한다.
밀링의 구조
• 주 축
• 칼럼
• 테이블
• 새 들
• 니
• 베이스
선반의 구조
• 주축대
• 심압대
• 왕복대
• 베 드
• 공구대

제2과목 | 기계설계 및 기계재료

21 플라스틱 재료의 특성을 설명한 것 중 틀린 것은?

① 대부분 열에 약하다.
② 대부분 내구성이 높다.
③ 대부분 전기절연성이 우수하다.
④ 금속재료보다 체적당 가격이 저렴하다.

해설
플라스틱 재료의 내구성은 높지 않다.

22 주철의 접종(Inoculation) 및 그 효과에 대한 설명으로 틀린 것은?

① Ca-Si 등을 첨가하여 접종을 한다.
② 핵 생성을 용이하게 한다.
③ 흑연의 형상을 개량한다.
④ 칠(Chill)화를 증가시킨다.

해설
저탄소, 저규소의 주철에 규소철이나 Ca-Si를 접종시켜 사용하면 핵 생성이 용이하며 흑연의 형상이 개량된다. 미하나이트 주철이 주철의 접종재료로 유명하다. 하지만 Chill(표면경화 현상)화를 증가시키지는 않는다.
미하나이트 주철
바탕이 펄라이트 조직으로 인장강도가 350~450MPa인 이 주철은 담금질이 가능하고 인성과 연성이 대단히 크며, 두께 차이에 의한 성질의 변화가 매우 작아서 내연기관의 실린더 재료로 사용된다.

23 마텐자이트(Martensite) 및 그 변태에 대한 설명으로 틀린 것은?

① 경도가 높고, 취성이 있다.
② 상온에서는 준안정 상태이다.
③ 마텐자이트 변태는 확산 변태를 한다.
④ 강을 수중에 담금질하였을 때 나타나는 조직이다.

해설
마텐자이트는 무확산 변태로 형성된다. 여기서 확산이란 고체에서 원자들의 주이동수단이다.

24 알루미늄합금인 Al-Mg-Si의 강도를 증가시키기 위한 가장 좋은 방법은?

① 시효경화(Age-hardening) 처리한다.
② 냉간가공(Cold Work)을 실시한다.
③ 담금질(Quenching) 처리한다.
④ 불림(Normalizing) 처리한다.

해설
알루미늄합금은 강도를 증가시키기 위한 담금질 효과를 시효경화로 얻는다.
시효경화 : 열처리 후 시간이 지남에 따라 강도와 경도가 증가하는 현상

25 섬유강화금속(FRM)의 특성을 설명한 것 중 틀린 것은?

① 비강도 및 비강성이 높다.
② 섬유축 방향의 강도가 작다.
③ 2차 성형성, 접합성이 있다.
④ 고온의 역학적 특성 및 열적 안정성이 우수하다.

해설
섬유강화금속(FRM ; Fiber Reinforced Metals)은 복합재료의 일종으로 금속조직에 강화재인 유리섬유를 혼합하여 만든 재료로 섬유축 방향으로 강도가 높다.
섬유강화금속의 특징
• 비강도와 비강성이 높다.
• 2차 성형성과 접합성이 있다.
• 섬유축 방향으로 강도가 높다.
• 고온의 역학적 특성과 열적 안정성이 우수하다.

26 황동계 실용 합금인 톰백에 관한 설명으로 틀린 것은?

① 전연성이 우수하다.
② 5~20%의 Sn을 함유하는 황동이다.
③ 코이닝하기 쉬워 메달, 동전 등에 사용된다.
④ 색깔이 금색에 가까워서 모조금으로 사용된다.

해설
톰백은 Cu에 Zn(아연)을 5~20% 합금한 것으로 색깔이 아름답고 냉간가공이 쉽게 되어 단추나 금박, 금 모조품과 같은 장식용 재료로 사용된다.

27 0.8%C 이하의 아공석강에서 탄소함유량 증가에 따라 감소하는 기계적 성질은?

① 경 도   ② 항복점
③ 인장강도   ④ 연신율

해설
Fe에 C(탄소)가 함유될수록 단단해지는 성질인 강도나 경도, 항복점이 커진다. 하지만 재료가 늘어나는 성질인 연신율은 감소한다.
인장 변형률(=연신율)
재료가 축 방향의 인장하중을 받으면 길이가 늘어나는데 처음 길이에 비해 늘어난 길이의 비율이다.
$$\varepsilon = \frac{변형된\ 길이}{처음길이} = \frac{\Delta l}{l} \times 100\%$$

정답 24 ① 25 ② 26 ② 27 ④

28. 금속재료 중 일정온도에서 갑자기 전기저항이 0(Zero)이 되는 현상은?

① 공유
② 초전도
③ 이온화
④ 형상기억

해설
초전도란 재료를 극저온인 절대 영도까지 냉각시키면 전기저항이 0에 접근하고 전류가 감소하지 않는 현상이다.
형상기억합금 : 항복점을 넘어서 소성 변형된 재료는 외력을 제거해도 원래의 상태로 복원이 불가능하지만, 형상기억합금은 고온에서 일정시간 유지함으로써 원하는 형상으로 기억시키면 상온에서 외력에 의해 변형되어도 기억시킨 온도로 가열만 하면 변형 전 형상으로 되돌아오는 합금이다.

29. 노에 들어가지 못하는 대형부품의 국부담금질, 기어, 톱니나 선반의 베드면 등의 표면을 경화시키는 데 가장 많이 사용하는 열처리 방법은?

① 화염경화법
② 침탄법
③ 질화법
④ 청화법

해설
화염경화법은 산소-아세틸렌가스 불꽃으로 강의 표면을 급격히 가열한 후 물을 분사시켜 표면을 급랭시킴으로써 담금질성이 있는 재료의 표면을 경화시키는 방법이다. 노(Furnace)에 장입하기 어려운 대형부품의 국부담금질, 기어나 톱니, 선반의 베드 표면경화 열처리 작업에 주로 사용한다.

30. 다음 중 고속도 공구강(SKH 2)의 표준 조성으로 옳은 것은?

① 18%W-4%Cr-1%V
② 17%Cr-9%W-2%Mo
③ 18%Co-4%Cr-1%V
④ 18%W-4%V-1%Cr

해설
고속도강(HSS)
탄소강에 W-18%, Cr-4%, V-1%이 합금된 것으로 600℃의 절삭열에도 경도 변화가 없다. 탄소강보다 2배의 절삭속도로 가공이 가능하기 때문에 강력 절삭 바이트나 밀링 커터용 재료로 사용된다. 고속도강에서 나타나는 시효 변화를 억제하기 위해서는 뜨임처리를 3회 이상 반복함으로써 잔류응력을 제거해야 한다. 크게 W계와 Mo계로 분류된다.

31. 유체 클러치의 일종인 유체토크 컨버터(Fluid Torque Converter)의 특징을 설명한 것 중 틀린 것은?

① 부하에 의한 원동기의 정지가 없다.
② 장치 내에 스테이터가 있을 경우 작동 효율을 97% 수준까지 올릴 수 있다.
③ 무단 변속이 가능하다.
④ 진동 및 충격을 완충하기 때문에 기계에 무리가 없다.

해설
유체토크 컨버터의 장치 내에 있는 스테이터는 작동효율을 떨어뜨린다.

32 연강제 볼트가 축 방향으로 8kN의 인장하중을 받고 있을 때, 이 볼트의 골지름은 약 몇 mm 이상이어야 하는가?(단, 볼트의 허용 인장응력은 100MPa이다)

① 7.4　　② 8.3
④ 9.2　　④ 10.1

해설

$$d_1 = \sqrt{\frac{4Q}{\pi\sigma_a}} = \sqrt{\frac{4\times(8\times10^3)N}{\pi\times100\,N/mm^2}} \fallingdotseq 10.09$$

따라서, 정답은 ④이다.

축하중을 받을 때 볼트의 지름(d)을 구하는 식

골지름(안지름)	바깥지름(호칭지름)
$d_1 = \sqrt{\dfrac{4Q}{\pi\sigma_a}}$	$d = \sqrt{\dfrac{2Q}{\sigma_a}}$

33 브레이크 드럼축에 754N·m의 토크가 작용하면 축을 정지하는 데 필요한 제동력은 약 몇 N인가? (단, 브레이크 드럼의 지름은 400mm이다)

① 1,920　　② 2,770
③ 3,310　　④ 3,770

해설

$T = P \times \dfrac{D}{2}$

754N·m $= P \times \dfrac{0.4m}{2}$

제동력 $P = \dfrac{754N\cdot m \times 2}{0.4m} = 3,770\,N$

드럼 브레이크의 제동토크(T)

$T = P \times \dfrac{D}{2} = \mu Q \times \dfrac{D}{2}$

여기서, T : 토크
P : 제동력($P = \mu Q$)
D : 드럼의 지름
Q : 브레이크 드럼과 블록 사이의 수직력
μ : 마찰계수

34 다음 중 일반적으로 안전율을 가장 크게 잡는 하중은?(단, 동일 재질에서 극한강도 기준의 안전율을 대상으로 한다)

① 충격하중　　② 편진 반복하중
③ 정하중　　　④ 양진 반복하중

해설

안전율은 외부의 하중에 견딜 수 있는 정도를 수치로 나타낸 것으로 답안 중 순간적으로 재료에 가하는 하중이 제일 큰 충격하중의 안전율을 가장 크게 잡아야 한다.

$$S = \frac{극한강도(\sigma_u)}{허용응력(\sigma_a)} > 1$$

35 긴장측의 장력이 3,800N, 이완측의 장력이 1,850N일 때 전달동력은 약 몇 kW인가?(단, 벨트의 속도는 3.4m/sec이다)

① 2.3　　② 4.2
③ 5.5　　④ 6.6

해설

$$H_{kw} = \frac{P_e v}{102\times 9.81 \times S} = \frac{(T_t - T_s)\times 3.4}{102\times 9.81 \times 1}$$

$$= \frac{(3,800-1,850)\times 3.4}{102\times 9.81 \times 1} \fallingdotseq 6.6\,kW$$

정답　32 ④　33 ④　34 ①　35 ④

36 리벳 이음의 특징에 대한 설명으로 옳은 것은?

① 용접 이음에 비해서 응력에 의한 잔류 변형이 많이 생긴다.
② 리벳 길이 방향으로의 인장하중을 지지하는 데 유리하다.
③ 경합금에서는 용접 이음보다 신뢰성이 높다.
④ 철골 구조물, 항공기 동체 등에는 적용하기 어렵다.

해설
경합금을 접합시키는 방법 중에서 리벳 이음이 용접 이음보다 신뢰성이 더 높다.

37 축의 홈 속에서 자유롭게 기울어질 수 있어 키가 자동적으로 축과 보스에 조정되는 장점이 있지만, 키 홈의 깊이가 커서 축의 강도가 약해지는 단점이 있는 키는?

① 반달 키 ② 원뿔 키
③ 묻힘 키 ④ 평행 키

해설
① 반달 키(Woodruff Key) : 반달 모양의 키로 키와 키 홈을 가공하기 쉽고 보스의 키 홈과의 접촉이 자동으로 조정되는 이점이 있으나 키 홈이 깊어 축의 강도가 약하다. 그러나 일반적으로 60mm 이하의 작은 축과 테이퍼축에 사용될 때 키가 자동적으로 축과 보스 사이에서 자리를 잡을 수 있다는 장점이 있다.
③ 성크 키(묻힘 키, Sunk Key) : 가장 널리 쓰이는 키(Key)로 축과 보스 양쪽에 모두 키 홈을 파서 동력을 전달하는 키이다. $\dfrac{1}{100}$ 기울기를 가진 경사 키와 평행 키가 있다.
④ 평행키(Parallel Key) : 키의 상하면이 평행인 키로 묻힘 키의 일종이다.

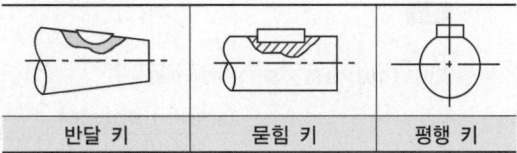

반달 키   묻힘 키   평행 키

38 헬리컬 기어에서 잇수가 50, 비틀림각이 20°일 경우 상당 평기어 잇수는 약 몇 개인가?

① 40 ② 50
③ 60 ④ 70

해설
헬리컬 기어에서 상당 평기어(Z_e) 잇수 구하는 식
$$Z_e = \dfrac{Z}{\cos^3 \beta} = \dfrac{50}{\cos^3 20} ≒ 60.26$$

39 압축코일 스프링의 소선지름이 5mm, 코일의 평균 지름이 25mm이고, 200N의 하중이 작용할 때 스프링에 발생하는 최대 전단응력은 약 몇 MPa인가?(단, 스프링 소재의 가로 탄성계수(G)는 80GPa이고, Wahl의 응력수정계수식 $\left[K = \dfrac{4C-1}{4C-4} + \dfrac{0.615}{C} \right.$, C는 스프링 지수]을 적용한다)

① 82 ② 98
③ 133 ④ 152

해설
K : 왈(Kwale)의 응력수정계수가 주어질 경우
※ 스프링에 작용하는 최대 전단응력($\tau_{\max}$)
$$\tau_{\max} = \dfrac{16PRK}{\pi d^3} = \dfrac{8PDK}{\pi d^3}, \quad C = \dfrac{D}{d} = \dfrac{25}{5} = 5$$
$$= \dfrac{8 \times 200 \times 25 \times \left(\dfrac{20-1}{20-4} + \dfrac{0.615}{5} \right)}{\pi \times 5^3}$$
$$= \dfrac{52,420}{\pi \times 5^3} = 133.48$$

40 볼 베어링에서 작용하중은 5kN, 회전수가 4,000rpm이며, 이 베어링의 기본 동정격하중이 63kN이라면 수명은 약 몇 시간인가?

① 6,300시간
② 8,300시간
③ 9,500시간
④ 10,200시간

해설

$$L_h = 500\left(\frac{C}{P}\right)^3 \frac{33.3}{N} = 500 \times \left(\frac{63,000}{5,000}\right)^3 \times \frac{33.3}{4,000}$$
$$= 500 \times (12.6)^3 \times 0.008325$$
$$\approx 8,326.6 \text{ 시간으로 정답은 ②이다.}$$

제3과목 | 컴퓨터응용가공

41 머시닝센터에서 팰릿을 자동으로 교환하는 장치는?

① APC
② ATC
③ MCU
④ PLC

해설

APC(Auto Pallet Changer, 자동팰릿교환장치) : 머시닝센터에서 두 개의 독립된 팰릿을 자동으로 교환하는 장치이다.
② ATC(Auto Tool Changer) : 자동공구교환장치로 머시닝센터에서 여러 가공들을 순차적으로 할 수 있도록 자동으로 공구를 교환해 주는 장치이다.
③ MCU(Multipoint Control Unit) : 다지점 제어장치로 셋 이상의 단말기들이 함께 회의가 가능하도록 하는 다자 간 통화시스템이다.
④ PLC(Programmable Logic Controller) : 사람이 지정해 둔 기능을 수행하기 위한 제어프로그램을 메모리에 기억시킨 후 입출력 제어기에 신호를 보냄으로써 자동으로 작동시키는 제어장치이다.

42 CAD/CAM 시스템에서 솔리드(Solid) 모델링에 대한 설명으로 틀린 것은?

① 유한요소 해석이 불가능하다.
② 부피, 관성모멘트를 계산할 수 있다.
③ 은선 제거 및 단면도 작성이 가능하다.
④ 조립체 설계 시 위치, 간섭 등의 검토가 가능하다.

해설

솔리드 모델링의 특징
- 간섭 체크가 가능하다.
- 은선 제거가 가능하다.
- 정확한 형상 표현이 가능하다.
- 기하학적 요소로 부피를 갖는다.
- 유한요소법(FEM)의 해석이 가능하다.
- 금형설계, 기구학적 설계가 가능하다.
- 형상을 절단하여 단면도 작성이 가능하다.
- 모델을 구성하는 기하학적 3차원 모델링이다.
- 데이터의 구조가 복잡해서 모델 작성이 복잡하다.
- 조립체 설계 시 위치나 간섭 등의 검토가 가능하다.
- 서피스 모델링과 같이 실루엣을 정확히 나타낼 수 있다.
- 셸 혹은 기본곡면 등의 입체요소 조합으로 쉽게 표현할 수 있다.
- 공학적 해석(면적, 부피(체적), 중량, 무게중심, 관성모멘트) 계산이 가능하다.
- 불리언 작업(Boolean Operation)에 의하여 복잡한 형상도 표현할 수 있다.
- 명암, 컬러기능 및 회전, 이동하여 사용자가 명확히 물체를 파악할 수 있다.

43 CAD 모델의 차수들 간에 관계식을 설정하여 매개변수를 통해 모델의 수정을 용이하게 하는 모델링 방식은?

① Feature-based Modeling
② Parametric Modeling
③ Assembly Modeling
④ Hybrid Modeling

해설
파라메트릭 모델링(Parametric Modeling) : 특정값이나 변수로 표현된 수식을 입력하여 모델을 생성하는 방식으로 CAD 모델의 차수들 간 관계식을 설정하여 매개변수를 통해서 모델 수정이 편리하게 만든 모델링 방식이다.

파라메트릭 모델링의 특징
- 치수 사이의 관계는 수학적으로 부여된다.
- 형상 구속조건(Constraint)과 치수 구속조건을 이용해서 모델링한다.
- 치수 구속조건이란 형태에 부여된 치수값과 이들 치수 사이의 관계이다.
- 특징 형상의 파라미터에 따라 모델링의 크기를 바꾸는 것도 한 형태이다.
- 형상요소를 한번 만든 후에는 조건식을 이용하여 수정하는 것이 효과적이다.
- 구속조건식을 푸는 방법으로 순차적 풀기, 동시 풀기가 있고 이에 따라 결과 형상이 달라질 수 있다.
- CAD 모델의 차수들 간 관계식을 설정하여 매개변수를 통해서 모델 수정이 편리하게 만든 방식이다.

44 머시닝센터에서 3D 자유곡면을 가공하기 위해 동시에 제어되어야 하는 최소한의 축 개수는?

① 2축   ② 3축
③ 4축   ④ 5축

해설
머시닝센터에서 3D(Dimension, 차원) 가공을 위해서는 x축, y축, z축 이렇게 3개의 축을 동시에 제어할 수 있어야 한다.

45 정점이 7개인 Bezier 곡선에서 곡선방정식의 차수는?

① 3차   ② 4차
③ 5차   ④ 6차

해설
n차 베지어 곡선의 조정점은 $(n+1)$개이다. 따라서, 조정점이 7개인 베지어 곡선은 6차이다.

베지어(Bezier) 곡선
컴퓨터 그래픽에서 임의 형태의 곡선을 표현하기 위해 수학적(번스타인 다항식)으로 만든 곡선으로 프랑스의 수학자 베지어에 의해 만들어졌으며 시작점과 끝점 그리고 그 사이인 내부 조정점의 이동에 의해 다양한 자유곡선을 얻을 수 있다. 베지어 곡선은 항상 조정점에 의해 생성된 볼록포(Convex Hull)의 내부에 포함된다.

46 컴퓨터에서 사용되는 그래픽 관련 기술 중 LOD (Level Of Detail)에 관한 설명으로 틀린 것은?

① 렌더링의 품질 및 속도와 관계가 있다.
② 정적인 방법에서는 모델의 크기에 따라 결정된다.
③ 동적인 방법에서는 모델링 형상의 움직임 속도에 따라 결정된다.
④ 3차원 뷰영역 밖의 물체를 모니터에 디스플레이해 주는 대상에서 제외하는 기법을 사용한다.

해설
LOD(Level Of Detail)은 모델링의 데이터 정밀도를 단계적으로 조절하는 기술로, 랜더링의 속도와 품질을 위해 만들어졌다. 종류로는 정적 LOD와 동적 LOD로 나뉜다. 3차원 뷰영역 밖의 물체는 거리를 조절함으로써 디스플레이할 수 있다.

LOD(Level Of Detail)의 특징
- 랜더링의 품질과 속도 향상을 위해 만들어졌다.
- 정적 LOD는 모델의 크기에 따라 결정된다.
- 정적 LOD는 연산이 빨라서 속도도 빠르다.
- 동적 LOD는 모델 형상의 움직임 속도에 따라 결정된다.
- 동적 LOD는 튀는(Poping) 현상이 적어서 메모리의 낭비도 거의 없다.

47 NC공작기계에서 전기적인 신호 1펄스당 움직이는 테이블 또는 공구의 최소 이송단위는?

① MCU ② NCU
③ BLU ④ TLU

해설
수치제어기계의 기본 이송단위(BLU ; Basic Length Unit)
1 BLU = 0.001mm

48 좌표 공간에서 점 (2, −3, 1)을 중심점으로 하고 원점을 지나는 구의 방정식은?

① $(x+2)^2 + (y+3)^2 + (z-1)^2 = 18$
② $(x+2)^2 + (y-3)^2 + (z+1)^2 = 18$
③ $(x-2)^2 + (y+3)^2 + (z+1)^2 = 14$
④ $(x-2)^2 + (y+3)^2 + (z-1)^2 = 14$

해설
3개의 중심점과 반지름을 이용한 원의 방정식
$(x-a)^2 + (y-b)^2 + (z-c)^2 = r^2$을 적용하면 ④가 형식에 적합함을 알 수 있다.

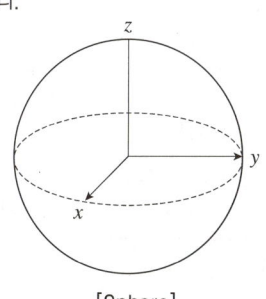

[Sphere]

49 CAD/CAM 시스템에서 곡면 모델링 시스템(Surface Modeling System)으로 수행할 수 없는 작업은?

① 무게, 체적, 모멘트의 계산
② 모델링한 후 은선 제거
③ 두 면의 교차선이나 단면도를 구함
④ 면을 모델링한 후 공구 이송경로를 정의

해설
서피스 모델링(곡면 모델링)은 와이어 프레임 모델링에 면 정보를 추가한 형태로 꼭짓점이나 모서리, 표면으로 표현된다. 서피스 모델링으로는 곡면의 면적 계산은 가능하지만 부피(체적) 계산은 불가능하다.

서피스 모델링(곡면 모델링)의 특징
• 단면도 작성이 가능하다.
• 은선 제거가 가능하다.
• 복잡한 형상의 표현이 가능하다.
• 렌더링(Rendering) 작업이 가능하다.
• 면과 면(두 면)의 교선을 구할 수 있다.
• 유한요소법(FEM)의 해석이 불가능하다.
• 와이어 프레임보다 데이터량이 증가한다.
• 곡면을 절단하면 곡선(Curve)이 나타난다.
• 면을 모델링한 후 공구 이송경로를 정의한다.
• 원이나 원호를 곡선의 개념으로 표현할 수 있다.
• 서피스는 하나 이상의 패치로 구성할 수 있다.
• NC 데이터 생성으로 NC 가공 정보를 얻을 수 있다.
• 곡선을 구성하는 데 사용되는 점의 수는 제한이 없다.
• 솔리드 모델링과 같이 명암 알고리즘을 제공할 수 있다.
• 곡면의 면적 계산은 가능하나 부피(체적) 계산은 불가능하다.
• 솔리드 모델링과 같이 실루엣(Silhouette)을 정확히 나타낼 수 있다.
• 곡면 생성을 위한 면 정보 등의 입력자료가 항상 요구되지 않는다.
• 곡면을 이루는 각 면들의 곡면방정식이 데이터베이스에 추가로 저장된다.
• NC 공구경로 계산프로그램에서 가공곡면의 형상을 제공하는 데 사용된다.

50 4개의 모서리 점과 4개의 경계곡선을 부드럽게 연결한 곡면으로, 곡면의 표현이 간결하여 예전에는 널리 사용하였으나 곡면 내부의 볼록한 정도를 직접 조절하기가 어려워 정밀한 곡면 표현에는 적합하지 않은 것은?

① 쿤스곡면　② 베지어 곡면
③ 스플라이 곡면　④ B-spline 곡면

해설
Coons(쿤스)곡면
자유곡면을 형성할 때 곡면 패치(Patch)의 4개의 모서리 점(위치 벡터)과 4개의 경계곡선을 부드럽게 선형 보간하여 연결한 곡면이다. 곡면의 표현이 간결하나 곡면 내부의 볼록한 정도를 직접 조절하기 어려워 정밀곡면용으로 사용되기 어렵다.

51 그래픽 프로그램의 기본적인 좌표계 중에서 물체의 형상은 그 물체에 붙어 있는 좌표계에 관하여 물체의 모든 점이나 몇 개의 특징적인 점의 좌표에 의해서 정의되는 좌표계는?

① 모델 좌표계　② 세계 좌표계
③ 시각 좌표계　④ 장치 좌표계

해설
모델 좌표계는 그래픽 좌표계의 일종으로 물체에 부착된 좌표계에서 물체의 모든 점이나 일부 특징적인 점의 좌표에 의해서 정의되는 좌표계다.
② 세계 좌표계 : 화면 안의 모든 물체들의 위치를 표현하는 좌표계
③ 시각 좌표계 : 화면 밖의 모든 데이터를 빠르게 제거하기 위한 좌표계
④ 장치 좌표계 : 3차원에서 2차원으로 투영할 때 사용하는 좌표계

52 다음 보기 중 직렬통신과 관계없는 용어는?

① DTE　② DCE
③ DSR　④ DXF

해설
DXF : Data Exchange File, CAD 데이터 간 호환성을 위해 제정한 자료 공유 파일을 아스키 텍스트 파일로 구성한 형식이다.

53 2차원 데이터 변환 행렬로서 x축에 대한 대칭의 결과를 얻기 위한 변환으로 옳은 것은?

① $\begin{bmatrix} 1 & 0 & 0 \\ 0 & 1 & 0 \\ 0 & 1 & 0 \end{bmatrix}$　② $\begin{bmatrix} 1 & 0 & 0 \\ 0 & -1 & 0 \\ 0 & 0 & 1 \end{bmatrix}$

③ $\begin{bmatrix} -1 & 0 & 0 \\ 0 & 1 & 0 \\ 0 & 0 & 1 \end{bmatrix}$　④ $\begin{bmatrix} -1 & 0 & 0 \\ 0 & 1 & 0 \\ 0 & 1 & 0 \end{bmatrix}$

해설
x축에 대한 대칭의 결과를 얻기 위해서는 다음 표에서 a, d, s의 위치에 표시되어야 한다. 또한, x축을 대칭하기 위해서는 y축을 기준으로 대칭되어야 하므로 d에 "-1"을 적용한다.
$$[x'\ y'\ 1] = [x\ y\ 1]\begin{bmatrix} a & b & p \\ c & d & q \\ m & n & s \end{bmatrix}$$
• a, b, c, d는 회전, 전단 및 스케일링, 대칭과 관계된다.
• m, n은 이동에 관계된다.
• p, q는 투영에 관계된다.
• s는 전체적인 스케일링에 관계된다.

54 액상의 광경화수지에 레이저를 조사하여 굳힌 후 적층하는 방식의 RP(Rapid Prototyping) 공정은?

① SLS(Selective Laser Sintering)
② FDM(Fused-Deposition Modeling)
③ SLA(Stereo Lithography Apparatus)
④ LOM(Laminated-Object Manufacturing)

해설
광조형법(SLA ; Stereo Lithography Apparatus)은 액체 상태의 광경화성 수지에 레이저 광선을 부분적으로 쏘아서 적층해 나가는 방법으로 큰 부품의 처리가 가능하며 정밀도가 높은 장점으로 현재 널리 사용되고 있으나, 액체재료이므로 후처리가 필요하다는 것이 단점이다.
① 선택적 레이저 소결법(SLS ; Selective Laser Sintering) : 레이저는 에너지의 미세한 조정으로 재료의 가공이 가능한 장점이 있는데, 먼저 고분자재료나 금속 분말가루를 한 층씩 도포한 후 여기에 레이저 광선을 쏘아서 소결시킨 후 다시 한 층씩 쌓아 올려서 형상을 만드는 방법으로 분말로 만들어지거나 용융되어 분말로 소결되는 모든 재료의 사용이 가능하다.
② 용융수지압출법(FDM ; Fused Deposition Molding) : 열가소성인 3μm 직경의 필라멘트선으로 된 열가소성 소재를 노즐 안에서 가열하여 용해한 후 이를 짜내어 조형면에 쌓아 올려 제품을 만드는 방법으로 광조형법 다음으로 가장 널리 사용된다.
④ 박판적층법(LOM ; Laminated Object Manufacturing) : 원하는 단면에 레이저 광선을 부분적으로 쏘아서 절단한 후 종이의 뒷면에 부착된 접착제를 사용해서 아래층과 압착시켜 한 층씩 쌓아가며 형상을 만드는 방법으로 사무실에서 사용할 만큼 크기와 가격이 적당하나 재료에 제한이 있고 정밀도가 떨어진다는 단점이 있다.

55 CAM 시스템을 이용하여 NC 데이터 생성 시 계산된 공구경로를 각 기계 컨트롤러에 맞게 NC 데이터를 만들어 주는 작업은?

① Post Processing
② Part Program
③ CNC
④ DNC

해설
포스트 프로세서(Post-processor)
CAD 시스템으로 만들어진 형상 모델을 바탕으로 CNC 공작기계의 가공 데이터를 생성하는 프로그램이나 절차를 의미한다.

56 솔리드 모델링 기법에서 B-rep 방식을 사용하는 경우 물체를 형성하는 데 사용되는 기본요소로 서로 연관성을 갖지 않는 것은?

① 정점(Vertex)
② 모서리(Edge)
③ 공간(Space)
④ 면(Face)

해설
솔리드모델링에서 B-rep방식의 기본요소
• 점(Vertex)
• 면(Face)
• 모서리(Edge)

57 다음 중 NURBS(Non Uniform Rational B-Spline) 곡선의 특징으로 가장 거리가 먼 것은?

① 4차원 좌표로 표현되는 조정점 사용으로 곡선의 변형이 자유롭다.
② NURBS 곡선으로 B-spline, Bezier 곡선도 표현할 수 있다.
③ 모든 조정점을 지나는 부드러운 곡선이다.
④ 원추곡선의 정확한 표현이 가능하다.

해설
모든 조정점을 지나는 부드러운 곡선은 Spline(스플라인)이다.
NURBS(Non-Uniform Rational B-Spline) 곡선의 특징
• Conic 곡선을 표현할 수 있다.
• Blending 함수는 B-spline과 같은 함수를 사용한다.
• NURBS 곡선은 곡선의 양 끝점을 반드시 통과해야 한다.
• 원, 타원, 포물선, 쌍곡선 등 원추곡선을 정확하게 나타낼 수 있다.
• NURBS의 곡선으로 B-spline, Bezier, 원추곡선도 표현할 수 있다.
• 조정점의 가중치(Weight)를 변경하여 곡선 형상을 변화시킬 수 있다.
• 3차 NURBS 곡선은 특정 노트 구간에서 4개의 조정점 외에 4개의 가중치와 절점 벡터의 정보가 이용된다.

58 자유곡면의 NC 가공을 계획하는 과정에서 가공영역을 지정하는 방식 중 지정된 폐곡선영역의 외부를 일정 오프셋(Offset)량을 주어 가공하는 지정방식은?

① Trimming 지정 ② Blending 지정
③ Island 지정   ④ Area 지정

해설
자유곡면의 NC 가공을 계획할 때 사용하는 가공영역 지정방식 중 Island 지정은 지정된 폐곡선영역의 외부를 일정 옵셋(Offset)량을 주어 가공한다.
① Trimming : 매개변수의 범위를 제한하여 가공하도록 영역 지정
④ Area : 지정된 폐곡선영역의 내부로 일정량의 옵셋(Offset)량을 주어 가공하도록 영역 지정

59 CSG(Constructive Solid Geometry) 모델링에 사용되는 프리미티브(Primitive)로 적합하지 않은 것은?

① 구   ② 원 통
③ 직 선   ④ 사각블록

해설
3차원 솔리드 모델링에서 사용되는 기본 입체(Primitive) 형상
- 구(Sphere)
- 관(Pipe)
- 원통(Cylinder)
- 원추(원뿔, Cone)
- 육면체(Cube)
- 사각블록(Box)

60 CAD/CAM 시스템에서 타원체면(Ellipsoid)의 방정식으로 옳은 것은?(단, $a, b, c > 0$ 이다)

① $\dfrac{x}{a} + \dfrac{y}{b} + \dfrac{z}{c} = r$

② $\dfrac{x^2}{a^2} + \dfrac{y^2}{b^2} + \dfrac{z^2}{c^2} = 1$

③ $x^2 + y^2 + z^2 = r^2$

④ $x^2 + y^2 + z^2 = a^2 + b^2 + c^2$

해설
3차원의 타원체면을 나타내는 함수는 2차원과 같다.
$\dfrac{x^2}{a^2} + \dfrac{y^2}{b^2} + \dfrac{z^2}{c^2} = 1$
2차원 타원방정식을 나타내는 함수
$\dfrac{x^2}{a^2} + \dfrac{y^2}{b^2} = 1$

제4과목 | 기계제도 및 CNC공작법

61 조립 전의 구멍 치수가 $100^{+0.04}_{0}$, 축의 치수가 $100^{+0.02}_{-0.06}$일 때 최대 틈새는?

① 0.02   ② 0.06
③ 0.10   ④ 0.04

해설
최대 틈새
= 구멍의 최대 허용치수 - 축의 최소 허용치수
= 100.04-99.94 = 0.1

62 다음 그림과 같은 입체도를 제3각법으로 투상한 투상도로 옳은 것은?

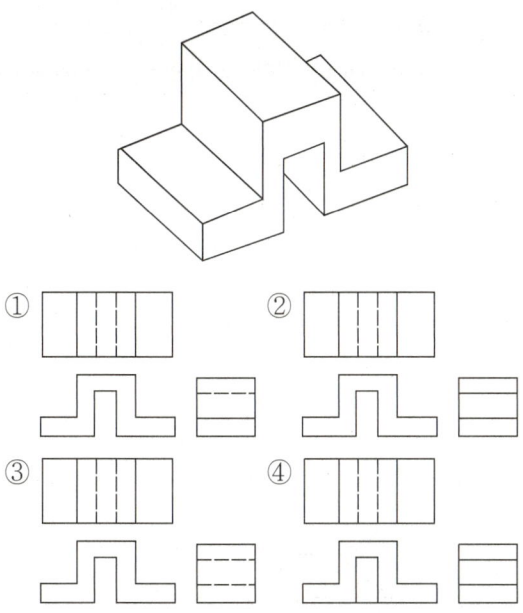

해설
물체를 정면에서 바라본 정면도는 아랫 부분에 경계선이 없으므로 ④는 정답에서 제외된다. 남은 답안 중에서 우측면도에는 중간 부분에 중공 부분을 표시할 점선이 표시되고, 하단부에 경계 부분인 실선이 표시된 ①이 정답이다.

63 다음 그림과 같이 개개의 치수공차에 대해 다른 치수의 공차에 영향을 주지 않기 위해 사용하는 치수기입법은 무엇인가?

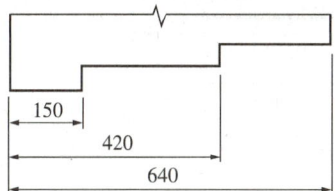

① 직렬 치수기입법
② 병렬 치수기입법
③ 누진 치수기입법
④ 좌표 치수기입법

해설
왼쪽을 기점으로 하고 치수를 측정한 것은 병렬 치수기입법이다.

치수의 배치방법

종류	내용
직렬 치수기입법	• 직렬로 나란히 연결된 각각의 치수에 공차가 누적되어도 상관없는 경우에 사용한다. • 축을 기입할 때는 중요도가 작은 치수는 괄호를 붙여서 참고 치수로 기입한다.
병렬 치수기입법	• 기준면을 설정하여 개별로 기입하는 방법 • 각 치수의 일반공차는 다른 치수의 일반공차에 영향을 주지 않는다.
누진 치수기입법	• 한 개의 연속된 치수선으로 간편하게 기입하는 방법 • 치수의 기준점에 기점기호(o)를 기입하고, 치수보조선과 만나는 곳마다 화살표를 붙인다.
좌표 치수기입법	• 구멍의 위치나 크기 등의 치수는 좌표를 사용해도 된다. • 프레스 금형이나 사출금형의 설계도면 작성 시 사용한다. • 기준면에 해당하는 쪽의 치수보조선의 위치는 제품의 기능, 조립, 검사 등의 조건을 고려하여 정한다.

64 다음 그림에서 치수 500과 같이 치수 밑에 굵은 실선을 적용하였을 때 이 치수에 대한 해석으로 옳은 것은?

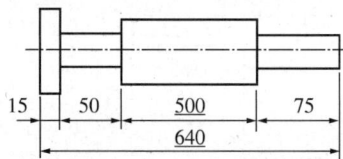

① 500의 치수 부분은 비례척이 아님
② 치수 500만큼 표면처리를 함
③ 치수 500 부분을 정밀가공을 함
④ 치수 500은 참고치수임

해설
비례척이 아님을 도면에 표시할 때는 치수 500 밑에 밑줄을 그으면 된다.
치수보조기호

기호 이름	기호 모양	기호 이름	기호 모양
지름	φ	피치	p
구의 지름	Sφ	호의 길이	⌒50
반지름	R	비례 척도가 아닌 치수	50
구의 반지름	SR	이론적으로 정확한 치수	50
정사각형	□	참고 치수	(50)
45° 모따기	C	치수의 취소	~~50~~
두께	t		

65 보기와 같은 내용의 기하공차를 표시한 것 중 옳은 것은?

┤보기├
길이 25mm의 원기둥의 표면은 0.1mm만큼 차이가 있는 2개의 동심 원기둥 사이에 들어 있어야 한다.

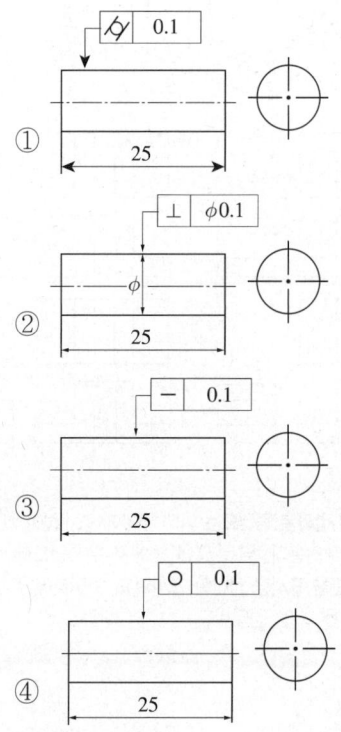

해설
기하공차인 원통도(⌭)는 원통형의 물체가 회전할 때 모든 원통의 표면은 정해진 공차역 t만큼 더 큰 동심원 안에 있어야 한다는 것을 도면에 표시하는 것으로 도면에는 ①과 같이 나타낸다. 또한, 원통도는 단독 형체에 속하므로 데이텀이 필요 없다.

66 다음 중 표면의 결을 도시할 때 제거가공을 허용하지 않는다는 것을 지시한 것은?

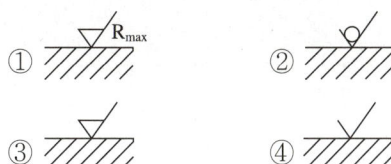

해설
가공면을 지시하는 기호

종류	의미
	제거가공을 하거나, 하지 않거나 상관없다.
	제거가공을 해야 한다.
	제거가공을 해서는 안 된다.

67 다음 중 복렬 자동 조심 볼 베어링에 해당하는 베어링 간략기호는?

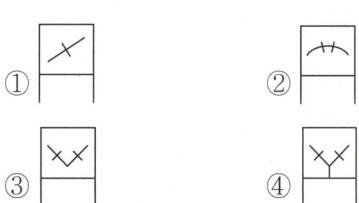

해설
베어링의 상세 도시기호(KS B 0004-2)

단열 깊은 홈 볼베어링	복렬 깊은 홈 볼베어링	단열 자동 조심 볼베어링	복렬 자동 조심 볼 베어링	단열 앵귤러 콘택트 분리형 볼 베어링

68 스퍼기어를 제도할 경우 스퍼기어 요목표에 일반적으로 기입하는 항목으로 거리가 먼 것은?

① 기준 피치원 지름
② 모 듈
③ 압력각
④ 기어의 잇폭

해설
스퍼기어의 요목표에는 기어의 잇폭을 기입하지 않는다.
스퍼기어 요목표
※ 실기시험 시 한국산업인력공단에서 제공하는 스퍼기어 요목표

스퍼기어 요목표	
기어치형	표 준
공구	모 듈	2
	치 형	보통이
	압력각	20°
전체 이 높이	4.5 (2.25m)
피치원 지름	ϕ90(PCD : mZ)
잇 수	45
다듬질 방법	호브절삭
정밀도	KS B ISO 1328-1, 4급

※ 여기서, m : 모듈, Z : 잇수, PCD : 피치원 지름

69 그림과 같이 경사지게 잘린 사각뿔의 전개도로 가장 적합한 형상은?

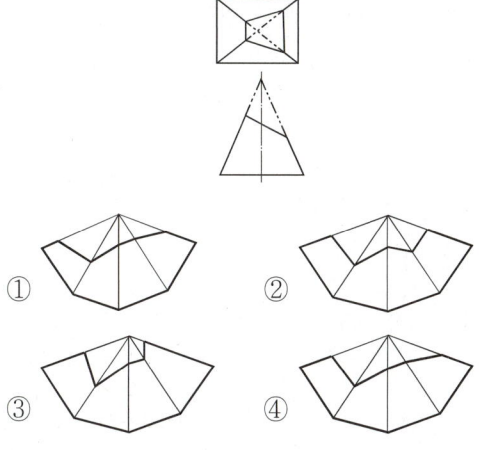

해설
4각뿔을 제작한 후 상단을 그림과 같이 절단하면 ④와 같이 만들어진다.

정답 66 ② 67 ② 68 ④ 69 ④

70 그림과 같은 도면의 양식에서 각 항목이 지시하는 부위의 명칭이 틀린 것은?

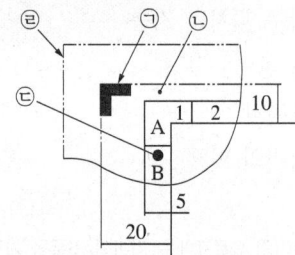

① ㉠ : 재단마크
② ㉡ : 재단용지
③ ㉢ : 비교눈금
④ ㉣ : 재단하지 않은 용지 가장자리

해설
㉢은 도면의 구역 표시로, 부품의 위치를 지시할 때 편리하도록 그리는데 세로 방향으로는 영어 대문자, 가로 방향으로는 숫자로 표시한다.
비교눈금
확대나 축소된 도면을 실제 도면의 크기와 비교하기 위해 중심마크를 중심으로 양쪽 50mm씩 총 100mm 길이로 표시하는데 여기서도 10mm씩 구획을 나누어 놓는다.

71 다음 중 공구의 이송을 2.5초 동안 일시정지시키는 프로그램으로 틀린 것은?

① G04 X2.5;
② G04 U2.5;
③ G04 P2.5;
④ G04 P2,500;

해설
휴지(Dwell)기능은 드릴로 구멍을 뚫을 때 공구의 끝부분이 완전히 절삭되도록 공구의 이송을 잠시 동안 멈추게 하는 기능으로, 주소는 P, U, X를 사용한다. 이 주소들 중에서 U, X는 소수점을 사용해서 지령이 가능하나, P는 소수점 사용이 불가능하다. 따라서, 2.5초간 공구이송을 정지시킬 경우의 명령어는 다음과 같다.
• G04 X2.5;
• G04 U2.5;
• G04 P2,500;

72 다음 그림의 P_1에서 P_2로 절대 명령으로 원호가공하는 머시닝센터 프로그램으로 옳은 것은?

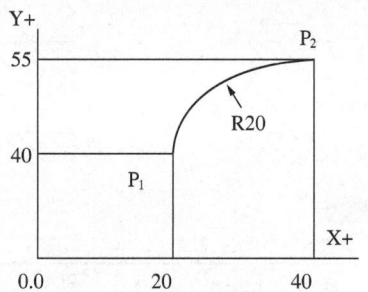

① G90 G02 X20.0 Y15.0 R20.;
② G90 G02 X40.0 Y55.0 R20.;
③ G91 G03 X20.0 Y15.0 R20.;
④ G91 G03 X40.0 Y55.0 R20.;

해설
조건 1. 절대 지령은 G90 명령어를 사용한다.
조건 2. P_1에서 P_2의 가공은 시계 방향으로 가공하므로 G02 명령어를 사용한다.
조건 3. 최종 도달 좌표는 X40.0 Y55.0 지점이다.
조건 4. 반지름 R값은 20으로 한다.
따라서 가공 명령은 "G90 G02 X40.0 Y55.0 R20.;"이다.

73 다음 머시닝센터 프로그램에서 N05 블록의 가공시간(min)은 약 얼마인가?

```
N01 G80 G40 G49 G17;
N02 T01 M06;
N03 G00 G90 X100. Y100.;
N04 G01 X200. F150;
N05 X300. Y200.;
```

① 0.94   ② 1.49
③ 2.35   ④ 3.72

해설
F150 = 150mm/min이므로 이를 비례식으로 풀면,
150mm : 1min = 141mm : $x$min
150x mm · min = 141mm · min
150x = 141
x = 0.94
따라서, 가공시간은 0.94min이 된다.

74 일반적으로 최소 설정단위가 0.001mm인 CNC 공작기계에서 X축 (+) 방향으로 50mm 이동시키기 위한 정수 입력은?

① X50
② X500
③ X5,000
④ X50,000

해설
최소 설정단위가 0.001mm인 CNC 공작기계에서 50mm를 이동시키려면, 이동거리 = 최소 설정 단위 × 지령 정수이므로 명령어는 X50,000으로 해야 한다.

75 머시닝센터 프로그램에서 공구 교환을 지령하는 보조기능은?

① M06
② M09
③ M30
④ M99

해설
머시닝센터 M코드 종류 및 기능

M코드	기 능
M00	프로그램 정지
M01	선택적 프로그램 정지
M02	프로그램 종료
M03	주축 정회전(주축이 시계 방향으로 회전)
M04	주축 역회전(주축이 반시계 방향으로 회전)
M05	주축 회전 정지
M06	공구 교환
M08	절삭유 ON(절삭유제 공급)
M09	절삭유 OFF
M19	스핀들 오리엔테이션
M30	프로그램 종료 후 앞 블록으로 복귀
M98	보조(SUB) 프로그램 호출
M99	보조(SUB) 프로그램 종료 후 주프로그램으로 회기

76 CNC 선반작업 시 주의사항이 아닌 것은?

① 칩 제거는 기계를 정지하고 한다.
② 공작물 고정 시 손가락이 척에 들어가지 않도록 한다.
③ 작업 중 이상이 발견될 경우 비상정지 버튼을 누른다.
④ 공작물 가공 중에 제품의 가공 형상을 보기 위하여 문을 열고 작업한다.

해설
CNC 선반작업 시에는 작업 시 발생하는 절삭칩의 튐에 의한 안전사고의 방지를 위하여 반드시 안전문을 닫고 작업해야 한다.

77 CNC 선반프로그램에서 원형 공작물의 직경이 60mm일 때 주축의 회전수는 약 몇 rpm인가?

```
G50 S1,200;
G96 S150;
```

① 1,200
② 796
③ 634
④ 150

해설
G96은 절삭속도를 일정하게 제어하라는 명령어이므로 G96 S150은 절삭속도(v) = 150mm/min를 의미한다.
$$n = \frac{1,000v}{\pi d} = \frac{1,000 \times 150}{\pi \times 60} ≒ 796\,rpm$$

78 다음 중 CNC 방전가공의 일반적인 특징으로 가장 적절하지 않은 것은?

① 전극으로 구리, 황동, 흑연 등을 사용하므로 성형이 용이하다.
② 복잡한 구멍도 전극만 만들면 간단히 가공할 수 있다.
③ 전기 부도체의 재질도 가공할 수 있다.
④ 가공속도가 매우 느리다.

해설
CNC 방전가공에서는 아크릴과 같이 전기가 잘 통하지 않는 부도체의 재료는 가공할 수 없다.
CNC 방전가공의 특징
• 전극이 소모된다.
• 가공속도가 느리다.
• 열변형이 적어서 가공정밀도가 우수하다.
• 강한 재료와 담금질 재료의 가공도 용이하다.
• 간단한 전극만으로도 복잡한 가공을 할 수 있다.
• 전극으로 구리, 황동, 흑연을 사용하므로 성형성이 용이하다.
• 아크릴과 같이 전기가 잘 통하지 않는 재료는 가공할 수 없다.
• 미세한 구멍, 얇은 두께의 재질을 가공해도 변형이 생기지 않는다.

79 다음 CNC의 제어방식 중 여러 축의 움직임을 동시에 제어할 수 있기 때문에 대각선 경로, 원형 경로 등 어떠한 경로라도 자유자재로 연속절삭할 수 있는 방식이며, 2차원 또는 3차원 이상의 제어에 사용되는 것은?

① 윤곽절삭제어방식
② 직선절삭제어방식
③ 위치결정제어방식
④ 절대좌표제어방식

해설
① 윤곽절삭제어 : 2개 이상의 서보모터를 연동시켜 위치와 속도를 제어하므로 대각선이나 S자형, 원형의 경로 등 어떤 경로라도 공구를 이동시켜 연속절삭이 가능한 제어방식이다. 여러 축의 움직임을 동시에 제어할 수 있기 때문에 2차원이나 3차원 이상의 제어에 사용된다.
② 직선절삭제어 : NC 공작기계의 하나의 축을 따라서 공작물에 대한 공구의 운동을 제어하는 방식이다.
③ 위치결정제어 : PTP(Point To Point)제어라고도 하며 공구가 이동할 때 이동경로와는 관계없이 공구의 멈춤 위치(가공 위치)만을 결정하는 제어방식으로 드릴링이나 스폿용접 등에 사용된다.

80 CNC 선반가공에서 지령치 X = 80.0으로 소재를 가공한 후 측정한 결과 X = 80.15이었다. 기존의 X축 보정치를 0.005라 하면 공구보정값을 얼마로 수정해야 하는가?(단, 직경지령을 사용한다)

① 0.155
② 0.145
③ −0.155
④ −0.145

해설
완성제품이 80mm이나 가공 완료 후 80.15mm이었다면, "80.15 − 80 = 0.15mm"가 더 절삭되었어야 했다. 따라서 기존보정치 0.005mm를 제외하고 추가로 더 (−)방향으로 절삭되어야 하며, 그 수치는 "0.15−0.005=0.145mm"이므로 최종 공구보정값은 "−0.145"가 된다.

2018년 제4회 과년도 기출문제

PART 02 | 과년도 + 최근 기출복원문제

제1과목 | 기계가공법 및 안전관리

01 선반용 부속품 및 부속장치에 대한 설명이 틀린 것은?

① 단동척은 편심, 불규칙한 가공물을 고정할 때 사용한다.
② 방진구는 주축의 회전력을 가공물에 전달하기 위하여 사용한다.
③ 면판은 척에 고정할 수 없는 불규칙하거나 대형의 가공물 또는 복잡한 가공물을 고정할 때 사용한다.
④ 콜릿척은 지름이 작은 가공물이나 각 봉재를 가공할 때 사용되며 터릿선반이나 자동선반에 주로 사용한다.

해설
일반고정식 방진구는 선반작업에서 공작물의 지름보다 20배 이상의 가늘고 긴 공작물(환봉)을 가공할 때 공작물이 휘거나 떨리는 현상인 진동을 방지하기 위해 베드 위에 설치하여 공작물을 받쳐주는 부속장치이다. 이동용 방진구는 왕복대(새들) 위에 설치한다.

02 안전·보건표지의 색채와 사용 예의 연결이 틀린 것은?

① 노란색 : 비상구 및 피난소
② 흰색 : 파란색 또는 녹색에 대한 보조색
③ 빨간색 : 정지신호, 소화설비 및 그 장소
④ 파란색 : 특정행위의 지시 및 사실의 고지

해설
비상구나 피난소용 안전·보건의 표지는 녹색을 사용한다.

03 수평 보링머신의 크기를 표시하는 기준이 아닌 것은?

① 주축의 지름
② 테이블의 크기
③ 주축의 이동거리
④ 테이블의 회전수

해설
수평 보링머신의 크기 표시
• 주축의 지름
• 테이블의 크기
• 주축의 이동거리

04 센터리스 연삭의 특징으로 틀린 것은?

① 연삭 여유가 작아도 된다.
② 가늘고 긴 가공물의 연삭에 부적합하다.
③ 긴 홈이 있는 가공물의 연삭은 불가능하다.
④ 연삭숫돌의 폭이 크므로 연삭숫돌 지름의 마멸이 적다.

해설
센터리스 연삭은 가늘고 긴 원통형의 공작물을 센터나 척으로 고정하지 않고 바깥지름이나 안지름을 연삭하는 가공법이다.

정답 1 ② 2 ① 3 ④ 4 ②

05 구성인선(Built-up Edge)의 발생을 방지하는 대책으로 옳은 것은?

① 절삭 깊이를 깊게 한다.
② 바이트의 윗면 경사각을 작게 한다.
③ 절삭속도를 높이고, 절삭유를 사용한다.
④ 피가공물과 친화력이 많은 공구재료를 선택한다.

[해설]
• 절삭 깊이를 작게 해야 한다.
• 바이트의 윗면 경사각을 크게 해야 한다.
• 피가공물과 친화력이 작은 공구재료를 선택해야 한다.

06 한계 게이지의 종류에 해당되지 않는 것은?

① 봉 게이지
② 스냅 게이지
③ 틈새 게이지
④ 플러그 게이지

[해설]
틈새 게이지는 작은 틈새의 간극점검과 측정에 사용되는 측정기로 한계 게이지에 속하지 않는다.
한계 게이지의 종류 및 형상

봉 게이지	
플러그 게이지	
스냅 게이지	통과측 정지측

07 게이지 블록 취급 시 주의사항으로 틀린 것은?

① 먼지가 적고 건조한 실내에서 사용할 것
② 사용한 뒤에는 세척하여 염수를 발라 둘 것
③ 측정면은 깨끗한 천이나 가죽으로 잘 닦을 것
④ 목재 테이블이나 천 또는 가죽 위에서 사용할 것

[해설]
게이지 블록은 방청유를 바른 상태에서 보관해야 하며 세척하여 염수를 발라 두면 부식되어 사용할 수 없게 된다.

08 다음 그림과 같은 운동경로를 가질 때 사용되는 G코드는?

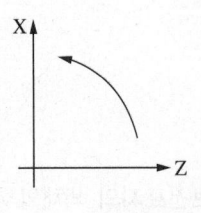

① G18 G02
② G18 G03
③ G19 G02
④ G19 G03

[해설]
머시닝센터에서 XZ 평면을 설정하는 G코드
G18 G03 : 반시계 방향으로 원호가공을 하라는 지령
머시닝센터 평면 설정 G코드
• G17 : XY 평면 지정
• G18 : ZX 평면 지정
• G19 : YZ 평면 지정

09 밀링머신에서 테이블의 백래시(Back Lash) 제거 장치 설치 위치는?

① 변속기어
② 자동이송레버
③ 테이블 이송나사
④ 테이블 이송핸들

해설
백래시 제거장치는 테이블 이송나사에 설치한다.

10 수준기에서 1눈금기의 길이를 2mm로 하고, 1눈금이 각도 5″(초)를 나타내는 기포관의 곡률반경은?

① 7.26m
② 8.23m
③ 72.6m
④ 82.5m

해설
• 한 눈금의 치수 L = 곡률반경(R) × 각도(θ, rad)
• 1° = 60′분 = 3,600″초 = 0.017453296rad

$1″초 = \dfrac{0.017453296 \text{rad}}{3,600} = 0.0000048481 \text{rad}$

$5″초 = 0.00002424 \text{rad}$

• $R = \dfrac{L}{\theta} = \dfrac{2\text{mm}}{0.00002424\text{rad}} ≒ 82,508.3\text{mm} ≒ 82.5\text{m}$

• 곡률반경(R) 구하는 식
$R = \dfrac{Lm}{\theta \text{rad}}[\text{m}]$
여기서, L : 한 눈금의 치수, θ : 각도

11 일반적으로 요구되는 절삭공구의 조건으로 적합하지 않은 것은?

① 강인성
② 고마찰성
③ 고온경도
④ 내마모성

해설
절삭공구의 역할은 공작물의 재질을 깎아 내는 것으로 강인성과 내마모성을 지녀야 하며 고온에서도 경도를 유지할 수 있는 고온경도 또한 높아야 한다. 하지만 마찰성이 높으면 마찰열로 인해 공구의 손상을 초래하므로 고마찰성은 절삭공구의 요구조건으로 볼 수 없다.

12 밀링머신에서 주축의 회전운동을 왕복운동으로 변환시켜 가공물의 안지름에 키 홈 등을 가공할 때 사용하는 부속장치는?

① 분할대
② 회전테이블
③ 슬로팅 장치
④ 랙 절삭장치

해설
슬로팅 장치 : 밀링머신의 칼럼(기둥)에 장착하여 사용한다. 주축의 회전운동을 공구대의 직선 왕복운동으로 변환시키는 부속장치로 평면위에서 임의의 각도로 경사시킬 수 있어서 홈이나 스플라인, 세레이션의 가공에 사용한다.

13 삼침법으로 미터나사의 유효경 측정값이 다음과 같을 때 유효지름은 약 몇 mm인가?

- 3침을 끼우고 측정한 외측 치수 : 43mm
- 나사의 피치 : 4mm
- 측정 핀의 직경 : 5mm

① 18.53
② 19.46
③ 24.53
④ 31.46

해설
나사산각이 60°인 미터나사의 유효지름
$$d_e = M - 3D + 0.86603p$$
$$= 43 - (3 \times 5) + (0.86603 \times 4)$$
$$= 43 - 15 + 3.46412$$
$$= 31.46412$$
3침법에 의한 나사의 유효지름 측정은 지름이 같은 3개의 와이어를 이용하여 마이크로미터로 수나사의 유효지름을 측정하는 방법으로 정밀도가 가장 높다.

14 브로칭 머신에 사용하는 절삭공구 브로치의 피치 간격을 일정하게 하지 않는 이유로 옳은 것은?

① 난삭재 가공
② 칩 처리 용이
③ 가공시간 단축
④ 떨림 발생 방지

해설
브로치 공구의 절삭 날의 피치 간격을 일정하지 않게 만드는 것은 절삭 시 발생되는 떨림의 발생을 방지하기 위함이다.

15 연삭숫돌의 원통도 불량에 대한 주된 원인과 대책이 옳게 짝지어진 것은?

① 연삭숫돌의 눈메움 : 연삭숫돌 교체
② 연삭숫돌의 흔들림 : 센터 구멍의 홈 조정
③ 연삭숫돌의 입도가 거침 : 굵은 입도의 연삭숫돌 사용
④ 테이블 운동의 정도 불량 : 정도검사, 수리, 미끄럼면의 윤활을 양호하게 할 것

해설
기하공차인 원통도(⌭)는 원통형의 물체가 회전할 때 모든 원통의 표면은 정해진 공차역 t만큼 더 큰 동심원 안에 있어야 한다는 것을 도면에 표시하는 것이다. 따라서 원통도 불량은 연삭숫돌 테이블의 운동이 수평 상태를 유지하며 구동되는지에 관한 운동 정도를 점검해야 한다.

16 보통선반의 심압대 대신 여러 개의 공구를 방사상으로 설치하여 공정 순서대로 공구를 차례로 사용하여 간단한 부품을 대량 생산할 때 사용되는 선반은?

① 공구선반
② 모방선반
③ 차륜선반
④ 터릿선반

해설
터릿선반
보통선반과 같이 가공물을 회전시키면서 심압대 대신 터릿대를 설치한 후 이 터릿에 6~8종의 절삭공구를 장착한 후 가공순서에 맞게 절삭공구를 변경하며 가공하는 선반으로 동일 제품의 대량생산에 적합하다. 공구 교환시간을 단축시킬 수 있고 숙련되지 않은 사람도 좋은 품질의 제품을 생산할 수 있다는 장점이 있다.
※ 터릿이란 절삭공구를 육각형 모양의 드럼에 가공 순서대로 장착시킨 기계장치이다.

17 초경합금을 제작할 때 사용되는 결합제는?

① F   ② Cl
③ Co ④ CH₄

해설
소결 초경합금(초경합금)
1,100℃의 고온에서도 경도 변화 없이 고속절삭이 가능한 절삭공구로 WC, TiC, TaC 분말에 Co나 Ni 분말을 함께 첨가한 후 1,400℃ 이상의 고온으로 가열하면서 프레스로 소결시켜 만든다. 진동이나 충격을 받으면 쉽게 깨지는 단점이 있으나 고속도강의 4배의 절삭속도로 가공이 가능하다.

18 래핑가공 중 치수 정밀도가 나쁠 때의 대책으로 적절하지 않은 것은?

① 속도를 낮춘다.
② 랩 정반을 점검한다.
③ 랩제의 양을 줄인다.
④ 입도가 더 큰 랩제를 사용한다.

해설
래핑가공할 때 치수 정밀도가 나쁘면 입도가 더 작은 랩제를 이용해서 작업해야 한다.
래핑가공(Lapping)
주철이나 구리, 가죽, 천 등으로 만들어진 랩(Lap)과 공작물의 다듬질할 면 사이에 랩제를 넣고 적당한 압력으로 누르면서 상대운동을 하면, 절삭입자가 공작물의 표면으로부터 극히 소량의 칩(Chip)을 깎아내어 표면을 다듬는 가공법이다. 주로 게이지 블록의 측정면을 가공할 때 사용한다.

19 다음 그림에서 Y는 약 몇 mm인가?
(단, $\tan 60° = 1.7321$, $\tan 30° = 0.5774$, 그림의 치수단위는 mm이다)

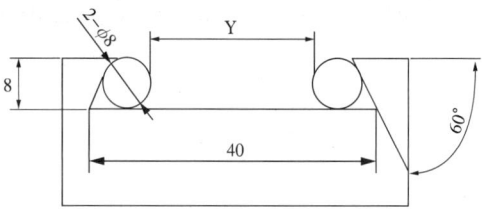

① 20.14   ② 15.07
③ 29.07   ④ 18.14

해설
$$D = b - 2\left(\frac{r}{\tan 30°} + r\right)$$
$$= 40 - 2\left(\frac{4}{0.5774} + 4\right)$$
$$= 40 - 21.8552130239$$
$$= 18.14478$$

양쪽 더브테일 홈 계산식
$$D = b - 2x = b - 2\left(\frac{r}{\tan 30°} + r\right)$$

여기서, r : 측정용 봉의 반지름

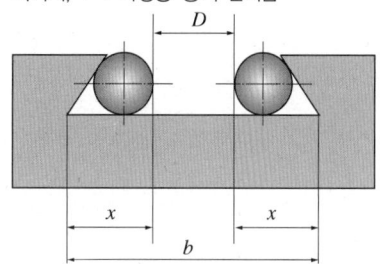

20 다음 중 직립 드릴링 머신에서 경사면이나 뾰족한 부분에 드릴링을 할 경우 적절한 방법은?

① 드릴의 이송을 빠르게 하여 드릴링한다.
② 공작물 아래에 나무판을 대고 드릴링한다.
③ 엔드밀, 센터드릴을 이용하여 드릴링 위치에 자리파기를 하고 드릴링한다.
④ 드릴의 선단각이 180° 이상인 플랫드릴(Flat Drill)을 이용하여 드릴링한다.

해설
드릴링 머신으로 경사면 혹은 뾰족한 부분을 가공하려면 처음에 가공할 위치에 드릴날이 원하는 가공 위치에 안착될 수 있는 자리파기를 실시해야 한다. 그렇지 않을 경우 원하는 위치에 가공하기 어렵다.
직립 드릴링 머신(Upright Drilling Machine)은 일반적으로 사용하고 있는 탁상 드릴링 머신의 형태를 가진 것으로 속도변환 기어 장치가 장착되어 있다.

제2과목 | 기계설계 및 기계재료

21 Fe에 C가 고용되어 α-Fe가 될 때 고용체의 형태는?

① 침입형 고용체
② 치환형 고용체
③ 고정형 고용체
④ 편석 고용체

해설
α철(페라이트) 조직은 철에 탄소가 고용될 때 침입형 고용체의 형태를 갖는다.

---

22 다음 중 유리섬유강화 플라스틱은?

① CFRP   ② MFRP
③ GFRP   ④ FRTP

해설
③ GFRP(Glass Fiber Reinforced Plastic) : 유리섬유강화 플라스틱
① CFRP(Carbon Fiber Reinforced Plastic) : 카본섬유강화 플라스틱
④ FRTP(Fiber Reinforced Thermoplastic) : 섬유강화 내열 플라스틱

---

23 전연성이 좋고 색깔도 아름답기 때문에 장식용 금속 잡화, 악기 등에 사용되고, 특히 납(Pb)을 첨가한 것은 금색에 매우 가까우므로 박(Foil)으로 압연하여 금박의 대용으로 사용되는 것은?

① 95%Cu-5%Sn 합금
② 80%Cu-20%Zn 합금
③ 60%Cu-40%Sn 합금
④ 50%Cu-50%Zn 합금

해설
톰백 : Cu에 Zn을 8~20% 합금한 것으로 색깔이 아름다워 주로 장식용 재료로 되며 냉간가공이 쉽게 되어 단추나 금박, 금 모조품으로도 사용되는 황동의 일종이다.

---

24 비정질 합금의 일반적인 특징이 아닌 것은?

① 전기저항이 크다.
② 결정 이방성이 없다.
③ 가공경화를 일으키지 않는다.
④ 구조적으로 장거리 규칙성이 있다.

해설
비정질 합금 : 일정한 결정구조를 갖고 있지 않는 아모르포스(Amorphous) 구조이며 강도와 경도가 높으면서도 자기적 특성이 우수하여 변압기용 철심 재료로 활용된다. 고속 급랭작업을 통해 제조할 수 있다. 따라서 ④는 틀린 표현이다.

25 니켈에 대한 설명으로 틀린 것은?

① 면심입방격자이다.
② 상온에서 강자성체이다.
③ 냉간가공 및 열간가공이 불가능하다.
④ 내식성이 좋아 대기 중에서 부식이 잘 일어나지 않는다.

해설
니켈이나 니켈이 합금된 재료는 모두 냉간가공이나 열간가공이 가능하다.

27 담금질한 강에 A_1 변태점 이하의 열을 가하여 인성을 부여하는 열처리는?

① 뜨 임   ② 질화법
③ 침탄법   ④ 노멀라이징

해설
① 뜨임(Tempering) : 담금질 한 강을 A_1 변태점(723℃) 이하로 가열 후 서랭하는 것으로 담금질로 경화된 재료에 인성을 부여하고 내부응력을 제거한다.
② 질화법 : 재료의 표면경도를 향상시키기 위한 방법으로 암모니아(NH_3)가스의 영역 안에 재료를 놓고 약 500℃에서 50~100시간을 가열하면 재료 표면의 Al, Cr, Mo이 질화되면서 표면이 단단해지는 표면경화법이다.
③ 침탄법 : 0.2% 이하의 저탄소강이나 저탄소합금강을 침탄제 속에 파묻은 상태로 가열하여 재료의 표면에 C를 침입시켜 표면을 경화시키는 표면경화법이다.
④ 불림(Normalizing, 노멀라이징) : 담금질 정도가 심하거나 결정입자가 조대해진 강을 표준화 조직으로 만들기 위하여 A_3변태점(968℃)이나 A_{cm}(시멘타이트)점 이상의 온도로 가열 후 공랭시킨다.

26 스프링강이 갖추어야 할 특성으로 틀린 것은?

① 탄성한도가 커야 한다.
② 충격 및 피로에 대한 저항성이 커야 한다.
③ 마텐자이트 조직으로 구성되어 있어야 한다.
④ 사용 중에 영구 변형을 일으키지 않아야 한다.

해설
스프링용 강(SPS)이 경도가 높은 마텐자이트 조직으로 만들어질 경우 충격흡수가 되지 않기 때문에 스프링의 존재 목적에 맞지 않으므로 ③은 틀린 표현이다.

28 일반적인 플라스틱 재료의 성질과 강의 성질을 비교한 것 중 옳지 않은 것은?

① 강에 비해 가볍다.
② 강에 비해 성형성이 우수하다.
③ 강에 비해 인장강도가 매우 크다.
④ 강에 비해 열에 대한 저항성이 낮다.

해설
플라스틱은 강에 비해 인장강도가 매우 작다. 강은 서서히 늘어나다가 파단되지만 플라스틱은 임계점에서 한 번에 끊어진다.

29 탄소강에서 탄소 함량의 증가에 따라 증가하는 것은?
① 비중
② 열전도도
③ 전기저항
④ 열팽창계수

해설
탄소의 함유량이 많아지면 순수 금속에 불순물이 섞이는 것이므로 전기저항성은 증가한다.

30 탄소강에 존재하는 원소 중에서 강도를 증가시키고 고온에서의 소성가공성을 좋게 하며 주조성과 담금질 효과를 향상시키는 원소는?
① Cr
② Mn
③ P
④ S

해설
합금원소 중 Mn(망간)은 주조성과 담금질 효과를 향상시키며 S(황)을 제거한다.

31 나사 프레스에서 나사는 압축강도가 500N/mm² 인 재료로 만들었으며, 여기에 최대 3kN의 압축하중이 작용한다. 안전계수를 9 이상으로 할 때 나사 골지름은 약 몇 mm 이상이어야 하는가?
① 8.3
② 10.4
③ 12.8
④ 14.5

해설
$$d_1 = \sqrt{\frac{4QS}{\pi \sigma_a}}$$
$$= \sqrt{\frac{4 \times 3,000\text{N} \times 9}{\pi \times 500\text{N/mm}^2}} \fallingdotseq 8.2918$$
따라서, 정답으로 ①이 적합하다.

32 공작기계의 주축 등에 사용하며 주로 비틀림을 받는 축으로 형상과 치수가 정밀하고 변형이 작으며 축의 지름에 비해 길이가 짧은 축을 의미하는 것은?
① 스핀들
② 유니버설 조인트
③ 전동축
④ 플렉시블 축

해설
스핀들은 주로 비틀림 작용을 받으며, 모양이나 치수가 정밀하고 변형이 작은 짧은 회전축으로 공작기계의 주축에 주로 사용한다.

33 밴드 브레이크의 긴장측 장력 7.99kN, 밴드 두께 2mm, 허용 인장응력 78.48MPa일 때, 밴드의 폭은 약 몇 mm 이상이어야 하는가?(단, 이음효율은 100%로 한다)
① 43
② 51
③ 60
④ 71

해설
밴드 폭
$$q = \frac{W}{bt\eta}, \quad b = \frac{W}{qt\eta} = \frac{7.99 \times 10^3}{78.48 \times 2 \times 1} \fallingdotseq 50.9\text{mm}$$

34 147kN의 인장하중을 받는 강판이 양쪽 덮개판 리벳 이음으로 연결되어 있다. 리벳의 지름이 13mm라면 리벳의 수는 몇 개 이상을 사용하면 좋은가? (단, 리벳의 허용전단응력은 50MPa이고, 양쪽 덮개판 이음에 따른 전단면 계수는 1.8로 한다)

① 13개 ② 11개
③ 9개   ④ 7개

해설
두 판재가 양쪽 덮개판 1줄 맞대기 이음에서 다수의 리벳일 경우 리벳에 작용하는 전단응력

$$\tau = \frac{W}{1.8AZ} = \frac{W}{1.8\left(\frac{\pi d^2}{4}\right) \times Z}$$

$$50\text{N/m}^2 = \frac{147 \times 10^3 \text{N}}{1.8\left(\frac{\pi \times 13^2}{4}\right) \times Z}$$

$$Z = \frac{147 \times 10^3 \text{N}}{1.8\left(\frac{\pi \times (13\text{mm})^2}{4}\right) \times 50\text{N/mm}^2} = \frac{147,000\text{N}}{11,945.9} ≒ 12.3\text{개}$$

35 평벨트와 비교하여 V벨트 전동장치가 가진 특징으로 옳지 않은 것은?

① 접촉 면적이 넓으므로 큰 동력을 전달할 수 있다.
② 미끄럼이 적고 속도비를 크게 할 수 있다.
③ 운전이 조용하고 충격 흡수능력이 크다.
④ 바로걸기와 엇걸기를 모두 적용할 수 있다.

해설
평벨트는 벨트 풀리에 장착할 때 바로걸기와 엇걸기 방식이 모두 가능하지만, V벨트는 바로걸기만 가능하다.

36 키 홈이나 축의 지름이 급격히 변화하는 부분에서 응력 분포가 불규칙하고 주위의 평균 응력보다 훨씬 큰 응력이 발생하는 것을 무엇이라고 하는가?

① 피로 파괴   ② 응력 집중
③ 가공경화   ④ 크리프

해설
응력(Stress)이란 재료가 자신의 상태를 안정적으로 유지하려고 할 때 외력이 작용할 때 발생되는 저항력으로 각진 부분이나 불순물이 있는 곳, 키 홈과 같이 큰 힘이 집중되는 곳에 응력이 집중한다. 이 현상을 응력 집중이라고 한다.

37 원통 롤러 베어링 N2060이 500rpm으로 1,800N의 베어링 하중을 받을 때 이 베어링의 수명은 약 몇 시간인가?(단, 이 베어링의 기본 동정격하중은 14,500N, 하중계수는 1.5로 한다)

① 8,422   ② 9,041
③ 9,672   ④ 10,422

해설
베어링 하중계수(f_w)를 1.5로 적용하려면
$P = P_{th} \times f_w = 1,800\text{N} \times 1.5 = 2,700\text{N}$

$$L_h = 500\left(\frac{14,500}{2,700}\right)^{\frac{10}{3}} \times \frac{33.3}{500}$$

$≒ 9,032.16$

따라서, ②가 정답에 가깝다.
베어링의 수명시간(L_h) 구하는 식

$$L_h = 500\left(\frac{C}{P}\right)^r \frac{33.3}{N} \text{ or } L_h = 500 f_n^3\left(\frac{C}{P_{th} \times f_w}\right)^3$$

여기서, C : 기본 부하용량
P_{th} : 베어링 이론하중
f_w : 하중계수
N : 회전수
f_n : 속도계수
f_h : 수명계수

• 볼 베어링의 하중계수 = 3
• 롤러 베어링의 하중계수 = $\frac{10}{3}$
• 볼 베어링의 수명 : 반지름 방향 동등가하중의 3승에 반비례한다.

38 기어의 피치원의 지름을 D, 원주피치를 P라고 하면 기어의 잇수(Z)를 구하는 공식은?

① $\dfrac{P}{\pi D}$ ② $\dfrac{\pi P}{D}$
③ $\dfrac{D}{\pi P}$ ④ $\dfrac{\pi D}{P}$

해설
원주피치(P) : 피치원 지름의 둘레를 잇수로 나눈 값
$PZ = \pi d$, $P = \dfrac{\pi d}{Z}$

39 직사각형 단면의 판을 축 방향으로 원추형으로 감아올려 사용하는 것으로 주로 압축용으로 쓰이는 스프링은?

① 링 스프링
② 토션바
③ 벌류트 스프링
④ 접시 스프링

해설
벌류트 스프링(Volute Spring)
스프링의 모양이 고둥 같이 보인다고 하여 벌류트 스프링으로 이름이 지어졌다. 직사각형 단면의 평강을 코일 중심선에 평행하게 감아 원뿔 형태로 감아서 만든 스프링이다. 비틀림 모멘트가 가해질 때 생기는 비틀림 변형에 의한 탄성을 이용한다.

40 한 변이 50mm인 정사각형 단면의 봉에 3t 질량을 가진 물체에 의하여 중력방향으로 인장하중이 작용할 때 발생하는 인장응력은 약 몇 N/cm²인가?

① 117.7 ② 141.4
③ 1,177 ④ 1,414

해설
인장응력
$\sigma = \dfrac{F(W)}{A} = \dfrac{\text{작용 힘[kgf]}}{\text{단위 면적[mm}^2\text{]}}$
$= \dfrac{3,000 \times 9.81}{5\text{cm} \times 5\text{cm}} = 1,177.2 \text{N/cm}^2$
따라서 정답은 ③이다.

제3과목 | 컴퓨터응용가공

41 다음 중 곡률(Curvature)에 관한 일반적인 설명으로 틀린 것은?

① 곡률(Curvature)의 역수를 곡률반경(Radius of Curvature)이라고 한다.
② 직선의 곡률반경은 무한대이다.
③ 반지름이 a인 원호의 곡률반경은 a이다.
④ 평면상에 놓인 곡선에 대한 법선곡률(Normal Curvature)은 무한대이다.

해설
곡률(Curvature)은 평면상에 놓인 직선에 대한 곡률반경은 무한대이므로 ④는 틀린 표현이다.

42 솔리드 모델링에서 CSG(Constructive Solid Geometry) 표현방식에 대한 설명으로 옳은 것은?

① 데이터 구조가 복잡하다.
② 데이터 관리가 곤란하다.
③ 데이터 수정이 곤란하다.
④ 체적 및 면적 계산에 처리시간이 오래 걸린다.

해설
솔리드 모델링에는 CSG(Constructive Solid Geometry) 방식과 B-rep(Boundary Representation) 방식 등이 있는데 CSG 모델링은 B-rep 방식보다 형상 재생시간이 더 오래 걸린다.

43 CAD 시스템에서 자유곡면을 정의할 때 분할된 단위곡면 구간영역은?

① Patch   ② Curve
③ Element   ④ Primitive

해설
패치(Patch) : 자유곡면인 형상을 모델링할 때 분할된 단위곡면의 구간영역을 정의한 것으로 Parameter Space(Domain)를 Knots에 의해 분할하여 정의하는 것이 편리하다.

44 다음 중 Bezier 곡선의 일반적인 특성으로 옳지 않은 것은?

① Bernstein 다항식을 블렌딩 함수로 사용한다.
② 생성되는 곡선은 시작점과 끝점을 반드시 지난다.
③ 볼록 껍질(Convex Hull) 내부에서만 곡선이 정의되는 성질을 갖는다.
④ 곡선의 양 끝점과 그 점에서의 접선벡터만을 이용하여 곡선을 정의한다.

해설
베지어(Bezier) 곡선
컴퓨터 그래픽에서 임의 형태의 곡선을 표현하기 위해 수학적(번스타인 다항식)으로 만든 곡선으로 프랑스의 수학자 베지어에 의해 만들어졌으며 시작점과 끝점 그리고 그 사이인 내부 조정점의 이동에 의해 다양한 자유 곡선을 얻을 수 있다. 이 베지어 곡선은 항상 조정점에 의해 생성된 볼록포(Convex Hull)의 내부에 포함된다.

45 서로 다른 CAD/CAM 시스템 사이에서 데이터를 상호 교환하기 위한 데이터 포맷방식이 아닌 것은?

① IGES
② DWG
③ STEP
④ DXF

해설
② DWG는 Auto Desk사가 정한 도면 저장용 파일형식으로 데이터 상호 교환을 위한 용도는 아니다.
① IGES : CAD/CAM/CAE 시스템 간에 제품 정의 데이터를 교환하기 위해 개발한 최초의 표준 교환형식으로 ANSI 표준이다.
③ STEP : 회사들 사이에 컴퓨터를 이용한 데이터의 저장과 교환을 위한 산업표준이 되고 있는 CALS에서 채택하고 있는 제품 데이터 교환표준이다.
④ DXF(Data Exchange File) : CAD 데이터 간 호환성을 위해 제정한 자료 공유 파일을 아스키 텍스트 파일로 구성한 형식이다.

정답 42 ④ 43 ① 44 ④ 45 ②

46 CAD 시스템으로 모델링한 물체를 화면에 나타낼 때 실제 볼 수 있는 선과 면만을 나타내어 보는 시점에서의 모호성을 없애는 기법은?

① 렌더링
② 뷰포트
③ 솔리드 모델
④ 은선과 은면 제거

해설
CAD 시스템에서 보이지 않은 선과 면을 나타내는 은선과 은면을 제거하면 시각적으로 모호성이 없어진다.

47 2차원 상에서 구성되는 원추곡선을 다음과 같은 일반식으로 표현할 때 $b=0$, $a=c$인 경우는 다음 원추곡선 중 어느 것을 나타내는가?

$$f(x, y) = ax^2 + bxy + cy^2 + dx + ey + g = 0$$

① 원
② 타원
③ 쌍곡선
④ 포물선

해설
원은 $x^2 + y^2 = r^2$과 같은 식으로 표현할 수 있는데 $b=0$, $a=c$의 조건일 경우 원의 일반식 표현이 가능하므로 정답은 ①이다.
② 타원 : $\dfrac{x^2}{a^2} + \dfrac{y^2}{b^2} = 1$ (단, $a>0$, $b>0$)
③ 쌍곡선 : $\dfrac{x^2}{a^2} - \dfrac{y^2}{b^2} = 1$

48 원통 좌표계에서 표시된 점의 위치가 (r, θ, z)이다. 이 위치를 직교 좌표계로 표현한 것은?

① $x = r \cdot \cos\theta$, $y = r \cdot \sin\theta$, z
② $x = r \cdot \sin\theta$, $y = r \cdot \cos\theta$, z
③ $x = r \cdot \cos\theta$, $y = r \cdot \sec\theta$, z
④ $x = r \cdot \tan\theta$, $y = r \cdot \cot\theta$, z

해설
원통 좌표계는 $P(r, \theta, z)$로서 나타낸다. 이것은 원점에서부터 xy 평면에서 한 점의 위치까지의 거리, 이 거리가 x축과 이루는 각도, 높이값에 의해서 표시되는 좌표계이다.
$x = r \cdot \cos\theta$, $y = r \cdot \sin\theta$, z로 표현한다.

49 3D 솔리드 모델링 시스템에서 특징형상 기반 모델링 적용 시 대부분의 시스템에서 지원되는 전형적인 특징 형상으로 볼 수 없는 것은?

① 널링(Knurling)
② 포켓(Pocket)
③ 필릿(Fillet)
④ 모따기(Chamfer)

해설
특징 형상 모델링의 전형적인 특징 형상은 모따기(Chamfer), 구멍(Hole), 필릿(Fillet), 슬롯(Slot), 포켓(Pocket)이 있으나 널링은 포함되지 않는다.

50 CAD/CAM의 도입효과와 가장 거리가 먼 것은?

① 설계 생산성 향상 및 설계 변경 용이
② 회계, 고객관리업무의 통합적 수행
③ 도면 품질 향상
④ 제품 개발기간 단축

[해설]
CAD/CAM 시스템 도면의 제작기술과 관리의 효율성 향상에 따른 효과가 나타나는데 회계나 고객관리는 다른 영역이므로 ②는 틀린 표현이다.
CAD/CAM 시스템의 도입효과
- 제품 개발기간 단축
- 도면의 파일 저장 가능
- 고품질 제품 생산 가능
- 재료 및 가공시간의 단축
- 작업의 효율화, 합리화 설계
- 제품의 표준화 및 생산성 향상
- 복잡한 형상의 제품도 가공 가능
- NC 프로그램 오류 감소 및 설계 변경 용이
- 조직 내 업무의 분할관리로 효율성 증대

51 CNC 가공의 곡면상에서 옵셋된 공구의 위치를 의미하는 것은?

① CC 포인트
② CL 데이터
③ CM 포인트
④ 공구 경로 검증

[해설]
CL Point(Cutting Location Point, CL 데이터) : CNC 가공의 곡면상에서 옵셋이 된 공구의 위치를 의미한다. 공구 위치 정보와 가공조건이나 각종 기능의 정보를 컴퓨터에서 연산처리하여 공구의 이동 궤적을 좌표값으로 나타낸 것이다.

52 공작기계의 좌표계에 대한 EIA(Electronic Industries Association) 표준에 대한 설명으로 옳지 않은 것은?

① x, y, z는 주된 미끄럼 운동에 대한 축을 나타낸다.
② u, v, w는 부수적인 미끄럼 운동에 대한 축을 나타낸다.
③ a, b, c는 x, y, z 방향축에 대한 회전운동을 나타낸다.
④ l, m, n은 u, v, w 방향축에 대한 회전운동을 나타낸다.

[해설]
미국의 EIA(Electric Industries Association)에서는 u, v, w 방향축에 대한 회전운동은 l, j, k로 나타낸다.

53 래스터 그래픽 장치에서 한 화소당 빨강, 초록, 파랑 각각의 색에 8bit Plane씩 사용하여 총 24bit Plane을 사용할 경우, 한 화면에서 동시에 사용할 수 있는 전체 색의 개수는?

① 2^4
② 2^8
③ 2^{16}
④ 2^{24}

[해설]
24bit를 통해 사용가능한 색깔의 수는 이를 구하는 식에 대입하면 2^{24}개의 색 표현이 가능하다.
래스터(Raster) : 전자빔을 CRT화면의 미리 정해진 수평면 집합체에 주사시면서 이들을 일정한 간격을 유지하게 하여 전체화면에 고르게 퍼지도록 하는 현상

54 CAD 시스템에서 3차원 모델링 방법 중 와이어 프레임 모델링 방식의 특징이 아닌 것은?

① 은선 제거가 가능하다.
② 데이터의 구성이 간단하다.
③ 모델 작성을 쉽게 할 수 있다.
④ 처리속도가 빠르고 메모리 용량이 적게 소요된다.

해설
와이어 프레임 모델링은 Wire(선)으로만 표현하는 방식이로 보이지 않는 선(은선)의 제거가 불가능하다.

55 NC 기계를 이용한 금형가공에 있어서 초기단계에 많은 절삭영역을 빠른 시간 내에 가공하는 공정단계는?

① 잔삭   ② 황삭
③ 정삭   ④ 중삭

해설
황삭 : 초기 가공량을 크게 하여 정삭(정밀절삭)하기 전 거친 절삭(荒, 거칠 황)으로 빠르게 작업하는 것이 특징이다.

56 다음 중에서 분말 형태의 재료에 레이저를 조사하여 소결하여 적층하는 RP(Rapid Prototyping) 공정은?

① SLA(Stereo Lithographic Apparatus)
② LOM(Laminated-Object Manufacturing)
③ SLS(Selective Laser Sintering)
④ FDM(Fused Deposition Modeling)

해설
선택적 레이저 소결법(SLS ; Selective Laser Sintering) : 레이저는 에너지의 미세한 조정으로 재료의 가공이 가능한 장점이 있는데 먼저 고분자재료나 금속 분말가루를 한 층씩 도포한 후 여기에 레이저 광선을 쏘아서 소결시킨 후 다시 한 층씩 쌓아 올려서 형상을 만드는 방법으로, 분말로 만들어지거나 용융되어 분말로 소결되는 모든 재료의 사용이 가능하다.

57 2차원 평면상에서 물체를 θ만큼 반시계 방향으로 회전변환하려고 한다. 이 경우 다음 2차원 변환행렬의 요소 중 c의 값은?

$$[x'\ y'\ 1] = [x\ y\ 1]\begin{bmatrix} a & b & 0 \\ c & d & 0 \\ e & f & 1 \end{bmatrix}$$

① $\cos\theta$ ② $\sin\theta$
③ $-\sin\theta$ ④ $-\cos\theta$

해설
다음 표를 참조하면 반시계 방향으로 회전할 경우 $c=-\sin\theta$가 되어야 한다.
2차원 회전변환행렬식

시계 방향 회전 시 변환행렬식
$[x',\ y'] = [x, y]\begin{bmatrix} \cos\theta & -\sin\theta \\ \sin\theta & \cos\theta \end{bmatrix}$
반시계 방향 회전 시 변환행렬식
$[x',\ y'] = [x, y]\begin{bmatrix} \cos\theta & \sin\theta \\ -\sin\theta & \cos\theta \end{bmatrix}$

※ $\cos\theta = \cos(-\theta)$, $\sin\theta \neq \sin(-\theta)$, $-\sin(-\theta) = \sin\theta$

58 솔리드 모델링의 오일러 작업에 관한 설명 중 틀린 것은?

① 오일러 관계식을 만족한다.
② 오일러 작업 후에는 항상 합당한 형상으로의 변화를 보장한다.
③ 토폴로지 요소들은 서로 독립적으로 만들고 없앨 수 있다.
④ 토폴로지 요소에는 꼭짓점, 모서리, 면, 루프, 셸이 있다.

해설
솔리드 모델링에서 토폴로지 요소 간에는 오일러-포앙카레 공식이 만족해야 하는데 각 요소들은 서로 연계되어 있으며 독립적으로는 만들 수 없다.

59 NC 시스템을 동작제어 측면에서 보면 3가지로 구분할 수 있다. 여기에 포함되지 않는 것은?

① 2차원 윤곽제어(2D Contouring)
② 3차원 곡면제어(3D Sculpturing)
③ 4차원 볼륨제어(4D Volume Control)
④ 2차원 위치제어(Point-to-point Control)

해설
NC 시스템을 동작제어 측면에 4차원 볼륨제어는 포함되지 않는다.

60 CAD 시스템의 형상 모델링에서 B-Spline 방정식으로는 완벽하게 표현이 불가능하였지만 NURBS에서는 완벽한 표현이 가능한 것은?

① 원 ② 직선
③ 삼각형 ④ 사각형

해설
NURBS(Non-Uniform Rational B-Spline) 곡선은 원, 타원, 포물선, 쌍곡선 등 원추곡선을 정확하게 나타낼 수 있다.

제4과목 | 기계제도 및 CNC공작법

61 다음 중 헐거운 끼워맞춤에 해당하는 것은?

① H7/k6 ② H7/m6
③ H7/n6 ④ H7/g6

해설
구멍기준(H7)으로 끼워맞춤을 할 경우 알파벳 g는 헐거운 끼워맞춤을 나타내는 공차 등급기호이다.
구멍기준식 축의 끼워맞춤

헐거운 끼워맞춤	중간 끼워맞춤	억지 끼워맞춤
b, c, d, e, f, g, h	js, k, m, n	p, r, s, t, u, x

62 다음 그림에서 치수 "90"이 의미하는 것은?

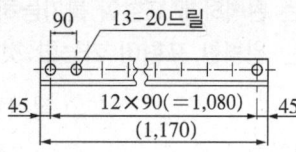

① 구멍의 전체 수량
② 구멍의 피치
③ 구멍의 지름
④ 구멍의 등급

해설
90은 구멍의 중심 간 간격인 피치를 의미한다.

64 다음 기하공차 기호에 대한 설명으로 틀린 것은?

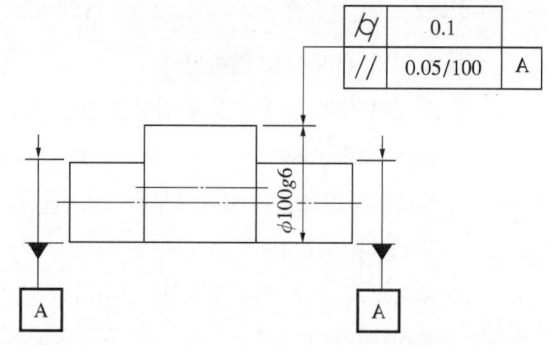

① 기하공차값 0.1mm는 원통도 기하공차가 적용된다.
② 평행도 기하공차 데이텀 A는 양쪽 작은 원통 부위의 공통되는 축 직선을 말한다.
③ 지정 길이 100mm에 대한 평행도 공차값은 0.05mm이다.
④ 적용하는 형상은 2개의 기하공차 중 한 개만 만족하면 된다.

해설
도면에 기재된 축의 기하공차는 몇 개가 있더라도 모두 만족시켜야 한다. 따라서 ④는 틀린 표현이다.

63 핸들이나 바퀴 등의 암 및 리브, 훅, 축, 구조물의 부재 등에 대해 절단한 곳의 전후를 끊어서 그 사이에 회전도시 단면도를 그릴 때 단면 외형을 나타내는 선은 어떤 선으로 나타내야 하는가?

① 굵은 실선
② 가는 실선
③ 굵은 1점 쇄선
④ 가는 2점 쇄선

해설
회전도시 단면도에서 단면의 외형은 굵은 실선으로 그린다.

65 그림과 같이 나사 표시가 있을 때, 옳은 설명은?

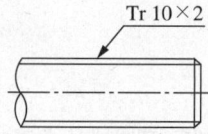

① 볼나사 호칭지름 10인치
② 둥근 나사 호칭지름 10mm
③ 미터 사다리꼴나사 호칭지름 10mm
④ 관용 테이퍼 수나사 호칭지름 10mm

해설
Tr10×2에서
• Tr : 미터 사다리꼴나사
• 10×2 : 호칭지름 10mm × 피치 2mm

66 화살표 방향을 정면으로 하여 제3각법으로 투상하였을 때 가장 적합한 것은?

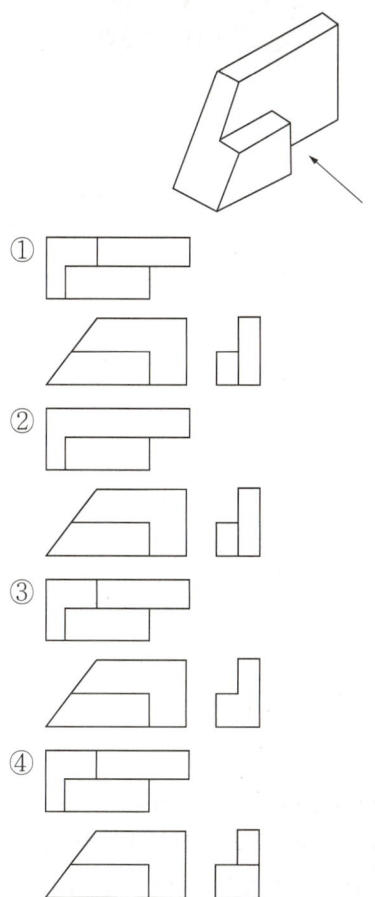

해설
물체를 화살표 방향으로 바라본 형상은 정면도로서 보기에서 좌측 하단부에 위치한다. 모든 보기가 정답이다. 제3각법에서 물체를 우측에서 바라본 형상인 우측면도는 정면도의 오른쪽에 배치하는데 ①, ②와 같이 나타낸다. 물체를 위에서 바라본 평면도는 정면도의 위에 배치하는데 경계 부분을 실선으로 표시한 ①이 정답이다.

67 배관의 간략 도시에 있어서 다음 중 가는 파선으로 나타내는 항목이 아닌 것은?

① 바 닥   ② 벽
③ 도급 계약의 경계   ④ 구멍(뚫린 구멍)

해설
배관의 도시방법에서 도급 계약의 경계는 매우 굵은 1점 쇄선으로 나타낸다.

68 가공방법의 약호에 대한 설명 중 옳지 않은 것은?

① FB : 브러싱
② GH : 호닝가공
③ BR : 래핑
④ CD : 다이캐스팅

해설
래핑 다듬질은 FL(Finishing Lapping)을 기호로 사용한다. 브로칭 가공이 BR(Broaching)을 기호로 사용한다.

69 축을 가공하기 위한 센터 구멍의 도시방법 중 그림과 같은 도시기호의 의미는?

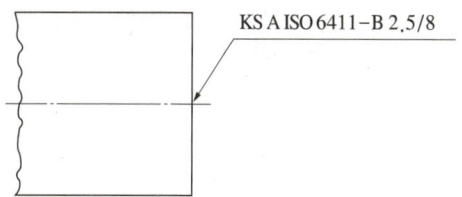

① 센터 구멍이 반드시 필요하며 센터 구멍의 호칭지름은 2.5mm, 카운터 싱크 구멍지름은 8mm이다.
② 센터 구멍은 남아 있어도 좋으며, 센터구멍이 있을 경우 센터 구멍의 호칭지름은 2.5mm, 카운터 싱크 구멍지름은 8mm이다.
③ 센터 구멍이 반드시 필요하며 카운터 싱크 구멍지름은 2.5mm, 센터구멍의 호칭지름은 8mm이다.
④ 센터 구멍은 남아 있어도 좋으며, 센터 구멍이 있을 경우 카운터 싱크 구멍지름은 2.5mm, 센터 구멍의 호칭지름은 8mm이다.

해설
축의 끝부분에 위 그림의 표시는 센터 구멍이 반드시 필요하지는 않고 남아 있어도 되며, "2.5/8"에서 2.5는 센터 구멍의 호칭지름을, 8은 카운터 싱크의 구멍지름을 의미한다.

70 그림과 같은 등각투상도에서 화살표 방향을 정면도로 할 때 이에 대한 저면도로 가장 적합한 것은?

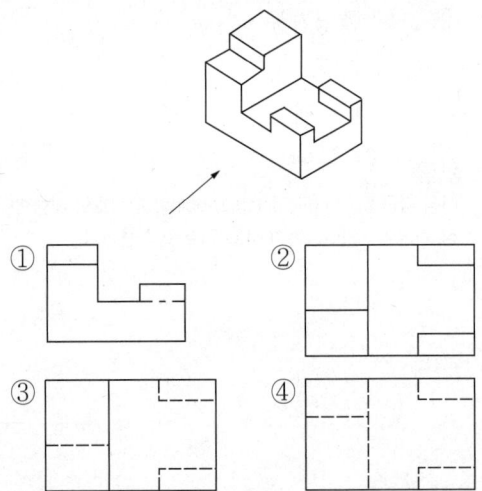

해설
물체를 화살표 방향으로 바라보았을 때의 투상도는 정면도이고 아래에서 바라본 형상을 저면도라고 한다. 저면도에서 바라본 투상도는 입체도에서 바라보았을 때 경계 부분은 모두 점선처리가 되어야 하므로 정답은 ④이다.

71 CNC 선반에서 G98 기능과 관련된 단위는?

① mm/min
② mm/rev
③ deg/min
④ rpm

해설
G98 : 분당 이송 속도 지정(mm/min)

72 다음 중 공구의 크레이터 마모와 관련이 있는 부분은?

① 섕 크 ② 인 선
③ 경사면 ④ 여유면

해설
크레이터 마모(경사면 마모)
공구날의 윗면이 칩의 마찰로 오목하게 파이는 현상으로 주로 유동형 칩이 공구 경사면 위를 미끄러질 때 발행한다. 공구 경사각을 크게 하면 칩이 공구날 윗면을 누르는 압력이 작아지므로 경사면 마멸의 발생과 성장을 줄일 수 있다.

73 CNC 선반에서 직경이 ϕ50mm 부위를 $-Z$ 방향으로 절삭하려고 한다. 이때 적합한 주축 회전수 지령은?(단, 재료의 절삭속도 $V=120$m/min, 이송속도 F0.2mm/rev이다)

① G96 S764;
② G96 S1,200;
③ G97 S764;
④ G97 S1,200;

해설
- G96 : 절삭속도 일정제어
- G97 : 회전수 일정제어(G96 취소)
- S764 : 회전수를 약 764rpm으로 일정하게 제어한다.
- 절삭속도
$v = \dfrac{\pi d n}{1,000}$

$120\text{m/min} = \dfrac{\pi \times 50\text{mm} \times n}{1,000}$

회전수 $n = \dfrac{1,000 \times 120}{\pi \times 50} \fallingdotseq 763.9\text{rpm}$

74 머시닝센터 가공프로그램에 사용되는 준비기능 가운데 카운터 보링기능에 해당하는 G코드는?

① G81　　② G82
③ G83　　④ G84

> 해설

G82는 카운터 보링가공을 할 수 있는 지령코드이다.
머시닝센터에서 사용하는 주요 G코드

G코드	기 능
G00	급속이송(위치결정)
G01	직선가공
G02	시계 방향의 원호가공
G03	반시계 방향의 원호가공
G04	Dwell(휴지시간)
G15	극좌표 지령 취소
G16	극좌표 지령
G17	X-Y평면
G18	Z-X평면
G19	Y-Z평면
G27	원점복귀 CHECK
G28	자동원점복귀
G33	나사가공
G40	공구 반지름 보정 취소
G41	공구 반지름 좌측 보정
G42	공구 반지름 우측 보정
G43	공구 길이 보정 (+)
G44	공구 길이 보정 (-)
G49	공구 길이 보정 취소
G50	스케일링 취소
G51	스케일링
G54~59	공작물 좌표계 1 ~ 6
G63	태핑모드
G64	절삭모드
G65	마크로 단순 호출
G73	고속 심공드릴 사이클
G74	역회전 탭 사이클
G76	정밀 보링 사이클
G81	스폿 드릴 사이클
G82	• 카운터 보링 사이클 • 주축 최대 회전수 설정
G83	심공드릴 사이클
G84	태핑사이클
G90	절대지령
G91	증분지령
G92	공작물 좌표계 설정
G96	절삭속도 일정 제어
G97	회전수 일정 제어(G96 취소)
G98	고정 사이클 초기점 복귀
G99	고정 사이클 R점 복귀

75 CNC 방전전극용 재료의 구비조건으로 틀린 것은?

① 전기저항값이 낮고 전기전도도가 클 것
② 융점이 낮아 방전 시 소모가 적을 것
③ 방전가공성이 우수할 것
④ 성형이 용이할 것

> 해설

CNC 방전가공용 전극재료는 융점이 높아야 한다.
CNC 방전가공용 전극재료의 구비조건
• 가격이 저렴할 것
• 성형성이 용이할 것
• 구하기가 쉬워야 한다.
• 방전가공성이 우수할 것
• 용융점이 높아 방전 시 소모량이 적을 것
• 전기저항값이 작아서 전기전도도가 클 것
• 고온과 방전가공유로부터 화학적 반응이 없을 것

76 서보모터에서 위치 및 속도를 검출하여 피드백(Feedback)하지 않는 제어방식은?

① 개방회로방식
② 폐쇄회로방식
③ 반폐쇄회로방식
④ 복합회로 서보방식

해설
개방회로(Open-loop)방식은 구동 전동기로 펄스 전동기를 이용하며 제어장치로 입력된 펄스수만큼 움직이고 검출기나 피드백 회로가 없으므로 구조가 간단하며 펄스 전동기의 회전 정밀도와 볼 나사의 정밀도에 직접적인 영향을 받는 방식이다. 피드백이나 위치감지검출기능이 없고 정밀도가 낮다. 현재는 많이 사용하지 않으며 소형, 경량, 정밀도가 낮을 때만 사용한다.

77 다음 중 기계 안전에 대한 설명으로 옳지 않은 것은?

① 바이트의 자루는 가능한 굵은 것을 사용한다.
② CNC 선반 공작물은 무게중심을 맞춰야 안전하다.
③ 절삭 중이나 회전 중에는 공작물을 측정하지 않는다.
④ 드릴은 칩 배출이 어려우므로, 가능한 한 절삭속도를 빠르게 해야 한다.

해설
드릴은 날의 홈 사이로 칩 배출이 용이하나 절삭속도를 너무 빠르게 하면 안 된다. 재질에 적합한 절삭속도로 가공해야 절삭열에 의한 드릴 손상을 막을 수 있다.

78 CNC 준비기능 중 급속이송(Rapid Override)과 관련이 없는 것은?

① G00 ② G01
③ G28 ④ G30

해설
G01은 직선으로 가공하라는 명령코드로 이송속도를 별도로 지령해야 한다. 반면 G00, G28, G30모두 정해진 위치로 급속히 공구를 이송하라는 명령어다.

CNC 선반에서 사용하는 주요 G코드

G코드	기능
G00	급속이송(위치결정)
G01	직선가공
G02	시계 방향의 원호가공
G03	반시계 방향의 원호가공
G04	일시 정지(dwell), 2초 지령 시 P2000.
G20	인치 데이터 입력
G21	mm 데이터 입력
G27	원점복귀 CHECK
G28	자동원점복귀
G29	원점으로부터 자동복귀
G30	제2원점복귀(주로 공구 교환 시 사용)
G32	나사가공
G40	공구 반지름 보정 취소
G41	공구 좌측보정
G42	공구 우측보정
G50	좌표계 설정, 주축 최고 회전수 지령
G76	나사가공 사이클
G90	고정 사이클(내외경)
G92	나사절삭 사이클
G94	단일 고정 사이클(단면절삭용)
G96	절삭속도 일정제어
G97	회전수 일정제어(G96 취소)
G98	분당 이송속도 지정(mm/min)
G99	회전당 이송속도 지정(mm/rev)

79 날당 이송량이 0.05mm/tooth인 2날 엔드밀의 이송 속도는 몇 mm/min인가?(단, 회전수 800rpm, 절삭 속도 34m/min이다)

① 34 ② 40
③ 68 ④ 80

해설

$f = f_z \times z \times n$
$= 0.05\text{mm} \times 2 \times 800\,\text{rev/min}$
$= 80\,\text{mm/min}$

밀링머신의 테이블 이송속도(f) 구하는 식
$f = f_z \times z \times n$
여기서, f : 테이블의 이송속도(mm/min)
f_z : 밀링 커터날 1개의 이송(mm)
z : 밀링 커터날의 수
n : 밀링 커터의 회전수(rpm)

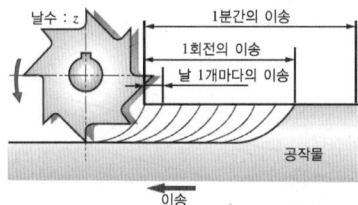

80 다음 CNC 기계에 사용되는 좌표계로 가장 거리가 먼 것은?

① 구역 좌표계
② 기계 좌표계
③ 보정 좌표계
④ 공작물 좌표계

해설
CNC 기계용 좌표계로 보정 좌표계는 사용하지 않으며 공작기계 자체에 공구값 보정기능을 프로그램으로 추가하여 사용한다.

2019년 제1회 과년도 기출문제

제1과목 | 기계가공법 및 안전관리

01 밀링 분할판의 브라운 샤프형 구멍열을 나열한 것으로 틀린 것은?

① No.1 - 15, 16, 17, 18, 19, 20
② No.2 - 21, 23, 27, 29, 31, 33
③ No.3 - 37, 39, 41, 43, 47, 49
④ No.4 - 12, 13, 15, 16, 17, 18

해설
단식분할법에 사용되는 브라운 샤프형 분할판의 구멍수에 14개 이하는 존재하지 않는다.

단식분할법에 사용되는 분할판의 구멍수

형식	분류	구멍수
브라운 샤프형 (Brown & Sharp)	No.1	15~20
	No.2	21, 23, 27, 29, 31, 33
	No.3	37, 39, 41, 43, 47, 49
신시내티형 (Cincinnati)	전면	24, 25, 28, 30, 34, 37, 38, 39, 41, 42, 43
	뒷면	46, 47, 51, 53, 54, 57, 58, 59, 62, 66

02 호칭 치수가 200mm인 사인바로 21°30′의 각도를 측정할 때 낮은 쪽 게이지 블록의 높이가 5mm라면 높은 쪽은 얼마인가?(단, sin21°30′ = 0.3665이다)

① 73.3mm
② 78.3mm
③ 83.3mm
④ 88.3mm

해설
$$\sin\alpha = \frac{H-h}{L}$$
$$0.3665 = \frac{H - 5mm}{200mm}$$
H = (0.3665 × 200mm) + 5mm
= 78.3mm

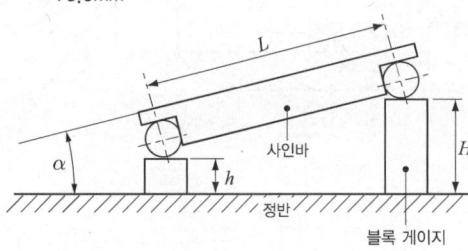

사인바와 정반이 이루는 각(α)
$$\sin\alpha = \frac{H-h}{L}$$
여기서, $H-h$: 양 롤러 간 높이차
L : 사인바의 길이
α : 사인바의 각도

03 밀링머신에서 커터 지름이 120mm, 한 날당 이송이 0.1mm, 커터 날수가 4날, 회전수가 900rpm일 때, 절삭속도는 약 몇 m/min인가?

① 33.9　　② 113
③ 214　　④ 339

해설
$v = \dfrac{\pi d n}{1{,}000} = \dfrac{\pi \times 120 \times 900}{1{,}000} ≒ 339.3\,\text{m/min}$

절삭속도(v) 구하는 식
$v = \dfrac{\pi d n}{1{,}000}$

여기서 v : 절삭속도(m/min)
　　　 d : 공작물의 지름(mm)
　　　 n : 주축 회전수(rpm)

04 일반적인 밀링작업에서 절삭속도와 이송에 관한 설명으로 틀린 것은?

① 밀링커터의 수명을 연장하기 위해서는 절삭속도는 느리게, 이송은 작게 한다.
② 날 끝이 비교적 약한 밀링커터에 대해서는 절삭속도는 느리게, 이송은 작게 한다.
③ 거친 절삭에서는 절삭 깊이를 얕게, 이송은 작게, 절삭속도는 빠르게 한다.
④ 일반적으로 너비와 지름이 작은 밀링커터에 대해서는 절삭속도를 빠르게 한다.

해설
거친 절삭은 절삭 깊이를 깊게, 이송은 크게, 절삭속도는 천천히 한다.

05 측정에서 다음 설명에 해당하는 원리는?

> 표준자와 피측정물은 동일 축 선상에 있어야 한다.

① 아베의 원리
② 버니어의 원리
③ 에어리의 원리
④ 헤르츠의 원리

해설
아베의 원리 : 측정오차를 줄이기 위해서는 측정하는 방향을 피측정물과 표준자와 일직선 위에 놓아야 한다는 원리이다. 만일 표준자와 피측정물이 동일 축 선상에 없을 경우 측정오차가 발생한다.
• 아베의 원리 적용 측정기 : 강철자, 외측 마이크로 측정기, 만능측정기
• 아베의 원리 미적용 측정기 : 버니어 캘리퍼스, 내측 마이크로미터

06 φ13 이하의 작은 구멍 뚫기에 사용하며 작업대 위에 설치하여 사용하고, 드릴 이송은 수동으로 하는 소형의 드릴링 머신은?

① 다두 드릴링 머신
② 직립 드릴링 머신
③ 탁상 드릴링 머신
④ 레이디얼 드릴링 머신

해설
③ 탁상 드릴링 머신 : 크기가 작아 작업대 위에 설치해서 사용하는 소형 드릴링 머신으로, 13mm 이하의 작고 깊이가 얕은 구멍의 가공에 적합하다.
① 다두 드릴링 머신 : 다수의 스핀들이 각각의 구동축에 의해 가공하는 드릴링 머신이다.
② 직립 드릴링 머신 : 비교적 큰 공작물 가공에 적합하며 주축의 정회전과 역회전이 가능한 드릴링 머신으로, 자동이송장치가 부착되어 있다.
④ 레이디얼 드릴링 머신 : 대형이면서 무거운 제품(중량물)의 구멍을 가공할 때 사용하는 드릴링 머신으로, 암과 드릴 헤드의 위치를 임의로 수평 이동시키면서 가공이 가능하다. 또한 수직 기둥을 중심으로 암의 회전도 가능하다.

07 연삭숫돌의 입도(Grain Size) 선택의 일반적인 기준으로 가장 적합한 것은?

① 절삭 깊이와 이송량이 많고 거친 연삭은 거친 입도를 선택
② 다듬질 연삭 또는 공구를 연삭할 때는 거친 입도를 선택
③ 숫돌과 일감의 접촉 면적이 작을 때는 거친 입도를 선택
④ 연성이 있는 재료는 고운 입도를 선택

해설
입도란 숫돌을 구성하는 결정입자의 크기로 입도의 표시 크기는 #100과 같이 표시하며 숫자가 작을수록 입자의 크기는 크다. 연삭숫돌 선택 시 절삭 깊이와 이송량이 많은 거친 절삭에는 거친 입도를 사용한다.
연삭숫돌의 연삭조건에 따른 입도(Grain Size) 선택
• 연하고 연성이 있는 재료의 연삭 : 거친 입도
• 경도가 높고 메진 일감의 연삭 : 고운 입도
• 숫돌과 일감의 접촉면이 작을 때 : 고운 입도
• 숫돌과 가공물의 접촉면이 클 때 : 거친 입도
• 절삭 깊이와 이송량이 많은 거친 절삭 : 거친 입도

08 주성분이 점토와 장석이고 균일한 기공을 나타내며 많이 사용하는 숫돌의 결합제는?

① 고무 결합제(R)
② 셸락 결합제(E)
③ 실리케이트 결합제(S)
④ 비트리파이드 결합제(V)

해설
비트리파이드 결합제는 주성분이 점토와 장석인 숫돌재료로 기공이 균일하다.

09 윤활유의 사용목적이 아닌 것은?

① 냉 각
② 마 찰
③ 방 청
④ 윤 활

해설
윤활유는 베어링과 축, 피스톤 같이 서로 접촉하면서 상대운동을 하는 기계 접촉면의 마찰을 감소시켜 상대운동을 원활하게 하기 위해 사용한다.
윤활유의 주요 기능
• 기밀작용   • 방청작용
• 냉각작용   • 윤활작용
• 청정작용   • 마찰 및 마멸 감소
• 실린더 내부의 밀봉효과

10 절삭공구에서 크레이터 마모(Crater Wear)의 크기가 증가할 때 나타나는 현상이 아닌 것은?

① 구성인선(Built Up Edge)이 증가한다.
② 공고의 윗면 경사각이 증가한다.
③ 칩의 곡률 반지름이 감소한다.
④ 날 끝이 파괴되기 쉽다.

해설
크레이터 마모란 공구 날의 윗면이 유동형 칩과의 마찰로 오목하게 파이는 현상으로, 공구의 날 끝에 발생하는 구성인선과는 관련 없다.

선반용 바이트 공구의 마멸 및 이상현상

종류	특징	형상
경사면 마멸 (크레이터 마모)	• 공구 날의 윗면이 유동형 칩과의 마찰로 오목하게 파이는 현상으로, 공구와 칩의 경계에서 원자들의 상호 이동 역시 마멸의 원인이 된다. • 공구 경사각을 크게 하면 칩이 공구의 윗면을 누르는 압력이 작아지므로 경사면 마멸의 발생과 성장을 줄일 수 있다.	경사면 마멸
여유면 마멸 (플랭크 마모)	절삭공구의 측면(여유면)과 가공면의 마찰에 의하여 발생되는 마모현상으로, 주철과 같이 취성이 있는 재료를 절삭할 때 발생하여 절삭 날(공구인선)을 파손시킨다.	여유면 마멸
치핑	경도가 매우 크고 인성이 작은 절삭공구로, 공작물을 가공할 때 발생되는 충격으로 공구 날이 모서리를 따라 작은 조각으로 떨어져 나가는 현상이다.	치핑
채터링	절삭가공 중 공구가 떨리는 현상이다.	

11 게이지 블록 구조 형상의 종류에 해당되지 않는 것은?

① 호크형   ② 캐리형
③ 레버형   ④ 요한슨형

해설
게이지 블록은 단면을 기준으로 한 길이측정기로 레버형은 존재하지 않는다.
게이지 블록의 종류
• 요한슨형 : 속이 찬 사각형 블록의 형태로 가장 일반적으로 사용한다.
• 호크형 : 미국에서 주로 사용하며 중앙에 구멍이 있다.
• 캐리형 : 두께 0.05~1mm의 원형으로 중앙에 구멍이 있다.

12 가공능률에 따라 공작기계를 분류할 때 가공할 수 있는 기능이 다양하고, 절삭 및 이송속도의 범위도 크기 때문에 제품에 맞추어 절삭조건을 선정하여 가공할 수 있는 공작기계는?

① 단능 공작기계   ② 만능 공작기계
③ 범용 공작기계   ④ 전용 공작기계

해설
공작기계의 종류

종류	특징
범용 공작 기계	• 일반적으로 널리 사용되고 있으며 넓은 범위의 가공이 가능하다. • 가공하려는 공작물이 소량일 때는 능률적이나 대량 생산에는 알맞지 않다. • 기능이 다양하고 절삭 및 이송속도의 범위가 커서 제품에 맞게 절삭조건을 다르게 하여 적용시킬 수 있다. • 종류에는 선반, 밀링, 드릴링 머신, 셰이퍼, 플레이너, 슬로터 등이 있다.
단능 공작 기계	• 범용 공작기계를 단순화시킨 것으로 한 종류의 제품만 가공할 수 있어서 융통성이 없다. • 종류에는 바이트를 연삭하는 공구연삭기나 센터링 머신이 있다.
전용 공작 기계	• 같은 종류의 제품을 대량 생산하는 데 적합하며 조작이 간단하다. • 사용범위가 한정되므로 다품종 소량 생산에는 적합하지 않다. • 종류에는 트랜스퍼 머신, 차륜선반, 크랭크축 선반이 있다.
만능 공작 기계	• 범용 공작기계의 구조에 부속장치를 추가하여 한 대의 기계에서 2종, 3종의 다양한 가공이 가능하도록 만든 기계이지만 대량 생산에는 알맞지 않다. • 테이블의 선회가 가능한 구조로 복잡한 제품의 가공도 가능하다. • 소규모 공장에서 다양한 수리를 해야 할 경우에 적합하다.

13 서보기구의 종류 중 구동전동기로 펄스전동기를 이용하며 제어장치로 입력된 펄스수만큼 움직이고 검출기나 피드백 회로가 없으므로 구조가 간단하며, 펄스전동기의 회전 정밀도와 볼나사의 정밀도에 직접적인 영향을 받는 방식은?

① 개방회로방식
② 폐쇄회로방식
③ 반폐쇄회로방식
④ 하이브리드 서보방식

해설
개방회로(Open-loop)는 구동전동기로 펄스전동기를 이용하며, 제어장치로 입력된 펄스수만큼 움직이고 검출기나 피드백 회로가 없어 구조가 간단하며, 펄스전동기의 회전 정밀도와 볼나사의 정밀도에 직접적인 영향을 받는 방식이다. 피드백이나 위치감지검출 기능이 없고 정밀도가 낮아서 현재 많이 사용하지 않고 소형, 경량, 정밀도가 낮을 때만 사용한다.

14 구성인선의 방지대책으로 틀린 것은?

① 경사각을 작게 할 것
② 절삭 깊이를 작게 할 것
③ 절삭속도를 빠르게 할 것
④ 절삭공구의 인선을 날카롭게 할 것

해설
구성인선의 방지대책
• 절삭 깊이를 작게 한다.
• 세라믹 공구를 사용한다.
• 절삭속도를 빠르게 한다.
• 바이트의 날 끝을 예리하게 한다.
• 윤활성이 좋은 절삭유를 사용한다.
• 바이트의 윗면 경사각을 크게 한다.
• 마찰계수가 작은 절삭공구를 사용한다.
• 피가공물과 친화력이 작은 공구재료를 사용한다.
• 공구면의 마찰계수를 감소시켜 칩의 흐름을 원활하게 한다.

15 마이크로미터의 나사피치가 0.2mm일 때 심블의 원주를 100등분하였다면 심블 1눈금의 회전에 의한 스핀들의 이동량은 몇 mm인가?

① 0.005
② 0.002
③ 0.01
④ 0.02

해설
0.2mm : 100등분 = x : 1등분
100등분 · x = 0.2mm · 1등분
$$x = \frac{0.2mm}{100} = 0.002mm$$

16 드릴링 머신의 안전사항으로 틀린 것은?

① 장갑을 끼고 작업하지 않는다.
② 가공물을 손으로 잡고 드릴링한다.
③ 구멍 뚫기가 끝날 무렵은 이송을 천천히 한다.
④ 얇은 판의 구멍가공에는 보조판 나무를 사용하는 것이 좋다.

해설
드릴작업 시 안전수칙
• 장갑을 끼고 작업하지 않는다.
• 가공물을 손으로 잡고 드릴링하지 않는다.
• 드릴은 흔들리지 않게 정확하게 고정시킨다.
• 얇은 판의 구멍 뚫기에는 나무 보조판을 사용한다.
• 드릴작업은 시작할 때보다 끝날 때 이송속도를 느리게 한다.
• 지름이 큰 드릴을 사용할 때는 바이스를 테이블에 고정시킨다.
• 드릴은 사용 전에 점검하고 마모나 균열이 있는 것은 사용하지 않는다.
• 드릴은 칩 배출이 어렵기 때문에 드릴의 지름이 커질수록 속도는 느리게 해야 한다.
• 드릴이나 드릴 소켓을 뽑을 때는 드릴 뽑기와 같은 전용공구를 사용하고 해머 등으로 두드리지 않는다.

17 슬로터(Slotter)에 관한 설명으로 틀린 것은?

① 규격은 램의 최대 행정과 테이블의 지름으로 표시된다.
② 주로 보스(Boss)에 키 홈을 가공하기 위해 발달된 기계이다.
③ 구조가 셰이퍼(Shaper)를 수직으로 세워 놓은 것과 비슷하여 수직 셰이퍼(Shaper)라고도 한다.
④ 테이블의 수평 길이 방향 왕복운동과 공구의 테이블 가로 방향 이송에 의해 비교적 넓은 평면을 가공하므로 평삭기라고도 한다.

해설
테이블의 수평 길이 방향의 왕복운동과 공구의 테이블 가로 방향 이송하는 기계는 플레이너이다.

슬로터
상하로 왕복운동하는 램의 절삭운동으로 테이블에 수평으로 설치된 일감을 절삭하는 공작기계로 급속귀환장치가 부착되어 있다. 급속귀환장치란 절삭작업 시 작업 진행 방향의 속도는 느리지만 복귀하는 속도를 빠르게 하는 기구이다.

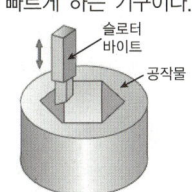

[슬로터]

18 드릴가공에서 깊은 구멍을 가공하고자 할 때 다음 중 가장 좋은 드릴가공 조건은?

① 회전수와 이송을 느리게 한다.
② 회전수는 빠르게, 이송은 느리게 한다.
③ 회전수는 느리게, 이송은 빠르게 한다.
④ 회전수와 이송은 정밀도와 관계없다.

해설
깊은 구멍가공 시 드릴의 회전수(rpm)를 빠르게 하면 드릴날이 마찰열에 의해 변형되거나 파손된다. 또한, 절삭 칩을 밖으로 원활하게 배출시키기 위해 이송속도를 느리게 유지해야 깊은 구멍을 정밀하게 가공할 수 있다.

19 절삭공구에서 칩 브레이커(Chip Breaker)의 설명으로 옳은 것은?

① 전단형이다.
② 칩의 한 종류이다.
③ 바이트 섕크의 종류이다.
④ 칩이 인위적으로 끊어지도록 바이트에 만든 것이다.

해설
칩 브레이커 : 선반작업 시 발생하는 유동형의 절삭 칩으로 인해 작업자가 다치는 것을 막기 위해 길이가 긴 칩을 일정한 크기로 절단하기 위한 기계요소

20 방전가공용 전극재료의 구비조건으로 틀린 것은?

① 가공 정밀도가 높을 것
② 가공전극의 소모가 작을 것
③ 방전이 안전하고 가공속도가 빠를 것
④ 전극을 제작할 때 기계가공이 어려울 것

해설
방전가공에서 전극재료의 조건
• 공작물보다 경도가 낮을 것
• 방전이 안전하고 가공속도가 클 것
• 기계가공이 쉽고 가공 정밀도가 높을 것
• 가공에 따른 가공전극의 소모가 작을 것
• 가공을 쉽게 하게 위해서 재질이 연할 것
• 재료의 수급이 원활하고 가격이 저렴할 것

정답 17 ④ 18 ① 19 ④ 20 ④

제2과목 | 기계설계 및 기계재료

21 다음 중 강자성체 금속에 해당되지 않는 것은?

① Fe ② Ni
③ Sb ④ Co

해설
안티몬(Sb)은 반자성체에 속한다.
자성체의 종류

종류	특성	원소
강자성체	자기장이 사라져도 자화가 남아 있는 물질	Fe(철), Co(코발트), Ni(니켈), 페라이트
상자성체	자기장이 제거되면 자화하지 않는 물질	Al(알루미늄), Sn(주석), Pt(백금), Ir(이리듐), Cr(크롬), Mo(몰리브덴)
반자성체	자기장에 의해 자계와 반대 방향으로 자화되는 물질	Au(금), Ag(은), Cu(구리), Zn(아연), 유리, Bi(비스무트), Sb(안티몬)

22 두랄루민의 구성 성분으로 가장 적절한 것은?

① Al + Cu + Mg + Mn
② Al + Fe + Mo + Mn
③ Al + Zn + Ni + Mn
④ Al + Pb + Sn + Mn

해설
두랄루민은 가공용 알루미늄 합금재료로 Al + Cu + Mg + Mn이 합금된다. 고강도를 갖는 특성 때문에 항공기나 자동차용 재료로 사용된다.

23 일반적인 청동합금의 주요 성분은?

① Cu-Sn ② Cu-Zn
③ Cu-Pb ④ Cu-Ni

해설
청동은 Cu에 Sn을 합금한 재료로 오래 전부터 장신구, 무기, 불상, 종 등에 이용된 금속으로, 내식성과 내마모성이 좋아서 각종 기계 주물용이나 미술 공예품으로도 사용된다.

24 금속 표면에 스텔라이트, 초경합금 등을 용착시켜 표면경화층을 만드는 방법은?

① 침탄처리법 ② 금속침투법
③ 숏피닝 ④ 하드페이싱

해설
하드페이싱은 금속 표면에 스텔라이트나 경합금 등 내마모성이 좋은 금속을 용착시켜 표면에 경화층을 형성시키는 표면경화법의 일종이다.

25 플라스틱의 일반적인 특성에 대한 설명으로 옳은 것은?

① 금속재료에 비해 강도가 높다.
② 전기절연성이 있다.
③ 내열성이 우수하다.
④ 비중이 크다.

해설
플라스틱은 전기가 잘 통하지 않아서 전기절연성이 우수하다. 일반적으로 플라스틱은 금속재료에 비해 강도가 낮으며 내열성이 떨어지고 비중이 작다.

26 철강 소재에서 일어나는 보기의 반응은 무엇인가?

보기
γ고용체 → α고용체 + Fe_3C

① 공석반응   ② 포석반응
③ 공정반응   ④ 포정반응

해설
① 공석반응 : 하나의 고상(γ 고용체)에서 다른 2개의 고상(α고용체, Fe_3C)이 나오는 반응이다. 이 공석반응을 통해서 펄라이트 조직이 생성된다.
② 포석반응 : 냉각 중 두 개의 고상이 처음의 두 고상과는 다른 조성의 고상으로 변하는 반응이다.
③ 공정반응 : 두 개의 성분 금속이 용융 상태에서는 하나의 액체로 존재하나 응고 시에는 일정 온도에서 일정한 비율로 두 종류의 금속이 동시에 정출되어 나오는 반응이다.
④ 포정반응 : 액상과 고상이 냉각될 때는 또 다른 하나의 고상으로 바뀌나, 반대로 가열될 때는 하나의 고상이 액상과 또 다른 고상으로 바뀌는 반응이다.

27 기계가공으로 소성 변형된 제품이 가열에 의하여 원래의 모양으로 돌아가는 것과 관련 있는 것은?

① 초전도효과
② 형상기억효과
③ 연속 주조효과
④ 초소성효과

해설
형상기억합금(형상기억효과를 내는 신소재)
항복점을 넘어서 소성 변형된 재료는 외력을 제거해도 원래의 상태로 복원이 불가능하지만, 형상기억합금은 고온에서 일정 시간 유지함으로써 원하는 형상으로 기억시키면 상온에서 외력에 의해 변형되어도 기억시킨 온도로 가열하면 변형 전 형상으로 되돌아오는 합금이다.

28 다음 중 합금공구강에 해당되는 것은?

① SUS 316   ② SC 40
③ STS 5   ④ GCD 550

해설
③ STS : 합금공구강(절삭공구)
① SUS : 스테인리스강
② SC : 탄소강 주강품
④ GDC : 구상흑연주철

29 Al을 침투시켜 내식성을 향상시키는 금속침투법은?

① 보로나이징
② 칼로라이징
③ 세라다이징
④ 실리코나이징

> **해설**
> 금속침투법의 종류별 침탄재료

종류		침탄재료
금속침투법	세라다이징	Zn
	칼로라이징	Al
	크로마이징	Cr
	실리코나이징	Si
	보로나이징	B(붕소)

30 다음 중 열처리 방법과 목적이 서로 맞게 연결된 것은?

① 담금질 : 서랭시켜 재질에 연성을 부여한다.
② 뜨임 : 담금질한 것에 취성을 부여한다.
③ 풀림 : 재질을 강하게 하고 불균일하게 한다.
④ 불림 : 재료의 결정입자를 미세하게 하고 조직을 균일하게 한다.

> **해설**
> ④ 불림(Normalizing, 노멀라이징) : 주조나 소성가공에 의해 거칠고 불균일한 조직을 표준화 조직으로 만드는 열처리법으로 A₃ 변태점보다 30~50℃ 높게 가열한 후 공랭시켜 만들 수 있다.
> ① 담금질(Quenching, 퀜칭) : 재료를 강하게 만들기 위하여 변태점 이상의 온도인 오스테나이트 영역까지 가열한 후 물이나 기름 같은 냉각제 속에 집어넣어 급랭시킴으로써 강도와 경도가 큰 마텐자이트 조직을 만들기 위한 열처리 조작이다.
> ② 뜨임(Tempering, 템퍼링) : 잔류응력에 의한 불안정한 조직을 A₁ 변태점 이하의 온도로 재가열하여 원자들을 좀 더 안정적인 위치로 이동시킴으로써 잔류응력을 제거하고 인성을 증가시키는 위한 열처리법이다.
> ③ 풀림(Annealing, 어닐링) : 강 속에 있는 내부응력을 제거하고 재료를 연하게 만들기 위해 A₁ 변태점 이상의 온도로 가열한 후 가열 노나 공기 중에서 서랭함으로써 강의 성질을 개선하기 위한 열처리법이다.

31 기어 감속기에서 소음이 심하여 분해해 보니 이뿌리 부분이 깎여 나가 있음을 발견하였다. 이것을 방지하기 위한 대책으로 틀린 것은?

① 압력각이 작은 기어로 교체한다.
② 깎이는 부분의 치형을 수정한다.
③ 이끝을 깎아 이의 높이를 줄인다.
④ 전위기어를 만들어 교체한다.

> **해설**
> 기어 이뿌리가 깎이는 현상은 언더컷인데, 이를 방지하려면 압력각을 크게 해야 한다.
> 언더컷 방지대책
> • 압력각을 크게 한다.
> • 전위기어로 제작한다.
> • 이 높이를 줄여서 낮은 이로 제작한다.
> • 피니언기어의 잇수를 최소 잇수 이상으로 한다.

32 10kN의 인장하중을 받는 1줄 겹치기 이음이 있다. 리벳의 지름이 16mm라고 하면 몇 개 이상의 리벳을 사용해야 되는가?(단, 리벳의 허용 전단응력은 6.5MPa이다)

① 5 ② 6
③ 7 ④ 8

> **해설**
> 리벳의 허용 전단응력
> $\tau_a = \dfrac{F}{A \times n}$ (여기서, n : 리벳수)
>
> $6.5\text{MPa} = \dfrac{10{,}000\text{N}}{\dfrac{\pi(d[\text{mm}])^2}{4} \times n}$
>
> $n = \dfrac{10{,}000\text{N}}{\dfrac{\pi \times 16^2}{4} \times 6.5\text{N/mm}^2} \fallingdotseq 7.65$
>
> 따라서, 리벳의 수는 8개가 적합하다.

33 다음 중 마찰력을 이용하는 브레이크가 아닌 것은?

① 블록 브레이크
② 밴드 브레이크
③ 폴 브레이크
④ 내부 확장식 브레이크

해설
폴 브레이크는 마찰력을 이용하지 않고 고정걸이를 회전체에 걸어 움직이지 못하게 만들어 정지시키는 제동장치이다.

34 체인피치가 15.875mm, 잇수 40, 회전수가 500rpm 이면 체인의 평균 속도는 약 몇 m/s인가?

① 4.3　　② 5.3
③ 6.3　　④ 7.3

해설
체인의 속도 구하는 식
$$v = \frac{pzN}{1,000 \times 60s}$$
$$= \frac{15.875\text{mm} \times 40 \times 500\text{rpm}}{60,000s} ≒ 5.29 \text{m/s}$$

35 길이에 비하여 지름이 5mm 이하로 아주 작은 롤러를 사용하는 베어링으로, 일반적으로 리테이너가 없으며 단위 면적당 부하용량이 큰 베어링은?

① 니들 롤러 베어링
② 원통 롤러 베어링
③ 구면 롤러 베어링
④ 플렉시블 롤러 베어링

해설
니들 롤러 베어링 : 길이에 비해 지름이 매우 작은(보통 5mm 이하) 롤러를 사용하는 베어링으로 좁은 장소에서 비교적 큰 충격 하중을 받는 내연기관의 피스톤 핀에 사용된다. 리테이너 없이 니들 롤러만으로 전동하여 단위 면적당 부하량이 크다는 특징이 있다.

36 코일 스프링에서 코일의 평균 지름은 32mm, 소선의 지름은 4mm이다. 스프링 소재의 허용 전단응력이 340MPa일 때 지지할 수 있는 최대 하중은 약 몇 N인가?(단, Wahl의 응력수정계수(K)는 $K = \frac{4C-1}{4C-4} + \frac{0.615}{C}$ (C : 스프링 지수)이다)

① 174　　② 198
③ 225　　④ 246

해설
스프링에 작용하는 최대 전단응력 구하는 식을 응용하면 최대 하중(P)을 구할 수 있다.
$$\tau_{max} = \frac{8PDK}{\pi d^3}, \quad C = \frac{D}{d} = \frac{32}{4} = 8$$

$$340\text{MPa} = \frac{8 \times P \times 32 \times \left(\frac{32-1}{32-4} + \frac{0.615}{8}\right)}{\pi \times 4^3}$$

$$P = \frac{340\text{N/mm}^2 \times \pi \times 64}{303.1} ≒ 225.5$$

K : 왈(Wahl)의 응력수정계수가 주어질 경우
※ 스프링에 작용하는 최대 전단응력(τ_{max})
$$\tau_{max} = \frac{16PRK}{\pi d^3} = \frac{8PDK}{\pi d^3}$$

정답 33 ③　34 ②　35 ①　36 ③

37 다음 커플링의 종류 중 원통 커플링에 속하지 않는 것은?

① 머프 커플링
② 올덤 커플링
③ 클램프 커플링
④ 셀러 커플링

해설
- 올덤 커플링은 두 축이 평행하면서도 중심선의 위치가 다소 어긋나서 편심이 된 경우 각속도의 변동 없이 토크를 전달하는 데 적합한 축이음 기계요소로, 윤활이 어렵고 원심력에 의해 진동이 발생하여 고속 회전에는 적합하지 않다. 올덤 커플링은 원통 커플링에 속하지 않는다.
- 원통형 커플링 : 머프 커플링, 마찰원통 커플링, 셀러 커플링
- 원통형 커플링은 두 축의 중심이 일치하는 경우에 사용한다.
- 머프 커플링 : 주철제의 통 속에 양 축단을 끼워 넣어 키를 이용하여 고정하는 간단한 축이음

39 응력-변형률 선도에서 재료가 파괴되지 않고 견딜 수 있는 최대 응력은?(단, 공칭응력을 기준으로 한다)

① 탄성한도
② 비례한도
③ 극한강도
④ 상항복점

해설
③ 극한강도(Ultimate Strength) : 재료가 파단되기 전에 외력에 버틸 수 있는 최대의 응력
① 탄성한도(Elastic Limit) : 하중을 제거하면 시험편의 원래 치수로 돌아가는 구간
② 비례한도(Proportional Limit) : 응력과 변형률 사이에 정비례관계가 성립하는 구간 중 응력이 최대인 점으로, 훅의 법칙이 적용된다.
④ 항복점(Yield Point) : 인장시험에서 하중이 증가하여 어느 한도에 도달하면, 하중을 제거해도 원위치로 돌아가지 않고 변형이 남게 되는 그 순간의 하중으로, 상항복점과 하항복점이 존재한다.

38 950N·m의 토크를 전달하는 지름 50mm인 축에 안전하게 사용할 키의 최소 길이는 약 몇 mm인가?(단, 묻힘 키의 폭과 높이는 모두 8mm이고, 키의 허용 전단응력은 80N/mm²이다)

① 45   ② 50
③ 65   ④ 60

해설
키의 최소 길이
$l = \dfrac{2T}{\tau bd} = \dfrac{2 \times 950,000}{80 \times 8 \times 50} = \dfrac{1,900,000}{32,000} = 59.375$
따라서, 키의 최소 길이는 60mm이다.

40 축 방향으로 32MPa의 인장응력과 21NPa의 전단응력이 동시에 작용하는 볼트에서 발생하는 최대 전단응력은 약 몇 MPa인가?

① 23.8   ② 26.4
③ 29.2   ④ 31.4

해설
플러그 용접 : 위아래로 겹쳐진 판을 접합할 때 사용하는 용접법이다. 위에 놓인 판의 한쪽에 구멍을 뚫고 그 구멍 아래부터 용접을 하면, 용접불꽃에 의해 아랫면이 용해되면서 용접이 되며 용가재로 구멍을 채워 용접하는 용접방법이다.

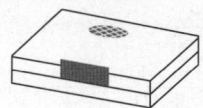

제3과목 | 컴퓨터응용가공

41 직육면체를 8개의 정점의 좌표(V_1~V_8)와 각 정점을 연결하는 모서리들(e_1~e_{12})에 관한 정보로만 표현하는 모델은?

① Solid Model
② Surface Model
③ Wire Frame Model
④ System Model

해설
와이어프레임 모델링은 3차원 물체의 형상을 물체상의 점과 선만을 이용하여 표현하는 방법으로, 직육면체를 표현할 때 8개의 정점과 그 정점들을 선으로 연결하면 모서리 정보를 표현할 수 있다.

42 설계자에게 친숙한 형태의 모양을 미리 정의한 후에 이를 이용하여 보다 복잡한 형상을 모델링하는 방법은?

① 조립체 모델링
② 서피스 모델링
③ 특징 형상 모델링
④ 파라메트릭 모델링

해설
특징 형상 모델링은 설계자에게 친숙한 형태의 모양을 미리 정의한 후 이를 이용해 복잡한 형상을 모델링한다.

특징 형상 모델링의 특징
- KS 규격에 모든 특징 형상들이 정의되어 있지는 않다.
- 사용 분야와 사용자에 따라 특징 형상의 종류가 변한다.
- 특징 형상의 종류는 많이 적용되는 분야에 따라 결정된다.
- 모델링된 입체 제작의 공정계획에서 매우 유용하게 사용된다.
- 특징 형상을 정의할 때 그 크기를 결정하는 파라미터들도 같이 정의한다.
- 모델링 입력을 설계자나 제작자에게 익숙한 형상 단위로 모델링할 수 있다.
- 파라미터들을 변경하여 모델의 크기를 바꾸는 것이 특징 형상 모델링의 한 형태이다.
- 설계자에게 친숙한 형태의 모양을 미리 정의한 후 이를 이용해 복잡한 형상을 모델링한다.
- 전형적인 특징 형상은 모따기(Chamfer), 구멍(Hole), 필릿(Fillet), 슬롯(Slot), 포켓(Pocket)이 있다.

43 컬러 CRT 화면 뒤에 사용되는 인(Phosphor)의 색상이 아닌 것은?

① 적색(Red)
② 녹색(Green)
③ 흰색(White)
④ 청색(Blue)

해설
CRT 컬러 화면을 구성하는 색은 RGB로 표시되는 적색, 녹색, 청색이다.

44 3차원 곡선(Curve)을 정의하는 방법에 대한 설명으로 틀린 것은?

① Bezier 곡선은 주어진 시작점과 끝점을 통과한다.
② B-spline은 1점의 변경에 의한 곡선 전체에 주는 영향이 작다.
③ B-spline은 곡선 전체의 연속성도 Spline의 성격을 받아 이루어지기 때문에 좋다.
④ Bezier 곡선은 1점의 변경에 의한 곡선 전체에 주는 영향이 없다.

해설
베지어(Bezier) 곡선은 모든 조정점을 지나지는 않지만 1개의 조정점을 변화시켜도 곡선 전체에 영향을 미친다.

45 다음 중 NURBS 곡선에 관한 설명으로 틀린 것은?

① Conic 곡선을 표현할 수 있다.
② Blending 함수는 Bernstein 다항식이다.
③ Blending 함수는 B-spline과 같은 함수를 사용한다.
④ 조정점의 가중치(Weight)를 변경하여 곡선 형상을 변화시킬 수 있다.

해설
Bernstein 다항식을 사용하는 Blending 함수는 Bezier 곡선이다.

46 곡선을 표현하는 함수에 관한 설명으로 틀린 것은?

① 양함수식에서는 하나의 곡선에 대하여 하나의 곡선의 식만 존재한다.
② 다항식으로 표현된 양함수 곡선식은 매개변수방정식으로 변환이 가능하다.
③ 다항식 곡선함수식에서 변환된 매개변수방정식은 일반적으로 다항식이 아니다.
④ 곡선식이 다항식인 경우 변환되는 동일한 곡선에 대하여 매개변수방정식은 하나뿐이다.

해설
곡선이 다항식으로 표현되는 경우 변환되는 동일 곡선에 대하여 매개변수방정식은 다양하게 만들어진다.

47 NC 가공경로계획에서 CL-cartesian 방식에 대한 설명으로 틀린 것은?

① 곡면의 매개변수가 일정한 값들의 위치를 따라가면서 경로를 생성한다.
② CC-cartesian 방식에 비하여 수치적 계산이 복잡하다.
③ 곡면가공 시 $2\frac{1}{2}$축 NC 기계에서도 사용 가능한 공구경로를 생성할 수 있다.
④ CL점이 이루는 곡면을 평면으로 절단하여 공구경로를 생성한다.

해설
CL-cartesian 방식은 곡면을 평면으로 절단한 곡선을 따라 공구경로를 산출하는 방법으로 수치적인 계산이 많이 요구되는 가공방법이다. 일정한 값들의 위치를 따라가는 것은 아니다.

48 다음 2차원 변환 행렬에서 축소, 확대(Scaling)에 관련되는 행렬요소는?

$$[x'\ y'\ 1] = [x\ y\ 1] \begin{bmatrix} a & b & 0 \\ c & d & 0 \\ e & f & 1 \end{bmatrix}$$

① a, b ② b, c
③ e, f ④ a, d

해설
행렬변환에서 한 점(x, y)을 x방향으로 a의 비율과, y방향으로 d의 비율로 축소, 확대시킨다.
$$[x'\ y'\ 1] = [x\ y\ 1] \begin{bmatrix} a & b & p \\ c & d & q \\ m & n & s \end{bmatrix}$$
• a, b, c, d는 회전(Rotate), 전단 및 스케일링(축소, 확대)과 관계된다.
• a, d는 축소와 확대에 관련된다.
• m, n은 평행이동(Move)과 관계된다.
• p, q는 투영과 관계된다.
• s는 전체적인 스케일링과 관계된다.

49 임펠러(Impeller)와 같이 언더컷(Undercut)의 형상을 가진 부품의 가공 시 적합한 가공기계는?

① 1축 가공기 ② 2축 가공기
③ 3축 가공기 ④ 5축 가공기

> **해설**
> 임펠러는 3차원 작업이 불가능하므로, 3축(x, y, z)에 회전을 더한 5축 가공기로 가공할 수 있다.

50 물리적 성질(체적, 관성, 무게, 모멘트 등) 제공이 가능한 방법은?

① 스플라인 모델링(Spline Modeling)
② 시뮬레이션 모델링(Simulation Modeling)
③ 곡면 모델링(Surface Modeling)
④ 솔리드 모델링(Solid Modeling)

> **해설**
> 주요 모델링 기법 중 관성이나 무게, 모멘트와 같은 물리적 성질의 해석은 복잡한 데이터 생성이 가능한 솔리드 모델링으로 할 수 있다.

51 두 벡터의 크기가 $\vec{A}=(2,3,7), \vec{B}=(2,2,4)$일 때 두 벡터 사이의 내적은?

① 38 ② 35
③ 28 ④ 25

> **해설**
> 두 벡터의 내적
> $\vec{A} \cdot \vec{B} = a_1b_1 + a_2b_2 + a_3b_3$
> $= (2\times2)+(3\times2)+(7\times4)$
> $= 38$

52 RP(Rapid Prototyping) 방식들 가운데 열가소성 수지의 필라멘트를 열을 가해 녹여서 액체 상태로 압출하여 각 층을 만들어 나가는 방식으로 저가형 RP 기계에 많이 사용되는 것은?

① Fused Deposition Modeling(FDM)
② Stereo Lithography(SL)
③ Laminated Object Manufacturing(LOM)
④ Selective Laser Sintering(SLS)

> **해설**
> 용융수지압출법(FDM ; Fused Deposition Molding) : 열가소성인 $3\mu m$ 직경의 필라멘트 선으로 된 열가소성 소재를 노즐 안에서 가열시켜 용해한 후 이를 짜내어 조형면에 쌓아 올려 제품을 만드는 방법으로, 광조형법 다음으로 가장 널리 사용된다.

53 하나의 전기펄스에 의하여 테이블이 이송되는 최소 단위 길이는?

① NC   ② BLU
③ MCU ④ UNIT

> **해설**
> 하나의 전기펄스로 테이블이 움직이는 수치제어기계의 기본 이송 단위는 BLU(Basic Length Unit)이다.
> 1BLU = 0.001mm

54 IGES 파일을 구성하는 6개의 섹션(Section)들 중 Directory Entry 섹션에서 기입한 각 요소를 정의하는 실제 데이터를 담고 있는 것은?

① Parameter Data 섹션
② Terminate 섹션
③ Flag 섹션
④ Global 섹션

해설
IGES의 파일구조 중에서 Directory Entry Section에서 기입한 각 요소를 정의하는 실제 데이터를 담고 있는 곳은 Parameter Data Section이다.
IGES의 파일구조
- 개시 섹션(Start Section)
- 플래그 섹션(Flag Section)
- 글로벌 섹션(Global Section)
- 종결 섹션(Terminate Section)
- 디렉터리 엔트리 섹션(Directory Entry Section)
- 파라미터 데이터 섹션(Parameter Data Section)

55 서피스 모델(Surface Model)에 대한 설명으로 옳지 않은 것은?

① 은선 제거가 가능하다.
② NC Data를 생성할 수 있다.
③ 복잡한 형상을 표현할 수 있다.
④ 응력해석용 모델로 사용할 수 있다.

해설
서피스 모델링은 응력해석용으로 사용할 수 없지만, 솔리드 모델링은 응력해석이 가능하다.

56 간단한 형태의 솔리드를 이용하여 불리언 연산(Boolean Operation)으로 새로운 솔리드를 생성시키는 모델링 방법은?

① Surface Modeling 방법
② CSG 방법
③ 오일러 방법
④ Sweep 방법

해설
CSG(Constructive Solid Geometry) 모델링 방법은 단순한 형상의 조합으로 생성하는데, 불리언 연산자를 사용한다.

57 3차원 곡면가공에서 먼저 큰 직경의 엔드밀로 가공한 후 모서리 부분만을 가공하는 방법은?

① 면삭가공   ② 정삭가공
③ 펜슬가공   ④ 포켓가공

해설
펜슬가공은 직경이 큰 엔드밀로 곡면을 밀링가공한 후 모서리 부분만을 가공하여 마무리하는 방법이다.

58 두 곡면을 적당히 가중 평균하여 곡면을 얻는 것으로 두 곡면의 연결관계를 매끄럽게 이어 주는 모델링 기법은?

① Sweep   ② Blending
③ Skinning   ④ Re-meshing

해설
블렌딩(Blending) : 두 곡면이 만나는 부분을 부드럽게 이어 주고자 할 때 사용하는 모델링 기법이다.

정답 54 ① 55 ④ 56 ② 57 ③ 58 ②

59 점을 표현하기 위해 사용되는 좌표계 중에서 기준축과 벌어진 각도값을 사용하지 않는 좌표계는?

① 직교 좌표계
② 극 좌표계
③ 원통 좌표계
④ 구면 좌표계

> 해설
> ① 직교 좌표계 : $P(x,y,z)$와 같이 세 지점의 거리에 의해서 나타내는 좌표계
> ② 극 좌표계 : $P(거리, 각도)$
> ③ 원통 좌표계 : $P(r,\theta,z)$, 거리(r), 각도(θ), 높이(z)
> ④ 구면 좌표계 : $P(\rho,\phi,\theta)$

60 다음 NC/CNC/DNC에 대한 설명 중 옳지 않은 것은?

① NC(Numerical Control, 수치제어)란 기계의 자세를 자동제어함에 있어서 부호화된 수치 정보를 사용하는 것을 가리킨다.
② NC 공작기계의 컨트롤러 안에 컴퓨터를 결합시켜 넣음으로써 CNC(Computer Numerical Control) 공작기계가 탄생하였다.
③ 직접 수치제어(DNC ; Direct Numerical Control)는 여러 개의 기계를 동시에 제어하기 위해 여러 대의 컴퓨터를 사용하는 생산 시스템을 말한다.
④ 분산 수치제어(DNC ; Distributed Numerical Control)는 중앙컴퓨터가 완전한 프로그램을 CNC에 다운로드하는 방식을 말한다.

> 해설
> DNC(Distributed Numerical Control) : 중앙의 1대 컴퓨터에서 여러 대의 CNC 공작기계에 데이터를 분배하여 전송함으로써 동시에 여러 대의 기계를 운전할 수 있는 시스템으로 군관리 또는 군제어의 의미로도 쓰인다.

제4과목 | 기계제도 및 CNC공작법

61 도면을 작성할 때 다음 선들이 모두 겹쳤을 경우 가장 우선적으로 나타내야 하는 선은?

① 절단선
② 무게중심선
③ 치수 보조선
④ 숨은선

> 해설
> 두 종류 이상의 선이 중복되는 경우 선의 우선순위
>
> 숫자나 문자 > 외형선 > 숨은선 > 절단선 > 중심선 > 무게중심선 > 치수 보조선

62 다음 그림과 같이 표면의 결 도시기호가 있을 때 이에 대한 설명으로 옳지 않은 것은?

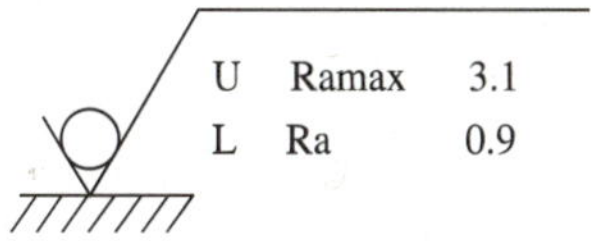

U Ramax 3.1
L Ra   0.9

① 양측 상한 및 하한치를 적용한다.
② 재료 제거를 허용하지 않는 공정이다.
③ 10개의 샘플링 길이를 평가 길이로 적용한다.
④ 상한치는 산술평균편차에 max-규칙을 적용한다.

> 해설
> 표면거칠기란 제품의 표면에 생긴 가공 흔적이나 무늬로 형성된 오목하거나 볼록한 차로, 산술평균거칠기(Ra)는 일정 길이를 정해서 그 중심선 윗부분 면적의 합을 기준 길이로 나눈 값을 마이크로미터(μm)로 나타낸 것이다.
>
> 표면거칠기를 표시하는 방법
>
> | 종류 | 특징 |
> |---|---|
> | 산술평균 거칠기(Ra) | 중심선 윗부분 면적의 합을 기준 길이로 나눈 값을 마이크로미터(μm)로 나타낸 것 |
> | 최대 높이(Ry) | 산봉우리 선과 골바닥 선의 간격을 측정하여 마이크로미터(μm)로 나타낸 것 |
> | 10점 평균 거칠기(Rz) | 평균 선에서 세로 배율의 방향으로 측정한 가장 높은 산봉우리로부터 5번째 산봉우리까지의 표고(표면에서의 높이)의 절댓값의 평균값과의 합을 마이크로미터(μm)로 나타낸 것 |

63 다음 중 V벨트 전동장치에서 사용하는 벨트의 단면 각은?

① 34° ② 36°
③ 38° ④ 40°

[해설]
일반 산업용으로 사용되는 V벨트의 각도는 40°이다.

[V벨트 전동]

V벨트의 특징
- 운전이 정숙하다.
- 고속운전이 가능하다.
- 미끄럼이 작고 속도비가 크다.
- 벨트의 벗겨짐 없이 동력 전달이 가능하다.
- 이음매가 없으므로 전체가 균일한 강도를 갖는다.

64 다음 그림과 같이 절단된 편심원뿔의 전개법으로 가장 적합한 것은?

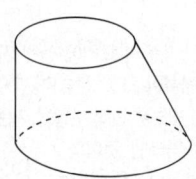

① 삼각형법
② 동심원법
③ 평행선법
④ 사각형법

[해설]
일반적인 원뿔은 방사선법으로 그릴 수 있는데, 문제의 그림은 편심원뿔이므로 삼각형법이 적합하다.

65 다음 기하공차에 대한 설명으로 옳지 않은 것은?

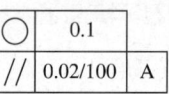

① 기하공차값 0.1mm는 동심도 기하공차가 적용된다.
② 평행도 기하공차의 데이텀을 지시하는 문자는 A이다.
③ 평행도 기하공차값은 지정 길이 100mm에 대해 0.02mm이다.
④ 공차가 지시된 부분은 2개의 기하공차가 모두 적용된다.

[해설]
기하공차값 0.1mm는 원통도(○) 기하공차가 적용된다.

66 제3각 정투상법으로 아래 입체도의 정면도, 평면도, 좌측면도를 가장 적합하게 나타낸 것은?

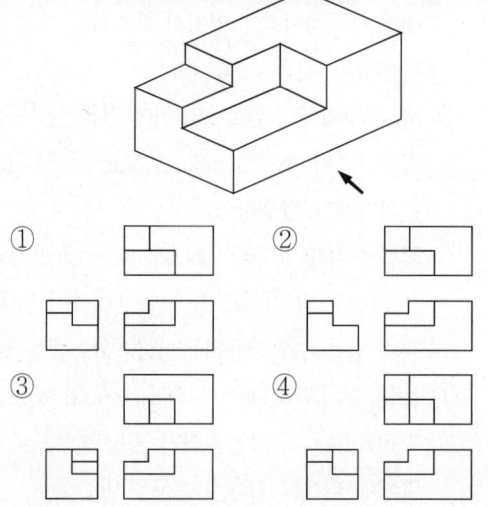

[해설]
입체도를 좌측에서 보았을 때 우측 상단에 정사각형의 형상이 보여야 하므로, 정답 가능성은 ①, ④로 압축할 수 있다. 다음으로 입체도를 위에서 바라보는 평면도에서 좌측 상단에 정사각형의 형상이 보이는 ①번이 정답임을 알 수 있다.

67 다음 중 각도 치수의 허용한계값 지시방법이 틀린 것은?

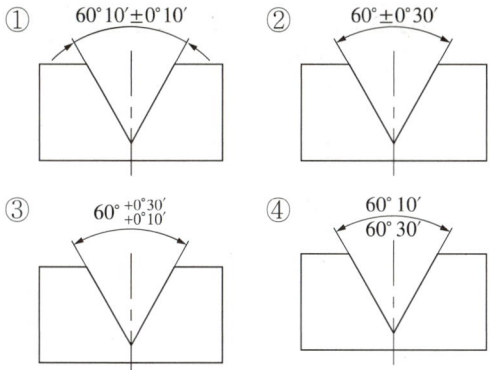

해설
허용한계값을 지시할 때 작은 값이 아래에 위치한다. 따라서 다음과 같이 바뀌어야 한다.

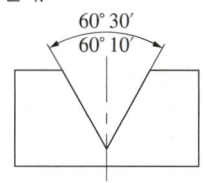

68 선의 종류와 용도에 대한 내용으로 틀린 것은?

① 굵은 실선 : 대상물이 보이는 부분의 모양을 표시하는 데 사용된다.
② 가는 1점 쇄선 : 중심이 이동한 중심 궤적을 표시하는 데 사용된다.
③ 가는 2점 쇄선 : 얇은 두께를 가진 부분을 나타내는 데 사용된다.
④ 굵은 1점 쇄선 : 특수한 가공을 하는 부분 등 특별한 요구사항을 적용할 수 있는 범위를 표시하는 데 사용된다.

해설
얇은 두께를 가진 부분을 나타낼 때는 아주 굵은 실선을 사용한다.

69 단면의 표시와 단면도의 해칭에 관한 설명으로 옳은 것은?

① 단면 면적이 넓은 경우에는 그 외형선을 따라 적절한 범위에 해칭 또는 스머징을 한다.
② 해칭선의 각도는 주된 중심선에 대하여 60°로 하여 굵은 실선을 사용하여 등 간격으로 그린다.
③ 인접한 다른 부품의 단면은 해칭선의 방향이나 간격을 변경하지 않고 동일하게 사용한다.
④ 해칭 부분에 문자, 기호 등을 기입할 때는 해칭을 중단하지 않고 겹쳐서 나타내야 한다.

해설
해칭(Hatching)과 스머징(Smudging)
단면도에는 필요한 경우 절단하지 않은 면과 구별하기 위해 해칭이나 스머징을 한다. 그리고 인접한 단면의 해칭은 기존 해칭선의 방향 또는 각도를 다르게 하여 구분한다.

해 칭	스머징
해칭은 45°의 가는 실선을 단면부의 면적에 따라 2~3mm 간격으로 사선을 긋는 것으로, 경우에 따라 30°, 60°로 변경해도 가능하다.	외형선 안쪽에 색칠한다.

70 다음 나사를 나타낸 도면 중 미터가는나사를 나타낸 것은?

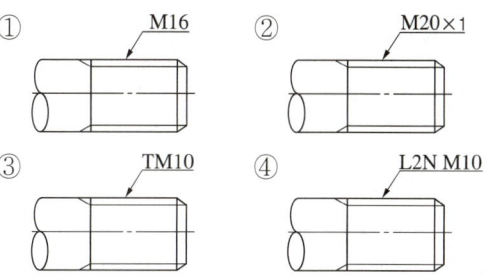

해설
미터가는나사를 표시할 때는 ②번과 같이 유효지름에 피치를 곱해 준다.

71 CNC 선반가공에서 φ70mm의 소재를 φ68mm가 되도록 가공한 후 측정한 결과 φ67.8mm이었다. 기존의 X축 보정값이 0.01이라면 보정값을 얼마로 수정하여야 하는가?(단, 직경지령을 사용한다)

① 0.19
② 0.21
③ 0.22
④ 0.23

[해설]
완성 제품이 68mm이거나 가공 완료 후 67.8mm이었다면, 67.8 − 68 = −0.2mm로 총 0.2mm가 덜 절삭되었어야 했다. 기존 보정치 0.01mm도 불필요하므로 −0.2−(0.01) = −0.21mm가 최종 보정값이 된다.

72 방전가공의 일반적인 특징으로 틀린 것은?

① 열 변형이 적어 가공 정밀도가 우수하다.
② 전극으로는 구리, Graphite 등을 사용하므로 성형이 용이하다.
③ 전극이 소모된다.
④ 강한 재료, 담금질한 재료, 가공경화되기 쉬운 재료, 부도체 등의 가공이 용이하다.

[해설]
방전가공은 부도체 가공이 불가능하다.
방전가공의 특징
- 전극이 소모된다.
- 가공속도가 느리다.
- 열 변형이 적어서 가공 정밀도가 우수하다.
- 강한 재료와 담금질 재료의 가공도 용이하다.
- 간단한 전극만으로도 복잡한 가공을 할 수 있다.
- 전극으로 구리, 황동, 흑연을 사용하므로 성형성이 용이하다.
- 아크릴과 같이 전기가 잘 통하지 않는 재료는 가공할 수 없다.
- 미세한 구멍, 얇은 두께의 재질을 가공해도 변형이 생기지 않는다.

73 다음 준비기능 중 지령한 블록 내에서만 유효한 코드는?

① G00
② G01
③ G03
④ G04

[해설]
준비기능(G) 코드 지령 중 블록 내에서만 유효한 코드는 One Shot 영역에 속하는 G04이다.
CNC 선반에서 사용하는 주요 G코드

G코드	기능	비고
G00	급속이송(위치 결정)	Modal
G01	직선가공	
G02	시계 방향의 원호가공	
G03	반시계 방향의 원호가공	
G04	일시 정지(Dwell), 2초 지령 시 P2000.	One Shot
G20	인치 데이터 입력	
G21	mm 데이터 입력	
G27	원점복귀 CHECK	
G28	자동원점복귀	
G29	원점으로부터 자동복귀	
G30	제2원점복귀(주로 공구 교환 시 사용)	
G32	나사가공	Modal
G40	공구 반지름 보정 취소	
G41	공구 좌측 보정	
G42	공구 우측 보정	
G50	좌표계 설정, 주축 최고 회전수 지령	One Shot
G76	나사가공 사이클	
G90	고정 사이클(내외경)	Modal
G92	나사절삭 사이클	One Shot
G94	단일 고정 사이클(단면 절삭용)	
G96	절삭속도 일정제어	Modal
G97	회전수 일정제어(G96 취소)	
G98	분당 이송속도 지정(mm/min)	
G99	회전당 이송속도 지정(mm/rev)	

※ Modal Code : 연속 유효, One Shot Code : 1회 유효

74 다음 CNC 선반 프로그램에서 N30 블록의 주축 회전수는 얼마인가?

```
N10 G50 S1000;
N20 G96 S200 M03;
N30 G00 X50.;
N40 G01 Z-10. F0.2;
```

① 200
② 754
③ 1,000
④ 1,274

해설
G96 S200 : 절삭속도를 200mm/min으로 일정하게 제어하라는 명령이다. 다음의 식에 대입하면 직경이 50mm인 지점에서 주축 회전수는 약 796rpm임을 알 수 있다.

$$n = \frac{1,000v}{\pi d} = \frac{1,000 \times 200}{\pi \times 50} ≒ 1,273 \text{rpm}$$

그러나 N10에서 G50 최고 회전수를 1,000rpm으로 제한했으므로 N30 블록에서는 주축의 회전수가 1,000rpm으로 작동한다.

절삭속도(v) 구하는 식

$$v = \frac{\pi d n}{1,000}$$

여기서, v : 절삭속도(m/min)
d : 공작물의 지름(mm)
n : 주축 회전수(rpm)

76 서보기구에서 위치의 검출을 서보모터 축이나 볼 나사의 회전각도로 검출하는 방식으로 일반 CNC 공작기계에서 가장 많이 사용하는 것은?

① 반폐쇄회로방식
② 위치결정방식
③ 개방회로방식
④ 폐쇄회로방식

해설
CNC 공작기계의 서보기구들 중에서 서보모터 축이나 볼나사의 회전각도로부터 위치검출을 행하는 방식은 반폐쇄회로방식이다.
개방회로(Open-loop) : 구동전동기로 펄스전동기를 이용하며 제어장치로 입력된 펄스수만큼 움직이고 검출이나 피드백 회로가 없으므로 구조가 간단하며 펄스전동기의 회전 정밀도와 볼나사의 정밀도에 직접적인 영향을 받는 방식이다. 피드백이나 위치감지검출 기능이 없고 정밀도가 낮다. 현재는 많이 사용하지 않으며 소형, 경량, 정밀도가 낮을 때만 사용한다.

75 CNC 공작기계의 일상 점검사항이 아닌 것은?

① 각 부의 유량 점검
② 각 부의 압력 점검
③ 각 부의 필터 점검
④ 습동면 급유 상태 점검

해설
CNC 공작기계의 필터는 작업시간과 주기를 정해서 점검 후 교체한다.

77 보조 프로그램을 호출할 수 있는 기능은?

① G30
② G98
③ M98
④ M99

해설
③ M98 : CNC 선반이나 머시닝센터와 같은 CNC 공작기계에서 사용되는 보조 프로그램에서 보조 프로그램을 호출하기 위해서 사용하는 명령어
① G30 : 제2원점복귀(주로 공구 교환 시 사용)
② G98 : 분당 이송속도 지정(mm/min)
④ M99 : 보조 프로그램 종료 후 주프로그램으로 회기

78 머시닝센터의 자동공구교환장치에서 매거진 포트 번호를 지령함으로써 임의로 공구 매거진에 장착하는 방법은?

① 랜덤(Random) 방식
② 팰릿(Pallet) 방식
③ 시퀀스(Sequence) 방식
④ 터릿(Turret) 방식

해설
머시닝센터의 자동교구교환장치에서 매거진 교체 방식
- 랜덤방식 : 매거진 포트번호를 지령하고 임의로 공구를 교체하는 방식
- 시퀀스 방식 : 매거진의 포트번호 순서대로 교체하는 방식

80 M10×1.5 탭가공을 하기 위한 이송속도는 몇 mm/min인가?(단, 회전수는 600rpm이다)

① 150
② 300
③ 600
④ 900

해설
탭가공 시 이속속도(F)
$F = n$(주축 회전수) $\times p$(나사의 피치)
   $= 600 \times 1.5$
   $= 900$

79 서보모터의 회전운동을 전달받아 NC 공작기계 테이블을 직선운동시키는 것은?

① 서보기구
② 볼 스크루
③ 컨트롤러
④ 리졸버

해설
볼 스크루 : CNC 공작기계에서 서보모터의 회전력을 테이블의 직선운동으로 바꾸어 주는 기계요소로, 백래시(Backlash)를 줄이고 운동저항을 작게 만들어 준다.

2019년 제2회 과년도 기출문제

제1과목 | 기계가공법 및 안전관리

01 선반가공에 영향을 주는 절삭조건에 대한 설명으로 틀린 것은?

① 이송이 증가하면 가공 변질층은 깊어진다.
② 절삭각이 커지면 가공 변질층은 깊어진다.
③ 절삭속도가 증가하면 가공 변질층은 얕아진다.
④ 절삭온도가 상승하면 가공 변질층은 깊어진다.

해설

가공 변질층
가공 변질층은 가공경화에 의해 발생하는 현상으로 절삭온도가 올라가면 내부응력이 제거되는 뜨임효과가 발생하면서 가공변질층은 오히려 얕아진다. 금속재료 가공 시 표면이나 그 밑의 표층부가 재료의 내부와 다른 성질을 가진 것으로, 가공경화에 의해 결정입자가 파괴되어 미세화되면서 가공 방향으로 유동되어 방향성을 갖는 재료가 된다. 이 가공 변질층은 마모 및 마찰에 대한 저항력이 작고 응력 변화에 따른 변형이 발생하기 쉽다.

02 고속도강 절삭공구를 사용하여 저탄소강재를 절삭할 때 가장 일반적인 구성인선(Built-up Edge)의 임계속도는(m/min)는?

① 50   ② 120
③ 150   ④ 170

해설
저탄소강 재료 절삭 시 가장 일반적인 구성인선의 임계속도는 120m/min이다.

03 다음 중 기어가공의 절삭법이 아닌 것은?

① 형판을 이용하는 절삭법
② 다인 공구를 이용하는 절삭법
③ 총형 공구를 이용하는 절삭법
④ 창성을 이용하는 절삭법

해설
공구 본체에 2개 이상의 절삭 날이 있는 다인 공구는 기어가공용으로 사용되는 주요 절삭법에 사용되지 않는다.

[단인 공구]   [다인 공구]

기어절삭법의 종류
- 총형 커터에 의한 방법
  기어의 치형과 같은 형상을 가진 래크나 커터공구를 회전시키면서 공작물을 1피치씩 회전시켜 가면서 1개의 치형을 만드는 가공법이다.
  인벌류트 치형을 정확히 가공할 수 있다는 장점이 있으나 피치의 정밀도, 생산성이 낮아서 소량의 기어 제작에 사용한다.
- 형판에 의한 방법
  셰이퍼의 테이블에 공작물을 고정시키고 치형과 같은 형상(곡선으로 만들어진 형판 위를 따라 움직이면서 바이트를 움직여서 기어를 모방절삭하는 방법이다. 매끈한 다듬질면을 얻기 힘들고 가공능률이 낮아서 대형 스퍼기어나 직선 베벨기어 가공에 사용된다.
- 창성법(創成法)
  기어의 치형과 동일한 윤곽을 가진 커터를 피절삭기어와 맞물리게 하면서 상대운동을 시켜서 절삭하는 가공법으로, 종류에는 래크 커터, 피니언 커터, 호브에 의한 방법이 있다.
  ※ 創 만들(창), 成 이룰 (성), 法 법칙 (법)
- 호빙머신에 의한 절삭
  절삭공구인 호브를 사용하는 절삭기계를 사용해서 기어의 치면을 절삭한다.

04 다음 중 수용성 절삭유에 속하는 것은?

① 유화유　② 혼성유
③ 광 유　④ 동식물유

해설

절삭유의 종류별 특징

분류	종류	특징
수용성 절삭유	알칼리성 수용액	냉각작용이 좋은 물에 알칼리성 첨가제를 방부제로 혼합한 중크롬산 수용액이 대표적이며, 주로 연삭작업에 사용된다.
	유화유	광유에 비누를 첨가하면 유화되는데, 냉각작용과 윤활성이 좋고 값이 싸서 절삭제로 주로 사용되며 용도에 따라 물을 섞어 사용한다.
불수용성 절삭유	광유	• 경유, 머신오일, 스핀들 오일 등이 있다. • 윤활성은 좋으나 냉각성능이 떨어져서 경절삭용으로 사용된다.
	동식물유	• 냉각작용이 좋아서 다듬질 가공에 주로 사용된다. • 돈유, 올리브유, 피마자유, 콩기름, 종자유 등이 있다. • 라드유는 점성이 높아서 저속절삭에 적합하다.

• 수용성유 : 광물성유를 화학처리하여 원액에 80% 정도의 물을 혼합하여 사용한다. 점성은 낮으나 비열이 커서 냉각효과도 크다.
• 광물성유 : 불수용성 절삭유 중에서 점성이 낮고 윤활성은 좋으나 냉각성능이 좋지 못해서 주로 경절삭용으로 사용된다.

05 다음 중 산화알루미늄(Al_2O_3) 분말을 주성분으로 소결한 절삭공구 재료는?

① 세라믹　② 고속도강
③ 다이아몬드　④ 주조경질합금

해설

① 세라믹 : 산화알루미늄(Al_2O_3)과 같은 무기질의 비금속재료 분말이 주성분이며, 고온에서 소결한 공구재료로 1,200℃의 절삭열에도 경도 변화가 없다.
② 고속도강 : W-18%, Cr-4%, V-1%이 합금된 것으로 600℃ 정도에서도 경도 변화가 없다. 탄소강보다 2배의 절삭속도로 가공이 가능하기 때문에 강력 절삭 바이트나 밀링커터에 사용된다.
③ 다이아몬드 : 절삭공구 재료 중에서 가장 경도가 높고(HB 7000), 내마멸성이 크며, 절삭속도가 빨라서 절삭가공이 매우 능률적이나 취성이 크고 값이 비싸다.
④ 주조경질합금 : 스텔라이트라고도 하며 800℃까지도 경도 변화가 없다. 청동이나 황동의 절삭재료로 사용된다. 열처리가 불필요하며 고속도강보다 2배의 절삭속도로 가공이 가능하나 내구성과 인성이 작다.

06 탭(Tap)이 부러지는 원인이 아닌 것은?

① 소재보다 경도가 높은 경우
② 구멍이 바르지 못하고 구부러진 경우
③ 탭 선단이 구멍 바닥에 부딪혔을 경우
④ 탭의 지름에 적합한 핸들을 사용하지 않는 경우

해설

탭의 경도가 소재의 강도보다 높으면 일반적으로 부러지지 않는다.

07
도면에 편심량이 3mm로 주어졌다. 이때 다이얼 게이지 눈금의 변위량이 얼마로 나타나도록 편심 시켜야 하는가?

① 3mm
② 4.5m
③ 6mm
④ 7.5mm

해설
선반은 재료를 회전시키면서 가공하는 공작기계이다. 따라서 재료의 편심량이 3mm라면, 회전 시 그 직경은 2배가 되므로 다이얼 게이지로 측정할 경우 눈금의 변위량은 6mm가 된다.

08
가늘고 긴 일정한 단면 모양을 가진 공구에 많은 날을 가진 절삭공구가 사용되며, 공작물의 홈을 빠르게 가공할 수 있어 대량 생산에 적합한 가공방법은?

① 보링(Boring)
② 태핑(Tapping)
③ 셰이핑(Shaping)
④ 브로칭(Broaching)

해설
- 브로칭(Broaching)가공
  가공물에 홈이나 내부 구멍을 만들 때, 가늘고 길며 길이 방향으로 많은 날을 가진 총형 공구인 브로치를 일감에 대고 누르면서 관통시켜 단 1회의 절삭공정만으로 제품을 완성시키는 가공법이다.
- 브로칭 가공에 의한 제품형상

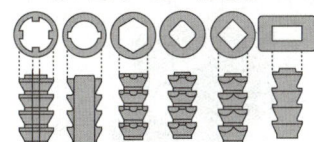

- 브로칭 공구

09
밀링머신에 관한 안전사항으로 틀린 것은?

① 장갑을 끼지 않도록 한다.
② 가공 중에 손으로 가공면을 점검하지 않는다.
③ 칩받이가 있기 때문에 보호안경은 필요 없다.
④ 강력 절삭을 할 때에는 공작물을 바이스에 깊게 물린다.

해설
밀링머신으로 작업할 때 회전하는 커터에 의해 날아오는 칩(Chip)에 다칠 수 있으므로 반드시 보호안경을 착용해야 한다.

10
연삭가공 중 가공 표면의 표면거칠기가 나빠지고 정밀도가 저하되는 떨림현상이 나타나는 원인이 아닌 것은?

① 숫돌의 평형 상태가 불량할 경우
② 숫돌축이 편심되어 있을 경우
③ 숫돌의 결합도가 너무 작을 경우
④ 연삭기 자체에 진동이 있을 경우

해설
숫돌의 결합도가 너무 커서 절삭입자가 다 닳은 숫돌입자가 탈락되지 못하는 연삭숫돌을 사용하면 정밀도가 저하되면서 떨림의 원인이 된다.

11
허용할 수 있는 부품의 오차 정도를 결정한 후 각각 최대 및 최소 치수를 설정하여 부품의 치수가 그 범위 내에 드는지를 검사하는 게이지는?

① 다이얼게이지
② 게이지 블록
③ 간극게이지
④ 한계게이지

해설
한계게이지는 허용 가능한 부품의 오차 정도를 결정한 후 제품의 치수가 공차범위를 충족하는지를 간단하게 검사할 수 있는 측정기이다.

봉게이지	플러그 게이지	스냅게이지
		통과측 / 정지측

12
CNC 선반에 대한 설명으로 틀린 것은?

① 축은 공구대가 전후좌우의 2방향으로 이동하므로 2축을 사용한다.
② 유지(Dwell)기능은 지정한 시간 동안 이송이 정지되는 기능을 의미한다.
③ 좌표치의 지령방식에는 절대지령과 증분지령이 있고, 한 블록에 2가지를 혼합하여 지령할 수 없다.
④ 테이퍼나 원호를 절삭 시 임의의 인선 반지름을 가지는 공구의 인선 반지름에 의한 가공 경로의 오차를 CNC 장치에서 자동으로 보정하는 인선 반지름 보정기능이 있다.

해설
CNC 선반으로 가공지령 시 절대지령과 증분지령의 혼합지령이 가능하다.

13
선반에서 테이퍼의 각이 크고 길이가 짧은 테이퍼를 가공하기에 가장 적합한 방법은?

① 백기어 사용방법
② 심압대의 편위방법
③ 복식 공구대를 경사시키는 방법
④ 테이퍼 절삭장치를 이용하는 방법

해설
테이퍼(Taper)란 중심축을 기준으로 원뿔과 같이 양 측면의 경사진 형상을 말하는 용어이다. 선반으로 테이퍼 절삭할 때 각이 크고 길이가 짧은 테이퍼는 복식 공구대를 경사시켜 가공하는 것이 가장 적합하다.

선반으로 테이퍼 절삭하는 방법
• 심압대 편위

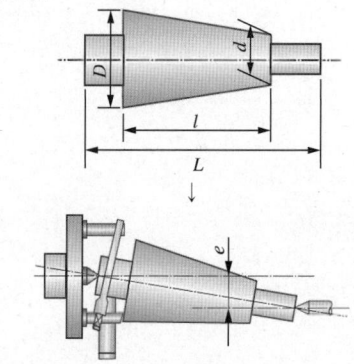

- 심압대 편위량(e) : $e = \dfrac{L(D-d)}{2l}$

• 복식 공구대 회전

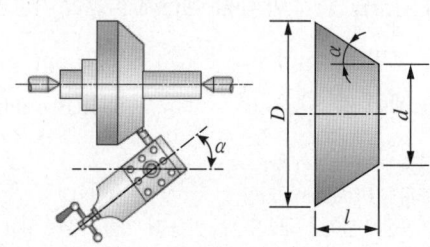

- 공구대 회전각(α) : $\tan\alpha = \dfrac{D-d}{2l}$

• 테이퍼 절삭장치 사용

14 드릴로 구멍가공을 한 다음에 사용하는 공구가 아닌 것은?

① 리 머
② 센터펀치
③ 카운터 보어
④ 카운터 싱크

해설
드릴로 구멍을 가공한 후에는 리머로 구멍을 더 넓히거나 카운터 보어, 카운터 싱크로 나사의 자리면 가공을 한다. 센터펀치는 드릴로 구멍을 뚫을 자리 표시에 사용하는 공구로 구멍가공 전에 사용한다.

15 구성인선(Built-up Edge)이 생기는 것을 방지하기 위한 대책으로 틀린 것은?

① 절삭속도를 높인다.
② 절삭 깊이를 깊게 한다.
③ 절삭유를 충분히 공급한다.
④ 공구의 윗면 경사각을 크게 한다.

해설
구성인선의 방지대책
• 절삭 깊이를 작게 한다.
• 세라믹 공구를 사용한다.
• 절삭속도를 빠르게 한다.
• 바이트의 날 끝을 예리하게 한다.
• 윤활성이 좋은 절삭유를 사용한다.
• 바이트의 윗면 경사각을 크게 한다.
• 마찰계수가 작은 절삭공구를 사용한다.
• 피가공물과 친화력이 작은 공구재료를 사용한다.
• 공구면의 마찰계수를 감소시켜 칩의 흐름을 원활하게 한다.

16 다음 중 대형이며 중량의 공작물을 가공하기 위한 밀링머신으로 중절삭이 가능한 것은?

① 나사 밀링머신(Thread Milling Machine)
② 만능 밀링머신(Universal Milling Machine)
③ 생산형 밀링머신(Production Milling Machine)
④ 플레이너형 밀링머신(Planer Type Milling Machine)

해설
플레이너형 밀링머신(플레이노 밀링머신)은 플레이너와 유사한 구조의 밀링머신으로 바이트 자리에 밀링헤드가 장착되어 있다. 대형이면서 중량이 큰 공작물을 가공하기 적합하다.

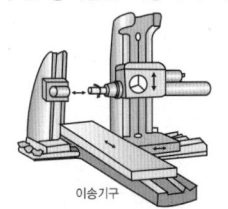

[플레이너형(플레이노) 밀링머신]

17 일반적으로 니형 밀링머신의 크기 또는 호칭을 표시하는 방법으로 틀린 것은?

① 콜릿척의 크기
② 테이블 작업면의 크기(길이×폭)
③ 테이블의 이동거리(좌우×전후×상하)
④ 테이블의 전후 이송을 기준으로 한 호칭번호

해설
콜릿척은 3개의 클로(Claw)를 움직여서 직경이 작은 공작물을 고정하는 데 사용하는 장치로, 밀링머신의 크기나 호칭 표시 기준으로 사용하지 않는다.
밀링머신의 크기 및 호칭 표시 기준
• 테이블 작업면의 크기(길이×폭)
• 테이블의 이동거리(좌우, 전후, 상하)
• 테이블의 전후 이송거리에 따른 호칭번호 표시

18 연삭균열에 관한 설명으로 틀린 것은?

① 열팽창에 의해 발생된다.
② 공석강에 가까운 탄소강에서 자주 발생된다.
③ 연삭균열을 방지하기 위해서는 결합도가 연한 숫돌을 사용한다.
④ 이송을 느리게 하고 연삭액을 충분히 사용하여 방지할 수 있다.

[해설]
연삭균열은 이송을 빠르게 하여 발생되는 열을 최소화시킴으로써 열팽창을 막아 방지할 수 있다.

19 원주를 단식분할법으로 32등분하고자 할 때, 다음 준비된 분할판을 사용하여 작업하는 방법으로 옳은 것은?

〈분할판〉
No. 1 : 20, 19, 18, 17, 16, 15
No. 2 : 33, 31, 29, 27, 23, 21
No. 3 : 49, 47, 43, 41, 39, 37

① 16구멍 열에서 1회전과 4구멍씩
② 20구멍 열에서 1회전과 10구멍씩
③ 27구멍 열에서 1회전과 18구멍씩
④ 33구멍 열에서 1회전과 18구멍씩

[해설]
단식분할법은 2~60의 수, 60~120의 2와 5의 배수 및 120 이상의 수 중에서 $40/N$에서 분모가 분할판의 구멍수가 될 수 있는 수를 분할할 때 사용하는 분할방법이다. 이 방법으로 원주를 32등분하기 위해서는 다음 식과 같이 크랭크를 1회전하고, 크랭크를 4구멍의 간격으로 회전시킨다.

$$n = \frac{40}{32} = 1\frac{8}{32}$$

여기서, 분할판의 구멍수가 No.1에 16이 있으므로, $1\frac{8}{32} \rightarrow 1\frac{4}{16}$

이를 해석하면, 1(회전수)$\frac{4(크랭크를\ 돌리는\ 구멍수)}{16(분할판에\ 있는\ 구멍수)}$

20 게이지 블록 중 표준용(Calibration Grade)으로서 측정기류의 정도검사 등에 사용되는 게이지의 등급은?

① 00(AA)급
② 0(A)급
③ 1(B)급
④ 2(C)급

[해설]
표준용으로 측정기의 정도검사에는 A(0)급을 사용한다.
게이지 블록
• 길이 측정의 표준이 되는 게이지로 공장용 게이지들 중에서 가장 정확하다. 개개의 블록 게이지를 밀착시킴으로써 그들 호칭치수의 합이 되는 새로운 치수를 얻을 수 있다.
• 블록게이지 조합의 종류 : 9개조, 32개조, 76개조, 103개조

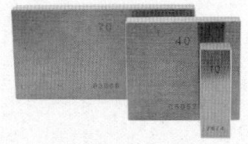

게이지 블록의 등급에 따른 분류

등 급	사용목적	사용내용	검사주기
AA(00)급	연구소용, 참조용	연구용, 학술용	3년
A(0)급	표준용	측정기의 정도검사	2년
B(1)급	검사용	• 부품이나 공구검사 • 게이지 제작	1년
C(2)급	공작용	• 공구 설치 • 측정기의 정도 조정	6개월

제2과목 | 기계설계 및 기계재료

21 아공석강에서 탄소 함량이 증가함에 따른 기계적 성질 변화에 대한 설명으로 틀린 것은?

① 인장강도가 증가한다.
② 경도가 증가한다.
③ 항복강도가 증가한다.
④ 연신율이 증가한다.

[해설]
아공석강에서 탄소의 함량이 증가하면 경도는 계속 증가하는 성질을 보이므로 연신율은 감소한다.

22 다음 중 구리에 대한 설명과 가장 거리가 먼 것은?

① 전기 및 열의 전도성이 우수하다.
② 전연성이 좋아 가공이 용이하다.
③ 건조한 공기 중에서는 산화하지 않는다.
④ 광택이 없으며 귀금속적 성질이 나쁘다.

[해설]
구리는 광택이 있고, 귀금속적 성질이 우수하다.

23 다음 중 열가소성 수지로 나열된 것은?

① 페놀, 폴리에틸렌, 에폭시
② 알키드 수지, 아크릴, 페놀
③ 폴리에틸렌, 염화비닐, 폴리우레탄
④ 페놀, 에폭시, 멜라민

[해설]
열가소성 수지에는 폴리에틸렌, 폴리우레탄, 염화비닐이 속한다.
합성수지의 종류 및 특징

종류		특징
열경화성 수지 (한번 열을 가해 성형을 하면 다시 열을 가해도 형태가 변하지 않는 수지)	요소 수지	• 광택이 있다. • 착색이 자유롭다. • 건축재료, 성형품에 이용한다.
	페놀 수지	• 높은 전기절연성이 있다. • 베이클라이트라고도 한다. • 전기 부품재료, 식기, 판재, 무음 기어에 이용한다.
	멜라민 수지	• 내수성, 내열성이 있다. • 책상, 테이블판 가공에 이용한다.
	에폭시 수지	• 내열성, 전기절연성, 접착성이 우수하다. • 경화 시 휘발성 물질이 발생하고 부피가 수축된다.
	폴리 에스테르	• 치수 안정성과 내열성, 내약품성이 있다. • 소형차의 차체, 선체, 물탱크 재료로 이용한다.
	거품 폴리 우레탄	• 비중이 작고 강도가 크다. • 매트리스나 자동차의 쿠션, 가구에 이용한다.
열가소성 수지 (열을 가해 성형한 뒤에도 다시 열을 가하면 형태를 변형시킬 수 있는 수지)	폴리 에틸렌	• 전기절연성, 내수성, 방습성이 우수하며 독성이 없다. • 연료탱크나 어망, 코팅 재료로 이용한다.
	폴리 프로필렌	• 기계적, 전기적 성질이 우수하다. • 가전제품의 케이스, 의료기구, 단열재로 이용한다.
	폴리 염화비닐	• 내산성 및 내알칼리성이 풍부하다. • 텐트나 도료, 완구제품에 이용한다.
	폴리 비닐 알코올	• 무색투명하며 인체에 무해하다. • 접착제나 도료에 이용한다.
	폴리 스티렌	• 투명하고 전기절연성이 좋다. • 통신기의 전열재료, 선풍기 팬, 계량기판에 이용한다.
	폴리 아마이드 (나일론)	• 내식성과 내마멸성의 합성 섬유이다. • 타이어나 로프, 전선 피복 재료로 이용한다.
	폴리 우레탄	• 탄성체로 인장강도, 인열강도, 내마모성이 뛰어나다.
	아크릴 수지	• 유리 대신 사용되며 무색이고 투명하며 자외선이 일반 유리보다 더 잘 투과된다.

24 공구재료가 구비해야 할 조건으로 틀린 것은?

① 내마멸성과 강인성이 클 것
② 가열에 의한 경도 변화가 클 것
③ 상온 및 고온에서 경도가 높을 것
④ 열처리와 공작이 용이할 것

[해설]
공구재료는 가열되었을 때 그 발생 열에 의한 경도 변화가 크지 않아야 한다.

25 강의 표면경화법에 대한 설명으로 틀린 것은?

① 침탄법에는 고체침탄법, 액체침탄법, 가스침탄법 등이 있다.
② 질화법은 강 표면에 질소를 침투시켜 경화하는 방법이다.
③ 화염경화법은 일반 담금질법에 비해 담금질 변형이 작다.
④ 세라다이징은 철강 표면에 Cr을 확산 침투시키는 방법이다.

해설
세라다이징은 철강 표면에 Zn(아연)을 확산 침투시키는 방법이다.
금속침투법의 종류에 따른 침투원소

종 류	침투원소
세라다이징	Zn
칼로라이징	Al
크로마이징	Cr
실리코나이징	Si
보로나이징	B(붕소)

27 다음 구조용 복합재료 중에서 섬유강화금속은?

① SPF   ② FRTP
③ FRM   ④ GFRP

해설
③ FRM(Fiber Reinforced Metal) : 섬유강화금속
① SPF : 구조목, Spruce(스프루스), Pine(소나무), Fir(전나무)
② FRTP(Fiber Reinforced Thermo Plastic) : 섬유강화 내열 플라스틱
④ GFRP(Glass Fiber Reinforced Plastic) : 유리섬유 강화 플라스틱

26 다음 중 철-탄소상태도에서 나타나지 않은 불변점은?

① 공정점   ② 포석점
③ 공석점   ④ 포정점

해설
Fe-C계 상태도에는 포정반응, 공정반응, 공석반응이 나타나고 이 반응이 일어나는 온도를 상태도에서는 하나의 점으로 나타낸다.

28 구리에 아연이 5 ~ 20% 정도 첨가되어 전연성이 좋고 색깔이 아름다워 장식용 악기 등에 사용되는 것은?

① 톰 백
② 백 동
③ 6-4 황동
④ 7-3 황동

해설
톰백 : Cu에 Zn을 5~20% 합금한 것으로 색깔이 아름답고 냉간가공이 쉽게 되어 단추나 금박, 금 모조품과 같은 장식용 재료로 사용된다.

정답 25 ④ 26 ② 27 ③ 28 ①

29 다음 중 결정격자가 면심입방격자인 금속은?

① Al   ② Cr
③ Mo   ④ Zn

해설
면심입방격자에 속하는 금속은 연한 금속의 성질을 가진 것으로 Al(알루미늄)이 이에 속한다.

Fe의 결정구조의 종류 및 특징

종류	성질	원소	단위격자	배위수	원자충진율
체심입방격자 (BCC ; Body Centered Cubic)	• 강도가 크다. • 용융점이 높다. • 전성과 연성이 작다.	W, Cr, Mo, V, Na, K	2개	8	68%
면심입방격자 (FCC ; Face Centered Cubic)	• 전기전도도가 크다. • 가공성이 우수하다. • 장신구로 사용된다. • 전성과 연성이 크다. • 연한 성질의 재료이다.	Al, Ag, Au, Cu, Ni, Pb, Pt, Ca	4개	12	74%
조밀육방격자 (HCP ; Hexagonal Close Packed lattice)	• 전성과 연성이 작다. • 가공성이 좋지 않다.	Mg, Zn, Ti, Be, Hg, Zr, Cd, Ce	2개	12	74%

30 금속재료와 비교한 세라믹의 일반적인 특징으로 옳은 것은?

① 인성이 크다.
② 내충격성이 높다.
③ 내산화성이 양호하다.
④ 성형성 및 기계가공성이 좋다.

해설
세라믹 재료는 내산화성이 양호한 성질이 있지만, 인성과 내충격성, 기계가공성은 좋지 않다.

31 재료의 파손이론 중 취성재료에 잘 일치하는 것은?

① 최대 주응력설
② 최대 전단응력설
③ 최대 주변형률설
④ 변형률 에너지설

해설
• 최대 주응력설
최대 인장응력이나 최대 압축응력의 크기가 항복강도보다 클 경우 재료의 파손이 일어난다는 이론으로, 취성재료의 분리 파손과 가장 일치한다.
$$\sigma_{\max} = \frac{1}{2}(\sigma_x + \sigma_y) + \frac{1}{2}\sqrt{(\sigma_x + \sigma_y)^2 + 4\tau_{xy}^2}$$

• 최대 전단응력설
최대 전단응력이 그 재료의 항복전단응력에 도달하면 재료의 파손이 일어난다는 이론으로, 연성재료의 미끄럼 파손과 일치한다.
$$\tau_{\max} = \frac{1}{2}\sigma_Y = \frac{1}{2}\sqrt{\sigma_x^2 + 4\tau^2}$$ (여기서, σ_Y : 항복응력)

32 원주속도 5m/s로 2.2kW의 동력을 전달하는 평벨트 전동장치에서 긴장측 장력은 약 몇 N인가?(단, 벨트의 장력비($e^{\mu\theta}$)는 2이다)

① 450   ② 660
③ 750   ④ 880

해설
$2 = \dfrac{T_t}{T_s}$, $T_s = \dfrac{T_t}{2}$

$H = F \times v = (T_t - T_s) \times v$

$2,200W = (T_t - \dfrac{T_t}{2}) \times 5\text{m/s}$

$440N = \dfrac{T_t}{2}$, 긴장측 장력 $T_t = 880N$

$e^{\mu\theta}$: 장력비, $\dfrac{T_t}{T_s}$

33 두 축을 주철 또는 주강제로 이루어진 2개의 반원 통에 넣고 두 반원 통의 양쪽을 볼트로 체결하며 조립이 용이한 커플링은?

① 클램프 커플링 ② 셀러 커플링
③ 머프 커플링   ④ 플랜지 커플링

해설
① 클램프 커플링 : 두 축을 주철이나 주강제로 이루어진 2개의 반원 통에 넣고 두 반원 통의 양쪽을 볼트로 체결함으로써 조립 하는 축이음 요소이다.

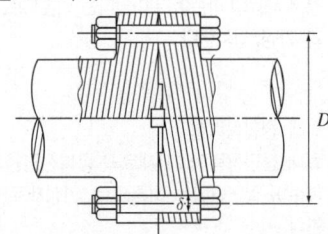

② 셀러 커플링 : 테이퍼 슬리브 커플링으로 커플링의 안쪽 면이 테이퍼처리되어 있으며 두 축의 중심이 일치하는 경우에 사용 한다. 원뿔과 축 사이는 패터키로 연결한다.
③ 머프 커플링 : 주철 재질의 원통 속에 두 축을 맞대고 키(Key)로 고정한 축이음으로, 축 지름과 하중이 매우 작을 때 주로 사용한다. 그러나 인장력이 작용하는 곳은 축이 빠질 우려가 있으므로 사용을 자제해야 한다. 또한, 두 축의 중심이 일치하는 경우에 사용한다.
④ 플랜지 커플링 : 대표적인 고정 커플링의 일종이므로 두 축 간의 축 경사나 편심을 흡수할 수 없다. 반면에 고무 커플링이나 기어 커플링, 유니버설 조인트는 모두 두 축에 다소 경사가 발생하여도 동력을 전달할 수 있는 축이음 요소이다.

34 축 방향으로 10,000N의 인장하중이 작용하는 볼트에서 골지름은 약 몇 mm 이상이어야 하는가? (단, 볼트의 허용 인장응력은 48N/mm²이다)

① 13.2   ② 14.6
③ 15.4   ④ 16.3

해설
$$d_1 = \sqrt{\frac{4Q}{\pi\sigma_a}} = \sqrt{\frac{4\times 10^4}{\pi\times 48}} = 16.28\,\text{mm}$$

축하중을 받을 때 볼트의 지름(d) 구하는 식

골지름(안지름)	바깥지름(호칭지름)
$d_1 = \sqrt{\dfrac{4Q}{\pi\sigma_a}}$	$d = \sqrt{\dfrac{2Q}{\sigma_a}}$

35 다음 중 스프링의 용도와 거리가 먼 것은?

① 하중의 측정   ② 진동 흡수
③ 동력 전달   ④ 에너지 축적

해설
스프링은 동력을 전달하는 역할은 하지 않는다.
스프링의 역할
• 충격 완화
• 진동 흡수
• 힘의 축적
• 하중의 측정
• 운동과 압력의 억제
• 에너지를 저장하여 동력원으로 사용

36 너클 핀이음에서 인장하중(P) 20kN을 지지하기 위한 핀의 지름(d_1)은 약 몇 mm 이상이어야 하는가?(단, 핀의 전단응력은 50N/mm²이며, 전단응력만 고려한다)

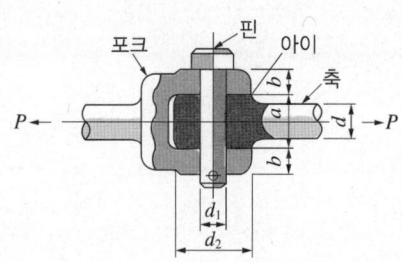

① 10   ② 16
③ 20   ④ 28

해설
전단응력
$$\tau = \frac{F}{A}$$
$$50\,\text{N/mm}^2 = \frac{20{,}000\,\text{N}}{\dfrac{\pi d^2}{4}\times 2} = \frac{40{,}000\,\text{N}}{\pi d^2}$$
$$d^2 = \frac{40{,}000\,\text{N}}{\pi\times 50\,\text{N/mm}^2}$$
$$d ≒ \sqrt{254.64} ≒ 15.95$$
따라서, 핀의 지름은 최소 16mm 이상이어야 한다.

37 레이디얼 볼 베어링 '6304'에서 한계속도계수(dN, mm·rpm)값을 120,000이라 하면, 이 베어링의 최고 사용 회전수는 약 몇 rpm인가?

① 4,500   ② 6,000
③ 6,500   ④ 8,000

해설
베어링 호칭번호가 6304이므로 안지름은 20mm임을 알 수 있다.
베어링의 한계속도지수 $= d \times n$이므로,
$120,000 = 20mm \times n$
$n = \dfrac{120,000}{20} = 6,000 rpm$

38 기계의 운동에너지를 마찰에 따른 열에너지 등으로 변환·흡수하여 속도를 감소시키는 장치는?

① 기어   ② 브레이크
③ 베어링   ④ V-벨트

해설
② 브레이크(Brake) : 움직이는 기계장치의 속도를 줄이거나 정지시키는 제동장치로 마찰력을 이용하여 운동에너지를 열에너지로 변환시킨다.
① 기어 : 두 개의 축 간 동력 전달을 목적으로 원판의 끝 부분에 돌기부인 이(齒)를 만들어 서로 맞물려 돌아가게 한 기계요소로 미끄럼이나 에너지의 손실 없이 동력을 전달할 수 있다.
③ 베어링 : 회전하고 있는 기계의 축을 본체 내부의 일정한 위치에 고정시키고 축의 자중과 축에 걸리는 하중을 지지하면서 동력을 전달하고자 하는 곳에 사용하는 기계요소이다.
④ V-벨트 : 벨트풀리에 V벨트를 감아서 이 벨트를 동력매체로 하여 원동축에서 동력을 전달받아 종동축으로 전달하는 감아걸기 전동장치이다.

39 다음 그림과 같은 기어열에서 각각의 잇수가 Z_A는 16, Z_B는 60, Z_C는 12, Z_D는 64인 경우 A기어가 있는 Ⅰ축이 1,500rpm으로 회전할 때, D기어가 있는 Ⅲ축의 회전수는 얼마인가?

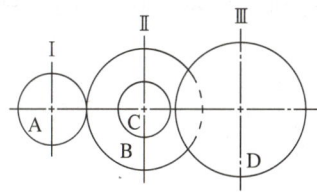

① 56rpm   ② 60rpm
③ 75rpm   ④ 85rpm

해설
- $\dfrac{N_{II}}{N_I} = \dfrac{Z_A}{Z_B}$, $\dfrac{N_{II}}{1,500rpm} = \dfrac{16}{60}$
  $N_{II} = 400 rpm$
- $\dfrac{N_{III}}{N_{II}} = \dfrac{Z_C}{Z_D}$, $\dfrac{N_{III}}{400rpm} = \dfrac{12}{64}$
  $N_{III} = 75 rpm$
- 속도비(i) 일반식
  $i = \dfrac{n_2}{n_1} = \dfrac{w_2}{w_1} = \dfrac{D_1}{D_2} = \dfrac{z_1}{z_2}$

40 접합할 모재의 한쪽에 구멍을 뚫고, 판재의 표면까지 용접하며 다른 쪽 모재와 접합하는 용접방법은?

① 그루브 용접   ② 필릿용접
③ 비드용접   ④ 플러그 용접

해설
- 플러그 용접 : 위아래로 겹쳐진 판을 접합할 때 사용하는 용접법이다. 위에 놓인 판의 한쪽에 구멍을 뚫고 그 구멍 아래부터 용접을 하면, 용접불꽃에 의해 아랫면이 용해되면서 용접이 되며 용가재로 구멍을 채워 용접하는 방법
- 필릿용접(Fillet Welding) 이음 : 2장의 모재를 T자 형태로 맞붙이거나 겹쳐 붙이기를 할 때 생기는 코너 부분을 용접하는 방법

제3과목 | 컴퓨터응용가공

41 CAD 데이터 교환을 위한 중간 파일로서 Flag 섹션, Start 섹션, Global 섹션, Directory Entry 섹션, Parameter Data 섹션, Terminate 섹션 등으로 구성된 파일 형식은?

① DXF
② IGES
③ PRT
④ STEP

해설
IGES(Initial Graphics Exchanges Specification)
- ANSI(미국국가표준)의 데이터 교환 표준 규격으로 서로 다른 CAD/CAM/CAE 시스템 간에 도면 및 기하학적 형상의 데이터를 교환하기 위해 최초로 개발된 데이터 교환 형식으로 6개의 파일 형식을 갖는다.
- IGES의 파일구조
  - 개시 섹션(Start Section)
  - 플래그 섹션(Flag Section)
  - 글로벌 섹션(Global Section)
  - 종결 섹션(Terminate Section)
  - 디렉터리 엔트리 섹션(Directory Entry Section)
  - 파라미터 데이터 섹션(Parameter Data Section)

42 CAD/CAM 시스템에서 모델링된 도형을 보다 현실감 있게 정적으로 화면에 디스플레이하기 위해 사용되는 것이 아닌 것은?

① 모핑(Morphing)
② 음영기법(Shading)
③ 색채 모델링(Color Modeling)
④ 은선/은면 제거(Hidden Line/Surface Removal)

해설
- CAD/CAM 시스템에서 모델링된 도형을 보다 현실감 있게 표현하는 방법에는 색채를 입히거나, 음영처리를 하거나, 은선이나 은면을 제거하는 방법이 있다.
- 모핑(Morphing)이란 어떤 형체가 서서히 모양을 바꿔 다른 형체로 탈바꿈하는 기법으로 현실감 있는 도형의 화면 표시와는 거리가 멀다.

43 베지어(Bezier) 곡선의 특성이 아닌 것은?

① 조정점 다각형의 시작점과 끝점을 지난다.
② 조정점 다각형의 첫 번째 직선과 시작점에서의 접선 벡터의 방향이 같다.
③ 조정점 다각형의 꼭짓점 순서가 거꾸로 되어도 같은 곡선이 생성된다.
④ 조정점 하나가 변경되어도 곡선에는 영향을 미치지 않는다.

해설
베지어 곡선은 모든 조정점을 지나지는 않지만 1개의 조정점을 변화시켜도 곡선 전체에 영향을 미친다.
베지어(Bezier) 곡선
컴퓨터 그래픽에서 임의 형태의 곡선을 표현하기 위해 수학적(번스타인 다항식)으로 만든 곡선이다. 프랑스의 수학자 베지어에 의해 만들어졌으며, 시작점과 끝점 그리고 그 사이인 내부 조정점의 이동에 의해 다양한 자유곡선을 얻을 수 있다. 베지어 곡선과 곡면은 모두 블렌딩 함수로 번스타인 다항식을 사용하여 컴퓨터상에 곡선과 곡면을 만들어 낸다는 특징을 갖는다.

44 3차원 솔리드 모델링 형상 표현방법 중 CSG(Constructive Solid Geometry)에 해당되는 사항은?

① 경계면에 의한 표현
② 로프트(Loft)에 의한 표현
③ 스위프(Sweep)에 의한 표현
④ 프리미티브(Primitive)에 의한 표현

해설
솔리드 모델링은 CSG(Constructive Solid Geometry)와 B-rep(Boundary Representation) 방법 등이 있는데 CSG 방법은 육면체, 구, 원통, 피라미드 등의 기본적인 프리미티브(Primitive)로부터 더하고, 빼고, 공통 부분 등을 찾아 만든다.

45 CNC 선반용 NC 데이터를 생성 시 노즈 반경이 0.8mm인 바이트로 선정하고 도면에는 최대 높이거칠기가 0.02mm로 표시되었을 때 바이트의 이동속도는 약 몇 mm/rev로 지정해야 하는가?

① 0.357　② 0.457
③ 0.505　④ 0.557

해설
선반가공 시 이론적인 표면거칠기 최대 높이($H_{\max}$)

$H_{\max} = \dfrac{S^2}{8r}$

(여기서, r : 바이트 끝 반지름
　　　　S : 이송거리)

$0.02 = \dfrac{S^2}{8 \times 0.8}$

$S^2 = 0.128$

$S = \sqrt{0.128} \fallingdotseq 0.357$

46 자유곡면의 NC 밀링가공을 위한 경로 산출에 대한 설명으로 틀린 것은?

① 공구 흔적(Cusp)를 줄이기 위해서는 경로 간 간격을 줄이거나 공구 반경을 크게 한다.
② 공구간섭은 공구지름 크기에 무관하다.
③ 원호보간을 이용하면, NC 프로그램 길이를 크게 줄일 수 있다.
④ 경로 산출을 위해 곡면 오프셋(Offset) 계산이 이용되기도 한다.

해설
NC 밀링가공을 위한 경로 산출 시 공구간섭은 공구의 지름에 영향을 받는다. 예를 들어 큰 반경의 공구를 사용하면 오목한 부위에서 공구간섭의 영역이 커진다.

47 공구경로 시뮬레이션을 통한 검증내용으로 보기 어려운 것은?

① 공구가 공작물의 필요한 부분까지 제거하진 않는가
② 가공 중 공구수명에 도달하여 파손의 가능성이 있는가
③ 공구가 클램프나 고정구와 충돌하진 않는가
④ 공구경로들은 효율적인가

해설
공구경로를 시뮬레이션하는 이유는 공구경로와 그 경로에 공구와 공작물, 기계와 충돌하지 않는지를 파악하기 위함이다. 공구수명의 파손을 파악하기 위한 것은 아니다.

48 곡면 모델(Surface Model)의 특징으로 틀린 것은?

① 은선 제거가 가능하다.
② CAM 가공을 위한 모델로 사용이 가능하다.
③ 생성된 모델의 체적을 계산하기가 용이하다.
④ 3차원 유한요소를 사용하기에 부적절한 모델이다.

해설
곡면 모델링은 체적과 같은 물리적 계산을 하기 힘들다. 체적은 솔리드 모델링으로 가능하다.

49 3차원 모델링에서 솔리드 모델링(Solid Modeling)의 특징이 아닌 것은?

① 부품 상호 간의 간섭 체크가 가능하다.
② 표면적, 체적, 관성모멘트 등의 계산이 가능하다.
③ 단순 데이터로 용량이 작으며 처리시간도 짧다.
④ 불리언(Boolean) 연산(합집합, 차집합, 교집합)이 쉽게 된다.

해설
솔리드 모델링은 대용량의 데이터를 가지며, 처리시간이 길다.

50 NC 공구경로 시뮬레이션 및 검증방법 가운데 공작물을 사각기둥의 집합으로 표현하고 공구가 사각기둥을 깎아 나갈 때 그 높이를 갱신하여 가공되는 공작물의 디스플레이를 효과적으로 할 수 있도록 한 방법은?

① 3D Histogram
② Point-vector
③ Voxel
④ Constructive Solid Geometry(CSG)

해설
3D 히스토그램(3D Histogram) : NC 공구경로를 시뮬레이션과 검증을 할 때 공작물을 사각기둥의 집합으로 표현하고 공구가 사각기둥을 깎아 나갈 때 그 높이를 갱신하여 가공되는 공작물을 디스플레이하는 방법

51 어떤 NC공작기계의 MCU가 Z축을 이동시키기 위하여 5초에 10,000펄스의 전기신호를 발생시켰다. 이 공작기계의 BLU가 0.005mm/Pulse이면 이때 이동한 거리는 몇 mm인가?

① 20 ② 50
③ 100 ④ 250

해설
$$\frac{0.005\text{mm}}{\text{Pulse}} = \frac{50\text{mm}}{10{,}000\text{Pulse}}$$
따라서 이동거리는 50mm이다.
- MCU(Machine Control Unit) : 기계제어장치
- BLU(Basic Length Unit) : 최소 이송단위로 모터에 공급되는 펄스당 테이블 이송거리이다.

52 B-spline 곡선을 정의하기 위해 필요하지 않은 입력 요소는?

① 조정점
② 절점(Knot) 벡터
③ 곡선의 오더(Order)
④ 끝점에서의 접선(Tangent) 벡터

해설
B-spline 곡선을 정의하기 위한 입력요소
- 조정점
- 절점(Knot)의 벡터
- 곡선의 오더(Order)

B-spline(Basis Spline)곡선
어떤 조정점(Control Point)도 통과하지 않고 조정점에 근접하여 그려지는 곡선으로 근사곡선(Approximating Spline)에 속한다. Hermite나 Bezier 곡선에 비해 한층 더 부드럽고 완만한 곡률을 갖기 때문에 자동차나 비행기의 설계에 활용된다.

53 다음 중 CSG와 비교한 B-rep의 특성이 아닌 것은?

① 입체의 표면적 계산이 용이하다.
② 많은 저장 메모리가 요구된다.
③ 투시도 작성이 용이하다.
④ 3면도 작성이 곤란하다.

해설
솔리드 모델링에서 사용하는 B-rep방식은 데이터의 구조가 복잡해서 메모리 용량을 많이 차지할 정도로 많은 정보를 포함하므로 3면도 작성도 가능하다.

55 두 점 (1, 1), (3, 4)를 잇는 선분을 원점 기준으로 X방향으로 2배, Y방향으로 0.5배 확대(축소)하였을 때 선분 양 끝점의 좌표를 구한 것은?

① (1, 1), (1.5, 2)
② (1, 1), (6, 2)
③ (2, 0.5), (6, 2)
④ (2, 2), (1.5, 2)

해설
$$T_H = [2\ 0.5]\begin{bmatrix} 1 & 1 \\ 3 & 4 \end{bmatrix}$$
$$= \begin{bmatrix} 2\times 1 & 0.5\times 1 \\ 2\times 3 & 0.5\times 4 \end{bmatrix} = \begin{bmatrix} 2 & 0.5 \\ 6 & 2 \end{bmatrix}$$
$$= (2, 0.5), (6, 2)$$

54 CAD 시스템에서 작성된 도면을 출력할 수 있는 장치로 틀린 것은?

① 플로터(Plotter)
② 프린터(Printer)
③ 라이트 펜(Light Pen)
④ 하드 카피어(Hard Copier)

해설
라이트 펜은 입력장치에 속한다.

56 다음 중 가공경로를 계획할 때 고려해야 할 사항으로 가장 거리가 먼 것은?

① 공구의 제작사
② 곡면 정의 방식
③ NC 기계의 자유도
④ 수치적 계산의 난이도

해설
가공경로 계획단계에서는 거친 가공인 황삭에서부터 정밀가공인 정삭에 이르기까지 모든 공정을 고려해야 한다. 그리고 곡면의 정의방식, 수치적 계산의 난이도, NC 기계의 자유도 등도 고려해야 하지만, 공구의 제작사는 고려 대상이 아니다.

정답 53 ④ 54 ③ 55 ③ 56 ①

57 곡면의 용도에 따른 분류에서 일반 가전제품의 외형이나 용기류 등의 플라스틱 제품에서 널리 발견되는 곡면으로서, 곡면의 미적 특성을 규정하는 곡선을 투영도상에 표시하는 곡면은?

① 유체역학적 곡면
② 심미적 곡면
③ 공학적 곡면
④ 재료역학적 곡면

해설
심미적 곡면 : 곡면의 미적 특성을 규정하는 곡선을 투영도상에 표시하는 곡면으로, 일반 가전제품의 외형이나 용기류 등의 플라스틱 제품에 널리 사용된다.

58 열가소성 수지를 액체 상태로 압출하여 층을 만드는 신속시작(RP)방식은?

① FDM
② SLA
③ SLS
④ LOM

해설
① 용융수지압출법(FDM ; Fused Deposition Molding) : 열가소성인 $3\mu m$ 직경의 필라멘트 선으로 된 열가소성 소재를 노즐 안에서 가열하여 용해한 후 이를 짜내어 조형면에 쌓아 올려 제품을 만드는 방법으로, 광조형법 다음으로 가장 널리 사용된다.
② 광조형법(SLA ; Stereolithography) : 액체 상태의 광경화성 수지에 레이저 광선을 부분적으로 쏘아서 적층해 나가는 방법이다. 큰 부품의 처리가 가능하며 정밀도가 높은 장점으로 현재 널리 사용되고 있으나, 액체재료이므로 후처리가 필요하다는 것이 단점이다.
③ 선택적 레이저 소결법(SLS ; Selective Laser Sintering) : 레이저는 에너지의 미세한 조정으로 재료의 가공이 가능한 장점이 있는데, 먼저 고분자 재료나 금속 분말가루를 한 층씩 도포한 후 여기에 레이저 광선을 쏘아서 소결시킨 후 다시 한 층씩 쌓아 올려서 형상을 만드는 방법이다. 분말로 만들어지거나 용융되어 분말로 소결되는 모든 재료에 사용이 가능하다.
④ 박판적층법(LOM ; Laminated Object Manufacturing) : 원하는 단면에 레이저 광선을 부분적으로 쏘아서 절단한 후 종이의 뒷면에 부착된 접착제를 사용해서 아래층과 압착시켜 한 층씩 쌓아가며 형상을 만드는 방법이다. 사무실에서 사용할 만큼 크기와 가격이 적당하나 재료에 제한이 있고 정밀도가 떨어진다는 단점이 있다.

59 솔리드 모델링 시스템에서 모따기, 구멍, 필릿, 슬롯 작업 등을 이용해 형상을 수정하는 것은?

① 불리언 작업
② 기본 입체(Primitive) 모델링
③ 스위핑 작업
④ 특징 형상 모델링

해설
특징 형상 모델링은 모따기(Chamfer), 구멍(Hole), 필릿(Fillet), 슬롯(Slot), 포켓(Pocket) 작업을 이용하여 형상을 수정하는 방법으로, 파라메트릭 모델링의 한 형태로 볼 수 있다.

60 2차원으로 구성되는 가장 일반적인 원추곡선의 식이 다음과 같을 때, 식에서 계수가 $b^2 - 4ac = 0$인 경우의 표현은?

$$F(x,y) = ax^2 + bxy + cy^2 + dx + ey + g = 0$$

① 원
② 타원
③ 포물선
④ 쌍곡선

해설
$ax^2 + bxy + cy^2 + dx + ey + g = 0$에서
$b^2 - 4ac = 0$을 계수로 사용하는 것은 포물선이다.
① 원 : $x^2 + y^2 = r^2$
② 타원 : $\dfrac{x^2}{a^2} + \dfrac{y^2}{b^2} = 1$ (단, $a > 0, b > 0$)
④ 쌍곡선 : $\dfrac{x^2}{a^2} - \dfrac{y^2}{b^2} = 1$

제4과목 | 기계제도 및 CNC공작법

61 2개의 입체가 서로 만날 때 두 입체 표면에 만나는 선이 생기는데 이 선을 무엇이라고 하는가?

① 분할선　　② 입체선
③ 직립선　　④ 상관선

해설
상관선은 2개의 입체가 서로 만날 때 그 표면에 생기는 선이다.

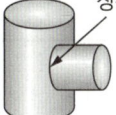

62 치수선 및 치수 기입방법에 대한 설명으로 틀린 것은?

① 치수선은 가는 실선으로 긋는다.
② 치수선은 원칙적으로 지시하는 길이에 평행하게 긋는다.
③ 치수 수치는 다른 치수선과 교차하여 겹치도록 기입한다.
④ 치수선이 인접해서 연속되는 경우에 치수선은 되도록 동일 직선상에 가지런히 기입하는 것이 좋다.

해설
치수 수치는 다른 치수선과 교차해서 겹치도록 기입하면 안 된다.

63 줄다듬질 가공을 나타내는 가공기호는?

① FF　　② FS
③ PS　　④ SH

해설
① FF : 줄 다듬질 가공
② FS : 스크레이핑
③ PS : 절단(전단)
④ SH : 기계적 강화

64 공구, 지그 등의 위치를 참고로 나타내는 데 사용하는 선의 명칭은?

① 가상선　　② 지시선
③ 파치선　　④ 해칭선

해설
가는 2점 쇄선(———··———)으로 표시되는 가상선의 용도
• 반복되는 것을 나타낼 때
• 가공 전이나 후의 모양을 표시할 때
• 도시된 단면의 앞부분을 표시할 때
• 물품의 인접 부분을 참고로 표시할 때
• 이동하는 부분의 운동범위를 표시할 때
• 공구 및 지그 등 위치를 참고로 나타낼 때
• 단면의 무게중심을 연결한 선을 표시할 때

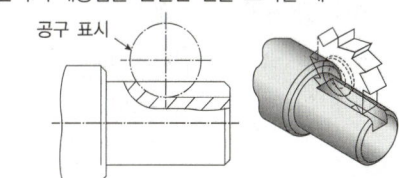

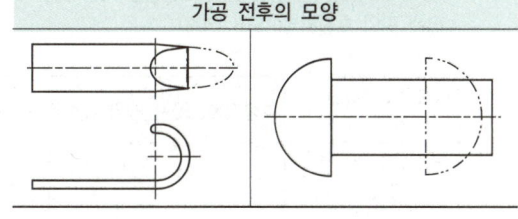

가공 전후의 모양

정답 61 ④　62 ③　63 ①　64 ①

65 파이프 상단 중앙에 드릴 구멍을 뚫은 그림과 같은 정면도를 보고 우측면도를 작성했을 때 다음 중 가장 적절한 것은?

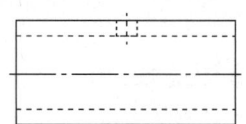

① 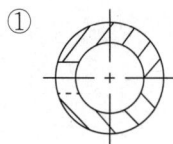 ②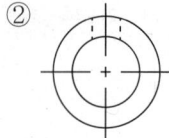

③ 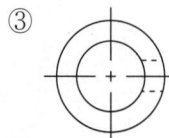 ④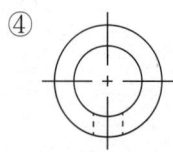

해설
파이프를 우측에서 바라보면, 12시 방향의 위쪽에 보이지 않는 세로 방향의 구멍이 뚫려 있다. 이를 표시한 도면은 ②번이다.

66 평행 핀의 호칭방법을 옳게 나타낸 것은?(단, 비경화강 평행 핀으로 호칭지름은 6mm, 호칭 길이는 30mm, 공차는 m6이다)

① 평행 핀 – 6×30 m6 – St
② 평행 핀 – 6 m6×30 – St
③ 평행 핀 St – 6×30 – m6
④ 평행 핀 St – 6 m6×30

해설
다음의 규격에 따른 평행 핀의 호칭법을 따른 것은 ②번이다.
• 평행 핀의 호칭방법(KS B 1309)

규격번호 또는 명칭	–	호칭지름, 공차 등급×길이	–	재 료
KS B 1309 평행 핀	–	5 h7 × 25	–	Al

67 호칭번호가 6900인 베어링에 대한 설명으로 옳은 것은?

① 안지름이 10mm인 니들 롤러 베어링
② 안지름이 12mm인 원통 롤러 베어링
③ 안지름이 12mm인 자동 조심 볼 베어링
④ 안지름이 10mm인 단열 깊은 홈 볼 베어링

해설
베어링의 호칭번호 6900에서 맨 앞의 '6'은 단열 깊은 홈 베어링을, 뒷 두 자리 '00'은 베어링의 안지름 호칭기호이며 이는 10mm를 의미한다.
베어링의 호칭번호 순서

형식번호	• 1 : 복렬 자동조심형 • 2, 3 : 상동(큰너비) • 6 : 단열홈형 • 7 : 단열앵귤러콘택트형 • N : 원통 롤러형
치수기호	• 0, 1 : 특별경하중 • 2 : 경하중형 • 3 : 중간형
안지름번호	• 1~9 : 1~9mm • 00 : 10mm • 01 : 12mm • 02 : 15mm • 03 : 17mm • 04 : 20mm 04부터는 5를 곱한다.
접촉각기호	C
실드기호	• Z : 한쪽실드 • ZZ : 안팎실드
내부틈새기호	C2
등급 기호	• 무기호 : 보통급 • H : 상급 • P : 정밀등급 • SP : 초정밀급

68 다음 보기에서 치수 기입의 원칙에 대한 설명 중 옳은 것을 모두 고른 것은?

┌─ 보기 ─────────────────────────┐
│ a : 숫자로 기입된 치수는 'mm' 단위이다. │
│ b : 도면의 치수는 특별히 명시하지 않는 한 다듬질 │
│   치수를 기입한다. │
│ c : 치수 중 참고 치수는 치수 수치를 □ 안에 기입 │
│   한다. │
└──────────────────────────────┘

① a, b　　　　② b, c
③ a, c　　　　④ a, b, c

해설
c : 참고치수는 수치에 ( )를 넣어서 표시한다.

70 조립되는 구멍의 치수가 $\phi 100^{+0.015}_{0}$ 이고, 축의 치수가 $\phi 10^{-0.015}_{-0.030}$ 인 끼워맞춤에서 최소 틈새는?

① 0.005　　　　② 0.015
③ 0.030　　　　④ 0.045

해설
최소 틈새 = 구멍의 최소 허용 치수 - 축의 최대 허용 치수
　　　　 = 100mm - 99.985mm
　　　　 = 0.015mm

틈새와 죔새값 계산

최소 틈새	구멍의 최소 허용 치수 - 축의 최대 허용 치수
최대 틈새	구멍의 최대 허용 치수 - 축의 최소 허용 치수
최소 죔새	축의 최소 허용 치수 - 구멍의 최대 허용 치수
최대 죔새	축의 최대 허용 치수 - 구멍의 최소 허용 치수

69 기하공차 표시와 관련하여 상호 요구사항이 부가적으로 필요할 경우 Ⓜ 또는 Ⓛ 기호 다음에 명시하는 특정 기호는?

① Ⓒ　　　　② Ⓩ
③ Ⓟ　　　　④ Ⓡ

해설
Ⓜ은 최대 실체공차방식, Ⓛ은 최소 실체공차방식, 다음에는 MMR, LMR과 같이 Requirement와 같이 요구된다는 의미인 Ⓡ이 명시된다.
Ⓟ는 Projected Tolerance Zone의 약자로 형체의 돌출 길이를 나타내는 공차기호이다.

71 CNC 프로그램상에서 다음 블록으로 작업을 수행하기 전에 일전시간을 지연시키는 코드는?

① G01　　　　② G02
③ G03　　　　④ G04

해설
CNC 선반의 준비기능 중에서 '일정시간 지연'을 지령하는 명령어는 'G04'이다.

CNC 선반에서 사용하는 주요 G코드

G코드	기 능
G00	급속이송(위치 결정)
G01	직선가공
G02	시계 방향의 원호가공
G03	반시계 방향의 원호가공
G04	일시 정지(Dwell), 2초 지령 시 P2000.

72 CNC 선반에서 φ60mm로 가공하기 위해 지령값 X = 60.0으로 입력한 후 소재를 측정하였더니 φ59.6mm가 되었다. 파라미터에 입력된 기존 보정값이 0.25였다면 수정해야 할 공구 보정치는 얼마인가?(단, 직경지령을 사용한다)

① 0.25
② 0.4
③ −0.15
④ 0.65

해설
완성 제품이 60mm이나 가공 완료 후 59.6mm이었다면, '59.6 − 60 = −0.4mm'로 총 0.4mm가 덜 절삭되었어야 했다. 기존 보정치 0.25mm도 불필요하므로 −0.4 − 0.25 = −0.65mm가 최종 보정값이 된다.

73 다음 CNC 선반 프로그램에서 'F1.5'의 의미로 옳은 것은?

G92 X15. Z−30. F1.5;

① 나사의 유효지름 1.5mm
② 나사산의 높이 1.5mm
③ 나사의 리드
④ 1.5등급 나사

해설
CNC 프로그램에서 F1.5는 볼나사가 이송할 때 이송량인 리드(L)값이 1.5mm임을 나타낸다.

74 CNC 선반에서 2번 공구를 공구보정(Offset) 4번의 보정량으로 보정하여 사용하려고 할 때 공구지령으로 옳은 것은?

① T0402
② T2040
③ T0204
④ T4020

해설
공구 교환에 사용되는 코드는 'T'이며 바로 뒤에 공구번호인 '02'를 붙인 후 그 뒤에 보정번호 '04'를 지령한다. 따라서 공구를 보정하라는 명령은 'T0204'이다.

75 NC 공작기계의 제어방식으로 틀린 것은?

① 방호결정제어
② 위치결정제어
③ 직선절삭제어
④ 윤곽절삭제어

해설
CNC 공작기계의 절삭제어방식에 방호결정제어는 포함되지 않는다.
CNC 공작기계의 3가지 기본 절삭제어방식
- 윤곽절삭제어 : 2개 이상의 서보모터를 연동시켜 위치와 속도를 제어하므로 대각선이나 S자형, 원형의 경로 등 어떤 경로라도 공구를 이동시켜 연속절삭이 가능한 제어방식이다. 여러 축의 움직임을 동시제어할 수 있기 때문에 2차원이나 3차원 이상의 제어에 사용된다.
- 직선절삭제어 : NC 공작기계의 하나의 축을 따라서 공작물에 대한 공구의 운동을 제어하는 방식이다.
- 위치결정제어 : PTP(Point To Point) 제어라고도 하며 공구가 이동할 때 이동경로와는 관계없이 공구의 멈춤 위치(가공 위치)만을 결정하는 제어방식으로 드릴링이나 Spot 용접 등에 사용된다.

76 CNC 와이어 컷 방전가공에서 가공액으로 물을 사용할 때 장점에 해당되지 않는 것은?

① 공작물과 와이어 전극을 빨리 냉각시킨다.
② 취급이 용이하고 화재의 위험이 없다.
③ 전극에 강제 진동이 발생되면 극간 접촉이 일어나게 도와준다.
④ 가공 시 발생되는 불순물의 배제가 양호하다.

해설
CNC 와이어 컷 방전가공에서 절연액(가공액)을 물로 사용했을 때는 강제 진동 시 극간 접촉이 일어나지 않아서 광택이 나지 않는다.

77 머시닝센터에서 4날-φ10 엔드밀을 사용하여 G94 F100;의 프로그램으로 가공할 때 날당 이송속도는 약 몇 mm/날인가?

① 0.025
② 0.032
③ 0.25
④ 0.40

해설
머시닝센터 지령 G94 F100를 해석하면 분당 이송량, $f = 100\text{mm}/\min$ 이다.
$f = f_z \times z \times n$
$100 = f_z \times 4 \times 1,000$
$f_z = \dfrac{100}{4,000} = 0.025$

밀링머신의 테이블 이송속도(f) 구하는 식
$f = f_z \times z \times n$
여기서, f : 테이블의 이송 속도(mm/min)
f_z : 밀링커터날 1개의 이송(mm)
z : 밀링커터날의 수
n : 밀링커터의 회전수(rpm)

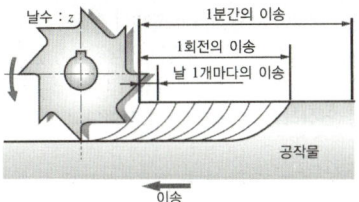

78 CNC 선반에서 상대좌표계에 대한 내용으로 틀린 것은?

① 공구의 Setting 시 사용한다.
② 좌표어는 X, Z로 표시한다.
③ 간단한 핸들의 이동에 사용한다.
④ 일시적으로 상대좌표를 0(Zero)으로 설정할 수 있다.

해설
CNC 선반에서 상대 좌표계는 U, W로 표시한다.

79 다음의 CNC 선반 프로그램과 같은 복합 고정형 나사절삭 사이클에 대한 설명으로 틀린 것은?

```
G76 P010060 Q50 R30;
G76 X27.62 Z-25.0 P1190 Q350 F2.0;
```

① Q50은 정삭 여유값이다.
② Q350은 첫 번째 절입량이다.
③ P1190은 나사산의 높이값이다.
④ P010060의 01은 다듬질 횟수이다.

해설
Q50 : 최소 절입량을 나타낸다.
다음의 지령형식은 나사가공 사이클의 형태이다.

```
G76 P000000 Q(최소 절입량) R(정삭 여유량)
G76 X(나사 최종 골지름) Z(나사가공 길이) P(나사산 높이)
Q(최초 절입량) F(나사의 리드)
```

• G76 : 나사가공 사이클
• P000000에서 앞에서부터 00-정삭 반복 횟수, 00-모따기량, 00-나사산 각도
• Q50 : 최소 절입량은 0.05mm
• R30 : 정삭여유량은 0.03mm
• P1190 : 최초 절입량은 1.19

80 다음 머시닝센터 프로그램에서 고정 사이클의 기능 중 G98의 의미는?

```
G81 G90 G98 X50. Y50. Z100. R5.;
```

① R점 복귀
② 초기점 복귀
③ 절대지령
④ 증분지령

해설
머시닝 센터에서 'G98'은 '고정 사이클 초기점 복귀'를 명령하는 지령이다.
• G99 : 고정 사이클 R점 복귀
• G90 : 절대지령
• G92 : 증분지령

정답 77 ① 78 ② 79 ① 80 ②

2019년 제4회 과년도 기출문제

제1과목 | 기계가공법 및 안전관리

01 바이트의 끝 모양과 이송이 표면거칠기에 미치는 영향 중 이론적인 표면거칠기값($H_{\max}$)을 구하는 식으로 옳은 것은?(단, r = 바이트 끝 반지름, S = 이송거리이다)

① $H_{\max} = \dfrac{8r}{S}$
② $H_{\max} = \dfrac{S^2}{8r}$
③ $H_{\max} = \dfrac{S}{8r}$
④ $H_{\max} = \dfrac{8r}{S^2}$

해설
선반가공 시 이론적인 표면거칠기 최대 높이($H_{\max}$)

$H_{\max} = \dfrac{S^2}{8r}$

여기서, r : 바이트 끝 반지름
  S : 이송거리

02 선반의 크기를 표시하는 방법으로 옳은 것은?

① 기계의 중량 ② 모터의 마력
③ 바이트의 크기 ④ 베드 위의 스윙

해설
- 보통 선반의 규격 : 깎을 수 있는 일감의 최대 지름
- 양 센터 사이의 최대 거리 : 깎을 수 있는 공작물의 최대 거리
- 베드 위의 스윙 : 일감이 베드에 닿지 않고 깎을 수 있는 공작물의 최대 지름
- 왕복대 위의 스윙 : 왕복대 위에서 공작물이 닿지 않고 깎을 수 있는 최대 지름

03 원통 연삭작업에서 공작물 1회전마다의 숫돌 이송이 틀린 것은?(단, f = 이송, B = 숫돌바퀴의 접촉 너비이다)

① 다듬질 연삭 : $f = \left(\dfrac{1}{4} \sim \dfrac{1}{3}\right)B$
② 거친 연삭 : $f = \left(\dfrac{1}{3} \sim \dfrac{3}{4}\right)B$
③ 주철연삭 : $f = \left(\dfrac{3}{4} \sim \dfrac{4}{5}\right)B$
④ 연강연삭 : $f = \left(\dfrac{4}{5} \sim \dfrac{7}{6}\right)B$

해설
원통 연삭작업 시 공작물 1회전마다 숫돌의 이송이 숫돌바퀴의 너비를 넘으면 정밀가공의 일종인 연삭작업이 잘되지 않는다. 따라서 연강연삭의 경우 숫돌바퀴의 접촉 너비, B=1을 넘지 않아야 한다.
원통 연삭작업 시 공작물 1회전마다의 숫돌 이송

- 다듬질 연삭 : $f = \left(\dfrac{1}{4} \sim \dfrac{1}{3}\right)B$
 (여기서, B : 숫돌바퀴의 접촉 너비)
- 거친 연삭 : $f = \left(\dfrac{1}{3} \sim \dfrac{3}{4}\right)B$
- 주철연삭 : $f = \left(\dfrac{3}{4} \sim \dfrac{4}{5}\right)B$

04 선반이나 원통 연삭작업에서 봉재의 중심을 구하기 위한 금긋기 작업에 사용되는 공구가 아닌 것은?

① V 블록
② 마이크로미터
③ 서피스 게이지
④ 버니어캘리퍼스

해설
마이크로미터는 길이측정기로 금긋기 작업에 사용하지 않는다.

1 ② 2 ④ 3 ④ 4 ② **정답**

05 연삭숫돌에 대한 설명으로 틀린 것은?

① 부드럽고 전연성이 큰 공작물 연삭에는 고운 입자를 사용한다.
② 단단하고 치밀한 공작물의 연삭에는 고운 입자를 사용한다.
③ 연삭숫돌에 사용되는 숫돌입자에는 천연입자와 인조입자가 있다.
④ 숫돌과 공작물의 접촉면적이 작은 경우에는 고운 입자를 사용한다.

해설
부드럽고 연하면서 전연성이 큰 공작물에는 거친 입도를 사용한다.
연삭숫돌의 연삭조건에 따른 입도(Grain Size) 선택
• 연하고 연성이 있는 재료의 연삭 : 거친 입도
• 경도가 높고 메진 일감의 연삭 : 고운 입도
• 숫돌과 일감의 접촉면이 작을 때 : 고운 입도
• 숫돌과 가공물의 접촉면이 클 때 : 거친 입도
• 절삭 깊이와 이송량이 많은 거친 절삭 : 거친 입도

06 밀링작업에서 상향절삭과 비교한 하향절삭의 특징으로 틀린 것은?

① 공구수명이 짧다.
② 표면거칠기가 좋다.
③ 공작물 고정이 유리하다.
④ 기계의 높은 강성이 필요하다.

해설
하향절삭은 상향절삭에 비해 날의 마멸이 작아서 공구수명이 길다.

07 기어, 회전축, 코일 스프링, 판 스프링 등의 표면가공에 적합한 숏피닝(Shot Peening)은 어떤 하중에 가장 효과적인가?

① 굽힘 하중 ② 반복 하중
③ 압축 하중 ④ 인장 하중

해설
숏피닝
강이나 주철제의 작은 강구(볼)를 금속 표면에 고속으로 분사하여 표면층을 냉간가공에 의한 가공 경화효과로 경화시키면서 압축잔류응력을 부여하여 금속 부품의 피로수명을 향상시키는 표면경화법으로 반복 하중에 효과적이다.

08 다음 중 M10 × 1.5의 탭가공을 위하여 드릴링할 때 적당한 드릴의 지름은 몇 mm인가?

① 6.5 ② 7.5
③ 8.5 ④ 9.5

해설
드릴의 지름 = 나사의 유효지름 − 피치 = 10−1.5 = 8.5mm

09 삼침법으로 나사를 측정하고자 한다. 나사의 축선에 평행하게 측정하였을 때 나사산의 홈과 폭이 상등하게 되는 가상 원통의 지름은?

① 골지름 ② 끝지름
③ 바깥지름 ④ 유효지름

해설
• 3침법 : 지름이 같은 3개의 와이어를 이용하여 마이크로미터로 수나사의 유효지름을 측정하는 방법으로 정밀도가 가장 높다.
• 3침법에 의한 나사의 유효지름 측정 : 나사의 축선에 평행하게 측정했을 때 나사산의 홈과 폭이 상등하게 되는 가상 원통의 지름

10 절삭공구로 공작물을 가공할 때 발생하는 절삭저항의 3분력에 해당되지 않는 것은?

① 배분력 ② 주분력
③ 칩분력 ④ 이송분력

해설
선반 가공에서 절삭저항의 3분력
• 주분력
• 배분력
• 이송분력

11 초경합금공구에 내마모성과 내열성을 향상시키기 위하여 피복하는 재질이 아닌 것은?

① TiC ② TiAl
③ TiN ④ TiCN

해설
TiAl(타이타늄 알루미나이드)는 내열성이 우수한 합금이나, 초경합금 공구에 피복하는 재질은 아니다.

12 길이가 긴 게이지 블록의 양 단면이 항상 평행하게 하기 위한 지지점은?(단, L은 게이지 블록의 길이이다)

① $0.2113L$
② $0.2203L$
③ $0.2232L$
④ $0.2386L$

해설
※ 이 문제는 계산 문제가 아닌 암기 문제이다.
게이지 블록 보관 시 중심점인 에어리 포인트(Airy Point = $0.2113L$)
길이가 긴 게이지 블록은 휨이나 변형이 생겨 오차가 발생할 수 있어서 양 단면이 평행하도록 그 중심점인 에어리 포인트(Airy Point = $0.2113L$)에 지지해서 보관해야 한다.

13 일반 연강을 가공하는 트위스트 드릴의 표준각(인선각 또는 날끝각)은 몇 [°]인가?

① 110° ② 114°
③ 118° ④ 122°

해설
드릴 끝에서 두 개의 절삭 날이 이루는 각으로 표준 날 끝각은 118°이다.

14 특수가공 종류에 대한 설명으로 틀린 것은?

① 화학가공은 미세한 가공에는 적합하나 넓은 면적을 가공하기에는 비효율적이다.
② 방전가공은 복잡한 형상의 금형의 캐비티(Cavity)를 제작하는 데 편리하다.
③ 와이어 컷 방전가공은 2차원 형상인 프레스 금형의 펀치를 제작하는 데 유용하다.
④ 전해가공은 전기적으로 도체인 재료를 대상으로 하며 부도체인 경우에는 가공이 불가능하다.

해설
화학가공은 넓은 면접을 거칠게 가공하기에는 적합하나 미세가공에는 적합하지 않다. 호닝과 슈퍼피니싱, 래핑은 모두 기계적 가공에 속한다.

15 산업안전에서 불안전한 상태를 a, 불안전한 행동을 b, 불가항력을 c라고 할 때 사고 발생률이 높은 것에서 낮은 것의 순서로 알맞은 것은?

① a > b > c
② b > a > c
③ a > c > b
④ b > c > a

해설
산업안전에서 사고 발생률의 순서
불안전한 행동 > 불안전한 상태 > 불가항력

17 NC 선반에서 사용하는 제어방식이 아닌 것은?

① 위치결정제어
② 윤곽절삭제어
③ 직선절삭제어
④ 천공테이프제어

해설
CNC 공작기계의 절삭제어방식에 천공테이프제어는 포함되지 않는다.
CNC 공작기계의 3가지 기본 절삭제어방식
- 윤곽절삭제어 : 2개 이상의 서보모터를 연동시켜 위치와 속도를 제어하므로 대각선이나 S자형, 원형의 경로 등 어떤 경로라도 공구를 이동시켜 연속절삭이 가능한 제어방식이다. 여러 축의 움직임을 동시제어할 수 있기 때문에 2차원이나 3차원 이상의 제어에 사용된다.
- 직선절삭제어 : NC 공작기계의 하나의 축을 따라서 공작물에 대한 공구의 운동을 제어하는 방식이다.
- 위치결정제어 : PTP(Point To Point)제어라고도 하며 공구가 이동할 때 이동경로와는 관계없이 공구의 멈춤 위치(가공 위치)만을 결정하는 제어방식으로 드릴링이나 Spot 용접 등에 사용된다.

16 니형 밀링머신의 크기는 무엇의 최대 이송거리로 표시하는가?

① 니
② 새 들
③ 테이블
④ 바이스 조

해설
니형 밀링머신의 호칭번호 1~6호와 같이 나타내는데 이는 테이블의 최대 이송거리로 표시한다.
밀링머신의 크기 및 호칭표시 기준
- 테이블 작업면의 크기(길이×폭)
- 테이블의 이동거리(좌우, 전후, 상하)
- 테이블의 전후 이송거리에 따른 호칭번호 표시

18 가공물이 대형이거나 무거운 제품을 드릴가공할 때 가공물을 고정시키고 드릴이 가공 위치로 이동할 수 있도록 제작된 드릴링 머신은?

① 직립 드릴링 머신
② 터릿 드릴링 머신
③ 레이디얼 드릴링 머신
④ 만능 포터블 드릴링 머신

해설
레이디얼 드릴링 머신 : 가공물이 대형이거나, 무거운 중량제품을 드릴가공할 때 가공물을 고정시키고 드릴 스핀들을 암 위에서 수평으로 이동시키면서 가공할 수 있는 공작기계로 주축헤드는 암을 따라 수평 이동시킬 수 있어서 크기가 크고 구멍 간 거리가 큰 공작물을 이동시키지 않고도 가공이 가능하다.

정답 15 ② 16 ③ 17 ④ 18 ③

19 가공물을 지그 중앙에 클램핑시키고 지그를 회전시켜 가면서 가공물의 위치를 다시 결정하지 않고 전면을 가공·완성할 수 있는 지그는?

① 박스지그(Box Jig)
② 채널지그(Channel Jig)
③ 샌드위치 지그(Sandwich Jig)
④ 앵글 플레이트 지그(Angle Plate Jig)

해설
박스지그는 정해진 공간에 구멍을 뚫기 위해 만들어진 고정 틀로, 드릴공구를 사용해서 대량으로 구멍작업을 할 때 사용한다. 가공물을 지그의 중앙에 고정시키고 지그를 회전시키면서 가공물의 위치를 다시 결정하지 않고도 전면을 가공시킬 수 있다.

20 밀링머신에서 절삭할 때 칩(Chip)의 체적을 구하는 식으로 옳은 것은?(단, 절삭폭 : b(mm), 절삭깊이 : t(mm), 피드 : f(mm)이다)

① 절삭량 $= \dfrac{b \times t}{100f} \mathrm{cm}^3/\min$

② 절삭량 $= \dfrac{b \times t}{1,000f} \mathrm{cm}^3/\min$

③ 절삭량 $= \dfrac{b \times t \times f}{100} \mathrm{cm}^3/\min$

④ 절삭량 $= \dfrac{b \times t \times f}{1,000} \mathrm{cm}^3/\min$

해설
밀링머신으로 절삭한 칩의 체적(Chip Volume)
$\mathrm{Chip}_V = \dfrac{\text{절삭 폭}(b) \times \text{절삭 깊이}(t) \times \text{피드}(f)}{1,000} [\mathrm{cm}^3/\min]$

제2과목 | 기계설계 및 기계재료

21 다음 중 비강도가 우수하여 Al 다이캐스팅 제품 대체용으로 자동차 부품 등에 많이 쓰이는 합금은?

① Mg 합금
② Au 합금
③ Ag 합금
④ Cr 합금

해설
마그네슘의 특징
• 용융점은 650℃이다.
• 조밀육방격자 구조이다.
• Al에 비해 약 35% 가볍다.
• 비중이 1.74로 실용금속 중 가장 가볍다.
• 열전도율과 전기전도율은 Cu, Al보다 낮다.
• 비강도가 우수하여 항공우주용 재료로 많이 사용된다.
• 항공기, 자동차 부품, 구상흑연주철의 첨가제로 사용된다.
• 절삭성이 우수하며 알칼리성에는 거의 부식되지 않는다.
• 대기 중에서 내식성이 양호하나 산이나 염류(바닷물)에는 침식되기 쉽다.

22 다음 중 결정구조가 면심입방격자인 것은?

① 크 롬
② 코발트
③ 몰리브덴
④ 알루미늄

해설
면심입방격자의 금속은 연한 금속의 성질을 가진 것으로 Al(알루미늄)이 이에 속한다.

Fe의 결정구조의 종류 및 특징

종류	성질	원소	단위격자	배위수	원자충진율
체심입방격자 (BCC ; Body Centered Cubic)	• 강도가 크다 • 용융점이 높다. • 전성과 연성이 작다.	W, Cr, Mo, V, Na, K	2개	8	68%
면심입방격자 (FCC ; Face Centered Cubic)	• 전기전도도가 크다. • 가공성이 우수하다. • 장신구로 사용된다. • 전성과 연성이 크다. • 연한 성질의 재료이다.	Al, Ag, Au, Cu, Ni, Pb, Pt, Ca	4개	12	74%
조밀육방격자 (HCP ; Hexagonal Close Packed lattice)	• 전성과 연성이 작다. • 가공성이 좋지 않다.	Mg, Zn, Ti, Be, Hg, Zr, Cd, Ce	2개	12	74%

23 다음 중 발전기, 전동기, 변압기 등의 철심재료에 가장 적합한 특수강은?

① 규소강   ② 베어링강
③ 스프링강   ④ 고속도공구강

해설
규소강은 Fe에 1~5%의 Si(규소, 실리콘)를 첨가한 특수강으로 불순물이 아주 적고 투자율과 전기저항이 높아서 발전기나 변압기 등의 철심 재료로 사용된다.

24 철-탄소 평형상태도에서 공정점과 관계된 조직은?

① 펄라이트   ② 페라이트
③ 베이나이트   ④ 레데부라이트

해설
공정반응은 약 1147℃에서 이루어지는데 그때 생성조직은 레데부라이트이다.

Fe-C계 평형상태도에서의 3개 불변반응

종류	반응온도	탄소 함유량	반응내용	생성조직
공석반응	723℃	0.8%	γ고용체↔α고용체+Fe_3C	펄라이트 조직
공정반응	1,147℃	4.3%	융체(L)↔γ고용체+Fe_3C	레데부라이트 조직
포정반응	1,494℃ (1,500℃)	0.18%	δ고용체+융체(L)↔γ고용체	오스테나이트 조직

25 다음 중 오스테나이트계 스테인리스강은?

① Fe - 4.5%C
② Fe - 18%Cr - 8%Ni
③ Fe - 18%Mn - 8%Cr
④ Fe - 22%Cr - 0.12%C

해설
스테인리스강이란 대표적으로 철에 Cr-12% 이상을 첨가하여 녹이 잘 발생하지 않도록 만들어진 특수강이다. 오스테나이트계 18-8형 스테인리스강은 Cr(크롬)-18%와 Ni(니켈)-8%가 일반 강에 합금된 재료로 대표적인 스테인리스강 중에 하나이다.

스테인리스강의 분류

구분	종류	주요 성분	자성
Cr계	페라이트계 스테인리스강	Fe + Cr 12% 이상	자성체
Cr계	마텐자이트계 스테인리스강	Fe + Cr 13%	자성체
Cr + Ni계	오스테나이트계 스테인리스강	Fe + Cr 18% + Ni 8%	비자성체
Cr + Ni계	석출경화계 스테인리스강	Fe + Cr + Ni	비자성체

26 다음 중 세라믹 공구의 특징과 가장 거리가 먼 것은?

① 충격에 강하다.
② 내마모성이 좋다.
③ 내식성이 우수하다.
④ 내열성이 우수하다.

해설
세라믹 공구는 충격에 약하다는 단점이 있다.

27 알루미늄 합금의 특징에 대한 설명으로 틀린 것은?

① 전기 및 열의 양도체이다.
② 대기 중에서는 내식성이 양호하다.
③ 용융점이 1,083℃로 고온 가공성이 좋다.
④ 가볍고 전연성이 좋아 성형가공이 용이하다.

해설
알루미늄의 성질
- 비중 : 2.7
- 용융점 : 660℃
- 면심입방격자이다.
- 비강도가 우수하다.
- 주조성이 우수하다.
- 열과 전기전도성이 좋다.
- 가볍고 전연성이 우수하다.
- 내식성 및 가공성이 양호하다.
- 담금질 효과는 시효경화로 얻는다.
- 염산이나 황산등의 무기산에 잘 부식된다.
※ 시효경화란 열처리 후 시간이 지남에 따라 강도와 경도가 증가하는 현상이다.

28 탄성한도를 넘어서 소성 변화를 시킨 경우에도 하중을 제거하면 원래 상태로 돌아가는 성질은?

① 신소재효과   ② 초탄성효과
③ 초소성효과   ④ 시효경화효과

해설
초탄성효과란 탄성한도를 넘어서서 소성 변형된 재료라도 하중을 제거하면 원래 상태로 되돌아가는 성질이다.
- 탄성 : 외력에 의해 변형된 물체에서 외력을 제거하면 다시 원래의 상태로 되돌아가려는 성질
- 소성 : 물체에 변형을 준 뒤 외력을 제거해도 원래의 상태로 되돌아오지 않고 영구적으로 변형되는 성질로 가소성이라고도 한다.

29 강을 오스테나이트가 되는 온도까지 가열한 후 공랭시키는 열처리방법은?

① 뜨 임   ② 담금질
③ 오스템퍼   ④ 노멀라이징

해설
오스테나이트 영역은 A_3점 근방으로 볼 수 있으며, 재료를 공랭시키는 열처리법은 불림이다.
노멀라이징(Normalizing, 불림) : 주조나 소성가공에 의해 거칠고 불균일한 조직을 표준화 조직으로 만드는 열처리법으로 A_3 변태점보다 30~50℃ 높게 가열한 후 공랭시킴으로써 만들 수 있다.

30 다음 철강조직 중에서 경도가 가장 높은 것은?

① 페라이트   ② 펄라이트
③ 마텐자이트   ④ 소르바이트

해설
철강조직 중 경도가 가장 높은 것은 마텐자이트, 가장 낮은 것은 페라이트이다.
금속조직의 경도 순서

| 페라이트 < 오스테나이트 < 펄라이트 < 소르바이트 < 베이나이트 < 트루스타이트 < 마텐자이트 < 시멘타이트 |

※ 강의 열처리조직 중 Fe에 C(탄소)가 6.67% 함유된 시멘타이트 조직의 경도가 가장 높다.

31 바깥지름이 30mm인 사각나사에서 피치가 6mm, 나사산의 높이가 피치의 $\frac{1}{2}$일 때 나사의 유효지름은 몇 mm인가?

① 27   ② 32
③ 34   ④ 36

해설
사각나사의 유효지름
$$d_e = \frac{\text{바깥지름} + \text{안지름}}{2}$$
$$= \frac{30mm + 24mm}{2} = \frac{54mm}{2} = 27mm$$

27 ③ 28 ② 29 ④ 30 ③ 31 ①

32 96,000N·cm의 토크를 전달하는 지름이 50mm인 축에 풀리를 연결하기 위해 묻힘 키(폭 × 높이 = 12 × 8mm)를 적용하려고 할 때, 묻힘 키의 길이는 약 몇 mm 이상이어야 하는가?(단, 키의 전단강도만으로 계산하고, 키의 허용 전단응력은 8,000N/cm²이다)

① 40
② 50
③ 60
④ 70

해설
전단응력 고려 시
$\tau = \dfrac{W}{bl} = \dfrac{2T}{bdl}$, $l = \dfrac{2T}{bd\tau} = \dfrac{2 \times 96,000}{1.2 \times 5 \times 8,000} = 4\text{cm} = 40\text{mm}$

33 다음 중 주철과 같은 취성재료에 가장 적합한 파손이론은?

① 최대 주응력설
② 최대 전단응력설
③ 최대 주변형률설
④ 변형률 에너지설

해설
최대 주응력설
최대 인장응력이나 최대 압축응력의 크기가 항복강도보다 클 경우, 재료의 파손이 일어난다는 이론으로 취성재료의 분리 파손과 가장 일치한다.
$\sigma_{max} = \dfrac{1}{2}(\sigma_x + \sigma_y) + \dfrac{1}{2}\sqrt{(\sigma_x + \sigma_y)^2 + 4\tau_{xy}^2}$

34 다음 그림에서 기어 A의 잇수 $Z_A = 70$, 기어 B의 잇수 $Z_B = 35$이라 할 때, A를 고정하고 암 H를 시계 방향(+)으로 2회전시킬 때 B는 약 몇 회전하는가?(단, 시계 방향을 +, 반시계 방향을 -로 한다)

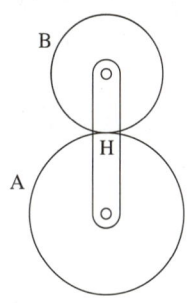

① -2
② +2
③ -6
④ +6

해설
$\dfrac{N_B}{N_H} = \dfrac{Z_A}{Z_B}$

$\dfrac{N_B}{2} = \dfrac{70}{35}$, $N_B = 4$회전한다.

※ 저자 의견 : 확정 답안은 ④번인데, 과년도 기출을 보면 정답이 +4였으므로 이번 문제의 오류 검토가 필요하다.

35 겹판 스프링의 일반적인 특징으로 틀린 것은?

① 내구성이 좋고, 유지 보수가 용이하다.
② 판 사이의 마찰에 의해 진동을 감쇠한다.
③ 트럭 및 철도 차량의 현가장치로 잘 사용된다.
④ 마찰 감쇠에 따라 미소 진동의 흡수에 특히 유리하다.

해설
겹판 스프링은 미소 진동보다 큰 진동의 흡수에 특히 유리하다.

36 베어링을 설계할 때 주의사항으로 틀린 것은?

① 마모가 작을 것
② 강도를 충분히 유지할 것
③ 마찰저항이 크고 손실동력이 감소할 것
④ 구조가 간단하여 유지보수가 적을 것

해설
베어링을 설계할 때 마찰저항이 작고 손실동력이 감소하도록 설계해야 한다.

37 풀리의 지름이 250mm, 회전수가 1,400rpm으로 5kW의 동력을 전달할 때 벨트의 유효장력은 약 몇 N인가?(단, 원심력과 마찰은 무시한다)

① 24　② 93
③ 239　④ 273

해설
벨트의 유효장력 P_e는 다음과 같이 구할 수 있다.
$H = P_e \times v$
$v = \dfrac{\pi d n}{1,000} = \dfrac{\pi \times 250 \times 1,400}{1,000 \times 60} \simeq 18.32 \text{m/s}$
따라서, $5,000 = P_e \times 18.32$에서
$P_e = \dfrac{5,000}{18.32} \simeq 272.9N \simeq 273N$

38 윈치(Winch)로 질량이 2.4t인 물체를 6m/min의 속도로 감아올릴 때 윈치 동력은 약 몇 kW가 필요한가?(단, 윈치의 효율은 80%라고 한다)

① 2.52　② 2.94
③ 3.44　④ 3.89

해설
윈치의 효율이 80%이므로 최종값에서 1.2를 곱해 준다.
동력 $H = F \times V$
$= (2.4t \times 9.81) \times \dfrac{6m}{60s} \times 1.2 \simeq 2.825 \text{kW}$

39 다음 중 볼트이음 또는 리벳이음과 비교한 용접이음의 장점으로 가장 적절하지 않은 것은?

① 기밀 및 수밀성이 우수하다.
② 잔류응력이 발생하지 않는다.
③ 전체적인 제품 중량을 적게 할 수 있다.
④ 공정수를 줄일 수 있고, 제작비가 저렴하다.

해설
용접작업 시 발생하는 열 때문에 재료에 변형이 발생한다.

40 브레이크 용량(Brake Capacity)을 구하는 식으로 옳은 것은?

① 마찰계수 × 접촉면적 × 회전속도
② 마찰계수 × 접촉압력 × 접촉면적
③ 마찰계수 × 접촉압력 × 회전속도
④ 접촉면적 × 드럼 반지름 × 회전속도

해설
브레이크 용량(Q)
$Q = \mu \times q \times v = \dfrac{H}{A}$
여기서, μ : 마찰계수
q : 접촉압력
v : 회전속도
H : 제동 동력
A : 브레이크 단면적

제3과목 | 컴퓨터응용가공

41 다음 중 박판성형(LOM)에 대한 설명으로 가장 거리가 먼 것은?

① 재료와 접착제의 층이 교대로 나타나므로 제품의 물리적인 성질이 이방성을 띤다.
② 적층이 완료된 후 불필요한 부분을 재사용할 수 있으므로 재료 낭비가 적다.
③ 얇은 재료를 사용할 수 있으므로 잠재적인 정밀도가 높다.
④ 각 층별로 윤곽만 처리하면 되므로 단면 전체를 처리해야 하는 다른 공정보다 효율적이다.

해설
박판적층법으로 작업이 완료된 재료는 재사용이 불가능하다.
박판적층법(LOM, Laminated Object Manufacturing)
원하는 단면에 레이저 광선을 부분적으로 쏘아서 절단한 후 종이의 뒷면에 부착된 접착제를 사용해서 아래층과 압착시켜 한 층씩 쌓아가며 형상을 만드는 방법으로, 각 층별 윤곽만 처리하므로 다른 형식들보다 효율적이며 제품에는 물리적 이방성을 띤다. 사무실에서 사용할 만큼 크기와 가격이 적당하나 얇은 재료를 사용하여 재료에 제한이 있고 정밀도가 떨어진다는 단점이 있다.

42 원추곡선(Conic Curve)을 그리기 위해 필요한 요소가 아닌 것은?

① 곡선의 양 끝점
② 양 끝점의 접선
③ 곡선 위의 한 점
④ 양 끝점의 곡률 반경

해설
원추곡선을 그리기 위해서는 곡선의 양 끝점, 양 끝점의 접선, 꼭짓점이 되는 곡선 위의 한 점이 필요하다. 그러나 양 끝점의 곡률 반경이 필요하지는 않는다.

43 다음 중 실루엣을 구할 수 없는 모델링 방법은?

① Wireframe Model 방식
② Surface Model 방식
③ B-rep 방식
④ CSG 방식

해설
Wireframe Modeling(와이어프레임 모델링)으로는 실루엣을 구할 수 없으나 서피스 모델링과 솔리드 모델링으로는 가능하다. 솔리드 모델링의 종류에 CSG방식과 B-rep 방식이 있다.

44 CSG(Constructive Solid Geometry)에 대한 설명으로 틀린 것은?

① 동일 모델의 경우 데이터의 기억용량이 B-rep보다 커야 한다.
② 윤곽, 교차선, 능선 등의 경계 정보가 필요하면 이를 계산해내야 한다.
③ 기본 도형을 직접 입력한다.
④ 데이터의 수정이 용이하다.

해설
솔리드 모델링에서 사용하는 B-rep방식은 데이터의 구조가 복잡해서 메모리 용량을 많이 차지한다.

정답 41 ② 42 ④ 43 ① 44 ①

45 CAD/CAM 시스템 간에 데이터베이스가 서로 호환성을 가질 수 있도록 해 주는 모델의 입출력 데이터 표준 형식으로 사용되는 것은?

① ISO
② LISP
③ ANSI
④ IGES

해설
IGES(Initial Graphics Exchanges Specification)
• ANSI(미국국가표준)의 데이터 교환 표준 규격으로 서로 다른 CAD/CAM/CAE 시스템 간에 도면 및 기하학적 형상의 데이터를 교환하기 위해 최초로 개발된 데이터 교환 형식으로 ISO에서 채택한 표준은 아니다.
• IGES의 특징
 - ANSI(미국국가표준)의 표준 규격이다.
 - 최초의 CAD 데이터 표준 교환 형식이다.
 - 파일은 일반적으로 여섯 개의 섹션으로 구성되어 있다.
 - 서로 다른 시스템 간 제품 정보의 상호 교환용 파일구조이다.
 - 데이터 변환과정을 거치므로 유효 숫자 및 라운드 오프에러가 발생할 수 있다.
 - IGES 미지원요소로 모델링한 경우 비슷한 요소로 변환하므로 정보 전달에 오류가 발생할 수 있다.
 - 서로 다른 CAD/CAM/CAE 시스템 간에 도면 및 기하학적 형상의 제품 정의 데이터를 교환하기 위해 개발된 최초의 데이터 교환 형식이다.

46 공간상의 한 점을 표시하기 위해 사용되는 좌표계로, 거리(r), 각도(θ), 높이(z)로 나타내는 좌표계는?

① 극 좌표계
② 직교 좌표계
③ 원통 좌표계
④ 구면 좌표계

해설
원통 좌표계는 $P(r, \theta, z)$와 같이 표시함으로써 공간상의 한 점을 표시한다. 여기서, 거리 $= r$, 각도 $= \theta$, 높이 $= z$이다.
① 극 좌표계 : P(거리, 각도)
② 직교좌표계 : $P(x, y, z)$
④ 구면 좌표계 : $P(\rho, \phi, \theta)$

47 지정된 모든 점을 통과하면서도 부드럽게 연결된 곡선은?

① B-spline 곡선
② 스플라인 곡선
③ NURB 곡선
④ 베지어 곡선

해설
② 스플라인 곡선 : 지정된 모든 점을 통과하면서도 부드럽게 연결된 곡선
③ NURBS 곡선 : 곡선의 양 끝점은 반드시 통과해야 하나 모든 점을 통과하지는 않는다.
④ 베지어 곡선에서 중간에 있는 조정점들은 곡선의 진행경로를 결정한다.

48 볼 엔드밀로 곡면을 가공할 때 가공경로 사이에 남는 공구의 흔적은?

① Undercut
② Overcut
③ Chatter
④ Cusp

해설
자유곡면의 NC 밀링가공에서 공구 흔적을 'Cusp'라고 한다. 이 Cusp를 줄이기 위해서는 경로 간 간격을 줄이거나 공구 반경을 크게 한다.

49 퍼거슨 곡선의 3차 Hermite곡선식의 기하계수에 해당하는 것은?

① 곡선상의 임의의 4개의 점
② 곡선의 양 끝점과 곡선상의 임의의 2개의 점
③ 곡선의 양 끝점과 양 끝점에서의 접선 벡터
④ 곡선상의 임의의 4개의 점에서의 접선 벡터

해설
퍼거슨 곡선의 3차 Hermite 곡선식의 기하계수(Geometric Coefficient)는 곡선의 양 끝점과 양 끝점에서의 접선 벡터이다.
퍼거슨 곡선(Ferguson Curve)

50 CNC 기계가공에서 가공계획에 해당되지 않는 것은?

① 도면 파악
② 좌표계 설정
③ 공작기계 선정
④ 가공 순서 결정

해설
좌표계 설정은 좌표계 설정 가공단계에서 실행할 사항으로, 가공 계획단계에는 해당하지 않는다. 가공 계획단계에서는 도면을 파악한 후 가능한 공작기계를 선정하여 그 작업 순서를 결정해야 한다.

51 CAM 프로그램의 특징으로 틀린 것은?

① NC DATA의 신뢰도가 향상된다.
② 사람이 해결하기 어려운 복잡한 계산을 할 수 있다.
③ 컴퓨터에서 수행하므로 다른 작업과 병행할 수 없다.
④ 복잡한 형상 제품의 NC DATA 작성 시 시간과 노력이 단축된다.

해설
컴퓨터에서 Solidworks와 같은 CAM(Computer Aided Manufacturing) 프로그램 수행 중 다른 프로그램을 실행시켜 작업을 병행하는 것은 가능하다.

52 BLU가 0.001mm인 공작기계에서 현재점 (1, 2)에서 다음 점 (4, 6)까지 공구를 1cm/s의 속도로 이송하기 위한 출력은?

① x축 모터는 1초당 3,000펄스, y축 모터는 1초당 4,000펄스
② x축 모터는 1초당 4,000펄스, y축 모터는 1초당 6,000펄스
③ x축 모터는 1초당 6,000펄스, y축 모터는 1초당 8,000펄스
④ x축 모터는 1초당 30,000펄스, y축 모터는 1초당 40,000펄스

해설
펄스는 x축으로 3, y축으로 4 움직여야 하는데, 2배의 지령값을 출력시켜야 하므로 x축으로 6,000펄스, y축으로 8,000펄스를 지령한다.
하나의 전기펄스로 테이블이 움직이는 수치제어기계의 기본 이송 단위는 BLU(Basic Length Unit)이다.
1BLU = 0.001mm

53 중앙처리장치(CPU)와 메인 메모리(RAM) 사이에서 처리될 자료를 효율적으로 이송할 수 있도록 하여 자료처리속도를 증가시키는 기능을 수행하는 것은?

① 코프로세서 ② 캐시 메모리
③ BIOS ④ CISC

해설
② 캐시 메모리(Cache Memory) : 주기억장치와 CPU(중앙처리장치) 사이에서 속도 차이를 줄이기 위해 데이터와 명령어를 일시적으로 저장하는 고속기억장치이다.
① 코프로세서 : 중앙처리장치인 CPU의 기능을 보완하기 위해 사용되는 컴퓨터 프로세서로, 보조처리기라고도 한다.
③ BIOS(바이오스) : 컴퓨터에 전원을 연결시켰을 때, 하드웨어가 작동하기 위해 필요한 기본적인 기능을 수행할 수 있도록 하는 정보의 수록 장소이다.
④ CISC(Complex Instruction Set Computer) : 복잡한 고급언어들이 각각 기계적인 명령어에 대응되도록 하는 컴퓨터 프로세서이다.

54 서피스 모델(Surface Model)의 특징으로 틀린 것은?

① 은선 제거가 가능하다.
② 복잡한 형상 표현이 가능하다.
③ 물리적 성질을 구하기 어렵다.
④ 유한요소법의 적용을 위한 요소 분할이 가능하다.

해설
서피스 모델링은 유한요소법의 해석이 불가능하다.

55 어떤 도형을 X축으로 2배, Y축으로 3배 크게 하려고 할 때 변환행렬 T는?

$$[X* \ Y*] = [XY] \ T$$

① $\begin{bmatrix} 0 & 2 \\ 3 & 0 \end{bmatrix}$
② $\begin{bmatrix} 2 & 0 \\ 0 & 3 \end{bmatrix}$
③ $\begin{bmatrix} 3 & 0 \\ 0 & 2 \end{bmatrix}$
④ $\begin{bmatrix} 0 & 3 \\ 2 & 0 \end{bmatrix}$

해설
X축으로 2배($a \times 2$), Y축으로 3배($d \times 3$)일 경우에는 $T_H = \begin{bmatrix} 2 & 0 \\ 0 & 3 \end{bmatrix}$로 해당 자리에 나타낼 수 있다.

56 솔리드 모델링의 B-rep 표현 중 루프(Loop)라는 용어에 관한 설명으로 옳은 것은?

① 하나의 모서리를 두 개의 다른 방향의 모서리로 쪼개어 놓은 것
② 모든 면에 대하여 이들을 내부와 외부로 경계 짓는 모서리들이 연결된 닫힌 회로
③ 면과 면이 연결되어 공간상에서 하나의 닫힌 면의 고리를 이룬 것
④ 면과 면이 연결되어 공간상에서 하나의 닫힌 입체를 이룬 것

해설
솔리드 모델링의 B-rep 표현 중 Loop(루프)는 모든 면에 대하여 이들을 내부와 외부로 경계 짓는 모서리들이 연결된 닫힌 회로이다.

57 웹에서 사용할 수 있는 데이터 포맷 중 3차원 그래픽 데이터를 위한 것은?

① CGM ② DWT
③ VRML ④ HTML

해설
③ VRML(Virtual Reality Modeling Language) : 3차원 공간을 표현하는 그래픽 데이터 작성용 언어로, 전용 프로그램을 통해서 구현된다.
① CGM(Computer Graphics Metafile) : 컴퓨터 그래픽용으로 사용되는 다양한 프로그램이나 시스템에서 사용할 수 있는 이미지가 들어 있는 파일이다.
② DWF(Design Web Format) : DWG 파일에서 작성된 고압축의 파일 형식이다.
③ HTML(Hypertext Markup Language) : 웹 문서를 만들기 위하여 사용하는 기본적인 프로그래밍 언어이다.

58 3차원적인 물체의 형상 모델링 기법 중 다음 보기의 내용에 해당하는 모델링 기법은?

> ┤보기├
> - 간섭 체크가 용이하다.
> - 은선 제거가 가능하다.
> - 체적 등 물리적 성질 등의 계산이 가능하다.

① 솔리드(Solid) 모델링
② 서피스(Surface) 모델링
③ 셀 메시(Shell Mesh) 모델링
④ 와이어프레임(Wireframe) 모델링

해설
CAD 모델링 중에서 공학적 해석(부피, 무게중심, 관성모멘트 등의 계산)을 적용할 때 사용하는 가장 적합한 모델링은 솔리드 모델링(Solid Modeling)이다.

솔리드 모델링의 특징
- 간섭 체크가 가능하다.
- 은선 제거가 가능하다.
- 정확한 형상 표현이 가능하다.
- 기하학적 요소로 부피를 갖는다.
- 유한요소법(FEM)의 해석이 가능하다.
- 금형설계, 기구학적 설계가 가능하다.
- 형상을 절단하여 단면도 작성이 가능하다.
- 모델을 구성하는 기하학적 3차원 모델링이다.
- 조립체 설계 시 위치나 간섭 등의 검토가 가능하다.
- 서피스 모델링과 같이 실루엣을 정확히 나타낼 수 있다.
- 셀 혹은 기본 곡면 등의 입체요소 조합으로 쉽게 표현할 수 있다.
- 공학적 해석(면적, 부피(체적), 중량, 무게중심, 관성모멘트) 계산이 가능하다.
- 불리언 작업(Boolean Operation)에 의하여 복잡한 형상도 표현할 수 있다.
- 명암, 컬러 기능 및 회전, 이동하여 사용자가 명확히 물체를 파악할 수 있다.

59 NC 공작기계의 기계제어장치 중 공작기계의 작동을 제어하는 제어루프장치의 구성요소로 볼 수 없는 것은?

① 보간회로
② 보조기능 제어장치
③ 감속과 역회전처리회로
④ 데이터 프로세싱 장치

해설
NC 공작기계의 작동제어 루프장치의 구성요소에 데이터 프로세싱 장치는 포함되지 않는다.

60 CAD 시스템에서 곡면을 생성하는 방법이 아닌 것은?

① Shell
② Lofting
③ Sweeping
④ Bezier Patch

해설
① 셀(Shell)은 하나의 입체 형상을 나타내는 명칭으로 곡면 생성 방법으로는 구분되지 않는다.
② 로프트(Loft) : 여러 단면 곡선을 연결 규칙에 따라 연결하여 연속적인 단면을 포함하는 곡면을 만드는 모델링 방법이다.
③ 스위프(Sweep) : 곡면 모델링에서 두 개 이상의 곡면에서 안내곡선을 따라 이동곡선이 이동규칙에 따라 이동하면서 생성된 곡면이다.

정답 58 ① 59 ④ 60 ①

제4과목 | 기계제도 및 CNC공작법

61 기계제도 도면작업 중에서 부분 확대도를 올바르게 설명한 것은?

① 어떤 물체의 구멍이나 홈 등 한 부분만의 모양을 표시한 투상도
② 경사면에 대해 실제 모양을 표시할 필요가 있는 경우에 나타낸 투상도
③ 그림의 일부를 도시해 그린 것으로 충분할 경우 그 부분만 도시해서 그린 투상도
④ 특정 부위의 도형이 작아 치수 기입이 곤란할 때 다른 곳에 척도를 크게 하여 나타낸 투상도

해설
부분 확대도는 특정 부분의 도형이 작아서 그 부분을 자세히 나타낼 수 없거나 치수 기입을 할 수 없을 때, 그 부분을 가는 실선으로 둘러싸고 한글이나 알파벳 대문자로 표시한 후 근처에 확대하여 표시한다.

투상도의 종류

회전 투상도	각도를 가진 물체의 실제 모양을 나타내기 위해서 그 부분을 회전해서 나타낸다.
부분 투상도	그림의 일부를 도시하는 것만으로도 충분한 경우에는 필요한 부분만 투상하여 그린다.
국부 투상도	대상물이 구멍, 홈 등과 같이 한 부분의 모양을 도시하는 것으로 충분한 경우에 사용한다.

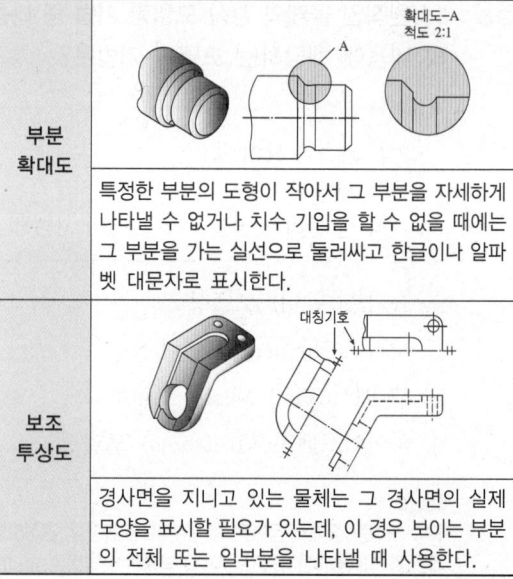

부분 확대도	특정 부분의 도형이 작아서 그 부분을 자세하게 나타낼 수 없거나 치수 기입을 할 수 없을 때에는 그 부분을 가는 실선으로 둘러싸고 한글이나 알파벳 대문자로 표시한다.
보조 투상도	경사면을 지니고 있는 물체는 그 경사면의 실제 모양을 표시할 필요가 있는데, 이 경우 보이는 부분의 전체 또는 일부분을 나타낼 때 사용한다.

62 다음 중 치수공차를 나타내는 데 있어서 그 표시방법이 틀린 것은?

① 320^{+1}_{-1}
② 320^{-2}_{-1}
③ $320+2/-1$
④ 320 ± 1

해설
치수공차에서 공차 범위를 기록할 때 상첨자에 더 큰 숫자를, 하첨자에 더 작은 숫자를 기록한다. 따라서 ②번은 320^{-1}_{-2}과 같이 표시해야 한다.

61 ④ 62 ②

63 표면거칠기 기호의 도시와 관련하여 '16%' 규칙에 대한 설명으로 옳은 것은?

① 'max'라는 표시가 없는 경우에 적용하는 것으로, 표면거칠기가 상한에 의해 규정된 경우 평가 길이를 토대로 측정한 값 중 16% 이하가 기호에서 규정한 값을 초과하는 경우에 해당 표면을 합격으로 간주한다.
② 'max'라는 표시가 없는 경우에 적용하는 것으로, 표면거칠기가 상한에 의해 규정된 경우 평가 길이를 토대로 측정한 값 중 16% 이상이 기호에서 규정한 값을 초과하는 경우에 해당 표면을 합격으로 간주한다.
③ 'max'라는 표시를 사용하여 나타내는 것으로, 표면거칠기가 상한에 의해 규정된 경우 평가 길이를 토대로 측정한 값 중 16% 이하가 기호에서 규정한 값을 초과하는 경우에 해당 표면을 합격으로 간주한다.
④ 'max'라는 표시를 사용하여 나타내는 것으로, 표면거칠기가 상한에 의해 규정된 경우 평가 길이를 토대로 측정한 값 중 16% 이상이 기호에서 규정한 값을 초과하는 경우에 해당 표면을 합격으로 간주한다.

해설
16%와 같은 형태는 'max'표시가 없는 경우 표면거칠기가 상한에 의해 규정된 경우 평가 길이를 토대로 측정한 값 중 16% 이하가 기호에서 규정한 값을 초과하는 경우에 해당 표면을 합격으로 한다는 것을 의미한다.
• 상한(60%)과 하한(40%)을 동시에 표시할 때의 형태 : (60~40)%

64 관련 형체에 적용하는 데이텀이 필요한 기하공차는?

① 진직도
② 원통도
③ 평면도
④ 원주 흔들림

해설
기하공차의 종류 중에서 데이텀이 필요하지 않는 공차는 모양공차뿐이다. 모양공차에는 진직도와 평면도, 원통도가 속한다.
기하공차의 종류 및 기호

공차의 종류		기호
모양공차	진직도	—
	평면도	▱
	진원도	○
	원통도	⌭
	선의 윤곽도	⌒
	면의 윤곽도	⌒
자세공차	평행도	∥
	직각도	⊥
	경사도	∠
위치공차	위치도	⌖
	동축도(동심도)	◎
	대칭도	═
흔들림 공차	원주 흔들림	↗
	온 흔들림	↗↗

65 KS 기계재료 기호 중 스프링 강재인 것은?

① SPS
② SBC
③ SM
④ STS

해설
SPS(SPring Steel)는 스프링 강을 나타내는 재료기호이다.

정답 63 ① 64 ④ 65 ①

66 용접기호 중에서 점 용접(Spot Weld)을 나타내는 것은?

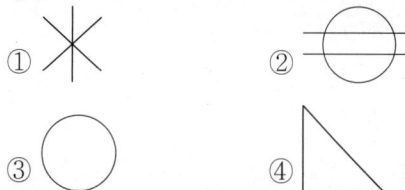

해설

필릿용접		
점용접(스폿용접)		

67 다음 도면에 대한 설명으로 옳은 것은?

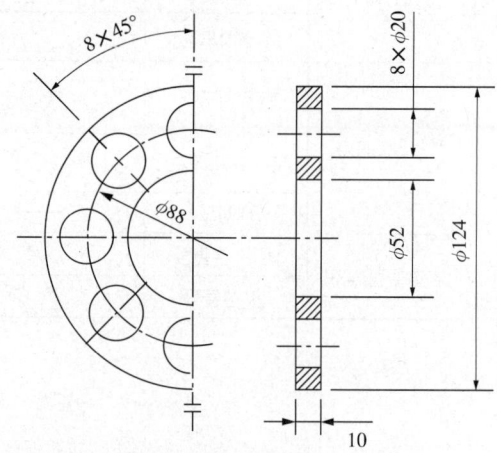

① 한쪽 단면도를 나타내었다.
② ϕ20인 구멍은 5개이다.
③ 두께를 도면에서 알 수 없다.
④ 45° 간격의 구멍은 모두 8개이다.

해설
8 × 45°에서는 45° 간격의 구멍이 모두 8임을 나타낸다.
① 도면은 전단면도이다.
② ϕ20인 구멍은 총 8개이다.
③ 두께는 우측면도에 10mm가 표시되어 있다.

68 도면에서 가는 실선으로 표시된 대각선 부분의 의미는?

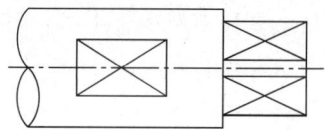

① 평면   ② 곡면
③ 홈 부분   ④ 라운드 부분

해설
투상도에서 평면을 나타내기 위해서는 가는 실선으로 대각선을 그려 넣는다.

69 구름 베어링의 안지름 번호와 안지름 치수가 잘못 연결된 것은?

① 안지름 번호 : 00 - 안지름 : 10mm
② 안지름 번호 : 03 - 안지름 : 17mm
③ 안지름 번호 : 07 - 안지름 : 30mm
④ 안지름 번호 : /22 - 안지름 : 22mm

해설
베어링 안지름 번호를 나타내는 표시규격인 07은 5를 곱해서 그 안지름을 나타내므로, 그 값은 35mm이다.

70 제3각 정투상법으로 그린 다음 그림의 알맞은 우측면도는?

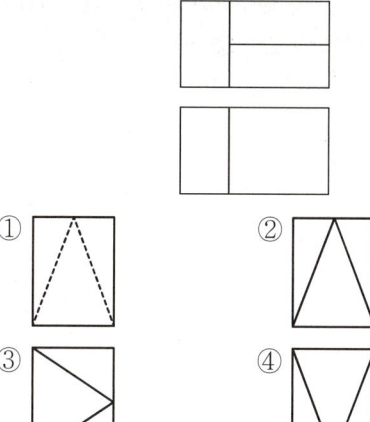

해설
도면에서 아래는 정면도, 위는 평면도이다. 평면도의 우측에 중앙으로 가로 방향의 실선이 그려져 있는데 이 부분은 우측면도에서 면이 구분되는 부분이 표시되어야 하며 이것은 ②번에 잘 나타나 있다.

71 CNC 선반에서 가공 중 각 충돌로 인한 안전핀이 파손되었을 때 발생하는 경보(Alarm) 내용은?

① TORQUE LIMIT ALARM
② EMERGENCY L/S ON
③ P/S ALARM
④ OT ALARM

해설
CNC 공작기계에서 TORQUE LIMIT ALARM 주로 주요 부품의 충돌로 인하여 안전핀이 파손되었을 때 발생한다.
CNC 공작기계에서 일반적으로 발생하는 알람

알람내용	원 인	해 제
EMERGENCY STOP SWITCH ON	비상정지스위치 ON	비상정지스위치를 화살표 방향으로 돌려 해제
LUBR TANK LEVEL LOW ALARM	습동유 부족	습동유 부착(제작사 지정품만 사용)
THERMAL OVERLOAD TRIP ALARM	과부하	원인 조치 후 OVER-LOAD 스위치 누름
TORQUE LIMIT ALARM	충돌로 인한 안전핀 파손	제조사 A/S 연락
P/S ALARM	프로그램 오류로 인한 알람	알람일람표에 따라 프로그램 수정
OT ALARM	CNC 가공 중 금지영역을 침범했을 때	이송축을 안전 위치로 MANUAL 이송
SPINDLE ALARM	주축모터의 과열, 과부하, 과전류 공급	알람 해제 후 전원 재인가, 제조사 A/S 연락
AIR PRESSURE ALARM	공기압 부족	공기압을 높임

72 다음은 ISO 선삭용 인서트(Insert) 규격이다. 여기서 T의 의미는?

> TNMG160408B025

① 인서트 형상 ② 인선 높이
③ 여유각   ④ 공 차

해설
ISO 선삭용 인서트 규격에서 'C'는 인서트 형상을 나타낸다.
인서트 형상

C	T
◇ 80°	△

73 제품을 가공하기 위하여 프로그램 원점과 공작물의 한 점을 일치시킨 좌표계는?

① 기계 좌표계
② 공작물 좌표계
③ 구역 좌표계
④ 증분 좌표계

해설
② 공작물 좌표계 : 프로그램 원점과 공작물의 한 점을 일치시킨 좌표계로 절대 좌표계의 기준이다.
① 기계 좌표계 : 기계의 기준점으로 기계 제작 시 제작사에서 설정한 파라미터에 의해 설정된 기계 좌표계이다.
④ 증분 좌표계 : 현 위치를 기준으로 증분값을 표시한 좌표계이다.

74 머시닝센터에서 $\phi 12$, 4날 황삭용 초경 평엔드밀로 SM45C의 공작물을 가공하고자 할 때, 공구의 이송속도 F는 약 몇 mm/min 인가?(단, 절삭조건표에 의해 절삭속도는 35m/min이고, 공구 날당 이송 $f_z = 0.06$mm/tooth이다)

① 183   ② 223
③ 253   ④ 283

해설
$f = f_z \times z \times n$
$= 0.06 \times 4 \times \dfrac{1,000 \times 35}{\pi \times 12}$
$\fallingdotseq 222.8$

밀링머신의 테이블 이송속도(f) 구하는 식
$f = f_z \times z \times n$
여기서, f : 테이블의 이송속도(mm/min)
f_z : 밀링커터날 1개의 이송(mm)
z : 밀링커터날의 수
n : 밀링커터의 회전수(rpm)

75 다음과 같은 CNC 선반 프로그램에 대한 설명으로 틀린 것은?

> N08 G71 U1.5 R0.5;
> N09 G71 P10 Q100 U0.4 W0.2 D1500 F0.2;

① P10은 지령절의 첫 번째 전개번호이다.
② Q100은 지령절의 마지막 전개번호이다.
③ W0.2는 Z축 방향의 정삭 여유이다.
④ U1.5는 X축 방향의 정삭 여유이다.

해설
U1.5는 X축 방향의 절입량을 나타낸다.
• G71 : 내외경 황삭 사이클
• U1.5 : X축 방향의 절입량
• R0.5 : Z축 방향의 후퇴량
• P10 : 지령절의 첫 번째 전개번호
• Q100 : 지령절의 마지막 전개번호
• U0.4 : X축 방향의 정삭 여유
• W0.2 : Z축 방향의 정삭 여유
• F0.2 : 이송속도

정답 72 ① 73 ② 74 ② 75 ④

76 CNC 방전가공의 일반적인 특징으로 틀린 것은?

① 열에 의한 변형이 적으므로 가공 정밀도가 우수하다.
② 전극으로 구리, 황동, 흑연 등을 사용하므로 성형이 용이하다.
③ 전극의 소모가 발생하지 않아 전극을 반복하여 사용할 수 있다.
④ 복잡한 구멍도 전극만 만들면 간단히 가공할 수 있다.

해설
CNC 방전가공 : 일반 방전가공과 원리는 동일하나 컴퓨터를 이용한 수치제어 방전가공기(Computer Numerical Control Electric Discharge Machine)를 사용하여 간단한 전극으로 복잡한 모양의 가공도 가능하여 널리 사용한다.
CNC 방전가공의 특징
- 전극이 소모된다.
- 가공속도가 느리다.
- 열 변형이 적어서 가공 정밀도가 우수하다.
- 강한 재료와 담금질 재료의 가공도 용이하다.
- 간단한 전극만으로도 복잡한 가공을 할 수 있다.
- 전극으로 구리, 황동, 흑연을 사용하므로 성형성이 용이하다.
- 아크릴과 같이 전기가 잘 통하지 않는 재료는 가공할 수 없다.
- 미세한 구멍, 얇은 두께의 재질을 가공해도 변형이 생기지 않는다.

77 다음 중 CNC 장치가 부착된 밀링기계에 해당 장치를 설치함으로써 머시닝센터가 되며, 비절삭시간을 단축하기 위해 부착되는 장치는?

① 암(Arm)
② 베이스와 칼럼
③ 자동공구교환장치
④ 컨트롤장치

해설
머시닝센터(CNC 밀링, MCT)는 자동공구교환장치인 ATC(Auto Tool Changer)가 부착되어 빠른 시간에 자동으로 공구를 교환함으로써 다양한 가공을 순차적으로 실시하여 비절삭시간을 단축할 수 있다.

78 준비기능 중에서 공구지름 보정과 관련된 기능만을 묶어 놓은 것은?

① G41, G42, G43
② G40, G41, G42
③ G43, G44, G49
④ G40, G43, G49

해설
- 공구경(공구 직경) 보정 : G41(공구지름 왼쪽 보정), G42(공구지름 오른쪽 보정)
- 공구경(공구 직경) 보정 취소 : G40

79 CNC 절삭제어방식이 아닌 것은?

① 위치결정제어
② 직선절삭제어
③ 윤곽절삭제어
④ 디지털제어

해설
CNC 공작기계의 절삭제어방식에 디지털 제어는 포함되지 않는다.
CNC공작기계의 3가지 기본 절삭제어방식
- 윤곽절삭제어 : 2개 이상의 서보모터를 연동시켜 위치와 속도를 제어하므로 대각선이나 S자형, 원형의 경로 등 어떤 경로라도 공구를 이동시켜 연속절삭이 가능한 제어방식으로, 여러 축의 움직임을 동시제어할 수 있기 때문에 2차원이나 3차원 이상의 제어에 사용된다.
- 직선절삭제어 : NC 공작기계의 하나의 축을 따라서 공작물에 대한 공구의 운동을 제어하는 방식이다.
- 위치결정제어 : PTP(Point To Point) 제어라고도 하며 공구가 이동할 때 이동경로에는 관계없이 공구의 멈춤 위치(가공 위치)만을 결정하는 제어방식으로 드릴링이나 Spot 용접 등에 사용된다.

80 다음 CNC 선반 프로그램에서 공구가 P_1점, P_2점에 있을 때 주축의 회전수는 각각 몇 rpm인가?

```
G50 S1200;
G96 S130;
```

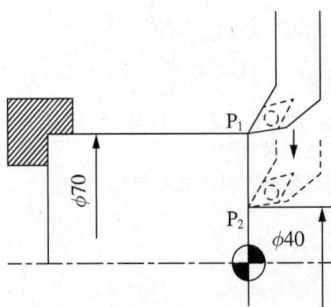

① $P_1 = 451, P_2 = 1,035$
② $P_1 = 591, P_2 = 1,095$
③ $P_1 = 451, P_2 = 1,095$
④ $P_1 = 591, P_2 = 1,035$

해설

- G96 : 절삭속도 일정제어
  따라서 이 공작물의 절삭속도는 130m/min으로 일정하다.
- P_1점에서의 공작물 지름 : 70mm
$$n_{P_1} = \frac{1,000v}{\pi d} = \frac{1,000 \times 130}{\pi \times 70} \fallingdotseq 591.1 \,[\text{m/min}]$$
- P_2점에서의 공작물 지름 : 40mm
$$n_{P_2} = \frac{1,000v}{\pi d} = \frac{1,000 \times 130}{\pi \times 40} \fallingdotseq 1,034.5 \,[\text{m/min}]$$

따라서 정답은 ④번이 적합하다.

절삭속도(v) 구하는 식
$$v = \frac{\pi d n}{1,000}$$

여기서, v : 절삭속도(m/min)
d : 공작물의 지름(mm)
n : 주축 회전수(rpm)

2020년 제1·2회 통합 과년도 기출문제

제1과목 | 기계가공법 및 안전관리

01 총형공구에 의한 기어절삭에 만능밀링머신의 분할대와 같이 사용되는 밀링커터는?

① 베벨 밀링커터
② 헬리컬 밀링커터
③ 인벌류트 밀링커터
④ 하이포이드 밀링커터

해설
만능밀링머신으로 기어를 절삭할 때 총형커터와 치형 곡선의 형상인 인벌류트 밀링커터가 함께 사용된다.
총형커터
밀링가공 시 커터의 형상을 구멍의 형상과 동일하게 만들어진 절삭용 공구로, 공작물의 표면을 한 번에 가공할 수 있다.

02 수평밀링과 유사하나 복잡한 형상의 지그, 게이지, 다이 등을 가공하는 소형 밀링머신은?

① 공구밀링머신
② 나사밀링머신
③ 플레이너형 밀링머신
④ 모방밀링머신

해설
공구밀링머신은 수평밀링머신과 비슷하나 복잡한 형상의 지그나 게이지, 다이 등의 치공구를 가공할 때 사용하는 공작기계이다.

03 진직도를 수치화할 수 있는 측정기가 아닌 것은?

① 수준기
② 광선정반
③ 3차원 측정기
④ 레이저 측정기

해설
광선정반(옵티컬 플랫)은 정밀도가 매우 높은 측정기로, 마이크로미터 측정면의 평면도를 검사할 수 있는 평면측정기이다. 진직도를 측정하기 위한 중간 장치의 역할을 할 뿐 측정값을 수치화하지는 않는다.

04 배럴가공 중 가공물의 치수 정밀도를 높이고, 녹이나 스케일 제거의 역할을 하기 위해 혼합되는 것은?

① 강 구
② 맨드릴
③ 방진구
④ 미디어

해설
배럴가공에 사용되는 절삭입자를 미디어(Media)라고 한다. 배럴가공은 배럴이라는 상자에 가공물과 가공액, 연삭입자인 미디어를 넣고 회전시키면서 공작물에 부착된 녹이나 스케일 등을 제거한다.

05 게이지블록 등의 측정기 측정면과 정밀기계 부품, 광학렌즈 등의 마무리 다듬질 가공방법으로 가장 적절한 것은?

① 연 삭
② 래 핑
③ 호 닝
④ 밀 링

해설
래핑가공은 미세 숫돌입자인 랩제로 공작물을 미세하게 깎는 가공법으로 측정용·기기의 가공 및 마무리 작업용으로 적합하다.

정답 1 ③ 2 ① 3 ② 4 ④ 5 ②

06 치공구를 사용하는 목적으로 틀린 것은?

① 복잡한 부품의 경제적인 생산
② 작업자의 피로가 증가하고 안전성 감소
③ 제품의 정밀도 및 호환성의 향상
④ 제품의 불량이 적고 생산능력을 향상

해설
치공구는 공작물에 구멍을 뚫을 때 드릴이 해당 위치에 정확히 삽입될 수 있도록 가이드의 역할을 하는 등 작업자를 보조하는 장치로, 작업자의 피로를 감소시키며 안전성을 높인다.

07 구성인선에 대한 설명으로 틀린 것은?

① 치핑현상을 막는다.
② 가공 정밀도를 나쁘게 한다.
③ 가공면의 표면거칠기를 나쁘게 한다.
④ 절삭공구의 마모를 크게 한다.

해설
구성인선은 치핑의 원인이 된다.
구성인선(Built-up Edge)
연강이나 스테인리스강, 알루미늄과 같이 재질이 연하고 공구재료와 친화력이 큰 재료를 절삭가공할 때 칩과 공구 윗면의 경사면 사이에 발생되는 높은 압력과 마찰열로 인해 칩의 일부가 공구의 날 끝에 달라붙어 마치 절삭날과 같이 공작물을 절삭하는 현상으로, 공구를 파손시키며 치수 정밀도를 떨어뜨린다.

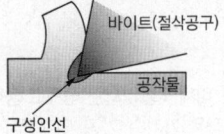

08 범용 선반작업에서 내경 테이퍼 절삭가공방법이 아닌 것은?

① 테이퍼 리머에 의한 방법
② 복식 공구대의 회전에 의한 방법
③ 테이퍼 절삭장치를 이용하는 방법
④ 심압대를 편위시켜 가공하는 방법

해설
범용 선반으로 내경을 테이퍼 가공할 때 공구대를 회전시켜 가공할 수 있다. 심압대 자체는 공작물의 반대 면에 센터드릴, 드릴작업 또는 공작물을 지지하는 역할을 할 뿐 테이퍼 가공에 사용되지 않는다.

09 선반작업에서의 안전사항으로 틀린 것은?

① 칩(Chip)은 손으로 제거하지 않는다.
② 공구는 항상 정리정돈하며 사용한다.
③ 절삭 중 측정기로 바깥지름을 측정한다.
④ 측정, 속도 변환 등은 반드시 기계를 정지한 후에 한다.

해설
선박작업 중 공작물의 치수를 측정할 때는 안전을 위해 반드시 회전하는 축을 정지시킨 후 측정해야 한다. 따라서 절삭 중에는 어떤 측정도 절대 해서는 안 된다.

10 GC 60 K m V 1호이며 외경이 300mm인 연삭숫돌을 사용한 연삭기의 회전수가 1,700rpm이라면 숫돌의 원주속도는 약 몇 m/min인가?

① 102
② 135
③ 1,602
④ 1,725

해설
$$v = \frac{\pi d n}{1,000} = \frac{\pi \times 300\text{mm} \times 1,700\,\text{rev/min}}{1,000} ≒ 1,602\,\text{m/min}$$

11 CNC 선반에서 다음 그림과 같이 A에서 B로 이동 시 증분좌표계 프로그램으로 옳은 것은?

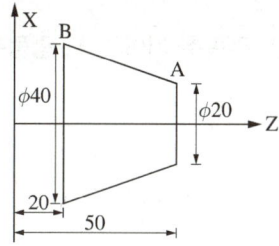

① X40.0 Z20.0;
② U20.0 Z20.0;
③ U20.0 W-30.0;
④ X40.0 W-30.0;

해설
CNC 선반의 세로축인 X값은 전체 원의 치수값으로 지령한다.
• A의 위치 : X20. Z0으로 한다.
• A에서 B로 이동하는 증분좌표계 명령어 : U20. W-30.
• A에서 B로 이동하는 절대좌표계 명령어 : X40. Z-30.

12 게이지블록을 취급할 때 주의사항으로 적절하지 않은 것은?

① 목재 작업대나 가죽 위에서 사용할 것
② 먼지가 적고 습한 실내에서 사용할 것
③ 측정면은 깨끗한 천이나 가죽으로 잘 닦을 것
④ 녹이나 돌기의 해를 막기 위하여 사용한 뒤에는 잘 닦아 방청유를 칠해 둘 것

해설
게이지블록은 먼지나 습기가 없는 곳에서 사용해야 하고, 게이지블록을 겹쳐서 사용할 때 오차의 발생이 적다.

13 드릴 선단부에 마멸이 생긴 경우 선단부의 끝 날을 연삭하여 사용하는 방법은?

① 시닝(Thinning)
② 트루잉(Truing)
③ 드레싱(Dressing)
④ 글레이징(Glazing)

해설
시닝작업(Thinning, 드릴 수정작업)
드릴로 구멍을 뚫을 때 절삭저항을 작게 주기 위해서 드릴의 웨브각(치즐 에지각)을 원호상으로 갈아내는 작업이다.

14 전해연삭의 특징이 아닌 것은?

① 가공면은 광택이 나지 않는다.
② 기계적인 연삭보다 정밀도가 높다.
③ 가공물의 종류나 경도에 관계없이 능률이 좋다.
④ 복잡한 형상의 가공물을 변형 없이 가공할 수 있다.

해설
전해연삭은 일반적으로 기계연삭보다 정밀도가 떨어진다.

15 다음 연삭숫돌의 규격 표시에서 'L'이 의미하는 것은?

WA 60 L m V

① 입도 ② 조직
③ 결합제 ④ 결합도

해설
일반적인 연삭숫돌의 표시기호

WA	60	L	m	V	1호	205	x	19	x	15
입자	입도	결합도	조직	결합제	숫돌모양	바깥지름	x	두께	x	구멍지름

16 밀링가공에서 테이블의 이동속도를 구하는 식으로 옳은 것은?(단, F는 테이블 이송속도(mm/min), f_z는 커터 1개의 날당 이송(mm/tooth), Z는 커터의 날수, n은 커터의 회전수(rpm), f_r은 커터 1회전당 이송(mm/rev)이다)

① $F = F_z \times Z$　② $F = f_r \times f_z$
③ $F = f_z \times f_r \times n$　④ $F = f_z \times Z \times n$

해설
밀링머신의 테이블 이송속도(f) 구하는 식
$f = f_z \times z \times n$
여기서 f : 테이블의 이송속도(mm/min)
f_z : 밀링 커터날 1개의 이송(mm/tooth)
z : 밀링 커터날의 수
n : 밀링 커터의 회전수(rpm)

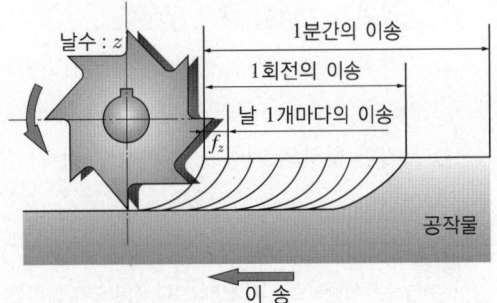

17 리드 스크루가 1인치당 6산의 선반으로 1인치에 대하여 $5\frac{1}{2}$산의 나사를 깎으려고 할 때, 변환기어값은?(단, 주동측 기어 : A, 종동측 기어 : C이다)

① A : 127, C : 110
② A : 130, C : 110
③ A : 110, C : 127
④ A : 120, C : 110

해설
변환기어 $= \dfrac{\text{리드 스크류 1인치당 나사산 수}}{\text{가공물의 1인치당 나사산 수}}$

$= \dfrac{\text{주축에 연결된 기어, } A}{\text{종동축 기어, } C}$

$= \dfrac{6}{5\frac{1}{2}} = \dfrac{12}{11} \times \dfrac{10}{10} = \dfrac{120}{110}$

18 절삭유의 사용목적이 아닌 것은?

① 공작물 냉각
② 구성인선 발생 방지
③ 절삭열에 의한 정밀도 저하
④ 절삭공구 날 끝의 온도 상승 방지

해설
절삭유는 절삭 시 발생되는 열을 식힘으로써 공작물과 공구의 손상을 방지하여 정밀도를 향상시키기 위해 사용한다.

19 공작기계의 종류 중 테이블의 수평 길이 방향 왕복 운동과 공구는 테이블의 가로 방향으로 이송하며, 대형 공작물의 평면작업에 주로 사용하는 것은?

① 코어 보링머신
② 플레이너
③ 드릴링머신
④ 브로칭머신

해설
플레이너(Planer)
바이트가 고정되어 있는 상태에서 크고 튼튼한 테이블 위에 공작물을 설치한 후 테이블을 앞뒤로 수평 길이 방향으로 왕복운동을 하고, 공구는 테이블의 가로 방향으로 이송하면서 가공하는 공작기계로 주로 대형 공작물의 평면작업에 이용된다.

20 수평식 보링머신의 분류가 아닌 것은?

① 베드형
② 플로어형
③ 테이블형
④ 플레이너형

해설
수평 보링머신의 구조에 따른 분류
- 플로어형(Floor Type)
- 플레이너형(Planer Type)
- 이동형(Potable Type)
- 테이블형(Table Type)

제2과목 | 기계설계 및 기계재료

21 18-8형 스테인리스강의 특징에 대한 설명으로 틀린 것은?

① 합금성분은 Fe를 기반으로 Cr 18%, Ni 8%이다.
② 비자성체이다.
③ 오스테나이트계이다.
④ 탄소를 다량 첨가하면 피팅 부식을 방지할 수 있다.

해설
스테인리스강에는 탄소를 다량으로 첨가하지 않고 크롬(Cr)을 합금시킨다. 스테인리스강이란 대표적으로 철(Fe)에 Cr-12% 이상을 첨가하여 녹이 잘 발생하지 않도록 만들어진 특수강이다. 오스테나이트계 18-8형 스테인리스강은 Cr(크롬) 18%와 Ni(니켈) 8%가 일반 강에 합금된 재료로 대표적인 스테인리스강 중에 하나이다.

22 0.4%C의 탄소강을 950℃로 가열하여 일정시간 충분히 유지시킨 후 상온까지 서서히 냉각시켰을 때의 상온 조직은?

① 페라이트 + 펄라이트
② 페라이트 + 소르바이트
③ 시멘타이트 + 펄라이트
④ 시멘타이트 + 소르바이트

해설
아공석강 상태인 0.4%의 탄소강을 950℃로 가열한 후 일정시간 유지시킨 후 상온까지 서랭하면 페라이트와 펄라이트가 공존된 조직이 석출된다.

23 순철의 변태에서 α-Fe이 γ-Fe로 변화하는 변태는?

① A_1 변태
② A_2 변태
③ A_3 변태
④ A_4 변태

해설
A_3 변태점(910℃)은 순철의 동소변태점으로 체심입방격자(BCC)인 α철에서 면심입방격자(FCC)인 γ철로 바뀐다.
변태 : 철이 온도 변화에 따라 원자 배열이 바뀌면서 내부의 결정구조나 자기적 성질이 변화되는 현상으로, 변태점이란 이 변태가 일어나는 온도이다.

24 7:3황동에 Sn을 1% 첨가한 것으로 전연성이 우수하여 관 또는 판을 만들어 증발기와 열교환기 등에 사용되는 것은?

① 에드미럴티 황동
② 네이벌 황동
③ 알루미늄 황동
④ 망간 황동

해설
• 애드미럴티 황동 : 7:3황동에 Sn(주석) 1%를 합금한 것으로, 전연성이 우수하여 관이나 판의 형태로 만들어 증발기나 열교환기인 콘덴서의 튜브용 재료로 사용한다.
• 네이벌 황동 : 구리 합금 중 6:4황동에 0.8% 정도의 주석을 첨가한 것으로, 내해수성이 강해서 선박용 부품에 사용한다.

25 다음 중 열처리에서 풀림의 목적과 가장 거리가 먼 것은?

① 조직의 균질화
② 냉간가공성 향상
③ 재질의 경화
④ 잔류응력 제거

해설
풀림은 조직을 균질(균일)화시키고, 잔류응력을 제거하며 냉간가공성을 향상시키기 위한 열처리 작업이다. 재질을 경화시키는 작업은 담금질이다.

26 열가소성 재료의 유동성을 측정하는 시험방법은?

① 뉴턴 인덱스법
② 멜트 인덱스법
③ 캐스팅 인덱스법
④ 샤르피 시험법

해설
열가소성 플라스틱의 유동성 측정은 멜트 인덱스법(용융지수)을 사용하다.

27 주철을 파면에 따라 분류할 때 해당되지 않는 것은?

① 회주철
② 가단주철
③ 반주철
④ 백주철

해설
가단주철은 백주철을 장시간 열처리해서 만든 주철로 성질에 따른 분류에 속한다. 파면의 형태에 따른 회주철, 반주철, 백주철과는 그 분류기준이 다르다.

정답 23 ③ 24 ① 25 ③ 26 ② 27 ②

28 다음 중 소결경질합금이 아닌 것은?

① 비디아(Widia)
② 텅갈로이(Tungalloy)
③ 카볼로이(Carboloy)
④ 코비탈륨(Cobitalium)

해설
코비탈륨은 주조용 알루미늄 합금으로 Al + Cu + Ni에 Ti, Cu 0.2%를 첨가해서 만든 것으로, 소결경질합금과는 제조방법이 다르다. 소결경질합금은 초경합금이라고도 한다. WC(텅스텐 탄화물)이나 TiC(타이타늄 탄화물), 알루미늄 탄화물을 소결하여 만들며 강한 절삭에 사용 가능한 공구를 제작하기 위해 만들어진다. 소결경질합금(초경합금)의 종류는 다음과 같다.
• 비디아
• 미디어
• 카볼로이
• 텅갈로이
• 다이얼로이

29 Fe에 Ni이 42~48%가 합금화된 재료로 전등의 백금선에 대응되는 것은?

① 콘스탄탄
② 백 동
③ 모넬메탈
④ 플라티나이트

해설
플라티나이트(Platinite)는 불변강의 일종으로, Fe에 약 46%의 Ni이 합금된 재료이다. 평행계수가 유리와 거의 같으며, 백금선 대용의 전구 도입선과 진공관의 도선용으로 사용한다.

30 다공질 재료에 윤활유를 흡수시켜 계속해서 급유하지 않아도 되는 베어링 합금은?

① 켈 밋
② 루기메탈
③ 오일라이트
④ 하이드로날륨

해설
• 오일라이트 : 다공질 재료에 윤활유인 오일을 흡수시켜 급유하지 않아도 되는 베어링 합금이다.
• 켈밋 : 청동 합금의 일종으로 Cu 70%+Pb 30~40%의 합금이다. 열전도성과 압축강도가 크고 마찰계수가 작아서 고속, 고하중용 베어링에 사용된다.
• 하이드로날륨 : Al에 약 10%의 Mg을 합금한 알루미늄 합금으로 내식성과 연신율, 강도와 용접성이 우수하다.

31 스프링 종류 중 하나인 고무 스프링(Rubber Spring)의 일반적인 특징에 관한 설명으로 틀린 것은?

① 여러 방향으로 오는 하중에 대한 방진이나 감쇠가 하나의 고무로 가능하다.
② 형상을 자유롭게 선택할 수 있고, 다양한 용도로 적용이 가능하다.
③ 방진 및 방음효과가 우수하다.
④ 저온에서의 방진능력이 우수하여 -10℃ 이하의 저온 저장고 방진장치에 주로 사용된다.

해설
고무 스프링은 재질에 따라 다르지만, 일반적으로 저온에서 방진 성능은 저하된다. 또한 영하의 온도인 -10℃ 이하에서는 탄성이 작아지기 때문에 저온 저장고와 같은 저온의 방진장치에는 사용되지 않는다. 보통 0~60℃의 온도범위에서 사용하는 것이 좋다.

32 나사의 종류 중 먼지, 모래 등이 나사산 사이에 들어가도 나사의 작동에 별로 영향을 주지 않으므로 전구의 소켓의 결합부 또는 호스의 이음부에 주로 사용되는 나사는?

① 사다리꼴나사
② 톱니나사
③ 유니파이 보통나사
④ 둥근나사

해설
너클나사라고도 하는 둥근나사는 나사산 사이에 먼지나 모래가 들어가도 나사를 구동시키는 데 큰 영향이 없으므로, 전구나 소켓의 결합부와 같이 외부 환경과 같이 노출된 곳에도 사용이 가능하다.

33 기어절삭에서 언더컷을 방지하기 위한 방법으로 옳은 것은?

① 기어의 이 높이를 낮게, 압력각은 작게 한다.
② 기어의 이 높이를 낮게, 압력각은 크게 한다.
③ 기어의 이 높이를 높게, 압력각은 작게 한다.
④ 기어의 이 높이를 높게, 압력각은 크게 한다.

해설
기어 이뿌리가 깎이는 현상은 언더컷으로, 언더컷을 방지하려면 기어의 이 높이는 낮게, 압력각은 크게 한다.
언더컷 방지대책
• 압력각을 크게 한다.
• 전위기어로 제작한다.
• 이 높이를 줄여서 낮은 이로 제작한다.
• 피니언기어의 잇수를 최소 잇수 이상으로 한다.

34 회전수 1,500rpm, 축의 직경 110mm인 묻힘키를 설계하려고 한다. 폭이 28mm, 높이가 18mm, 길이가 300mm일 때 묻힘키가 전달할 수 있는 최대 동력(kW)은?(단, 키의 허용전단응력 τ_a = 40MPa이며, 키의 허용전단응력만을 고려한다)

① 933
② 1,265
③ 2,903
④ 3,759

해설
$$\tau = \frac{2T}{bld}$$
$$T = \frac{\tau \times b \times l \times d}{2}$$
$$= \frac{(40 \times 10^6 \text{N/m}^2) \times 0.028\text{m} \times 0.3\text{m} \times 0.11\text{m}}{2}$$
$$= 18,480\text{N} \cdot \text{m}$$
$$\therefore H = T \times \omega = 18,480\text{N} \cdot \text{m} \times \frac{2\pi n}{60}$$
$$= 18,480\text{N} \cdot \text{m} \times \frac{2\pi \times 1,500\text{rev/min}}{60\text{sec}}$$
$$= 2,902.8\text{N} \cdot \text{m/sec} ≒ 2,903\text{kJ/sec}$$

※ kJ/sec = kW

35 45kN의 하중을 받는 엔드저널의 지름은 약 몇 mm인가?(단, 저널의 지름과 길이의 비 $\frac{길이}{지름} = 1.5$이고, 저널이 받는 평균압력은 5MPa이다)

① 70.9
② 74.6
③ 77.5
④ 82.4

해설
$$d = \frac{45,000\text{N}}{5\text{N/mm}^2 \times 1.5d}$$
$$1.5d^2 = 9,000\text{mm}^2$$
$$d^2 = 6,000\text{mm}^2$$
$$d ≒ 77.45$$

저널 베어링(미끄럼 베어링)에 작용하는 압력(p)
$$p = \frac{W}{d \times l}$$
여기서, W : 베어링 하중
　　　　p : 베어링 압력
　　　　$(d \times l)$: 축의 투영 면적

36 8m/sec의 속도로 15kW의 동력을 전달하는 평벨트의 이완측 장력[N]은?(단, 긴장측의 장력은 이완측 장력의 3배이고, 원심력은 무시한다)

① 938
② 1,471
③ 1,961
④ 2,942

해설

$$H = \frac{(T_t - T_s)v}{102 \times 9.81}$$

$$15 = \frac{(3T_s - T_s)8}{102 \times 9.81} = \frac{16 T_s}{1,000.62}$$

$$\therefore T_s = \frac{15 \times 1,000.62}{16} ≒ 938.08\text{N}$$

여기서, T_t : 긴장측 장력
  T_s : 이완측 장력

37 축을 형상에 따라 분류할 경우 이에 해당되지 않는 것은?

① 크랭크축
② 차 축
③ 직선축
④ 유연성 축

해설
차축은 축을 용도에 따라 분류한 것으로 형상에 따라 분류된 크랭크, 직선, 유연성(플렉시블) 축과는 분류의 기준이 다르다.

38 용접이음의 단점에 속하지 않는 것은?

① 내부 결함이 생기기 쉽고 정확한 검사가 어렵다.
② 다른 이음작업과 비교하여 작업공정이 많은 편이다.
③ 용접공의 기능에 따라 용접부의 강도가 좌우된다.
④ 잔류응력이 발생하기 쉬워서 이를 제거하는 작업이 필요하다.

해설
용접이음은 다른 이음작업(리벳, 볼트 및 너트) 등에 비해 구멍을 미리 뚫고 추가 작업이 이루어지는 것에 비해 작업공정이 적은 편이다.

39 어떤 블록 브레이크 장치가 5.5kW의 동력을 제동할 수 있다. 브레이크 블록의 길이가 80mm, 폭이 20mm라면 이 브레이크의 용량은 몇 MPa·m/sec인가?

① 3.4
② 4.2
③ 5.9
④ 7.3

해설
브레이크 용량 = 마찰계수 × 브레이크 압력 × 브레이크 속도

$$\text{브레이크 용량}(Q) = \mu q v = \frac{H(P, \text{제동동력})}{A(\text{마찰면적})}$$

$$= \frac{5,500\text{N} \cdot \text{m/sec}}{0.08\text{m} \times 0.02\text{m}}$$

$$= 3,437,500 \frac{\text{N} \cdot \text{m}}{\text{sec} \cdot \text{m}^2}$$

$$= 3,437,500\text{Pa} \cdot \text{m/sec}$$

$$= 3.4375\text{MPa} \cdot \text{m/sec}$$

여기서, μ : 마찰계수
  q : 브레이크 압력(일부 책에서는 p)
  v : 브레이크 속도

40 외경 10cm, 내경 5cm의 속 빈 원통이 축 방향으로 100kN의 인장하중을 받고 있다. 이때 축 방향 변형률은?(단, 이 원통의 세로 탄성계수는 120GPa이다)

① 1.415×10^{-4}
② 2.415×10^{-4}
③ 1.415×10^{-3}
④ 2.415×10^{-3}

해설
축 방향 변형률
$\sigma = E \times \varepsilon$

$\varepsilon = \dfrac{\sigma}{E} = \dfrac{\dfrac{100 \times 10^3 \text{N}}{\dfrac{\pi(0.1^2 - 0.05^2)\text{m}^2}{4}}}{120 \times 10^9 \text{N/m}^2}$

$= \dfrac{16,976,572.26 \text{N/m}^2}{120 \times 10^9 \text{N/m}^2}$

$= 0.000141471$

$\fallingdotseq 1.415 \times 10^{-4}$

42 솔리드 모델(Solid Model)의 특징으로 틀린 것은?

① 두 모델 간의 간섭 체크가 용이하다.
② 물리적 성질 등의 계산이 가능하다.
③ 이동, 회전 등을 통한 정확한 형상 파악이 곤란하다.
④ 형상을 절단하여 단면도 작성이 용이하다.

해설
솔리드 모델링은 데이터량이 커서 모델링을 상세하게 만들 수 있다. 따라서 형상의 이동 및 회전 등을 통해 정확한 형상의 파악이 가능하다.

제3과목 | 컴퓨터응용가공

41 2차원 이동변환행렬에서 물체의 이동(Translation)에 관련되는 행렬요소는?

$[x'\ y'\ 1] = [x\ y\ 1]\begin{bmatrix} a & b & p \\ c & d & q \\ m & n & s \end{bmatrix}$

① a, b
② p, q
③ m, n
④ s

해설
- a, b, c, d는 회전, 전단 및 스케일링, 대칭에 관계된다.
- m, n은 이동에 관계된다.
- p, q는 투영에 관계된다.
- s는 전체적인 스케일링과 관계된다.

43 다음 중 솔리드 모델 생성에 사용되는 표현방식에 포함되지 않는 것은?

① CSG 방식
② B-rep 방식
③ Building Block 방식
④ Interpolation 방식

해설
보간(Interpolation)이란 주어진 점들이 곡면상에 놓이도록 피팅(Fitting)하는 것으로, 솔리드 모델링의 표현방식으로 분류되지는 않는다.

44 공간상에 존재하는 두 벡터에 수직한 벡터를 구하고자 할 때 사용하는 방법은?

① 벡터의 합
② 벡터의 내적
③ 벡터의 외적
④ 벡터의 스칼라 곱

해설
- 벡터의 외적 : 두 벡터에 수직한 벡터인 (X, Y, Z)의 성분을 구하는 곱하기 계산이다.
$$\vec{a} \times \vec{b} = \begin{vmatrix} i & j & k \\ a_1 & a_2 & a_3 \\ b_1 & b_2 & b_3 \end{vmatrix}$$
- 벡터의 내적 : $\vec{a} \cdot \vec{b} = |\vec{a}||\vec{b}|\cos\theta$

45 볼 엔드밀을 사용하여 3축 NC 기계의 CL 데이터를 구하고자 할 때 필요하지 않은 것은?

① 볼 엔드밀의 반경
② 곡면의 해당 점에서의 위치벡터
③ 볼 엔드밀의 물성치
④ 곡면의 해당 점에서의 단위 법선벡터

46 다음 출력장치 중 래스터 스캔방식이 아닌 것은?

① 플랫 베드형 플로터
② 잉크 제트식 플로터
③ 열전사식 플로터
④ 정전식 플로터

해설
래스터 스캔방식은 모니터 상단에 수평 주사선을 한 줄씩 아래쪽으로 내리면서 나란히 주사하여 화면을 만들어 내는 주사방식이다. 그러나 플랫 베드형 플로터는 X, Y의 2개의 축에서 주사하므로 래스터 스캔방식을 사용하는 것이 아니다.

47 3차원 솔리드 모델링 과정에서 사용되는 Primitive 요소가 아닌 것은?

① 구
② 원뿔
③ 삼각면
④ 육면체

해설
프리미티브(Primitive)는 초기의, 원시적인 단계를 의미하는 것으로, 프로그램을 다루는 데 가장 기본적인 기하학적 물체를 의미한다. 여기에 삼각면은 포함되지 않는다.
3차원 솔리드 모델링에서 사용되는 기본 입체(Primitive) 형상
- 구(Sphere)
- 관(Pipe)
- 원통(Cylinder)
- 원추(원뿔, Cone)
- 육면체(Cube)
- 사각 블록(Box)

48 B-스플라인 곡선에 관한 설명으로 옳은 것은?

① 조정점 다각형이 정해져도 형상 예측은 불가능하다.
② 곡선의 차수는 조정점의 개수와 무관하다.
③ 하나의 꼭짓점을 이용한 국부적 조정이 불가능하다.
④ 이웃하는 단위 곡선과의 연속성이 보장되지 않는다.

해설
B-spline 곡선의 차수는 조정점의 개수와 무관하다. B-spline은 원하는 부분의 조정점만을 움직여서 원하는 곡선의 모양을 만들 수 있는 장점을 가진 곡선공식으로, 시작과 끝점을 포함한 4개의 조정점으로 이루어져 있다.

정답 44 ③ 45 ③ 46 ① 47 ③ 48 ②

49 다음 중 공간상의 물체를 스크린상에 투영할 때 볼 수 있는 선과 면만을 디스플레이하는 기술과 관련이 적은 것은?

① 음영법(Shading)
② 후 방향(Back Face) 제거 알고리즘
③ 깊이 분류(Depth Sorting) 알고리즘
④ Z-butter 방법

해설
반사광을 이용하는 음영법은 선과 면만을 디스플레이하는 방식에 속하지 않는다.

50 지름이 20mm인 볼 엔드밀로 평면을 가공할 때 경로 간격이 12mm인 경우 커스프(Cusp)의 높이는 몇 mm인가?

① 1.8   ② 2.0
③ 2.2   ④ 2.4

해설
$L = 2\sqrt{h(2R-h)}$
$12 = 2\sqrt{h(2 \times 10 - h)}$
$144 = 4(20h - h^2)$
$144 = 80h - 4h^2$
$36 = 20h - h^2$
$\therefore h = 2$

공구의 경로 간격에 따른 커스프(Cusp) 관계식
경로 간격 $L = 2\sqrt{h(2R-h)}$
여기서, L : 공구 간격
h : 커스프의 높이
R : 공구 반경

51 다음 곡선(Curve)의 특징에 대한 설명으로 틀린 것은?

① NURBS 곡선은 2개의 좌표의 조정점 사용으로 곡선의 변형이 제한적이다.
② NURBS 곡선은 양 끝점을 반드시 통과해야 한다.
③ Bezier 곡선은 반드시 주어진 시작점과 끝점을 통과한다.
④ Bezier 곡선은 다각형의 꼭짓점 순서가 거꾸로 되어도 같은 곡선이 생성되어야 한다.

해설
NURBS 곡선에서는 각각의 조정점에서 호모지니어스 좌표값까지 포함하여 총4개의 자유도가 허용되어 보다 자유로운 변형이 가능하다.
NURBS(Non-Uniform Rational B-Spline) 곡선의 특징
• Conic 곡선을 표현할 수 있다.
• B-spline 곡선식을 포함하는 더 일반적인 형태이다.
• Blending 함수는 B-spline과 같은 함수를 사용한다.
• NURBS 곡선은 곡선의 양 끝점을 반드시 통과해야 한다.
• B-spline에 비해 NURBS 곡선이 보다 자유로운 변형이 가능하다.
• 원, 타원, 포물선, 쌍곡선 등 원추 곡선을 정확하게 나타낼 수 있다.
• 조정점의 가중치(Weight)를 변경하여 곡선 형상을 변화시킬 수 있다.
• B-spline, Bezier등의 자유곡선뿐만 아니라 원추곡선까지 한 방정식의 형태로 표현이 가능하다.
• 3차 NURBS 곡선은 특정 노트구간에서 4개의 조정점 외에 4개의 가중치와 절점 벡터의 정보가 이용된다.

52 모델링에 있어 $y = f(x)$와 같은 양함수형태로 곡선을 표현할 때 높은 차수의 다항식으로 표현하여 사용하지 않는 이유로 적절한 것은?

① 양함수식은 컴퓨터 그래픽스를 통해 화면에 표현이 어렵기 때문이다.
② 함수의 차수가 높아질수록 도형이 단순해지기 때문이다.
③ 원호만으로도 모든 곡선을 표현할 수 있기 때문이다.
④ 차수가 높을수록 곡선에 심한 변곡이 발생할 수 있기 때문이다.

해설
다항식의 차수가 높아지면 너무 많은 조정점과 같은 변수가 발생하여 심학 곡선의 변곡점이 발생되기 때문에 매끄럽게 그려지지 않는다.

53 CAD/CAM 시스템에서 공구 중심의 좌표값이나 공구축의 벡터를 계산한 데이터는?

① CL 데이터
② 모델링 데이터
③ 파트 프로그램
④ 포스트 프로세서

해설
CL 데이터란 CAD/CAM 시스템에서 공구의 위치(중심 좌표)나 공구축의 벡터를 파악하기 위한 것으로 공구의 반경, 곡면의 위치 벡터와 법선벡터가 필요하다.

54 제품 가공공정의 계획, 운용, 제어에 관한 컴퓨터 이용기술은?

① CAD
② CAM
③ CAE
④ PDM

해설
CAM(Computer Aided Manufacturing) : 컴퓨터를 이용한 생산 시스템으로 CAD에서 얻은 설계 데이터로부터 종합적인 생산 순서와 규모를 계획해서 CNC 공작기계의 가공프로그램을 자동으로 수행하는 시스템의 총칭이다. 설계와 제조 분야에 컴퓨터를 도입하여 NC코드를 생성하는 과정과 CNC 공작기계를 운전하는 과정으로 분류된다.

55 CAM 시스템으로 만들어진 공구의 위치 정보를 바탕으로 CNC 공작기계의 제어코드를 산출하는 프로그램은?

① 산술계산기
② 포스트 프로세서
③ 번역기
④ 테이프 판독기

해설
포스트 프로세서(Post-processor)
CAD 시스템으로 만들어진 형상 모델을 바탕으로 CNC 공작기계의 가공 데이터를 생성하는 프로그램이나 절차를 의미한다.

정답 52 ④ 53 ① 54 ② 55 ②

56 곡면의 입력 데이터 자체가 오차를 갖고 있는 경우에 만들어진 곡면은 심한 굴곡을 갖게 되는데 이때 곡면의 곡률을 조정하여 원활한 곡면을 얻도록 재계산하는 기능은?

① Blending
② Smoothing
③ Filleting
④ Meshing

해설
스무딩(Smoothing)은 곡면의 임의 데이터에 오차가 있어서 만들어진 곡면에 굴곡이 있으면, 곡률을 조정하여 원활한 곡면을 얻도록 재계산하는 기능이다.

57 열가소성수지를 액체 상태로 압출하여 적층해 나가는 방식으로 용착적층 모델링이라고 하는 RP 방식은?

① SLA
② SLS
③ LOM
④ FDM

해설
용융수지압출법(FDM ; Fused Deposition Molding) : 열가소성인 $3\mu m$ 직경의 필라멘트 선으로 된 열가소성 소재를 노즐 안에서 가열하여 용해한 후 이를 짜내어 조형면에 쌓아 올려 제품을 만드는 방법으로, 광조형법 다음으로 가장 널리 사용된다.

58 DXF 파일은 아스키 텍스트 파일로 구성되는데 이를 구성하는 섹션이 아닌 것은?

① 헤더 섹션
② 테이블 섹션
③ 블록 섹션
④ 수정 섹션

해설
DXF(Data eXchange File)의 섹션 구성
• Header Section
• Table Section
• Entity Section
• Block Section
• End of File Section

59 구속조건 기반 모델링으로 형상을 정의할 때 매개변수로 정의하고, 설계 의도에 따라 조정하면서 형상을 만드는 모델링은?

① 와이어 프레임 모델링
② 파라메트릭 모델링
③ 서피스 모델링
④ 시스템 모델링

해설
Parametric(파라메트릭) 모델링은 사용자가 형상구속조건과 치수조건을 이용하여 형상을 모델링하는 구속조건 기반 모델링으로, 형상을 정의할 때 매개변수를 정의하고, 설계 의도에 따라 조정하면서 형상을 만드는 방식이다.

60 와이어 프레임 모델의 특징으로 틀린 것은?

① 모델 작성이 용이하다.
② 3면 투시도의 작성이 용이하다.
③ 단면도 작성이 불가능하다.
④ 숨은선 제거가 가능하다.

해설
선(Wire)의 형태로 형상을 표현하는 와이어 프레임 모델링은 숨은선 제거가 불가능하다.

제4과목 | 기계제도 및 CNC공작법

61 냉간 성형된 압축 코일 스프링을 제도할 경우 일반적으로 요목표에 표시하지 않는 것은?

① 총감김수
② 초기 장력
③ 스프링 상수
④ 코일 평균 지름

해설
압축 코일 스프링 제도 시 일반적으로 요목표에 총감김수, 스프링 상수, 코일의 평균 지름을 기재한다.

62 다음 그림은 가공에 의한 커터의 줄무늬 기호 그림이다. ( ) 안에 들어갈 기호는?

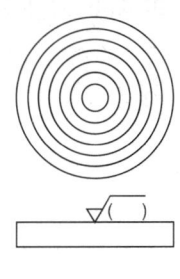

① M
② F
③ R
④ C

해설
중심에 대하여 대략 동심원 모양이 나타나는 줄무늬 방향 기호는 C이다.

63 구름 베어링 제도에서 상세한 도시방법 중 보기와 같은 베어링은?

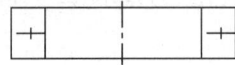

① 앵귤러 콘택트 스러스트 볼 베어링
② 이중 방향 스러스트 볼 베어링
③ 단열 방향 스러스트 볼 베어링
④ 복렬 깊은 홈 볼 베어링

해설
베어링 기호가 가로로 길게 뉘어져 있으므로, 스러스트 베어링임을 알 수 있다. 또한, 볼이 양쪽에 하나씩 그려져 있으므로 단열 방향 스러스트 볼 베어링이다.

64 도면에서 2종류 이상의 선이 같은 장소에 겹치게 될 경우에 다음 선 중에서 순위가 가장 낮은 것은?

① 중심선
② 숨은선
③ 절단선
④ 치수 보조선

해설
두 종류 이상의 선이 중복되는 경우 선의 우선순위
숫자나 문자 > 외형선 > 숨은선 > 절단선 > 중심선 > 무게중심선 > 치수 보조선

정답 61 ② 62 ④ 63 ③ 64 ④

65 동일한 기준 치수에서 끼워맞춤을 할 때, 다음 중 틈새가 가장 큰 끼워맞춤으로 짝지어진 것은?(단, 공차 등급은 동일하다고 가정한다)

① 구멍 공차역 : A, 축 공차역 : a
② 구멍 공차역 : A, 축 공차역 : z
③ 구멍 공차역 : Z, 축 공차역 : a
④ 구멍 공차역 : Z, 축 공차역 : z

해설
끼워맞춤 공차에서 구멍은 대문자로 A가, 축은 소문자로 a가 가장 틈새가 큰 공차기호이다.

66 최대실체 요구사항이 공차가 있는 형체에 적용될 경우, 기하공차 뒤에 사용하는 기호로 옳은 것은?

① Ⓐ   ② Ⓑ
③ Ⓜ   ④ Ⓟ

해설
최대실체공차 표시는 기호 뒤에 원 안에 M을 적는다.
최대실체공차 표시
MMC(Maximum Material Principle, 최대실체공차 방식) 원리가 적용될 수 있는 기하공차는 자세공차와 위치공차에 해당하는 기호들로서 정답은 위치도가 된다. 최대실체공차를 적용하는 경우의 도시방법은 공차 기입란의 공차값 다음에 Ⓜ의 부가기호를 붙인다.

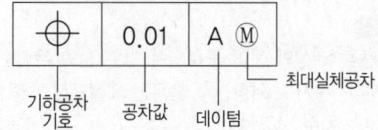

67 제3각법으로 투상한 정면도와 우측면도가 다음 그림과 같을 때 평면도로 가장 적합한 것은?

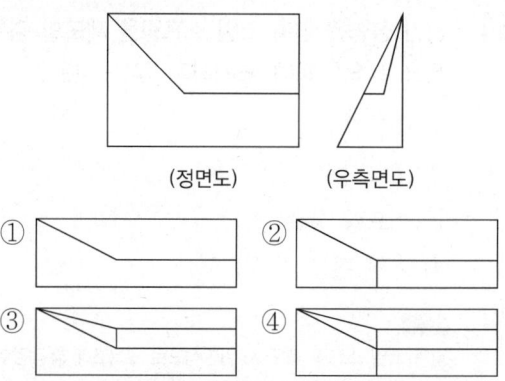

해설
우측면도에서 좌측 중간부터 안쪽으로 선이 그려졌으므로 평면도에는 하단부 중간에 선이 없는 ①, ③번을 정답으로 유추할 수 있다. 또한, 우측면도에서 우측 중간 부분에는 가로선이 없으므로 ③번과 같이 3개의 부분으로 나뉘어야 하므로 정답은 ③번이다.

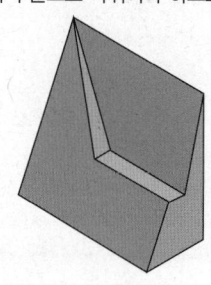

[완성된 입체 형상]

68 다음 중 호의 치수 기입을 나타낸 것은?

해설
치수 기입 표시법

현의 치수 기입	호의 치수 기입	각도 치수 기입
40	⌢42	105°

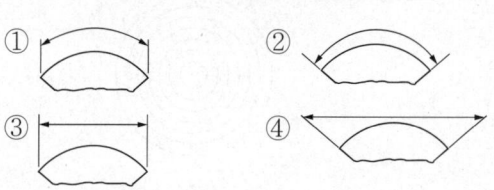

69 I형강의 치수 표시방법으로 옳은 것은?(단, B : 폭, H : 높이, t : 두께, L : 길이)

① $IB \times H \times t - L$
② $IH \times B \times t - L$
③ $It \times H \times B - L$
④ $IL \times H \times B - t$

해설
I형강의 표시
IH(높이) $\times B$(폭) $\times t$(두께) $- L$(형강 길이)

70 다음 중 치수 기입의 원칙이 아닌 것은?

① 도면에 나타내는 치수는 계산하여 구하도록 기입한다.
② 치수는 되도록 주투상도에 집중해서 지시한다.
③ 관련 치수는 되도록 한곳에 모아서 기입한다.
④ 가공 또는 조립 시에 기준이 되는 형체가 있는 경우에는 그 형체를 기준으로 해서 치수를 기입한다.

해설
도면에 치수를 기입할 때는 작업자가 따로 계산할 필요가 없이 쉽게 확인할 수 있도록 치수를 나타내야 한다.

71 고속가공의 일반적인 특징으로 틀린 것은?

① 매우 얇은 가공물은 변형이 발생하여 정밀도를 유지하며 가공할 수 없다.
② 가공시간을 단축시켜 가공능률을 향상시킨다.
③ 절삭저항이 저하되고 공구수명이 길어진다.
④ 표면조도를 향상시킨다.

해설
고속가공의 특징
• 절삭능률이 크다.
• 구성인선이 감소한다.
• 표면조도를 향상시킨다.
• 가공 변질층이 감소한다.
• 표면거칠기값이 향상된다.
• 열처리된 소재도 가공할 수 있다.
• 절삭저항이 감소하고 공구수명이 길어진다.
• 매우 얇은 가공물도 변형 없이 가공이 가능하다.
• 난삭재(절삭가공이 어려운 재료)의 가공도 가능하다.
• 칩에 열이 집중되어 가공물에는 절삭열의 영향이 작다.
• 황삭부터 정삭까지 한 번의 셋업으로 가공이 가능하다.

72 2축 제어방식인 CNC 공작기계로 할 수 없는 제어는?

① 헬리컬 보간
② 위치결정
③ 원호보간
④ 직선보간

해설
X축과 Z축의 2축으로 가공할 때 직선 및 원호가공은 가능하나, 3차원인 헬리컬 보간은 제어가 불가능하다.

73 CNC 선반프로그램에서 정지시간을 2.5초로 하려고 할 때 옳은 것은?

① G04 P2.5;
② G04 X2.5;
③ G04 Z2.5;
④ G04 W2.5;

해설
CNC 선반에서 드웰(일시정지)를 하려면 1초를 정지시킬 경우 P지령은 1/1,000 단위로, X는 1. 과 같이 입력한다. 따라서 일시정지 명령어인 G04 x2.5 또는 G04 P2500으로 한다.

74 머시닝센터 자동공구교환장치(ATC)에서 공구교환 명령어는?

① M98   ② M30
③ M08   ④ M06

해설
머시닝센터에서 공구를 교환할 때 사용하는 명령어는 M06이다.
• M98 : 서브프로그램 호출
• M30 : 프로그램 종료 후 앞 블록으로 복귀
• M08 : 절삭유 ON(절삭유제 공급)
ATC(Auto Tool Changer) : 자동공구교환장치로 머시닝센터에서 여러 가지 가공을 순차적으로 할 수 있도록 자동으로 공구를 교환해 주는 장치이다.

75 다음 보기의 사이클 가공에 대한 설명으로 틀린 것은?

G99 G83 Z-23. R3. Q3. F100 M08;

① 심공 드릴 사이클이다.
② 1회 절입량은 3mm이다.
③ 초기점 복귀 사이클이다.
④ 가공 시 절삭유를 사용한다.

해설
머시닝센터에서 G99지령은 고정 사이클 R점 복귀를 하라는 명령어로 초기점 복귀 사이클에 속하므로 ③번이 옳은 표현이다.

76 CNC 공작기계에 사용되는 서보기구에 해당하지 않는 것은?

① 개방회로
② 반폐쇄회로
③ 반개방회로
④ 폐쇄회로

해설
CNC 공작기계용 서보기구는 개방회로, 폐쇄회로, 반폐쇄회로, 하이브리드회로를 사용한다. 반개방회로는 현재 없는 방식이다.

73 ② 74 ④ 75 ③ 76 ③

77 머시닝센터에서 φ16인 2날 엔드밀을 사용하여 G94 F100의 프로그램으로 가공할 때 날 하나당 이송속도는 몇 mm/tooth인가?(단, 주축의 회전수는 200rpm이다)

① 0.1
② 0.15
③ 0.2
④ 0.25

해설
밀링머신의 테이블 이송속도(f) 구하는 식
$f = f_z \times z \times n$

$f_z = \dfrac{f}{z \times n} = \dfrac{100\text{mm/min}}{2 \times 200\text{rev/min}} = 0.25$

여기서 f : 테이블의 이송속도(mm/min)
f_z : 밀링 커터날 1개의 이송(mm/tooth)
z : 밀링 커터날의 수
n : 밀링 커터의 회전수(rpm)

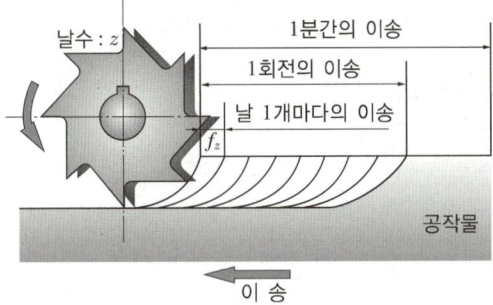

78 다음 중 CNC 공작기계를 운전하는 중에 충돌 등 위급한 상태가 우려될 때 가장 우선적으로 취해야 할 조치법은?

① 조작반의 비상정지(Emergency Stop) 버튼을 누른다.
② Mode 선택스위치를 수동 상태로 변환한다.
③ 배전반의 회로도를 점검한다.
④ 공압을 차단한다.

해설
CNC 공작기계가 운전 중 충돌할 때는 반드시 조작판의 비상정지(Emergency Stop) 버튼을 눌러야 한다.

79 1,500rpm으로 회전하는 스핀들에서 3회전 휴지를 주려고 한다면 정지시간은 얼마인가?

① 0.012초
② 0.12초
③ 1.2초
④ 12초

해설
$1,500\text{rpm} = \dfrac{1,500\text{rev}}{1\text{min}} = \dfrac{1,500\text{rev}}{60\text{s}} = \dfrac{25\text{rev}}{1\text{s}}$

$25\text{rev} : 1\text{s} = 3\text{rev} : x$
$3\text{rev} \cdot \text{s} = 25\text{rev} \cdot x$
$\therefore x = \dfrac{3\text{rev} \cdot \text{s}}{25\text{rev}} = 0.12\text{s}$

80 머시닝센터 프로그램 시 공구 지름 보정과 관계없는 것은?

① G40
② G41
③ G42
④ G43

해설
G43은 공구 길이를 보정하는 명령어이다. 공구 지름(공구 직경)보정은 G40, G41, G42와 관련이 있다.

머시닝센터에서 공구 지름 및 길이 보정과 관련된 G코드

G코드	기능	공구경로 및 지령방법
G40	공구 지름 보정 취소	공구 중심과 프로그램 경로가 같음 G40(G00 or G01) X__. Y__.;
G41	공구 지름 왼쪽 보정	공구가 진행하는 방향으로 보았을 때, 공구가 공작물의 왼쪽을 가공할 경우 G41(G00 or G01) X__. Y__. D__;
G42	공구 지름 오른쪽 보정	공구가 진행하는 방향으로 보았을 때, 공구가 공작물의 오른쪽을 가공할 경우 G42(G00 or G01) X__. Y__. D__;
G43	공구 길이 보정 +	지정된 공구 보정량을 Z좌표값에 더한다 (+ 방향으로 이동). G43(G00 or G01) Z__. H__;
G44	공구 길이 보정 -	지정된 공구 보정량을 Z좌표값에 뺀다 (- 방향으로 이동). G44 (G00 or G01) Z__. H__;
G45	공구 위치 옵셋	공구 위치 옵셋 $\dfrac{1}{2}$ 신장
G46	공구 위치 옵셋	공구 위치 옵셋 $\dfrac{1}{2}$ 축소
G49	공구 길이 보정 취소	공구 길이 보정 취소하고 기준 공구 상태로 된다. G44(G00 or G01) Z__.;

정답 77 ④ 78 ① 79 ② 80 ④

2020년 제3회 과년도 기출문제

제1과목 | 기계가공법 및 안전관리

01 고속가공의 특성에 대한 설명으로 틀린 것은?

① 황삭부터 정삭까지 한 번의 셋업으로 가공이 가능하다.
② 열처리된 소재는 가공할 수 없다.
③ 칩(Chip)에 열이 집중되어 가공물은 절삭열 영향이 작다.
④ 가공시간을 단축시켜 가공능률을 향상시킨다.

해설
열처리된 소재도 절삭공구를 다이아몬드와 같은 경도가 강한 재료를 사용하면 고속가공이 가능하다.

02 숫돌입자의 크기를 표시하는 단위는?

① mm
② cm
③ mesh
④ inch

해설
숫돌입자의 크기는 mesh 단위로 나타낸다.
연삭숫돌의 입도번호(단위 : mesh)

구 분	거친 연마용	일반 연마용	정밀 연마용
입도번호	4~220	230~1,200	240~8,000

03 해머작업 시 유의사항으로 틀린 것은?

① 녹이 있는 재료를 가공할 때는 보호안경을 착용한다.
② 처음에는 큰 힘을 주면서 가공한다.
③ 기름이 묻은 손이나 장갑을 끼고 가공을 하지 않는다.
④ 자루가 불안정한 해머는 사용하지 않는다.

해설
해머작업 시 처음에는 힘을 작게 주면서 못의 자리를 잡은 후 큰 힘을 주면서 작업해야 안전하다.

04 밀링작업에 대한 안전사항으로 틀린 것은?

① 가동 전에 각종 레버, 자동이송, 급속이송장치 등을 반드시 점검한다.
② 정면커터로 절삭작업을 할 때 칩 커버를 벗겨 놓는다.
③ 주축속도를 변속시킬 때에는 반드시 주축이 정지한 후에 변환한다.
④ 밀링으로 절삭한 칩은 날카로우므로 주의하여 청소한다.

해설
밀링가공 시에는 어떤 작업이든 칩 커버를 장착한 후 작업해야 한다. 칩 커버를 벗겨서 작업하면 칩이 작업자에게 튀어 사고의 위험이 크다.

정답 1② 2③ 3② 4②

05 다음 중 분할법의 종류에 해당하지 않는 것은?

① 단식분할법 ② 직접분할법
③ 차동분할법 ④ 간접분할법

해설
분할판(분할장치, 분할대) : 밀링머신에서 둥근 단면의 공작물을 등간격으로 분할시켜 사각이나 육각 등으로 가공하고자 할 때 사용하는 부속장치로, 기어의 치형과 같은 일정한 각으로 나누어 분할할 수 있다. 분할법의 종류에는 직접 분할법, 단식 분할법, 차동분할법이 있다.

밀링분할법의 종류

종류	특징	분할가능 등분수
직접 분할법	• 큰 정밀도를 필요로 하지 않은 키 홈과 같이 단순한 제품의 분할가공에 사용되는 분할법이다. • 스핀들의 앞면에 있는 24개의 구멍에 직접 분할핀을 꽂고 분할 크랭크를 회전시켜 분할한다. • $n = \dfrac{24}{N}$ 여기서, n : 분할 크랭크의 회전수 N : 공작물의 분할수	• 24의 약수인 2, 3, 4, 6, 8, 12, 24 등분
단식 분할법	• 직접분할법으로 분할할 수 없는 수나 정확하고 정밀한 분할이 필요한 경우에 사용하는 분할법이다. • $n = \dfrac{40}{N} = \dfrac{R}{N'}$ 여기서, R : 크랭크를 돌리는 분할수 N' : 분할판에 있는 구멍수 ※ 분할 크랭크 1회전당 스핀들은 9° 회전한다.	• 2~60의 등분 • 60~120 중 2와 5의 배수 • 120 이상의 등분수 중에서 $\dfrac{40}{N}$에서 분모가 분할판의 구멍수가 될 수 있는 등분수를 분할할 때 사용하는 분할법
차동 분할법	직접분할법이나 단식분할법으로 분할할 수 없는 특정 수(67, 97, 121)의 분할에 사용하는 분할법	

06 기어절삭기에서 창성법으로 치형을 가공하는 공구가 아닌 것은?

① 호브(Hob)
② 브로치(Broach)
③ 래크 커터(Rack Cutter)
④ 피니언 커터(Pinion Cutter)

해설
브로칭 가공은 판재에 구멍을 가공하는 작업으로 기어의 치형가공법은 아니다.
• 브로칭(Broaching) 가공 : 가공물에 홈이나 내부 구멍을 만들 때, 가늘고 길며 길이 방향으로 많은 날을 가진 총형공구인 브로치를 일감에 대고 누르면서 관통시켜 단 1회의 절삭 공정만으로 제품을 완성시키는 가공법이다.
• 브로칭 가공에 의한 제품 형상

07 보링머신에서 사용되는 공구는?

① 엔드밀   ② 정면 커터
③ 아 버   ④ 바이트

해설
보링머신에서는 보링 바이트를 사용해서 내경의 정밀도를 향상시킨다.

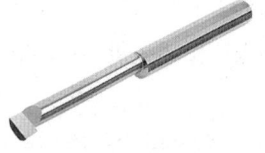

[보링 바이트(보링바)]

08 구성인선의 방지대책에 관한 설명 중 틀린 것은?

① 경사각을 작게 한다.
② 절삭 깊이를 작게 한다.
③ 절삭속도를 빠르게 한다.
④ 절삭공구의 인선을 예리하게 한다.

해설
구성인선의 방지대책
- 절삭 깊이를 작게 한다.
- 세라믹 공구를 사용한다.
- 절삭속도를 빠르게 한다.
- 바이트의 날 끝을 예리하게 한다.
- 윤활성이 좋은 절삭유를 사용한다.
- 바이트의 윗면 경사각을 크게 한다.
- 마찰계수가 작은 절삭공구를 사용한다.
- 피가공물과 친화력이 작은 공구재료를 사용한다.
- 공구면의 마찰계수를 감소시켜 칩의 흐름을 원활하게 한다.

09 공기 마이크로미터에 대한 설명으로 틀린 것은?

① 압축 공기원이 필요하다.
② 비교측정기로 1개의 마스터로 측정이 가능하다.
③ 타원, 테이퍼, 편심 등의 측정을 간단히 할 수 있다.
④ 확대기구에 기계적 요소가 없기 때문에 장시간 고정도를 유지할 수 있다.

해설
공기 마이크로미터를 사용하여 비교 측정을 할 때는 큰 치수와 작은 치수의 마스터 2개가 필요하다.

10 길이 400mm, 지름 50mm의 둥근 일감을 절삭속도 100m/min로 1회 선삭하려면 절삭시간은 약 몇 분 걸리겠는가?(단, 이송은 0.1mm/rev이다)

① 2.7   ② 4.4
③ 6.3   ④ 9.2

해설
$$T = \frac{l}{n \cdot f}$$
$$= \frac{\text{가공할 길이}}{\text{회전수} \times \text{이송속도}}$$
$$= \frac{400\text{mm}}{\frac{100{,}000\text{mm} \cdot \text{rev/min}}{\pi \times 50\text{mm}} \times 0.1\text{mm/rev}}$$
$$\fallingdotseq 6.28\text{min}$$

11 밀링가공에서 하향절삭 작업에 관한 설명으로 틀린 것은?

① 절삭력이 하향으로 작용하여 가공물 고정이 유리하다.
② 상향절삭보다 공구수명이 길다.
③ 백래시 제거장치가 필요하다.
④ 기계 강성이 낮아도 무방하다.

해설
하향절삭은 절삭가공 시 마찰력은 작으나, 충격력이 크기 때문에 높은 강성이 필요하다.

12 공작기계의 3대 기본운동이 아닌 것은?

① 전단운동   ② 절삭운동
③ 이송운동   ④ 위치조정운동

해설
공작기계는 위치조정운동, 절삭운동, 이송운동을 3대 기본운동으로 한다.

13 밀링머신에서 절삭공구를 고정하는 데 사용되는 부속장치가 아닌 것은?

① 아버(Arbor) ② 콜릿(Collet)
③ 새들(Saddle) ④ 어댑터(Adapter)

해설
새들은 밀링에서 공작물을 장착하는 테이블의 이송을 담당하는 부분으로 공구를 직접 고정하지는 않는다.

14 합금공구강에 대한 설명으로 틀린 것은?

① 탄소공구강에 비해 절삭성이 우수하다.
② 저속 절삭용, 총형 절삭용으로 사용된다.
③ 합금공구강에는 Ag, Hg의 원소가 포함되어 있다.
④ 경화능을 개선하기 위해 탄소공구강에 소량의 합금원소를 첨가한 강이다.

해설
합금공구강은 탄소강에 W, Cr, W-Cr 등의 원소를 합금하여 제작하는 공구용 재료로 절삭열이 600℃에서도 경도변화가 작아서 바이트나 다이스, 탭, 띠톱 등의 재료로 사용된다. 따라서 Ag나 Hg은 합금하지 않는다.

15 금긋기 작업을 할 때 유의사항으로 틀린 것은?

① 선은 가늘고 선명하게 한 번에 그어야 한다.
② 금긋기 선은 여러 번 그어 혼동이 일어나지 않도록 한다.
③ 기준면과 기준선을 설정하고 금긋기 순서를 결정하여야 한다.
④ 같은 치수의 금긋기 선은 전후, 좌우를 구분하지 말고 한 번에 긋는다.

해설
금긋기 작업 시 선은 가급적 가늘고 선명하게 한 번만 그어 혼동이 없도록 하는 것이 좋다.

16 3개 조(Jaw)가 120° 간격으로 배치되어 있고, 조가 동일한 방향, 동일한 크기로 동시에 움직이며 원형, 삼각, 육각 제품을 가공하는 데 사용하는 척은?

① 단동척 ② 유압척
③ 복동척 ④ 연동척

해설
- 연동척 : 3개의 조(Jaw)가 120° 간격으로 배치되어 있으며, 조가 동일한 방향으로 동일한 크기로 동시에 움직여서 원형이나 삼각형, 육각형 제품을 가공하는데 적합하다.
- 단동척 : 척핸들을 사용해서 조(Jaw)의 끝부분과 척의 측면이 만나는 곳에 만들어진 4개의 구멍을 각각 조이면, 90° 간격으로 배치된 4개의 조(Jaw)도 각각 움직여서 공작물을 고정시킨다.

[연동척]　　　[단동척]　　　[유압척]

17 연삭숫돌의 결합제(Bond)와 표시기호의 연결이 바른 것은?

① 셸락 : E ② 레지노이드 : R
③ 고무 : B ④ 비트리파이드 : F

해설
연삭숫돌의 결합제 및 기호

결합제 종류		기호
레지노이드	Resinoid	B
비트리파이드	Vitrified	V
고 무	Rubber	R
비 닐	Poly Vinyl Alcohol	PVA
셸락(천연수지)	Shellac	E
금 속	Metal	M
실리케이트	Silicate	S

18 공기 마이크로미터를 원리에 따라 분류할 때 이에 속하지 않는 것은?

① 광학식   ② 배압식
③ 유량식   ④ 유속식

해설
공기 마이크로미터의 원리에 따른 분류
- 유량식
- 배압식
- 유속식
- 진공식

19 목재, 피혁, 직물 등 탄성이 있는 재료로 된 바퀴 표면에 부착시킨 미세한 연삭입자로서, 연삭작용을 하게 하여 가공 표면을 버핑 전에 다듬질하는 방법은?

① 폴리싱   ② 전해가공
③ 전해연마   ④ 버니싱

해설
폴리싱(Polishing) : 목재나 피혁, 직물, 알루미나 등의 연마입자가 부착된 연마벨트로 제품 표면의 이물질을 제거하여 제품의 표면을 매끈하고 광택 나게 만드는 정밀입자가공법으로, 버핑가공의 전 단계에서 실시한다.

20 고속도강 드릴을 이용하여 황동을 드릴링할 때 적합한 드릴의 선단각은?

① 60°   ② 90°
③ 110°   ④ 125°

제2과목 | 기계설계 및 기계재료

21 금속을 0K 가까이 냉각하였을 때 전기저항이 0에 근접하는 현상은?

① 초소성현상
② 초전도현상
③ 감수성현상
④ 고상접합현상

해설
초전도란 재료를 극저온인 절대영도(0K)까지 냉각시키면 전기저항이 0에 접근하고 전류가 감소하지 않는 현상이다.

22 다음 중 합금강을 제조하는 목적으로 적당하지 않은 것은?

① 내식성을 증대시키기 위하여
② 단접 및 용접성 향상을 위하여
③ 결정입자의 크기를 성장시키기 위하여
④ 고온에서의 기계적 성질 저하를 방지하기 위하여

해설
강(Steel)에 합금원소를 첨가해서 만든 합금강은 결정입자의 성장을 억제함으로써 재료의 성질을 좋게 한다.

정답 18 ① 19 ① 20 ③ 21 ② 22 ③

23 황동에 납을 1.5~3.7%까지 첨가한 합금은?

① 강력황동　② 쾌삭황동
③ 배빗메탈　④ 델타메탈

해설
② 쾌삭황동 : 황동에 Pb(납)을 0.5~3% 정도 합금한 것으로, 피절삭성 향상을 위해 사용한다(전공 서적에 따라 합금 비율은 다를 수 있다).
① 강력황동 : 4 : 6황동에 Mn, Al, Fe, Ni, Sn 등을 첨가하여 한층 더 강력하게 만들어진 황동이다.
③ 배빗메탈 : 화이트메탈이라고도 하는 Sn, Sb계 합금의 총칭이다. 내열성이 우수하여 주로 내연기관용 베어링 재료로 사용되는 합금재료이다.
④ 델타메탈 : 6 : 4 황동에 1~2% Fe을 첨가한 것으로, 강도가 크고 내식성이 좋아서 광산기계나 선박용, 화학용 기계에 사용한다.

24 수지 중 비결정성 수지에 해당하는 것은?

① ABS 수지
② 폴리에틸렌 수지
③ 나일론 수지
④ 폴리프로필렌 수지

해설
비결정성 수지는 분자의 배열이 불규칙하게 배열된 재료로 결정성 수지에 비해 수축이 작다. 비결정성 수지의 종류에는 ABS, PC, PVC, PS가 있고, 결정성 수지 종류에는 PP, PPS, PBT, PA, PE가 있다.

25 주철의 성장을 억제하기 위하여 사용되는 첨가원소로 가장 적합한 것은?

① Pb　② Sn
③ Cr　④ Cu

해설
주철의 성장을 억제하려면 Cr, Mn, Mo 등을 첨가하여 펄라이트 중의 Fe_3C 분해를 막는다.

26 양은 또는 양백은 어떤 합금계인가?

① Fe-Ni-Mn계 합금
② Ni-Cu-Zn계 합금
③ Fe-Ni계 합금
④ Ni-Cr계 합금

해설
양은(Nikel Silver) : 은백색의 Cu + Zn + Ni의 합금으로 기계적 성질과 내식성, 내열성이 우수하여 스프링 재료로 사용되며, 전기저항이 작아서 온도 조절용 바이메탈 재료로도 사용된다. 기계 재료로 사용될 때는 양백, 식기나 장식용으로 사용될 때는 양은으로 불리는 경우가 많다.

27 탄소강에 대한 설명 중 틀린 것은?

① 인은 상온취성의 원인이 된다.
② 탄소의 함유량이 증가함에 따라 연신율은 감소한다.
③ 황은 적열취성의 원인이 된다.
④ 산소는 백점이나 헤어크랙의 원인이 된다.

해설
백점이나 헤어크랙의 원인이 되는 금속은 수소이다.

28 일반적으로 탄소강의 청열취성이 나타나는 온도[℃]는?

① 50~150
② 200~300
③ 400~500
④ 600~700

해설
청열취성(철이 산화되어 푸른빛으로 달궈져 보이는 상태)
탄소강이 200~300℃에서 인장강도와 경도의 값이 상온일 때보다 커지는 반면, 연신율이나 성형성은 오히려 작아져서 취성이 커지는 현상이다. 이 온도범위(200~300℃)에서는 철의 표면에 푸른 산화피막이 형성되기 때문에 청열취성이라고 한다. 따라서 탄소강은 200~300℃에서는 가공을 피해야 한다.
※ 靑 : 푸를 청, 熱 : 더울 열

29 심랭처리의 효과가 아닌 것은?

① 재질의 연화
② 내마모성 향상
③ 치수의 안정화
④ 담금질한 강의 경도 균일화

해설
심랭처리(Subzero Treatment, 서브제로)는 담금질강의 경도를 증가시키고 시효 변형에 의한 치수 변화를 방지하기 위한 열처리 조작으로, 재질을 강화시키는 열처리 방법이다. 담금질 강의 조직이 잔류 오스테나이트에서 전부 오스테나이트 조직으로 바꾸기 위해 재료를 오스테나이트 영역까지 가열한 후 0℃ 이하로 급랭시킨다.

30 분말 야금에 의하여 제조된 소결 베어링 합금으로 급유하기 어려운 경우에 사용되는 것은?

① Y합금
② 켈밋
③ 화이트메탈
④ 오일리스 베어링

해설
오일리스 베어링은 대부분 분말 야금법으로 소결해서 제조하므로, 기름 보급이 곤란한 곳에 적당하다.

31 지름 50mm인 축에 보스의 길이 50mm인 기어를 붙이려고 할 때 250N·m의 토크가 작용한다. 키에 발생하는 압축응력은 약 몇 MPa인가?(단, 키의 높이는 키 홈 깊이의 2배이며, 묻힘키의 폭과 높이는 $b \times h = 15 \times 10$mm이다)

① 30 ② 40
③ 50 ④ 60

해설
$$\sigma_c = \frac{4T}{hld} = \frac{4 \times 250\text{N} \cdot \text{m}}{0.01\text{m} \times 0.05\text{m} \times 0.05\text{m}} = 40,000,000\text{N/m}^2$$
$$= 40\text{MPa}$$

묻힘키의 길이(l) 구하기
• 전단응력 고려 시
$$\tau = \frac{W}{bl} = \frac{2T}{bdl}, \quad l = \frac{2T}{bd\tau}$$
• 압축응력 고려 시
$$\sigma_c = \frac{2W}{hl} = \frac{4T}{hdl}, \quad l = \frac{4T}{hd\sigma_c}$$

32 베어링 설치 시 고려해야 하는 예압(Preload)에 관한 설명으로 옳지 않은 것은?

① 예압은 축의 흔들림을 작게 하고, 회전 정밀도를 향상시킨다.
② 베어링 내부 틈새를 줄이는 효과가 있다.
③ 예압량이 높을수록 예압효과가 커지고, 베어링 수명에 유리하다.
④ 적절한 예압을 적용할 경우 베어링의 강성을 높일 수 있다.

해설
베어링 설치 시 가해 주는 예압은 가해 주는 압력이 높을수록 그 베어링의 수명시간은 떨어진다.
베어링 설치 시 가해 주는 예압(Preload)의 특징
- 베어링 내부 틈새를 줄이는 효과가 있다.
- 적절한 예압은 회전 중의 베어링 소음을 감소시킬 수 있다.
- 예압이 높을수록 베어링의 마모가 커져서 수명이 떨어진다.
- 예압은 축의 흔들림을 작게 하고, 회전 정밀도를 향상시킨다.

33 굽힘 모멘트만을 받는 중공축의 허용굽힘응력 σ_b, 중공축의 바깥지름 D, 여기에 작용하는 굽힘 모멘트 M일 때, 중공축의 안지름 d를 구하는 식으로 옳은 것은?

① $d = \sqrt[4]{\dfrac{D(\pi\sigma_b D^3 - 16M)}{\pi\sigma_b}}$

② $d = \sqrt[4]{\dfrac{D(\pi\sigma_b D^3 - 32M)}{\pi\sigma_b}}$

③ $d = \sqrt[3]{\dfrac{\pi\sigma_b D^3 - 16M}{\pi\sigma_b}}$

④ $d = \sqrt[3]{\dfrac{\pi\sigma_b D^3 - 32M}{\pi\sigma_b}}$

해설
중공축이 정하중으로 굽힘 모멘트(σ_a)만 받는 경우 바깥지름 구하는 식

$M = \sigma_a \times Z$

$M = \sigma_a \times \dfrac{\pi d_2^3 (1-x^4)}{32}$

여기서, $x = \dfrac{d}{d_2}$ 이므로, 이 식을 d로 정리하면

$d = \sqrt[4]{\dfrac{d(\pi\sigma_b d^3 - 32M)}{\pi\sigma_b}}$

$d_2 = \sqrt[3]{\dfrac{32M}{\pi(1-x^4)\sigma_a}}$

34 표준 평기어를 측정하였더니 잇수 $Z=54$, 바깥지름 $D_0=280$mm이었다. 모듈 m, 원주피치 p, 피치원 지름 D는 각각 얼마인가?

① $m=5$, $p=15.7$mm, $D=270$mm
② $m=7$, $p=31.4$mm, $D=270$mm
③ $m=5$, $p=15.7$mm, $D=350$mm
④ $m=7$, $p=31.4$mm, $D=350$mm

해설
- 모듈 m을 먼저 구한다.
  모듈 $m=\dfrac{D}{Z}$, 피치원 지름 $D=D_0-2m$이므로,
  $m=\dfrac{280-2m}{54}$
  $54m+2m=280$
  $56m=280$
  $m=5$
- 피치원 지름 $D=280-(2\times 5)=270$mm
- 원주피치(p)는 피치원 지름의 둘레를 잇수로 나눈 값이다.
  $p=\dfrac{\pi D}{Z}=\dfrac{\pi \times 270}{54}\fallingdotseq 15.7$mm

36 다음 중 변형률(Strain, ε)에 관한 식으로 옳은 것은?(단, l : 재료의 원래 길이, λ : 줄거나 늘어난 길이, A : 단면적, σ : 작용응력)

① $\varepsilon = \lambda \times l^2$ ② $\varepsilon = \dfrac{\sigma}{l}$
③ $\varepsilon = \dfrac{\lambda}{A}$ ④ $\varepsilon = \dfrac{\lambda}{l}$

해설
세로 종변형률 $\varepsilon = \dfrac{\text{변형된 길이}}{\text{원래 길이}} = \dfrac{\lambda}{l}$

37 50kN의 축 방향 하중과 비틀림이 동시에 작용하고 있을 때 가장 적절한 최소 크기의 체결용 미터나사는?(단, 허용인장응력은 45N/mm²이고, 비틀림 전단응력은 수직응력의 $\dfrac{1}{3}$이다)

① M36 ② M42
③ M48 ④ M56

해설
축 방향 하중과 비틀림 하중이 동시에 작용할 때는 먼저 다음의 나사의 지름을 구하는 공식을 이용한다.
나사의 지름 $d=\sqrt{\dfrac{8W}{3\sigma_a}}=\sqrt{\dfrac{8\times 50,000\text{N}}{3\times 45\text{N/mm}^2}}\fallingdotseq 54.4$mm

35 블록 브레이크의 설명으로 틀린 것은?

① 큰 회전력의 전달에 알맞다.
② 마찰력을 이용한 제동장치이다.
③ 블록수에 따라 단식과 복식으로 나뉜다.
④ 블록 브레이크는 회전장치의 제동에 사용된다.

해설
블록 브레이크는 마찰 브레이크의 일종으로 큰 회전력에 적용했을 때 미끄럼이 발생하므로 블록 브레이크는 큰 회전력에는 알맞지 않다.

38 공기스프링에 대한 설명으로 틀린 것은?

① 감쇠성이 작다.
② 스프링 상수 조절이 가능하다.
③ 종류로 벨로스식, 다이어프램식이 있다.
④ 주로 자동차 및 철도 차량용의 서스펜션(Suspension) 등에 사용된다.

해설
공기스프링은 감쇠성이 커서 출렁임에 대한 완충작용이 좋아 승차감이 좋다.

39 1줄 겹치기 리벳이음에서 리벳의 수는 3개, 리벳 지름은 18mm, 작용하중은 10kN일 때 리벳 하나에 작용하는 전단응력은 약 몇 MPa인가?

① 6.8　　② 13.1
③ 24.6　　④ 32.5

해설
리벳의 허용전단응력
$$\tau_a = \frac{F}{A \times n} \ (n : 리벳수)$$
$$= \frac{10,000\text{N}}{\frac{\pi \times (18\text{mm})^2}{4} \times 3} = \frac{10,000\text{N}}{\frac{\pi \times (0.018\text{m})^2}{4} \times 3}$$
$$= 13,099,172.27 \text{N/m}^2$$
$$\approx 13.1 \text{MPa}$$

---

40 잇수가 20개인 스프로킷 휠이 롤러 체인을 통해 8kW의 동력을 받고 있다. 이 스프로킷 휠의 회전수는 약 몇 rpm인가?(단, 파단하중은 22.1kN, 안전율은 15, 피치는 15.88mm이며, 부하 보정계수는 고려하지 않는다)

① 505　　② 1,026
③ 1,650　　④ 1,868

해설
• 먼저 안전율 공식으로 허용응력을 구한다.

안전율 $S = \dfrac{\sigma_u}{\sigma_a}$

$$15 = \frac{22,100\text{N}}{\sigma_a}$$

$$\sigma_a = \frac{22,100\text{N}}{15} \approx 1,473\text{N}$$

• 동력 공식을 이용해서 회전속도를 구한다.
$H = F \times v$

$$v = \frac{H}{F} = \frac{8,000\text{W}}{1,473\text{N}} \approx 5.43$$

• 스프로킷 휠의 회전수는 체인의 원주속도를 구하는 공식을 응용한다.

$$v = \frac{pZN}{1,000 \times 60}$$

$$N = \frac{60,000 \times 5.43}{15.88 \times 20} \approx 1,025\text{rpm}$$

제3과목 | 컴퓨터응용가공

41 모델링시스템 중 체적 계산을 완벽하게 할 수 있는 모델링 시스템은?

① 와이어 프레임 모델링
② 서피스 모델링
③ 솔리드 모델링
④ 조립체 모델링

해설
솔리드 모델링은 형상을 절단하여 단면도로 작성이 가능하며 부피 계산과 같은 물리적 계산도 가능하다.

---

42 서피스 모델(Surface Model)의 특징이 아닌 것은?

① 체적 등 물리적 성질의 계산이 쉽다.
② 2개 면의 교선을 구할 수 있다.
③ NC 가공 정보를 얻을 수 있다.
④ 은선 제거가 가능하다.

해설
서피스 모델링은 면을 통한 형상 제작방식으로 체적 등 물리적 성질의 계산은 어렵다. 솔리드 모델링으로는 가능하다.

43 벡터 리프레시(Vector-refresh) 그래픽 장치의 단점으로 화면이 껌벅거리는 현상은?

① 플리커링(Flickering)
② 동적 디스플레이(Dynamic Display)
③ 섀도 마스크(Shadow Mask)
④ 직선을 항상 직선으로 나타내는 기능

해설
플리커(Flicker)현상은 화면을 리플레시(Refresh, 벡터 리프레시)할 때 화면이 약간 흐려졌다가 다시 밝아지면서 다소 흔들리게 되는 현상이다.

44 곡면가공 시의 공구간섭(Overcut)에 대한 설명으로 틀린 것은?

① 곡면에 대한 CL 데이터가 꼬이게 되면 Overcut이 발생한다.
② 오목한 곡면 부위를 길이가 짧은 엔드밀로 가공하면 Overcut이 발생한다.
③ Overcut을 방지하려면 공구의 반경이 곡면상의 최소 곡률 반경보다 작아야 한다.
④ 예각으로 연결되어 있는 두 곡면의 바깥쪽의 둔각 부분을 가로질러 공구경로가 생성된 경우에 Overcut이 발생한다.

해설
NC 밀링가공을 위한 경로 산출 시 공구간섭은 공구의 지름에 영향을 받는다. 예를 들어, 큰 반경의 공구를 사용하면 오목한 부위에서 공구간섭 영역이 커진다.

45 2차원 데이터를 x축에 대한 대칭 변환을 하기 위한 변환행렬로 옳은 것은?

① $\begin{bmatrix} 1 & 0 & 0 \\ 0 & 1 & 0 \\ 0 & -1 & 1 \end{bmatrix}$

② $\begin{bmatrix} 1 & 0 & 0 \\ 0 & -1 & 0 \\ 0 & 0 & 1 \end{bmatrix}$

③ $\begin{bmatrix} -1 & 0 & 0 \\ 0 & -1 & 0 \\ 0 & 0 & 1 \end{bmatrix}$

④ $\begin{bmatrix} -1 & -1 & 0 \\ 0 & 1 & 0 \\ 0 & 0 & 1 \end{bmatrix}$

해설
x축에 대한 대칭의 결과를 얻기 위해서는 다음 표에서 a, d, s의 위치에 ②번과 같이 표시되어야 한다.
$[x'\ y'\ 1] = [x\ y\ 1] \begin{bmatrix} a & b & p \\ c & d & q \\ m & n & s \end{bmatrix}$

- a, b, c, d는 회전, 전단 및 스케일링에 관계된다.
- m, n은 이동에 관계된다.
- p, q는 투영에 관계된다.
- s는 전체적인 스케일링에 관계된다.

46 RP 공정의 응용 분야 중 주요한 영역이 아닌 것은?

① 제조공정을 위한 모델
② 기능검사를 위한 시작품
③ 설계평가를 위한 시작품
④ 원가 절감을 위한 대량 생산

해설
쾌속조형(RP ; Rapid Prototyping) : 급속 조형기술로, 모델링한 데이터를 STL 형식으로 변환한 후 한 층씩 적층하면서 실제의 시작품을 제작하는 공정이다. 제작시간이 오래 걸려서 생산성이 떨어져서 대량생산보다 다품종 소량 생산에 적합하다.

정답 43 ① 44 ② 45 ② 46 ④

47 CAD 시스템에서 원추곡선이 아닌 것은?

① 타원 ② 쌍곡선
③ 포물선 ④ 스플라인 곡선

해설
원추(Conic Section) 곡선은 평면과 교차하는 방향에 따라 원, 타원, 포물선, 쌍곡선 등이 생성된다. 따라서 스플라인 곡선과는 거리가 멀다.

48 다음 직선의 식을 매개변수식으로 옳게 표현한 것은?

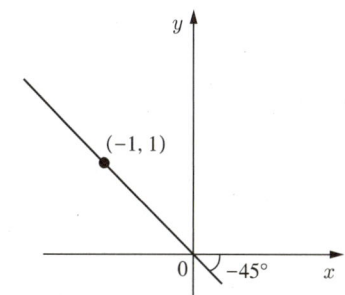

① $x = -1 + \dfrac{1}{\sqrt{2}}t,\ y = 1 + \dfrac{1}{\sqrt{2}}t$

② $x = 1 - \dfrac{1}{\sqrt{2}}t,\ y = 1 + \dfrac{1}{\sqrt{2}}t$

③ $x = -1 + \dfrac{1}{\sqrt{2}}t,\ y = 1 - \dfrac{1}{\sqrt{2}}t$

④ $x = 1 - \dfrac{1}{\sqrt{2}}t,\ y = 1 - \dfrac{1}{\sqrt{2}}t$

해설
매개 변수식으로 직선을 표현하면
2사분면에서 부호는 $\cos = -\cos,\ \sin = +\sin$ 이므로
- $x = a_0 + \cos\theta t$
  $= -1 - (-\cos 45°)t$
  $= -1 + \dfrac{1}{\sqrt{2}}t$
- $y = b_0 + \sin\theta t$
  $= 1 + (-\sin 45°)t$
  $= 1 - \dfrac{1}{\sqrt{2}}t$

※ $\sin 45° = \cos 45° = \dfrac{\sqrt{2}}{2} = \dfrac{1}{\sqrt{2}}$

49 CL Data를 이용하여 CNC 공작기계의 제어부에 맞게 NC Data를 생성하는 과정을 무엇이라고 하는가?

① 후처리
② 공구경로 검증
③ CL 데이터 생성
④ 데이터베이스

해설
CAM 시스템의 후처리란 곡선 또는 곡면의 CL 데이터를 공작기계가 인식할 수 있는 NC코드로 변환시키는 작업이다.

50 다음 중 가공 특징 형상(Feature)이 아닌 것은?

① 모따기(Chamfer) ② 구멍(Hole)
③ 슬롯(Slot) ④ 보스(Boss)

해설
특징 형상 모델링은 설계자에 친숙한 형상 단위로 물체를 모델링할 수 있는데 대부분의 시스템이 제공하는 전형적인 특징 형상으로는 모따기(Chamfer), 구멍(Hole), 슬롯(Slot), 포켓(Pocket) 등이 있다.

51 B-spline 곡선의 특징으로 틀린 것은?

① 연속성 보장
② 국부적 조정 가능
③ 역변환 용이
④ 다각형에 따른 형상 예측 불가능

해설
B-spline 곡선은 조정 다각형에 의하여 곡선을 표현한다. 또한 조정점의 개수가 많더라도 원하는 차수를 지정할 수 있다.

52 4개의 모서리 점과 4개의 경계 곡선을 부드럽게 연결한 곡면은?

① 퍼거슨 곡면
② 쿤스 곡면
③ 베지어 곡면
④ B-spline 곡면

[해설]
Coons(쿤스) 곡면은 자유 곡면을 형성할 때 곡면 패치(Patch)의 4개의 모서리 점(위치 벡터)과 4개의 경계 곡선을 부드럽게 선형보간하여 연결한 곡면이다.

54 3차 Bezier 곡선의 조정점이 다음과 같은 순서로 놓일 때 곡선 시작점에서의 단위 접선벡터는?

조정점 좌표값 : (0, 0) (0, 2) (2, 2) (2, 0)

① (1, 0)
② (0, 1)
③ (0.707, 0.707)
④ (-1, 0)

[해설]
조정점 (0, 0)에서 다음 조정점 (0, 2) 사이에 접선으로 (0, 1)이 위치해 있으므로 접선벡터는 (0, 1)이다.

53 모델링 기법 중에서 실루엣을 구할 수 없는 기법은?

① B-rep 방식
② CSG 방식
③ 서피스 모델링
④ 와이어 프레임 모델링

[해설]
Wireframe Modeling(와이어 프레임 모델링)으로는 실루엣을 구할 수 없으나 서피스 모델링과 솔리드 모델링으로는 실루엣을 구할 수 있다. 솔리드 모델링의 종류에 CSC방식과 B-rep 방식이 있다.

55 VDI라는 이름으로 시작된 하드웨어 기준의 표준으로, 그래픽 기능과 하드웨어 간에 공유되어 하드웨어를 제어할 수 있는 표준규격은?

① GKS(Graphical Kernel System)
② CGI(Computer Graphics Initiative)
③ CGM(Computer Graphics Metafile)
④ IGES(Initial Graphics Exchange Specification)

[해설]
CGI(Computer Graphic Interface) : 그래픽 기능과 하드웨어 간에 공유되어 하드웨어를 제어할 수 있는 표준규격으로 처음 VDI라는 이름으로 시작되었다.
※ VDI : Virtual Device Interface

정답 52 ② 53 ④ 54 ② 55 ②

56 다음의 데이터 교환 표준 가운데 제품의 전 주기(즉 설계, 제조, 검사, 서비스)에 관한 데이터를 표현하기 위해 고안된 것은?

① DXF   ② IGES
③ STEP   ④ VDA

> **해설**
> STEP은 회사들 사이에 컴퓨터를 이용한 데이터의 저장과 교환을 위한 산업 표준이 되고 있는 CALS에서 채택하고 있는 제품 데이터 교환 표준으로, 제품의 전체 주기인 설계, 제조, 검사, 서비스에 관한 데이터를 표현하기 위해 만들어졌다.

57 모델링과 연관된 용어에 관한 설명으로 틀린 것은?

① 스위핑(Sweeping) : 하나의 2차원 단면 형상을 입력하고 이를 안내 곡선을 따라 이동시켜 입체를 생성
② 스키닝(Skinning) : 여러 개의 단면 형상을 입력하고 이를 덮어 싸는 입체를 생성
③ 리프팅(Lifting) : 주어진 물체 특정면의 전부 또는 일부를 원하는 방향으로 움직여서 물체가 그 방향으로 늘어난 효과를 갖도록 하는 것
④ 블렌딩(Blending) : 주어진 형상을 국부적으로 변화시키는 방법으로 접하는 곡면을 예리한 모서리로 처리하는 방법

> **해설**
> 블렌딩(Blending) : 두 곡면이 만나는 부분을 부드럽게 이어주고자 할 때 사용하는 모델링 기법이다.

58 다음 중 머시닝센터에서 3차원 곡면을 정삭가공하고자 할 때 가장 많이 사용되는 공구는?

① 볼 엔드밀(Ball Endmill)
② 플랫 엔드밀(Flat Endmill)
③ 페이스 커터(Face Cutter)
④ 필렛 엔드밀(Fillet Endmill)

> **해설**
> 머시닝센터에서 볼 엔드밀 공구로 3차원 곡면의 정삭(정밀 절삭) 작업을 할 수 있다.

[볼 엔드밀]

59 가상현실기술을 이용하여 실제의 모형 대신 컴퓨터로 모형을 제작하는 것은?

① Rapid Prototyping
② Rapid Tooling
③ Virtual Prototyping
④ Virtual Reality

> **해설**
> 가상 시작품(Virtual Prototype)은 각 부품의 형상 모델을 컴퓨터 내에서 가상으로 조립한 시작품 조립체 모델이다. 따라서 가상 시작품을 사용하여 제품의 조립 가능성을 미리 검사해 볼 수 있다.

60 여러 대의 NC 공작기계를 한 대의 컴퓨터에 연결하여 제어하는 시스템은?

① NC   ② CNC
③ DNC   ④ FMS

> **해설**
> DNC(Distributed Numerical Control) : 중앙의 1대 컴퓨터에서 여러 대의 CNC 공작기계에 데이터를 분배하여 전송함으로써 동시에 여러 대의 기계를 운전할 수 있는 시스템

정답 56 ③ 57 ④ 58 ① 59 ③ 60 ③

제4과목 | 기계제도 및 CNC공작법

61 나사는 단독으로 나타내거나 조합하여 표시하기도 하는데 다음 중 그 표시방법으로 틀린 것은?

① G1/2 A
② M50×2 – 6H
③ Rp1/2 / R1/2
④ UNC No.4-40 – 6H/g

해설
유니파이 보통나사, UNC는 다음과 같이 표시한다.
• 유니파이 보통나사의 표시 형태

1/4	–	20	–	UNC
나사 지름 표시 숫자 및 번호		1인치당 나사산 수		유니파이 보통나사

• 유니파이 보통나사의 기호 : UNC

62 다음 그림과 같이 지시선의 화살표에 온흔들림 공차를 적용하고자 할 때 기하공차의 표기가 옳은 것은?

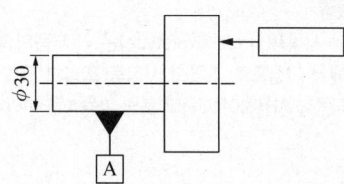

① 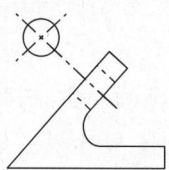
②
③
④

해설
온흔들림은 화살표가 2개 적용된 기호로 공차값은 기호와 데이텀 사이에 기재하므로 ①번과 같이 표현하는 것이 알맞다.

63 다음 그림과 같은 제3각 정투상도의 평면도와 우측면도에 가장 적합한 정면도는?

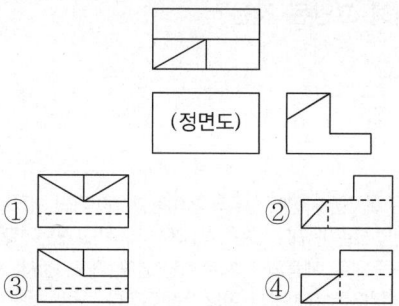

해설
우측면도에서 우측 하단에 단차가 아래쪽에 있으므로, 이 위치에는 정면도에 숨은선이 표시되어야 한다. 따라서 ①번과 ③번을 정답으로 유추할 수 있다. 평면도의 우측 하단에 어떤 경계선이 존재하지 않으므로 정답은 ③번이다.

64 다음 투상도와 같이 경사부가 있는 대상물에서 그 경사면에 있는 구멍의 실형을 표시할 필요가 있는 경우에 나타내는 투상도는?

① 가상도
② 국부투상도
③ 부분확대도
④ 회전투상도

해설
정확하게는 보조투상도에 대한 내용이지만, 보기 중 선택해야 하므로 국부투상도로 판단할 수 있다. 국부투상도는 대상물이 구멍, 홈 등과 같이 한 부분의 모양을 도시하는 것만으로도 충분한 경우에 사용한다.

65 기준 치수에 대한 구멍공차가 $50^{+0.025}_{-0.013}$일 때 치수공차의 값은?

① 0.012 ② 0.013
③ 0.025 ④ 0.038

[해설]
치수공차 : 최대 허용 한계 치수 − 최소 허용 한계 치수
따라서 치수공차는 50.025 − 49.987 = 0.038이 된다.

66 다음 그림에서 나사의 완전나사부를 나타내는 것은?

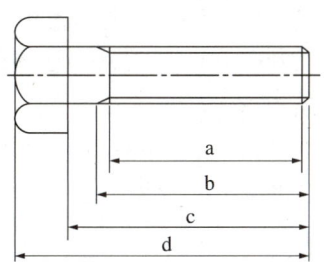

① a ② b
③ c ④ d

[해설]
나사의 완전 나사부는 a 부분이다.

67 센터 구멍의 간략 도시방법에서 다음 설명을 옳게 도시한 것은?

> 센터 구멍은 반드시 필요하며 B형으로 카운터싱크 구멍 지름은 8mm, 드릴 구멍 지름은 2.5mm이다.

① KS A ISO 6411 − B 2.5/8
② KS A ISO 6411 − B 2.5/8
③ KS A ISO 6411 − B 8/2.5
④ KS A ISO 6411 − B 8/2.5

[해설]
센터구멍의 가공을 남겨 두라는 기호는 ②, ④과 같이 <로 표시한다. 가운데 선은 중심선이 겹쳐진 것이다.
센터구멍을 표시할 때 KS규격 - 형상 드릴 구멍 지름 / 카운터싱크 구멍 지름 순으로 한다.
따라서 ②번처럼 표시하는 것이 적합하다.

68 가공방법과 기호의 연결이 옳은 것은?

① 래핑−MSL ② 브로칭−BR
③ 스크레이핑−SB ④ 평면연삭−GBS

[해설]
가공방법의 기호

기 호	가공방법	기 호	가공방법
L	선 반	FR	리머 다듬질
B	보 링	FS	스크레이핑
BR	브로칭	G	연 삭
C	주 조	GH	호 닝
CD	다이캐스팅	GS	평면연삭
D	드 릴	M	밀 링
FB	브러싱	P	플레이닝
FF	줄 다듬질	PS	절단(전단)
FL	래 핑	SH	기계적 강화

69 기어를 도시할 때 선을 나타내는 방법으로 틀린 것은?

① 잇봉우리원은 가는 실선으로 표시한다.
② 피치원은 가는 1점쇄선으로 표시한다.
③ 잇줄 방향은 일반적으로 3개의 가는 실선으로 표시한다.
④ 이골원은 가는 실선으로 표시한다. 단, 축에 직각인 방향에서 본 그림을 단면으로 도시할 때 이골의 선은 굵은 실선으로 표시한다.

해설
기어의 잇봉우리선은 굵은 실선으로 표시한다. 기어는 이뿌리원은 가는 실선, 피치원은 가는 1점쇄선으로 표시한다.

70 굵은 1점쇄선의 용도로 옳은 것은?

① 인접 부분을 참고로 표시할 때 사용한다.
② 수면, 유면 등의 위치를 표시할 때 사용한다.
③ 대상물의 보이지 않는 부분의 모양을 표시할 때 사용한다.
④ 특수한 가공을 하는 부분 등 특별한 요구사항을 적용할 수 있는 범위를 표시할 때 사용한다.

해설
굵은 1점 쇄선(─·─·─)은 특수한 가공이나 특수 열처리가 필요한 부분 등 특별한 요구사항을 적용할 범위를 표시할 때 사용한다.

71 CNC 공작기계 작업 중 이상 발생 시 작업자가 해야 할 응급조치에 해당하지 않는 것은?

① 비상정지스위치를 누르고 작업을 중단한다.
② 강전반 내의 회로도를 조작하여 검사한다.
③ 경고등의 점등 여부를 확인한다.
④ 작업을 멈추고 원인을 제거한다.

해설
강전은 강한 전력이 흐르는 부분이므로 반드시 정비 전문가가 검사해야 하므로, 작업자가 응급조치하면 감전의 위험이 크다. 따라서 이상점이 발생되었더라도 절대 작업자가 강전반을 검사 및 조작해서는 안 된다.

72 CNC 선반에서 공구기능을 설명한 것 중 옳은 것은?

① T0101 : 1번 공구를 한 번만 선택
② T0200 : 2번 공구와 0번 공구를 교환
③ T1212 : 12번 공구를 위치보정의 12번 보정량으로 보정
④ T0102 : 2번 공구를 위치보정의 1번 보정량으로 보정

해설
T1212 : 12번 공구에 위치보정값 12번을 적용을 지령할 때 사용한다. Tool 뒤에 앞 두 자리는 공구번호를, 뒤 두 자리는 보정번호를 의미한다.
① T0101 : 1번 공구에 1번 보정값을 적용한다.
② T0200 : 2번 공구로 교환한다.
④ T0102 : 1번 공구에 2번의 보정값을 적용한다.

73 머시닝센터에서 보정번호 03번에 15.0의 보정값을 프로그램에 의해 입력하는 방법으로 옳은 것은?

① G10 P03 X15.0;
② G10 P03 R15.0;
③ G10 D03 X15.0;
④ G10 D03 R15.0;

해설
- G10 : Programmable Data 입력 명령어
- P30 : 보정번호 03번
- R15.0 : 보정값 15

75 CNC 선반에서 300rpm으로 주축 스핀들이 회전하고 있다. 공작물 $\phi 40$ 위치에서 홈바이트가 주축이 5회 전하는 동안 휴지(Dwell)하도록 지령하는 프로그램으로 옳은 것은?

① G04 X0.1;
② G04 U10.0;
③ G04 P1000;
④ G04 P100;

해설
- 1분당 300rev이면 1초에 5rev이다.
- 휴지기능 명령어는 G04이다.
- 1초간 휴지할 때 P1000으로 지령한다.

74 지름 50mm, 가공 길이가 800mm인 환봉을 절삭속도는 50m/min, 이송은 0.2mm/rev일 때 선반에서 1회 절삭가공하는 데 소요되는 시간은 약 얼마인가?

① 6.6분
② 8.6분
③ 10.6분
④ 12.6분

해설

$$T = \frac{l}{n \cdot f}$$

$$= \frac{\text{가공할 길이}}{\text{회전수} \times \text{이송속도}}$$

$$= \frac{800\text{mm}}{\dfrac{50{,}000\text{mm} \cdot \text{rev/min}}{\pi \times 50\text{mm}} \times 0.2\text{mm/rev}}$$

$$\fallingdotseq 12.56\text{min}$$

76 머시닝센터에서 M8×1.25인 암나사를 태핑 사이클로 가공하고자 할 때, 주축의 이송속도는 몇 mm/min인가?(단, 주축 스핀들은 600rpm으로 지령되어 있다)

① 125
② 750
③ 1,000
④ 1,250

해설
나사가공 시 커터날의 수는 1개를 적용한다.
밀링 및 머시닝센터에서 테이블 이송속도(f) 구하는 식
$f = f_z \times z \times n$
$= 1.25 \times 1 \times 600\text{rpm}$
$= 750\text{rpm}$
여기서 f : 테이블의 이송속도(mm/min)
f_z : 밀링 커터날 1개의 이송(mm/tooth)
z : 밀링 커터날의 수
n : 밀링 커터의 회전수(rpm)

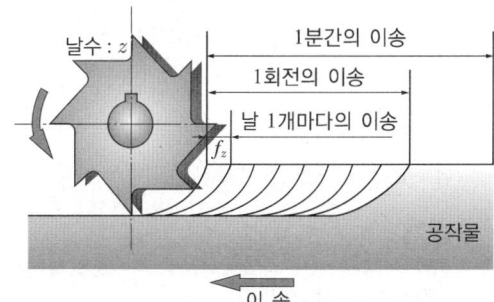

77 CNC 방전가공 시 공작물의 예비가공에 의한 효과가 아닌 것은?

① 방전가공 시간을 단축시킨다.
② 가공 칩 배출을 용이하게 한다.
③ 전극의 소모량을 줄일 수 있다.
④ 가공 칩 양이 증가하여 정밀도를 향상시킨다.

해설
CNC 방전가공에서 예비가공을 하면 가공할 칩의 양이 감소한다.

78 모달 G-코드에 대한 설명으로 틀린 것은?

① 같은 그룹의 모달 G-코드를 한 블록에 여러 개 지령을 하면 동시에 제어된다.
② 같은 기능의 모달 G-코드는 생략할 수 있다.
③ 모달 G-코드는 같은 그룹의 다른 G-코드가 나올 때까지 다음 블록에 영향을 준다.
④ 모달 G-코드는 그룹별로 나누어져 있다.

해설
모달 G-코드는 같은 그룹의 모달 G-코드를 한 블록에 여러 개 지령하면 하나만 제어된다.

79 CNC 공작기계에서 공구의 이동 위치를 지령하는 방식이 아닌 것은?

① 중심지령방식
② 증분지령방식
③ 절대지령방식
④ 혼합지령방식

해설
CNC 프로그램에서 좌표치를 지령하는 방식
• 절대지령방식
• 증분지령방식
• 혼합지령방식

80 머시닝센터 프로그램에서 보조프로그램의 끝을 나타내며 주프로그램으로 되돌아가는 보조기능은?

① M30
② M02
③ M98
④ M99

해설
머시닝센터용 M코드

M코드	기 능
M02	프로그램 종료
M30	프로그램 종료 후 리셋
M98	보조프로그램 호출
M99	보조프로그램 종료 후 주프로그램으로 회기

77 ④ 78 ① 79 ① 80 ④

2021년 제1회 과년도 기출복원문제

PART 02 | 과년도 + 최근 기출복원문제

※ 2021년부터는 CBT(컴퓨터 기반 시험)로 진행되어 수험자의 기억에 의해 문제를 복원하였습니다. 실제 시행문제와 일부 상이할 수 있음을 알려드립니다.
※ 2022년부터 출제기준이 변경됨에 따라(과목수 변경, 4과목 → 3과목) 2021년 제1회 기출복원문제부터 새 출제기준에 맞추어 60문항으로 구성하였습니다.

제1과목 | 기계가공법 및 안전관리

01 각도측정기인 오토콜리메이터(Autocollimator)의 주요 부속품에 해당하지 않는 것은?

① 폴리곤 프리즘
② 변압기
③ 펜터 프리즘
④ 접촉식 프로브

해설
오토콜리메이터
각도와 진직도, 평면도 측정에 사용되는 측정기로, 반사경과 망원경의 위치 관계가 기울기로 변했을 때 망원경 내 상의 위치가 이동하는 것을 이용하여 미소한 각도를 측정한다. 오토콜리메이터의 주요 부속품은 다음과 같다.
• 변압기
• 조정기
• 지지대
• 평면경
• 반사경대
• 펜타 프리즘
• 폴리곤 프리즘

02 공기 마이크로미터의 장점에 대한 설명으로 잘못된 것은?

① 배율이 높다.
② 타원, 테이퍼, 편심 등의 측정을 간단히 할 수 있다.
③ 내경 측정에 있어 정도가 높은 측정을 할 수 있다.
④ 비교측정기가 아니기 때문에 마스터는 필요 없다.

해설
공기 마이크로미터의 장점 및 단점

장 점	단 점	형 상
• 배율이 높다(1,000~40,000배). • 피측정물의 기름, 먼지를 불어내기 때문에 정확한 측정이 가능하다. • 내경 측정에 있어 정도가 높은 측정을 할 수 있다. • 타원, 테이퍼, 편심 등의 측정을 간단히 할 수 있다. • 측정력이 작아 무접촉 측정이 가능하다. • 확대율이 매우 크고 조정이 쉽다.	• 압축공기가 필요하다. • 디지털 지시가 불가능하다. • 응답시간이 일반적인 측정법보다 느리다. • 압축공기 안의 수분, 먼지를 제거해야 한다. • 피측정물의 표면이 거칠면 측정값에 신빙성이 없다. • 측정부 지시범위가 0.2mm 이내로 협소해 공차가 큰 것은 측정이 불가하다. • 비교측정기이므로 기준인 마스터가 필요하다. • 압축공기원(에어 컴프레서)이 필요하다.	

정답 1 ④ 2 ④

03 정반 위에 높이의 차이가 100mm인 2개의 게이지 블록 위에 길이가 200mm인 사인바를 놓았을 때, 정반면과 사인바와 이루는 각은?

① 20°   ② 30°
③ 45°   ④ 60°

해설
사인바와 정반이 이루는 각(α)

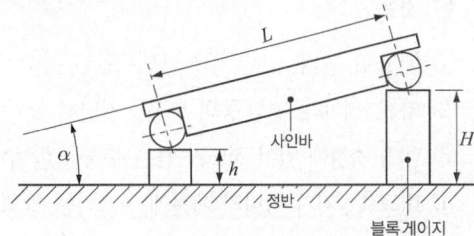

$$\sin\alpha = \frac{H-h}{L}$$

여기서, $H-h$: 양 롤러 간 높이차
L : 사인바의 길이
α : 사인바의 각도

$$\sin\alpha = \frac{H-h}{L} = \frac{100}{200} = \frac{1}{2}$$

$$\therefore \alpha = \sin^{-1} \times \frac{1}{2} = 30°$$

04 공작물을 절삭할 때, 절삭온도에 의한 측정방법으로 틀린 것은?

① 공구 현미경에 의한 측정
② 칩의 색깔에 의한 측정
③ 열량계에 의한 측정
④ 열전대에 의한 측정

해설
공구 현미경으로는 금속조직의 특성을 파악할 수 있으나 절삭온도의 측정은 불가능하다.

05 선반이나 연삭기 작업에서 봉재의 중심을 구하기 위해 금긋기 작업을 위해 사용되는 공구와 관계가 먼 것은?

① V블록
② 서피스 게이지
③ 캘리퍼스
④ 마이크로미터

해설
마이크로미터는 길이측정용 측정기이므로 금긋기 전 위치 선정에 사용될 수는 있으나 직접적으로 금긋기 작업에 사용되지는 않는다.

06 나사의 유효지름을 측정할 수 없는 것은?

① 나사 마이크로미터
② 투영기
③ 공구 현미경
④ 이 두께 버니어 캘리퍼스

해설
이 두께 버니어 캘리퍼스는 기어의 이(Tooth)를 측정하기 위한 전용 도구이다.

이 두께 버니어 캘리퍼스	이 두께 마이크로미터

나사의 유효지름 측정방법
• 투영기
• 공구 현미경
• 나사 마이크로미터

07 어미자의 눈금이 0.5mm이며, 아들자의 눈금 12mm를 25등분한 버니어 캘리퍼스의 최소 측정값은?

① 0.01mm ② 0.02mm
③ 0.05mm ④ 0.025mm

해설
버니어 캘리퍼스는 자와 캘리퍼스를 조합한 측정기로, 어미자와 아들자를 이용하여 $\frac{1}{20}$mm(0.05), $\frac{1}{50}$mm(0.02)까지 측정할 수 있다.
어미자의 눈금 간격이 0.5mm이고 아들자를 25등분한 것이므로 $\frac{0.05}{25}$ = 0.02mm가 된다. 따라서 이 버니어 캘리퍼스의 최소 측정값은 0.02mm이다.

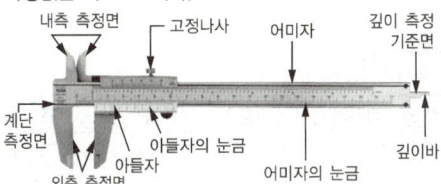

08 다음 중 한계게이지가 아닌 것은?

① 게이지블록 ② 봉게이지
③ 플러그게이지 ④ 링게이지

해설
게이지블록(블록게이지)
길이 측정의 표준이 되는 게이지로 공장용 게이지 중에서 가장 정확하다. 개개의 블록게이지를 밀착시킴으로써 그들 호칭치수의 합이 되는 새로운 치수를 얻을 수 있다. 블록게이지 조합의 종류에는 9개조, 32개조, 76개조, 103개조가 있다.

길이 측정기	게이지블록	
한계 게이지	봉게이지	
	플러그게이지	
	링게이지	

09 표준게이지의 종류와 용도가 잘못 연결된 것은?

① 드릴게이지 : 드릴의 지름 측정
② 와이어게이지 : 판재의 두께 측정
③ 나사피치게이지 : 나사산의 각도 측정
④ 센터게이지 : 나사 바이트의 각도 측정

해설
• 나사피치게이지 : 나사의 피치를 측정한다.

• 센터게이지 : 나사산의 각도, 나사 바이트의 날 끝각을 조사할 때 사용한다.

10 다음 그림과 같은 사인바(Sine Bar)를 이용한 각도 측정에 대한 설명으로 틀린 것은?

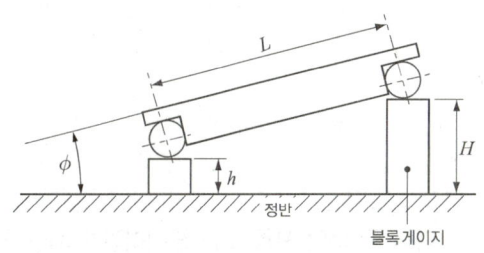

① 게이지블록 등을 병용하고 삼각함수 사인(Sine)을 이용하여 각도를 측정하는 기구이다.
② 사인바는 롤러의 중심거리가 보통 100mm 또는 20mm로 제작한다.
③ 45°보다 큰 각을 측정할 때에는 오차가 작아진다.
④ 정반 위에서 정반면과 사인봉과 이루는 각을 표시하면 $\sin\phi = \frac{(H-h)}{L}$ 식이 성립한다.

해설
사인바는 길이를 측정하고 삼각함수를 이용한 계산에 의하여 임의각을 측정하거나 임의각을 만드는 각도측정기이다. 사인바는 측정하려는 각도가 45° 이내여야 하며 측정각이 더 커지면 오차가 발생한다.

11 다음 ( ) 안에 들어갈 적절한 내용은?

> 도면을 철하기 위하여 구멍 뚫기의 여유를 설치해도 좋다. 이 여유는 최소 너비 ( )로 표제란에서 가장 떨어진 곳에 둔다.

① 5mm
② 10mm
③ 15mm
④ 20mm

해설
도면을 철할 때 최소 너비는 20mm를 둔다.

12 다음 중 복렬 자동 조심 볼베어링에 해당하는 베어링 간략기호는?

①   ②
③   ④

해설
베어링의 상세 도시기호(KS B 0004-2)

단열 깊은 홈 볼베어링	복렬 깊은 홈 볼베어링	단열 자동 조심 볼베어링	복렬 자동 조심 볼베어링	단열 앵귤러 콘택트 분리형 볼베어링

13 다음 그림과 같은 표면의 결 표시기호에서 M이 뜻하는 것은?

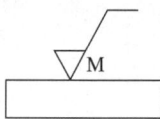

① 가공으로 생긴 선이 투상면에 직각 또는 평행
② 가공으로 생긴 선이 거의 동심원
③ 가공으로 생긴 선이 두 방향으로 교차
④ 가공으로 생긴 선이 여러 방향으로 교차 또는 무방향

해설
줄무늬 방향기호와 의미

기호	커터의 줄무늬 방향	적용	표면형상
=	투상면에 평행	셰이핑	
⊥	투상면에 직각	선삭, 원통연삭	
X	투상면에 경사지고 두 방향으로 교차	호닝	
M	여러 방향으로 교차 되거나 무방향이 나타남	래핑, 슈퍼피니싱, 밀링	
C	중심에 대하여 대략 동심원	끝면 절삭	
R	중심에 대하여 대략 레이디얼 모양	일반적인 가공	

14 다음 중 억지 끼워맞춤에 해당하는 것은?

① H7/g6
② H7/k6
③ H7/m6
④ H7/s6

해설
구멍을 기준으로 축의 끼워맞춤할 때 축의 등급기호 중 s는 억지 끼워맞춤임을 나타낸다.
구멍기준식 축의 끼워맞춤

헐거운 끼워맞춤	중간 끼워맞춤	억지 끼워맞춤
b, c, d, e, f, g, h	js, k, m, n	p, r, s, t, u, x

16 기하공차의 도시방법에서 위치도를 나타내는 것은?

① (원통도 기호)
② ○
③ ◎
④ ⊕

해설
기하공차 종류 및 기호

공차의 종류		기 호
모양공차	진직도	─
	평면도	▱
	진원도	○
	원통도	(원통도 기호)
	선의 윤곽도	⌒
	면의 윤곽도	⌓
자세공차	평행도	∥
	직각도	⊥
	경사도	∠
위치공차	위치도	⊕
	동축도(동심도)	◎
	대칭도	═
흔들림 공차	원주 흔들림	↗
	온 흔들림	↗↗

15 도면에 표시된 재료기호가 'SF390A'로 되었을 때, '390'이 뜻하는 것은?

① 재질 표시
② 탄소 함유량
③ 최저 인장강도
④ 제품명 또는 규격명 표시

해설
SF390A-탄소강 단강품
- SF : Carbon Steel Forgings for General Use
- 390 : 최저 인장강도 390N/mm^2
- A : 어닐링, 노멀라이징 또는 노멀라이징 템퍼링을 한 단강품

17 다음 그림은 어느 기어를 도시한 것인가?

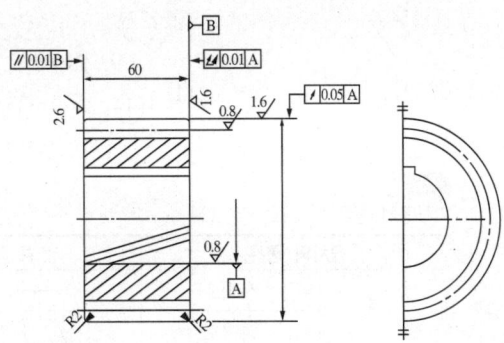

① 스퍼기어
② 헬리컬기어
③ 직선베벨기어
④ 웜기어

해설
헬리컬기어의 잇줄 방향은 통상 3개의 가는 실선으로 그린다.

19 모양 및 위치의 정밀도 허용값을 도시한 것 중 올바르게 나타낸 것은?

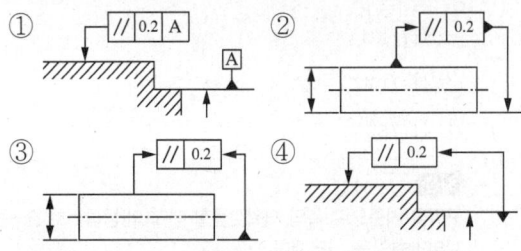

해설
기하공차를 표시할 때 평행도 공차는 데이텀 A를 기준으로 평행의 정도를 측정해야 하므로 반드시 측정의 기준면이 되는 데이텀을 설정해야 한다.

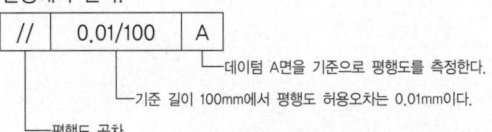

18 다음과 같은 입체도를 화살표 방향에서 본 투상도로 가장 적합한 것은?

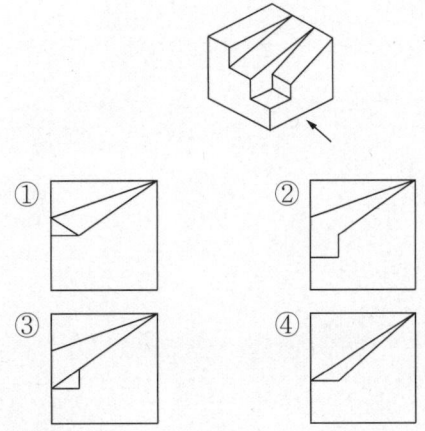

해설
좌측 하단부에 개방된 직사각형의 형상을 통해서 정답이 ②번임을 알 수 있다.

20 다음 도면에서 A의 길이는 얼마인가?

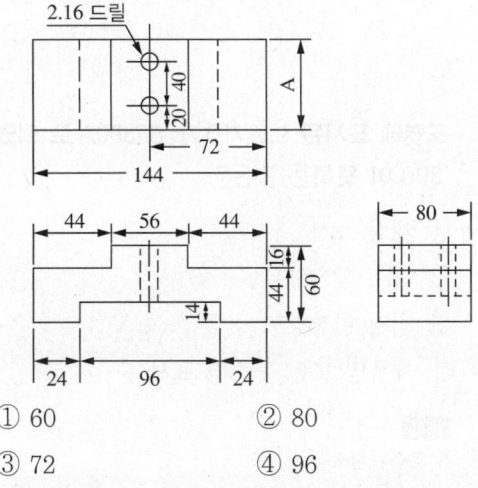

① 60
② 80
③ 72
④ 96

해설
A의 길이는 우측면도의 길이를 의미하므로 80mm가 된다.

제2과목 | CAM 프로그래밍

21 다음 중 DNC(Direct Numerical Control)의 설명에 가장 적합한 것은?

① NC 공작기계 내에 저장되어 있는 표준 부프로그램(Subroutine)
② 컴퓨터(마이크로프로세서)를 내장한 NC 공작기계
③ 컴퓨터의 핵심기능을 수행하는 중앙연산처리장치
④ 여러 대의 NC 기계를 한 대의 컴퓨터에 연결시켜 공작 기계 제어

해설
DNC(Distributed Numerical Control)
중앙의 1대 컴퓨터에서 여러 대의 CNC 공작기계에 데이터를 분배하여 전송함으로써 동시에 여러 대의 기계를 운전할 수 있는 시스템으로 Distributed를 Direct로 표기하기도 한다.

22 CAD 시스템에서 곡선을 표시하는 데 3차식을 사용하는 이유로 가장 적당한 것은?

① 4차 이상이 되면 곡면 생성기간이 오래 걸린다.
② 4차로는 부드러운 곡선을 표현할 수 없다.
③ CAD 시스템은 3차 이상의 차수를 지원할 수 없다.
④ 3차가 아니면 곡선의 변형이 안 된다.

해설
CAD 시스템에서 곡선을 표시하는 데 3차식을 사용하는 이유는 4차 이상이 되면 곡면 생성기간이 오래 걸리기 때문이다. 와이어프레임 모델링보다 솔리드 모델링의 모델링 시간이 더 길게 느껴지는 이유와 같다.

23 CAD 시스템에서 사용되는 그래픽용 입력장치에 해당되지 않는 것은?

① 화상 스캐너(Image Scanner)
② 조이스틱(Joystick)
③ 트랙볼(Track Ball)
④ 하드카피어(Hardcopier)

해설
하드카피어는 저장장치용과 관련된 보조기구로, 그래픽 입력장치로는 사용되지 않는다.

24 다음 모델 중에서 실루엣(Silhouette)이 정확하게 나타날 수 있는 모델로 짝지어진 것은?

① Wireframe Model, Surface Model
② Surface Model, Solid Model
③ Solid Model, Wireframe Model
④ Wireframe Model, Plane Draft Model

해설
실루엣을 정확히 나타낼 수 있는 3D 모델링은 서피스 모델링과 솔리드 모델링이다.

정답 21 ④ 22 ① 23 ④ 24 ②

25 IGES(Initial Graphics Exchange Specification)를 옳게 설명한 것은?

① 초기 생성된 제품 정의 정보를 수정하기 위한 기능
② 서로 다른 시스템 간의 제품 정의 정보의 상호교환용 파일구조
③ 정비에서 제품 정의 정보를 생성하기 위한 초기화 상태를 위한 규칙
④ 제품 정의 정보 교환용 기계장치

해설
IGES의 특징
- ANSI(미국국가표준)의 표준규격이다.
- 최초의 CAD 데이터 표준교환형식이다.
- 파일은 일반적으로 6개의 섹션으로 구성되어 있다.
- 서로 다른 시스템 간 제품 정보의 상호교환용 파일구조이다.
- 데이터 변환과정을 거치므로 유효 숫자 및 라운드 오프에러가 발생할 수 있다.
- IGES 미지원 요소로 모델링한 경우 비슷한 요소로 변환하므로 정보전달에 오류가 발생할 수 있다.
- 서로 다른 CAD/CAM/CAE 시스템 간에 도면 및 기하학적 형상의 제품 정의 데이터를 교환하기 위해 개발된 최초의 데이터 교환 형식이다.

26 Bezier 곡선의 특징이 아닌 것은?

① 곡선은 첫 번째와 마지막 조정점을 통과한다.
② 곡선은 조정 다각형의 첫 번째 및 마지막 선분에 접한다.
③ 조정 다각형의 꼭짓점의 순서가 거꾸로 되면 다른 곡선이 생성된다.
④ 폐곡선은 조정 다각형의 두 끝점을 연결시켜 간단하게 생성할 수 있다.

해설
Bezier(베지어) 곡선은 조정점의 순서를 거꾸로 해도 같은 곡선이 생성된다.

27 주기억장치와 CPU(중앙처리장치) 사이에서 속도 차이를 줄이기 위해 데이터와 명령어를 일시적으로 저장하는 고속기억장치는?

① Cache Memory
② Core Memory
③ Volatile Memory
④ Associative Memory

해설
① Cache Memory : 주기억장치와 CPU(중앙처리장치) 사이에서 속도 차이를 줄이기 위해 데이터와 명령어를 일시적으로 저장하는 고속기억장치
② Core Memory : IC가 나오기 전에 컴퓨터의 주기억장치의 중심을 이루던 고속기억장치의 일종
③ Volatile Memory : 휘발성 기억장치로 전원을 끊어버리면 기억 내용이 소실되는 메모리 장치
④ Associative Memory : 연상메모리로, 기억장치에 기억된 정보에 접근하기 위해 주소를 사용하는 것이 아니라 기억된 내용에 접근하는 것으로 검색을 빠르게 할 수 있는 기억장치

28 솔리드 모델링으로부터 알 수 있는 물리적 성질이 아닌 것은?

① 부피(Volume)
② 표면적(Surface Area)
③ 비틀림 모멘트(Torque)
④ 무게중심(Center of Gravity)

해설
솔리드 모델링으로 비틀림 모멘트와 같은 공학적 계산은 불가능하다.

29 B-spline 곡선에 대한 설명으로 알맞은 것은?

① 곡선의 차수가 조정점의 개수로부터 계산된다.
② 곡선의 형상을 국부적으로 수정하기 어렵다.
③ 모든 조정점을 지나는 부드러운 곡선이다.
④ 매듭값(Knot Value)에는 주기적(Periodic) 매듭값과 비주기적(Non-periodic) 매듭값이 있다.

해설
B-spline은 원하는 부분의 조정점만을 움직여서 원하는 곡선의 모양을 만들 수 있는 장점을 가진 곡선 공식으로 시작과 끝점을 포함한 4개의 조정점으로 이루어져 있다.
- B-spline 곡선의 매듭값에는 주기적 매듭값과 비주기적 매듭값이 있다.
- B-spline 곡선은 조정점의 개수에 따라 차수가 고정되지 않는다.
- B-spline 곡선은 곡선의 형상을 국부적으로 수정할 수 있다.
- B-spline 곡선은 모든 조정점을 지나지 않는다.

30 공간상의 벡터가 $\vec{a} = 2\vec{i} + \vec{j} + \sqrt{3}\vec{k}$일 때, 벡터 $\vec{a}$와 x축과의 사이각은?(단, $\vec{i}$, $\vec{j}$, $\vec{k}$는 각각 x, y, z축에 대한 단위 방향벡터이다)

① 30° ② 45°
③ 60° ④ 75°

31 컴퓨터에 전원을 연결시켰을 때 하드웨어가 작동하기 위해 필요한 기본적인 기능을 수행할 수 있도록 하는 정보를 수록하고 있는 곳은?

① RAM ② BIOS
③ BUFFER ④ ADDRESS

해설
BIOS(바이오스) : 컴퓨터에 전원을 연결시켰을 때, 하드웨어가 작동하기 위해 필요한 기본적인 기능을 수행할 수 있도록 하는 정보의 수록 장소

32 APT 등의 자동 NC프로그램 시스템(CAM S/W)을 이용하여 NC데이터를 생성하는 과정으로 맞는 것은?

① 도면 – 곡선 및 곡면 정의 – CL Data 생성 – 가공조건문 정의 – Postprocessing – NC Data 생성
② 도면 – 가공조건문 정의 – 곡선 및 곡면 정의 – Postprocessing – CL Data 생성 – NC Data 생성
③ 도면 – 곡선 및 곡면 정의 – 가공조건문 정의 – CL Data 생성 – Postprocessing – NC Data 생성
④ 도면 – CL Data 생성 – 가공조건문 정의 – 곡선 및 곡면 정의 – Postprocessing – NC Data 생성

해설
NC 데이터 생성 과정
도면 → 곡선 및 곡면 정의 → 가공조건문 정의 → CL Data 생성 → Post Processing → NC Data 생성

33 곡면가공을 위한 절삭조건 중 고려사항으로 가장 거리가 먼 것은?

① 절삭속도
② 공작기계의 크기
③ 절삭 두께
④ 공구에 작용하는 돌림힘(Torque)

해설
곡면가공을 할 때 공작기계의 크기는 절삭조건으로서 고려해야 할 대상은 아니다.

정답 29 ④ 30 ② 31 ② 32 ③ 33 ②

34 기계의 테이블에 직접 검출기를 설치, 위치를 검출하여 피드백시키는 서보기구 방식은?

① 폐쇄회로 방식
② 반개방회로 방식
③ 개방회로 방식
④ 반폐쇄회로 방식

해설
CNC 공작기계의 서보기구

방식	특징
개방회로 (Open Loop)	• 피드백이나 위치감지검출 기능이 없고 정밀도가 낮다. • 현재 많이 사용하지 않고 소형, 경량, 정밀도가 낮을 때 사용한다. • 구동 전동기로 펄스 전동기를 이용하며 제어장치로 입력된 펄스수만큼 움직이고 검출기나 피드백 회로가 없으므로 구조가 간단하며 펄스 전동기의 회전 정밀도와 볼나사의 정밀도에 직접적인 영향을 받는 방식이다.
폐쇄회로 (Closed Loop)	• NC 기계의 테이블에서 이동량을 직접 검출하므로 정밀도가 좋다. • 현재 NC 기계에 사용되며 모터는 직류서보와 교류서보모터가 사용된다. • 기계의 테이블에 부착된 직접 검출기인 직선 Scale이 위치 검출을 실행하여 피드백하는 방식이다.
반폐쇄회로 (Semi-closed Loop)	• 일반적인 CNC 공작기계에 가장 많이 사용되는 방식이다. • 서보모터에서 위치 검출을 수행하는 방식이다. • 위치 검출을 서보모터축이나 볼스크루의 회전 각도로 검출하기도 한다. • 백래시의 오차를 줄이기 위해 볼스크루를 활용하여 정밀도 문제를 해결한다.
복합회로 (Hybrid Control)	• 반폐쇄회로 방식과 폐쇄회로 방식을 모두 갖고 있는 방식이다. • 정밀도를 더욱 높일 수 있어 대형 기계에 이용된다.

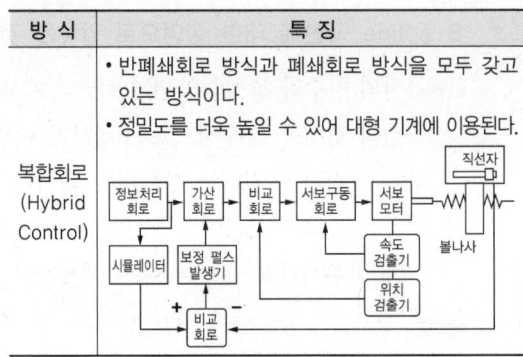

35 2차원에서 동차좌표에 의한 일반적인 변환행렬이 다음과 같을 때 잘못된 설명은?

$$[x\ y\ 1] = [x\ y\ 1] \begin{bmatrix} a & b & p \\ c & d & q \\ m & n & s \end{bmatrix}$$

① a, b, c, d는 회전, 전단 및 스케일링에 관계된다.
② m, n은 이동에 관계된다.
③ p, q는 투영에 관계된다.
④ s는 전체적인 대칭에 관계된다.

해설
s는 전체적인 스케일링과 관계된다.

36 다음은 곡면 모델링에 관한 설명이다. ( ) 안에 들어갈 가장 알맞은 용어끼리 짝지어진 것은?

> 주어진 점들이 곡면상에 놓이도록 피팅(Fittting)하는 것은 (㉠)(이)라고 하며, 점들이 곡면으로부터 조금 떨어져 있는 것을 허용하는 경우를 (㉡)(이)라고 한다.

① ㉠ 보간(Interpolation), ㉡ 근사(Approximation)
② ㉠ 근사(Approximation), ㉡ 보간(Interpolation)
③ ㉠ 블렌딩(Blending), ㉡ 스무싱(Smoothing)
④ ㉠ 스무싱(Smoothing), ㉡ 블렌딩(Blending)

37 자유곡면의 NC 밀링가공을 위한 경로 산출에 대한 설명으로 틀린 것은?

① 공구 흔적(Cusp)을 줄이기 위해서는 경로 간 간격을 줄이거나 공구 반경을 크게 한다.
② 큰 반경의 공구를 사용하면 오목한 부위에서 공구 간섭 영역이 작아진다.
③ 원호보간을 이용하면, NC 프로그램 길이를 크게 줄일 수 있다.
④ 경로 산출을 위해 곡면 오프셋(Offset) 계산이 이용되기도 한다.

해설
NC 밀링가공을 위한 경로 산출 시 큰 반경의 공구를 사용하면 오목한 부위에서 공구 간섭 영역이 커진다.

38 원점을 중심으로 점(4, 2)을 −60° 회전시킬 때, 좌표 값은?

① $(2, -2\sqrt{3})$
② $(-2\sqrt{3}, 2\sqrt{3})$
③ $(2+\sqrt{3}, -2\sqrt{3}+1)$
④ $(-2-\sqrt{3}, 2\sqrt{3}+1)$

해설
$[x', y'] = [x, y]\begin{bmatrix} \cos\theta & -\sin\theta \\ \sin\theta & \cos\theta \end{bmatrix}$
$= [4, 2]\begin{bmatrix} \cos(-60°) & -\sin(-60°) \\ \sin(-60°) & \cos(-60°) \end{bmatrix}$
$= [4, 2]\begin{bmatrix} \frac{1}{2} & \frac{\sqrt{3}}{2} \\ -\frac{\sqrt{3}}{2} & \frac{1}{2} \end{bmatrix}$
$= \left[\left(4\times\frac{1}{2}\right)+\left(2\times\frac{\sqrt{3}}{2}\right), \left(4\times-\frac{\sqrt{3}}{2}\right)+\left(2\times\frac{1}{2}\right)\right]$
$= [2+\sqrt{3}, -2\sqrt{3}+1]$

2차원 회전 변환행렬식
• 시계 방향 회전 시 변환행렬식
$[x', y'] = [x, y]\begin{bmatrix} \cos\theta & -\sin\theta \\ \sin\theta & \cos\theta \end{bmatrix}$
• 반시계 방향 회전 시 변환행렬식
$[x', y'] = [x, y]\begin{bmatrix} \cos\theta & \sin\theta \\ -\sin\theta & \cos\theta \end{bmatrix}$
※ $\cos\theta = \cos(-\theta), \sin\theta \neq \sin(-\theta), -\sin(-\theta) = \sin\theta$

39 조립체 모델링에서 조립체를 구성하는 인스턴스(Instance)에는 어떤 정보가 필요한가?

① 형상을 나타내는 기하 정보
② 형상을 구속하는 치수 정보
③ 부품 정보와 조립 정보
④ 모델링 과정을 나타내는 이력 정보

해설
인스턴스란 객체(Object)와 비슷한 의미로서, 부품 정보와 조립 정보가 필요하다.

40 보조프로그램 호출 시 사용되는 보조기능은?

① M00
② M01
③ M98
④ M99

해설
CNC 선반이나 머시닝센터와 같은 CNC 공작기계에서 사용되는 보조 프로그램에서 보조 프로그램을 호출하기 위해서 사용하는 명령어는 "M98"이다.

CNC 공작기계용 보조프로그램

M코드	기 능
M00	프로그램 정지
M01	선택적 프로그램 정지
M02	프로그램 종료
M03	주축 정회전(주축이 시계 방향으로 회전)
M04	주축 역회전(주축이 반시계 방향으로 회전)
M05	주축 정지
M08	절삭유 ON
M09	절삭유 OFF
M14	심압대 스핀들 전진
M15	심압대 스핀들 후진
M30	프로그램 종료 후 리셋
M98	보조프로그램 호출
M99	보조프로그램 종료 후 주프로그램으로 회기

정답 37 ② 38 ③ 39 ③ 40 ③

제3과목 | 컴퓨터수치제어(CNC) 절삭가공

41 윤활제의 구비조건이 될 수 없는 것은?

① 사용 상태에서 충분한 점도를 유지할 것
② 한계 윤활 상태에서 견딜 수 없는 유성이 있을 것
③ 산화나 열에 대하여 안정성이 높을 것
④ 화학적으로 불활성이며 깨끗하고 균질할 것

해설
윤활유(제)는 베어링과 축, 피스톤 같이 서로 접촉하면서 상대운동을 하는 기계 접촉면의 마찰을 감소시켜 상대운동을 원활하게 만들기 위해 사용한다.
윤활유(제)의 구비조건
- 금속의 부식이 없을 것
- 산화나 열에 대한 안정성이 높을 것
- 온도 변화에 따른 점도 변화가 적을 것
- 사용 상태에서 충분한 점도를 유지할 것
- 화학적으로 불활성이며 깨끗하고 균질할 것
- 한계의 윤활 상태에서도 견디는 유성이 있을 것
- 양호한 유성을 가진 것으로 카본 생성이 적을 것

42 센터리스 연삭기에 대한 설명으로 틀린 것은?

① 가공물을 연속적으로 가공하기 곤란하다.
② 연삭 깊이는 거친 연삭의 경우 0.2mm 정도이다.
③ 일반적으로 조정숫돌은 연산축에 대하여 경사시켜 가공한다.
④ 가늘고 긴 공작물을 센터나 척으로 지지하지 않고 가공한다.

해설
센터리스 연삭기의 특징
- 연삭 여유가 작아도 된다.
- 긴 축 재료의 연삭이 가능하다.
- 대형 중량물의 연삭은 곤란하다.
- 연삭작업에 숙련을 요구하지 않는다.
- 연속작업이 가능하여 대량 생산에 적합하다.
- 연삭 깊이는 거친 연삭의 경우 0.2mm 정도이다.
- 센터가 필요하지 않아 센터 구멍의 가공이 필요 없다.
- 센터 구멍이 필요 없는 중공물의 원통 연삭에 편리하다.
- 가늘고 긴 공작물을 센터나 척으로 지지하지 않고 가공한다.
- 일반적으로 조정숫돌은 연삭축에 대하여 경사시켜 가공한다.
- 긴 홈이 있는 가공물이나 대형 또는 중량물의 연삭은 곤란하다.
- 연삭숫돌의 폭이 크므로, 연삭숫돌 지름의 마멸이 적고 수명이 길다.
- 연삭숫돌 폭보다 넓은 가공물은 플랜지 컷 방식으로 연삭할 수 없다.

43 밀링에서 상향절삭과 비교한 하향절삭 작업의 장점에 대한 설명으로 틀린 것은?

① 표면거칠기가 좋다.
② 공구의 수명이 길다.
③ 가공물 고정이 유리하다.
④ 백래시를 제거하지 않아도 된다.

해설
상향절삭과 하향절삭의 특징

상향절삭	커터날 절삭 방향과 공작물 이송 방향이 반대이다.
	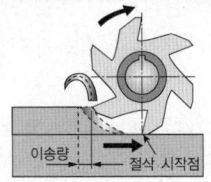
	• 동력 소비가 크다. • 표면거칠기가 좋지 못하다. • 하향절삭에 비해 가공면이 깨끗하지 못하다. • 기계에 무리를 주지 않아 강성은 낮아도 된다. • 날 끝이 일감을 치켜 올리므로 일감을 단단히 고정해야 한다. • 백래시의 영향이 작아서 백래시 제거장치가 필요 없다. • 절삭가공 시 마찰열과 접촉면의 마모가 커서 공구수명이 짧다.
하향절삭	커터날 절삭 방향과 공작물 이송 방향이 같다.
	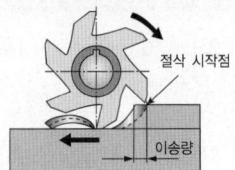
	• 표면거칠기가 좋다. • 날 자리 간격이 짧다. • 날의 마멸이 적어서 공구수명이 길다. • 가공면이 깨끗하고 고정밀 절삭이 가능하다. • 백래시를 완전히 제거해야 하므로 백래시 제거장치가 필요하다. • 절삭된 칩이 가공된 면 위에 쌓이므로 앞으로 가공할 면의 시야성이 좋아서 가공하기 편하다. • 커터날과 일감의 이송 방향이 같아서 날이 가공물을 누르는 형태이므로 가공물 고정이 간편하다. • 절삭가공 시 마찰력은 작으나 충격력이 크기 때문에 높은 강성이 필요하다.

44 회전하는 상자에 공작물과 숫돌입자, 공작액, 콤파운드 등을 함께 넣어 공작물이 입자와 충돌하는 동안에 그 표면의 요철(凹凸)을 제거하여 매끈한 가공면을 얻는 것은?

① 숏피닝 ② 슈퍼피니싱
③ 버니싱 ④ 배럴가공

해설
④ 배럴가공 : 회전하는 통 속에 가공물과 숫돌입자, 가공액, 콤파운드 등을 함께 넣어 회전시킴으로써 가공물이 입자와 충돌하는 동안에 그 표면의 요철을 제거하여 매끈한 가공면을 얻는 가공방법
① 숏피닝 : 강이나 주철제의 작은 강구(볼)를 고속으로 표면층에 분사하여 표면층을 가공경화시켜 경화하는 방법
② 슈퍼피니싱 : 입도와 결합도가 작은 숫돌을 공작물에 가볍게 누르고 매 분당 수백~수천의 진동과 수 mm의 진폭으로 진동하면서 왕복운동을 하면서 공작물을 회전시켜 가공면을 단시간에 매우 평활한 면으로 다듬는 가공방법
③ 버니싱 : 강구를 원통 구멍에 압입하여 구멍의 표면을 가압 다듬질하는 방법으로, 특히 모양이 특이한 구멍(직사각형 구멍, 기어의 키 구멍 등)의 다듬질에 알맞은 가공방법

45 드라이버 사용 시 유의사항으로 맞지 않은 것은?

① 드라이버 날 끝이 홈의 폭과 길이가 같은 것을 사용한다.
② 드라이버 날 끝이 수평이어야 하며 둥글거나 빠진 것은 사용하지 않는다.
③ 작은 공작물은 한 손으로 잡고 사용한다.
④ 전기작업 시 금속 부분이 자루 밖으로 나와 있지 않은 절연된 자루를 사용한다.

해설
드라이버 사용 시 유의사항
• 크기가 작은 공작물은 바이스로 고정 후 사용한다.
• 드라이버 날 끝이 홈의 폭과 길이가 같은 것을 사용한다.
• 드라이버 날 끝이 수평이어야 하며 둥글거나 빠진 것을 사용하지 않는다.
• 전기작업 시 금속 부분이 자루 밖으로 나와 있지 않은 절연된 자루를 사용한다.

46 보링머신에서 가공이 가능한 방법이 아닌 것은?

① 드릴링 ② 리밍
③ 태핑   ④ 그라인딩

해설
그라인딩은 그라인더를 사용하여 연마석을 회전시켜 공작물의 표면을 깎는 작업으로, 보링머신의 가공과는 관련이 없다.

[그라인더]

47 직업병의 발생원인과 가장 관계가 먼 것은?

① 분진   ② 유해가스
③ 공장 규모 ④ 소음

해설
직업병은 분진이나 소음, 유해가스와 같은 환경적인 요인과 단순하거나 복잡한 업무적인 특성이 사람의 몸에 이상현상을 발생시키는 질병으로 공장의 규모와는 전혀 관련이 없다.

48 일감과 공구가 모두 회전하면서 절삭하는 공작기계는?

① 선반(Lathe)
② 밀링머신(Milling Machine)
③ 드릴링머신(Drilling Machine)
④ 원통연삭기(Cylindrical Grinding Machine)

[해설]
일감과 공구가 모두 회전하면서 가공이 진행되는 공작기계는 원통연삭기이다.

공작기계의 절삭가공방법

종 류	공 구	공작물
선 반	축 방향 및 축에 직각 (단면 방향) 이송	회 전
밀 링	회 전	고정 후 이송
보 링	이 송	회 전
	회전 및 이송	고 정
드릴링머신	회전하면서 상하 이송	고 정
셰이퍼, 슬로터	전후 왕복운동	상하 및 좌우 이송
플레이너	공작물의 운동 방향과 직각 방향으로 이송	수평 왕복운동
연삭기 및 래핑	회 전	회전 또는 고정 후 이송
호 닝	회전 후 상하 운동	고 정
호 빙	회전 후 상하 운동	고정 후 이송

49 수기가공에서 수나사를 가공하는 공구는?

① 탭
② 리 머
③ 다이스
④ 스크레이퍼

[해설]
수기가공에서 수나사를 가공하는 공구는 다이스이며, 암나사는 핸드 탭으로 가공한다.

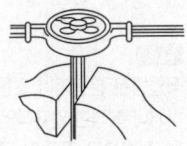

[다이스]

50 브로칭머신의 절삭공구인 브로치의 구조에 해당되지 않는 것은?

① 자루부
② 절삭부
③ 안내부
④ 경사부

[해설]
브로치의 구조(브로칭머신용)
• 자루부
• 절삭부
• 안내부

51 알루미나(Al_2O_3)계보다 단단하나 취성이 커서 인장강도가 낮은 재료의 연삭에 가장 적당한 탄화규소(SiC)계 숫돌입자의 기호는?

① A
② C
③ WA
④ GC

[해설]
숫돌입자의 종류 및 특징

종 류	입자 기호	특 징	경도 및 취성값
알루 미나계	A	• 연한 갈색(흑갈색)의 알루미나 입자로 인장강도가 크다. • 일반강 재료의 강력연삭이나 절단 작업용으로 사용한다.	작다. ⇅ 크다.
	WA	• 담금질한 강의 다듬질에 사용한다. • 주성분인 산화알루미늄의 함유량은 99.5% 이상이다. • 순도가 높은 백색 알루미나의 인조 입자를 원료로 하여 만든다.	
탄화 규소계	C	• 주철, 자석 등 비철금속의 다듬질에 사용한다. • 흑자색 탄화규소로 인장강도가 매우 크며 발열이 되면 안 된다. • 주철이나 칠드주물과 같이 경하고 취성이 많은 재료의 연삭에 적합하다.	
	GC	• 초경합금, 유리 등의 연삭에 사용한다. • 녹색의 탄화규소로 경도가 매우 높아서 발열이 되면 안 된다.	

52 주철과 같이 메짐이 있는 재료를 저속으로 절삭할 때, 발생되는 일반적인 칩의 형태는?

① 전단형
② 경작형
③ 균열형
④ 유동형

해설
선반작업 시 발생하는 칩의 종류

종류	특징
유동형 칩	• 가공 표면이 가장 매끄러운 칩이다. • 칩이 공구의 윗면 경사면 위를 연속적으로 흘러 나가는 형태의 칩이다. • 재질이 연하고 인성이 큰 재료를 큰 경사각으로 고속 절삭 시 발생한다. • 공구의 윗면 경사각이 클 때, 절삭 깊이가 작을 때, 절삭공구의 날 끝 온도가 낮을 때, 윤활성이 좋은 절삭유를 사용할 때 발생한다. • 유동형 칩이 발생될 때는 절삭저항이 작고 가공 표면이 깨끗하며 공구의 수명도 길어진다.
전단형 칩	• 공구 윗면 경사면과 접촉하여 마찰하는 면은 평활하나 반대쪽은 톱니 모양이다. • 비교적 연한 재료를 저속으로 절삭할 때, 절삭공구의 윗면 경사각이 작을 때 발생한다. • 유동형 칩에 비해 가공 표면이 거칠고 공구의 손상도 일어나기 쉽다.
열단형 칩	• 점성이 큰 재질의 공작물을 절삭 깊이가 크고 윗면 경사각이 작은 절삭공구를 사용할 때 발생한다. • 칩이 날 끝에 달라붙어 경사면을 따라 원활히 흘러나가지 못해 공구에 균열이 생기고 가공 표면이 뜯겨진 것처럼 보인다.
균열형 칩	• 주철과 같이 취성(메짐)이 있는 재료를 저속으로 절삭할 때 발생한다. • 가공면에 깊은 홈을 만들기 때문에 표면이 매우 불량하다.

53 밀링 절삭작업에서 떨림(Chattering)이 생기는 이유가 아닌 것은?

① 공작물의 길이가 짧을 때
② 바이트의 날 끝이 불량할 때
③ 절삭속도가 부적당할 때
④ 공작물의 고정이 불량할 때

해설
밀링가공에서 일감의 가공면에 떨림이 발생하는 원인과 방지책

원인	방지책
• 공작물의 길이가 길 때 • 절삭속도가 부적당할 때 • 공작물이 고정이 불량할 때 • 바이트의 날 끝이 불량할 때	• 회전속도를 늦춘다. • 절삭조건을 개선한다. • 일감을 확실하게 고정시킨다. • 밀링커터의 정밀도를 좋게 한다.

54 버핑의 사용목적이 아닌 것은?

① 공작물의 표면을 광택 내기 위하여
② 공작물의 표면을 매끈하게 하기 위하여
③ 정밀도를 요하는 가공보다 외관을 좋게 하기 위하여
④ 폴리싱을 하기 전에 공작물 표면을 다듬질하기 위하여

해설
버핑가공의 사용목적
• 공작물의 표면을 광택 내기 위하여
• 공작물의 표면을 매끈하게 하기 위하여
• 정밀도를 요하는 가공보다 외관을 좋게 하기 위하여
• 표면을 연마하는 폴리싱 작업이 끝난 재료의 표면을 다듬질하기 위하여
※ 버핑가공 : 모, 면직물, 펠트 등을 여러 장 겹쳐서 적당한 두께의 원판을 만든 다음 이것을 회전시키고 여기에 미세한 연삭입자가 혼합된 윤활제를 사용하여 공작물의 표면을 매끈하고 광택이 나게 만드는 가공방법

55 절삭저항의 3분력에 해당되지 않는 것은?

① 표면분력
② 주분력
③ 이송분력
④ 배분력

해설
선반가공에서 절삭저항의 3분력
- 주분력
- 배분력
- 이송분력

56 연삭가공의 특징으로 옳지 않은 것은?

① 강화된 강과 같은 단단한 재료를 가공할 수 있다.
② 가공물과 접촉하는 연삭점의 온도가 비교적 낮다.
③ 정밀도가 높고 표면거칠기가 우수한 다듬질면을 얻을 수 있다.
④ 숫돌입자는 마모되면 탈락하고 새로운 입자가 생기는 자생작용이 있다.

해설
연삭가공의 특징
- 경화된 강과 같은 단단한 재료를 가공할 수 있다.
- 가공물과 접촉하는 연삭점의 온도가 비교적 높다.
- 칩이 미세하여 정밀도가 높은 가공을 할 수 있다.
- 정밀도가 높고 표면거칠기가 우수한 다듬질면을 얻을 수 있다.
- 숫돌입자는 마모되면 탈락하고 새로운 입자가 생기는 자생작용이 있다.
- 연삭압력 및 저항이 작아서 마그네틱척으로도 공작물의 고정이 가능하다.

57 다음 중 급속귀환장치가 있는 기계는?

① 셰이퍼
② 지그보링머신
③ 밀링
④ 호빙머신

해설
급속귀환장치 : 절삭작업 시 작업 진행 방향의 속도는 느리지만 복귀하는 속도를 빠르게 하는 기구로, 셰이퍼, 슬로터, 플레이너, 브로칭머신에 급속귀환장치가 부착되어 있다.

58 램이 상하로 직선운동을 하며 급속귀환장치가 있는 공작기계는?

① 셰이퍼
② 슬로터
③ 브로치
④ 플레이너

해설
슬로터
상하로 왕복운동하는 램의 절삭운동으로 테이블에 수평으로 설치된 일감을 절삭하는 공작기계로 급속귀환장치가 부착되어 있다.

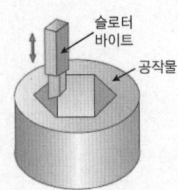

59 수기가공용구의 센터펀치에 대해서 기술한 것으로 틀린 것은?

① 펀치의 선단은 열처리를 한다.
② 드릴로 구멍을 뚫을 자리 표시에 사용한다.
③ 선단은 약 40°로 한다.
④ 펀치의 선단을 목표물에 수직으로 고정하고 펀칭한다.

해설
센터펀치의 선단각은 90°로 하는데, 프릭(Prick)펀치의 경우는 30~60° 정도로 한다.

60 기차 바퀴와 같이 길이가 짧고 직경이 큰 공작물을 선삭하기 가장 적합한 선반은?

① 터릿선반
② 정면선반
③ 수직선반
④ 모방선반

해설
② 정면선반 : 길이가 짧고 지름이 큰 공작물을 절삭하는 데 사용되는 선반으로, 면판을 구비하고 있다. 베드의 길이가 짧고 심압대가 없는 경우가 많고, 단면절삭에 많이 사용한다.
① 터릿선반 : 보통선반과 같이 가공물을 회전시키면서 터릿에 절삭공구를 6~8종 정도 부착해서 가공 순서에 따라 적절하게 변경하면서 가공하는 선반으로, 동일 치수의 제품을 대량 생산할 때 사용한다.
③ 수직선반 : 대형 공작물이나 불규칙한 가공물을 가공하기 편리하도록 척을 지면 위에 수직으로 설치하여 테이블이 수평면 내에서 회전하는 선반으로 공구의 길이 방향 이송이 수직으로 되어 있다. 가공물의 장착이나 탈착이 편리하며 공구이송 방향이 보통선반과 다른 것이 특징이다.
④ 모방선반 : 모방절삭이 가능하도록 만들어진 선반으로, 전용설비와 보통선반에 모방장치를 부착하여 사용하는 것이 있다.

2021년 제2회 과년도 기출복원문제

제1과목 | 기계가공법 및 안전관리

01 다음 그림과 같은 사인바의 높이(H)를 구하는 공식은?

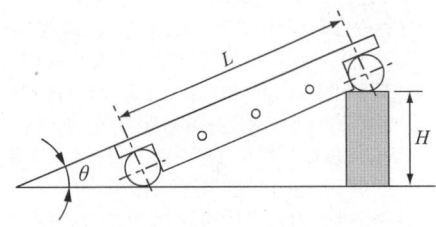

① $H = \dfrac{L}{\sin\theta}$

② $H = \dfrac{L \cdot \sin\theta}{2}$

③ $H = L \cdot \sin\theta$

④ $H = 2(L \cdot \sin\theta)$

해설

사인바와 정반이 이루는 각(α)

$\sin\alpha = \dfrac{H-h}{L}$

여기서, $H-h$: 양 롤러 간 높이차
  L : 사인바의 길이
  α : 사인바의 각도

※ 사인바 : 삼각함수를 이용하여 각도를 측정하거나 임의의 각을 만드는 대표적인 각도측정기로 정반 위에서 블록게이지와 조합하여 사용한다. 측정하려는 각도가 45° 이내여야 하며 측정각이 더 커지면 오차가 발생한다.

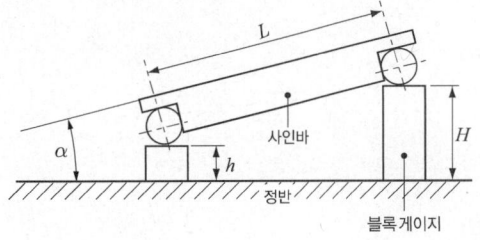

02 안지름 측정에 가장 적합한 측정기는?

① 텔레스코핑 게이지
② 깊이게이지
③ 레버식 다이얼게이지
④ 센터게이지

해설

텔레스코핑 게이지	깊이게이지
레버식 다이얼게이지	센터게이지

03 마이크로미터의 구조에서 구성 부품에 속하지 않는 것은?

① 앤빌 ② 스핀들
③ 슬리브 ④ 스크라이버

해설

스크라이버는 재료 표면에 임의의 간격의 평행선을 먹펜이나 연필보다 정확히 긋고자 할 경우에 사용되는 공구로, 주로 하이트게이지에 사용된다.

스크라이버 종류

정답 1 ③ 2 ① 3 ④

04 마이크로미터 스핀들 나사의 피치가 0.5mm이고 심블의 원주 눈금이 100등분되어 있으면 최소 측정값은 몇 mm인가?

① 0.05 ② 0.01
③ 0.005 ④ 0.001

해설
마이크로미터의 스핀들 나사의 피치는 0.5mm이고, 심블의 원주 눈금이 100등분되어 있으므로 최소 측정값을 구하는 식은 다음과 같다.

마이크로미터의 최소 측정값 $= \dfrac{\text{나사의 피치}}{\text{심블의 등분수}} = \dfrac{0.5}{100} = 0.005$

05 측정자의 직선 또는 원호운동을 기계적으로 확대하여 그 움직임을 지침의 회전변위로 변환시켜 눈금을 읽을 수 있는 측정기는?

① 다이얼게이지 ② 마이크로미터
③ 만능투영기 ④ 3차원 측정기

해설
② 마이크로미터 : 버니어 캘리퍼스보다 정밀도가 높은 외경용 측정기
③ 만능투영기 : 고정밀 광학영상투영기로 광학, 정밀기계, 전자 측정방식을 일체화한 정밀측정기
④ 3차원 측정기 : 대상물의 가로, 세로, 높이의 3차원 좌표가 디지털로 표시되는 측정기

06 직접측정의 장점에 해당되지 않는 것은?

① 측정기의 측정범위가 다른 측정법에 비하여 넓다.
② 측정물의 실제 치수를 직접 읽을 수 있다.
③ 수량이 적고, 많은 종류의 제품 측정에 적합하다.
④ 측정자의 숙련과 경험이 필요 없다.

해설
직접측정은 측정기의 측정값을 작업자가 직접 확인하기 때문에 작업자별 측정오차가 발생한다. 따라서 반드시 측정자의 숙련과 경험이 요구된다.

07 게이지블록을 사용하거나 취급할 때의 주의사항이 아닌 것은?

① 천이나 가죽 위에서 취급할 것
② 먼지가 적고 건조한 실내에서 사용할 것
③ 측정면에서 먼지가 묻어 있으면 솔로 털어낼 것
④ 측정면의 방청유는 휘발유로 깨끗이 닦아 보관할 것

해설
게이지블록은 방청유를 바른 상태에서 보관을 해야 하며 휘발유를 묻혀서는 안 된다.

08 투영기에 의해 측정을 할 수 있는 것은?

① 진원도 측정
② 진직도 측정
③ 각도 측정
④ 원주 흔들림 측정

해설
투영기는 나사, 게이지, 기계 부품의 치수와 각도 측정이 가능하다.

09 정반 위에서 테이퍼를 측정하여 다음 그림과 같은 측정결과를 얻었을 때 테이퍼량은 얼마인가?

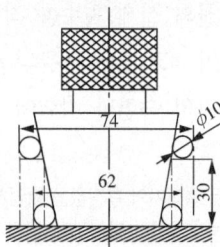

① $\dfrac{1}{2}$ ② $\dfrac{1}{2.5}$

③ $\dfrac{1}{5}$ ④ $\dfrac{1}{7.5}$

해설

테이퍼량 $= \dfrac{D-d}{H} = \dfrac{D-d}{H} = \dfrac{74-62}{30} = \dfrac{12}{30} = \dfrac{1}{2.5}$

여기서 H : 상부핀 바닥면과 밑받침의 거리
D : 상부핀의 바깥지름 간 거리
d : 하부핀의 바깥지름 간 거리

10 진원도 측정법이 아닌 것은?

① 지름법   ② 수평법
③ 삼점법   ④ 반지름법

해설

형상공차의 측정에서 진원도의 측정방법
- 3점법(삼점법)
- 직경법(지름법)
- 반경법(반지름법)

11 다음 나사 표시 그림 중 미터가는나사에 해당하는 것은?

① 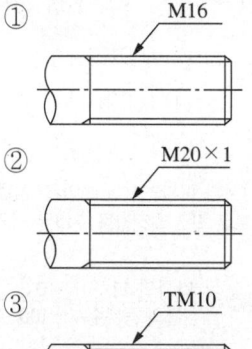 M16

② M20×1

③ TM10

④ L2N M10

해설

미터보통나사와 가는나사는 모두 'M' 기호를 사용한다. 피치가 'M20×1'과 같이 뒤에 붙으면 미터가는나사가 되고, 'M16'과 같이 뒤에 피치값이 붙지 않으면 미터보통나사가 된다.

나사의 종류 및 기호

구 분	종 류		기 호
ISO 표준에 있는 것	미터보통나사		M
	미터가는나사		
	유니파이 보통나사		UNC
	유니파이 가는나사		UNF
	미터사다리꼴나사		Tr
	미니추어나사		S
	관용 테이퍼 나사	테이퍼 수나사	R
		테이퍼 암나사	Rc
		평행 암나사	Rp
ISO 표준에 없는 것	30° 사다리꼴나사		TM
	관용 평행나사		G / PF
	관용 테이퍼 나사	테이퍼나사	PT
		평행 암나사	PS
특수용	전구나사		E
	미싱나사		SM
	자전거나사		BC

12 가공방법에 따른 KS 가공방법 기호가 올바르게 연결된 것은?

① 방전가공 : SPED
② 전해가공 : SPU
③ 전해연삭 : SPEC
④ 초음파가공 : SPLB

해설
특수가공(SP ; Special Processing) 기호

가공방법	기 호	기호 풀이
방전가공	SPED	Electric Discharge
전해가공	SPEC	Electro Chemical
전해연삭	SPEG	Elecrolytic Grinding
초음파가공	SPU	Ultrasonic
전자빔가공	SPEB	Electron Beam
레이저가공	SPLB	Laser Beam

14 다음 중 현의 치수 기입을 나타낸 것은?

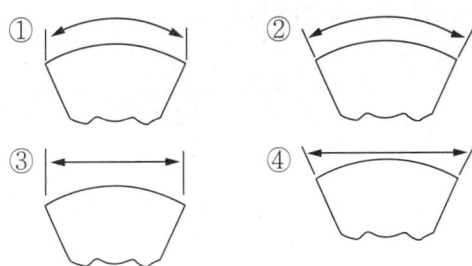

해설
길이와 각도의 치수 기입

현의 치수 기입	호의 치수 기입
40	42
반지름 치수 기입	각도 치수 기입
R8	105°

13 다음 그림과 같이 표시된 기호에서 Ⓜ이 나타내는 것은?

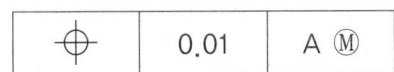

① A의 원통 정도를 나타낸다.
② 기계가공을 나타낸다.
③ 최대실체공차방식을 나타낸다.
④ A의 위치를 나타낸다.

해설

기하공차 기호 / 공차값 / 데이텀 / 최대실체공차방식

15 다음 그림과 같은 도형에서 화살표 방향에서 본 투상을 정면으로 할 경우 우측면도로 올바른 것은?

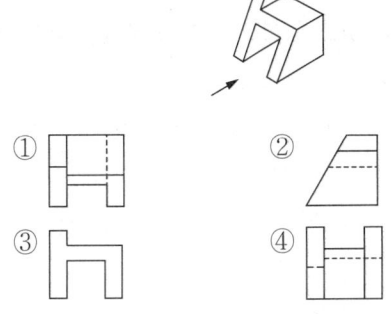

해설
우측면도란 화살표 방향을 기준으로 물체를 오른쪽에서 바라본 형상이다. 상단부의 경계 부분에 가로 방향으로 실선이 그려진 것을 확인하면 정답이 ②번임을 알 수 있다.

정답 12 ① 13 ③ 14 ③ 15 ②

16 축기준식 끼워맞춤 공차기호에서 위치수 허용차가 0인 공차역 기호는?

① b ② g
③ h ④ s

해설
축기준식 끼워맞춤 공차에서 위치수 허용차가 0인 것은 KS 규격상 h 기호를 사용한다.

17 나사의 도시에서 수나사와 암나사의 골지름을 그리는 선은?

① 굵은 실선
② 가는 실선
③ 파 선
④ 가는 1점 쇄선

해설
도면에서 나사를 도시할 때 수나사와 암나사의 골지름은 모두 가는 실선으로 그린다.

18 다음 중 가는 실선을 잘못 사용하고 있는 경우는?

① 투상도의 어느 부분이 평면이라는 것을 나타내기 위해 가는 실선으로 대각선을 그렸다.
② 단면한 부위의 해칭선을 가는 실선으로 그렸다.
③ 가공 전이나 가공 후의 모양을 가는 실선으로 그렸다.
④ 물체 내부에 회전 단면을 가는 실선으로 그렸다.

해설
가공 전이나 가공 후의 모양은 가는 2점 쇄선(———‥———)인 가상선으로 그린다.

19 표면의 결 도시방법 및 면의 지시기호에서 가공으로 생긴 모양의 약호로 'C'로 표시된 것은 어떤 의미인가?

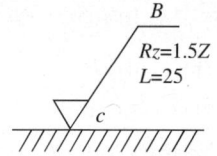

① 가공으로 생긴 선이 거의 방사상
② 가공으로 생긴 선이 다방면으로 교차
③ 가공으로 생긴 선이 거의 동심원
④ 가공으로 생긴 선이 거의 무방향

해설
표면의 결 도시기호에서 'C'는 줄무늬 방향기호 중에서 가공으로 생긴 선이 Circle(동심원)이라는 의미이다.

20 물체의 보이지 않는 부분의 모양을 표시하는 선은?

① 외형선
② 숨은선
③ 중심선
④ 파단선

제2과목 | CAM 프로그래밍

21 중앙처리장치(CPU ; Central Processing Unit)의 구성 요소가 아닌 것은?

① 제어장치 ② 연산논리장치
③ 입력장치 ④ 기억장치

해설
중앙처리장치(CPU)의 구성요소
- 제어장치
- 기억장치
- 연산논리장치

22 다음 중 특징형상 모델링(Feature-based Modeling)에 대한 설명이 아닌 것은?

① 특징형상은 설계자에게 친숙한 형상단위로 물체를 모델링할 수 있게 해 준다.
② 전형적인 특징형상으로는 모따기, 구멍, 필릿, 슬롯, 포켓 등이 있다.
③ 특징형상은 각 특징들이 가공단위가 될 수 있기 때문에 공정계획으로 사용될 수 있다.
④ 스위핑은 특징형상 모델링의 한 방법이다.

해설
스위핑은 솔리드 모델링(Solid Modeling)의 한 방법이다.
특징형상 모델링의 특징
- KS규격에 모든 특징 현상들이 정의되어 있지 않다.
- 사용 분야와 사용자에 따라 특징형상의 종류가 변한다.
- 특징형상의 종류는 많이 적용되는 분야에 따라 결정된다.
- 모델링된 입체 제작의 공정계획에서 매우 유용하게 사용된다.
- 특징형상을 정의할 때 그 크기를 결정하는 파라미터들도 같이 정의한다.
- 모델링 입력을 설계자나 제작자에게 익숙한 형상 단위로 모델링할 수 있다.
- 파라미터들을 변경하여 모델의 크기를 바꾸는 것이 특징형상 모델링의 한 형태이다.
- 전형적인 특징형상에는 모따기(Chamfer), 구멍(Hole), 필릿(Fillet), 슬롯(Slot), 포켓(Pocket)이 있다.

23 원형 형상의 제품가공 시 바깥쪽에서 안으로 또는 안쪽에서 바깥쪽으로 단일 공구경로를 생성하는 방법으로, 절삭저항이 일정하게 유지되게 하는 공구경로 연결방법은?

① 나선형 연결방법
② 등고선 연결방법
③ 가이드 곡선 연결방법
④ 방향(X, Y, 각도) 연결방법

해설
① 나선형 연결방법 : 원형 형상의 제품가공 시 바깥쪽에서 안으로 또는 안쪽에서 바깥쪽으로 단일 공구경로를 생성하는 방법
② 등고선 연결방법 : 절삭공구가 곡면을 따라 Z축과 같게 등고선의 형태로 연결하는 방법
③ 가이드곡선 연결방법 : 제품의 형상에서 중요한 형상의 곡선을 가공할 때 그 곡선을 따라 공구경로를 생성하는 방법
④ 방향(X, Y, 각도) 연결방법 : 절삭공구의 경로 생성 방향이 X, Y, 각도로 임의적 방향으로 가공경로를 설정한 형태로 단 방향이나 지그재그 방향으로의 경로 설정이 있음

24 3차원 솔리드 모델의 생성을 위해 사용되는 기본 입체(Primitive)라고 할 수 없는 것은?

① 구(Sphere)   ② 원통(Cylinder)
③ 에지(Edge)   ④ 원뿔(Cone)

해설
3차원 솔리드 모델링에서 사용되는 기본 입체(Primitive) 형상
- 구(Sphere)
- 관(Pipe)
- 원통(Cylinder)
- 원추(원뿔, Cone)
- 육면체(Cube)
- 사각블록(Box)
※ 프리미티브(Primitive) : 초기의, 원시적인 단계를 의미하는 것으로, 프로그램을 다루는 데 가장 기본적인 기하학적 물체를 의미한다.

정답 21 ③ 22 ④ 23 ① 24 ③

25 2차원 도형을 미리 정해진 선의 궤적을 따라 이동시키거나 임의의 회전축을 중심으로 회전시켜 입체를 생성하는 기능은?

① 불리언(Boolean) 작업
② 스위핑(Sweeping)
③ 스키닝(Skinning)
④ 라운딩(Rounding)

해설
① 불리언(Boolean) 작업 : 곡면 모델링(서피스 모델링)에서가 아닌 솔리드 모델링 시스템에서의 곡면 입력방법
③ 스키닝(Skinning) : 미리 정해진 연속된 단면을 덮는 표면 곡면을 생성시켜 닫혀진 부피 영역이나 솔리드 모델을 만드는 모델링 방법
④ 라운딩(Rounding) : 각진 모서리의 재료에 둥근 형태의 모델링을 하는 방법

26 다음의 두 3차원 벡터 A, B의 벡터 곱 C는?(단, $C = B \times A$, $A = 3i - 2j - k$, $B = i - 3k$)

① $-2(3i + 4j - k)$
② $-2(3i + 4j + k)$
③ $-2(3i - 4j - k)$
④ $-2(3i - 4j + k)$

해설
$C = (i - 3k) \times (3i - 2j - k)$
  $= (i \times 3i) + (i \times -2j) + (i \times -k) + (-3k \times 3i)$
   $+ (-3k \times -2j) + (-3k \times -k)$
  $= -2k + j - 9j - 6i$
  $= -6i - 8j - 2k$
  $= -2(3i + 4j + k)$
※ 벡터 계산식
$i \times i = 0$, $j \times j = 0$, $k \times k = 0$
$i \times j = k$, $j \times k = i$, $k \times i = j$
$i \times k = -j$, $j \times i = -k$, $k \times j = -i$

27 머시닝센터에서 팰릿을 자동으로 교환하는 장치는?

① ATC
② MCU
③ APC
④ PLC

해설
③ APC(Auto Pallet Changer) : 자동팰릿교환장치로 머시닝센터에서 두 개의 독립된 팰릿을 자동으로 교환하는 장치이다.
① ATC(Auto Tool Changer) : 자동공구교환장치로 머시닝센터에서 여러 가지 가공을 순차적으로 할 수 있도록 자동으로 공구를 교환해 주는 장치이다.
② MCU(Machine Control Unit) : 공작기계제어장치로 중앙 컴퓨터로부터 미리 번역이 끝난 제어 정보를 얻게 되므로 종이 테이프 리더기나 디코더부가 불필요하며 현재는 고기능이면서 값싼 컴퓨터 수치제어가 채용되어 현재는 사용하지 않는다.
④ PLC(Programmable Logic Controller) : 각종 센서로부터 신호를 받아 제어기에 신호를 보냄으로써 사람이 지정한 대로 로봇이 작동하는 장치이다.

28 번스타인 다항식(Bernstein Polynomial)을 근본으로 하여 만들어낸 곡면은?

① 이차식 곡면(Quadric Surface)
② 베지어 곡면(Bezier Surface)
③ 스플라인 곡면(Spline Surface)
④ 조화된 다항식 곡면(Blended Polynomial Surface)

해설
프랑스의 기술자 베지어에 의해 만들어진 베지어 곡선과 곡면은 모두 블렌딩 함수로 번스타인 다항식을 사용하여 컴퓨터상에 곡선과 곡면을 만들어낸다.

29 두 곡선(Curve) 사이에서 선형 보간으로 곡면(Surface)을 작성하는 도형처리기법과 가장 관계 깊은 것은?

① Tabulated Surface ② Lofted Surface
③ Ruled Surface ④ Revolved Surface

해설

③ Ruled Surface(윤곽 곡면) : 2개의 곡선을 지정하여 두 곡선 사이에 선형 보간(직선 연결)으로 곡면을 나타내는 곡면 모델링 방법이다.
① Tabulated Surface(방향벡터 면처리) : 곡선경로와 방향벡터로부터 방향벡터 곡면을 만들어낸다.
② Lofted Surface(로프트 곡면) : 여러 단면 곡선을 연결 규칙에 따라 연결하여 연속적인 단면을 포함하는 곡면을 만드는 모델링 방법이다.
④ Revolved Surface(회전 곡면) : 하나의 곡선을 임의의 축이나 요소를 중심으로 회전시키는 모델링 방법이다.

30 머시닝센터의 공구 보정에 대한 설명 중 틀린 것은?

① 프로그램에 의한 보정량의 입력은 G20 P_R_; 이다.
② G40 기능은 공구지름 보정 취소이다.
③ 공구 길이 보정 준비기능은 G43, G44이다.
④ G42는 공구지름 우측 보정 기능이다.

해설

G20은 인치 데이터를 입력할 때 사용하는 명령어이다.
공구 지름 및 길이 보정 방법

G코드	기 능	공구경로 및 지령방법
G40	공구지름 보정 취소	공구 중심과 프로그램 경로가 같음 G40 (G00 or G01) X__. Y__.;
G41	공구지름 왼쪽 보정	공구가 진행하는 방향으로 보았을 때 공구가 공작물의 왼쪽을 가공할 경우 G41 (G00 or G01) X__. Y__. D__;
G42	공구지름 오른쪽 보정	공구가 진행하는 방향으로 보았을 때 공구가 공작물의 오른쪽을 가공할 경우 G42 (G00 or G01) X__. Y__. D__;
G43	공구 길이 보정 +	지정된 공구 보정량을 Z좌표값에 더한다. (+ 방향으로 이동) G43 (G00 or G01) Z__. H__;
G44	공구 길이 보정 -	지정된 공구 보정량을 Z좌표값에 뺀다. (- 방향으로 이동) G44 (G00 or G01) Z__. H__;
G45	공구 위치 옵셋	공구 위치 옵셋 1/2 신장
G46	공구 위치 옵셋	공구 위치 옵셋 1/2 축소
G49	공구 길이 보정 취소	공구 길이 보정 취소하고 기준 공구 상태로 된다. G44 (G00 or G01) Z__.;

31 솔리드(Solid) 모델링의 설명으로 틀린 것은?

① 은선 제거 및 단면도 작성이 불가능하다.
② 부피, 관성모멘트를 계산할 수 있다.
③ 중량 해석, 유한요소 해석을 할 수 있다.
④ 조립체 설계 시 위치, 간섭 등의 검토가 가능하다.

해설

3D 모델링 중 와이어프레임 모델링에서는 은선 제거가 불가능하지만, 솔리드 모델링(Solid Modeling)에서는 은선을 제거할 수 있다.

32 NURBS 곡선에 대한 설명이 아닌 것은?

① Conic 곡선을 표현할 수 있다.
② Blending 함수는 B-spline과 같은 함수를 사용한다.
③ 조정점의 가중치(Weight)를 변경하여 곡선 형상을 변화시킬 수 있다.
④ 국부적인 형상 조정이 곡선 전체에 전파되므로 모델링 작업이 효율적이다.

해설

NURBS 곡선은 형상 조정이 곡선 전체에 미치지는 않는다.
NURBS(Non-Uniform Rational B-Spline) 곡선의 특징
• Conic 곡선을 표현할 수 있다.
• Blending 함수는 B-spline과 같은 함수를 사용한다.
• NURBS 곡선은 곡선의 양 끝점을 반드시 통과해야 한다.
• 원, 타원, 포물선, 쌍곡선 등 원추 곡선을 정확하게 나타낼 수 있다.
• NURBS의 곡선으로 B-spline, Bezier, 원추곡선도 표현할 수 있다.
• 조정점의 가중치(Weight)를 변경하여 곡선 형상을 변화시킬 수 있다.
• 3차 NURBS 곡선은 특정 노트 구간에서 4개의 조정점 외에 4개의 가중치와 절점벡터의 정보가 이용된다.

33 도면을 파악하고 나서 생산성을 높이기 위해 장비 선정, 공구 선정, 가공 순서, 절삭조건 등을 세우는 작업은?

① 도면 해독
② 가공공정 계획
③ 프로그램 작성
④ NC 데이터 검증

해설
가공공정 계획 : 도면을 해독(파악)하고 나서 생산성을 높이기 위해 장비 선정, 공구 선정, 가공 순서, 절삭조건 등의 계획을 세우는 작업

34 CNC 선반을 사용하여 600rpm으로 회전하는 스핀들에서 5회전 드웰을 프로그래밍하려면 몇 초간 정지 지령을 사용하는가?

① 0.1초   ② 0.5초
③ 1.0초   ④ 1.2초

해설
$600\,\text{rpm} = \dfrac{600\,\text{rev}}{60\,\text{s}} = \dfrac{10\,\text{rev}}{1\,\text{s}} = \dfrac{5\,\text{rev}}{0.5\,\text{s}}$

35 CNC 프로그램에서 공구 교환 장소로 제2원점을 설정하여 사용하고자 한다. 공구를 제2원점으로 복귀하고자 할 경우에 사용하는 코드는?

① G27   ② G28
③ G29   ④ G30

해설
CNC 프로그램에서 제2원점을 지령하는 이유는 공작물과 충돌 없이 안전하게 공구를 교환하면서도 원점까지 가는 시간을 절약하기 위해서이다. 보통 'X100. Y100.'으로 그 좌표를 설정하고 제2원점 복귀 G코드는 'G30'이다.
① G27 : 원점 복귀 Check
② G28 : 자동 원점 복귀
③ G29 : 원점으로부터 자동 복귀
④ G30 : 제2원점 복귀(주로 공구 교환 시 사용)

36 다음과 같은 2차원 동차 변환행렬식에서 l, m과 관계있는 것은?

$$[x'\ y'\ 1] = [x\ y\ 1]\begin{bmatrix} a & b & 0 \\ c & d & 0 \\ l & m & 1 \end{bmatrix}$$

① 자료의 이동
② 자료의 확대·축소
③ 자료의 회전
④ 자료의 x축 또는 y축 기준 대칭

해설
2차원 동차 변환행렬식에서 l, m은 자료의 이동을 나타내는 것이다.
• a, b, c, d : 확대 및 축소, 회전, 전단, 반전 및 대칭
• 0, 0 : 투영 및 투사
• 1 : 전체적인 스케일링

37 다음 중 가상 시작품(Virtual Prototype)에 대한 설명으로 가장 거리가 먼 것은?

① 각 부품의 형상 모델을 컴퓨터 내에서 완전히 조립한 시작품 조립체이다.
② 가상 시작품을 사용하여 제품의 조립 가능성을 미리 검사해 볼 수 있다.
③ 설계 시 문제점을 검출하고 수정하는 데 도움을 준다.
④ NC 공구경로를 미리 시뮬레이션함으로써 가공상의 문제점을 미리 확인할 수 있다.

해설
NC 공구경로를 미리 시뮬레이션을 실시함으로써 가공상의 문제점을 미리 확인할 수 있는 공정은 가공 경로 설정이다. 가상 시작품에 대한 설명과는 가장 거리가 멀다.

38 와이어프레임 모델링 시스템에 관한 설명 중 틀린 것은?

① 모델의 은선 처리가 어렵다.
② 3차원 물체의 형상을 표현한다.
③ 물체상의 점, 선, 면 정보로 구성된다.
④ 공학적 해석을 위한 유한요소를 생성할 수 없다.

해설
물체상의 점, 선, 면 정보로 구성된 CAD 모델링은 서피스 모델링(곡면 모델링)이다.

와이어프레임 모델링의 특징
- 처리속도가 빠르다.
- 모델의 생성이 용이하다.
- NC코드 생성이 불가능하다.
- 단면도의 작성이 불가능하다.
- 물체상의 선 정보로만 구성된다.
- 은선 및 은면의 제거가 불가능하다.
- 형상 표현 및 출력 자료구조가 가장 간단하다.
- 공학적 해석을 위한 유한요소를 생성할 수 없다.
- 데이터의 구조가 간단하여 모델링 작업이 비교적 쉽다.
- 보이지 않는 부분, 즉 은선(숨은선) 제거가 불가능하다.
- 3차원 물체의 형상을 표현하고 3면 투시도의 작성이 가능하다.

39 3차원 변환을 위한 동차좌표계의 변환행렬은 4×4 행렬로 표현되며 다음 보기와 같이 4개의 소행렬로 분할할 수 있다. 이중 좌상단의 3×3 소행렬에서 수행되는 역할이 아닌 것은?

$$\begin{pmatrix} [3\times 3] & [3\times 1] \\ [1\times 3] & [1\times 1] \end{pmatrix}$$

① 크기(Scaling)
② 이동(Translation)
③ 회전(Rotation)
④ 전단(Shearing)

해설
$$T_H = \begin{bmatrix} a & b & c & p \\ d & e & f & q \\ h & i & j & r \\ l & m & n & s \end{bmatrix}$$

여기서, 3×3행렬은 $T_H = \begin{bmatrix} a & b & c \\ d & e & f \\ h & i & j \end{bmatrix}$ 인데 이는 확대 및 축소, 회전 및 전단, 반전 및 대칭을 의미하므로 이동과는 거리가 멀다. 이동은 l, m, n인 1×3행렬과 관련이 있다.

40 2차원에서 하나의 원을 정의하는 방법으로 틀린 것은?

① 원의 중심과 반지름
② 일직선상에 놓여 있지 않은 임의의 3점
③ 기울기가 서로 다른 세 개의 직선에 접하는 원
④ 중심과 원주상의 한 점

해설
2차원상에서 기울기가 서로 다른 세 개의 직선에 접하는 원을 선택해서는 원을 만들 수 없다.

정답 37 ④ 38 ③ 39 ② 40 ③

제3과목 | 컴퓨터수치제어(CNC) 절삭가공

41 밀링작업에서 단식분할로 원주를 13등분하고자 할 때, 사용되는 분할판의 구멍수는?

① 37　② 38
③ 39　④ 41

해설
단식분할법의 회전수
$n = \dfrac{40}{N} = \dfrac{R}{N'} = 3\dfrac{1}{13}$

따라서 ③에 13의 배수 39가 있으므로
분모와 분자에 3을 곱해 주면 $\left(3\dfrac{3}{39}\right)$ 분할판의 구멍수는 39가 된다.

밀링가공에서 사용되는 분할법의 종류

종류	특 징	분할가능 등분수
직접 분할법	• 큰 정밀도가 필요하지 않은 키 홈 등 비교적 단순한 분할가공에 주로 사용한다. • 스핀들의 앞면에 있는 24개 구멍의 직접 분할판을 사용하여 분할하며, 웜을 아래로 내려 스핀들의 웜휠과 물림을 끊는 방법으로 분할한다. • $n = \dfrac{24}{N}$ 여기서, n : 분할 크랭크의 회전수 N : 공작물의 분할수	24의 약수인 2, 3, 4, 6, 8, 12, 24
차동 분할법	• 직접 분할법이나 단식 분할법으로 분할할 수 없는 특정한 수의 분할을 할 때 사용한다.	67, 97, 121
단식 분할법	• 직접 분할법으로 분할할 수 없는 수나 정확한 분할이 필요한 경우에 사용하는 방법이다. • $n = \dfrac{40}{N} = \dfrac{R}{N'}$ 여기서, R : 크랭크를 돌리는 구멍수 N' : 분할판에 있는 구멍수	2~60의 수, 60~120의 2와 5의 배수 및 120 이상의 수 중에서 $40/N$에서 분모가 분할판의 구멍수가 될 수 있는 수 ※ 각도로는 분할 크랭크 1회전당 스핀들은 9° 회전한다.

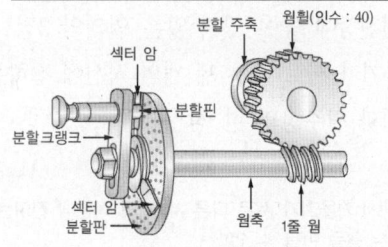

42 외경 연삭기에서 외경 연삭의 이송방법이 아닌 것은?

① 테이블 왕복 방식
② 연삭숫돌대 방식
③ 플랜지 컷 방식
④ 내면 연수 방식

해설
외경 연삭기의 이송방법
• 플랜지 컷 방식
• 테이블 왕복 방식
• 연삭숫돌대 방식

43 안전표지에서 인화성 물질, 산화성 물질, 방사성 물질 등 경고 표지의 바탕색은?

① 빨 강　② 녹 색
③ 노 랑　④ 자 주

해설
산업안전보건법에 따른 안전・보건표지의 색채, 색도기준 및 용도

색 상	용 도	사 례
빨간색	금 지	정지신호, 소화설비 및 그 장소, 유해행위 금지
	경 고	화학물질 취급장소에서 유해・위험 경고
노란색	경 고	화학물질 취급장소에서의 유해・위험 경고 이외의 위험경고, 주의 표지 또는 기계방호물
파란색	지 시	특정행위의 지시 및 사실의 고지
녹 색	안 내	비상구 및 피난소, 사람 또는 차량의 통행 표지
흰 색	–	파란색 또는 녹색에 대한 보조색
검은색	–	문자 및 빨간색 또는 노란색에 대한 보조색

44 공구의 수명을 판정하는 기준이 아닌 것은?

① 공구인선의 마모가 일정량에 달했을 때
② 가공물의 완성 치수 변화가 일정량에 달했을 때
③ 절삭저항이 급격히 증가했을 때
④ 표면에 광택 또는 반점이 있는 무늬가 없을 때

해설
공구의 수명을 판정하는 기준은 공구 표면에 광택이나 반점이 생겼을 경우로, 반드시 공구를 교체해 주어야 한다.

45 트위스트 드릴 홈 사이의 좁은 단면 부분은?

① 날 여유
② 몸통 여유
③ 지름 여유
④ 웨브

46 운반작업을 할 때의 작업방법으로 틀린 것은?

① 물건을 들 때는 충격이 없어야 한다.
② 상체를 곧게 세우고 등을 반듯이 한다.
③ 운반작업을 용이하게 하기 위해 간단한 보조구를 사용한다.
④ 물건은 무릎을 편 자세에서 들어 올리거나 내려 놓아야 한다.

> 해설
> **작업장에서 무거운 짐을 들고 운반할 때의 주의사항**
> • 짐은 가급적 몸 가까이 가져온다.
> • 물건을 들 때는 충격이 없어야 한다.
> • 상체를 곧게 세우고 등을 반듯이 한다.
> • 짐을 들어 올릴 때 충격이 없어야 한다.
> • 짐은 무릎을 편 상태에서 들어 굽힌 자세에서 내려놓는다.
> • 가능한 상체를 곧게 세우고 등을 반듯이 하여 들어 올린다.
> • 운반작업을 용이하게 하기 위해 간단한 보조구를 사용해야 한다.

47 핸드 탭은 일반적으로 몇 개가 1조로 되어 있는가?

① 2개   ② 3개
③ 4개   ④ 5개

> 해설
> 핸드 탭은 일반적으로 3개가 1조이다.
>
> | 1번 탭 | 55% 황삭 |
> |---|---|
> | 2번 탭 | 25% 중삭 |
> | 3번 탭 | 20% 가공 정삭 |

48 드릴작업의 안전사항으로 틀린 것은?

① 드릴 소켓을 뽑을 때에는 드릴 뽑기를 사용한다.
② 얇은 판의 구멍 뚫기에는 보조 나무판을 사용한다.
③ 구멍 뚫기가 끝날 무렵은 이송을 빠르게 한다.
④ 장갑은 착용하지 않는다.

> 해설
> **드릴작업 시 안전사항**
> • 장갑을 끼고 작업하지 않는다.
> • 가공물을 손으로 잡고 드릴링하지 않는다.
> • 드릴은 흔들리지 않게 정확하게 고정해야 하다.
> • 구멍 뚫기가 끝날 때는 이송 속도를 느리게 한다.
> • 얇은 판의 구멍 뚫기에는 보조 나무판을 사용한다.
> • 드릴작업으로 구멍을 뚫을 때 완전한 절삭을 위해서는 시작할 때보다 끝날 때 이송을 느리게 해야 한다.
> • 지름이 큰 드릴을 사용할 때는 바이스를 테이블에 고정한다.
> • 드릴은 사용 전에 점검하고 마모나 균열이 있는 것은 사용하지 않는다.
> • 드릴이나 드릴 소켓을 뽑을 때는 드릴 뽑기와 같은 전용공구를 사용하고 해머 등으로 두드리지 않는다.

정답 45 ④ 46 ④ 47 ② 48 ③

49 밀링 부속장치 중 키 홈, 스플라인, 세레이션 등을 가공 할 때 사용하는 것은?

① 래크 절삭장치
② 만능바이스
③ 캠 연삭기
④ 슬로팅 장치

해설
슬로팅 장치
밀링머신에서 주축의 회전운동을 공구대의 직선 왕복운동으로 변화시키고 바이트를 사용하는 부속장치로 키 홈, 스플라인, 세레이션 등을 가공할 때 사용한다.

50 슈퍼피니싱(Super Finishing) 연삭액 중 일반적으로 사용되지 않는 것은?

① 경 유
② 유화유
③ 스핀들유
④ 기계유

해설
유화유는 수용성 절삭유에 속하는 것으로 광유에 비누를 첨가하여 만들 수 있는데 냉각작용과 윤활성이 좋고 값이 저렴해서 주로 절삭제로 사용되나, 슈퍼피니싱과 같은 정밀가공용 연삭액으로는 사용되지 않는다.

51 선반가공에서 칩을 처리하기 위한 연삭형 칩 브레이커의 종류가 아닌 것은?

① 고정형
② 평행형
③ 각도형
④ 홈 달린형

52 가늘고 긴 공작물의 연삭에 적합한 특징을 가진 연삭기는?

① 외경 연삭기
② 내경 연삭기
③ 센터리스 연삭기
④ 나사 연삭기

해설
센터리스 연삭기
가늘고 긴 원통형의 공작물을 센터나 척으로 고정하지 않고 바깥지름이나 안지름을 연삭하는 가공방법이다. 연삭숫돌바퀴, 조정 숫돌바퀴, 받침날의 3요소가 공작물의 위치를 유지한 상태에서 연삭 숫돌바퀴로 공작물을 연삭하는 공작기계로, 가늘고 긴 공작물을 센터나 척으로 지지하지 않고 가공이 가능하다.

정답 49 ④ 50 ② 51 ① 52 ③

53 제품의 형상과 모양, 크기, 재질에 따라 제작된 공구로서 압입 또는 인발에 의한 가공방법으로 대량 생산에 적합한 장비는?

① 셰이퍼
② 머시닝센터
③ 브로칭머신
④ CNC 선반

55 방전가공에서 전극재료의 구비조건이 아닌 것은?

① 기계가공이 쉬워야 한다.
② 방전이 안전하고 가공속도가 커야 한다.
③ 가공 정밀도가 높아야 한다.
④ 가공전극의 소모가 빨라야 한다.

해설
방전가공에서 전극재료의 조건
• 공작물보다 경도가 낮을 것
• 방전이 안전하고 가공속도가 클 것
• 기계가공이 쉽고 가공 정밀도가 높을 것
• 가공에 따른 가공전극의 소모가 적을 것
• 가공을 쉽게 하게 위해서 재질이 연할 것
• 재료의 수급이 원활하고 가격이 저렴할 것

54 액체 상태의 기름에 9.81N/cm² 정도의 압축공기를 이용하여 급유하는 방법으로 고속 연삭기, 고속 드릴 및 고속 베어링의 윤활에 가장 적합한 것은?

① 핸드 급유법
② 적하 급유법
③ 분무 급유법
④ 강제 급유법

해설
윤활제의 급유 방법

종 류	특 징
손 급유법 (핸드 급유법)	손으로 윤활 부위에 오일을 급유하는 가장 간단한 방식으로 윤활이 크게 문제 되지 않는 저속, 중속의 소형기계나 간헐적으로 운전되는 경하중 기계에 이용된다.
적하 급유법	급유되어야 하는 마찰면이 넓은 경우 윤활유를 연속적으로 공급하기 위해 사용되는 방법으로, 니들밸브 위치를 이용하여 급유량을 정확히 조절할 수 있다.
분무 급유법	액체 상태의 기름에 9.81N/cm² 정도의 압축공기를 이용하여 소량의 오일을 미스트화시켜 베어링, 기어, 슬라이드, 체인 드라이브 등에 윤활을 하고, 압축공기는 냉각제의 역할을 하도록 고안된 윤활방식이다.
패드 급유법	털실, 무명실, 펠트 등으로 만든 패드를 오일 속에 침지시켜 패드의 모세관 현상을 이용하여 각 윤활 부위에 공급하는 방식으로, 경하중용 베어링에 많이 사용된다.
기계식 강제 급유법	기계 본체의 회전축 캠 또는 모터에 의하여 구동되는 소형 플런저 펌프에 의한 급유방식으로 비교적 소량, 고속의 윤활유를 간헐적으로 압송시킨다.

56 선반 바이트에서 바이트 절인의 선단에서 바이트 밑면에 평행한 수평면과 경사면이 형성하는 각도는?

① 여유각
② 측면 절인각
③ 측면 여유각
④ 경사각

해설
바이트의 명칭과 각도

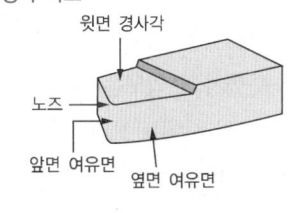
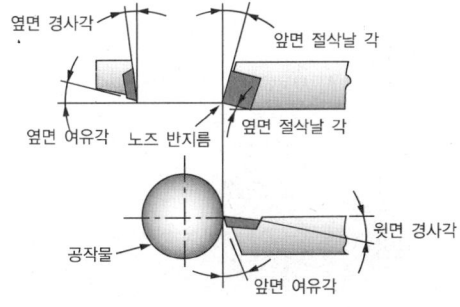

57 구성인선이 생기는 이유와 가장 거리가 먼 것은?

① 높은 압력 ② 큰 마찰저항
③ 절삭칩의 형태 ④ 절삭열

해설
구성인선 : 연강이나 스테인리스 강, 알루미늄과 같이 재질이 연하고 공구 재료와 친화력이 큰 재료를 절삭가공 할 때, 칩과 공구의 윗면 사이의 경사면에 발생되는 높은 압력과 마찰열로 인해 칩의 일부가 공구의 날 끝에 달라붙어 마치 절삭날과 같이 공작물을 절삭하는 현상이다.

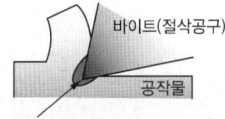

※ 구성인선의 방지대책
• 절삭 깊이를 작게 한다.
• 절삭속도를 크게 한다.
• 세라믹 공구를 사용한다.
• 가공 중 절삭유를 사용한다.
• 바이트의 날 끝을 예리하게 한다.
• 바이트의 윗면 경사각을 크게 한다.
• 피가공물과 친화력이 작은 공구 재료를 사용한다.
• 공구면의 마찰계수를 감소시켜 칩의 흐름을 원활하게 한다.

58 연삭작업 시 주의할 점에 대한 설명으로 틀린 것은?

① 반드시 숫돌 커버를 설치하여 사용한다.
② 양 숫돌차의 입도는 항상 같게 하여야 한다.
③ 연삭작업 시에는 보안경을 꼭 착용하여야 한다.
④ 숫돌을 나무해머로 가볍게 두들겨 음향검사를 한다.

해설
연삭작업 시 사용하는 숫돌차에서 양 숫돌차의 입도를 같게 할 필요는 없으며 입도를 다르게 설치해서 거친 연삭과 다듬질 연삭을 할 수 있도록 해야 한다.

59 밀링머신에서 가장 큰 규격의 호칭번호는?(단, 호칭번호는 새들의 이동범위로 정한다)

① 0호 ② 1호
③ 3호 ④ 5호

해설
밀링머신의 크기 및 호칭번호 : 테이블의 이동거리에 따라 구분

호칭번호	0	1	2	3	4	5
새들의 전후 이동	150	200	250	300	350	400
니의 상하 이동	300	400	400	450	450	500
테이블의 좌우 이동	450	550	700	850	1,050	1,250

60 리머작업을 할 때에는 드릴작업에 비하여 어떻게 하는 것이 원칙인가?

① 고속에서 절삭하고, 이송을 크게 한다.
② 고속에서 절삭하고, 이송을 작게 한다.
③ 저속에서 절삭하고, 이송을 크게 한다.
④ 저속에서 절삭하고, 이송을 작게 한다.

해설
리머작업
드릴로 가공한 구멍을 약간 넓히거나 매끈하게 다듬어서 정밀한 치수와 깨끗한 표면을 얻기 위한 작업으로, 드릴작업에 비해 저속에서 절삭하고 이송을 크게 한다.

2022년 제1회 과년도 기출복원문제

제1과목 | 기계가공법 및 안전관리

01 기계 부품 또는 공구의 검사용, 게이지 정밀도 검사 등에 사용하는 게이지 블록은?

① 공작용 ② 검사용
③ 표준용 ④ 참조용

해설
검사용 게이지 블록
기계부품이나 공구의 검사용, 게이지의 정밀도 검사에 사용한다.

02 비교측정의 장점이 아닌 것은?

① 측정범위가 넓고 표준 게이지가 필요 없다.
② 제품의 치수가 고르지 못한 것을 계산하지 않고 알 수 있다.
③ 길이, 면의 각종 형상 측정, 공작기계의 정밀도 검사 등 사용범위가 넓다.
④ 높은 정밀도의 측정이 비교적 용이하다.

해설
비교측정은 측정범위가 좁고, 표준 게이지가 필요하다는 단점이 있다.
비교측정의 장점
- 높은 정밀도의 측정이 비교적 용이하다.
- 제품의 치수가 고르지 못한 것을 계산하지 않고도 알 수 있다.
- 길이, 면의 각종 형상 측정, 공작기계의 정밀도 검사 등 사용범위가 넓다.

03 다음 그림은 밀링에서 더브테일 가공도면이다. X의 치수로 맞는 것은?

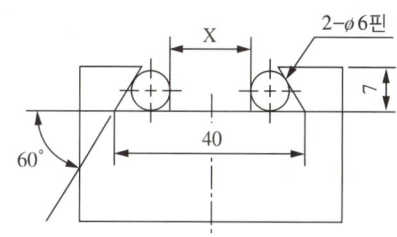

① 25.608 ② 23.608
③ 22.712 ④ 18.712

해설
양쪽 더브테일 홈 계산식
$$D = b - 2x = b - 2\left(\frac{r}{\tan 30°} + r\right)$$

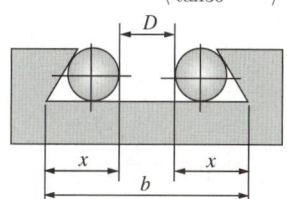

여기서, $D = X$
$$X = b - 2x$$
$$= b - 2\left(\frac{r}{\tan 30°} + r\right)$$
$$= 40 - 2\left(\frac{3}{\tan 30°} + 3\right)$$
$$≒ 23.6079$$

정답 1 ② 2 ① 3 ②

04 어떤 도면에서 편심량이 4mm로 주어졌을 때, 실제 다이얼게이지의 눈금의 변위량은 얼마로 나타나야 하는가?

① 2mm ② 4mm
③ 8mm ④ 0.5mm

해설
선반에서 편심량을 4mm로 주면 회전하면서 절삭하기 때문에 실제 다이얼 게이지의 눈금 변위량은 2배인 8mm가 된다.

05 직경(외경)을 측정하기에 부적합한 공구는?

① 철 자 ② 그루브 마이크로미터
③ 버니어 캘리퍼스 ④ 지시 마이크로미터

해설
그루브 마이크로미터
스핀들에 플랜지가 부착되어 있어 구멍과 튜브 내외부에 있는 홈의 너비와 깊이, 위치 등의 측정에 사용되는 측정기로, 외경은 측정이 불가능하다.

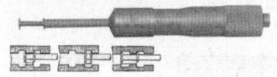

06 허용할 수 있는 부품의 오차 정도를 결정한 후 각각 최대 및 최소 치수를 설정하여 부품의 치수가 그 범위 내에 드는지를 검사하는 게이지는?

① 블록게이지 ② 한계게이지
③ 간극게이지 ④ 다이얼게이지

해설
한계게이지는 허용할 수 있는 부품의 오차범위인 최대·최소 치수를 설정하고 제품의 치수가 그 공차범위 안에 드는지를 검사하는 측정기기이다. 그 종류에는 봉게이지, 플러그게이지, 스냅게이지 등이 있다.

봉 게이지	플러그 게이지
링 게이지	스냅 게이지

07 측정기에 대한 설명으로 옳은 것은?

① 버니어캘리퍼스가 마이크로미터보다 측정 정밀도가 높다.
② 사인바(Sine Bar)는 공작물의 내경을 측정한다.
③ 다이얼게이지(Dial Gage)는 각도측정기이다.
④ 스트레이트 에지(Straight Edge)는 평면도의 측정에 사용된다.

해설
④ 스트레이트 에지는 평면도를 측정하는 측정기기이다.

① 마이크로미터가 버니어캘리퍼스보다 측정 정밀도가 더 높다.
② 사인바는 공작물의 각도를 측정한다.
③ 다이얼게이지는 비교측정기이다.

08 윤곽투영기(Optical Comparator)에 대한 설명으로 옳은 것은?

① 빛의 간섭무늬를 이용해서 평면도를 측정하는 데 사용한다.
② 측정침이 물체의 표면 위치를 3차원적으로 이동하면서 공간 좌표를 검출하는 장치이다.
③ 피측정물의 실제 모양을 스크린에 확대 투영하여 길이나 윤곽 등을 검사하거나 측정한다.
④ 래크와 피니언 기구를 이용해서 측정자의 직선운동을 회전운동으로 변환시켜 눈금판에 나타낸다.

해설
윤곽투영기 : 피측정물의 실제 모양을 스크린에 확대 투영하여 길이나 윤곽 등을 검사하거나 측정하는 장치이다.

09 기계요소 제작 시 측정 정밀도가 우수한 삼침법(Three Wire Method)과 오버핀법(Over Pin Method)의 적용범위로 옳은 것은?

	삼침법	오버핀법
①	수나사의 피치 측정	기어의 이 두께 측정
②	수나사의 피치 측정	기어의 압력각 측정
③	수나사의 유효지름 측정	기어의 이 두께 측정
④	수나사의 유효지름 측정	기어의 압력각 측정

해설
- 3침법(삼침법) : 수나사의 유효지름 측정
- 오버핀법 : 기어의 이 두께 측정

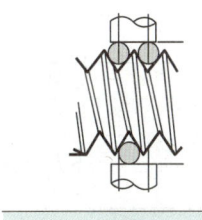	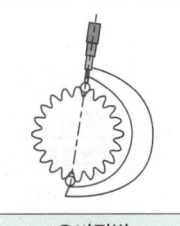
삼침법	오버핀법

10 마이크로미터 스핀들 나사의 피치가 0.5mm이고, 심블의 원주 눈금이 100등분되어 있으면 최소 측정값은 몇 mm인가?

① 0.05
② 0.01
③ 0.005
④ 0.001

해설
마이크로미터의 스핀들 나사의 피치는 0.5mm이고, 심블의 원주 눈금이 100등분되어 있으므로 최소 측정값을 구하는 식은 다음과 같다.

마이크로미터의 최소 측정값 = $\dfrac{\text{나사의 피치}}{\text{심블의 등분수}} = \dfrac{0.5}{100} = 0.005$mm

※ 마이크로미터의 구조

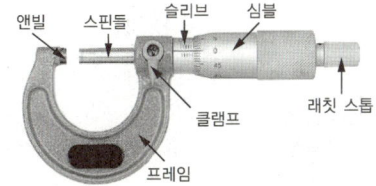

11 다음 투상도 중 KS 제도 통칙에 따라 올바르게 작도된 투상도는?

①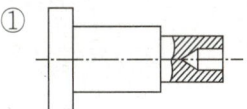

②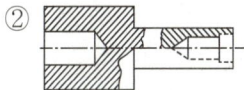

③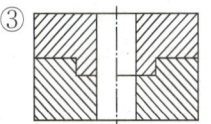

④

해설
② 우측 단면 표시가 완전하지 않고 절반만 되어 있다.
③ 구멍 부분에 불필요한 가로 방향의 윤곽선이 그려져 있다.
④ 단면 표시부에 경계선이 표시되면 안 된다.

12 도면에서 다음에 열거한 선이 같은 장소에 중복되었다. 어느 선으로 표시하여야 하는가?

치수보조선, 절단선, 숨은선, 중심선

① 숨은선
② 중심선
③ 치수보조선
④ 절단선

해설
두 종류 이상의 선이 중복되는 경우 선의 우선순위
숫자나 문자 > 외형선 > 숨은선 > 절단선 > 중심선 > 무게중심선 > 치수보조선

13 일반구조용 압연강재의 KS 재료 표시기호 'SS330'에서 '330'이 뜻하는 것은?

① 최저 인장강도
② 탄소 함유량
③ 경 도
④ 종별 번호

> 해설
> - S : Steel(강-재질)
> - S : 일반 구조용 압연재(General Structural Purposes)
> - 330 : 최저 인장강도(330N/mm²)

15 다음과 같은 리벳의 호칭법을 올바르게 나타낸 것은?(단, 재질 SV330이다)

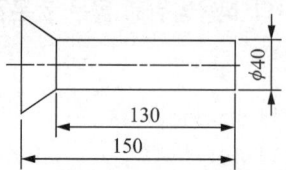

① 납작머리리벳 40×150 SV330
② 접시머리리벳 40×150 SV330
③ 납작머리리벳 40×130 SV330
④ 접시머리리벳 40×130 SV330

> 해설
> 리벳의 호칭
>
> | 규격 번호 | 종 류 |
> |---|---|
> | KS B ISO 15974 | 접시머리리벳 |
> | 호칭지름×길이 | 재 료 |
> | 40×150 | SV330 |

14 구멍의 치수가 $\phi 50^{+0.025}_{0}$ 이고, 축의 치수가 $\phi 50^{-0.015}_{-0.050}$ 이라면 무슨 끼워맞춤인가?

① 헐거운 끼워맞춤
② 중간 끼워맞춤
③ 억지 끼워맞춤
④ 가열 끼워맞춤

> 해설
> 축의 최대 크기가 구멍의 최소 크기보다 작기 때문에 헐거운 끼워맞춤이다.
> - 구멍의 최소 허용한계치수 : 50.0mm
> - 축의 최대 허용한계치수 : 49.985mm

16 다음 중 스크레이핑(Scraping) 가공을 나타내는 가공기호는?

① FS   ② PS
③ FF   ④ SH

> 해설
> ② PS : 절단(전단)
> ③ FF : 줄 다듬질
> ④ SH : 기계적 강화

17 제3각 투상법으로 정면도와 평면도를 다음과 같이 나타낼 경우 가장 적합한 우측면도는?

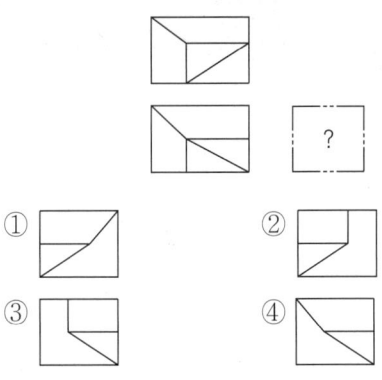

[해설]
물체를 위에서 바라보는 평면도에서 좌측 상단의 대각선 방향이 (\)이므로, 우측면도의 우측 상단에서는 (/)형상이 보여야 한다.

18 다음과 같은 표면의 결 도시방법의 기호 설명이 올바르게 된 것은?

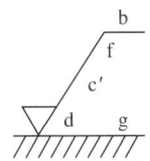

① c' : 기준 길이
② b : 줄무늬 방향 기호
③ f : R_a의 값
④ d : 가공방법

[해설]
c' : 컷 오프값으로서, 기준 길이를 나타낸다.

19 제3각법으로 그린 다음과 같은 3면도 중 각 도면 간의 관계가 올바르게 그려진 것은?

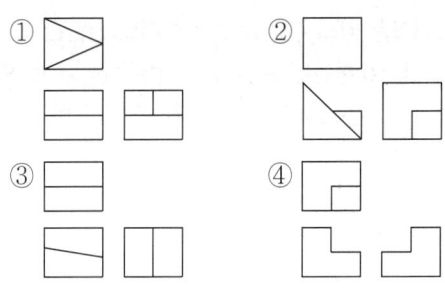

[해설]
② 평면도가 ⊏ 형상이어야 한다.
③ 우측면도가 ⊐ 형상이어야 한다.
④ 정면도는 ⊓, 우측면도는 ⊔ 형상이어야 한다.

20 KS 나사의 표시에 관한 설명 중 올바른 것은?

① 나사산의 감김 방향은 오른나사인 경우만 RH로 명기하고, 왼나사인 경우 따로 명기하지 않는다.
② 미터 가는 나사는 피치를 생략하거나 산의 수로 표시한다.
③ 2줄 이상인 경우 그 줄 수를 표시하며 줄 대신에 L로 표시할 수 있다.
④ 피치를 산의 수로 표시하는 나사(유니파이 나사 제외)의 경우 나사의 호칭은 다음과 같이 나타낸다.

| 나사의 종류 | 나사의 지름 | 산 | 산의 수 |

[해설]
① 왼나사의 경우 '좌2줄 M10-7H/6g'와 같이 맨 앞에 '좌'를 붙여서 왼나사임을 명기한다.
② 미터 가는 나사는 피치를 함께 표기해야 한다.
③ 2줄 나사의 줄 수는 2L, 3줄 나사의 경우 3L로 표기해야 한다.

정답 17 ① 18 ① 19 ① 20 ④

제2과목 | CAM 프로그래밍

21 도넛과는 달리 구멍이 없는 형태의 간단한 다면체의 경계를 표현하는 오일러 공식은?(단, V는 꼭짓점의 수, E는 모서리의 수, F는 면의 수를 의미한다)

① $V-E-F=2$
② $V+E-F=2$
③ $V-E+F=2$
④ $V+E+F=2$

해설
오일러(Euler)의 관계식
$V-E+F=2$
여기서, V : 꼭짓점의 수
E : 모서리의 수
F : 면의 수

22 자유곡면을 모델링할 때, 곡면을 분할하여 정의하는 것이 효율적이다. 이처럼 분할된 단위 곡면을 무엇이라고 하는가?

① 세그먼트(Segment)
② 패치(Patch)
③ 엘리먼트(Element)
④ 프리미티브(Primtive)

해설
패치(Patch) : 자유 곡면을 모델링할 때 곡면이 분할된 구간의 단위 곡면을 정의하는 것으로, Parameter Space(Domain)를 Knots에 의해 분할하여 정의하는 것이 편리하다.

23 3차원 물체의 형상을 물체상의 점과 특징선만 이용하여 표현하는 방법은?

① 와이어프레임 모델링
② 솔리드 모델링
③ 윈도우 모델링
④ 서피스 모델링

해설
와이어프레임 모델링 : 3차원 물체의 형상을 물체상의 점과 특징선만 이용하여 표현하는 방법

24 다음은 가공경로계획에서 Parametric 방식과 Cartesian 방식을 비교하여 설명한 것이다. Cartesian 방식에 대한 설명으로 적절한 것은?

① 규칙적인 사각형 곡면을 가공하는 경우에 적합하다.
② 수치적 계산이 더 복잡하다.
③ 곡면이 삼각형 패치로 정의된 경우에는 부적합하다.
④ 피삭체 형상에 따라 적합하지 못한 경우가 있다.

해설
Cartesian(카타시안) 방식은 XY 평면상의 직선을 따라서 곡면을 절단한 후 이 곡선상에 공구의 접촉점을 두면서 공구의 경로를 생성하는 방법으로, 수치적 계산이 Parametric(파라메트릭) 방식보다 더 복잡하다. Parametric 방식은 수치적 계산은 간단하나 가공시간이 오래 걸린다.

25 솔리드 모델링에서 사용되는 일반적인 불리언(Boolean) 연산방법이 아닌 것은?

① 합(Union)
② 차(Difference)
③ 곱(Multiplication)
④ 적(Intersection)

해설
솔리드 모델링에서 사용되는 불리언(Boolean) 연산방식의 종류 합(Union), 적(Intersection), 차(Difference)

정답 21 ③ 22 ② 23 ① 24 ② 25 ③

26 3차원 형상 모델을 표현하는 방식 중에서 와이어프레임 모델링(Wireframe Modeling) 방식의 특징이 아닌 것은?

① 데이터의 구조가 간단하여 모델링 작업이 비교적 쉽다.
② 단면도의 작성이 불가능하다.
③ 보이지 않는 부분, 즉 은선 제거가 불가능하다.
④ NC코드 생성이 가능하다.

해설
CAD 모델링 중에서 와이어프레임 모델링은 NC코드 생성이 불가능하나, 서피스 모델링은 가능하다.
와이어프레임 모델링의 특징
• 처리속도가 빠르다.
• 모델의 생성이 용이하다.
• NC코드 생성이 불가능하다.
• 단면도의 작성이 불가능하다.
• 물체상의 선 정보로만 구성된다.
• 은선 및 은면의 제거가 불가능하다.
• 형상 표현 및 출력 자료구조가 가장 간단하다.
• 공학적 해석을 위한 유한요소를 생성할 수 없다.
• 데이터의 구조가 간단하여 모델링 작업이 비교적 쉽다.
• 보이지 않는 부분, 즉 은선(숨은선) 제거가 불가능하다.
• 3차원 물체의 형상을 표현하고 3면 투시도의 작성이 가능하다.

27 다음 그림과 같이 2차원 단면곡선을 정해진 궤적을 따라 이동시켜서 3차원 형상을 생성시키는 솔리드 모델링 기법은?

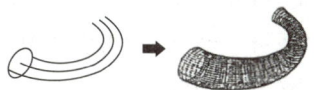

① Blending   ② Skinning
③ Shearing   ④ Sweeping

해설
④ Sweeping : 안내곡선을 따라 이동곡선이 이동규칙에 따라 이동하면서 생성된 곡면 2차원 도형을 미리 정해진 선의 궤적을 따라 이동시키거나 임의의 회전축을 중심으로 회전시켜 입체를 생성하는 기능
① Blending : 두 곡면이 만나는 부분을 부드럽게 만들 때 생성되는 곡면
② Skinning : 미리 정해진 연속된 단면을 덮는 표면 곡면을 생성시켜 닫쳐진 부피 영역이나 솔리드 모델을 만드는 모델링 방법
③ Shearing : 전단

28 다음은 통합 CAD/CAM 시스템을 사용한 파트 프로그래밍 방법의 단계이다. 그 순서를 가장 알맞게 배열한 것은?

㉠ 공구의 형상을 정의한다.
㉡ 정의된 공구와 부품형상을 사용하여 경로상에 필요한 점의 x, y, z 좌표값을 계산한다.
㉢ 가공을 위해서 중요한 부품형상을 정의, 지정한다.
㉣ 사용자가 요망하는 가공작업의 순서를 지정하고 필요한 공구경로를 적절한 절삭 파라미터와 함께 계획한다.
㉤ 생성된 공구경로를 그래픽 디스플레이상에서 검증한다.
㉥ 공구 위치 데이터(CL 데이터) 파일을 공구경로로부터 생성한다.

① ㉢ → ㉠ → ㉣ → ㉡ → ㉤ → ㉥
② ㉢ → ㉠ → ㉡ → ㉣ → ㉤ → ㉥
③ ㉢ → ㉤ → ㉣ → ㉠ → ㉡ → ㉥
④ ㉢ → ㉣ → ㉠ → ㉤ → ㉥ → ㉡

해설
CAD/CAM 시스템을 사용한 파트 프로그래밍 방법 6단계
• 1단계 : 가공을 위해서 중요한 부품형상을 정의하고 지정한다.
• 2단계 : 공구의 형상을 정의한다.
• 3단계 : 사용자가 원하는 가공 순서를 지정하고 필요한 공구경로를 적절한 절삭 파라미터와 함께 계획한다.
• 4단계 : 정의된 공구와 부품형상을 사용하여 경로상에 필요한 점의 x, y, z 좌표값을 계산한다.
• 5단계 : 생성된 공구경로를 그래픽 디스플레이상에서 검증한다.
• 6단계 : 공구 위치 데이터(CL 데이터) 파일을 공구경로로부터 생성한다.

정답 26 ④ 27 ④ 28 ①

29 서로 다른 CAD/CAM 시스템 사이에 제품 정의 데이터를 교환하기 위하여 개발한 최초의 표준 교환 형식은?

① IGES
② DXF
③ STEP
④ PDES

해설
① IGES : CAD/CAM/CAE 시스템 간에 제품 정의 데이터를 교환하기 위해 개발한 최초의 표준 교환 형식으로 ANSI 표준
② DXF : Data Exchange File의 약자로 CAD 데이터 간 호환성을 위해 제정한 자료 공유 파일을 아스키 텍스트 파일로 구성한 형식
③ STEP : 회사들 사이에 컴퓨터를 이용한 데이터의 저장과 교환을 위한 산업 표준이 되고 있는 CALS에서 채택하고 있는 제품 데이터 교환 표준
④ PDES : Product Data Exchange Standard의 약자

30 B-spline과 NURB 곡선에 대한 설명으로 잘못된 것은?

① B-spline 곡선식은 NURB(Non-uniform Rational B-spline) 곡선식을 포함하는 보다 일반적인 형태의 곡선이다.
② B-spline 곡선에서는 곡선의 모양을 변화시키기 위해서 각각의 Control Point의 좌표를 조절하지만, NURB 곡선에서는 동차 좌표값까지 포함하여 4개의 자유도가 있다.
③ B-spline 곡선은 원, 타원, 포물선 등 원추곡선을 근사할 수 있다.
④ NURB 곡선은 원, 타원, 포물선 등 원추곡선을 표현할 수 있어 프로그램 개발 시 모든 곡선을 NURB 곡선으로 나타냄으로써 작업량을 줄여준다.

해설
NURBS(Non-Uniform Rational B-Spline) 곡선은 B-spline과 Bezier 곡선, 원추곡선도 표현할 수 있다. 초기 Bezier 곡선을 개선한 것이 B-spline(Bezier-spline)이며, 이를 개선한 것이 NURBS 곡선이다.

31 CAD 프로그램에서 자유곡선을 표현할 때, 주로 많이 사용하는 방정식의 형태는?

① 양함수식(Explicit Equation)
② 음함수식(Implicit Equation)
③ 하이브리드식(Hybrid Equation)
④ 매개변수식(Parametric Equation)

해설
CAD 프로그램에서 자유곡선을 표현할 때는 편리한 수정을 위해 주로 매개변수식 방정식을 사용한다.

32 CAD 시스템에 사용되는 입력장치에 해당되지 않는 것은?

① 키보드
② 라이트 펜
③ 마우스
④ 플로터

해설
플로터는 도면을 큰 사이즈(A0 또는 A1 등)로 인쇄할 경우에 사용하는 출력장치이다.

33 다음 중 분산처리형 시스템이 갖추어야 할 기본 성능이 아닌 것은?

① 여러 시스템 중에서 일부 시스템에 고장이 발생하더라도 나머지는 정상 작동되어야 한다.
② 자료처리 및 계산작업은 주(Main)시스템에서 이루어져야 한다.
③ 구성된 시스템별 자료는 다른 컴퓨터 시스템 자료의 내용에 변화를 주지 말아야 한다.
④ 사용자가 구성한 자료나 프로그램을 다른 사용자가 사용하고자 할 때는 정보통신망을 통해서 언제라도 해당 자료를 사용하거나 보내줄 수 있어야 한다.

해설
분산처리형 시스템은 자료처리 및 계산작업 시 주시스템(Main System)뿐만 아니라 부시스템(Sub System)에서도 이루어져야 한다.

34 다음 중 중앙처리장치(CPU)의 구성요소가 아닌 것은?

① 기억장치　② 제어장치
③ 연산논리장치　④ 레이저 빔 기억장치

해설
레이저 빔 기억장치는 컴퓨터 시스템에서 저장장치에 속한다.
중앙처리장치(CPU)의 구성요소
제어장치, 기억장치, 연산논리장치

35 3차원 뷰잉(Viewing)기법 중 아이소메트릭 투영(Isometric Projection)에 해당하는 투영기법은?

① 경사 투영(Oblique Projection)
② 원근 투영(Perspective Projection)
③ 직교 투영(Orthographic Projection)
④ 캐비닛 투영(Cabinet Projection)

해설
직교 투영은 Isometric Projection에 속한다.
3차원 투영(투상, Projection) 기법

분 류	종 류	
평행 투영	등각 투영법(Isometric)	직교투상
	경사투상	캐빌리어 투영법
		캐비닛 투영법
원근 투영	–	

36 2차원 좌표 $[x, y, 1]$와 동차 변환행렬 $\begin{bmatrix} \cos\theta & \sin\theta & 0 \\ -\sin\theta & \cos\theta & 0 \\ 0 & 0 & 1 \end{bmatrix}$를 이용한 회전변환에서 회전축은?

① x축　② y축
③ z축　④ xz축

해설
2차원 동차변환 행렬식에서 회전변환에 사용되는 회전축은 z축이 된다.

37 다음은 2차원에서 동차좌표에 의한 변환행렬을 나타낸 것이다. 평행이동에 관계되는 것은?

$$[x'\ y'\ 1] = [x\ y\ 1]\begin{bmatrix} a & b & p \\ c & d & q \\ m & n & s \end{bmatrix}$$

① a, b　② c, d
③ p, q　④ m, n

해설
2차원 동차좌표에 의한 변환행렬식에서 평행이동과 관련된 것은 m, n이다.
• a, b, c, d는 회전, 전단 및 스케일링에 관계된다.
• m, n은 이동에 관계된다.
• p, q는 투영에 관계된다.
• s는 전체적인 스케일링에 관계된다.

38 드릴링으로 길이 150mm 구멍을 가공하려고 한다. 공구의 분당 회전수는 500rpm, 공구의 1회전당 드릴 이송량은 0.1mm일 때, 구멍 가공시간은?

① 1분　② 2분
③ 3분　④ 4분

해설
드릴로 구멍을 뚫는 데 걸리는 시간(T)
$T = \dfrac{l \times i}{n \times s}(\min)$
여기서, l : 구멍가공 길이(mm)
　　　　i : 구멍수
　　　　n : 주축 회전속도(rpm)
　　　　s : 1회전당 이송량(mm)
∴ $T = \dfrac{150 \times 1}{500 \times 0.1} = 3\min$

39 여러 대의 NC 공작기계를 한 대의 컴퓨터에 결합시켜 제어하는 시스템은?

① CNC
② DNC
③ MPU
④ MCU

해설
② DNC(Distributed Numerical Control) : 중앙의 컴퓨터에서 여러 대의 CNC 공작기계에 데이터를 분배하여 전송함으로써 동시에 여러 대의 기계를 운전할 수 있는 시스템
① CNC(Computer Numerical Control) : 컴퓨터를 이용하여 기계의 가공부를 수치로 제어하며 가공하는 방법
③ MPU(microprocessing Unit) : 마이크로프로세서로 주처리장치
④ MCU(Multipoint Control Unit) : 다지점 제어장치로 셋 이상의 단말기들이 함께 회의가 가능하도록 하는 다자 간 통화시스템

40 3차 베지어 곡면(Bezier Surface)에 관한 설명 중 틀린 것은?

① 3차 베지어 곡면은 조정점(Control Points)의 일반적인 형상을 따른다.
② 3차 베지어 곡면은 조정점들로 만들어지는 볼록포 내부(Convex Hull)에 포함된다.
③ 3차 베지어 곡면의 코너와 코너 조정점은 일치한다.
④ 3차 베지어 곡면의 패치(Patch)당 조정점의 개수는 9개이다.

해설
3차 베지어 곡면의 패치(Patch)당 조정점의 개수는 4개이다.

제3과목 | 컴퓨터수치제어(CNC) 절삭가공

41 강판으로 된 재료에 암나사 가공을 하는 데 사용되는 것은?

① 스패너
② 스크레이퍼
③ 다이스
④ 탭

해설
강판으로 된 재료에 암나사 가공을 하는 데 사용되는 공구는 탭이다. 핸드탭은 일반적으로 3개가 1조이다.

1번 탭	55% 황삭
2번 탭	25% 중삭
3번 탭	20% 가공 정삭

42 브로치 가공에 대한 설명 중 옳지 않은 것은?

① 가공 홈의 모양이 복잡할수록 느린 속도로 가공한다.
② 절삭 깊이가 너무 작으면 인선의 마모가 증가한다.
③ 브로치는 떨림을 방지하기 위하여 피치의 간격을 같게 한다.
④ 절삭량이 많고 길이가 길 때에는 절삭날 수를 많게 한다.

해설
브로칭(Broaching) 가공의 특징
• 키 홈이나 스플라인 홈 등을 가공하는 데 사용한다.
• 절삭 깊이가 너무 작으면 인선의 마모가 증가한다.
• 가공 홈의 모양이 복잡할수록 느린 속도로 가공한다.
• 브로치의 압입방법에는 나사식, 기어식, 유압식이 있다.
• 제작과 설계에 시간이 소요되며 공구의 값이 고가이다.
• 절삭량이 많고 길이가 길 때에는 절삭날 수를 많게 한다.
• 각 제품별로 형상이 달라 수많은 브로치의 제작이 불편하다.
• 브로치는 떨림을 방지하기 위하여 피치의 간격을 다르게 한다.

정답 39 ② 40 ④ 41 ④ 42 ③

43 전해연마의 특징에 대한 설명으로 틀린 것은?

① 가공변질층이 없다.
② 내마모성, 내부식성이 좋아진다.
③ 알루미늄, 구리 등도 용이하게 연마할 수 있다.
④ 가공면에는 방향성이 있다.

해설
전해연마(Electrolytic Polishing) 가공의 특징
- 가공변질층이 없다.
- 가공면에 방향성이 없다.
- 내마모성, 내부식성이 좋다.
- 표면이 깨끗해서 도금이 잘된다.
- 복잡한 형상의 공작물도 연마가 가능하다.
- 공작물의 형상을 바꾸거나 치수 변경에는 적합하지 않다.
- 알루미늄, 구리합금과 같은 연질 재료의 연마도 비교적 쉽다.
- 치수의 정밀도보다는 광택의 거울면을 얻고자 할 때 사용한다.
- 철강재료와 같이 탄소를 많이 함유한 금속은 전해연마가 어렵다.
- 연마량이 적어 깊은 홈은 제거되지 않으며, 모서리가 둥글게(라운딩) 된다.
- 가공층이나 녹, 공구 절삭 자리의 제거, 공구 날 끝의 연마, 표면처리에 적합하다.

44 연삭숫돌에 사용되는 숫돌입자 중 천연산인 것은?

① 커런덤   ② 알록사이트
③ 카아버런덤   ④ 탄화붕소

해설
연삭숫돌입자 중에서 천연입자와 인공입자

천연입자	석 영
	커런덤
	다이아몬드
인공입자	알루미나(Al_2O_3)
	탄화규소(SiC)
	알록사이트
	카아버런덤
	탄화붕소

45 연삭숫돌을 교환한 후 시운전시간은 어느 정도로 하는가?

① 30초   ② 1분
③ 2분   ④ 3분 이상

해설
연삭숫돌을 교체한 후에는 반드시 3분 이상 시운전을 해야 한다.

46 기어(Gear)의 잇수를 등분하고자 할 때, 사용하는 밀링 부속품은?

① 분할대   ② 바이스
③ 정면커터   ④ 측면커터

해설
① 분할대 : 밀링에서 기어의 잇수를 등분하고자 할 때 사용하는 밀링용 부속품
② 바이스 : 밀링머신에서 테이블 위에 공작물을 고정하고자 할 때 사용하는 장치
③ 정면커터 : 공작물의 평면을 다듬질하고자 할 때 사용하는 커터
④ 측면커터 : 공작물의 외곽 부분인 측면을 가공하고자 할 때 사용하는 커터

정답 43 ④ 44 ① 45 ④ 46 ①

47 윤활유의 사용 목적과 거리가 먼 것은?

① 윤활작용 ② 냉각작용
③ 비산작용 ④ 밀폐작용

해설
윤활제의 사용 목적
- 청정작용
- 냉각작용
- 윤활작용
- 밀폐(밀봉)작용

※ 비산(Scattering)작용이란 날아서 흩어진다는 뜻으로 윤활유의 목적에 해당되지 않는다.

48 밀링에서 지름 150mm 커터를 사용하여 160rpm으로 절삭한다면, 이때 절삭속도는 약 몇 m/min인가?

① 75 ② 85
③ 102 ④ 194

해설
절삭속도(v)

$$v = \frac{\pi d n}{1,000}$$

여기서, v : 절삭속도(m/min)
d : 공작물의 지름(mm)
n : 주축 회전수(rpm)

$$\therefore v = \frac{\pi \times 150 \times 160}{1,000} \fallingdotseq 75\,\text{m/min}$$

49 양두(兩頭) 그라인더의 숫돌차로 일감을 연삭할 때, 받침대와 숫돌의 간격은 몇 mm 이내로 조정하는가?

① 3mm ② 5mm
③ 7mm ④ 9mm

해설
양두 그라인더의 숫돌차로 일감을 연삭할 때, 받침대와 숫돌의 간격은 3mm 이내로 해야 한다.

50 래핑작업의 장점이 아닌 것은?

① 정밀도가 높은 제품을 가공한다.
② 가공면이 매끈하다.
③ 가공면의 내마모성이 좋다.
④ 랩제의 잔류가 쉽다.

해설
래핑작업 시 특징
- 정밀도가 높은 제품을 가공한다.
- 내마모성이 좋다.
- 가공 후에 랩제가 남아 있지 않아 표면이 매끈하다.
- 강철을 래핑할 때는 주철이 널리 이용된다.
- 랩 재료는 반드시 공작물보다 연한 것을 사용한다.
- 경질 합금의 래핑은 다이아몬드로 해서는 안 된다.
- 주철로 강철을 래핑할 때 석유를 혼합해서 사용한다.

51 다음 중 선반 바이트의 설치 요령으로, 적합하지 않은 것은?

① 바이트 자루는 수평으로 고정한다.
② 바이트의 돌출거리는 작업에 지장이 없는 한 길게 고정한다.
③ 받침(Shim)은 바이트 자루의 전체 면이 닿도록 한다.
④ 높이를 정확히 맞추기 위해서는 받침(Shim) 1개 또는 두께가 다른 여러 개를 준비한다.

해설
선반에 바이트를 설치할 때 바이트의 돌출거리는 작업에 지장이 없는 한 짧게 고정시켜야 한다.

52 수평식 보링머신 중 새들이 없고, 길이 방향의 이송은 베드를 따라 칼럼이 이송되며, 중량이 큰 가공물을 가공하기에 가장 적합한 구조를 가지고 있는 형은?

① 테이블형
② 플레이너형
③ 플로어형
④ 코어형

해설
② 플레이너형 : 테이블형과 유사하나 테이블을 지지하는 새들이 없고 길이 방향으로의 이송은 베이스의 안내면을 따라 컬럼이 이동하기 때문에 중량이 큰 가공물을 가공하기에 가장 적합한 구조이다.

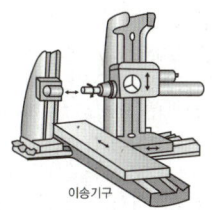

[플레이너형 보링머신]

① 테이블형 : 테이블이 새들의 안내면 위를 스핀들과 평행하거나 수직 방향으로 이동한다.
③ 플로어형 : 공작물이 크고 테이블형에서 가공하기 곤란한 것을 가공하며, 주축대는 칼럼을 따라 상하로 움직이고 칼럼은 베드 위를 전후로 이송하여 스핀들의 위치를 정한다.
④ 코어형 : 판재나 포신 등 큰 구멍을 가공하는 데 적합하다.

53 연삭작업 시 주의할 점에 대한 설명으로 틀린 것은?

① 숫돌 커버를 반드시 설치하여 사용한다.
② 양 숫돌차의 입도는 항상 같게 하여야 한다.
③ 연삭작업 시에는 보안경을 꼭 착용하여야 한다.
④ 숫돌을 나무 해머로 가볍게 두들겨 음향검사를 한다.

해설
연삭작업 시 사용하는 숫돌차에서 양 숫돌차의 입도를 같게 할 필요는 없으며, 입도를 다르게 설치해서 거친 연삭과 다듬질 연삭을 할 수 있도록 해야 한다.

54 호닝에서 금속가공 시 가공액으로 사용하는 것은?

① 등유
② 휘발유
③ 수용성 절삭유
④ 유화유

해설
호닝가공 시 금속을 가공할 때는 미세한 입자면을 갈아냄으로써 발생하는 열에 의해 가공면이 변질되지 않아야 하므로 수용성이 아닌 독립된 유체를 사용해야 한다. 따라서 상대적으로 화학적으로 안정된 등유를 가공액으로 사용한다.

정답 51 ② 52 ② 53 ② 54 ①

55 절삭공구 재료에서 W, Cr, V, Co 등의 원소를 함유하는 합금강은?

① 고탄소강
② 합금 공구강
③ 고속도강
④ 초경합금

해설

공구재료의 종류

종류	특징
탄소 공구강	절삭열이 300℃에서도 경도의 변화가 작고 열처리가 쉬우며 값이 저렴하나, 강도가 부족해서 고속 절삭용 공구재료로는 사용이 부적합하다.
합금 공구강	탄소강에 W, Cr, W-Cr 등의 원소를 합금하여 제작하는 공구용 재료로 절삭열이 600℃에서도 경도 변화가 작아서 바이트나 다이스, 탭, 띠톱 등의 재료로 사용된다.
고속도강	W-18%, Cr-4%, V-1%이 합금된 것으로, 600℃ 정도에서도 경도 변화가 없다. 탄소강보다 2배의 절삭속도로 가공이 가능하기 때문에 강력 절삭 바이트나 밀링 커터에 사용된다.
주조 경질합금	스텔라이트라고도 하며 800℃까지도 경도 변화가 없다. 청동이나 황동의 절삭재료로 사용된다. 열처리가 불필요하며 고속도강보다 2배의 절삭속도로 가공이 가능하나 내구성과 인성이 작다.
소결 초경합금	고속, 고온 절삭에서 높은 경도를 유지하며, WC, TiC, TaC 분말에 Co를 첨가하고 소결시켜 만드는데 진동이나 충격을 받으면 쉽게 깨지는 특성이 있는 공구용 재료이다. 고속도강의 4배 정도로 절삭이 가능하며 1,100℃의 절삭열에도 경도 변화가 없다.
세라믹	무기질의 비금속재료를 고온에서 소결한 것으로, 1,200℃의 절삭열에도 경도 변화가 없다.
다이아 몬드	절삭공구 재료 중에서 가장 경도가 높고(HB 7000), 내마멸성이 크며 절삭속도가 빨라서 절삭가공이 매우 능률적이나, 취성이 크고 값이 비싸다.

56 밀링머신에서 하향절삭에 비교한 상향절삭의 장점은?

① 절삭 시 백래시 영향이 작다.
② 일감의 고정이 유리하다.
③ 표면거칠기가 좋다.
④ 공구날의 마모가 느리다.

해설

상향절삭은 커터의 절삭 방향과 공작물의 이송 방향이 반대이므로 절삭 시 백래시(뒤틈)의 영향이 작기 때문에 백래시 제거장치가 필요 없다.

상향절삭과 하향절삭의 특징

	커터날 절삭 방향과 공작물 이송 방향이 반대이다.
상향 절삭	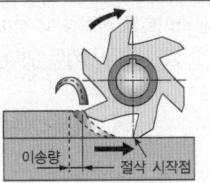 • 동력 소비가 크다. • 표면거칠기가 나쁘다. • 하향절삭에 비해 가공면이 깨끗하지 못하다. • 기계에 무리를 주지 않아 강성은 낮아도 된다. • 날 끝이 일감을 치켜 올리므로 일감을 단단히 고정해야 한다. • 백래시의 영향이 작아서 백래시 제거장치가 필요 없다. • 절삭가공 시 마찰열과 접촉면의 마모가 커서 공구수명이 짧다.
	커터날 절삭 방향과 공작물 이송 방향이 같다.
하향 절삭	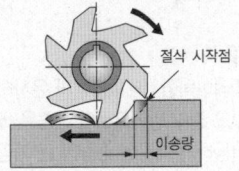 • 표면거칠기가 좋다. • 날 하나마다의 날 자리 간격이 짧다. • 날의 마멸이 적어서 공구의 수명이 길다. • 가공면이 깨끗하고 고정밀 절삭이 가능하다. • 백래시를 완전히 제거해야 하므로 백래시 제거장치가 필요하다. • 절삭된 칩이 가공된 면 위에 쌓이므로 앞으로 가공할 면의 시야성이 좋아서 가공하기 편하다. • 커터 날과 일감의 이송 방향이 같아서 날이 가공물을 누르는 형태이므로 가공물 고정이 간편하다. • 절삭가공 시 마찰력은 작으나 충격력이 크기 때문에 높은 강성이 필요하다.

57 선반의 베드(Bed)에 관한 설명으로 틀린 것은?

① 미끄럼 면의 단면 모양은 원형과 구형이 있다.
② 주로 합금주철이나 구상흑연주철 등의 고급주철로 제작한다.
③ 미끄럼 면은 기계가공 또는 스크레이핑(Scraping)을 한다.
④ 내마모성을 높이기 위하여 표면경화처리를 하고 연삭가공을 한다.

해설
선반의 베드(Bed)에 적용되는 미끄럼 면의 단면 모양은 미국식은 산형으로, 영국식은 평행형으로 제작한다. 그러므로 선반의 미끄럼 면의 단면 모양에 원형이나 구형은 존재하지 않는다.

58 다음 중 드릴가공의 종류가 아닌 것은?

① 리 밍　　② 카운터 보링
③ 버 핑　　④ 스폿 페이싱

해설
버핑가공은 모, 면직물, 펠트 등을 여러 장 겹쳐서 적당한 두께의 원판을 만든 다음 이것을 회전시키고, 여기에 미세한 연삭입자가 혼합된 윤활제를 사용하여 공작물의 표면을 매끈하고 광택이 나게 하는 가공방법으로 드릴가공과는 거리가 멀다. 리밍과 카운터보링, 스폿 페이싱은 모두 드릴가공의 종류에 속한다.

59 공구에 진동을 주고 공작물과 공구 사이에 연삭입자와 가공액을 주고 전기적 에너지를 기계적 에너지로 변화함으로써 공작물을 정밀하게 다듬는 방법은?

① 래 핑　　② 슈퍼피니싱
③ 전해연마　　④ 초음파 가공

해설
초음파 가공이란 봉이나 판상의 공구와 공작물 사이에 연삭입자와 공작액을 혼합한 혼합액을 넣고 초음파 진동을 주면 공구가 반복적으로 연삭입자에 충격을 가하여 공작물의 표면이 미세하게 다듬질되는 방법이다.

60 숫돌입자와 공작물이 접촉하여 가공하는 연삭작용과 전해작용을 동시에 이용하는 특수가공법은?

① 전주연삭　　② 전해연삭
③ 모방연삭　　④ 방전가공

해설
전해연삭이란 숫돌입자와 공작물이 접촉하여 가공하는 연삭작용과 전해작용으로 가공하는 방법으로써 연삭작용과 전해작용을 복합시킨 가공방법이다. 가공액을 전해액으로 사용하고 전기가 통하는 숫돌을 쓰기 때문에 숫돌과 공작물 사이에 전기가 통한다.

정답 57 ① 58 ③ 59 ④ 60 ②

PART 02 | 과년도 + 최근 기출복원문제
2022년 제2회 과년도 기출복원문제

제1과목 | 기계가공법 및 안전관리

01 트위스터 드릴의 각부에서 드릴 홈의 골 부위(웨브 두께)를 측정하기에 가장 적합한 것은?

① 나사 마이크로미터
② 포인트 마이크로미터
③ 그루브 마이크로미터
④ 다이얼게이지 마이크로미터

해설
포인트 마이크로미터는 두 개의 측정면이 뾰족하기 때문에 드릴의 홈이나 나사의 골지름 측정이 가능하다.

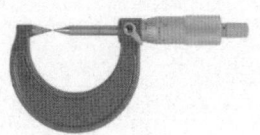 

02 한계게이지의 특징이 아닌 것은?

① 제품의 실제 치수를 알 수 없다.
② 조작이 어렵고 숙련이 필요하다.
③ 대량 측정에 적합하고 합격, 불합격의 판정이 용이하다.
④ 측정 치수가 결정됨에 따라 각각 통과측, 정지측의 게이지가 필요하다.

해설
한계게이지는 조작이 간단해서 숙련이 필요 없다.

03 나사 측정의 대상이 되지 않는 것은?

① 피치
② 리드각
③ 유효지름
④ 바깥지름

해설
나사 측정의 대상은 피치와 유효지름, 바깥지름이며 리드각은 대상에 포함되지 않는다.

04 형상공차의 측정에서 진원도의 측정방법이 아닌 것은?

① 강선에 의한 방법
② 직경법에 의한 방법
③ 반경법에 의한 방법
④ 3점법에 의한 방법

해설
형상공차의 측정에서 진원도의 측정방법
3점법, 직경법, 반경법

05 다음 중 측정에 대한 설명으로 옳은 것만 고른 것은?

㉠ 비교측정기에는 게이지 블록, 마이크로미터 등이 있다.
㉡ 직접측정기에는 버니어캘리퍼스, 사인바(Sine Bar), 다이얼게이지 등이 있다.
㉢ 형상 측정의 종류에는 진원도, 원통도, 진직도, 평면도 등이 있다.
㉣ 3차원 측정기는 측정점의 좌표를 검출하여 3차원적인 크기나 위치, 방향 등을 알 수 있다.

① ㉠, ㉡
② ㉠, ㉣
③ ㉡, ㉢
④ ㉢, ㉣

해설
• ㉠ : 마이크로미터는 직접측정기이다.
• ㉡ : 다이얼게이지는 비교측정기이다.

정답 1 ② 2 ② 3 ② 4 ① 5 ④

06 다음 그림은 마이크로미터의 측정 눈금을 나타낸 것이다. 측정값은 얼마인가?

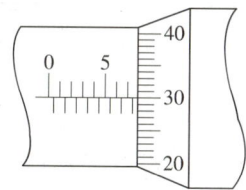

① 1.35mm ② 1.85mm
③ 7.35mm ④ 7.80mm

해설
마이크로미터 측정값 계산
7.5mm + 0.30 = 7.80mm

07 이미 치수를 알고 있는 표준과의 차를 구하여 치수를 알아내는 측정방법은?

① 절대 측정 ② 비교 측정
③ 표준 측정 ④ 간접 측정

해설
① 절대 측정 : 계측계에서 기본 단위로 주어지는 양과 비교함으로써 이루어지는 측정방법이다.
③ 표준 측정 : 표준을 만들고자 할 때 사용하는 측정방법이다.
④ 간접 측정 : 측정량과 일정한 관계가 있는 몇 개의 양을 측정함으로써 구하고자 하는 측정값을 간접적으로 유도해 내는 측정방법이다.

08 롤러의 중심거리가 100mm인 사인바로 5°의 테이퍼값이 측정되었을 때 정반 위에 놓은 사인바의 양 롤러 간의 높이의 차는 약 몇 mm인가?

① 8.72 ② 7.72
③ 4.36 ④ 3.36

해설
사인바는 길이를 측정하고 삼각함수를 이용한 계산에 의하여 임의각을 측정하거나 임의각을 만드는 각도측정기이다.
양 롤러 간의 높이차
$H - h = L \times \sin 5°$
$= 100\text{mm} \times \sin 5° = 8.72\text{mm}$

09 각도측정기에 해당되는 것은?

① 버니어 캘리퍼스
② 나이프 에지
③ 탄젠트바
④ 스냅게이지

해설

측정기의 종류	측정내용
버니어 캘리퍼스	길이, 깊이, 내경 측정
나이프 에지	평면이나 오목검사
탄젠트바	각도측정기
스냅게이지	원통형, 정육면체의 두께를 재는 한계측정기

10 공기 마이크로미터의 장점이 아닌 것은?

① 내경 측정이 가능하다.
② 일반적으로 배율이 1,000배에서 10,000배까지 가능하다.
③ 피측적물에 묻어 있는 기름이나 먼지를 분출공기로 불어 내어 정확한 측정을 할 수 있다.
④ 응답시간이 매우 빠르다.

해설
공기 마이크로미터의 장점 및 단점

장 점	단 점	형 상
• 배율이 높다(1,000~40,000배). • 피측정물의 기름, 먼지를 불어내기 때문에 정확한 측정이 가능하다. • 내경 측정에 있어 정도가 높은 측정을 할 수 있다. • 타원, 테이퍼, 편심 등의 측정을 간단히 할 수 있다. • 측정력이 작아 무접촉 측정이 가능하다. • 확대율이 매우 크고 조정이 쉽다.	• 압축공기가 필요하다. • 디지털 지시가 불가능하다. • 응답시간이 일반적인 측정법보다 느리다. • 압축공기 안의 수분, 먼지를 제거해야 한다. • 피측정물의 표면이 거칠면 측정값에 신빙성이 없다. • 측정부 지시범위가 0.2mm 이내로 협소해 공차가 큰 것은 측정이 불가하다. • 비교측정기이므로 기준인 마스터가 필요하다. • 압축공기원(에어 컴프레서)이 필요하다.	

11 다음 그림에 표시한 표면의 결 도시기호에서 줄무늬 방향의 기호를 기입하는 위치는?

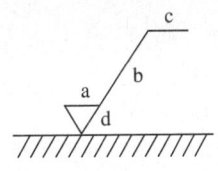

① a
② b
③ c
④ d

해설
표면의 결 도시기호

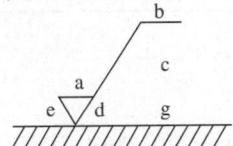

a : 중심선 평균거칠기값
b : 가공방법
c : 컷 오프값
d : 줄무늬 방향기호
e : 다듬질 여유
g : 표면 파상도

12 도면에 $20^{+0.02}_{-0.01}$로 표시된 치수의 치수공차는 얼마인가?

① 0.01
② −0.01
③ 0.03
④ 0.02

해설
치수공차 = 최대 허용한계치수 − 최소 허용한계치수
∴ 20.02 − 19.99 = 0.03

13 다음과 같이 도면에 나사 표시가 Tr10×2로 표시되어 있을 때, 올바른 해독은?

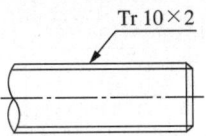

① 볼 나사 호칭 지름 10인치
② 둥근 나사 호칭 지름 10mm
③ 미터 사다리꼴 나사 호칭지름 10mm
④ 관용 테이퍼 수나사 호칭지름 10mm

해설
• Tr : 미터 사다리꼴 나사
• 10×2 : 호칭지름 10mm×피치 2mm

14 도면 부품란에 KS 재료기호 GC 250으로 표시된 재질의 설명으로 옳은 것은?

① 가단주철 인장강도 250N/mm² 이상
② 가단주철 인장강도 250kgf/mm² 이상
③ 회주철 인장강도 250N/mm² 이상
④ 회주철 인장강도 250kgf/mm² 이상

해설
GC 250 : 회주철품을 나타내는 재료기호
• GC : Gray Cast(회주철품)
• 250 : 최저 인장강도 250N/mm²

15 다음 중 축의 도시방법에 대한 설명으로 틀린 것은?

① 축의 외경이 클수록 키 홈의 크기는 큰 것을 사용하는 것이 좋다.
② 축 끝의 센터구멍의 도시기호는 가는 1점 쇄선으로 표시한다.
③ 길이가 긴 축은 중간을 파단하고 짧게 그릴 수 있다.
④ 축 끝에는 일반적으로 모떼기를 한다.

해설
축 끝의 센터구멍의 도시기호는 가는 실선(————)으로 표시한다.

16 단면도의 표시방법에서 다음과 같은 단면도의 형태는?

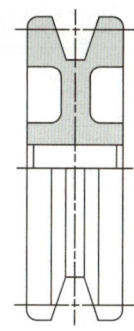

① 온단면도　　② 한쪽 단면도
③ 부분 단면도　④ 회전도시 단면도

해설
단면도의 종류

단면도명	특 징
온단면도 (전단면도)	• 물체 전체를 직선으로 절단하여 앞부분을 잘라 내고 남은 뒷부분의 단면 모양을 그린 것이다. • 절단 부위의 위치와 보는 방향이 확실한 경우에는 절단선, 화살표, 문자기호를 기입하지 않아도 된다.
한쪽 단면도 (반단면도)	• 반단면도라고도 한다. • 절단면을 전체의 반만 설치하여 단면도를 얻는다. • 상하 또는 좌우가 대칭인 물체를 중심선을 기준으로 1/4 절단하여 내부 모양과 외부 모양을 동시에 표시하는 방법이다.
부분 단면도	• 파단선을 그어서 단면 부분의 경계를 표시한다. • 일부분을 잘라 내고 필요한 내부의 모양을 그리기 위한 방법이다.

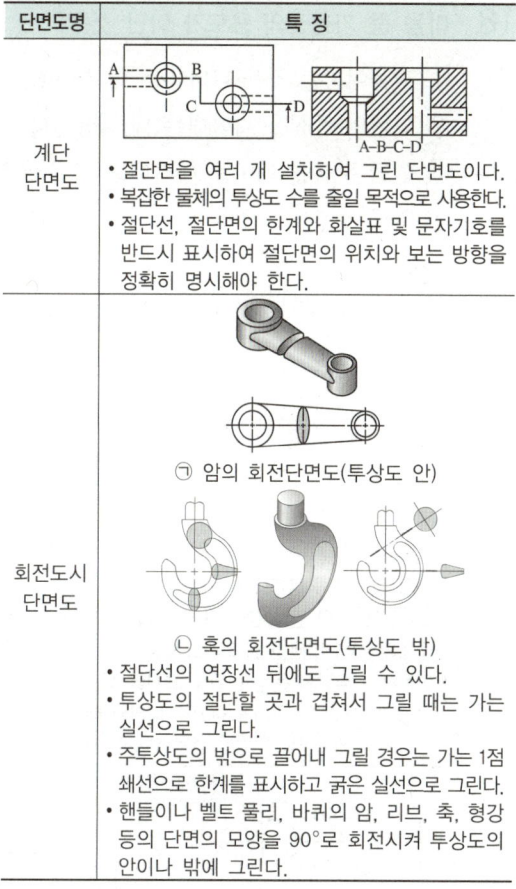

단면도명	특 징
계단 단면도	• 절단면을 여러 개 설치하여 그린 단면도이다. • 복잡한 물체의 투상도 수를 줄일 목적으로 사용한다. • 절단선, 절단면의 한계와 화살표 및 문자기호를 반드시 표시하여 절단면의 위치와 보는 방향을 정확히 명시해야 한다.
회전도시 단면도	• 절단선의 연장선 뒤에도 그릴 수 있다. • 투상도의 절단할 곳과 겹쳐서 그릴 때는 가는 실선으로 그린다. • 주투상도의 밖으로 끌어내 그릴 경우는 가는 1점 쇄선으로 한계를 표시하고 굵은 실선으로 그린다. • 핸들이나 벨트 풀리, 바퀴의 암, 리브, 축, 형강 등의 단면의 모양을 90°로 회전시켜 투상도의 안이나 밖에 그린다.

17 표제란에 대한 설명으로 틀린 것은?

① 도면에 반드시 있어야 하는 항목이다.
② 회사 또는 학교에 따라 양식이 다소 차이가 있을 수 있다.
③ 설계자, 도형, 척도, 투상법 등을 기입한다.
④ 각 부품의 명칭 및 수량을 기입한다.

해설
각 부품의 명칭 및 수량은 부품란에 기재한다.
도면에 반드시 마련해야 할 양식
윤곽선, 표제란, 중심마크

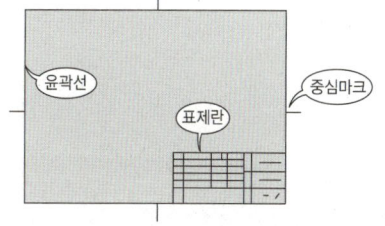

18 다음 중 가상선의 용도가 아닌 것은?

① 되풀이하는 것을 나타내는 데 사용한다.
② 도형의 중심을 나타내는 데 사용한다.
③ 인접 부분을 참고로 나타내는 데 사용한다.
④ 가공 전후의 모양을 나타내는 데 사용한다.

해설
도형의 중심을 나타낼 때는 중심선(—·—·—)을 사용한다.
가는 2점 쇄선(—··—··—)으로 표시되는 가상선의 용도

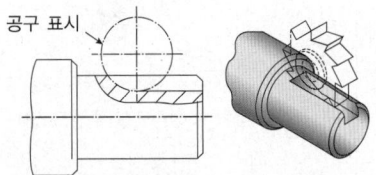

공구 표시

- 반복되는 것을 나타낼 때
- 가공 전이나 후의 모양을 표시할 때
- 도시된 단면의 앞 부분을 표시할 때
- 물품의 인접 부분을 참고로 표시할 때
- 이동하는 부분의 운동 범위를 표시할 때
- 공구 및 지그 등 위치를 참고로 나타낼 때
- 단면의 무게중심을 연결한 선을 표시할 때

가공 전후의 모양

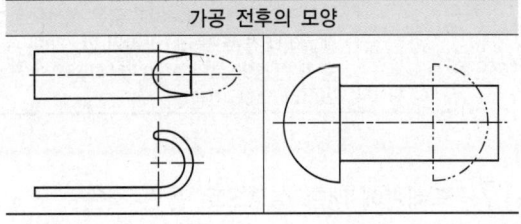

19 다음 도면에서 기하공차에 관한 설명으로 올바른 것은?

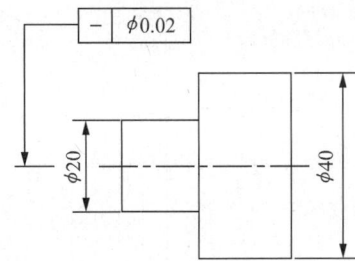

① $\phi 20$ 부분만 원통도가 $\phi 0.02$ 범위 내에 있어야 한다.
② $\phi 20$과 $\phi 40$ 부분의 원통도가 $\phi 0.02$ 범위 내에 있어야 한다.
③ $\phi 20$ 부분만 진직도가 $\phi 0.02$의 범위 내에 있어야 한다.
④ $\phi 20$과 $\phi 40$ 부분의 진직도가 $\phi 0.02$ 범위 내에 있어야 한다.

해설
지시선이 $\phi 20$과 $\phi 40$ 부분의 중심선에 위치해 있으므로 이 두 부분의 진직도에 대한 오차범위가 $\phi 0.02$ 이내에 있어야 한다.

20 납선이나 구리선을 사용하여 스케치하는 방법은?

① 프리핸드법
② 프린트법
③ 본뜨기법
④ 사진 촬영법

해설
③ 본뜨기법 : 물체를 종이 위에 올려놓고 그 둘레의 모양을 직접 제도연필로 그리거나 납선, 구리선을 사용하여 모양을 만드는 방법
① 프리핸드법 : 스케치의 일반적인 방법으로 척도에 관계없이 적당한 크기로 부품을 그린 후 치수를 측정하는 방법
② 프린트법 : 스케치할 물체의 표면에 광명단 또는 스탬프잉크를 칠한 다음 용지에 찍어 실형을 뜨는 방법
④ 사진 촬영법 : 물체을 사진을 찍는 방법

제2과목 | CAM 프로그래밍

21 다음 중 곡선의 2차 미분과 관련되는 것은?

① 곡선의 기울기
② 곡선의 곡률
③ 곡선 위의 특정점에서의 접선
④ 곡선의 길이

해설
- 곡선의 1차 미분 방정식 : 곡선의 기울기
- 곡선의 2차 미분 방정식 : 곡선의 곡률

22 NC 기계의 DNC 통신에서 병렬포트가 아니라 직렬포트를 쓰는 이유에 대한 설명 중 가장 거리가 먼 것은?

① 통신속도가 빠르다.
② 데이터 손실이 적다.
③ 데이터를 주고받을 수 있다.
④ 잡음에 대한 성능이 우수하다.

해설
DNC 통신에서 병렬포트가 직렬포트보다 통신속도가 더 빠르다. 그럼에도 불구하고 직렬포트를 사용하는 이유는 데이터 송수신 시 손실될 우려가 있기 때문이다.

23 곡면 모델을 사용할 때 처리하지 못하거나 어려운 작업은?

① 은선 제거
② NC 가공경로 생성
③ 복잡한 형상처리
④ 부피 계산

해설
곡면 모델링은 서피스 모델링이라고도 하는데, 이 모델링 방법으로 부피의 계산은 불가능하다.

24 CAD/CAM 시스템의 입력장치가 아닌 것은?

① 키보드(Keyboard)
② 마우스(Mouse)
③ 스타일러스 펜(Stylus Pen)
④ 플로터(Plotter)

해설
플로터는 도면을 큰 사이즈(A0 또는 A1 등)로 인쇄할 경우에 사용하는 출력장치이다.

25 3차원 솔리드 모델의 Primitive 요소가 아닌 것은?

① 원 뿔
② 구
③ 육면체
④ 삼각면

해설
3차원 솔리드 모델링에서 사용되는 기본 입체(Primitive) 형상
- 구(Sphere)
- 관(Pipe)
- 원통(Cylinder)
- 원추(원뿔, Cone)
- 육면체(Cube)
- 사각블록(Box)
※ 프리미티브(Primitive) : 초기의, 원시적인 단계를 의미하는 것으로 프로그램을 다루는 데 가장 기본적인 기하학적 물체를 의미한다.

정답 21 ② 22 ① 23 ④ 24 ④ 25 ④

26 중앙처리장치(CPU)의 구성요소가 아닌 것은?

① 기억장치(Memory Unit)
② 파일저장장치(File Storage Unit)
③ 연산논리장치(ALU)
④ 제어장치(Control Unit)

해설
중앙처리장치(CPU)의 구성요소
제어장치, 기억장치, 연산논리장치

27 다음 식으로 표현된 도형의 결과를 무엇이라고 하는가?(단, x_c와 y_c는 임의의 좌표값, r은 x_c와 y_c에서 떨어진 직선거리이다)

$$f_x = x_c + r\cos\theta \\ f_y = y_c + r\sin\theta \quad (0 \leq \theta \leq 2\pi)$$

① 타원
② 포물선
③ 쌍곡선
④ 원

28 네 개의 경계곡선을 선형 보간하여 곡면을 표현하는 것은?

① Coons 곡면
② Ruled 곡면
③ B-spline 곡면
④ Bezier 곡면

해설
Coons 곡면 : 자유 곡면을 형성할 때 4개의 위치 벡터와 4개의 경계 곡선을 정의하고, 그 경계조건을 선형 보간하여 곡면을 생성시키는 방법

29 도면을 파악하고 나서 생산성을 높이기 위해 공작기계 및 공구 선정, 가공 순서, 절삭조건 등을 계획하는 작업은?

① 공정계획
② 자재수급계획
③ NC데이터 생성
④ 가공경로계획

해설
공정계획 : 도면을 파악하고 나서 생산성을 높이기 위해 공작기계 및 공구 선정, 가공 순서, 절삭조건 등을 계획하는 작업

30 기하학적 형상을 나타내는 방법 중 형상 표현 및 출력 자료구조가 가장 간단한 것은?

① 와이어프레임 모델링(Wireframe Modeling)
② 곡면 모델링(Surface Modeling)
③ 솔리드 모델링(Solid Modeling)
④ 비다양체 모델링(Non-manifold Modeling)

해설
CAD 모델링 중에서 형상 표현 및 출력 자료구조가 가장 간단한 것은 와이어프레임 모델링이다.

31 일반적인 CAD 시스템에서 직선의 작성방법이 아닌 것은?

① 두 점에 의해서 구성되는 선
② 곡면 간의 교차에 의한 방법
③ 한 점을 지나고 수평선과 일정 각도를 이루는 선
④ 한 점에서 직선에 대한 평행선 혹은 수직선

해설
CAD(Computer Aided Design) 프로그램으로 직선을 작성할 때 곡면간의 교차를 이용해서 직선을 생성시킬 수는 없다.

32 3D CAD 모델로부터 2D 도면을 생성하는 것에 대한 설명으로 옳지 않은 것은?

① 어느 각도에서든지 3D CAD 모델의 해당 2D 도면을 생성할 수 있다.
② 제3각법은 투영시킬 물체와 사람 사이에 투영면을 위치시킨다.
③ 3D Wireframe을 투영시키면 도면에 은선(Hidden Line) 제거가 가능하다.
④ 제1각법은 투영면과 사람 사이에 투영시킬 물체를 위치시킨다.

해설
3D 모델링에서 사용하는 방법인 와이어프레임 모델링으로는 은선의 제거가 불가능하다.

33 B-스플라인 곡선에 대한 다음 설명 중 틀린 것은?

① 차수가 2인 경우 1차 미분연속을 갖는다.
② 특수한 경우에 한하여 Bezier 곡선으로 표시될 수 있다.
③ 균일 절점벡터는 주기적인 B-스플라인을 구현한다.
④ 곡선의 형상을 국부적으로 수정하기 어렵다.

해설
B-스플라인 곡선은 한 개의 조정점을 움직여도 곡선의 형상 전체에 영향을 미치지 않으므로 국부적인 수정이 가능하다.

34 3차원 좌표계에서 물체의 크기를 각각 x축 방향으로 2배, y축 방향으로 3배, z축 방향으로 4배의 크기로 확대 변환하고자 한다. 이때 사용되는 좌표변환 행렬식은?

① $\begin{bmatrix} 1 & 0 & 0 & 0 \\ 0 & 1 & 0 & 0 \\ 0 & 0 & 1 & 0 \\ 2 & 3 & 4 & 1 \end{bmatrix}$
② $\begin{bmatrix} 1 & 1 & 2 & 1 \\ 1 & 3 & 1 & 1 \\ 4 & 1 & 1 & 1 \\ 1 & 1 & 1 & 1 \end{bmatrix}$
③ $\begin{bmatrix} 1 & 0 & 0 & 2 \\ 0 & 1 & 0 & 3 \\ 0 & 0 & 1 & 4 \\ 0 & 0 & 0 & 1 \end{bmatrix}$
④ $\begin{bmatrix} 2 & 0 & 0 & 0 \\ 0 & 3 & 0 & 0 \\ 0 & 0 & 4 & 0 \\ 0 & 0 & 0 & 1 \end{bmatrix}$

해설
x축 방향으로 2배, y축 방향으로 3배, z축 방향으로 4배의 크기로 확대 변환하고자 하면 ④번과 같이 바꾸어 주면 된다.

35 선박의 프로펠러, 터빈 블레이드, 타이어 금형 모델 등을 가공하는 데 적합한 NC 가공방식은?

① 2.5축 가공
② 3축 가공
③ 4축 가공
④ 5축 가공

해설
선박의 프로펠러, 터빈 블레이드, 타이어 금형 모델과 같이 복잡한 곡면의 가공을 위해서는 5축 가공기를 사용해야 한다.

정답 31 ② 32 ③ 33 ④ 34 ④ 35 ④

36 무게, 무게중심, 모멘트 등 물리적 성질의 계산이 가능한 형상 모델링 방법은?

① 와이어프레임 모델링
② 곡면 모델링
③ 솔리드 모델링
④ 시스템 모델링

해설
3D 모델링 방법 중에서 무게, 무게중심, 모멘트 등 물리적 성질의 계산이 가능한 방법은 솔리드 모델링이다.

37 3차원 형상 모델을 분해 모델로 저장하는 방법 중 틀린 것은?

① 복셀(Voxel) 모델
② 옥트리(Octree) 표현
③ 세포분해(Cell Decomposition) 모델
④ Facet 모델

해설
3차원 형상모델을 분해모델로 저장하는 방법
복셀 모델, 옥트리 표현, 세포분해 모델

38 서로 다른 CAD/CAM 시스템 간에 도면 및 기하학적 형상 데이터를 교환하기 위한 데이터 형식을 정한 표준 규격인 것은?

① ISO
② STL
③ SML
④ IGES

해설
IGES(Initial Graphics Exchanges Specification)
ANSI(미국국가표준)의 데이터 교환 표준 규격으로 서로 다른 CAD/CAM/CAE 시스템 간에 도면 및 기하학적 형상의 데이터를 교환하기 위해 최초로 개발된 데이터 교환 형식

39 2차원상의 한 점 $P = [x\ y\ 1]$을 회전시키기 위해 곱해지는 3×3 동차 변환행렬 $[T_{ref}]$의 형태로서 알맞은 것은?

$$[x^*\ y^*\ 1] = [x\ y\ 1][T_{ref}]$$

① $\begin{bmatrix} \cos\theta & \sin\theta & 0 \\ -\sin\theta & \cos\theta & 0 \\ 0 & 0 & 1 \end{bmatrix} (0 \leq \theta \leq 2\pi)$

② $\begin{bmatrix} \cos\theta & -\sin\theta & 0 \\ \sin\theta & \cos\theta & 0 \\ 0 & 0 & 1 \end{bmatrix} (0 \leq \theta \leq 2\pi)$

③ $\begin{bmatrix} \sin\theta & \cos\theta & 0 \\ -\cos\theta & \sin\theta & 0 \\ 0 & 0 & 1 \end{bmatrix} (0 \leq \theta \leq 2\pi)$

④ $\begin{bmatrix} \sin\theta & -\cos\theta & 0 \\ \cos\theta & \sin\theta & 0 \\ 0 & 0 & 1 \end{bmatrix} (0 \leq \theta \leq 2\pi)$

해설
회전변환 행렬식
$T_{ref} = \begin{bmatrix} \cos\theta & \sin\theta & 0 \\ -\sin\theta & \cos\theta & 0 \\ 0 & 0 & 1 \end{bmatrix} (0 \leq \theta \leq 2\pi)$

40 다음 중 Bezier 곡선의 특징이 아닌 것은?

① 블록 껍질(Convex Hull)의 성질이 있다.
② 1개의 정점 변화가 곡선 전체에 영향을 미친다.
③ Hermite 블렌딩 함수를 사용한다.
④ 조정점(Control Point)의 순서를 거꾸로 하여 곡선을 생성하여도 같은 곡선이다.

해설
Bezier 곡선은 번스타인 다항식을 블렌딩 함수로 사용한다.

정답 36 ③ 37 ④ 38 ④ 39 ① 40 ③

제3과목 | 컴퓨터수치제어(CNC) 절삭가공

41 1차로 가공된 가공물의 안지름보다 다소 큰 강구(Steel Ball)를 압입 통과시켜서 가공물의 표면을 소성변형으로 가공하는 방법은?

① 버니싱(Burnishing) ② 래핑(Lapping)
③ 호닝(Honing) ④ 그라인딩(Grinding)

해설
① 버니싱 : 강구를 원통구멍에 압입하여 구멍의 표면을 가압 다듬질하는 방법으로, 특히 구멍의 모양이 이상한 것(직사각형 구멍, 기어의 키 구멍 등)의 다듬질에 알맞은 가공방법이다.
② 래핑 : 주철, 구리, 가죽, 천 등으로 만들어진 랩(Lap)과 공작물의 다듬질할 면 사이에 랩제를 넣고 적당한 압력으로 누르고 상대 운동을 시킴으로써, 입자가 공작물의 표면으로부터 극히 미량의 칩(Chip)을 깎아내어 표면을 다듬는 가공방법으로, 게이지 블록의 측정면 가공에 사용한다.
③ 호닝 : 드릴링, 보링, 리밍 등으로 1차 가공한 재료를 더욱 정밀하게 연삭가공하는 가공법으로, 각봉상의 세립자로 만든 공구를 공작물에 스프링이나 유압으로 접촉시키면서 회전운동과 왕복운동을 주어 매끈하고 정밀하게 가공하여 내연기관의 실린더와 같은 구멍의 진원도와 진직도, 표면거칠기를 향상시키기 위한 가공방법이다.
④ 그라인딩 : 그라인더를 사용하여 연마석을 회전시켜 공작물의 표면을 깎는 작업이다.

42 선반작업을 할 때 절삭속도를 v(m/min), 원주율을 π, 회전수를 n(rpm)이라고 할 때, 일감의 지름 d(mm)를 구하는 식은?

① $d = \dfrac{\pi \times n \times v}{1,000}$ ② $d = \dfrac{\pi \times n}{1,000 v}$
③ $d = \dfrac{1,000}{\pi \times n \times v}$ ④ $d = \dfrac{1,000 \times v}{\pi \times n}$

해설
절삭속도(v)
$v = \dfrac{\pi d n}{1,000}$
여기서, v : 절삭속도(m/min)
d : 공작물의 지름(mm)
n : 주축 회전수(rpm)
∴ $d = \dfrac{1,000 \times v}{\pi \times n}$

43 다음 중 가공물이 회전운동하고, 공구가 직선 이송운동을 하는 공작기계는?

① 선반 ② 보링머신
③ 플레이너 ④ 핵 소잉머신

해설
선반은 가공물인 공작물이 회전운동을 하고 바이트와 같은 절삭공구가 직선 이동을 함으로써 가공하는 공작기계이다.

44 결합제의 주성분은 열경화성 합성수지 베이클라이트로 결합력이 강하고 탄성이 커서 고속도강이나 광학유리 등을 절단하기에 적합한 숫돌은?

① Vitrified계 숫돌
② Resinoid계 숫돌
③ Silicate계 숫돌
④ Rubber계 숫돌

해설
Resinoid계 숫돌은 결합제의 주성분이 베이클라이트로 결합력이 강하고 탄성이 커서 고속도강이나 광학유리 등의 절단을 위해 사용한다.

연삭숫돌의 결합제 및 기호

결합제 종류		기호
레지노이드	Resinoid	B
비트리파이드	Vitrified	V
고무	Rubber	R
비닐	Poly Vinyl Alcohol	PVA
셀락(천연수지)	Shellac	E
금속	Metal	M
실리케이트	Silicate	S

정답 41 ① 42 ④ 43 ① 44 ②

45 드릴링머신의 안전사항으로 옳지 않은 것은?

① 장갑을 끼고 작업을 하지 않는다.
② 가공물을 손으로 잡고 드릴링한다.
③ 구멍 뚫기가 끝날 무렵에는 이송을 천천히 한다.
④ 얇은 판의 구멍 뚫기에는 보조판 나무를 사용하는 것이 좋다.

해설
드릴링머신으로 작업할 때 가공물은 바이스로 단단히 고정시킨 뒤 드릴링을 시작해야 한다.

46 선반가공에서 절삭속도를 빠르게 하는 고속절삭의 가공특성에 대한 내용으로 틀린 것은?

① 절삭능률 증대
② 구성인선 증대
③ 표면거칠기 향상
④ 가공변질층 감소

해설
선반가공에서 고속절삭을 하면 구성인선을 감소시킬 수 있다.

47 내면 연삭에 대한 특징이 아닌 것은?

① 외경 연삭에 비하여 숫돌의 마멸이 심하다.
② 가공 도중 안지름을 측정하기 곤란하므로 자동치수측정장치가 필요하다.
③ 숫돌의 바깥지름이 작으므로 소정의 연삭속도를 얻으려면 숫돌축의 회전수를 높여야 한다.
④ 일반적으로 구멍 내면 연삭의 정도를 높게 하는 것이 외면 연삭보다 쉬운 편이다.

해설
내면 연삭의 특징
• 외경 연삭에 비해 숫돌의 마멸이 심하다.
• 가공 도중 안지름 측정이 곤란하므로 자동치수측정장치가 필요하다.
• 내면 연삭의 정밀도(정도)를 높게 하는 것이 외면 연삭보다 더 어렵다.
• 숫돌의 외경이 작으므로 높은 연삭속도를 얻으려면 숫돌축의 회전수를 높여야 한다.

48 보통선반의 이송 스크루의 리드가 4mm이고 200등분된 눈금의 칼라가 달려 있을 때, 20눈금을 돌리면 테이블은 얼마 이동하는가?

① 0.2mm
② 0.4mm
③ 20mm
④ 40mm

해설
200등분 움직일 때 4mm가 이동되므로, 20눈금을 돌리면 1/10인 0.4mm 움직이게 된다.

49 선반의 운전 중에도 작업이 가능한 척(Chuck)으로 지름 10mm 정도의 균일한 가공물을 대량 생산하기에 가장 적합한 것은?

① 벨(Bell)척
② 콜릿(Collet)척
③ 드릴(Drill)척
④ 공기(Air)척

해설
공기척 : 공기(Air)를 사용해서 공작물을 고정하는 선반의 부속장치로, 운전 중에도 작업이 가능하며 10mm 정도의 균일한 가공물을 대량으로 생산하기에 적합한 척이다.

50 CNC 선반에서 홈 가공 시 1.5초 동안 공구의 이송을 잠시 정지시키는 지령 방식은?

① G04 P1500
② G04 Q1500
③ G04 X1500
④ G04 U1500

해설
CNC 선반에서 홈 가공이나 드릴링 가공을 할 때 잠시 공구의 이송을 멈추게 하는 명령어는 'G04'이며 Address P는 1초를 지령할 때 1,000 단위로 하기 때문에 1.5초를 정지시켜려면 'P1500'과 같이 지령해야 한다.

51 인벌류트 치형을 정확히 가공할 수 있는 기어 절삭법은?

① 총형 커터에 의한 절삭법
② 창성에 의한 절삭법
③ 형판에 의한 절삭법
④ 압출에 의한 절삭법

해설
창성법
인벌류트 치형을 정확히 가공할 수 있는 기어 절삭법이다.

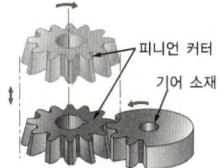

52 수평 밀링머신에서 사용하는 커터 중 절단과 홈 파기 가공을 할 수 있는 것은?

① 평면 밀링커터(Plane Milling Cutter)
② 측면 밀링커터(Side Milling Cutter)
③ 메탈 슬리팅 소(Metal Slitting Saw)
④ 엔드밀(End Mill)

53 일반적으로 안전을 위하여 보호장갑을 끼고 작업을 해야 하는 것은?

① 밀링작업
② 선반작업
③ 용접작업
④ 드릴링 작업

해설
용접(Welding)작업 시에는 작업 중 발생하는 불꽃과 뜨거운 공작물을 다루어야 하기 때문에 반드시 보호장갑인 내열장갑을 착용해야 한다.

정답 49 ④ 50 ① 51 ② 52 ③ 53 ③

54 밀링커터의 날수가 4개, 한 날당 이송량이 0.15mm, 밀링커터의 지름이 25mm이고, 절삭속도가 40m/min일 때 테이블의 이송속도는 약 몇 mm/min인가?

① 156
② 246
③ 306
④ 406

해설
절삭속도(v)
$v = \dfrac{\pi \times d \times n}{1,000} u$
$40 = \dfrac{\pi \times 25 \times n}{1,000}$
$n = \dfrac{40,000}{\pi \times 25} ≒ 510\text{rpm}$
∴ $f = 0.15 \times 4 \times 510 = 306\text{mm/min}$

55 선반작업에서 가늘고 긴 가공물을 절삭하기 위하여 꼭 필요한 부속품은?

① 면 판
② 돌리개
③ 맨드릴
④ 방진구

해설
방진구
선반작업에서 공작물의 지름보다 20배 이상의 가늘고 긴 공작물(환봉)을 가공할 때 공작물이 휘거나 떨리는 현상인 진동을 방지하기 위해 베드 위에 설치하여 공작물을 받쳐 주는 부속장치이다. 단, 이동식 방진구는 왕복대(새들) 위에 설치한다.

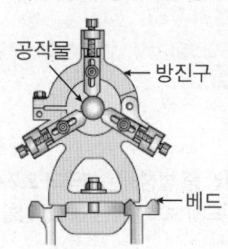

56 다음 중 대형 중량물의 구멍가공을 하기 위하여 암과 드릴 헤드를 임의의 위치로 이동이 가능한 드릴링머신은?

① 직립 드릴링머신
② 탁상 드릴링머신
③ 다두 드릴링머신
④ 레이디얼 드릴링머신

해설
레이디얼 드릴링머신은 대형 중량물의 구멍가공을 위하여 암과 드릴 헤드를 임의의 위치로 이동이 가능하다.

57 초음파 가공의 장점이 아닌 것은?

① 구멍을 가공하기 쉽다.
② 복잡한 형상도 쉽게 가공할 수 있다.
③ 납, 구리, 연강 등 연성이 큰 재료를 쉽게 가공할 수 있다.
④ 가공재료의 제한이 매우 작다.

해설
초음파 가공이란 봉이나 판상의 공구와 공작물 사이에 연삭입자와 공작액을 혼합한 혼합액을 넣고 초음파 진동을 주면 공구가 반복적으로 연삭입자에 충격을 가하여 공작물의 표면이 미세하게 다듬질되는 가공법으로 납, 구리, 연강 등 연성이 큰 재료는 가공 성능이 나쁘다.

58 다음 중 보링머신에서 할 수 없는 작업은?

① 태핑
② 구멍 뚫기
③ 기어가공
④ 나사 깎기

해설
보링이란 드릴링, 단조, 주조 등으로 이미 뚫려 있는 구멍의 내부를 더욱 정밀하게 확대하여 가공하는 작업으로, 보링머신은 이외에 드릴링, 리밍, 나사 깎기, 태핑 등의 작업이 가능하다.

59 입도가 작고 연한 숫돌에 작은 압력으로 가압하면서 가공물에 이송을 주고, 동시에 숫돌에 진동을 주어 표면거칠기를 향상시키는 가공법은?

① 배럴(Barrel)
② 슈퍼피니싱(Superfinishing)
③ 버니싱(Burnishing)
④ 래핑(Lapping)

해설
슈퍼피니싱(Super Finishing)
- 입도가 미세하고 재질이 연한 숫돌입자를 낮은 압력으로 공작물의 표면에 접촉시켜 압력을 가하면서 수백~수천의 진동과 수 mm의 진폭으로 진동하면서 왕복운동을 하는데, 이때 공작물은 회전하고 있기 때문에 공작물의 전 표면은 균일하고 매끈하게 고정밀도로 다듬질이 된다.
  예) 시계 유리에 긁힌 자국을 없애기 위한 문지름 작업을 완료한 후 남아 있는 흔적을 없애고자 할 때 슈퍼피니싱을 사용한다.
- 슈퍼피니싱의 특징
  - 다듬질면은 평활하고 방향성이 없다.
  - 가공에 따른 변질층의 두께가 매우 작다.
  - 치수 변화를 위한 것보다 고정밀도의 표면을 얻는다.
  - 원통면의 바깥, 내면, 평면까지 정밀가공이 가능하다.
  - 정밀롤러, 볼 베어링의 레이스, 게이지 등의 정밀 다듬질에 이용된다.

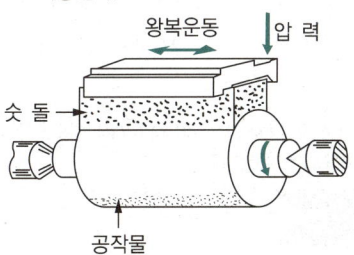

60 방전가공(EDM)과 전해가공(ECM)에 사용하는 가공액에 대한 설명으로 옳은 것은?

① 모두 도체의 가공액을 사용한다.
② 모두 부도체의 가공액을 사용한다.
③ 방전가공은 부도체, 전해가공은 도체의 가공액을 사용한다.
④ 방전가공은 도체, 전해가공은 부도체의 가공액을 사용한다.

해설
방전가공은 부도체의 가공액을, 전해가공은 도체의 가공액을 사용한다.
- **방전가공(EDM ; Electric Discharge Machining)** : 절연성의 가공액 내에서 전극과 공작물 사이에서 일어나는 불꽃방전에 의하여 재료를 조금씩 용해시켜 원하는 형상의 제품을 얻는 가공법으로, 가공속도가 느린 것이 특징이다. 주로 높은 경도의 금형가공에 사용하는데 콘덴서의 용량을 크게 하면 가공시간은 빨라지지만, 가공면과 치수 정밀도는 좋지 않다.
- **전해가공(ECM ; Electro Chemical Machining)** : 공작물을 양극에, 공구를 음극에 연결하면 도체 성질의 가공액에 의한 전기화학적 작용으로 공작물이 전기분해되어 원하는 부분을 제거하는 가공법이다.

2023년 제1회 최근 기출복원문제

제1과목 | 기계가공법 및 안전관리

01 시준기와 망원경을 조합한 것으로, 미소 각도를 측정할 수 있는 광학적 각도측정기는?

① 베벨각도기
② 오토콜리메이터
③ 광학식 각도기
④ 광학식 클리노미터

해설
오토콜리메이터
아주 정밀한 대물렌즈로 평행 광선을 만드는 장치인 시준기와 망원경을 조합하여 미소 각도와 평면을 측정할 수 있는 광학적 각도측정기로, 망원경에는 계측기와 십자선, 조명이 장착되어 있다.

02 텔레스코핑 게이지로 측정할 수 있는 것은?

① 진원도 측정
② 안지름 측정
③ 높이 측정
④ 길이 측정

해설
텔레스코핑 게이지는 안지름 측정에 사용된다.

03 나사산의 각도 측정방법으로 틀린 것은?

① 공구현미경에 의한 방법
② 나사 마이크로미터에 의한 방법
③ 투영기에 의한 방법
④ 만능 측정현미경에 의한 방법

해설
나사 마이크로미터는 나사의 유효지름 측정이 가능하지만, 나사산의 각도 측정은 불가능하다.

04 선반의 나사 절삭작업 시 나사의 각도를 정확히 맞추기 위하여 사용되는 것은?

① 플러그게이지
② 나사 피치 게이지
③ 한계게이지
④ 센터게이지

해설
센터게이지 : 선반의 나사 절삭작업 시 나사의 각도를 정확히 맞추기 위하여 사용되는 측정기구

05 마이크로미터의 스핀들 나사의 피치가 0.5mm이고, 심블의 원주눈금이 50등분 되어 있다면 최소 측정값은?

① $2\mu m$ ② $5\mu m$
③ $10\mu m$ ④ $15\mu m$

해설
마이크로미터의 최소 측정값
$= \dfrac{\text{나사의 피치}}{\text{심블의 등분수}} = \dfrac{0.5}{50}$
$= 0.01\,mm$
$= 0.01 \times 10^3 \, \mu m$
$= 10\,\mu m$

※ 마이크로미터의 구조

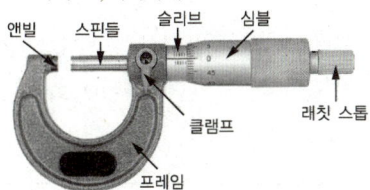

06 다음 중 각도측정기가 아닌 것은?

① 사인바   ② 옵티컬 플랫
③ 오토콜리메이터   ④ 탄젠트바

해설
측정기기의 종류

각도측정기	사인바
	수준기
	분도기
	탄젠트바
	오토콜리메이터
	콤비네이션세트
	광학식 클리노미터
평면측정기	서피스게이지
	옵티컬 플랫
	나이프 에지
길이측정기	게이지블록
	스냅게이지
	깊이게이지
	마이크로미터
	다이얼 게이지
	버니어 캘리퍼스
	지침 측미기(미니미터)
	하이트게이지(높이게이지)
위치, 크기, 방향, 윤곽, 형상	3차원 측정기
비교측정기	다이얼게이지
	지침 측미기(미니미터)
	다이얼 테스트 인디케이터

정답 5 ③ 6 ②

07 마이크로미터의 사용 시 일반적인 주의사항이 아닌 것은?

① 측정 시 래칫 스톱은 1회전 반 또는 2회전 돌려 측정력을 가한다.
② 눈금을 읽을 때는 기선의 수직 위치에서 읽는다.
③ 사용 후에는 각 부분을 깨끗이 닦아 진동이 없고 직사광선을 잘 받는 곳에 보관하여야 한다.
④ 대형 외측 마이크로미터는 실제로 측정하는 자세로 0점 조정을 한다.

해설
마이크로미터 사용 시 주의사항
• 눈금을 읽을 때는 기선의 수직 위치에서 읽는다.
• 측정 시 래칫 스톱은 1회전 반이나 2회전을 돌려서 측정력을 가한다.
• 대형 외측 마이크로미터는 실제로 측정하는 자세로 0점 조정을 한다.
• 사용 후에는 각 부분을 깨끗이 닦아 진동이 없고, 직사광선을 받지 않는 곳에 보관해야 한다.

08 공기 마이크로미터의 장점에 대한 설명으로 잘못된 것은?

① 배율이 높다.
② 타원, 테이퍼, 편심 등의 측정을 간단히 할 수 있다.
③ 내경 측정에 있어 정도가 높은 측정을 할 수 있다.
④ 비교 측정기가 아니기 때문에 마스터는 필요 없다.

해설
공기 마이크로미터 비교 측정기이므로 기준인 마스터가 반드시 필요하다.

09 허용할 수 있는 부품의 오차 정도를 결정한 후 각각 최대 및 최소 치수를 설정하여 부품의 치수가 그 범위 내에 드는지를 검사하는 게이지는?

① 블록게이지　　② 한계게이지
③ 간극게이지　　④ 다이얼게이지

해설
한계게이지는 허용할 수 있는 부품의 오차범위인 최대·최소 치수를 설정하고 제품의 치수가 그 공차범위 안에 드는지를 검사하는 측정기기이다. 그 종류에는 봉게이지, 플러그게이지, 스냅게이지 등이 있다.

블록게이지	간극게이지	다이얼게이지

10 본체에 외경 및 내경의 길이를 측정 가능하도록 표준척을 갖고 있어 길이가 긴 측정물의 치수를 직접 읽을 수 있는 측정기는?

① 측장기　　② 마이크로미터
③ 게이지블록　　④ 다이얼게이지

해설
측장기란 본체에 외경 및 내경 등의 길이 측정이 가능한 표준척을 갖고 있으며, 이 표준척으로 길이가 긴 측정물의 치수를 직접 읽을 수 있다. 정밀도가 매우 높은 측정이 가능하고 측정하는 범위도 크다.

11 다음과 같이 정면도와 평면도가 표시될 때, 우측면도가 될 수 없는 것은?

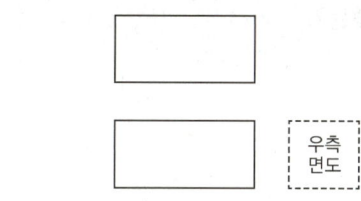

①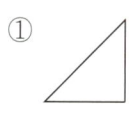

②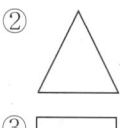

③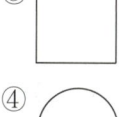

④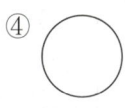

해설
②번이 정답이 되기 위해서는 물체를 위에서 바라보는 평면도의 형상이 ☐ 와 같아야 한다.

12 KS 재료기호 중 열간압연 연강판 및 강대에서 드로잉용에 해당하는 재료기호는?

① SNCD
② SPCD
③ SPHD
④ SHPD

해설
• SPHD : 열간 압연 연강판 및 강대(드로잉용)
• SPCD : 드로잉용 냉간압연 강판 및 강대

13 다음 그림과 같은 도면에서 치수 20 부분의 굵은 1점 쇄선 표시가 의미하는 것은?

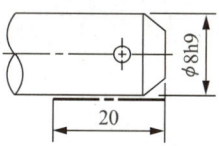

① 공차가 $\phi 8h9$ 되도록 축 전체 길이 부분에 필요하다.
② 공차 $\phi 8h9$ 부분은 축 길이 20이 되는 곳까지만 필요하다.
③ 치수 20 부분을 제외하고 나머지 부분은 공차가 $\phi 8h9$ 되도록 가공한다.
④ 공차가 $\phi 8h9$ 보다 약간 적게 한다.

해설
굵은 1점 쇄선 표시는 축 지름에 적용된 공차 $\phi 8h9$ 부분은 축 길이가 20이 되는 곳까지만 적용하면 된다는 것을 의미한다.

정답 11 ② 12 ③ 13 ②

14 다음 그림과 같은 도면에서 '가' 부분에 들어갈 가장 적절한 기하공차 기호는?

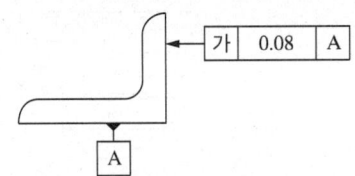

① ∥ ② ⊥
③ ∠ ④ ⊕

해설
A를 기준으로 표시하고자 하는 면과의 상관관계를 나타내는 부분은 바닥면을 기준으로 직각이 되어야 한다.
기하공차 종류 및 기호

공차의 종류		기 호
모양공차	진직도	—
	평면도	▱
	진원도	○
	원통도	⌭
	선의 윤곽도	⌒
	면의 윤곽도	⌓
자세공차	평행도	∥
	직각도	⊥
	경사도	∠
위치공차	위치도	⊕
	동축도(동심도)	◎
	대칭도	═
흔들림 공차	원주 흔들림	↗
	온 흔들림	↗↗

15 표면의 결 도시방법에서 가공에 의한 커터 줄무늬 방향이 기입한 면의 중심에 대하여 대략 동심원 모양일 때 기호는?

① X ② M
③ C ④ R

해설
줄무늬 방향 기호와 의미

기 호	커터의 줄무늬 방향	적 용	표면형상
=	투상면에 평행	셰이핑	
⊥	투상면에 직각	선삭, 원통연삭	
X	투상면에 경사지고 두 방향으로 교차	호닝	
M	여러 방향으로 교차되거나 무방향이 나타남	래핑, 슈퍼피니싱, 밀링	
C	중심에 대하여 대략 동심원	끝면 절삭	
R	중심에 대하여 대략 레이디얼 모양	일반적인 가공	

14 ② 15 ③

16 다음 중 가공방법과 그 기호의 관계가 틀린 것은?

① 호닝 가공 : GH
② 래핑 : FL
③ 스크레이핑 : FS
④ 줄 다듬질 : FB

해설
- FF : 줄 다듬질 가공
- FB : 브러싱

17 기계제도에서 사용하는 기호 중 치수 숫자와 병기하여 사용되지 않은 것은?

① SR   ② □
③ C   ④ →

해설
치수 보조 기호의 종류

기 호	구 분
ϕ	지 름
Sϕ	구의 지름
R	반지름
SR	구의 반지름
□	정사각형
C	45° 모따기
t	두 께
p	피 치
⌒50	호의 길이
50 (밑줄)	비례척도가 아닌 치수
50 (테두리)	이론적으로 정확한 치수
(50)	참고 치수
~~50~~	치수의 취소(수정 시 사용)

18 다음 중 치수공차가 가장 작은 것은?

① 50 ± 0.01 ② $50^{+0.01}_{-0.02}$
③ $50^{+0.02}_{-0.01}$ ④ $50^{+0.03}_{+0.02}$

해설
④ 50.03−50.02=0.01
① 50.01−49.99=0.02
② 50.01−49.98=0.03
③ 50.02−49.99=0.03

19 단면도의 절단된 부분을 나타내는 해칭선을 그리는 선은?

① 가는 2점 쇄선
② 가는 실선
③ 가는 파선
④ 가는 1점 쇄선

해설
가는 실선(————)은 단면도의 절단된 부분을 나타내는 해칭선을 그릴 때 사용한다.

20 다음 나사의 도시법에 관한 설명 중 옳은 것은?

① 암나사의 골지름은 가는 실선으로 표현한다.
② 암나사의 안지름은 가는 실선으로 표현한다.
③ 수나사의 바깥지름은 가는 실선으로 표현한다.
④ 수나사의 골지름은 굵은 실선으로 표현한다.

해설
도면에서 나사를 도시할 때 수나사와 암나사의 골지름은 모두 가는 실선으로 그린다.

정답 16 ④ 17 ④ 18 ④ 19 ② 20 ①

제2과목 | CAM 프로그래밍

21 공학적 해석(부피, 무게중심, 관성모멘트 등의 계산)을 적용할 때 사용하는 가장 적합한 모델은?

① 솔리드 모델
② 서피스 모델
③ 와이어프레임 모델
④ 데이터 모델

해설
CAD 모델링 중에서 공학적 해석(부피, 무게중심, 관성모멘트 등의 계산)을 적용할 때 사용하는 가장 적합한 모델링은 솔리드 모델링(Solid Modeling)이다.

22 주어진 데이터 값을 이용하는 보간(Interpolation) 방법이 아닌 것은?

① Lagrange 다항식
② 3차 스플라인
③ 절점 삽입(Knot Insertion)
④ 매개변수 3차식

해설
보간(Interpolation)이란 주어진 점들이 곡면상에 놓이도록 점 데이터로 곡면을 형성하는 것이다. 이 방법에는 Lagrange 다항식, 3차 스플라인, 매개변수 3차식이 있으며, 절점 삽입(Knot Insertion)과는 거리가 멀다.

23 NC 가공경로 계획에서 CL-Cartesian 방식에 대한 설명으로 틀린 것은?

① 곡면의 매개변수가 일정한 값들의 위치를 따라가면서 경로를 생성한다.
② CC-Cartesian 방식에 비하여 수치 계산이 복잡하다.
③ 곡면가공 시 $2\frac{1}{2}$축 NC 기계에서도 사용 가능한 공구경로를 생성할 수 있다.
④ CL점이 이루는 곡면을 평면으로 절단하여 공구경로를 생성한다.

해설
CL-Cartesian 방식은 XY 평면상에 위치한 직선을 따라서 절단된 곡선상에 공구의 접촉점을 두어 공구경로인 CL 데이터(Cutting Location)로, 곡면이다.

24 현재 공구 위치 (0, 0)에서 다음 위치 (40, 30)mm까지 공구를 10mm/s의 속도로 이송하기 위해 x축 모터에 보내야 할 펄스의 속도는?(단, BLU=0.001)

① 3,000개/s   ② 4,000개/s
③ 6,000개/s   ④ 8,000개/s

해설
총공구의 이동거리는 다음의 그래프에서 보듯이 50mm이다. 여기서 공구속도는 10mm/s이므로 50mm를 이동시키려면 5s가 걸린다.

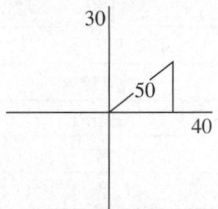

$$v = \frac{s(\text{이동거리})}{t(\text{시간})} = \frac{40\text{mm}/0.001\text{mm}}{5\text{s}}$$
$$= \frac{40,000개}{5\text{s}} = 8,000개$$

※ 수치제어기계의 기본 이송단위(BLU ; Basic Length Unit) 1BLU=0.001mm

25 다음 중 지정된 모든 조정점을 반드시 통과하도록 고안된 곡선은?

① Bezier ② B-spline
③ Spline ④ NURBS

26 3차원 솔리드 모델링 형상 표현방법이 아닌 것은?

① 기본요소인 구, 육면체, 실린더 생성
② 프리미티브에 의한 집합연산
③ 곡선의 이동에 의한 생성
④ 면의 회전체에 의한 생성

해설
곡선의 이동에 의해서 표현하는 방법은 와이어프레임 모델링이다.

27 서피스 모델(Surface Model)에 대한 설명으로 가장 관계가 먼 것은?

① 은선 제거가 가능하다.
② 시각 모델을 통한 심미적 평가가 가능하다.
③ NC Data를 생성할 수 있다.
④ 응력 해석용 모델로 사용할 수 있다.

해설
서피스 모델링으로는 응력 해석이 불가능하나 솔리드 모델링으로는 응력 해석이 가능하다.

28 CAD/CAM 시스템의 구축을 통하여 얻는 이점으로 틀린 것은?

① 제품 품질의 향상과 안정화
② 설계기간의 단축
③ 설계와 생산의 표준화
④ 전문 인력 확보 용이

해설
CAD/CAM은 능숙한 숙련도를 가진 전문 인력이 필요하나, 현실적으로 전문 인력의 확보는 다소 어렵다.

29 머시닝센터로 가공하기 위한 일반적인 CAD/CAM의 순서로 알맞은 것은?

㉠ 가공 정의   ㉡ C/L 데이터 생성
㉢ DNC   ㉣ 모델링
㉤ 포스트 프로세싱

① ㉠ → ㉡ → ㉢ → ㉣ → ㉤
② ㉣ → ㉡ → ㉢ → ㉠ → ㉤
③ ㉠ → ㉣ → ㉤ → ㉡ → ㉢
④ ㉣ → ㉠ → ㉡ → ㉤ → ㉢

해설
일반적인 CAD/CAM의 순서
제품 모델링 → 가공 정의 → C/L 데이터 생성 → 포스트 프로세싱 → NC 데이터 생성 → DNC 실행

정답 25 ③ 26 ③ 27 ④ 28 ④ 29 ④

30 일반적인 CAD 시스템에서 원(Circle)을 정의하는 방법이 아닌 것은?

① 중심과 반지름으로 표시
② 원주상의 3개의 점으로 표시
③ 한 점과 수평선의 각도로 표시
④ 3개의 직선에 접하는 곡선

해설
CAD 시스템에서 원(Circle)을 그리려고 할 때 한 점과 수평선의 각도를 통해서는 불가능하다.

31 x방향으로 2배 축소, y방향으로 2배 확대를 나타내는 변환 행렬 T_H는?

$$[x^*\ y^*\ 1] = [x\ y\ 1] T_H$$

① $T_H = \begin{bmatrix} 0.5 & 0 & 0 \\ 0 & 2 & 0 \\ 0 & 0 & 1 \end{bmatrix}$

② $T_H = \begin{bmatrix} 0.5 & 0 & 0 \\ 0 & 0.5 & 0 \\ 0 & 0 & 1 \end{bmatrix}$

③ $T_H = \begin{bmatrix} 2 & 0 & 0 \\ 0 & 0.5 & 0 \\ 0 & 0 & 1 \end{bmatrix}$

④ $T_H = \begin{bmatrix} 2 & 0 & 0 \\ 0 & 2 & 0 \\ 0 & 0 & 1 \end{bmatrix}$

해설
$[x'\ y'\ 1] = [x\ y\ 1] \begin{bmatrix} S_x & 0 & 0 \\ 0 & S_y & 0 \\ 0 & 0 & 1 \end{bmatrix}$

한 점 (x, y)을 x방향으로 S_x의 비율과, y방향으로 S_y의 비율로 확대 및 축소시키는 행렬변환식이다. 따라서 x방향으로 2배 축소이므로 0.5, y방향으로 2배 확대이므로 2를 대입하면, 정답은 ①번이 된다.

32 베지어(Bezier) 곡선의 특징에 대한 설명으로 틀린 것은?

① 첫 조정점과 마지막 조정점(Control Point)을 지나도록 한다.
② 중간에 있는 조정점들은 곡선의 진행경로를 결정한다.
③ 1개의 조정점 변화는 곡선 전체에 영향을 미친다.
④ n개의 조정점에 의해서 정의되는 곡선은 $(n+1)$차이다.

해설
베지어 곡선에서 n개 조정점에 의해 생성된 곡선은 $(n-1)$차이다.

33 다음 중 은면 제거(Hidden Surface Removal)가 가능하지 않은 모델은?

① Wireframe Model
② Surface Model
③ B-rep Model
④ CSG Model

해설
CAD 모델링 기법들 중에서 은선과 은면의 제거가 불가능한 모델링은 Wireframe Model(와이어프레임 모델링)이다.

34 여러 가지 CAD/CAM 시스템을 사용하다 보면 자료를 각각의 회사별로 공유하여 활용하는 데 많은 문제점이 표출된다. 이러한 문제점들을 해결하기 위해서 서로 다른 그래픽 자료를 인터페이스(Interface)할 수 있는 규격의 종류가 아닌 것은?

① IGES   ② DIN
③ DXF   ④ STEP

해설
② DIN(Deutsches Institut fur Normung) : 독일표준협회의 약자로 데이터교환을 위한 인터페이스와 관련이 없다.
① IGES : CAD/CAM/CAE 시스템 간에 제품 정의 데이터를 교환하기 위해 개발한 최초의 표준 교환 형식으로, ANSI 표준이다.
③ DXF : Data Exchange File, CAD 데이터 간 호환성을 위해 제정한 자료 공유 파일을 아스키 텍스트 파일로 구성한 형식이다.
④ STEP : 회사들 사이에 컴퓨터를 이용한 데이터의 저장과 교환을 위한 산업 표준이 되고 있는 CALS에서 채택하고 있는 제품 데이터 교환 표준이다.

35 비유리(Non-rational) 곡면으로도 정확하게 표현할 수 있는 것은?

① 평면(Plane)
② 회전 곡면(Revolved Surface)
③ 구면(Sphere)
④ 실린더 곡면(Cylinder Surface)

36 조립체 모델링에서 동일한 부품을 중복(Copy)해서 사용할 경우 조립체 모델링의 파일 크기가 크게 증가한다. 중복되는 부품으로 인한 조립체의 파일 크기를 줄이기 위해서 CAD 시스템은 부품에 대한 링크(Link) 정보만 조립체에 포함시키는 방법은?

① 인스턴스(Instance)
② 이력(History)
③ 특징형상(Feature)
④ 만남조건(Mating Condition)

해설
인스턴스(Instance)
조립체 모델링에서 동일한 부품을 중복해서 사용할 경우 조립체 모델링의 파일 크기가 크게 증가하는데, 이렇게 중복되는 부품으로 인한 조립체의 파일 크기를 줄이기 위해서 CAD 시스템은 부품에 대한 링크 정보만 조립체에 포함시키는 방법이다.

37 은선 제거법에서 면 위의 점 법선벡터를 N, 면 위의 점으로부터 관찰자 눈으로 향하는 벡터를 M이라고 할 때, 관찰자의 눈에 보이지 않는 면에 대한 표현은?

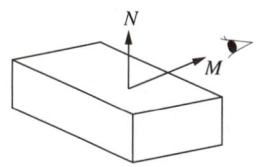

① $M \cdot N > 0$ ② $M \cdot N < 0$
③ $M \cdot N = 0$ ④ $M = N$

해설
벡터 M과 N의 관계
• $M \cdot N > 0$: 관찰자의 눈에 보이는 면
• $M \cdot N < 0$: 관찰자의 눈에 보이지 않는 면

정답 34 ② 35 ① 36 ① 37 ②

38 가벼우면서도 적은 부피를 가지는 평판 디스플레이의 종류가 아닌 것은?

① 플라스마 판 디스플레이
② 음극선관(CRT) 디스플레이
③ 액정 디스플레이
④ 전자 발광 디스플레이

해설
음극선관(CRT) 디스플레이는 초기의 디스플레이 장치로, 부피가 크고 무겁다.

39 분말형태의 재료에 레이저를 조사하여 소결하여 적층하는 RP(Rapid Prototyping) 공정은?

① SLA(Stereo Lithograpic Apparatus)
② LOM(Laminated-Object Manufacturing)
③ SLS(Selective Laser Sintering)
④ FDM(Fused Deposition Modeling)

해설
RP(Rapid Prototyping), 신속조형에서 사용되는 SLS(Selective Laser Sintering) 공정은 분말형태의 재료에 레이저를 조사하여 소결하여 적층하는 방법이다.

40 자유 곡면 형상의 절삭에 가장 많이 사용되는 절삭가공은?

① Side Milling
② Face Milling
③ Ball-end milling
④ Turning

제3과목 | 컴퓨터수치제어(CNC) 절삭가공

41 드릴의 날 끝각이 118°로 되어 있고 날 끝의 좌우 길이가 다르다면, 날 끝의 좌우 길이가 같을 때보다 가공 후의 구멍 치수 변화는?

① 더 커진다.
② 변함없다.
③ 타원형이 된다.
④ 더 작아진다.

해설
드릴의 날 끝각이 118°로 되어 있고 날 끝의 좌우 길이가 다르다면, 가공 중 떨림이 발생하기 때문에 가공 후의 구멍 치수는 더 커진다.

42 연삭숫돌에서 눈메움 현상의 발생 원인이 아닌 것은?

① 숫돌의 원주속도가 느린 경우
② 숫돌의 입자가 너무 큰 경우
③ 연삭 깊이가 큰 경우
④ 조직이 너무 치밀한 경우

해설
눈메움의 발생원인
• 조직이 치밀할 때
• 연삭 깊이가 클 때
• 기공이 너무 작을 때
• 연성이 큰 재료를 연삭할 때
• 숫돌의 원주속도가 너무 느릴 때
※ 로딩(눈메움) : 숫돌 표면의 기공에 칩이 메워져서 연삭성이 나빠지는 현상으로, 숫돌의 입자가 너무 작을 때 주로 발생한다.

38 ② 39 ③ 40 ③ 41 ① 42 ②

43 보통 선반작업 시의 안전사항으로 올바른 것은?

① 칩에 의한 상처를 방지하기 위해 소매가 긴 작업복과 장갑을 끼도록 한다.
② 칩이 공작물에 걸려 회전할 때는 즉시 기계를 정지시키고 칩을 제거한다.
③ 거친 절삭일 경우는 회전 중에 측정한다.
④ 측정 공구는 주축대 위나 베드 위에 놓고 사용한다.

해설
선반, 밀링, 드릴링머신과 같은 모든 종류의 공작기계에서 칩이 공작물에 걸려 회전할 때는 즉시 기계를 정지시키고 칩을 제거한다.

44 전기스위치를 취급할 때 틀린 것은?

① 정전 시에는 반드시 끈다.
② 스위치가 습한 곳에 설비되지 않도록 한다.
③ 기계운전 시 작업자에게 연락 후 시동한다.
④ 스위치를 뺄 때는 부하를 크게 한다.

해설
전기스위치의 정비를 위해 뺄 때에는 안전을 위해 부하를 없앤 상태에서 해야 한다.

45 다음은 정밀입자가공을 나타낸 것이다. 이에 속하지 않는 것은?

① 슈퍼피니싱   ② 배럴가공
③ 호닝   ④ 래핑

해설
배럴가공은 회전하는 통 속에 가공물과 숫돌입자, 가공액, 컴파운드 등을 함께 넣어 회전시킴으로써 가공물이 입자와 충돌하는 동안에 그 표면의 요철을 제거하여 매끈한 가공면을 얻는 가공법으로, 정밀입자가공에는 속하지 않는다.

정밀입자가공의 종류
• 슈퍼피니싱 : 입도와 결합도가 작은 숫돌을 공작물에 가볍게 누르고 매 분당 수백~수천의 진동과 수 mm의 진폭으로 진동하면서 왕복운동을 하면서 공작물을 회전시켜 가공면을 단시간에 매우 평활한 면으로 다듬는 가공방법
• 호닝 : 드릴링, 보링, 리밍 등으로 1차 가공한 재료를 더욱 정밀하게 연삭가공하는 가공법으로, 각봉상의 세립자로 만든 공구를 공작물에 스프링이나 유압으로 접촉시키면서 회전운동과 왕복운동을 주어 매끈하고 정밀하게 가공하여 내연기관의 실린더와 같은 구멍의 진원도와 진직도, 표면거칠기를 향상시키기 위한 가공방법
• 래핑 : 주철, 구리, 가죽, 천 등으로 만들어진 랩(Lap)과 공작물의 다듬질할 면 사이에 랩제를 넣고 적당한 압력으로 누르고 상대운동을 시킴으로써, 입자가 공작물의 표면으로부터 극히 미량의 칩(Chip)을 깎아내어 표면을 다듬는 가공방법(게이지 블록의 측정면 가공에 사용)

46 밀링머신에 사용되는 부속장치가 아닌 것은?

① 아버   ② 어댑터
③ 바이스   ④ 방진구

해설
방진구
선반작업에서 공작물의 지름보다 20배 이상의 가늘고 긴 공작물(환봉)을 가공할 때 공작물이 휘거나 떨리는 현상인 진동을 방지하기 위해 베드 위에 설치하여 공작물을 받쳐 주는 부속장치

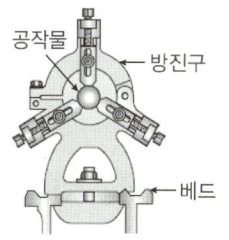

47 기어가공에서 창성에 의한 절삭법이 아닌 것은?

① 형판에 의한 방법
② 래크 커터에 의한 방법
③ 호브에 의한 방법
④ 피니언 커터에 의한 방법

해설
형판법은 이의 모양을 한 형판을 모방하여 바이트를 움직여서 이를 절삭하는 방법이다. 창성법은 기어의 치형과 동일한 윤곽을 가진 커터를 피절삭 기어와 맞물리게 하면서 상대운동을 시켜 절삭하는 방법으로 래크 커터, 피니언 커터, 호브에 의한 방법이 있다.

기어 절삭방법

종류	형상
창성법	피니언 커터 / 기어 소재
형판에 의한 방법	기어 소재, 공구대, 공구, 안내봉, 형판, 형판 지지대, 테이블

48 다음 연삭숫돌의 입자 중 주철이나 칠드주물과 같이 경하고, 취성이 많은 재료의 연삭에 적합한 것은?

① A입자
② B입자
③ WA입자
④ C입자

해설
숫돌입자의 종류 및 특징

종류	입자 기호	특징	경도 및 취성값
알루미나계	A	• 연한 갈색(흑갈색)의 알루미나입자로 인장강도가 크다. • 일반강 재료의 강력 연삭이나 절단 작업용으로 사용한다.	작다. ⇕ 크다.
	WA	• 담금질한 강의 다듬질에 사용한다. • 주성분인 산화알루미늄의 함유량은 99.5% 이상이다. • 순도가 높은 백색 알루미나의 인조입자를 원료로 하여 만든다.	
탄화규소계	C	• 주철, 자석 등 비철금속의 다듬질에 사용한다. • 흑자색 탄화규소로 인장강도가 매우 크며 발열이 되면 안 된다. • 주철이나 칠드주물과 같이 경하고, 취성이 많은 재료의 연삭에 적합하다.	
	GC	• 초경합금, 유리 등의 연삭에 사용한다. • 녹색의 탄화규소로 경도가 매우 높아서 발열이 되면 안 된다.	

49 선반 바이트의 설치 요령으로 적합하지 않은 것은?

① 바이트 자루는 수평으로 고정한다.
② 바이트의 돌출거리는 작업에 지장이 없는 한 길게 고정한다.
③ 받침(Shim)은 바이트 자루의 전체 면이 닿도록 한다.
④ 높이를 정확히 맞추기 위해서는 받침(Shim) 1개 또는 두께가 다른 여러 개를 준비한다.

해설
선반에 바이트를 설치할 때 바이트의 돌출거리는 작업에 지장이 없는 한 짧게 고정해야 한다.

50 수평식 보링머신 중 새들이 없고, 길이 방향의 이송은 베드를 따라 칼럼이 이송되며, 중량이 큰 가공물을 가공하기 가장 적합한 구조를 가지고 있는 것은?

① 테이블형 ② 플레이너형
③ 플로어형 ④ 코어형

해설
② 플레이너형 : 테이블형과 유사하나 테이블을 지지하는 새들이 없고 길이 방향으로의 이송은 베이스의 안내면을 따라 칼럼이 이동하기 때문에 중량이 큰 가공물을 가공하기 가장 적합한 구조이다.

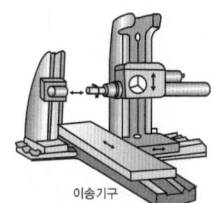

[플레이너형 보링머신]

① 테이블형 : 테이블이 새들의 안내면 위를 스핀들과 평행하거나 수직 방향으로 이동한다.
③ 플로어형 : 공작물이 크고 테이블형에서 가공하기 곤란한 것을 가공하며, 주축대는 칼럼을 따라 상하로 움직이고 칼럼은 베드 위를 전후로 이송하여 스핀들의 위치를 정한다.
④ 코어형 : 판재나 포신 등 큰 구멍을 가공하는 데 적합하다.

51 연삭작업 시 주의할 점에 대한 설명으로 틀린 것은?

① 반드시 숫돌 커버를 설치하여 사용한다.
② 양 숫돌차의 입도는 항상 같게 해야 한다.
③ 연삭작업 시 보안경을 꼭 착용해야 한다.
④ 숫돌을 나무 해머로 가볍게 두들겨 음향검사를 한다.

해설
연삭작업 시 사용하는 숫돌차에서 양 숫돌차의 입도를 같게 할 필요는 없으며, 입도를 다르게 설치해서 거친 연삭과 다듬질 연삭을 할 수 있도록 해야 한다.

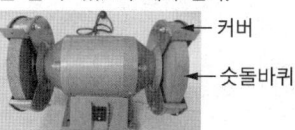

52 절삭공구 재료에서 W, Cr, V, Co 등의 원소를 함유하는 합금강은?

① 고탄소강 ② 합금 공구강
③ 고속도강 ④ 초경합금

해설
공구재료의 종류

종류	특징
탄소공구강	절삭열이 300℃에서도 경도의 변화가 작고 열처리가 쉬우며 값이 저렴하나, 강도가 부족해서 고속 절삭용 공구재료로는 사용하기 부적합하다.
합금공구강	탄소강에 W, Cr, W-Cr 등의 원소를 합금하여 제작하는 공구용 재료로, 600℃ 절삭열에서도 경도 변화가 작아서 바이트나 다이스, 탭, 띠톱 등의 재료로 사용된다.
고속도강	W-18%, Cr-4%, V-1%이 합금된 것으로 600℃ 정도에서도 경도 변화가 없다. 탄소강보다 2배의 절삭속도로 가공이 가능하기 때문에 강력 절삭 바이트나 밀링 커터에 사용된다.
주조경질합금	스텔라이트라고도 하며 800℃까지도 경도 변화가 없다. 청동이나 황동의 절삭재료로 사용된다. 열처리가 불필요하며 고속도강보다 2배의 절삭속도로 가공이 가능하나 내구성과 인성이 작다.
소결초경합금	고속, 고온 절삭에서 높은 경도를 유지하며 WC, TiC, TaC 분말에 Co를 첨가하고 소결시켜 만드는데 진동이나 충격을 받으면 쉽게 깨지는 특성이 있다. 고속도강의 4배 정도로 절삭이 가능하며 1,100℃의 절삭열에도 경도 변화가 없다.
세라믹	무기질의 비금속재료를 고온에서 소결한 것으로 1,200℃의 절삭열에도 경도 변화가 없다.
다이아몬드	절삭공구 재료 중에서 가장 경도가 높다(HB 7000). 내마멸성이 크며 절삭속도가 빨라서 절삭가공이 매우 능률적이나, 취성이 크고 값이 비싸다.

53 밀링머신에서 하향절삭에 비교한 상향절삭의 장점은?

① 절삭 시 백래시 영향이 작다.
② 일감의 고정이 유리하다.
③ 표면거칠기가 좋다.
④ 공구날의 마모가 느리다.

해설
상향절삭과 하향절삭의 특징

커터날 절삭 방향과 공작물 이송 방향이 반대
상향절삭 · 동력 소비가 크다. · 표면거칠기가 좋지 못하다. · 하향절삭에 비해 가공면이 깨끗하지 못하다. · 기계에 무리를 주지 않아 강성은 낮아도 된다. · 날 끝이 일감을 치켜올리므로 일감을 단단히 고정해야 한다. · 백래시 영향이 작아서 백래시 제거장치가 필요 없다. · 절삭가공 시 마찰열과 접촉면의 마모가 커서 공구 수명이 짧다.
커터날 절삭 방향과 공작물 이송 방향이 같음
하향절삭 · 표면거칠기가 좋다. · 날 하나마다 날 자리 간격이 짧다. · 날의 마멸이 적어서 공구의 수명이 길다. · 가공면이 깨끗하고 고정밀 절삭이 가능하다. · 백래시를 완전히 제거해야 하므로 백래시 제거장치가 필요하다. · 절삭된 칩이 가공된 면 위에 쌓이므로 앞으로 가공할 면의 시야성이 좋아서 가공하기 편하다. · 커터 날과 일감의 이송 방향이 같아서 날이 가공물을 누르는 형태이므로 가공물 고정이 간편하다. · 절삭가공 시 마찰력은 작으나 충격력이 크기 때문에 높은 강성이 필요하다.

54 선반의 베드(Bed)에 관한 설명으로 틀린 것은?

① 미끄럼 면의 단면 모양은 원형과 구형이 있다.
② 주로 합금주철이나 구상흑연주철 등의 고급주철로 제작한다.
③ 미끄럼 면은 기계가공 또는 스크레이핑(Scraping)을 한다.
④ 내마모성을 높이기 위하여 표면경화처리를 하고 연삭가공을 한다.

해설
선반의 베드(Bed)에 적용되는 미끄럼 면의 단면 모양은 미국식은 산형으로, 영국식은 평행형으로 제작된다.

55 절삭공구인선의 파손원인 중 절삭공구의 측면과 피삭재의 가공면과의 마찰에 의하여 발생하는 것은?

① 크레이터 마모
② 플랭크 마모
③ 치핑
④ 백래시

해설
선반용 바이트 공구의 마멸 형태

종류	특징	형상
경사면 마멸 (크레이터 마멸)	· 주로 유동형 칩이 공구 경사면 위를 미끄러질 때 공구의 윗면에 오목하게 파인 부분이 생기는 현상이다. · 공구 경사각을 크게 하면 칩이 공구날 윗면을 누르는 압력이 작아지므로 경사면 마멸의 발생과 성장을 줄일 수 있다.	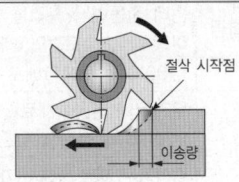
여유면 마멸 (플랭크 마멸)	· 공구의 여유면이 절삭면에 평행하게 마멸되는 현상이다. · 공구의 여유면과 절삭면 사이에 마찰이 일어나 발생하는 것으로, 주로 주철과 같이 취성이 있는 재료 절삭 시 발생한다.	
치핑	· 경도가 매우 높고 인성이 작은 공구를 사용할 때, 공구의 날이 모서리를 따라 작은 조각으로 떨어져 나가는 현상이다. · 절삭작업에서 충격에 의해 급속히 공구인선이 파손된다.	

53 ① 54 ① 55 ②

56 강성이 크고 강력한 연삭기가 개발되어 한 번에 연삭 깊이를 크게 하여 가공능률을 향상시킨 것은?

① 자기 연삭   ② 성형 연삭
③ 크립 피드 연삭   ④ 경면 연삭

해설
크립 피드 연삭(Creep Feed Grinding)
기존 평면 연삭법에 비해 절삭 깊이를 크게 하고, 1회에 수 번의 테이블 이송으로 연삭 다듬질을 하는 방법이다. 숫돌 형상의 변화가 작고 연삭능률이 높아서 주로 성형연삭에 응용된다.

57 드릴링머신으로 구멍 뚫기 작업을 할 때 주의해야 할 사항으로 틀린 것은?

① 드릴은 흔들리지 않게 정확하게 고정해야 한다.
② 장갑을 끼고 작업을 하지 않는다.
③ 구멍 뚫기가 끝날 무렵은 이송을 천천히 한다.
④ 드릴이나 드릴 소켓 등을 뽑을 때에는 해머 등으로 두들겨 뽑는다.

해설
드릴링머신으로 구멍 뚫기 작업을 할 때 드릴이나 드릴 소켓 등을 뽑을 때에는 드릴 뽑기 도구를 사용해야 한다.

58 선반에서 지름 50mm의 재료를 절삭속도 60m/min, 이송 0.2mm/rev, 길이 30mm로 1회 가공할 때 필요한 시간은?

① 약 10초   ② 약 18초
③ 약 23초   ④ 약 39초

해설
선반가공의 가공시간(T)
$$T = \frac{l}{n \times f}$$
여기서, l : 가공할 길이
n : 회전수
f : 이송속도
$$n = \frac{1,000v}{\pi d} = \frac{1,000 \times 60}{\pi \times 50} ≒ 381.9\text{rpm}$$
$$\therefore T = \frac{30}{381.9 \times 0.2} ≒ 0.39\text{min} = 0.39 \times 60\text{s} = 23.4\text{s}$$

59 다음 중 가공물을 절삭할 때 발생되는 칩의 형태에 미치는 영향이 가장 작은 것은?

① 절삭 깊이   ② 공작물의 재질
③ 절삭공구의 형상   ④ 윤활유

해설
공작기계로 가공물 절삭 시 발생되는 칩의 종류에는 유동형, 전단형, 균열형, 열단형 등이 있다. 이 칩의 형태에 영향을 미치는 주요 요소로는 절삭 깊이와 공작물의 재질, 절삭공구의 형상이며 윤활유의 투입 여부가 미치는 영향은 크지 않다.

60 밀링머신의 주축베어링 윤활방법으로 가장 적합하지 않은 것은?

① 그리스 윤활   ② 오일미스트 윤활
③ 강제식 윤활   ④ 패드 윤활

해설
밀링머신의 주축베어링에 윤활유를 주입할 때 사용하는 방법은 그리스, 오일미스트, 강제식 윤활방법이다. 패드 윤활법이란 패드의 모세관현상을 이용하여 기름통의 기름의 축에 도포하는 방법으로 경하중용에 적합하다. 따라서 중하중을 받는 주축베어링에는 적합하지 않다.

2023년 제2회 최근 기출복원문제

제1과목 | 기계가공법 및 안전관리

01 어미자의 1눈금이 0.5mm이며, 아들자의 눈금이 12mm를 25등분한 버니어 캘리퍼스의 최소 측정값은?

① 0.01mm
② 0.05mm
③ 0.02mm
④ 0.1mm

해설
어미자의 눈금 간격이 0.5mm이고, 이 간격을 아들자로 25등분한 것이므로 0.5mm/25 = 0.02mm가 된다. 따라서 이 버니어 캘리퍼스의 최소 측정값은 0.02mm이다.
※ 버니어 캘리퍼스는 자와 캘리퍼스를 조합한 측정기로, 어미자와 아들자를 이용하여 최소 측정값 1/20mm(0.05), 1/50mm(0.02)까지 측정할 수 있다.

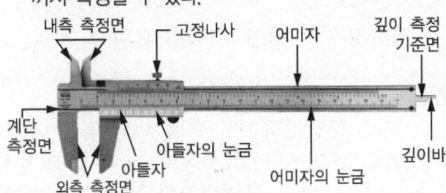

02 물체의 길이, 각도, 형상 측정이 가능한 측정기는?

① 표면 거칠기 측정기
② 3차원 측정기
③ 사인 센터
④ 다이얼게이지

03 다음 중 다이얼게이지(Dial Gauge)의 특징이 아닌 것은?

① 다원 측정의 검출기로서 이용할 수 있다.
② 눈금과 지침에 의해서 읽기 때문에 오차가 작다.
③ 연속된 변위량의 측정이 가능하다.
④ 측정범위가 넓고 제품의 치수를 직접 읽을 수 있다.

해설
다이얼게이지의 특징
• 측정범위가 넓다.
• 연속된 변위량의 측정이 가능하다.
• 다원 측정의 검출기로서 이용할 수 있다.
• 눈금과 지침에 의해서 읽기 때문에 오차가 작다.
• 비교측정기에 속하므로 치수를 직접 읽을 수 없다.

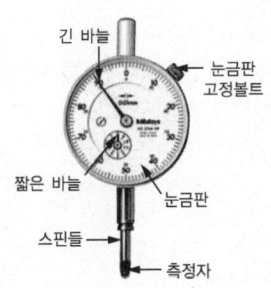

04 피측정물과 표준자는 측정 방향에 있어서 일직선 위에 배치하여야 한다는 원리는?

① 헤르츠의 법칙
② 훅의 법칙
③ 에어리점
④ 아베의 원리

해설
아베의 원리 : 측정오차를 줄이기 위해서 피측정물과 표준자의 측정 방향은 일직선 위에 배치해야 한다는 원리이다. 만일 표준자와 피측정물이 동일 축선상에 없을 경우 측정오차가 발생한다.

05 측정오차에 대한 설명으로 옳지 않은 것은?

① 정기적으로 측정기를 검사하여 사용하므로 측정기는 오차가 없다.
② 온도, 습도, 진동 등 주위 환경의 요인에 의하여 오차가 발생할 수 있다.
③ 측정자의 숙련도 부족, 습관, 부주의 등으로 발생할 수 있다.
④ 우연오차를 줄이는 방법 중 하나는 측정 횟수를 늘려 그 평균값을 측정값으로 하는 것이다.

해설
측정기는 사용함에 따라 발생되는 유격과 사용자의 숙련도에 따라 측정기 오차가 발생할 수 있다.

06 다음 그림은 마이크로미터의 측정 눈금을 나타낸 것이다. 측정값은?

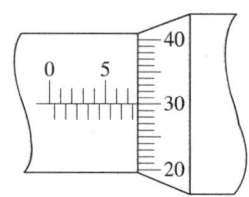

① 1.35mm
② 1.85mm
③ 7.35mm
④ 7.80mm

해설
마이크로미터 측정값 계산
7.5mm + 0.30 = 7.80mm

07 이미 치수를 알고 있는 표준과의 차를 구하여 치수를 알아내는 측정방법은?

① 절대 측정
② 비교 측정
③ 표준 측정
④ 간접 측정

해설
① 절대 측정 : 계측계에서 기본 단위로 주어지는 양과 비교함으로써 이루어지는 측정방법이다.
③ 표준 측정 : 표준을 만들고자 할 때 사용하는 측정방법이다.
④ 간접 측정 : 측정량과 일정한 관계가 있는 몇 개의 양을 측정함으로써 구하고자 하는 측정값을 간접적으로 유도해 내는 측정방법이다.

08 나사의 유효지름을 측정할 수 없는 것은?

① 나사 마이크로미터
② 투영기
③ 공구현미경
④ 이 두께 버니어 캘리퍼스

해설
이 두께 버니어 캘리퍼스는 기어의 이(Tooth)를 측정하기 위한 전용 도구이다.

이 두께 버니어 캘리퍼스	이 두께 마이크로미터

나사의 유효지름 측정방법
• 투영기
• 공구현미경
• 나사 마이크로미터

09 게이지블록 중 표준용(Calibration Grade)으로서 측정기류의 정도검사 등에 사용되는 게이지 등급은?

① 00(AA)급　② 0(A)급
③ 1(B)급　　④ 2(C)급

해설
게이지블록
- 길이 측정의 표준이 되는 게이지로 공장용 게이지들 중에서 가장 정확하다. 개개의 블록게이지를 밀착시킴으로써 그들 호칭 치수의 합이 되는 새로운 치수를 얻을 수 있다.
- 블록게이지 조합의 종류 : 9개조, 32개조, 76개조, 103개조

게이지블록의 등급에 따른 분류

등급	사용목적	사용내용	검사주기
AA(00)급	연구소용, 참조용	연구용, 학술용	3년
A(0)급	표준용	측정기의 정도검사	2년
B(1)급	검사용	부품이나 공구검사, 게이지 제작	1년
C(2)급	공작용	공구 설치, 측정기의 정도 조정	6개월

10 마이크로미터 스핀들 나사의 피치가 0.5mm이고, 심블의 원주 눈금이 100등분 되어 있으면 최소 측정값은 몇 mm인가?

① 0.05　② 0.01
③ 0.005　④ 0.001

해설
마이크로미터의 스핀들 나사의 피치는 0.5mm이고, 심블의 원주 눈금이 100등분 되어 있으므로 최소 측정값을 구하는 식은 다음과 같다.

마이크로미터의 최소 측정값 = $\dfrac{\text{나사의 피치}}{\text{심블의 등분수}}$

11 Tr 40×7-6H로 표시된 나사의 설명 중 틀린 것은?

① Tr : 미터 사다리꼴 나사
② 40 : 호칭지름
③ 7 : 나사산의 수
④ 6H : 나사의 등급

해설
- Tr : 미터 사다리꼴 나사
- 40×7 : 호칭지름 40mm × 피치 7mm
- 6H : 나사의 등급

12 다음 그림과 같은 축 A와 부시 B의 끼워맞춤에서 최소 틈새가 0.30mm이고, 축의 공차가 0.30mm일 때 축 A의 최대 치수와 최소 치수는?

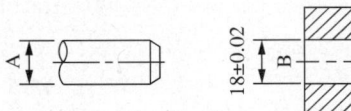

① 최대 : 17.58mm, 최소 : 17.38mm
② 최대 : 17.68mm, 최소 : 17.48mm
③ 최대 : 18.38mm, 최소 : 18.08mm
④ 최대 : 18.58mm, 최소 : 18.38mm

해설
- 축의 최대 치수 : 17.98(부시의 최소 치수)−0.30(최소 틈새) = 17.68mm
- 축의 최소 치수 : 17.68(축의 최대 치수)−0.20(축의 공차) = 17.48mm

13 같은 직선상에 있는 축선과 기준축과의 차를 표시하는 동축도를 나타내는 기호는?

① 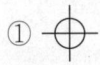　② ○
③ ⌀　　④ ◎

14 KS 기계제도에서 특수한 용도의 선으로 가는 실선을 사용하는 경우가 아닌 것은?

① 위치를 명시하는 데 사용한다.
② 얇은 부분의 단면도시를 명시하는 데 사용한다.
③ 평면이라는 것을 나타내는 데 사용한다.
④ 외형선 및 숨은선의 연장을 표시하는 데 사용한다.

해설
개스킷과 같은 얇은 부분의 단면을 도시할 때는 매우 굵은 실선으로 표시한다.

15 다음 그림과 같은 표면의 결 도시기호에서 'x'가 나타내는 것은?

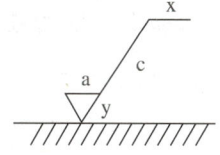

① 가공방법의 기호
② 줄무늬 방향의 기호
③ 표면거칠기의 상한치
④ 기준 길이 또는 평가 길이

해설
표면의 결 도시기호

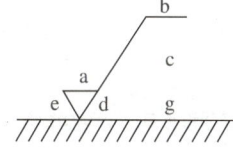

a : 중심선 평균거칠기 값
b : 가공방법
c : 컷 오프 값
d : 줄무늬 방향기호
e : 다듬질 여유
g : 표면 파상도

16 다음과 같은 입체도에서 화살표 방향에서 본 정면도를 가장 올바르게 나타낸 것은?

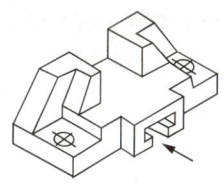

해설
물체를 화살표 방향으로 바라보았을 때 보이는 형상은 정면도이다. 좌, 우측이 대칭이므로 한쪽 면만 확인하면 되는데 중간 부분 윤곽선의 형상을 보면 정답이 ①번임을 알 수 있다.

물 체	도 면

17 NA4916V의 베어링 호칭 표시에서 'NA'가 나타내는 것은?

① 복렬 원통 롤러 베어링
② 스러스트 롤러 베어링
③ 테이퍼 롤러 베어링
④ 니들 롤러 베어링

18 다음 ( ) 안에 들어갈 적절한 내용은?

> 도면을 철하기 위하여 구멍 뚫기의 여유를 설치해도 좋다. 이 여유는 최소 너비 ( )로 표제란에서 가장 떨어진 곳에 둔다.

① 5mm ② 10mm
③ 15mm ④ 20mm

해설
도면을 철하기 위해서는 여유 공간으로 표제란에서 최소 20mm 떨어진 곳까지 두어야 한다.

19 기계제도 도면을 그릴 때 선이 우연히 겹치는 경우가 많다. 다음의 선이 모두 겹쳤을 때 가장 우선적으로 나타내야 하는 선은?

① 절단선
② 무게중심선
③ 치수 보조선
④ 숨은선

해설
두 종류 이상의 선이 중복되는 경우 선의 우선순위
숫자나 문자 > 외형선 > 숨은선 > 절단선 > 중심선 > 무게중심선 > 치수 보조선

20 재료기호가 'STC140'일 때, 이 재료의 명칭은?

① 합금 공구강 강재
② 탄소 공구강 강재
③ 기계구조용 탄소 강재
④ 탄소강 주강품

해설
STC는 탄소 공구강 강재를 나타내고, 140은 최소 인장강도가 140N/mm²이라는 것이다.

제2과목 | CAM 프로그래밍

21 소량의 여러 종류 제품을 모델 변화에 따른 지연 없이 제조할 수 있는 자동화시스템을 구축하려고 할 때 가장 적합한 것은?

① FMS ② CIM
③ CAE ④ CAPP

해설
FMS(Flexible Manufacturing System)
유연생산시스템으로 소량의 다양한 제품을 하나의 생산 공정에서 지연 없이 동시에 제조할 수 있는 자동화시스템이다. 현재 자동차 공장에서 하나의 컨베이어 벨트 위에 다양한 차종을 동시에 생산하는 시스템과 같다.

22 솔리드 모델링에 관한 설명 중 틀린 것은?

① 솔리드 모델링은 CSG(Constructive Solid Geometry)와 B-rep(Boundary Representation) 방법 등이 있다.
② CSG 방법은 육면체, 구, 원통, 피라미드 등의 기본적인 프리미티브(Primitive)로부터 더하고, 빼고, 공통 부분 등을 찾아 만든다.
③ CSG 방법은 B-rep 방법보다 형상 재생시간이 적게 소요된다.
④ B-rep 방법은 CSG 방법보다 많은 데이터 저장 용량이 필요하다.

해설
솔리드 모델링에서 CSG 모델링은 B-rep 방법보다 형상 재생시간이 더 오래 걸린다.

23 CNC 공작기계의 군관리 또는 군제어를 뜻하는 용어로, 중앙의 컴퓨터로부터 프로그램을 CNC 공작기계에 전송하여 여러 대의 CNC 공작기계를 동시에 제어하는 시스템은?

① CIM
② FMS
③ FMC
④ DNC

해설
DNC(Distributed Numerical Control)
중앙의 컴퓨터에서 여러 대의 CNC 공작기계에 데이터를 분배하여 전송함으로써 동시에 여러 대의 기계를 운전할 수 있는 시스템으로 군관리 또는 군제어의 의미로도 쓰인다.

24 네 개의 조정점으로 정의된 베지어 곡선(Bezier Curve)에 대한 설명으로 틀린 것은?

① 항상 조정점에 의해 생성된 볼록포(Convex Hull)의 내부에 포함된다.
② n개의 조정점에 의해 생성된 곡선은 $(n+1)$차 곡선이다.
③ 번스타인(Bernstein) 다항식은 베지어 곡선을 정의하기 위한 블렌딩 함수로 사용된다.
④ 조정점 한 개의 위치를 변화시키려면 곡선 세그먼트 전체의 형상이 변화한다.

해설
베지어(Bezier) 곡선에서 n개 조정점에 의해 생성된 곡선은 $(n-1)$차 곡선이다.

25 다음 중 유한 요소법(FEM)의 적용을 위한 3차원 요소 분할을 위해 가장 적당한 모델링 방법은?

① 와이어프레임 모델링(Wireframe Modeling)
② 시뮬레이션 모델링(Simulation Modeling)
③ 서피스 모델링(Surface Modeling)
④ 솔리드 모델링(Solid Modeling)

해설
솔리드 모델링의 특징
• 간섭 체크가 가능하다.
• 은선의 제거가 가능하다.
• 정확한 형상 표현이 가능하다.
• 기하학적 요소로 부피를 갖는다.
• 유한요소법(FEM)의 해석이 가능하다.
• 금형설계, 기구학적 설계가 가능하다.
• 형상을 절단하여 단면도 작성이 가능하다.
• 모델을 구성하는 기하학적 3차원 모델링이다.
• 조립체 설계 시 위치나 간섭 등의 검토가 가능하다.
• 서피스 모델링과 같이 실루엣을 정확히 나타낼 수 있다.
• 셀 혹은 기본곡면 등의 입체요소 조합으로 쉽게 표현할 수 있다.
• 공학적 해석(면적, 부피(체적), 중량, 무게중심, 관성모멘트)의 계산이 가능하다.
• 불리언 작업(Boolean Operation)에 의하여 복잡한 형상도 표현할 수 있다.
• 명암, 컬러 기능 및 회전, 이동하여 사용자가 명확히 물체를 파악할 수 있다.

26 CAM으로 3차원 자유 곡면을 가공할 때, 가장 많이 사용되는 공구는?

① 볼(Ball) 엔드밀
② 필렛(Fillet) 엔드밀
③ 더브테일 커터
④ 플랫(Flat) 엔드밀

27 제품 설계단계에서 제조 및 사후 지원 업무까지도 함께 통합적으로 감안하여 설계를 하는 시스템적 접근방법으로, 제품 개발 담당자로 하여금 개발 초기부터 개념 설계단계에서 해당 제품의 폐기에 이르기까지 전체 라이프사이클의 모든 것(품질, 원가, 일정, 고객 요구사항 등)을 감안하여 개발하도록 하는 것은?

① 가치공학(Value Engineering)
② 동시공학(Concurrent Engineering)
③ 가치분석(Value Analysis)
④ 총괄적 품질관리(Total Quality Control)

28 리프레시(Refresh)에 의해 약간 화면이 흐려지고 밝아지는 현상이 일어나는 과정에서 화면이 흔들리는 현상은?

① 플리커(Flicker)
② 포커싱(Focusing)
③ 디플렉션(Deflection)
④ 래스터(Raster)

[해설]
② 포커싱(Focusing) : 화면 안쪽의 한 점에 전자빔을 집약시키는 현상
③ 디플렉션(Deflection) : 전자빔의 진행 방향을 임의적으로 변화시키는 현상
④ 래스터(Raster) : 전자빔을 CRT 화면의 미리 정해진 수평면 집합체에 주사시키면서 이들을 일정한 간격을 유지하게 하여 전체 화면에 고르게 퍼지도록 하는 현상

29 서피스 모델(Surface Model)의 특징이 아닌 것은?

① 체적 등 물리적 성질의 계산이 쉽다.
② 2개 면의 교선을 구할 수 있다.
③ NC 가공 정보를 얻을 수 있다.
④ 렌더링(Rendering) 작업이 가능하다.

[해설]
서피스 모델링으로 체적 등의 물리적 성질은 계산이 불가능하지만, 솔리드 모델링으로는 가능하다.

30 다음 중 자유 곡면의 표현방법으로 적당하지 않은 것은?

① 회전 곡면
② 베지어(Bezier) 곡면
③ B-스플라인 곡면
④ 비균일 유리 B-스플라인 곡면

[해설]
회전 곡면을 형성하는 것만으로 자유 곡면의 표현은 불가능하다.

31 특정 값이나 변수로 표현된 수식을 입력하여 형상을 생성하는 방식으로, 이후 매개변수나 수식을 변경하면 자동으로 형상이 수정되는 형상 모델링 방법은?

① Feature-Based 모델링
② Parametric 모델링
③ 와이어프레임 모델링
④ Surface 모델링

32 IGES 용어에 대한 설명으로 옳은 것은?

① 널리 쓰이는 자동 프로래밍 System의 일종이다.
② Wireframe 모델에 면의 개념을 추가한 데이터 포맷이다.
③ 서로 다른 CAD 시스템 간의 데이터의 호환성을 갖기 위한 표준 데이터 포맷이다.
④ CAD와 CAM을 종합한 전문가 시스템이다.

해설
IGES(Initial Graphics Exchanges Specification)
ANSI(미국 국가 표준)의 데이터 교환 표준 규격으로 서로 다른 CAD/CAM/CAE 시스템 간에 도면 및 기하학적 형상의 데이터를 교환하기 위해 최초로 개발된 데이터 교환 형식

33 2차원으로 구성되는 가장 일반적인 원추곡선의 식이 다음과 같다. $F(x, y) = ax^2 + bxy + cy^2 + dx + ey + g = 0$에서 계수가 $b^2 - 4ac = 0$인 경우의 표현은?

① 원
② 타원
③ 포물선
④ 쌍곡선

해설
$ax^2 + bxy + cy^2 + dx + ey + g = 0$에서 $b^2 - 4ac = 0$을 계수로 사용하는 것은 포물선이다.
③ 포물선 : $ax^2 + bxy + cy^2 + dx + ey + g = 0$
① 원 : $x^2 + y^2 = r^2$
② 타원 : $\frac{x^2}{a^2} + \frac{y^2}{b^2} = 1$ (단, $a > 0, b > 0$)
④ 쌍곡선 : $\frac{x^2}{a^2} - \frac{y^2}{b^2} = 1$

34 상용 CAD/CAM 시스템에서 일반적으로 사용하는 좌표계가 아닌 것은?

① 직교 좌표계
② 원통 좌표계
③ 원추 좌표계
④ 구면 좌표계

35 컬러 래스터 스캔 화면 생성방식에서 3bit Plane의 사용 가능한 색깔의 수는 모두 몇 개인가?

① 8
② 32
③ 256
④ 1,024

해설
3bit를 통해 사용 가능한 색깔의 수는 8(=2^3)개이다.

36 정삭가공에서 주로 사용하는 가공방식으로, 구면 등과 같은 면을 바깥쪽에서 안쪽으로 또는 안쪽에서 바깥쪽으로 이동하며 가공되며 비교적 높은 표면 정도를 얻을 수 있는 가공방식은?

① 영역 가공
② 직선 방향 가공
③ 방사선 가공
④ 나선형 가공

해설
나선형 가공방식 : 정삭가공에서 주로 사용하는 가공방식으로 구면과 같은 형상가공 시 바깥쪽에서 안쪽으로 또는 안쪽에서 바깥쪽으로 이동하면서 가공한다(높은 표면 정밀도를 얻을 때 주로 사용).

37 3차원 솔리드 모델의 생성을 위해 사용되는 기본입체(Primitive)가 아닌 것은?

① Cone
② Wedge
③ Sphere
④ Patch

해설
3차원 솔리드 모델링에서 사용되는 기본입체(Primitive) 형상
• 구(Sphere)
• 관(Pipe)
• 원통(Cylinder)
• 원추(원뿔, Cone)
• 육면체(Cube)
• 사각블록(Box)
※ 프리미티브(Primitive) : 초기의, 원시적인 단계를 의미하는 것으로, 프로그램을 다루는 데 가장 기본적인 기하학적 물체를 의미한다.

38 한 개의 점 P(15, 20)을 원점을 중심으로 반시계방향으로 30°로 회전변환 후의 좌표값은?

① P(3.99, 24.82)
② P(2.99, 24.82)
③ P(2.99, 22.99)
④ P(3.99, 22.99)

해설
$[x', y'] = [15, 20] \begin{bmatrix} \cos30° & \sin30° \\ -\sin30° & \cos30° \end{bmatrix}$
$= [15 \times \cos30° + 20 \times -\sin30°, 15 \times \sin30° + 20 \times \cos30°]$
$= [2.99, 24.82]$

39 3차 Bezier 곡선의 조정점이 다음과 같은 순서로 놓일 때, 곡선 시작점에서의 단위 접선 벡터는?

조정점 좌표값 : (0, 0) (0, 2) (2, 2) (2, 0)

① (1, 0)
② (0, 1)
③ (0.707, 0.707)
④ (-1, 0)

해설
시작점이 0에서 시작하므로 단위 접선 벡터는 (0, 1)이 된다.

40 광원으로부터 나오는 광선이 직접 또는 반사 및 굴절을 거쳐 화면에 도달하는 경로를 역추적하여 화면을 구성하는 각 화소의 빛의 강도와 색깔을 결정하는 렌더링 방법은?

① 광선 투사(Ray Tracing)법
② Z-버퍼 방법
③ 화가 알고리즘(Painter's Algorithm) 방법
④ 후향면 제거(Back-face Culling) 방법

해설
② Z-버퍼 방법 : 임의의 스크린 영역이 관찰자에게 가장 가까운 요소들에 의해 차지된다는 깊이 분류(Depth Sorting) 알고리즘과 동일한 원리에 기초를 둔다.
③ 화가 알고리즘 방법 : 화가가 그림을 그릴 때 먼 곳에서부터 순서대로 그려가면서 가까운 것을 그릴 때, 이전에 그린 먼 곳의 일부를 덮으면서 그려 가는 기술을 3차원 설계에 활용하는 렌더링 방법이다.
④ 후향면 제거 방법 : 물체의 바깥쪽 방향에 있는 법선 벡터가 관찰자쪽을 향하고 있다면 물체의 면이 가시적이고, 그렇지 않으면 비가시적이라는 기본적인 개념을 이용하는 방법이다.

정답 37 ④ 38 ② 39 ② 40 ①

제3과목 | 컴퓨터수치제어(CNC) 절삭가공

41 공작기계 작업에서 절삭제의 역할에 대한 설명으로 옳지 않은 것은?

① 절삭공구와 칩 사이의 마찰을 감소시킨다.
② 절삭 시 열을 감소시켜 공구수명을 연장시킨다.
③ 구성인선의 발생을 촉진시킨다.
④ 가공면의 표면거칠기를 향상시킨다.

해설
공작기계 작업에서 절삭제의 역할
- 구성인선의 발생을 억제시킨다.
- 가공면의 표면거칠기를 향상시킨다.
- 절삭공구와 칩 사이의 마찰을 감소시킨다.
- 절삭 시 열을 감소시켜 공구수명을 연장시킨다.

42 바이트의 여유각을 주는 가장 큰 이유는?

① 바이트의 날 끝과 공작물 사이의 마찰을 줄이기 위하여
② 공작물의 깎이는 깊이를 적게 하고 바이트의 날 끝이 부러지지 않도록 보호하기 위하여
③ 바이트가 공작물을 깎는 쇳가루의 흐름을 잘되게 하기 위하여
④ 바이트의 재질이 강한 것이기 때문에

해설
공구 바이트에 여유각을 주는 이유는 날 끝과 공작물 사이의 마찰력을 줄여 공작물과 공구를 보호하기 위해서이다.

43 연성 재료를 고속 절삭할 때 생기는 칩의 형태는?

① 유동형(Flow Type)
② 균열형(Crack Type)
③ 열단형(Tear Type)
④ 전단형(Shear Type)

해설
선반작업 시 발생하는 칩(Chip)의 종류

종류	특징
유동형 칩	• 가공 표면이 가장 매끄러운 칩이다. • 칩이 공구의 윗면 경사면 위를 연속적으로 흘러 나가는 형태의 칩이다. • 재질이 연하고 인성이 큰 재료를 큰 경사각으로 고속 절삭할 때 발생한다. • 공구의 윗면 경사각이 클 때, 절삭 깊이가 적을 때, 절삭공구의 날 끝 온도가 낮을 때, 윤활성이 좋은 절삭유를 사용할 때 발생한다. • 유동형 칩이 발생될 때는 절삭저항이 작고 가공 표면이 깨끗하며 공구의 수명도 길어진다.
전단형 칩	• 공구 윗면 경사면과 접촉하여 마찰하는 면은 평활하나 반대쪽은 톱니 모양이다. • 비교적 연한 재료를 절삭속도가 작고, 절삭공구의 윗면 경사각이 작을 때 발생한다. • 유동형 칩에 비해 가공 표면이 거칠고 공구의 손상도 일어나기 쉽다.
열단형 칩	• 점성이 큰 재질의 공작물을 절삭 깊이가 크고 윗면 경사각이 작은 절삭공구를 사용할 때 발생한다. • 칩이 날 끝에 달라붙어 경사면을 따라 원활히 흘러나가지 못해 공구에 균열이 생기고 가공 표면이 뜯겨진 것처럼 보인다.
균열형 칩	• 주철과 같이 취성(메짐)이 있는 재료를 저속으로 절삭할 때 발생한다. • 가공면에 깊은 홈을 만들기 때문에 표면이 매우 불량하다.

44 다음 그림과 같은 공작물의 테이퍼를 선반의 공구대를 회전시켜 가공하려고 한다. 이때 복식 공구대의 회전각은?

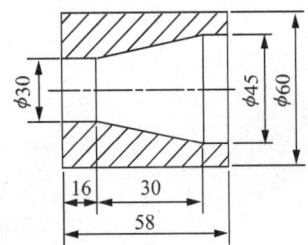

① 약 10°
② 약 12°
③ 약 14°
④ 약 18°

해설
복식 공구대의 회전각(θ)
$\tan\theta = \dfrac{D-d}{2l} = \dfrac{45-30}{2\times 30} = 0.25$
$\therefore \theta = \tan^{-1}0.25 = 14.04$

45 밀링에서 상향절삭과 하향절삭의 설명으로 옳은 것은?

① 상향절삭은 절삭력이 상향으로 작용하여 가공물 고정이 유리하다.
② 상향절삭은 기계의 강성이 낮아도 무방하다.
③ 하향절삭은 상향절삭에 비하여 공구 마모가 빠르다.
④ 하향절삭은 백래시(Back Lash)를 제거할 필요가 없다.

해설
상향절삭은 날 끝이 일감을 치켜 올리면서 가공하기 때문에 기계에 충격에 의한 무리를 주지 않아서 기계의 강성이 낮아도 된다.
상향절삭과 하향절삭의 특징

	커터날 절삭 방향과 공작물 이송 방향이 반대
상향 절삭	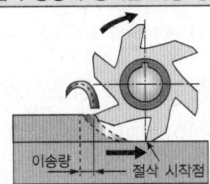 • 동력 소비가 크다. • 표면거칠기가 좋지 못하다. • 하향절삭에 비해 가공면이 깨끗하지 못하다. • 기계에 무리를 주지 않아 강성은 낮아도 된다. • 날 끝이 일감을 치켜 올리므로 일감을 단단히 고정해야 한다. • 백래시의 영향이 작아서 백래시 제거장치가 필요 없다. • 절삭가공 시 마찰열과 접촉면의 마모가 커서 공구 수명이 짧다.
	커터날 절삭 방향과 공작물 이송 방향이 같음
하향 절삭	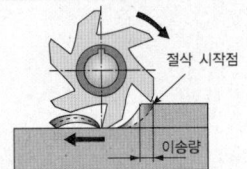 • 표면거칠기가 좋다. • 날 하나마다의 날 자리 간격이 짧다. • 날의 마멸이 적어서 공구의 수명이 길다. • 가공면이 깨끗하고 고정밀 절삭이 가능하다. • 백래시를 완전히 제거해야 하므로 백래시 제거장치가 필요하다. • 절삭된 칩이 가공된 면 위에 쌓이므로 앞으로 가공할 면의 시야성이 좋아서 가공하기 편하다. • 커터 날과 일감의 이송 방향이 같아서 날이 가공물을 누르는 형태이므로 가공물 고정이 간편하다. • 절삭가공 시 마찰력은 작으나 충격력이 크기 때문에 높은 강성이 필요하다.

46 면판붙이 주축대 2대를 마주 세운 구조형으로 된 선반은?

① 차축선반　　② 차륜선반
③ 공구선반　　④ 직립선반

해설
② 차륜선반 : 면판붙이 주축대 2대를 마주 세운 구조형으로 된 선반으로 차륜이나 축바퀴, 속도 조절 바퀴 등의 가공에 사용된다.
① 차축선반 : 철도 차량의 차축을 전문으로 절삭하기 위한 선반이다.
③ 공구선반 : 보통선반과 같으나 더욱 정밀하여 가공 정밀도가 높은 선반으로 테이퍼 깎기 장치, 릴리빙 장치가 장착되어 있다.
④ 직립선반(수직선반) : 대형 공작물이나 불규칙한 가공물을 가공하기 편리하도록 척을 지면 위에 수직으로 설치하여 테이블이 수평면 내에서 회전하는 선반으로, 공구의 길이 방향 이송이 수직으로 되어 있다(가공물의 장착이나 탈착이 편리하며 공구 이송 방향이 보통선반과 다른 것이 특징).

47 브로칭머신에서 브로치를 인발 또는 압입하는 방법에 속하지 않는 것은?

① 나사식　　② 기어식
③ 유압식　　④ 압출식

해설
브로칭(Broaching) 가공
가늘고 긴 일정한 단면 모양의 많은 날을 가진 브로치라는 절삭공구를 일감 표면이나 구멍에 누르면서 통과시켜 단 1회의 공정으로 절삭가공을 하는 방법으로 구멍 안에 키 홈, 스플라인 홈, 다각형의 구멍을 가공할 수 있다. 이 가공에 사용되는 브로칭머신용 브로치의 압입방식에는 나사식, 기어식, 유압식이 있다.

48 연한 갈색으로 일반 강의 연삭에 사용하는 연삭숫돌의 재질은?

① A 숫돌　　② WA 숫돌
③ C 숫돌　　④ GC 숫돌

49 밀링작업에서 일감의 가공면에 떨림(Chattering)이 나타날 경우 그 방지책으로 적합하지 않는 것은?

① 밀링커터의 정밀도를 좋게 한다.
② 일감의 고정을 확실히 한다.
③ 절삭조건을 개선한다.
④ 회전속도를 빠르게 한다.

해설
밀링가공에서 일감의 가공면에 떨림이 발생할 때

원 인	방지책
• 공작물의 길이가 길 때	• 회전속도를 늦춘다.
• 절삭속도가 부적당할 때	• 절삭조건을 개선한다.
• 공작물이 고정이 불량할 때	• 일감의 고정을 확실히 한다.
• 바이트의 날 끝이 불량할 때	• 밀링커터의 정밀도를 좋게 한다.

정답　46 ②　47 ④　48 ①　49 ④

50 벨트를 풀리에 걸 때는 어떤 상태에서 해야 안전한가?

① 저속 회전 상태
② 중속 회전 상태
③ 회전 중지 상태
④ 고속 회전 상태

해설
벨트를 풀리에 걸 때는 반드시 회전을 정지시킨 상태에서 실시해야 안전사고를 예방할 수 있다.

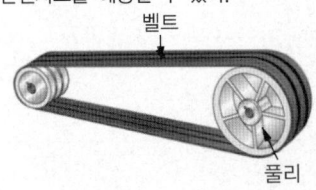

51 절삭속도가 140m/min, 이송이 0.25mm/rev인 절삭조건을 사용하여 φ80mm인 환봉을 φ75mm로 1회 절삭하려고 할 때 소요되는 가공시간은 약 몇 분인가?(단, 절삭길이는 300mm이다)

① 2분   ② 4분
③ 6분   ④ 8분

해설
선반가공의 가공시간(T)
$T = \dfrac{l}{n \times f}$
여기서, l : 가공할 길이
n : 회전수
f : 이송속도
절삭속도(v) = $\dfrac{\pi \times d \times n}{1,000}$
$140 = \dfrac{\pi \times 75 \times n}{1,000}$
$n = \dfrac{140,000}{\pi \times 75} ≒ 594 \mathrm{rpm}$
∴ $T = \dfrac{300}{594 \times 0.25} ≒ 2.02 \min$

52 방전가공에서 전극재료의 조건으로 맞지 않는 것은?

① 방전이 안전하고 가공속도가 클 것
② 가공에 따른 가공전극의 소모가 적을 것
③ 공작물보다 경도가 높을 것
④ 기계가공이 쉽고 가공정밀도가 높을 것

해설
방전가공에서 전극재료의 조건
• 공작물보다 경도가 낮을 것
• 방전이 안전하고 가공속도가 클 것
• 기계가공이 쉽고 가공정밀도가 높을 것
• 가공에 따른 가공전극의 소모가 적을 것
• 가공을 쉽게 하기 위해서 재질이 연할 것
• 재료의 수급이 원활하고 가격이 저렴할 것

53 판재 또는 포신 등의 큰 구멍 가공에 적합한 보링머신은?

① 코어 보링머신   ② 수직 보링머신
③ 보통 보링머신   ④ 지그 보링머신

해설
② 수직 보링머신 : 스핀들이 수직으로 설치되어 있으며 이 스핀들은 안내면을 따라 이송된다. 공구 위치는 크로스 레일 공구대에 의해 조절되며 베드 위에 회전 테이블이 수평으로 설치되어 있어서 공작물은 그 위에 설치한다.
③ 보통 보링머신 : 일반적인 수평 형상의 보링머신으로 가장 널리 사용된다.
④ 지그 보링머신 : 주축대의 위치를 정밀하게 하기 위하여 나사식 측정장치, 다이얼게이지, 광학적 측정장치를 갖추고 있는 공작기계로, 높은 정밀도를 요구하는 가공물이나 지그, 정밀기계의 구멍가공 등에 사용하는 보링머신이다. 온도 변화에 영향을 받지 않도록 항온·항습실에 설치해야 한다.

54 연삭숫돌의 입자 중 천연입자가 아닌 것은?

① 석 영　　② 코런덤
③ 다이아몬드　　④ 알루미나

해설
알루미나(Al_2O_3)는 보크사이트 광물을 원료로 하여 제조되는 입자의 일종으로, 산화알루미늄에 속하기 때문에 천연입자는 아니다.

55 일반적으로 밀링머신의 크기는 호칭번호로 표시하는데 그 기준은?

① 기계의 중량
② 기계의 설치면적
③ 테이블의 이동거리
④ 주축모터의 크기

해설
밀링머신의 크기 및 호칭번호(테이블의 이동거리에 따라 구분)

호칭번호	0	1	2	3	4	5
새들의 전후이동	150	200	250	300	350	400
니의 상하이동	300	400	400	450	450	500
테이블의 좌우이동	450	550	700	850	1,050	1,250

56 연삭숫돌을 고무 해머로 때려 검사한 결과 물림이 없거나 둔탁한 소리가 나는 것은?

① 완전한 숫돌
② 균열이 생긴 숫돌
③ 두께가 두꺼운 숫돌
④ 두께가 얇은 숫돌

해설
연삭숫돌은 먼저 눈으로 균열과 결함의 유무를 점검한 후 음향검사를 실시한다. 결함이 없는 연삭숫돌은 맑은 소리가 나는 반면에 결함이 있는 연삭숫돌은 둔탁한 소리가 난다.

연삭숫돌의 검사

음향검사	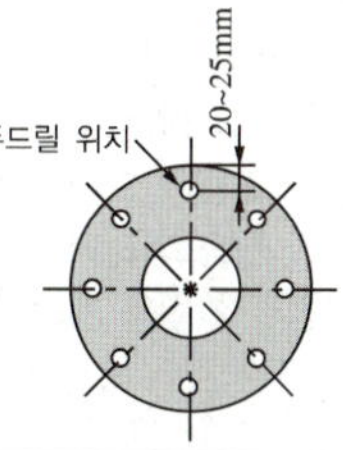
균형검사	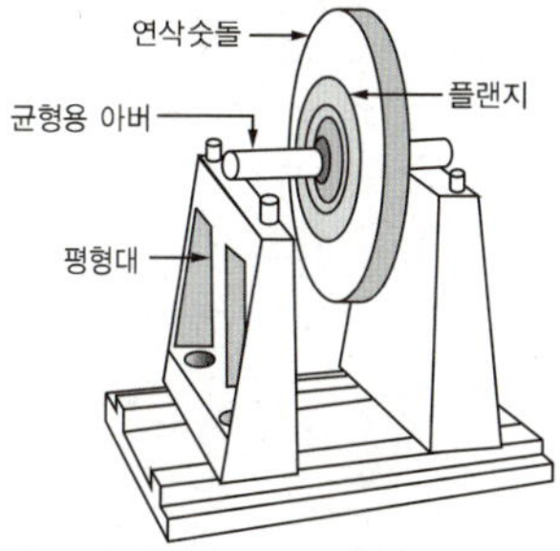
설치 및 회전검사	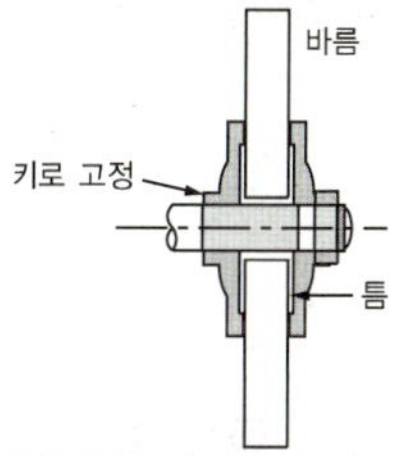

정답　54 ④　55 ③　56 ②

57 래핑(Lapping)작업에 관한 사항 중 틀린 것은?

① 경질 합금을 래핑할 때는 다이아몬드로 해서는 안 된다.
② 래핑유(Lap-oil)로 석유를 사용하면 안 된다.
③ 강철을 래핑할 때는 주철이 널리 사용된다.
④ 랩 재료는 반드시 공작물보다 연질의 것을 사용한다.

해설
래핑작업 시 특징
- 정밀도가 높은 제품을 가공한다.
- 가공면이 매끈하고 내마모성이 좋다.
- 가공 후에 랩제가 남아 있지 않는다.
- 강철을 래핑할 때는 주철이 널리 이용된다.
- 랩 재료는 반드시 공작물보다 연한 것을 사용한다.
- 경질 합금의 래핑은 다이아몬드로 해서는 안 된다.
- 주철로 강철을 래핑할 때 석유를 혼합해서 사용한다.

58 퓨즈가 끊어져서 다시 끼웠는데 또다시 끊어졌을 경우의 조치사항으로 가장 적합한 것은?

① 다시 한 번 끼워본다.
② 조금 더 용량이 큰 퓨즈를 끼운다.
③ 합선 여부를 검사한다.
④ 굵은 동선으로 바꾸어 끼운다.

해설
퓨즈가 끊어져서 다시 끼웠는데 또다시 끊어졌다면 전기의 합선 여부를 점검해야 한다.

59 표준 맨드릴(Mandrel)의 테이퍼 값으로 적합한 것은?

① $\frac{1}{50} \sim \frac{1}{100}$ 정도
② $\frac{1}{100} \sim \frac{1}{1,000}$ 정도
③ $\frac{1}{200} \sim \frac{1}{400}$ 정도
④ $\frac{1}{10} \sim \frac{1}{20}$ 정도

해설
맨드릴(Mandrel, 심봉)은 선반에서 기어, 벨트, 풀리와 같이 구멍이 있는 공작물의 안지름과 바깥지름이 동심원을 이루도록 가공할 때 사용한다. 표준 맨드릴의 테이퍼 값은 $\frac{1}{100} \sim \frac{1}{1,000}$ 이다.

60 분할대를 이용하여 원주를 18등분하고자 한다. 신시내티형(Cincinnati Type) 54구멍 분할판을 사용하여 단식 분할하려면 어떻게 하는가?

① 2회전하고 2구멍씩 회전시킨다.
② 2회전하고 4구멍씩 회전시킨다.
③ 2회전하고 8구멍씩 회전시킨다.
④ 2회전하고 12구멍씩 회전시킨다.

해설
단식 분할법
- 직접 분할법으로 분할할 수 없는 수나 정확한 분할이 필요한 경우에 사용하는 방법이다.
- 2~60의 수, 60~120의 2와 5의 배수 및 120 이상의 수 중에서 40/N에서 분모가 분할판의 구멍수가 될 수 있는 수를 분할할 때 사용하는 분할방법이다. 이 방법으로 원주를 18등분하기 위해서는 다음 식과 같이 크랭크를 2회전하고, 크랭크를 12구멍의 간격으로 회전시킨다.

$n = \frac{24}{N}$

여기서, n : 분할 크랭크의 회전수
N : 공작물의 분할수

$n = \frac{40}{18} = 2\frac{4}{18}$

분할판의 구멍수가 54이므로,

$\therefore 2\frac{12(4 \times 3)}{54(18 \times 3)}$

여기서, 2 : 회전수
12 : 크랭크를 돌리는 구멍수
54 : 분할판에 있는 구멍수

참 / 고 / 문 / 헌

- 교육과학기술부, 기초제도, (주)두산동아
- 교육과학기술부, 기계제도, (주)두산동아
- 교육과학기술부, 기계설계, (주)두산동아
- 교육과학기술부, 기계설계공작, (주)두산동아
- 교육과학기술부, 기계일반, (주)두산동아
- 교육과학기술부, 금속재료, (주)두산동아
- 교육과학기술부, 소성가공, (주)두산동아
- 교육과학기술부, 기계기초공작, (주)두산동아
- 교육과학기술부, 기계공작법, (주)두산동아
- 교육과학기술부, 공작기계 I, (주)두산동아
- 교육과학기술부, 공작기계 II, (주)두산동아
- 홍장표, 기계요소설계, 교보문고, 2008
- 강기주, 최신 기계공작법, 북스힐, 2008
- 이승평, 간추린 금속재료, 청호, 2005

합격의 공식 SD에듀

자격증 · 공무원 · 금융/보험 · 면허증 · 언어/외국어 · 검정고시/독학사 · 기업체/취업
이 시대의 모든 합격! SD에듀에서 합격하세요!
www.youtube.com → SD에듀 → 구독

교육은 우리 자신의 무지를 점차 발견해 가는 과정이다.

- 윌 듀란트 -

얼마나 많은 사람들이
책 한 권을 읽음으로써
인생에 새로운 전기를 맞이했던가.

헨리 데이비드 소로

Win-Q 컴퓨터응용가공산업기사 필기

개정9판1쇄 발행	2024년 01월 05일 (인쇄 2023년 08월 31일)
초 판 발 행	2017년 12월 05일 (인쇄 2017년 06월 09일)
발 행 인	박영일
책 임 편 집	이해욱
편 저	홍순규
편 집 진 행	윤진영, 최 영
표지디자인	권은경, 길전홍선
편집디자인	정경일, 이현진
발 행 처	(주)시대고시기획
출 판 등 록	제10-1521호
주 소	서울시 마포구 큰우물로 75 [도화동 538 성지 B/D] 9F
전 화	1600-3600
팩 스	02-701-8823
홈 페 이 지	www.sdedu.co.kr
I S B N	979-11-383-5770-8(13550)
정 가	32,000원

※ 저자와의 협의에 의해 인지를 생략합니다.
※ 이 책은 저작권법의 보호를 받는 저작물이므로 동영상 제작 및 무단전재와 배포를 금합니다.
※ 잘못된 책은 구입하신 서점에서 바꾸어 드립니다.